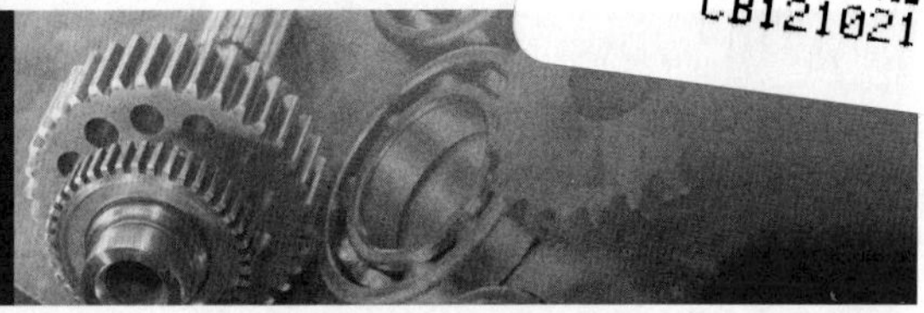

Ciência e Engenharia dos Materiais

Dados Internacionais de Catalogação na Publicação (CIP)

A834c Askeland, Donald R.
Ciência e engenharia dos materiais / Donald R. Askeland, Wendelin J. Wright ; tradução Priscilla Lopes ; revisão técnica Daniel Rodrigo Leiva. - São Paulo, SP : Cengage, 2019.
544 p. : il. ; 28 cm.

Inclui índice e apêndice.
Tradução de: Essentials of materials and engineering (4. ed.).
ISBN 978-85-221-2811-2

1. Engenharia de materiais - Problemas, exercícios, etc. 2. Ciência dos materiais. I. Wright, Wendelin J. II. Bhattacharya, D. K. III. Visconti, Solange Aparecida. IV. Leiva, Daniel Rodrigo. V. Título.

CDU 620.1
CDD 620.11

Índice para catálogo sistemático:
1. Engenharia de materiais 620.1

(Bibliotecária responsável: Sabrina Leal Araujo - CRB 10/1507)

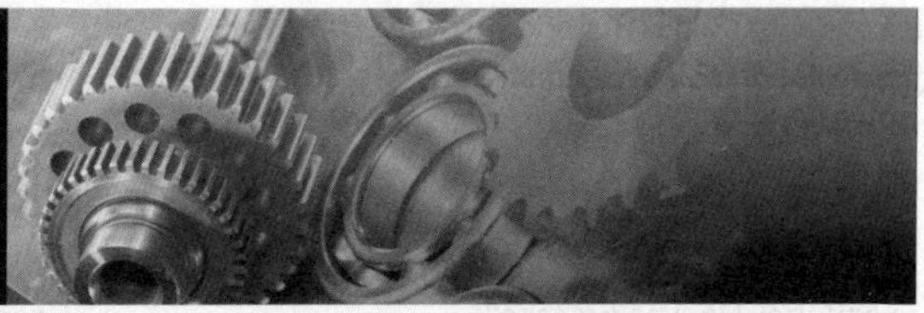

Ciência e Engenharia dos Materiais

Tradução da 4ª edição norte-americana

Donald R. Askeland
Professor emérito, Missouri University of Science and Technology

Wendelin J. Wright
Bucknell University

Tradução
Priscilla Lopes

Revisão Técnica
Daniel Rodrigo Leiva
Professor Adjunto do Departamento de Engenharia de Materiais da Universidade Federal de São Carlos

CENGAGE

Austrália • Brasil • México • Cingapura • Reino Unido • Estados Unidos

CENGAGE

Ciência e engenharia dos materiais
Tradução da 4ª edição norte-americana
3ª edição brasileira

Donald R. Askeland e Wendelin J. Wright

Gerente editorial: Noelma Brocanelli

Editora de desenvolvimento: Gisela Carnicelli

Supervisora de produção gráfica: Fabiana Alencar Albuquerque

Título original: Essentials of materials science and engineering – 4th edition
ISBN 13: 978-1-337-62915-7

Tradução: Priscilla Lopes

Revisão técnica: Daniel Rodrigo Leiva

Copidesque e revisão: Luicy Caetano de Oliveira, Fábio Gonçalves, Tatiana Tanaka e Rosângela Ramos da Silva

Diagramação: PC Editorial Ltda.

Indexação: Priscilla Lopes

Capa: BuonoDisegno

Sobre a imagem: A imagem utilizada na arte da capa é uma micrografia eletrônica obtida pela técnica de EBSD (Electron backscatter diffraction, ou difração de elétrons retroespalhados), que mostra o mapa de orientação cristalográfica de uma liga de alumínio 2024 que foi reciclada por meio do processamento avançado por conformação por spray seguida de extrusão a quente. Essa técnica permite alcançar refino microestrutural importante, e, consequentemente, elevadas propriedades mecânicas, agregando valor econômico com sustentabilidade à liga de partida. Os autores da imagem são Gabriel Hitoshi Asato, Renato Belli Strozi, Claudemiro Bolfarini e Alberto Moreira Jorge Junior, todos pesquisadores da UFSCar, Universidade Federal de São Carlos. Os autores agradecem ao LCE, Laboratório de Caracterização Estrutural da UFSCar, cujas facilidades foram utilizadas para a obtenção da imagem.

ISBN-13: 978-85-221-2811-2
ISBN-10: 85-221-2811-1

Cengage Learning
Condomínio E-Business Park
Rua Werner Siemens, 111 – Prédio 11 – Torre A – Conjunto 12
Lapa de Baixo – CEP 05069-900 – São Paulo – SP
Tel.: (11) 3665-9900 – Fax: (11) 3665-9901
SAC: 0800 11 19 39

Para suas soluções de curso e aprendizado, visite www.cengage.com.br

Impresso no Brasil.
Printed in Brazil.
1ª impressão – 2019

Sumário

Prefácio x

Capítulo 1 Introdução à ciência e à engenharia dos materiais 3

1-1 O que é ciência e engenharia dos materiais? 4
1-2 Classificação dos materiais 7
1-3 Classificação funcional dos materiais 10
1-4 Classificação dos materiais com base na estrutura 12
1-5 Efeitos ambientais e outros efeitos 13
1-6 Projeto e seleção de materiais 14

Resumo, glossário, problemas (site)

Capítulo 2 Estrutura atômica 17

2-1 Estrutura de materiais: relevância tecnológica 18
2-2 Estrutura do átomo 21
2-3 Estrutura eletrônica do átomo 21
2-4 A tabela periódica 24
2-5 Ligações atômicas 27
2-6 Energia de ligação e distância interatômica 33
2-7 As muitas formas do carbono: relações entre arranjos de átomos e propriedades materiais 35

Resumo, glossário, problemas (site)

Capítulo 3 Arranjos atômicos e iônicos 41

3-1 Ordem de curto alcance *versus* ordem de longo alcance 42
3-2 Materiais amorfos 43
3-3 Redes, células unitárias, bases e estruturas cristalinas 44
3-4 Transformações alotrópicas e polimórficas 55
3-5 Pontos, direções e planos na célula unitária 56
3-6 Interstícios 65
3-7 Estrutura cristalina dos materiais iônicos 67
3-8 Estruturas covalentes 73
3-9 Técnicas de difração para a análise de estruturas cristalinas 76

Resumo, glossário, problemas (site)

Capítulo 4 Imperfeições nos arranjos atômicos e iônicos 81

4-1 Defeitos pontuais 82
4-2 Outros defeitos pontuais 87

4-3 Discordâncias ... 89
4-4 Importância das discordâncias ... 95
4-5 Lei de Schmid ... 96
4-6 Influência da estrutura cristalina ... 98
4-7 Defeitos superficiais ... 100
4-8 Importância dos defeitos ... 105

Resumo, glossário, problemas (site)

Capítulo 5 Movimentos de átomos e íons nos materiais 109

5-1 Aplicações da difusão ... 110
5-2 Estabilidade de átomos e íons ... 112
5-3 Mecanismos de difusão ... 114
5-4 Energia de ativação para a difusão ... 116
5-5 Taxa de difusão (primeira lei de Fick) ... 116
5-6 Fatores que afetam a difusão ... 121
5-7 Permeabilidade dos polímeros ... 127
5-8 Perfil de composição (segunda lei de Fick) ... 128
5-9 Difusão e processamento de materiais ... 134

Resumo, glossário, problemas (site)

Capítulo 6 Propriedades mecânicas: Parte um 139

6.1 Importância tecnológica ... 140
6-2 Terminologia das propriedades mecânicas ... 141
6-3 Ensaio de tração: uso da curva tensão-deformação ... 143
6-4 Propriedades obtidas no ensaio de tração ... 147
6-5 Tensão e deformação verdadeiras ... 154
6-6 Ensaio de flexão para materiais frágeis ... 156
6-7 Dureza dos materiais ... 159
6-8 Nanoindentação ... 160
6-9 Efeitos da taxa de deformação e comportamento sob impacto ... 164
6-10 Propriedades obtidas no ensaio de impacto ... 165
6-11 Vidros metálicos de grande volume e seu comportamento mecânico ... 167
6-12 Comportamento mecânico em pequenas escalas de comprimento ... 168
6-13 Reologia dos líquidos ... 171

Resumo, glossário, problemas (site)

Capítulo 7 Propriedades mecânicas: Parte dois 175

7-1 Mecânica da fratura ... 176
7-2 Importância da mecânica da fratura ... 178
7-3 Características microestruturais de fraturas em metais ... 182
7-4 Características microestruturais de fraturas em cerâmicas, vidros e compósitos ... 185
7-5 Distribuição de Weibull para análise de resistência à fratura ... 186
7-6 Fadiga ... 191
7-7 Resultados do ensaio de fadiga ... 193
7-8 Aplicação do ensaio de fadiga ... 195
7-9 Fluência, ruptura por tensão e corrosão sob tensão ... 198
7-10 Avaliação do comportamento em fluência ... 200
7-11 Uso dos dados sobre fluência ... 202

Resumo, glossário, problemas (site)

Capítulo 8 Encruamento e recozimento 205

8-1 Relação entre trabalho a frio e a curva tensão-deformação 206
8-2 Mecanismos de endurecimento 210
8-3 Propriedades *versus* trabalho a frio 212
8-4 Microestrutura, textura e tensões residuais 214
8-5 Características do trabalho a frio 218
8-6 Três estágios do recozimento 220
8-7 Controle do recozimento 222
8-8 Recozimento e processamento de materiais 224
8-9 Trabalho a quente 226
Resumo, glossário, problemas (site)

Capítulo 9 Princípios de solidificação 229

9-1 Importância tecnológica 230
9-2 Nucleação 231
9-3 Aplicações de nucleação controlada 235
9-4 Mecanismos de crescimento 236
9-5 Tempo de solidificação e tamanho da dendrita 238
9-6 Curvas de resfriamento 242
9-7 Estrutura bruta de fusão 244
9-8 Defeitos de solidificação 245
9-9 Processos para a produção de componentes fundidos 250
9-10 Fundição contínua e lingotamento 251
9-11 Solidificação direcional (SD), crescimento de monocristais e crescimento epitaxial 255
9-12 Solidificação de polímeros e vidros inorgânicos 257
9-13 União de materiais metálicos 258
Resumo, glossário, problemas (site)

Capítulo 10 Soluções sólidas e equilíbrio de fases 261

10-1 Fases e diagrama de fases 262
10-2 Solubilidade e soluções sólidas 265
10-3 Condições para a solubilidade sólida ilimitada 267
10-4 Endurecimento por solução sólida 269
10-5 Diagramas de fases isomorfos 271
10-6 Correlação entre propriedades mecânicas e o diagrama de fases 278
10-7 Solidificação de uma solução sólida 280
10-8 Solidificação e segregação em não equilíbrio 281
Resumo, glossário, problemas (site)

Capítulo 11 Endurecimento por dispersão de fases e diagramas de fases eutéticos 287

11-1 Princípios e exemplos de endurecimento por dispersão 288
11-2 Compostos intermetálicos 289
11-3 Diagramas de fases com reações trifásicas 290
11-4 Diagrama de fases eutético 293
11-5 Resistência mecânica de ligas eutéticas 301
11-6 Ligas eutéticas e processamento de materiais 306
11-7 Solidificação do sistema eutético em condição de não equilíbrio 307
11-8 Nanofios e o diagrama de fases eutético 307
Resumo, glossário, problemas (site)

Capítulo 12 Endurecimento por dispersão, transformações de fase e tratamento térmico 311

12-1 Nucleação e crescimento nas reações no estado sólido 312
12-2 Ligas endurecidas por supersaturação 315
12-3 Endurecimento por envelhecimento ou por precipitação e suas aplicações 317
12-4 Evolução microestrutural no envelhecimento 318
12-5 Efeitos da temperatura e do tempo de envelhecimento 320
12-6 Requisitos para o envelhecimento 322
12-7 Uso de ligas envelhecidas em altas temperaturas 322
12-8 Reação eutetoide 323
12-9 Controle da reação eutetoide 327
12-10 Reação martensítica e revenimento 331
12-11 Ligas com memória de forma (LMFs) 334
Resumo, glossário, problemas (site)

Capítulo 13 Tratamento térmico de aços e ferros fundidos 337

13-1 Designação e classificação dos aços 338
13-2 Tratamentos térmicos 341
13-3 Tratamentos isotérmicos 343
13-4 Têmpera e revenimento 346
13-5 Efeito de elementos de liga 350
13-6 Aplicação da temperabilidade 351
13-7 Aços especiais 355
13-8 Tratamentos superficiais 356
13-9 Soldabilidade do aço 358
13-10 Aços inoxidáveis 360
13-11 Ferros fundidos 362
Resumo, glossário, problemas (site)

Capítulo 14 Ligas não ferrosas 369

14-1 Ligas de alumínio 370
14-2 Ligas de magnésio e berílio 376
14-3 Ligas de cobre 378
14-4 Ligas de níquel e de cobalto 381
14-5 Ligas de titânio 384
14-6 Metais refratários e preciosos 390
Resumo, glossário, problemas (site)

Capítulo 15 Materiais cerâmicos 393

15-1 Ligações em cerâmicas 394
15-2 Estruturas de cerâmicas cristalinas 397
15-3 Defeitos em cerâmicas cristalinas 400
15-4 Defeitos em cerâmicas 403
15-5 Síntese e processamento de cerâmicas cristalinas 406
15-6 Sílica e compostos de silicato 410
15-7 Vidros inorgânicos 412
15-8 Vitrocerâmicas 418
15-9 Processamento e aplicações de produtos de argila 418
15-10 Refratários 420
15-11 Outros materiais cerâmicos 422
Resumo, glossário, problemas (site)

Capítulo 16 Polímeros 425

16-1 Classificação dos polímeros ... 426
16-2 Polimerização por adição e condensação ... 429
16-3 Grau de polimerização ... 433
16-4 Termoplásticos típicos ... 435
16-5 Relações entre estrutura e propriedades dos termoplásticos ... 437
16-6 Efeito da temperatura em termoplásticos ... 441
16-7 Propriedades mecânicas dos termoplásticos ... 446
16-8 Elastômeros (borrachas) ... 451
16-9 Polímeros termofixos ... 455
16-10 Adesivos ... 457
16-11 Processamento de polímeros e reciclagem ... 458
Resumo, glossário, problemas (site)

Capítulo 17 Compósitos: cooperação e sinergia em materiais 463

17-1 Compósitos endurecidos por dispersão ... 465
17-2 Compósitos particulados ... 467
17-3 Compósitos reforçados com fibras ... 471
17-4 Características dos compósitos reforçados com fibras ... 475
17-5 Fabricação de fibras e compósitos ... 481
17-6 Sistemas reforçados com fibras e aplicações ... 485
17-7 Materiais compósitos laminares ... 490
17-8 Exemplos e aplicações de compósitos laminares ... 491
17-9 Estruturas sanduíche ... 493
Resumo, glossário, problemas (site)

Capítulo 18 Corrosão e desgaste 495

18-1 Corrosão química ... 496
18-2 Corrosão eletroquímica ... 498
18-3 O potencial de eletrodo em células eletroquímicas ... 500
18-4 A corrente de corrosão e a polarização ... 505
18-5 Tipos de corrosão eletroquímica ... 505
18-6 Proteção contra a corrosão eletroquímica ... 510
18-7 Degradação microbiana e polímeros biodegradáveis ... 515
18-8 Oxidação e outras reações gasosas ... 516
18-9 Desgaste e erosão ... 519
Resumo, glossário, problemas (site)

Apêndice A Propriedades físicas selecionadas dos metais 521

Apêndice B Raios atômicos e iônicos de elementos selecionados 523

Índice remissivo 525

Prefácio

A Idade do Cobre, a Idade do Ferro, a Idade do Silício são Eras definidas pelos materiais encontrados na natureza e manipulados pelos engenheiros da época. Os princípios fundamentais de estrutura, defeitos, cinética e processamento geralmente se aplicam a todos os materiais, embora ao longo do tempo nossa compreensão tenha avançado e incorporado novas ideias. Como resultado, os comportamentos observáveis e macroscópicos dos materiais, que envolvem características variadas, como resistência mecânica e tenacidade, condutividade elétrica, índice de refração e resistência à corrosão, são compreendidos mais profundamente e relacionados de forma mais direta aos fenômenos de nível atômico subjacentes.

Nossas ferramentas para caracterizar e manipular materiais também se tornaram muito mais sofisticadas, permitindo *insights* mais profundos sobre estrutura dos materiais e fenômenos. No limite da inovação encontramos a descoberta – ou até mesmo a criação – de materiais totalmente novos, geralmente possibilitada por novas técnicas de processamento, driblando o equilíbrio para fazer com que os materiais existam em estados metaestáveis e desenvolvendo as ferramentas para agrupar, formar e estudar materiais em nanoescala. Já é rotina, por exemplo, examinar materiais em nível quase atômico para estudar estrutura e composição, usando técnicas como microscopia eletrônica de transmissão de alta resolução, difração de raios X com incidência rasante e espectroscopia de perda de energia de elétrons. Ao mesmo tempo, o processamento de materiais avançou até o ponto em que filmes finos com apenas algumas camadas atômicas de espessura podem ser fabricados, enquanto estruturas tridimensionais com tamanhos de somente algumas dezenas de nanômetros ou menos também podem ser fabricadas. Toda a indústria de eletrônicos, por exemplo, está baseada nesses tipos de avanços. Televisores de tela plana, sistemas de dados sem fio com alta velocidade, computação portátil e dispositivos de telecomunicação, automóveis e outros sistemas de transportes... Essas e outras incontáveis tecnologias dependem de nosso entendimento contemporâneo dos materiais.

A maioria dos engenheiros vai, de fato, trabalhar com um conjunto diverso de materiais, que envolve metais, cerâmicas, plásticos, compósitos e semicondutores em muitas escalas de comprimento, da nanoescala à macroescala, tudo dentro de um contexto de várias e distintas aplicações. Os materiais são o componente facilitador do que os engenheiros imaginam, projetam e constroem. A raiz da capacidade de *inovar* e de incorporar materiais em um projeto *de forma segura* é a compreensão de como manipular as propriedades e funcionalidades dos materiais por meio do controle da estrutura destes e das técnicas de processamento. O objetivo deste livro é, então, descrever as bases e as aplicações da ciência de materiais para estudantes de engenharia com base no paradigma de estrutura-processamento-propriedades.

O desafio de qualquer livro é alcançar o equilíbrio adequado entre abrangência e profundidade do assunto em questão, fornecer o nível apropriado de rigor, apresentar exemplos significativos e conteúdo atualizado e estimular o entusiasmo intelectual do leitor. Nosso objetivo aqui é fornecer *ciência* o suficiente para que o leitor consiga entender os fenômenos básicos dos materiais e *engenharia* o bastante para preparar uma ampla gama de estudantes para a prática profissional competente.

Público-alvo e pré-requisitos

Este livro se destina a aulas introdutórias de ciência de materiais. Um curso de cálculo pode ser útil, mas certamente não é necessário. A obra não presume que os estudantes tenham realizado outros cursos introdutórios de engenharia, como estática, dinâmica ou mecânica de materiais.

Novo nesta edição

Muitos problemas novos e revisados foram incluídos para aumentar em 15% o número de problemas. Os problemas estão disponíveis na página deste livro no site da Cengage. A abrangência do Capítulo 15 sobre materiais cerâmicos foi ampliada para incluir cerâmicas cristalinas, compostos de sílica e silicato e outros tópicos de interesse para gerar uma visão mais abrangente dessa importante classe de materiais de engenharia. Outras partes do capítulo foram revisadas para maior clareza. O custo de materiais de engenharia comuns, no Capítulo 14, foi atualizado. Como sempre, tivemos muito cuidado para fornecer o texto com o menor número possível de erros.

Edição em SI

Esta edição de *Ciência e engenharia dos materiais* foi adaptada para incorporar o Sistema Internacional de Unidades (*Le Système International d'Unités* ou SI) ao livro.

O Sistema de Unidades Comuns nos Estados Unidos (USCS – U.S.Customary Units) emprega unidades de FPS (*foot-pound-second*, ou pés-libras-segundos), também denominado Sistema Britânico ou Sistema Imperial de unidades. As unidades do SI são principalmente as do sistema MKS (*meter-kilogram-second*, ou metros-quilogramas-segundos). Contudo, as unidades do sistema CGS (*centimeter-gram-second*, ou centímetros-gramas-segundos) são aceitas, em geral, especialmente em livros.

Neste livro, empregamos as unidades dos sistemas MKS e CGS. As dos sistemas USCS ou FPS utilizadas na edição norte-americana do livro foram convertidas nas unidades do SI em todo o texto e nos problemas. Porém, no caso de dados obtidos de manuais, normas governamentais e guias de produtos, não apenas é extremamente difícil converter todos os valores no SI, como também contraria a propriedade intelectual da fonte. Sendo assim, alguns dados em figuras, tabelas, exemplos e referências permanecem em unidades de FPS.

Para resolver problemas que exigem o uso de dados obtidos dessas fontes, os respectivos valores podem ser convertidos de unidades de FPS em SI, antes de serem utilizadas em um cálculo. A fim de obterem quantidades padronizadas e dados dos fabricantes em unidades do SI, os leitores podem entrar em contato com as agências governamentais ou autoridades apropriadas em seu país ou região.

Material de apoio

Para professores: slides de Power Point (em português) e manual do instrutor (em inglês).

Para alunos e professores: resumo, glossário, problemas e respostas a problemas selecionados (materiais em português).

Agradecimentos

Agradecemos a todos aqueles que contribuíram para o sucesso das edições anteriores, especialmente a Pradeep Fulay e aos revisores que forneceram um *feedback* detalhado e construtivo para a 7ª edição de *Science and Enginnering of Materials*, na qual este volume é baseado.

Cynthia W. Barnicki, Milwaukeee School of Engineering
Deborah Chung, University of Buffalo, SUNY
Margaret Pinnell, University of Dayton
Stephen W. Stafford, University of Texas, El Paso

Também agradecemos a Jeffrey Florando, do Lawrence Livermore National Laboratory, pelos comentários sobre as revisões do Capítulo 15.

Somos gratos à equipe da Cengage Learning, que cuidadosamente orientou a elaboração desta quarta edição em todos os estágios do processo de publicação. Em particular, agradecemos a Timothy Anderson, diretor de produção de Global Engineering; Mona Zeftel, desenvolvedor sênior de conteúdo; Rose Kernan, editora de produção; Kristiina Paul, pesquisadora de permissões e fotos; e Alexander Sham, assistente de produção. Também agradecemos a Stephen Stafford e Keith McIver pelos novos problemas desta edição.

Wendelin Wright agradece a John Bravman, da Bucknell University, por seu *feedback*, contribuição com ilustrações, paciência e apoio constante.

Donald R. Askeland
Professor Emérito da Missouri University of Science and Technology

Wendelin J. Wright
Bucknell University

Sobre os autores

Donald R. Askeland é professor emérito de Engenharia Metalúrgica na Missouri University of Science and Technology. Obteve seus títulos acadêmicos na Thayer School of Engineering do Dartmouth College e na University of Michigan antes de iniciar como docente na University of Missouri-Rolla em 1970. Ministrou disciplinas de engenharia de materiais e engenharia de manufatura a estudantes de diferentes habilitações. Recebeu diversos prêmios por excelência em ensino e consultoria na UMR. Atuou ainda como professor titular na Foundry Educational Foundation e recebeu vários prêmios por seus serviços a essa organização. Suas atividades de ensino e pesquisa foram orientadas principalmente à fundição e união de metais, em particular pelo processo que utiliza modelo de espuma polimérica, e resultaram em mais de 50 publicações e diversos prêmios da American Foundry Society por seus serviços e trabalhos publicados.

Wendelin J. Wright é professora na Bucknell University, participando conjuntamente nos departamentos de Engenharia Mecânica e Engenharia Química. Obteve seu bacharelado, mestrado e doutorado em Ciência e Engenharia de Materiais na Stanford University. Antes de assumir seu cargo na Bucknell, a professora Wright foi membro do corpo docente da Santa Clara University. Os interesses em pesquisa da professora Wright têm como foco o comportamento mecânico de materiais, particularmente, de vidros metálicos. Recebeu o prêmio Walter J. Gores, em 2003, por sua Excelência em Ensino, prêmio que, na Stanford University, é a mais elevada honra referente a cargos letivos; o prêmio Presidential Early Career, em 2005, para Cientistas e Engenheiros; e em 2010, foi consagrada com o prêmio National Science Foundation Career. Wright é engenheira profissional licenciada em Metalurgia, na Califórnia. Ela é casada com John Bravman e mãe de dois filhos pequenos, Cole e Cooper.

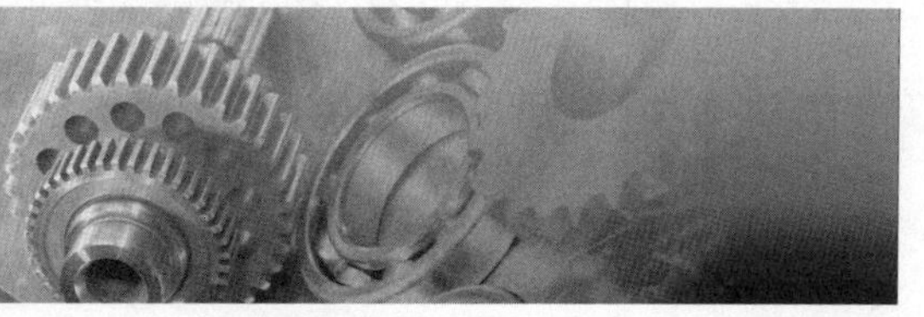

Ciência e Engenharia dos Materiais

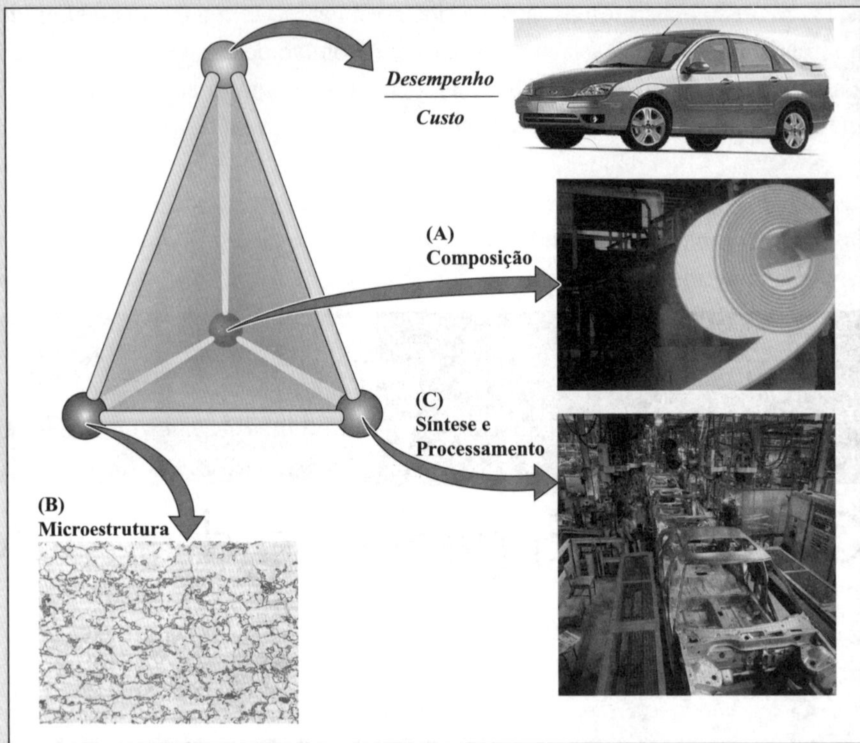

Os principais objetivos de um cientista e engenheiro de materiais são (1) tornar os materiais existentes melhores e (2) inventar ou descobrir novos fenômenos, materiais, dispositivos e aplicações. Avanços das áreas de ciência de materiais e engenharia são aplicados em muitas outras áreas de estudo, como engenharia biomédica, física, química, engenharia ambiental e tecnologia da informação. O tetraedro da ciência e engenharia dos materiais exibido aqui representa a essência dessa área e sua utilização é ilustrada para a produção de aço para chassis automotivos. Conforme mostra o diagrama, o principal objetivo de um cientista e engenheiro de materiais é desenvolver materiais ou dispositivos que tenham o melhor desempenho em uma determinada aplicação. Na maioria dos casos, a relação desempenho/custo, em oposição a apenas o desempenho, é de suma importância. Este conceito é mostrado no pico do tetraedro e os três cantos representam A – a composição, B – a microestrutura e C – a síntese e processamento dos materiais. Esses fatores estão interconectados e afetam a relação desempenho/custo de um material ou dispositivo. A micrografia mostra a microestrutura do aço duplex. A microestrutura do aço duplex é projetada para absorver energia durante colisões automotivas. Partículas duras de uma fase chamada martensita (escura) estão dispersas em uma matriz de ferrita (clara) relativamente macia e flexível.

Para os cientistas e engenheiros de materiais, os materiais são como uma paleta de cores para os artistas. Da mesma forma que um artista consegue criar diferentes pinturas usando diferentes cores, os cientistas de materiais criam e melhoram diferentes materiais usando diferentes elementos da tabela periódica, além de rotas de síntese e processamento diferentes. (*Michael Shake/Shutterstock.com/Digital Vision/ Getty Images/Digital Vision/Getty Images/*Metals Handbook, *Desk Edition (1998), ASM International, Materials Park, OH 44073-0002. Reimpresso com permissão da ASM International. Todos os direitos reservados.www.asminternational.org.*)

capítulo 1

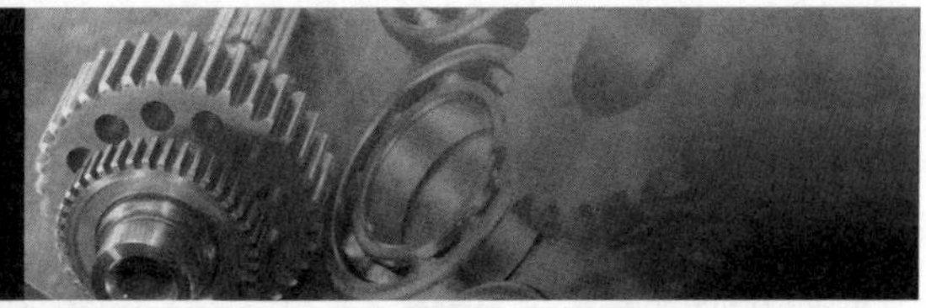

Introdução à ciência e à engenharia dos materiais

VOCÊ JÁ SE PERGUNTOU?

- O que estudam os cientistas e engenheiros de materiais?
- Do ponto de vista dos materiais, como você melhoraria significativamente a eficiência de combustível de uma aeronave comercial?
- Podemos fazer circuitos eletrônicos leves e flexíveis utilizando plásticos?
- Por que os joalheiros adicionam cobre ao ouro?
- O que é um "material inteligente"?

OBJETIVOS DE APRENDIZAGEM DO CAPÍTULO

Os principais objetivos deste capítulo são

- Compreender os conceitos mais importantes que definem a ciência e engenharia dos materiais.
- Entender o papel da ciência dos materiais no processo de elaboração de projetos.
- Classificar os materiais de acordo com suas propriedades.
- Classificar os materiais segundo suas funções.

Neste capítulo, vamos primeiro apresentar o campo da ciência e engenharia de materiais (CEM), utilizando vários exemplos do mundo real. Em seguida, apresentaremos uma introdução à classificação dos materiais. Embora a maioria dos cursos de engenharia exija que os estudantes façam uma disciplina de ciência dos materiais, deve-se considerar o estudo da ciência dos materiais como mais do que um mero requisito. A ciência dos materiais é a base de todos os avanços tecnológicos, e uma boa compreensão de seus fundamentos e aplicações não só fará de você um engenheiro mais capacitado, como também poderá ajudá-lo na fase de projeto. Para ser um bom projetista, é preciso aprender quais materiais são apropriados às diferentes aplicações. É preciso ser capaz de selecionar o material adequado para sua aplicação com base em suas propriedades e deve-se reconhecer como e por que essas propriedades podem se modificar com o passar do tempo e devido ao processamento. Qualquer engenheiro pode pesquisar sobre as propriedades dos materiais em um livro ou procurar em um banco de dados por um material que atenda às suas especificações, mas a *habilidade de inovar e incorporar materiais com segurança* em um projeto está fundamentada no entendimento de como manipular as propriedades e a funcionalidade dos materiais por meio do controle de sua estrutura interna e das técnicas de processamento.

O aspecto mais importante dos materiais é o fato de serem facilitadores, ou seja, tornarem as coisas viáveis. Na história da civilização, certos materiais como pedra, ferro e bronze desempenharam um papel marcante no desenvolvimento da humanidade. No ritmo acelerado do mundo atual, a descoberta de materiais como o silício monocristalino e a compreensão de suas propriedades viabilizaram a era da informação eletrônica.

Neste livro, fornecemos exemplos interessantes sobre as aplicações reais de materiais projetados de engenharia. A diversidade de aplicações e os novos usos dos materiais ilustram por que um bom engenheiro precisa compreender plenamente os princípios da ciência e engenharia de materiais e saber aplicar esses princípios.

1-1 O que é ciência e engenharia dos materiais?

Ciência e engenharia de materiais (CEM) é um campo interdisciplinar que estuda e manipula a composição e a estrutura de materiais em diferentes escalas, a fim de controlar as propriedades dos materiais por meio da síntese e do processamento. O termo **composição** indica a constituição química de um material. Já o termo **estrutura** se refere à descrição detalhada do arranjo de átomos. Os cientistas e engenheiros de materiais lidam não só com o desenvolvimento de materiais, mas também com sua **síntese** e seu **processamento**, bem como com os processos de fabricação relacionados à produção de componentes. O termo "síntese" refere-se ao modo como os materiais são preparados, a partir de quais substâncias químicas naturais ou produzidas pelo homem. O termo "processamento" diz respeito ao modo como os materiais são transformados em componentes úteis e com propriedades adequadas. Uma das mais importantes funções dos cientistas e engenheiros de materiais consiste em estabelecer a correlação entre as propriedades e o desempenho de um material ou dispositivo, a sua microestrutura, além da sua composição e do modo como o dispositivo foi sintetizado e processado. A **ciência de materiais** concentra-se nos fundamentos científicos da correlação entre síntese e processamento, microestrutura e propriedades dos materiais. A **engenharia de materiais**, por sua vez, desenvolve modos de converter ou transformar materiais em dispositivos ou estruturas úteis.

Um dos aspectos mais fascinantes da ciência dos materiais envolve a investigação da estrutura de cada material. De fato, a estrutura dos materiais tem grande influência sobre muitas de suas propriedades, mesmo que a composição química global não seja alterada. Se você, por exemplo, dobrar um fio de cobre puro repetidamente, ele vai se tornar não só mais resistente, mas também mais frágil. Por fim, o fio de cobre puro vai se tornar rígido e frágil a ponto de quebrar! Além disso, a resistividade elétrica do fio vai aumentar ao ser dobrado repetidamente. Observe que, nesse exemplo simples, não alteramos a composição do material (ou seja, sua constituição química). As mudanças nas propriedades do material decorrem de uma alteração de sua estrutura interna. Se observar o fio já dobrado, notará que ele parece o mesmo; no entanto, sua estrutura interna foi alterada em escala microscópica. Nessa escala, a estrutura é conhecida como **microestrutura**. Se pudermos compreender o que mudou microscopicamente, começaremos a descobrir meios de controlar as propriedades dos materiais.

Analisemos um exemplo utilizando o **tetraedro da ciência e engenharia de materiais** mostrado na Figura 1-1 (outro exemplo foi apresentado na página de abertura do capítulo). Durante a maior parte da história dos voos comerciais, a fuselagem dos aviões era feita usando ligas de alumínio. O material da fuselagem deve ter uma resistência suficientemente alta, mas também precisa ser leve e moldável em contornos aerodinâmicos. O alumínio é um material que atende a ambos os requisitos. Em 2011, os passageiros começaram a viajar na aeronave 787 Dreamliner da Boeing. Uma das principais inovações do Boeing 787 é o amplo uso de **compósitos**; materiais compósitos são formados pela incorporação de vários componentes em um material, de forma que as propriedades do material resultante sejam únicas e não atingíveis de outra maneira. Os materiais compósitos correspondem à metade do peso total do Dreamliner e, na verdade, a fuselagem do Boeing 787 é feita de um compósito de fibra de carbono em uma matriz de resina epóxi polimérica.

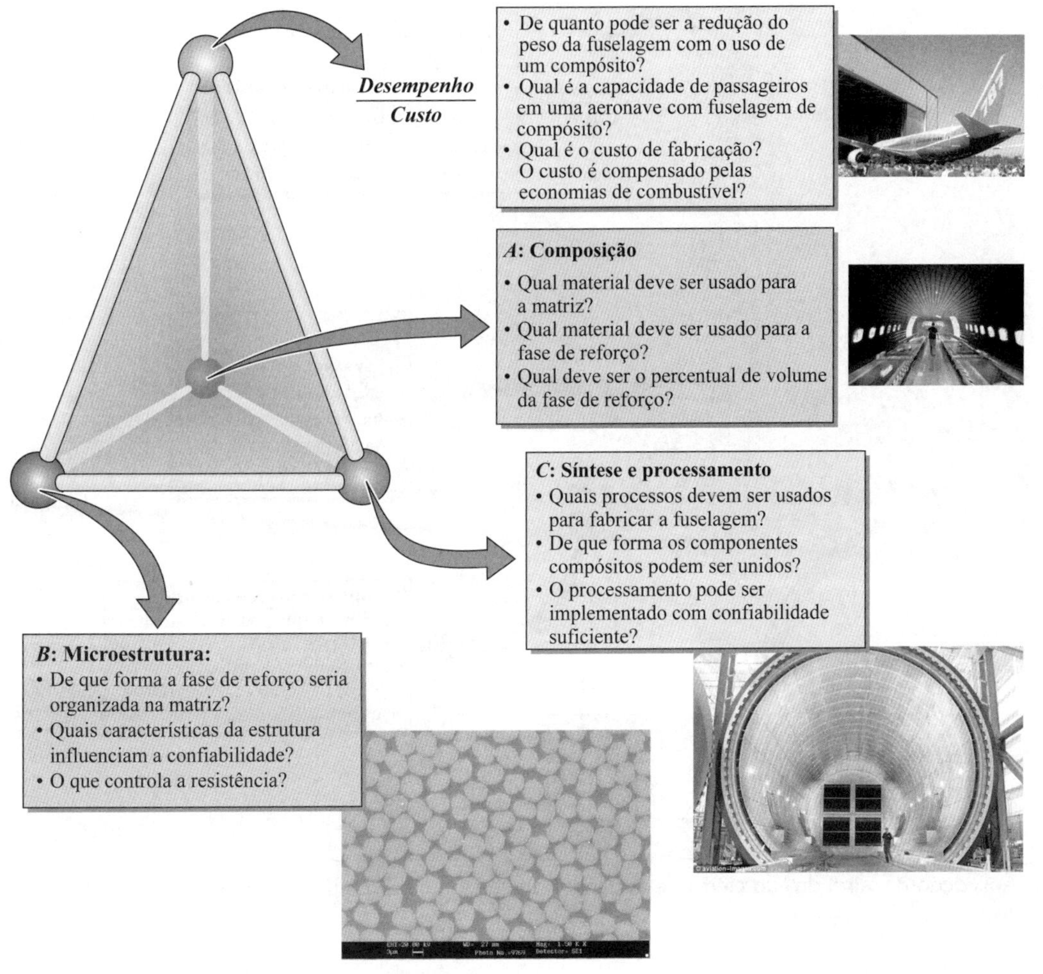

Figura 1-1 Aplicação do tetraedro da ciência e engenharia de materiais ao polímero reforçado com fibra de carbono para a fabricação de fuselagens de aeronaves. A composição, microestrutura e síntese/processamento estão interconectadas e afetam a relação desempenho/custo. Em sentido horário a partir do canto superior direito: o Boeing 787; o interior de uma fuselagem vazia do Boeing 787; uma autoclave gigante usada para preparar seções de polímero reforçadas com fibra de carbono; fibra de carbono em uma matriz epóxi. (*Bloomberg via Getty Images/Srinivasa, Vinod, Shivakumar, Vinay, Nayaka, Vinay, Jagadeeshaiaih, Sunil, Seethram, Murali, Shenoy, Raghavendra, & Nafidi, Abdelhakim. Fracture morphology of carbon fiber reinforced plastic composite laminates.* Materials Research, *v. 13, n. 3, p. 417-424, 2010. Disponível em: http://www.scielo.br/scielo.php?script=sci_arttext&pid=S1516-14392010000300022&lng=en&tlng=en. 10.1590/S1516-14392010000300022. Acesso em 6 de janeiro de 2014. AFP/Getty Images/Aviation Images*)

Depois de décadas de sucesso com seus vários modelos de aeronaves, a Boeing investiu bilhões de dólares para desenvolver um avião comercial baseado em uma nova classe de materiais. Por que a Boeing faria isso? A força motriz por trás dessa mudança para o polímero reforçado com fibra de carbono foi a redução do peso da fuselagem, aumentando, assim, a eficiência de combustível. Isso aumenta significativamente a relação desempenho/custo da aeronave.

A mudança para um material compósito envolveu inúmeros desafios técnicos. Qual seria o melhor material compósito? Como a fuselagem compósita seria formada? Décadas de dados sobre a propagação de trincas no alumínio sob a carga cíclica de decolagens e aterrissagens estão disponíveis. A fuselagem de compósito seria confiável? Um polímero reforçado com fibra de carbono teria a mesma resistência à corrosão que o alumínio ou ocorreria delaminação entre as fibras e o polímero? Os jatos de alumínio têm painéis estruturais que são pregados juntos. Como vários componentes estruturais feitos de compósitos seriam unidos? A partir dessa discussão, você pode ver que muitas questões devem ser levadas em consideração durante o projeto e a seleção de materiais

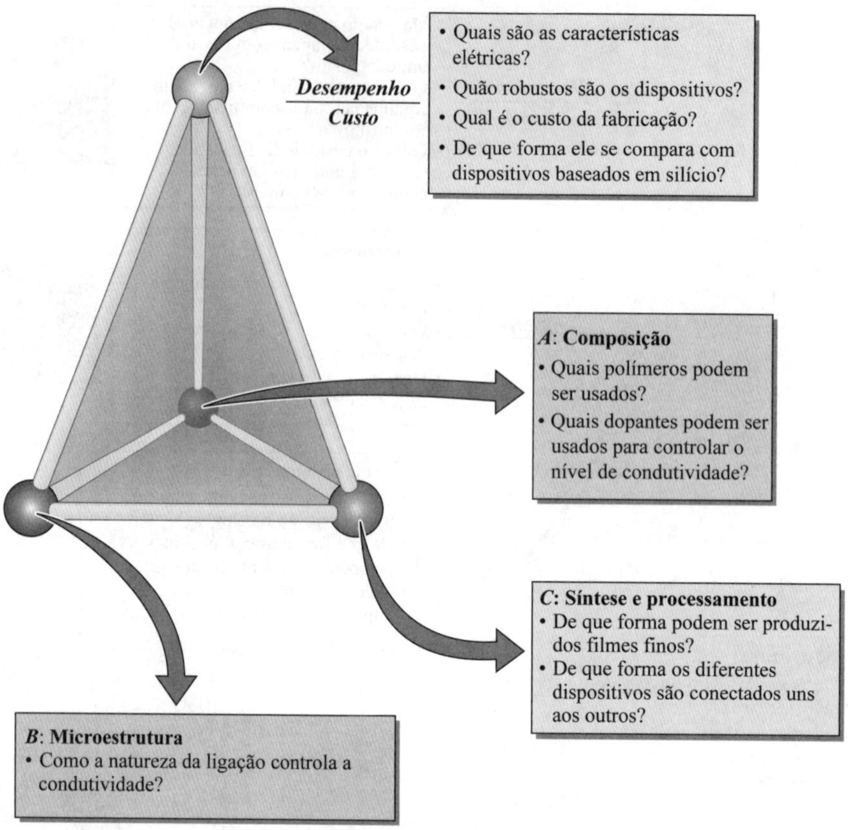

Figura 1-2 Aplicação do tetraedro da ciência e engenharia dos materiais aos polímeros semicondutores para equipamentos microeletrônicos.

para qualquer produto e que a relação entre desempenho e custo, a composição, a microestrutura, a síntese e o processamento são fatores críticos.

Vamos conferir mais um exemplo da aplicação do tetraedro da ciência e engenharia dos materiais, considerando o uso em dispositivos microeletrônicos de uma classe de materiais conhecidos como polímeros semicondutores (Figura 1-2). Muitos tipos de telas, como as que são encontradas em relógios, utilizam diodos emissores de luz (LEDs) feitos de compostos inorgânicos com base em arsenieto de gálio (GaAs) e outros materiais; no entanto, polímeros semicondutores também têm sido usados mais recentemente. As vantagens do uso de polímeros em microeletrônicos incluem sua flexibilidade e facilidade de processamento. As questões que os cientistas e engenheiros de materiais devem responder durante a aplicação de polímeros semicondutores são:

- Quais são as relações entre a estrutura dos polímeros e suas propriedades elétricas?
- Como podem ser fabricados dispositivos usando esses materiais?
- Esses dispositivos serão compatíveis com a tecnologia existente de chips de silício?
- Quão robustos são esses dispositivos?
- Podemos comparar o desempenho e o custo desses dispositivos com os de dispositivos tradicionais?

Esses são apenas alguns dos fatores que engenheiros e cientistas devem levar em consideração durante o desenvolvimento, projeto e fabricação de dispositivos usando polímeros semicondutores.

1-2 Classificação dos materiais

Há várias formas de classificação dos materiais. Uma delas considera cinco categorias (Tabela 1.1):

1. **Metais** e **ligas**.
2. **Cerâmicas, vidros** e **vitrocerâmicas**.
3. **Polímeros** (como os plásticos).
4. **Semicondutores**.
5. Materiais **compósitos**.

Tabela 1-1 • Aplicações, propriedades e exemplos representativos para cada categoria de materiais

	Exemplos de aplicações	Propriedades
Metais e ligas		
Cobre	Fios elétricos	Alta condutividade elétrica, boa conformabilidade
Ferro fundido cinzento	Blocos de motores para automóveis	Fundibilidade, usinabilidade, amortecimento de vibrações
Aços especiais	Ferramentas, chassis de automóveis	Endurecibilidade por tratamento térmico
Cerâmicas e vidros		
SiO_2-Na_2O-CaO	Vidro para janelas	Transparência óptica, isolamento térmico
Al_2O_3, MgO, SiO_2	Refratários (revestimento resistente ao calor para fornos de fusão)	Isolamento térmico, suporta altas temperaturas, relativamente inerte a metal fundido
Titanato de bário	Capacitores para microeletrônica	Grande capacidade de armazenamento de cargas elétricas
Sílica	Fibras ópticas para a tecnologia da informação	Baixas perdas ópticas
Polímeros		
Polietileno	Embalagens para alimentos	Facilidade de ser moldado para produzir filmes finos, flexibilidade e hermetismo
Resinas epóxi	Encapsulamento de circuitos integrados	Isolante elétrico e resistência à umidade
Resinas fenólicas	Adesivos para união de camadas de compensado	Resistência mecânica e à umidade
Semicondutores		
Silício	Transistores e circuitos integrados	Resposta elétrica específica
Arsenieto de gálio	Sistemas optoeletrônicos	Conversão de sinais elétricos em luz, lasers, diodos laser etc.
Compósitos		
Resina epóxi reforçada com fibras de carbono	Componentes para aviação	Elevada razão resistência-peso
Metal duro (liga de cobalto reforçada com carbeto de tungstênio)	Ferramentas de corte para usinagem	Elevada dureza conjugada com boa resistência a choques
Aço revestido com titânio	Vasos para reatores	Baixo custo e associação de alta resistência do aço com a elevada resistência à corrosão do titânio

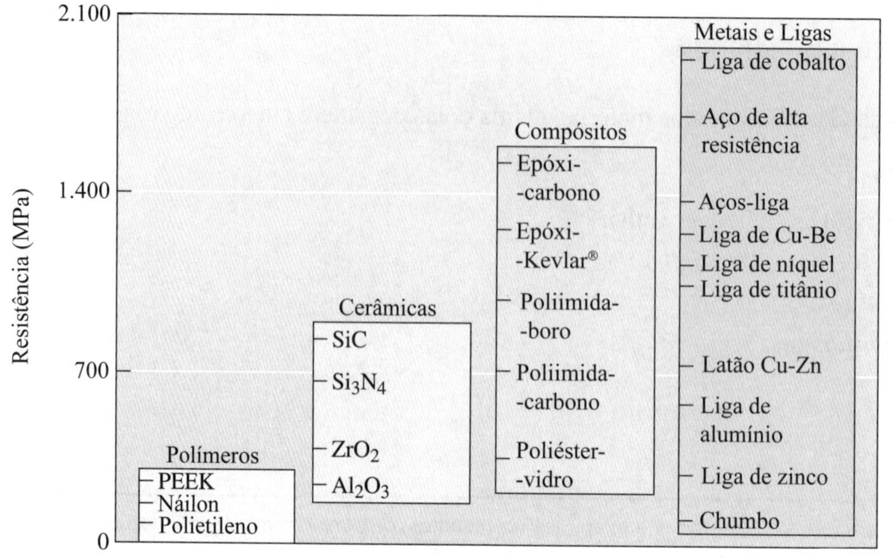

Figura 1-3 Resistências mecânicas representativas de várias categorias de materiais. Para as cerâmicas, são apresentadas as resistências à compressão.

Os materiais de cada um desses grupos apresentam estruturas e propriedades distintas. As diferenças em resistência mecânica, mostradas na Figura 1-3, ilustram a gama de propriedades que os engenheiros podem selecionar. Como os materiais metálicos são amplamente usados em aplicações estruturais, suas propriedades mecânicas são de grande interesse prático. Vamos apresentá-las rapidamente a seguir. O termo *tensão* refere-se à carga mecânica ou força por unidade de área, ao passo que *deformação* significa o alongamento ou a alteração de dimensão dividida pela dimensão original. A aplicação de tensão causa deformação. Caso a deformação desapareça após ser removida a carga ou a tensão aplicada, diz-se que a deformação é *elástica*. Se a deformação permanecer após ser removida a tensão, diz-se que a deformação é *plástica*. Quando a deformação é elástica, tensão e deformação estão linearmente relacionadas, e o coeficiente angular da reta tensão-deformação neste trecho é conhecido como módulo de elasticidade ou módulo de Young. A tensão necessária para iniciar uma deformação plástica é denominada *limite de escoamento*. A deformação percentual máxima que se pode obter é uma medida da ductilidade de um material metálico. Esses conceitos serão analisados mais profundamente nos Capítulos 6 e 7.

Metais e ligas Incluem aços, alumínio, magnésio, zinco, ferro fundido, titânio, cobre, níquel etc. Uma liga é um metal que contém adições de um ou mais metais ou não metais. Em geral, os metais apresentam boa condutividade térmica e elétrica. Tanto os metais quanto as ligas têm resistência mecânica relativamente elevada, alta rigidez, ductilidade ou conformabilidade e resistência a choques mecânicos. Eles são particularmente úteis em aplicações estruturais. Embora metais puros raramente sejam usados, combinações de metais – as chamadas ligas – permitem melhorar uma propriedade específica desejada ou obter melhor combinação de propriedades. Por exemplo, o ouro puro é um metal muito macio, por isso os joalheiros adicionam-lhe cobre para aumentar sua resistência mecânica, de modo que a joia feita de ouro não seja danificada facilmente.

Cerâmicas É possível definir as cerâmicas como materiais cristalinos inorgânicos. As cerâmicas podem ser consideradas os materiais mais *naturais* que existem. De fato, a areia das praias e as rochas são exemplos de cerâmicas em estado natural. As avançadas são materiais feitos com o refino de cerâmicas naturais e por outros processos especiais. Essas são empregadas em substratos de chips de computadores, sensores e atuadores, capacitores, equipamentos para comunicações sem fio, velas de ignição, indutores e isoladores elétricos. Alguns tipos de cerâmica são utilizados como revestimento de proteção para substratos metálicos em turbinas. As cerâmicas também são empregadas em vários produtos de consumo, como tintas, plásticos e pneus, e em aplicações industriais mais avançadas, como os sensores de oxigênio para automóveis. Quanto às cerâmicas tradicionais, são utilizadas em tijolos, louças de cozinha, pias e vasos sanitários, refratários (materiais resistentes ao calor) e abrasivos. Em geral, as cerâmicas não são boas condutoras de calor. Além disso, devem ser aquecidas a temperaturas altíssimas antes de fundir. As cerâmicas são também resistentes e rígidas, mas, ao mesmo tempo, bastante frágeis. Normalmente são preparados pós finos de cerâmica, que serão então moldados em diferentes formatos. Novas técnicas de processamento tornaram-nas suficientemente resistentes à fratura, a ponto de serem usadas em aplicações estruturais – tais como rotores de turbinas. As cerâmicas apresentam ainda excepcional resistência à compressão. Você acreditaria que todo o peso de um caminhão de bombeiros pode ser suportado por apenas quatro xícaras de café feitas de cerâmica?

Vidros e vitrocerâmicas O vidro é um material amorfo, geralmente (mas nem sempre) derivado de um líquido fundido. O termo *amorfo* refere-se a materiais que não possuem um arranjo atômico regular e periódico. Os materiais amorfos serão analisados em detalhes no Capítulo 3. A indústria de fibras ópticas está baseada em fibras feitas com vidro de sílica de alta pureza. Os vidros são usados também em casas, automóveis, telas de computador e TV, além de centenas de outras aplicações. Podem ser tratados termicamente (temperados) para que se tornem mais resistentes. A formação de vidros seguida da nucleação (formação) de pequenos cristais no seu interior, por meio de um processo térmico especial, dá origem a materiais conhecidos como vitrocerâmicas. O Zerodur® é um exemplo de vitrocerâmica usada na fabricação de substratos espelhados para grandes telescópios (como os telescópios Chandra e Hubble). Tanto os vidros como as vitrocerâmicas são normalmente processados por fusão e moldagem.

Polímeros Em geral, os polímeros são materiais orgânicos produzidos por meio de um processo conhecido como **polimerização**. Entre os materiais poliméricos, em geral podemos citar as borrachas (elastômeros) e muitos tipos de adesivos. Os polímeros geralmente são bons isolantes térmicos e elétricos, apesar de existirem exceções. Embora tenham baixa resistência, possuem boa **razão resistência-peso**. Normalmente, não são adequados ao uso em altas temperaturas, entretanto, vários polímeros são bastante resistentes a produtos químicos corrosivos. Empregam-se os polímeros em milhares de aplicações, de coletes à prova de bala, discos compactos (CD), cordas e displays de cristal líquido (LCD) a roupas e xícaras. Os polímeros **termoplásticos**, nos quais as longas cadeias moleculares não estão rigidamente conectadas, têm boa ductilidade e conformabilidade; já os polímeros **termofixos** são mais resistentes e mais frágeis, pois suas cadeias moleculares apresentam ligações cruzadas (Figura 1-4). Utilizam-se os polímeros em inúmeras aplicações, incluindo dispositivos eletrônicos. Os termoplásticos são fabricados por conformação do material fundido, ao passo que os termofixos são geralmente fundidos e vazados em moldes. Os **plásticos** contêm aditivos que aprimoram as propriedades dos polímeros.

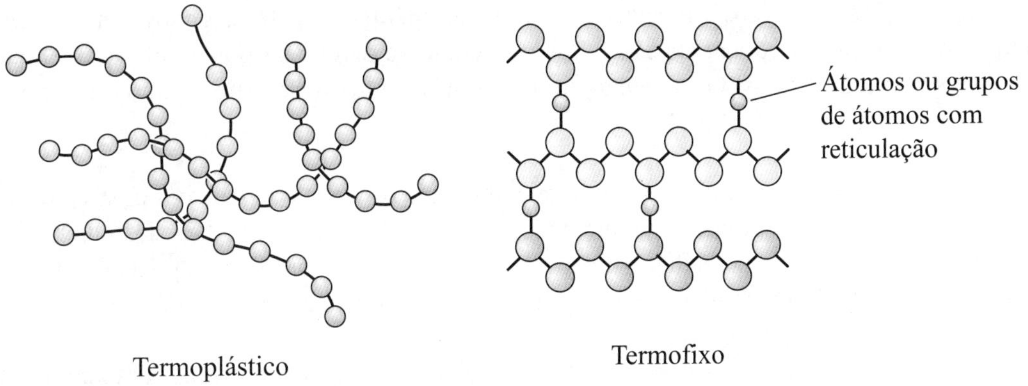

Figura 1-4 A polimerização ocorre quando pequenas moléculas (representadas pelos círculos) se unem para produzir moléculas maiores (polímeros). As moléculas de polímeros podem apresentar uma estrutura composta de várias cadeias emaranhadas, mas não interligadas (termoplásticos), ou podem formar redes tridimensionais com cadeias reticuladas (termofixos).

Semicondutores Os semicondutores feitos de silício, germânio e arsenieto de gálio, tais como os utilizados em computadores e aparelhos eletrônicos, fazem parte de uma classe mais ampla conhecida como materiais eletrônicos. A condutividade elétrica dos materiais semicondutores situa-se entre a dos isoladores cerâmicos e a dos condutores metálicos. Os semicondutores viabilizaram a era da informação eletrônica. Em alguns semicondutores, pode-se controlar o grau de condutividade elétrica, de modo que possibilite a fabricação de componentes eletrônicos (tais como transistores, diodos etc.) empregados em circuitos integrados. Muitas aplicações requerem grandes cristais individuais (monocristais) de semicondutores, formados a partir de materiais fundidos. Costuma-se também produzir filmes finos de materiais semicondutores por meio de processos especiais.

Materiais compósitos Ao desenvolver compósitos, a ideia primordial consiste em combinar as propriedades de diferentes materiais. Formados por dois ou mais materiais, os compósitos dão origem a propriedades que não são encontradas em nenhum dos materiais individualmente. Concreto, compensado e fibra de vidro são exemplos de materiais compósitos. O material conhecido como *fibra de vidro*, por exemplo, é obtido dispersando-se fibras de vidro em uma matriz polimérica. Essas fibras, então, tornam o polímero mais rígido, sem elevar significativamente sua densidade. Com o auxílio de compósitos, podemos produzir materiais leves, tenazes, dúcteis e resistentes a altas temperaturas, ou podemos fabricar ferramentas de corte duras (e mesmo assim resistentes a choques) que iriam fraturar se fossem feitas com outros materiais. Aviões e veículos aeroespaciais avançados dependem bastante dos compósitos. Conforme discutimos anteriormente neste capítulo, o Boeing 787 utiliza polímero reforçado com fibras de carbono em muitos componentes estruturais, em vez de alumínio, aumentando a eficiência do combustível. Equipamentos esportivos, como bicicletas, tacos de golfe, raquetes de tênis e outros, também podem utilizar diferentes tipos de materiais compósitos leves e rígidos.

1-3 Classificação funcional dos materiais

Podemos classificar os materiais com base na função mais importante que desempenham, ou seja, mecânica (estrutural), biológica, elétrica, magnética ou óptica. A classificação dos materiais pode ser vista na Figura 1-5. São mostrados alguns exemplos de cada categoria, que podem ser ainda divididas em subcategorias.

Aeroespaciais Materiais leves, como madeira e liga de alumínio (que acidentalmente foi endurecida pela presença do cobre do molde empregado na fundição), foram utilizados no histórico voo dos irmãos Wright. No ônibus especial da Nasa, empregou-se pó de alumínio em seus foguetes propulsores e sílica em seu revestimento. A fuselagem e as asas da aeronave 787 da Boeing são, em sua maioria, compostas de polímero reforçado com fibras de carbono.

Biomédicos Nossos ossos e dentes são formados, em parte, por uma cerâmica formada naturalmente, denominada hidroxiapatita. Vários órgãos artificiais, implantes ortopédicos, próteses endovasculares (*stents*), aparelhos ortodônticos e outros componentes são feitos utilizando-se diversos tipos de plásticos, ligas de titânio e aços inoxidáveis não magnéticos. Os sistemas de imagem por ultrassom empregam cerâmicas conhecidas como titanato zirconato de chumbo (PZT).

Materiais eletrônicos Como já mencionamos, os semicondutores (os feitos de silício, por exemplo) são utilizados na fabricação de circuitos integrados de computador. Titanato de bário ($BaTiO_3$), óxido de tântalo (Ta_2O_5) e outros materiais dielétricos são empregados em capacitores cerâmicos e outros componentes. Cobre, alumínio e outros materiais são usados como condutores em transmissão de energia e em microeletrônica.

Tecnologia de energia e tecnologia ambiental A indústria nuclear usa alguns materiais como combustíveis, principalmente o dióxido de urânio e o plutônio. Vários outros, como vidros e aços inoxidáveis, são utilizados na manipulação de substâncias nucleares e na gestão de resíduos radioativos. Novas tecnologias, relacionadas a baterias e células de combustível, empregam diversos materiais cerâmicos – como a zircônia (ZrO_2) – e polímeros.

A tecnologia de baterias tem enorme importância, em razão das necessidades de vários aparelhos eletrônicos, que requerem fornecimento de energia por longa duração, conservando a portabilidade do equipamento. As células a combustível são utilizadas nos carros a hidrogênio. A indústria de petróleo usa amplamente zeólitas, alumina e demais materiais cerâmicos como suporte para catalisadores e emprega Pt, Pt/Rh, entre outros metais, como catalisadores. Diversas tecnologias de membranas para a purificação de líquidos e gases empregam cerâmicas e polímeros. A luz solar gera eletricidade com o uso de materiais como o silício amorfo (a:Si:H).

Materiais magnéticos Os discos rígidos de computadores utilizam vários materiais cerâmicos, metálicos e poliméricos. Eles são, entre outros componentes, feitos com ligas de cobalto-platina-tântalo-cromo (Co-Pt-Ta-Cr). Vários tipos de ferritas magnéticas são utilizados na fabricação de indutores e componentes para comunicações sem fio. Os aços contendo silício são usados em núcleos de transformadores.

Materiais fotônicos ou ópticos A sílica é amplamente empregada na produção de fibras ópticas. Mais de 10 milhões de quilômetros de fibras ópticas já foram instalados em todo o mundo. Utilizam-se materiais ópticos para fazer lasers e detectores de semicondutor para sistemas de comunicação com fibras ópticas e outras aplicações. De

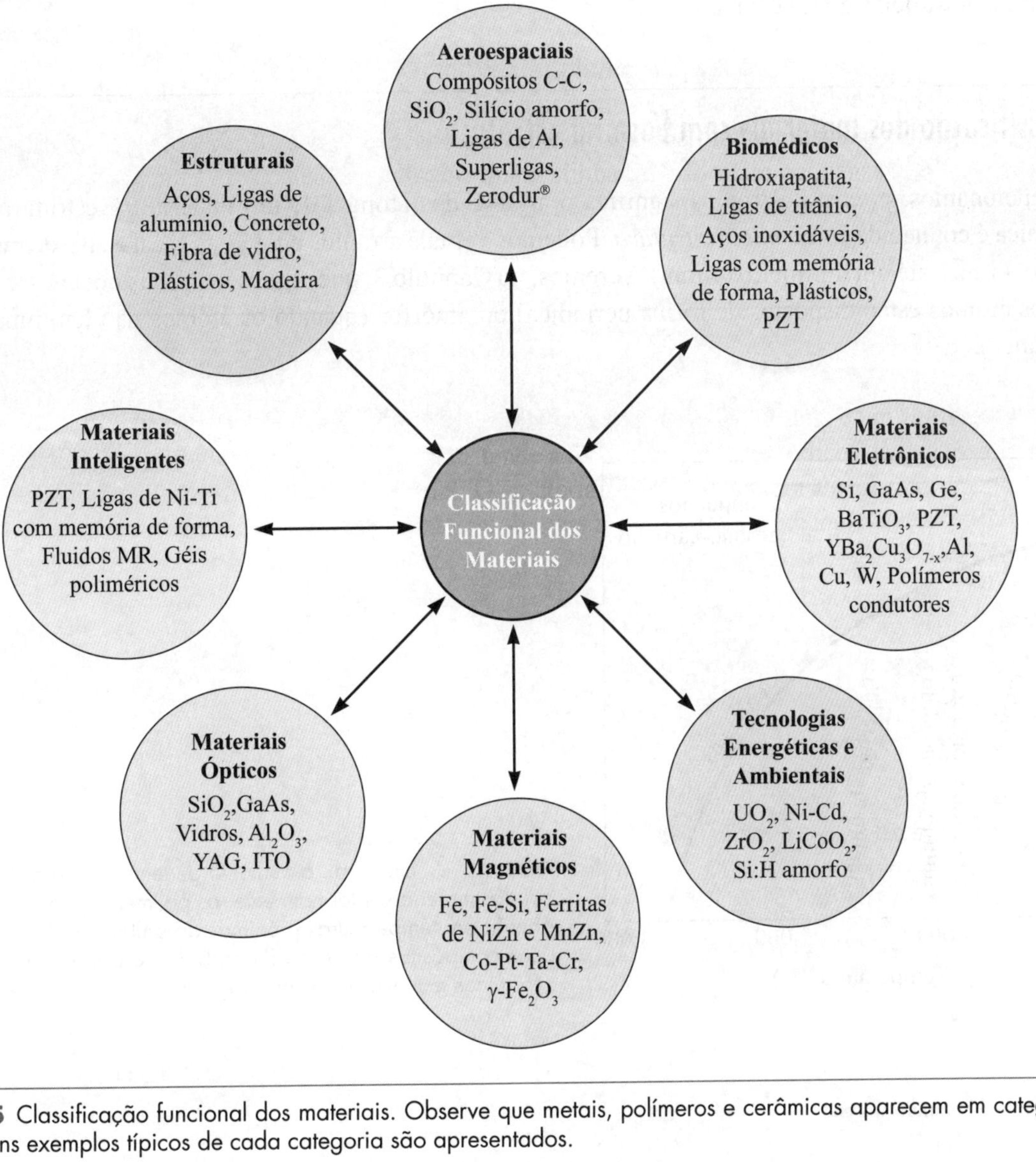

Figura 1-5 Classificação funcional dos materiais. Observe que metais, polímeros e cerâmicas aparecem em categorias diferentes. Alguns exemplos típicos de cada categoria são apresentados.

modo semelhante, usa-se alumina (Al_2O_3) e granadas de ítrio-alumínio (YAG)[1] na fabricação de lasers. Os polímeros, por sua vez, são empregados na produção dos displays de cristal líquido (LCD).

Materiais inteligentes Um **material inteligente** é capaz de detectar estímulos externos – tais como alterações de temperatura, de tensão, de umidade ou de um composto químico específico – e de responder a esses estímulos. Em geral, um sistema que utiliza materiais inteligentes é composto por sensores e atuadores que percebem mudanças e iniciam determinada reação. O titanato zirconato de chumbo (PZT) e as ligas com memória de forma são exemplos de materiais inteligentes. Se adequadamente processada, a cerâmica de PZT gera uma diferença de potencial elétrico ao ser submetida a tensões mecânicas. Emprega-se esse efeito em vários dispositivos, tais como acendedores para fogões a gás e sensores capazes de detectar objetos subaquáticos, como peixes e submarinos. Outro exemplo de materiais inteligentes são os fluidos magneto-reológicos. Esses fluidos, tintas magnéticas que respondem a campos magnéticos, são usados nos sistemas de suspensão de automóveis. Outros exemplos de materiais e sistemas inteligentes são os vidros fotocrômicos e os espelhos com regulação automática da intensidade de luz refletida.

Materiais estruturais Estes materiais são projetados para suportar tensão mecânica. Aços, concreto e compósitos são empregados na construção de edifícios e pontes. Aços, vidros, plásticos e compósitos são também amplamente utilizados na fabricação de automóveis. É comum, em tais aplicações, haver a necessidade de combinar simultaneamente as propriedades de resistência, rigidez e tenacidade sob diferentes condições de temperatura e de solicitação mecânica.

1-4 Classificação dos materiais com base na estrutura

Como mencionamos, o termo *estrutura* significa o arranjo dos átomos de um material. A estrutura em escala microscópica é conhecida como *microestrutura.* Podemos ver tais arranjos em várias escalas, desde menos de um nanômetro[2] (1 nm) até um milímetro (1 mm). Veremos, no Capítulo 3, que alguns materiais podem ser **cristalinos** (quando os átomos estão dispostos de forma periódica) ou amorfos (quando os átomos não têm uma ordem de longo alcance).

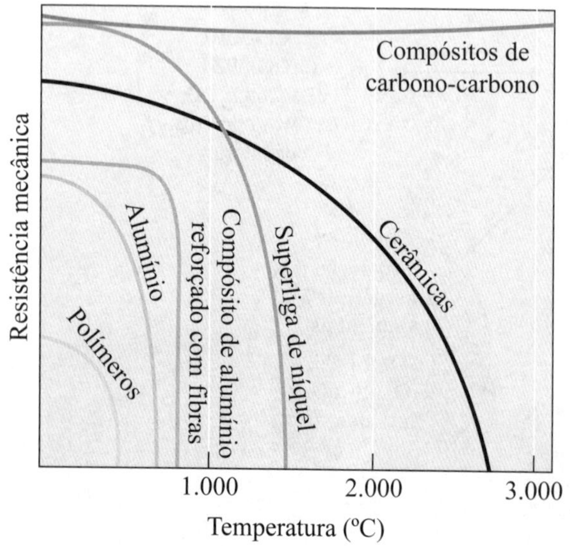

Figura 1-6 Em geral, o aumento de temperatura reduz a resistência dos materiais. Normalmente, os polímeros podem ser utilizados apenas em temperaturas próximas da ambiente. Por outro lado, alguns compósitos (como os de carbono-carbono), ligas especiais e cerâmicas têm excelentes propriedades em altas temperaturas.

[1] N.R.T.: **Y**ttrium **A**luminum **G**arnets.

[2] N.R.T.: 1 nm = 10^{-9} m.

Alguns materiais cristalinos podem ser constituídos de somente um cristal, sendo então conhecidos como **monocristalinos** ou **monocristais**. Outros são compostos por vários cristais ou **grãos** e recebem o nome de **policristalinos**. As características de cristais ou grãos (tamanho, formato etc.) e das regiões entre eles – conhecidas como **contornos de grão** – também afetam as propriedades dos materiais. Vamos discutir esses conceitos nos próximos capítulos. A micrografia de uma amostra de aço inoxidável mostrando grãos e os contornos de grão é apresentada na Figura 1-1.

1-5 Efeitos ambientais e outros efeitos

A correlação estrutura-propriedades dos materiais usados na fabricação de componentes é geralmente influenciada pelo ambiente ao qual serão submetidos durante o uso. Isso pode incluir exposição a altas ou baixas temperaturas, tensões mecânicas cíclicas, impactos súbitos, corrosão e oxidação. Esses efeitos devem ser levados em conta no projeto, a fim de garantir que os componentes não falhem prematuramente.

Temperatura As mudanças de temperatura alteram drasticamente as propriedades dos materiais (Figura 1-6). Metais e ligas que foram endurecidos por tratamentos térmicos ou durante os processos de conformação podem perder repentinamente a resistência ao serem aquecidos. Uma trágica lembrança dessa característica é o desabamento das torres do World Trade Center em 11 de setembro de 2001. Embora as torres tenham resistido ao impacto inicial das colisões, suas estruturas de aço foram enfraquecidas pelas elevadas temperaturas causadas pelo fogo, levando, por fim, ao seu colapso.

Temperaturas elevadas mudam também as estruturas das cerâmicas e dos polímeros. Estes se fundem ou se queimam em altas temperaturas. Por outro lado, temperaturas extremamente baixas podem fazer com que um metal ou polímero se torne frágil, fraturando-o mesmo com a aplicação de pequenas cargas. Essa fragilidade em baixas temperaturas foi um dos fatores responsáveis pela fratura do casco e afundamento do navio *Titanic*. Da mesma forma, o acidente de 1986 com o ônibus espacial *Challenger* deveu-se, em parte, à fragilização dos anéis de vedação (*o-ring*). As razões pelas quais materiais poliméricos e metálicos se tornam frágeis são diferentes. Discutiremos esses conceitos nos próximos capítulos.

Corrosão Muitos metais e polímeros reagem com o oxigênio e outros gases, particularmente em temperaturas elevadas. Metais e cerâmicas podem degradar-se, ao passo que polímeros e cerâmicas não óxidas podem oxidar-se. Os materiais são atacados por líquidos corrosivos, o que ocasiona falhas prematuras. Os engenheiros enfrentam o desafio de selecionar materiais ou revestimentos que evitem a degradação, permitindo a operação em ambientes sob condições extremas. Em aplicações espaciais, ainda é preciso considerar os efeitos da radiação solar.

Fadiga Para muitas aplicações, os componentes devem ser projetados e utilizados de modo que a carga mecânica aplicada ao material não chegue a causar deformações permanentes. Ao aplicar e remover a carga milhares de vezes, pequenas trincas (microtrincas) podem ser formadas e, com a propagação de tais trincas, o material falhará. Isso é conhecido como **falha por fadiga**. Portanto, é preciso considerar a possibilidade de fadiga ao projetarem-se componentes destinados a suportar cargas cíclicas por longo tempo.

Taxa de deformação Muitas pessoas sabem que o Silly Putty®, um brinquedo feito de silicone, permite grande estiramento se for deformado lentamente (baixa taxa de deformação). No entanto, ele se rompe caso seja deformado rapidamente (alta taxa de deformação). Um comportamento similar pode ser observado em vários materiais metálicos. Assim, em diversas aplicações, é preciso considerar também a taxa de deformação.

Em muitos casos, os efeitos de temperatura, fadiga, tensão e corrosão podem estar inter-relacionados. Além desses fatores, outros efeitos externos podem também afetar o desempenho dos materiais.

1-6 Projeto e seleção de materiais

Ao projetar um material para determinada aplicação, uma série de fatores precisa ser considerada. O material deve alcançar as **propriedades físicas** e **mecânicas** desejadas, deve permitir o processamento ou a fabricação em um formato específico e deve oferecer solução econômica aos problemas do projeto. Também é importante proteger o meio ambiente estimulando, se possível, a reciclagem dos materiais. O engenheiro provavelmente precisará compatibilizar os diversos (e às vezes antagônicos) requisitos de projeto para obter um produto ao mesmo tempo viável tecnicamente e comercializável.

Como exemplo, o custo do material é normalmente calculado por peso (ou, mais apropriadamente, por sua massa). É preciso considerar o **peso específico** do material (ou seja, seu peso por unidade de volume) durante o projeto e/ou a seleção dos materiais (Tabela 1-2). Dessa forma, o alumínio pode ser mais caro que o aço, mas sua densidade é de apenas um terço da do aço. Embora as peças feitas de alumínio normalmente tenham de ser mais espessas, poderão ser mais baratas que as de aço em razão da diferença de peso específico.

O peso é um parâmetro crítico em alguns casos, especialmente em aplicações aeroespaciais, já que qualquer peso adicional do veículo aumenta o consumo de combustível. Ao se utilizarem materiais leves e ao mesmo tempo resistentes, é possível projetar veículos aeroespaciais ou terrestres de modo que minimize o consumo de combustível. Vários veículos aeroespaciais avançados empregam materiais compósitos em vez de alumínio. Esses compósitos, tais como os polímeros reforçados por fibra de carbono, são mais caros que as ligas convencionais de alumínio. No entanto, a economia de combustível viabilizada pela maior razão resistência-peso do compósito (Tabela 1.2) pode compensar o custo inicial mais elevado da aeronave, fato que também se aplica ao Boeing 787. Há diversas aplicações em que é possível fazer considerações semelhantes. Em geral, a seleção de materiais envolve soluções de compromisso entre vários requisitos.

Neste ponto de nossa análise, esperamos ter deixado claro que as propriedades dos materiais dependem não só da composição química, mas também de como são produzidos (síntese e processamento) e, o que é mais importante, de sua estrutura interna. Por isso não é conveniente, para um engenheiro, apenas consultar um manual e selecionar um material para determinada aplicação. Embora os manuais possam se constituir num bom ponto de partida, um engenheiro consciente também irá considerar: os efeitos do processamento do material; qual é exatamente a composição dos possíveis materiais para a aplicação em questão; que processamento será empregado para

Tabela 1-2 • Razão resistência mecânica – peso específico de vários materiais

Material	Resistência (kg/m²)	Densidade (g/cm³)	Razão resistência-peso (cm)
Polietileno	70×10^4	0,83	$8,43 \times 10^4$
Alumínio puro	455×10^4	2,17	$16,79 \times 10^4$
Al_2O_3	21×10^6	3,16	$0,66 \times 10^6$
Epóxi	105×10^5	1,38	$7,61 \times 10^5$
Aço-liga tratado termicamente	17×10^7	7,75	$0,22 \times 10^7$
Liga de alumínio tratada termicamente	60×10^6	2,71	$2,21 \times 10^6$
Compósito de carbono-carbono	42×10^6	1,80	$2,33 \times 10^6$
Liga de titânio tratada termicamente	12×10^7	4,43	$0,27 \times 10^7$
Compósito de Kevlar®-epóxi	46×10^6	1,47	$3,13 \times 10^6$
Compósito de carbono-epóxi	56×10^6	1,38	$4,06 \times 10^6$

conformar o material ou fabricar uma peça; a estrutura do material após o processamento de um componente ou dispositivo; o ambiente em que o material será exposto; e a razão custo-desempenho.

No início deste capítulo, discutimos a necessidade de conhecer os princípios da ciência e engenharia de materiais. Se você for um engenheiro e precisar decidir quais materiais deve escolher para fabricar um componente, ao conhecer os princípios de ciência e engenharia de materiais, dominará seus conceitos fundamentais. Isso, por sua vez, permitirá que tome decisões tecnicamente corretas ao projetar com materiais.

Diamante e grafite são compostos por grafite puro, mas suas propriedades variam consideravelmente. Essas variações surgem devido a diferenças na organização dos átomos nos sólidos e na ligação entre os átomos. A ligação covalente no diamante leva a uma alta resistência e rigidez, excelente condutividade térmica e baixa condutividade elétrica (*Özer Öner/Shutterstock.com*). Os átomos do grafite estão organizados em camadas. A ligação entre os átomos de uma mesma camada é covalente, mas, nos átomos de camadas vizinhas, as ligações são mais fracas. Por isso, o grafite pode ser facilmente cortado em lâminas, como ocorre enquanto escrevemos com um lápis (*Ronald van der Beek/Shutterstock.com*). A condutividade térmica do grafite é muito mais baixa que a do diamante, enquanto a condutividade elétrica é bem maior.

capítulo 2

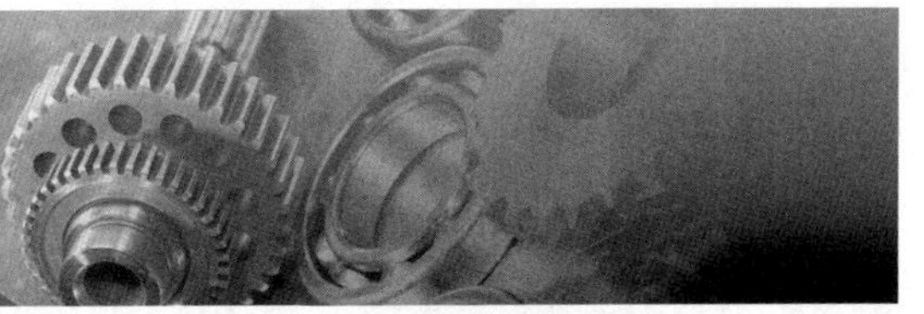

Estrutura atômica

VOCÊ JÁ SE PERGUNTOU?

- O que é nanotecnologia?
- Por que o carbono, na forma de diamante, é um dos materiais mais duros que se conhecem, mas, na forma de grafite, é macio o suficiente para ser usado como lubrificante sólido?
- Como a sílica, principal componente da areia das praias, é empregada de forma ultrapura na fabricação de fibras ópticas?

OBJETIVOS DE APRENDIZAGEM DO CAPÍTULO

Os principais objetivos deste capítulo são

- Definir os quatro números quânticos para os elétrons e explicar a importância de cada um deles.
- Explicar o arranjo dos elementos na tabela periódica.
- Explicar a estrutura eletrônica dos elementos.
- Explicar a função da eletronegatividade nas ligações.
- Definir quatro diferentes tipos de ligação em materiais.
- Compreender como as interações entre os átomos influenciam nas propriedades dos materiais.
- Reconhecer que mesmo que os alótropos sejam compostos do mesmo elemento eles podem apresentar propriedades drasticamente diferentes devido à variação da estrutura (por exemplo, os diferentes alótropos do carbono).

Os cientistas e engenheiros de materiais têm desenvolvido uma série de instrumentos com a finalidade de caracterizar a **estrutura** de materiais em diversas escalas. Podemos examinar e descrever a estrutura de materiais em cinco diferentes níveis:

1. Estrutura atômica.
2. Arranjos atômicos de curto e de longo alcance.
3. Nanoestrutura.
4. Microestrutura.
5. Macroestrutura.

As características de estrutura em cada um desses níveis podem ter influências distintas e profundas nas propriedades e no comportamento de um material.

O objetivo deste capítulo é examinar a **estrutura atômica** (o núcleo, que consiste em prótons e nêutrons, e os elétrons ao redor do núcleo), a fim de estabelecer uma base para a compreensão de como a estrutura atômica afeta as propriedades, o comportamento e as aplicações resultantes dos materiais na engenharia. Veremos que a estrutura dos átomos afeta os tipos de ligações que mantêm os materiais coesos. Esses diferentes tipos de ligações afetam diretamente a adequação de materiais às aplicações de engenharia no mundo real. Em geral, o diâmetro dos átomos é medido utilizando-se o angstrom como unidade (Å ou 10^{-10} m).

Também é importante entender como a estrutura e as ligações atômicas levam a diferentes arranjos atômicos ou iônicos em materiais. Um exame atento dos arranjos atômicos permite distinguir entre materiais **amorfos** (que não apresentam ordenação de longo alcance de átomos ou íons) e **cristalinos** (que exibem arranjos periódicos de átomos ou íons). Os materiais amorfos têm apenas **arranjos atômicos de curto alcance**, ao passo que os cristalinos apresentam arranjos de curto alcance e **de longo alcance**. Nos de curto alcance, os átomos ou íons possuem ordem específica apenas em distâncias relativamente curtas (1 a 10 Å). No caso de materiais cristalinos, a ordem atômica de longo alcance considera que os átomos ou íons estão dispostos em um padrão tridimensional, que se repete ao longo de distâncias bem maiores (de cerca de 10 nanômetros até vários centímetros).

A ciência e engenharia dos materiais está na vanguarda da **nanociência** e da **nanotecnologia**. A nanociência é o estudo de materiais na escala de tamanho do nanômetro, e a nanotecnologia é a manipulação e o desenvolvimento de dispositivos nessas mesmas dimensões. A **nanoestrutura** é a estrutura de um material em uma **escala de tamanho** de 1 a 100 nm. O controle da nanoestrutura está se tornando cada vez mais importante para as aplicações avançadas da engenharia de materiais.

A **microestrutura** é a estrutura de materiais em uma **escala de tamanho** de 100 a 100.000 nm ou 0,1 a 100 micrômetros (geralmente, representados como μm e pronunciados como "mícrons"). A microestrutura em geral se refere a características como o tamanho do grão de um material cristalino e àquelas relacionadas a defeitos em materiais (um *grão* é um monocristal em um material composto de muitos cristais).

Macroestrutura é a estrutura de um material em um nível macroscópico, no qual a escala de tamanho é maior que 100 μm. Propriedades que constituem a macroestrutura incluem porosidade, revestimentos superficiais e microtrincas internas e externas.

Concluiremos o capítulo considerando alguns dos **alótropos** do carbono. Veremos que, embora o diamante e a grafite sejam feitos de carbono puro, eles apresentam diferentes qualidades. A chave para compreender essas diferenças está em entender como os átomos são arranjados em cada forma alotrópica.

2-1 Estrutura de materiais: relevância tecnológica

Atualmente, a tecnologia da informação, a biotecnologia, as tecnologias de novas fontes de energia e as relacionadas à questão ambiental, entre outras, requerem dispositivos menores, mais leves, mais rápidos, portáteis, mais eficientes, confiáveis, duráveis e economicamente viáveis. Queremos pilhas e baterias que sejam menores, mais leves e mais duráveis. Necessitamos de automóveis com baixo preço que sejam leves, seguros, eficientes quanto ao consumo de combustível e equipados com recursos avançados, desde sistemas de posicionamento global (GPS, na sigla em inglês) a sensores sofisticados para o acionamento de airbags.

Algumas dessas necessidades despertaram considerável interesse em nanotecnologia e **sistemas microeletromecânicos** (MEMS[1]). Como um exemplo real da tecnologia MEMS, considere um pequeno acelerômetro, obtido pela microusinagem do silício. Utiliza-se esse sensor para medir a aceleração em automóveis. As informações são processadas por um computador central, sendo então utilizadas para controlar o acionamento dos airbags. As propriedades e o comportamento de materiais em nível "micro" podem variar consideravelmente quando comparados aos do nível "macro" ou no estado bruto. Como resultado, compreender a nanoestrutura e a microestrutura são áreas que recebem considerável atenção.

As aplicações mostradas na Tabela 2-1 e nas figuras associadas (Figuras 2-1 a 2-6) ilustram quão importantes são os diferentes níveis da estrutura para o comportamento dos materiais. Essas aplicações foram divididas de

[1] N.R.T.: MEMS, de Micro-Electro-Mechanical Systems.

Tabela 2-1 • Níveis de estrutura

Nível da estrutura	Exemplos de tecnologias
Estrutura atômica (~ 10^{-10} m ou 1 Å)	O diamante é formado por ligações covalentes carbono-carbono. Espera-se que materiais com esse tipo de ligação sejam relativamente duros. Ferramentas de corte são recobertas com finas películas de diamante para aumentar a resistência ao desgaste.  **Figura 2-1** Ferramentas de corte revestidas com diamante. *(Cortesia de NCD Technologies)*
Arranjos atômicos: ordem de longo alcance (~ 10 nm a cm)	Quando os íons em titanato zirconato de chumbo [$Pb(Zr_xTi_{1-x})O_3$] ou (PZT) são dispostos em estruturas cristalinas tetragonais e/ou romboédricas (veja o Capítulo 3), o material é piezoelétrico (ou seja, gera potencial elétrico ao ser submetido a pressão ou tensão mecânica). As cerâmicas de PZT têm várias aplicações, sendo usadas como ignitores de gás, na geração de ultrassom e para controle de vibração.  **Figura 2-2** Ignitores piezoelétricos à base de PZT, para iniciar a combustão de gases. Ao submeter o material piezoelétrico a uma tensão mecânica (aplicando-se pressão), ele gera um potencial elétrico, e uma faísca surge entre os eletrodos. *(Cortesia da Morgan Technical Ceramics, Ltd., Reino Unido)*
Arranjos atômicos: ordem de curto alcance (de 1 a 10 Å)	Os íons presentes no vidro de sílica (SiO_2) possuem apenas uma ordem de curto alcance, na qual os íons Si^{4+} e O^{2-} estão dispostos de forma específica (cada íon Si^{4+} está ligado a quatro íons O^{2-} em uma coordenação tetraédrica). Essa ordem, porém, não é mantida em muitas distâncias atômicas, o que torna o vidro de sílica um material amorfo. Os vidros amorfos feitos de sílica e alguns outros óxidos são a base da indústria de comunicação de dados por meio de fibras ópticas.  **Figura 2-3** Fibras ópticas produzidas com sílica amorfa. *(Nick Rowe/Photodisc Green/Getty Images)*

(Continua)

Tabela 2-1 • Níveis de estrutura (Continuação)

Nível da estrutura	Exemplos de tecnologias
Nanoestrutura (~ 10^{-9} a 10^{-7} m, 1 a 100 nm)	Utilizam-se nanopartículas (com diâmetros da ordem de ~5 a10 nm) de óxido de ferro em ferrofluidos ou fluidos magnéticos. Esses fluidos magnéticos são empregados, por exemplo, como meio de resfriamento (por transferência de calor) em alto-falantes.
	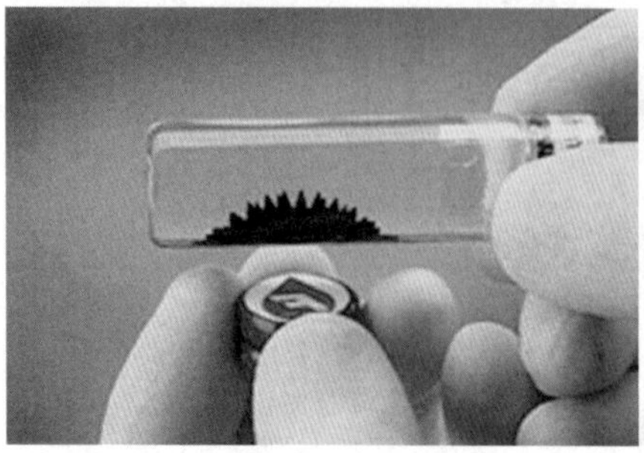 **Figura 2-4** Ferrofluido. (*Cortesia da Ferrotec USA Corporation*)
Microestrutura (~ > 10^{-7} a 10^{-4} m, 0,1 a 100 μm)	A resistência mecânica de vários metais e ligas depende, em grande parte, do tamanho de seus grãos constituintes. Os grãos e os contornos de grão do aço são características microestruturais de um material cristalino. Em geral, à temperatura ambiente, grãos menores proporcionam maior resistência mecânica. Muitas propriedades importantes dos materiais são sensíveis à microestrutura.
	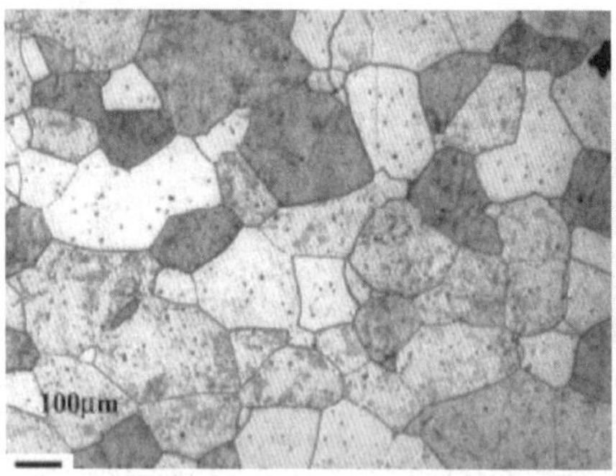 **Figura 2-5** Microestrutura do aço inoxidável mostrando grãos e contornos de grão. (*Cortesia dos drs. A. J. Deardo, M. Hua e J. Garcia*)
Macroestrutura (~>10^{-4} m, ~> 100.000 nm ou 100 μm)	Revestimentos com espessura relativamente elevada, como tintas de automóveis e outras aplicações, são utilizados não só por motivos estéticos, mas também para proporcionar resistência à corrosão.
	 **Figura 2-6** Vários revestimentos orgânicos e inorgânicos, relativamente espessos, protegem o aço do automóvel contra a corrosão, além de proporcionar uma aparência agradável. (*George Dolgikh/Shutterstock.com*)

acordo com seus níveis de estrutura e suas escalas de tamanho (o comprimento aproximado característico para determinada aplicação). São dados também exemplos de aplicação na indústria.

Voltemos agora nossa atenção aos detalhes que se referem à estrutura dos átomos, às ligações entre átomos e como esse conhecimento constitui a base para o entendimento das propriedades dos materiais. A estrutura atômica influencia o modo como os átomos estão ligados entre si. Esse fato permite classificar os materiais como metálicos, semicondutores, cerâmicos ou poliméricos. Além disso, é possível chegar a algumas conclusões gerais sobre as propriedades mecânicas e o comportamento físico dessas quatro classes de materiais.

2-2 Estrutura do átomo

Os conceitos mencionados a seguir são abordados em cursos introdutórios de química. Fornecemos aqui apenas uma breve análise. O átomo é composto de um núcleo circundado por elétrons. O núcleo contém nêutrons e partículas positivamente carregadas (prótons), apresentando uma carga resultante positiva. Os elétrons, que são negativamente carregados, são mantidos próximos do núcleo por meio de atração eletrostática. A carga elétrica q existente em cada elétron e próton é de $1{,}60 \times 10^{-19}$ Coulomb (C).

O **número atômico** de um elemento equivale ao número de elétrons ou prótons em cada átomo neutro. Dessa forma, o átomo de ferro, que contém 26 prótons, tem o número atômico 26. O átomo como um todo é eletricamente neutro porque o número de prótons é igual ao de elétrons.

Grande parte da massa do átomo está contida no núcleo. De fato, a massa de cada próton e nêutron é de $1{,}67 \times 10^{-24}$ g, ao passo que a massa de cada elétron é de apenas $9{,}11 \times 10^{-28}$ g.

A **massa atômica** M, que é igual à massa total do número médio de prótons e nêutrons no átomo em unidades de massa atômica, é também a massa em gramas do número de Avogadro (N_A) de átomos. A quantidade $NA = 6{,}022 \times 10^{23}$, também denominada mol, é o número de moléculas ou átomos de uma molécula-grama ou de um átomo-grama, respectivamente.

Assim, a massa atômica é medida em unidades de g/mol. Outra unidade para a massa atômica é a **unidade de massa atômica** (ou **uma**), que corresponde a 1/12 da massa do carbono 12 (ou seja, o átomo de carbono com doze **núcleons** – seis prótons e seis nêutrons). Por exemplo, um mol de ferro contém $6{,}022 \times 10^{23}$ átomos de ferro e massa de 55,847 g. Os cálculos que incluem a massa atômica e o número de Avogadro de um material são úteis para compreender melhor a estrutura do material. O Exemplo 2-1 ilustra como calcular o número de átomos da prata, um metal e bom condutor elétrico.

Exemplo 2.1 *Cálculo do número de átomos da prata*

Calcule o número de átomos em 100 g de prata.

Solução

O número de átomos pode ser calculado por meio da massa atômica e do número de Avogadro. No Apêndice A, a massa atômica, ou peso, da prata é 107,868 g/mol.

O número de átomos é

$$\text{Números de átomos de Ag} = \frac{(100\text{ g})(6{,}022 \times 10^{23}\text{ átomos/mol})}{107{,}868\text{ g/mol}}$$
$$= 5{,}58 \times 10^{23}$$

2-3 Estrutura eletrônica do átomo

Os elétrons ocupam níveis distintos de energia dentro do átomo. Cada elétron possui energia específica e não mais que dois elétrons têm a mesma energia em cada átomo. Como cada elemento apresenta um diferente conjunto desses níveis de energia, as diferenças entre eles também são únicas. Tanto os níveis de energia como as diferenças entre eles são conhecidos com grande precisão para cada elemento, formando a base para muitos tipos de **espectroscopia**. Utilizando-se um método espectroscópico, a identidade de elementos em uma amostra pode ser determinada.

Números quânticos O estado de energia que cada elétron possui é identificado por quatro **números quânticos**. Os quatro números quânticos são os seguintes: número quântico principal n, número quântico azimutal ou secundário l, número quântico magnético m_l e número quântico de spin m_s.

O número quântico principal reflete o agrupamento de elétrons em níveis de energia conhecidos como camadas. Os números quânticos azimutais descrevem os níveis de energia dentro de cada camada e refletem outro agrupamento de níveis de energia similares, geralmente denominados orbitais. O **número quântico magnético** especifica os orbitais associados a um número quântico azimutal em particular dentro de cada camada. Por fim, o **número quântico spin** (m_s) recebe os valores +1/2 e –1/2, que refletem os dois possíveis valores de "spin" de um elétron.

De acordo com o **Princípio de Exclusão de Pauli**, dentro de cada átomo, dois elétrons nunca podem ter os mesmos quatro números quânticos, portanto, cada elétron é designado por um conjunto único de quatro números quânticos. O número de níveis de energia possíveis é determinado pelos três primeiros números quânticos.

1. O número quântico principal, n, recebe valores inteiros, 1, 2, 3, 4, 5, ..., que se referem à camada quântica à qual o elétron pertence. Uma **camada quântica** é um *conjunto* de níveis de energia fixos aos quais os elétrons pertencem.

   As camadas quânticas são também designadas por uma letra; a camada para $n = 1$ é designada como K, para $n = 2$, é L, para $n = 3$, é M e assim por diante. Essas designações foram estabelecidas com base na nomenclatura utilizada na espectroscopia óptica, um conjunto de técnicas que antecede a compreensão dos níveis eletrônicos quantizados.

2. O *número* de níveis de energia em *cada* camada quântica é determinado pelo **número quântico azimutal**, l, e pelo número quântico magnético, m_l. Aos números quânticos azimutais, são atribuídos os valores $l = 0, 1, 2, ..., n - 1$. Por exemplo, quando $n = 2$, existem dois números quânticos azimutais, $l = 0$ e $l = 1$. Quando $n = 3$, existem três números azimutais, $l = 0$, $l = 1$ e $l = 2$. Os números quânticos azimutais são designados por letras minúsculas; fala-se, por exemplo, em orbitais d:

   $$s \text{ para } l = 0 \quad d \text{ para } l = 2$$
   $$p \text{ para } l = 1 \quad f \text{ para } l = 3$$

3. A quantidade de valores para o número quântico magnético m_l indica o número de níveis de energia, ou orbitais, para cada número quântico azimutal. O total de números quânticos magnéticos para cada l é $2l + 1$. Os valores para m_l são fornecidos pelos números inteiros entre $-l$ e $+l$. Por exemplo, se $l = 2$, existem $2(2) + 1 = 5$ números quânticos magnéticos com valores $-2, -1, 0, +1$ e $+2$. A combinação de l e m_l especifica determinado orbital em uma camada.

4. Não mais do que dois elétrons com spins eletrônicos contrários ($m_s = +1/2$ e $-1/2$) podem estar presentes em cada orbital.

Considerando cuidadosamente os possíveis valores numéricos para n, l e m_l, a variação de *possíveis* números quânticos pode ser determinada. Por exemplo, na camada K (isto é, $n = 1$), existe apenas um único orbital s (uma vez que o único valor admissível de l é 0 e de m_l é 0). Como resultado, uma camada K pode conter não mais que dois elétrons. Como outro exemplo, considere uma camada M. Nesse caso, $n = 3$, assim, l assume os valores 0, 1 e 2 (os orbitais s, p e d estão presentes). Os valores de l refletem que existe um único orbital s ($m_l = 0$, um único valor), três orbitais p ($m_l = -1, 0, 1$, ou três valores) e cinco orbitais d ($m_l = -2, -1, 0, +1, +2$, ou cinco valores distintos).

A notação abreviada que é frequentemente usada para denotar a estrutura eletrônica de um átomo combina o valor numérico do número quântico principal, a notação em letras minúsculas do número quântico azimutal e um expoente mostrando o número de elétrons em cada orbital. A notação abreviada para o elemento Neônio, que tem um número atômico igual a dez, é

$$1s^2 2s^2 2p^6$$

Desvios em relação a estruturas eletrônicas esperadas Os níveis de energia das camadas quânticas não se encaixam estritamente na ordem numérica. O **Princípio de Aufbau** é um recurso gráfico que prevê desvios em relação à ordenação esperada dos níveis de energia. O princípio de Aufbau é mostrado na Figura 2-7. Para utilizar esse princípio, escreva as possíveis combinações do número quântico principal e do número quântico azimutal para cada camada quântica. As combinações para cada camada quântica devem ser escritas em uma única linha. À me-

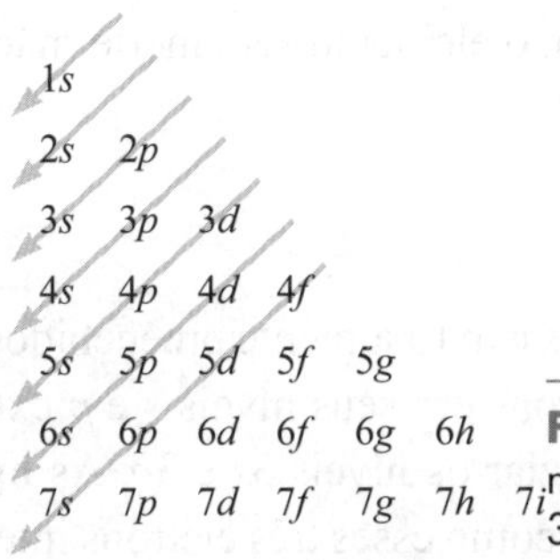

Figura 2-7 O Princípio de Aufbau. Seguindo as setas, é possível prever a ordem na qual os níveis de energia de cada nível quântico são preenchidos: 1*s*, 2*s*, 2*p*, 3*s*, 3*p* etc. Note que as designações por letras para $l = 4, 5, 6$ são *g*, *h* e *i*.

dida que o número quântico principal aumenta em um, o número de combinações dentro de cada camada aumenta em um (ou seja, cada linha tem um registro a mais que a linha anterior). Desenhe setas atravessando as linhas em uma diagonal que vai do canto superior direito para o canto inferior direito, como mostra a Figura 2-7. Seguindo as setas, é possível prever a ordem na qual os níveis de energia de cada nível quântico são preenchidos.

Por exemplo, de acordo com o Princípio de Aufbau, a estrutura eletrônica do ferro, de número atômico 26, é

$$1s^2 2s^2 2p^6 3s^2 3p^6 4s^2 3d^6$$

Convencionalmente, os números quânticos principais são arranjados do menor para o maior quando se escreve a estrutura eletrônica. Desse modo, a estrutura eletrônica do ferro é escrita como

$$1s^2 2s^2 2p^6 3s^2 3p^6 \quad \boxed{3d^6 4s^2}$$

O nível $3d$ não completamente preenchido (existem cinco orbitais *d*, por isso, as configurações d^1, d^2, ..., d^{10} são possíveis) gera o comportamento magnético do ferro.

Observe que nem todos os elementos seguem o Princípio de Aufbau. Alguns, como o cobre, são exceções. De acordo com o Princípio de Aufbau, o cobre deveria ter a estrutura eletrônica $1s^2 2s^2 2p^6 3s^2 3p^6 3d^9 4s^2$, mas na realidade, sua estrutura eletrônica é

$$1s^2 2s^2 2p^6 3s^2 3p^6 3d^{10} \quad \boxed{4s^1}$$

Em geral, os elétrons irão ocupar cada orbital de um determinado nível de energia isoladamente, antes que os orbitais sejam duplamente ocupados. Por exemplo, o nitrogênio tem a estrutura eletrônica

$$1s^2 \quad \boxed{2s^2 2p^3}$$

Cada um dos três orbitais *p* na camada L contém um elétron, em vez de um orbital contendo dois elétrons, um orbital contendo um elétron e um orbital contendo zero elétrons.

Valência A **valência** de um átomo corresponde ao número de elétrons desse átomo que participam de ligações ou reações químicas. Em geral, a valência é o número de elétrons nos níveis de energia externos *s* e *p* e está relacionada à capacidade de um átomo efetuar combinações químicas com outros elementos. Veja a seguir alguns exemplos de valência:

$$\text{Mg: } 1s^2 2s^2 2p^6 \quad \boxed{3s^2} \qquad \text{valência} = 2$$

$$\text{Al: } 1s^2 2s^2 2p^6 \quad \boxed{3s^2 3p^1} \qquad \text{valência} = 3$$

$$\text{Si: } 1s^2 2s^2 2p^6 \quad \boxed{3s^2 3p^2} \qquad \text{valência} = 4$$

A valência depende ainda do ambiente próximo do átomo ou dos átomos vizinhos que estão disponíveis para realizar ligações. O fósforo, por exemplo, tem valência cinco quando combinado com o oxigênio. Mas sua valência diminui para três, correspondentes aos elétrons do nível $3p$, ao reagir com o hidrogênio. O manganês pode ter valência 2, 3, 4, 6 ou 7!

Estabilidade atômica e eletronegatividade Se um átomo apresentar valência zero, o elemento será inerte (não reativo). Um bom exemplo é o argônio, que tem a seguinte estrutura:

$$1s^2 2s^2 2p^6 \boxed{3s^2 3p^6}$$

Outros átomos preferem se comportar como se os níveis *s* e *p* externos estivessem totalmente preenchidos (com oito elétrons) ou totalmente vazios. O alumínio, por exemplo, possui três elétrons em seus níveis *s* e *p* externos. O átomo de alumínio doa facilmente seus três elétrons externos a fim de esvaziar os níveis 3*s* e 3*p*. As ligações atômicas e o comportamento químico do alumínio são determinados pelo modo como esses três elétrons interagem com os átomos vizinhos.

Por outro lado, o cloro tem sete elétrons em seus níveis 3*s* e 3*p* externos. A reatividade do cloro é causada pela necessidade de preencher seu nível de energia externo, aceitando um elétron.

A **eletronegatividade** descreve a tendência dos átomos de ganhar um elétron. Os átomos com níveis de energia externos quase totalmente preenchidos, como o cloro, são altamente eletronegativos, aceitando elétrons com facilidade. No entanto, os átomos com níveis externos quase vazios, como o sódio, doam elétrons facilmente e apresentam baixa eletronegatividade. Os elementos com número atômico elevado também têm baixa eletronegatividade, porque os elétrons externos estão a uma distância maior do núcleo (que é positivo) e, portanto, são menos fortemente atraídos para o núcleo. A Figura 2-8 mostra valores de eletronegatividade de alguns elementos. Elementos com baixa eletronegatividade (ou seja, $< 2{,}0$) algumas vezes são descritos como **eletropositivos**.

2-4 A tabela periódica

A tabela periódica contém informações valiosas sobre os elementos, podendo ainda ajudar a identificar tendências do raio atômico, do ponto de fusão, da reatividade química e de outras propriedades. A tabela periódica com a qual estamos familiarizados (Figura 2-9) foi construída de acordo com a estrutura eletrônica dos elementos. Suas linhas correspondem a camadas quânticas (ou números quânticos principais), ao passo que as colunas se referem normalmente ao número de elétrons nos níveis de energia externos *s* e *p*, correspondendo, assim, à valência mais comum. No caso da engenharia, estamos interessados principalmente nas propriedades das seguintes classes de materiais:

a) Polímeros (como os plásticos) (baseados principalmente no carbono, que pertence ao Grupo 4B).
b) Cerâmicas (baseadas geralmente em combinações de vários elementos dos Grupos 1 a 5B e elementos como oxigênio, carbono e nitrogênio).
c) Metais (baseados em geral em elementos dos Grupos 1 e 2, além dos metais de transição).

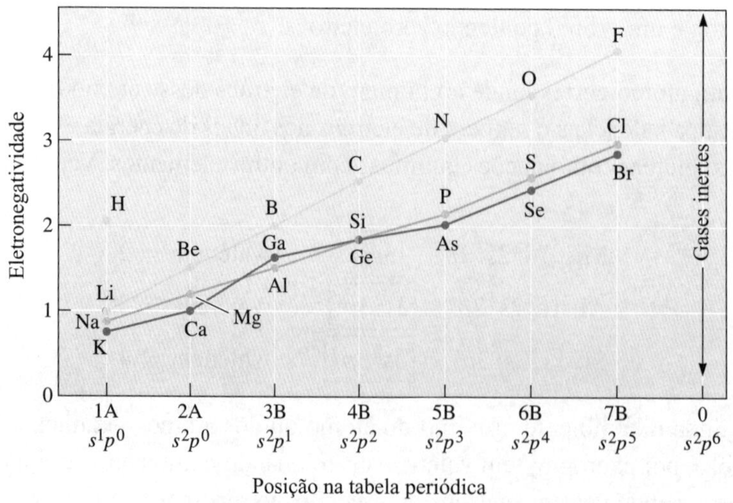

Figura 2-8 Eletronegatividade de certos elementos em relação à posição na tabela periódica.

Legenda (exemplo: Tc):

- Número atômico: 43
- Massa atômica média: (98,91)
- Configuração dos elétrons: $[Kr]\ 4d^5 5s^2$
- Estados de oxidação: 7
- Símbolo: Tc
- Nome: Tecnécio
- Ponto de fusão [ºC]: 2140
- Densidade [g/cm³], para gases [g/L] (0 °C, 1013 mbar): 11,5
- Ponto de ebulição [ºC]: 5030
- Radioatividade: *
- Eletronegatividade: 1,9

Grupos: 1 (1A), 2 (2A), 3 (3A), 4 (4A), 5 (5A), 6 (6A), 7 (7A), 8 (8), 9 (8), 10 (8), 11 (1B), 12 (2B), 13 (3B), 14 (4B), 15 (5B), 16 (6B), 17 (7B), 18 (0)

Período	Grupo	Número atômico	Massa atômica média	Configuração dos elétrons	Estados de oxidação	Símbolo	Nome	Ponto de fusão [ºC]	Densidade	Ponto de ebulição [ºC]	Radioatividade	Eletronegatividade
1	1 (1A)	1	1,01	$1s$	1, –1	H	Hidrogênio	–259	0,09	–253		2,1
1	18 (0)	2	4,00	$1s^2$		He	Hélio	—	0,18	–269		—
2	1 (1A)	3	6,94	$[He]\ 2s$	1	Li	Lítio	181	0,53	1330		1,0
2	2 (2A)	4	9,01	$[He]\ 2s^2$	2	Be	Berílio	1277	1,85	2970		1,5
2	13 (3B)	5	10,81	$[He]\ 2s^2 2p$	3	B	Boro	(2030)	2,35	2550		2,0
2	14 (4B)	6	12.01	$[He]\ 2s^2 2p^2$	4, 2, –4	C	Carbono	(3550)	2,2	4830		2,5
2	15 (5B)	7	14,01	$[He]\ 2s^2 2p^3$	5, 4, 3, 2, –3	N	Nitrogênio	–210	1,25	–196		3,0
2	16 (6B)	8	16,00	$[He]\ 2s^2 2p^4$	–2, –1	O	Oxigênio	–219	1,43	–183		3,5
2	17 (7B)	9	19,00	$[He]\ 2s^2 2p^5$	–1	F	Flúor	–220	1,7	–188		4,0
2	18 (0)	10	20,18	$[He]\ 2s^2 2p^6$		Ne	Neônio	–249	0,9	–246		—
3	1 (1A)	11	22,99	$[Ne]\ 3s$	1	Na	Sódio	98	0,97	892		0,9
3	2 (2A)	12	24,31	$[Ne]\ 3s^2$	2	Mg	Magnésio	650	1,74	1107		1,2
3	13 (3B)	13	26,98	$[Ne]\ 3s^2 3p$	3	Al	Alumínio	660	2,70	2450		1,5
3	14 (4B)	14	28,09	$[Ne]\ 3s^2 3p^2$	4, –4	Si	Silício	1410	2,33	2680		1,8
3	15 (5B)	15	30,97	$[Ne]\ 3s^2 3p^3$	5, 3, –3	P	Fósforo	44	1,82	280		2,1
3	16 (6B)	16	32,06	$[Ne]\ 3s^2 3p^4$	6, 4, 2, –2	S	Enxofre	119	2,07	445		2,5
3	17 (7B)	17	35,45	$[Ne]\ 3s^2 3p^5$	7, 5, 3, 1, –1	Cl	Cloro	–101	3,2	–35		3,0
3	18 (0)	18	39,95	$[Ne]\ 3s^2 3p^6$		Ar	Argônio	–189	1,78	–183		—
4	1 (1A)	19	39,10	$[Ar]\ 4s$	1	K	Potássio	64	0,86	760		0,8
4	2 (2A)	20	40,08	$[Ar]\ 4s^2$	2	Ca	Cálcio	838	1,55	1440		1,0
4	3 (3A)	21	44,96	$[Ar]\ 3d\ 4s^2$	3	Sc	Escândio	1539	3,0	2730		1,3
4	4 (4A)	22	47,88	$[Ar]\ 3d^2 4s^2$	4, 3	Ti	Titânio	1668	4,54	3260		1,5
4	5 (5A)	23	50,94	$[Ar]\ 3d^3 4s^2$	5, 4, 3, 2, 0	V	Vanádio	1900	6,1	3450		1,5
4	6 (6A)	24	52,00	$[Ar]\ 3d^5 4s$	6, 3, 2, 0	Cr	Cromo	1875	7,19	2200		1,6
4	7 (7A)	25	54,94	$[Ar]\ 3d^5 4s^2$	7, 6, 4, 3, 2, 0, –1	Mn	Manganês	1245	7,43	2097		1,5
4	8 (8)	26	55,85	$[Ar]\ 3d^6 4s^2$	6, 3, 2, 0, –2	Fe	Ferro	1536	7,86	3000		1,8
4	9 (8)	27	58,93	$[Ar]\ 3d^7 4s^2$	3, 2, 0, –1	Co	Cobalto	1495	8,9	2900		1,9
4	10 (8)	28	58,70	$[Ar]\ 3d^8 4s^2$	3, 2, 0	Ni	Níquel	1453	8,9	2730		1,9
4	11 (1B)	29	63,55	$[Ar]\ 3d^{10} 4s$	2, 1	Cu	Cobre	1453	8,9	2730		1,9
4	12 (2B)	30	65,38	$[Ar]\ 3d^{10} 4s^2$	2	Zn	Zinco	420	7,13	906		1,6
4	13 (3B)	31	69,72	$[Ar]\ 3d^{10} 4s^2 4p$	3	Ga	Gálio	30	5,91	2237		1,6
4	14 (4B)	32	72,59	$[Ar]\ 3d^{10} 4s^2 4p^2$	4	Ge	Germânio	937	5,32	2830		1,8
4	15 (5B)	33	74,91	$[Ar]\ 3d^{10} 4s^2 4p^3$	5, 3, –3	As	Arsênio	Subl.	5,72	—		2,0
4	16 (6B)	34	74,91	$[Ar]\ 3d^{10} 4s^2 4p^4$	6, 4, 2	Se	Selênio	217	4,79	685		2,4
4	17 (7B)	35	79,90	$[Ar]\ 3d^{10} 4s^2 4p^5$	7, 5, 3, 1, –1	Br	Bromo	–7	3,12	58		2,8
4	18 (0)	36	83,80	$[Ar]\ 3d^{10} 4s^2 4p^6$		Kr	Criptônio	–157	3,7	–152		—
5	1 (1A)	37	85,47	$[Kr]\ 5s$	1	Rb	Rubídio	39	1,53	688		0,8
5	2 (2A)	38	87,62	$[Kr]\ 5s^2$	2	Sr	Estrôncio	768	2,6	1380		1,0
5	3 (3A)	39	88,91	$[Kr]\ 4d\ 5s^2$	3	Y	Ítrio	1509	4,47	2927		1,2
5	4 (4A)	40	91,22	$[Kr]\ 4d^2 5s^2$	4	Zr	Zircônio	1852	6,49	3580		1,4
5	5 (5A)	41	91,22	$[Kr]\ 4d^4 5s$	5, 3	Nb	Nióbio	2468	8,57	4927		1,6
5	6 (6A)	42	95,94	$[Kr]\ 4d^5 5s$	6, 5, 4, 3, 2, 0	Mo	Molibdênio	2610	10,2	5560		1,8
5	7 (7A)	43	(98,91)	$[Kr]\ 4d^5 5s^2$	7	Tc	Tecnécio	2140	11,5	5030	*	1,9
5	8 (8)	44	101,07	$[Kr]\ 4d^7 5s$	8, 6, 4, 3, 2, 0, –2	Ru	Rutênio	2500	12,4	3900		2,2
5	9 (8)	45	102,91	$[Kr]\ 4d^8 5s$	5, 4, 3, 1, 2, 0	Rh	Ródio	1966	12,4	3730		2,2
5	10 (8)	46	106,42	$[Kr]\ 4d^{10}$	4, 2, 0	Pd	Paládio	1552	12,0	3140		2,2
5	11 (1B)	47	107,87	$[Kr]\ 4d^{10} 5s$	2, 1	Ag	Prata	961	10,5	2210		1,9
5	12 (2B)	48	112,41	$[Kr]\ 4d^{10} 5s^2$	2	Cd	Cádmio	321	8,65	765		1,7
5	13 (3B)	49	114,82	$[Kr]\ 4d^{10} 5s^2 5p$	3	In	Índio	156	7,31	2080		1,7
5	14 (4B)	50	118,69	$[Kr]\ 4d^{10} 5s^2 5p^2$	4, 2	Sn	Estanho	232	7,30	2270		1,8
5	15 (5B)	51	121,75	$[Kr]\ 4d^{10} 5s^2 5p^3$	5, 3, –3	Sb	Antimônio	631	6,69	1380		1,9
5	16 (6B)	52	127,60	$[Kr]\ 3d^{10} 5s^2 5p^4$	6, 4, –2	Te	Telúrio	450	6,24	990		2,1
5	17 (7B)	53	126,90	$[Kr]\ 4d^{10} 5s^2 5p^5$	7, 5, 1, –1	I	Iodo	114	4,94	183		2,5
5	18 (0)	54	131,29	$[Kr]\ 4d^{10} 5s^2 5p^6$		Xe	Xenônio	–112	5,89	–108		—
6	1 (1A)	55	132,91	$[Xe]\ 6s$	1	Cs	Césio	29	1,90	690		0,7
6	2 (2A)	56	137,33	$[Xe]\ 6s^2$	2	Ba	Bário	714	3,76	1640		0,9
6	3 (3A)	71	174,97	$[Xe]\ 4f^{14} 5d\ 6s^2$	3	Lu	Lutécio	1652	9,84	3327		1,2
6	4 (4A)	72	178,49	$[Xe]\ 4f^{14} 5d^2 6s^2$	4	Hf	Háfnio	2222	13,31	5400		1,3
6	5 (5A)	73	180,95	$[Xe]\ 4f^{14} 5d^3 6s^2$	5	Ta	Tântalo	2996	16,5	5425		1,5
6	6 (6A)	74	183,85	$[Xe]\ 4f^{14} 5d^4 6s^2$	6, 5, 4, 3, 2, 0	W	Tungstênio	3410	19,3	5930		1,7
6	7 (7A)	75	186,21	$[Xe]\ 4f^{14} 5d^5 6s^2$	7, 6, 4, 2, –1	Re	Rênio	3180	21,0	5900		1,9
6	8 (8)	76	190,20	$[Xe]\ 4f^{14} 5d^6 6s^2$	8, 6, 4, 3, 2, 0, –2	Os	Ósmio	3050	22,6	5500		2,2
6	9 (8)	77	192,22	$[Xe]\ 4f^{14} 5d^7 6s^2$	6, 4, 3, 2, 1, 0, –1	Ir	Irídio	2454	22,7	4500		2,2
6	10 (8)	78	195,08	$[Xe]\ 4f^{14} 5d^9 6s^2$	4, 2, 0	Pt	Platina	1769	21,4	3830		2,2
6	11 (1B)	79	196,97	$[Xe]\ 4f^{14} 5d^{10} 6s$	3, 1	Au	Ouro	1063	19,3	2970		2,4
6	12 (2B)	80	200,59	$[Xe]\ 4f^{14} 5d^{10} 6s^2$	2, 1	Hg	Mercúrio	–38	13,6	357		1,9
6	13 (3B)	81	204,38	$[Xe]\ 4f^{14} 5d^{10} 6s^2 6p$	3, 1	Tl	Tálio	303	11,85	1457		1,8
6	14 (4B)	82	207,20	$[Xe]\ 4f^{14} 5d^{10} 6s^2 6p^2$	4, 2	Pb	Chumbo	327	11,4	1725		1,9
6	15 (5B)	83	208,98	$[Xe]\ 4f^{14} 5d^{10} 6s^2 6p^3$	5, 3	Bi	Bismuto	271	9,8	1560		1,9
6	16 (6B)	84	(209)	$[Xe]\ 4f^{14} 5d^{10} 6s^2 6p^4$	6, 4, 2	Po	Polônio	254	9,3	962		2,0
6	17 (7B)	85	(210)	$[Xe]\ 4f^{14} 5d^{10} 6s^2 6p^5$	7, 5, 3, 1, –1	At	Astato	(302)	—	337		2,2
6	18 (0)	86	(222)	$[Xe]\ 4f^{14} 5d^{10} 6s^2 6p^6$		Rn	Radônio	(–71)	9,73	–62		—
7	1 (1A)	87	(223,0)	$[Rn]\ 7s$	1	Fr	Frâncio	(27)	—	677	*	0,7
7	2 (2A)	88	226,03	$[Rn]\ 7s^2$	1	Ra	Rádio	700	5,0	1140	*	0,9
7	3 (3A)	103	(262,1)	$[Rn]\ 5f^{14} 6d\ 7s^2$	3	Lr	Laurêncio	—	—	—	*	—
7	4 (4A)	104	(261,1)	$[Rn]\ 5f^{14} 6d^2 7s^2$		Rf	Rutherfórdio	—	—	—	*	—
7	5 (5A)	105	(262,1)	$[Rn]\ 5f^{14} 6d^3 7s^2$		Db	Dúbnio	—	—	—	*	—
7	6 (6A)	106	(263,1)	$[Rn]\ 5f^{14} 6d^4 7s^2$		Sg	Seabórgio	—	—	—	*	—
7	7 (7A)	107	(264,1)	$[Rn]\ 5f^{14} 6d^5 7s^2$		Bh	Bóhrio	—	—	—	*	—
7	8 (8)	108	(265,1)	$[Rn]\ 5f^{14} 6d^6 7s^2$		Hs	Hássio	—	—	—	*	—
7	9 (8)	109	(268)	$[Rn]\ 5f^{14} 6d^7 7s^2$		Mt	Meitnério	—	—	—	*	—
7	10 (8)	110	(269)	$[Rn]\ 5f^{14} 6d^8 7s^2$		Uun		—	—	—	*	—
7	11 (1B)	111	(272)	$[Rn]\ 5f^{14} 6d^{10} 7s^2$		Uuu		—	—	—	*	—
7	12 (2B)	112	(277)			Uub		—	—	—	*	—
7	14 (4B)	114	(289)			Uuq		—	—	—	*	—
7	16 (6B)	116	(289)			Uuh		—	—	—	*	—
7	18 (0)	118	(293)			Uuo		—	—	—	*	—

Série	Número atômico	Massa atômica média	Configuração dos elétrons	Estados de oxidação	Símbolo	Nome	Ponto de fusão [ºC]	Densidade	Ponto de ebulição [ºC]	Radioatividade	Eletronegatividade
6 Lantanídeos	57	138,91	$[Xe]\ 5d\ 6s^2$	3	La	Lantânio	920	6,17	3470		1,1
6 Lantanídeos	58	140,12	$[Xe]\ 4f\ 5d\ 6s^2$	4, 3	Ce	Cério	795	6,67	3468		1,1
6 Lantanídeos	59	140,91	$[Xe]\ 4f^3 6s^2$	4, 3	Pr	Praseodímio	935	6,77	3127		1,1
6 Lantanídeos	60	144,24	$[Xe]\ 4f^4 6s^2$	3	Nd	Neodímio	1024	7,00	3027		1,2
6 Lantanídeos	61	(145)	$[Xe]\ 4f^5 6s^2$	3	Pm	Promécio	(1027)	7,22	2460	*	—
6 Lantanídeos	62	150,36	$[Xe]\ 4f^6 6s^2$	3, 2	Sm	Samário	1072	7,54	1790		1,2
6 Lantanídeos	63	151,96	$[Xe]\ 4f^7 6s^2$	3, 2	Eu	Európio	828	5,26	1439		—
6 Lantanídeos	64	157,25	$[Xe]\ 4f^7 5d\ 6s^2$	3	Gd	Gadolínio	1312	7,89	3000		1,1
6 Lantanídeos	65	158,93	$[Xe]\ 4f^9 6s^2$	4, 3	Tb	Térbio	1356	8,27	2800		1,2
6 Lantanídeos	66	162,50	$[Xe]\ 4f^{10} 6s^2$	3	Dy	Disprósio	1407	8,54	2600		—
6 Lantanídeos	67	164,93	$[Xe]\ 4f^{11} 6s^2$	3	Ho	Hôlmio	1461	8,80	2600		1,2
6 Lantanídeos	68	167,26	$[Xe]\ 4f^{12} 6s^2$	3	Er	Érbio	1497	9,05	2900		1,2
6 Lantanídeos	69	168,93	$[Xe]\ 4f^{13} 6s^2$	3, 2	Tm	Túlio	1545	9,33	1727		1,2
6 Lantanídeos	70	173,04	$[Xe]\ 4f^{14} 6s^2$	3, 2	Yb	Itérbio	824	6,98	1196		1,1
7 Actinídeos	89	(227)	$[Rn]\ 6d\ 7s^2$	3	Ac	Actínio	1050	10,1	—	*	1,1
7 Actinídeos	90	232,04	$[Rn]\ 6d^2 7s^2$	4	Th	Tório	1750	11,7	3850	*	1,3
7 Actinídeos	91	231,04	$[Rn]\ 5f^2 6d\ 7s^2$	5, 4	Pa	Protactínio	(1230)	15,4	—	*	1,4
7 Actinídeos	92	238,03	$[Rn]\ 5f^3 6d\ 7s^2$	6, 5, 4, 3	U	Urânio	1132	19,07	3818	*	1,4
7 Actinídeos	93	(237,05)	$[Rn]\ 5f^4 6d\ 7s^2$	6, 5, 4, 3	Np	Netúnio	637	19,5	3900	*	1,3
7 Actinídeos	94	(244)	$[Rn]\ 5f^6 7s^2$	6, 5, 4, 3	Pu	Plutônio	640	19,81	3235	*	1,3
7 Actinídeos	95	(243)	$[Rn]\ 5f^7 7s^2$	6, 5, 4, 3	Am	Amerício	994	13,7	—	*	1,3
7 Actinídeos	96	(247)	$[Rn]\ 5f^7 6d\ 7s^2$	4, 3	Cm	Cúrio	(1340)	13,51	3100	*	—
7 Actinídeos	97	(247)	$[Rn]\ 5f^9 7s^2$	4, 3	Bk	Berkélio	—	—	—	*	—
7 Actinídeos	98	(251)	$[Rn]\ 5f^{10} 7s^2$	4, 3	Cf	Califórnio	—	—	—	*	—
7 Actinídeos	99	(254)	$[Rn]\ 5f^{11} 7s^2$	3	Es	Einstênio	—	—	—	*	—
7 Actinídeos	100	(257)	$[Rn]\ 5f^{12} 7s^2$	3	Fm	Férmio	—	—	—	*	—
7 Actinídeos	101	(258)	$[Rn]\ 5f^{13} 7s^2$	3	Md	Mendelévio	—	—	—	*	—
7 Actinídeos	102	(259)	$[Rn]\ 5f^{14} 7s^2$	3, 2	No	Nobélio	—	—	—	*	—

Figura 2-9 Tabela periódica dos elementos.

Para perfeita visualização, esta tabela está disponível em melhor resolução na página deste livro no site da Cengage.

Muitos semicondutores tecnologicamente importantes aparecem no Grupo 4B (silício, diamante e germânio, por exemplo). Os semicondutores podem ser também combinações de elementos dos Grupos 2B e 6B (por exemplo o seleneto de cádmio [CdSe] é baseado no cádmio, do Grupo 2, e no selênio, do Grupo 6B). Eles são conhecidos como **semicondutores II-VI** (dois-seis). O arsenieto de gálio (GaAs) é um **semicondutor III-V** (três-cinco), formado a partir do gálio, do Grupo 3B, e do arsênio, do Grupo 5B. Vários **elementos de transição** (como titânio, vanádio, ferro, níquel, cobalto etc.) são particularmente úteis para a fabricação de materiais magnéticos e ópticos, em decorrência de suas configurações eletrônicas, que permitem múltiplas valências.

A ordenação dos elementos na tabela periódica e a origem do Princípio de Aufbau se tornam ainda mais claras quando as linhas nas séries dos Lantanídeos e dos Actinídeos são inseridas em suas posições corretas (veja a Figura 2-10), em vez de serem colocadas abaixo da tabela periódica, a fim de conservar espaço. A Figura 2-10 indica o orbital específico que é preenchido por cada elétron à medida que o número atômico aumenta. Observe que as exceções são indicadas para aqueles elementos que não seguem o Princípio de Aufbau.

Tendências de propriedades A tabela periódica contém uma série de informações úteis, como massa atômica e número atômico de vários elementos. Ela indica também as tendências quanto às dimensões atômicas, os pontos de fusão e a reatividade química. O carbono, por exemplo, tem o maior ponto de fusão (3.550 °C) quando em sua forma de diamante. Observe que, com o aumento do peso atômico, o ponto de fusão dos elementos situados abaixo do carbono diminui significativamente (por exemplo, silício com 1.410 °C, germânio com 937 °C, estanho com 232 °C e chumbo com 327 °C). Entretanto, a temperatura de fusão do chumbo é superior à do estanho. A tabela periódica indica tendências, e não exatamente variações nas propriedades.

Podemos discernir também tendências em outras propriedades usando a tabela periódica. O diamante é um material com um grande *gap* de energia (*bandgap*), ou seja, não é um bom condutor de eletricidade. Isso é compatível com o fato de que o carbono (na forma de diamante) tem o maior ponto de fusão entre os elementos do Grupo 4B – o que sugere elevada força de ligação (veja a Seção 2-6). À medida que nos deslocamos para baixo nessa coluna, o *gap* de energia diminui (de fato, os *gaps* de Si e Ge medidos em unidades de energia são 1,11 e 0,67 eV,

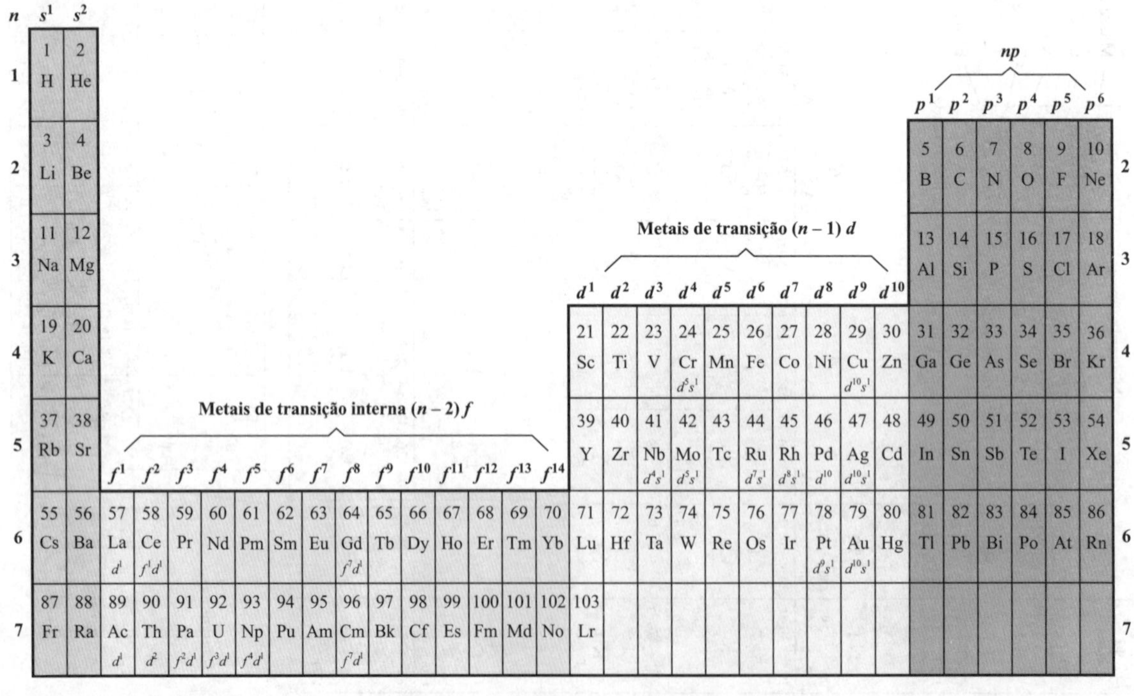

Figura 2-10 A tabela periódica na qual as linhas das séries dos Lantanídeos e dos Actinídeos são inseridas em suas posições corretas. O cabeçalho da coluna indica o orbital específico que é preenchido por cada elétron adicional à medida que o número atômico aumenta.

respectivamente). Mais para baixo na coluna 4B, temos o estanho, que apresenta uma forma alotrópica semicondutora, ao passo que outra é metálica. Se observarmos o Grupo 1A, veremos que o lítio é altamente eletropositivo. Ou seja, é um elemento cujos átomos participam de interações químicas doando elétrons, o que os torna altamente reativos. Da mesma forma, se nos deslocarmos para baixo na Coluna 1A, poderemos constatar que a reatividade dos elementos aumenta.

Assim, a tabela periódica nos traz informações úteis sobre fórmulas, números atômicos e massas atômicas dos elementos. Ela também nos ajuda a prever ou interpretar tendências de propriedades de elementos e compostos. Por esses motivos, a tabela periódica é muito útil para cientistas e engenheiros.

2-5 Ligações atômicas

Há quatro mecanismos pelos quais os átomos dos materiais usados em engenharia são unidos:

1. **Ligações metálicas.**
2. **Ligações covalentes.**
3. **Ligações iônicas.**
4. **Ligações ou interações de van der Waals.**

Os primeiros três tipos de ligações são relativamente fortes e conhecidos como **ligações primárias** (ligações relativamente fortes entre átomos adjacentes, resultando da transferência ou do compartilhamento de elétrons no orbital externo). As ligações de van der Waals são secundárias, com origem em mecanismos diferentes e relativamente mais fracas. Vamos analisar cada um dos tipos de ligação.

Ligações metálicas Os elementos metálicos possuem átomos eletropositivos, dispostos a doar seus elétrons de valência, formando uma *nuvem* de elétrons ao redor dos átomos (Figura 2-11). O alumínio, por exemplo, doa seus três elétrons de valência, ficando o átomo composto do núcleo e dos elétrons das camadas mais internas. Como faltam três elétrons, que têm sempre carga negativa, nessa configuração o átomo apresenta uma carga positiva equivalente a três. Os elétrons de valência movem-se livremente na nuvem de elétrons, e cada elétron pertence simultaneamente a vários átomos. Os núcleos, positivamente carregados, mantêm-se unidos pela atração mútua com os elétrons, produzindo, assim, uma forte ligação metálica.

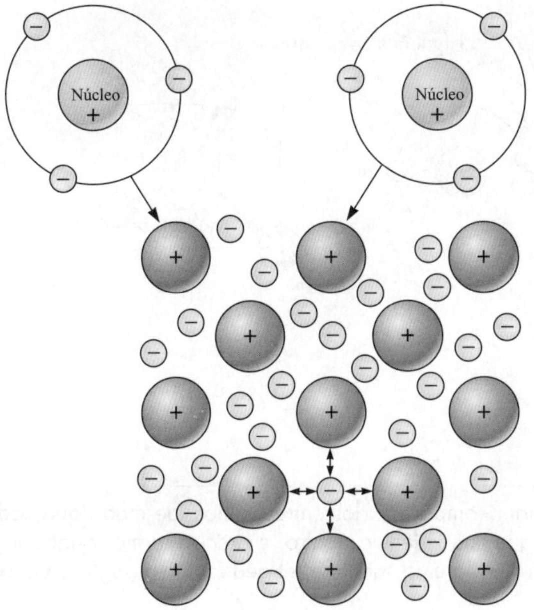

Figura 2-11 As ligações metálicas ocorrem quando átomos doam os elétrons de valência, que formam uma nuvem de elétrons que passam a pertencer a todos os átomos ligados. Os núcleos positivamente carregados (núcleos e elétrons das camadas mais internas) são unidos graças à atração mútua com os elétrons, que são negativamente carregados.

Como seus elétrons de valência não estão fixos em determinada posição, a maioria dos metais puros é boa condutora de eletricidade em temperaturas relativamente baixas (inferiores a 300 K). Sob a influência de uma tensão elétrica, os elétrons de valência tendem a se mover, gerando uma corrente elétrica se o circuito estiver fechado.

Os metais apresentam, ainda, boa ductilidade, pois suas ligações não são direcionais. Há outras razões importantes referentes à microestrutura que podem explicar por que os metais apresentam *menor resistência mecânica* e *maior ductilidade* do que se pode prever pelas suas ligações. **Ductilidade** refere-se à capacidade dos materiais de serem alongados ou dobrados de forma permanente (ou seja, deformados) sem se romper. Analisaremos esses conceitos mais detalhadamente no Capítulo 6. Em geral, os pontos de fusão dos metais são relativamente altos. Além disso, do ponto de vista das propriedades ópticas, os metais podem ser bons refletores de radiação visível. Em virtude de seu caráter eletropositivo, muitos metais (como o ferro) estão sujeitos à corrosão ou à oxidação. Vários metais puros são bons condutores de calor e efetivamente usados em muitas aplicações de transferência de calor. Gostaríamos de enfatizar que as ligações metálicas constituem *um dos fatores* para determinar as tendências observadas com relação às propriedades dos materiais metálicos. Como veremos nos próximos capítulos, há outros fatores relativos à microestrutura que também desempenham papel importante na determinação de suas propriedades.

Ligações covalentes Os materiais com **ligações covalentes** caracterizam-se por ligações que se formam mediante o compartilhamento dos elétrons de valência entre dois ou mais átomos. Por exemplo, um átomo de silício, que tem uma valência igual a quatro, atinge uma camada externa de energia completa com oito elétrons, compartilhando seus elétrons de valência com quatro átomos de silício ao redor, como mostra a Figura 2-12(a) e (b). Cada compartilhamento representa uma ligação covalente; dessa forma, cada átomo de silício é ligado a quatro átomos vizinhos por meio de quatro ligações covalentes. Para que as ligações covalentes sejam formadas, os átomos de silício devem estar dispostos de modo que tais ligações tenham uma **relação direcional** fixa entre si. Forma-se uma relação direcional sempre que as ligações entre átomos, em um material ligado de modo covalente, ocorrem com ângulos específicos, de acordo com o material. No caso do silício, esse arranjo produz um tetraedro com ângulos de 109,5° entre as ligações covalentes [(Figura 2-12(c)].

As ligações covalentes são bastante fortes. Como resultado, os materiais com esse tipo de ligação são quase sempre muito resistentes e duros. O diamante, o carbeto de silício (SiC), o nitreto de silício (Si_3N_4) e o nitreto de boro (BN) têm, todos eles, ligações covalentes. Eles apresentam ainda pontos de fusão bastante elevados, o que pode torná-los úteis em aplicações em temperaturas elevadas. Em contrapartida, as elevadas temperaturas necessárias para o processamento desses materiais representam um desafio. Os materiais ligados covalentemente costumam ter ductilidade limitada, já que as ligações tendem a ser direcionais. A condutividade elétrica de vários

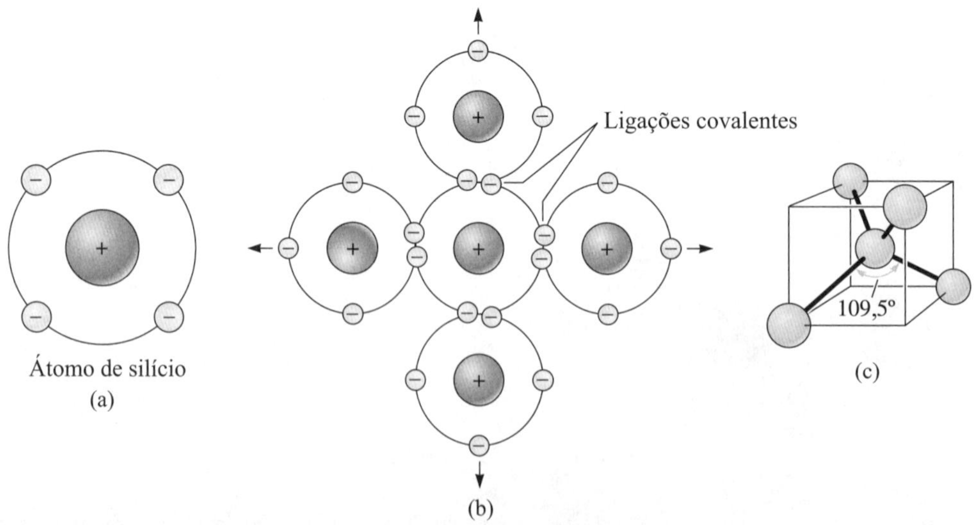

Figura 2-12 (a) As ligações covalentes exigem que os elétrons sejam compartilhados entre átomos, de modo que cada átomo tenha seu orbital *sp* externo preenchido. (b) No caso do silício, que tem valência quatro, é preciso formar quatro ligações covalentes. (c) As ligações covalentes são direcionais. No silício, é formada uma estrutura tetraédrica com ângulos de 109,5°, necessária entre cada ligação covalente.

materiais com ligações covalentes (silício, diamante e várias cerâmicas, por exemplo) não é elevada, pois os elétrons de valência estão presos nas ligações entre átomos, não estando prontamente disponíveis para condução. Em alguns desses materiais (como o próprio silício), podemos obter níveis limitados de condutividade elétrica, mediante a inserção controlada de pequenas quantidades de outros elementos, conhecidos como dopantes. Os polímeros condutores são outros bons exemplos de materiais com ligações covalentes que podem ser transformados em materiais semicondutores. A existência de polímeros condutores despertou a atenção de vários cientistas e engenheiros, visando ao desenvolvimento de componentes eletrônicos leves e flexíveis.

Não podemos prever se determinado material terá alta ou baixa resistência, ou se será dúctil ou frágil, baseando-nos simplesmente na natureza de suas ligações! Necessitamos de mais informações sobre as estruturas em nível atômico, micro e macro do material. Contudo, a natureza das ligações indica uma tendência geral em materiais com certos tipos de ligações e composições químicas. O Exemplo 2-2 explica como as ligações de oxigênio com silício dão origem à sílica.

Exemplo 2.2 *A maneira pela qual os átomos de oxigênio e silício se organizam para formar a sílica*

Explique como os átomos de oxigênio e silício se unem na sílica (SiO_2), considerando que ela tem ligações 100% covalentes.

Solução

O silício possui valência quatro e compartilha elétrons com quatro átomos de oxigênio, o que fornece um total de oito elétrons para cada átomo de silício. No entanto, o oxigênio possui valência seis e compartilha elétrons com dois átomos de silício, o que lhe dá um total de oito elétrons. A Figura 2-13 ilustra uma das possíveis estruturas. Forma-se aqui, também, uma estrutura tetraédrica, similar à do silício. Vamos analisar mais adiante, neste mesmo capítulo, como considerar a natureza iônica e covalente das ligações na sílica.

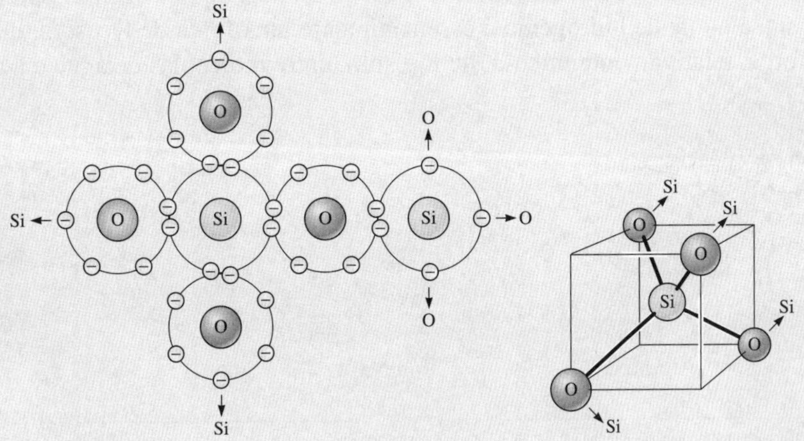

Figura 2-13 Estrutura tetraédrica da sílica que contém ligações covalentes entre átomos de silício e oxigênio (para o Exemplo 2-2).

Ligações iônicas Quando há mais de um tipo de átomo no material, um dos átomos pode doar seus elétrons de valência para o outro átomo, preenchendo, assim, a camada de energia externa deste último. Nesse caso, os dois átomos têm níveis externos de energia completados, mas ambos adquiriram carga elétrica e comportam-se como íons. O átomo que doou elétrons fica com uma carga resultante positiva e é chamado de **cátion**, ao passo que o átomo que recebeu elétrons tem uma carga resultante negativa, sendo denominado **ânion**. Os íons com cargas opostas atraem-se mutuamente e produzem uma **ligação iônica**. A atração entre íons de sódio e cloro (Figura 2-14), por exemplo, dá origem ao cloreto de sódio (NaCl), que é o sal comum de cozinha.

Ligações de van der Waals As forças de van der Waals entre átomos e moléculas têm origem na mecânica quântica, e uma discussão mais aprofundada está além dos objetivos deste livro. Vamos apresentar aqui apenas um quadro simplificado. Se duas cargas elétricas $+q$ e $-q$ estão separadas pela distância d, define-se o momento de dipolo como o produto $q \times d$. Quando os átomos estão eletricamente neutros ou os centros da carga positiva (núcleo) e da carga negativa (nuvem de elétrons) coincidem, eles não possuem momento de dipolo, pois q ou d vale zero. Quando um átomo neutro é exposto a um campo elétrico interno ou externo, ele pode se tornar polarizado (ou seja, os centros das cargas positivas e negativas separam-se), e isso cria ou induz um momento de dipolo (Figura 2-15). Em algumas moléculas, porém, não é preciso induzir o momento de dipolo, ele já existe devido à direção das ligações e à natureza dos átomos. Essas moléculas são conhecidas como **moléculas polares**. Um exemplo de molécula que possui um momento de dipolo permanente é a da água (Figura 2-16).

Moléculas ou átomos nos quais existe um momento dipolo induzido ou permanente se atraem. A força resultante é conhecida como a força de van der Waals. Essas forças entre átomos e moléculas têm sua origem em interações entre dipolos que são induzidas ou, em alguns casos, interações entre dipolos permanentes que estão presentes em determinadas moléculas polares. Uma característica importante dessas forças é que estão presentes em todos os materiais.

Há três tipos de **interações de van der Waals**, conhecidas como forças de London, de Keesom e de Debye. Caso as interações ocorram entre dois dipolos induzidos entre átomos ou moléculas, elas são denominadas **forças de London** (tetracloreto de carbono, por exemplo) (Figura 2-15). Quando um dipolo induzido (ou seja, um dipolo é induzido no que seria normalmente um átomo ou uma molécula sem polaridade) interage com uma molécula com um momento de dipolo permanente, temos uma **interação de Debye**. Um exemplo de tal interação seriam as forças existentes entre moléculas de água com as moléculas de tetracloreto de carbono.

Se as interações ocorrem entre moléculas permanentemente polares (moléculas de água atraindo outras moléculas de água ou mesmo outras moléculas polares), elas são conhecidas como **interações de Keesom**. A atração entre as regiões positivamente carregadas de uma molécula de água e as regiões negativamente carregadas de uma segunda molécula de água gera uma ligação atrativa entre as duas moléculas (Figura 2-16).

A ligação entre moléculas com momentos de dipolo permanentes, conhecida como força de Keesom, é normalmente chamada de **ponte de hidrogênio**, na qual os átomos de hidrogênio representam uma das regiões polares. Dessa forma, a ponte de hidrogênio é essencialmente uma força de Keesom, que é um tipo de força de van der Waals. A força, relativamente intensa, de Keesom, entre moléculas de água é a razão pela qual a tensão

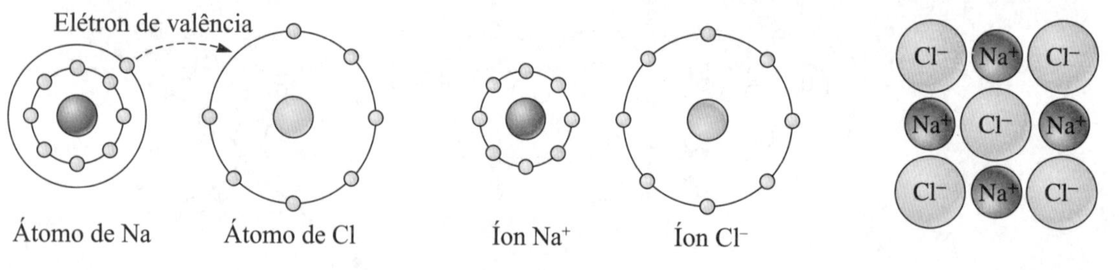

Figura 2-14 Uma ligação iônica foi criada entre dois átomos diferentes com eletronegatividades distintas. Quando o sódio doa seu elétron de valência ao cloro, ambos tornam-se íons; ocorre, então, a atração entre os íons, resultando na ligação iônica.

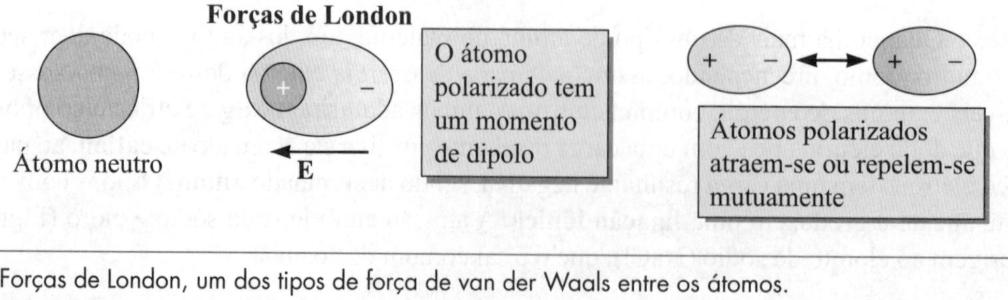

Figura 2-15 Forças de London, um dos tipos de força de van der Waals entre os átomos.

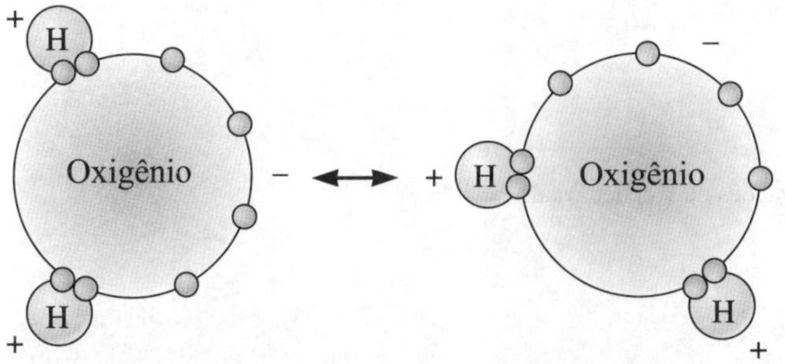

Figura 2-16 As interações de Keesom se formam como resultado da polaridade de moléculas ou grupos de átomos. Na água, os elétrons do átomo de oxigênio tendem a se concentrar longe dos elétrons do átomo de hidrogênio. A diferença na localização das cargas elétricas permite que a molécula seja fracamente ligada a outras moléculas de água.

superficial (72 mJ/m^2 ou dina/cm à temperatura ambiente) e o ponto de ebulição da água (100 °C) são muito maiores que os de muitos líquidos orgânicos que tenham peso molecular comparável (tensão superficial ~20 a 25 dina/cm, pontos de ebulição de até 80 °C).

Observe que as ligações de van der Waals são **secundárias**, mas os átomos dentro das moléculas ou dos grupos de átomos estão unidos por fortes ligações covalentes ou iônicas. Assim, o aquecimento da água até o ponto de ebulição rompe as ligações de van der Waals e transforma a água em vapor, mas temperaturas muito superiores são necessárias para romper as ligações covalentes que unem os átomos de oxigênio e hidrogênio.

Embora denominadas "secundárias" com relação à energia de ligação, as forças de van der Waals desempenham papel importante em diversas áreas da engenharia. De fato, essas forças entre grupos de átomos e moléculas são vitais para determinar a tensão superficial e o ponto de ebulição dos líquidos. Na ciência e engenharia de materiais, a tensão de superfície de líquidos e a energia de superfície de sólidos entram em ação em diferentes situações. Por exemplo, quando queremos processar pós de cerâmica ou de metais em peças sólidas densas, os pós geralmente têm de ser dispersos em água ou em líquidos orgânicos. Se conseguiremos atingir essa dispersão efetivamente, isso dependerá da tensão de superfície do líquido e da energia de superfície do material sólido. A tensão de superfície de líquidos também assume importância quando lidamos com o processamento de ligas e metais fundidos e vidros.

As ligações de van der Waals podem alterar drasticamente as propriedades de certos materiais. Grafite e diamante, por exemplo, têm propriedades mecânicas muito diferentes, em parte, em virtude da presença de ligações de van der Waals na grafite, como discutiremos na Seção 2-7.[2] Em vários materiais poliméricos, as moléculas contêm partes polares ou grupos secundários (algodão ou celulose, PVC, Teflon®[3]). As forças de van der Waals promovem uma ligação entre as diferentes cadeias desses polímeros (Figura 2-17).

Polímeros nos quais as forças de van der Waals são mais intensas tendem a ser relativamente mais rígidos e apresentam temperaturas de transição vítrea relativamente maiores (T_g). A temperatura de transição vítrea é aquela abaixo da qual alguns polímeros tendem a se comportar como materiais frágeis (ou seja, eles apresentam baixa ductilidade). Como resultado, os polímeros com ligações de van der Waals (além das ligações covalentes nas cadeias e nos grupos laterais) são relativamente frágeis à temperatura ambiente (por exemplo, o PVC). Ao processarem tais polímeros, eles precisam ser "plasticizados", adicionando-se outras moléculas polares menores, que interagem com as partes polares das longas cadeias de polímeros, reduzindo a T_g e aumentando a flexibilidade do material.

Ligações mistas Em muitos materiais, a ligação entre átomos é uma combinação de dois ou mais tipos. As ligações químicas no ferro são uma combinação de ligações metálicas e covalentes, o que permite, em alguns casos, um empacotamento de átomos menos eficiente do que seria esperado.

Os compostos estequiométricos formados por dois ou mais metais, chamados de **compostos intermetálicos**, podem ter ligações metálicas e iônicas combinadas, particularmente quando há uma grande diferença de eletronegatividade entre os elementos. De fato, como o lítio possui eletronegatividade 1,0 e o alumínio 1,5, é razoável supor que o composto AlLi tenha uma combinação de ligações metálicas e iônicas. Em contrapartida, considerando que tanto o alumínio como o vanádio têm eletronegatividade 1,5, espera-se que o composto Al_3V apresente predominantemente ligações metálicas.

[2] N.R.T.: O diamante é constituído de uma rede tridimensional de átomos de carbono fortemente unidos por ligações covalentes. No carbono grafite, os átomos de carbono também são ligados covalentemente, mas formam uma estrutura bidimensional (planar), sendo os planos unidos por ligações de van der Waals.

[3] N.R.T.: Poli (tetrafluoretileno) ou PTFE.

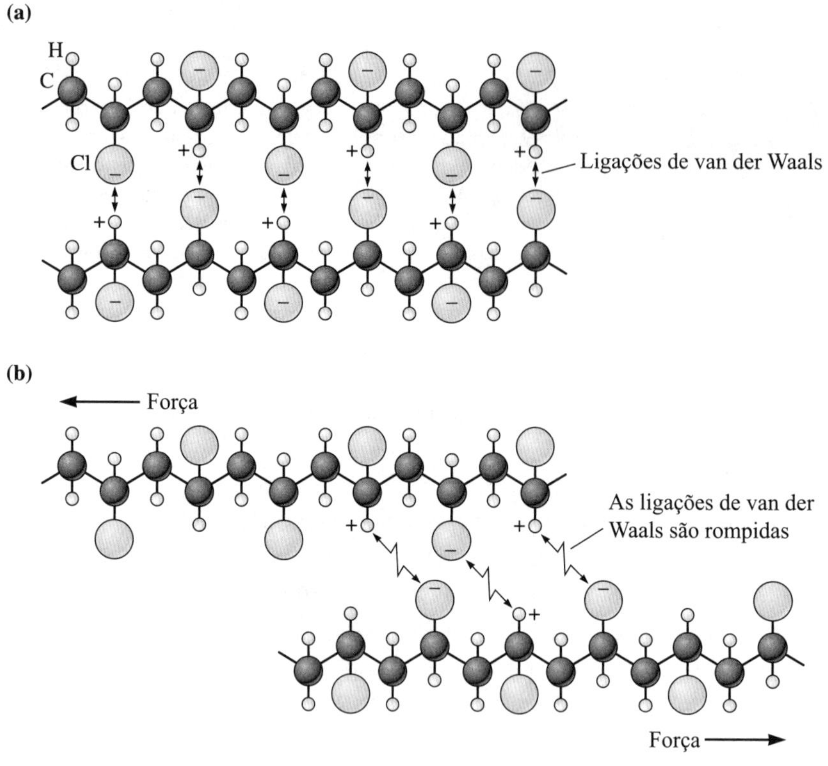

Figura 2-17 (a) No poli (cloreto de vinila), PVC, os átomos de cloro unidos à cadeia polimérica possuem carga negativa, ao passo que os átomos de hidrogênio têm carga positiva. As cadeias estão fracamente unidas por ligações de van der Waals. Essa ligação, apesar de fraca, contribui para tornar o PVC mais rígido. (b) Quando uma força é aplicada ao polímero, as ligações de van der Waals são rompidas e as cadeias deslizam umas em relação às outras.

Vários compostos cerâmicos e semicondutores, que são combinações de elementos metálicos e não metálicos, apresentam uma combinação de ligações covalentes e iônicas. À medida que aumenta a diferença de eletronegatividade entre átomos, a quantidade de ligação iônica aumenta. A fração covalente da ligação pode ser estimada por meio da seguinte equação:

$$\text{Fração covalente} = \exp(-0{,}25\Delta E^2) \qquad (2\text{-}1)$$

em que ΔE é a diferença entre eletronegatividades. O Exemplo 2-3 analisa a natureza das ligações existentes na sílica.

Exemplo 2.3 *Determinando se a sílica apresenta ligações iônicas ou covalentes*

No Exemplo 2-2, utilizamos a sílica (SiO_2) como material com ligações covalentes. Na prática, porém, a sílica tem ligações que são iônicas e covalentes ao mesmo tempo. Que fração das ligações é covalente? Dê exemplos de aplicações para a sílica.

Solução

Com base na Figura 2-9, estima-se que a eletronegatividade do silício é 1,8 e que a do oxigênio é 3,5. Nesse caso, a fração covalente das ligações é:

$$\text{Fração de ligação covalente} = \exp[-0{,}25(3{,}5 - 1{,}8)^2] = 0{,}486$$

Embora as ligações covalentes representem somente cerca de metade de todas as ligações, sua natureza direcional ainda desempenha um papel importante na estrutura final da SiO_2.

A sílica tem várias aplicações. Ela pode ser usada na fabricação de vidros e fibras ópticas, por exemplo. Podem-se acrescentar nanopartículas de sílica aos pneus a fim de elevar a rigidez da borracha. Além disso, é possível obter cristais de silício (Si) de alta pureza reduzindo-se a sílica a silício.

2-6 Energia de ligação e distância interatômica

A distância de equilíbrio entre átomos origina-se do balanço entre as forças de repulsão e atração. Nas ligações metálicas, por exemplo, a atração existente entre os elétrons e íons é compensada pela repulsão entre os íons. A distância de equilíbrio ocorre quando a energia interatômica total (EIA) é a mais negativa possível, ou quando a força resultante é nula, ou seja, há um equilíbrio entre as forças de atração e de repulsão dos átomos (Figura 2-18).

A **distância interatômica** em um metal sólido é *aproximadamente* igual ao diâmetro atômico ou duas vezes o raio atômico r. Contudo, não é possível utilizar essa abordagem simples no caso de materiais com ligações iônicas, já que a distância envolve raios diferentes. Os raios atômicos e iônicos dos elementos estão relacionados no Apêndice B e serão usados no próximo capítulo.

A energia mínima (mais negativa) da Figura 2-18 é a **energia de ligação** ou energia requerida para criar ou romper uma ligação. Portanto, os materiais com energia de ligação elevada (em módulo) têm também alta resistência mecânica e alta temperatura de fusão. Os materiais com ligações iônicas possuem energia de ligação particularmente elevada (Tabela 2-2), devido à grande diferença de eletronegatividade entre os íons. Os metais apresentam energias de ligação menores em razão da similaridade entre as eletronegatividades dos átomos.

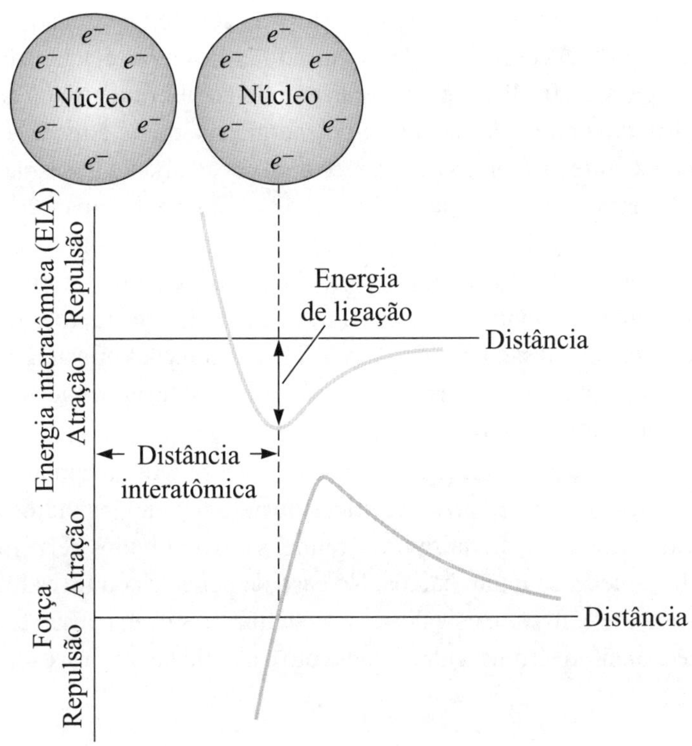

Figura 2-18 Os átomos ou íons estão separados por uma distância de equilíbrio que corresponde à energia interatômica mínima de um par de átomos ou íons (ou quando uma força nula está atuando para repelir ou atrair os átomos ou íons).

Tabela 2-2 • Energias de ligação para os quatro tipos de ligação

Ligação	Energia de ligação (kJ/mol)
Iônica	150 – 370
Covalente	125 – 300
Metálica	25 – 200
Van der Waals	<10

Podem-se relacionar outras propriedades físicas com as curvas força-distância e energia-distância da Figura 2-19. O **módulo de elasticidade** de um material (tangente da curva tensão-deformação na região elástica, também conhecida como módulo de Young, *E*) está relacionado à inclinação da curva força-distância (Figura 2-19). Uma inclinação mais abrupta, que corresponde a uma energia de ligação maior (em módulo) e a um ponto de fusão mais elevado, indica que é preciso uma força maior para afastar os átomos. Portanto, o material tem um módulo de elasticidade mais elevado.

Um ponto interessante reside no fato de que nem todas as propriedades dos materiais são sensíveis à microestrutura. O módulo de elasticidade é uma dessas propriedades. Caso tenhamos duas amostras de alumínio com praticamente a mesma composição química, mas tamanhos de grãos diferentes, podemos esperar que os módulos de elasticidade dessas amostras sejam aproximadamente iguais. Contudo, os **limites de escoamento** (valor de tensão acima do qual o material se deforma permanentemente) dessas amostras são bastante diferentes. Assim, o limite de escoamento é uma propriedade sensível à microestrutura. Veremos nos capítulos seguintes que, quando comparado a outras propriedades mecânicas (como o limite de escoamento e o limite de resistência à tração), o módulo de elasticidade não depende significativamente da microestrutura. Como esse módulo pode ser associado diretamente à força de ligação entre átomos (Capítulo 15), ele irá depender, sobretudo, da natureza da ligação dos átomos que compõem o material.

Outra propriedade que pode ser associada à energia de ligação ou à curva força-distância interatômica é o **coeficiente de expansão térmica** (CTE, na sigla em inglês). Esse coeficiente, geralmente representado por α, é a mudança fracional na dimensão linear de um material por grau de temperatura. Ele pode ser escrito como $\alpha = (1/L)(dL/dT)$, em que L é o comprimento e T, a temperatura. O coeficiente de expansão térmica está relacionado com a assimetria da curva de separação de energia (Figura 2-20). Para que a separação de equilíbrio entre os átomos aumente, deve-se fornecer energia ao material. Em uma curva de separação de energia simétrica, à medida que a energia é fornecida, a separação de equilíbrio média entre os átomos permanece aproximadamente a mesma. Esse tipo de material tem baixo coeficiente de expansão térmica. Os materiais com baixo coeficiente de expansão térmica mantêm suas dimensões quase inalteradas com as variações de temperatura. Um material com alto coeficiente de expansão térmica tem uma curva de separação de energia assimétrica. À medida que a energia é fornecida, a separação de equilíbrio média entre os átomos aumenta. É importante observar que características microestruturais (como a *anisotropia* ou a variação de propriedades, em expansão térmica, com diferentes direções cristalográficas) também afetam significativamente o coeficiente global de expansão térmica de materiais de uso em engenharia.

Os materiais com expansão térmica bastante reduzida podem ter diversas aplicações nas quais os componentes devem resistir a aquecimentos e resfriamentos repetidos e relativamente rápidos, ou seja, resistir ao choque térmico. As cerâmicas de cordierita (usadas como suportes em conversores catalíticos de automóveis), os vidros de ultrabaixa expansão, os produtos da linha Visionware® e outros materiais vitrocerâmicos desenvolvidos pela empresa Corning, por exemplo, têm coeficientes de expansão térmica muito baixos. No caso de películas ou revestimentos finos em substratos, não estamos preocupados somente com os reais valores dos coeficientes de expansão térmica, mas também com a diferença dos coeficientes de expansão térmica entre o substrato e a película ou o revestimento.

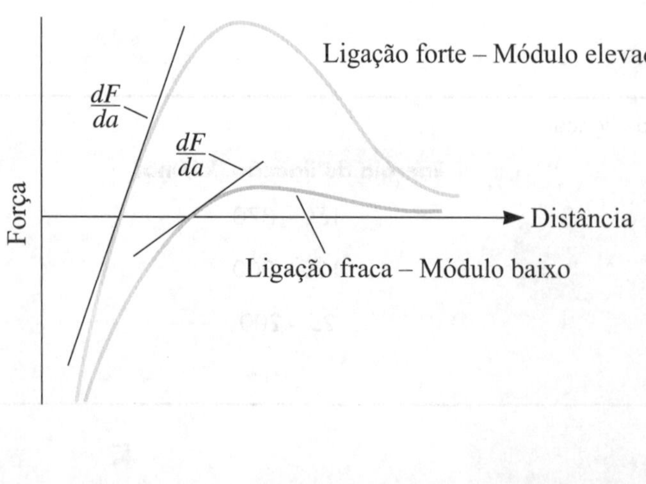

Figura 2-19 Curva força-distância (*F-a*) interatômica de dois materiais mostrando a relação entre ligação atômica e módulo de elasticidade. Uma inclinação *dF/da* mais abrupta corresponde a um módulo mais elevado.

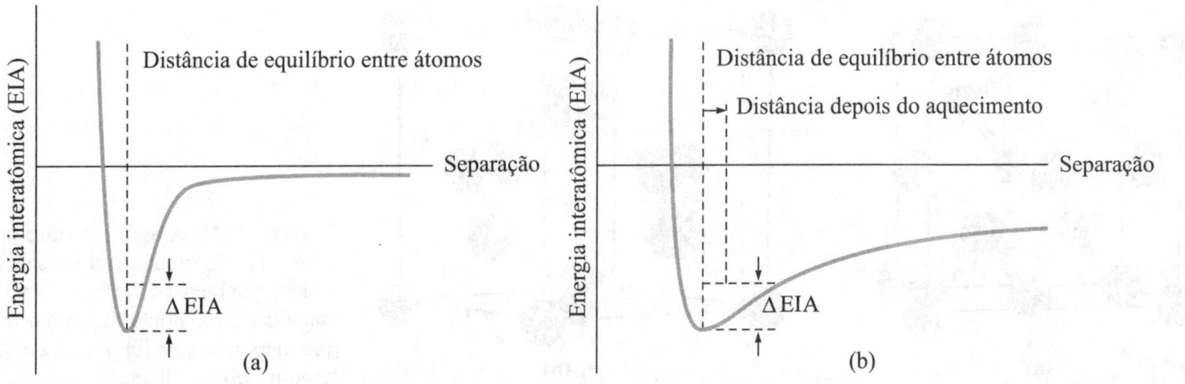

Figura 2-20 O coeficiente de expansão térmica está relacionado com o formato da curva de energia interatômica (EIA) – separação de dois átomos. (a) Uma curva simétrica tem um baixo coeficiente de expansão térmica (como mostrado, principalmente zero). (b) Uma curva assimétrica tem um coeficiente de expansão térmica relativamente mais alto. Os mínimos dessas curvas são mostrados com a mesma energia para destacar a simetria/assimetria, mas, em geral, um material com baixo coeficiente de expansão térmica também tem uma alta energia de ligação, isto é, uma temperatura de fusão elevada, e um poço de energia mais profunda.

Uma diferença muito grande causará o desenvolvimento de tensões que podem levar à delaminação ou empenamento da película ou do revestimento.

2-7 As muitas formas do carbono: relações entre arranjos de átomos e propriedades materiais

O carbono é um dos elementos mais abundantes na Terra, é um componente essencial de todos os organismos vivos e tem uma enorme importância tecnológica, com ampla variedade de aplicações. Por exemplo, a datação por carbono é um processo pelo qual os cientistas medem a quantidade de um isótopo radioativo do carbono que está presente em fósseis, a fim de determinar sua idade. Atualmente, algumas das tecnologias mais avançadas exploram um dos materiais mais resistentes do mundo: nanotubos de carbono. E claro, uma pequena quantidade de carbono (por exemplo, 0,5% em peso) converte o ferro em aço.

O carbono puro existe como diversos **alótropos**, o que significa que o carbono puro é encontrado em diferentes formas (ou tem diferentes arranjos de seus átomos), dependendo da temperatura e da pressão. Aprenderemos mais sobre os alótropos no Capítulo 3. Dois alótropos de carbono são muito familiares a nós: o diamante e a grafite, ao passo que duas outras formas de carbono foram descobertas muito mais recentemente: camadas únicas de átomos de carbono conhecidas como grafeno, o buckminsterfulereno, também conhecido como *buckyball*, e os nanotubos de carbono. Na verdade, existem outros alótropos de carbono que não serão discutidos aqui.

Todos os alótropos do carbono têm a mesma composição – eles são carbono puro – e, contudo, exibem propriedades drasticamente diferentes. A chave para o entendimento dessas diferenças está em compreender como os átomos são arranjados em cada alótropo.

Neste capítulo, aprendemos que o carbono tem o número atômico seis, o que significa que apresenta seis prótons. Desse modo, um átomo de carbono neutro tem seis elétrons. Dois desses elétrons ocupam a camada quântica mais interna (preenchendo-o completamente), e quatro elétrons ocupam a camada quântica com o número quântico principal $n = 2$. Cada átomo de carbono tem quatro elétrons de valência e pode compartilhar elétrons com até quatro diferentes átomos. Assim, os átomos de carbono podem se combinar com outros elementos, bem como com outros átomos de carbono. Isso permite ao carbono formar muitos compostos de estrutura variada e diversos alótropos.

A cultura popular valoriza um dos alótropos do carbono acima de todos os outros – o diamante. A Figura 2-21(a) é um diagrama mostrando a unidade repetitiva da estrutura do diamante. Cada esfera é um átomo e cada linha representa uma ligação covalente entre átomos de carbono. Aprenderemos a fazer figuras como estas no

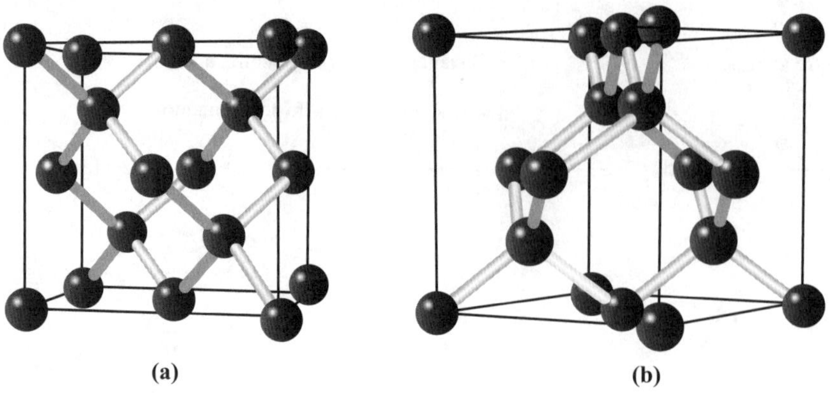

Figura 2-21 A estrutura do diamante. (a) A unidade repetitiva do cristal do diamante, também conhecida como célula unitária do diamante. (b) A mesma imagem que a do item (a) girada em 45° em torno do eixo vertical.

Capítulo 3. O diamante é um cristal, o que significa que seus átomos são organizados em um arranjo regular e repetitivo. A Figura 2-21(a) mostra que cada átomo de carbono é ligado a quatro outros átomos de carbono. Essas ligações são covalentes, ou seja, cada átomo de carbono compartilha cada um de seus elétrons mais externos com um átomo de carbono adjacente, de modo que cada átomo tem uma camada quântica mais externa que é completa. Lembre-se, como vimos na Seção 2-5, de que as ligações covalentes são ligações fortes. A Figura 2-21(b) mostra, novamente, a estrutura do diamante, que é igual à Figura 2-21(a), girada em 45° em torno de um eixo vertical. A partir dessa imagem, observamos canais em formato hexagonal na estrutura do diamante.

A ligação covalente predominante no diamante influencia profundamente suas propriedades macroscópicas. O diamante é um dos materiais que têm o ponto de fusão mais elevado conhecido, de 3.550° C. Isso se deve à ligação covalente entre os átomos. O diamante também tem uma das condutividades térmicas mais elevadas de que se tem conhecimento [2.000 W/(m-K)]. Por comparação, o alumínio (que é um excelente condutor térmico) apresenta uma condutividade térmica de apenas 238 W/(m-K). A elevada condutividade térmica do diamante se deve à rigidez de sua estrutura covalentemente ligada. O diamante é o material mais duro, com um módulo elástico de 1.100 GPa. (No Capítulo 6, aprenderemos mais sobre os módulos elásticos. Por enquanto, iremos simplesmente dizer que o diamante é cerca de dez vezes mais duro do que o titânio e mais de quinze vezes mais duro do que o alumínio.) À medida que um material é aquecido, os átomos vibram com mais energia. Quando as ligações são rígidas, as vibrações são transferidas com eficiência entre os átomos, dessa forma, conduzindo calor. Por outro lado, o diamante é um isolante elétrico. Todos os elétrons de valência de cada átomo de carbono são compartilhados com os átomos vizinhos, não deixando elétrons livres para conduzir eletricidade. Em geral, um isolante elétrico também é um mau condutor de calor, porque não tem elétrons livres, mas o diamante é uma exceção, devido à sua extraordinária rigidez. O diamante é uma das substâncias mais duras de que se tem conhecimento, e é por isso que ele geralmente é utilizado em ferramentas de corte em aplicações industriais (a superfície de corte precisa ser mais dura do que o material a ser cortado).

Menos ilustre (e menos brilhante) que o diamante é a grafite, que, assim como o diamante puro, contém somente átomos de carbono, mas sabemos, pela experiência de escrever com lápis de grafite, que suas propriedades são muito diferentes das do diamante. Na grafite, os átomos de carbono são arranjados em camadas. Em cada camada, os átomos de carbono são organizados em um padrão hexagonal, como mostra a Figura 2-22(a). Lembre-se de que, no diamante, cada átomo de carbono é covalentemente ligado a outros quatro, mas, em cada camada da grafite, cada átomo de carbono é covalentemente ligado a somente outros três. Existe uma quarta ligação entre as camadas, mas trata-se de uma ligação de van der Waals muito mais fraca. Além disso, o espaçamento entre as camadas de grafite é 2,5 vezes maior do que o espaçamento entre os átomos de carbono no plano.

A Figura 2-22(b) é uma imagem adquirida utilizando-se um instrumento conhecido como microscópio de força atômica (AFM, na sigla em inglês). Um AFM faz uma varredura com uma ponta fina sobre a superfície de uma amostra. A deflexão na extremidade da haste (conhecida como *cantilever*) em que está presa a ponta é monitorada por um laser e um fotodetector sensível à posição. No modo contato do AFM, um atuador move a amostra em

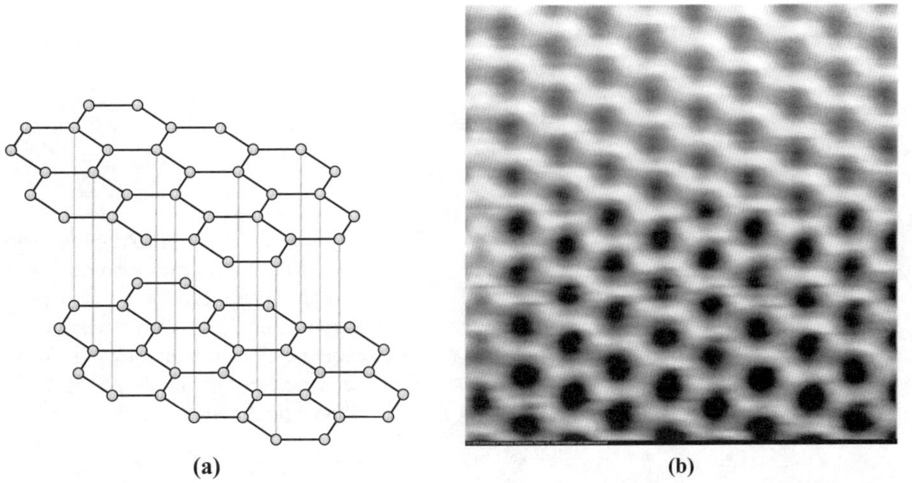

(a) (b)

Figura 2-22 A estrutura do carbono grafite. (a) Os átomos de carbono são arranjados em camadas, e, em cada camada, os átomos são organizados em um padrão hexagonal. (b) Uma micrografia de força atômica da grafite. (*Cortesia da University of Augsburg*.)

relação à ponta, a fim de manter uma deflexão constante. Dessa maneira, a superfície da amostra é mapeada em função da altura. A Figura 2-22(b) mostra os átomos de carbono em uma única camada de grafite. Átomos de carbono individuais são visíveis. Verificamos que, embora nossos modelos de cristais em esfera e bastão pareçam um pouco rústicos, eles são, na verdade, representações precisas dos arranjos atômicos em materiais.

Assim como o diamante, a grafite tem um elevado ponto de fusão. Para aquecer um sólido até se tornar líquido, o espaçamento entre os átomos deve ser aumentado. Na grafite, não é difícil separar as camadas individuais, porque as ligações entre camadas são fracas (na verdade, é isso que fazemos quando escrevemos com um lápis de grafite – as camadas são separadas e deixadas no papel), mas cada átomo de carbono tem três ligações fortes na camada que fazem com que a grafite tenha um elevado ponto de fusão. A grafite apresenta uma densidade menor que a do diamante por causa de sua estrutura em camadas – os átomos não são tão densamente empacotados. Diferentemente do diamante, a grafite é eletricamente condutiva. Isso porque o quarto elétron de cada átomo de carbono, que não é ligado covalentemente no plano, está disponível para conduzir eletricidade.

Uma única camada de grafite é conhecida como grafeno e representa um alótropo distinto do carbono. Ele é um excelente condutor térmico e, assim como o grafite, o grafeno é eletricamente condutivo e forte. Note que, por incluir uma única camada, o grafeno é transparente. Há um grande entusiasmo em relação ao potencial do grafeno para ser usado em transistores, já que seus elétrons viajam em velocidades próximas à velocidade da luz. O grafeno também pode ser usado em telas de cristal líquido (LCD). A Figura 2-22(b) mostra a superfície do grafite, cuja aparência é praticamente idêntica à do grafeno.

O buckminsterfulereno, um alótropo do carbono, foi descoberto em 1985. Cada molécula de buckminsterfulereno ou *buckyball* contém 60 átomos de carbono e é conhecido como C60. Uma *buckyball* pode ser representada considerando-se um padrão bidimensional de doze pentágonos regulares e vinte hexágonos regulares arranjados como na Figura 2-23(a). Se esse padrão for modificado para uma estrutura tridimensional enrolando a linha central de modo que forme um círculo e dobrando cada extremidade para que fique fechada, os polígonos irão encaixar-se perfeitamente – como uma bola de futebol! Essa é uma estrutura altamente simétrica, com 60 cantos, e se um átomo de carbono for colocado em cada canto, será um modelo da molécula de C60.

O buckminsterfulereno foi assim denominado em homenagem ao matemático e arquiteto norte-americano R. Buckminster Fuller, que patenteou o projeto do domo geodésico. Transmitir uma grande corrente de cerca de 150 amperes através de uma haste de carbono cria *buckyballs*. As *buckyballs* são, também, encontradas na fuligem formada naturalmente, como, por exemplo, no resíduo de carbono de uma vela em chamas.

A Figura 2-23(b) é um modelo de *buckyball* simples. Cada um dos 60 átomos de carbono tem duas ligações simples e uma dupla. Na verdade, existem outras formas além do C60, por exemplo, o C70, que compõem uma classe de materiais de carbono conhecidos geralmente como fulerenos. As *buckyballs* podem conter outros átomos dentro delas, parecem ser muito resistentes e apresentam propriedades magnéticas e eletrônicas interessantes.

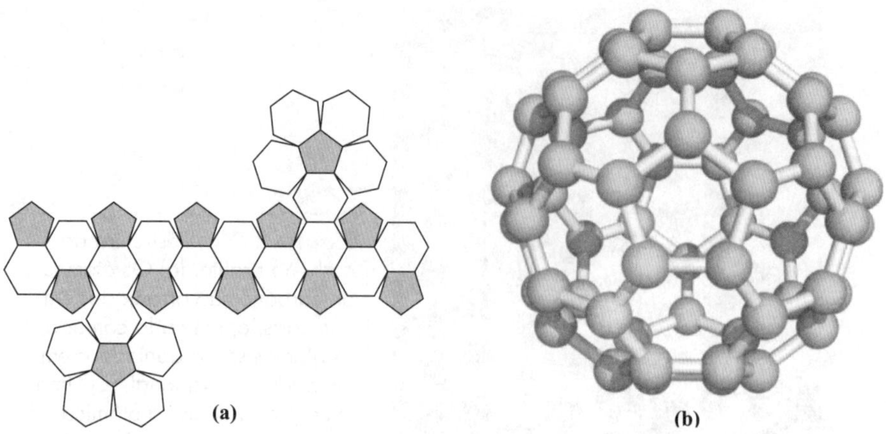

Figura 2-23 A estrutura de uma *buckyball*. (a) A formação do buckminsterfulereno a partir de doze pentágonos regulares e vinte hexágonos regulares. (b) Um modelo de "esfera e bastão" da molécula de C60. (*ibreakstock/Shutterstock.com*)

Os nanotubos de carbono, um quarto alótropo do carbono, podem ser definidos como folhas de grafite enroladas, formando tubos, com tampas de fulereno hemisféricas em suas extremidades. Uma folha de grafite simples, conhecida como grafeno, pode ser enrolada em diferentes direções para produzir nanotubos com diversas configurações, como mostra a Figura 2-24(a). Os nanotubos de carbono podem ter uma única ou várias paredes. Os nanotubos com várias paredes consistem em diversos nanotubos concêntricos. Em geral, os nanotubos de carbono têm de 1 a 25 nm de diâmetro e comprimento da ordem de mícrons. Nanotubos de carbono com diferentes configurações apresentam propriedades diferentes. Por exemplo, as propriedades elétricas dependem da helicidade e do comprimento dos nanotubos. Atualmente, os nanotubos de carbono estão sendo utilizados como reforço para aumentar a resistência e enrijecer polímeros e como pontas em microscópios de força atômica. Além disso, eles também estão sendo considerados como possíveis condutores de eletricidade em avançados dispositivos nanoeletrônicos. A Figura 2-24(b) é a imagem de um nanotubo de carbono com parede única, conseguida utilizando-se

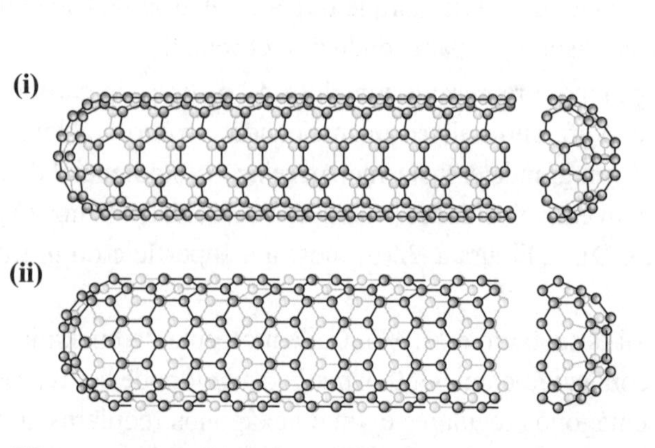

Figura 2-24 (a) Diagramas esquemáticos de diversas configurações de nanotubos com parede única (i) Um nanotubo poltrona; (ii) um nanotubo zigue-zague; (iii) um nanotubo que não é poltrona ou zigue-zague é conhecido como nanotubo quiral (Figura 6 do livro *Carbon nanomaterials*, de Andrew R. Barron). (b) Uma micrografia obtida por meio de varredura por tunelamento de um nanotubo de carbono (© Nazin Group, 2013).

um instrumento conhecido como microscópio de varredura por tunelamento (STM, na sigla em inglês). Um STM também faz uma varredura com ponta fina sobre a superfície de uma amostra. Aplica-se uma voltagem na ponta, e os elétrons da ponta escoam ou "escapam" para a amostra quando a ponta está próxima dos átomos da amostra. A corrente resultante é uma função da distância entre a ponta e a amostra, e as medições da corrente podem ser utilizadas para mapear a sua superfície.

O quartzo, substância com fórmula química SiO_2, é o mineral encontrado na areia. O quartzo é um dos materiais mais abundantes da Terra. Numa base de peso, o custo da areia é muito baixo; no entanto, a sílica é o material a ser refinado para fabricar o silício de grau eletrônico, um dos materiais mais puros do mundo e praticamente perfeito. *Wafers* de silício são os substratos para microchips, como aqueles encontrados no processador do seu computador. Enquanto uma tonelada de areia pode custar apenas algumas dezenas de dólares, uma tonelada de microchips de silício vale bilhões de dólares.

A imagem acima mostra um cristal de quartzo. Um material cristalino é aquele em que os átomos estão organizados em uma matriz regular e repetitiva. As facetas dos cristais refletem a ordem de longo alcance dos arranjos atômicos. (*Galyna Andrushko/Shutterstock.com*)

capítulo 3

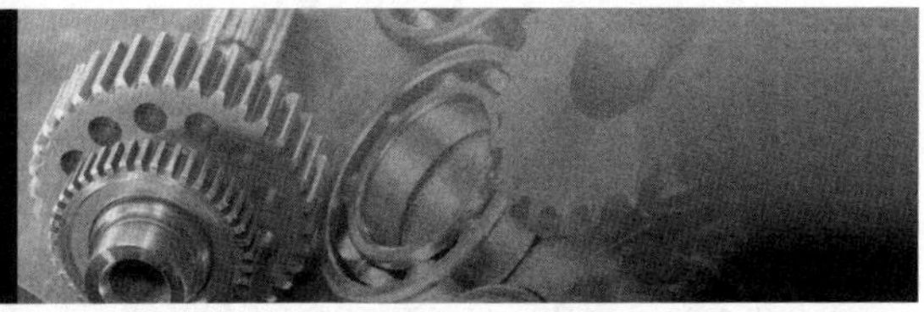

Arranjos atômicos e iônicos

VOCÊ JÁ SE PERGUNTOU?

- O que é silício amorfo e no que ele difere do silício utilizado em chips de computador?
- O que são cristais líquidos?
- Caso tenha de acondicionar esferas de mesmo tamanho em uma caixa cúbica, qual será o máximo de ocupação dessa caixa pelas esferas?
- Como podemos calcular a densidade dos diferentes materiais?

OBJETIVOS DE APRENDIZAGEM DO CAPÍTULO

Os principais objetivos deste capítulo são

- Visualizar como os átomos estão arranjados nas estruturas cúbica de face centrada, cúbica de corpo centrado e hexagonal compacta e definir as relações espaciais entre os átomos nessas estruturas. Dados os parâmetros para uma estrutura cristalina diferente das já apresentadas, visualizar os arranjos atômicos.
- Calcular as propriedades dos materiais cristalinos com base na estrutura cristalina (por exemplo, densidade e os tamanhos relativos dos espaços intersticiais).
- Identificar planos compactos e direções compactas em uma estrutura cristalina.
- Identificar e utilizar os índices de Miller para direções e planos em um sistema de coordenadas cristalográficas.

Os arranjos de átomos e íons desempenham papel importante na determinação da microestrutura e das propriedades de um material. Este capítulo tem os seguintes objetivos:

a) Aprender a classificar materiais com base em arranjos atômicos/iônicos.
b) Descrever os arranjos em sólidos cristalinos de acordo com os conceitos de **redes**, **bases** e **estruturas cristalinas**.

No caso de sólidos cristalinos, vamos apresentar os conceitos das redes de Bravais, células unitárias, direções e planos cristalográficos ao examinarmos os arranjos de átomos e íons de vários materiais tecnologicamente importantes. Esses incluem metais (Cu, Al, Fe, W, Mg), semicondutores (Si, Ge, GaAs) e cerâmicas avançadas (ZrO_2, Al_2O_3, $BaTiO_3$), diamante, entre outros. Vamos estabelecer também a nomenclatura utilizada para caracterizar arranjos atômicos ou iônicos em materiais cristalinos. Examinaremos o uso da **difração de** raios X (DRX), **microscopia eletrônica de transmissão** (MET) e **difração de elétrons**. Essas técnicas nos permitem examinar os arranjos de átomos/íons em diferentes materiais. Por fim, vamos apresentar uma visão geral dos diferentes tipos de **materiais amorfos**, como silício amorfo, vidros metálicos, polímeros e vidros inorgânicos.

O Capítulo 2 destacou como as ligações interatômicas químicas influenciam determinadas propriedades dos materiais. Este capítulo irá enfatizar a influência de arranjos atômicos e iônicos nas propriedades de materiais de engenharia. Em particular, vamos nos concentrar nos arranjos *perfeitos* de átomos ou íons em sólidos cristalinos.

Os conceitos discutidos neste capítulo irão preparar-nos para entender como *desvios* desses arranjos perfeitos em materiais cristalinos criam o que se descreve como defeitos em nível atômico. O termo **defeito** neste contexto se refere à ausência de perfeição na ordem atômica ou iônica de cristais, e não a alguma falha em um material utilizado em engenharia. No Capítulo 4, descreveremos como esses defeitos em nível atômico realmente possibilitam o desenvolvimento de aços conformáveis resistentes utilizados em automóveis e edifícios, ligas de alumínio para aeronaves, silício semicondutor dopado para células solares e muitas outras tecnologias.

3-1 Ordem de curto alcance *versus* ordem de longo alcance

Nos diferentes estados da matéria, podemos encontrar quatro tipos de arranjos atômicos ou iônicos (Figura 3-1).

Sem ordem Nos gases monoatômicos, como o argônio (Ar) ou o plasma criado no interior de lâmpadas fluorescentes, os átomos ou íons não possuem arranjo ordenado.

Ordem de curto alcance Um material terá **ordem de curto alcance (SRO,** *short-range order*) se o arranjo espacial dos átomos se estender apenas aos vizinhos mais próximos de cada átomo. Cada molécula de água na fase vapor possui ordem de curto alcance em razão das ligações covalentes entre os átomos de hidrogênio e oxigênio. Ou seja, cada átomo de hidrogênio está unido a dois átomos de oxigênio, formando um ângulo de 104,5° entre as ligações. Contudo, não existe ordem de curto alcance porque as moléculas de água no vapor não têm um arranjo especial com relação às posições umas das outras.

Uma situação semelhante ocorre em materiais conhecidos como vidros inorgânicos. Na Seção 2-5, descrevemos a estrutura tetraédrica da sílica, que atende ao requisito de quatro íons de oxigênio estarem ligados a cada íon de silício. Como veremos posteriormente, em um vidro, unidades tetraédricas individuais são agrupadas aleatoriamente. Esses tetraedros podem compartilhar vértices, arestas ou faces. Desse modo, além da unidade básica de um tetraedro $(SiO_4)^{4-}$, não há periodicidade de longo alcance em seu arranjo. Por outro lado, no quartzo e em outras formas de sílica cristalina, os tetraedros do $(SiO_4)^{4-}$ são, de fato, conectados em diferentes arranjos periódicos.

Vários polímeros também têm arranjos atômicos de curto alcance, que se assemelham à estrutura do vidro de silicato. Os polímeros serão discutidos no Capítulo 16.

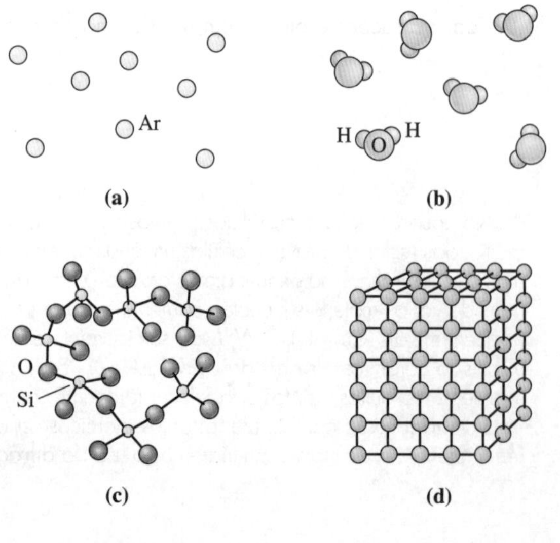

Figura 3-1 Níveis de arranjos atômicos nos materiais. (a) Os gases inertes monoatômicos não têm ordenação regular dos átomos. Algumas substâncias, como vapor d'água (b) e vidro de silicato (c), possuem ordem de curto alcance. (d) Metais, ligas metálicas, várias cerâmicas e alguns polímeros exibem ordenação regular de átomos/íons, que se estende por todo o material.

Ordem de longo alcance A maioria dos metais e ligas, assim como semicondutores, cerâmicas e alguns polímeros, possui estrutura cristalina na qual os átomos ou íons apresentam **ordem de longo alcance** (**LRO**, *long-range order*). O arranjo atômico espacial estende-se a distâncias bem maiores (acima de 10 nm). Os átomos ou íons desses materiais formam uma grade regular, repetitiva e tridimensional. Tais materiais são denominados **materiais cristalinos**. Se for composto por um *único cristal*, o material cristalino recebe o nome de **material monocristalino** (ou **monocristal**). Os materiais monocristalinos são úteis em várias aplicações eletrônicas e ópticas. Os chips de computador, por exemplo, são feitos de silício sob a forma de grandes monocristais (de até 300 mm de diâmetro) [Figura 3-2(a)]. De modo similar, muitos dispositivos optoeletrônicos úteis são feitos de cristais de niobato de lítio ($LiNbO_3$). Monocristais também podem ser fabricados como películas finas e utilizados em diversas aplicações eletrônicas e de outros tipos. Determinados tipos de palhetas de turbinas podem ser feitas de cristais individuais de superligas com base em níquel. Um **material policristalino**, por sua vez, é composto de várias pequenas regiões com diferentes orientações espaciais. Esses cristais menores são conhecidos como **grãos**. As fronteiras entre essas regiões em que há desalinhamento entre os cristais recebem o nome de **contornos de grão**. A Figura 3-2(b) mostra a microestrutura de um aço inoxidável policristalino. Vários materiais cristalinos com os quais lidamos em aplicações de engenharia são do tipo policristalino (como aços usados em construção, ligas de alumínio para aviões etc.). Nos capítulos subsequentes veremos que muitas propriedades dos materiais policristalinos dependem das características físicas e químicas tanto dos grãos como dos contornos de grão. Por outro lado, as propriedades dos materiais monocristalinos dependem da composição química e das direções específicas no interior do cristal (conhecidas como direções cristalográficas). Pode-se detectar e medir a ordem de longo alcance em materiais cristalinos utilizando técnicas como **difração de raios X** e **difração de elétrons** (Seção 3-9).

Os **cristais líquidos** (**LCs**, *liquid crystals*) são materiais poliméricos com um tipo especial de ordem. De fato, os polímeros de cristal líquido comportam-se como materiais amorfos (ou seja, semelhantes a líquidos), estando, porém, no estado sólido. No entanto, ao ser aplicado um estímulo externo (como um campo elétrico ou uma variação de temperatura), algumas moléculas do polímero ficam alinhadas e formam pequenas regiões cristalinas, daí o nome *cristais líquidos*. Esses materiais têm muitas aplicações comerciais na tecnologia de monitores de cristal líquido (LCD, *liquid crystal display*).

3-2 Materiais amorfos

Qualquer material que possui apenas uma ordem de curto alcance de átomos ou íons é um **material amorfo** (ou seja, não cristalino). Em geral, a maioria dos materiais tende a formar arranjos periódicos, já que essa configuração maximiza a estabilidade termodinâmica do material. Os materiais amorfos tendem a se formar quando a cinética do processo de fabricação não permite a organização dos átomos em arranjos periódicos. Os **vidros**, que se formam normalmente em sistemas cerâmicos e poliméricos, são materiais amorfos. Do mesmo modo, certos tipos de géis

(a)

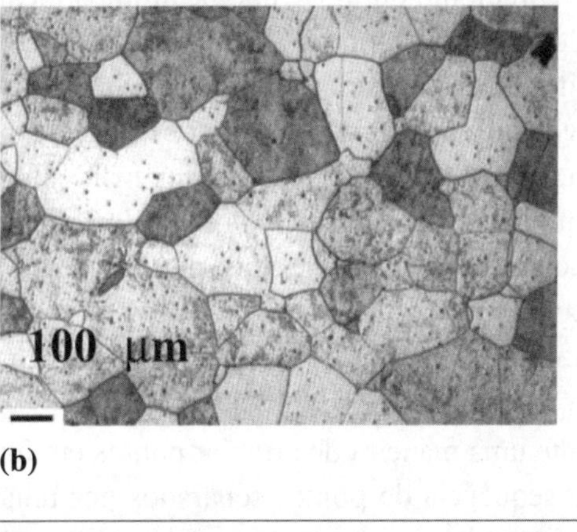

(b)

Figura 3-2 (a) Cristal individual de silício. (*Petr Sobolev/iStock/Thinkstock*) (b) Micrografia de um aço inoxidável policristalino mostrando grãos e contornos de grão. (*Micrografia, cortesia dos drs. A. J. Deardo, M. Hua e J. Garcia*)

poliméricos ou coloidais (ou materiais semelhantes) são também considerados amorfos. Os materiais amorfos apresentam, em geral, uma combinação exclusiva de propriedades, pois os átomos ou íons não estão dispostos em seus arranjos regulares e periódicos. Observe que, frequentemente, muitos materiais de engenharia identificados como *amorfos* podem conter uma fração de cristalinidade.

A exemplo dos vidros inorgânicos, muitos plásticos também são amorfos. Durante o processamento, cadeias relativamente extensas de moléculas poliméricas ficam emaranhadas entre si, como um espaguete. Moléculas poliméricas emaranhadas não se organizam sob a forma de materiais cristalinos. Durante o processamento de garrafas de bebidas feitas de polímeros, é aplicada tensão mecânica para conformar a garrafa [por exemplo, a fabricação de uma garrafa de refrigerante padrão de 2 litros utilizando tereftalato de polietileno (plástico PET)]. Esse processo é conhecido como **moldagem por sopro**. As tensões radial e longitudinal durante a conformação da garrafa realmente desemaranham algumas das cadeias de polímeros, causando a **cristalização induzida por tensão**. A formação de cristais aumenta a resistência das garrafas PET.

Em comparação com os plásticos e os vidros inorgânicos, os metais e suas ligas tendem a formar materiais cristalinos com mais facilidade. Como resultado, são necessários esforços especiais para resfriar os metais e suas ligas rapidamente, a fim de evitar a cristalização. No caso de algumas ligas, é preciso empregar uma taxa de resfriamento superior a 10^6 °C/s para obter a formação de **vidros metálicos**. Essa técnica de resfriamento de metais e ligas muito rapidamente é conhecida como **solidificação rápida**. Outras composições especiais exigem taxas de resfriamento de apenas dezenas de graus ou menos. Muitos vidros metálicos têm propriedades úteis e incomuns. As propriedades mecânicas dos vidros metálicos serão discutidas no Capítulo 6.

3-3 Redes, células unitárias, bases e estruturas cristalinas

Um sólido típico contém cerca de 10^{23} átomos/cm^3. A fim de representar os arranjos espaciais de átomos em um cristal, naturalmente, não é necessário nem prático especificar a posição de cada átomo. Discutiremos duas metodologias complementares que descrevem os arranjos tridimensionais dos átomos em um cristal. Iremos referir-nos a esses como o **conceito de redes e bases** e o de **célula unitária**. Esses conceitos dependem dos princípios da **cristalografia**. No Capítulo 2, discutimos a estrutura do átomo. Um átomo consiste em um núcleo com prótons e nêutrons, cercado de elétrons, mas para o propósito de descrever os arranjos de átomos em um sólido, visualizaremos os átomos como esferas rígidas, semelhantes a bolas de pingue-pongue. Iniciaremos com os conceitos de rede e base.

Uma **rede** é um conjunto de pontos denominados **pontos de rede**, dispostos segundo um padrão periódico, de modo que a vizinhança de cada ponto da rede seja idêntica. Uma rede é um conceito puramente matemático e é infinito em extensão. Uma rede pode ser uni, bi ou tridimensional. Em uma dimensão, existe somente uma rede possível: trata-se de uma rede de pontos, com os pontos separados entre si por uma distância igual, como mostra a Figura 3-3(a). Um átomo ou um grupo de átomos localizados de forma específica entre si e associados a cada ponto da rede é conhecido como **base** ou **unidade de repetição**. A base deve conter pelo menos um átomo, mas pode conter muitos átomos de um ou mais tipos. Uma base de um átomo é apresentada na Figura 3-3(b). Obtemos uma **estrutura cristalina** ao agruparmos redes e bases (ou seja, uma estrutura cristalina requer rede e base), como exemplifica a Figura 3-3(c). Um cristal unidimensional hipotético, que tem uma base de dois átomos diferentes, é mostrado na Figura 3-3(d). O átomo maior está localizado em cada ponto da rede e o menor, a uma distância fixa acima de cada ponto da rede. Observe que não é necessário que um dos átomos da base esteja localizado em cada ponto da rede, como mostra a Figura 3-3(e). As Figuras 3-3(d) e (e) representam o mesmo cristal unidimensional; os átomos são simplesmente mudados um em relação ao outro. Essa mudança não altera os arranjos atômicos no cristal.

Existe somente uma maneira de arranjar pontos em uma dimensão de modo que cada ponto tenha vizinhanças idênticas – uma sequência de pontos separados por uma distância igual, conforme discutido anteriormente. Há cinco formas distintas de arranjar pontos em duas dimensões, de modo que cada ponto tenha vizinhanças idênticas; assim, existem cinco redes bidimensionais. Há apenas 14 formas únicas de arranjar pontos em três dimensões.

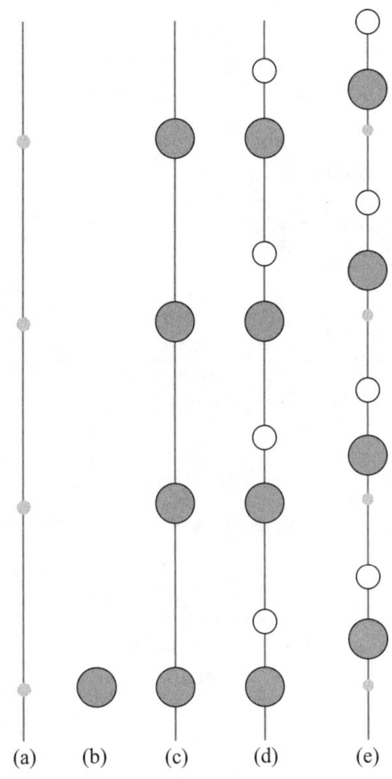

Figura 3-3 Rede e base. (a) Uma rede unidimensional. Os pontos da rede são separados por uma distância constante. (b) Uma base de um átomo. (c) Uma estrutura cristalina formada colocando-se a base de (b) sobre cada ponto de rede em (a). (d) Uma estrutura cristalina formada colocando-se uma base de dois átomos de diferentes tipos na rede em (a). (e) O mesmo cristal mostrado em (d); contudo, a base foi modificada em relação a cada ponto da rede.

Esses arranjos tridimensionais únicos dos pontos de rede são conhecidos como **redes de Bravais** e receberam esse nome em homenagem a Auguste Bravais (1811-1863), um cristalógrafo francês. As 14 redes de Bravais estão na Figura 3-4. Conforme definido anteriormente, uma rede é infinita em sua extensão, por isso, uma célula unitária individual é mostrada para cada rede. A célula unitária é uma subdivisão de uma rede que ainda mantém as características gerais da rede como um todo. Os pontos de rede estão localizados nos vértices das células unitárias e, em alguns casos, estão nas faces ou no centro da célula unitária.

As 14 redes de Bravais são agrupadas em sete **sistemas cristalinos**, conhecidos como cúbico, tetragonal, ortorrômbico, romboédrico (também chamado trigonal), hexagonal, monoclínico e triclínico. Observe que para o sistema cristalino cúbico, temos as redes de Bravais cúbica simples (CS), cúbica de face centrada (CFC) e cúbica de corpo centrado (CCC). Esses nomes descrevem o arranjo dos pontos em rede na célula unitária. De modo similar, para o sistema cristalino tetragonal, temos rede tetragonal simples e tetragonal de corpo centrado. Mais uma vez, lembre-se de que o conceito de uma rede é matemático e não menciona átomos, íons ou moléculas. Somente quando uma base é associada a uma rede é que podemos descrever uma estrutura cristalina. Por exemplo, se considerarmos a rede cúbica de face centrada e posicionarmos a base de um átomo em cada ponto de rede, a estrutura cristalina cúbica de face centrada é reproduzida.

Veja que, embora tenhamos apenas 14 redes de Bravais, podemos ter um número infinito de bases. Centenas de estruturas cristalinas são observadas na natureza ou podem ser sintetizadas. Muitos materiais diferentes podem ter a mesma estrutura cristalina. Por exemplo, o cobre e o níquel apresentam uma estrutura cristalina cúbica de face centrada à qual somente um átomo é associado com cada ponto de rede. Em estruturas mais complicadas, particularmente em polímeros, cerâmicas e materiais biológicos, diversos átomos podem estar associados a cada ponto de rede (por exemplo, a base é maior do que um), formando células unitárias muito complexas.

Célula unitária Nosso objetivo é desenvolver uma notação para modelos sólidos cristalinos que, de modo simples e direto, demonstre como os átomos são arranjados no espaço. O conceito de célula unitária complementa o modelo de rede e base para representar uma estrutura cristalina. Embora as metodologias dos conceitos de rede e base e de célula unitária sejam um pouco diferentes, o resultado final – a descrição de um cristal – é o mesmo. Nosso

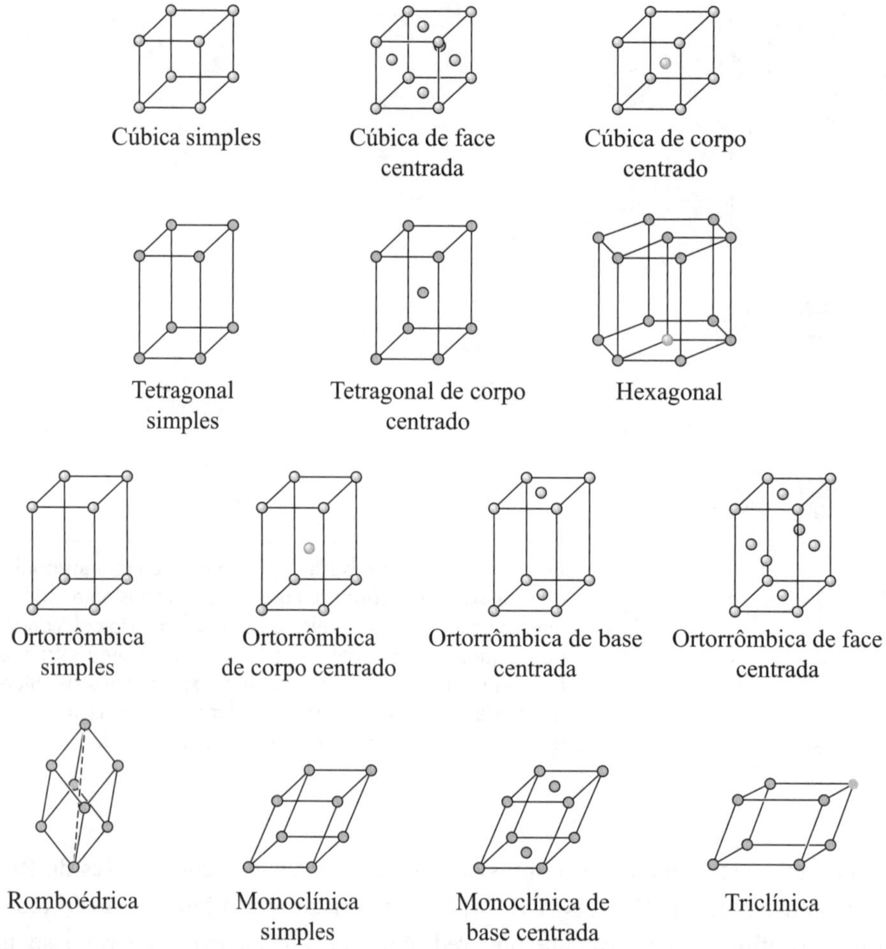

Figura 3-4 As 14 redes de Bravais agrupadas em sete sistemas cristalinos. A célula unitária real de um sistema hexagonal pode ser vista nas Figuras 3-6 e 3-11.

propósito ao escolhermos uma célula unitária para uma estrutura cristalina é encontrar uma unidade de repetição individual que, ao ser duplicada e transladada, reproduza a estrutura cristalina completa. Por exemplo, imagine o cristal como um quebra-cabeça tridimensional para o qual cada peça é exatamente a mesma. Se soubermos como se parece uma peça do quebra-cabeça, saberemos como se parecerá o quebra-cabeça inteiro, e não teremos de montá-lo totalmente para resolvê-lo. Precisamos apenas de uma peça! Para compreendermos o conceito de célula unitária, começamos com o cristal. A Figura 3-5(a) retrata um cristal bidimensional hipotético que consiste em átomos, todos eles, do mesmo tipo.

Em seguida, adicionamos uma grade que simula a simetria dos arranjos dos átomos. Existe um número infinito de possibilidades para a grade, mas por convenção, geralmente, escolhemos a mais simples. Para o arranjo quadrado de átomos mostrado na Figura 3-5(a), escolhemos uma grade quadrada como a da Figura 3-5(b). Em seguida, selecionamos a unidade de repetição para a grade, que também é conhecida como célula unitária. Esta é a unidade que, quando duplicada e transladada por números inteiros múltiplos dos comprimentos axiais da célula unitária, recria todo o cristal. A célula unitária está na Figura 3-5(c). Note que para cada célula unitária existe somente um quarto de um átomo em cada vértice em duas dimensões. Sempre devemos desenhar círculos cheios para representar átomos, mas entende-se que apenas a fração do átomo contida na célula unitária contribui para o número total de átomos por célula unitária. Desse modo, existe (1/4 átomo)/vértice * 4 vértices = 1 átomo por célula unitária, como mostra a Figura 3-5(c). Também é importante notar que, se existir um átomo em um vértice de uma célula unitária, deverá haver um átomo em cada vértice da célula unitária, a fim de manter a simetria translacional. Cada célula unitária tem sua própria origem, como mostra a Figura 3-5(c).

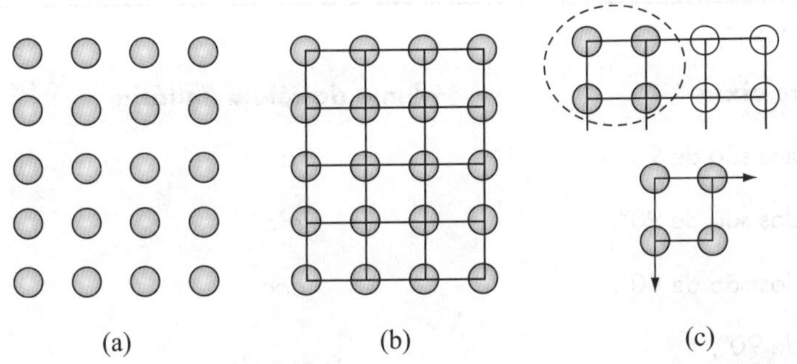

Figura 3-5 A célula unitária. (a) Um cristal bidimensional. (b) O cristal com a sobreposição de uma grade que reflete sua simetria. (c) A unidade de repetição da grade, conhecida como célula unitária. Cada célula unitária tem sua própria origem.

Parâmetros de rede e ângulos interaxiais Os **parâmetros de rede** são os comprimentos ou dimensões axiais da célula unitária e são denotados por convenção como *a, b* e *c*. Os ângulos entre os comprimentos axiais, conhecidos como ângulos interaxiais, são representados pelas letras gregas α, β e γ. Por convenção, α é o ângulo entre os comprimentos *b* e *c*, β é o ângulo entre *a* e *c*, e γ é o ângulo entre *a* e *b*, como mostra a Figura 3-6. (Observe que, para cada combinação, existe uma letra *a, b* e *c*, que podem ser escritas utilizando-se o alfabeto grego ou o romano.)

Em um sistema cristalino cúbico, apenas o comprimento de um dos lados do cubo precisa ser especificado (algumas vezes, sendo designados como a_0). O comprimento em geral é dado nas unidades nanômetros (nm) ou angstrom (Å), em que

$$1 \text{ nanômetro (nm)} = 10^{-9} \text{ m} = 10^{-7} \text{ cm} = 10 \text{ Å}$$
$$1 \text{ angstrom (Å)} = 0{,}1 \text{ nm} = 10^{-10} \text{ m} = 10^{-8} \text{ cm}$$

Os parâmetros de rede e os ângulos interaxiais para as células unitárias dos sete sistemas cristalinos estão na Tabela 3-1.

Para definir completamente uma célula unitária, os parâmetros de rede ou proporções entre os comprimentos axiais, os ângulos interaxiais e as coordenadas atômicas devem ser especificados. Ao especificarem-se as coordenadas atômicas, átomos inteiros são colocados na célula unitária. As coordenadas são especificadas como frações dos comprimentos axiais. Desse modo, para a célula bidimensional representada na Figura 3-5(c), a célula unitária é totalmente especificada pelas seguintes informações:

Comprimentos axiais: $a = b$
Ângulo interaxial: $\gamma = 90°$
Coordenada atômica: (0, 0)

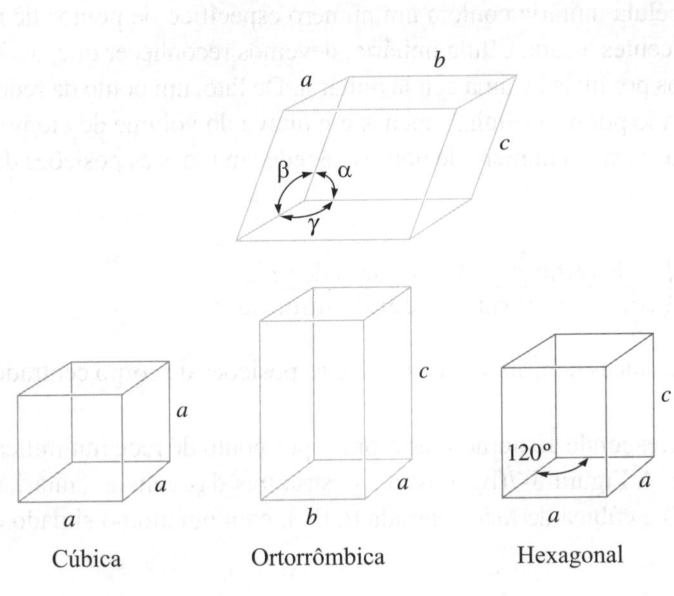

Figura 3-6 Definição dos parâmetros de rede e sua utilização em sistemas cristalinos cúbicos, ortorrômbicos e hexagonais.

Tabela 3-1 • Características dos sete sistemas cristalinos

Estrutura	Tamanho dos eixos	Ângulos entre eixos	Volume da célula unitária
Cúbica	$a = b = c$	Todos os ângulos são de 90°.	a^3
Tetragonal	$a = b \neq c$	Todos os ângulos são de 90°.	a^2c
Ortorrômbica	$a \neq b \neq c$	Todos os ângulos são de 90°.	abc
Hexagonal	$a = b \neq c$	Dois ângulos de 90°, o ângulo entre a e b tem 120°.	$0{,}866a^2c$
Romboédrica ou trigonal	$a = b = c$	Todos os ângulos são iguais e nenhum deles é de 90°.	$a^3\sqrt{1 - 3\cos^2\alpha + 2\cos^3\alpha}$
Monoclínica	$a \neq b \neq c$	Dois ângulos de 90°, um ângulo (β) diferente de 90°.	$abc \text{ sen } \beta$
Triclínica	$a \neq b \neq c$	Todos os ângulos são diferentes e nenhum deles é de 90°.	$abc\sqrt{1 - \cos^2\alpha - \cos^2\beta - \cos^2\gamma + 2\cos\alpha\cos\beta\cos\gamma}$

Mais uma vez, somente 1/4 do átomo em cada origem (0, 0) contribui para o número de átomos por célula unitária. Portanto, cada vértice age como origem e contribui com 1/4 de átomo por vértice para o total de um átomo por célula unitária. [Você percebe por que, ao mencionar um átomo em (0, 0) em cada célula unitária, seria repetitivo mencionar também as coordenadas (1, 0), (0, 1) e (1, 1)?]

De modo similar, uma célula unitária cúbica com um átomo em cada vértice é completamente especificada pelas seguintes informações:

$$\text{Comprimentos axiais: } a = b = c$$
$$\text{Ângulos interaxiais: } \alpha = \beta = \gamma = 90^\circ$$
$$\text{Coordenada atômica: } (0, 0, 0)$$

Agora, em três dimensões, cada vértice contribui com 1/8 átomo por cada um dos oito vértices para o total de um átomo por célula unitária. Note que o número de coordenadas atômicas requeridas é igual ao número de átomos por célula unitária. Por exemplo, se houver dois átomos por célula unitária, com um átomo nos vértices e um átomo na posição de corpo centrado, são necessárias duas coordenadas atômicas: (0, 0, 0) e (1/2, 1/2, 1/2).

Número de átomos por célula unitária Cada célula unitária contém um número específico de pontos de rede. Ao contarmos o número de pontos de rede pertencentes a cada célula unitária, devemos reconhecer que, assim como átomos, esses pontos podem ser compartilhados por mais de uma célula unitária. De fato, um ponto da rede situado no vértice de uma célula unitária é compartilhado por oito células; apenas um oitavo do volume do átomo de cada vértice pertence a uma célula específica. Dessa forma, o número de pontos de rede em todas as posições de vértice de uma célula unitária corresponde a:

$$\left(\frac{1/8 \text{ ponto de rede}}{\text{vértice}}\right)\left(\frac{8 \text{ vértices}}{\text{célula unitária}}\right) = \frac{1 \text{ ponto de rede}}{\text{célula unitária}}$$

Os vértices contribuem com 1/8 de ponto, as faces contribuem com 1/2 e as posições de corpo centrado contribuem com um ponto inteiro [Figura 3-7(a)].

O número de átomos por célula unitária corresponde ao número de átomos por ponto de rede multiplicado pelo número de pontos de rede por célula unitária. A Figura 3-7(b) mostra as estruturas das células unitárias cúbica simples (CS), cúbica de corpo centrado (CCC) e cúbica de face centrada (CFC), com um átomo situado em cada ponto de rede.

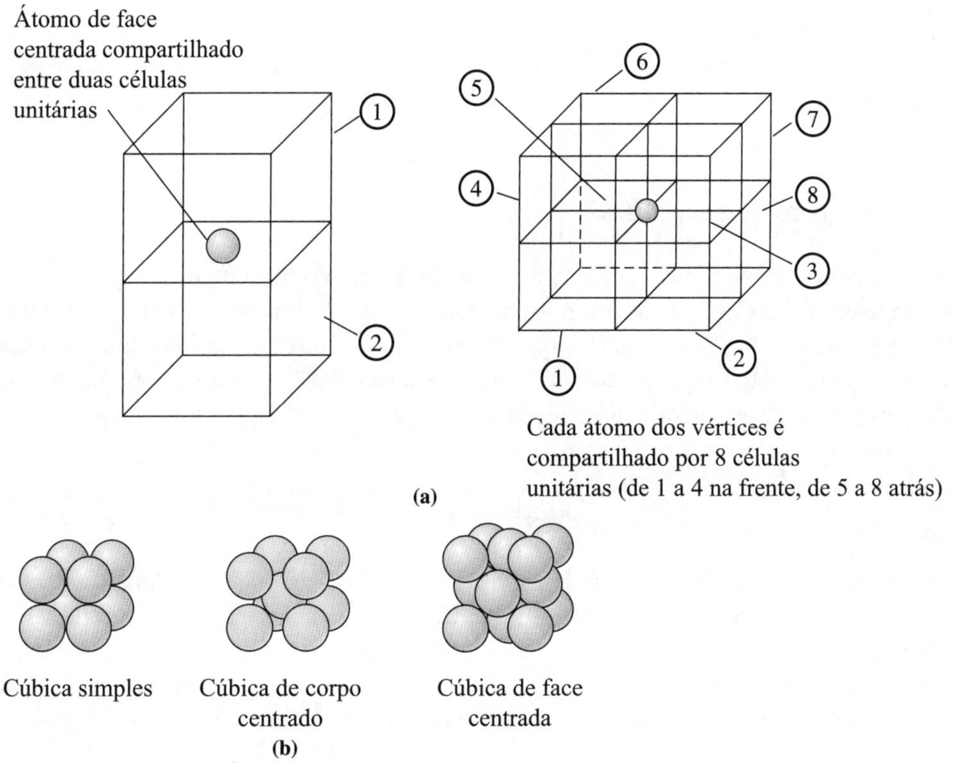

Figura 3-7 (a) Ilustração mostrando compartilhamento de átomos de face e de vértice. (b) Os modelos para células unitárias cúbicas simples (CS), cúbicas de corpo centrado (CCC) e cúbicas de face centrada (CFC), considerando somente um átomo por ponto de rede.

Exemplo 3-1 *Determinação do número de pontos de rede em sistemas cristalinos cúbicos*

Determine o número de pontos de rede por célula unitária em sistemas cristalinos cúbicos. Caso haja apenas um átomo em cada ponto de rede, calcule o número de átomos por célula unitária.

Solução

Na célula unitária CS, os pontos de rede estão localizados apenas nos vértices do cubo:

$$\frac{8 \text{ vértices}}{\text{célula unitária}} * \frac{1/8 \text{ ponto de rede}}{\text{vértice}} = \frac{1 \text{ ponto de rede}}{\text{célula unitária}}$$

Em células unitárias CCC, os pontos de rede estão localizados nos vértices e centro do corpo do cubo:

$$\frac{8 \text{ vértices}}{\text{célula unitária}} * \frac{1/8 \text{ ponto de rede}}{\text{vértice}} + \frac{1 \text{ corpo centrado}}{\text{célula unitária}} * \frac{1 \text{ ponto de rede}}{\text{corpo centrado}} = \frac{2 \text{ pontos de rede}}{\text{célula unitária}}$$

Em células unitárias CFC, os pontos de rede estão localizados nos vértices e nos centros das faces do cubo:

$$\frac{8 \text{ vértices}}{\text{célula unitária}} * \frac{1/8 \text{ ponto de rede}}{\text{vértice}} + \frac{6 \text{ faces centradas}}{\text{célula unitária}} * \frac{1/2 \text{ ponto de rede}}{\text{face centrada}} = \frac{4 \text{ pontos de rede}}{\text{célula unitária}}$$

Como temos apenas um átomo em cada ponto de rede, o número de átomos por célula unitária é um, dois e quatro para as células unitárias cúbica simples, cúbica de corpo centrado e cúbica de face centrada, respectivamente.

Exemplo 3-2 *A estrutura do cloreto de césio*

Estruturas cristalinas geralmente recebem nomes de um elemento ou composto representativo dessa estrutura. O cloreto de césio (CsCl) é um composto cristalino iônico. Uma célula unitária da estrutura cristalina do CsCl é mostrada na Figura 3-8, e trata-se de uma célula cúbica. Os ânions de cloro estão localizados nos vértices da célula unitária, e um cátion de césio está na posição de corpo centrado de cada célula unitária. Descreva essa estrutura como uma rede e base e também defina completamente a célula unitária do cloreto de césio.

Solução

A célula unitária é cúbica, portanto a rede é CS, CFC ou CCC. Não há íons localizados nas posições de face centrada, desse modo, a rede é CS ou CCC. Cada ânion de Cl é cercado de oito cátions de Cs nas posições de corpo centrado das células unitárias adjacentes. Cada cátion de Cs é cercado por oito ânions de Cl nos vértices da célula unitária. Assim, o vértice e as posições de corpo centrado não têm vizinhanças idênticas, portanto, ambos não podem ser pontos de rede. A rede deve ser cúbica simples.

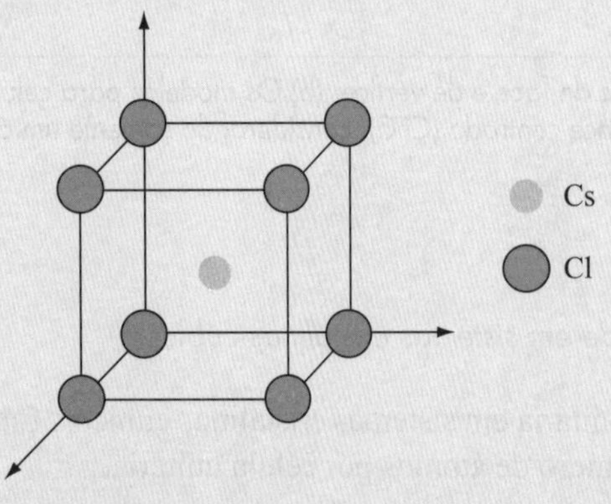

Figura 3-8 A estrutura cristalina do CsCl. Observe que os tamanhos dos íons não estão em escala.

A rede cúbica simples tem pontos de rede somente nos vértices da célula unitária. A estrutura cristalina do cloreto de césio pode ser descrita como uma rede cúbica simples com uma base de dois íons, Cl (0, 0, 0) e Cs (1/2, 1/2, 1/2). Note que as coordenadas atômicas estão relacionadas como frações dos comprimentos axiais, que, para uma estrutura cristalina cúbica, são iguais. O íon-base de Cl (0, 0, 0) colocado em cada ponto de rede (por exemplo, cada vértice de célula unitária) corresponde totalmente a cada íon de Cl na estrutura. O íon-base de Cs (1/2, 1/2, 1/2), localizado na posição de corpo centrado em relação a cada ponto de rede, corresponde totalmente a cada íon de Cs na estrutura.

Portanto, existem dois átomos por célula unitária no CsCl:

$$\frac{1 \text{ ponto de rede}}{\text{célula unitária}} * \frac{2 \text{ íons}}{\text{ponto de rede}} = \frac{2 \text{ íons}}{\text{célula unitária}}$$

Para definir plenamente uma célula unitária, os parâmetros de rede ou razões entre os comprimentos axiais, ângulos interaxiais e coordenadas atômicas devem ser especificados. A célula unitária de CsCl é cúbica, assim,

$$\text{Comprimentos axiais: } a = b = c$$
$$\text{Ângulos interaxiais: } \alpha = \beta = \gamma = 90°$$

Os ânions Cl estão localizados nos vértices da célula unitária e os cátions Cs estão nas posições de corpo centrado. Desse modo,

Coordenadas atômicas: Cl (0, 0, 0) e Cs (1/2, 1/2, 1/2)

Contagem de íons da célula unitária,

$$\frac{8 \text{ vértices}}{\text{célula unitária}} * \frac{1/8 \text{ íon cloreto}}{\text{vértice}} + \frac{1 \text{ corpo centrado}}{\text{célula unitária}} * \frac{1 \text{ íon cloreto}}{\text{corpo centrado}} = \frac{2 \text{ íons}}{\text{célula unitária}}$$

Como é de esperar, o número de átomos por célula unitária é o mesmo, independentemente do método utilizado para contar os átomos.

Raio atômico e parâmetros de rede As direções da célula unitária ao longo das quais os átomos estão em contato direto são as **direções compactas**. Em estruturas simples, particularmente naquelas com apenas um átomo por ponto de rede, utilizam-se tais direções para calcular a relação entre o tamanho aparente do átomo e o tamanho da célula unitária. Após determinar geometricamente os parâmetros de rede e o número de **raios atômicos** ao longo dessa direção, é possível determinar a relação matemática desejada.

Exemplo 3-3 *Determinação da relação entre raios atômicos e parâmetros de rede*

Determine a relação entre o raio atômico e os parâmetros de rede nas estruturas CS, CCC e CFC.

Solução

Na Figura 3-9, observamos que os átomos estão em contato na aresta do cubo nas estruturas CS. Como os átomos dos vértices estão centrados nos vértices do cubo, teremos:

$$a_0 = 2r \tag{3-1}$$

Em estruturas CCC, os átomos estão em contato ao longo da diagonal principal do cubo, que tem a dimensão de $\sqrt{3}a_0$. Como há dois raios atômicos a partir do átomo central e um raio atômico de cada um dos átomos do vértice, teremos:

$$a_0 = \frac{4r}{\sqrt{3}} \tag{3-2}$$

Em estruturas CFC, os átomos estão em contato ao longo da diagonal da face do cubo, que tem a dimensão de $\sqrt{2}a_0$. Como há quatro raios atômicos a partir do comprimento – dois raios a partir da face centrada do átomo e um raio a partir do vértice, teremos

$$a_0 = \frac{4r}{\sqrt{2}} \tag{3-3}$$

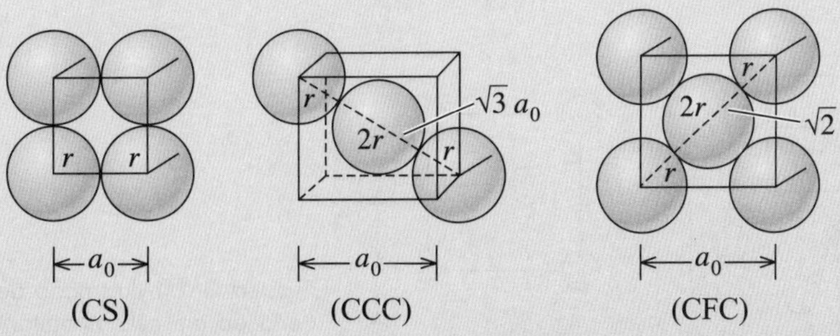

Figura 3-9 Relações entre raio atômico e parâmetros de rede em sistemas cúbicos (para o Exemplo 3-3).

A rede hexagonal e a célula unitária A imagem da rede hexagonal, na Figura 3-4, reflete a simetria básica da rede, mas diferentemente das outras imagens na Figura 3-4, ela não representa a célula unitária da rede. A célula unitária hexagonal é mostrada na Figura 3-6. Se você estudar a imagem da rede hexagonal na Figura 3-4, poderá encontrar a célula unitária hexagonal. Os parâmetros de rede para a célula unitária hexagonal são

$$\text{Comprimentos axiais: } a = b \neq c$$
$$\text{Ângulos interaxiais: } \alpha = \beta = 90°, \gamma = 120°$$

Quando os átomos da célula unitária estão localizados somente nos vértices, a coordenada atômica é (0, 0, 0).

Número de coordenação O **número de coordenação** corresponde ao número de átomos que está em contato com um átomo específico ou ao número de vizinhos mais próximos a esse átomo específico. Esse número indica como os átomos estão, estreita e eficientemente, compactados entre si. No caso de sólidos iônicos, define-se o número de coordenação de cátions como o número de ânions mais próximos. Da mesma forma, o número de coordenação de ânions corresponde ao número de cátions mais próximos. Vamos analisar as estruturas cristalinas dos diferentes sólidos iônicos e de outros materiais na Seção 3-7.

Nas estruturas cúbicas que contêm apenas um átomo por ponto de rede, os átomos possuem um número de coordenação relacionado à estrutura de rede. Ao examinarmos as células unitárias da Figura 3-10, podemos ver que cada átomo da estrutura CS possui um número de coordenação 6, ao passo que cada átomo da estrutura CCC possui oito vizinhos mais próximos. Na Seção 3-5, veremos que cada átomo da estrutura CFC tem um número de coordenação igual a 12 (que é o máximo possível).

Fator de empacotamento O **fator de empacotamento** ou **fração de empacotamento atômico** corresponde à fração do espaço ocupada por átomos, pressupondo que eles são esferas rígidas dimensionadas de forma que toquem, sempre que possível, seu vizinho mais próximo. A expressão geral do fator de empacotamento é:

$$\text{Fator de empacotamento} = \frac{(\text{número de átomos/célula})\ (\text{volume de cada átomo})}{\text{volume da célula unitária}} \tag{3-4}$$

O Exemplo 3-4 mostra como calcular o fator de empacotamento para uma célula CFC.

Exemplo 3-4 *Calculando o fator de empacotamento*

Calcule o fator de empacotamento para a célula unitária CFC.

Solução

Em células unitárias CFC existem quatro pontos de rede por célula, com um átomo por ponto de rede, além de quatro átomos por célula. O volume de cada átomo é $4\pi r^3/3$, e o volume da célula unitária é a_0^3, em que r representa o raio do átomo e a_0 é o parâmetro de rede.

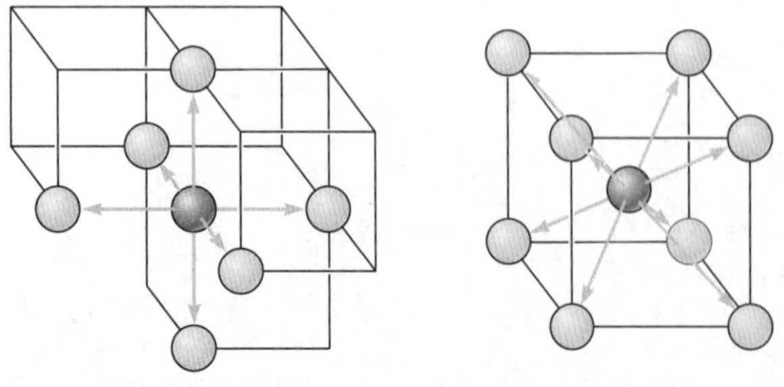

(a) (b)

Figura 3-10 Ilustração do número de coordenação em células unitárias CS (a) e CCC (b). Seis átomos se tocam na célula unitária CS, ao passo que oito átomos estão em contato mútuo na célula unitária CCC.

$$\text{Fator de empacotamento} = \frac{(4\ \text{átomos/célula})\left(\frac{4}{3}\pi r^3\right)}{a_0^3}$$

Como $a_0 = 4r\sqrt{2}$ no caso de células unitárias CFC, temos:

$$\text{Fator de empacotamento} = \frac{(4)\left(\frac{4}{3}\pi r^3\right)}{(4r/\sqrt{2})^3} = \frac{\pi}{\sqrt{18}} \cong 0{,}74$$

O fator de empacotamento $\pi/\sqrt{18} \cong 0{,}74$ na célula unitária CFC é o mais eficiente possível. As células CCC têm um empacotamento de 0,68, ao passo que nas células CS esse empacotamento é de 0,52. Observe que o fator de empacotamento não depende do raio dos átomos, contanto que assumamos que todos os átomos tenham um raio fixo. O que isso significa é que não importa se estamos empacotando átomos na célula unitária ou bolas de basquete ou bolas de pingue-pongue em uma caixa cúbica. O fator de empacotamento máximo possível é $\pi/\sqrt{18}$! Esse conceito de geometria discreta é conhecido como **conjectura de Kepler**. Johannes Kepler propôs tal conjectura no ano de 1611, que permaneceu sem comprovação até 1998, quando Thomas C. Hales efetivamente comprovou que era verdadeira.

O arranjo CFC representa uma **estrutura compacta** (ou seja, a fração de empacotamento é a maior possível com átomos de um certo tamanho). As estruturas CS e CCC são relativamente abertas. Na próxima seção, veremos que é possível ter uma estrutura hexagonal com a mesma eficácia de empacotamento da estrutura CFC. Ela é conhecida como hexagonal compacta (HC). Os metais HC que possuem apenas ligações metálicas apresentam um empacotamento máximo. Já os metais com ligações mistas (como o ferro, por exemplo) podem ter células unitárias com um fator de empacotamento abaixo do máximo possível. Os metais ou ligas metálicas em geral não se organizam na estrutura CS.

Densidade Pode-se calcular a **densidade** teórica de um material utilizando as propriedades da estrutura cristalina. A fórmula geral é a seguinte:

$$\text{Massa específica } \rho = \frac{(\text{número de átomos/célula})\ (\text{massa âtomica})}{(\text{volume da célula unitária})\ (\text{número de Avogadro})} \tag{3-5}$$

Se determinado material for iônico e constituído por diferentes tipos de átomos ou íons, será preciso alterar essa fórmula para que reflita tais diferenças. O Exemplo 3-5 explica como determinar a massa específica do ferro CCC.

Exemplo 3-5 *Determinação da densidade do ferro CCC*

Determine a densidade do ferro CCC, que possui um parâmetro de rede de 0,2866 nm.

Solução

Existem dois átomos por célula unitária na estrutura CCC do ferro.

$$\text{Volume da célula unitária} = (2{,}866 \times 10^{-8}\ \text{cm})^3 = 2{,}354 \times 10^{-23}\ \text{cm}^3/\text{célula}$$

$$\text{Densidade } \rho = \frac{(\text{número de átomos/célula})\ (\text{massa atômica})}{(\text{volume da célula unitária})\ (\text{número de Avogadro})}$$

$$\rho = \frac{(2\ \text{átomos/célula})\ (55{,}847\ \text{g/mol})}{(2{,}354 \times 10^{-23}\ \text{cm}^3/\text{célula})\ (6{,}022 \times 10^{23}\ \text{átomos/mol})} = 7{,}879\ \text{g/cm}^3$$

A massa específica medida é de 7,870 g/cm³. A ligeira discrepância entre os valores teórico e experimental de massa específica é uma consequência dos defeitos do material. Como mencionado anteriormente, nesse contexto o termo *defeito* designa as imperfeições quanto ao arranjo atômico.

Estrutura hexagonal compacta A estrutura hexagonal compacta (HC) é mostrada na Figura 3-11. A rede é hexagonal, com uma base de dois átomos do mesmo tipo: um localizado em (0, 0, 0) e outro em (2/3, 1/3, 1/2). (Essas coordenadas são sempre frações dos comprimentos axiais *a, b* e *c*, mesmo se estes não forem iguais.) A rede hexagonal tem um ponto de rede por célula unitária localizado nos vértices da célula unitária. Na estrutura HC, dois átomos estão associados a cada ponto de rede, desse modo, existem dois átomos por célula unitária.

Uma representação igualmente válida da estrutura cristalina HC é uma rede hexagonal com uma base de dois átomos do mesmo tipo: um localizado em (0, 0, 0) e outro em (1/3, 2/3, 1/2). As coordenadas (2/3, 1/3, 1/2) e (1/3, 2/3, 1/2) são equivalentes, o que significa que não podem ser diferenciadas entre si.

Em metais com uma estrutura HC ideal, os eixos a_0 e c_0 possuem razão $c_0/a_0 = \sqrt{8/3} = 1{,}633$. A maioria dos metais HC, porém, tem razões c_0/a_0 que diferem ligeiramente do valor ideal, devido às ligações mistas. Como a estrutura HC (a exemplo da estrutura CFC) também possui o mais eficiente fator de empacotamento (0,74) e um número de coordenação 12, vários metais se organizam nessa estrutura. A Tabela 3-2 resume as características da estrutura cristalina de alguns metais.

As estruturas de materiais com ligações iônicas podem ser vistas como se fossem formadas pelo empacotamento (cúbico ou hexagonal) de ânions. Os cátions entram nos espaços intersticiais ou espaços vazios que restam após o empacotamento dos ânions. A Seção 3-7 analisa esse ponto com mais detalhes.

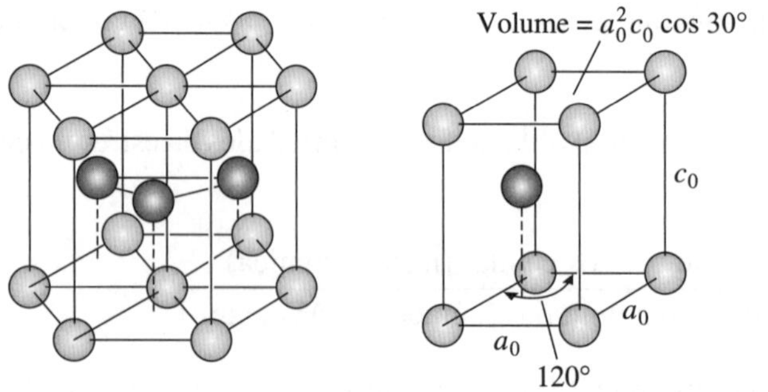

Figura 3-11 Estrutura hexagonal compacta (HC) (à esquerda) e sua célula unitária.

Tabela 3-2 • Características da estrutura cristalina de alguns metais

Estrutura	a_0 *versus* r	Átomos por célula	Número de coordenação	Fator de empacotamento	Exemplos
Cúbica simples (CS)	$a_0 = 2r$	1	6	0,52	Polônio (Po), α– Mo
Cúbica de corpo centrado (CCC)	$a_0 = 4r/\sqrt{3}$	2	8	0,68	Fe, W, Mo, Nb, Ta, K, Na, V, Cr
Cúbica de face centrada (CFC)	$a_0 = 4r/\sqrt{2}$	4	12	0,74	Cu, Au, Pt, Ag, Pb, Ni
Hexagonal compacta (HC)	$a_0 = 2r$ $c_0 \approx 1{,}633\, a_0$	2	12	0,74	Ti, Mg, Zn, Be, Co, Zr, Cd

3-4 Transformações alotrópicas e polimórficas

Os materiais que podem ter mais de uma estrutura cristalina são conhecidos como alotrópicos ou polimórficos. O termo **alotropia** é normalmente reservado para tal comportamento em elementos puros, ao passo que o termo **polimorfismo** é utilizado para substâncias compostas. Discutimos os alótropos do carbono no Capítulo 2. Alguns metais, como o ferro e o titânio, têm mais de uma estrutura cristalina. À temperatura ambiente, o ferro tem estrutura CCC, mas a temperaturas elevadas, ela se transforma para CFC. Essas transformações resultam em mudanças nas propriedades dos materiais e formam a base para o tratamento térmico de aços e muitas outras ligas.

Vários materiais cerâmicos, como a sílica (SiO_2) e a zircônia (ZrO_2), são também polimórficos. Nesses casos, pode ocorrer uma mudança de volume na transformação durante o aquecimento ou resfriamento. Caso não seja adequadamente controlada, essa mudança de volume fará com que o material cerâmico apresente trincas e falhas. No caso da zircônia (ZrO_2), por exemplo, a forma estável à temperatura ambiente (~25 °C) é monoclínica. À medida que aumentamos a temperatura, mais estruturas cristalinas simétricas se tornam estáveis. A 1.170 °C, a zircônia monoclínica se transforma em uma estrutura tetragonal. A forma tetragonal é estável até 2.370 °C. Nessa temperatura, a zircônia se transforma em uma forma cúbica, que permanece estável dos 2.370 °C até a temperatura de fusão, de 2.680 °C. A zircônia também pode ter a forma ortorrômbica quando altas pressões são aplicadas.

Componentes cerâmicos feitos a partir de zircônia pura frequentemente sofrem fratura à medida que a temperatura é reduzida e a zircônia passa da forma tetragonal para a monoclínica, em virtude da expansão do volume (a mudança da fase cúbica para a tetragonal não causa grande alteração no volume). Como resultado, polimorfos puros monoclínicos ou tetragonais da zircônia não são utilizados. Em vez disso, cientistas e engenheiros de materiais descobriram que adicionar dopantes, como o ítrio (Y_2O_3), torna possível estabilizar a fase cúbica da zircônia, mesmo à temperatura ambiente. A zircônia estabilizada pelo ítrio (YSZ, *yttria stabilized zirconia*) contém até 8% em mol de Y_2O_3. Formulações de zircônia estabilizada são utilizadas em muitas aplicações, incluindo revestimentos para barreira térmica (TBC, *thermal barrier coatings*), para lâminas de turbinas, eletrólitos para sensores de oxigênio e células de combustível de óxido sólido. Na atualidade, praticamente, todos os carros produzidos utilizam sensores de oxigênio fabricados por meio de composições de zircônia estabilizada. A zircônia estabilizada tem a aparência semelhante à de um diamante, mas é uma alternativa econômica a ele nas joalherias. O Exemplo 3-6 ilustra como calcular as alterações de volume em polimorfos da zircônia.

Exemplo 3-6 *Calculando alterações de volume em polimorfos da zircônia*

Calcule a alteração percentual de volume à medida que a zircônia se transforma de uma estrutura tetragonal em uma monoclínica. As constantes de rede para a célula unitária monoclínica são $a = 5{,}156$, $b = 5{,}191$ e $c = 5{,}304$ Å, respectivamente. O ângulo β da célula unitária monoclínica é 98,9°. As constantes de rede para a célula unitária tetragonal são $a = 5{,}094$ e $c = 5{,}304$ Å. A zircônia se expande ou se contrai durante essa transformação? Qual é a implicação dessa transformação sobre as propriedades mecânicas das cerâmicas de zircônia?

Solução

Com base na Tabela 3-1, o volume de uma célula unitária tetragonal é dado por

$$V = a^2c = (5{,}094)^2(5{,}304) = 137{,}63 \text{ Å}^3$$

e o volume de uma célula unitária monoclínica é dado por

$$V = abc \text{ sen } \beta = (5{,}156)(5{,}191)(5{,}304) \text{ sen}(98{,}9°) = 140{,}25 \text{ Å}$$

Portanto, há uma expansão da célula unitária à medida que ZrO_2 passa da forma tetragonal para a forma monoclínica.

A alteração percentual no volume = (volume final – volume inicial)/ (volume inicial) * 100 = (140,25 – 137,63Å^3)/(137,63 Å^3) * 100 = 1,9%

A maioria das cerâmicas é frágil e não suporta mais de 0,1% de alteração no volume (discutiremos o comportamento mecânico dos materiais nos Capítulos 6, 7 e 8). A conclusão aqui é que as cerâmicas de ZrO_2 não podem ser usadas em sua forma monoclínica, já que, ao se transformar por resfriamento, é mais provável que a zircônia se rompa. Assim, a ZrO_2 é normalmente estabilizada em forma cúbica usando diferentes aditivos, como CaO, MgO e Y_2O_3.

3-5 Pontos, direções e planos na célula unitária

Coordenadas de pontos É possível localizar pontos (como posições de átomos, por exemplo) na célula unitária construindo o sistema de coordenadas orientadas da Figura 3-12. A distância é medida quanto ao número de parâmetros de rede que é preciso mover em cada uma das coordenadas (x, y e z) para ir da origem ao ponto em questão. As coordenadas são expressas como três distâncias separadas por vírgulas.

Direções na célula unitária Certas direções presentes na célula unitária são de particular importância. Os **índices de Miller** referentes à direção constituem a notação abreviada que se utiliza para descrever essas direções. Veja a seguir o procedimento para encontrar os índices de Miller referentes às direções:

1. Com o auxílio de um sistema de coordenadas orientadas, determine as coordenadas de dois pontos situados nesta direção.
2. Subtraia as coordenadas do ponto final das coordenadas do ponto inicial, a fim de obter o número de parâmetros de rede percorridos na direção de cada eixo do sistema de coordenadas.
3. Elimine frações por meio de divisão/multiplicação dos resultados da subtração para obter os menores números inteiros possíveis.
4. Coloque os índices entre colchetes [ ]. Caso haja algum sinal negativo, represente-o com uma barra sobre o número. Os índices não são separados por vírgulas.

O Exemplo 3-7 explica uma das formas de determinar os índices de Miller da direção.

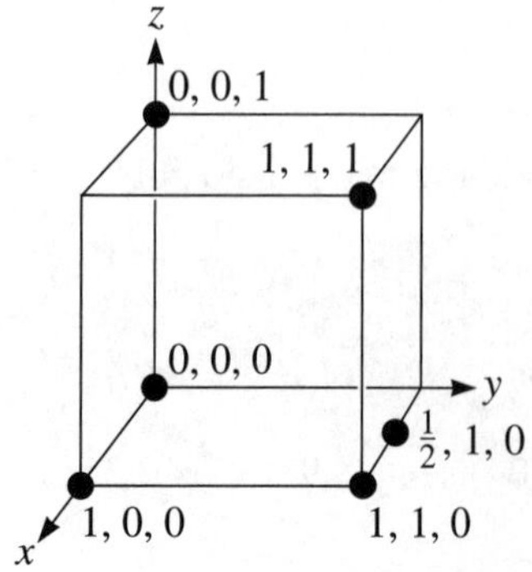

Figura 3-12 Coordenadas de pontos selecionados na célula unitária. Cada número refere-se à distância em relação à origem, quanto aos parâmetros de rede.

Exemplo 3-7 *Determinação dos índices de Miller de direção*

Determine os índices de Miller de direção *A, B* e *C* da Figura 3-13.

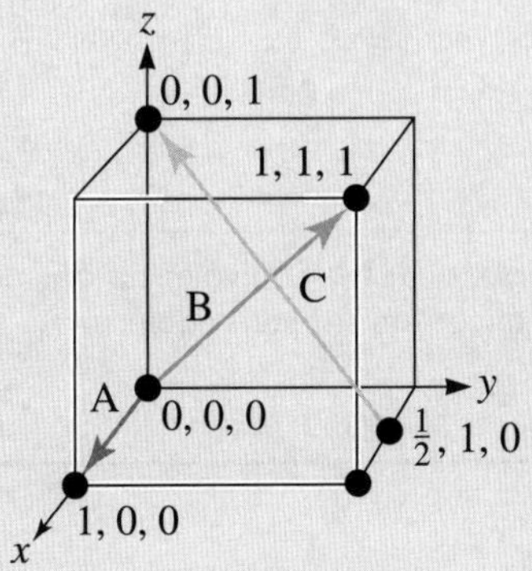

Figura 3-13 Direções e coordenadas cristalográficas (para o Exemplo 3-7).

Solução

Direção *A*

1. Dois dos pontos são 1, 0, 0 e 0, 0, 0
2. 1, 0, 0 – 0, 0, 0 = 1, 0, 0
3. Não é preciso eliminar frações ou reduzir aos menores inteiros.
4. [100]

Direção *B*

1. Dois dos pontos são 1, 1, 1 e 0, 0, 0
2. 1, 1, 1 – 0, 0, 0 = 1, 1, 1
3. Não é preciso eliminar frações ou reduzir aos menores inteiros.
4. [111]

Direção *C*

1. Dois dos pontos são 0, 0, 1 e $\frac{1}{2}$, 1, 0
2. $0, 0, 1 - \frac{1}{2}, 1, 0 = -\frac{1}{2}, -1, 1$
3. $2(-\frac{1}{2}, -1, 1) = -1, -2, 2$
4. $[\bar{1}\bar{2}2]$

Diversos aspectos sobre o uso dos índices de Miller para direções precisam ser observados:

1. Como as direções são vetores, determinada direção e seu negativo não são idênticos; [100] não equivale a $[\bar{1}00]$; eles representam a mesma linha, mas em sentidos opostos.
2. Toda direção e seu múltiplo são *idênticos*; [100] representa a mesma direção que [200].
3. Certos grupos de direções são *equivalentes*; têm índices específicos devido ao modo como construímos as coordenadas. Em um sistema cúbico, por exemplo, uma direção [100] será a direção [010] se redefinirmos o sistema de coordenadas como se vê na Figura 3-14. Podemos nos referir a grupos de direções equivalentes como **famílias de direções**. Utilizam-se os colchetes < > para indicar esse conjunto de direções. A Tabela 3-3 apresenta a família de direções <110>. Esperamos que um material cúbico tenha as mesmas propriedades em cada uma das 12 direções <110>.

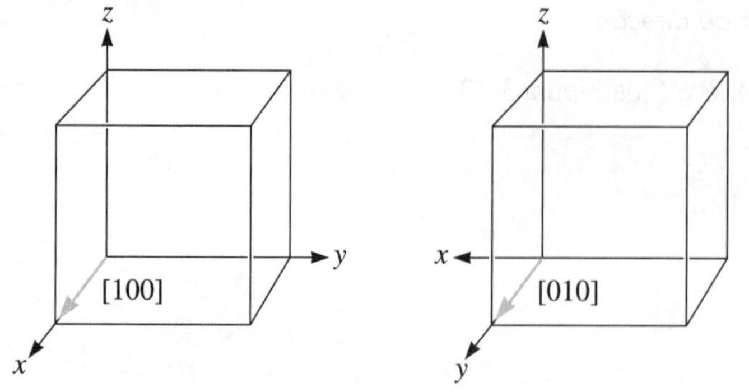

Figura 3-14 Equivalência das direções cristalográficas em sistemas cúbicos.

Tabela 3-3 • Família de direções <110> em sistemas cúbicos

$$<110> = \begin{cases} [110] & [\bar{1}\bar{1}0] \\ [101] & [\bar{1}0\bar{1}] \\ [011] & [0\bar{1}\bar{1}] \\ [1\bar{1}0] & [\bar{1}10] \\ [10\bar{1}] & [\bar{1}01] \\ [01\bar{1}] & [0\bar{1}1] \end{cases}$$

Significância das direções cristalográficas As direções cristalográficas são usadas para indicar uma determinada orientação de um monocristal ou de um material policristalino orientado. Saber descrever isso pode ser útil em muitas aplicações. Os metais se deformam com mais facilidade, por exemplo, nas direções em que os átomos estão em contato mais próximo. Outro exemplo do mundo real é a dependência das propriedades magnéticas do ferro e outros materiais magnéticos nas direções cristalográficas. É muito mais fácil magnetizar o ferro na direção [100] do que nas direções [111] ou [110]. É por isso que os grãos dos aços de Fe-Si usados em aplicações magnéticas (por exemplo, núcleos de transformadores) são orientados na direção [100] ou direções equivalentes.

Distância de repetição, densidade linear e fração de empacotamento A **distância de repetição** (ou a distância entre pontos de rede ao longo de certa direção) é outra forma de caracterizar direções. Podemos examinar, por exemplo, a direção [110] em uma célula unitária CFC (Figura 3-15). Se começarmos na origem (0, 0, 0), o próximo ponto de rede estará no centro de uma face, ou seja, no local (1/2, 1/2, 0). Portanto, a distância entre pontos de rede corresponde à metade da diagonal de uma face ou $\frac{1}{2}\sqrt{2}a_0$. No caso do cobre, que tem um parâmetro de rede de 0,3615 nm, a distância de repetição é de 0,2556 nm.

A **densidade linear** é o número de pontos de rede por unidade de comprimento ao longo da direção considerada. No caso do cobre, há duas distâncias de repetição ao longo da direção [110] em cada célula unitária. Como essa distância é $\sqrt{2}a_0 = 0{,}5112$ nm, teremos:

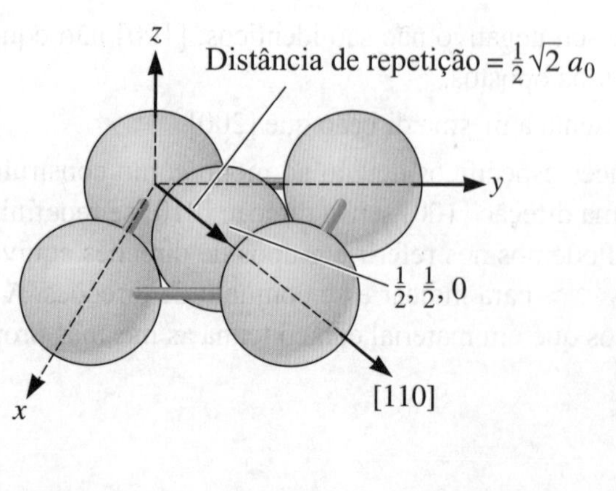

Figura 3-15 Cálculo de distância de repetição, densidade linear e fração de empacotamento em uma direção [110] do cobre que possui estrutura CFC.

$$\text{Densidade linear} = \frac{2 \text{ distâncias de repetição}}{0{,}5112 \text{ nm}} = 3{,}91 \text{ pontos de rede/nm}$$

Observe que a densidade linear é também a recíproca da distância de repetição.

Por fim, podemos calcular também a **fração de empacotamento** de uma direção específica, ou seja, a fração realmente ocupada por átomos. Ainda no caso do cobre, no qual há um átomo localizado em cada ponto de rede, essa fração equivale ao produto da densidade linear pelo dobro do raio atômico. Na direção [110] do cobre CFC, o raio atômico $r = \sqrt{2}a_0/4 = 0{,}1278$ nm. Dessa forma, a fração de empacotamento será:

$$\begin{aligned}\text{Fração de empacotamento} &= (\text{densidade linear})\,(2r)\\ &= (3{,}91)\,(2)\,(0{,}1278)\\ &= 1{,}0\end{aligned}$$

Um valor igual a 1,0 é consistente com a direção [110], que é uma direção compacta na estrutura CFC.

Planos na célula unitária Alguns planos de átomos em um cristal também têm importância especial. Os metais, por exemplo, deformam-se ao longo dos planos de átomos mais compactos. A energia superficial das diferentes faces de um cristal depende do plano cristalográfico específico. Isso se torna particularmente importante no crescimento de cristais. De fato, no crescimento de filmes finos de materiais eletrônicos (Si ou GaAs, por exemplo), é preciso certificar-se de que o substrato esteja orientado de modo que esse filme fino possa crescer segundo um plano cristalográfico específico.

Utilizam-se os índices de Miller como notação abreviada para identificar esses planos importantes, como descrito a seguir:

1. Identificar os pontos nos quais os planos interceptam os eixos *x*, *y* e *z* quanto ao número de parâmetros de rede. Se o plano passar pela origem, a origem das coordenadas terá de ser deslocada para a de uma célula unitária adjacente.
2. Calcular os inversos dessas intersecções.
3. Eliminar as frações, mas *sem* arredondar para os números inteiros mais baixos.
4. Colocar os números resultantes entre parênteses ( ). Também, nesse caso, os índices negativos devem ser expressos com uma barra sobreposta. Não se utilizam vírgulas para separar os índices.

O exemplo a seguir mostra como é possível obter os índices de Miller dos planos.

Exemplo 3-8 *Determinação dos índices de Miller de planos*

Determine os índices de Miller dos planos *A*, *B* e *C* da Figura 3-16.

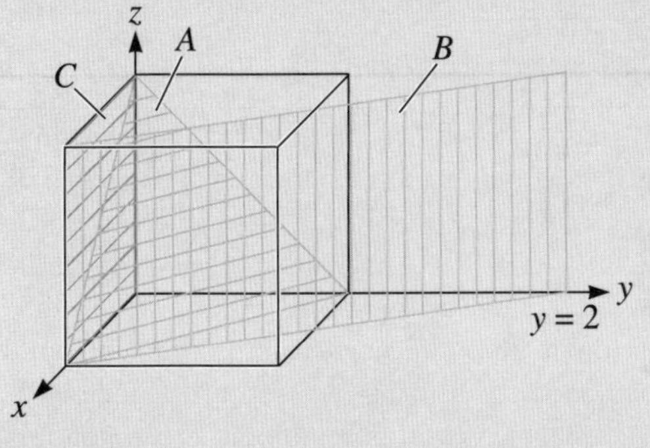

Figura 3-16 Planos cristalográficos e interseções (para o Exemplo 3-8).

Solução

Plano *A*

1. $x = 1, y = 1, z = 1$
2. Considere os recíprocos: 1, 1, 1
3. Não há frações a eliminar.
4. (111)

Plano *B*

1. Como o plano não intercepta o eixo z, temos $x = 1, y = 2$ e $z = \infty$
2. Considere os recíprocos: 1, 1/2, 0
3. Eliminação de frações: 2, 1, 0
4. (210)

Plano *C*

1. É preciso mover a origem, já que o plano passa por (0, 0, 0). Vamos deslocá-la em um parâmetro de rede na direção y. Portanto, $x = \infty, y = -1$ e $z = \infty$
2. Considere os recíprocos: 0, – 1, 0
3. Não há frações a eliminar.
4. $(0\bar{1}0)$

É preciso observar vários aspectos importantes dos índices de Miller para os planos:

1. Os planos e seus negativos são idênticos (o que não ocorre com as direções), porque são paralelos. Portanto, $(020) = (0\bar{2}0)$
2. Os planos e seus múltiplos não são idênticos (o que também difere do que vimos com as direções). Podemos demonstrar esse fato definindo as densidades planares e frações de empacotamento planar. A **densidade planar** é o número de átomos por unidade de área, com centros situados no plano. Quanto à fração de empacotamento, é a parcela da área do plano efetivamente coberta por tais átomos. O Exemplo 3-9 mostra como calcular esses valores.
3. Em cada célula unitária, uma **família de planos** representa grupos de planos equivalentes. Esses planos têm índices similares e representamos esses grupos de planos similares com a notação {}. Os planos na forma {110} em sistemas cúbicos estão na Tabela 3-4.
4. No caso de sistemas cúbicos, uma direção com os mesmos índices de um plano é perpendicular a esse plano.

Tabela 3-4 • Planos da forma {110} em sistemas cúbicos

$$\{110\} = \begin{cases} (110) \\ (101) \\ (011) \\ (1\bar{1}0) \\ (10\bar{1}) \\ (01\bar{1}) \end{cases}$$

Nota: Os negativos dos planos não são planos únicos.

Exemplo 3-9 *Calculando a densidade planar e a fração de empacotamento*

Calcule a densidade planar e a fração de empacotamento planar para os planos (010) e (020) do polônio cúbico simples, com um parâmetro de rede de 0,334 nm.

Solução

Os dois planos podem ser vistos na Figura 3-17. No caso do plano (010), os átomos estão centrados em cada vértice da face do cubo, com 1/4 de cada átomo na face da célula unitária. Portanto, há um átomo em cada face. Temos, então, a seguinte densidade planar:

$$\text{Densidade planar (010)} = \frac{\text{átomos por face}}{\text{área da face}} = \frac{1 \text{ átomo por face}}{(0{,}334 \text{ nm})^2}$$
$$= 8{,}96 \text{ átomos/nm}^2 = 8{,}96 \times 10^{14} \text{ átomos/cm}^2$$

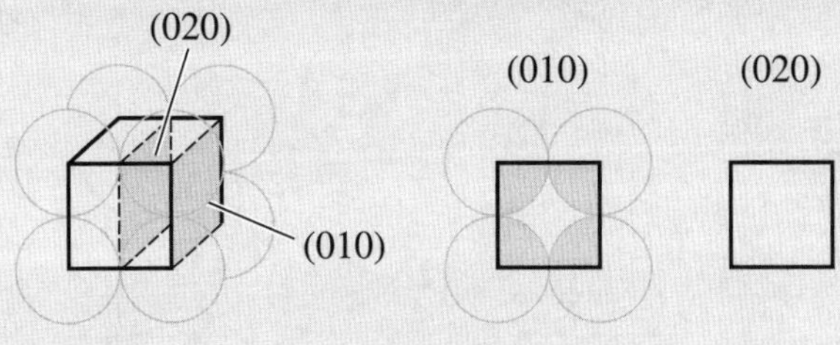

Figura 3-17 As densidades planares dos planos (010) e (020) em células unitárias CS não são idênticas (para o Exemplo 3-9).

A fração de empacotamento planar é dada por:

$$\text{Fração de empacotamento (010)} = \frac{\text{área de átomos por face}}{\text{área da face}} = \frac{(1 \text{ átomo})(\pi r^2)}{(a_0)^2}$$
$$= \frac{\pi r^2}{(2r)^2} = 0{,}79$$

Não há átomos centrados no plano (020). Dessa forma, tanto a densidade planar como a fração de empacotamento planar são nulas. Os planos (010) e (020) não são equivalentes!

Construção de direções e planos Para construir uma direção ou um plano na célula unitária basta realizar o procedimento inverso. O Exemplo 3-10 mostra como isso pode ser feito.

Exemplo 3-10 *Desenhando direções e planos*

Desenhe (a) a direção $[1\bar{2}1]$ e (b) o plano $(\bar{2}10)$ em uma célula unitária cúbica.

Solução

a. Como sabemos que será preciso fazer um deslocamento na direção y negativa, vamos posicionar a origem em (0, +1, 0). Uma extremidade da direção estará, então, localizada nessa nova origem. Podemos determinar um segundo ponto nessa direção movendo +1 na direção x, –2 na direção y e +1 na direção z [Figura 3-18(a)].

b. Para traçarmos o plano ($\bar{2}10$), devemos calcular os inversos dos índices, a fim de obter as intersecções, ou seja:

$$x = \frac{1}{-2} = -\frac{1}{2};\ y = \frac{1}{1} = 1;\ z = \frac{1}{0} = \infty$$

Como a intersecção x se encontra em uma direção negativa e desejamos traçar o plano dentro da célula unitária, vamos mover a origem em +1 na direção x, para (1, 0, 0). Podemos, então, situar a intersecção x em –1/2 e a intersecção y em +1. O plano ficará paralelo ao eixo z [Figura 3-18(b)].

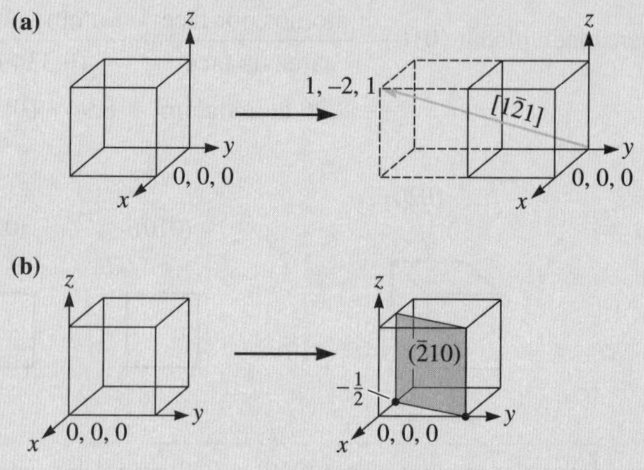

Figura 3-18 Construção de (a) uma direção e (b) um plano dentro de uma célula unitária (para o Exemplo 3-10).

Índices de Miller-Bravais para células unitárias hexagonais Foi concebida uma série especial de **índices de Miller-Bravais** para células unitárias hexagonais, devido à sua simetria única (Figura 3-19). O sistema de coordenadas emprega quatro eixos nesse caso, em vez de três, com o eixo a_3 sendo redundante. Os eixos a_1, a_2 e a_3 ficam em um plano perpendicular ao quarto eixo. O procedimento para encontrar os índices dos planos é exatamente o mesmo de antes, mas são necessários quatro interceptos, gerando índices na forma (*hkil*). Devido à redundância do eixo a_3 e à geometria especial do sistema, os três primeiros números inteiros da designação, correspondentes aos interceptos a_1, a_2 e a_3, são relacionados por $h + k = -i$.

As direções nas células HC são indicadas com o sistema de três ou quatro eixos. Com o sistema de três eixos, o procedimento é o mesmo dos índices de Miller convencionais; exemplos desse procedimento são mostrados no Exemplo 3-11. Para o sistema de quatro eixos, é preciso um procedimento mais complicado, por meio do qual a direção é decomposta em quatro vetores. Determinamos o número de parâmetros de rede que precisamos mover em cada direção para obter a direção completa, embora, por coerência, ainda nos certificando de que $h + k = -i$. Isso é ilustrado na Figura 3-20, que mostra que a direção [010] é igual à direção [$\bar{1}2\bar{1}0$].

Exemplo 3-11 *Determinando os índices de Miller-Bravais para planos e direções*

Determine os índices de Miller-Bravais para os planos A e B e as direções C e D da Figura 3-19.

Solução

Plano ***A***

1. $a_1 = a_2 = a_3 = \infty, c = 1$
2. Calcule os inversos: 0, 0, 0, 1

3. Sem frações para eliminar.
4. (0001)

Plano *B*

1. $a_1 = 1, a_2 = 1, a_3 = -\frac{1}{2}, c = 1$
2. Calcule os inversos: 1, 1, –2, 1
3. Sem frações para eliminar.
4. $[11\bar{2}1]$

Direção *C*

1. Dois pontos são 0, 0, 1 e 1, 0, 0.
2. 0, 0, 1 – 1, 0, 0 = –1, 0, 1
3. Sem frações para eliminar ou números inteiros para reduzir.
4. $[\bar{1}01]$ ou $[\bar{2}113]$

Direção *D*

1. Dois pontos são 0, 1, 0 e 1, 0, 0.
2. 0, 1, 0 – 1, 0, 0 = –1, 1, 0
3. Sem frações para eliminar ou números inteiros para reduzir.
4. $[\bar{1}10]$ ou $[\bar{1}100]$

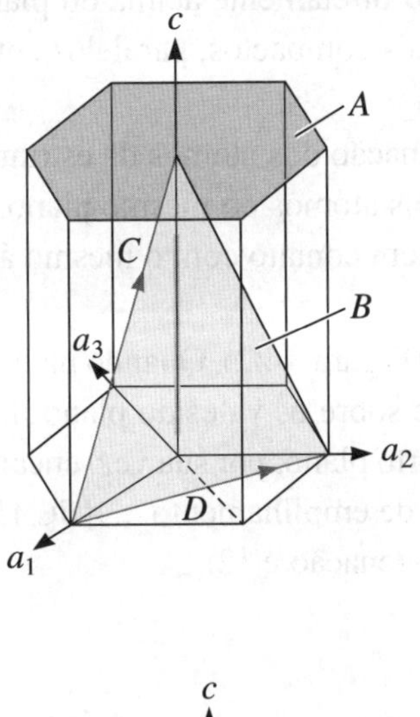

Figura 3-19 Os índices de Miller-Bravais para planos cristalográficos em células unitárias HC são obtidos por meio do uso de um sistema de coordenadas de quatro eixos. Os planos identificados como *A* e *B* e as direções identificadas como *C* e *D* são aqueles discutidos no Exemplo 3-11.

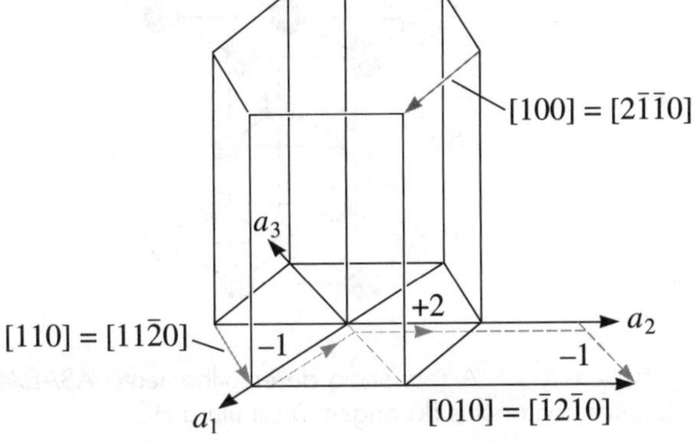

Figura 3-20 Direções típicas de uma célula unitária HC usando sistemas de três e quatro eixos. As linhas tracejadas indicam que a direção $[\bar{1}2\bar{1}0]$ é equivalente à direção [010].

Também podemos converter a notação de três eixos na notação de quatro eixos para direções por meio das seguintes relações, em que h', k' e l' são os índices no sistema de três eixos:

$$\left.\begin{aligned} h &= \frac{1}{3}(2h' - k') \\ k &= \frac{1}{3}(2k' - h') \\ i &= -\frac{1}{3}(h' + k') \\ l &= l' \end{aligned}\right\} \tag{3-6}$$

Depois da conversão, os valores de h, k, i e l podem exigir a eliminação de frações ou a redução para os menores números inteiros.

Direções e planos supercompactos Ao examinarmos a relação entre o raio atômico e os parâmetros de rede, procuramos por direções compactas, nas quais os átomos estão sempre em contato. Podemos agora atribuir índices de Miller a essas direções, como se vê na Tabela 3-5.

Podemos também examinar as células unitárias CFC e HC mais atentamente, para verificar que há pelo menos um conjunto de planos compactos em cada uma delas. Os planos mais compactos podem ser vistos na Figura 3-21. Observe como um arranjo hexagonal de átomos é produzido em duas dimensões. Os planos mais compactos podem ser facilmente encontrados na célula unitária HC; eles são os planos (0001) e (0002) da estrutura HC e recebem o nome especial de **planos basais**. De fato, podemos montar uma célula unitária HC empilhando planos mais compactos em uma **sequência de empilhamento** ... *ABABAB* ... (Figura 3-21). Os átomos do plano *B*, que é o plano (0002), encaixam-se nos vales entre os átomos do plano *A* – que é o plano (0001) inferior. Se outro plano idêntico em orientação ao plano *A* for colocado nos vales do plano *B* diretamente acima do plano *A*, será criada uma estrutura HC. Observe que, na estrutura HC, todos os planos mais compactos, paralelos entre si, são apenas os planos basais (0001) e (0002).

Com base na Figura 3-21 podemos encontrar o número de coordenação dos átomos da estrutura HC. O átomo central, localizado em um plano basal, está em contato com outros seis átomos do mesmo plano. Três átomos em um plano inferior e três átomos em um plano superior também estão em contato com o mesmo átomo. O número de coordenação é 12.

Na estrutura CFC, os planos mais compactos são da família {111} (Figura 3-22). Quando planos (111) paralelos são empilhados, os átomos do plano *B* encaixam-se simultaneamente sobre os vales do plano *A*, ao passo que os átomos do plano *C* se encaixam sobre os vales dos planos *A* e *B*. O quarto plano, por sua vez, encaixa-se diretamente sobre os átomos do plano *A*. Dessa forma, obtemos uma sequência de empilhamento ... *ABCABCABC* ... para o plano (111) da estrutura CFC. Também, nesse caso, o número de coordenação é 12.

Tabela 3-5 • Direções e planos compactos

Estrutura	Direções	Planos
CS	<100>	Nenhum
CCC	<111>	Nenhum
CFC	<110>	{111}
HC*	[100], [010], [110]	(001), (002)

* Na notação de quatro eixos, as direções e planos mais compactos são $\langle 11\bar{2}0\rangle$ e (0001).

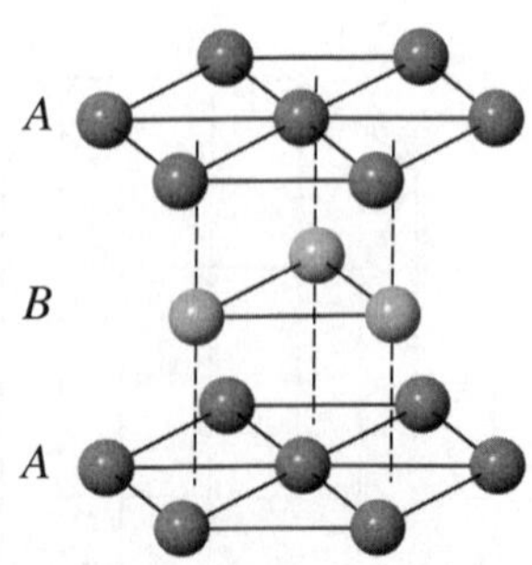

Figura 3-21 A sequência de empilhamento *ABABAB* dos planos compactos dá origem à estrutura HC.

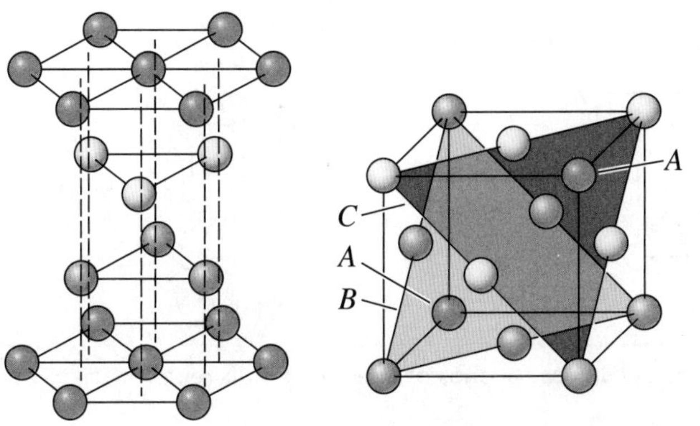

Figura 3-22 Sequência de empilhamento *ABCABCABC* dos planos mais compactos dá origem à estrutura CFC.

Diferentemente da célula unitária HC, a célula unitária CFC tem quatro conjuntos de planos mais compactos e não paralelos (111), $(11\bar{1})$, $(1\bar{1}1)$ e $(\bar{1}11)$. Essa diferença entre as células unitárias CFC e HC, ou seja, a presença ou ausência de planos compactos que se interceptam, afeta o comportamento mecânico dos metais com tais estruturas.

Comportamento isotrópico e anisotrópico Devido às diferenças dos arranjos atômicos em planos e direções de um cristal, algumas propriedades também variam com a direção. Um material é considerado cristalograficamente **anisotrópico** quando suas propriedades dependem da direção cristalográfica ao longo da qual a propriedade é medida. Por exemplo, o módulo de elasticidade do alumínio é de 75,9 GPa (11×10^6 psi) nas direções $<111>$, mas de somente 63,4 GPa ($9{,}2 \times 10^6$ psi) nas direções $<100>$. Por outro lado, se as propriedades forem idênticas em todas as direções, o material será considerado cristalograficamente **isotrópico**. Convém observar que um material como o alumínio, cristalograficamente anisotrópico, pode comportar-se como um material isotrópico em sua forma policristalina. Isso porque as múltiplas orientações aleatórias de diferentes cristais em um material policristalino cancelam a maior parte dos efeitos de anisotropia da estrutura cristalina. Grande parte dos materiais policristalinos possui propriedades isotrópicas. Já os materiais monocristalinos ou os policristalinos com muitos grãos orientados apresentam propriedades mecânicas, ópticas, magnéticas e dielétricas anisotrópicas.

Distância interplanar A distância entre dois planos paralelos e adjacentes de átomos, com os mesmos índices de Miller, é denominada **distância interplanar** (d_{hkl}). A distância interplanar em materiais *cúbicos* é dada pela equação geral

$$d_{hkl} = \frac{a_0}{\sqrt{h^2 + k^2 + l^2}} \tag{3-6}$$

em que a_0 é o parâmetro de rede, e h, k e l representam os índices de Miller dos planos adjacentes. As distâncias interplanares de materiais não cúbicos são dadas por expressões mais complexas.

3-6 Interstícios

Em estruturas cristalinas, há sempre pequenos espaços entre os átomos da rede, nos quais é possível acomodar átomos menores. Esses locais são conhecidos como **interstícios**.

Quando se coloca um átomo em um interstício, ele fica em contato com dois ou mais átomos da rede. Esse átomo intersticial possui um número de coordenação equivalente ao número de átomos com os quais está em contato. A Figura 3-23 mostra espaços intersticiais nas estruturas CS, CCC e CFC. O **interstício cúbico**, com número de coordenação 8, ocorre na estrutura CS, na posição de corpo centrado. Os **interstícios octaédricos**, por sua vez, têm número de coordenação 6 (e não 8). Eles são conhecidos como interstícios octaédricos porque os átomos em contato com o átomo intersticial formam um octaedro. Já os **interstícios tetraédricos** possuem número de coordenação

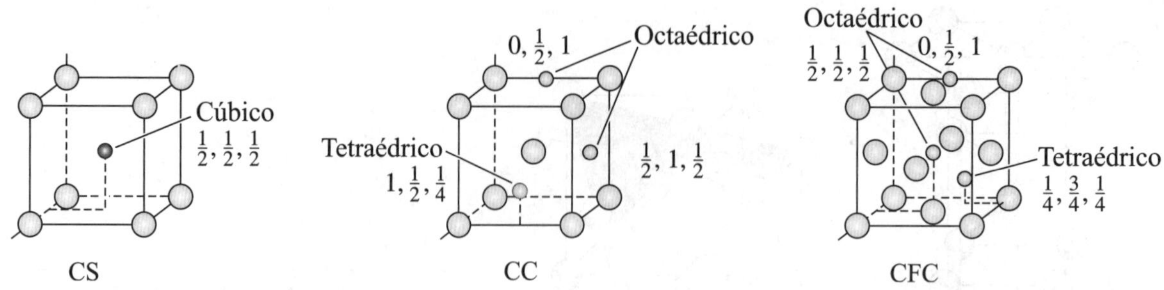

Figura 3-23 Localização dos interstícios em células unitárias cúbicas. Apenas os interstícios mais representativos estão apresentados.

4. Como exemplo, os interstícios octaédricos em células unitárias CCC estão localizados nos centros das faces e nos centros das arestas do cubo. Um pequeno átomo, localizado no interstício octaédrico de face centrada, está em contato com os quatro átomos dos vértices da face, com o átomo no centro da célula unitária e com outro da célula unitária adjacente. Isso resulta num número de coordenação 6. Em células unitárias CFC, os interstícios octaédricos ocorrem no centro de cada aresta do cubo, assim como no centro da célula unitária.

Fazendo a contagem da mesma maneira como os átomos são contados em uma célula unitária, existem seis interstícios octaédricos na estrutura CCC por célula unitária. Há 12 interstícios tetraédricos na estrutura CCC e oito na estrutura CFC por célula unitária.

Exemplo 3-12 *Cálculo dos interstícios octaédricos*

Demonstre que o número de interstícios octaédricos que pertencem a apenas uma célula unitária CFC é 4.

Solução

Os interstícios octaédricos incluem as 12 arestas da célula unitária, com as seguintes coordenadas:

$$\begin{array}{cccc} \frac{1}{2},0,0 & \frac{1}{2},1,0 & \frac{1}{2},0,1 & \frac{1}{2},1,1 \\ 0,\frac{1}{2},0 & 1,\frac{1}{2},0 & 1,\frac{1}{2},1 & 0,\frac{1}{2},1 \\ 0,0,\frac{1}{2} & 1,0,\frac{1}{2} & 1,1,\frac{1}{2} & 0,1,\frac{1}{2} \end{array}$$

além da posição de corpo centrado (1/2, 1/2, 1/2). Cada um dos interstícios situados na aresta da célula unitária é compartilhado por quatro células unitárias. Portanto, apenas 1/4 de cada interstício pertence somente a uma célula unitária. Como resultado, o número de interstícios pertencentes a cada célula é

$$\frac{12 \text{ arestas}}{\text{célula}} \cdot \frac{\frac{1}{4} \text{ interstício}}{\text{aresta}} + \frac{1 \text{ corpo centrado}}{\text{célula}} \cdot \frac{1 \text{ interstício}}{\text{corpo centrado}} = \frac{4 \text{ interstícios}}{\text{octaédricos/célula}}$$

Os átomos ou íons intersticiais cujos raios são ligeiramente maiores que o interstício podem entrar nesse local, forçando ligeiramente os átomos circundantes para os lados. No entanto, os átomos cujos raios são menores que o raio da cavidade não se alojam no interstício porque o íon iria *agitar-se* dentro desse espaço. Se o átomo intersticial for muito grande, ele vai preferir entrar em um interstício com um número de coordenação maior (Tabela 3-6). Portanto, um átomo cuja razão de raio se situa entre 0,225 e 0,414 entra em um interstício tetraédrico. Por outro lado, caso o seu raio seja ligeiramente superior a 0,414, ele vai entrar em um interstício octaédrico.

Tabela 3-6 • Número de coordenação e a razão entre raios. Os átomos/íons foram desenhados em um tamanho menor para fins de clareza

Número de coordenação	Localização do interstício	Razão entre os raios	Representação
2	Linear	0 a 0,155	
3	Centro do triângulo	0,155 a 0,225	
4	Centro do tetraedro	0,225 a 0,414	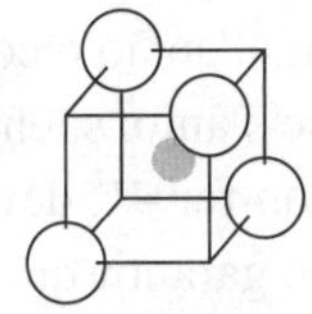
6	Centro do octaedro	0,414 a 0,732	
8	Centro do cubo	0,732 a 1,000	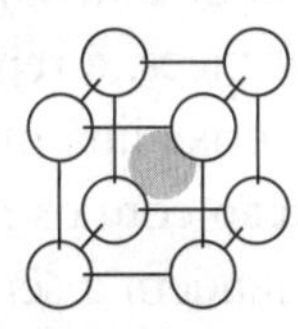

Vários cristais iônicos (veja a Seção 3-7) podem ser vistos como se fossem gerados pela compactação de grandes ânions. Os cátions podem, então, ser considerados íons menores que se encaixam nos interstícios dos ânions compactados. Assim, as razões entre raios relacionadas na Tabela 3-6 são válidas também para o caso de cátions e ânions. Observe que o empacotamento em cristais iônicos não é tão eficiente como o dos metais CFC ou HC.

3-7 Estrutura cristalina dos materiais iônicos

Materiais iônicos precisam ter estruturas cristalinas que assegurem neutralidade elétrica, mas permitam um empacotamento eficiente de íons de diferentes tamanhos. Como já mencionamos, as estruturas cristalinas iônicas podem ser consideradas estruturas compactas de ânions. Os ânions formam tetraedros ou octaedros, permitindo que os cátions se encaixem em seus interstícios. Em alguns casos, pode ser mais fácil visualizar os poliedros de cátions, com ânions ocupando os interstícios. Lembre-se do Capítulo 2 que, muito frequentemente, em materiais da vida real com aplicações em engenharia, a ligação nunca é 100% iônica. Entretanto, ainda utilizaremos essa descrição da estrutura cristalina para analisar a estrutura da maioria dos materiais cerâmicos. Os seguintes fatores precisam ser considerados para que seja possível compreender estruturas cristalinas de sólidos ligados ionicamente.

Raios iônicos As estruturas cristalinas de compostos iônicos geralmente podem ser descritas colocando-se os ânions nos pontos de rede normais de uma célula unitária, com os cátions, então, posicionados em uma ou mais das posições intersticiais descritas na Seção 3-6 (ou vice-versa). A razão dos tamanhos dos raios iônicos de ânions e cátions influencia tanto a forma de empacotamento quanto o número de coordenação (Tabela 3-6). Note que os raios de átomos e íons são diferentes. Por exemplo, o raio de um átomo de oxigênio é 0,6 Å; contudo, o raio de um ânion de oxigênio (O^{2-}) é 1,32 Å. Isso ocorre porque um ânion de oxigênio adquiriu dois elétrons e se tornou maior. Como regra geral, ânions são maiores do que cátions. Por sua vez, os cátions, tendo adquirido uma carga positiva devido à perda de elétrons, deverão ser menores. Os raios de cátions e ânions também dependem do número de coordenação. Por exemplo, o raio de um íon Al^{3+} é 0,39 Å quando o número de coordenação é 4 (coordenação tetraédrica). No entanto, o raio do Al^{3+} é 0,53 Å quando o número de coordenação é 6 (coordenação octaédrica). Além disso, veja que o número de coordenação para cátions e ânions é o número de ânions mais próximo, e vice-versa. O raio de um átomo também depende do número de coordenação. Por exemplo, o raio de um átomo de ferro nos polimorfos CFC e CCC é diferente! Isso nos diz que átomos e íons não são *esferas rígidas* com raios atômicos fixos. O Apêndice B, neste livro, contém os raios atômicos e iônicos de diferentes elementos.

Neutralidade elétrica Os materiais, em geral, têm de ser eletricamente neutros. Se as cargas no ânion e no cátion forem idênticas e o número de coordenação para cada íon for idêntico, a fim de assegurar um equilíbrio de cargas apropriado, então o composto terá a fórmula AX (A: cátion, X: ânion). Como exemplo, cada cátion pode ser cercado por seis ânions, enquanto cada ânion, por sua vez, é cercado por seis cátions. Se a valência do cátion for +2 e a do ânion for –1, deverão estar presentes duas vezes mais ânions, e a fórmula será AX_2. A estrutura do composto AX_2 deve garantir que o número de coordenação do cátion seja o dobro do número de coordenação do ânion. Por exemplo, cada cátion pode ter oito ânions vizinhos, ao passo que somente quatro cátions tocam cada ânion.

Conexão entre poliedros formados por ânions Como regra, os poliedros de coordenação (formados pelo empacotamento de ânions) irão compartilhar vértices, em vez de faces ou arestas. Isso porque em poliedros compartilhando vértices, a repulsão eletrostática entre cátions é reduzida consideravelmente, levando à formação de uma estrutura cristalina mais estável. A seguir, são descritas diversas estruturas comuns em materiais cerâmicos. Em comparação com os metais, as estruturas cerâmicas são mais complexas. Os parâmetros de rede de materiais cerâmicos tendem a ser maiores que as dos materiais metálicos porque a repulsão eletrostática entre íons evita um maior empacotamento de ânions e cátions.

Exemplo 3-13 *Razão de raios do CsI*

O iodeto de césio (CsI) emite luz quando sujeito à radiação com comprimentos de onda curtos. O CsI é usado em forma de cristais ópticos em uma variedade de aplicações. No caso do CsI, (a) verifique se o composto tem a estrutura do cloreto de césio e (b) calcule o fator de empacotamento do composto.

Solução

a. Do Apêndice B, $r_{Cs^+} = 0{,}167$ nm e $r_{I^-} = 0{,}220$ nm, portanto,

$$\frac{r_{Cs^+}}{r_{I^-}} = \frac{0{,}167 \text{ nm}}{0{,}220 \text{ nm}} = 0{,}759$$

Como 0,732 < 0,759 < 1,000, o número de coordenação para cada tipo de íon é oito e a estrutura do CsCl é mais apropriada.

b. Os íons se tocam ao longo da diagonal do corpo da célula unitária, assim,

$$\sqrt{3}a_0 = 2r_{Cs^+} + 2r_{I^-} = 2(0{,}167) + 2(0{,}220) = 0{,}774$$

$$a_0 = 0{,}447 \text{ nm}$$

$$\text{Fator de empacotamento} = \frac{\frac{4}{3}\pi r_{Cs^+}^3 (1 \text{ íon Cs}) + \frac{4}{3}\pi r_{I^-}^3 (1 \text{ íon I})}{a_0^3}$$

$$\text{Fator de empacotamento} = \frac{\frac{4}{3}\pi (0{,}167 \text{ nm})^3 (1 \text{ íon Cs}) + \frac{4}{3}\pi (0{,}220 \text{ nm})^3 (1 \text{ íon I})}{(0{,}447 \text{ nm})^3} = 0{,}72$$

Estrutura do cloreto de sódio A razão entre os raios dos íons de sódio e de cloro é $r_{Na^+}/r_{Cl^-} = 0,097$ nm/(0,181 nm) $= 0,536$; o íon de sódio tem carga $+1$, ao passo que o íon de cloro possui carga -1. Portanto, com base no equilíbrio de cargas e na razão de raios, cada ânion e cada cátion têm número de coordenação 6. A estrutura CFC, com íons Cl^- nas posições CFC e íons Na^+ nos quatro interstícios octaédricos, atende a esses requisitos (Figura 3-24). Podemos, ainda, considerar esse arranjo como uma estrutura cristalina com dois íons, Na^+ e Cl^-, associados a cada ponto da rede CFC. Muitas cerâmicas, como óxido de magnésio (MgO), óxido de cálcio (CaO) e óxido de ferro (FeO), também apresentam essa estrutura.

Exemplo 3-14 *Cálculo da densidade de uma estrutura cristalina*

Demonstre que o MgO tem a mesma estrutura cristalina do cloreto de sódio e calcule sua densidade.

Solução

A partir do Apêndice B, $r_{Mg^{+2}} = 0,066$ nm e $r_{O^{-2}} = 0,132$ nm, temos:

$$\frac{r_{Mg^{+2}}}{r_{O^{-2}}} = \frac{0,066 \text{ nm}}{0,132 \text{ nm}} = 0,50$$

Como $0,414 < 0,50 < 0,732$, cada íon possui um número de coordenação 6, o que viabiliza uma estrutura similar à do cloreto de sódio.

As massas atômicas do magnésio e do oxigênio são 24,312 e 16,00 g/mol, respectivamente. Como os íons estão em contato ao longo da aresta do cubo, resulta:

$$a_0 = 2r_{Mg^{+2}} + 2r_{O^{-2}} = 2(0,066) + 2(0,132) = 0,396 \text{ nm} = 3,96 \times 10^{-8} \text{ cm}$$

$$\rho = \frac{(4\text{Mg}^{+2})(24,312 \text{ g/mol}) + (4\text{O}^{-2})(16,00 \text{ g/mol})}{(3,96 \times 10^{-8} \text{ cm})^3(6,022 \times 10^{23}/\text{mol})} = 4,31 \text{ g/cm}^3$$

Estrutura da blenda de zinco Blenda de zinco é o nome da estrutura cristalina adotada pelo ZnS. Embora os íons de Zn tenham carga $+2$ e os íons de S tenham carga -2, a blenda de zinco não pode ter a estrutura do cloreto de sódio porque

$$\frac{r_{Zn^{+2}}}{r_{S^{-2}}} = 0,074 \text{ nm}/(0,184 \text{ nm}) = 0,402$$

Essa razão de raios exige um número de coordenação 4, indicando que os íons de zinco se encaixam nos interstícios tetraédricos da célula unitária, como se vê na Figura 3-25. A estrutura CFC, com ânions de S nos pontos

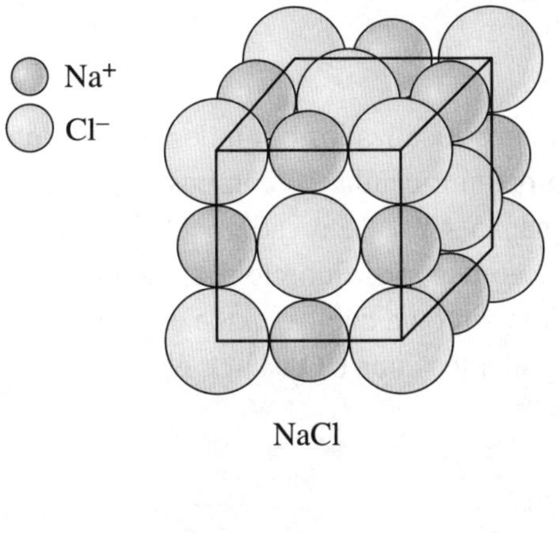

Figura 3-24 Estrutura do cloreto de sódio, uma célula unitária CFC com dois íons (Na^+ e Cl^-) por ponto de rede. *Nota*: o tamanho dos íons está fora de escala.

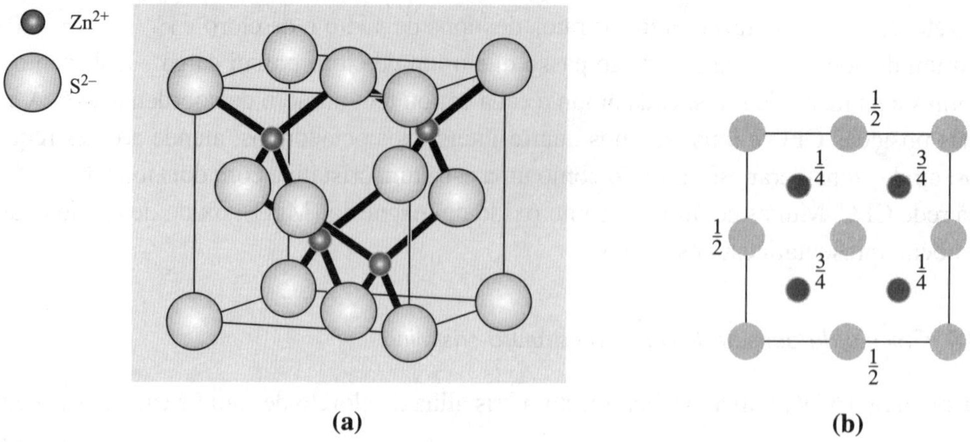

Figura 3-25 (a) Célula unitária da blenda de zinco. (b) Visão plana. As frações indicam as posições dos átomos fora da página em relação à altura de uma célula unitária.

normais de rede e cátions de Zn em metade dos interstícios tetraédricos, é capaz de aceitar as restrições tanto do equilíbrio de cargas quanto do número de coordenação. Diversos materiais, como o semicondutor GaAs e vários outros semicondutores cujos elementos químicos pertençam às colunas 3B e 5B da tabela periódica (Capítulo 2), também se organizam segundo essa estrutura.

Exemplo 3-15 *Calculando a densidade teórica do GaAs*

A constante de rede do arsenieto de gálio (GaAs) é 5,65 Å. Mostre que a densidade teórica do GaAs é 5,33 g/cm³.

Solução

Na célula unitária da *blenda de zinco* de GaAs existem quatro átomos de Ga e quatro de As por célula unitária.

Cada mol de Ga tem massa de 69,72 g. Portanto, a massa dos quatro átomos de Ga é 4 átomos * (69,72 g/mol) / ($6{,}022 \times 10^{23}$ átomos/mol).

Cada mol de As tem massa de 74,92 g. Portanto, a massa dos quatro átomos de As é 4 átomos * (74,92 g/mol) / ($6{,}022 \times 10^{23}$ átomos/mol).

Esses átomos ocupam um volume de $(5{,}65 \times 10^{-8})^3$ cm³.

$$\rho = \frac{\text{massa}}{\text{volume}} = \frac{4(69{,}72 + 74{,}92)\,/\,(6{,}022 \times 10^{23})}{(5{,}65 \times 10^{-8})^3} = 5{,}33 \text{ g/cm}^3$$

Estrutura da fluorita A fluorita tem uma estrutura CFC com ânions localizados em todos os oito interstícios tetraédricos (Figura 3-26). Desse modo, existem 4 cátions e 8 ânions por célula e o composto cerâmico deverá ter a fórmula AX_2, como no fluoreto de cálcio, ou CaF_2. Na designação AX_2, A é o cátion e X é o ânion. O número de coordenação dos íons cálcio é 8, mas o número de coordenação dos íons fluoreto é 4, garantindo, portanto, o equilíbrio de cargas. Um dos polimorfos do ZrO_2, conhecido como zircônia cúbica, exibe essa estrutura cristalina. Entre outros compostos que apresentam essa mesma estrutura, podemos citar UO_2, ThO_2 e CeO_2.

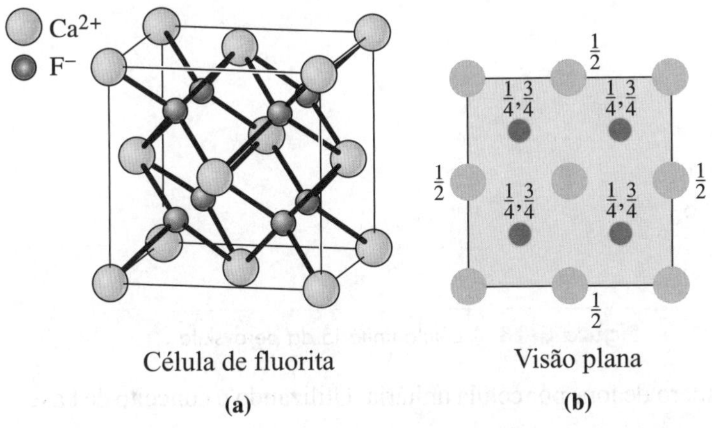

Figura 3-26 (a) Célula unitária da fluorita, (b) visão plana. As frações indicam as posições dos átomos fora da página em relação à altura da célula unitária.

Estrutura do coríndon Esta é uma das estruturas cristalinas da alumina, que é o óxido de alumínio, conhecida como alumina alfa (α-Al_2O_3). Na alumina, os ânions de oxigênio são empacotados em um arranjo hexagonal, ao passo que os cátions de alumínio ocupam os interstícios octaédricos disponíveis (Figura 3-27). A alumina provavelmente é o material cerâmico mais amplamente utilizado. Suas aplicações incluem velas de ignição, refratários, abrasivos, substratos para encapsulamento de componentes eletrônicos, entre outras.

Exemplo 3-16 *A estrutura cristalina da perovskita*

A perovskita é um mineral que contém cálcio, titânio e oxigênio. Sua célula unitária é cúbica e tem um íon de cálcio em cada vértice, um íon de oxigênio em cada face centrada e um íon de titânio em cada posição de corpo centrado. Os íons contribuem para a célula unitária da maneira usual (contribuição de 1/8 de átomo para cada átomo nos vértices etc.).

(a) Descreva esta estrutura como rede e base. (b) Quantos íons de cada tipo existem por célula unitária? (c) Um modo alternativo de desenhar a célula unitária da perovskita apresenta cálcio na posição de corpo centrado de cada célula unitária cúbica. Quais são as posições dos íons de titânio e oxigênio nessa representação da célula unitária? (d) Contando o número de íons de cada tipo por célula unitária, mostre que a fórmula da perovskita é a mesma para ambas as representações de células unitárias.

Solução

(a) A rede deve pertencer ao sistema cristalino cúbico. Uma vez que diferentes tipos de átomos estão localizados no vértice, nas posições de face centrada e de corpo centrado, a rede deve ser cúbica simples. A estrutura pode ser descrita como cúbica simples com uma base de Ca (0, 0, 0), Ti (1/2, 1/2, 1/2) e O (0, 1/2, 1/2), (1/2, 0, 1/2) e (1/2, 1/2, 0). A célula unitária é apresentada na Figura 3-28.

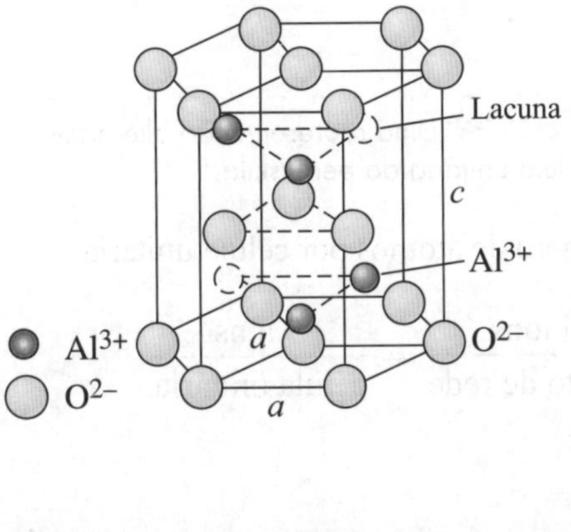

Figura 3-27 Estrutura da alumina alfa (α-Al_2O_3).

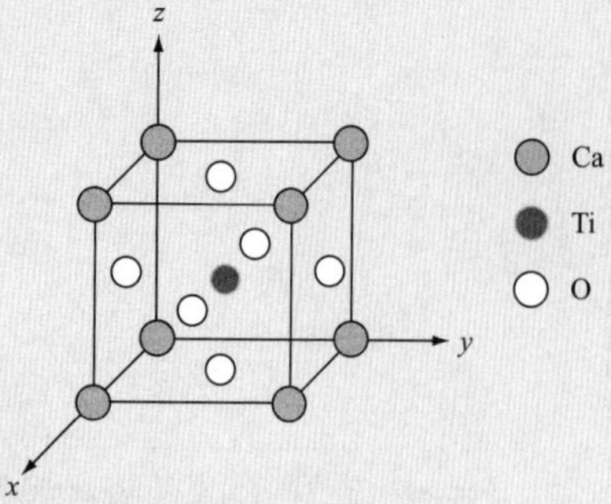

Figura 3-28 A célula unitária da perovskita.

(b) Existem dois métodos para calcular o número de íons por célula unitária. Utilizando o conceito de base e rede,

$$\frac{1 \text{ ponto de rede}}{\text{célula unitária}} * \frac{5 \text{ íons}}{\text{ponto de rede}} = \frac{5 \text{ íons}}{\text{célula unitária}}$$

Utilizando o conceito de célula unitária,

$$\frac{8 \text{ vértices}}{\text{célula unitária}} * \frac{1/8 \text{ de íon de Ca}}{\text{vértice}} + \frac{1 \text{ corpo centrado}}{\text{célula unitária}} * \frac{1 \text{ íon de Ti}}{\text{corpo centrado}}$$
$$+ \frac{6 \text{ faces centradas}}{\text{célula unitária}} * \frac{1/2 \text{ de íon de O}}{\text{face centrada}} = \frac{5 \text{ íons}}{\text{célula unitária}}$$

Como era esperado, o número de íons por célula unitária é o mesmo, independentemente de qual método é empregado. A fórmula química da perovskita é $CaTiO_3$ (titanato de cálcio). Sabe-se que compostos com a fórmula geral ABO_3 têm a estrutura cristalina da perovskita. Um dos polimorfos do titanato de bário, utilizado para fabricar capacitores destinados a aplicações eletrônicas, e uma forma do zirconato de chumbo exibem essa estrutura.

(c) Se o cálcio estiver localizado na posição de corpo centrado, em vez de nos vértices da célula unitária, o titânio deverá estar nos vértices da célula unitária e os íons de oxigênio deverão estar nos centros de arestas da célula unitária, como mostra a Figura 3-29. Observe que isso equivale a mudar cada íon na base apresentada na parte (a) pelo vetor [1/2 1/2 1/2]. O íon de Ca é mudado de (0, 0, 0) para (1/2, 1/2, 1/2), e o íon de Ti é mudado de (1/2, 1/2, 1/2) para (1, 1, 1), o que equivale à origem de uma célula unitária adjacente ou (0, 0, 0). Note que o cristal não foi modificado; apenas as coordenadas dos íons nas bases são diferentes. Outra descrição de rede e base da perovskita, portanto, é uma rede cúbica simples com uma base de Ca (1/2, 1/2, 1/2), Ti (0, 0, 0) e O (1/2, 0, 0), (0, 1/2, 0) e (0, 0, 1/2).

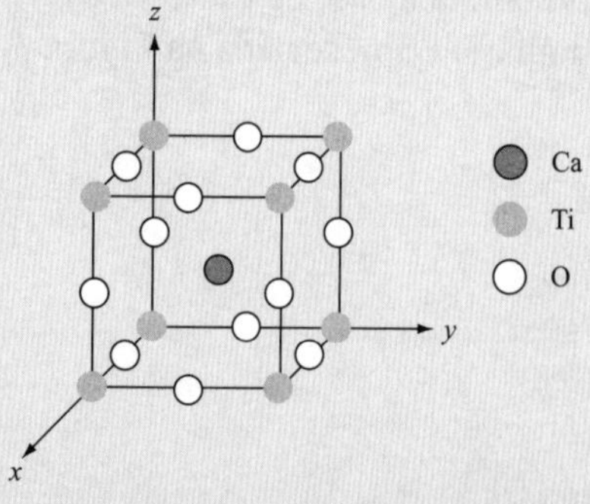

Figura 3-29 Uma representação alternativa da célula unitária da perovskita.

Utilizando o conceito de rede e base para contar o número de átomos por célula unitária,

$$\frac{1 \text{ ponto de rede}}{\text{célula unitária}} * \frac{5 \text{ íons}}{\text{ponto de rede}} = \frac{5 \text{ íons}}{\text{célula unitária}}$$

Utilizando o conceito de célula unitária,

$$\frac{\text{1 corpo centrado}}{\text{célula unitária}} * \frac{\text{1 íon de Ca}}{\text{corpo centrado}} + \frac{\text{8 vértices}}{\text{célula unitária}} * \frac{\text{1/8 de íon de Ti}}{\text{vértice}}$$

$$+ \frac{\text{12 faces centradas}}{\text{célula unitária}} * \frac{\text{1/4 íon de O}}{\text{centrada na aresta}} = \frac{\text{5 íons}}{\text{célula unitária}}$$

Mais uma vez, verificamos que a fórmula química é $CaTiO_3$.

3-8 Estruturas covalentes

Os materiais com ligações covalentes apresentam estruturas complexas, a fim de satisfazer as restrições direcionais impostas pelas próprias ligações.

Estrutura cúbica do tipo diamante Elementos como o silício, o germânio, o α-Sn e o carbono possuem quatro ligações covalentes, formando um tetraedro [Figura 3-30(a)]. À medida que esses grupos tetraédricos são combinados, um grande cubo pode ser construído [Figura 3-30(b)]. Esse grande cubo contém oito cubos menores que são do tamanho do cubo tetraédrico. O cubo grande é a célula unitária cúbica do tipo diamante (CD). Os átomos nos vértices dos cubos tetraédricos apresentam átomos nos pontos de rede CFC regulares. Mais quatro átomos estão presentes dentro da célula unitária CD dos átomos nos centros de quatro dos cubos tetraédricos. Podemos descrever a estrutura cristalina CD como uma rede CFC com dois átomos associados a cada ponto de rede (ou uma base de dois). Portanto, existem oito átomos por célula unitária.

Exemplo 3-17 *Determinando o fator de empacotamento da estrutura cúbica do tipo diamante*

Descreva a estrutura cúbica do tipo diamante como uma rede e base e determine seu fator de empacotamento.

Solução

A estrutura cúbica do tipo diamante é uma rede cúbica de face centrada com uma base de dois átomos do mesmo tipo localizados em (0, 0, 0) e (1/4, 1/4, 1/4). O átomo-base localizado em (0, 0, 0) corresponde aos átomos posicionados nos pontos de rede CFC, que são (0, 0, 0), (0, 1/2, 1/2), (1/2, 0, 1/2) e (1/2, 1/2, 0)

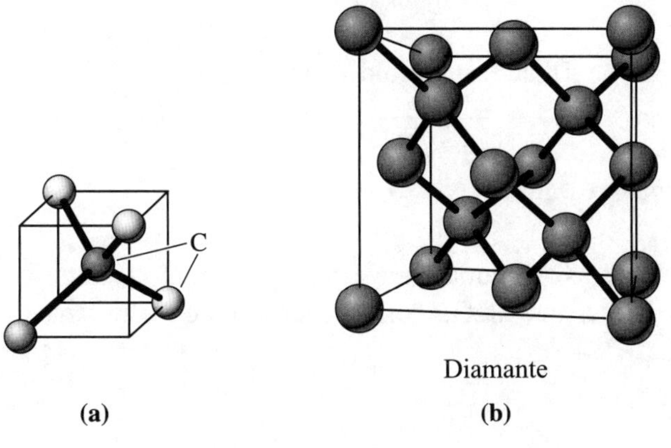

Figura 3-30 (a) Tetraedro e (b) a célula unitária cúbica em formato do tipo diamante (CD). Esta estrutura aberta é produzida por causa dos requisitos da ligação covalente.

quanto às coordenadas da célula unitária. Adicionando o vetor [1/4 1/4 1/4] a cada um desses pontos, as quatro coordenadas atômicas adicionais no interior da célula unitária são determinadas como (1/4, 1/4, 1/4), (1/4, 3/4, 3/4), (3/4, 1/4, 3/4) e (3/4, 3/4, 1/4). Há oito átomos por célula unitária na estrutura cúbica do tipo diamante:

$$\frac{4 \text{ pontos de rede}}{\text{célula unitária}} * \frac{2 \text{ átomos}}{\text{ponto de rede}} = \frac{8 \text{ átomos}}{\text{célula unitária}}$$

Os átomos localizados nas posições do tipo (1/4, 1/4, 1/4) estão nos centros do tetraedro formado pelos átomos nos pontos de rede CFC. Os átomos nas posições do tipo (1/4, 1/4, 1/4) estão em contato direto com os quatro átomos vizinhos. Considere a distância entre o centro do átomo localizado em (0, 0, 0) e o centro do átomo localizado em (1/4, 1/4, 1/4). Essa distância é igual a um quarto da diagonal do corpo ou a dois raios atômicos, como mostra a Figura 3-31. Portanto,

$$\frac{a_0\sqrt{3}}{4} = 2r$$

ou

$$a_0 = \frac{8r}{\sqrt{3}}$$

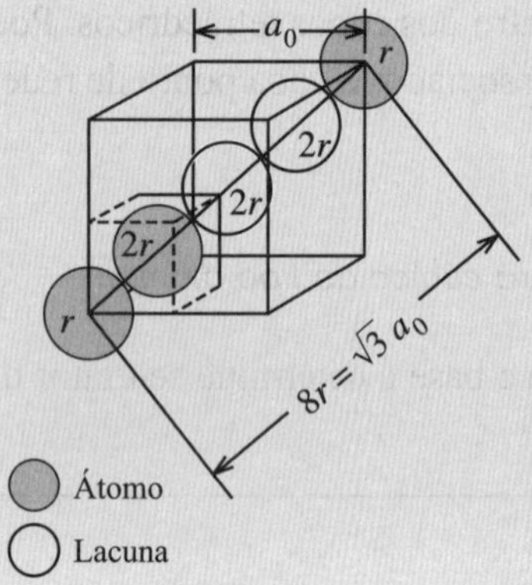

Figura 3-31 Como determinar a relação entre o parâmetro de rede e o raio atômico em uma célula cúbica do tipo diamante (veja o Exemplo 3-17).

O fator de empacotamento é a razão entre o volume de espaço ocupado pelos átomos na célula unitária e o volume da célula unitária:

$$\text{Fator de empacotamento} = \frac{(8 \text{ átomos/célula})\left(\frac{4}{3}\pi r^3\right)}{a_0^3}$$

$$\text{Fator de empacotamento} = \frac{(8 \text{ átomos/célula})\left(\frac{4}{3}\pi r^3\right)}{(8r/\sqrt{3})^3}$$

$$\text{Fator de empacotamento} = 0{,}34$$

Essa é uma estrutura relativamente aberta em comparação às estruturas compactas. No Capítulo 5, iremos aprender que a abertura de uma estrutura é um dos fatores que afetam a frequência com que diferentes átomos podem se difundir em determinado material.

Exemplo 3-18 *Calculando o raio, a densidade e a massa atômica do silício*

A constante de rede do Si é 5,4307 Å. Calcule o raio de um átomo de silício e a sua densidade teórica. A massa atômica do Si é 28,09 g/mol.

Solução

O silício tem a estrutura cúbica do tipo diamante. Como mostra o Exemplo 3-17 para a estrutura cúbica do tipo diamante,

$$r = \frac{a_0\sqrt{3}}{8}$$

Portanto, substituindo $a_0 = 5{,}4307$ Å, o raio do átomo de silício = 1,176 Å. Este é o mesmo raio listado no Apêndice B. Para a densidade, usamos a mesma técnica do Exemplo 3-15. Reconhecendo que existem oito átomos de Si por célula unitária,

$$\text{densidade} = \frac{\text{massa}}{\text{volume}} = \frac{8(28{,}08)/(6{,}022 \times 10^{23})}{(5{,}4307 \times 10^{-8}\,\text{cm})^3} = 2{,}33\ \text{g/cm}^3$$

Esse valor de densidade é o mesmo listado no Apêndice A.

Sílica cristalina Em várias de suas formas, a sílica (ou SiO_2) tem uma estrutura cerâmica cristalina que é parcialmente covalente e parcialmente iônica. A Figura 3-32 mostra a estrutura cristalina de uma das formas da sílica, a β-cristobalita, que é uma estrutura complicada com rede CFC. Os raios iônicos do silício e do oxigênio são 0,042 nm e 0,132 nm, respectivamente, portanto, a proporção do raio é $r_{Si^{4+}}/r_{O^{2-}} = 0{,}318$ e o número de coordenação é quatro.

Polímeros cristalinos Uma série de polímeros pode formar uma estrutura cristalina. As linhas pontilhadas da Figura 3-33 contornam a célula unitária da rede de polietileno. O polietileno é obtido pela junção de moléculas de C_2H_4 para produzir longas cadeias poliméricas que formam uma célula unitária ortorrômbica. Alguns polímeros, incluindo o náilon, podem ter várias formas polimórficas. A maioria dos plásticos fabricados é parcialmente amorfa e pode desenvolver cristalinidade durante o processamento. Também é possível produzir monocristais de polímeros.

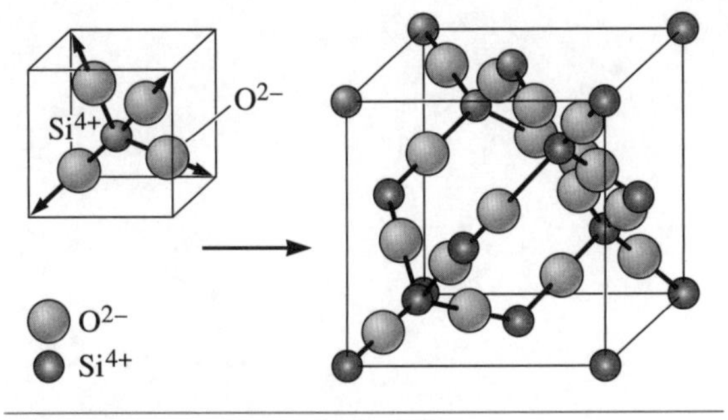

Figura 3-32 O tetraedro de silício e oxigênio e a forma resultante da sílica, a β-cristobalita.

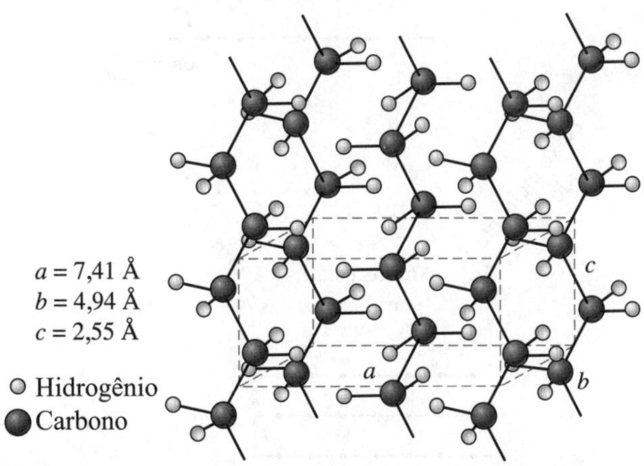

Figura 3-33 A célula unitária do polietileno cristalino (sem escala).

3-9 Técnicas de difração para a análise de estruturas cristalinas

Pode-se analisar a estrutura de um material cristalino utilizando as técnicas de **difração de raios X** (DRX) ou de difração de elétrons. Max von Laue (1879-1960) recebeu o Prêmio Nobel de Física em 1914 por sua descoberta relacionada à difração de raios X por um cristal. William Henry Bragg (1862-1942) e seu filho William Lawrence Bragg (1890-1971) receberam o Prêmio Nobel de Física de 1915 por sua contribuição à técnica de DRX.

Quando um feixe de raios X de um só comprimento de onda, com a mesma ordem de grandeza das distâncias atômicas de um material, incide sobre esse material, os raios X são espalhados em todas as direções. Grande parte da radiação espalhada por um átomo cancela a radiação espalhada pelos outros átomos, no entanto, os raios X que atingem certos planos cristalográficos em ângulos específicos interferem construtivamente em vez de serem anulados. Esse fenômeno recebe o nome de **difração**. Os raios X são difratados, isto é, o feixe é reforçado quando as condições satisfazem à **lei de Bragg**,

$$\text{sen}\,\theta = \frac{\lambda}{2d_{hkl}} \tag{3-7}$$

em que o ângulo θ corresponde à metade do ângulo entre o feixe difratado e a direção original do feixe, λ é o comprimento de onda dos raios X e d_{hkl} é a distância interplanar entre os planos que provocam o reforço construtivo do feixe (veja a Figura 3-34).

Quando o material é preparado sob a forma de um pó fino, sempre há pelo menos algumas partículas de pó (cristais diminutos ou agregados desses cristais) com planos (*hkl*) orientados segundo o ângulo θ adequado, de modo que satisfaça a lei de Bragg. Portanto, gera-se um feixe difratado que produz um ângulo 2θ com o feixe incidente. Em um *difratômetro*, um detector móvel de raios X registra os ângulos 2θ, segundo os quais o feixe é difratado, fornecendo, assim, um padrão de difração característico (veja a Figura 3-35). Se soubermos o comprimento de onda dos raios X poderemos determinar as distâncias interplanares, assim como a identidade dos planos que causam a difração. Em um instrumento de DRX, os raios X são produzidos ao bombardearem um alvo metálico com um raio de elétrons com elevada energia. Geralmente, são utilizados os raios X emitidos a partir do cobre, que têm um comprimento de onda $\lambda \cong 1{,}54060$ Å (linha $K\alpha_1$).

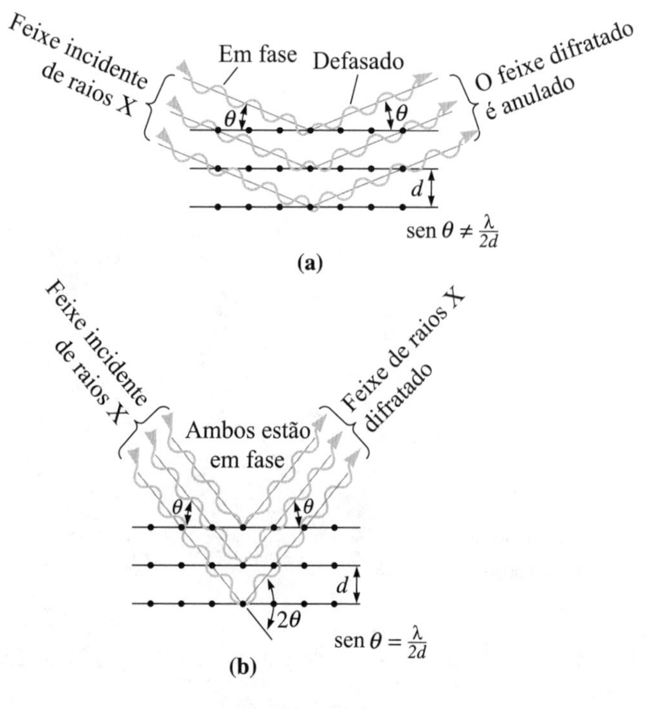

Figura 3-34 Interações (a) destrutivas e (b) construtivas entre os raios X e o material cristalino. O reforço da intensidade ocorre em ângulos que satisfazem à lei de Bragg.

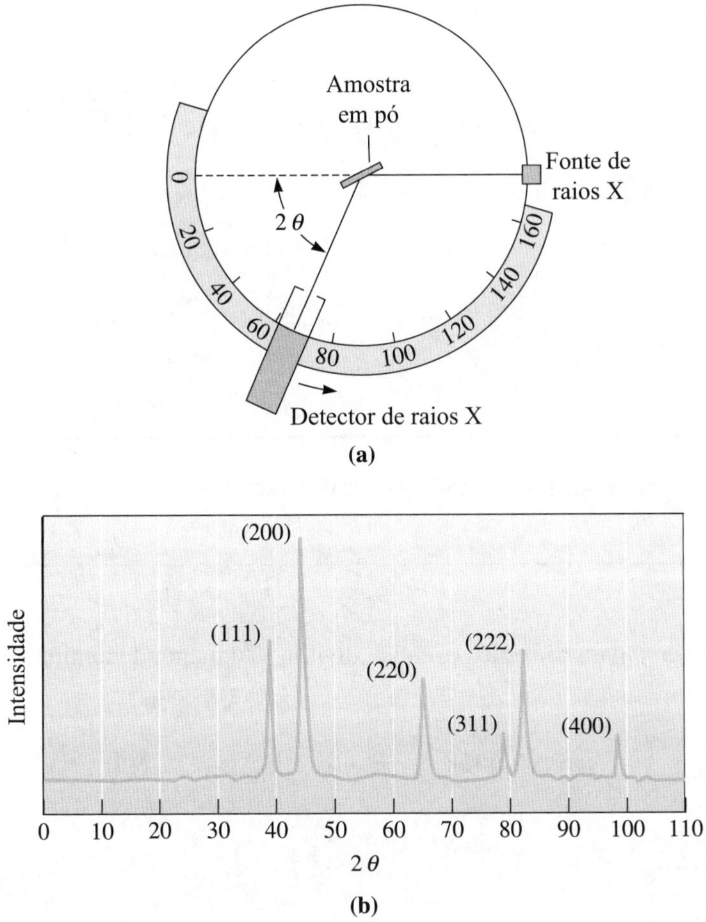

Figura 3-35 (a) Representação esquemática de um difratômetro, apresentando uma amostra de pó e os raios difratados incidentes. (b) Padrão de difração obtido de uma amostra de pó de ouro.

Normalmente, a análise por DRX pode ser conduzida com relativa rapidez (de 30 minutos a 1 hora por amostra), em materiais volumosos ou em pó, sem a necessidade de um maior preparo da amostra. Essa técnica também pode ser empregada para determinar se o material consiste em muitos grãos orientados em determinada direção cristalográfica (textura) nos materiais volumosos e em películas finas. Em geral, um técnico bem treinado pode efetuar a análise e interpretar os dados da difração no pó facilmente. Como resultado, o método de DRX é empregado em muitas indústrias como ferramenta destinada ao controle de qualidade de produtos. A análise de monocristais e materiais contendo diversas fases pode ser mais complexa e demorada.

Para identificarmos a estrutura cristalina de um material cúbico, observamos o padrão das linhas difratadas – em geral, criando uma tabela de valores de $\text{sen}^2\theta$. Combinando a Equação 3-7 com a Equação 3-6 para o espaçamento interplanar, verificamos que:

$$\text{sen}^2\theta = \frac{\lambda^2}{4\alpha_0^2}(h^2 + k^2 + l^2) \tag{3-8}$$

Em metais cúbicos, todos os planos possíveis irão difratar, fornecendo um padrão $h^2 + k^2 + l^2$ de 1, 2, 3, 4, 5, 6, 8, 9 ... [Note que o número 7 não foi incluído porque não existe combinação de (hkl) cujo resultado de $h^2 + k^2 + l^2$ seja igual a 7]. Nos metais cúbicos de corpo centrado, a difração ocorre somente a partir dos planos contendo somas $h^2 + k^2 + l^2$ pares, ou seja, iguais a 2, 4, 6, 8, 10, 12, 14, 16, ... No caso de metais de face centrada, ocorrem interferências mais destrutivas, e os planos com somas $h^2 + k^2 + l^2$ iguais a 3, 4, 8, 11, 12, 16, ... irão difratar. Calculando os valores de $\text{sen}^2\theta$ e encontrando o padrão apropriado, a estrutura cristalina pode ser determinada para metais que tenham uma dessas estruturas simples, conforme ilustra o Exemplo 3-19.

Exemplo 3-19 *Examinando dados obtidos com difração de raios X*

Os resultados de um experimento de difração utilizando raios X com $\lambda = 0{,}7107$ Å [radiação obtida a partir de um alvo de molibdênio] mostram que picos difratados ocorrem nos seguintes ângulos 2θ:

Pico	2θ (°)	Pico	2θ (°)
1	20,20	5	46,19
2	28,72	6	50,90
3	35,36	7	55,28
4	41,07	8	59,42

Determine a estrutura cristalina, os índices do plano que produz cada pico e o parâmetro de rede do material.

Solução

Primeiramente, vamos determinar o valor de $\text{sen}^2\theta$ para cada pico e, então, dividir pelo menor denominador, 0,0308.

Pico	2θ (°)	$\text{sen}^2\theta$	$\text{sen}^2\theta/0{,}0308$	$h^2 + k^2 + l^2$	(hkl)
1	20,20	0,0308	1	2	(110)
2	28,72	0,0615	2	4	(200)
3	35,36	0,0922	3	6	(211)
4	41,07	0,1230	4	8	(220)
5	46,19	0,1539	5	10	(310)
6	50,90	0,1847	6	12	(222)
7	55,28	0,2152	7	14	(321)
8	59,42	0,2456	8	16	(400)

Ao fazermos isso, encontramos um padrão de valores de $\text{sen}^2\theta/0{,}0308$ igual a 1, 2, 3, 4, 5, 6, 7 e 8. Se o material tiver estrutura cúbica simples, o 7 não estará presente, porque nenhum plano tem um valor $h^2 + k^2 + l^2$ igual a 7. Portanto, o padrão realmente deve ser 2, 4, 6, 8, 10, 12, 14, 16, . . . e o material deve ter estrutura cúbica de corpo centrado. Os valores (hkl) relacionados fornecem esses valores $h^2 + k^2 + l^2$ exigidos.

Podemos então utilizar valores de 2θ para qualquer um dos picos a fim de calcular o espaçamento interplanar e, portanto, o parâmetro de rede. Selecionando o pico 8:

$$2\theta = 59{,}42° \quad \text{ou} \quad \theta = 29{,}71°$$

$$d_{400} = \frac{\lambda}{2\text{sen}\theta} = \frac{0{,}7107}{2\text{sen}\,(29{,}71°)} = 0{,}71699 \text{ Å}$$

$$a_0 = d_{400}\sqrt{h^2 + k^2 + l^2} = (0{,}71699 \text{ Å})(4) = 2{,}868 \text{ Å}$$

Esse é o parâmetro de rede para o ferro com estrutura cúbica de corpo centrado.

Difração de elétron e microscopia eletrônica Louis de Broglie teorizou que os elétrons se comportam como ondas. Na **difração de elétrons** utilizam-se elétrons de energia elevada (de 100.000 a 400.000 eV). Esses elétrons são difratados a partir de amostras de materiais transparentes para os elétrons. O feixe de elétrons difratado também é utilizado para formar uma imagem da amostra. Sendo assim, a microscopia eletrônica de transmissão e a difração de elétrons são empregadas a fim de formar imagens para caracterizar a microestrutura dos materiais e para identificar suas estruturas cristalinas.

Um elétron com 100.000 eV tem um comprimento de onda de cerca de 0,004 nm! Esse comprimento de onda ultrapequeno para elétrons de elevada energia permite que a **microscopia eletrônica de transmissão** (MET) capture a imagem da microestrutura em uma escala muito fina. Se a amostra for bastante espessa, os elétrons não poderão ser transmitidos através da amostra e não será possível observar uma imagem ou padrão de difração. Sendo assim, na microscopia eletrônica de transmissão e na difração de elétrons, é preciso obter uma amostra de modo que suas porções sejam transparentes aos elétrons. A Figura 3-36 mostra uma imagem por MET e um padrão de difração de elétrons de uma área da amostra. Os grandes pontos brilhantes correspondem aos grãos da matriz. Os pontos menores se originam de pequenos cristais de outra fase.

Outra vantagem de utilizar a MET é sua elevada resolução espacial. Por meio da MET, é possível determinar diferenças entre regiões cristalinas distintas e entre regiões amorfas e regiões cristalinas em escalas de comprimento muito pequenas (de 1 a 10 nm). Essa técnica analítica e suas variações [por exemplo, a microscopia eletrônica de alta resolução (HRTEM, *high-resolution electron microscopy*), a microscopia eletrônica de transmissão por varredura (STEM, *scanning transmission electron microscopy*) etc.] também são utilizadas para determinar a orientação de diferentes grãos e outras características microestruturais que serão discutidas em capítulos posteriores. Recursos avançados e especializados associados à MET também possibilitam o mapeamento eletrônico de elementos em um material específico. Algumas das desvantagens referentes à MET incluem:

(a) A demorada preparação de amostras que são quase transparentes para os raios de elétrons.

(b) Muito tempo e habilidade exigidos para a análise dos dados a partir de uma fina amostra tridimensional, representada em uma imagem bidimensional e um padrão de difração.

(c) Somente um pequeno volume da amostra é examinado.

(d) O equipamento é relativamente caro e requer muito cuidado em sua utilização.

Em geral, a técnica de MET vem se tornando um método de pesquisa amplamente aceito e utilizado para a análise de características estruturais em escalas micro ou nanométricas.

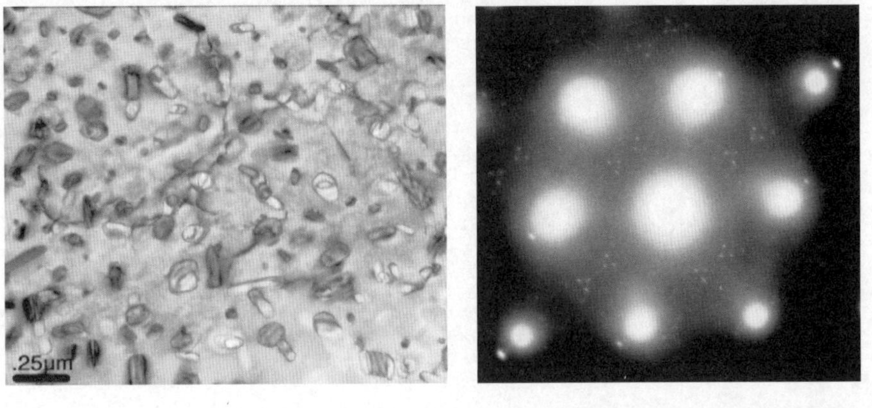

Figura 3-36 Uma micrografia MET de uma liga de alumínio (Al-7055). O padrão de difração à direita mostra grandes pontos brilhantes que representam a difração a partir de grãos da matriz de alumínio. Os pontos menores se originam de cristais em nanoescala de outro composto que está presente na liga de alumínio. (*Cortesia do dr. Jörg M. K. Wiezorek, University of Pittsburgh.*)

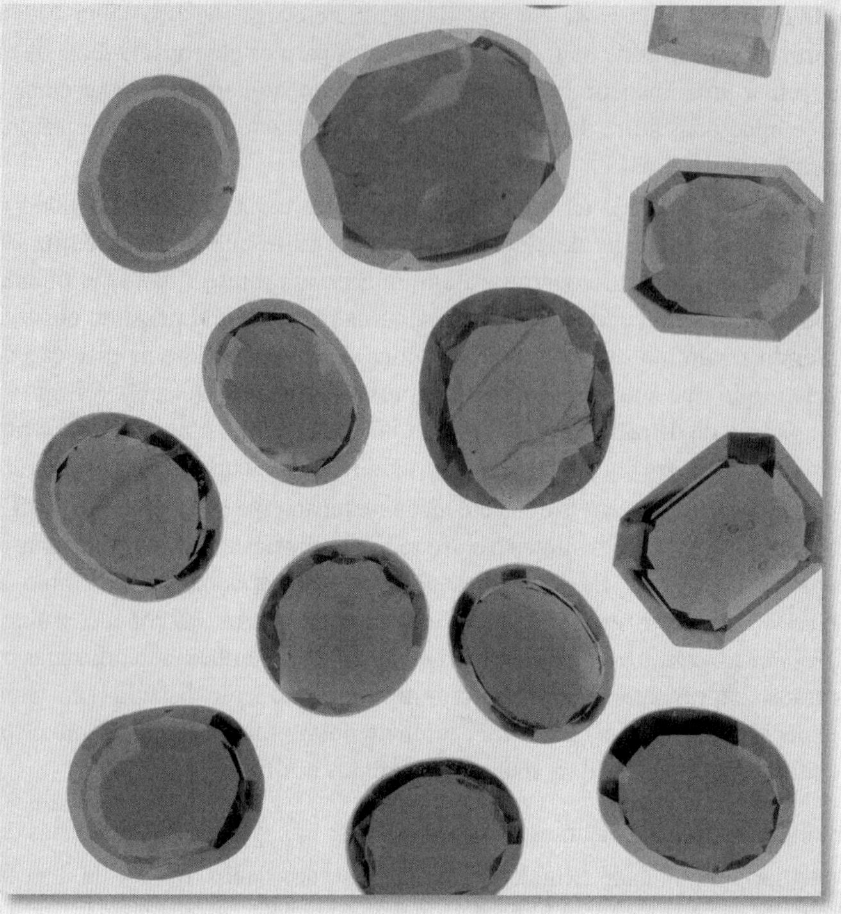

O que torna um rubi vermelho? A adição de cerca de 1% de óxido de cromo na alumina gera defeitos. Uma transição eletrônica entre os níveis de defeito produz o cristal de rubi vermelho. Da mesma forma, a incorporação de Fe^{2+} e Ti^{4+} cria a safira azul. (*Lawrence Lawry/Photodisc/Getty Images*).

capítulo 4

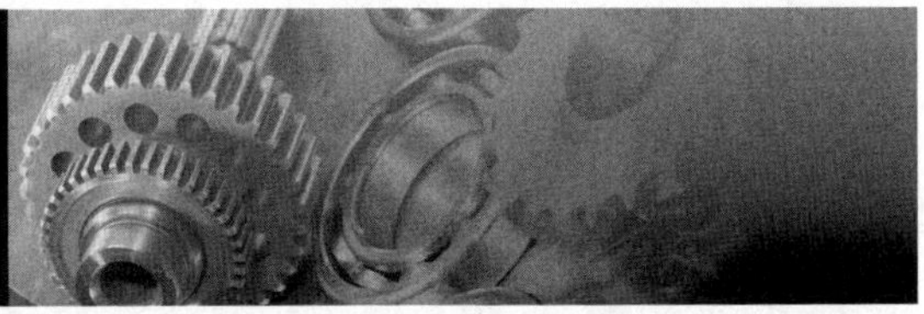

Imperfeições nos arranjos atômicos e iônicos

VOCÊ JÁ SE PERGUNTOU?

- Por que os cristais de silício usados em *wafers* semicondutores contêm traços de dopantes como fósforo ou boro?
- O que torna o aço muito mais duro e resistente que o ferro puro?
- Por que utilizamos cobre de alta pureza como condutor em aplicações elétricas?
- Por que os metais CFC (como o cobre e o alumínio) tendem a ser mais dúcteis que os metais CCC e HC?
- Como é possível aumentar a resistência dos metais?

OBJETIVOS DE APRENDIZAGEM DO CAPÍTULO

Os principais objetivos deste capítulo são

- Descrever os diversos tipos de defeitos em um material cristalino (lacuna, defeito substitucional, defeito intersticial).
- Explicar os conceitos e a geometria das discordâncias em aresta e em hélice e como a presença das discordâncias aumenta a resistência dos materiais cristalinos.
- Identificar o sistema de deslizamento provável de determinada estrutura cristalina.
- Explicar como os contornos de grãos aumentam a resistência dos materiais policristalinos.
- Explicar a função do tamanho do grão no aumento da resistência de materiais policristalinos.
- Explicar o processo de encruamento e como ele afeta o aumento da resistência de materiais cristalinos.

Os arranjos de átomos ou íons em materiais contêm imperfeições ou defeitos. Em geral, esses defeitos têm forte influência sobre as propriedades dos materiais. Vamos apresentar neste capítulo os três tipos básicos de imperfeição: defeitos pontuais, defeitos lineares (ou discordâncias) e defeitos superficiais. Tais imperfeições representam defeitos ou desvios em relação a arranjos atômicos ou iônicos perfeitos de uma estrutura cristalina. Entretanto, o material não é considerado defeituoso do ponto de vista tecnológico. De fato, em muitas aplicações a presença de tais defeitos é bastante útil. Frequentemente, os "defeitos" são criados intencionalmente a fim de produzir propriedades eletrônicas, magnéticas, ópticas e mecânicas de interesse tecnológico. O ferro puro, por exemplo, é relativamente macio, mas, quando recebe pequena quantidade de carbono, criam-se defeitos em seu arranjo cristalino, convertendo-o em aço-carbono, que apresenta uma resistência mecânica muito superior. Da mesma forma, um cristal de alumina com elevada pureza é transparente e incolor; porém, se for acrescentada pequena quantidade de cromo, ele se transformará num belo cristal vermelho conhecido como rubi. O efeito dos defeitos pontuais, no entanto, nem sempre é desejável. Quando queremos utilizar o cobre como condutor em microeletrônica, recorremos à mais elevada pureza disponível. Isso porque até mesmo pequenos níveis de impurezas causariam aumento na resistividade elétrica do cobre!

4-1 Defeitos pontuais

Defeitos pontuais são descontinuidades localizadas nos arranjos atômicos ou iônicos, teoricamente considerados perfeitos, de uma estrutura cristalina. Embora sejam denominados defeitos pontuais, as imperfeições afetam uma região que envolve vários átomos ou íons. Essas imperfeições, representadas na Figura 4-1, podem ser criadas pelo movimento dos átomos ou íons, quando há aumento de energia decorrente de aquecimento, durante o processamento do material ou em virtude da introdução, intencional ou não, de impurezas. Em geral, **impurezas** são elementos ou compostos químicos que se originam de matérias-primas ou do processamento. Os cristais de silício produzidos em cadinhos de quartzo contêm oxigênio como impureza. Os **dopantes** são elementos ou compostos adicionados, deliberadamente, em concentrações conhecidas e em locais específicos da estrutura, para obter um efeito benéfico nas propriedades ou no processamento. Em geral, o efeito das impurezas é deletério, ao passo que o efeito dos dopantes é útil para as propriedades dos materiais. Fósforo e boro são exemplos de dopantes acrescentados aos cristais de silício, com o objetivo de ajustar as propriedades elétricas do silício puro para aplicações eletrônicas.

Cada defeito pontual envolve normalmente um átomo ou íon, ou mesmo um par de átomos ou íons. Os **defeitos estendidos** (lineares ou superficiais), como discordâncias e contornos de grão, envolvem muitos átomos e, portanto, são diferentes dos pontuais. Há um aspecto importante sobre defeitos pontuais a ser ressaltado: embora ocorra em apenas uma ou duas posições atômicas, sua presença afeta posições mais distantes no cristal.

Lacunas Produz-se uma **lacuna** sempre que há falta de um átomo ou íon em seu local esperado da estrutura cristalina, como apresentado na Figura 4-1(a). Quando faltam átomos ou íons (ou seja, quando existem lacunas),

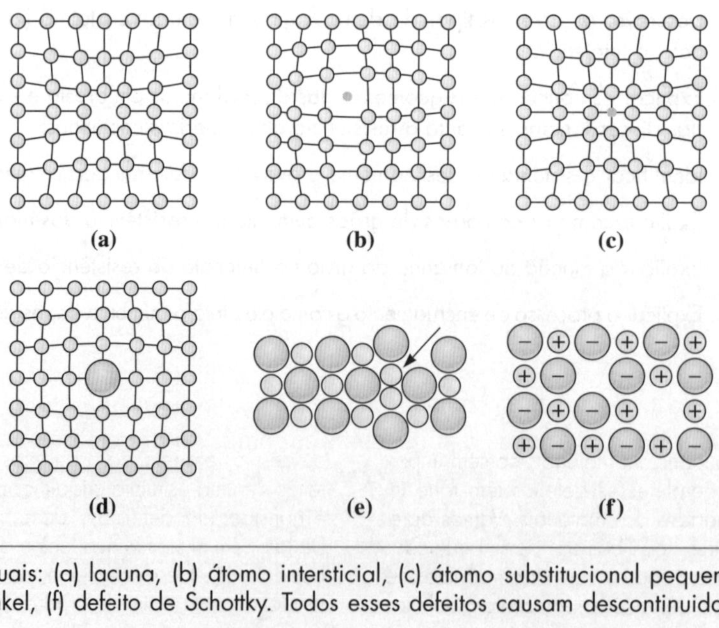

Figura 4-1 Defeitos pontuais: (a) lacuna, (b) átomo intersticial, (c) átomo substitucional pequeno, (d) átomo substitucional grande, (e) defeito de Frenkel, (f) defeito de Schottky. Todos esses defeitos causam descontinuidade no arranjo perfeito dos átomos vizinhos.

a entropia global do material aumenta, o que eleva a estabilidade termodinâmica do material cristalino. Todos os materiais cristalinos possuem defeitos do tipo lacuna. As lacunas são introduzidas em metais e ligas metálicas durante a solidificação (em altas temperaturas) ou por radiação. Elas desempenham um papel importante na taxa com que átomos ou íons podem se mover ou se difundir em um material sólido, especialmente em metais puros. Vamos examinar esse efeito em detalhes no Capítulo 5.

A concentração de lacunas é reduzida à temperatura ambiente (~298 K), mas aumenta exponencialmente com a elevação da temperatura segundo a equação de Arrhenius, a seguir:

$$n_v = n \exp\left(\frac{-Q_v}{RT}\right) \tag{4.1}$$

em que:

n_v é o número de lacunas por m³;
n é o número de átomos por m³;
Q_v é a energia para produzir um mol de lacunas, em cal/mol ou J/mol;
R é a constante do gás, $1{,}987\frac{\text{cal}}{\text{mol}\cdot\text{K}}$ ou $8{,}314\frac{\text{J}}{\text{mol}\cdot\text{K}}$; e
T é a temperatura em K.

Em virtude da alta energia térmica em temperaturas próximas à de fusão, pode chegar a haver até uma lacuna para cada 1.000 átomos. Observe que essa equação considera a concentração de equilíbrio de lacunas em dada temperatura, ou seja, a Equação 4-1 fornece apenas a concentração de lacunas em equilíbrio termodinâmico. Fora do equilíbrio, o que é uma situação muito comum, a concentração supera aquela prevista por essa equação. É possível ainda manter a concentração de lacunas produzidas em altas temperaturas mediante resfriamento rápido do material. Dessa forma, em muitas situações, a concentração de lacunas observada à temperatura ambiente não é a concentração de equilíbrio prevista pela Equação 4-1.

Exemplo 4-1 *Efeito da temperatura na concentração de lacunas*

Calcule a concentração de lacunas no cobre à temperatura ambiente (25 °C). Que temperatura de tratamento térmico do cobre será necessária para que a concentração de lacunas produzida seja 1.000 vezes superior à concentração de equilíbrio à temperatura ambiente? Considere que são necessários 83.680 J para produzir um mol de lacunas no cobre.

Solução

O parâmetro de rede do cobre CFC é de 0,36151 nm. Existem quatro átomos por célula unitária, portanto, o número de átomos de cobre por cm³ é

$$n = \frac{4 \text{ átomos/célula}}{(3{,}6151 \times 10^{-10}\text{cm})^3} = 8{,}466 \times 10^{28} \text{ átomos de cobre/m}^3$$

À temperatura ambiente, $T = 25 + 273 = 298$ K:

$$\begin{aligned} n_v &= n \exp\left(\frac{-Q_v}{RT}\right) \\ &= \left(8{,}466 \times 10^{28}\frac{\text{átomos}}{\text{m}^3}\right)\exp\left[\frac{-83.680\,\frac{\text{cal}}{\text{mol}}}{\left(8{,}314\frac{\text{J}}{\text{mol}\cdot\text{K}}\right)(298\text{ K})}\right] \\ &= 1{,}814 \times 10^{14}\text{lacunas/cm}^3 \end{aligned}$$

Queremos encontrar uma temperatura de tratamento térmico que gere uma concentração de lacunas 1.000 vezes superior a esse número, ou seja, $n_v = 1{,}814 \times 10^{17}$ lacunas/m^3.

Para isso, será preciso aquecer o cobre a uma temperatura que produza esse número de lacunas:

$$n_v = 1{,}814 \times 10^{17} = n \exp\left(\frac{-Q_v}{RT}\right)$$

$$= (8{,}466 \times 10^{28})\exp[-83.680/(8{,}314T)]$$

$$\exp\left(\frac{-83.680}{8{,}314T}\right) = \frac{1{,}814 \times 10^{4}}{8{,}466 \times 10^{28}} = 2{,}14 \times 10^{-12}$$

$$\frac{-83.680}{8{,}314T} = \ln(2{,}14 \times 10^{-12}) = -26{,}87$$

$$T = \frac{83.680}{(8{,}314)(26{,}87)} = 375\text{K} = 102°\text{C}$$

Ao aquecermos o cobre ligeiramente acima de 100 °C, mantê-lo nessa temperatura até que o equilíbrio seja alcançado e resfriá-lo rapidamente até a temperatura ambiente, será possível aprisionar um número de lacunas mil vezes superior ao número de equilíbrio das lacunas à temperatura ambiente. Assim, as concentrações de lacunas encontradas em materiais são normalmente ditadas tanto por fatores termodinâmicos como cinéticos.

Exemplo 4-2 *Concentrações de lacunas no ferro*

Calcule a densidade teórica do ferro e, em seguida, determine o número de lacunas necessárias para que um cristal de ferro CCC tenha uma densidade de 7.874 kg/m^3. O parâmetro de rede do ferro é de $2{,}866 \times 10^{-10}$ m.

Solução

A densidade teórica do ferro pode ser calculada a partir do parâmetro de rede e da massa atômica. Como o ferro é CCC, dois átomos de ferro estão presentes em cada célula unitária.

$$\rho = \frac{(2 \text{ átomos/célula})(0{,}055847\,\text{kg/mol})}{(2{,}866 \times 10^{-10}\text{m})^3(6{,}022 \times 10^{23}\text{átomos/mol})} = 7.879 \text{ kg/m}^3$$

Esse cálculo considera que não existem imperfeições no cristal. Vamos calcular o número de átomos de ferro e lacunas que estariam presentes em cada célula unitária com uma densidade de 7.879 kg/m^3:

$$\rho = \frac{(X \text{ átomos/célula})(0{,}055847\,\text{kg/mol})}{(2{,}866 \times 10^{-10}\text{m})^3(6{,}022 \times 10^{23}\text{átomos/mol})} = 7.874 \text{ kg/m}^3$$

$$X \text{ átomos/célula} = \frac{(7.874 \text{ kg/m}^3)(2{,}866 \times 10^{-10}\text{m})^3(6{,}022 \times 10^{23}\text{átomos/mol})}{(0{,}055847\,\text{kg/mol})} = 1{,}99878$$

Devem existir 2,00 – 1,99878 = 0,00122 lacunas por célula unitária. O número de lacunas por m^3 é

$$\text{Lacunas/m}^3 = \frac{0{,}00122 \dfrac{\text{lacunas}}{\text{célula}}}{(2{,}866 \times 10^{-10}\text{m})^3} = 5{,}18 \times 10^{25}$$

Note que outros defeitos, como contornos de grão em um material policristalino, também contribuem para uma densidade mais baixa que o valor teórico.

Defeitos intersticiais Ocorre um **defeito intersticial** ao inserir um átomo ou íon adicional em uma posição intersticial não ocupada, como na Figura 4-1(b). Os espaços intersticiais são mostrados na Tabela 3-6. Os átomos ou íons intersticiais, embora menores que os átomos ou íons localizados nos pontos de rede, são maiores que os espaços intersticiais que ocupam. Consequentemente, a região ao redor do defeito é comprimida e distorcida. Certos átomos intersticiais (como o de hidrogênio) podem estar presentes na forma de impurezas, ao passo que átomos de carbono são acrescentados intencionalmente para produzir o aço-carbono. Em pequenas concentrações, os átomos de carbono ocupam os interstícios da estrutura cristalina do ferro, introduzindo tensões mecânicas nas vizinhanças do átomo adicionado. Como veremos, a introdução de átomos intersticiais é uma importante maneira de aumentar a resistência mecânica dos materiais metálicos. Ao contrário das lacunas, uma vez inseridos, o número de átomos ou íons intersticiais permanece aproximadamente constante, mesmo que haja variação de temperatura.

Exemplo 4-3 *Interstícios para o carbono no ferro*

No ferro CFC, os átomos de carbono estão localizados nos interstícios *octaédricos*, que ocorrem no centro de cada aresta da célula unitária em interstícios como (0, 0, 1/2) e no centro da célula unitária (1/2, 1/2, 1/2). O parâmetro de rede do ferro CFC é de 0,3571 nm, ao passo que o do ferro CCC é 0,2866 nm. Considere um raio de 0,071 nm para os átomos de carbono. (a) Seria normal esperar maior distorção do cristal para um átomo de carbono intersticial no ferro CFC ou no ferro CCC? (b) Qual seria a percentagem atômica de carbono em cada tipo de ferro, caso todos os espaços intersticiais fossem preenchidos?

Solução

(a) Podemos calcular o tamanho do espaço intersticial no ferro CCC, no local (0, 1/2, 1/4), com a ajuda da Figura 4-2(a). O raio R_{CCC} do ferro CCC é:

$$R_{CCC} = \frac{\sqrt{3}a_0}{4} = \frac{(\sqrt{3})(0{,}2866 \text{ nm})}{4} = 0{,}1241 \text{ nm}$$

Com base na Figura 4-2(a), chegamos à conclusão de que:

$$\left(\frac{1}{2}a_0\right)^2 + \left(\frac{1}{4}a_0\right)^2 = (r_{\text{intersticial}} + R_{CCC})^2$$

$$(r_{\text{intersticial}} + R_{CCC})^2 = 0{,}3125a_0^2 = (0{,}3125)(0{,}2866 \text{ nm})^2 = 0{,}02567 \text{ nm}^2$$

$$r_{\text{intersticial}} = \sqrt{0{,}02567 \text{ nm}^2} - 0{,}1241 \text{ nm} = 0{,}0361 \text{ nm}$$

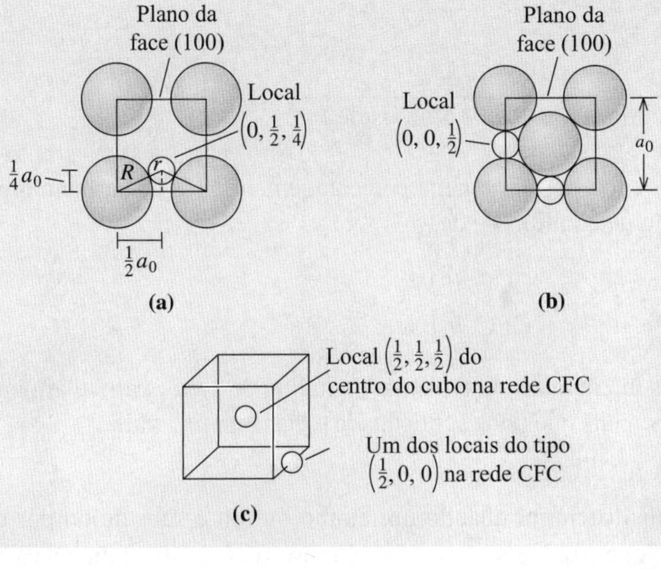

Figura 4-2 (a) Local do interstício $(0, \frac{1}{2}, \frac{1}{4})$ em metais CCC. (b) Local $(0, 0, \frac{1}{2})$ em metais CFC. (c) Interstícios dos centros de arestas e dos centros do cubo em metais CFC (para o Exemplo 4-3).

No caso do ferro CFC, espaços intersticiais como $(0, 0, \frac{1}{2})$ estão localizados ao longo das direções <001>. Assim, o raio do átomo de ferro e o raio do interstício são [Figura 4-2(b)]:

$$R_{CFC} = \frac{\sqrt{2}a_0}{4} = \frac{(\sqrt{2})(0{,}3571\text{ nm})}{4} = 0{,}1263\text{ nm}$$

$$2r_{\text{intersticial}} + 2R_{CFC} = a_0$$

$$r_{\text{intersticial}} = \frac{0{,}3571\text{ nm} - (2)(0{,}1263)\text{ nm}}{2} = 0{,}0523\text{ nm}$$

O espaço intersticial no ferro CCC é menor do que o espaço intersticial no ferro CFC, portanto, a estrutura cristalina CCC é mais distorcida pelo carbono que a CFC. Como resultado, espera-se que menos átomos de carbono ocupem as posições intersticiais do ferro CCC, em comparação com o ferro CFC.

(b) Existem dois átomos de ferro em cada célula unitária do ferro CCC. Podemos encontrar um total de 24 espaços intersticiais do tipo (0, 1/2, 1/4), no entanto, como cada local está situado em uma face da célula unitária, apenas metade de cada local pertence exclusivamente a uma mesma célula. Portanto, existem:

$$(24\text{ locais})\left(\frac{1}{2}\right) = 12\text{ espaços intersticiais por célula unitária}$$

Caso todos os interstícios sejam preenchidos, a percentagem atômica de carbono contido no ferro será:

$$\%\text{ at C} = \frac{12\text{ átomos de C}}{12\text{ átomos de C} + 2\text{ átomos de Fe}} \times 100 = 86\%$$

Há quatro átomos de ferro em cada célula unitária do ferro CFC, fornecendo o seguinte número de espaços intersticiais octaédricos:

$$(12\text{ arestas})\left(\frac{1}{4}\right) + 1\text{ centro} = 4\text{ espaços intersticiais por célula unitária [Figura 4-2(c)]}$$

Se também forem preenchidos todos os interstícios octaédricos, a percentagem atômica de carbono no ferro CFC será:

$$\%\text{ at C} = \frac{4\text{ átomos de C}}{4\text{ átomos de C} + 4\text{ átomos de Fe}} \times 100 = 50\%$$

Como veremos em um dos próximos capítulos, a máxima percentagem atômica de carbono presente nas duas formas de ferro em condição de equilíbrio é de:

CCC: 0,1%

CFC: 9,1%

Devido à tensão criada pelos átomos intersticiais na estrutura cristalina do ferro, particularmente no ferro CCC, a fração de espaços intersticiais que pode ser ocupada é bastante reduzida.

Defeitos substitucionais Ocorre um **defeito substitucional** quando um átomo ou íon é substituído por um tipo diferente de átomo ou íon, como nas Figuras 4-1(c) e (d). Nesses casos, os átomos ou íons substitucionais ocupam as posições normais da rede. Os átomos ou íons substitucionais podem ser maiores ou menores que os da estrutura cristalina. Se o átomo substitucional for maior, a distância interatômica disponível para os átomos vizinhos será reduzida. Se o átomo substitucional for menor, a distância interatômica disponível para os átomos vizinhos será maior. Em qualquer caso, os defeitos substitucionais perturbam o cristal, criando tensões em sua vizinhança. Os defeitos substitucionais também podem ocorrer em razão da presença de impurezas ou da adição deliberada para formar ligas. Uma vez introduzidos, o número de defeitos substitucionais é relativamente independente da temperatura.

Entre os exemplos de defeitos substitucionais, podemos citar a incorporação de dopantes, como fósforo e boro, ao silício. Da mesma forma, se acrescentarmos cobre ao níquel, os átomos de cobre irão ocupar espaços cristalográficos em que os átomos de níquel estariam normalmente presentes. Em geral, os átomos substitucionais elevam a resistência do material metálico. Os defeitos substitucionais podem aparecer também nos materiais cerâmicos. Se acrescentarmos MgO ao NiO, por exemplo, os íons Mg^{2+} irão ocupar locais Ni^{2+}, e íons O^{2-} do MgO irão ocupar locais O^{2-} do NiO. O fato de as posições intersticiais ou substitucionais serem ocupadas por átomos ou íons estranhos à rede irá depender do tamanho, da estrutura cristalina e da valência dos átomos ou íons inseridos, em relação ao tamanho e à valência dos íons da rede. O tamanho dos locais disponíveis também tem influência na substituição, conforme discutido no Capítulo 3, Seção 3-6.

4-2 Outros defeitos pontuais

Ocorre um defeito **autointersticial** sempre que um átomo idêntico àqueles dos pontos normais de rede está localizado em posição intersticial. É mais comum encontrar tais defeitos em estruturas cristalinas com baixo fator de empacotamento.

O **defeito de Frenkel** é um par lacuna-interstício que se forma quando um íon salta de um ponto normal da rede para um espaço intersticial, como na Figura 4-1(e), deixando uma lacuna em seu lugar. Embora isso geralmente seja associado a materiais iônicos, o defeito de Frenkel pode ocorrer em metais e materiais com ligações covalentes. O **defeito de Schottky** [Figura 4-1(f)] é exclusivo dos materiais iônicos, sendo comumente encontrado em materiais cerâmicos. Quando lacunas ocorrem em materiais com ligações iônicas, uma quantidade idêntica, estequiométrica, de ânions e cátions deve estar ausente nas posições atômicas regulares, se a neutralidade tiver de ser preservada. Assim, por exemplo, um íon Mg^{2+} e um íon O^{2-} ausentes no MgO constituem um par Schottky. No caso do ZrO_2, para uma lacuna de Zr^{4+}, haverá duas lacunas de O^{2-}.

Um importante defeito pontual substitucional ocorre quando um íon com determinada carga substitui um íon com outra carga. É o que pode acontecer quando um íon de valência +2 substitui um íon de valência +1 (Figura 4-3). Nesse caso, uma carga positiva adicional é acrescentada à estrutura. Para manter o equilíbrio de cargas, uma lacuna pode ser criada no local em que haveria normalmente um cátion +1. Essa imperfeição também ocorre em materiais unidos por ligação iônica predominante.

Dessa forma, quando defeitos pontuais são introduzidos em sólidos iônicos, é preciso respeitar as seguintes regras:

(a) deve-se manter o equilíbrio de cargas, de modo que o cristal permaneça eletricamente neutro;
(b) deve-se manter a estequiometria do composto;
(c) deve-se preservar o número de posições cristalográficas.

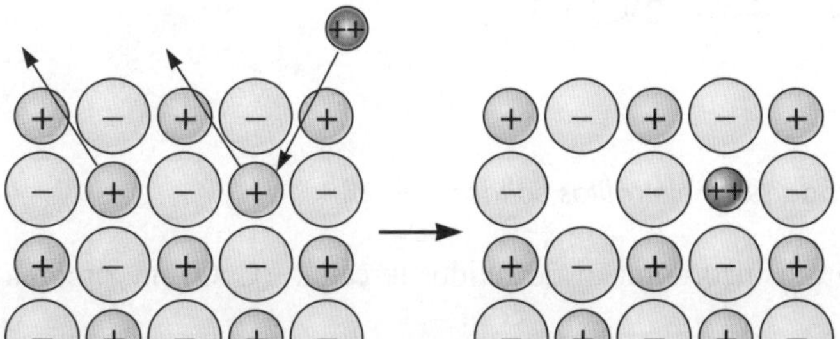

Figura 4-3 Quando um cátion bivalente substitui um cátion monovalente, é preciso remover um segundo cátion monovalente, o que dá origem a uma lacuna.

Por exemplo, se faltar um íon de oxigênio no óxido de níquel (NiO), uma lacuna de íon de oxigênio (designada como $V_O^{\cdot\cdot}$) será criada. Cada ponto (·) na posição de sobrescrito indica uma carga positiva *efetiva* equivalente a 1. Para manter a estequiometria do composto e o equilíbrio de cargas, será preciso criar também uma lacuna de íon de níquel (designada como V_{Ni}''). Nesse caso, cada linha (′) sobrescrita indica uma carga negativa *efetiva* equivalente a –1.

Utilizamos a **notação de Kröger-Vink** para escrever as equações químicas de defeitos. A letra principal nessa notação descreve a lacuna ou o nome do elemento. O sobrescrito indica a carga efetiva no defeito, e o subscrito descreve o local do defeito. Um ponto (·) indica uma carga efetiva de +1 e uma linha (′) representa uma carga efetiva de –1. Algumas vezes, é utilizado um *x* para indicar que não existe carga efetiva. Quaisquer elétrons ou lacunas livres são indicados por *e* e *h*, respectivamente. Conjuntos de defeitos ou defeitos que têm associação são apresentados em parênteses. Defeitos associados que podem afetar o transporte de massa em materiais, às vezes, são neutros e difíceis de serem detectados experimentalmente. Concentrações de defeitos são mostradas entre colchetes.

Os exemplos a seguir ilustram o uso da notação de Kröger-Vink para escrever **reações químicas de defeitos**. Algumas vezes, é possível escrevermos várias reações químicas de defeitos válidas a fim de descrever a possível química do defeito. Nesses casos, é preciso levar em conta a energia necessária para criar diferentes defeitos, e uma verificação experimental é requerida. Essa notação é útil na descrição da química do defeito em semicondutores e de muitos materiais cerâmicos utilizados como sensores, dielétricos e em outras aplicações.

Exemplo 4-4 *Aplicação da notação de Kröger-Vink*

Escreva as reações de defeitos apropriadas para (a) incorporação de óxido de magnésio (MgO) em óxido de níquel (NiO) e (b) formação de um defeito de Schottky na alumina (Al_2O_3).

Solução

(a) MgO é o material adicionado e o NiO é o material de partida (matriz). Assumimos que os íons Mg^{2+} irão ocupar as posições Ni^{2+}, e os ânions oxigênio do MgO ocuparão duas posições O^{2-} do NiO.

$$MgO \xrightarrow{NiO} Mg_{Ni}^{x} + O_O^{x}$$

Precisamos assegurar que a equação tenha equilíbrio de cargas, massa e de número de posições cristalográficas. À esquerda, temos um Mg, um oxigênio e nenhuma carga efetiva. O mesmo é verdadeiro à direita. O equilíbrio de posição pode ser um pouco complicado – um Mg^{2+} ocupa uma posição Ni^{2+}. Como estamos introduzindo o MgO no NiO, utilizamos uma posição Ni^{2+} e, portanto, devemos utilizar uma posição O^{2-}. Podemos ver que isso é verdadeiro examinando o lado direito da equação.

(b) Um defeito de Schottky na alumina envolverá dois íons de alumínio e três íons de oxigênio. Quando existe uma lacuna em uma posição do alumínio, uma carga +3 está faltando, e a posição tem uma carga efetiva de –3. Desse modo, V_{Al}''' descreve uma lacuna de Al^{3+}. De modo similar, $V_O^{\cdot\cdot}$ representa uma lacuna do íon oxigênio. Para o equilíbrio de posição no alumina, precisamos garantir que, para cada duas posições do íon alumínio utilizadas, empregamos três posições do íon oxigênio. Como temos lacunas, a massa no lado direito é zero, portanto, escrevemos o lado esquerdo como sendo nulo. Assim, a reação do defeito será

$$\text{nulo} \xrightarrow{Al_2O_3} 2V_{Al}''' + 3V_O^{\cdot\cdot}$$

Exemplo 4-5 *Defeitos pontuais na zircônia estabilizada para eletrólitos sólidos*

Escreva as reações de defeito apropriadas para a incorporação do óxido de cálcio (CaO) na zircônia (ZrO_2) usando a notação de Kröger-Vink.

Solução

Vamos considerar que o Ca^{2+} vai ocupar posições do Zr^{4+}. Se enviarmos um Ca^{2+} para o Zr^{4+}, a posição terá uma carga efetiva de –2 (em vez de uma carga de +4, temos uma carga de +2). Usamos uma posição do Zr^{4+} e o equilíbrio exige *duas posições de oxigênio*. Podemos enviar um O^{2-} do CaO para uma das posições O^{2-} da ZrO_2. A outra posição do oxigênio deverá ser usada e, já que o equilíbrio de massa também deve ser mantido, teremos de manter essa posição livre (isto é, uma lacuna de íon de oxigênio precisará ser criada).

$$CaO \xrightarrow{ZrO_2} Ca''_{Zr} + O^x_O + V^{\cdot\cdot}_O$$

A concentração das lacunas de oxigênio no ZrO_2 (ou seja, $[V^{\cdot\cdot}_O]$) aumentará junto com a concentração de CaO. Essas lacunas de íons de oxigênio tornam o ZrO_2 estabilizado por CaO um condutor iônico. Isso permite o uso deste tipo de ZrO_2 em sensores de oxigênio usados em automóveis e em células combustíveis de óxido de sódio.

4-3 Discordâncias

As **discordâncias** são imperfeições lineares em cristais. Em geral, são introduzidas em um cristal durante a solidificação do material ou quando o material é deformado de modo permanente. Embora as discordâncias estejam presentes em todos os materiais, incluindo cerâmicas e polímeros, *elas são particularmente úteis no entendimento da deformação e no aumento de resistência mecânica dos materiais metálicos*. Podemos identificar três tipos de discordância: em hélice (ou espiral), em aresta (ou em cunha) e mista.

Discordância em hélice Pode-se ilustrar a **discordância em hélice** (Figura 4-4) cortando parte de um cristal perfeito e, então, distorcendo o cristal por uma distância equivalente ao espaço de um átomo. Se acompanharmos um mesmo plano cristalográfico em torno do eixo ao longo do qual o cristal foi torcido, começando no ponto *x* e percorrendo as posições atômicas, sempre nesse mesmo plano, no sentido horário, até fechar a volta, iremos terminar numa posição abaixo do ponto de partida no ponto *y*. Se não houver uma discordância em hélice, o círculo irá se fechar. Esse ponto está afastado uma posição atômica do ponto de início. O vetor necessário para completar a volta e retornar à origem é chamado **vetor de Burgers b.** Caso continuássemos a percorrer ao redor desse defeito, iríamos traçar um caminho em espiral. O eixo (ou linha) ao redor do qual traçamos esse percurso é a discordância em hélice. O vetor de Burgers é paralelo a essa discordância.

Discordância em aresta Pode-se criar uma **discordância em aresta** (Figura 4-5) cortando parte de um cristal perfeito, afastando as duas partes e preenchendo o corte com um semiplano adicional de átomos. A borda inferior desse

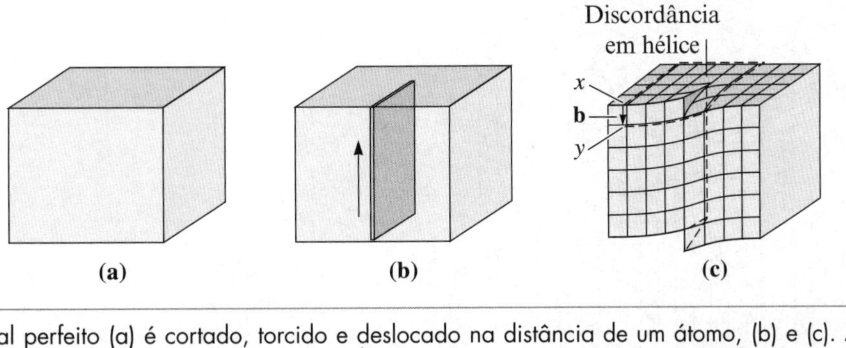

Figura 4-4 Um cristal perfeito (a) é cortado, torcido e deslocado na distância de um átomo, (b) e (c). A linha ao longo da qual ocorre o cisalhamento é a discordância em hélice. É necessário um vetor de Burgers **b** para fechar o percurso ao redor da discordância em hélice.

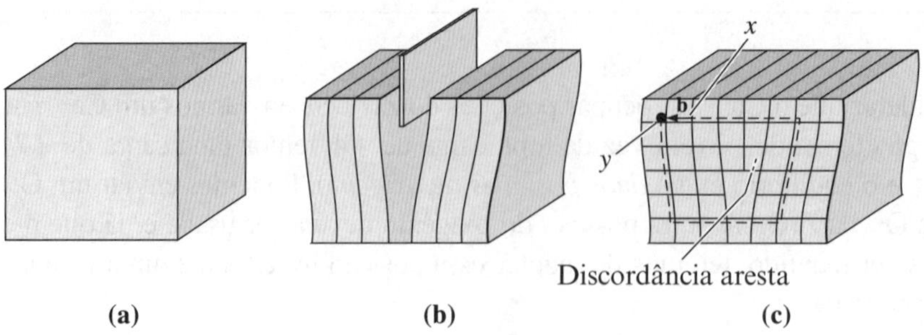

Figura 4-5 Um cristal perfeito (a) é cortado e um plano adicional de átomos é inserido (b). A borda inferior do plano adicional é uma discordância em aresta (c). É necessário um vetor de Burgers **b** para fechar o percurso ao redor da discordância em aresta. (*Adaptado de J. D. Verhoeven,* Fundamentals of Physical Metallurgy, *Jonh Wiley & Sons, Inc., 1975.*)

plano inserido representa a discordância em aresta. Se seguirmos um percurso no sentido horário em torno da discordância em aresta, começando no ponto x e percorrendo um mesmo número de distâncias atômicas em cada direção, terminaremos no ponto y, uma distância atômica afastada do ponto de partida. Se não houver nenhuma discordância em aresta presente, a volta irá fechar-se. Também nesse caso, o vetor necessário para completar a volta e retornar ao nosso ponto de partida é o vetor de Burgers. Nesse caso, porém, o vetor de Burgers é perpendicular à linha de discordância. Ao introduzirem esse tipo de discordância, os átomos acima da linha de discordância estão comprimidos, ao passo que os átomos abaixo da discordância ficam mais afastados. A região cristalina vizinha à discordância é perturbada pela presença da discordância. Frequentemente, utiliza-se o símbolo "⊥" para denotar a discordância aresta. O eixo longo de "⊥" aponta em direção ao semiplano adicional. Diferentemente de uma discordância em aresta, uma discordância em hélice não pode ser visualizada como um semiplano adicional de átomos.

Discordância mista Como se vê na Figura 4-6, as **discordâncias mistas** têm componentes das discordâncias em hélice e em aresta, com uma transição gradual entre elas. O vetor de Burgers, no entanto, permanece o mesmo para todas as partes da discordância mista.

Tensões Ao discutirmos o movimento das discordâncias, precisamos nos referir ao conceito de tensão, que será abordado detalhadamente no Capítulo 6. Por enquanto, é suficiente dizer que a tensão é uma força por área unitária. A tensão tem a unidade de N/m^2, conhecida como Pascal (Pa) e a de libra por polegada ao quadrado, conhecida como psi. Uma tensão normal surge quando a força aplicada atua perpendicularmente à área de interesse. A tensão de cisalhamento τ ocorre quando a força age em uma direção paralela à área de interesse.

Movimento de discordâncias Considere a discordância em aresta mostrada na Figura 4-7(a). Um plano que contiver tanto a linha de discordância quando o vetor de Burgers é conhecido como **plano de escorregamento**. Quando uma

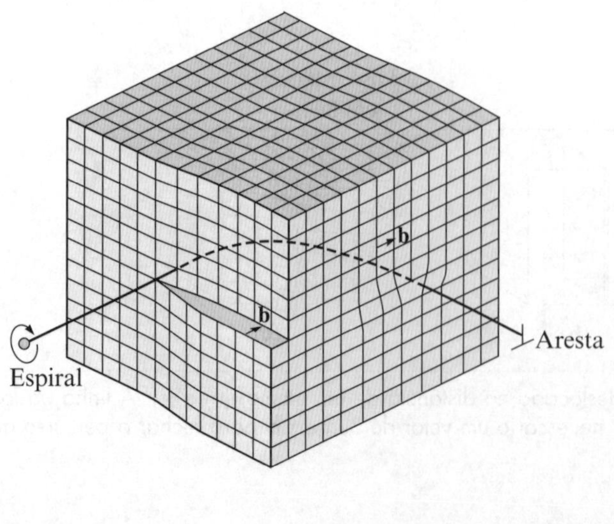

Figura 4-6 Discordância mista. Uma discordância em hélice, na face à direita do cristal, é gradualmente alterada para uma discordância em aresta, na lateral esquerda do mesmo cristal. (*Adaptado de W. T. Read,* Dislocations in Crystals, *McGraw-Hill, 1953.*)

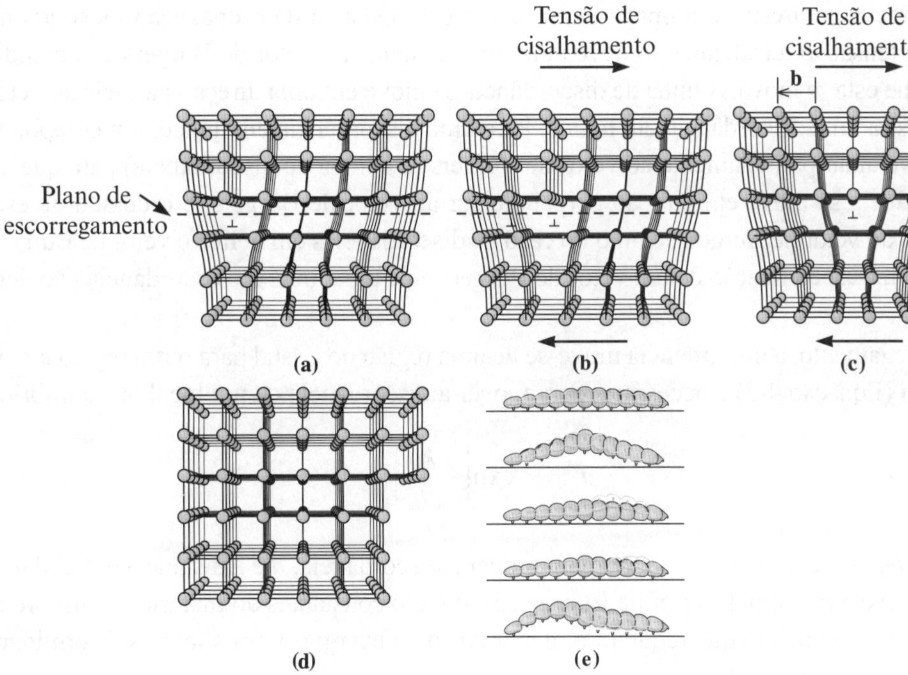

Figura 4-7 (a) Quando uma tensão de cisalhamento é aplicada à discordância em (a), os átomos são deslocados, (b) fazendo com que a discordância mova um vetor de Burgers na direção de escorregamento. (c) O movimento contínuo da discordância, eventualmente, cria um degrau (d), e o cristal é deformado. (e) O movimento de uma lagarta é análogo ao movimento de uma discordância. (*Adaptado de A. G. Guy,* Essentials of Materials Science, *McGraw-Hill, 1976.*)

tensão de cisalhamento suficientemente grande agindo paralelamente ao vetor de Burgers for aplicada a um cristal contendo uma discordância, a discordância poderá mover-se através de um processo conhecido como **escorregamento**. As ligações ao longo do plano de escorregamento entre os átomos na coluna à direita da discordância mostrada são quebradas. Os átomos na coluna à direita da discordância abaixo do plano de deslizamento são levemente modificados, de modo que estabeleçam ligações com os átomos da discordância em aresta. Dessa maneira, a discordância se move para a direita [Figura 4-7(b)]. Se esse processo continuar, a discordância se deslocará [Figura 4-7(c)] até produzir um degrau na parte externa do cristal [Figura 4-7(d)], na **direção de escorregamento** (que é paralela ao vetor de Burgers). (Note que a combinação de um plano de escorregamento com uma direção de escorregamento compõe um **sistema de escorregamento**.) A metade superior do cristal foi deslocada por um vetor de Burgers relativo à metade inferior; o cristal foi plasticamente (ou permanentemente) deformado. Esse é o processo fundamental que ocorre muitas vezes, quando você dobra um clipe de papel entre os dedos. A deformação plástica de metais é principalmente o resultado da propagação de discordâncias.

Esse processo de progressivamente romper e recuperar ligações requer muito menos energia do que a necessária para instantaneamente romper todas as ligações no plano de escorregamento. O cristal se deforma pela propagação das discordâncias, porque este é um processo energeticamente favorável. Considere o movimento realizado por uma lagarta [Figura 4-7(e)]. O animal levanta somente uma de suas patas em determinado momento, em vez de todas de uma só vez, a fim de se mover para a frente. Por quê? Porque levantar somente uma de suas patas requer menos energia; é mais fácil para a lagarta fazer isso. Outra maneira de visualizar é pensar sobre como você move um grande tapete que está posicionado incorretamente em uma sala. Se quiser reposicioná-lo, em vez de levantá-lo do chão e movê-lo de uma só vez, você pode dobrá-lo e puxá-lo na direção em que quer mover o tapete. A largura da dobra é análoga ao vetor de Burgers. Mais uma vez, você move o tapete dessa maneira porque requer menos energia – é mais fácil.

Escorregamento A Figura 4-8(a) é um diagrama de uma discordância em aresta que está sujeita a uma tensão de cisalhamento τ que atua paralelamente ao vetor de Burgers e é perpendicular à linha de discordância. Neste desenho, a discordância em aresta se propaga em uma direção oposta à de propagação mostrada na Figura 4-7. Um componente da tensão de cisalhamento deve agir paralelamente ao vetor de Burgers e perpendicularmente à discordância para que esta se mova. A linha de discordância se move em uma direção paralela ao vetor de Burgers. A Figura 4-8(b) mostra uma discordância em hélice. Para uma discordância em hélice, um componente da tensão de cisalhamento deve atuar paralelamente ao vetor de Burgers (e à linha de discordância) para que a discordância se mova. A discordância se move em direção perpendicular ao vetor de Burgers, e o degrau de escorregamento produzido é paralelo ao vetor de Burgers. Como no caso de discordâncias em hélice o vetor de Burgers é paralelo à linha de discordância, a especificação de um vetor de Burgers e de uma linha de discordância não define um plano de escorregamento.

Durante o escorregamento, a discordância move-se de uma região do cristal para outra região idêntica. A **tensão de Peierls-Nabarro** (Equação 4-2) é necessária para mover a discordância de um local de equilíbrio para outro:

$$\tau = c \exp\left(-\frac{kd}{b}\right) \tag{4-2}$$

em que τ é a tensão de cisalhamento necessária para mover a discordância, d é a distância entre planos de escorregamento adjacentes, b é o módulo do vetor de Burgers, e c e k são constantes do material. A discordância se move em um sistema de escorregamento que requeira o menor gasto de energia. Vários fatores determinam os sistemas de escorregamento que estarão ativos:

1. A tensão necessária para fazer a discordância se mover aumenta exponencialmente com o módulo do vetor de Burgers. Assim, a direção de escorregamento deve ter uma pequena distância de repetição ou elevada densidade linear. As direções compactas de metais e ligas atendem a esse critério e por isso são as direções de escorregamento mais comuns.
2. A tensão necessária para fazer a discordância se mover diminui exponencialmente com o aumento da distância entre os planos de escorregamento. O escorregamento ocorre mais facilmente entre planos de átomos mais afastados entre si, isto é, com uma distância relativamente grande entre os planos. Os planos com elevada densidade planar atendem a esse requisito. Dessa forma, os planos de escorregamento são compactos ou aqueles tão densamente compactos quanto possível. Os sistemas de escorregamento comuns em diversos materiais estão resumidos na Tabela 4-1.
3. As discordâncias não se movem facilmente em materiais como o silício, pois eles se ligam covalentemente. Em virtude da resistência e direcionalidade dessas ligações, os materiais em geral fraturam de modo frágil antes que a tensão se torne intensa o suficiente para causar um escorregamento observável.

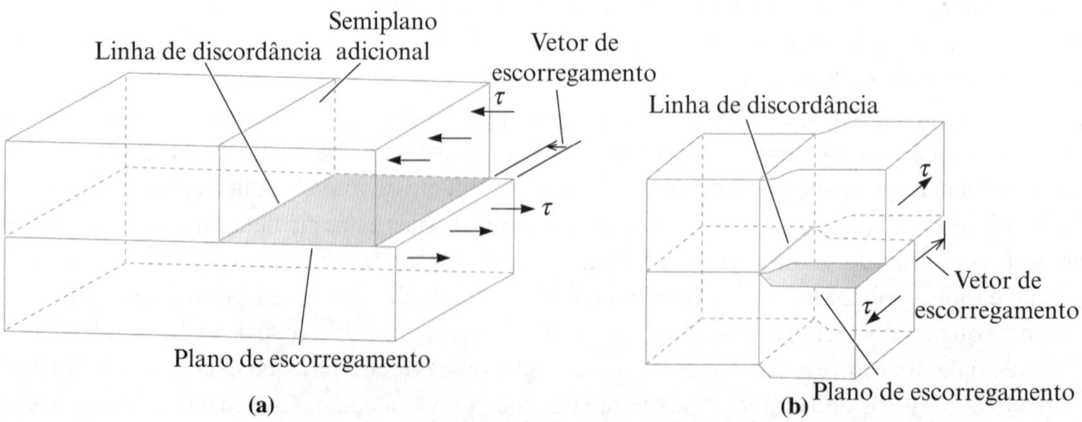

Figura 4-8 Esquema da linha de discordância, plano de escorregamento e vetor de escorregamento (Burgers) para (a) uma discordância em aresta e (b) uma discordância em hélice. (*Adaptado de J. D. Verhoeven,* Fundamentals of Physical Metallurgy, *Wiley & Sons, Inc. 1975.*)

Tabela 4-1 • Planos e direções de escorregamento em estruturas cristalinas

Estrutura cristalina	Plano de escorregamento	Direção de escorregamento
Metais CCC	{110} {112} {123}	<111>
Metais CFC	{111}	<110>
Metais HC	(001), (002)*	[100], [010], [110]
	$\{11\bar{2}0\}$ $\{10\bar{1}0\}$ $\{10\bar{1}1\}$ Veja a observação	<110> ou $<10\bar{2}0>$
MgO, NaCl (iônico)	{110}	<110>
Silício (covalente)	{111}	<110>

Observação: Esses planos estão ativos em determinados metais e ligas ou em temperaturas elevadas.
* Na notação de quatro eixos, os planos e direções de escorregamento são (0001) e $<11\bar{2}0>$.

As discordâncias também representam um papel relativamente menor na deformação de polímeros. A maioria dos polímeros contém uma fração de volume substancial de material que é amorfo e, portanto, não contém discordâncias. A deformação permanente em polímeros envolve principalmente estiramento, rotação e desemaranhamento de longas cadeias de moléculas.

4. Os materiais com ligações iônicas, incluindo várias cerâmicas (como o MgO), também são resistentes ao escorregamento. O movimento de uma discordância afeta o equilíbrio de cargas elétricas dos ânions e cátions, facilitando o rompimento das ligações iônicas. Durante o escorregamento, íons de mesma carga devem, ainda, passar próximos, causando repulsão. Por fim, a distância de repetição ao longo da direção de escorregamento (ou vetor de Burgers) é maior que a verificada em metais e ligas, exigindo uma tensão mais elevada para iniciar o movimento. Também nesse caso, a fratura dos materiais cerâmicos geralmente ocorre devido à presença de falhas, como pequenos poros, antes que a intensidade da tensão aplicada seja suficiente para resultar no movimento das discordâncias. A ductilidade em materiais cerâmicos pode ser obtida por

   (a) transformações de fase (conhecida como plasticidade de transformação, um exemplo é a zircônia totalmente estabilizada);
   (b) maclagem;
   (c) movimento da discordância;
   (d) escorregamento de contornos de grão.

Discutiremos alguns desses conceitos posteriormente neste capítulo. Em geral, maiores temperaturas e tensões de compressão levam a uma maior ductilidade. Recentemente, demonstrou-se que determinadas cerâmicas, como o titanato de estrôncio ($SrTiO_3$), podem exibir considerável ductilidade. Sob determinadas condições, as cerâmicas podem exibir deformações muito grandes. Isso é conhecido como comportamento superplástico.

Exemplo 4-6 *Cálculo do vetor de Burgers*

Calcule o módulo do vetor de Burgers no cobre.

Solução

O cobre se organiza numa estrutura cristalina CFC. O parâmetro de rede do cobre (Cu) é de 0,36151 nm. As direções compactas (ou direções do vetor de Burgers) são da família <110>. A distância de repetição ao longo das direções <110> corresponde à metade da diagonal da face, já que os pontos de rede estão localizados nos vértices e centros das faces.

$$\text{Face diagonal} = \sqrt{2}a_0 = (\sqrt{2})(0{,}36151) = 0{,}51125 \text{ nm}$$

O módulo do vetor de Burgers (ou a distância de repetição) é:

$$b = \frac{1}{2}(0{,}51125) \text{ nm} = 0{,}25563 \text{ nm}$$

Exemplo 4-7 *Identificação dos planos de escorregamento*

A densidade planar do plano (112) no ferro CCC é de 9,94 × 10^{18} átomos/m^2. Calcule (a) a densidade planar do plano (110) e (b) a distância interplanar do plano (112) e também do plano (110). Em qual plano iria ocorrer normalmente o escorregamento?

Solução

O parâmetro de rede do ferro CCC é de 0,2866 nm ou 2,866 × 10^{-10} m. Para o plano (110) na estrutura CCC, um quarto dos quatro átomos no vértice, além do átomo central, estão dentro de uma área de a_0 vezes $\sqrt{2}a_0$.

(a) A densidade planar é

$$\text{Densidade planar (110)} = \frac{\text{átomos}}{\text{área}} = \frac{2}{(\sqrt{2})(2{,}866 \times 10^{-10}\text{m})^2}$$

$$= 1{,}72 \times 10^{19}\text{átomos/m}^2$$

$$\text{Densidade planar (112)} = 0{,}994 \times 10^{19}\text{átomos/m}^2 \text{(do enunciado do problema)}$$

(b) As distâncias interplanares são as seguintes:

$$d_{110} = \frac{2{,}866 \times 10^{-10}}{\sqrt{1^2 + 1^2 + 0}} = 2{,}027 \times 10^{-10}\text{m}$$

$$d_{112} = \frac{2{,}866 \times 10^{-10}}{\sqrt{1^2 + 1^2 + 2^2}} = 1{,}170 \times 10^{-10}\text{m}$$

A densidade planar e a distância interplanar são maiores para o plano (110) que para o plano (112), portanto, o plano (110) será o plano preferencial de escorregamento.

Quando um material metálico é *atacado* (um tratamento com reação química que envolve a exposição a um ácido ou uma base), as áreas onde as discordâncias intersectam a superfície do cristal reagem mais prontamente que o material ao redor. Essas regiões aparecem na microestrutura como **pites.** A Figura 4-9 mostra a distribuição dos pites na superfície de um cristal de cloreto de sódio.

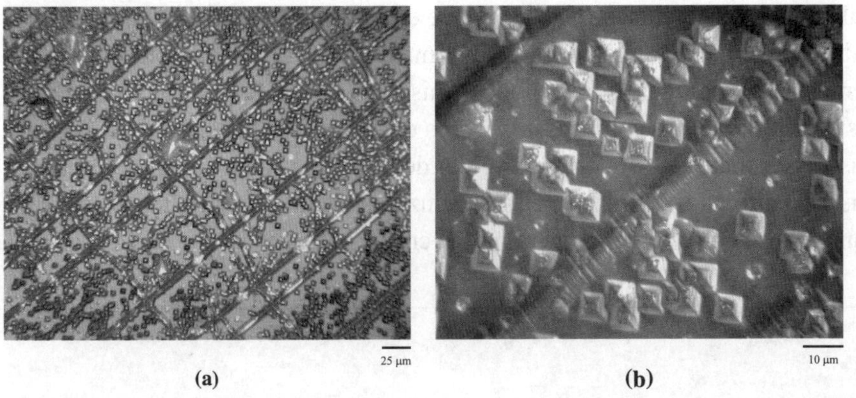

Figura 4-9 Imagens ópticas de pites em cloreto de sódio (NaCl) que foram deformados e recozidos por duas horas a 450 °C. Os pites correspondem a pontos de intersecção de discordâncias com a superfície {001}. As linhas retas das discordâncias estão nas direções <110>. (a) Baixa ampliação. (b) Alta ampliação. (*Cortesia do professor Greg Rohrer, Carnegie Mellon University.*)

4-4 Importância das discordâncias

Discordâncias são muito importantes em metais e ligas metálicas, pois oferecem um mecanismo para a deformação plástica. A **deformação plástica** refere-se a uma deformação, isto é, a uma mudança irreversível da forma, que permanece mesmo após a remoção da tensão que causou a deformação. A tensão aplicada provoca o movimento da discordância, e o efeito cumulativo do escorregamento de diversas discordâncias é a deformação plástica. No entanto, existem outros mecanismos causadores de deformação permanente, os quais serão examinados em capítulos posteriores. É preciso distinguir entre deformação plástica e **deformação elástica**. A deformação elástica é uma mudança temporária de forma, que ocorre enquanto uma tensão permanece aplicada ao material. Na deformação elástica, a mudança de forma é resultado do estiramento das ligações atômicas, também por uma tensão mecânica, mas sem causar o movimento de discordâncias. Pode ocorrer escorregamento em algumas cerâmicas e polímeros; no entanto, outros fatores (como, por exemplo, porosidade em cerâmicas, emaranhamento de cadeias em polímeros etc.) controlam o comportamento mecânico de polímeros e cerâmicas perto da temperatura ambiente. Materiais amorfos como vidros silicatos não têm um arranjo periódico de íons e, portanto, não contêm discordâncias.

O processo de escorregamento é importante para a compreensão do comportamento mecânico dos metais, os quais na sua quase totalidade se encontram no estado cristalino. Primeiramente o escorregamento explica por que a resistência dos metais é muito inferior à de suas ligações atômicas. Caso ocorra escorregamento, apenas uma pequena fração das ligações metálicas precisa ser rompida, e a tensão necessária para deformar o metal é bastante reduzida. Pode-se demonstrar que a resistência real (determinada em ensaios) dos metais usados em engenharia é de 10^3 a 10^4 *menor* que o valor teórico obtido considerando-se a energia de ligação dos átomos.

Em segundo lugar, o escorregamento realizado pela movimentação de discordâncias proporciona ductilidade aos metais. Caso não houvesse discordâncias, as barras de aço seriam frágeis e o metal não poderia ser conformado como produtos úteis por meios usuais de processamento metalúrgico, como o forjamento, entre outros.

Em terceiro lugar, e de maneira relativamente paradoxal, podemos controlar as propriedades mecânicas de um metal ou de uma liga interferindo no movimento das discordâncias, para aumentar a dureza ou a ductilidade. Um obstáculo (de tamanho da ordem de nanômetros) inserido no metal evita o deslizamento de uma discordância, a menos que sejam aplicadas tensões mais elevadas. Assim, a presença de discordâncias contribui para tornar os materiais metálicos mais resistentes mecanicamente.

Um número muito grande de discordâncias está presente nos materiais. Costuma-se utilizar a **densidade de discordâncias**, ou comprimento total de discordâncias por unidade de volume, como medida da quantidade de discordâncias presentes. Densidades de discordância de 10^6 cm/cm^3 são típicas dos metais dúcteis. Em contrapartida, é possível obter densidades de até 10^{12} cm/cm^3 ao deformar intensamente um material.

As discordâncias também influenciam as propriedades eletrônicas e ópticas dos materiais. Por exemplo, a resistência do cobre puro aumenta com a densidade de discordância crescente. Citamos anteriormente que a resistividade do cobre puro também depende fortemente de pequenos níveis de impurezas. Da mesma forma, preferimos usar cristais de silício que são essencialmente livres de discordâncias, já que eles permitem que os transportadores de carga, como elétrons, se movam mais livremente ao longo do sólido. Normalmente, a presença de discordâncias tem um efeito prejudicial sobre o desempenho de fotodetectores, diodos emissores de luz, lasers e células solares. Esses dispositivos são, em geral, feitos de semicondutores compostos, como o arsenieto de gálio-arsenieto de alumínio (GaAs-AlAs), e as discordâncias nesses materiais podem se originar de diferenças de concentração no material fundido a partir do qual os cristais são cultivados ou as tensões são induzidas, devido aos gradientes térmicos aos quais os cristais são expostos durante o resfriamento da temperatura de crescimento.

4-5 Lei de Schmid

Podemos entender as diferenças de comportamento dos metais com estruturas cristalinas distintas ao examinarmos a tensão necessária para iniciar o processo de escorregamento. Vamos supor a aplicação de uma força uniaxial F a um cilindro de metal monocristalino (Figura 4-10). Podemos orientar o plano e a direção de escorregamento em relação à tensão aplicada ao definirmos os ângulos λ e ϕ. O ângulo entre a direção de escorregamento e a tensão aplicada é λ, ao passo que ϕ é o ângulo entre a normal do plano de escorregamento e a tensão aplicada. Observe que a soma dos ângulos λ e ϕ não é necessariamente de 90°.

Para que a discordância se mova em um sistema de escorregamento, a força aplicada deve produzir uma tensão de cisalhamento efetiva atuando no sistema de escorregamento, isto é, simultaneamente no plano e na direção de escorregamento. A relação entre força aplicada e força de cisalhamento *efetiva* F_e é dada por:

$$F_e = F \cos \lambda$$

Se dividirmos a força pela área do plano de escorregamento, $A = A_0/\cos \phi$, obtemos a equação a seguir, conhecida como **lei de Schmid**:

$$\tau_e = \sigma \cos \phi \cos \lambda \tag{4-3}$$

em que:

$$\tau_e = \frac{F_e}{A} = \text{tensão de cisalhamento efetiva na direção do escorregamento}$$

e

$$\sigma = \frac{F}{A_0} = \text{tensão normal aplicada ao cilindro}$$

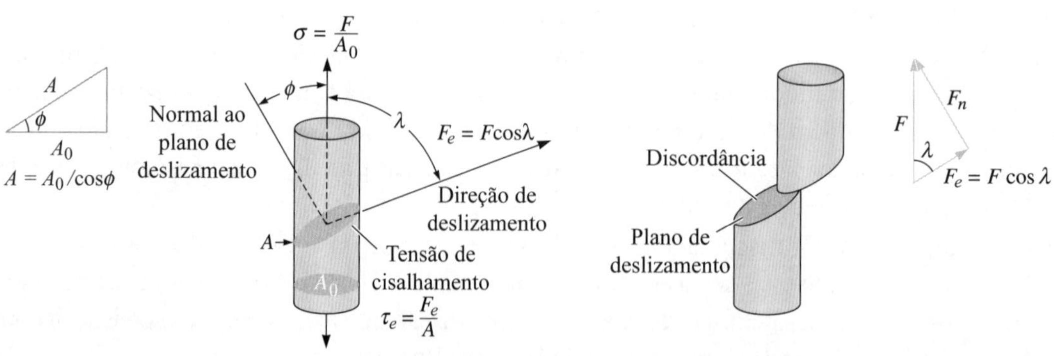

Figura 4-10 (a) Tensão de cisalhamento τ efetiva aplicada no plano de escorregamento. Observação: $(\phi + \lambda)$ não precisa ser igual a 90°. (b) O movimento de discordâncias no sistema de escorregamento deforma o material. (c) Resolução da força.

Exemplo 4-8 *Cálculo da tensão de cisalhamento efetiva*

Aplique a lei de Schmid no monocristal cujo plano de escorregamento seja perpendicular à tensão uniaxial aplicada.

Solução

Vamos supor que o plano de escorregamento seja perpendicular à tensão aplicada σ, como na Figura 4-11. Assim, $\phi = 0$, $\lambda = 90°$, $\cos \lambda = 0$ e, portanto, $\tau_e = 0$. Como observado anteriormente, os ângulos λ e ϕ podem somar 90°, mas nem sempre isso ocorre. Mesmo que a tensão aplicada σ seja de elevada intensidade, não haverá tensão de cisalhamento efetiva no plano de escorregamento e a discordância não poderá se mover. (É possível realizar um experimento simples para demonstrar esse fato usando um baralho de cartas. Caso esse baralho seja pressionado em ângulo diferente de 90°, as cartas irão deslizar umas contra as outras, como no processo de escorregamento. Se a pressão for perpendicular ao baralho, as cartas não deslizarão.) Não há como ocorrer escorregamento se o sistema de escorregamento estiver orientado de tal forma que λ ou ϕ seja igual a 90°.

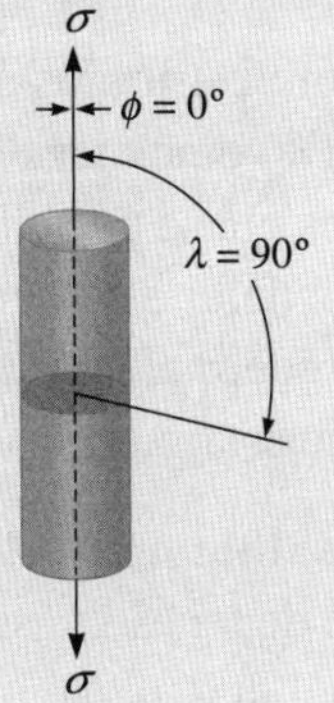

Figura 4-11 Quando o plano de escorregamento for perpendicular à tensão aplicada σ, o ângulo λ será de 90° e a tensão de cisalhamento será nula.

A **tensão de cisalhamento efetiva crítica** $\tau_{\text{crítica}}$ é a tensão de cisalhamento exigida para que ocorra o escorregamento. O escorregamento ocorre, causando a deformação plástica do material, quando a tensão *aplicada* (σ) produz uma *tensão de cisalhamento efetiva* (τ_e) igual à *tensão de cisalhamento efetiva crítica.*

$$\tau_e = \tau_{\text{crítica}} \tag{4-4}$$

Exemplo 4-9 *Projeto do processo de fundição de um monocristal*

Queremos produzir uma haste composta de um monocristal de alumínio puro, que tem uma tensão de cisalhamento efetiva crítica de 148 psi. Queremos orientar a haste de maneira que, quando for aplicada uma tensão axial de 500 psi, a haste se deforme por escorregamento em uma direção de 45° em relação ao eixo da haste e acione um sensor que detecta a sobrecarga. Projete a haste.

Solução

Discordâncias começam a se movimentar quando a tensão de cisalhamento efetiva τ_e for igual à tensão de cisalhamento crítica efetiva, 1.020 kPa. De acordo com a lei de Schmid:

$$\tau_e = \sigma \cos \lambda \cos \phi$$

$$1.020 \text{ kPa} = (3.447,4 \text{ kPa}) \cos \lambda \cos \phi$$

Uma vez que queiramos que o escorregamento ocorra a um ângulo de 45° em relação ao eixo da haste, $\lambda = 45°$, e

$$\cos \phi = \frac{1.020}{3.447,4 \cos 45°} = 0,4186$$

$$\phi = 65,3°$$

Portanto, devemos produzir uma haste orientada de tal maneira que $\lambda = 45°$ e $\phi = 65,3°$. Observe que ϕ e λ não somam 90°.

Podemos fazer isso por meio de um processo controlado de solidificação. É possível orientar uma semente de cristal de um alumínio sólido no fundo de um molde. O alumínio líquido pode ser introduzido no molde e, então, solidificar-se na semente de cristal e, assim, será produzida uma haste de monocristal, com a orientação apropriada.

4-6 Influência da estrutura cristalina

Podemos utilizar a lei de Schmid para comparar as propriedades de metais com estruturas cristalinas CC, CFC e HC. A Tabela 4-2 relaciona três fatores importantes que podemos examinar. Devemos ter o cuidado de observar, porém, que essa análise envolve o comportamento de materiais monocristalinos quase perfeitos. Os materiais reais usados em engenharia raramente são monocristalinos e sempre contêm muitos defeitos. Além disso, tendem a ser policristalinos. Como diferentes cristais ou grãos estão orientados segundo direções aleatórias, não podemos aplicar a lei de Schmid para prever o comportamento mecânico dos materiais policristalinos.

Tensão de cisalhamento efetiva crítica ($\tau_{\text{crítica}}$) Se, em um metal, a **tensão de cisalhamento efetiva crítica** for muito alta, a tensão aplicada σ também deverá ser elevada, para que a componente de tensão τ_e seja igual à $\tau_{\text{crítica}}$. Uma $\tau_{\text{crítica}}$ maior implica a necessidade de uma tensão mais elevada para deformar o metal, o que indica que o metal tem elevada resistência mecânica! Nos metais CFC, que possuem planos {111} compactos, a tensão de cisalhamento efetiva crítica é baixa – cerca de 50 a 100 psi em um cristal quase perfeito. Por outro lado, os metais CFC tendem a ser pouco resistentes. As estruturas cristalinas CCC não contêm planos compactos e devem exceder uma tensão de cisalhamento efetiva crítica mais elevada – da ordem de 10 mil psi em cristais quase perfeitos – antes que o deslocamento ocorra. Desse modo, os metais CCC tendem a apresentar elevada resistência e menor ductilidade, em comparação com os metais CFC.

Seria de esperar que os metais HC apresentassem tensão de cisalhamento efetiva crítica menor pelo fato de conterem planos basais compactos. De fato, em certos metais HC (como o zinco), cuja razão *c/a* é superior ou igual à razão teórica 1,633, a tensão de cisalhamento efetiva crítica é inferior a 100 psi, um valor similar aos dos metais CFC. No titânio HC, porém, a razão *c/a* é inferior a 1,633 e a distância entre seus planos mais compactos é menor. O escorregamento, então, ocorre nos planos prismáticos ou nas faces do hexágono e a tensão de cisalhamento efetiva crítica é equivalente ou mesmo superior à dos metais CCC.

Tabela 4-2 • Fatores que afetam o escorregamento em estruturas metálicas

Fator	CFC	CCC	HC ($c/a \geq 1,633$)
Tensão de cisalhamento efetiva crítica (kPa)	345-690	34.500-69.000	345-690[a]
Número de sistemas de escorregamento	12	48	3[b]
Escorregamento cruzado	Possível	Possível	Impossível[b]
Característica genérica	Dúctil	Mecanicamente resistente	Relativamente frágil

[a] No caso de escorregamento em planos basais.

[b] Com o uso de elementos de liga ou temperaturas elevadas, sistemas de escorregamento adicionais podem ser ativados em metais HC, permitindo que ocorra escorregamento cruzado, o que aumenta a ductilidade.

Número de sistemas de escorregamento Se ao menos um sistema de escorregamento estiver orientado com ângulos λ e ϕ próximos de 45°, a tensão τ_e será igual à $\tau_{crítica}$ a baixas tensões de carregamento mecânico. Os metais HC ideais apresentam apenas um conjunto de planos compactos paralelos, os planos (001), que são paralelos aos planos (002) [juntos, eles são conhecidos como os planos (0001) na notação de quatro eixos]. Um conjunto de planos compactos que contém três direções compactas abrange três sistemas de escorregamento. Como consequência, é bastante baixa a probabilidade de que o plano e as direções mais compactas estejam orientados com ângulos λ e ϕ próximos de 45°. Dessa forma, o cristal HC pode falhar de modo frágil sem uma grande quantidade de escorregamento. No entanto, quando os metais HC têm baixa razão *c/a*, ou quando a eles são adicionados elementos de liga, ou, ainda, a temperaturas elevadas, outros sistemas de escorregamento tornam-se ativos, diminuindo a fragilidade esperada para esses metais.

Em contrapartida, os metais CFC contêm quatro planos compactos não paralelos do tipo {111} e, em cada plano, três direções compactas da família <110>, resultando em um total de 12 sistemas de escorregamento. Assim, ao menos um desses sistemas deve estar favoravelmente orientado, de modo que o escorregamento ocorra com baixas tensões aplicadas, conferindo ductilidade elevada aos metais CFC.

Por fim, os metais CCC possuem um total de 48 sistemas de escorregamento, que não têm planos compactos. Vários sistemas de escorregamento estão orientados de forma adequada para que ocorra escorregamento, permitindo que os metais CCC também sejam considerados dúcteis.

Escorregamento cruzado Vamos considerar uma discordância em hélice movendo-se em um plano de escorregamento, no qual encontra um obstáculo e é impedida de fazer qualquer movimento adicional. Para contornar esse obstáculo, essa discordância pode escorregar para outro sistema de escorregamento que intercepte o primeiro e que impeça seu vetor de Burgers continuar seu movimento. Isso é conhecido como **escorregamento cruzado**. Em muitos metais HC, não há como ocorrer o escorregamento cruzado porque os planos de escorregamento são paralelos (isto é, não apresentam intersecção). Dessa forma, os metais HC policristalinos tendem a ser frágeis.

Exemplo 4-10 *A ductilidade de cristais metálicos individuais HC e materiais policristalinos*

Um cristal de magnésio individual, que tem a estrutura cristalina HC, pode ser alongado em um formato semelhante a uma fita, medindo de quatro a seis vezes seu comprimento original. Contudo, o Mg policristalino e outros metais com a estrutura HC apresentam ductilidade limitada. Utilize os valores da tensão de cisalhamento crítica definida para metais com diferentes estruturas e a natureza da deformação em materiais policristalinos para explicar essa observação.

Solução

A partir da Tabela 4-2, observamos que para metais HC, como o Mg, a tensão de cisalhamento crítica definida é baixa (50-100 psi). Também verificamos que o escorregamento em metais HC ocorrerá prontamente no plano basal – o plano de escorregamento principal. Quando um cristal individual é deformado, assumindo que o plano basal é orientado adequadamente com relação à tensão aplicada, poderá ocorrer uma grande deformação. Isso explica por que um monocristal de Mg pode ser alongado em um formato de fita a um comprimento de quatro a seis vezes maior que o tamanho original. Quando temos o Mg policristalino, a deformação não é tão simples. Cada cristal deve deformar de modo que a pressão desenvolvida em qualquer um dos cristais seja ajustada por seus vizinhos.

Em metais HC, não existem sistemas de escorregamento cruzado, portanto, as discordâncias não podem escorregar de um plano de escorregamento em um cristal (grão) para outro plano de escorregamento em um cristal vizinho. Como resultado, metais HC policristalinos, como o Mg, mostram ductilidade limitada.

Felizmente, outros sistemas de escorregamento tornam-se ativos quando os metais HC formam ligas ou são aquecidos, o que eleva sua ductilidade. O escorregamento cruzado é possível tanto em metais CFC como CCC, em razão da presença de uma série de sistemas de escorregamento que se cruzam. Concluindo, o escorregamento cruzado é responsável por parte da deformação plástica dos metais.

4-7 Defeitos superficiais

Os **defeitos superficiais** são contornos de grão ou planos cristalinos que dividem o material em regiões. Cada região possui a mesma estrutura cristalina, mas a orientação cristalográfica é diferente.

Superfície do material As superfícies externas do material representam interfaces nas quais o cristal termina abruptamente. Cada átomo da superfície livre deixa de ter o número de coordenação característico da sua estrutura e as ligações atômicas estão rompidas. Além disso, a superfície externa pode ser bastante rugosa, conter pequenos entalhes e ser muito mais reativa quimicamente que o interior do cristal.

Em materiais nanoestruturados, a razão entre o número de átomos ou íons na superfície e aqueles presentes no interior é muito elevada. Como resultado, esses materiais possuem grande área superficial por unidade de massa. De modo similar aos materiais em nanoescala, a razão entre área e volume superficiais é elevada para materiais porosos, géis e pós ultrafinos. No refinamento de petróleo e em muitas outras aplicações tecnológicas, catalisadores de elevadas áreas de superfície são utilizados para aumentar a cinética de reações químicas. A redução na área de superfície é a força motriz da termodinâmica para a **sinterização** de cerâmicas e pós metálicos.

Contornos de grão A microestrutura de vários materiais cerâmicos e metálicos de engenharia é composta de muitos grãos. O **grão** é uma parte do material no qual o arranjo de átomos é praticamente idêntico. No entanto, a orientação da estrutura cristalina é diferente para cada grão adjacente. A Figura 4-12(a) mostra esquematicamente três grãos; observe que todos eles têm o mesmo arranjo de átomos, mas estão orientados de modo distinto. O **contorno de grão**, que é a superfície que separa os grãos individuais, é uma área estreita na qual os átomos não estão à mesma distância uns dos outros. Em outras palavras, os átomos estão tão próximos em alguns pontos do contorno que causam tensão de compressão, ao passo que em outras áreas estão tão distantes que geram tensão de tração. A Figura 4-12(b) mostra a micrografia de uma amostra de aço inoxidável. A Figura 4-12(c) é uma micrografia ele-

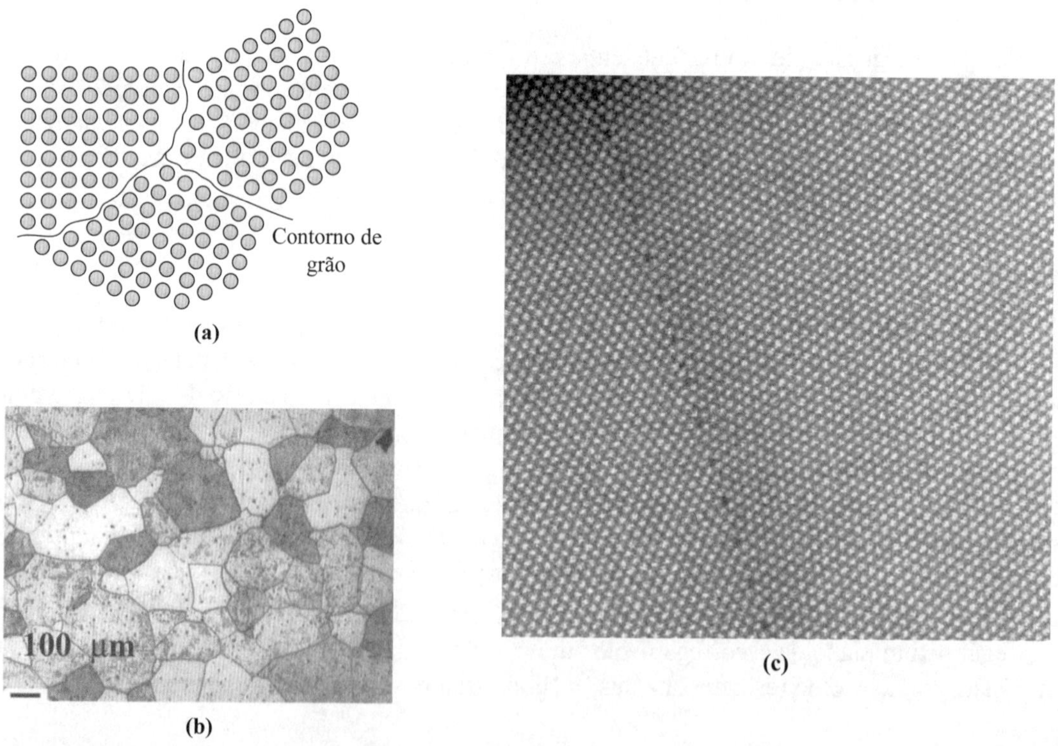

Figura 4-12 (a) Átomos próximos do contorno dos grãos não possuem arranjo nem distância de equilíbrio. (b) Grãos e contornos de grão em uma amostra de aço inoxidável. *(Micrografia, cortesia do dr. A. J. Deardo, dr. M. Hua e dr. J. Garcia).* (c) Uma micrografia eletrônica de transmissão e varredura em alta resolução do contorno de grão do ouro. *(Imagem cortesia da FEI e obtida com um FEI Titan STEM 80-300).*

trônica em alta resolução de um contorno de grão no ouro. A Figura 4-12(c) demonstra que a ilustração na Figura 4-12(a) exagera muito a separação entre os átomos em contornos de grãos.

Um dos métodos de controle das propriedades de um metal consiste no ajuste do tamanho dos grãos. Ao reduzirmos o tamanho dos grãos, aumentamos a quantidade total das áreas de seus contornos. Dessa maneira, qualquer discordância irá mover-se apenas por uma curta distância antes de encontrar um contorno de grão. Esse bloqueio do movimento das discordâncias eleva a resistência do material metálico. A **equação de Hall-Petch** relaciona o tamanho dos grãos com o **limite de escoamento**.

$$\sigma_y = \sigma_0 + Kd^{-1/2} \tag{4-5}$$

em que σ_y é o limite de escoamento, d é o diâmetro médio dos grãos e σ_0 e K são constantes do metal. Como você deve se lembrar, no Capítulo 1 foi mencionado que o limite de escoamento de um material metálico é o nível mínimo de tensão acima do qual a deformação é plástica, ou seja, permanente. A Figura 4-13 mostra o gráfico dessa relação para o aço. A equação de Hall-Petch não é válida para materiais com grãos muito pequenos ou anormalmente grandes. Nos capítulos seguintes veremos como o tamanho dos grãos em metais e ligas pode ser controlado por meio de solidificação, formação de ligas e tratamento térmico.

Exemplo 4-11 *Projeto de um aço*

O limite de escoamento de um aço, com baixo teor de carbono e tamanho de grão médio de 0,05 mm, é de 137,9 MPa. Se considerarmos o mesmo aço com um tamanho de grão de 0,007 mm, esse limite será de 275,8 MPa. Qual será o tamanho médio de grão desse aço-carbono com um limite de escoamento de 206,9 MPa? Considere que a equação de Hall-Petch é válida e que as alterações no limite de escoamento observadas se devem apenas às mudanças no tamanho do grão.

Solução

$$\sigma_y = \sigma_0 + Kd^{-1/2}$$

Pela equação de Hall-Petch,

$$137{,}9 = \sigma_0 + \frac{K}{\sqrt{0{,}05}}$$

No caso do tamanho de grão de 0,007 mm, o limite de escoamento será de 275,8 MPa. Portanto, usando novamente a equação de Hall-Petch,

$$275{,}8 = \sigma_0 + \frac{K}{\sqrt{0{,}007}}$$

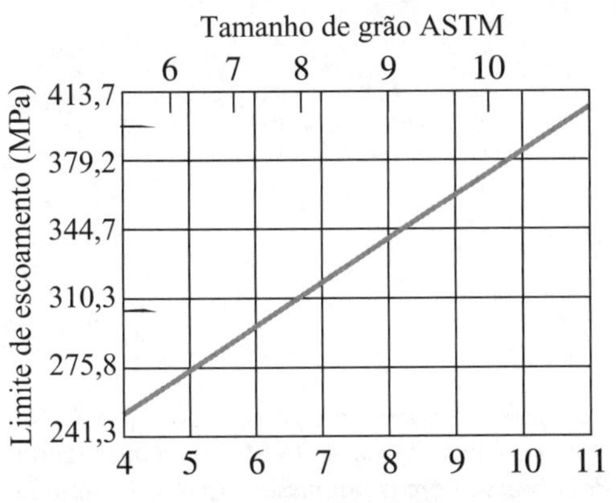

Figura 4-13 Efeito do tamanho dos grãos no limite de escoamento do aço à temperatura ambiente.

Ao resolvermos ambas as equações, obtemos $K = 18{,}44\ \text{MPa} \cdot \text{mm}^{1/2}$ e $\sigma_0 = 55{,}5$ MPa. Agora, temos a equação de Hall-Petch, a seguir:

$$\sigma_y = 55{,}5 + 18{,}44 \times d^{-1/2}$$

Se desejarmos um limite de escoamento de 206,9 MPa, o tamanho do grão terá de ser de 0,0148 mm.

Utiliza-se a técnica de *microscopia óptica* para observar características microestruturais, como contornos de grão que requerem um aumento inferior a duas mil vezes. O processo de preparação, observação e registro fotográfico da microestrutura da amostra metálica é denominado **metalografia**. Uma superfície da amostra do material é lixada e polida até apresentar acabamento espelhado. Em seguida, a superfície é *atacada* quimicamente, isto é, corroída sob controle. Dessa maneira, os contornos de grão são atacados mais intensamente que o restante dos grãos. A luz emitida por um microscópio óptico é, então, refletida ou espalhada pela superfície da amostra, dependendo de como a superfície foi atacada. Quando mais luz é espalhada por pontos profundamente atacados (como os contornos de grão), essas regiões se tornam mais escuras (Figura 4-14). Em amostras de cerâmica, costuma-se adotar uma técnica conhecida como **ataque térmico** para observar os contornos de grão. Ela envolve o polimento e o aquecimento de uma amostra de cerâmica, por um curto período, a temperaturas abaixo da temperatura de sinterização (1.300 °C). A sinterização é um processo para a formação de uma peça densa, por meio do aquecimento de material compactado em pó.

Uma forma por meio da qual o tamanho do grão pode ser especificado é através do **número de tamanho de grão ASTM** (**ASTM** é a sigla em inglês para Sociedade Americana para Ensaios e Materiais). O número de grãos por polegada quadrada é determinado a partir de uma micrografia do metal obtida com ampliação de 100. O número de tamanho de grão ASTM n é calculado como

$$N = 2^{n-1} \tag{4-6}$$

em que N é o número de grãos por polegada quadrada.

Um alto número ASTM indica muitos grãos, ou seja, um tamanho médio de grãos pequenos, e se correlaciona com a alta resistência dos materiais.

Ao descrevermos uma microestrutura, é preferível utilizarmos uma barra graduada indicando a correspondência em micrômetros diretamente sobre a micrografia a simplesmente mencionar o aumento como ×, assim como na Figura 4-14. Dessa maneira, se a micrografia for ampliada ou reduzida, a escala continuará a registrar as mesmas dimensões, e não teremos de nos preocupar com mudanças na ampliação da micrografia original. Diversos programas de **análise de imagens** que permitem obter outros parâmetros da distribuição dos grãos estão disponíveis. Utilizando esses programas, é possível obter informações quantitativas sobre o tamanho médio do grão,

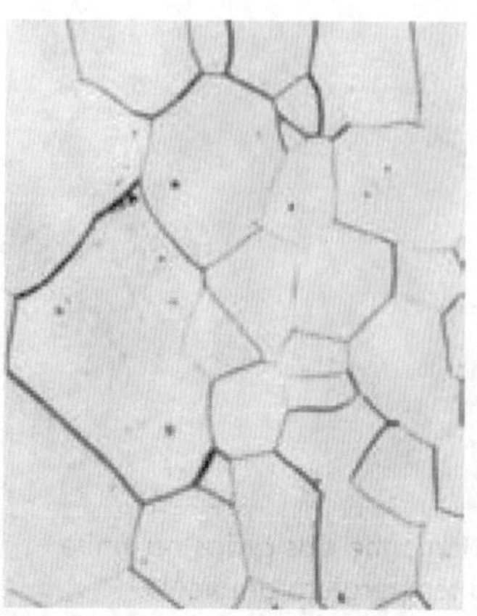

Figura 4-14 Microestrutura do paládio com aumento de 100x. (De ASM Handbook, v. 9, *Metallography and Microstructure, 1985, ASM International, Materials Park, OH 44073. Reimpresso com a permissão da ASM International. Todos os direitos reservados. www.asminternational.org.*).

a distribuição do tamanho do grão, porosidade, segundas fases (Capítulo 11) etc. Existem diversos microscópios ópticos ou eletrônicos de varredura que podem ser adquiridos com recursos de análise de imagem. O exemplo a seguir ilustra o cálculo do número de tamanho de grão ASTM.

Exemplo 4-12 *Cálculo do número de tamanho de grão ASTM*

Suponha que contemos ($2{,}48 \times 10^4$ grãos/m^2) em uma fotomicrografia obtida com uma ampliação de 250. Qual é o número de tamanho de grão ASTM?

Solução

Considere uma polegada quadrada da fotomicrografia obtida com ampliação de 250. Com uma ampliação de 100, a região de um metro quadrado da imagem com ampliação de 250 apareceria como

$$1\ \text{m}^2\left(\frac{100}{250}\right)^2 = 0{,}16\ \text{m}^2$$

e conseguiríamos ver

$$\frac{2048 \times 10^4}{0{,}16\ \text{m}^2} = 1{,}55 \times 10^5\,\text{grãos/m}^2$$

Substituindo na Equação 4-6,

$$\begin{aligned} N &= 1{,}55 \times 10^5\,\text{grãos/m}^2 = 2^{n-1} \\ \log 100 &= (n-1)\log 2 \\ 6{,}64 &= n-1 \\ n &= 7{,}64 \end{aligned}$$

Contorno de grão de baixo ângulo Um **contorno de grão de baixo ângulo** é um conjunto de discordâncias que produz uma pequena desorientação entre os cristais adjacentes (Figura 4-15). Como a energia da superfície é menor que a de um contorno de grão comum, os contornos de grão de baixos ângulos não são tão eficientes para evitar o escorregamento. Os contornos de baixos ângulos formados por discordâncias em arestas são chamados de **contornos de inclinação** e aqueles causados por discordâncias em hélice, **contornos de torção**.

Falhas de empilhamento As **falhas de empilhamento**, que ocorrem em metais CFC, representam uma alteração na sequência de empilhamento dos planos. Em condições normais, ocorre uma sequência de empilhamento *AB-CABCABC*... em um cristal CFC perfeito. Suponha que ocorra esta sequência:

$$ABC\ \underbrace{ABAB}\ CABC$$

Na parte indicada da sequência, um plano do tipo *A* substitui um plano do tipo *C*. Essa pequena região contém uma sequência de empilhamento do cristal HC, em vez de uma sequência de empilhamento CFC. Essa alteração representa uma falha de empilhamento. As falhas de empilhamento interferem no processo de escorregamento.

Maclas A **macla** é um plano em que ocorre um desarranjo específico, de tal modo que se forma uma imagem espelhada da estrutura cristalina (Figura 4-16). Esse fenômeno pode ser produzido quando uma tensão de cisalhamento desloca os átomos de suas posições. Ele ocorre durante a deformação ou o tratamento térmico de certos metais. As maclas interferem no processo de escorregamento e elevam a resistência mecânica do metal. A formação de maclas também ocorre em alguns materiais cerâmicos, como a zircônia monoclínica e o silicato de cálcio.

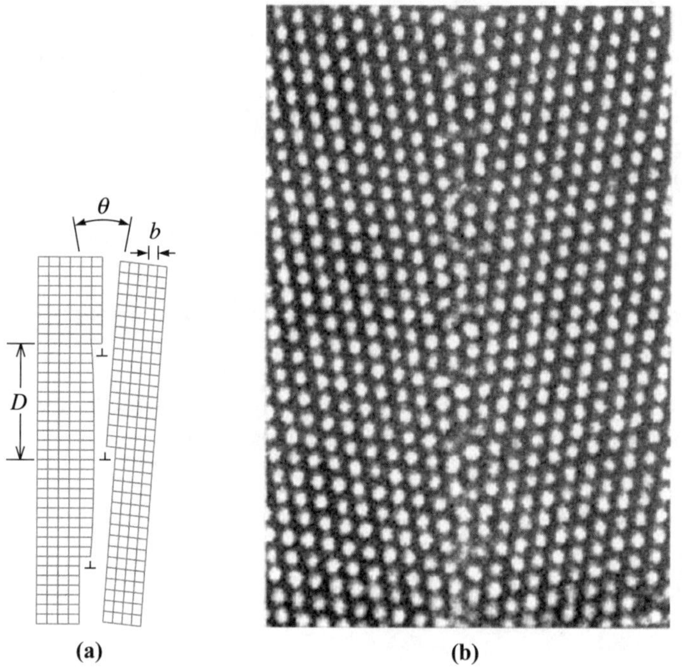

Figura 4-15 (a) O contorno de grão de baixo ângulo é produzido por um conjunto de discordâncias, gerando uma divergência angular θ entre as redes dos dois lados do contorno. (b) Uma micrografia eletrônica de transmissão de um contorno de grão de baixo ângulo do alumínio (*Cortesia de Ron Gronsky*).

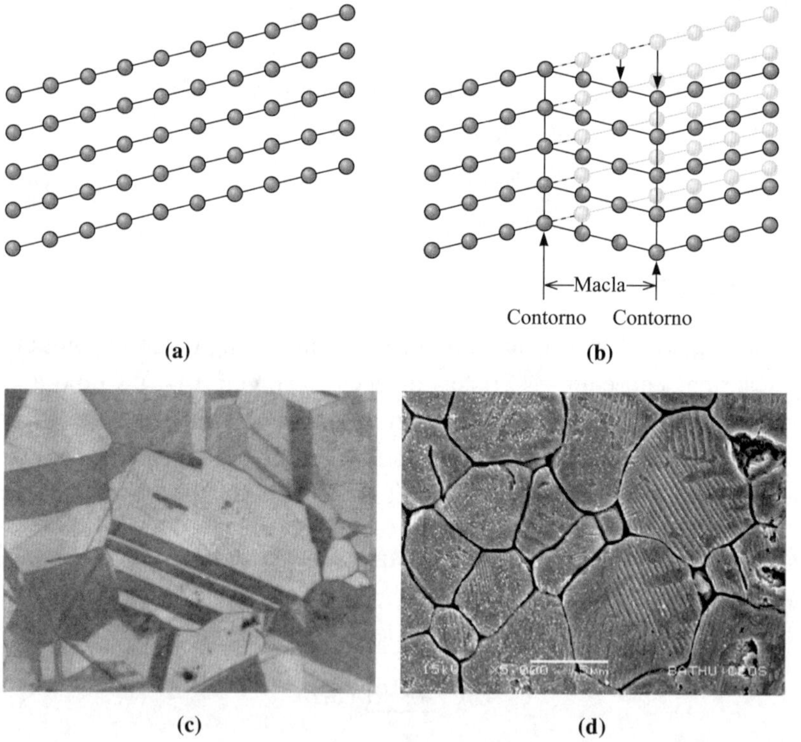

Figura 4-16 A aplicação de uma tensão a um cristal perfeito (a) pode deslocar os átomos, (b) causando a formação de uma macla. Observe que o cristal foi deformado como resultado desse fenômeno. (c) Micrografia de maclas em grãos de latão (aumento de 250×). (*Reimpresso como cortesia de Don Askeland*) (d) Domínios do titanato de bário ferroelétrico (*Cortesia do Professor Chris Bowen*). Estruturas de domínios similares ocorrem em materiais magnéticos.

A eficácia dos defeitos superficiais em interferir no processo de escorregamento pode ser avaliada pelas energias associadas a cada imperfeição de superfície de cada metal (Tabela 4-3). De fato, os contornos de grão com alta energia são muito mais eficientes no bloqueio de discordâncias que as falhas de empilhamento ou as maclas.

Tabela 4-3 • Energia das imperfeições superficiais em metais

Imperfeição superficial (J/m²)	Al	Cu	Pt	Fe
Falha de empilhamento	0,2	0,075	0,095	–
Macla	0,12	0,045	0,198	0,19
Contorno de grão	0,625	0,645	1,000	0,78

Contornos de domínio **Ferroelétricos** são materiais que desenvolvem polarização dielétrica espontânea e reversível (por exemplo, PZT ou $BaTiO_3$). Os materiais magnéticos também desenvolvem uma magnetização de forma similar (por exemplo, Fe, Co, Ni, óxido de ferro etc.). Esses materiais eletrônicos e magnéticos contêm domínios. Um **domínio** é uma pequena região do material em que a direção da magnetização ou polarização dielétrica é a mesma. Nesses materiais, formam-se muitos pequenos domínios para minimizar a energia livre total do material. A Figura 4-16(d) mostra um exemplo de domínio no titanato de bário ferroelétrico tetragonal. A presença de domínios influencia as propriedades dielétricas e magnéticas dos materiais.

4-8 Importância dos defeitos

Os defeitos estendidos e pontuais desempenham papel importante ao influenciar as propriedades mecânicas, elétricas, ópticas e magnéticas dos materiais de engenharia. Vamos recapitular, nesta seção, a importância dos defeitos nas propriedades dos materiais. Enfatizamos que o efeito das discordâncias é mais importante em materiais metálicos.

Efeito do escorregamento nas propriedades mecânicas Qualquer imperfeição em um cristal aumenta a energia interna no local dessa imperfeição. A energia local aumenta porque, nas vizinhanças da imperfeição, os átomos estão mais próximos uns dos outros, o que causa compressão, ou mais afastados, provocando tração.

Uma discordância em um cristal metálico perfeito poderá mover-se facilmente caso a tensão de cisalhamento efetiva seja no mínimo equivalente à tensão de cisalhamento efetiva crítica. No entanto, se a discordância encontrar uma região em que os átomos estejam deslocados de suas posições usuais, será necessária uma tensão maior para forçar a passagem da discordância pela região com elevada energia local, portanto, esse material será mais resistente. *Os defeitos dos materiais, como discordâncias, defeitos pontuais e contornos de grão, atuam como "barreiras" para as discordâncias*. Eles oferecem resistência ao movimento de discordância, e qualquer mecanismo que impeça o movimento de discordância torna o metal mais resistente. Desse modo, podemos controlar a resistência mecânica de um material metálico mediante o controle do número e do tipo de imperfeição. Três mecanismos comuns de endurecimento baseiam-se nas três categorias de defeitos cristalinos. Como o movimento de discordâncias é relativamente mais fácil em metais e ligas, esses mecanismos geralmente funcionam melhor para materiais metálicos. Precisamos ter em mente que, muito frequentemente, a resistência das cerâmicas à tensão e a baixas temperaturas é ditada pelo nível de porosidade (presença de pequenos vazios). Polímeros geralmente são amorfos e, desse modo, as discordâncias representam um papel muito pequeno em seu comportamento mecânico, conforme será discutido posteriormente. A resistência de vidros inorgânicos (por exemplo, o vidro *float* de silicato) depende da distribuição de falhas na superfície.

Endurecimento por deformação As discordâncias quebram a perfeição da estrutura cristalina. Na Figura 4-17, os átomos abaixo da linha de discordância (no ponto *B*) estão comprimidos, ao passo que os localizados acima da discordância *B* estão tracionados. Se a discordância *A* se mover para a direita e se aproximar da discordância *B*, ela irá encontrar uma região em que os átomos não estarão adequadamente dispostos. Tensões mais elevadas serão necessárias para manter a segunda discordância em movimento, consequentemente, o metal fica mais resistente. Ao aumentar o número de discordâncias, a resistência do material ficará ainda mais elevada, já que o aumento da densidade de discordâncias gera mais barreiras para o movimento das discordâncias. É possível demonstrar que a aplicação de tensão mecânica a um material cria novas discordâncias. Esse mecanismo pelo qual se eleva a resistência de um material pela deformação é conhecido como **endurecimento por deformação**, também chamado de **encruamento**, e será analisado no Capítulo 8. Também podemos mostrar que as densidades de discordância podem ser reduzidas substancialmente pelo aquecimento de um material metálico a uma temperatura relativamente alta (abaixo da temperatura de fusão) e mantendo-a assim por um longo período. Esse tratamento térmico recebe o nome de **recozimento** e é empregado para aumentar a ductilidade dos materiais metálicos. Em suma, o controle da densidade de discordâncias é importante para o controle da resistência mecânica e da ductilidade de metais e ligas.

Endurecimento por solução sólida Qualquer um dos defeitos pontuais afeta a perfeição da estrutura cristalina. Uma solução sólida é formada quando átomos ou íons de um elemento químico ou composto são completamente solubilizados pela estrutura cristalina da matriz. Isso é semelhante à forma como sal ou açúcar em pequenas concentrações dissolvem-se totalmente na água. Se a discordância *A* se mover para a esquerda (Figura 4-17), irá encontrar um cristal desordenado em decorrência do defeito pontual; tensões maiores serão necessárias para que o escorregamento da discordância prossiga. Ao inserir intencionalmente átomos substitucionais ou intersticiais, ocorre o *endurecimento por solução sólida,* que será analisado no Capítulo 10. Esse mecanismo explica por que o aço-carbono comum é mais resistente que o Fe puro e por que ligas de cobre contendo pequenas concentrações de Be são muito mais resistentes que o Cu puro. Ouro puro ou prata pura, ambos metais CFC com muitos sistemas de escorregamento ativos, são mecanicamente muito macios.

Endurecimento pelo refino de grão As imperfeições superficiais, como os contornos de grão, perturbam o arranjo dos átomos em materiais cristalinos. Se a discordância *B* se mover para a direita (Figura 4-17), encontrará um contorno de grão e será bloqueada. Ao aumentar o número de grãos, que equivale a reduzir o tamanho do grão, obtém-se o **endurecimento por refino de grão** nos materiais metálicos. O controle do tamanho de grão será discutido em diversos capítulos posteriores.

Existem mais dois mecanismos para aumentar a resistência de metais e ligas, os quais são conhecidos como **endurecimento de segunda fase** e **endurecimento por precipitação**, e também serão discutidos em capítulos posteriores.

Exemplo 4-13 *Projeto/seleção de materiais para uma estrutura estável*

Queremos produzir um suporte para manter tijolos de cerâmica fixos em um forno para tratamento termico. O suporte deve ser resistente, apresentar alguma ductilidade, de modo que ele dobre, em vez de quebrar, caso ocorra sobrecarga, e deve manter a maior parte de sua resistência até 600 °C. Projete o material para este suporte.

Solução

Para atender a uma temperatura de até 600 °C, o suporte *não* deverá ser produzido de polímero. Em vez disso, deverá ser considerado um metal ou uma cerâmica.

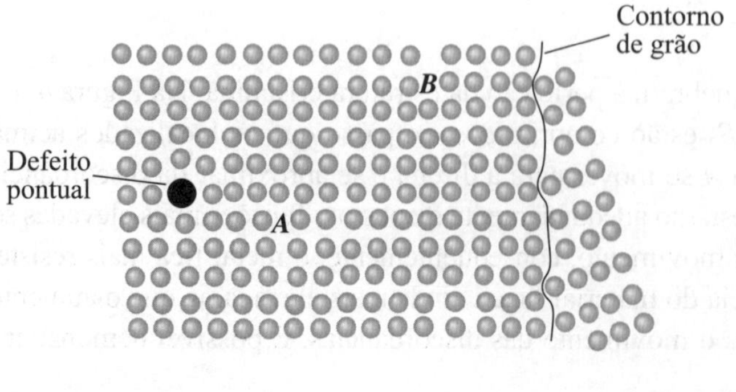

Figura 4-17 Se a discordância do ponto A se mover para a esquerda, será bloqueada pelo defeito pontual. Se ela se mover para a direita, irá interagir com a segunda discordância, no ponto B. Caso se mova ainda mais para a direita, será bloqueada por um contorno de grão.

A fim de ter alguma ductilidade, as discordâncias precisam se mover e provocar escorregamento. Como o escorregamento em cerâmicas é difícil, o suporte deverá ser produzido de material metálico, o qual deverá ter um ponto de fusão bem superior a 600 °C. O alumínio, com um ponto de fusão de 660 °C, não será adequado, entretanto, o ferro é uma escolha razoável.

Podemos introduzir imperfeições pontuais, lineares e superficiais no ferro para ajudar a produzir resistência, mas queremos que as imperfeições sejam estáveis, à medida que a temperatura de serviço aumenta. Conforme discutiremos no Capítulo 8, grãos podem aumentar a elevadas temperaturas, reduzindo o número de contornos de grãos e causando a diminuição na resistência. As discordâncias podem ser eliminadas a temperaturas elevadas – mais uma vez, reduzindo a resistência. O número de lacunas depende da temperatura, por isso, controlar esses defeitos em cristais pode não produzir propriedades estáveis.

Contudo, o número de átomos intersticiais ou substitucionais no cristal não se modifica com a temperatura. Podemos adicionar carbono ao ferro como átomos intersticiais ou incluir certo número de átomos de vanádio no lugar de átomos de ferro. Esses defeitos pontuais continuam a interferir com o movimento de discordância e ajudam a manter a resistência estável.

Naturalmente, outros requisitos de projeto também podem ser importantes. Por exemplo, o suporte de aço pode se deteriorar por oxidação ou reagir com o tijolo de cerâmica.

Efeitos sobre as propriedades elétricas, ópticas e magnéticas Nas seções anteriores, afirmamos que o efeito de defeitos pontuais nas propriedades elétricas de semicondutores é drástico. Toda a indústria microeletrônica depende da incorporação bem-sucedida de dopantes, como P, As, B e Al, no Si e em outros semicondutores. Esses átomos dopantes permitem que tenhamos um controle significativo das propriedades elétricas dos semicondutores. Dispositivos feitos de Si, GaAs, silício amorfo (a:Si:H) etc. dependem fundamentalmente da presença dos átomos dopantes. Podemos criar Si do tipo *n* ao introduzir átomos de P no Si. Podemos criar Si do tipo *p* usando átomos de B. Do mesmo modo, inúmeras outras ligações que de outra forma não seriam satisfeitas no silício amorfo são completadas ao incorporar átomos de H.

A influência dos defeitos, como discordâncias, sobre as propriedades de semicondutores geralmente é prejudicial. As discordâncias e outros defeitos (incluindo outros defeitos pontuais) podem interferir no movimento dos transportadores de carga nos semicondutores. É por isso que garantimos que as densidades da discordância no silício monocristalino e em outros materiais usados em aplicações ópticas e elétricas sejam muito pequenas. Os defeitos pontuais também geram uma maior resistividade nos metais.

Em alguns casos, os defeitos podem aprimorar certas propriedades. Por exemplo, a incorporação de CaO no ZrO_2 causa um aumento na concentração de lacunas de íons de oxigênio. Isso traz um efeito benéfico para a condutividade da zircônia e permite que usemos essas composições para sensores de gás oxigênio e células a combustível de óxido sólido. Os defeitos podem transformar muitos materiais dielétricos isolantes em semicondutores úteis! Eles serão usados em muitas aplicações de sensores (por exemplo, sensores de temperatura, umidade e gás).

A adição de cerca de 1% de óxido de cromo na alumina cria defeitos que transformam a alumina em rubi. Da mesma forma, a incorporação de Fe^{2+} e Ti^{4+} cria a safira. Nanocristais de materiais como sulfeto de cádmio (CdS) em vidros inorgânicos produzem vidros com cores brilhantes.

Nanocristais de haleto de prata e outros cristais também permitem a formação de vidros fotocrômicos e fotossensíveis.

Muitos materiais magnéticos podem ser processados para que os contornos de grão e outros defeitos tornem mais difícil a reversão da magnetização nesses materiais. As propriedades magnéticas de muitas ferritas comerciais, usadas em ímãs para alto-falantes e dispositivos em redes de comunicação sem fio, dependem fortemente da distribuição de diferentes íons nas diversas posições cristalográficas da estrutura cristalina. Como mencionamos anteriormente, a presença de domínios afeta as propriedades de materiais ferroelétricos, ferromagnéticos e ferrimagnéticos.

Microestrutura cerâmica de tantalato de bário e magnésio sinterizado. Esse material cerâmico é útil para fabricar componentes eletrônicos usados na comunicação sem fio. O processo de sinterização é conduzido por meio da difusão de átomos ou íons. (*Cortesia de H. Shirey.*)

capítulo 5

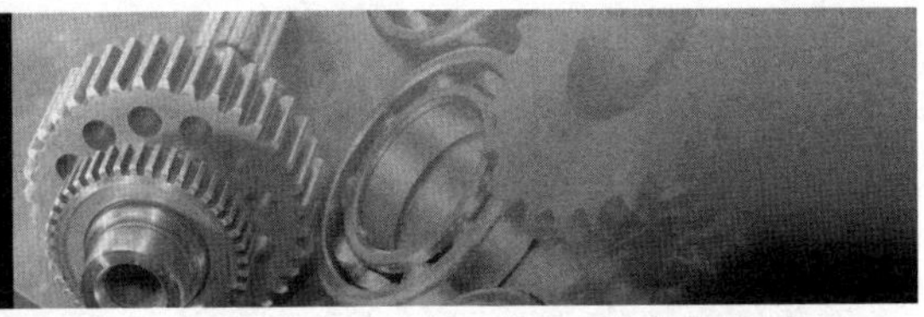

Movimentos de átomos e íons nos materiais

VOCÊ JÁ SE PERGUNTOU?

- Por que normalmente se diz que o alumínio não "enferruja", quando sabemos que ele oxida mais facilmente que o ferro?
- De que maneira as superfícies de certos aços são endurecidas?
- Quem inventou as primeiras lentes de contato?
- Como se rompe o filamento de tungstênio de uma lâmpada?

OBJETIVOS DE APRENDIZAGEM DO CAPÍTULO

Os principais objetivos deste capítulo são

- Compreender quais são as forças motrizes para a difusão em sólidos.
- Calcular o número de lacunas em um sólido e o coeficiente de difusão utilizando a relação de Arrhenius.
- Explicar os mecanismos da difusão em sólidos.
- Calcular o fluxo efetivo de átomos devido a um gradiente de concentração utilizando a primeira lei de Fick.
- Explicar os fatores que influenciam a difusão, incluindo temperatura, difusividade, tempo, concentração e estrutura cristalina.
- Usar a segunda lei de Fick para projetar os perfis de difusão e os processos de tratamentos térmicos.
- Projetar perfis de difusão e tratamento por aquecimento usando a segunda lei de Fick.
- Explicar como a sinterização e o crescimento de grão dependem da difusão.

No Capítulo 4, vimos que os arranjos atômicos e iônicos nos materiais nunca são perfeitos. Vimos também que a maioria dos materiais não é composta de elementos puros, mas formada por ligas ou combinações de diferentes elementos ou mesmo compostos. Tipos distintos de átomos ou íons *difundem-se* ou movem-se dentro do material, minimizando, assim, as diferenças locais de concentração. A **difusão** refere-se ao fluxo de átomos ou outras espécies químicas e depende do gradiente de concentração e da temperatura. Como a água flui da montanha para o mar a fim de minimizar sua energia potencial gravitacional, átomos e íons tendem a se difundir para eliminar as diferenças de concentração e produzir composições homogêneas e uniformes, ou seja, ocorre um processo de redução da energia do sistema, o que torna o material termodinamicamente mais estável.

Neste capítulo, veremos que a temperatura influencia a cinética da difusão e que a diferença de concentração contribui para o fluxo global das espécies químicas em difusão. Este capítulo tem como objetivo analisar os princípios e as aplicações da difusão nos materiais. Vamos mostrar o conceito de difusão por meio de exemplos de várias tecnologias atualmente em uso, que dependem da difusão de átomos, íons ou moléculas.

Vamos, ainda, apresentar as leis de Fick, que descrevem o processo de difusão de forma quantitativa. Veremos também como o fator de empacotamento de diferentes estruturas cristalinas, bem como o tamanho de átomos e íons, a temperatura e a concentração das espécies em difusão afetam a taxa de difusão. Vamos analisar exemplos do emprego da difusão na síntese e no processamento de materiais avançados, bem como da fabricação de componentes usando materiais avançados.

5-1 Aplicações da difusão

Difusão A difusão refere-se ao fluxo de quaisquer espécies químicas, como íons, átomos, elétrons, **buracos** e moléculas. A magnitude desse fluxo depende do gradiente de concentração e da temperatura. O processo de difusão é essencial em muitas tecnologias atuais. Nessas aplicações, o controle sobre a difusão de átomos, íons, moléculas e outras espécies exerce papel fundamental. Centenas de tecnologias dependem da taxa de difusão, e sua falta de controle pode inviabilizar o sucesso de uma tecnologia. Relacionamos a seguir alguns exemplos.

Cementação para o endurecimento superficial de aços Vamos supor que se deseje endurecer uma superfície metálica, tal como os dentes de uma engrenagem de aço. Não queremos, porém, que todo o volume da engrenagem seja endurecido. Utilizam-se, então, os processos de cementação para elevar a dureza superficial. Na cementação, uma fonte de carbono, como pó de grafite ou uma fase gasosa (ou mesmo líquida) contendo carbono, fornece carbono atômico, que se difunde no aço que compõe a engrenagem (Figura 5-1). A maior concentração de carbono na superfície do aço aumenta sua dureza porque os átomos nos interstícios bloqueiam o movimento das discordâncias. De modo semelhante à introdução do carbono, também podemos utilizar um processo conhecido como **nitretação**, no qual o nitrogênio é introduzido na superfície de um material metálico. A difusão também desempenha um papel importante no controle das transformações de fase necessárias para o tratamento térmico de metais e ligas, no processamento de cerâmicas e na solidificação e união de materiais (veja a Seção 5-9).

Difusão dopante para dispositivos semicondutores Todo o setor de microeletrônicos como conhecemos hoje não existiria se não tivéssemos um bom entendimento da difusão dos diferentes átomos no silício ou outros

Figura 5-1 Forno para tratamento térmico do aço usando o processo de cementação. (*Cortesia da Arrow Gear Company.*)

semicondutores. A criação da junção *p-n* envolve a difusão de átomos dopantes, como fósforo, arsênio, antimônio, boro, alumínio etc., em regiões precisamente definidas dos *wafers* de silício. Algumas dessas regiões são tão pequenas que são medidas em nanômetros. Uma junção *p-n* é uma região do semicondutor em que um lado é dopado com dopantes do tipo *n* (como As no Si) e o outro recebe dopantes do tipo *p* (como B no Si).

Cerâmicas condutoras Em geral, as cerâmicas policristalinas tendem a ser bons isolantes de eletricidade. A difusão de íons, elétrons ou buracos também tem um papel importante na condutividade elétrica de muitas **cerâmicas condutoras**, como a zircônia parcial ou totalmente estabilizada (ZrO_2) ou o óxido de índio-estanho (também conhecido como ITO, na sigla em inglês). O óxido de lítio-cobalto ($LiCoO_2$) é um exemplo de material condutor de íons usado em baterias de lítio-íon. Esses materiais ionicamente condutores são usados em produtos como sensores de oxigênio em carros, telas sensíveis ao toque, células a combustíveis e baterias. A capacidade dos íons se difundirem e fornecerem um caminho para a condução elétrica tem um papel importante na promoção dessas aplicações.

Desenvolvimento de garrafas plásticas para bebidas A ocorrência de difusão nem sempre é benéfica. Em algumas aplicações, podemos querer limitar a ocorrência de difusão em certas espécies. Por exemplo, a difusão do dióxido de carbono (CO_2) nas garrafas plásticas de refrigerantes deve ser minimizada. Esse é um dos principais motivos para usar o polietileno tereftalato (PET) para fabricar garrafas que garantem que as bebidas gaseificadas contidas nelas não percam a efervescência durante um período razoável de tempo!

Oxidação do alumínio Você já deve ter ouvido ou deve saber que o alumínio não "enferruja". Na verdade, o alumínio oxida (enferruja) com mais facilidade que o ferro; no entanto, o óxido de alumínio (Al_2O_3) forma um revestimento fino e muito protetor na superfície do alumínio, evitando qualquer outra difusão de oxigênio e impedindo a oxidação do alumínio encoberto. O revestimento de óxido não tem cor e é fino, sendo, portanto, invisível. É por isso que pensamos que o alumínio não enferruja.

Revestimentos de barreira térmica para palhetas de turbinas Em um motor de aeronave, algumas das palhetas de turbinas produzidas à base de superligas de níquel são revestidas com óxidos cerâmicos, como a zircônia estabilizada por ítrio (YSZ). Esses revestimentos de cerâmica protegem a liga metálica contra temperaturas elevadas, por isso, o nome, **revestimentos de barreira térmica** (TBC, na sigla em inglês) (Figura 5-2). A difusão de oxigênio através desses revestimentos de cerâmica e a subsequente oxidação da liga metálica têm um papel crucial na determinacão da durabilidade das lâminas de turbinas. Na Figura 5-2, a sigla EBPVD significa deposição física de vapor por feixe de elétrons (do inglês, *electron beam physical vapor deposition*). A interface entre a liga e o revestimento é feita de uma liga de platina ou molibdênio, que promove a adesão entre o TBC e o substrato.

Fibras ópticas e componentes microeletrônicos As fibras ópticas feitas de sílica (SiO_2) são revestidas com materiais poliméricos para evitar a difusão das moléculas de água. Isso, por sua vez, melhora as propriedades ópticas e mecânicas das fibras.

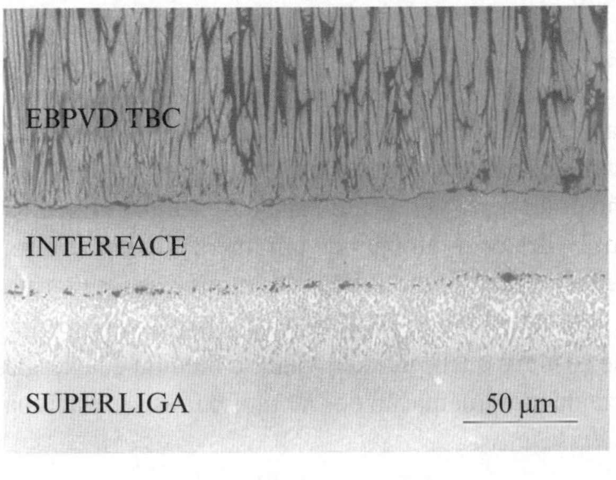

Figura 5-2 Revestimento de barreira térmica em uma superliga à base de níquel. (*Cortesia dos doutores F. S. Pettit e G. H. Meier, University of Pittsburgh.*)

Exemplo 5-1 *Difusão do Ar/He e Cu/Ni*

Pense em uma caixa contendo uma divisória impermeável, que a separa em dois volumes iguais (Figura 5-3). Em um dos lados, temos gás argônio puro, no outro, hélio puro. Explique o que ocorre ao abrir a divisória. O que ocorre se substituirmos o Ar por um monocristal de Cu e o He por um monocristal de Ni? Ambos os metais estão no estado sólido.

Solução

Antes que a divisória seja aberta, um dos compartimentos não contém Ar e o outro não contém He (ou seja, há um gradiente de concentração de Ar e He). Ao abrirmos a divisória, os átomos de Ar se difundem para o lado do He e vice-versa. Essa difusão continua até que toda a caixa tenha uma concentração uniforme dos dois gases. Pode haver também fluxos convectivos gerados pelo gradiente de massa específica. Se tomarmos amostras aleatórias em diferentes partes da caixa após algumas horas, vamos obter uma concentração estatisticamente uniforme de Ar e He. Devido à sua energia térmica, os átomos de Ar e He vão continuar se movendo por toda a caixa, mas não haverá gradientes de concentração.

Na outra situação, ao colocar em contato dois sólidos de metais puros, isto é, os monocristais de Cu e Ni, à temperatura ambiente, veremos que (a exemplo da situação dos gases Ar/He) os gradientes de concentração existem, mas a temperatura é muito baixa para que ocorra alguma difusão perceptível dos átomos de Cu no Ni e vice-versa. Este é um exemplo em que existe o gradiente de concentração, mas a cinética de difusão não é favorável em virtude da temperatura baixa. Se elevarmos a temperatura (a 600 °C, por exemplo) e esperarmos por um período mais longo (em torno de 24 horas), poderá haver a difusão dos átomos de cobre no monocristal de níquel e vice-versa. Após um período bastante longo (alguns meses nessa temperatura elevada), todo o sólido terá concentração uniforme de átomos de Ni e Cu. O novo sólido que se forma consiste em átomos de Cu e Ni completamente dissolvidos um no outro, e o material resultante é chamado de *solução sólida total*, conceito que estudaremos mais detalhadamente no Capítulo 10.

Este exemplo ilustra muito do que você pode saber por meio de sua intuição com relação ao processo de difusão. A difusão de átomos e moléculas ocorre mais rapidamente em gases e líquidos do que em sólidos. Como veremos no Capítulo 9 e em outros, a difusão tem um efeito significativo na evolução da microestrutura durante a solidificação de ligas, no tratamento térmico de metais e ligas e no processamento de materiais cerâmicos.

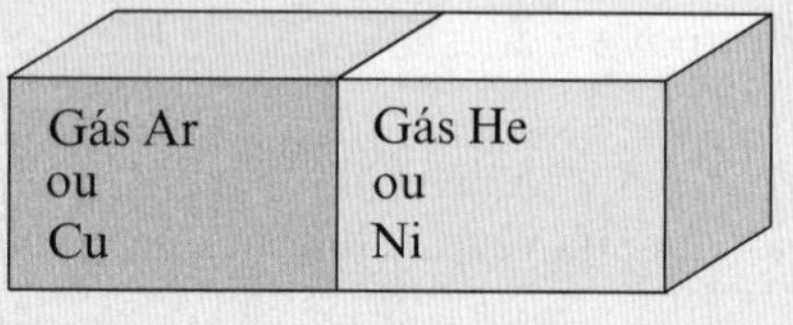

Figura 5-3 Ilustração da difusão de Ar/He e Cu/Ni (para o Exemplo 5-1).

5-2 Estabilidade de átomos e íons

No Capítulo 4, mostramos que imperfeições estão presentes e também que podem ser introduzidas de forma intencional em um material. Contudo, essas imperfeições e, na verdade, até mesmo os átomos ou íons não estão em repouso absoluto em suas posições normais nas estruturas cristalinas. De fato, os átomos e íons têm energia térmica, o que faz com que se movam continuamente. Um átomo pode se mover de um local da estrutura cristalina para ocupar uma lacuna próxima. Além disso, os átomos podem se deslocar também de um interstício para outro. Mais ainda, devido à difusão, os átomos e íons são capazes de saltar um contorno de grão, o que vai resultar no deslocamento do próprio contorno de grão.

A capacidade de difusão de átomos e íons aumenta conforme se eleva a temperatura, que é a medida da energia térmica que os átomos contêm. Podemos demonstrar como a taxa de movimentação dos átomos e íons se relaciona com a temperatura ou energia térmica por meio da *equação de Arrhenius*:

$$\text{Taxa} = c_0 \exp\left(\frac{-Q}{RT}\right) \tag{5-1}$$

em que c_0 é uma constante, R é a constante universal dos gases ideais $\left(1{,}987\frac{\text{cal}}{\text{mol}\cdot\text{K}} \text{ ou } 8{,}314\frac{\text{J}}{\text{mol}\cdot\text{K}}\right)$, T é a temperatura absoluta (K) e Q é a **energia de ativação** (cal/mol ou J/mol) necessária para fazer com que um mol de átomos ou íons se mova. Essa equação foi obtida por meio de uma análise estatística sobre a probabilidade de que os átomos, recebendo energia adicional Q, se movimentem. A taxa de difusão está estatisticamente relacionada ao número de átomos em movimento por unidade de tempo.

Podemos reescrever a equação considerando logaritmos naturais em ambos os lados:

$$\ln(\text{Taxa}) = \ln(c_0) - \frac{Q}{RT} \tag{5-2}$$

Se fizermos um gráfico de ln(Taxa) de determinada reação que é ativada termicamente *versus* $1/T$ (Figura 5-4), a inclinação da curva será $-Q/R$, e consequentemente Q pode ser calculado. A constante c_0 corresponde à interseção em $\ln(c_0)$ quando $1/T$ é zero.

Svante August Arrhenius (1859-1927), um químico sueco que recebeu o Prêmio Nobel de Química em 1903 por suas pesquisas sobre a teoria eletrolítica da dissociação, aplicou essa ideia às taxas de reações químicas em soluções aquosas. Sua ideia básica de energia de ativação e taxas de reações químicas como funções de temperatura tem sido aplicada desde então para a difusão e outros processos.

Exemplo 5-2 *Energia de ativação dos átomos intersticiais*

Suponha que átomos intersticiais se movimentem de um local para outro com taxas de 5×10^8 saltos por segundo a 500 °C e de 8×10^{10} saltos por segundo a 800 °C. Calcule a energia de ativação Q referente a esse processo.

Solução

A Figura 5-4 apresenta o gráfico ln(Taxa) *versus* $1/T$. A inclinação dessa reta, segundo o cálculo mostrado, fornece $Q/R = 14.032$ K ou $Q = 1{,}167 \times 10^5$ J/mol. Como opção, podemos escrever duas equações simultâneas:

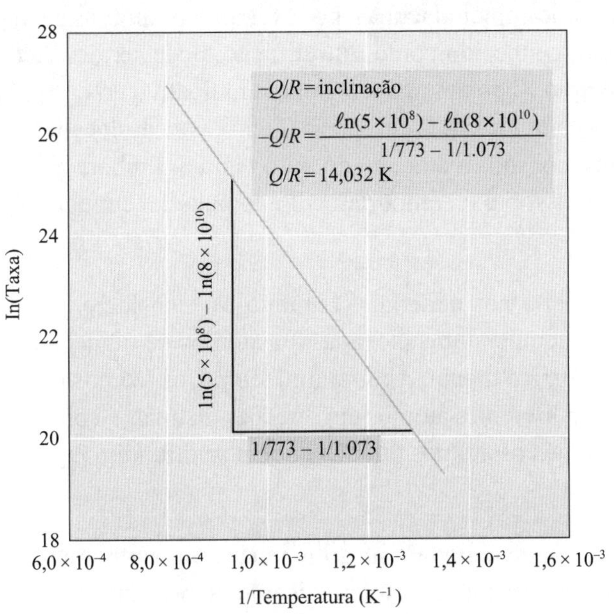

Figura 5-4 O gráfico de Arrhenius de ln(Taxa) *versus* $1/T$ pode ser utilizado para determinar a energia de ativação para determinada reação. Os dados desta figura são utilizados no Exemplo 5-2.

$$\text{Taxa} = c_0 \exp\left(\frac{-Q}{RT}\right)$$

$$5 \times 10^8 \frac{\text{saltos}}{\text{s}} = c_0 \exp\left[\frac{-Q}{\left(8{,}314 \frac{\text{J}}{\text{mol}\cdot\text{K}}\right)(500\ \text{K} + 273\ \text{K})}\right]$$

$$= c_0 \exp(-0{,}0001556Q)$$

$$8 \times 10^{10} \frac{\text{saltos}}{\text{s}} = c_0 \exp\left[\frac{-Q}{\left(8{,}314 \frac{\text{J}}{\text{mol}\cdot\text{K}}\right)(800\ \text{K} + 273\ \text{K})}\right]$$

$$= c_0 \exp(-0{,}0001121Q)$$

Observe que as temperaturas foram convertidas em K. Como:

$$c_0 = \frac{5 \times 10^8}{\exp(-0{,}0001556Q)}\left(\frac{\text{saltos}}{\text{s}}\right)$$

então

$$8 \times 10^{10} = \frac{(5 \times 10^8)\exp(-0{,}0001121Q)}{\exp(-0{,}0001556Q)}$$

$$160 = \exp\left[(0{,}0001556Q - 0{,}0001121Q)\right] = \exp(0{,}0000435Q)$$

$$\ln(160) = 5{,}075 = 0{,}0435Q$$

$$Q = \frac{5{,}075}{0{,}0000435} = 1{,}167 \times 10^5\ \text{J/mol}$$

5-3 Mecanismos de difusão

Como vimos no Capítulo 4, existem defeitos conhecidos como lacunas em todos os materiais. A desordem gerada por essas lacunas (ou seja, maior entropia) ajuda a minimizar a energia livre e, portanto, aumenta a estabilidade termodinâmica dos materiais cristalinos. Em materiais que contêm lacunas, por exemplo, os átomos se movem ou saltam de um ponto de rede para outro. Esse processo, conhecido como **autodifusão**, pode ser detectado com a utilização de rastreadores radioativos. A título de exemplo, suponha que um isótopo radioativo do ouro (Au^{198}) foi introduzido na superfície do ouro padrão (Au^{197}). Após certo tempo, os átomos radioativos se deslocam para o ouro padrão normal até estarem uniformemente distribuídos por toda a amostra do ouro padrão. Embora a autodifusão ocorra continuamente em todos os materiais, seus efeitos sobre o comportamento do material em questão são geralmente desprezíveis.

Interdifusão A difusão de átomos distintos também ocorre nos materiais (Figura 5-5). Considere, por exemplo, uma chapa de níquel unida a uma chapa de cobre. Em temperaturas elevadas, os átomos de níquel se difundem gradualmente pelo cobre e os átomos de cobre migram para o níquel. Após algum tempo, os átomos de cobre e de níquel estarão uniformemente distribuídos. A difusão de diferentes átomos em direções distintas é conhecida como **interdifusão**. Os dois importantes mecanismos pelos quais os átomos ou íons podem se difundir (Figura 5-6) são difusão por lacunas e difusão intersticial.

Difusão por lacunas Na autodifusão e na difusão que envolve átomos substitucionais, um átomo deixa seu ponto de rede para preencher uma lacuna próxima. Esse movimento cria automaticamente uma lacuna no ponto de

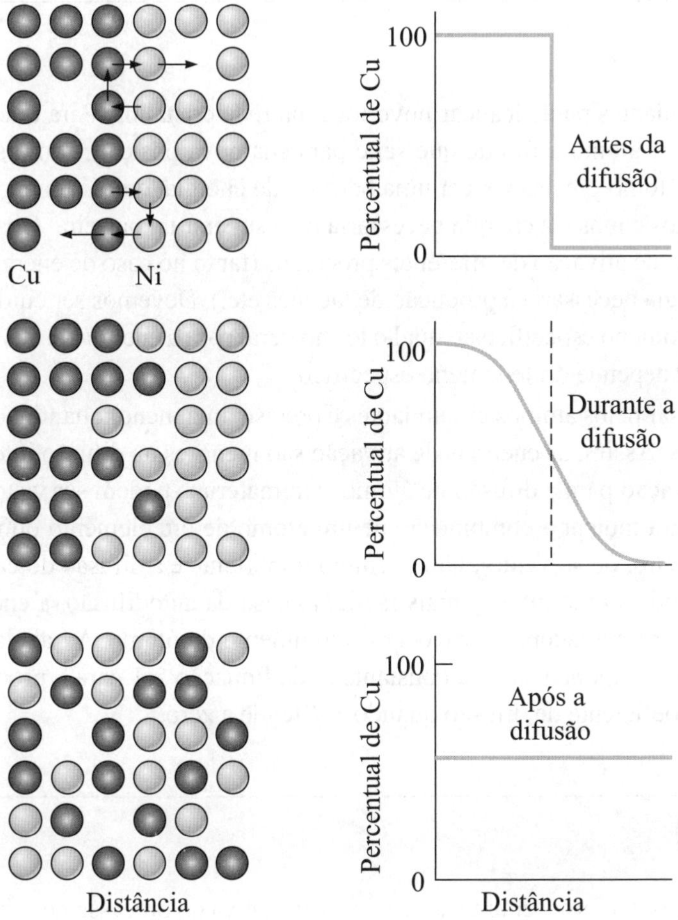

Figura 5-5 Difusão dos átomos de cobre no níquel. Os átomos de cobre se distribuem aleatoriamente por toda a extensão do níquel.

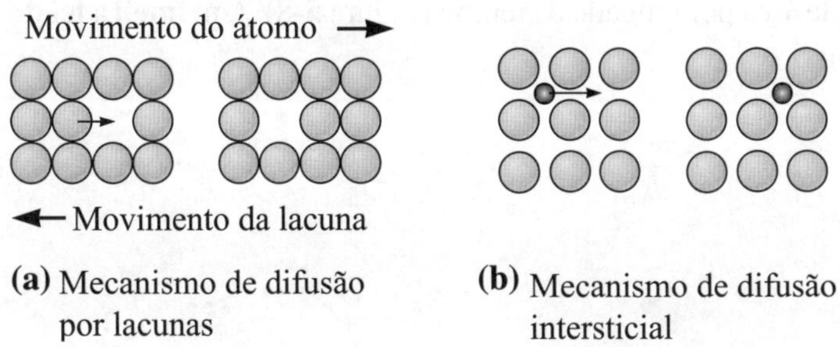

Figura 5-6 Mecanismos de difusão nos materiais: (a) difusão por lacunas ou de átomos substitucionais e (b) difusão intersticial.

rede original. À medida que a difusão prossegue, temos um contrafluxo de átomos e lacunas. Esse mecanismo é chamado **difusão por lacunas**. Com o aumento da temperatura, o número de lacunas aumenta por razões termodinâmicas. Devido unicamente ao efeito da temperatura, essa maior quantidade de lacunas aumenta a taxa tanto da autodifusão quanto da difusão de átomos substitucionais.

Difusão intersticial Sempre que houver um pequeno átomo ou íon intersticial na estrutura cristalina, esse átomo ou íon vai se mover de um interstício para outro. Não é preciso ter lacunas nesse mecanismo. A **difusão intersticial** ocorre mais facilmente que a difusão por lacunas, em parte porque há bem mais espaços intersticiais que lacunas. Os átomos intersticiais são relativamente pequenos e podem se difundir com mais rapidez. No Capítulo 3, vimos que as estruturas de várias cerâmicas com ligações iônicas podem ser consideradas estruturas compactas de ânions, com os cátions nos interstícios. Nesses materiais, geralmente, os cátions, que são menores, se difundem mais rapidamente que os ânions.

5-4 Energia de ativação para a difusão

Um átomo deve caminhar entre os átomos circundantes para alcançar novo local na rede cristalina. Para que isso ocorra, é preciso fornecer energia suficiente a esse átomo a fim de que salte para sua nova posição, como se vê na Figura 5-7. Para mover-se até o novo local, o átomo precisa vencer uma barreira de energia, que é a energia de ativação Q. A energia térmica fornecida aos átomos e íons é a energia necessária para superar tal barreira. Observe que é normal utilizar o símbolo Q para as energias de ativação de diferentes processos (tanto no caso de energia de ativação da difusão, de reações químicas, de energia necessária à produção de lacunas etc.). Devemos ser cuidadosos em relação à compreensão do processo ou fenômeno específico ao qual o termo geral para a energia de ativação Q está sendo aplicado, uma vez que o valor de Q depende do fenômeno específico.

Em geral, para fazer um átomo intersticial passar pelos átomos circundantes é preciso uma menor quantidade de energia que aquela associada à difusão de lacunas. Assim, as energias de ativação são menores na difusão intersticial. Diversos valores típicos das energias de ativação para a difusão de átomos em materiais podem ser vistos na Tabela 5-1. Utiliza-se o termo **par de difusão** para indicar a combinação de um átomo de um elemento químico em difusão numa certa matriz (o material hospedeiro, ou solvente). Um exemplo importante é a difusão do carbono no Fe CCC. Uma baixa energia de ativação indica uma difusão mais fácil. No caso da autodifusão, a energia de ativação equivale à energia requerida para criar uma lacuna e provocar o movimento do átomo. A Tabela 5-1 também mostra os valores de D_0, que é o termo pré-exponencial, e a constante c_0 da Equação 5-1 para o processo de difusão. Veremos posteriormente que D_0 é o coeficiente de difusão quando $1/T$ tende a zero.

5-5 Taxa de difusão (primeira lei de Fick)

Adolf Eugen Fick (1829-1901) foi o primeiro cientista a fornecer uma descrição quantitativa do processo de difusão.

A taxa com que átomos, íons, partículas e outras espécies se difundem em um material pode ser medida pelo **fluxo** J. Como, em nosso caso, estamos interessados na difusão de átomos e íons, então o fluxo J corresponde ao número de átomos que passam por uma unidade de área por unidade de tempo (Figura 5-8). A **primeira lei de Fick** determina o fluxo de átomos em regime estacionário:

$$J = -D\frac{dc}{dx} \tag{5-3}$$

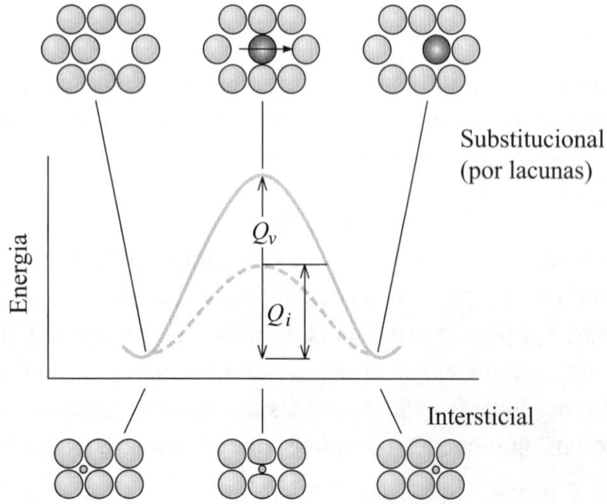

Figura 5-7 É preciso ter uma energia elevada para fazer com que os átomos caminhem por outros átomos durante a difusão. Essa energia é a energia de ativação Q. Em geral, é preciso ter mais energia para átomos substitucionais que para átomos intersticiais.

Tabela 5-1 • Dados de difusão para materiais

Par de difusão	Q (kJ/mol)	D_0 (m²/s) × 10^4
Difusão intersticial		
C no ferro CFC	137,7	0,23
C no ferro CCC	87,45	0,011
N no ferro CFC	144,7	0,0034
N no ferro CCC	76,6	0,0047
H no ferro CFC	43,1	0,0063
H no ferro CCC	15,1	0,0012
Autodifusão (difusão por lacunas)		
Pb no Pb CFC	108,4	1,27
Al no Al CFC	134,7	0,10
Cu no Cu CFC	206,3	0,36
Fe no Fe CFC	279,1	0,65
Zn no Zn HC	91,2	0,1
Mg no Mg HC	134,7	1,0
Fe no Fe CCC	246,4	4,1
W no W CCC	600	1,88
Si no Si (covalente)	460,3	1.800,0
C no C (covalente)	682,0	5,0
Difusão heterogênea (difusão por lacunas)		
Ni no Cu	242,3	2,3
Cu no Ni	257,3	0,65
Zn no Cu	183,7	0,78
Ni no ferro CFC	267,8	4,1
Au na Ag	190,4	0,26
Ag no Au	168,2	0,072
Al no Cu	165,3	0,045
Al na Al_2O_3	477	28,0
O na Al_2O_3	636	1.900,0
Mg no MgO	330,5	0,249
O no MgO	343,5	0,000043

Obtida de várias fontes, incluindo Y. Adda e J. Philibert, *La diffusion dans les solides*, 1966. v. 2.

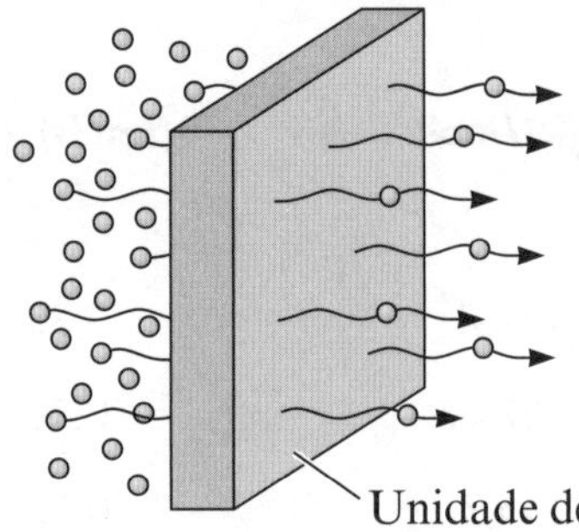

Figura 5-8 Fluxo de difusão é o número de átomos que passam através de uma unidade de área por unidade de tempo.

em que J é o fluxo, D é a **difusividade** ou **coeficiente de difusão** $\left(\frac{m^2}{s}\right)$ e dc/dx é o **gradiente de concentração** $\left(\frac{\text{átomos}}{m^3 \cdot m}\right)$. De acordo com a situação, a concentração pode ser expressa como porcentagem de átomos (% at.), porcentagem de massa (% massa), porcentagem molar (% mol), fração de átomos ou fração de mol. As unidades do gradiente de concentração e do fluxo também variam de modo correspondente.

Vários fatores afetam o fluxo de átomos durante a difusão. Caso estejamos lidando com a difusão de íons, elétrons etc., as unidades de J, D e $\frac{dc}{dx}$ refletem as espécies consideradas. O sinal negativo na Equação 5-3 indica que o fluxo das espécies em difusão ocorre de altas para baixas concentrações, de modo que o termo $\frac{dc}{dx}$ é negativo e J será positivo. A energia térmica associada aos átomos e íons etc. ocasiona o movimento aleatório dos átomos. Em uma escala microscópica, a força termodinâmica que impulsiona a difusão é o gradiente de concentração. Cria-se, então, um fluxo resultante que depende da temperatura e do gradiente de concentração.

Gradiente de concentração O gradiente de concentração mostra como a composição do material varia com a distância: Δc é a diferença de concentração ao longo da distância Δx (Figura 5-9). O gradiente de concentração pode ser criado quando dois materiais de diferentes composições são postos em contato, quando um gás ou líquido está em contato com um material sólido ou quando, devido ao processamento, o material tem uma microestrutura de não equilíbrio.

O fluxo a determinada temperatura é constante apenas se o gradiente de concentração for também constante, ou seja, se a concentração dos componentes em ambos os lados da membrana da Figura 5-8 permanecer inalterada. No entanto, em muitos casos práticos essas composições variam à medida que os átomos são redistribuídos, alterando também o fluxo. É comum, no início do processo, observar um fluxo elevado, que diminui conforme o gradiente de concentração é reduzido pela difusão. No exemplo a seguir são apresentados os cálculos de fluxo e gradientes de concentração na difusão de dopantes em semicondutores no caso de um gradiente de concentração constante. Mais adiante, neste capítulo, analisaremos a difusão em regime transiente, com o auxílio da segunda lei de Fick.

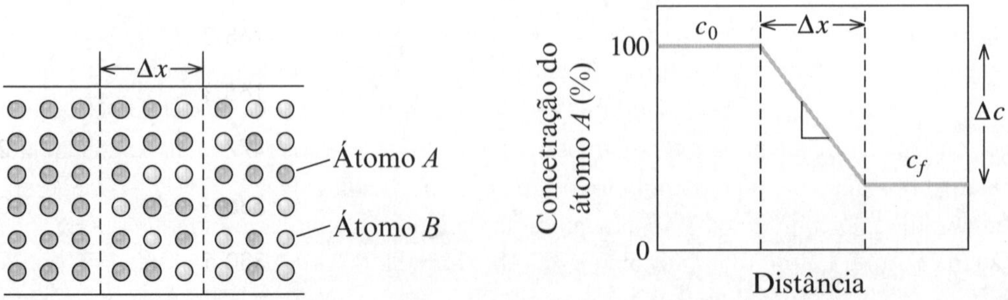

Figura 5-9 Gradiente de concentração.

Exemplo 5-3 *Dopagem de semicondutor*

Uma etapa da fabricação de transistores, que funcionam como comutadores eletrônicos em circuitos integrados, envolve a difusão de átomos de impurezas em um material semicondutor como o silício. Suponha que um *wafer* de silício com 1 mm de espessura, que originalmente contém um átomo de fósforo para cada 10 milhões de átomos de Si, seja tratado de forma que existam 400 átomos de fósforo para cada 10 milhões de átomos de Si na superfície (Figura 5-10). Calcule o gradiente de concentração (a) em percentual atômico/cm e (b) em $\frac{\text{átomos}}{\text{m}^3 \cdot \text{m}}$. O parâmetro de rede do silício é 0,54307 nm.

Solução

a. Primeiro, vamos calcular as composições inicial e de superfície em percentual atômico:

$$c_i = \frac{1 \text{ átomo de } P}{10^7 \text{ átomos}} \times 100 = 0{,}00001\ \%\ \text{at}\ P$$

$$c_s = \frac{400 \text{ átomos de } P}{10^7 \text{ átomos}} \times 100 = 0{,}004\ \%\ \text{at}\ P$$

$$\frac{\Delta c}{\Delta x} = \frac{0{,}00001 - 0{,}004\ \%\ \text{at}\ P}{1\ \text{mm}} = -0{,}00399 \frac{\%\ \text{at}\ P}{\text{mm}}$$

b. Para encontrar o gradiente em termos de $\frac{\text{átomos}}{\text{m}^3 \cdot \text{m}}$, precisamos descobrir o volume da célula unitária. A estrutura cristalina do Si é cúbica do tipo diamante (CD). O parâmetro de rede é $5{,}4307 \times 10^{-10}$ m. Portanto,

$$V_{\text{célula}} = (5{,}4307 \times 10^{-10}\text{m})^3 = 1{,}6 \times 10^{-28}\ \frac{\text{m}^3}{\text{célula}}$$

O volume ocupado pelos 10^7 átomos de Si, dispostos em uma estrutura cúbica do diamante com 8 átomos/célula, é

$$V = \left[\frac{10^7 \text{ átomos}}{8\ \frac{\text{átomos}}{\text{célula}}}\right]\left[1{,}6 \times 10^{-28}\left(\frac{\text{mm}^3}{\text{célula}}\right)\right] = 2 \times 10^{-22}\text{m}^3$$

As composições em átomos/m^3 são

$$c_i = \frac{1 \text{ átomo de } P}{2 \times 10^{-22}\text{m}^3} = 0{,}005 \times 10^{24}\ \frac{\text{átomos de } P}{\text{m}^3}$$

$$c_s = \frac{400 \text{ átomos de } P}{2 \times 10^{-22}\text{m}^3} = 2 \times 10^{24}\ \frac{\text{átomos de } P}{\text{m}^3}$$

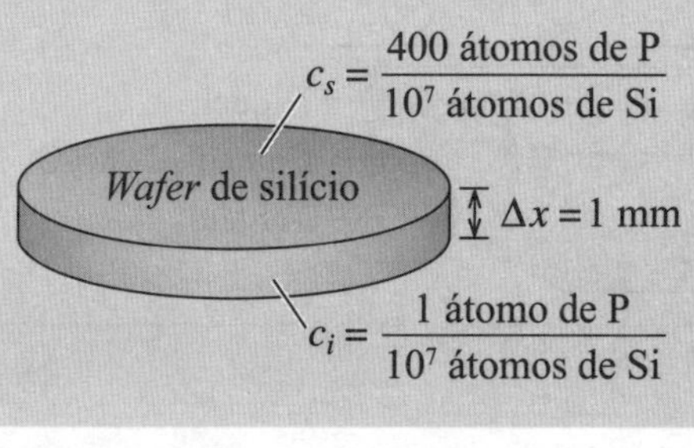

Figura 5-10 *Wafer* de silício que mostra uma variação na concentração de átomos de P (para o Exemplo 5-3).

Portanto, o gradiente de composição é

$$\frac{\Delta c}{\Delta x} = \frac{0{,}005 \times 10^{24} - 2 \times 10^{24}\ \frac{\text{átomos de } P}{\text{m}^3}}{1 \times 10^{-3}\,\text{m}}$$

$$= -1{,}995 \times 10^{27}\ \frac{\text{átomos de } P}{\text{m}^3 \cdot \text{m}}$$

Exemplo 5-4 *Difusão de níquel em óxido de magnésio*

Uma camada de 0,5 mm de óxido de magnésio (MgO) é depositada entre camadas de níquel e tântalo a fim de proporcionar uma barreira contra difusão para evitar reações entre os dois metais (Figura 5-11). À temperatura de 1.400 °C, os íons de níquel se difundem através da cerâmica de MgO para o tântalo. Determine o número de íons de níquel que passam pelo MgO a cada segundo. A 1.400 °C, o coeficiente de difusão dos íons de níquel no MgO é 9×10^{-16} m²/s, e o parâmetro de rede do níquel a 1.400 °C é 0,36 nm.

Solução

A composição do níquel na interface Ni/MgO é de 100% Ni, ou

$$c_{\text{Ni/MgO}} = \frac{4 \text{ átomos Ni}}{(3{,}6 \times 10^{-10}\text{m})^3} = 8{,}573 \times 10^{28}\ \frac{\text{átomos de Ni}}{\text{m}^3}$$

A composição do níquel na interface Ta/MgO é 0% de Ni. Assim, o gradiente de concentração é

$$\frac{\Delta c}{\Delta x} = \frac{0 - 8{,}573 \times 10^{28}\ \frac{\text{átomos de Ni}}{\text{m}^3}}{0{,}5 \times 10^{-3}\,\text{nm}} = -1{,}715 \times 10^{32}\ \frac{\text{átomos de Ni}}{\text{m}^3 \cdot \text{m}}$$

O fluxo dos átomos de níquel através da camada de MgO é

$$J = -D\frac{\Delta c}{\Delta x} = -(9 \times 10^{-16}\text{m}^2/\text{s})\left(-1{,}715 \times 10^{32}\ \frac{\text{átomos de Ni}}{\text{m}^3 \cdot \text{m}}\right)$$

$$J = 1{,}543 \times 10^{17}\ \frac{\text{átomos de Ni}}{\text{m}^2 \cdot \text{s}}$$

O número total de átomos de níquel atravessando a interface de 20 mm × 20 mm a cada segundo é

$$\text{Total de átomos de Ni por segundo} = (J)(\text{Área}) = \left(1{,}543 \times 10^{17}\ \frac{\text{átomos de Ni}}{\text{m}^2 \cdot \text{s}}\right)(20 \times 10^{-3}\,\text{m})(20 \times 10^{-3}\,\text{m})$$

$$= 6{,}17 \times 10^{13} \text{átomos de Ni/s}$$

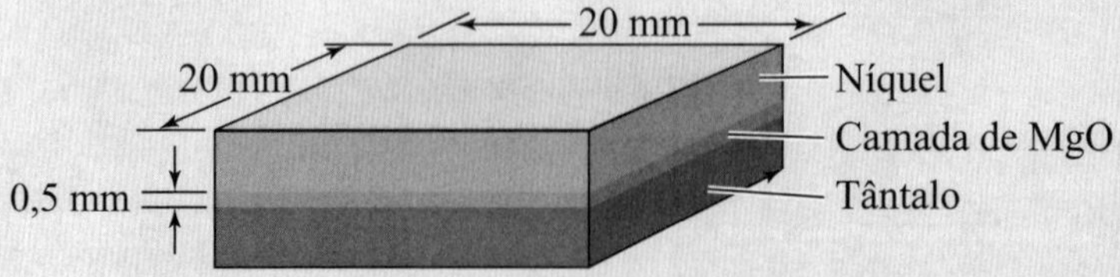

Figura 5-11 Par de difusão (para o Exemplo 5-4).

Embora esse índice pareça muito rápido, em um segundo, o volume de átomos de níquel removido da interface de Ni/MgO é

$$\frac{6{,}17 \times 10^{13}\ \frac{\text{átomos de Ni}}{\text{s}}}{8{,}573 \times 10^{28}\ \frac{\text{átomos de Ni}}{\text{m}^3}} = 7{,}2 \times 10^{-19}\ \frac{\text{m}^3}{\text{s}}$$

A espessura à qual a camada de níquel é reduzida a cada segundo é

$$\frac{7{,}2 \times 10^{-19}\ \frac{\text{m}^3}{\text{s}}}{(0{,}02\ \text{m})(0{,}02\ \text{m})} = 1{,}8 \times 10^{-12}\ \frac{\text{m}}{\text{s}}$$

Para que um micrômetro (10^{-6} m) de níquel seja removido, o tratamento requer

$$\frac{10^{-6}\,\text{m}}{1{,}8 \times 10^{-12}\ \frac{\text{m}}{\text{s}}} = 556.000\ \text{s} = 154\,\text{h}$$

5-6 Fatores que afetam a difusão

Temperatura e coeficiente de difusão A cinética de difusão depende, em grande parte, da temperatura. O coeficiente de difusão D relaciona-se com a temperatura por uma equação do tipo Arrhenius,

$$D = D_0 \exp\left(\frac{-Q}{RT}\right) \tag{5-4}$$

em que Q é a energia de ativação (em unidades de cal/mol ou J/mol) para a difusão das espécies em consideração (Al no Si, por exemplo), R é a constante universal dos gases $\left(1{,}987\frac{\text{cal}}{\text{mol}\cdot\text{K}}\ \text{ou}\ 8{,}314\frac{\text{J}}{\text{mol}\cdot\text{K}}\right)$ e T é a temperatura absoluta (K). D_0 é o termo pré-exponencial, similar a c_0 na Equação 5-1.

D_0 é uma constante para determinado sistema de difusão e equivale ao valor do coeficiente de difusão quando a temperatura tende ao infinito em $1/T = 0$ ou $T = \infty$. A Tabela 5-1 fornece valores típicos de D_0 e Q, e a Figura 5-12 apresenta a dependência de D em relação à temperatura no caso de alguns metais e cerâmicas. A autodifusão de materiais com ligações covalentes, como o carbono e o silício (Tabela 5-1), tem energias de ativação muito elevadas, o que é coerente com a alta energia das ligações atômicas desses materiais. A Figura 5-13 mostra os coeficientes de difusão de diferentes dopantes do silício.

Nos materiais iônicos, como os óxidos cerâmicos, um íon em difusão só entra em locais da rede que tenham a mesma carga. Para atingir esses locais, o íon precisa passar por uma região de carga oposta e mover-se por uma distância relativamente longa (Figura 5-14). Dessa forma, as energias de ativação são muito elevadas, e as taxas de difusão são menores em materiais iônicos, se comparadas com as dos metais (Figura 5-15). Tiramos vantagem disso em várias situações. Por exemplo, no processamento do silício, criamos uma fina camada de sílica (SiO_2) no topo de um *wafer* de silício. Em seguida, criamos uma janela removendo parte da camada de sílica. Essa janela permite que haja difusão seletiva dos átomos dopantes, como fósforo e boro, pois a camada de sílica é essencialmente impermeável aos átomos dopantes. A difusão mais lenta, na maioria dos óxidos e em outras cerâmicas, é uma vantagem em aplicações nas quais é necessário que seus componentes suportem altas temperaturas.

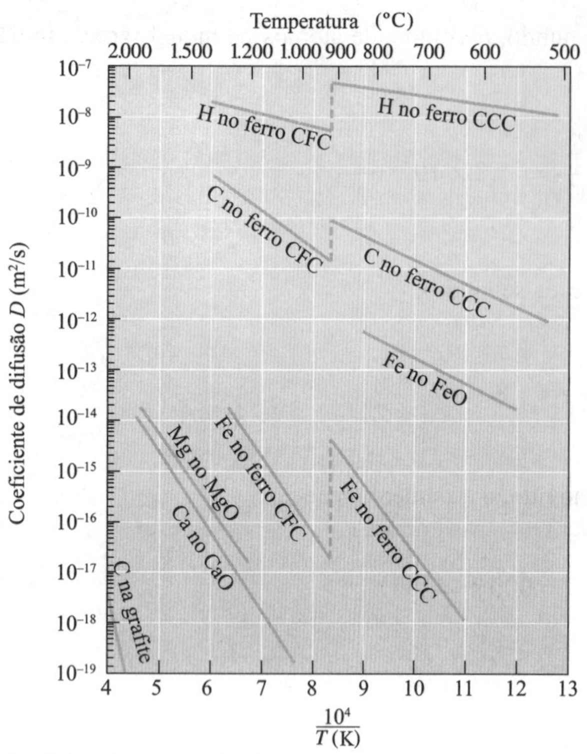

Figura 5-12 Coeficiente de difusão *D* com o recíproco da temperatura absoluta em metais e cerâmicas. Nesta aplicação da equação de Arrhenius, *D* representa a taxa do processo de difusão. Uma inclinação abrupta indica energia de ativação elevada.

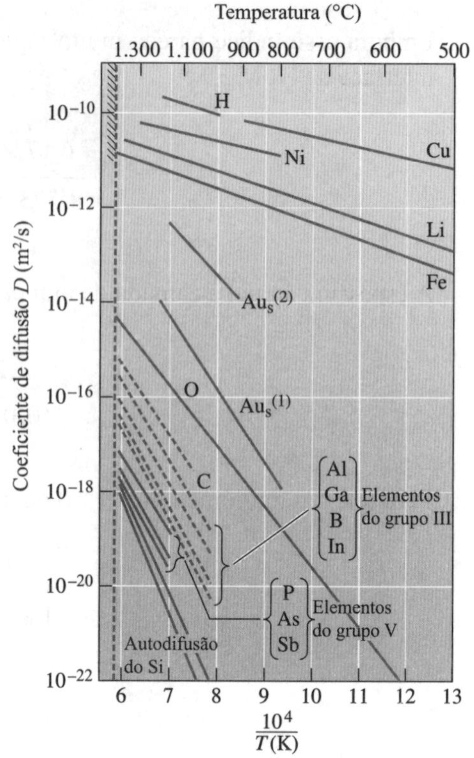

Figura 5-13 Coeficientes de difusão de diferentes dopantes do silício. (*Baseada em "Diffusion and Diffusion Induced Defects in Silicon", de U. Gosele. In R. Bloor, M. Flemings e S. Mahajan (Eds.),* Encyclopedia of Advanced Materials, *v. 1, Pergamon Press: 1994.*)

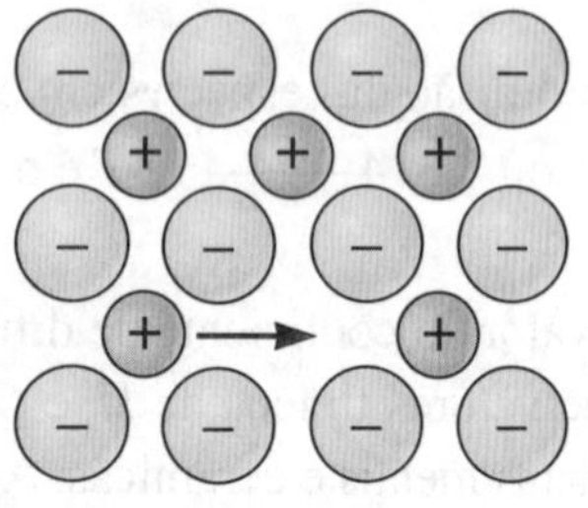

Figura 5-14 Difusão em compostos iônicos. Os ânions de uma carga elétrica só podem entrar em locais de outros ânions com a mesma carga. Os cátions tendem a se difundir mais rapidamente, pois têm menor raio atômico.

Quando a temperatura de um material aumenta, o coeficiente de difusão *D* aumenta exponencialmente (de acordo com a Equação 5-4) e, portanto, o fluxo de átomos se torna igualmente mais elevado. Em temperaturas maiores, a energia térmica dos átomos permite que eles superem a barreira da energia de ativação e se difundam mais facilmente. Em temperaturas abaixo de 0,4 vezes a temperatura absoluta de fusão do material, a difusão é bastante lenta e, em geral, desprezível. Por esse motivo, o tratamento térmico dos metais e o processamento das cerâmicas são efetuados em altas temperaturas, quando os átomos se movem rapidamente para completar reações ou para atingir condições de equilíbrio. Sistemas com reduzida energia de ativação *Q* requerem consequentemente baixa energia térmica para a difusão. O Exemplo 5-5 usa a primeira lei de Fick e os conceitos referentes à dependência de *D* em relação à temperatura no projeto de uma membrana de ferro.

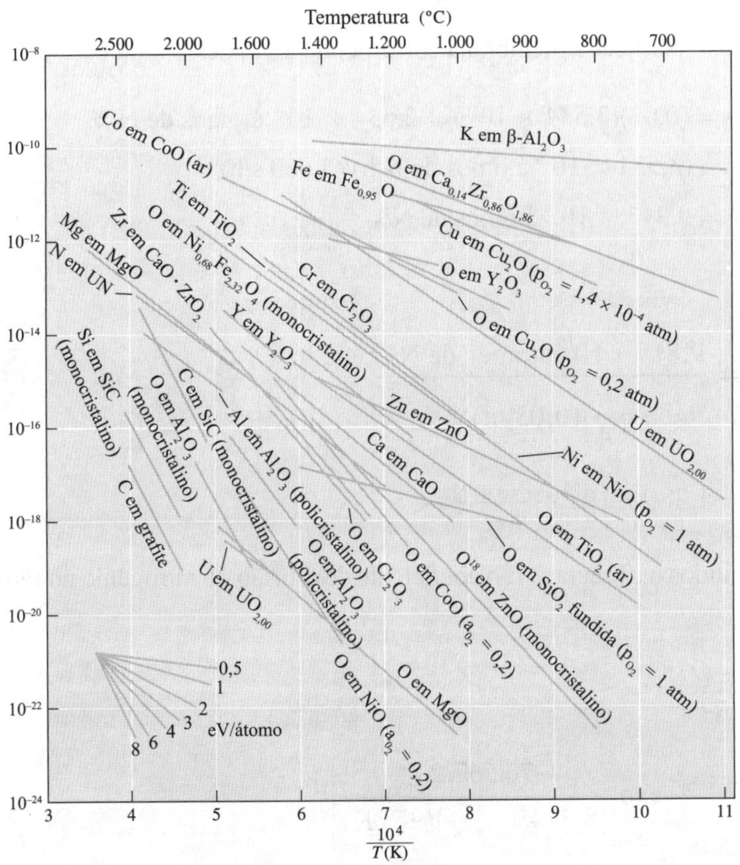

Figura 5-15 Coeficientes de difusão de íons em diferentes óxidos. Y. M. Chiang; D. Birnie; W. D. Kingery (*Baseada em* Physical ceramics: principles for ceramic science and engineering, *John Wiley & Sons Inc., 1977 Reproduzida com a permissão de John Wiley & Sons.*)

Exemplo 5-5 *Projeto de uma membrana de ferro para purificação de gás*

Um cilindro impermeável com 30 mm de diâmetro e 100 mm de comprimento contém um gás que consiste em 5×10^{25} átomos de N por m^3 e 5×10^{25} átomos de H por m^3 em um dos lados de uma membrana de ferro interna ao cilindro (Figura 5-16). O gás é introduzido continuamente no tubo para garantir uma concentração constante de nitrogênio e hidrogênio no sistema. O gás presente no outro lado da membrana tem uma concentração constante de 1×10^{24} átomos de N por m^3 e 1×10^{24} átomos de H por m^3. Todo o sistema opera a 700 °C, temperatura na qual o ferro apresenta estrutura CCC. Projete uma membrana de ferro que, simultaneamente, não permita um fluxo de nitrogênio superior a 1% por hora, mas permita a passagem de 90% do hidrogênio por hora.

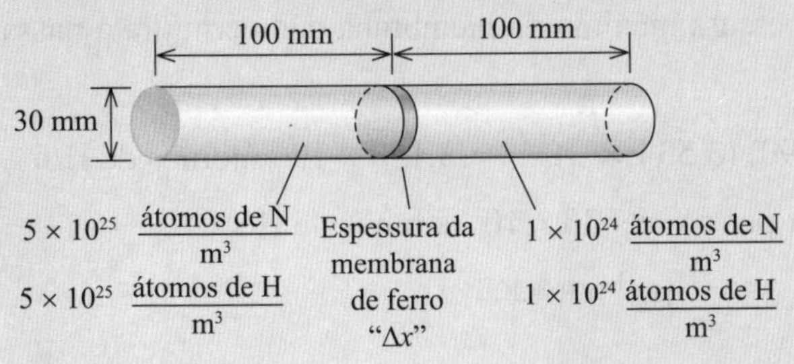

Figura 5-16 Projeto de uma membrana de ferro (para o Exemplo 5-5).

Solução

O número total de átomos de nitrogênio no recipiente é de:

$$(5 \times 10^{25} \text{ átomos de N/m}^3)(\pi/4)(0{,}03 \text{ m})^2(0{,}1 \text{ m}) = 3{,}534 \times 10^{21} \text{ átomos de N}$$

O número máximo de átomos que podem permear a membrana corresponde a 1% desse total ou:

Fluxo de átomos de N por h = (0,01)(3,534 × 10^{21}) = 3,534 × 10^{19} átomos de N/h

Fluxo de átomos de N por s = (3,534 × 10^{19} átomos de N/h)/(3.600 s/h) =

= 9,817 × 10^{15} átomos de N/s

Desse modo, o fluxo é

$$J = \frac{9{,}817 \times 10^{15}\,\text{átomos de N/s}}{\left(\frac{\pi}{4}\right)(0{,}03\ \text{m})^2}$$

$$= 1{,}389 \times 10^{19}\ \tfrac{\text{átomos de N}}{\text{m}^2 \cdot \text{s}}$$

Utilizando a Equação 5-4 e valores contidos na Tabela 5-1, o coeficiente de difusão do nitrogênio no ferro CCC a 700 °C = 973 K é

$$D = D_0 \exp\left(\frac{-Q}{RT}\right)$$

$$D_N = 4{,}7 \times 10^{-7}\ \tfrac{\text{m}^2}{\text{s}} \exp\left[\frac{-76.567{,}2\ \frac{\text{cal}}{\text{mol}}}{\left(8{,}3145\ \frac{\text{J}}{\text{mol}\cdot\text{K}}\right)(973\ \text{K})}\right]$$

$$= \left(4{,}7 \times 10^{-7}\ \tfrac{\text{m}^2}{\text{s}}\right)(7{,}748 \times 10^{-5}) = 3{,}642 \times 10^{-11}\ \tfrac{\text{m}^2}{\text{s}}$$

A partir da Equação 5-3:

$$J = -D\left(\frac{\Delta c}{\Delta x}\right) = 1{,}389 \times 10^{19}\ \tfrac{\text{átomos de N}}{\text{m}^2 \cdot \text{s}}$$

$$\Delta x = -\frac{D\Delta c}{J} = \frac{\left(-3{,}642 \times 10^{-11}\ \frac{\text{m}^2}{\text{s}}\right)\left(1 \times 10^{24} - 5 \times 10^{25}\ \frac{\text{átomos de N}}{\text{m}^3}\right)}{1{,}389 \times 10^{19}\ \frac{\text{átomos de N}}{\text{m}^2 \cdot \text{s}}}$$

$$\Delta x = 0{,}13\ \text{mm} = \text{espessura mínima da membrana}$$

De modo semelhante, pode-se calcular a espessura máxima da membrana que permitirá a passagem de 90% do hidrogênio:

Fluxo de átomos de H por h = (0,90) (3,534 × 10^{21}) = 3,180 × 10^{21} átomos de H/h

Fluxo de átomos de H por s = 8,836 × 10^{17} átomos de H/s

$$J = 1{,}250 \times 10^{21}\ \tfrac{\text{átomos de H}}{\text{m}^2 \cdot \text{s}}$$

A partir da Equação 5-4 e da Tabela 5-1:

$$D_H = 1{,}2 \times 10^{-7}\ \tfrac{\text{m}^2}{\text{s}} \exp\left[\frac{-15.062{,}4\ \frac{\text{J}}{\text{mol}}}{\left(8{,}3145\ \frac{\text{J}}{\text{mol}\cdot\text{K}}\right)(973\ \text{K})}\right] = 1{,}864 \times 10^{-8}\,\text{m}^2/\text{s}$$

Como

$$\Delta x = -\frac{D\Delta c}{J}$$

$$\Delta x = \frac{\left(-1{,}864 \times 10^{-8}\ \frac{\text{m}^2}{\text{s}}\right)\left(1 \times 10^{24} - 5 \times 10^{25}\ \frac{\text{átomos de H}}{\text{m}^3}\right)}{1{,}250 \times 10^{21}\ \frac{\text{átomos de H}}{\text{m}^2 \cdot \text{s}}}$$

$$= 0{,}73\,\text{mm} = \text{espessura máxima}$$

Uma membrana de ferro com espessura entre 0,13 e 0,73 m será satisfatória para atender aos critérios do projeto.

Tipos de difusão Na **difusão em volume**, os átomos movem-se pelo interior do cristal passando de um ponto normal da rede ou intersticial para outro. Devido à presença dos átomos vizinhos, a energia de ativação é elevada e a taxa de difusão é relativamente baixa.

No entanto, os átomos podem se difundir, também, por contornos de grão, interfaces e superfícies dos materiais. Eles se movem facilmente pela **difusão por contornos de grão** porque o empacotamento dos átomos é desordenado e menos denso na região dos contornos de grãos. O fato de os átomos poderem se difundir mais facilmente pelos contornos de grão, em que a ordenação cristalina é menor, resulta em energia de ativação baixa (Tabela 5-2). A **difusão superficial** é ainda mais fácil, já que há menos restrição à movimentação atômica, uma vez que um dos lados é uma superfície livre.

Tempo O processo de difusão requer tempo. De fato, a unidade do fluxo é $\frac{\text{átomos}}{\text{cm}^2 \cdot \text{s}}$. Se for preciso o fluxo de uma quantidade maior de átomos para gerar distribuição de concentração mais uniforme, períodos mais longos serão necessários, mesmo em altas temperaturas. Pode-se reduzir o tempo dos tratamentos térmicos ao utilizar temperaturas mais elevadas ou ao tornar as **distâncias de difusão** (referentes a Δx) tão pequenas quanto possível.

Sabe-se que algumas microestruturas e propriedades mecânicas realmente notáveis podem ser obtidas ao evitar o processo de difusão. Resfriar aços rapidamente a partir de altas temperaturas (evitando a difusão) dá origem a microestruturas de não equilíbrio e fornece a base para tratamentos térmicos sofisticados. Por exemplo, na formação de vidros metálicos, é preciso resfriar metais líquidos com uma taxa de resfriamento bastante elevada. O objetivo é evitar a difusão de átomos por meio da diminuição de sua energia térmica, encorajando-os a se organizar em arranjos amorfos não equilibrados. Vidros de silicato fundidos, por outro lado, são viscosos, o que torna a difusão de íons lenta. Consequentemente, não é preciso resfriá-los muito rapidamente para manter uma estrutura amorfa. Existe um mito que afirma que muitos edifícios antigos têm vidraças que são mais espessas na parte de baixo do que na parte de cima porque o vidro teria descido com o passar dos anos. Com base na cinética da difusão, pode ser

Tabela 5-2 • Efeito do local de difusão para o tório no tungstênio e para a autodifusão na prata

	Parâmetros do coeficiente de difusão (D)			
Local de difusão	**Tório no tungstênio**		**Prata na prata**	
	D_0 (m²/s) × 10^4	Q (MJ/mol)	D_0 (m²/s) × 10^4	Q (MJ/mol)
Superfície	0,47	277,8	0,068	37,2
Contornos de grão	0,74	376,6	0,24	95,2
Volume	1,00	502,1	0,99	191,2

demonstrado que mesmo várias centenas ou milhares de anos não seriam suficientes para fazer com que os vidros "fluíssem" a uma temperatura próxima da temperatura ambiente. No exemplo a seguir, examinamos diferentes mecanismos de difusão.

Exemplo 5-6 *Par de difusão tório-tungstênio*

Suponha um par de difusão constituído de uma barra de tungstênio puro em contato com uma barra de uma liga de tungstênio contendo 1% de átomos de tório. Após vários minutos de exposição a 2.000 °C, foi estabelecida uma zona de transição com 0,1 mm de espessura. Qual seria o fluxo dos átomos de tório nesse instante se a difusão fosse devida à (a) difusão em volume, (b) difusão por contornos de grão e (c) difusão superficial? (Consulte a Tabela 5-2.)

Solução

O parâmetro de rede do tungstênio CCC é aproximadamente 3,165 Å. Portanto, o número de átomos de tungstênio por cm³ é:

$$\frac{\text{átomos de W}}{\text{m}^3} = \frac{2 \text{ átomos/célula}}{(3{,}165 \times 10^{-10} \text{m})^3/\text{célula}} = 6{,}3 \times 10^{28}$$

Na liga tungstênio – 1% de átomos de tório, o número de átomos de tório é:

$$c_{\text{Th}} = (0{,}01)(6{,}3 \times 10^{28}) = 6{,}3 \times 10^{26} \, \frac{\text{átomos de Th}}{\text{m}^3}$$

No tungstênio puro, o número de átomos de tório é nulo. Portanto, o gradiente de concentração é:

$$\frac{\Delta c}{\Delta x} = \frac{0 - 6{,}3 \times 10^{26} \, \frac{\text{átomos de Th}}{\text{m}^3}}{0{,}1 \times 10^{-3}} = -6{,}3 \times 10^{30} \, \frac{\text{átomos de Th}}{\text{m}^3 \cdot \text{m}}$$

a) Difusão em volume

$$D = 1 \times 10^{-4} \, \frac{\text{m}^2}{\text{s}} \exp\left[\frac{-5{,}021 \times 10^5 \, \frac{\text{J}}{\text{mol}}}{\left(8{,}3145 \frac{\text{J}}{\text{mol}}\right)(2.273 \text{ K})}\right] = 2{,}89 \times 10^{-16} \text{m}^2/\text{s}$$

$$J = -D\frac{\Delta c}{\Delta x} = -\left(2{,}89 \times 10^{-16} \, \frac{\text{m}^2}{\text{s}}\right)\left(-6{,}3 \times 10^{30} \, \frac{\text{átomos de Th}}{\text{m}^3 \cdot \text{s}}\right)$$

$$= 1{,}82 \times 10^{15} \, \frac{\text{átomos de Th}}{\text{m}^2 \cdot \text{m}}$$

b. Difusão nos contornos de grão

$$D = 7{,}4 \times 10^{-5} \, \frac{\text{m}^2}{\text{s}} \exp\left[\frac{-3{,}766 \times 10^5 \, \frac{\text{J}}{\text{mol}}}{\left(8{,}3145 \frac{\text{J}}{\text{mol} \cdot \text{k}}\right)(2.273 \text{ K})}\right] = 1{,}64 \times 10^{-13} \text{m}^2/\text{s}$$

$$J = -\left(1{,}64 \times 10^{-13} \, \frac{\text{m}^2}{\text{s}}\right)\left(-6{,}3 \times 10^{30} \, \frac{\text{átomos de Th}}{\text{m}^3 \cdot \text{m}}\right) = 1{,}03 \times 10^{18} \, \frac{\text{átomos de Th}}{\text{m}^2 \cdot \text{s}}$$

c. Difusão superficial

$$D = 4{,}7 \times 10^{-5}\,\tfrac{\text{m}^2}{\text{s}}\exp\left[\frac{-2{,}778 \times 10^5\,\frac{\text{J}}{\text{mol}}}{\left(8{,}3145\,\frac{\text{J}}{\text{mol}\cdot\text{K}}\right)(2.273\ \text{K})}\right] = 1{,}94 \times 10^{-11}\,\text{m}^2/\text{s}$$

$$J = -\left(1{,}94 \times 10^{-11}\,\tfrac{\text{m}^2}{\text{s}}\right)\left(-6{,}3 \times 10^{30}\,\tfrac{\text{átomos de Th}}{\text{m}^3\cdot\text{m}}\right) = 1{,}22 \times 10^{20}\,\tfrac{\text{átomos de Th}}{\text{m}^2\cdot\text{s}}$$

Dependência da difusão das ligações atômicas e da estrutura cristalina Uma série de fatores afeta a energia de ativação do processo de difusão e, portanto, a taxa de difusão. A difusão intersticial, que tem baixa energia de ativação, ocorre com maior velocidade que a difusão substitucional ou de lacunas. As energias de ativação são geralmente menores no caso de átomos que se difundem através de estruturas cristalinas menos compactas, quando comparadas às estruturas cristalinas mais compactas. Como a energia de ativação depende da energia das ligações atômicas, ela é mais elevada nos materiais com altas temperaturas de fusão (Figura 5-17).

Sabe-se, ainda, que em geral os cátions (íons de carga positiva), devido ao seu tamanho reduzido, têm coeficientes de difusão superiores aos ânions (íons de carga negativa). No cloreto de sódio, por exemplo, a energia de ativação para a difusão dos íons cloreto (Cl^-) é cerca de duas vezes superior à da difusão dos íons de sódio (Na^+).

A difusão de íons também gera um fluxo de carga elétrica nos materiais iônicos. De fato, a condutividade elétrica das cerâmicas com ligações iônicas varia com a temperatura mediante a equação de Arrhenius. Nesses materiais, com a elevação da temperatura, os íons se difundem mais rapidamente, a carga elétrica é transferida com maior rapidez e a condutividade elétrica aumenta. Como foi mencionado anteriormente, alguns materiais cerâmicos são bons condutores de eletricidade.

Dependência do coeficiente de difusão da composição O coeficiente de difusão (D) depende não só da temperatura (segundo a Equação 5-4), como também da concentração de espécies em difusão e da composição da matriz. Para mais informações, consulte bibliografia mais especializada.

5-7 Permeabilidade dos polímeros

No caso dos polímeros, estamos mais interessados na difusão de átomos ou pequenas moléculas entre as longas cadeias poliméricas. Como engenheiros, mencionamos com frequência a **permeabilidade** dos polímeros e de outros materiais, em vez do coeficiente de difusão. Os polímeros que possuem um grupo polar (como por exemplo o EVOH, copolímero de etileno e álcool vinílico) têm maior permeabilidade para o vapor d'água do que para o gás

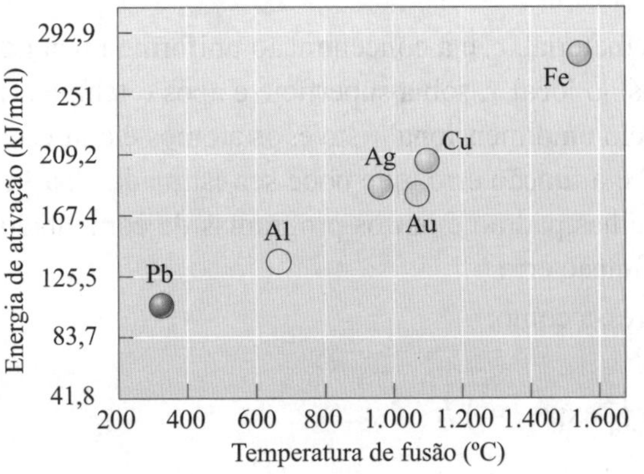

Figura 5-17 A energia de ativação para a autodifusão aumenta com a elevação do ponto de fusão do metal.

oxigênio. O polietileno, por outro lado, é muito mais permeável ao oxigênio do que ao vapor d'água. Em geral, quanto mais compacta for a estrutura dos polímeros, tanto menor será a permeabilidade. Assim, o polietileno de baixa densidade tem maior permeabilidade que o polietileno de alta densidade. Os polímeros empregados na proteção de alimentos, por exemplo, devem ter as propriedades de barreira adequadas. Caso o ar se difunda através desses filmes poliméricos, o alimento embalado poderá estragar. Da mesma forma, é preciso ter cuidado ao armazenar pós cerâmicos ou metálicos que são sensíveis à exposição ao vapor d'água, nitrogênio, oxigênio e dióxido de carbono presentes na atmosfera. Desse modo, os pós de óxido de zinco utilizados em borrachas, tintas e cerâmicas precisam ser armazenados em sacos de polietileno para evitar reações com o vapor d'água atmosférico.

A difusão de certas moléculas em um polímero pode causar problemas de dilatação. Em aplicações automotivas, os polímeros empregados na fabricação dos anéis de vedação podem absorver quantidades consideráveis de óleo, fazendo com que se dilatem. Por outro lado, a difusão é necessária para possibilitar que tinturas penetrem uniformemente em muitos tecidos poliméricos sintéticos. A difusão seletiva através de membranas poliméricas é utilizada para a dessalinização da água. As moléculas de água atravessam a membrana polimérica e os íons são capturados no sal.

Em cada um desses exemplos, os átomos, íons e moléculas em difusão penetram entre as cadeias poliméricas em vez de se moverem de um local para outro dentro da estrutura da cadeia. A difusão será mais rápida através dessa estrutura quando as espécies em difusão forem menores ou existirem grandes espaços vazios entre as cadeias. Assim, a difusão através de polímeros cristalinos é mais lenta que através de polímeros amorfos, que não possuem ordem de longo alcance e, consequentemente, têm menor densidade.

5-8 Perfil de composição (segunda lei de Fick)

A **segunda lei de Fick** descreve a difusão em regime transiente dos átomos, sendo expressa pela equação diferencial:

$$\frac{\partial c}{\partial t} = \frac{\partial}{\partial x}\left(D\frac{\partial c}{\partial x}\right) \tag{5-5}$$

Se estabelecermos que o coeficiente de difusão D não é uma função da posição x e da concentração (c) de espécies em difusão, poderemos escrever uma versão simplificada da segunda lei de Fick, como:

$$\frac{\partial c}{\partial t} = D\left(\frac{\partial^2 c}{\partial x^2}\right) \tag{5-6}$$

A solução dessa equação depende das condições iniciais e de contorno em cada situação específica. Uma das soluções é a seguinte:

$$\frac{c_s - c_x}{c_s - c_0} = \mathrm{erf}\left(\frac{x}{2\sqrt{Dt}}\right) \tag{5-7}$$

em que c_s é a concentração dos átomos na superfície do material, c_0 é a concentração uniforme inicial dos átomos em difusão no material e c_x é a concentração dos átomos no local x, sob a superfície e após o tempo t. Essas concentrações estão na Figura 5-18. Pensou-se em um modelo unidimensional (isto é, os átomos e outras espécies em difusão movem-se apenas na direção x). A função "erf" é a função erro, que pode ser estimada a partir da Tabela 5-3 ou da Figura 5-19. Observe que a maioria das planilhas padrão e outros programas de computador (como o Excel™ e o MATLAB®) também fornecem valores da função erro.

A definição matemática da função erro pode ser expressa como:

$$\mathrm{erf}\,(x) = \frac{2}{\sqrt{\pi}}\int_0^x \exp(-y^2)dy \tag{5-8}$$

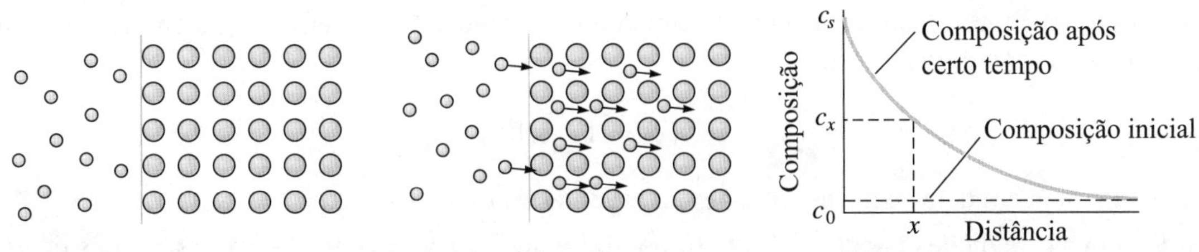

Figura 5-18 Difusão de átomos na superfície de um material ilustrando o uso da segunda lei de Fick.

Tabela 5-3 • Valores da função erro para a segunda lei de Fick

Argumento da função erro $\frac{x}{2\sqrt{Dt}}$	Valor da função erro $\frac{x}{2\sqrt{Dt}}$
0	0
0,10	0,1125
0,20	0,2227
0,30	0,3286
0,40	0,4284
0,50	0,5205
0,60	0,6039
0,70	0,6778
0,80	0,7421
0,90	0,7969
1,00	0,8427
1,50	0,9661
2,00	0,9953

Obs.: Valores da função erro estão disponíveis em vários programas de computador.

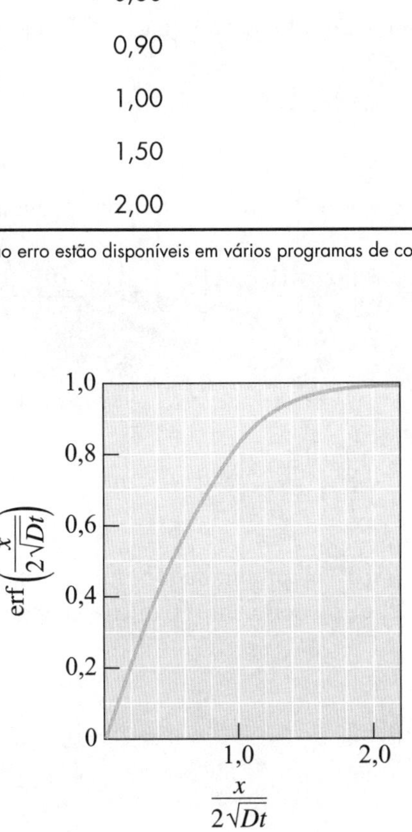

Figura 5-19 Gráfico que mostra o argumento e o valor da função erro encontrados na segunda lei de Fick.

Na Equação 5-8, o termo y é conhecido como argumento da função erro. Podemos, também, definir uma função erro complementar, da seguinte maneira:

$$\text{erfc}(x) = 1 - \text{erf}(x) \tag{5-9}$$

Essa função é utilizada em determinadas soluções da segunda lei de Fick.

De acordo com as condições iniciais e de contorno, diferentes equações descrevem as soluções da segunda lei de Fick. Tais soluções permitem calcular a concentração de uma espécie em difusão em função do tempo (t) e posição (x). A Equação 5-7 é *uma das possíveis soluções* da lei de Fick, e é de grande interesse em materiais, além de descrever a variação de concentração de espécies no material em função do tempo e da distância. Para obter essa solução particular, é necessário que o coeficiente de difusão D permaneça constante e que permaneçam inalteradas as concentrações dos átomos na superfície (c_s) e a uma distância infinita no interior do material (c_0). Ou seja, essa solução descreve a difusão em uma barra semi-infinita com condições de contorno fixas. A segunda lei de Fick fornece a base científica de várias tecnologias de processamento de materiais, incluindo a **cementação**, conforme mostram os exemplos a seguir.

Exemplo 5-7 *Projeto de um tratamento de cementação*

A superfície de uma engrenagem de aço com 0,1% C deve ser endurecida por cementação. Na cementação a gás, as engrenagens de aço são colocadas em atmosfera que mantém uma concentração de 1,2% C na superfície do aço, a uma temperatura elevada (Figura 5-1). Em decorrência dessa condição, o carbono se difunde da superfície para o interior do material. Para obter as propriedades mecânicas do projeto, o aço deve conter 0,45% C a uma profundidade de 2 mm abaixo da superfície. Determine as condições de tratamento térmico por cementação que produza esse perfil de concentração de carbono. Suponha que a temperatura seja suficientemente elevada (maior que 900 °C), para que o ferro tenha uma estrutura CFC.

Solução

Já que consideramos as condições iniciais e de contorno de modo que a Equação 5-7 seja válida, temos:

$$\frac{c_s - c_x}{c_s - c_0} = \text{erf}\left(\frac{x}{2\sqrt{Dt}}\right)$$

Sabemos que $c_s = 1{,}2\%$ C, $c_0 = 0{,}1\%$ C, $c_x = 0{,}45\%$ C e $x = 2$ mm. Por meio da segunda lei de Fick:

$$\frac{c_s - c_x}{c_s - c_0} = \frac{1{,}2\%\text{C} - 0{,}45\%\text{C}}{1{,}2\%\text{C} - 0{,}1\%\text{C}} = 0{,}68 = \text{erf}\left(\frac{2 \times 10^{-3}\,\text{m}}{2\sqrt{Dt}}\right) = \text{erf}\left(\frac{1 \times 10^{-3}\,\text{m}}{\sqrt{Dt}}\right)$$

Pela Tabela 5-3, chegamos à conclusão de que:

$$\frac{1 \times 10^{-3}\,\text{mm}}{\sqrt{Dt}} = 0{,}71 \text{ ou } Dt = \left(\frac{0{,}1}{0{,}71}\right)^2 = 1{,}98 \times 10^{-6}\,\text{m}^2$$

Qualquer combinação de D e t cujo produto seja $1{,}98 \times 10^{-6}$ m^2 produzirá o perfil de concentração desejado. No caso em que o carbono se difunde pelo ferro CFC, o coeficiente de difusão depende da temperatura, conforme se nota na Equação 5-4:

$$D = D_0 \exp\left(\frac{-Q}{RT}\right)$$

Com base na Tabela 5-1:

$$D = 2{,}3 \times 10^{-5} \exp\left[\frac{-1{,}376 \times 10^5 \text{ J/mol}}{\left(8{,}3145 \frac{\text{J}}{\text{mol} \cdot \text{K}}\right)T}\right] = 2{,}3 \times 10^{-5} \exp\left(\frac{-16{,}558}{T}\right)$$

Portanto, a temperatura e o tempo do tratamento térmico estão relacionados por:

$$t = \frac{1{,}98 \times 10^{-6}\text{m}^2}{D} = \frac{1{,}98 \times 10^{-6}\text{m}^2}{2{,}3 \times 10^{-5} \exp(-16{,}558/T)} = \frac{0{,}0861}{\exp(-16{,}558/T)}$$

Eis algumas combinações típicas de temperatura e tempo:

Se T = 900 °C = 1.173 K, então t = 116.273 s = 32,3 h
Se T = 1.000 °C = 1.273 K, então t = 38.362 s = 10,7 h
Se T = 1.100 °C = 1.373 K, então t = 14.876 s = 4,13 h
Se T = 1.200 °C = 1.473 K, então t = 6.560 s = 1,82 h

A escolha da combinação exata de temperatura e tempo vai depender de questões operacionais, como a máxima temperatura que o forno pode alcançar, a velocidade com que as peças devem ser produzidas e a relação custo-benefício entre temperaturas mais elevadas e tempos mais longos. Outro fator importante diz respeito a mudanças microestruturais que ocorrem no restante do material. Assim, por exemplo, enquanto o carbono está se difundindo na superfície, o restante da microestrutura pode apresentar crescimento do tamanho de grãos e outras alterações.

O Exemplo 5-8 mostra que uma das consequências da segunda lei de Fick é que se pode obter o mesmo perfil de concentração para diferentes condições de processamento, desde que o termo Dt seja constante. Isso nos permite determinar o efeito da temperatura sobre o tempo necessário para efetuar um tratamento térmico específico.

Exemplo 5-8 *Projeto de um tratamento térmico mais econômico*

Sabemos que são necessárias 10 horas para cementar adequadamente um lote de 500 engrenagens de aço a 900 °C. Nessa temperatura, o aço tem uma estrutura CFC. Sabemos também que operar o forno de cementação a 900 °C custa 1.000 unidades monetárias por hora e 1.500 por hora caso seja operado a 1.000 °C. É econômico aumentar a temperatura de cementação para 1.000 °C? Que outros fatores devem ser considerados?

Solução

Mais uma vez, assumimos que podemos usar a solução da segunda lei de Fick dada pela Equação 5-7:

$$\frac{c_s - c_x}{c_s - c_0} = \text{erf}\left(\frac{x}{2\sqrt{Dt}}\right)$$

As temperaturas de interesse são 900 °C = 1.173 K e 1.000 °C = 1.273 K. Para obter em 1.000 °C o mesmo tratamento por cementação obtido com 900 °C:

$$D_{1.273}\, t_{1.273} = D_{1.173}\, t_{1.173}$$

No caso do carbono em difusão pelo ferro CFC, a energia de ativação é de 1,376 × 10^5 J/mol. Como estamos interessados na comparação de razões de tempo, não importa se pretendemos utilizar horas ou segundos como unidade de tempo. É sempre importante, porém, empregar unidades coerentes. Portanto, vamos considerar o tempo em segundos (s). Observe que as temperaturas precisam ser convertidas em Kelvin.

$$D_{1.273}t_{1.273} = D_{1.173}t_{1.173}$$

$$D = D_0 \exp(-Q/RT)$$

$$t_{1.273} = \frac{D_{1.173}t_{1.173}}{D_{1.273}}$$

$$= \frac{D_0 \exp\left[-\dfrac{1{,}376 \times 10^5 \frac{\text{J}}{\text{mol}}}{\left(8{,}3145 \frac{\text{J}}{\text{mol}\cdot\text{K}}\right)(1.173\ \text{K})}\right](10\ \text{h})(3.600\ \text{s/h})}{D_0 \exp\left[-\dfrac{1{,}376 \times 10^5 \frac{\text{J}}{\text{mol}}}{\left(8{,}3145 \frac{\text{J}}{\text{mol}\cdot\text{K}}\right)(1.273\ \text{K})}\right]}$$

$$t_{1.273} = \frac{\exp(-14{,}1156)(10)(3.600)}{\exp(-13{,}0068)}$$

$$= 11.878\ \text{s}$$

$$t_{1.273} = 3{,}299\ \text{h} = 3\ \text{h e } 18\ \text{min}$$

Veja que, na verdade, não precisamos do termo pré-exponencial D_0, já que foi cancelado.

A 900 °C, o custo por peça é ($ 1.000/h) (10 h) / 500 peças = $ 20/peça. A 1.000 °C, o custo por peça é ($ 1.500/h) (3,299 h) / 500 peças = $ 9,90/peça.

Se considerarmos apenas o custo de operação do forno, a elevação da temperatura vai reduzir o custo do tratamento térmico das engrenagens e aumentar o ritmo de produção. Outro fator que deve ser considerado, porém, é se o tratamento térmico a 1.000 °C poderia causar alguma outra alteração microestrutural. Assim, por exemplo, o aumento de temperatura faria os grãos crescerem significativamente? Em caso afirmativo, estaríamos diminuindo a resistência do material como um todo. A maior temperatura poderia afetar a vida útil dos equipamentos, tal como o próprio forno e seus acessórios? Quanto tempo levaria o processo de resfriamento? O resfriamento a partir de temperaturas mais altas poderia causar tensões residuais? O produto ainda iria satisfazer as outras especificações? É preciso ao menos considerar esses aspectos. O fato é que, como engenheiros, precisamos garantir não só que a solução proposta seja técnica e economicamente viável, como também que leve em conta o sistema geral de produção. Quase sempre as boas soluções são simples, resolvem os problemas do momento e não criam outras dificuldades.

Exemplo 5-9 *Fabricação de dispositivos de silício*

Dispositivos como transistores são fabricados por meio da dopagem de semicondutores. O coeficiente de difusão do fósforo no Si é $D = 6{,}5 \times 10^{-17}$ m²/s a uma temperatura de 1.100 °C. Considere que a fonte oferece uma concentração de superfície de 10^{29} átomos/m³ e que o tempo de difusão é uma hora. Considere, também, que o *wafer* de silício não contém P inicialmente.

Calcule a profundidade em que a concentração de P será 10^{24} átomos/m³. Indique as hipóteses que você levantou ao resolver este problema.

Solução

Assumimos que podemos usar uma das soluções da segunda lei de Fick (ou seja, a Equação 5-7):

$$\frac{c_s - c_x}{c_s - c_0} = \text{erf}\left(\frac{x}{2\sqrt{Dt}}\right)$$

Usaremos as concentrações em átomos/m^3, tempo em segundos e D em m^2/s. Note que o lado esquerdo é adimensional. Portanto, desde que usemos concentrações nas mesmas unidades para c_s, c_x e c_0, não importa quais sejam essas unidades.

$$\frac{c_s - c_x}{c_s - c_0} = \frac{10^{26}\,\frac{\text{átomos}}{\text{m}^3} - 10^{24}\,\frac{\text{átomos}}{\text{m}^3}}{10^{26}\,\frac{\text{átomos}}{\text{m}^3} - 0\,\frac{\text{átomos}}{\text{m}^3}} = 0{,}99$$

$$= \text{erf}\left[\frac{x}{2\sqrt{\left(6{,}5 \times 10^{-17}\,\frac{\text{m}^2}{\text{s}}\right)(3.600\ s)}}\right]$$

$$= \text{erf}\left(\frac{x}{9{,}67 \times 10^{-7}}\right)$$

Segundo os valores da função erro da Tabela 5-3 (ou de sua calculadora/computador), se erf(z) = 0,99, $z = 1{,}82$; portanto,

$$1{,}82 = \frac{x}{9{,}67 \times 10^{-7}}$$

ou

$$x = 1{,}76 \times 10^{-6}\ \text{m}$$

ou

$$x = (1{,}76 \times 10^{-6}\ \text{m})$$
$$x = 1{,}76\ \mu\text{m}$$

Note que expressamos a resposta final em micrômetros, já que essa é a escala de comprimento apropriada para essa aplicação. As principais hipóteses que levantamos são (1) o valor D não muda enquanto o fósforo é incorporado ao *wafer* de silício e (2) a difusão de P é somente em uma dimensão (ou seja, ignoramos qualquer difusão lateral).

Limitações quanto à aplicação da solução da função erro, dada pela Equação 5-7

Observe que na equação que descreve a segunda lei de Fick (Equação 5-7):

(a) Supõe-se que D é independente da concentração das espécies em difusão.

(b) A concentração de superfície das espécies em difusão (c_s) é sempre constante.

Existem situações nas quais essas condições podem não ser atendidas e, portanto, a evolução do perfil de concentração não será prevista pela solução da função erro, mostrada na Equação 5-7. Se as condições de contorno forem distintas das que assumimos, deverão ser utilizadas soluções diferentes da segunda lei de Fick.

5-9 Difusão e processamento de materiais

Discutimos brevemente as aplicações da difusão no processamento de materiais na Seção 5-1. Muitos exemplos importantes relacionados a solidificação, transformações de fases, tratamentos térmicos etc. serão discutidos nos próximos capítulos. Nesta seção, apresentamos mais informações para destacar a importância da difusão no processamento de materiais projetados. Os processos de difusão se tornam muito importantes quando os materiais são usados ou processados sob temperaturas elevadas.

Fusão e fundição Um dos métodos mais usados para processar metais, ligas, muitos plásticos e vidros envolve a fusão e fundição dos materiais em um formato desejado. A difusão tem um papel especialmente importante na solidificação de metais e ligas. Durante a formação de monocristais de semicondutores, por exemplo, precisamos garantir que as diferenças na difusão de dopantes nas formas derretida e sólida sejam levadas em conta. Isso também se aplica à difusão de elementos durante a fundição de ligas. Da mesma forma, a difusão tem um papel crítico no processamento de vidros. Em vidros inorgânicos, por exemplo, contamos com o fato de que a difusão é lenta e que os vidros inorgânicos não se cristalizam facilmente. Vamos examinar esse assunto mais a fundo no Capítulo 9.

Sinterização Embora os métodos de fundição e fusão sejam muito populares entre vários materiais manufaturados, os pontos de fusão de muitas cerâmicas e materiais metálicos são altos demais para o processamento por fusão e fundição. Esses materiais relativamente refratários são fabricados em formatos úteis por um processo que exige a consolidação de pequenas partículas de um pó em uma massa sólida (Capítulo 15). A **sinterização** é o tratamento de alta temperatura que faz com que as partículas se unam, reduzindo gradualmente o volume de espaço poroso entre elas. A sinterização é uma etapa frequente na fabricação de componentes cerâmicos (por exemplo, alumina, titanato de bário etc.), bem como na produção de partes metálicas através da **metalurgia do pó** – uma rota de processamento por meio da qual pós são pressionados e sinterizados em componentes densos e monolíticos. Uma variedade de materiais compósitos, como ferramentas de corte à base de carboneto de tungstênio-cobalto, são produzidos com essa técnica. Com partículas mais finas, muitos átomos ou íons permanecem na superfície em que as ligações atômicas ou iônicas não estão satisfeitas. Como resultado, um conjunto de partículas finas de uma determinada massa tem mais energia do que um material sólido coeso da mesma massa. Portanto, a força propulsora para a sinterização em estado sólido de metais e cerâmicas em pó é a *redução da área de superfície total* das partículas de pó. Quando um material em pó é compactado em um determinado formato, as partículas de pó estão em contato umas com as outras em inúmeros locais, com uma quantidade significativa de espaço poroso entre elas. Para reduzir a energia total do material, os átomos se difundem para os pontos de contato, unindo as partículas e fazendo com que os poros encolham com o tempo.

A difusão de rede da massa de partículas na região do pescoço causa o adensamento. A difusão de superfície, a difusão de fase de gás ou vapor e a difusão de rede de superfícies curvas na região do pescoço entre partículas não levam ao adensamento (Capítulo 15). Se houver sinterização durante um longo período de tempo, os poros podem ser em grande parte eliminados e o material se tornará denso (Figura 5-20). Na Figura 5-21, são mostradas

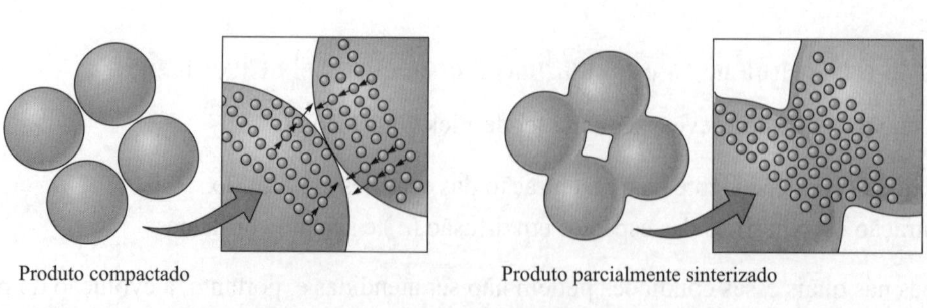

Figura 5-20 Processo de difusão durante a sinterização e a metalurgia do pó. Os átomos se difundem para os pontos de contato, criando ligações ou pescoços e reduzindo o tamanho dos poros.

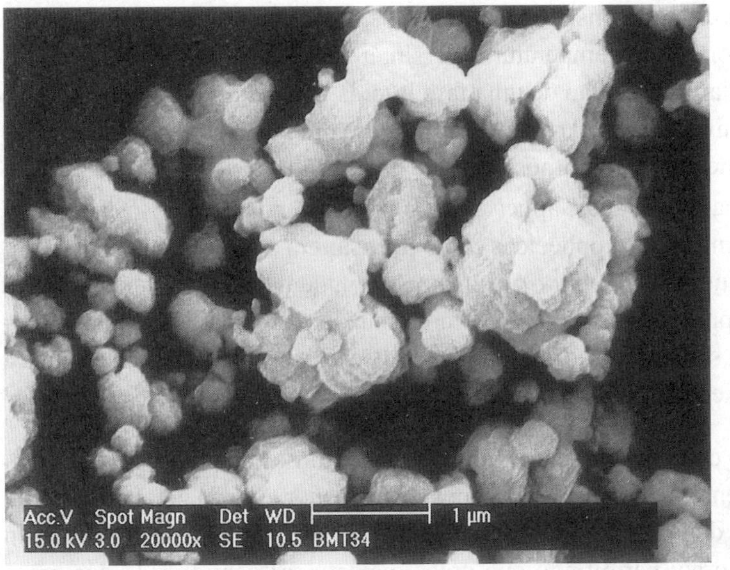

Figura 5-21 Partículas de pó de tantalato de bário e magnésio (BMT) [$Ba(Mg_{1/3}Ta_{2/3})O_3$] são exibidas. Esse material cerâmico é útil para fabricar componentes eletrônicos conhecidos como ressonadores dielétricos, que são usados na comunicação sem fio. (*Cortesia de H. Shirey.*)

partículas de pó de um material cerâmico conhecido como tantalato de bário e magnésio [$Ba(Mg_{1/3}Ta_{2/3})O_3$ ou BMT na sigla em inglês]. Esse material cerâmico é útil para fabricar componentes eletrônicos conhecidos como *ressonadores dielétricos*, usados em sistemas de comunicação sem fio. A microestrutura da cerâmica BMT é mostrada na Figura 5-22, que também é a imagem de abertura deste capítulo. Essas cerâmicas são produzidas por meio da compactação dos pós em uma prensa e da sinterização do compacto sob alta temperatura (~1.500 °C).

A extensão e a taxa de sinterização dependem de (a) densidade inicial dos corpos compactados; (b) temperatura; (c) período; (d) mecanismo de sinterização; (e) tamanho médio da partícula; (f) distribuição de tamanho das partículas de pó. Em algumas situações, forma-se uma fase líquida em regiões localizadas do material enquanto a sinterização está em curso. Já que a difusão das espécies, como átomos e íons, é mais rápida em líquidos do que no estado sólido, a presença de uma fase líquida pode gerar uma forma conveniente de acelerar a sinterização de muitas formulações de metais refratários e cerâmicas. O processo em que uma pequena quantidade de líquidos se forma e ajuda no adensamento é conhecido como **sinterização com fase líquida**. Para que a fase líquida seja eficiente para aprimorar a sinterização, é importante ter um líquido que possa "molhar" os grãos, da mesma forma que a água molha uma superfície de vidro. Se o líquido não molhar, assim como o mercúrio não molha o vidro, a

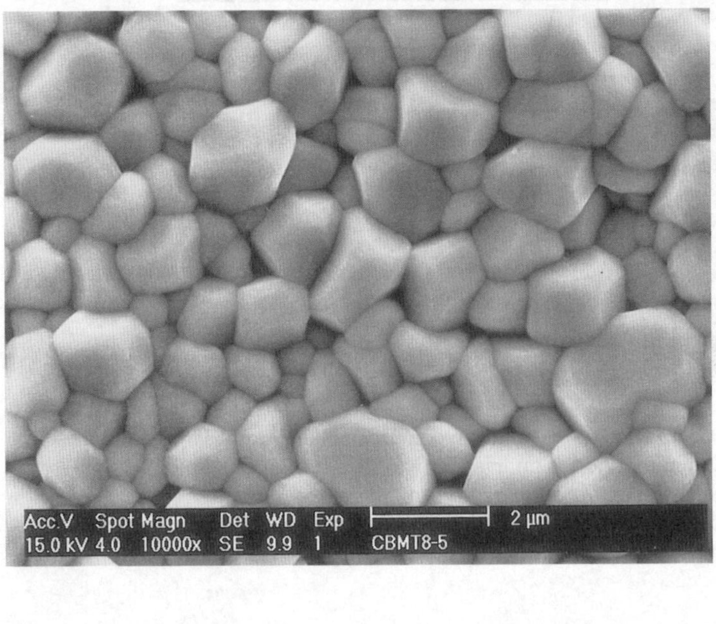

Figura 5-22 A microestrutura das cerâmicas de BMT obtidas por compactação e sinterização dos pós de BMT. (*Cortesia de H. Shirey.*)

fase líquida não ajudará a melhorar a sinterização. Em alguns casos, compostos específicos são adicionados aos materiais para fazer com que a fase líquida se forme nas temperaturas de sinterização. Em outras situações, as impurezas podem reagir com o material e ocasionar a formação de uma fase líquida. Na maioria das aplicações, é desejável que a fase líquida seja temporária ou convertida em um material cristalino durante o resfriamento. Desse modo, uma fase amorfa vítrea e frágil não permanece nos contornos de grão.

Quando são necessárias densidades excepcionalmente altas, aplica-se uma pressão (uniaxial ou isostática) enquanto o material está sendo sinterizado. Essas técnicas são conhecidas como **prensagem a quente**, quando a pressão é unidirecional, ou **prensagem isostática a quente** (HIP, *hot isostatic pressing*), quando a pressão é isostática (isto é, aplicada em todas as direções). Muitas superligas e cerâmicas, como o tintanato zirconato de chumbo modificado com lantânio (PLZT, na sigla em inglês), são processadas usando essas técnicas. A prensagem isostática a quente gera materiais com alta densidade e propriedades isotrópicas (Capítulo 15).

Crescimento de grão Um material policristalino contém um grande número de contornos de grão, que representam áreas com alta energia devido ao empacotamento ineficiente dos átomos. Uma menor energia geral no material é obtida caso a quantidade de regiões de contorno de grãos seja reduzida pelo crescimento de grão. O **crescimento de grão** envolve o movimento de contornos de grão, permitindo que grãos maiores cresçam à custa dos grãos menores (Figura 5-23). Se você já viu espuma, provavelmente já viu o princípio do crescimento de grão! O crescimento de grão é parecido com a forma com que as bolhas menores da espuma desaparecem à custa das bolhas maiores. Para o crescimento de grão em materiais, é preciso ter uma difusão dos átomos em torno do contorno do grão e, consequentemente, o crescimento de grão está relacionado com a energia de ativação necessária para que um átomo pule sobre o contorno. O aumento no tamanho do grão pode ser visto na sequência de micrografias de cerâmicas de alumina mostrada na Figura 5-23. Outro exemplo em que o crescimento de grão desempenha um

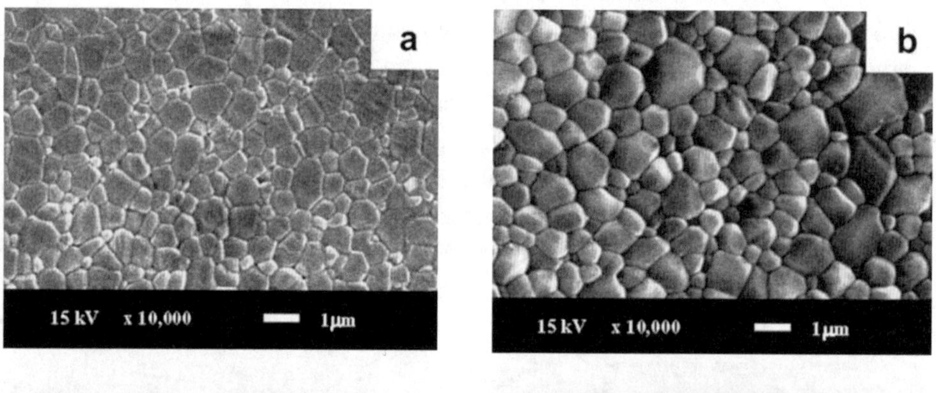

Figura 5-23 Micrografias eletrônicas de varredura de compactos de alumina sinterizados em um forno atmosférico a 1.350 °C com uma taxa de aquecimento ideal de 10 °C/min e períodos de imersão variados de: (a) 0,5 h; (b) 1 h; (c) 2 h; (d) 5 h. (*Reimpresso de* Current Applied Physics. *Chutinan Promdej, Varong Pavarajarn, Shigetaka Wada, Thanakorn Wasanapiarnpong, Tawatchai Charinpanitkul. "Effect of hot isostatically pressed sintering on microstructure of translucent alumina compact", v. 9, n. 5., p. 960-966. Copyright 2009, com permissão da Elsevier.*)

papel importante é no filamento de tungstênio de uma lâmpada. À medida que o filamento de tungstênio fica mais quente, os grãos crescem, fazendo com que ele fique mais fraco. Esse crescimento de grão, a evaporação do tungstênio e a oxidação por meio de uma reação com o oxigênio restante contribuem para o colapso dos filamentos de tungstênio em uma lâmpada.

A **força motriz** do crescimento de grão é a redução da área do contorno do grão. Os contornos de grãos são defeitos e sua presença faz com que a energia livre do material aumente. Assim, a tendência termodinâmica de materiais policristalinos é se transformar em materiais que tenham maior tamanho médio de grão. Altas temperaturas ou baixas energias de ativação aumentam o tamanho dos grãos. Muitos tratamentos térmicos de metais, que incluem manter o metal em altas temperaturas, devem ser cuidadosamente controlados para *evitar* o crescimento de grão excessivo. O motivo é que, à medida que o tamanho médio do grão aumenta, a área de contorno do grão diminui e há, consequentemente, menos resistência ao movimento das discordâncias. Como resultado, a resistência de um material metálico diminui com o aumento do tamanho do grão. Já vimos esse conceito antes na forma da equação de Hall-Petch (Capítulo 4). No **crescimento de grão normal**, o tamanho médio do grão aumenta de forma constante e a amplitude da distribuição do tamanho do grão não é afetada gravemente. No **crescimento de grão anormal**, a distribuição do tamanho do grão tende a se tornar bimodal (isto é, temos alguns grãos muito grandes e outros que continuam relativamente pequenos). Certas propriedades elétricas, magnéticas e ópticas dos materiais também dependem do tamanho dos grãos dos materiais. Como resultado, no processamento dos materiais, deve-se prestar atenção aos fatores que afetam as taxas de difusão e crescimento de grão.

Soldagem por difusão Um método usado para unir materiais, chamado de **soldagem por difusão**, ocorre em três etapas (Figura 5-24). A primeira delas une as duas superfícies por compressão a uma alta temperatura e pressão, achatando a superfície, fragmentando impurezas e produzindo uma alta região de contato entre átomos. Como as superfícies permanecem unidas em altas temperaturas, os átomos se difundem ao longo dos contornos de grão para os vazios restantes. Os átomos se condensam e reduzem o tamanho dos vazios na interface. Já que a difusão do contorno de grão é rápida, essa segunda etapa deve ocorrer rapidamente. Com o tempo, no entanto, o crescimento do grão isola os vazios restantes dos contornos. Para a terceira etapa – eliminação final dos vazios –, a difusão do volume, que é comparativamente mais lenta, deve ocorrer. O processo de soldagem por difusão normalmente é usado para unir metais reativos, como o titânio, metais e materiais diferentes e cerâmicas.

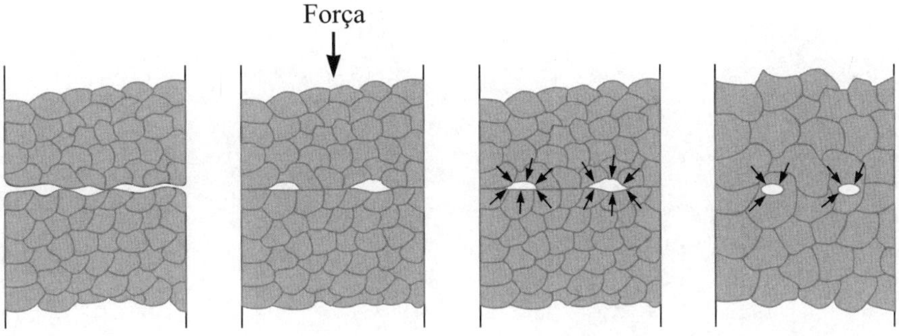

Figura 5-24 As etapas da soldagem por difusão: (a) inicialmente, a área de contato é pequena; (b) a aplicação de pressão deforma a superfície, aumentando a área de contato; (c) a difusão por contorno de grão permite que os vazios encolham; (d) eliminação final dos vazios requer difusão por volume.

Alguns materiais podem se tornar frágeis quando as temperaturas estiverem baixas e/ou as taxas de deformação estiverem altas. A composição química específica do aço usado no *Titanic* e as tensões associadas com a fabricação e a fragilização desse aço quando sujeito a temperaturas mais baixas foram identificadas como fatores que contribuíram para a falha do casco do navio. (*John Parrot/Stocktrek Images/Getty Images.*)

capítulo 6

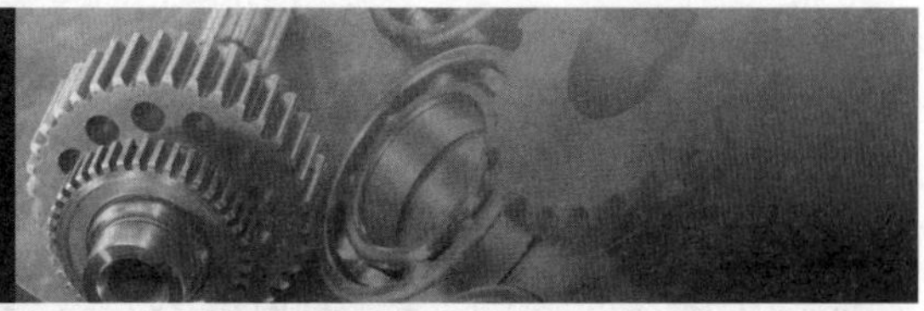

Propriedades mecânicas: Parte um

VOCÊ JÁ SE PERGUNTOU?

- Por que a massinha de brinquedo chamada de Silly Putty®[1] se deforma bastante quando tracionada lentamente, mas se rompe quando puxada de forma rápida?
- Por que é possível apoiar um caminhão sobre quatro xícaras de cerâmica, apesar de essas mesmas xícaras poderem se quebrar facilmente ao caírem no chão?
- Quais fatores, relacionados aos materiais, desempenharam um papel importante no naufrágio do *Titanic*?
- Quais fatores, também associados aos materiais, foram determinantes no acidente com o ônibus espacial *Challenger*, em 1986?

OBJETIVOS DE APRENDIZAGEM DO CAPÍTULO

Os principais objetivos deste capítulo são

- Identificar as características mais importantes de uma curva de tensão-deformação (módulo elástico, tensão de escoamento, resistência máxima à tração, estricção, deformação até a fratura, região elástica, região plástica, tenacidade).
- Construir uma curva de tensão-deformação, utilizando dados de carga e deslocamento, e calcular a ductilidade da amostra.
- Calcular tensão e deformação verdadeiras e as de engenharia e explicar por que existem estes dois sistemas de tensão e deformação.
- Prever como as propriedades mecânicas de um material irão modificar-se quando forem utilizadas diferentes temperaturas e taxas de deformação.
- Calcular a resistência mecânica e o módulo elástico para um material sujeito a um ensaio de flexão.
- Definir a propriedade de dureza dos materiais e explicar como ela é medida em diversas escalas.
- Explicar por que vidros metálicos são extraordinariamente resistentes, porém, frágeis.

[1] N.R.T.: Brinquedo de origem norte-americana bastante conhecido, feito de um polímero à base de silicone, altamente deformável e substituto da borracha natural.

As propriedades mecânicas dos materiais dependem da composição química e da microestrutura. Nos Capítulos 2, 3 e 4, vimos que a composição, a natureza das ligações, a estrutura cristalina e os defeitos (como discordâncias, contornos dos grãos etc.) de um material têm grande influência na resistência mecânica e na ductilidade dos materiais metálicos. Neste capítulo, vamos analisar outros fatores que afetam as propriedades mecânicas dos materiais, como por exemplo as baixas temperaturas que fragilizam vários metais e polímeros. Dois acidentes com ônibus espaciais estiveram associados ao comportamento dos materiais: as baixas temperaturas existentes na atmosfera contribuíram para aumentar a fragilidade do polímero utilizado em anéis de vedação, nos propulsores dos foguetes, causando o acidente do ônibus espacial *Challenger*, em 1986. Além desse, a perda do ônibus espacial *Columbia*, em 2003, deveu-se ao impacto de fragmentos sobre as placas cerâmicas e à falha de compósitos carbono-carbono. Da mesma maneira, a composição química do aço empregado no *Titanic* e as tensões residuais associadas ao processo de fabricação resultaram num aço pouco tenaz para aplicação em águas muito frias. Esses fatores contribuíram para as extensas avarias no casco do navio. Além disso, alguns pesquisadores demonstraram que o uso de rebites pouco resistentes e falhas de projeto também favoreceram o naufrágio.

O principal objetivo deste capítulo é apresentar os conceitos básicos associados às propriedades mecânicas dos materiais. Aprenderemos termos básicos, como dureza, tensão, deformação, deformação elástica e plástica, viscoelasticidade, taxa de deformação etc. Vamos analisar também alguns dos procedimentos principais de ensaios de materiais que os engenheiros utilizam para avaliar várias dessas propriedades. Esses conceitos serão aplicados em casos reais de engenharia.

6.1 Importância tecnológica

As propriedades mecânicas dos materiais são fundamentais em muitas tecnologias, sejam elas emergentes ou tradicionais. Na produção de aviões, as ligas de alumínio ou os compósitos reforçados com carbono usados em componentes aeronáuticos devem ser leves, resistentes e capazes de suportar cargas mecânicas cíclicas durante longos períodos. Os aços utilizados na construção de estruturas, como edifícios e pontes, devem ter resistências adequadas, de modo que não comprometam a segurança das edificações. Os plásticos empregados na fabricação de tubos, válvulas, pisos e outros elementos estruturais também devem ter resistência mecânica apropriada. Outros materiais, como o grafite pirolítico e as ligas de cobalto-cromo, utilizadas em próteses de válvulas cardíacas, não podem falhar. Por outro lado, o desempenho de bolas de beisebol, tacos de críquete, raquetes de tênis, tacos de golfe, esquis e outros equipamentos esportivos dependem não só da resistência mecânica e da densidade de seus materiais constituintes, como também da sua capacidade de resistir ao impacto. Esses exemplos mostram a importância das propriedades mecânicas nas aplicações em que está presente a função estrutural.

Em várias outras aplicações, as propriedades mecânicas dos materiais também desempenham papel importante, mesmo que sua função principal seja elétrica, magnética, óptica ou mesmo biológica. Uma fibra óptica deve apresentar resistência para suportar as tensões mecânicas decorrentes do seu uso. Uma liga de titânio biocompatível usada como implante ósseo deve ter resistência suficiente para se manter íntegra no corpo humano durante muitos anos sem falhar. O revestimento das lentes ópticas deve resistir à abrasão mecânica de arranhões. Uma liga de alumínio ou um substrato de vitrocerâmica, usados para construir as bases dos discos rígidos magnéticos, devem ter resistência suficiente para não quebrar ou trincar durante o funcionamento do disco, que requer rotação em altas velocidades. Da mesma forma, os invólucros empregados para encapsular chips semicondutores e os filmes finos sobre os chips devem suportar tensões mecânicas de origem térmica resultantes do aquecimento e resfriamento de componentes eletrônicos. A robustez mecânica de pequeninos dispositivos fabricados utilizando nanotecnologia também é importante. Os vidros planos usados em automóveis e em edifícios devem ter uma resistência adequada contra a fratura e o estilhaçamento. Muitos componentes feitos de polímeros, metais e cerâmicas devem exibir rigidez e resistência mecânica apropriadas à temperatura ambiente, mas, dependendo da situação, também em temperaturas relativamente altas ou muito baixas.

Nas aplicações sujeitas a cargas mecânicas estruturais, selecionam-se os materiais pela compatibilidade de suas propriedades mecânicas com as especificações de projeto e as condições de serviço. A primeira etapa do processo de seleção requer análise da aplicação para determinar as características mais importantes. O material deve ser resistente, rígido ou dúctil? O componente estará sujeito a tensões elevadas ou a forças intensas e súbitas, exposto a temperaturas elevadas, a solicitações cíclicas ou ainda a condições corrosivas ou abrasivas? Uma vez conhecidas as propriedades necessárias, pode-se fazer uma seleção preliminar do material por meio de bancos de dados. É preciso, porém, saber como obter as propriedades nesses bancos, entender o que elas significam e compreender que foram determinadas a partir de ensaios idealizados, que podem não se ajustar exatamente às aplicações reais de engenharia. Materiais com a mesma composição química podem ter propriedades mecânicas muito diferentes, determinadas pela sua microestrutura. Além disso, mudanças na temperatura, a natureza cíclica das tensões aplicadas, as alterações químicas causadas pela oxidação, corrosão ou erosão, as mudanças microestruturais causadas pela temperatura, a ação de eventuais defeitos introduzidos durante a fabricação (como em operações de usinagem, soldagem e corte) e outros fatores podem alterar o comportamento mecânico dos materiais.

As propriedades mecânicas dos materiais devem ser compreendidas, ainda, para que seja possível produzir materiais em formas úteis, empregando técnicas de processamento mecânico. A **conformação mecânica** requer entendimento detalhado das propriedades mecânicas em diferentes temperaturas e condições de solicitação. Também é preciso compreender como essas técnicas podem modificar as propriedades dos materiais, por exemplo, tornando um metal mais forte ou mais fraco do que era antes do processamento.

Nas próximas seções, iremos definir os termos empregados na descrição das propriedades mecânicas de materiais de engenharia. Serão abordados os vários testes empregados para determinar as principais propriedades dos materiais.

6-2 Terminologia das propriedades mecânicas

Podemos encontrar diferentes tipos de solicitações mecânicas ao lidarmos com as propriedades mecânicas dos materiais. Em geral, define-se **tensão** como a carga mecânica que age na unidade de área sobre a qual essa carga foi aplicada. A Figura 6-1(a) mostra as solicitações de tração, compressão e cisalhamento. A **deformação** é definida como a alteração de tamanho por unidade de comprimento. A tensão é normalmente expressa em Pa (Pascal), enquanto a deformação não tem dimensão, podendo, entretanto, ser expressa em in/in ou cm/cm.

As tensões de tração e de compressão são tensões normais. A tensão normal ocorre quando a força aplicada atua perpendicularmente à área de interesse. A tensão causa o alongamento na direção da força aplicada, ao passo que a compressão causa o encurtamento. Uma tensão de cisalhamento surge quando a força aplicada atua em uma direção paralela à área de interesse. Muitas aplicações que suportam cargas envolvem tensões de tração ou

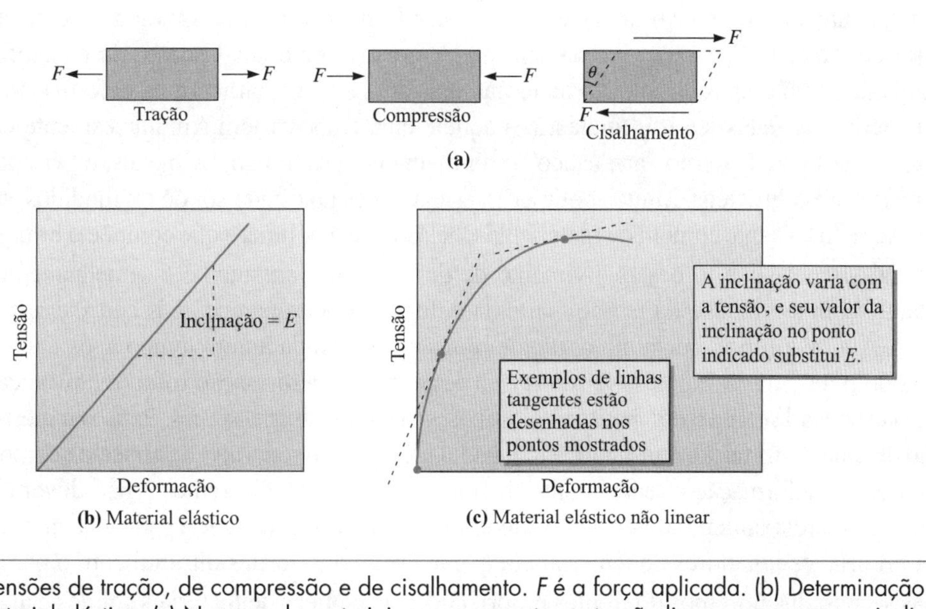

Figura 6-1 (a) Tensões de tração, de compressão e de cisalhamento. *F* é a força aplicada. (b) Determinação do módulo de Young para um material elástico. (c) No caso de materiais com comportamento não linear, emprega-se a inclinação local da tangente como estimativa do módulo de Young.

compressão. As tensões cisalhantes são geralmente encontradas no processamento de materiais, durante as etapas de conformação mecânica, tal como a extrusão de polímeros. Entretanto, podem ocorrer também nas aplicações estruturais, como numa viga. Ressaltamos que mesmo uma simples tensão trativa aplicada em uma direção poderá causar tensões cisalhantes em outras direções do componente (veja, por exemplo, a lei de Schmid, no Capítulo 4).

Define-se a **deformação elástica** como uma deformação reversível, resultado de uma tensão aplicada. A deformação será *elástica* se ocorrer simultaneamente com a tensão aplicada. Ela permanecerá enquanto a tensão estiver presente e desaparecerá assim que a tensão for removida. Os corpos sólidos sujeitos apenas à deformação elástica não têm suas dimensões geométricas alteradas permanentemente, isto é, voltam à forma original após a tensão ter sido removida. Imagine que uma mola rígida de metal seja ligeiramente esticada e depois liberada. Se a mola voltar rapidamente às suas dimensões originais, a deformação observada será elástica.

Em muitos materiais, a tensão e a deformação elástica têm uma relação linear. A inclinação de uma curva tensão-deformação referente à tração, no regime linear, define o **módulo de Young** ou **módulo de elasticidade** (E) do material [Figura 6-1(b)]. Valores de E são medidos em Pascal (Pa), que é a mesma unidade de tensão. Podem-se observar grandes deformações nos **elastômeros**, como a borracha natural e o silicone, para os quais a relação entre deformação e tensão é não linear. Nos elastômeros, a alta deformação é consequência do enrolar e desenrolar de grandes moléculas, que assim desempenham um papel semelhante ao de molas (veja o Capítulo 16). Nesses materiais utiliza-se a inclinação da tangente num dado ponto da curva e essa inclinação é considerada o parâmetro substituto do módulo de Young [Figura 6-1(c)]. Define-se o **módulo de cisalhamento** (G) como a inclinação da parte linear da curva tensão cisalhante-deformação cisalhante.

A deformação permanente de um material é conhecida como **deformação plástica**. Nesse caso, quando a tensão é removida, o material *não* volta à forma original. Um amassado na lataria de um automóvel é uma deformação plástica. Observe que, nesse caso, a palavra “plástica” não se refere à deformação em um material polimérico, mas à deformação permanente em qualquer material.

A taxa com que a deformação é imposta em um material é definida como **taxa de deformação**. A unidade da taxa de deformação é s^{-1}. Veremos mais adiante, neste mesmo capítulo, que a taxa com que um material é deformado influencia a resposta mecânica dos materiais. De fato, muitos materiais considerados dúcteis comportam-se como sólidos frágeis quando as taxas de deformação são elevadas. O polímero de silicone que compõe o brinquedo Silly Putty® é um exemplo desse tipo de material. Quando as taxas de deformação são pequenas, o Silly Putty® pode demonstrar considerável ductilidade. Porém, ao ser alongado rapidamente (com elevadas taxas de deformação), não é possível desemaranhar e alongar as grandes moléculas poliméricas, e assim, o material se rompe. Quando os materiais são submetidos a altas taxas de deformação, dá-se o nome de **carregamento por impacto** à solicitação mecânica.

Num **material viscoso**, a deformação correspondente à tensão aplicada só atinge seu valor estável após certo tempo. Além desse fato, quando a tensão é retirada, ele não volta à forma original. Desse modo, existe uma defasagem de tempo entre a aplicação da tensão e a resposta da deformação para os materiais viscosos. Isso significa que o material permanece deformado mesmo após a remoção da tensão aplicada, ou seja, também há deformação plástica. Pode-se considerar um material **viscoelástico** (ou **anelástico**) aquele cuja resposta tem simultaneamente características dos materiais viscosos e elásticos. O termo “anelástico” é normalmente usado para os metais, e “viscoelástico” costuma ser associado a materiais poliméricos. Muitos polímeros, estejam eles no estado sólido ou fundidos, são viscoelásticos. Novamente, um exemplo bastante comum de material viscoelástico é o polímero que compõe o brinquedo Silly Putty®.

Em um material viscoelástico, o desenvolvimento da deformação permanente é semelhante ao de um material viscoso. No entanto, com a remoção da tensão, parte da deformação desaparece após certo tempo, ao contrário dos materiais viscosos. Assim, a forma inicial do corpo de prova é recuperada algum tempo após a tensão, que causou a deformação, ter sido removida. A Figura 6-2 descreve a resposta em deformação (efeito) em função do tempo com relação a uma tensão aplicada (causa) em materiais elásticos, viscosos e viscoelásticos. Para os materiais viscoelásticos, com a imposição de uma deformação constante, a redução da tensão com o tempo é conhecida como **relaxamento de tensão**. Recuperação da deformação e relaxamento de tensão são termos diferentes e não devem ser confundidos. Um exemplo comum de relaxamento de tensão é encontrado nas cordas de náilon esticadas numa raquete de tênis. Por experiência própria, os jogadores de tênis sabem que a tensão das cordas diminui com o passar do tempo.

Nas próximas seções, discutiremos diferentes propriedades mecânicas de materiais sólidos e alguns dos métodos dos ensaios utilizados para avaliar essas propriedades.

6-3 Ensaio de tração: uso da curva tensão-deformação

O **ensaio de tração** é bastante difundido, pois as propriedades mecânicas obtidas são aplicadas no projeto de diferentes estruturas. Esse ensaio mede a resistência de um material a um carregamento mecânico estático ou aplicado lentamente. As taxas de deformação em um ensaio de tração em geral são reduzidas (10^{-4} a 10^{-2} s^{-1}). A Figura 6-3 mostra o esquema da máquina empregada nesse ensaio. Os corpos de prova comuns têm diâmetro

	Comentários	**Materiais**
(a) Ciclo de tensão 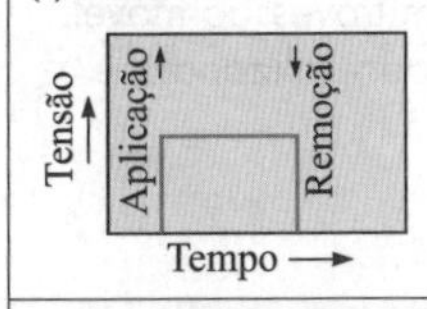	É aplicada uma tensão ao corpo de prova, que depois é removida.	
Respostas em deformação (tensão imposta) 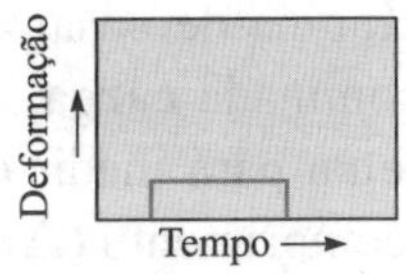	Sólido elástico ideal: apenas deformação elástica.	Metais (abaixo do limite de escoamento), termoplásticos (em temperaturas bem abaixo da de transição vítrea, T_g), termofixos, cerâmicas e vidros.
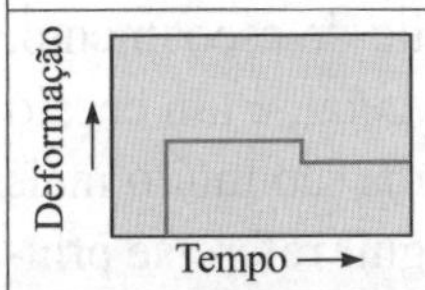	Deformação elástica e plástica: a deformação elástica desaparece ao remover a tensão, mas a deformação plástica é permanente.	Materiais dúcteis acima do limite de escoamento.
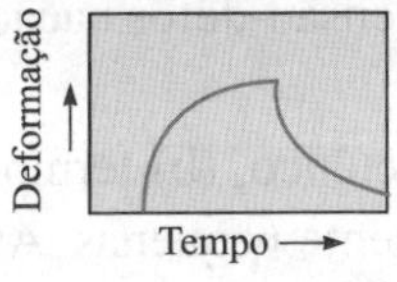	Viscoelasticidade: com a aplicação da tensão há deformação elástica instantânea, seguida por uma deformação viscoelástica que aumenta com o tempo. A componente viscosa desaparece lentamente após a remoção da tensão aplicada. Junto à deformação viscoelástica, pode ocorrer também alguma deformação plástica.	Termoplásticos em temperaturas próximas de T_g.
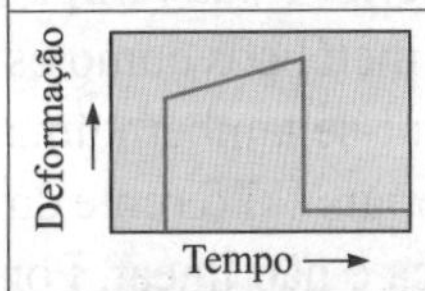	Elasticidade das borrachas: grande deformação elástica e pequena deformação plástica.	Elastômeros (borrachas) e alguns termoplásticos em temperaturas acima da região viscoelástica.
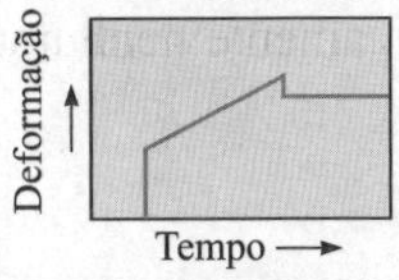	Comportamento viscoso semelhante ao de líquidos viscosos. O escoamento plástico aumenta com o tempo; pequena recuperação elástica ao remover a tensão.	Termoplásticos e vidros bem acima de T_g; alguns metais aquecidos acima da metade da temperatura absoluta de fusão (0,5 T_m).
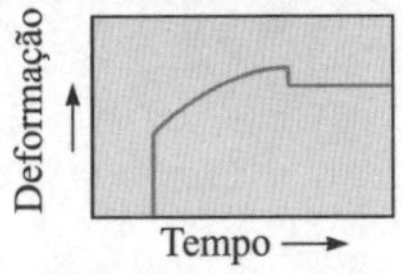	Fluência: a deformação plástica aumenta com o tempo. Há recuperação da deformação elástica ao remover a tensão.	Metais e cerâmicas em temperaturas acima de 0,4 T_m.
(b) Respostas em tensão (deformação imposta) 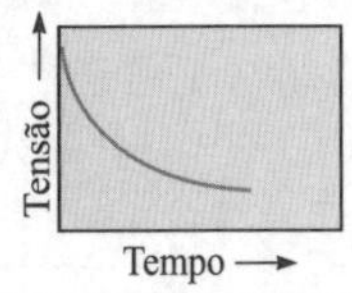	A deformação aplicada é constante e a tensão diminui com o tempo.	Termoplásticos.

Figura 6-2 (a) Diversos tipos de respostas em deformação a uma tensão aplicada, em que T_g = temperatura de transição vítrea e T_m = ponto de fusão. (*Baseada em* Materials principles and practice, *de C. Newey; G. Weaver, (Eds.) Elsevier*, 1991.) (b) Relaxamento de tensão em um material viscoelástico. *Observe que o eixo vertical representa a tensão.* A deformação é constante.

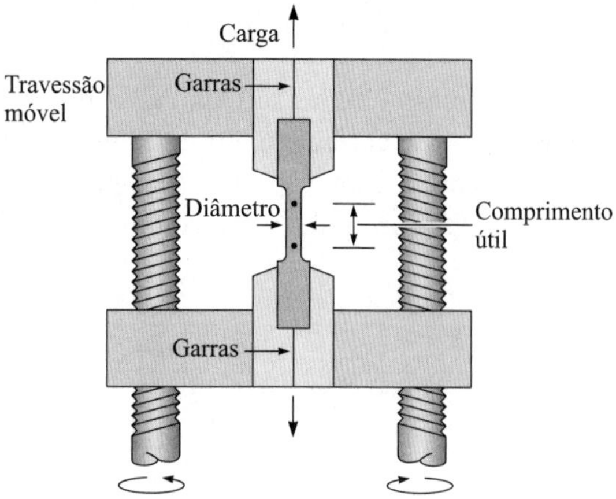

Figura 6-3 Uma força unidirecional é aplicada a um corpo de prova no teste de tração por meio de um travessão móvel. O movimento do travessão pode ser realizado utilizando-se parafusos ou um mecanismo hidráulico.

de 12,83 mm e comprimento útil de 50,8 mm. A amostra é colocada na máquina de ensaios e tracionada a uma velocidade constante, e o material resiste a essa deformação. Em geral, utiliza-se uma máquina de ensaios universal, na qual podem ser realizados os ensaios de tração e compressão. A força F, denominada **carga**, é a medida da resistência apresentada pelo material à deformação. Utiliza-se um **extensômetro** para medir o deslocamento do corpo de prova entre as marcas de referência. Desse modo, a mudança no comprimento (Δl) é medida em relação ao comprimento original (l_0). O ensaio de tração fornece dados do limite de escoamento, do limite de resistência, do módulo de elasticidade (Young) e da ductilidade dos materiais. Em geral, é um ensaio aplicado em metais, ligas e polímeros. Para as cerâmicas não é muito difundido, pois as amostras são muito mais frágeis e podem se romper durante sua fixação e alinhamento na máquina. Assim, a análise a seguir refere-se principalmente ao ensaio de tração em metais e ligas. Vamos discutir também o comportamento de tensão-deformação dos polímeros mais adiante.

A Figura 6-4 ilustra, de forma *esquemática*, curvas tensão-deformação de materiais (a) metálico, (b) termoplástico, (c) elastomérico e (d) cerâmico (ou vítreo), todos sob taxas de deformação relativamente pequenas. As escalas nessa figura são qualitativas e diferentes para cada tipo de material. Na prática, os valores de tensões e deformações são bastante distintos. Presume-se que a temperatura do material plástico seja superior à sua **temperatura de transição vítrea** (T_g) e que o metal está em temperatura ambiente. Tanto os materiais metálicos como os termoplásticos têm uma região elástica inicial, seguida por uma região plástica não linear. Inclui-se também uma curva separada para os elastômeros (borrachas e silicones), já que o comportamento desses materiais é diferente do observado em outros polímeros. No caso dos elastômeros, grande parte da deformação é elástica e não linear. Por outro lado, os materiais cerâmicos e vítreos possuem apenas uma região elástica linear, e praticamente nenhuma deformação plástica ocorre à temperatura ambiente.

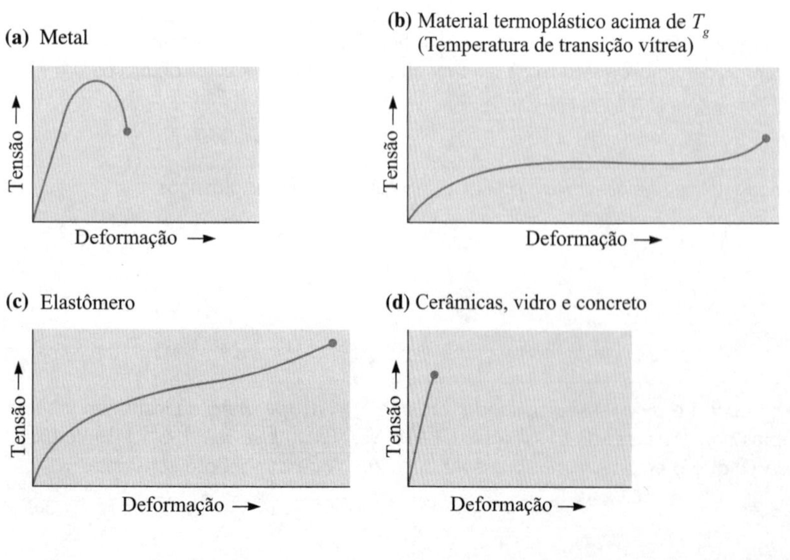

Figura 6-4 Curvas de tensão-deformação em tração, relativas a diferentes materiais. Observe que essas curvas são qualitativas. As magnitudes das tensões não devem ser comparadas. As fraturas ocorrem nos pontos marcados com círculos.

Durante a execução de um ensaio de tração, os dados registrados incluem a carga ou força em função da variação de comprimento (Δl), conforme mostra a Tabela 6-1, para uma barra de liga de alumínio. Os dados de força e deslocamento são então convertidos em tensão e deformação, respectivamente. Da curva tensão-deformação obtêm-se ainda as propriedades mecânicas de cada material (o módulo de Young e o limite de escoamento, entre outras).

Tensão e deformação de engenharia Os resultados de um ensaio de tração de um dado corpo de prova serão válidos para outros tamanhos e seções transversais de corpos de prova do mesmo material, se a carga for convertida em tensão, e a distância entre as marcas de referência, em deformação. Ao usar força e deslocamento, os resultados dependerão da geometria da amostra (isto é, amostras maiores requerem forças mais elevadas e experimentam alongamentos maiores do que amostras menores do mesmo material). Os resultados de tensão e deformação são iguais para o mesmo material, independentemente do tamanho da amostra. Define-se a **tensão de engenharia** e a **deformação de engenharia** pelas seguintes equações:

$$\text{Tensão de engenharia} = S = \frac{F}{A_0} \tag{6-1}$$

$$\text{Deformação de engenharia} = e = \frac{\Delta l}{l_0} \tag{6-2}$$

em que A_0 é a seção transversal inicial do corpo de prova, antes do teste, l_0 é a distância inicial entre as marcas de referência e Δl é a variação do comprimento sob a força F. Os valores correspondentes de tensão e deformação estão incluídos na Tabela 6-1. Utiliza-se a curva tensão-deformação (Figura 6-5) para registrar os resultados de um teste de tração.

Unidades Empregam-se unidades diferentes nos resultados de um ensaio de tração. No caso da tensão, as unidades mais comuns são MPa (megapascal) e libras por polegada quadrada (psi). Quanto à deformação, que é adimensional, podem-se usar polegada/polegada, milímetro/milímetro e metro/metro. A Tabela 6-2 resume os fatores de conversão da tensão. Como a deformação é adimensional, não são necessários fatores de conversão para alterar o sistema de unidades.

Tabela 6-1 • Os resultados do teste de tração de um corpo de prova de liga de alumínio de 12,83 mm de diâmetro, comprimento inicial (l_0) = 50,8 mm

		Cálculos	
Carga (kN)	Mudança no comprimento (mm)	Tensão (MPa)	Deformação (mm/mm)
0	0,000	0	0
4,448	0,0254	34,43	0,0005
13,344	0,0762	103,3	0,0015
22,24	0,127	172,1	0,0025
31,136	0,178	241,0	0,0035
33,36	0,762	258,2	0,0150
35,14	2,032	272	0,0400
35,584 (carga máxima)	3,05	275,4	0,0600
35,36	4,06	273,7	0,0800
33,805 (fratura)	5,21	261,6	0,1025

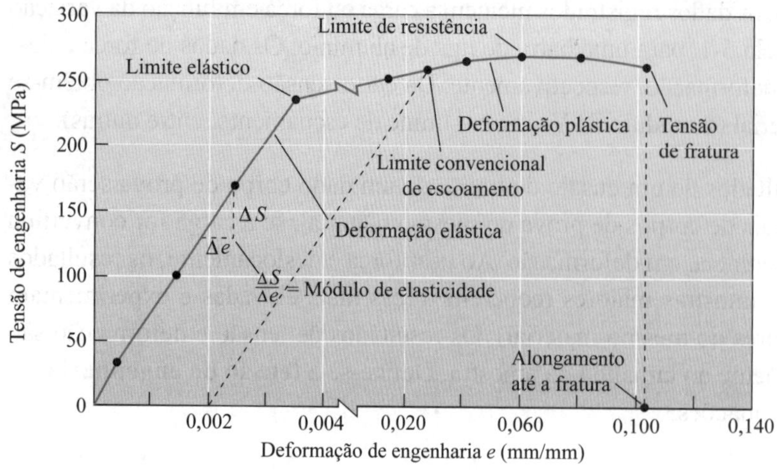

Figura 6-5 A curva de tensão-deformação de engenharia para uma liga de alumínio, com base na Tabela 6-1.

Tabela 6-2 • Unidades e fatores de conversão

1 libra (lb) = 4,448 Newtons (N)

1 psi = pounds per square inch (1 libra por polegada quadrada, do inglês)

1 MPa = 1 megapascal = meganewtons por metro quadrado (MN/m^2)
= newtons por milímetro quadrado (N/mm^2) = 10^6 Pa

1 GPa = 1.000 MPa = gigapascal

1 ksi = 1.000 psi = 6,895 MPa

1 psi = 0,006895 MPa

1 MPa = 0,145 ksi = 145 psi

Exemplo 6-1 *Ensaio de tração de uma liga de alumínio*

Utilizando os dados da Tabela 6-1, calcule a tensão e a deformação de engenharia e desenhe a curva tensão-deformação.

Solução

No caso da carga de 1.000-lb:

$$S = \frac{F}{A_0} = \frac{4{,}448 \times 10^3 \text{ N}}{(\pi/4)(12{,}83 \times 10^{-3} \text{ m})^2} = 34{,}425 \times 10^6 \text{ Pa}$$

$$e = \frac{\Delta l}{l_0} = \frac{0{,}0254 \text{ mm}}{50{,}8 \text{ mm}} = 0{,}0005 \text{ mm/mm}$$

Os resultados de cálculos semelhantes para cada uma das cargas restantes são fornecidos na Tabela 6-1 e compõem a curva traçada na Figura 6-5.

Exemplo 6-2 *Projeto de uma barra de suspensão*

Uma barra de alumínio deve suportar uma força aplicada de 200 kN. A curva de tensão-deformação de engenharia para a liga de alumínio a ser utilizada é apresentada na Figura 6-5. Para garantir segurança adequada, a tensão máxima permissível sobre a barra foi limitada a 172,37 MPa, valor inferior ao limite de escoamento do alumínio. Essa barra deve ter pelo menos 3,81 m de comprimento, mas não pode deformar elasticamente mais de 6,35 mm quando a carga for aplicada. Projete uma barra adequada para esta aplicação.

Solução

Com base na definição de deformação de engenharia,

$$e = \frac{\Delta l}{l_0}$$

Para uma barra medindo 3,81 m de comprimento, a deformação que corresponde a uma extensão de 6,35 mm é

$$e = \frac{6{,}35 \text{ mm}}{3{,}81 \times 10^3 \text{mm}} = 0{,}00167$$

De acordo com a Figura 6-5, esta deformação é puramente elástica, e o valor de tensão correspondente é de aproximadamente 17.000 psi (117,2 MPa), que é inferior ao limite de 172,37 MPa. Utilizamos a definição de tensão de engenharia para calcular a área transversal requerida da barra:

$$S = \frac{F}{A_0}$$

Observe que a tensão não deverá exceder 17.000 psi, caso contrário, a deflexão será maior do que 6,35 mm. Rearranjando,

$$A_0 = \frac{F}{S} = \frac{200 \times 10^3 \text{N}}{117{,}2 \times 10^6 \text{Pa}} = 1{,}71 \times 10^{-3} \text{m}^2$$

A barra pode ser produzida em diversos formatos, desde que a área transversal seja de 2,65 in^2. Para um corte transversal redondo, o diâmetro mínimo para assegurar que a tensão não seja muito elevada é

$$A_0 = \frac{\pi d^2}{4} = 2{,}65 \text{ in}^2 \quad \text{ou} \quad d = 0{,}0466 \text{ m ou } 46{,}6 \text{ mm}$$

Desse modo, o projeto que poderá atender a todos os critérios especificados é uma barra de suspensão com 3,81 m de comprimento e um diâmetro de 46,6 mm.

6-4 Propriedades obtidas no ensaio de tração

Limite de escoamento Ao aplicar uma tensão suficientemente baixa a um material, ele irá deformar-se elasticamente. Essa deformação desaparece por completo ao remover a tensão aplicada. Se a tensão aplicada aumentar, o material cederá à tensão aplicada e apresentará tanto deformação elástica como plástica. O valor crítico de tensão necessário para iniciar a deformação plástica é definido como **limite elástico** do material. Nos materiais metálicos, essa é geralmente a tensão requerida para dar início ao movimento das primeiras discordâncias. No caso dos materiais poliméricos, essa tensão corresponde ao desembaraço das cadeias de moléculas poliméricas ou ao deslizamento das cadeias. Define-se **limite de proporcionalidade** como a tensão acima da qual a relação entre tensão e deformação deixa de ser linear.

O limite elástico e o limite de proporcionalidade são bastante próximos em grande parte dos materiais, contudo, é difícil determinar com precisão esses valores. Como os valores medidos dependem da sensibilidade do equipamento utilizado, é normal definir em engenharia um **limite convencional de escoamento**. Os valores usuais adotados de deformação são geralmente de 0,002 ou 0,2%. Em seguida, traça-se uma reta paralela à parte linear da curva tensão-deformação de engenharia, iniciando no valor de deformação. O valor de tensão correspondente à intersecção dessa linha com a curva tensão-deformação de engenharia é definido como **limite convencional de escoamento** ou ainda **limite de escoamento**. O limite convencional de escoamento de 0,2% do ferro fundido cinzento é de 40.000 psi, como se vê na Figura 6-6(a). Em geral, engenheiros adotam o limite convencional de escoamento em seus projetos.

Em alguns materiais, a transição entre a deformação elástica e a plástica é marcante. Essa transição é conhecida como **fenômeno do limite de escoamento descontínuo**. Nesses materiais, o começo da deformação plástica é no *limite superior de escoamento* (S_2) e depois a intensidade diminui [Figura 6-6(b)]. Em seguida, a tensão oscila em torno do *limite inferior de escoamento* (S_1). Para esses materiais, o limite de escoamento usual é definido a partir de 0,2%.

Assim, a curva tensão-deformação dos aços com baixo teor de carbono tem um limite de escoamento duplo [Figura 6-6(b)]. Normalmente, o material deveria deformar-se plasticamente na tensão S_1. No entanto, pequenos átomos intersticiais existentes em torno das discordâncias interferem no deslizamento e elevam o limite de escoamento para S_2. Dessa forma, as discordâncias deslizam somente após a aplicação de uma tensão mais elevada (S_2). Assim que o deslizamento tem início em S_2, as discordâncias afastam-se dos átomos intersticiais, como o carbono, e movem-se com grande facilidade com a tensão inferior S_1.

Ao projetar peças que devem suportar cargas, deve-se evitar que ocorra deformação plástica durante sua utilização. Como resultado, é preciso selecionar materiais de modo que a tensão de projeto no componente seja inferior ao limite de escoamento do material, na temperatura em que serão utilizados. Pode-se, também, prever uma seção transversal maior para o componente, de forma que a força aplicada produza tensão inferior ao limite de escoamento. Por outro lado, quando se conformam plasticamente os materiais a partir de chapas para obter a forma de componentes, é necessário aplicar tensões superiores ao limite de escoamento. Esse é o caso, por exemplo, da fabricação de um chassi de aço para automóveis.

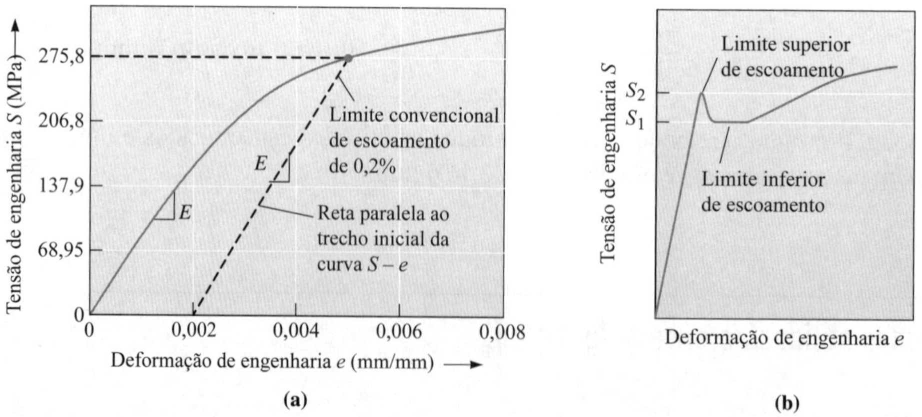

Figura 6-6 (a) Determinação do limite convencional de escoamento de 0,2% e (b) limite de escoamento superior e inferior de um aço com baixo teor de carbono.

Limite de resistência à tração A tensão correspondente à máxima força aplicada é o **limite de resistência** (S_{UTS}), que é a tensão máxima da curva tensão-deformação de engenharia. Esse valor é também conhecido como o **último limite de resistência**. Nos materiais dúcteis, a deformação não permanece uniforme após essa deformação. Em algum ponto da amostra metálica, uma região deforma-se mais que as outras, ocorrendo, então, uma grande redução local da seção transversal (Figura 6-7). Essa região deformada de forma localizada é conhecida como local de **estricção** ou **empescoçamento**. Como a seção transversal diminui nesse ponto, é preciso uma força menor para continuar com a deformação. Consequentemente, a tensão de engenharia, calculada a partir da área *original* A_0, também diminui. O limite de resistência à tração é a tensão na qual a estricção tem início em materiais dúcteis. Esse fenômeno é visto apenas em ensaios de tração, já que nos testes de compressão os materiais expandem-se na direção transversal do eixo de compressão.

A Figura 6-8 apresenta valores típicos do limite de escoamento de diversos materiais. Os metais ultrapuros têm limite de escoamento aproximado de 1 a 10 MPa. As ligas, por outro lado, apresentam limite de escoamento bem maior. O aumento da resistência das ligas é obtido por meio de vários mecanismos (por exemplo, refinamento do tamanho de grãos, solução sólida, endurecimento por deformação etc.). Os plásticos e elastômeros exibem em geral limite de escoamento menor que o das ligas metálicas, variando entre 10 e 100 MPa, aproximadamente. Os valores das cerâmicas (Figura 6-8) referem-se à tensão de compressão e podem ser obtidos durante testes de dureza. O limite de resistência à tração da maior parte das cerâmicas é bem inferior, entre 100 e 200 MPa. Por fim, o limite de resistência à tração dos vidros é próximo de 70 MPa e depende bastante dos defeitos superficiais.

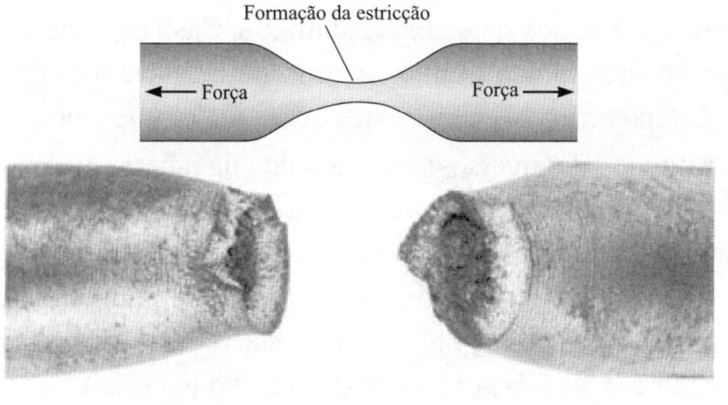

Figura 6-7 A deformação localizada de um material dúctil durante o ensaio de tração produz estricção ou empescoçamento. A micrografia da parte inferior da figura mostra a fratura na região da estricção. (*Crédito: Reimpresso sob cortesia de Don Askeland.*)

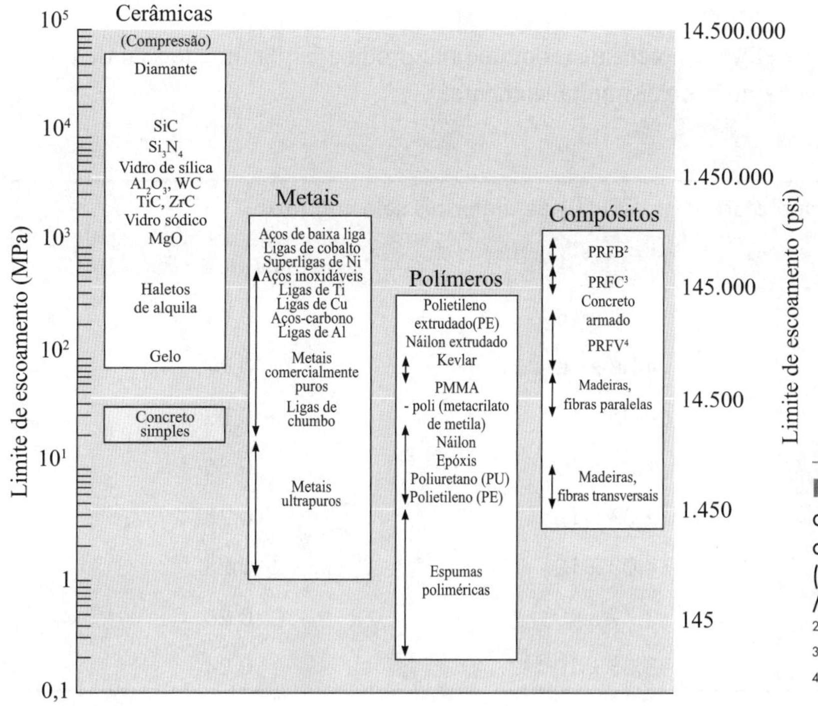

Figura 6-8 Limites de escoamento típicos de diferentes materiais de engenharia. Observe que os valores mostrados estão em MPa e psi. (*Baseado em* Engineering materials I. *2. ed. M. F. Ashby; D. R. H. Jones, Elsevier, 1996.*)

[2] N.R.T.: Polímero reforçado com fibras de boro.

[3] N.R.T.: Polímero reforçado com fibras de carbono.

[4] N.R.T.: Polímero reforçado com fibras de vidro.

Propriedades elásticas O módulo de elasticidade, ou *módulo de Young* (E), corresponde à inclinação da curva tensão-deformação na região elástica. Essa relação entre tensão e deformação na região elástica é conhecida como **lei de Hooke**:

$$E = \frac{S}{e} \tag{6-3}$$

O módulo de elasticidade está estreitamente relacionado às energias de ligação atômicas (Figura 2-18). Uma inclinação acentuada no gráfico força-distância, mais exatamente na distância interatômica de equilíbrio (Figura 2-19), indica que são necessárias forças elevadas para separar os átomos e fazer com que o material seja deformado elasticamente. Assim, esse material tem um alto módulo de elasticidade. Em geral, as forças de ligação e, portanto, o módulo de Young apresentam valores maiores em materiais com elevado ponto de fusão (Tabela 6-3). Nos materiais metálicos, considera-se o módulo de elasticidade como uma propriedade *insensível* à microestrutura, já que seu valor é fortemente dominado pela força das ligações atômicas. O tamanho de grão e outras características microestruturais têm pequena influência sobre o módulo de Young. Observe que o módulo de Young depende de fatores como a orientação de um material monocristalino (ou seja, depende da direção cristalográfica). No caso de cerâmicas, o módulo de Young depende do nível de porosidade, e no caso de um compósito, da rigidez e das quantidades dos componentes individuais.

A **rigidez** de um componente é proporcional ao seu módulo de Young. (A rigidez também depende das dimensões do componente.) Um componente com um módulo de elasticidade elevado mostrará modificações muito menores nas dimensões se a tensão aplicada causar somente deformação elástica, em comparação com um material de módulo elástico menor. A Figura 6-9 compara o comportamento elástico do aço e do alumínio. Caso seja aplicada uma tensão de 30.000 psi a cada material, o aço irá deformar-se elasticamente em 0,025 mm/mm. Com a mesma tensão, o alumínio deforma-se em 0,076 mm/mm. O módulo elástico do aço é cerca de três vezes maior que o do alumínio.

A Figura 6-10 mostra as amplitudes dos módulos elásticos de diversos materiais de engenharia. O módulo de elasticidade para os plásticos é muito menor que para metais ou cerâmicas e vidros. Por exemplo, o módulo de elasticidade do náilon é de 2,7 GPa ($\sim$ 0,4 $\times$ 10^6 psi); o módulo das fibras de vidro é de 72 GPa ($\sim$ 10,5 $\times$ 10^6 psi). O módulo de Young de compósitos, como os polímeros reforçados por fibras de vidro (PRFV) ou polímeros reforçados por fibras de carbono (PRFC), situam-se entre os valores da resina polimérica (a matriz) e o reforço (as fibras de carbono ou de vidro) e dependem de suas frações volumétricas relativas. O módulo de Young referente a muitas ligas e cerâmicas é maior, em geral, atingindo até 400 GPa ($\sim$ 60.000 psi). As cerâmicas, em virtude da intensidade das ligações iônicas e covalentes, têm os módulos elásticos mais elevados.

O **coeficiente de Poisson**, ν, relaciona a deformação elástica longitudinal produzida por uma tensão de tração ou compressão com a deformação transversal que ocorre simultaneamente:

Tabela 6-3 • Propriedades elásticas e temperatura de fusão (T_f) de materiais selecionados

Material	T_f (°C)	E (MPa)	Coeficiente de Poisson (ν)
Pb	327	$13{,}8 \times 10^3$	0,45
Mg	650	$44{,}8 \times 10^3$	0,29
Al	660	$68{,}95 \times 10^3$	0,33
Cu	1.085	$1{,}25 \times 10^5$	0,36
Fe	1.538	$2{,}07 \times 10^5$	0,27
W	3.410	$4{,}08 \times 10^5$	0,28
Al_2O_3	2.020	$3{,}79 \times 10^5$	0,26
Si_3N_4		$3{,}03 \times 10^5$	0,24

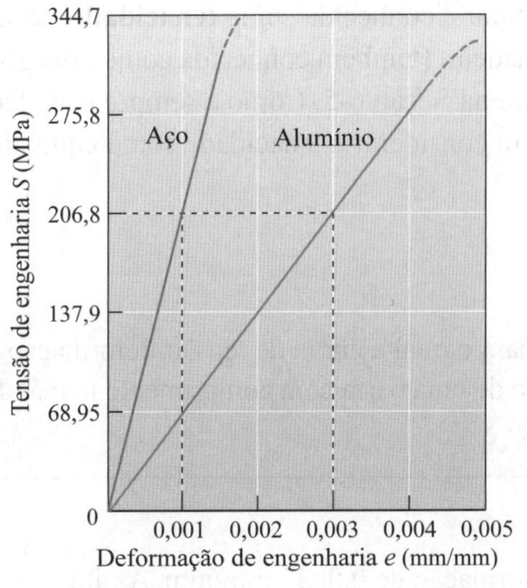

Figura 6-9 Comparação entre o comportamento elástico do aço e do alumínio. Para uma mesma tensão, o alumínio deforma-se elasticamente três vezes mais que o aço (ou seja, o módulo elástico do alumínio é cerca de três vezes menor que o do aço).

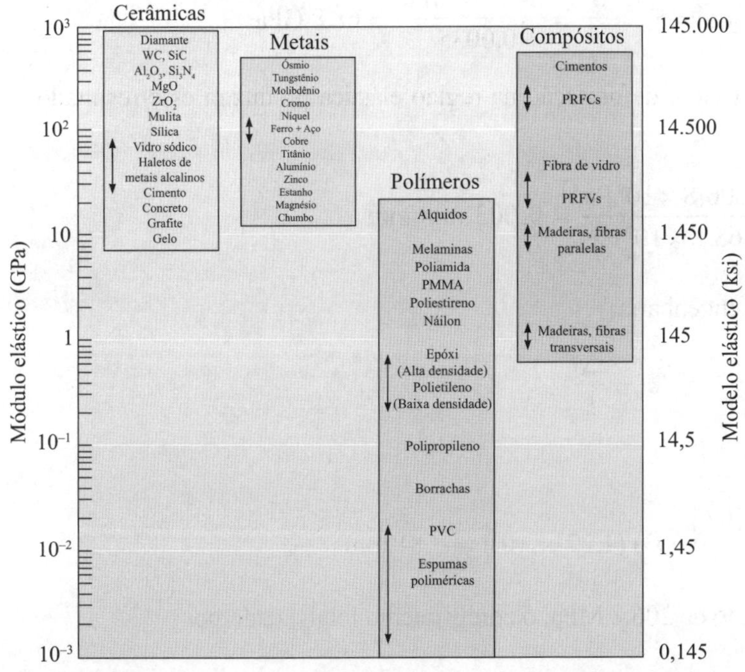

Figura 6-10 Amplitude dos módulos elásticos para diferentes materiais de engenharia. Nota: Os valores são mostrados em GPa. (*Baseado em* Engineering materials I. *2. ed. de M. F. Ashby; D. R. H. Jones. Elsevier, 1996.)*

$$\nu = -\frac{e_{\text{lateral}}}{e_{\text{longitudinal}}} \tag{6-4}$$

Para muitos metais, o valor do coeficiente de Poisson na região elástica é próximo de 0,3 (Tabela 6-3). Durante um ensaio de tração, o coeficiente aumenta além do limite, chegando a cerca de 0,5, uma vez que durante a deformação plástica o volume permanece constante. Algumas estruturas interessantes, como as em formato de colmeia e espumas, exibem coeficientes de Poisson negativos.

O **módulo de resiliência** (E_r), que é avaliado pela área existente sob a porção elástica de uma curva tensão-deformação, corresponde à energia elástica por volume armazenada por um material durante a aplicação da tensão e posteriormente liberada quando a tensão é removida. No caso de um comportamento elástico linear, temos:

$$E_r = \left(\frac{1}{2}\right)\text{(limite de escoamento) (deformação no limite de escoamento)} \tag{6-5}$$

A atuação satisfatória de molas ou bolas de golfe, por exemplo, depende de um elevado módulo de resiliência.

Tenacidade A energia absorvida por um material antes de fraturar é conhecida como **tenacidade**, sendo algumas vezes medida como a área sob a curva tensão-deformação verdadeira (também conhecida como **energia de fratura**). Definiremos a tensão verdadeira e a deformação verdadeira na Seção 6-5. Como é sempre mais fácil medir a tensão e a deformação de engenharia, os engenheiros costumam considerar a tenacidade como equivalente à área sob a curva tensão-deformação de engenharia.

Exemplo 6-3 *Módulo de Young de uma liga de alumínio*

Calcule o módulo de elasticidade da liga de alumínio para o qual a curva de tensão-deformação de engenharia é mostrada na Figura 6-5. Calcule o comprimento de uma barra com comprimento inicial de 1,27 m quando uma tensão de tração de 206,8 MPa é aplicada.

Solução

Ao aplicar uma tensão de 240,96 MPa, ocorre uma deformação de 0,0035 mm/mm. Assim:

$$\text{Módulo de elasticidade} = E = \frac{S}{e} = \frac{240{,}96 \text{ MPa}}{0{,}0035} = 68{,}8 \text{ GPa}$$

Observe que qualquer combinação de tensão e deformação na região elástica produzirá esse resultado. Com base na lei de Hooke,

$$e = \frac{S}{E} = \frac{206{,}8 \times 10^6 \text{ Pa}}{68{,}8 \times 10^6 \text{ Pa}} = 0{,}003 \text{ mm/mm}$$

Por meio da definição de deformação de engenharia,

$$e = \frac{\Delta l}{l_0}$$

Portanto,

$$\Delta l = e(l_0) = (0{,}003)\,(1{,}27 \times 10^3) = 3{,}81 \text{ mm}$$

Quando a barra estiver sujeita a uma tensão de 206,8 MPa, o comprimento total é dado por

$$l = \Delta l + l_0 = 3{,}81 \times 10^{-3} + 1{,}27 = 1{,}274 \text{ m}$$

Ductilidade A **ductilidade** é a capacidade que um material tem de se deformar permanentemente sem se quebrar, quando uma força é aplicada. Existem duas medidas comuns de ductilidade. O **alongamento percentual** quantifica a deformação plástica permanente quando ocorre uma fratura (ou seja, a deformação elástica recuperada após a fratura não está incluída), medindo a distância entre as marcas de sensores no espécime, antes e depois do teste. Observe que a deformação após a fratura é menor que a deformação no ponto de fratura, porque a deformação elástica é recuperada quando a força é removida. O alongamento percentual pode ser escrito como

$$\text{Alongamento \%} = \frac{l_f - l_0}{l_0} \times 100 \tag{6-6}$$

em que l_f é a distância entre as marcas de referência após a fratura do corpo de prova.

Uma segunda abordagem consiste em medir a variação percentual da seção transversal na região de fratura, antes e depois do ensaio. A **redução percentual de área** descreve o afinamento ocorrido na amostra:

$$\text{Redução percentual de área} = \frac{A_0 - A_f}{A_0} \times 100 \tag{6-7}$$

em que A_f é a seção transversal final na superfície de fratura depois da falha da amostra.

A ductilidade é importante tanto para os fabricantes como para os projetistas de componentes que devem suportar esforços mecânicos, sendo fundamental no processamento mecânico de barras, tirantes, fios, placas, vigas, fibras etc.

Exemplo 6-4 *Ductilidade de uma liga de alumínio*

Uma amostra de liga de alumínio do Exemplo 6-1 tem um comprimento final (após a fratura) de 55,753 mm e um diâmetro final de 10,11 mm na superfície fraturada. Calcule a ductilidade do corpo de prova.

Solução

$$\text{Alongamento percentual} = \frac{l_f - l_0}{l_0} \times 100 = \frac{55{,}753 - 50{,}8}{50{,}8} \times 100 = 9{,}75\%$$

$$\text{Redução percentual de área} = \frac{A_0 - A_f}{A_0} \times 100$$

$$= \frac{(\pi/4)(12{,}83 \times 10^{-3})^2 - (\pi/4)(10{,}11 \times 10^{-3})^2}{(\pi/4)(12{,}83 \times 10^{-3})^2} \times 100$$

$$= 37{,}9\%$$

O comprimento final é inferior a 56,01 mm (veja a Tabela 6-1) porque a deformação elástica desaparece após a fratura.

Efeito da temperatura As propriedades mecânicas dos materiais dependem da temperatura (Figura 6-11). O limite de escoamento, o limite de resistência e o módulo de elasticidade diminuem em temperaturas mais elevadas, enquanto a ductilidade tende a aumentar. Sendo assim, um fabricante de componentes estruturais pode deformar determinado material em altas temperaturas (conhecido como *trabalho a quente*) para tirar proveito da maior ductilidade e da menor tensão requerida.

Aqui, utilizamos o termo *temperatura elevada* com uma nota de advertência. Uma temperatura elevada é definida em relação à temperatura de fusão. Desse modo, 500 °C é uma temperatura elevada para ligas de alumínio.

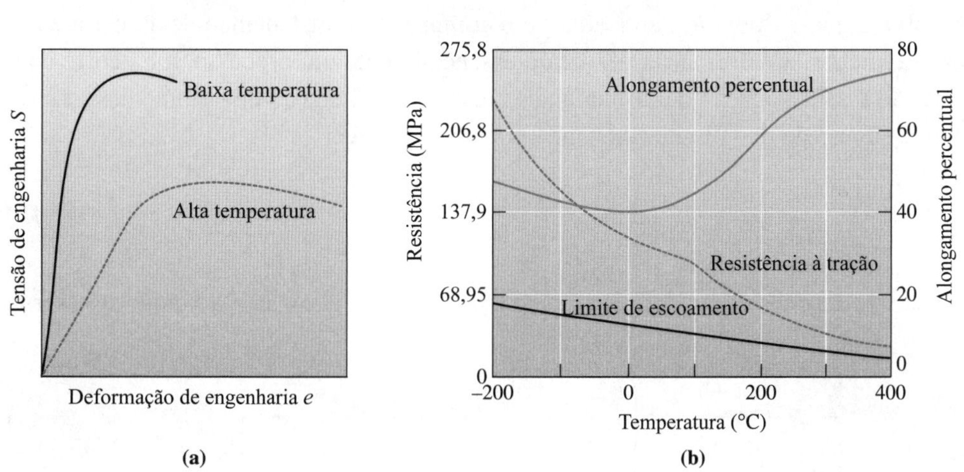

Figura 6-11 O efeito da temperatura (a) na curva tensão-deformação e (b) nas propriedades de tração de uma liga de alumínio.

Contudo, é relativamente baixa para o processamento de aços. No caso de metais, o limite de escoamento diminui rapidamente a temperaturas maiores em virtude da redução da densidade de linhas de discordância e do aumento do tamanho do grão por meio do seu crescimento, ou de um processo relacionado, conhecido como recristalização (ambos os processos são descritos no Capítulo 8). De modo similar, qualquer aumento da resistência que possa ter ocorrido em decorrência da formação de precipitados ultrafinos também pode diminuir à medida que os precipitados começam a aumentar em tamanho ou a se dissolver na matriz. Discutiremos esses efeitos com mais detalhes em capítulos posteriores. Quando temperaturas são reduzidas, muitos, mas não todos, os metais e ligas se tornam frágeis.

Temperaturas maiores também representam papel importante na formação de materiais poliméricos e vidros inorgânicos. Em muitas operações de processamento de polímeros, como a extrusão ou a moldagem por sopro (Capítulo 16), a maior ductilidade de polímeros a temperaturas mais altas é vantajosa. Mais uma vez, advertimos quanto ao uso do termo *temperatura elevada*. Quando se trata de polímeros, o termo geralmente significa uma temperatura maior que a de transição vítrea (T_g). Para nossos propósitos, a temperatura de transição vítrea é aquela abaixo da qual os materiais se comportam como materiais frágeis. Acima dessa temperatura, os plásticos se tornam dúcteis. Observe que a temperatura de transição vítrea não é fixa, mas depende da taxa de resfriamento e também da distribuição do peso molecular do polímero. Muitos plásticos são dúcteis à temperatura ambiente porque suas temperaturas de transição vítrea estão *abaixo* da temperatura ambiente. Em resumo, muitos materiais poliméricos se tornarão mais rígidos e mais frágeis à medida que forem expostos a temperaturas menores que suas temperaturas de transição vítrea. As razões para a perda de ductilidade a temperaturas menores em polímeros e materiais metálicos são diferentes. No entanto, esse é um fator que representou papel importante nas falhas que provocaram os acidentes com o *Titanic* (falha de metal), em 1912, e com a *Challenger* (falha de polímero), em 1986.

Materiais cerâmicos e vítreos quase sempre são considerados frágeis à temperatura ambiente. À medida que a temperatura aumenta, os vidros podem se tornar mais dúcteis. Como resultado, o processamento de vidros (por exemplo, extração de fibras ou fabricação de garrafas) é realizado a temperaturas elevadas.

6-5 Tensão e deformação verdadeiras

A redução da tensão de engenharia além do limite de resistência, em uma curva tensão-deformação de engenharia, está relacionada à própria definição da tensão de engenharia. Utilizamos a área original A_0 nos cálculos, mas isso não é exato porque a área varia continuamente. Pode-se, então, definir **tensão** e **deformação verdadeiras** pelas seguintes equações:

$$\text{Tensão verdadeira} = \sigma = \frac{F}{A} \tag{6-8}$$

$$\text{Deformação verdadeira} = \varepsilon = \int_{l_0}^{l} \frac{dl}{l} = \ln\left(\frac{1}{l_0}\right) \tag{6-9}$$

em que A é a área instantânea sobre a qual a força F é aplicada, l é o comprimento instantâneo da amostra e l_0 é o comprimento inicial. No caso de metais, a deformação plástica é essencialmente um processo que ocorre com volume constante (ou seja, a criação e a propagação de discordâncias resulta em alteração de volume desprezível no material). Quando se mantém a suposição de volume constante, podemos escrever

$$A_0 l_0 = Al \text{ ou } A = \frac{A_0 l_0}{l} \tag{6-10}$$

e utilizando as definições de tensão de engenharia S e deformação de engenharia e, a Equação 6-8 pode ser escrita da seguinte maneira

$$\sigma = \frac{F}{A} = \frac{F}{A_0}\left(\frac{l}{l_0}\right) = S\left(\frac{l_0 + \Delta l}{l_0}\right) = S(1+e) \tag{6-11}$$

Também pode ser demonstrado que

$$\varepsilon = \ln(1 + e) \qquad (6\text{-}12)$$

Desse modo, essa é uma simples questão de converter entre os sistemas de tensão-deformação de engenharia e verdadeiro. Note que as expressões nas Equações 6-11 e 6-12 não são válidas após o início da formação da estricção, porque, após ter iniciado o empescoçamento, a distribuição da deformação ao longo do comprimento do corpo de prova não é uniforme. Depois que a estricção tem início, a Equação 6-8 deve ser utilizada para calcular a tensão, e a expressão

$$\varepsilon = \ln\left(\frac{A_0}{A}\right) \qquad (6\text{-}13)$$

deve ser empregada para calcular a deformação verdadeira. A Equação 6-13 segue a partir das Equações 6-9 e 6-10. Após a estricção, a área instantânea A é a área transversal da estricção $A_{\text{estricção}}$.

A curva de tensão-deformação verdadeira é comparada à de engenharia, na Figura 6-12(a). Não existe máximo na curva de tensão-deformação verdadeira.

Observe que é difícil medir a área transversal instantânea da estricção. Assim, as curvas de tensão-deformação verdadeiras são geralmente truncadas na tensão verdadeira que corresponde à resistência máxima à tração, como mostra a Figura 6-12(b).

Exemplo 6-5 *Cálculo da tensão e da deformação verdadeiras*

Compare a tensão e a deformação de engenharia com a tensão e a deformação verdadeiras da liga de alumínio que podem ser vistas no Exemplo 6-1, em (a) na carga máxima e (b) no ponto de fratura. O diâmetro é de 12,46 mm sob carga máxima e de 10,11 mm na fratura.

Solução

(a) Na carga máxima:

$$\text{Tensão de engenharia } S = \frac{F}{A_0} = \frac{35.584 \text{ N}}{(\pi/4)(0,01283)^2} = 2,75 \times 10^8 \text{ Pa}$$

$$\text{Deformação de engenharia } e = \frac{\Delta l}{l_0} = \frac{53,85 - 50,8}{50,8} = 0,060 \text{ mm/mm}$$

$$\text{Tensão verdadeira} = \sigma = S(1 + e) = 2,75 \times 10^8(1 + 0,06) = 2,92 \times 10^8 \text{ Pa}$$

$$\text{Deformação verdadeira} = \ln(1 + e) = \ln(1 + 0,060) = 0,058 \text{ mm/mm}$$

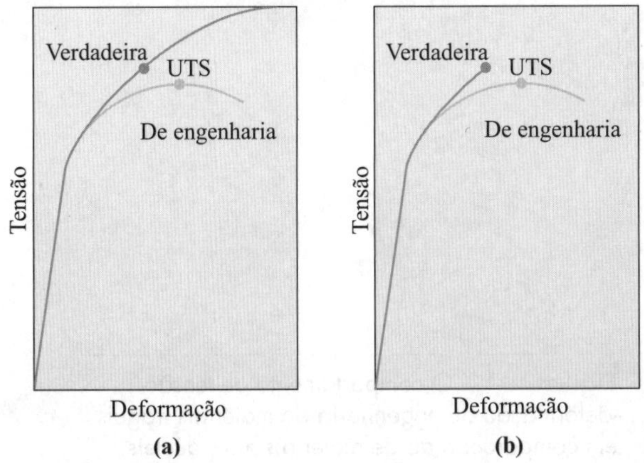

Figura 6-12 (a) A relação entre as curvas de tensão-deformação verdadeira e de engenharia. As curvas são nominalmente idênticas até o ponto de escoamento. A tensão verdadeira correspondente à resistência máxima à tração (UTS, do inglês *ultimate tensile strength*) é indicada por círculos. (b) Tipicamente, as curvas de tensão-deformação devem ser truncadas na tensão correspondente à resistência máxima à tração, uma vez que a área transversal na estricção é desconhecida.

A carga máxima é o último ponto no qual as expressões aqui utilizadas para a tensão e a deformação verdadeiras se aplicam. Observe que as mesmas respostas são obtidas para a tensão e a deformação verdadeiras se as dimensões instantâneas são utilizadas:

$$\sigma = \frac{F}{A} = \frac{35.584 \text{ N}}{(\pi/4)(0,01246)^2} = 2,92 \times 10^8 \text{ Pa}$$

$$\varepsilon = \ln\left(\frac{A_0}{A}\right) = \ln\left[\frac{(\pi/4)(0,01283)^2}{(\pi/4)(0,01246)^2}\right] = 0,058 \text{ mm/mm}$$

Até o ponto de estricção, em um ensaio de tração, a tensão de engenharia é menor do que a tensão verdadeira correspondente e a deformação de engenharia é maior do que a deformação verdadeira correspondente.

(b) Na fratura,

$$S = \frac{F}{A_0} = \frac{33.805 \text{ N}}{(\pi/4)(0,01283)^2} = 2,62 \times 10^8 \text{ Pa}$$

$$e = \frac{\Delta l}{l_0} = \frac{56,01 - 50,8}{50,8} = 0,103 \text{ mm/mm}$$

$$\sigma = \frac{F}{A_f} = \frac{33.805 \text{ N}}{(\pi/4)(0,01011)^2} = 4,21 \times 10^8 \text{ Pa}$$

$$\varepsilon = \ln\left(\frac{A_0}{A_f}\right) = \ln\left[\frac{(\pi/4)(0,01283 \text{ m})^2}{(\pi/4)(0,01011)^2}\right] = 0,476 \text{ mm/mm}$$

Foi necessário utilizar as dimensões instantâneas para calcular a tensão e a deformação verdadeiras, uma vez que a fratura ocorre após o ponto de estricção. Depois da estricção, a deformação verdadeira é maior do que a deformação de engenharia correspondente.

6-6 Ensaio de flexão para materiais frágeis

Em materiais metálicos dúcteis, a curva tensão-deformação de engenharia passa normalmente por um valor máximo. Essa tensão máxima é o limite de resistência do material. A fratura ocorrerá em uma tensão menor, após a estricção ter reduzido a seção resistente que suporta a carga. Em materiais mais frágeis, a fratura ocorrerá na carga máxima, na qual o limite de resistência e a tensão de fratura são idênticos (Figura 6-13).

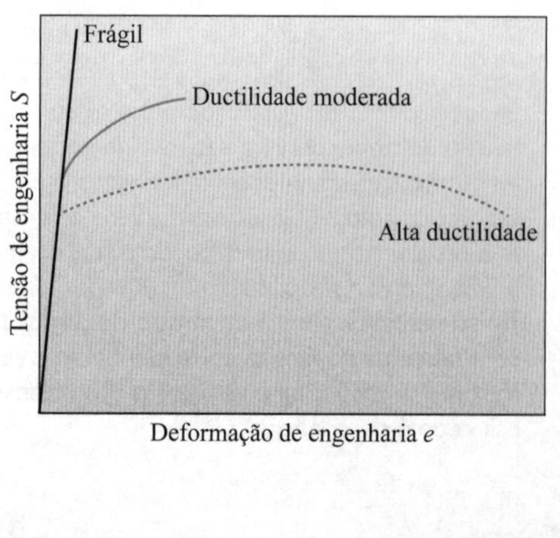

Figura 6-13 O comportamento de tensão-deformação de engenharia de materiais frágeis em comparação ao de materiais mais dúcteis.

Não é fácil efetuar o ensaio de tração em vários materiais frágeis, devido à presença de defeitos superficiais. De fato, o simples posicionamento de uma amostra de material frágil nas garras da máquina de tração é, às vezes, suficiente para causar trincas. Para testar esses materiais, emprega-se o **ensaio de flexão** (Figura 6-14) em vez do de tração. Provoca-se uma flexão ao aplicar um carregamento em três pontos, causando uma tensão trativa que surge no ponto central e inferior da amostra. A fratura terá início nesse local. A **resistência à flexão**, ou **módulo de ruptura**, descreve a resistência do material:

$$\text{Resistência à flexão no ensaio de três pontos } \sigma_{\text{flexão}} = \frac{3FL}{2wh^2} \tag{6-14}$$

em que F é a carga, L é a distância entre os dois pontos de apoio, w é a largura do corpo de prova e h é a espessura. A resistência à flexão utiliza a mesma unidade da tensão. Os resultados do ensaio de flexão são semelhantes às curvas de tensão-deformação. Nesse caso, porém, o gráfico inclui a tensão e a deflexão, e não a deformação (Figura 6-15). O momento de flexão correspondente é mostrado na Figura 6-16(a).

O módulo de elasticidade na flexão, ou **módulo de flexão** ($E_{\text{flexão}}$), é calculado da seguinte maneira

$$\text{Módulo de flexão } E_{\text{flexão}} = \frac{L^3F}{4wh^3\delta} \tag{6-15}$$

em que δ é a deflexão da viga ao aplicar uma força F.

Pode-se também efetuar esse ensaio com uma configuração de ensaio conhecida como ensaio de flexão a quatro pontos [Figura 6-16(b)]. A tensão de flexão máxima em um ensaio de flexão a quatro pontos é dada por:

$$\sigma_{\text{flexão}} = \frac{3FL}{4wh^2} \tag{6-16}$$

para o caso em que $L_1 = L/4$, na Figura 6-16(b).

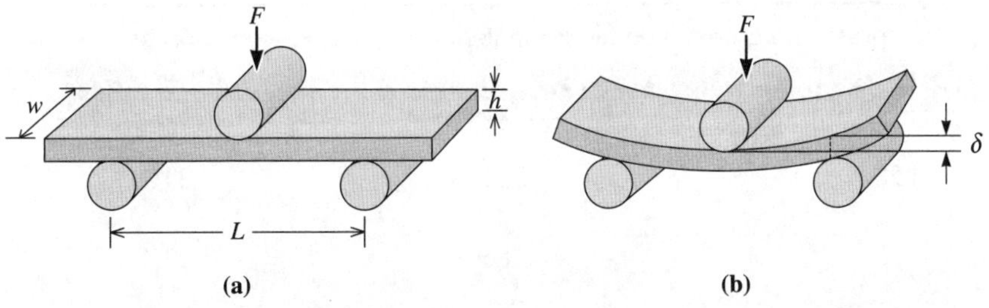

Figura 6-14 (a) Ensaio de flexão normalmente utilizado para medir a resistência dos materiais frágeis; (b) deflexão δ do corpo de prova sob flexão.

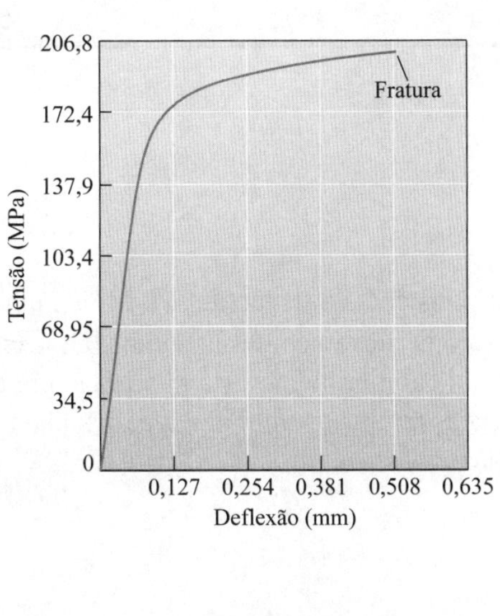

Figura 6-15 Curva de tensão-deflexão para uma cerâmica à base de MgO, obtida por meio de um ensaio de flexão.

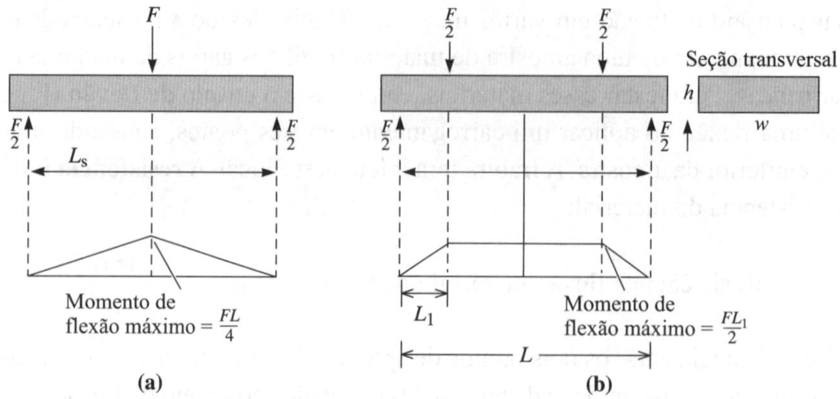

Figura 6-16 (a) Esquema do ensaio de flexão a três e (b) quatro pontos.

Observe que as deduções das Equações 6-14 a 6-16 assumem um comportamento de tensão-deformação linear, e por isso não podem ser adequadamente aplicadas a vários polímeros. O ensaio de flexão a quatro pontos é mais adequado para materiais que contêm pequenos defeitos dispersos no seu volume, porque a tensão de flexão entre os apoios internos é constante [Figura 6-16(b)].

Como as trincas e falhas tendem a se fechar sob compressão, os componentes feitos de materiais frágeis, como o concreto, são normalmente incorporados em projetos para suportarem apenas tensões de compressão. Em geral, a intensidade das tensões compressivas capaz de fraturar os materiais frágeis são bem superiores à intensidade das tensões trativas correspondentes (Tabela 6-4). Eis porque é possível apoiar um caminhão sobre quatro xícaras de cerâmica; entretanto, as cerâmicas possuem tenacidade bastante limitada. Portanto, ao deixar cair uma xícara de cerâmica, ela se quebra facilmente.

Tabela 6-4 • Limite de resistência à tração, à compressão e à flexão de alguns materiais cerâmicos e compósitos

Material	Limite de resistência à tração (MPa)	Limite de resistência à compressão (MPa)	Resistência à flexão (MPa)
Poliéster – 50% de fibras de vidro	158,6	221	310
Poliéster – tecido com 50% de fibras de vidro	255	186[a]	317
Al_2O_3 (99% puro)	207	2.586	345
SiC (sinterizado sem pressão)	172,4	3.860	552

[a] Vários materiais compósitos têm fraco desempenho sob compressão.

Exemplo 6-6 *Resistência à flexão dos materiais compósitos*

Um compósito reforçado com fibras de vidro tem uma resistência à flexão de 310 MPa e um módulo de flexão de 124 GPa, conforme determinado por um ensaio de flexão com três pontos. Uma amostra com 12,7 mm de largura, 9,525 mm de espessura e 203 mm de comprimento está apoiada sobre dois pontos separados por 127 mm. Determine a força necessária para fraturar o material e a deflexão da amostra no momento da fratura, considerando que não há deformação plástica.

Solução

Com base na descrição da amostra, temos $w = 12{,}7$ mm, $h = 9{,}525$ mm e $L = 127$ mm. Com base na Equação 6-14:

$$310 \times 10^6 = \frac{3FL}{2wh^2} = \frac{(3)(F)(127 \times 10^{-3})}{(2)(12{,}7 \times 10^{-3})(9{,}525 \times 10^{-3})^2} = 1{,}653 \times 10^5$$

$$F = \frac{310 \times 10^6}{1{,}653 \times 10^5} = 1.875 \text{ N}$$

Portanto, a deflexão, por meio da Equação 6-15, é:

$$124 \times 10^9 = \frac{L^3F}{4wh^3\delta} = \frac{(0{,}127)^3(1.875 \text{ N})}{(4)(12{,}7 \times 10^{-3})(9{,}525 \times 10^{-3})^3\delta}$$

$$\delta = 0{,}706 \text{ mm}$$

Nesses cálculos, presumiu-se uma relação linear entre tensão e deformação e também que não existe comportamento viscoelástico.

6-7 Dureza dos materiais

O **ensaio de dureza** mede a resistência da superfície de um material à penetração por um objeto rígido. De acordo com o contexto, ele pode representar a resistência a riscos ou a impressões e ainda ser uma medida qualitativa da resistência do material. Em geral, nas medições de **macrodureza**, a carga aplicada é aproximadamente 2 N. Vários testes de dureza já foram concebidos, mas os ensaios Rockwell e Brinell são os mais utilizados. Os diferentes penetradores usados nesses testes podem ser vistos na Figura 6-17.

No *ensaio de dureza Brinell*, uma esfera de aço com elevada dureza e 10 mm de diâmetro é forçada contra a superfície do material. O diâmetro da impressão (entre 2 e 6 mm, em geral) é, então, medido, e o número de dureza Brinell (abreviado como HB ou BHN), calculado com a seguinte equação:

$$\text{HB} = \frac{2F}{\pi D\left[D - \sqrt{D^2 - D_i^2}\right]} \tag{6-17}$$

em que F é a carga aplicada em quilogramas, D é o diâmetro do penetrador em milímetros e D_i é o diâmetro da impressão em milímetros. A dureza Brinell tem as unidades kg/mm².

O *ensaio de dureza Rockwell* emprega uma pequena esfera de aço para os materiais macios e um cone de diamante para os materiais mais duros. A profundidade atingida pelo penetrador é medida automaticamente pela

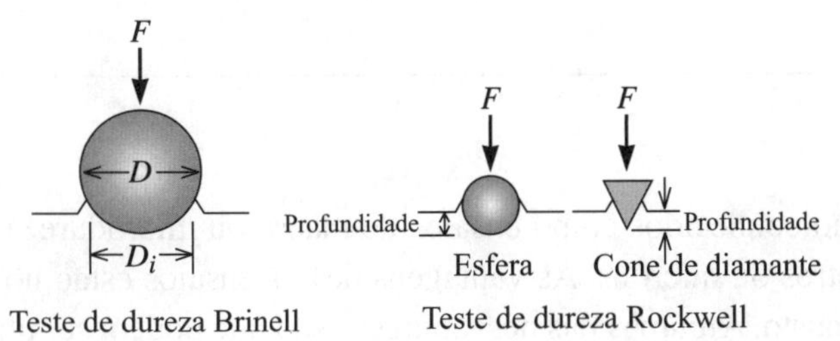

Figura 6-17 Penetradores para os ensaios de dureza Brinell e Rockwell.

Tabela 6-5 • Condições de ensaios de dureza e aplicações típicas

Ensaio	Penetrador	Carga	Aplicação
Brinell	Esfera de 10 mm	3.000 kg	Ferro fundido e aço
Brinell	Esfera de 10 mm	500 kg	Ligas não ferrosas
Rockwell *A*	Cone de diamante	60 kg	Materiais muito duros
Rockwell *B*	Esfera de 16 mm	100 kg	Latão, aço de baixa resistência
Rockwell *C*	Cone de diamante	150 kg	Aço de alta resistência
Rockwell *D*	Cone de diamante	100 kg	Aço de alta resistência
Rockwell *E*	Esfera de 32 mm	100 kg	Materiais muito macios
Rockwell *F*	Esfera de 16 mm	60 kg	Alumínio, materiais macios
Vickers	Pirâmide quadrada de diamante	10 kg	Todos os materiais
Knoop	Pirâmide alongada de diamante	500 g	Todos os materiais

máquina de teste e convertida em um número de dureza Rockwell (HR). Como não é preciso fazer uma medição óptica das dimensões da impressão, o ensaio de Rockwell tende a ser mais difundido que o de Brinell. Utilizam-se diversas escalas no ensaio Rockwell, incluindo aquelas descritas na Tabela 6-5. Assim, por exemplo, pode-se utilizar um ensaio Rockwell na escala *C* (HRC) para aços duros, enquanto um ensaio Rockwell na escala *F* (HRF) poderia ser escolhido para o alumínio. Os ensaios de dureza Rockwell fornecem um número de dureza sem nenhuma unidade.

Emprega-se a dureza, principalmente em termos *qualitativos*, para a comparação de materiais, especificações para produção e tratamento térmico, controle de qualidade e correlação com outras propriedades dos materiais. A dureza Brinell, por exemplo, relaciona-se com o limite de resistência do aço por meio da aproximação:

$$\text{Limite de resistência (psi)} = 500 \text{ HB} \tag{6-18}$$

em que HB é dado em unidades de kg/mm^2.

A dureza tem uma boa correlação com a resistência ao desgaste, embora haja ensaios específicos para medir essa resistência. Um material empregado na moagem ou trituração de minérios, por exemplo, deve ser bastante duro, para assegurar que não seja desgastado pelos materiais com que trabalha. Da mesma forma, os dentes de engrenagens do sistema de transmissão de um veículo devem ser suficientemente duros para evitar seu desgaste. Em geral, pode-se constatar que os materiais poliméricos são muito macios, metais e ligas apresentam uma dureza intermediária, e as cerâmicas são extremamente duras. Os carbetos, como o compósito de carbeto de tungstênio-cobalto (WC-Co), são materiais utilizados nas ferramentas de corte. O diamante monocristalino e filmes de carbono tipo diamante são empregados nas ferramentas de corte em outras aplicações.

O **ensaio de dureza** Knoop (HK) é um teste de microdureza, resultando em impressões tão reduzidas que exigem um microscópio para efetuar as medições. Nesse tipo de ensaio, a carga aplicada é inferior a 2 N. O ensaio Vickers usa um penetrador piramidal de diamante para medir a macrodureza ou a microdureza. Os ensaios de microdureza são apropriados para materiais com endurecimento superficial, materiais cuja microestrutura tenha regiões com durezas diferentes e amostras que não são macroscopicamente uniformes.

6-8 Nanoindentação

Os ensaios de dureza descritos na seção anterior são conhecidos como ensaios de macro ou microdureza porque as indentações têm dimensões da ordem de milímetros ou mícrons. As vantagens desses ensaios estão no fato de eles serem relativamente rápidos, fáceis e de baixo custo. Algumas das desvantagens são que podem ser utilizados somente em amostras em macroescala e que a dureza é a única propriedade dos materiais que pode ser medida diretamente. A **nanoindentação** é o ensaio de dureza efetuado na escala de comprimento do nanômetro. Uma pequena ponta de um diamante é utilizada para indentar o material de interesse. A carga e o deslocamento impostos são medidos continuamente com resolução em micronewtons e subnanômetro, respectivamente. A carga e o deslocamento são medidos durante o processo de indentação. As técnicas de nanoindentação são importantes para medir as propriedades mecânicas de filmes finos em substratos (como, por exemplo, em aplicações na microeletrônica) e materiais em nanofase, assim como no caso da deformação de amostras de tamanho muito reduzido. A nanoindentação pode ser realizada com elevada precisão de posicionamento, permitindo indentações dentro de grãos selecionados de um material. Os nanoindentadores incorporam microscópios ópticos e, algumas vezes, recursos de um microscópio de varredura por sonda. Tanto a dureza quanto o modulo elástico são medidos utilizando-se a nanoindentação.

Existem pontas de nanoindentadores em diversos formatos, e um dos formatos comuns é conhecido como indentador de Berkovich, que é uma pirâmide de três faces. Uma indentação efetuada por um indentador de Berkovich, a qual mede 12,5 μm em cada um dos lados e tem uma profundidade de cerca de 1,6 μm, é mostrada na Figura 6-18.

A primeira etapa de um ensaio de nanoindentação envolve efetuar indentações em um padrão de calibração. A sílica fundida é um padrão de calibração comum porque tem propriedades homogêneas e mecânicas bem conhecidas (módulo elástico E = 72 GPa e coeficiente de Poisson $v = 0{,}17$). O propósito de realizar indentações no padrão de calibração é determinar a área de contato projetada da ponta do indentador A_c como uma função da profundidade de indentação. Para obter uma ponta de Berkovich perfeita,

$$A_c = 24{,}5\, h_c^2 \tag{6-19}$$

Essa função relaciona a área transversal do indentador com a distância da ponta h_c que está em contato com o material sendo indentado. Nenhuma ponta é perfeitamente afiada, e, a cada vez que é utilizada, a ponta se desgasta e muda de formato. Desse modo, uma calibração deverá ser realizada sempre que a ponta for utilizada, conforme discutiremos a seguir.

A profundidade de indentação total h (conforme medida pelo deslocamento da ponta) é a soma da profundidade de contato h_c com a profundidade h_s na região periférica da indentação onde o indentador não entra em contato com a superfície do material, isto é,

$$h = h_c + h_s \tag{6-20}$$

como mostra a Figura 6-19. O termo deslocamento de superfície h_s é calculado de acordo com a

$$h_s = \varepsilon\, \frac{P_{\text{máx}}}{S} \tag{6-21}$$

Figura 6-18 Uma indentação em um vidro metálico volumoso composto de $Zr_{41,2}Ti_{13,8}Cu_{12,5}Ni_{10,0}Be_{22,5}$ feita com uma ponta de Berkovich em um nanoindentador. (*Cortesia de Gang Feng, Villanova University.*)

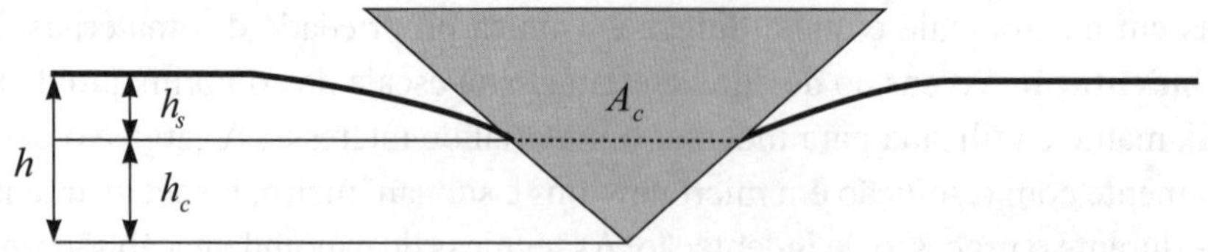

Figura 6-19 A relação entre a profundidade de indentação total, h, a profundidade de contato, h_c, e o deslocamento da superfície na região periférica da indentação, h_s. Nesta figura, a área de contato, A_c, na profundidade, h_c, é vista em corte. *Com base em W. C. Oliver; G. M. Pharr,* An improved technique for determining her stress and elastic modules using load and displacement, *Journal of Materials Research, v. 7, n. 6, p. 1564-1583. Materials Research Society, 1992.*

em que P_{max} é a carga máxima e ε é uma constante geométrica igual a 0,75 para um indentador de Berkovich. S é a rigidez de descarga.

Na nanoindentação, a carga imposta é medida como uma função da profundidade de indentação h, como mostra a Figura 6-20. Ao carregar, a deformação é elástica e plástica. À medida que o indentador é removido do material, a recuperação é elástica. A rigidez de descarga é medida como a inclinação de um ajuste da curva da lei de potência à curva de descarga na profundidade de indentação máxima. O modulo elástico reduzido, E_r, está relacionado à rigidez de descarga S, de acordo com

$$E_r = \frac{\sqrt{\pi}}{2\beta} \frac{S}{\sqrt{A_c}} \tag{6-22}$$

em que β é uma constante para o formato do indentador que está sendo utilizado ($\beta = 1{,}034$ para um indentador de Berkovich). O módulo reduzido E_r é dado por

$$\frac{1}{E_r} = \frac{1-\nu^2}{E} + \frac{1-\nu_i^2}{E_i} \tag{6-23}$$

em que E e ν são o módulo elástico e o coeficiente de Poisson do material que está sendo indentado, respectivamente, e E_i e ν_i são o módulo elástico e o coeficiente de Poisson, respectivamente (no caso do diamante, $E_i = 1{,}141$ TPa e $\nu_i = 0{,}07$). Uma vez que as propriedades elásticas do padrão são conhecidas, o único elemento desconhecido na Equação 6-22 para uma calibração de indentação é A_c.

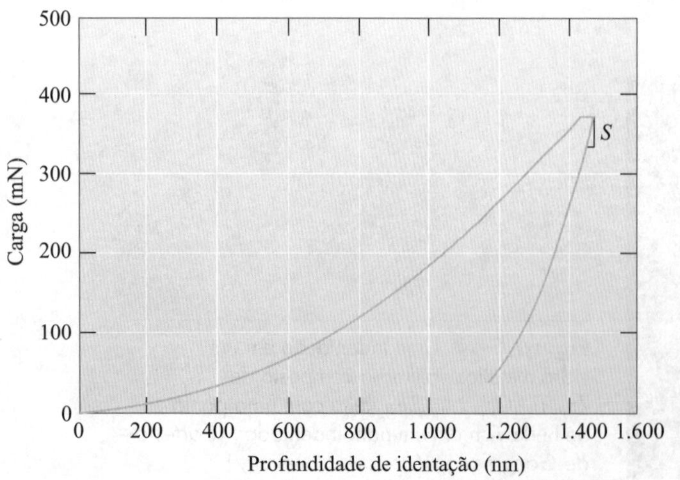

Figura 6-20 A carga como uma função da profundidade de indentação para a nanoindentação do MgO. É indicada a rigidez de descarga, S, na carga máxima.

Utilizando a Equação 6-22, a área de contato projetada é calculada para determinada profundidade de contato. Quando, posteriormente, o experimento é realizado no material de interesse, a mesma função de formato de ponta é utilizada para calcular a área de contato projetada para a mesma profundidade de contato. Mais uma vez, a Equação 6-22 é empregada, e o módulo elástico do material é a quantidade de interesse desconhecida. (Deve-se assumir um coeficiente de Poisson para o material em indentação. Como vimos na Tabela 6-3, os valores típicos variam de 0,2 a 0,4, e a maioria dos metais tem um coeficiente de Poisson de cerca de 0,3. Erros nessa suposição resultam relativamente em pequena imprecisão na medição do módulo elástico.)

A dureza de um material, conforme determinada pela nanoindentação, é calculada como

$$H = \frac{P_{\max}}{A_c} \tag{6-24}$$

e em geral são relatadas com unidades de GPa, e normalmente se define a média dos resultados de múltiplas indentações a fim de aumentar a precisão.

Exemplo 6-7 *Nanoindentação do MgO*

A Figura 6-20 mostra os resultados de uma indentação em um cristal individual (001) de MgO utilizando um indentador de Berkovich em formato de diamante. A rigidez de descarga a uma profundidade de indentação máxima de 1,45 μm é 1,8 × 10^6 N/m. Uma calibração em sílica fundida indica que a área de contato projetada na profundidade de contato correspondente é de 41 μm^2. O coeficiente de Poisson para o MgO é 0,17. Calcule o modulo elástico e a dureza do MgO.

Solução

A área de contato projetada $A_c = 41\ \mu m^2 \times \dfrac{(1\ m)^2}{(10^6\ \mu m)^2} = 4{,}1 \times 10^{-11} m^2$.

O módulo reduzido é dado por

$$E_r = \frac{\sqrt{\pi}}{2\beta}\frac{S}{\sqrt{A_c}} = \frac{\sqrt{\pi}(1{,}8 \times 10^6\ N/m)}{2(1{,}034)\sqrt{(4{,}1 \times 10^{-11} m^2)}} = 241 \times 10^9\ N/m^2 = 241\ GPa$$

Substituindo o coeficiente de Poisson do MgO e as constantes elásticas do diamante e resolvendo E,

$$\frac{1}{E_r} = \frac{1 - 0{,}17^2}{E} + \frac{1 - 0{,}07^2}{1{,}141 \times 10^{12}\ Pa} = \frac{1}{241 \times 10^9\ Pa}$$

$$\frac{0{,}9711}{E} = \frac{1}{241 \times 10^9\ Pa} - \frac{1 - 0{,}07^2}{1{,}141 \times 10^{12}\ Pa}$$

$$E = 296\ GPa$$

Com base na Figura 6-20, a carga na profundidade de indentação de 1,45 μm é de 380 mN (380 × 10^{-3} N). Portanto, a dureza é

$$H = \frac{P_{máx}}{A_c} = \frac{380 \times 10^{-3} N}{4{,}1 \times 10^{-11} m^2} = 9{,}3 \times 10^9\ Pa = 9{,}3\ GPa$$

Essa análise calcula o módulo elástico e a dureza na carga máxima. Contudo, atualmente, uma técnica experimental, conhecida como nanoindentação dinâmica, é empregada. Durante a nanoindentação dinâmica, uma pequena carga oscilante é superposta à carga total na amostra. Dessa maneira, a amostra é de modo contínuo descarregada elasticamente à medida que a carga total aumenta. Isso permite a realização de sucessivas medições do módulo elástico e da dureza como uma função da profundidade de indentação.

Essa análise da nanoindentação foi publicada em 1992 no *Journal of Materials Research* e é conhecida como o método de Oliver e Pharr, tendo recebido esse nome em homenagem a Warren C. Oliver e George M. Pharr.

6-9 Efeitos da taxa de deformação e comportamento sob impacto

Quando um material é submetido a um impacto súbito e intenso, com uma taxa de deformação extremamente elevada, ele pode se comportar de um modo bem mais frágil que o observado no ensaio de tração. Isso pode ser constatado, por exemplo, em vários plásticos e em materiais como o componente do Silly Putty®. Se um polímero, como o polietileno ou o constituinte do Silly Putty®, for estirado bem lentamente, as moléculas poliméricas terão condições de desembaraçar-se, ou as cadeias poderão deslizar umas sobre as outras e resultar em grandes deformações plásticas. Porém, se uma carga de impacto for aplicada, não haverá tempo para a ocorrência desses fenômenos, e os materiais romperão de maneira frágil. O **ensaio de impacto** avalia a fragilidade de um material sob condições de alta taxa de deformação. Em comparação com o ensaio de tração, as taxas de deformação são bem mais elevadas, com $\dot{\varepsilon}$ próxima de 10^3 s^{-1}.

Vários ensaios de impacto foram concebidos, incluindo os de *Charpy* e *Izod* (Figura 6-21), sendo o ensaio Izod geralmente utilizado em materiais poliméricos. É possível empregar corpos de prova com ou sem entalhe. As amostras com entalhe em V permitem avaliar a resistência do material à propagação de trincas.

Para efetuar esse ensaio, usa-se um pêndulo pesado que parte de uma altura h_0 que, ao ser liberado, golpeia e fratura o corpo de prova e atinge uma elevação final h_f. Se as alturas inicial e final do pêndulo forem conhecidas, será possível calcular a diferença de energia potencial. Essa diferença corresponde à **energia absorvida** pelo corpo de prova durante a fratura. No ensaio Charpy, a energia é normalmente expressa em pé · lb ou joules (J), em que 1 pé · lb = 1.356 J. Os resultados do ensaio Izod são expressos em unidades de pé · lb /pol. ou J/m. A capacidade de um material em resistir a um impacto é normalmente denominada **tenacidade**. Como já mencionamos, em algumas situações considera-se a área sob a curva de tensão-deformação verdadeira ou de engenharia como uma

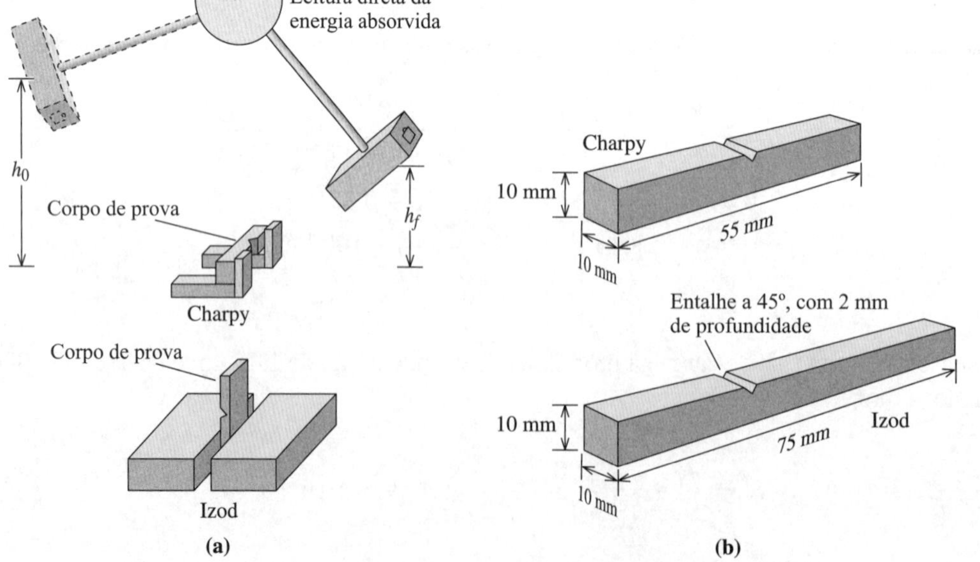

Figura 6-21 Ensaio de impacto: (a) ensaios Charpy e Izod e (b) dimensões de corpos de prova típicos.

medida da tenacidade. Em ambos os casos, mede-se a energia necessária para fraturar um material. Entretanto, uma diferença importante é que, nos ensaios de tração, as taxas de deformação são muito menores que as empregadas nos ensaios de impacto. Outra diferença reside no fato de que, em ensaios de impacto, os corpos de prova possuem um entalhe que fragiliza bastante o material. A tenacidade de um material é a capacidade de resistir à **propagação da fratura** quando uma carga é aplicada, considerando-se a presença de trincas ou entalhes. Vamos analisar a resistência à fratura no Capítulo 7.

6-10 Propriedades obtidas no ensaio de impacto

A Figura 6-22 mostra uma curva de energia absorvida em vários ensaios de impacto efetuados com náilon a diferentes temperaturas. Curva como essa é elaborada a partir da interpolação dos resultados obtidos em vários ensaios de impacto realizados a diferentes temperaturas.

Temperatura de transição frágil-dúctil A **temperatura de transição frágil-dúctil** é aquela em que o modo de fratura de um material modifica de fratura dúctil para fratura frágil. Pode-se obter essa temperatura pela energia média entre as regiões com comportamento dúctil e frágil, considerando uma energia absorvida específica, ou pelo aparecimento de características físicas de fratura frágil na amostra. A temperatura de transição de materiais passíveis de sofrerem impactos durante o serviço deve ser *menor* que a de operação do componente.

Nem todos os materiais têm uma temperatura de transição bem definida (Figura 6-23). Os metais CCC apresentam temperaturas de transição, mas a maioria dos CFC, não. Os metais CFC exibem elevada absorção de energias, e a energia diminui gradualmente (às vezes até aumenta) com a redução da temperatura. Como já mencionamos, o fenômeno de transição frágil-dúctil pode ter contribuído para o naufrágio do *Titanic*, pois a temperatura da água era muito baixa.

Nos materiais poliméricos, a temperatura de transição frágil-dúctil está bastante relacionada com a temperatura de transição vítrea de polímeros, sendo considerada equivalente para fins práticos. A alta temperatura de transição dos polímeros empregados nos anéis de vedação dos foguetes propulsores, entre outros fatores, foi uma das causas do desastre com o ônibus espacial *Challenger*.

Sensibilidade ao entalhe Os entalhes causados por problemas de usinagem, de produção ou de projeto geram concentradores de tensões e reduzem a resistência dos materiais. Pode-se avaliar a **sensibilidade ao entalhe** de um material ao comparar as energias absorvidas de corpos de prova com e sem entalhes. É possível constatar que as

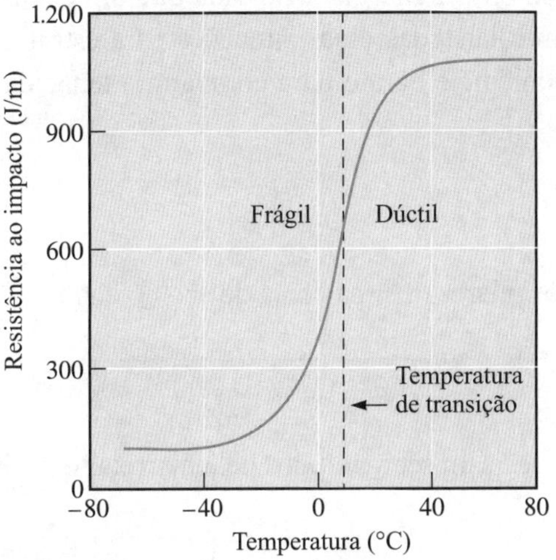

Figura 6-22 Resultados de ensaios de impacto Izod em uma amostra de náilon.

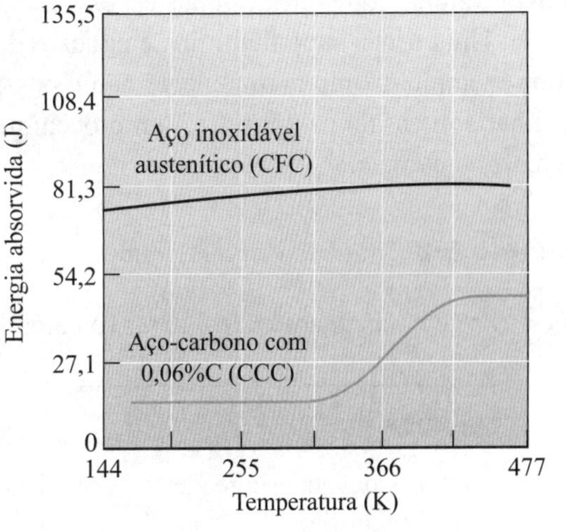

Figura 6-23 Resultados de ensaio Charpy com entalhe em V no aço-carbono CCC e no aço inoxidável austenítico CFC. Em geral, a estrutura cristalina CFC dá origem a energias absorvidas mais altas e sem temperatura de transição.

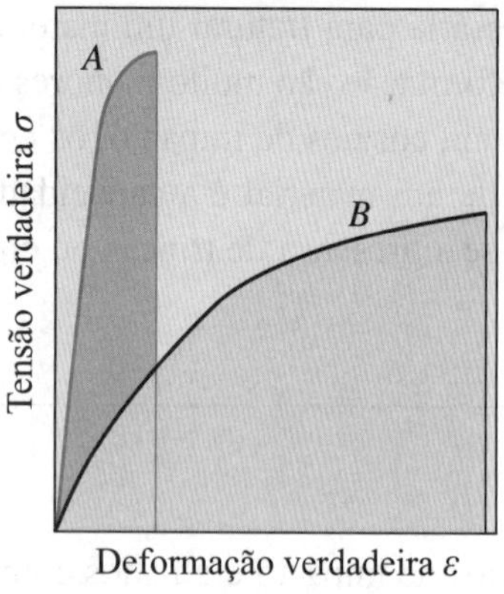

Figura 6-24 Área sob a curva tensão-deformação verdadeira. Embora o material *B* tenha menor limite de escoamento, ele absorve mais energia que o material *A*. As energias absorvidas mostradas por essas curvas podem não ser as mesmas obtidas com os ensaios de impacto.

energias absorvidas são bem inferiores em amostras com entalhe, caso o material seja sensível ao entalhe. Na Seção 7-7, veremos como a presença de entalhes afeta o comportamento dos materiais submetidos a tensões cíclicas.

Relação com a curva tensão-deformação A energia necessária para romper um material durante ensaios de impacto (ou seja, tenacidade) nem sempre é proporcional à área sob a curva tensão-deformação verdadeira (Figura 6-24). Como já vimos, os engenheiros estimam a área sob a curva tensão-deformação de engenharia como uma medida da tenacidade. Em geral, os metais com alto limite de resistência e alta ductilidade têm uma boa tenacidade. No entanto, isso nem sempre ocorre quando as taxas de deformação são elevadas. Por exemplo, os metais com excelente tenacidade no ensaio de tração podem apresentar um comportamento frágil quando tracionados sob elevadas taxas de deformação (ou seja, podem resistir pouco a impactos). Dessa forma, a taxa de deformação imposta desloca a temperatura de transição frágil-dúctil para a região de mais alta temperatura, de modo que altas taxas aumentam a temperatura de transição. As cerâmicas e vários compósitos têm baixa resistência ao impacto, apesar de sua elevada resistência à compressão, já que não possuem ductilidade apreciável. Esses materiais possuem, portanto, baixa tenacidade avaliada pela curva de tensão-deformação ou pelo ensaio de impacto.

Uso das propriedades de impacto A energia absorvida e a temperatura de transição frágil-dúctil são bastante sensíveis às condições de solicitação mecânica. O aumento da taxa de deformação, que significa maior aplicação de energia sobre o componente num curto tempo, reduz a energia absorvida e aumenta a temperatura de transição. O tamanho do corpo de prova também afeta os resultados. É mais difícil deformar plasticamente uma amostra espessa, pois ela apresenta maior resistência à deformação. Portanto, são necessárias energias por volume menores para fraturar componentes mais espessos. Por fim, a configuração geométrica do entalhe afeta a absorção de energia. Uma trinca superficial fina e aguda reduz mais acentuadamente a energia absorvida que um entalhe em V, por exemplo. Como normalmente não é possível prever ou controlar todas essas situações para estruturas de engenharia, o ensaio de impacto é um procedimento rápido, conveniente e barato para comparar a tenacidade de diferentes materiais.

Exemplo 6-8 *Projeto de uma marreta*

Projete uma marreta de 8 libras (ou 3,63 kg) para prender os pilares de uma cerca de aço no chão.

Solução

Primeiro, devemos considerar os requisitos de projeto que precisam ser atendidos pela marreta. Uma lista parcial incluiria:

1. O cabo deve ser leve, ainda que robusto o suficiente para não quebrar catastroficamente.
2. A cabeça não deve quebrar ou lascar durante o uso, mesmo em temperaturas abaixo de zero.

3. A cabeça não deve deformar durante o uso continuado.
4. A cabeça deve ser grande o suficiente para garantir que o usuário não erre o pilar da cerca e não deve incluir entalhes afiados que possam causar o desprendimento de lascas.
5. A marreta deve ser barata.

Embora o cabo possa ser feito de um material compósito leve e resistente [como um polímero reforçado com fibras Kevlar (um polímero especial)], um cabo de madeira de cerca de 762 mm de comprimento seria muito mais barato e ainda teria a resistência suficiente. Conforme mostrado no Capítulo 17, a madeira pode ser categorizada como um compósito reforçado com fibra natural.

Para produzir a cabeça, preferimos um material com baixa temperatura de transição, que possa absorver uma energia relativamente alta durante o impacto e que também tenha dureza suficiente para evitar deformação. O requisito de resistência descartaria a maioria das cerâmicas. Um metal cúbico de face centrada, como aço inoxidável CFC ou cobre, poderia oferecer uma resistência superior mesmo sob baixas temperaturas; no entanto, esses metais são relativamente frágeis e caros. Uma escolha apropriada seria um aço CCC. Aços comuns são baratos, têm boa dureza e força e alguns apresentam resistência suficiente sob baixas temperaturas.

No Apêndice A, descobrimos que a densidade do ferro é 7.870 kg/m^3. Consideramos que a densidade do aço é praticamente a mesma. O volume de aço necessário é $V = (3{,}63/7.870) = 4{,}61 \times 10^{-4}$ m^3. Para garantir que alcancemos nossa meta, a cabeça deve ter um formato cilíndrico com diâmetro de 63,5 mm. O comprimento da cabeça seria, então, 147,3 mm.

6-11 Vidros metálicos de grande volume e seu comportamento mecânico

Os metais, da maneira como encontrados na natureza, são cristalinos. Contudo, quando determinadas ligas formadas de múltiplos componentes são resfriadas rapidamente, é possível ocorrer a formação de metais amorfos. Algumas ligas exigem taxas de resfriamento da magnitude de até 10^6 K/s, a fim de formar uma estrutura amorfa (ou *vítrea*), mas recentemente, têm sido descobertas novas composições que requerem taxas de resfriamento da ordem de apenas alguns graus por segundo. Isso tem possibilitado a produção dos famosos "vidros metálicos de grande volume" (*bulk metallic glasses* – BMG), com espessuras ou diâmetros de até 5 cm (2 pol.).

Antes do desenvolvimento dos vidros metálicos de grande volume, metais amorfos eram produzidos por meio de uma variedade de técnicas de solidificação rápida, incluindo um processo conhecido como *melt spinning*, no qual um metal líquido é injetado em uma roda de cobre que gira em alta frequência e produz fitas finas com espessura da ordem de 10 μm. É difícil efetuar ensaios mecânicos em fitas. Desse modo, o desenvolvimento de vidros metálicos de grande volume possibilitou a realização de ensaios mecânicos que antes não eram possíveis. Os vidros metálicos de grande volume podem ser produzidos por meio de vários métodos, e um deles envolve o uso de um arco elétrico para a fusão de elementos de elevada pureza e, depois, a fundição por sucção ou a fundição por gravidade em moldes de cobre resfriados.

Como mostra a Figura 6-25, os vidros metálicos exibem comportamentos de tensão-deformação fundamentalmente diferentes daqueles de outras classes de materiais. O mais importante é que os vidros metálicos são materiais que apresentam resistência excepcionalmente elevada. Em geral, têm limites de escoamento da ordem de 2 GPa (290 kpsi), comparáveis àqueles dos aços com maior resistência. Limites de escoamento superiores a 5 GPa (725 kpsi) têm sido relatados para ligas metálicas amorfas com base em ferro. Uma vez que os vidros metálicos não são cristalinos, não contêm discordâncias. Conforme aprendemos no Capítulo 4, as discordâncias levam a limites de escoamento menores do que os teoricamente previstos para materiais cristalinos perfeitos. As elevadas resistências dos vidros metálicos se devem à falta de discordâncias na estrutura amorfa.

Apesar de suas elevadas resistências, os vidros metálicos típicos são frágeis. A maioria exibe deformação plástica sob tensão quase igual a zero, e somente um pequeno percentual de deformação plástica sob compressão (em

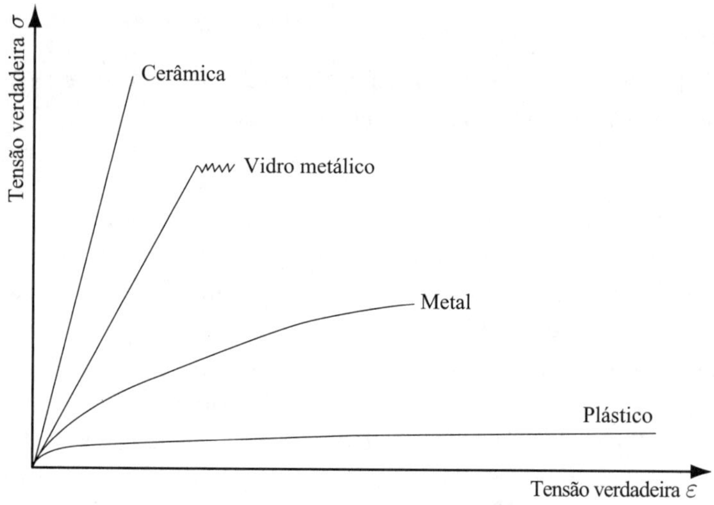

Figura 6-25 Um diagrama esquemático do comportamento de tensão-deformação para compressão de vários materiais de engenharia, incluindo vidros metálicos. O fluxo serrilhado é observado na região plástica.

comparação com dezenas de percentuais de deformação plástica referentes a materiais cristalinos). A falta de ductilidade está relacionada à ausência de discordâncias. Como os vidros metálicos não contêm discordâncias, eles não sofrem encruamento (ou seja, a tensão não aumenta com a deformação após a deformação plástica ter iniciado, como mostra a Figura 6-25. O encruamento, também conhecido como endurecimento por deformação, será discutido em detalhes no Capítulo 8). Desse modo, quando a deformação se torna localizada, ela se intensifica e rapidamente leva à falha.

À temperatura ambiente, os vidros metálicos são permanentemente deformados por meio de intenso cisalhamento em bandas estreitas com cerca de 10 a 100 nm de espessura. Isso cria padrões de cisalhamento nas extremidades do material, conforme mostra a Figura 6-26. No caso da compressão, resulta em uma diminuição em extensão na direção do eixo da carga. À medida que a plasticidade progride, mais bandas de cisalhamento se formam e se propagam, com a finalidade de se acomodar ao aumento da deformação plástica até que, por fim, uma dessas bandas de cisalhamento provoca a falha do material. Os efeitos da formação de bandas de cisalhamento podem ser observados na Figura 6-25. Quando uma amostra de compressão de vidro metálico é deformada a uma taxa de deslocamento constante, a carga (ou tensão) é reduzida, à medida que a banda de cisalhamento se propaga. Isso leva ao comportamento de tensão-deformação *serrilhado*, na figura. Embora alguns materiais cristalinos mostrem comportamento serrilhado, a origem deste fenômeno é completamente diferente nos metais amorfos. As atuais iniciativas de pesquisa estão focadas em compreender o processo de formação de bandas por cisalhamento em vidros metálicos e evitar que as bandas de cisalhamento causem falhas.

Os vidros metálicos têm aplicações na indústria de equipamentos esportivos, carcaças para equipamentos eletrônicos, componentes de defesa e materiais estruturais. Os vidros metálicos também são adequados como revestimentos industriais, devido à sua elevada dureza e boa resistência à corrosão (mais uma vez, ambos, em virtude da ausência de discordâncias na estrutura). Todas as aplicações em potencial devem utilizar vidros metálicos em temperaturas bem inferiores a suas temperaturas de transição vítrea, uma vez que se cristalizarão e perderão seu comportamento mecânico exclusivo em temperaturas elevadas.

6-12 Comportamento mecânico em pequenas escalas de comprimento

Com o desenvolvimento de filmes finos em substratos para aplicações microeletrônicas e a fabricação de estruturas apresentando dimensões em escala de nanômetros, os cientistas têm observado que os materiais podem exibir diferentes propriedades mecânicas, dependendo da escala de comprimento na qual os materiais são ensaiados. Diversas técnicas experimentais vêm sendo desenvolvidas, a fim de medir o comportamento mecânico em pequenas escalas de tamanho. A nanoindentação, discutida na Seção 6-8, é utilizada para esse propósito. Outra técnica é conhecida como análise da curvatura de *wafer*.

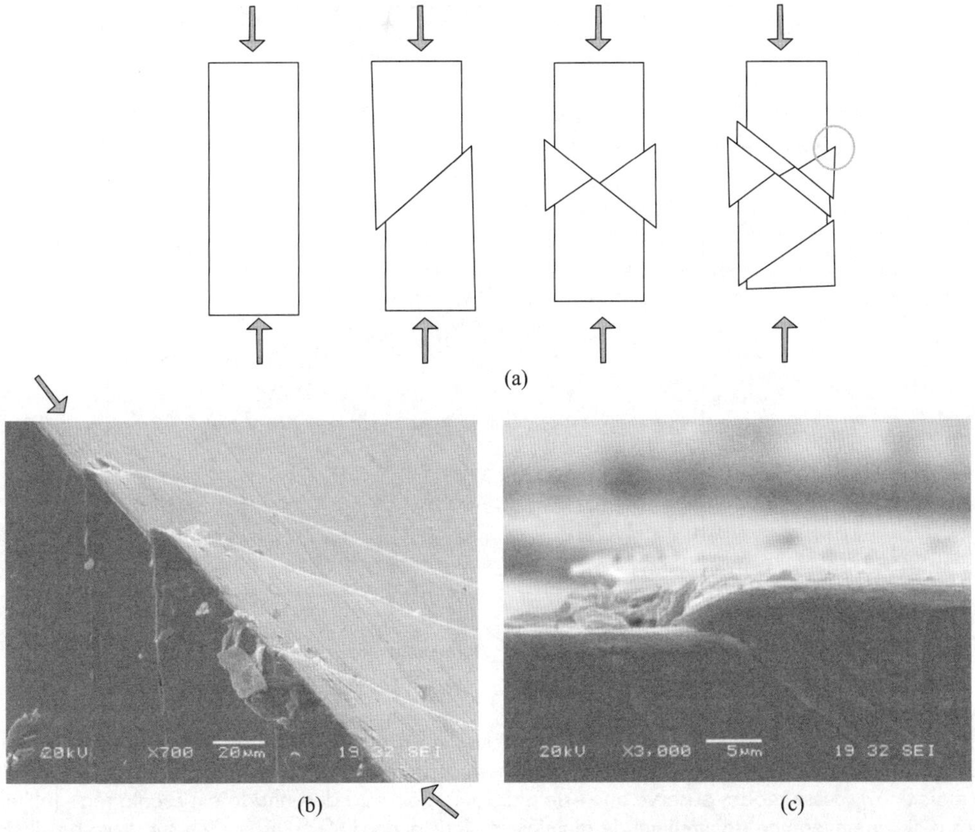

Figura 6-26 (a) Um diagrama esquemático da formação da banda de cisalhamento em um vidro metálico mostrando sucessivos estágios de um ensaio de compressão. (b) Uma micrografia eletrônica de varredura mostrando três bandas de cisalhamento em um vidro metálico de grande volume composto de $Zr_{41,2}Ti_{13,8}Cu_{12,5}Ni_{10,0}Be_{22,5}$. As setas indicam a direção de carregamento. (c) Uma micrografia eletrônica de varredura de uma região de deslocamento de bandas de cisalhamento em um vidro metálico de grande volume composto de $Zr_{41,2}Ti_{13,8}Cu_{12,5}Ni_{10,0}Be_{22,5}$. A localização dessa região está circulada em (a). (*Fotos: Cortesia de Wendelin Wright.*)

Na técnica da curvatura de *wafer*, a temperatura de um filme fino em um substrato é ciclada, em geral, a partir da temperatura ambiente até atingir várias centenas de graus Celsius. Uma vez que o filme fino e o substrato têm diferentes coeficientes de expansão térmica, eles se expandem (ou contraem) a diferentes taxas. Isso induz a tensões no filme fino, as quais são diretamente proporcionais à mudança na curvatura do sistema filme-substrato, à medida que a temperatura é ciclada. Um exemplo do experimento da curvatura de *wafer* para um filme fino de alumínio policristalino, de 0,5 μm, em um substrato de silício oxidado, é mostrado na Figura 6-27(a). O alumínio tem maior coeficiente de expansão térmica do que o silício.

A Figura 6-27(b) mostra dois ciclos do experimento, que começa com o sistema de filme-substrato à temperatura ambiente. O alumínio tem uma tensão residual de 30 MPa à temperatura ambiente em virtude do resfriamento a partir da temperatura de processamento. Durante o primeiro ciclo, os grãos no filme crescem à medida que a temperatura aumenta (Capítulo 8). Conforme os grãos crescem, a área de contorno de grão diminui, e o filme se torna mais denso. Ao mesmo tempo, o alumínio se expande mais rapidamente do que o silício, e é impedido de se expandir pelo substrato de silício, ao qual está ligado. Desse modo, o alumínio está sujeito a um estado de compressão. À medida que a temperatura aumenta, o alumínio se deforma plasticamente. A tensão não aumenta muito porque a elevação de temperatura causa redução na resistência.

Conforme o sistema se resfria, o alumínio se contrai mais com a diminuição na temperatura do que ocorre com o silício. À medida que o alumínio se contrai, ele primeiro se descarrega elasticamente e, então, se deforma plasticamente. Conforme a temperatura diminui, a tensão continua a aumentar até que o ciclo esteja completo, quando a temperatura ambiente for atingida. Um segundo ciclo térmico é mostrado. Os ciclos de temperatura subsequentes

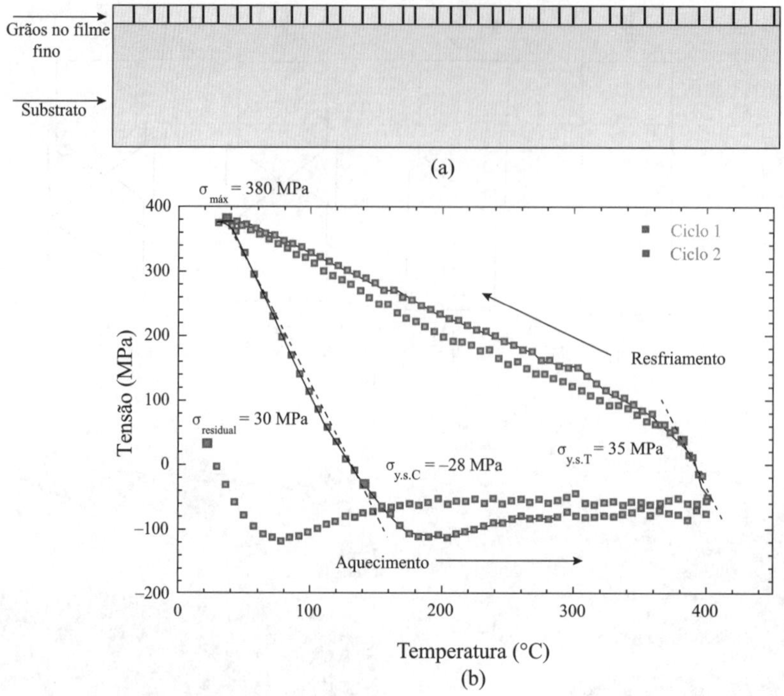

Figura 6-27 (a) Um diagrama esquemático de um filme fino em um substrato. Os grãos têm diâmetros da ordem da espessura do filme. Observe que os filmes finos geralmente têm espessuras de cerca de 1/500 da espessura do substrato (alguns deles são muito mais finos), desse modo, observe que este diagrama não está desenhado em escala real. (b) Tensão *versus* Temperatura para a ciclagem térmica de um filme de alumínio policristalino de 0,5 μm em um substrato de silício oxidado durante um experimento de curvatura de *wafer*.

serão similares em formato, uma vez que a microestrutura do filme não se altera, a menos que a temperatura mais elevada exceda a do ciclo anterior.

Observe que a tensão sustentada pelo alumínio à temperatura ambiente após a ciclagem é de 380 MPa! O alumínio espesso puro (alumínio com dimensões macroscópicas) é capaz de suportar somente uma fração dessa tensão sem apresentar falhas. Desse modo, observamos uma tendência geral na ciência dos materiais – quando se trata de metais cristalinos, o menor é mais forte!

Tipicamente, a chave para a resistência de um metal cristalino está nas discordâncias. À medida que aumenta a resistência à movimentação de discordâncias, a resistência do metal também aumenta. Um mecanismo para elevar a resistência nos metais cristalinos em microescala e nanoescala é o tamanho do grão. O tamanho do grão de filmes finos tende a ser da ordem da espessura do filme, conforme mostra a Figura 6-27(a). À medida que o tamanho de grão diminui, o limite de escoamento aumenta (veja no Capítulo 4, Seção 4-7, uma discussão sobre a equação de Hall-Petch).

As discordâncias distorcem o cristal ao redor, aumentando a energia de deformação nas ligações atômicas. Desse modo, as discordâncias têm energias associadas a elas. Para todos os metais, à medida que aumenta a densidade de discordâncias (ou o comprimento das linhas de discordância por volume unitário no cristal), essa energia aumenta.

Nos filmes finos, as discordâncias podem estar restritas à interface entre o filme e o substrato ao qual ele está ligado. Assim, é necessário que a discordância aumente em comprimento ao longo da interface, a fim de que ela se propague e para que o filme se deforme plasticamente. Aumentar o comprimento das discordâncias requer energia, e a tensão exigida para fazer com que a discordância se propague é maior do que aquela necessária para uma discordância que não estivesse restrita por uma interface. Essa tensão é inversamente proporcional à espessura do filme. Desse modo, à medida que a espessura do filme diminui, a resistência aumenta. Quando duas superfícies restringem as discordâncias, como, por exemplo, quando uma camada de passivação (isto é, aquela camada que protege a superfície do filme fino contra a oxidação ou corrosão) é depositada em um filme fino, o efeito é ainda mais pronunciado. Essa relação inversa entre a resistência e a espessura do filme é independente do efeito do tamanho de grão, discutido anteriormente. Lembre-se de que qualquer mecanismo que interfere com o movimento das discordâncias torna o metal mais forte.

A fim de induzir a uma mudança de formato não uniforme em um material, como dobrar uma barra ou indentar um material, as discordâncias devem ser introduzidas na estrutura do cristal. Tais discordâncias são chamadas *discordâncias geometricamente necessárias*, as quais existem além daquelas que são produzidas por deformação homogênea (conhecidas como *discordâncias estatisticamente armazenadas*); desse modo, a densidade é aumentada. Em pequenas escalas de comprimento (como no caso de pequenas indentações feitas utilizando-se um nanoindentador), a densidade das discordâncias geometricamente necessárias é significativa, mas com escalas de comprimento maiores, esse efeito é reduzido. Assim, a dureza de indentações rasas é maior que a de indentações profundas feitas no mesmo material. De acordo com o que você aprenderá no Capítulo 8, conforme a densidade de discordâncias aumenta, a resistência de um metal aumenta. As discordâncias agem como obstáculos à propagação de outras discordâncias e, mais uma vez, qualquer mecanismo que interfere com o movimento das discordâncias torna o metal mais forte.

Um experimento de ensaios mecânicos cada vez mais comum envolve a fabricação de corpos de prova de compressão com diâmetros da ordem de 1 mícron utilizando uma ferramenta conhecida como feixe de íons focalizado (*focused ion beam* – FIB). Essencialmente, um feixe de íons de gálio é utilizado para remover átomos da superfície de um material, realizando, dessa maneira, um processo de usinagem em escala de tamanho da ordem de mícrons e submícrons. Essas amostras são, então, deformadas sob compressão em um nanoindentador utilizando uma ponta de perfuração plana. O volume dessas amostras é da ordem de 2,5 μm^3. Resistências extraordinárias têm sido observadas em pilares metálicos monocristalinos. Esse assunto é uma área de pesquisa intensa na comunidade dos cientistas de materiais.

6-13 Reologia dos líquidos

As descrições de tensão e deformação que desenvolvemos até aqui neste capítulo são geralmente aplicadas a sólidos. **Reologia** é o estudo da deformação e do fluxo de materiais, especialmente de líquidos. Se a relação entre a tensão de cisalhamento aplicada τ e a **taxa de deformação por cisalhamento** ($\dot{\gamma}$) for linear, chamamos o material de **newtoniano**. A inclinação da curva de tensão de cisalhamento *versus* a taxa de deformação por cisalhamento em estado estacionário é definida como a **viscosidade** (η) do material. Água é um exemplo de material newtoniano. A relação a seguir define viscosidade:

$$\tau = \eta\dot{\gamma} \qquad (6\text{-}25)$$

As unidades de η são Pa · s (no sistema SI), Poise (P) ou g/(cm · s) no sistema cgs. Às vezes, o termo centipoise (cP) é usado, 1 cP = 10^{-2} P. A conversão entre essas unidades é dada por 1 Pa · s = 10 P = 1.000 cP.

A **viscosidade cinemática** (ν) é definida como:

$$\nu = \eta/\rho \qquad (6\text{-}26)$$

em que a viscosidade (η) tem unidades de Pa · s e a densidade (ρ) tem unidades de kg/m^3. A unidade da viscosidade cinemática é m^2/s. Observe que, neste capítulo, a letra ν foi usada como o símbolo do coeficiente de Poisson e da viscosidade cinemática por convenção. O uso do mesmo símbolo para representar diferentes quantidades é comum em notações científicas, apesar de confuso.

Para muitos materiais, a relação entre tensão de cisalhamento e taxa de deformação por cisalhamento não é linear. Esses materiais são **não newtonianos**. A relação entre tensão e taxa de deformação por cisalhamento em estado estacionário desses materiais pode ser descrita como:

$$\tau = \eta\dot{\gamma}^m \qquad (6\text{-}27)$$

em que o exponente *m* não é igual a 1.

Materiais não newtonianos são classificados em **cisalhamento fino** (ou pseudoplástico) ou **cisalhamento espesso** (ou dilatante). As relações entre a tensão de cisalhamento e a taxa de deformação por cisalhamento de diferentes tipos de materiais são mostradas na Figura 6-28. Se considerarmos a inclinação da linha obtida pela união da origem com qualquer ponto da curva, determinaremos a **viscosidade aparente** (η_{ap}). A viscosidade aparente como uma função da taxa de deformação por cisalhamento em estado estacionário é exibida na Figura 6-29(a). A viscosidade aparente de um material newtoniano vai permanecer constante com mudanças na taxa de deformação por cisalhamento. Em materiais com cisalhamento fino, a viscosidade aparente diminui com o aumento da taxa de deformação por cisalhamento. Nos materiais com cisalhamento espesso, a viscosidade aparente aumenta com o aumento da taxa de deformação por cisalhamento. Se você tiver uma lata de tinta em estoque, por exemplo, a taxa de deformação por cisalhamento à qual a tinta está sujeita é muito lenta e a tinta age como se fosse muito viscosa. Quando você pega um pincel e pinta, a tinta está sujeita a uma alta taxa de deformação por cisalhamento. A tinta agora age como se fosse bem fina ou menos viscosa (isto é, exibe uma pequena viscosidade aparente). Esse é o comportamento de cisalhamento fino. Alguns materiais têm um comportamento "plástico ideal". Em um material plástico ideal, a tensão de cisalhamento não muda com a taxa de deformação por cisalhamento.

Muitos materiais úteis podem ser modelados como **plásticos de Bingham** e são definidos pelas equações a seguir:

$$\tau = G \cdot \gamma \text{ (quando } \tau \text{ é menor que } \tau_{ys}) \tag{6-28}$$

$$\tau = \tau_{ys} + \eta\dot{\gamma} \text{ (quando } \tau \geq \tau_{ys}) \tag{6-29}$$

Isso é ilustrado na Figura 6-29(b) e (c). Nessas equações, τ_{ys} é a **tensão (ou limite) de escoamento** aparente obtida pela interpolação dos dados de taxa de deformação por tensão de cisalhamento para a taxa de deformação por cisalhamento zero. Definimos a tensão de escoamento como o nível de tensão que deve ser superado para que o material sofra deformação plástica. A existência de uma verdadeira tensão de escoamento (também conhecida como limite de resistência) ainda não foi provada de forma não ambígua para muitos plásticos e dispersões, como tintas. Para provar a existência de uma tensão de escoamento, medições separadas de tensão e deformação são necessárias. Para esses materiais, um limite de tensão crítico pode ser uma melhor forma de descrever o comportamento mecânico. Muitas misturas cerâmicas (dispersões como aquelas usadas no processamento cerâmico), fusões poliméricas (usadas no processamento de polímeros), tintas e géis, bem como produtos alimentícios (iogurte, maionese, ketchup etc.), exibem comportamento parecido com os plásticos de Bingham. Note que os plásticos de Bingham exibem comportamento de cisalhamento fino (ou seja, a viscosidade aparente diminui com o aumento da taxa de cisalhamento).

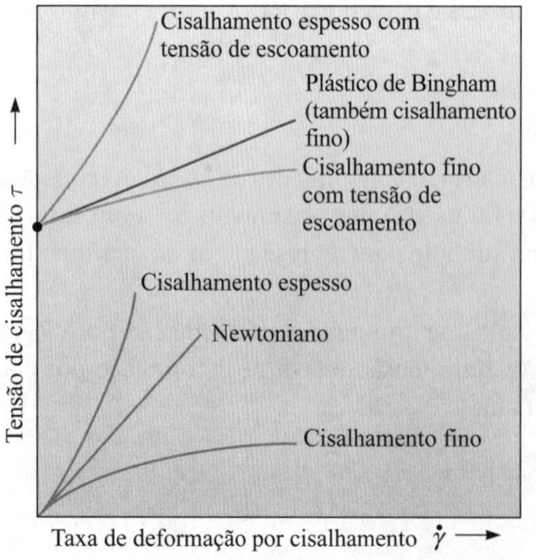

Figura 6-28 Relações entre tensão de cisalhamento e taxa de deformação por cisalhamento para materiais newtonianos e não newtonianos

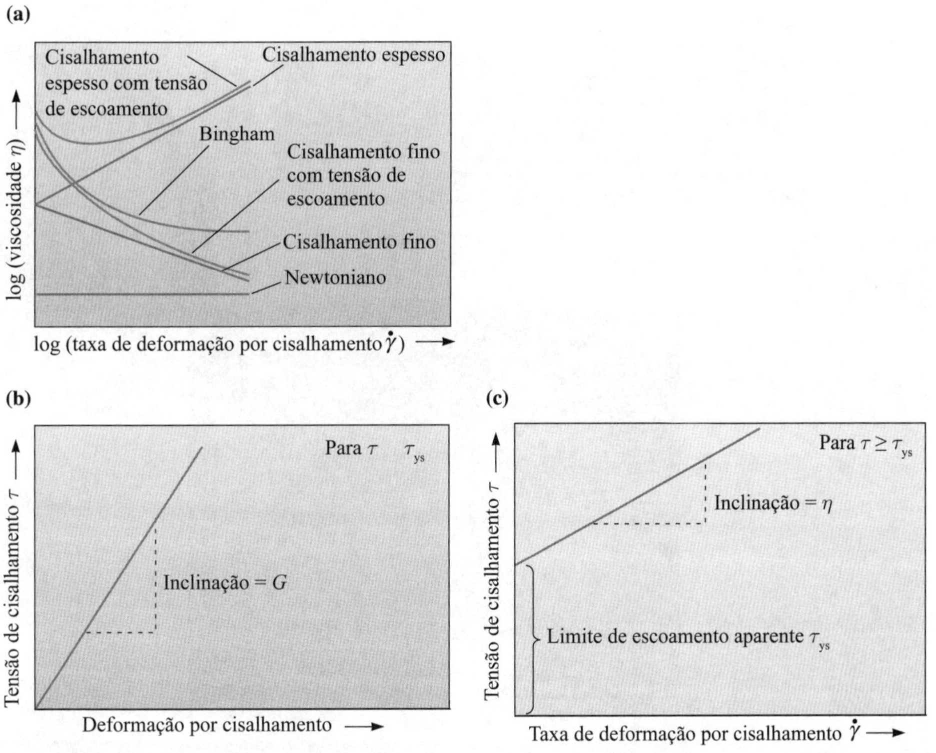

Figura 6-29 (a) Viscosidade aparente como uma função da taxa de deformação por cisalhamento ($\dot{\gamma}$). (b) e (c) Ilustração de um plástico de Bingham (Equações 6-28 e 6-29). Observe que o eixo horizontal em (b) é a deformação por cisalhamento.

Materiais com cisalhamento fino também exibem um **comportamento tixotrópico** (por exemplo, tintas, misturas cerâmicas, fusões poliméricas, géis etc.). Materiais tixotrópicos geralmente contêm algum tipo de rede de partículas ou moléculas. Quando uma deformação por cisalhamento suficientemente grande (isto é, maior que o limite de escoamento crítico) é aplicada, a rede ou estrutura tixotrópica se rompe e o material começa a fluir. À medida que o cisalhamento é interrompido, a rede começa a se formar novamente e a resistência ao fluxo aumenta. As partículas ou arranjos moleculares na rede recém-formada são diferentes das presentes na rede original. Assim, o comportamento de materiais tixotrópicos é considerado dependente do momento e do histórico. Alguns materiais mostram um aumento na viscosidade aparente como uma função do tempo e a uma taxa de cisalhamento constante. Esses materiais são conhecidos como **reopéticos**.

As propriedades reopéticas dos materiais são determinadas pelo uso de instrumentos conhecidos como viscosímetros ou *reômetros*. Nesses instrumentos, uma tensão ou taxa de deformação constante é aplicada sobre o material avaliado. Diferentes arranjos geométricos (por exemplo, cone e placa, placa paralela, Couette etc.) são utilizados.

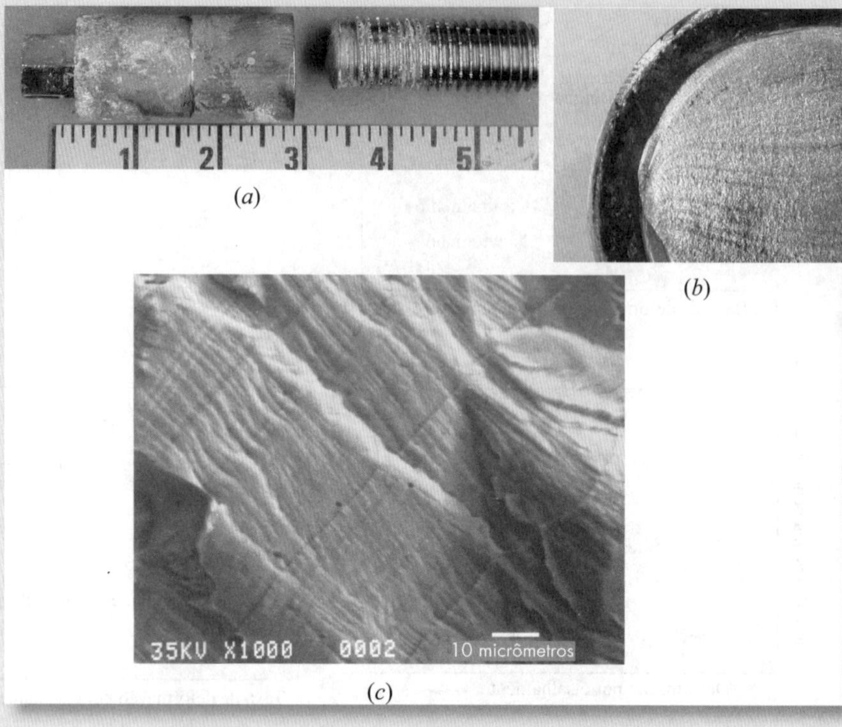

As falhas no parafuso de aço inoxidável 316 mostradas aqui foram geradas por fadiga mecânica. Neste caso, os parafusos se quebraram entre a cabeça e a haste [veja a Figura (a)]. Uma fratografia óptica de uma das superfícies da fratura [veja a Figura (b)] mostra que esta começou em um local e se propagou ao longo do parafuso, até que a fratura final ocorresse. Marcas de praia e estrias [veja a Figura (c)], típicas das fraturas por fadiga, estão presentes em todas as superfícies da fratura. A falhas por fadiga de parafusos com rosca são frequentemente associadas a um aperto insuficiente do parafuso, que resulta em flexões e na fratura subsequente (*Corrosion Testing Laboratories, Bradley Krantz, Richard Corbett, Albert Olszewski e Robert R. Odle*).

capítulo 7

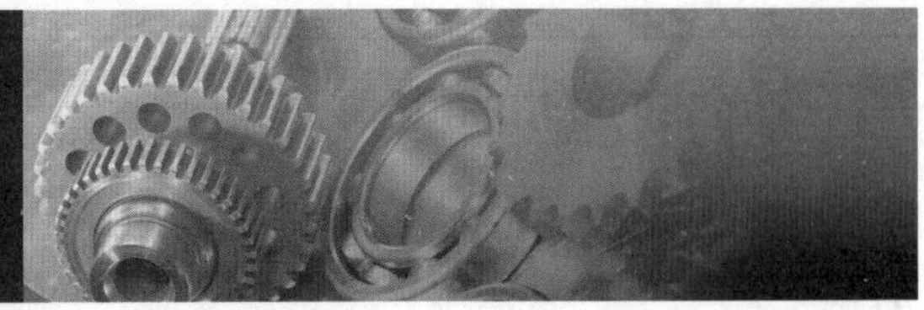

Propriedades mecânicas: Parte dois

VOCÊ JÁ SE PERGUNTOU?

- Por que fibras de vidro de diferentes comprimentos têm resistências mecânicas diferentes?
- Um material pode fraturar com tensão inferior a seu limite de escoamento?
- Por que os aviões têm vida útil limitada?
- Por que, afinal, os materiais falham?

OBJETIVOS DE APRENDIZAGEM DO CAPÍTULO

Os principais objetivos deste capítulo são

- Por meio de argumentos referentes à energia, explicar por que as descontinuidades em um material podem levar à fratura prematura.
- Definir resistência à fratura e calculá-la, assim como o tamanho de descontinuidades críticas para um material.
- Definir a expressão da mecânica da fratura que relaciona as propriedades materiais, a tensão aplicada e o tamanho da trinca.
- Identificar as diferentes morfologias de superfícies que indicam se ocorreu uma fratura dúctil ou frágil.
- Descrever o processo de fadiga.
- Explicar por que a fadiga ocorre e quantificar o comportamento de fadiga.
- Descrever o processo de fluência.

Um dos objetivos deste capítulo é a apresentação dos conceitos básicos sobre a tenacidade dos materiais à fratura. Nesse aspecto, vamos analisar os fatores que afetam a resistência de vidros e cerâmicas e como a distribuição estatística de Weibull descreve a dispersão da resistência em termos quantitativos. Outro objetivo é o aprendizado dos fenômenos dependentes do tempo, como fadiga, fluência e corrosão sob tensão. Este capítulo analisa também alguns dos procedimentos utilizados pelos engenheiros na avaliação de propriedades relacionadas à fratura dos materiais.

7-1 Mecânica da fratura

A **mecânica da fratura** é a disciplina que trata do comportamento dos materiais que contêm trincas e outras pequenas descontinuidades. O termo "descontinuidade" refere-se a características como pequenos poros (buracos), inclusões ou microtrincas. Esse termo não se refere a defeitos existentes em nível atômico, como lacunas ou discordâncias. Assim, o que temos interesse em saber neste tópico é a máxima tensão que um material pode suportar, caso contenha descontinuidades de tamanho e geometria conhecidas. A **tenacidade à fratura** mede a capacidade de uma estrutura com trincas suportar uma tensão aplicada. Observe que isso não requer uma taxa de deformação elevada, típica dos testes de impacto.

Pode-se testar a tenacidade à fratura aplicando uma tensão de tração a um corpo de prova contendo uma trinca de tamanho e geometria conhecidos (Figura 7-1). A tensão aplicada ao material é intensificada na ponta da trinca, que atua, então, como um *concentrador de tensões*. Em um caso simples, o *fator de intensidade de tensão K*, que é uma medida do carregamento mecânico em estruturas com trincas, é dado por

$$K = f\sigma\sqrt{\pi a} \tag{7-1}$$

em que f é o fator geométrico dependente da localização da trinca em relação à superfície da amostra, σ é a tensão aplicada e a é o tamanho da trinca. Esses parâmetros estão indicados na Figura 7-1. Se o corpo de prova possui grande espessura, então f é aproximadamente 1,0. No caso de uma trinca presente na superfície do componente, então, f vale 1,12 [Figura 7-1(a)]. Quando consideramos que a amostra tem uma largura "infinita", $f \cong 1{,}0$.

Em um componente mecânico submetido a uma tensão trativa σ, e com uma trinca de tamanho conhecido a, é possível estimar o valor do fator de intensidade de tensão e assim saber quão próximo o carregamento mecânico está do fator de intensidade de tensão crítico K que leva à fratura. O fator de intensidade de tensão crítico é definido como *tenacidade à fratura*, K_c.

$$K_c = K \text{ necessário para a propagação de uma trinca} \tag{7-2}$$

A tenacidade à fratura depende da espessura da amostra ou do componente: com o aumento da espessura, a tenacidade à fratura K_c diminui até atingir um valor mínimo (Figura 7-2). Esse valor constante é denominado *tenacidade à fratura no estado plano de deformação*, K_{Ic}, sendo normalmente identificada como uma propriedade do material. O valor de K_{Ic} não depende da espessura da amostra. A Tabela 7-1 apresenta valores de K_{Ic} e do limite de escoamento de vários materiais. As unidades para a tenacidade à fratura são $\text{ksi}\sqrt{\text{pol.}} = 1{,}0989\ \text{MPa}\sqrt{\text{m}}$.

A resistência de um material à propagação de uma trinca depende de vários fatores:

1. Trincas grandes reduzem a tensão máxima que pode ser aplicada. Técnicas especiais de fabricação, como a retirada de impurezas (escória) de metais líquidos durante a fundição ou a prensagem isostática a quente das partículas em pó para a produção de componentes cerâmicos ou de superligas, geralmente reduzem o tamanho das descontinuidades e melhoram a resistência à fratura.
2. A capacidade de deformação plástica é um fator crítico na utilização dos materiais. Nos metais dúcteis, a região próxima à ponta da trinca deforma-se, fazendo com que sua ponta se torne menos aguda, reduzindo

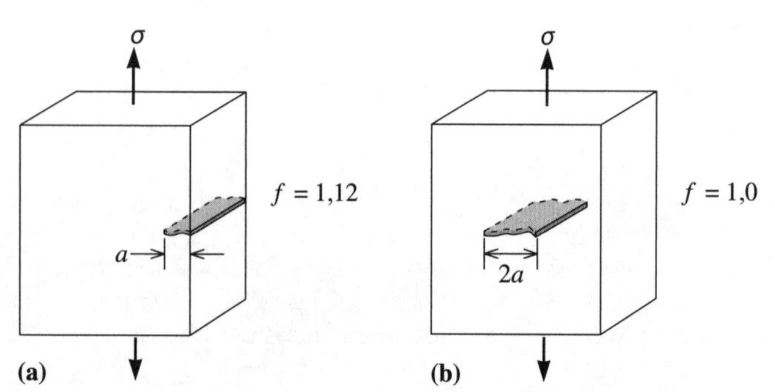

Figura 7-1 Corpos de prova para ensaios de tenacidade à fratura com trinca superficial (a) e trinca interna (b). O tamanho da trinca é obtido de maneira diferente nos dois casos.

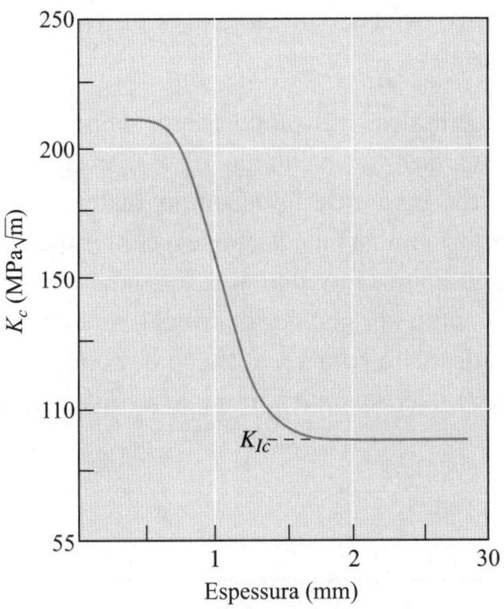

Figura 7-2 Influência da espessura na tenacidade à fratura K_c de um aço com limite de escoamento de 2.273 MPa. Com o aumento da espessura, a tenacidade atinge um valor mínimo e constante, chamado tenacidade à fratura no estado plano de deformação K_{Ic}.

o fator de intensidade de tensão e evitando, assim, a propagação da trinca. Normalmente, ao aumentar a resistência mecânica de um metal, a ductilidade é reduzida, assim como a tenacidade à fratura (veja a Tabela 7-1). Materiais frágeis, como as cerâmicas e vários polímeros, apresentam tenacidade à fratura bem inferior à dos metais.

3. Componentes espessos têm menor resistência à fratura que componentes mais finos feitos do mesmo material.
4. Alta taxa de deformação, como a existente no ensaio de impacto, normalmente reduz a tenacidade à fratura do material.
5. O aumento da temperatura eleva a tenacidade à fratura, como observado nos resultados de ensaios de impacto.
6. Um tamanho médio de grãos pequeno aumenta a tenacidade à fratura, enquanto defeitos localizados e alta densidade de discordâncias reduzem a resistência à fratura. Dessa forma, uma cerâmica com grãos pequenos é mais resistente à propagação de trincas que a mesma cerâmica com grãos maiores.

Tabela 7-1 • Tenacidade à fratura no estado plano de deformação K_{Ic} de diferentes materiais

Material	Tenacidade à fratura K_{Ic} (MPa $\sqrt{m}$)	Limite de escoamento ou de resistência (para os sólidos frágeis) (MPa)
Liga Al-Cu	24,18	455
	36,26	324
Ti-6% Al-4% V	54,95	896
	98,9	862
Aço Ni-Cr	50,33	1.641
	87,91	1.420
Al_2O_3	1,758	207
Si_3N_4	4,945	552
ZrO_2 transformação tenacificada	10,99	414
Compósito Si_3N_4-SiC	56,04	827
Polimetacrilato de metila	0,989	27,6
Policarbonato	3,297	57,9

7. Em determinados materiais cerâmicos, podemos tirar proveito das transformações provocadas por tensões abrangentes que causam aumento da tenacidade à fratura.

Não é comum efetuar o ensaio de tenacidade à fratura em cerâmicas utilizando corpos de prova com entalhes ou trincas, já que a própria confecção do entalhe pode fraturar a amostra. No entanto, é possível empregar o ensaio de dureza para obter uma medida da tenacidade à fratura de várias cerâmicas. Quando um material cerâmico é indentado, as tensões de tração geram trincas secundárias que se formam na indentação, e o comprimento das trincas secundárias fornece uma medida da tenacidade do material cerâmico. Em alguns casos, uma indentação criada utilizando-se uma máquina de ensaios de dureza é empregada como um gerador de trincas para o teste de flexão. Em geral, esse método direto de medição de trincas é o mais adequado para a realização de comparações, em vez de fazer medições absolutas dos valores de tenacidade à fratura. A tenacidade à fratura e a resistência à fratura de vários materiais de engenharia são mostradas na Figura 7-3.

7-2 Importância da mecânica da fratura

A abordagem da mecânica da fratura permite selecionar materiais e avaliar a integridade estrutural de componentes, levando em conta a inevitável presença de descontinuidades como as trincas. Há três variáveis a considerar: a propriedade do material (K_c ou K_{Ic}), a tensão σ presente e o tamanho da trinca a. Para a condição crítica de fratura, se duas dessas variáveis forem conhecidas, será possível determinar a terceira.

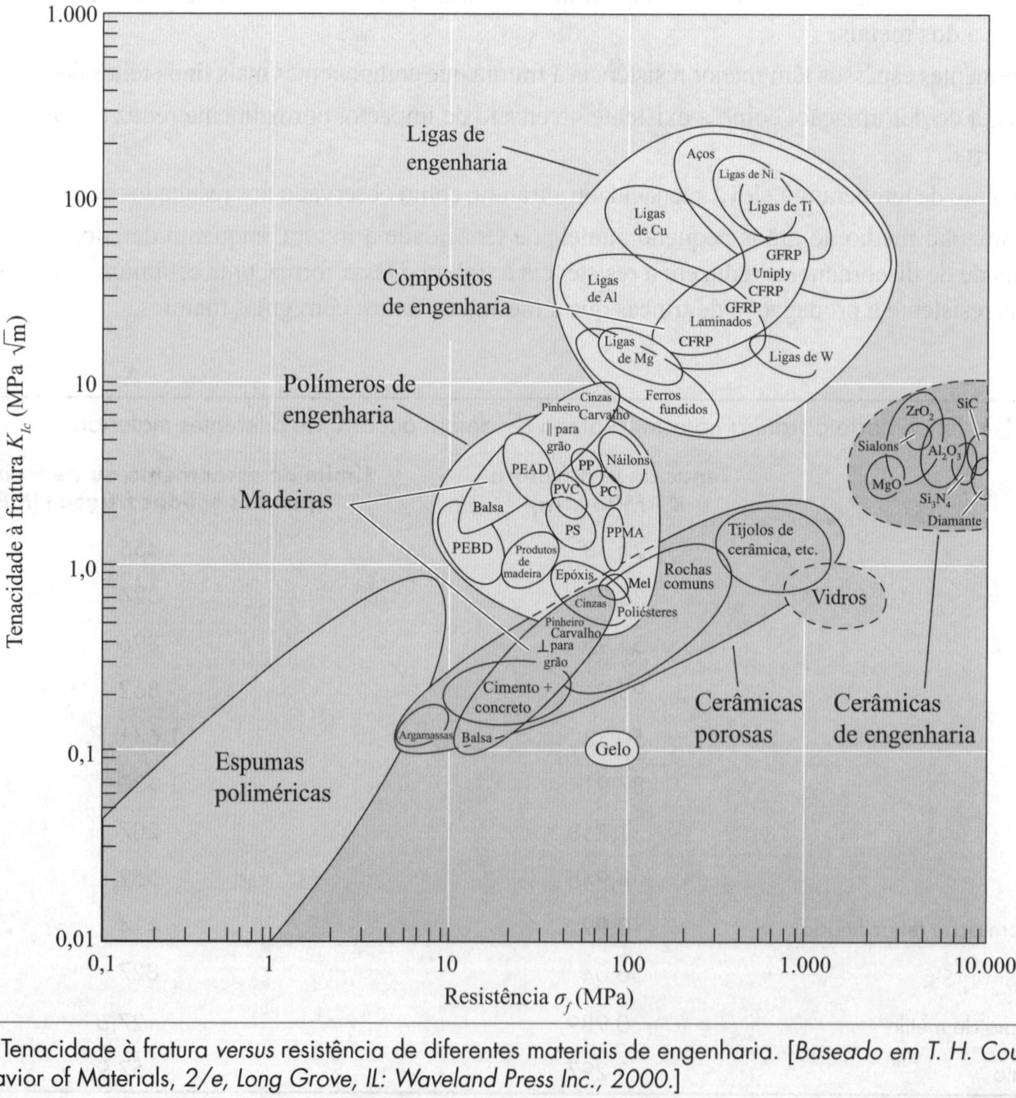

Figura 7-3 Tenacidade à fratura *versus* resistência de diferentes materiais de engenharia. [*Baseado em T. H. Courtney, Mechanical Behavior of Materials, 2/e, Long Grove, IL: Waveland Press Inc., 2000.*]

Seleção de materiais Se o tamanho máximo a da trinca no material e a tensão aplicada forem conhecidos, será possível selecionar um material com uma tenacidade à fratura K_c ou K_{Ic} alta o suficiente para suportar o carregamento mecânico sem que a trinca se propague.

Projeto de um componente Se o tamanho máximo de uma trinca e a tenacidade à fratura do material forem conhecidos, ou seja, se o valor de K_c ou K_{Ic} já tiver sido determinado, é possível calcular a tensão máxima suportada pelo componente. Pode-se, então, estimar uma seção resistente do componente que assegure que a tensão máxima não seja ultrapassada.

Método de fabricação ou de ensaio não destrutivo Se o material for selecionado, a tensão aplicada será conhecida e se o tamanho do componente for determinado, será possível calcular o tamanho máximo tolerado de uma trinca. O uso de um ensaio não destrutivo, capaz de detectar descontinuidades pequenas, assegura que o componente opere de modo seguro. Além disso, sabemos que, ao selecionarmos o processo de fabricação do componente, produziremos descontinuidades que devem ser, todas, menores do que o tamanho crítico.

Exemplo 7-1 *Projeto de um ensaio não destrutivo*

O aço de uma chapa de grandes dimensões utilizada em um reator nuclear tem uma tenacidade à fratura no estado plano de deformação equivalente a 87,91 MPa$\sqrt{\text{m}}$ e opera com uma tensão de 310,3 MPa. Determine um procedimento de inspeção capaz de detectar uma trinca na superfície da chapa, antes que a trinca cresça até o tamanho crítico que leva à fratura.

Solução

É preciso determinar o tamanho mínimo de uma trinca que pode se propagar sob tais condições. Por meio da Equação 7-1, assumindo que $f = 1{,}12$, para uma trinca superficial:

$$K_{Ic} = f\sigma\sqrt{\pi a}$$

$$87{,}91 \times 10^6 \text{Pa}\sqrt{\text{m}} = (1{,}12)(310{,}3 \times 10^6 \text{Pa})\sqrt{\pi a}$$

$$a = 20{,}3 \text{ mm}$$

Uma trinca superficial com 20,3 mm de profundidade é relativamente fácil de detectar por ensaio não destrutivo. De fato, trincas desse tamanho podem ser detectadas até mesmo visualmente. Vários outros testes, como ensaios por líquidos penetrantes, por partículas magnéticas e por correntes parasitas, são capazes de detectar trincas bem menores que a deste exemplo. Se durante a utilização normal da chapa, a velocidade de propagação da trinca for baixa e a inspeção for efetuada periodicamente, qualquer trinca será descoberta antes de atingir seu tamanho crítico.

Fratura frágil Qualquer trinca ou descontinuidade limita a capacidade de uma cerâmica de suportar a tensão de tração, isso porque uma trinca concentra de forma localizada a tensão aplicada. Em materiais frágeis essa trinca é, às vezes, denominada **trinca de Griffith**. A Figura 7-4 mostra uma trinca de comprimento a na superfície de um material frágil. O raio r da ponta de trinca é uma característica importante, pois determina a concentração de tensão. Ao aplicar uma tensão trativa σ, a tensão real na ponta da trinca é de

$$\sigma_{\text{real}} \cong 2\sigma\sqrt{a/r} \tag{7-3}$$

No caso de trincas muito agudas (com r pequeno) ou muito longas (com a grande), a razão $\sigma_{\text{real}}/\sigma$ torna-se elevada ou a tensão é intensificada. Se a tensão (σ_{real}) exceder o limite de escoamento, a trinca se propagará e com o tempo ocasionará uma falha, mesmo que a tensão nominal aplicada σ seja pequena.

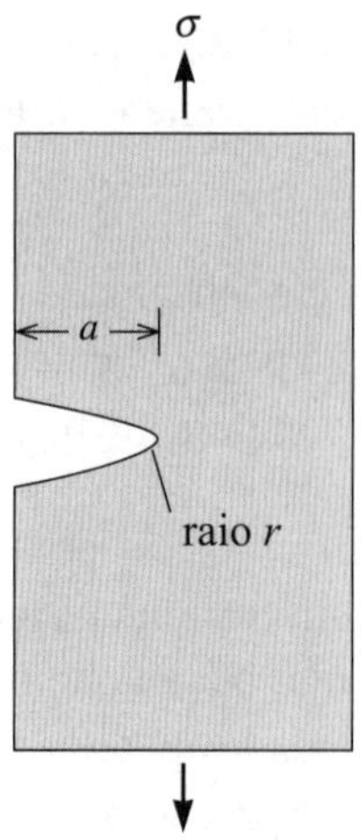

Figura 7-4 Trinca de Griffith em uma cerâmica.

Em termos de balanço de energia, sabe-se que uma tensão aplicada causa deformação elástica, relacionada ao módulo de elasticidade E do material. Quando uma trinca se propaga, a energia de deformação elástica é liberada, reduzindo a energia global. Ao mesmo tempo, porém, duas novas superfícies são criadas pela propagação da trinca, o que aumenta a energia associada às superfícies. Assim, a energia de deformação elástica transforma-se em energia superficial. A tensão crítica necessária à propagação da trinca é dada pela equação de Griffith,

$$\sigma_{\text{crítica}} \cong \sqrt{\frac{2E\gamma}{\pi a}} \tag{7-4}$$

em que a é o tamanho da trinca superficial (ou metade do comprimento de uma trinca interna) e γ é a energia superficial, expressa em energia por unidade de área. Mais uma vez, notamos por essa equação que mesmo pequenas trincas limitam seriamente a resistência à fratura das cerâmicas.

Vê-se ainda que, ao rearranjar a Equação 7-1, que descreve o fator de intensidade de tensão K, é possível obter:

$$\sigma = \frac{K}{f\sqrt{\pi a}} \tag{7-5}$$

Essa equação é similar à 7-4. Cada uma delas ressalta a dependência das propriedades mecânicas em relação às dimensões das descontinuidades presentes nas cerâmicas. Conclui-se, então, que o desenvolvimento de processos de fabricação (veja o Capítulo 15) que minimizem o tamanho das descontinuidades é fundamental no aumento da resistência das cerâmicas.

As trincas são mais perigosas quando tensões trativas atuam no material. De fato, as tensões compressivas tendem a fechar, e não a abrir uma trinca. Como resultado, as cerâmicas apresentam excelente resistência à compressão.

Exemplo 7-2 *Propriedades das cerâmicas SiAlON*

Uma cerâmica avançada, como a SiAlON (oxinitreto de silício-alumínio), possui um limite de resistência à tração de 413,7 MPa. Esse valor se refere a uma cerâmica isenta de descontinuidades, o que é praticamente impossível de ser produzido com as tecnologias atuais. Uma pequena trinca com tamanho de 0,254 mm foi observada numa peça de SiAlON. Depois dessa etapa, a peça fraturou de forma inesperada a uma tensão de apenas 3,48 MPa a partir da trinca. Estime o raio da ponta dessa trinca inicial.

Solução

A fratura ocorreu porque houve uma concentração da tensão aplicada, de 3,48 MPa, na ponta da trinca. Essa concentração produziu uma tensão equivalente ao limite de resistência à tração. Por meio da Equação 7-3:

$$\sigma_{real} = 2\sigma\sqrt{a/r}$$
$$413,7 \times 10^6 \text{Pa} = (2)(3,48 \times 10^6)\sqrt{0,254 \text{ mm}/r}$$
$$\sqrt{0,254/r} = 60 \quad \text{ou} \quad 0,254/r = 3.600$$
$$r = 7,1 \times 10^{-5} \text{ mm} = 710 \text{ Å}$$

A possibilidade de medir um raio de curvatura desse tamanho por qualquer ensaio não destrutivo empregado em engenharia é impraticável. Embora a Equação 7-3 mostre os fatores que influenciam no modo como uma trinca se propaga em um material frágil, não é útil na previsão da resistência de peças cerâmicas reais.

Exemplo 7-3 *Projeto de uma placa de cerâmica*

Determine a espessura mínima permitida para uma placa de 76,2 mm de largura, feita de SiAlON, com uma tenacidade à fratura de 9,89 MPa$\sqrt{\text{m}}$. A placa deverá suportar uma carga de tração de 178 kN. A peça será testada sem o risco de rompimento, a fim de assegurar que não haja descontinuidades que possam causar alguma quebra. A espessura mínima permitida da peça dependerá do tamanho mínimo da trinca, que pode ser determinado pela técnica de ensaio disponível. Suponha que três técnicas de ensaios não destrutivos estejam disponíveis. A radiografia com raios X pode detectar falhas maiores do que 0,508 mm; a radiografia com raios gama é capaz de detectar falhas maiores do que 0,203 mm; e a inspeção por ultrassom detecta falhas maiores do que 0,127 mm. Suponha o fator geométrico $f = 1,0$ para todas as falhas.

Solução

Para os tamanhos de trinca dados, devemos calcular a espessura mínima que irá garantir que essas trincas não se propaguem. Por meio da Equação 7-5, com $f = 1,0$,

$$\sigma_{máx} = \frac{K_{Ic}}{\sqrt{\pi a}} = \frac{F}{A_{min}}$$
$$A_{mín} = \frac{F\sqrt{\pi a}}{K_{Ic}} = \frac{(178 \times 10^3 \text{N})(\sqrt{\pi})(\sqrt{a})}{9,89 \times 10^6 \text{Pa}\sqrt{\text{m}}}$$
$$A_{mín} = 3,19 \times 10^{-2}\sqrt{a} \text{ m}^2 \text{ e espessura} = [0,2 \text{ m}^2/(0,0762 \text{ m})]\sqrt{a} = 0,525\sqrt{a}$$

Ensaio não destrutivo (END)	Menor trinca detectável (mm)	Área mínima (mm^2)	Espessura mínima (mm)	Tensão máxima (MPa)
Radiografia com raios X	0,508	716	9,4	160
Radiografia com raios gama	0,203	452	5,84	254
Inspeção ultrassônica	0,127	361	4,83	320

A sensibilidade do ensaio não destrutivo em detectar trincas pequenas durante a inspeção industrial, juntamente com a capacidade de produzir cerâmicas com descontinuidades menores que esse limite de detecção, afeta a tensão máxima que pode ser tolerada no componente. Neste exemplo, a peça pode ter uma seção menor, caso a inspeção ultrassônica esteja disponível para avaliar o tamanho da trinca, pois detecta trincas bem pequenas.

A tenacidade à fratura também é muito importante. Se tivéssemos usado Si_3N_4, que tem uma tenacidade à fratura de 3,3 MPa$\sqrt{m}$ e é, portanto, mais frágil que o SiAlON, poderíamos repetir os cálculos e demonstrar que, com a utilização do ensaio com ultrassom, a espessura mínima seria de 14,2 mm e a tensão máxima, de apenas 165,5 MPa.

7-3 Características microestruturais de fraturas em metais

Fratura dúctil A fratura dúctil ocorre normalmente de forma **transgranular** (isto é, propaga-se através dos grãos), em metais com boa ductilidade e tenacidade. A fratura ocorre com muita deformação plástica, havendo, inclusive, estricção antes da fratura. A deformação plástica acontece antes da fratura final. Em geral, as fraturas dúcteis são causadas por sobrecargas, ou seja, aplicações de tensões muito elevadas ao material.

Em um ensaio de tração, a fratura dúctil tem início com a nucleação, o crescimento e a coalescência de microvazios no centro da amostra (Figura 7-5). Os **microvazios** formam-se quando uma tensão elevada causa a fratura localizada nos contornos de grão ou nas interfaces entre o metal e pequenas inclusões. À medida que a tensão local aumenta, os microvazios crescem e coalescem formando cavidades maiores. Por fim, a seção resistente é reduzida demais para suportar a carga, e a fratura, então, ocorre.

A deformação por cisalhamento também contribui para a fratura dúctil de um metal. Sabe-se que o deslizamento ocorre quando a tensão resolvida de cisalhamento atinge a tensão crítica. Segundo a lei de Schmid (Capítulo 4), as tensões cisalhantes resolvidas são maiores em um ângulo de 45° em relação à tensão de tração aplicada uniaxialmente.

Esses dois aspectos da fratura dúctil fornecem as características da superfície de fratura de metais dúcteis. Em componentes com seções espessas e fabricados em material tenaz, ocorre a estricção na região da fratura. Além disso, o centro da superfície de fratura apresenta uma região plana na qual os microvazios nuclearam e coalesceram, e nas laterais da superfície de fratura existe uma borda produzida pelo intenso cisalhamento a 45° em relação à tensão aplicada. Essa borda, em virtude do cisalhamento, resulta na aparência final de taça e cone do corpo de prova fraturado (veja as Figuras 6-7 e 7-6). Dessa forma, uma simples observação macroscópica da superfície de fratura pode ser suficiente para identificar o modo de fratura dúctil.

Um exame mais aprofundado da superfície da fratura com um grande aumento, utilizando um microscópio eletrônico de varredura, revela uma superfície com pequenas cavidades (em inglês, *dimples*) [Figura 7-7]. Essas cavidades se devem aos microvazios formados no início da fratura dúctil. Em geral, os microvazios são circulares ou equiaxiais quando uma tensão trativa uniaxial causa a falha [Figura 7-7(a)]. Na borda cisalhada, porém, as cavidades são ovais ou alongadas. A parte ovalada aponta para a origem da fratura [Figura 7-7(b)].

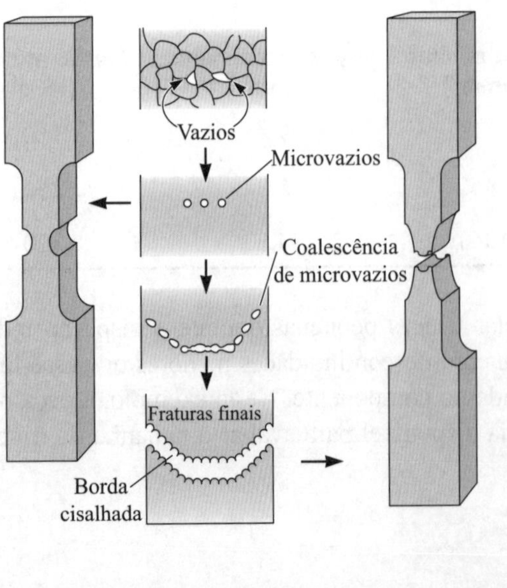

Figura 7-5 Quando um material dúctil é submetido a um ensaio de tração, a estricção tem início e se formam vazios – começando próximo do centro da barra – por nucleação nos contornos de grão ou em inclusões. À medida que a deformação continua, é possível que se forme uma borda cisalhada de 45°, produzindo uma fratura final em formato oval e alongado.

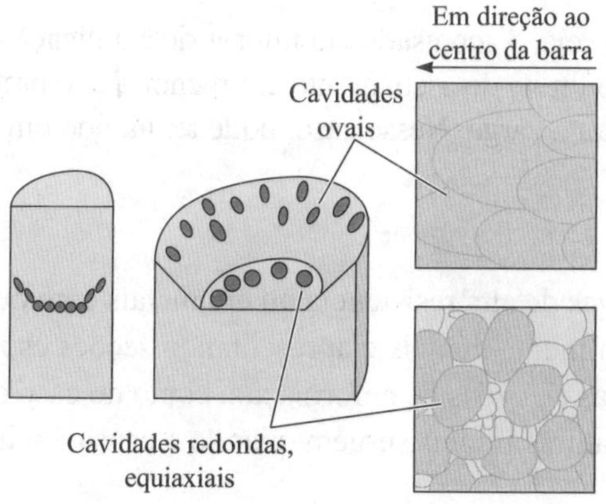

Figura 7-6 As cavidades (*dimples*) se formam durante a fratura dúctil. As cavidades equiaxiais se formam no centro, onde se desenvolvem os microvazios. Cavidades alongadas, apontando na direção da origem da falha, se formam na borda cisalhada.

Em uma placa fina, observa-se menos estricção, e toda a superfície da fratura pode ser uma face de cisalhamento. Um exame microscópico da superfície de fratura mostra cavidades alongadas, em vez de equiaxiais, indicando maior efeito do deslizamento a 45° do que em metais espessos.

Exemplo 7-4 *Análise de falha de uma corrente de içamento*

Uma corrente utilizada no içamento de cargas pesadas fraturou. O exame do elo fraturado indica uma grande deformação plástica e a ocorrência de estricção antes da falha. Relacione algumas das possíveis razões da fratura.

Solução

A descrição sugere que a corrente fraturou de forma dúctil, em razão da sobrecarga de tração. Dois fatores podem ser responsáveis por essa falha:

1. A carga excedeu a capacidade de içamento da corrente. Dessa forma, a tensão aplicada excedeu o limite de resistência do aço da corrente, ocasionando a fratura. De fato, uma comparação entre a carga empregada e as especificações do fabricante indicará que a corrente não estava destinada a cargas tão pesadas. Trata-se, portanto, de um erro de operação.

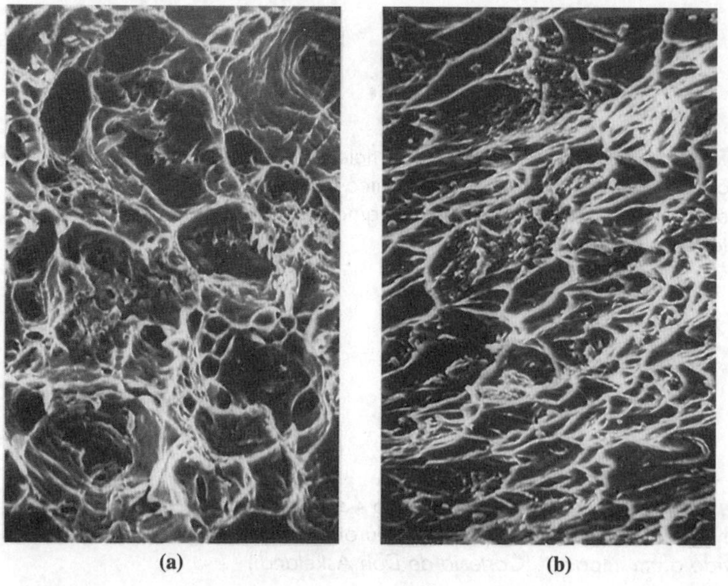

Figura 7-7 Micrografias de um aço 1018 recozido, feitas com microscópio eletrônico de varredura, de uma fratura dúctil após um teste de tração. (a) Cavidades equiaxiais no centro da taça e do cone e (b) cavidades alongadas na borda de cisalhamento (aumento original de 1.250×). (*Cortesia de Don Askeland.*)

2. A corrente possui a composição química errada, ou seja, o aço usado era impróprio à aplicação, ou recebeu um tratamento térmico inadequado. Assim, o limite de escoamento era menor que o pretendido pelo fabricante e a corrente não foi capaz de suportar a carga. Nesse caso, pode ter havido um erro do fabricante.

Fratura frágil A fratura frágil também ocorre em metais e ligas de alta resistência ou em metais com ductilidade e tenacidade reduzidas. Além disso, mesmo os metais normalmente dúcteis e apresentando seções espessas podem fraturar de modo frágil em baixas temperaturas, com taxas elevadas de deformação, como no caso de impacto, ou quando há grandes trincas superficiais. Em geral, as fraturas frágeis surgem quando a causa é o impacto, e não a sobrecarga.

Pouca ou nenhuma deformação plástica existe na fratura frágil. O início da trinca, na maioria das vezes, ocorre em pequenas descontinuidades superficiais que causam concentração da tensão. Nos metais, a trinca pode mover-se a uma taxa próxima à velocidade do som no material. Em geral, as trincas se propagam mais facilmente em planos cristalográficos específicos, chamados planos de clivagem, como os planos $\{100\}$. Em alguns casos, a trinca se propaga de modo **intergranular**, ao longo dos contornos de grãos e não através dos grãos. Quando há segregação de elementos químicos diferentes ou inclusões nos contornos de grãos, a trinca propaga-se intergranularmente por essas interfaces de baixa resistência mecânica.

Pode-se identificar a fratura frágil observando as características de sua superfície. A superfície da fratura é normalmente plana e perpendicular à tensão trativa atuante. Caso ocorra uma fratura por clivagem, cada superfície de grão fraturado será lisa e estará orientada de modo distinto, dando uma aparência de cristal à superfície da fratura (Figura 7-8). Em geral, os leigos afirmam que os metais sofrem fraturas porque se cristalizam. Naturalmente, sabemos que o metal era cristalino antes de começarmos a trabalhar com ele, e a aparência da superfície se deve às faces de clivagem.

Outra característica comum de fratura frágil é o **padrão em V** (Figura 7-9), produzido por frentes separadas de trincas que se propagam no material. Um padrão de marcas superficiais espalha-se como um leque a partir da origem da trinca (Figura 7-10). O padrão em V é visível a olho nu ou com uma lente de aumento e ajuda a identificar a origem e a natureza frágil da fratura.

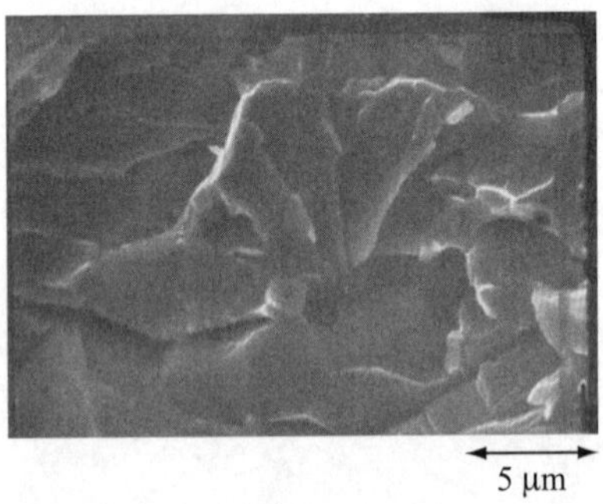

Figura 7-8 Micrografia da superfície de fratura frágil, obtida com um microscópio eletrônico de varredura, do aço 1010 temperado (aumento original de 5.000x). (*Cortesia de C. W. Ramsay.*)

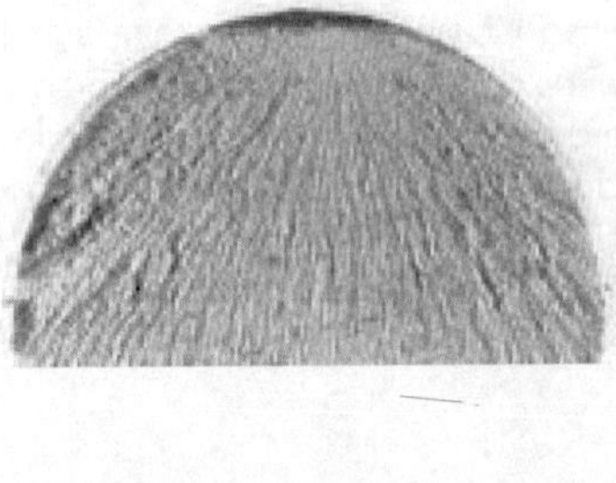

Figura 7-9 Padrão em V em um aço 4340 temperado, com 1,27 cm de diâmetro. O aço fraturou de modo frágil devido a um impacto. (*Cortesia de Don Askeland.*)

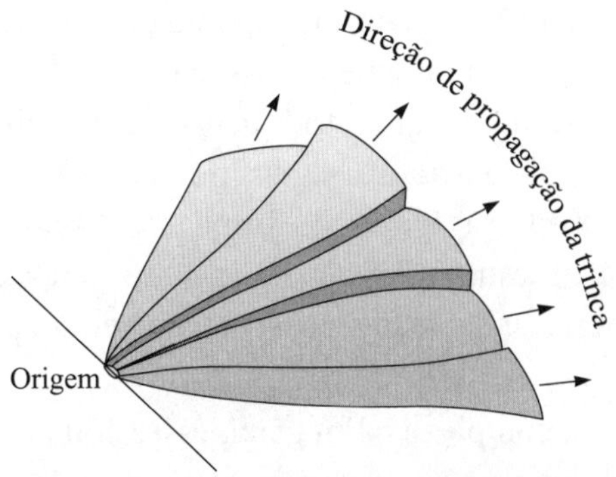

Figura 7-10 Padrão em V que se forma à medida que a trinca se propaga em diferentes planos a partir da origem. O vértice do padrão aponta para a origem.

Exemplo 7-5 *Análise da falha do eixo de um automóvel*

Um engenheiro que está investigando a causa de um acidente de automóvel descobre que a roda traseira direita se quebrou no eixo. O eixo está dobrado. A superfície da fratura revela um padrão em V apontando para a superfície do eixo. Sugira uma possível causa para a fratura.

Solução

As evidências sugerem que o eixo não se quebrou antes do acidente. O eixo estar deformado significa que a roda ainda estava presa quando a carga foi aplicada. O padrão em V indica que a roda foi sujeita a um intenso impacto, que foi transmitido ao eixo. Evidencias preliminares apontam que o motorista perdeu o controle e colidiu, e que a força da colisão fez com que o eixo se quebrasse. Exames mais minuciosos da superfície, microestrutura, composição e propriedades da fratura podem comprovar que o eixo foi fabricado de forma adequada.

7-4 Características microestruturais de fraturas em cerâmicas, vidros e compósitos

Nos materiais cerâmicos, as ligações iônicas ou covalentes permitem pouco ou nenhum deslizamento de planos cristalinos. Dessa forma, a fratura é quase sempre do tipo frágil. A maioria das cerâmicas cristalinas fratura por clivagem ao longo dos planos densamente empacotados, mas bastwante espaçados. Em geral, a superfície de fratura é uniforme e não há indícios característicos de superfície que apontem para a origem da fratura [Figura 7-11(a)].

Os vidros também fraturam de modo frágil, sendo comum a ocorrência de superfícies com **fratura conchoidal**, isto é, sob a forma de concha. Essa superfície apresenta uma zona lisa bastante uniforme, próxima à origem da fratura, e linhas de ruptura no restante da superfície [Figura 7-11(b)]. As linhas de ruptura apontam para a zona lisa e para a origem da trinca, de forma bastante semelhante ao padrão em V nos metais.

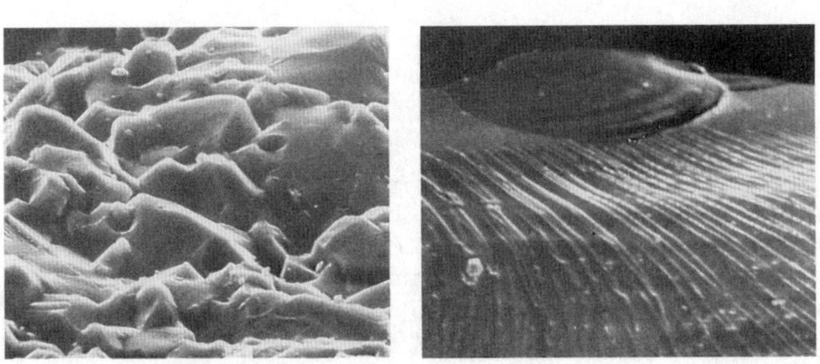

(a) (b)

Figura 7-11 Micrografias obtidas com microscópio eletrônico de varredura, mostrando superfícies de fratura frágil. (a) Superfície de fratura do Al_2O_3 com faces de clivagem (aumento original de 1.250×) e (b) superfície de fratura do vidro com a região lisa (topo) e as linhas de ruptura, características da fratura conchoidal (aumento original de 300×). (*Cortesia de Don Askeland.*)

Os polímeros fraturam tanto por mecanismos dúcteis como frágeis. Abaixo da temperatura de transição vítrea, (T_g), os polímeros termoplásticos fraturam de modo frágil, com um comportamento bastante semelhante ao do vidro. Da mesma maneira, os polímeros termofixos duros, com estrutura rígida, tridimensional e com ligações cruzadas (veja o Capítulo 16), também fraturam devido a um mecanismo frágil. Alguns polímeros, porém, com estrutura formada por cadeias emaranhadas, mas sem ligações cruzadas, fraturam de forma dúctil acima da temperatura de transição vítrea, apresentando grande deformação e até mesmo estricção antes de se romper. O comportamento dúctil é resultado do deslizamento das cadeias poliméricas, que não é possível ocorrer em polímeros vítreos ou termofixos.

Fraturas em materiais compósitos reforçados por fibras são mais complexas. Em geral, esses compósitos contêm fibras fortes e quebradiças rodeadas por uma matriz macia e dúctil, assim como no alumínio reforçado com boro. Quando uma tensão de tração é aplicada ao longo das fibras, o alumínio macio deforma de forma dúctil, com a formação de vazios e o coalescimento produzindo, posteriormente, uma superfície de fratura facetada. À medida que o alumínio deforma, a carga não é mais transmitida de forma efetiva entre as fibras e a matriz; as fibras se rompem de maneira frágil até que poucas delas permaneçam intactas para suportar a carga final.

A fratura é mais comum quando a ligação entre as fibras e a matriz é fraca. Podem se formar vazios entre a fibra e a matriz, gerando afastamento. Os vazios também podem ser formados entre as camadas da matriz se as fitas ou lâminas da matriz não estiverem adequadamente unidas, causando **delaminação** (Figura 7-12). A delaminação, nesse contexto, significa que as camadas dos diferentes materiais de um compósito começaram a se separar.

Exemplo 7-6 *Fratura em compósitos*

Descreva a diferença no mecanismo de fraturas entre um compósito de alumínio reforçado por boro e um compósito de epóxi reforçado por fibras de vidro.

Solução

No compósito de boro e alumínio, a matriz de alumínio é macia e dúctil; assim, esperamos que a matriz falhe de forma dúctil. As fibras de boro, por sua vez, falham de maneira frágil. As fibras de vidro e o epóxi são frágeis, por isso, o compósito como um todo deve mostrar poucas evidências de fratura dúctil.

7-5 Distribuição de Weibull para análise de resistência à fratura

Para avaliar a resistência dos materiais cerâmicos com confiabilidade, é preciso empregar uma abordagem estatística. A resistência mecânica de cerâmicas e vidros depende do tamanho e da distribuição de tamanhos das descontinuidades, como poros e microtrincas, principalmente se ocorrem na superfície. Em tais materiais, as descontinuidades são geradas durante o processamento, quando as cerâmicas estão sendo fabricadas. Elas podem

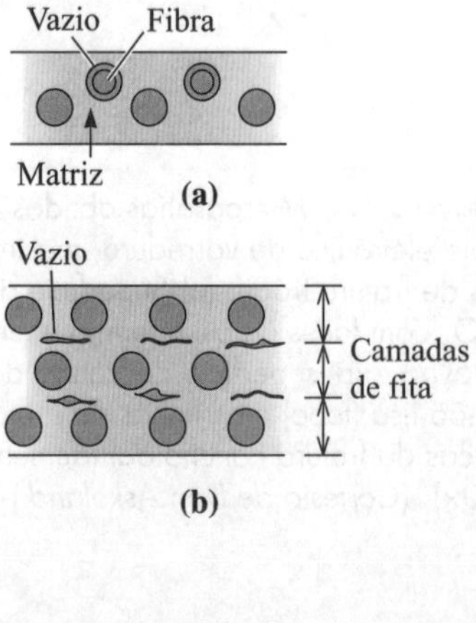

Figura 7-12 Compósitos reforçados por fibras podem falhar por diversos mecanismos. (a) Por conta de ligações fracas entre a matriz e as fibras, podem se formar vazios, que levam ao afastamento das fibras. (b) Se as camadas individuais da matriz tiverem ligações fracas, a matriz pode se delaminar, criando vazios.

ainda se formar durante operações de acabamento, como usinagem, esmerilhamento etc. Os vidros também desenvolvem microtrincas como resultado da interação com o vapor d'água presente no ar. Se a alumina ou outras cerâmicas forem testadas com diferentes tamanhos e geometrias, será encontrada uma grande dispersão dos valores medidos, ainda que a composição nominal seja a mesma. De maneira semelhante, se a resistência mecânica das fibras de vidro de determinada composição for ensaiada, será possível constatar que, na média, as fibras curtas são mais resistentes que as longas. A resistência mecânica de cerâmicas e vidros depende da probabilidade de haver descontinuidades que ultrapassem o tamanho crítico. Essa probabilidade aumenta à medida que o tamanho do componente ou o comprimento da fibra aumenta. Como resultado, a resistência de componentes ou fibras maiores tende a ser menor que a de componentes menores ou de fibras mais curtas. Em materiais metálicos ou poliméricos, que apresentam grandes deformações plásticas, o efeito das descontinuidades e da distribuição de seus tamanhos não é sentido com a mesma intensidade que nas cerâmicas e nos vidros. Nesses materiais, as trincas iniciadas a partir de descontinuidades são atenuadas pela deformação plástica. Nos materiais dúcteis, portanto, a dispersão estatística da resistência mecânica é pequena e obedece a uma distribuição gaussiana. Por outro lado, a resistência de cerâmicas e vidros varia bastante. Desse modo, se testarmos muitas amostras idênticas de vidro de sílica ou cerâmica de alumina, os dados apresentarão grande espalhamento, em razão das variações na distribuição de tamanho e localização das descontinuidades que podem levar à fratura. Por isso, a resistência de materiais frágeis, como cerâmicas e vidros, não é gaussiana, mas dada pela **distribuição estatística de Weibull**. Trata-se de uma distribuição estatística que modela melhor a dispersão da resistência nos materiais frágeis, resultante da aleatoriedade dos tamanhos de descontinuidades. Esse comportamento decorre da existência de defeitos com tamanho crítico suficiente para fraturar a peça, tal como o elo mais fraco de uma corrente.

A distribuição de Weibull da Figura 7-13 descreve a fração das amostras que fraturam em diferentes tensões aplicadas. Sob baixas tensões, apenas pequena parte das amostras contém defeitos grandes o suficiente para fraturar. A maioria fratura com uma tensão intermediária. Por outro lado, algumas amostras contêm apenas descontinuidades muito pequenas e só fraturam com grande tensão aplicada. De todo modo, é sempre preferível uma distribuição estatística bastante estreita, a fim de obter mais confiança do comportamento esperado.

Vamos considerar um corpo de prova com volume V, que apresenta certa distribuição de descontinuidades e está submetido a uma tensão σ. Além disso, considere que esse volume V seja composto de n elementos com volume V_0 e que cada elemento possua a mesma distribuição de defeitos. Pode-se mostrar que a probabilidade de sobrevivência dos corpos de prova $P(V_0)$, ou seja, a probabilidade de que um material frágil não frature sob a tensão aplicada σ é dada por:

$$P(V_0) = \exp\left[-\left(\frac{\sigma - \sigma_{\text{mín}}}{\sigma_0}\right)^m\right] \tag{7-6}$$

A probabilidade de falha $F(V_0)$ pode ser expressa da seguinte forma:

$$F(V_0) = 1 - P(V_0) = 1 - \exp\left[-\left(\frac{\sigma - \sigma_{\text{mín}}}{\sigma_0}\right)^m\right] \tag{7-7}$$

Nas Equações 7-6 e 7-7, σ é a tensão aplicada, σ_0 é um parâmetro de escala que depende do tamanho e formato da amostra e $\sigma_{\text{mín}}$ é a tensão na qual a probabilidade de falha é nula, ou seja, a probabilidade de sobrevivência é 1,0.

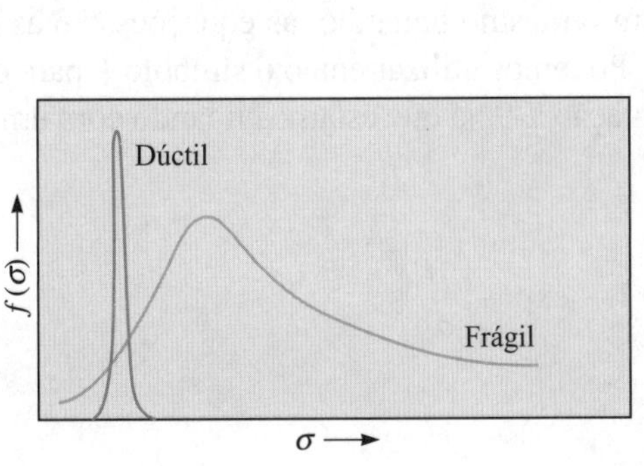

Figura 7-13 Distribuição de Weibull de amostras que fraturam sob ação da tensão aplicada.

Nessas equações, m é o **módulo de Weibull**. Em teoria, os valores desse módulo podem variar de zero a infinito. O módulo de Weibull é uma medida da variabilidade da resistência de um material.

O módulo de Weibull m indica a variabilidade da resistência. Nos metais e ligas, esse módulo é aproximadamente 100, enquanto nas cerâmicas tradicionais, como as utilizadas em tijolos e xícaras, ele é inferior a 3. As cerâmicas avançadas, cujo processamento é bastante rigoroso e, por conseguinte, resulta num número de descontinuidades menor, têm um módulo de Weibull maior, entre 5 e 10.

No caso das cerâmicas e outros sólidos frágeis, podemos adotar que $\sigma_{\text{mín}} = 0$. Isso porque não há um valor de tensão, ainda que pequeno, no qual se pode afirmar que o material frágil estará, estatisticamente, imune à fratura. No caso de *materiais frágeis*, portanto, as Equações 7-6 e 7-7 podem ser reescritas da seguinte forma:

$$P(V_0) = \exp\left[-\left(\frac{\sigma}{\sigma_0}\right)^m\right] \tag{7-8}$$

e

$$F(V_0) = 1 - P(V_0) = 1 - \exp\left[-\left(\frac{\sigma}{\sigma_0}\right)^m\right] \tag{7-9}$$

Por meio da Equação 7-8, apenas para uma tensão aplicada σ nula, a probabilidade de sobrevivência será de 1. Com o aumento da tensão aplicada σ, a probabilidade de sobrevivência $P(V_0)$ diminui, chegando próximo de zero para valores elevados da tensão aplicada. Podemos também descrever outro significado do parâmetro σ_0. Na Equação 7-8, quando $\sigma = \sigma_0$, a probabilidade de sobrevivência torna-se $1/e \cong 0{,}37$. Assim, σ_0 é a tensão em que a probabilidade de sobrevivência é de aproximadamente 0,37 ou 37%, ou, equivalentemente, em que a probabilidade de falha é de cerca de 0,63 ou 63%.

É possível ajustar as Equações 7-8 e 7-9 para levar em conta o efeito do tamanho das amostras. De fato, pode-se demonstrar que, para uma mesma probabilidade de sobrevivência, amostras de tamanhos maiores requerem tensões aplicadas menores, ou seja, são menos resistentes. Isso corresponde ao já descrito para o caso das fibras de vidro longas, menos resistentes que as fibras de vidro curtas.

Os exemplos a seguir ilustram como utilizar as curvas de sobrevivência de Weibull na análise de propriedades mecânicas dos materiais e no projeto de componentes.

Exemplo 7-7 *Resistência das cerâmicas e probabilidade de falha*

Uma cerâmica avançada produzida em laboratório possui um módulo de Weibull $m = 9$. Sua resistência à flexão é de 250 MPa, e a probabilidade acumulada de falha é $F = 0{,}4$ para esse valor do carregamento. Qual será a resistência à flexão caso a probabilidade de falha seja de 0,1?

Solução

Como assumimos que todas as amostras ensaiadas têm o mesmo tamanho, as equações são as mesmas, pois não há efeito de tamanho a considerar nesse caso. Podemos utilizar então o símbolo V para o volume das amostras, em vez de V_0. Vamos começar com a Equação 7-9, já que estamos lidando com um material frágil:

$$F(V) = 1 - P(V) = 1 - \exp\left[-\left(\frac{\sigma}{\sigma_0}\right)^m\right]$$

ou

$$1 - F(V) = \exp\left[-\left(\frac{\sigma}{\sigma_0}\right)^m\right]$$

Utilizando o logaritmo natural nos dois lados da equação:

$$\ln[1 - F(V)] = -\left(\frac{\sigma}{\sigma_0}\right)^m$$

Utilizando novamente o logaritmo em ambos os lados,

$$\ln\{-\ln[1 - F(V)]\} = m(\ln \sigma - \ln \sigma_0) \quad (7\text{-}10)$$

Podemos eliminar o sinal negativo no lado esquerdo da Equação 7-10, reescrevendo-a da seguinte maneira:

$$\ln\left\{\ln\left[\frac{1}{1 - F(V)}\right]\right\} = m(\ln\sigma - \ln\sigma_0) \quad (7\text{-}11)$$

Com $F = 0{,}4$, $\sigma = 250$ MPa e $m = 9$, temos a Equação 7-12

$$\ln\left[\ln\left(\frac{1}{1 - 0{,}4}\right)\right] = 9(\ln 250 - \ln\sigma_0) \quad (7\text{-}12)$$

Portanto,

$$\begin{aligned}\ln[\ln (1/0{,}6)] &= -0{,}67173\\ &= 9(5{,}52146 - \ln \sigma_0)\end{aligned}$$

Assim, $\ln \sigma_0 = 5{,}52146 + 0{,}07464 = 5{,}5961$, o que nos dá um valor $\sigma_0 = 269{,}4$ MPa. Essa é a resistência característica da cerâmica. Com um nível de tensão de 269,4 MPa, a probabilidade de sobrevivência é de 0,37 (ou seja, uma probabilidade de falha de 0,63).

Queremos agora determinar o valor de σ para $F = 0{,}1$. Para uma probabilidade de falha (F) menor, a tensão a que a cerâmica pode ser submetida (σ) também deve se reduzir. Sabemos que $m = 9$ e $\sigma_0 = 269{,}4$ MPa. Vamos, então, substituir esses valores na Equação 7-11:

$$\begin{aligned}\ln\left[\ln\left(\frac{1}{1 - 0{,}1}\right)\right] &= 9(\ln\sigma - \ln 269{,}4)\\ -2{,}25037 &= 9(\ln\sigma - 5{,}5961)\end{aligned}$$

$$\begin{aligned}\therefore -0{,}25004 &= \ln\sigma - 5{,}5961\\ \ln\sigma &= 5{,}3461\end{aligned}$$

ou $\sigma = 209{,}8$ MPa. Como esperado, quando baixamos a probabilidade de falha, no caso para 0,1, reduzimos também o valor da tensão que pode ser suportado pelo material.

Exemplo 7-8 *Determinação do módulo de Weibull*

Sete corpos de prova de carbeto de silício foram testados, e as seguintes tensões de fratura foram encontradas: 23, 49, 34, 30, 55, 43 e 40 MPa. Estime o módulo de Weibull referente a esses dados, utilizando a Equação 7-11. Discuta a confiabilidade da cerâmica.

Solução

Em primeiro lugar, convém ressaltar que necessitamos de um grande número de amostras para qualquer tipo de análise estatística. Embora sete amostras representem pouco em termos estatísticos, o objetivo deste exemplo é apenas ilustrar o procedimento de cálculo.

Um método simples para determinar o comportamento da cerâmica consiste em ordenar os resultados por valores crescentes, no caso de 1 a 7. A amostra com a menor resistência à fratura recebe o valor 1. O número total de corpos de provas é n (neste caso, 7). A probabilidade de falha F corresponde à classificação numérica dividida por $n + 1$ (nesse caso 8). Podemos então traçar $\ln\{\ln 1/[1 - F(V_0)]\}$ em função de $\ln \sigma$. A tabela seguinte e a Figura 7-14 mostram o resultado desses cálculos. Observe que a tensão de fratura foi traçada em escala logarítmica.

Amostra	σ (MPa)	F (Vo)	ln{ln 1/[1 - F(Vo)]}
1	23	1/8 = 0,125	− 2,013
2	30	2/8 = 0,250	− 1,246
3	34	3/8 = 0,375	− 0,755
4	40	4/8 = 0,500	− 0,367
5	43	5/8 = 0,625	− 0,019
6	49	6/8 = 0,750	+ 0,327
7	55	7/8 = 0,875	+ 0,732

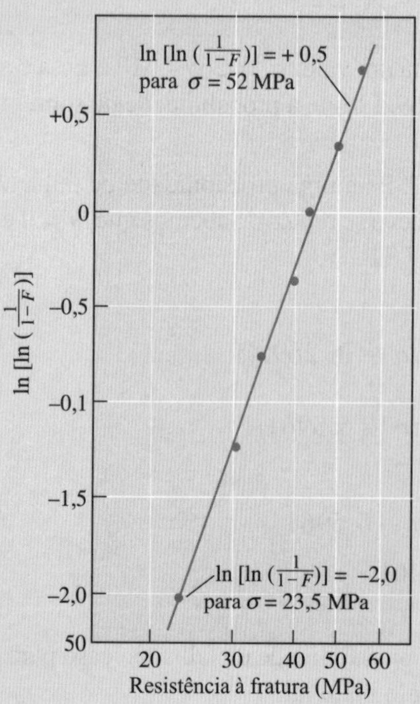

Figura 7-14 Probabilidade acumulada de falha em relação à tensão de fratura. Observe que a resistência à fratura foi traçada em uma escala logarítmica.

A inclinação da reta ajustada, ou seja, o módulo de Weibull m, corresponde a (empregando os dois pontos indicados na curva):

$$m = \frac{0{,}5 - (-2{,}0)}{\ln(52) - \ln(23{,}5)} = \frac{2{,}5}{3{,}951 - 3{,}157} = 3{,}15$$

O baixo valor do módulo de Weibull (3,15) indica que a cerâmica tem uma grande dispersão da resistência à fratura, dificultando a utilização confiável em aplicações de grande responsabilidade.

7-6 Fadiga

A falha por *fadiga* é a fratura de um material devido a uma tensão repetitiva, que pode ser inferior ou superior ao limite de escoamento. É um fenômeno comum nos componentes sujeitos a carregamento dinâmico em automóveis, aviões, pás de turbinas, molas, virabrequins etc. Além desses, implantes biomédicos, produtos de consumo como sapatos, constantemente submetidos a tensões repetitivas sob a forma de tração, compressão, flexão, vibração e dilatação/contração térmica, entre outros tipos de tensão, são suscetíveis a esse tipo de fratura. Em geral, essas tensões estão *abaixo* do limite de escoamento do material, no entanto, caso a tensão varie por um número suficiente de vezes, causará fratura por fadiga! De fato, grande parte dos componentes de automóveis encontrada em sucatas fraturou por fadiga. Mais ainda, a possibilidade de fratura por fadiga é a principal causa de uma vida útil finita de componentes de aviões.

As falhas por fadiga ocorrem normalmente em três estágios. No primeiro, uma pequena trinca em geral surge na superfície, frequentemente um longo período após iniciar a aplicação da carga. É normal encontrar os locais de nucleação na superfície ou nas proximidades, onde a concentração de tensão atinge valores máximos. Esses locais incluem descontinuidades superficiais, como entalhes ou poros, e também cantos vivos resultantes de projeto ou de fabricação ineficazes, ou ainda em inclusões, contornos de grãos ou regiões com elevada concentração de discordâncias. Em seguida, a trinca propaga-se um pouco a cada ciclo de carregamento. Por fim, ocorre uma súbita fratura do material, quando a seção resistente é muito reduzida para suportar a carga aplicada. Dessa maneira, os componentes fraturam por fadiga porque, mesmo que a tensão total aplicada permaneça abaixo do limite de escoamento, esse valor pode superar, de forma localizada, a resistência à tração como consequência da concentração de tensão. Para que a fadiga ocorra, é preciso haver um componente de tensão trativa. Em geral, materiais metálicos e poliméricos são mais suscetíveis à fadiga.

Na maioria das vezes, não se considera a fadiga em cerâmicas, pois esses materiais costumam falhar em decorrência de sua baixa tenacidade à fratura. Uma pequena trinca de fadiga pode reduzir a vida útil da cerâmica, pois a resistência à fratura irá diminuir. Normalmente, as cerâmicas são projetadas para suportar cargas estáticas, e não cíclicas, e utiliza-se o módulo de Weibull para estudar sua confiabilidade.

É bastante comum que os polímeros fraturem por fadiga. No entanto, o mecanismo de fadiga nos polímeros difere do que ocorre em metais. À medida que os polímeros são submetidos a tensões repetitivas, há um aquecimento nas pontas das trincas que estimula a ocorrência de outro mecanismo de falha, conhecido como *fluência* (discutido na Seção 7-9), que afeta o comportamento mecânico do material.

A fratura por fadiga é, em geral, de fácil identificação. A superfície da fratura, especialmente junto à origem, tende a ser lisa. A superfície torna-se mais irregular com o aumento de tamanho da trinca e é fibrosa na parte final de propagação da trinca. Exames microscópicos e macroscópicos revelam que a superfície de fratura inclui um padrão de marcas de praia e estrias (Figura 7-15). As **marcas de praia** são observadas com baixo aumento (Figura 7-16) e se formam quando a carga varia de modo bastante irregular durante a utilização do componente ou quando a carga é intermitente, permitindo tempo para a oxidação na frente de propagação da trinca. As **estrias** são bem menores e podem ser vistas apenas com microscópio. Elas mostram a posição da ponta da trinca após cada ciclo. Embora as marcas de praia sempre sugiram uma falha por fadiga, a ausência delas não elimina a possibilidade de uma fratura desse tipo.

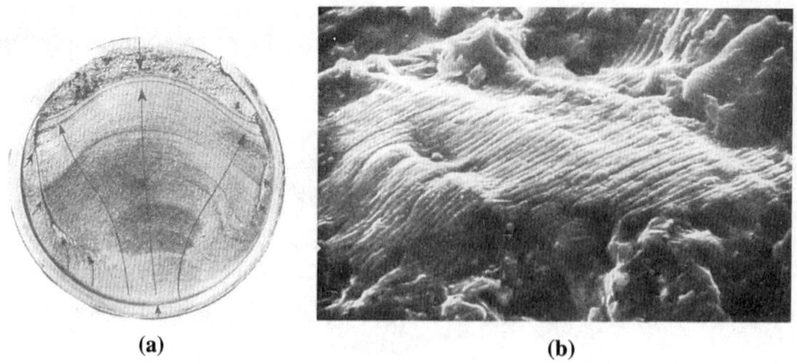

(a) (b)

Figura 7-15 Superfície de fratura por fadiga. (a) Com baixo aumento, as marcas de praia indicam a fadiga como o mecanismo de fratura. As setas indicam a direção de propagação da trinca, com a origem na parte inferior da fotografia. (*Imagem (a) extraída de C. C. Cottell, Fatigue failures, with special reference to fracture characteristics,* Failure Analysis: *the british engine technical reports. American Society for Metals, 1981, p. 318. Reproduzida com permissão da ASM International®. Todos os direitos reservados. www.asminternational.org.*) (b) Com grande aumento, podem-se observar as estrias que se formam durante cada ciclo do processo de fadiga (aumento original de 1.000×). (*Cortesia de Don Askeland.*)

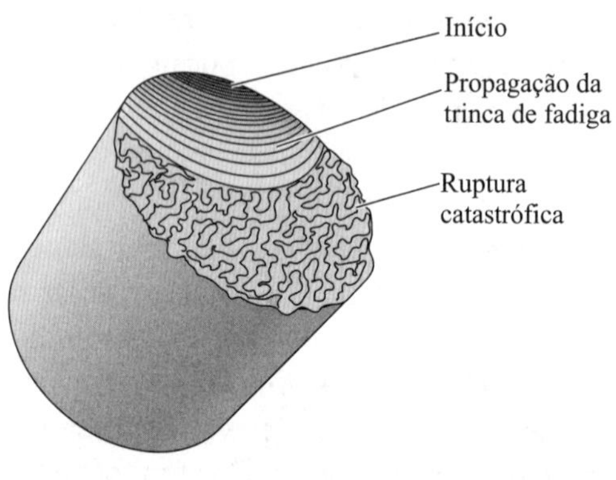

Figura 7-16 Representação de uma superfície de fratura por fadiga em um eixo de aço, mostrando a região de início, a região de propagação com marcas de praia e a ruptura final catastrófica que ocorre quando o tamanho da trinca ultrapassa um valor crítico para a tensão aplicada.

Exemplo 7-9 *Análise de falha por fadiga de um virabrequim*

O virabrequim de um motor a diesel fraturou. A análise do componente revelou ausência de deformação plástica e superfície de fratura lisa. Além disso, várias outras trincas foram vistas em outros pontos do virabrequim. Que tipo de mecanismo de fratura ocorreu?

Solução

Como o virabrequim é uma peça giratória, a superfície está submetida a uma carga cíclica. A fadiga é uma das suspeitas imediatas. A ausência de deformação plástica reforça essa suspeita. Além disso, a presença de outras trincas é consistente com a falha por fadiga. As demais trincas não tiveram tempo suficiente para crescer até o tamanho que pudessem causar uma fratura catastrófica. Um exame da superfície de fratura provavelmente revelará marcas de praia ou estrias de fadiga.

O **ensaio de fadiga por flexão rotativa** é um método tradicional para medir a resistência de um material à fadiga (Figura 7-17). Uma das extremidades da amostra (usinada para ter a forma cilíndrica) é montada em um mandril acionado por um motor. Na outra extremidade uma massa é suspensa. De início, uma tensão de tração atua sobre a superfície superior do corpo de prova, enquanto a superfície inferior é comprimida. Quando o corpo de prova gira a 90°, os locais que se encontravam originalmente sob tração e sob compressão não têm mais nenhuma tensão aplicada. Após girar a 180°, o material, que originalmente estava sob tração, agora está sob compressão. Assim, a

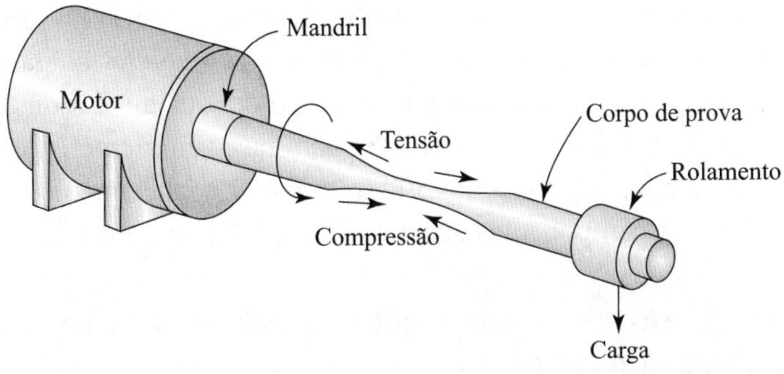

Figura 7-17 Teste de fadiga por flexão rotativa.

tensão em qualquer ponto da amostra passa por um ciclo senoidal completo, da tensão máxima de tração à tensão máxima de compressão. A tensão máxima que atua na amostra é dada por

$$\pm\sigma = \frac{32\,FL}{\pi d^3} \tag{7-13}$$

em que L é a distância entre o ponto de aplicação da carga e o mandril, F é a carga e d é o diâmetro. Observe que a Equação 7-13 supõe que o corpo de prova tenha uma seção transversal uniforme.

Os equipamentos modernos para o ensaio de fadiga são compostos por sistema servo-hidráulico, atuadores e sistema de controle comandado por computador. Esses equipamentos permitem que sejam impostos, de modo controlado, os seguintes parâmetros: força, deflexão, deslocamento ou tração. Em alguns modelos mais sofisticados, é possível controlar, também, a temperatura e as condições ambientais, como a umidade.

O corpo de prova fratura após um número suficiente de ciclos do ensaio de fadiga. Em geral, ensaia-se uma série de corpos de prova com diferentes tensões impostas. Os resultados são então apresentados sob a forma da **curva S-N**, também conhecida como **curva de Wöhler**, que mostra os valores da tensão (S) em função do número de ciclos (N) para a ruptura da amostra (Figura 7-18).

7-7 Resultados do ensaio de fadiga

O **ensaio de fadiga** indica quantos ciclos uma peça pode sobreviver ou o carregamento máximo permitido que pode ser aplicado sem provocar fratura. O **limite de resistência à fadiga** é a tensão abaixo da qual há 50% de probabilidade de que a falha por fadiga nunca ocorra. Esse parâmetro é nosso critério de projeto favorito. No caso da Figura 7-18, para evitar fratura em peças fabricadas com aço-ferramenta é preciso assegurar que a tensão máxima aplicada seja inferior a 413,7 MPa. A premissa da existência de um limite de fadiga é um conceito antigo, e pesquisas recentes, considerando vários metais, demonstraram que o limite para a fadiga provavelmente não existe. Outros fatores afetam a vida em fadiga, como a corrosão, sobrecargas ocasionais, características microestruturais e outros mecanismos que podem induzir à fratura mesmo que a tensão seja inferior ao limite de fadiga. Desse modo, devem-se empregar com cuidado os valores do limite de resistência à fadiga na utilização dos materiais.

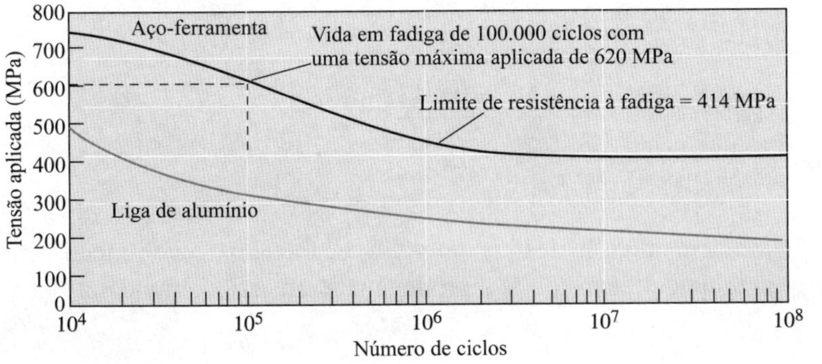

Figura 7-18 Curvas S-N que relacionam a tensão máxima com o número de ciclos até a fratura para um aço-ferramenta e uma liga de alumínio.

A **vida em fadiga** indica quanto tempo um componente resiste sob uma tensão cíclica específica. Por exemplo, se o aço-ferramenta (Figura 7-18) for submetido a uma tensão cíclica de 620,5 MPa, sua vida em fadiga será de 100.000 ciclos. Se o período de cada ciclo for conhecido, é possível calcular o tempo de vida até a fadiga. A **resistência à fadiga** é a tensão máxima na qual a fratura por fadiga não ocorrerá para um dado número de ciclos. A quantidade de ciclos é bastante elevada, podendo atingir valores como 500 milhões. O conhecimento da resistência à fadiga é especialmente necessário em projetos de componentes de alumínio e polímeros, que não possuem um limite de resistência à fadiga definido.

Em alguns materiais, incluindo os aços, o limite de resistência à fadiga equivale a aproximadamente metade do limite de resistência à tração. Essa relação é a chamada **razão de fadiga**:

$$\text{Razão de fadiga} = \frac{\text{limite de resistência à fadiga}}{\text{limite de resistência à tração}} \approx 0{,}5 \qquad (7\text{-}14)$$

A razão de fadiga permite estimar as propriedades de fadiga por meio do ensaio de tração. Essa razão tem valores aproximados entre 0,3 a 0,4 no caso de materiais metálicos, com exceção dos aços de baixa e média resistências mecânicas. *Cabe ressaltar mais uma vez que as pesquisas demonstraram a inexistência do limite de fadiga em muitos materiais.*

Muitos materiais apresentam **sensibilidade ao entalhe**, ou seja, o comportamento em fadiga mostra-se bastante sensível a descontinuidades superficiais que atuam como entalhes. Os defeitos de projeto ou de fabricação, principalmente os de superfície, concentram as tensões e reduzem o limite de fadiga e a vida em fadiga. Para contornar esse problema, superfícies bem polidas são preparadas em alguns casos para minimizar a probabilidade de uma fratura por fadiga. O processo de ***shot peening*** é também empregado de modo eficiente no aumento da vida em fadiga dos materiais. Pequenas esferas de metal são lançadas contra a superfície do componente, gerando tensão residual de compressão na superfície, produzindo resultados semelhantes à **têmpera de vidros**.

Exemplo 7-10 *Projeto de um eixo rotativo*

O eixo de um forno de uma cimenteira, produzido com aço-ferramenta, deve ter 2.438 m de comprimento e resistir à operação contínua durante um ano, com uma carga aplicada de 55,6 kN. O eixo gira a 1 rpm (rotação por minuto) durante a operação. Projete o eixo de modo que atenda a tais requisitos.

Solução

A vida em fadiga necessária para o nosso projeto é o número de ciclos N que o eixo completa em um ano:

$$N = (1 \text{ ciclo/min})\,(60 \text{ min/h})\,(24 \text{ h/d})\,(365 \text{ d/a})$$

$$N = 5{,}256 \times 10^5 \text{ ciclos/a}$$

Com base na Figura 7-18, vê-se que a tensão aplicada deve ser inferior a 496,4 MPa. Usando-se a Equação 7-13, o diâmetro do eixo é dado por:

$$\pm\sigma = \frac{32\,FL}{\pi d^3}$$

$$496{,}4 \times 10^6 \text{ Pa} = \frac{(32)(55{,}6 \times 10^3 \text{ N})(2{,}438 \text{ m})}{\pi d^3}$$

$$d = 0{,}141 \text{ m}$$

Portanto, um eixo com diâmetro de 141 mm tem previsão de vida em fadiga de um ano. Deve-se incorporar, porém, uma margem de segurança ao projeto ou considerar a produção de um eixo com vida infinita em fadiga.

Suponhamos um fator de segurança 2 (isto é, que a tensão máxima permitida seja 496,4/2 MPa = 248,2 MPa). Dessa forma, o diâmetro mínimo necessário para evitar fratura no período de 1 ano é:

$$248,2 \times 10^6 \text{Pa} = \frac{32(55,6 \times 10^3 \text{N})(2,438 \text{ m})}{\pi d^3}$$

$$d = 0,177 \text{ m}$$

A escolha de um diâmetro maior reduz a tensão máxima e a probabilidade de fadiga retardando o aparecimento de falhas. Existem outras considerações importantes, como o efeito de temperaturas elevadas e ambientes corrosivos, inerentes à produção de cimento. Caso o eixo seja aquecido ou atacado pelo ambiente corrosivo, a fadiga se acelera. Assim, em aplicações que envolvem a fadiga de componentes, a inspeção periódica dos equipamentos é essencial para prevenir fraturas.

7-8 Aplicação do ensaio de fadiga

Os componentes usados em engenharia são normalmente submetidos a condições de carregamento cujos ciclos de tração e compressão não são simétricos (Figura 7-19). Por exemplo, o módulo da amplitude máxima sob tração e compressão é diferente. Em outros casos, é possível ensaiar em fadiga com um carregamento no qual todo o ciclo é

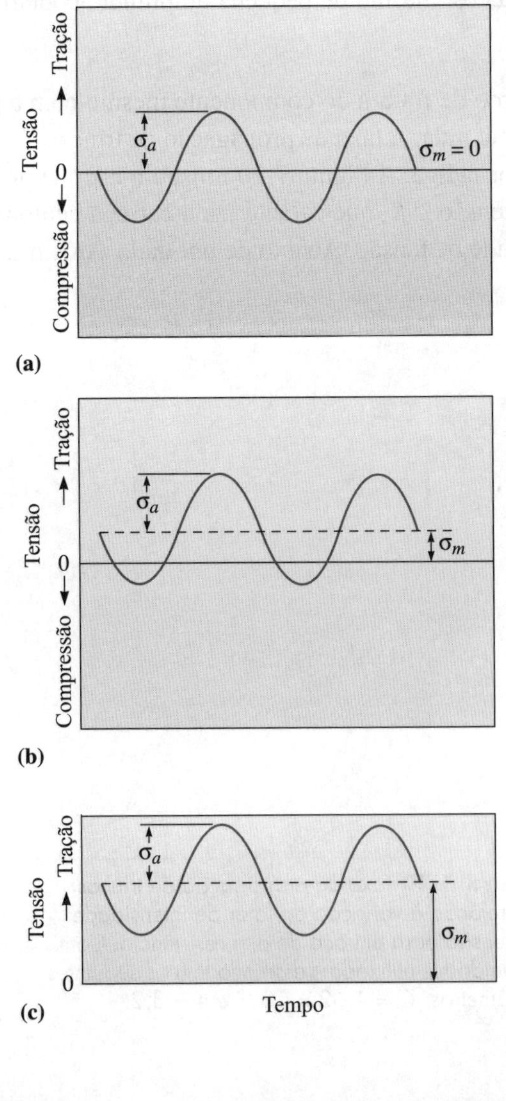

Figura 7-19 Exemplos de ciclos de tensão. (a) Tensões simétricas de tração e compressão, (b) módulo do pico de tensão trativa maior que o módulo de tensão compressiva e (c) toda a tensão é elástica.

de tração. A curva S-N representa a amplitude de tensão em relação ao número de ciclos que leva à fratura. Define-se *amplitude de tensão* (σ_a) como a metade da diferença entre as tensões máxima e mínima, enquanto *tensão média* (σ_m) corresponde à média entre as tensões máxima e mínima:

$$\sigma_a = \frac{\sigma_{máx} - \sigma_{mín}}{2} \tag{7-15}$$

$$\sigma_m = \frac{\sigma_{máx} + \sigma_{mín}}{2} \tag{7-16}$$

A tensão de compressão é representada por um sinal negativo. Se a tensão trativa máxima for de 345 MPa e a tensão mínima for tensão compressiva de 68,95 MPa, utilizando-se as Equações 7-15 e 7-16, a amplitude de tensão é de 206,8 MPa e a tensão média é de 20.000 psi.

Goodman (7-17) mostrou que à medida que a tensão média aumenta, a amplitude de tensão deve diminuir para que o material resista às tensões aplicadas:

$$\sigma_a = \sigma_{fs}\left[1 - \left(\frac{\sigma_m}{\sigma_{UTS}}\right)\right] \tag{7-17}$$

em que σ_{fs} é a resistência à fadiga para uma tensão média nula e σ_{UTS} é o limite de resistência à tração do material. Em um teste típico de fadiga rotativa, no qual a tensão média é nula, pode-se tolerar uma amplitude de tensão relativamente elevada, sem a ocorrência de fadiga. No entanto, se uma asa de avião for submetida a uma tensão média já próxima do limite de escoamento, quaisquer vibrações, mesmo de pequena amplitude, podem iniciar e propagar trincas de fadiga.

Taxa de propagação de trincas Em muitos casos, não há risco de fratura do componente mesmo com a presença de trincas, pois a taxa de propagação é muito baixa, ou mesmo nula. A taxa de propagação de trincas torna-se importante quando se deseja estimar a ocorrência de fratura por fadiga. A Figura 7-20 mostra a taxa de propagação de trincas em relação à variação do fator de intensidade de tensão ΔK, que caracteriza o carregamento mecânico em função da geometria das trincas e da variação da amplitude de tensão. Abaixo de um dado ΔK limite, não há

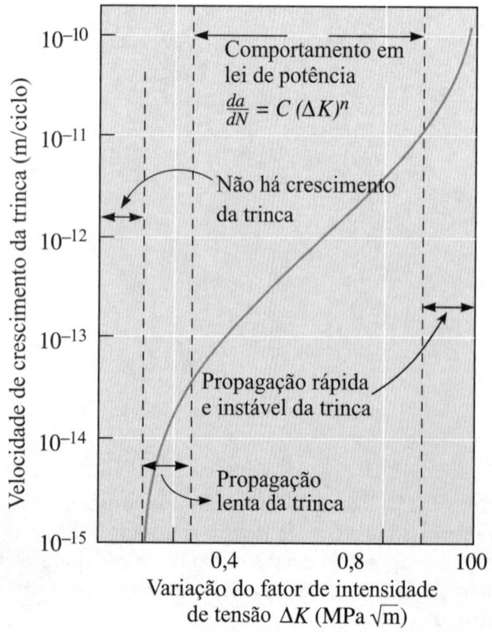

Figura 7-20 Taxa de propagação de trincas em relação à variação do fator de intensidade de tensão para um aço de alta resistência. Com as unidades utilizadas, esse aço tem os seguintes parâmetros: $C = 1{,}62 \times 10^{-12}$ e $n = 3{,}2$.

propagação da trinca. Com um fator de intensidade de tensão ligeiramente maior, as trincas propagam-se muito lentamente, e com fatores de intensidade de tensão ainda maiores, as trincas crescem a uma taxa dada por:

$$\frac{da}{dN} = C(\Delta K)^n \tag{7-18}$$

Nessa equação, C e n são constantes empíricas dependentes do material. Por fim, quando ΔK é ainda maior, as trincas propagam-se de modo rápido e instável até a ocorrência de uma fratura.

Quanto maior o tamanho da trinca, ou maior a tensão, mais elevado será o fator de intensidade de tensão (Equação 7-1):

$$\Delta K = K_{\text{máx}} - K_{\text{mín}} = f\sigma_{\text{máx}}\sqrt{\pi a} - f\sigma_{\text{mín}}\sqrt{\pi a} = f\Delta\sigma\sqrt{\pi a} \tag{7-19}$$

Caso não haja alteração na amplitude da tensão cíclica $\Delta\sigma$ ($\sigma_{\text{máx}} - \sigma_{\text{mín}}$), com o aumento do tamanho a da trinca, tanto ΔK como a velocidade de propagação da trinca da/dN aumentam. A trinca não se propaga durante a compressão, pois ocorre um fechamento dela. Quando a tensão é de compressão $\sigma_{\text{mín}}$ ou menos que zero, admite-se que a trinca tenha tamanho nulo.

Conhecer a taxa de propagação de trincas é útil no projeto de componentes e no monitoramento da integridade estrutural, em que são usados ensaios não destrutivos. Assim, é possível determinar se uma trinca representa um risco iminente de fratura para a estrutura com carregamento de fadiga. Uma das abordagens para tratar desse problema consiste em estimar o número de ciclos necessários à fratura. Com o rearranjo da Equação 7-18 e a substituição por ΔK vamos ter:[1]

$$dN = \frac{da}{Cf^n \Delta\sigma^n \pi^{n/2} a^{n/2}}$$

Ao integrá-la entre o tamanho mínimo inicial detectado por um ensaio não destrutivo de uma trinca e o tamanho necessário para a ocorrência de uma fratura, obtemos

$$N = \frac{2[(a_c)^{(2-n)/2} - (a_i)^{(2-n)/2}]}{(2-n)Cf^n \Delta\sigma^n \pi^{n/2}} \tag{7-20}$$

em que a_i é o tamanho inicial da trinca e a_c é o tamanho que leva à fratura. Caso as constantes do material n e C, da Equação 7-18, sejam conhecidas, será possível estimar quantos ciclos são necessários para a ocorrência da fratura sob uma dada tensão cíclica.

Exemplo 7-11 *Projeto de uma chapa resistente à fadiga*

Um aço de alta resistência mecânica (Figura 7-20) possui tenacidade à fratura no estado plano de deformação de 80 MPa$\sqrt{\text{m}}$. A chapa feita com esse aço é submetida ciclicamente à tração de 500 MPa e à compressão de 60 MPa. A chapa deve resistir por dez anos, com o ciclo de tensão aplicado em frequência de uma vez a cada 5 minutos. Determine um procedimento de fabricação e de ensaio que garanta esse desempenho do componente. Considere um fator de geometria $f = 1{,}0$ para todas as falhas.

Solução

Para a fabricação e teste da chapa com esses critérios, é preciso determinar o tamanho máximo de quaisquer trincas que possam levar à fratura por fadiga do componente em um período de 10 anos. O tamanho crítico da trinca pode ser obtido utilizando-se a tenacidade à fratura e a tensão máxima:

---

[1] N.R.T.: Também denominada equação de Paris.

$$K_{Ic} = f\sigma\sqrt{\pi a_c}$$
$$80 \text{ MPa}\sqrt{\text{m}} = (1{,}0)(500 \text{ MPa})\sqrt{\pi a_c}$$
$$a_c = 0{,}0081 \text{ m} = 8{,}1 \text{ mm}$$

A tensão máxima é de 500 MPa. Contudo, a tensão mínima é zero, e não 60 MPa da compressão, porque as trincas não se propagam sob compressão. Assim, $\Delta\sigma$ será:

$$\Delta\sigma = \sigma_{\text{máx}} - \sigma_{\text{mín}} = 500 - 0 = 500 \text{ MPa}$$

É preciso determinar o número mínimo de ciclos que a placa deve suportar:

$N = [1 \text{ ciclo}/(5 \text{ min})]\ (60 \text{ min/h})\ (24 \text{ h/dia})\ (365 \text{ dias/ano})\ (10 \text{ anos})$

$N = 1.051.200$ ciclos

Ao considerar $f = 1{,}0$ para todos os comprimentos de trincas e utilizar $C = 1{,}62 \times 10^{-12}$ e $n = 3{,}2$ pela Figura 7-20 e Equação 7-20, temos:

$$1.051.200 = \frac{2[(0{,}0081)^{(2-3{,}2)/2} - (a_i)^{(2-3{,}2)/2}]}{(2-3{,}2)(1{,}62\times10^{-12})(1)^{3{,}2}(500)^{3{,}2}\pi^{3{,}2/2}}$$

$$1.051.200 = \frac{2[18 - a_i^{-0{,}6}]}{(-1{,}2)(1{,}62\times10^{-12})(1)(4{,}332\times10^{8})(6{,}244)}$$

$$a_i = 1{,}82\times10^{-6}\text{m} = 0{,}00182 \text{ mm para trincas superficiais}$$
$$2a_i = 0{,}00364 \text{ mm para trincas internas}$$

O processo de fabricação não deve introduzir descontinuidades internas de tamanho acima de 0,00182 mm de comprimento nessa chapa de aço. Por isso, os ensaios não destrutivos devem ser sensíveis para detectar trincas de tamanho igual a 0,00182 mm ou menores.

Efeito da temperatura Com o aumento da temperatura, tanto a vida em fadiga como o limite de fadiga diminuem. Além disso, uma variação cíclica da temperatura estimula a ocorrência de fadiga térmica. Esse fenômeno ocorre sempre que o material é aquecido de modo desigual; algumas partes da estrutura dilatam mais que outras. A dilatação introduz tensão no material, pois existe restrição à deformação. Ademais, quando a estrutura resfria e se contrai, ocorrem tensões de tração. Como consequência das tensões e deformações induzidas termicamente, pode ocorrer a fadiga. A frequência com que a tensão é aplicada também influencia o comportamento da fadiga. As oscilações de tensões de alta frequência, por exemplo, podem aquecer materiais poliméricos e, com a temperatura mais elevada, os polímeros se degradam mais rapidamente. A temperatura também afeta as reações químicas, como a oxidação, que também degrada os materiais.

7-9 Fluência, ruptura por tensão e corrosão sob tensão

Se uma tensão for aplicada a um material em temperatura elevada, poderá haver deformação permanente, mesmo que a tensão aplicada seja *inferior* ao limite de escoamento nessa temperatura. A deformação permanente e dependente do tempo, que ocorre sob tensão constante em temperaturas elevadas, é conhecida como **fluência**. Muitas fraturas de componentes que operam em altas temperaturas são derivadas da fluência ou de uma combinação de fluência e fadiga. Os fenômenos de difusão, escalagem de discordâncias e deslizamento dos contornos de grão contribuem para a fluência nos materiais metálicos. Em metais e ligas dúcteis sujeitos à fluência, a fratura é acompanhada por estricção, nucleação e coalescimento de vazios ou deslizamento de contornos de grão. Materiais poliméricos também exibem fluência.

Considera-se que um material falhou devido à fluência mesmo que *não* apresente ainda a fratura. Quando o material é deformado dessa maneira e chega a se romper, a fratura é definida como *ruptura por fluência*. Em geral, as fraturas dúcteis causadas pela ruptura por tensão costumam incluir a estricção e várias outras trincas que não cresceram a ponto de produzir a fratura final. Além disso, os grãos próximos à superfície da fratura tendem a se alongar. As fraturas dúcteis causadas pela ruptura por fluência ocorrem normalmente com altas taxas de fluência e temperaturas relativamente baixas, com tempos curtos de ruptura. Por outro lado, as fraturas frágeis causadas pela ruptura por tensão costumam exibir uma estricção reduzida e ocorrem com mais frequência com baixas taxas de fluência e altas temperaturas. Grãos equiaxiais são observados perto da superfície de fratura. Essas falhas acontecem, em geral, pela formação de vazios na intersecção de três contornos de grão e pela precipitação de outras cavidades ao longo dos contornos de grão, por meio de processos de difusão (Figura 7-21).

Corrosão sob tensão A corrosão sob tensão é um fenômeno de corrosão localizada nos materiais por efeito do ambiente corrosivo e da tensão mecânica de tração. A corrosão se manifesta como trincas que reduzem a resistência mecânica do componente. A corrosão sob tensão pode ocorrer com tensões bem inferiores ao limite de escoamento do material metálico, cerâmico ou vítreo, devido ao ataque do meio corrosivo. No caso dos materiais metálicos, ocorrem trincas finas e profundas de corrosão, mesmo que o material seja bastante resistente à corrosão uniforme, como os aços inoxidáveis. As tensões que induzem à corrosão sob tensão podem ser causadas tanto pelas tensões aplicadas externamente como pelas tensões residuais. As fraturas desse tipo são frequentemente identificadas por uma análise microestrutural do metal ao redor. É normal encontrar uma ramificação das trincas nos contornos de grãos (Figura 7-22). Outro aspecto importante é que no local de início das trincas deve ter havido o contato do material com o agente corrosivo.

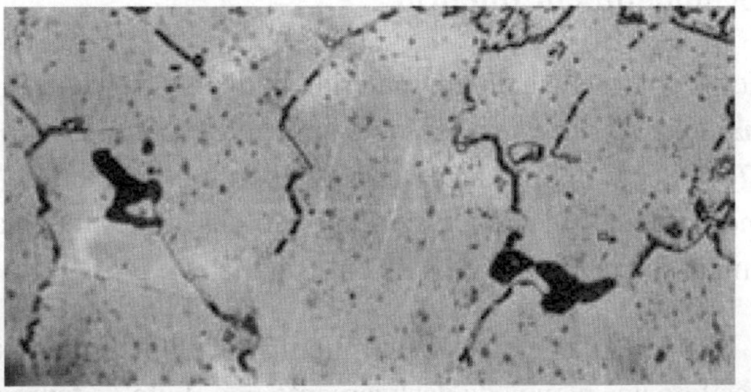

Figura 7-21 Cavidades de fluência formadas em contornos de grãos de um aço inoxidável austenítico (aumento original de 500×). *(Imagem extraída de ASM Handbook, v. 7, Metallography and microstructure, 1972, ASM International, Materials Park, OH 44073. Reproduzida com permissão da ASM International®. Todos os direitos reservados (www.asminternational.org).)*

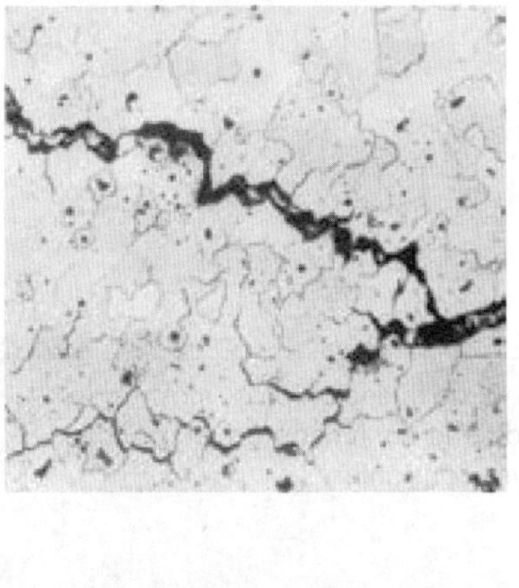

Figura 7-22 Trincas intergranulares de corrosão sob tensão, próximas à região de fratura, como resultado do processo de corrosão (aumento original de 200×). *(Imagem extraída de ASM Handbook, v. 7, Metallography and microstructure, 1972, ASM International, Materials Park, OH 44073. Reproduzida com permissão da ASM International®. Todos os direitos reservados (www.asminternational.org).)*

Exemplo 7-12 *Análise de falha de um tubo*

Constatou-se a falha, após vários meses, de um tubo de titânio empregado no transporte de um material corrosivo a 400 °C. Como você determinaria a causa da fratura?

Solução

Como foi necessário um certo tempo de exposição a altas temperaturas para que a falha ocorresse, pode-se suspeitar de um mecanismo de fluência ou corrosão sob tensão. Um exame metalográfico do material, nas proximidades da superfície de fratura, é recomendável. Caso sejam observadas várias trincas pequenas e ramificadas propagando-se para o interior do metal, a corrosão sob tensão será uma forte possibilidade. Se os grãos da superfície de fratura estiverem alongados, com muitos vazios entre eles, a fluência será a razão mais provável.

Os vidros inorgânicos de silicato são muito suscetíveis à fratura por reação com o vapor d'água. De fato, sabe-se que a resistência de componentes com fibras de sílica ou vidro de sílica reduz-se muito quando esses materiais têm contato com o vapor d'água. Quando os componentes feitos de fibras ou vidro de sílica são expostos ao vapor, as reações de corrosão começam a formar falhas superficiais, que causam então a propagação de trincas quando submetidas à tensão. No caso de vidros de grandes dimensões, utilizam-se tratamentos térmicos especiais, como a têmpera. Nesse caso, a têmpera produz uma tensão compressiva na superfície do vidro. Mesmo que a superfície do vidro reaja com o vapor d'água, as trincas não se propagam, porque existe tensão compressiva na superfície. Entretanto, caso ocorra uma trinca que ultrapasse a região de tensão compressiva e atinja a região sob tração, o vidro temperado irá estilhaçar. Esse tipo de vidro é bastante empregado em prédios e automóveis.

7-10 Avaliação do comportamento em fluência

Para determinar o comportamento em fluência de um material, aplica-se uma tensão constante a um corpo de prova aquecido em um **ensaio de fluência**. Assim que a tensão é aplicada, o corpo de prova alonga-se elasticamente em um pequeno valor ε_0 (Figura 7-23), cuja deformação varia de acordo com a tensão aplicada e o módulo de elasticidade do material nesta temperatura elevada. Pode-se realizar o ensaio de fluência sob uma carga constante, e o resultado obtido tem grande importância em projetos de engenharia.

Escalagem de discordâncias Temperaturas elevadas permitem a **escalagem de discordâncias** nos metais, que é a movimentação de discordâncias fora dos planos de deslizamento por efeito da temperatura. Os átomos espalham-se para a linha de discordância, ou a partir dela, por difusão, fazendo com que a discordância se desloque em direção perpendicular, e não paralela, ao plano de deslizamento (Figura 7-24). Assim, a discordância escapa dos obstáculos da rede, desliza e causa mais deformação plástica no corpo de prova, mesmo com baixas tensões aplicadas.

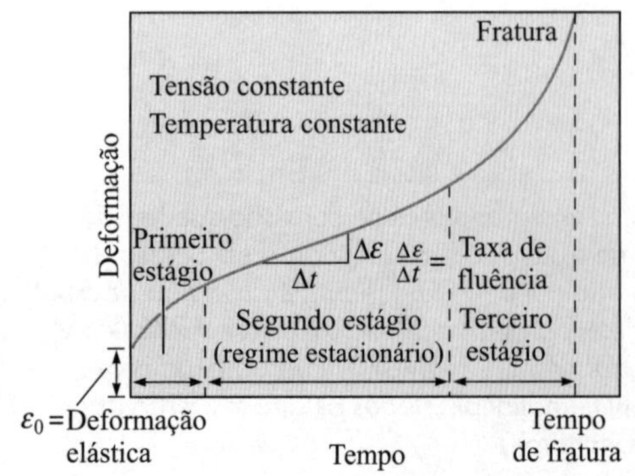

Figura 7-23 Curva de fluência típica, mostrando a deformação produzida em função do tempo, com tensão e temperatura constantes.

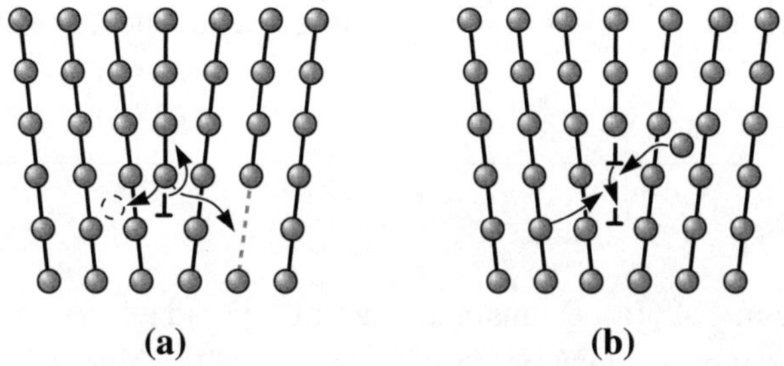

Figura 7-24 Escalagem de discordâncias (a) ocorre quando os átomos da rede deixam a linha de discordância, para preencher lacunas ou para ocupar locais intersticiais, ou (b) quando os átomos são atraídos para a linha de discordância, mediante a criação de lacunas ou com a saída de átomos intersticiais.

Taxa de fluência e tempos de ruptura Durante o ensaio de fluência, a deformação (ou alongamento) é medida em função do tempo e traçada para fornecer a curva deformação-tempo (Figura 7-23). No primeiro estágio da fluência em metais, muitas discordâncias realizam escalagem, evitando, com isso, os obstáculos da rede cristalina. Depois tornam a deslizar no plano de deslizamento e, assim, aumentam a deformação total. Após essa etapa, a taxa com que as discordâncias realizam escalagem para evitar obstáculos será igual à taxa com que as discordâncias são bloqueadas por outras imperfeições. Isso dá origem a uma fluência de segundo estágio ou em regime estacionário. A inclinação da curva deformação-tempo nesse estágio secundário corresponde à **taxa de fluência**:

$$\text{Taxa de fluência} = \frac{\Delta \text{ deformação}}{\Delta \text{ tempo}} \tag{7-21}$$

Por fim, no terceiro e último estágio de fluência, a estricção tem início. A tensão aumenta, pois a seção sofreu estricção, e o corpo de prova deforma-se a uma taxa acelerada levando a amostra à fratura. O tempo necessário para a ocorrência da falha é o **tempo até a fratura**. Uma tensão ou uma temperatura mais elevada reduz esse tempo e eleva a taxa de fluência (Figura 7-25).

A taxa de fluência e o tempo de ruptura (t_r) obedecem a relações que correspondem à influência combinada da tensão e da temperatura aplicadas:

$$\text{Taxa de fluência} = \text{C}\sigma^{\text{n}} \exp\left(-\frac{Q_c}{RT}\right) \tag{7-22}$$

$$t_r = \text{K}\sigma^{\text{m}} \exp\left(\frac{Q_r}{RT}\right), \tag{7-23}$$

em que R é a constante dos gases perfeitos, T é a temperatura em Kelvin, C, K, n e m são constantes do material, Q_c é a energia de ativação para a fluência e Q_r é a energia de ativação para a fratura. O termo Q_c se refere especificamente à energia de ativação de autodifusão, quando a escalagem de discordâncias torna-se importante.

Nas cerâmicas cristalinas, outros fatores são muito relevantes, tais como deslizamento dos contornos de grãos e nucleação de microtrincas. É frequente a presença de um material não cristalino (vítreo) nos contornos de grãos, sendo, por isso, necessária uma baixa energia de ativação para deformar o vidro, causando, então, taxas elevadas

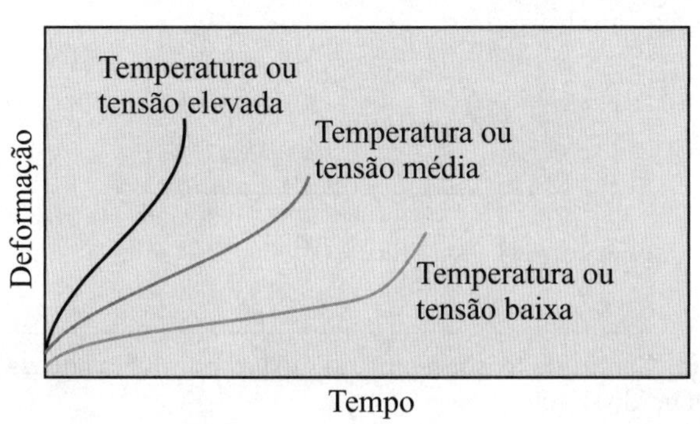

Figura 7-25 Efeito da temperatura ou tensão aplicada na curva de fluência.

de fluência em comparação com as cerâmicas totalmente cristalinas. Pelo mesmo motivo, a fluência ocorre a uma taxa elevada em cerâmicos e em polímeros amorfos.

7-11 Uso dos dados sobre fluência

As **curvas de tensão-tempo de ruptura**, mostradas na Figura 7-26(a), estimam a vida útil esperada de um componente para determinada combinação de tensão e temperatura. O **parâmetro de Larson-Miller**, ilustrado na Figura 7-26(b), é utilizado para consolidar a relação temporal tensão-temperatura-ruptura em uma única curva. O parâmetro de Larson-Miller (*L.M.*) é

$$L.M. = \left(\frac{T}{1.000}\right)(\mathrm{A} + \mathrm{B}\ln t) \tag{7-24}$$

em que T está em kelvin, t é o tempo em horas e A e B são constantes para o material.

Exemplo 7-13 *Projeto de elos para uma corrente*

Projete uma corrente de ferro fundido dúctil (Figura 7-27) que deverá operar em um forno utilizado para o cozimento de tijolos de cerâmica. A corrente será utilizada durante cinco anos, a 600 ºC, com uma carga aplicada de 22,24 kN.

Solução

Por meio da Figura 7-26(b), o parâmetro de Larson-Miller para o ferro fundido dúctil é

$$L.M. = \frac{T(36 + 0{,}78\ln t)}{1.000}$$

A corrente deverá durar cinco anos, ou

$$t = (24\ \text{h/dia})(365\ \text{dias/ano})(5\ \text{a}) = 43.800\ \text{h}$$

$$L.M. = \frac{(600 + 273)[36 + 0{,}78\ln(43{,}800)]}{1.000} = 38{,}7$$

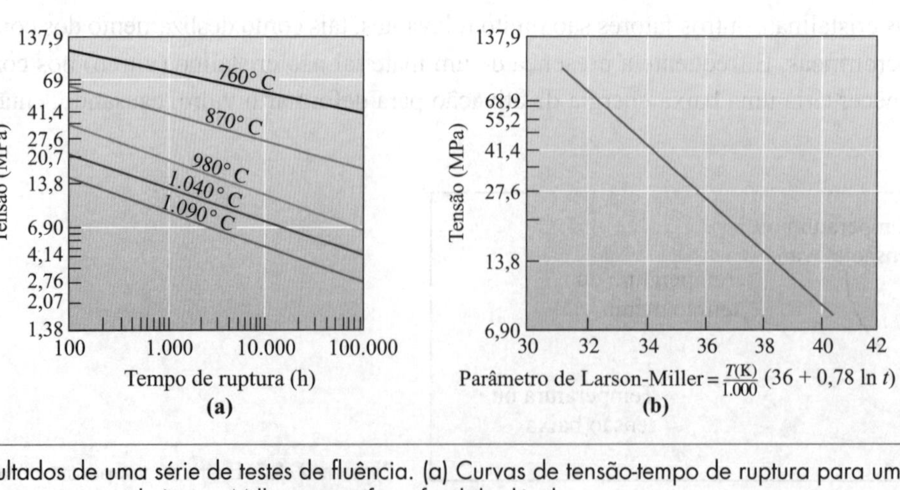

Figura 7-26 Resultados de uma série de testes de fluência. (a) Curvas de tensão-tempo de ruptura para uma liga de ferro--cromo-níquel e (b) o parâmetro de Larson-Miller para o ferro fundido dúctil.

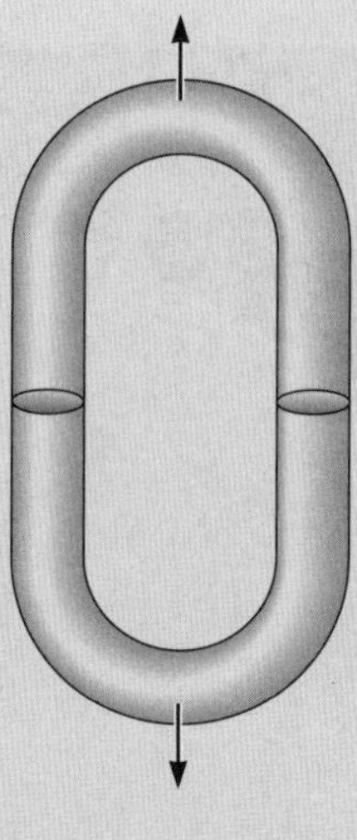

Figura 7-27 Representação de um elo da corrente (para o Exemplo 7-13).

Por meio da Figura 7-26(b), a tensão aplicada deverá ser de não mais de 1.800 psi (12,4 MPa).

Suponhamos um **fator de segurança** igual a 2, o que significa que a tensão aplicada não deverá exceder a 1.800/2 = 900 psi (6,2 MPa).

A área transversal total da corrente exigida para suportar a carga de 22,24 kN é

$$A = F/S = \frac{22,24 \times 10^3\,\text{N}}{6,2 \times 10^6\,\text{Pa}} = 3,587 \times 10^{-3}\,\text{m}^2$$

A área transversal de cada "metade" do elo de ferro é, então, $1,794 \times 10^{-3}$ m^2 e, considerando uma seção transversal circular:

$$d^2 = (4/\pi)A = (4/\pi)(1,794 \times 10^{-3}) = 2,284 \times 10^{-3}\,\text{m}^2$$
$$d = 47,8 \text{ mm}$$

Em aplicações como a conformação de chassis de automóveis, metais e ligas são deformados. As propriedades mecânicas dos materiais mudam durante esse processo devido ao encruamento. O comportamento de encruamento dos aços usados na fabricação de chassis influencia a capacidade do aço para gerar formatos aerodinâmicos. O comportamento de encruamento também é importante para melhorar a resistência dos veículos a colisões. (*Digital Vision/Getty Images*)

capítulo 8

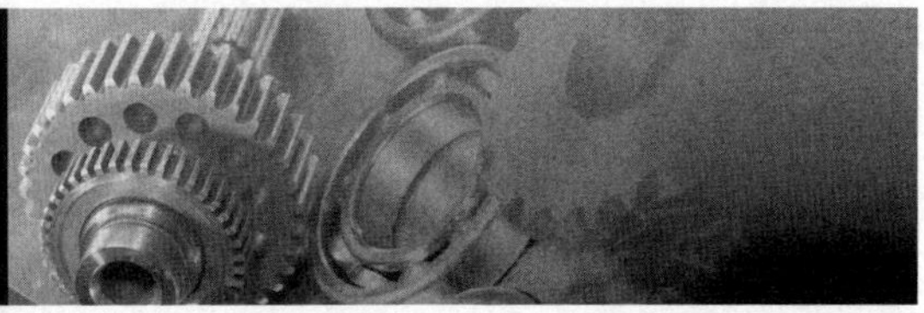

Encruamento e recozimento

VOCÊ JÁ SE PERGUNTOU?

- Por que um arame de cobre torna-se mais resistente quando dobrado?
- De que forma são feitas as latas de alumínio para bebidas?
- Por que os termoplásticos tornam-se mais resistentes quando deformados?
- Qual é a diferença entre um vidro recozido, um vidro temperado e um vidro de segurança laminado?
- Por que a resistência mecânica do metal perto da região soldada pode ser menor que a da própria solda?

OBJETIVOS DE APRENDIZAGEM DO CAPÍTULO

Os principais objetivos deste capítulo são

- Quantificar o encruamento de um metal e explicar por que ele pode aumentar significativamente a força requerida para deformá-lo.
- Quantificar a sensibilidade à taxa de deformação de um metal e explicar por que essa taxa pode influenciar a força exigida para deformá-lo.
- Prever como as propriedades mecânicas de um material policristalino trabalhado a frio se modificarão devido ao recozimento (recuperação, recristalização, crescimento do grão) e à deformação.
- Projetar processos destinados a produzir uma chapa de metal com as dimensões e as propriedades mecânicas desejadas, utilizando combinações de etapas de conformação e recozimento.

Neste capítulo, aprenderemos de que forma a resistência de metais e ligas é influenciada por processamentos mecânicos e tratamentos térmicos. No Capítulo 4, aprendemos sobre as diversas técnicas que podem endurecer metais e ligas, aumentando, por exemplo, a densidade de discordâncias, diminuindo o tamanho dos grãos, adicionando elementos de ligas etc. Agora, veremos como melhorar a resistência mecânica de metais e ligas usando o trabalho a frio. Nesse processo, um material metálico é deformado plasticamente e isso o endurece. Também veremos de que maneira o trabalho a quente pode ser usado para conformar metais e ligas por deformação em altas temperaturas sem elevação expressiva da dureza. Aprenderemos, ainda, que o tratamento térmico de recozimento pode ser usado para melhorar a ductilidade e reduzir a dureza causada pelo trabalho a frio. Os tópicos discutidos neste capítulo são de particular importância para metais e ligas.

E com relação a polímeros, vidros e cerâmicas? Eles também apresentam encruamento? Mostraremos que a deformação de polímeros termoplásticos produz frequentemente um efeito de endurecimento. Entretanto, o mecanismo de aumento da resistência mecânica por deformação nos polímeros é totalmente diferente do mecanismo presente nos materiais metálicos. A resistência da maioria dos materiais frágeis, como cerâmicas e vidros, depende da distribuição e da quantidade dos defeitos, conforme apresentado no Capítulo 7. Por essa razão, vidros e cerâmicas não endurecem muito com o trabalho a frio. Devemos considerar estratégias diferentes para reforçar esses materiais. Nesse contexto, também aprenderemos os princípios da têmpera e do recozimento de vidros.

Começaremos discutindo o encruamento em materiais metálicos por meio das curvas de tensão-deformação.

8-1 Relação entre trabalho a frio e a curva tensão-deformação

Na Figura 8-1(a) é mostrada uma curva tensão-deformação de um material dúctil. Se aplicarmos uma tensão S_1 maior do que o limite de escoamento, ocorrerá uma deformação permanente. Quando a tensão é removida, a amostra retém uma deformação plástica e_1. Se fizermos um ensaio de tração por meio do mesmo material metálico que foi previamente tensionado a S_1, obteremos a curva tensão-deformação mostrada na Figura 8-1(b). O novo corpo de prova somente se deformaria plasticamente na tensão S_1. Definimos a *tensão de fluxo* como a tensão necessária para iniciar o fluxo plástico em materiais previamente deformados. Assim, S_1 é agora o novo limite de escoamento do material. Se continuarmos a aplicar uma tensão até que alcancemos S_2, removê-la e testarmos novamente a mesma amostra, o novo limite de escoamento ocorrerá em S_2. A cada vez que aplicarmos uma deformação plástica maior, o limite de escoamento aumentará e a ductilidade diminuirá. Pode-se endurecer o material até que os limites de escoamento e de resistência à tração sejam iguais e que não haja mais ductilidade [Figura 8-1(c)]. No ponto final da curva tensão-deformação, quando o metal não pode mais ser deformado plasticamente, ocorre a fratura. As Figuras 8-1(d) e (e) referem-se à recuperação elástica, que será discutida mais adiante nesta seção.

Ao aplicarmos uma tensão que excede o limite de escoamento original do material metálico, teremos **encruado** ou **trabalhado a frio**. Simultaneamente, o material metálico tem suas dimensões geométricas alteradas. Essa é a base para muitas técnicas de fabricação, como a trefilação. A Figura 8-2 mostra diversos processos de conformação que usam tanto os processos de trabalho a frio como os de trabalho a quente na fabricação de peças metálicas. A diferença entre **trabalho a quente** e **a frio** será apresentada mais adiante neste capítulo. Muitas técnicas são usadas para conformar e endurecer metais simultaneamente por trabalho a frio (Figura 8-2). Por exemplo, a **laminação a frio** é usada para produzir placas, chapas ou folhas metálicas. O **forjamento** deforma o metal em uma matriz, produzindo formas relativamente complexas, como virabrequins e bielas. Na **trefilação**, uma barra metálica é tracionada, passando por uma fieira, para produzir arames e fios. Na **extrusão**, o material é comprimido por um pistão para formar produtos de seções transversais uniformes, como barras, tubos ou ainda perfis de alumínio para portas ou janelas. *Estampagem* e *estiramento* são usados para dar forma a chapas. Utiliza-se a *estampagem profunda* para formar o corpo de latas de alumínio para bebidas. O trabalho a frio é uma maneira efetiva de dar forma a materiais metálicos enquanto aumenta a resistência mecânica. O aspecto negativo desse processo é a perda de ductilidade. Se você dobrar repetidamente um arame metálico, ele endurecerá e, eventualmente, quebrará em razão da perda de ductilidade causada pelo encruamento. O encruamento é usado na conformação de muitos produtos, em especial aqueles que não ficarão expostos a temperaturas muito altas durante sua utilização. Uma lata de alumínio para bebidas, por exemplo, obtém quase 70% de sua resistência mecânica em virtude do encruamento que ocorre durante a fabricação. Parte da resistência de latas de alumínio provém também dos elementos adicionados à liga (como o Mg). Observe que muitos processos de conformação, como a laminação, empregam tanto o trabalho a quente quanto a frio. As características de cada um serão discutidas mais adiante neste capítulo.

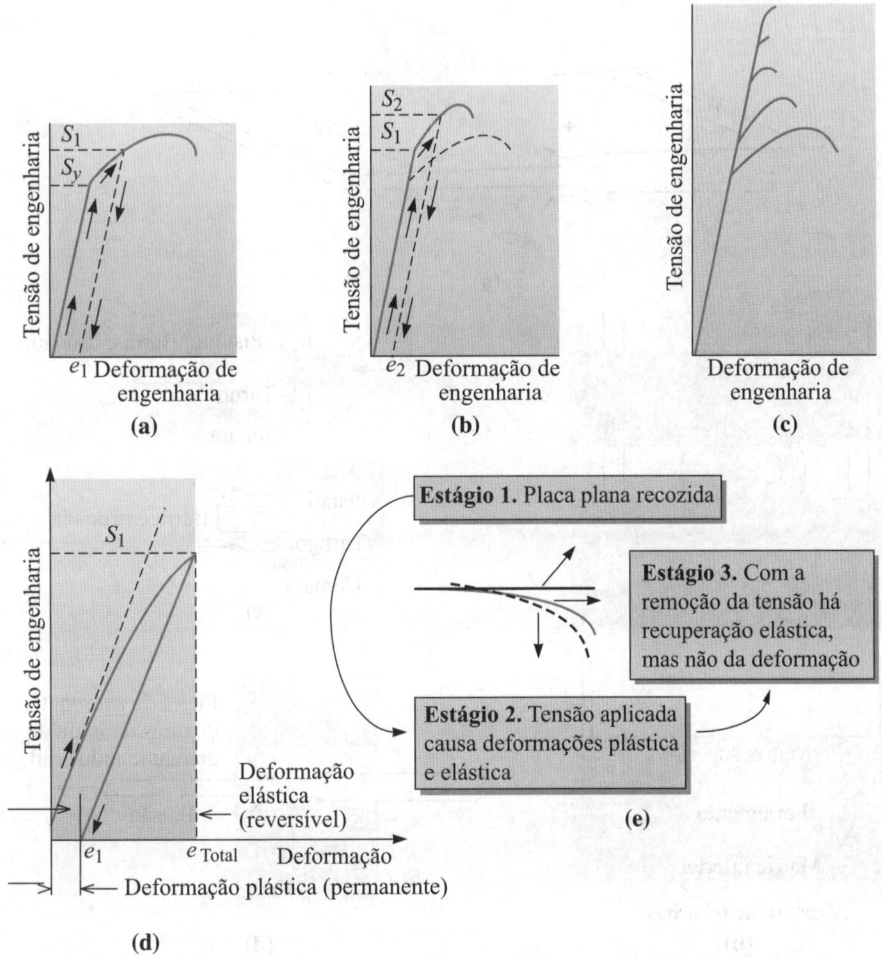

Figura 8-1 Modificação da curva tensão-deformação de engenharia com o trabalho a frio. (a) Um corpo de prova é tensionado além do limite de escoamento S_y e, então, a tensão é removida. (b) O mesmo corpo de prova apresenta novos limites de escoamento e de resistência à tração maiores, porém, ductilidade menor. (c) Ao repetir o procedimento, a resistência aumenta ainda mais e a ductilidade diminui, o que fragiliza a liga. (d) A deformação total é a soma dos componentes da deformação plástica e elástica. Quando a tensão é removida, a deformação elástica é recuperada, mas o mesmo não ocorre com a deformação plástica. (e) Recuperação elástica da placa. (*Com base em* Engineering materials I. *2. ed. M. F. Ashby; D. R. H. Jones, Elsevier, 1996.*)

Coeficiente de encruamento (*n*) A resposta de um metal a esse encruamento pode ser avaliada pelo **coeficiente de encruamento**, *n*. A relação entre a tensão verdadeira, σ, deformação verdadeira, ε, e o coeficiente de encruamento, *n*, é regida pelo chamado comportamento da lei de potência, de acordo com a seguinte fórmula

$$\sigma = K\varepsilon^n \qquad (8\text{-}1)$$

A constante K (coeficiente de resistência) é igual à tensão quando $\varepsilon = 1$. Considerando o logaritmo natural de ambos os lados da Equação 8-1, temos

$$\ln \sigma = \ln K + n \ln \varepsilon \qquad (8\text{-}2)$$

Os logaritmos naturais da tensão verdadeira e da deformação verdadeira são representados na Figura 8-3(a), e o coeficiente de encruamento é a inclinação da parte plástica. Maiores graus de encruamento são obtidos para determinada deformação à medida que *n* aumenta, conforme mostra a Figura 8-3(b). Além disso, a estricção durante um ensaio de tração começa quando a deformação verdadeira é igual ao coeficiente de encruamento *n*.

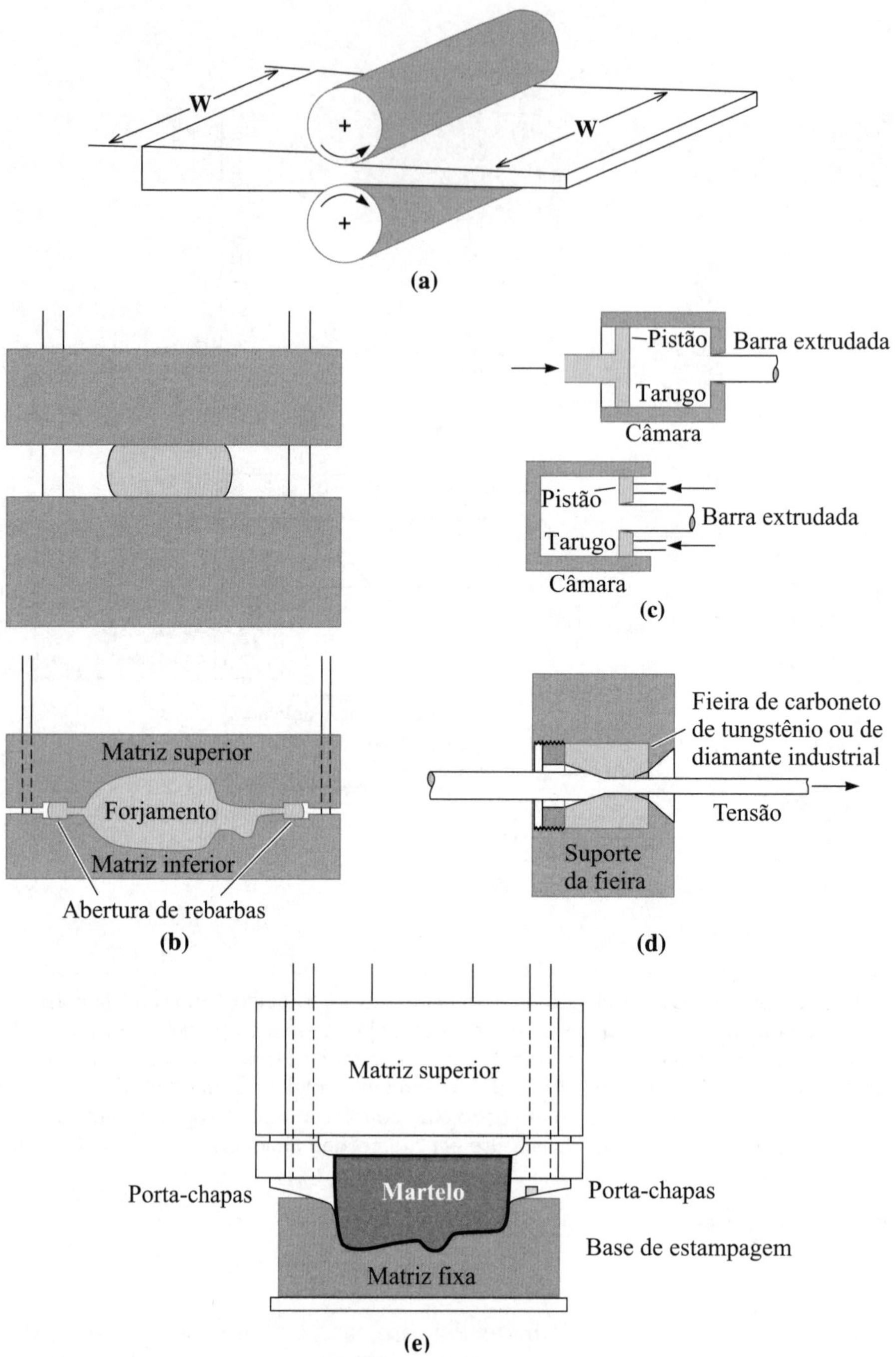

Figura 8-2 Processos de conformação que usam tanto o trabalho a frio como a quente. Métodos comuns de processamento de metais. (a) Laminação. (b) Forjamento (matriz aberta e fechada). (c) Extrusão (direta e inversa). (d) Trefilação. (e) Estampagem. (*Com base em* Mechanical bahavior of materials, *de M. A. Meyers; K. K. Chawla, Cambridge Univertisy Press.*)

Para metais, o encruamento por deformação é o resultado da interação e multiplicação das linhas de discordâncias. O coeficiente de encruamento é relativamente baixo para metais HC, porém é mais alto para metais CCC e ainda maior para metais CFC (Tabela 8-1). Metais com baixo coeficiente de encruamento endurecem pouco com trabalho a frio. Devido ao encruamento, um arame de cobre dobrado é mais resistente que na condição anterior, isto é, sem a deformação plástica.

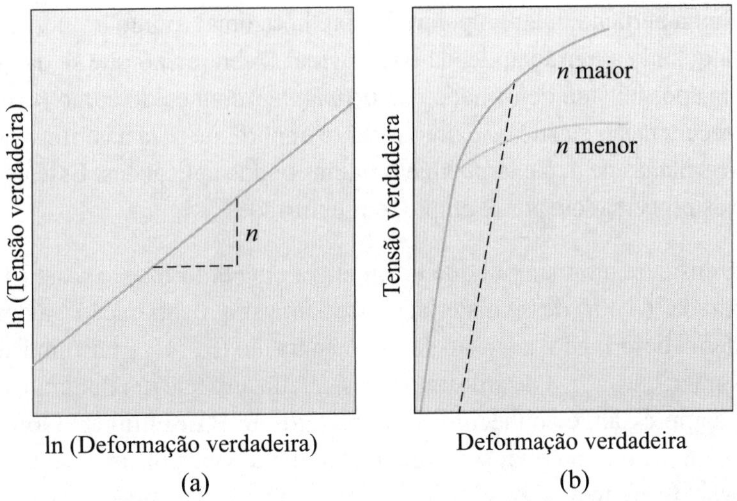

Figura 8-3 (a) A parte plástica de uma curva representando a tensão verdadeira-deformação verdadeira de um metal. Os logaritmos naturais da tensão e da deformação estão representados. O coeficiente de encruamento *n* é a inclinação dessa curva. (b) As curvas de tensão verdadeira-deformação verdadeira para metais, com coeficientes de encruamento grandes e pequenos. Maiores graus de encruamento são obtidos para determinada deformação do metal com maior *n*.

Sensibilidade à taxa de deformação (m) A **sensibilidade à taxa de deformação** (m) de tensão σ é definida como:

$$m = \left[\frac{\partial(\ln \sigma)}{\partial(\ln \dot{\varepsilon})}\right] \tag{8-3}$$

Esta taxa descreve como a tensão do fluxo se modifica com a taxa de deformação $\dot{\varepsilon}$. A sensibilidade à taxa de deformação para metais cristalinos geralmente é menor que 0,1, mas aumenta com a temperatura. O comportamento mecânico de chapas de aço sob altas taxas de deformação é importante não somente para a conformação, como também para conhecer seu comportamento sob impacto. A tenacidade ao impacto de chapas de aço é um fator importante na indústria automotiva. Aços que endurecem rapidamente sob impacto são úteis na absorção de energia mecânica em colisões de automóveis. Um valor positivo de m implica que o material resistirá ao empescoçamento (Capítulo 6).

Recuperação elástica Outro aspecto a ser observado é quando um material metálico é deformado com o uso de tensão acima do limite de escoamento [S_1, na Figura 8-1(d)], e a deformação total correspondente a S_1 é obtida

Tabela 8-1 • Coeficientes de encruamento e de resistência típicos

Metal	Estrutura cristalina	**n**	**K** (MPa)
Titânio	HC	0,05	1.206,6
Aço-liga recozido	CCC	0,15	641,2
Aço médio-carbono temperado e revenido	CCC	0,10	1.572
Molibdênio	CCC	0,13	724
Cobre	CFC	0,54	317,2
Cu-30% Zn	CFC	0,50	896,3
Aço inoxidável austenítico	CFC	0,52	1.517

Baseado em G. Dieter, G. Mechanical metallurgy, McGraw-Hill, 1961, e outras fontes.

pela intersecção de uma linha perpendicular ao ponto do eixo horizontal (ponto e_{total}). A deformação elástica, igual a ($e_{total} - e_1$), é recuperada quando a tensão aplicada é removida. O fenômeno que se dá quando um material recupera a deformação elástica após ter sido deformado *plasticamente* é conhecido como *recuperação elástica* [Figura 8-1(e)]. A ocorrência da recuperação elástica é extremamente importante para a conformação de carrocerias de automóveis a partir de chapas planas de aço e também em muitas outras aplicações. Esse efeito também é observado na fabricação de polímeros processados, por exemplo, por extrusão.

Efeito de Bauschinger Considere um material que foi sujeito a uma deformação plástica por tração. Depois, considere duas amostras separadas (*A* e *B*) desse material. Teste a amostra *A* sob tração e a amostra *B* sob compressão. Notamos que, para o material deformado, a tensão de fluxo na tração ($\sigma_{\text{fluxo, tração}}$) da amostra *A* é maior que o limite de escoamento compressor ($\sigma_{\text{fluxo, compressão}}$) da amostra *B*. Esse efeito, em que um material sujeito à tração exibe uma redução na resistência à compressão, é conhecido como o **efeito de Bauschinger**. Observe que estamos comparando o limite de escoamento de um material sob compressão e tração depois que ele esteve sujeito à deformação plástica por tensão de tração. O efeito de Bauschinger também é visto na reversão de tensão. Considere uma amostra deformada por compressão. Podemos avaliar, então, duas amostras separadas, *C* e *D*. A amostra sujeita à *tensão compressora* (*C*) mostra uma tensão de fluxo mais alta do que a amostra *D*, sujeita à tensão de tração. O efeito de Bauschinger desempenha um papel importante no processamento mecânico de aços e outras ligas.

8-2 Mecanismos de endurecimento

Obtemos aumento da resistência mecânica durante a deformação plástica de um metal aumentando sua densidade de discordâncias. Antes da deformação, a densidade de discordâncias é de aproximadamente 10^6 cm de linhas de discordância por centímetro cúbico de metal. Essa densidade é relativamente pequena para os metais comuns.

Quando se aplica uma tensão superior ao limite de escoamento, as discordâncias iniciam sua movimentação (lei de Schmid, Capítulo 4). Eventualmente, uma discordância que se move em seu plano de deslizamento encontra obstáculos que travam as pontas da linha da discordância. À medida que prosseguimos com a aplicação da tensão, a discordância tenta se mover arqueando o centro. A discordância poderá mover-se até que seja produzida uma alça (Figura 8-4). Quando as extremidades da alça finalmente se tocam, é criada uma discordância. A discordância

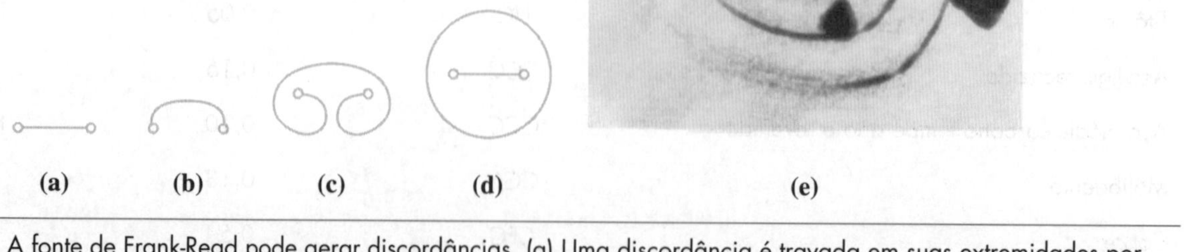

(a) (b) (c) (d) (e)

Figura 8-4 A fonte de Frank-Read pode gerar discordâncias. (a) Uma discordância é travada em suas extremidades por defeitos da rede cristalina. (b) À medida que a discordância continua a se mover, ela se curva, (c) eventualmente se dobra para trás, sobre si mesma. (d) Por fim, a discordância forma um círculo, e uma nova discordância é criada. (e) Micrografia eletrônica de uma fonte de Frank-Read (330.000×). (*Springer, Metallurgical Transactions A, v. 6, ed. 4, p. 921-926, abr. 1975. "Climb sources in ß'-NiAl", G. W. Marshall, J. O. Brittain, figura 3, Copyright © 1975, American Society for Metals, The Metallurgical Society of AIME. Reproduzido com permissão da Springer Science and Business Media.*)

original ainda está travada nas extremidades e podem-se criar alças adicionais de discordância sob efeito da tensão mecânica aplicada. Esse mecanismo de geração de discordâncias é chamado de **fonte de Frank-Read**. A Figura 8-4(e) mostra uma micrografia eletrônica de uma fonte de Frank-Read.

A densidade de discordâncias poderá aumentar até aproximadamente 10^{10} m de linha de discordâncias por centímetro cúbico de metal durante o encruamento. Conforme discutido no Capítulo 4, o movimento de discordâncias é a principal causa do escoamento plástico que ocorre em materiais metálicos. Entretanto, quando temos discordâncias em grande quantidade, elas interagem entre si em sua movimentação. Uma analogia para isso é quando há muitas pessoas em uma sala, e torna-se difícil para que se movam.

As cerâmicas contêm discordâncias e podem até mesmo ser encruadas por deformação em um pequeno grau. Entretanto, as discordâncias nas cerâmicas normalmente não são muito móveis. Além disso, as policristalinas também contêm porosidade. Como resultado, as cerâmicas se comportam como materiais frágeis e não é possível ter uma deformação plástica significativa e endurecê-las por trabalho a frio. Da mesma maneira, materiais ligados de modo covalente, como o silício, são muito frágeis para serem endurecidos por trabalho a frio. Os vidros são amorfos e não contêm discordâncias e, assim, não podem ser encruados.

Termoplásticos são polímeros como o polietileno, o poliestireno e o náilon. Esses materiais consistem em moléculas de cadeias longas, com o formato de espaguete. Termoplásticos são endurecidos quando deformados. Entretanto, isso *não* é um encruamento devido à multiplicação de discordâncias, porém, o aumento de resistência desses materiais envolve alinhamentos e possivelmente cristalização localizada das longas moléculas. Quando é aplicada uma tensão maior do que o limite de escoamento a polímeros termoplásticos, como o polietileno, as ligações de van der Waals (Capítulo 2) entre as moléculas de diferentes cadeias são quebradas. A resistência do polímero, principalmente na direção da tensão aplicada, aumenta como resultado do alinhamento das cadeias poliméricas (Figura 8-5). Esse aumento de resistência é observado na curva de tensão-deformação de termoplásticos típicos. Muitas técnicas empregadas para o processamento de polímeros são similares às usadas para a fabricação de materiais metálicos. A extrusão, por exemplo, é a técnica de processamento de polímeros mais amplamente utilizada. Embora muitas dessas técnicas apresentem as mesmas similaridades conceituais, há importantes diferenças entre os mecanismos pelos quais os polímeros se tornam mais resistentes durante seu processamento.

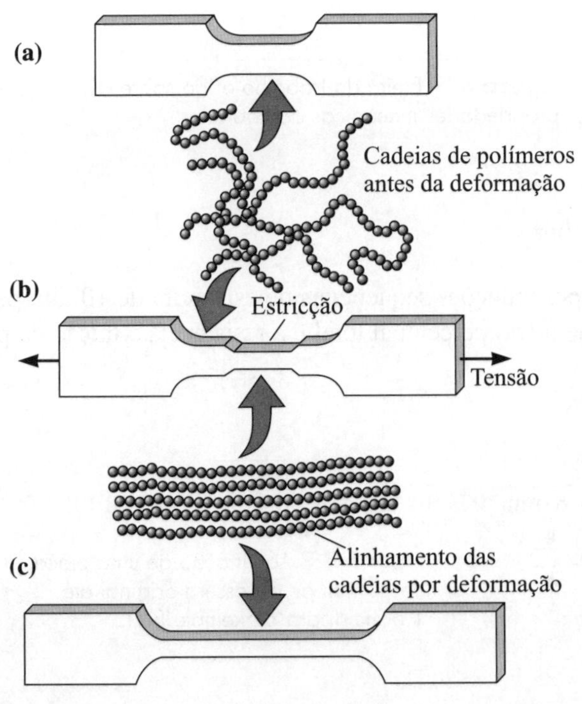

Figura 8-5 Em um polímero termoplástico não deformado, (a) as cadeias de polímeros estão orientadas aleatoriamente. (b) Quando é aplicada uma tensão suficiente, uma estricção se desenvolve e as cadeias se alinham localmente. (c) A estricção continua a crescer até que as cadeias estejam alinhadas em todo o comprimento da amostra. A resistência mecânica do polímero foi aumentada.

8-3 Propriedades *versus* trabalho a frio

A quantidade de deformação plástica determina o encruamento. Normalmente medimos a intensidade da deformação pela porcentagem de trabalho a frio.

$$\text{Trabalho a frio} = \left[\frac{A_0 - A_f}{A_0}\right] \times 100 \tag{8-4}$$

em que A_0 é a seção transversal original do metal e A_f é a seção transversal após a deformação. No caso da laminação a frio, a redução percentual na espessura é utilizada como a medida do trabalho a frio, de acordo com a seguinte expressão

$$\text{Redução percentual na espessura} = \left[\frac{t_0 - t_f}{t_0}\right] \times 100 \tag{8-5}$$

em que t_0 é a espessura inicial da chapa e t_f é a espessura final.

O efeito do trabalho a frio sobre as propriedades mecânicas do cobre comercialmente puro está representado na Figura 8-6. À medida que o trabalho a frio aumenta, tanto o limite de escoamento como o limite de resistência à tração aumentam. Entretanto, a ductilidade diminui e se aproxima de zero. Com isso, se mais trabalho a frio for imposto ao metal, ele quebrará. Portanto, há uma quantidade máxima de trabalho a frio ou deformação que podemos aplicar em um material metálico antes que ele se torne muito frágil e frature.

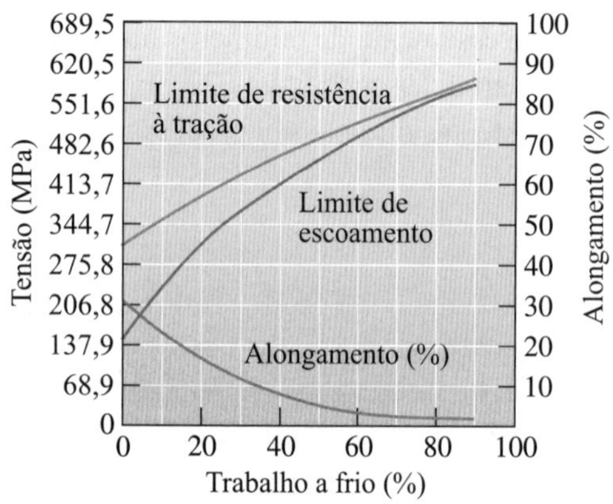

Figura 8-6 Efeito do trabalho a frio sobre as propriedades mecânicas do cobre.

Exemplo 8-1 *Conformação a frio de uma placa de cobre*

Uma placa de cobre é trabalhada a frio e passa por reduções sequenciais de espessura de 10 mm para 5 mm e, finalmente, 1,6 mm. Determine o trabalho a frio percentual total e a resistência à tração da placa de 1,6 mm (Figuras 8-6 e 8-7).

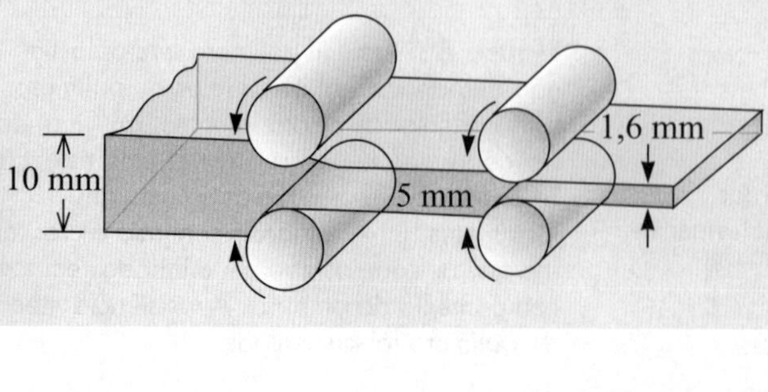

Figura 8-7 Laminação de uma placa de 10 mm de espessura original até 1,6 mm (para o Exemplo 8-1).

Solução

Observe que, em razão de a largura da placa não ter mudado durante a laminação, o trabalho a frio pode ser expresso como a redução percentual na espessura *t*.

Nossa definição de trabalho a frio é a mudança percentual entre as áreas transversais original e final. Não faz diferença quantas etapas intermediárias estão envolvidas. Desse modo, o trabalho a frio total é

$$\% \text{ TF} = \left[\frac{t_0 - t_f}{t_0}\right] \times 100 = \left[\frac{10 - 1{,}6}{10}\right] \times 100 = 84\%$$

e, com base na Figura 8-6, a resistência à tração é de cerca de 85.000 psi (ou 586 MPa).

Podemos prever as propriedades de um metal ou liga, se conhecermos a quantidade de trabalho a frio realizada durante o processamento. Podemos então decidir se o componente tem resistência adequada para aplicações críticas.

Quando quisermos selecionar material para um componente que requer determinadas propriedades mecânicas mínimas, podemos projetar o processo de conformação. Primeiro, determinamos o percentual de trabalho a frio necessário e, então, utilizando as dimensões finais desejadas, calculamos as dimensões originais por meio da equação do trabalho a frio.

Exemplo 8-2 *Projeto de um processo de trabalho a frio*

Projete um processo de fabricação para produzir uma placa de cobre de 1 mm de espessura que apresente um limite de resistência à tração de pelo menos 448,2 MPa, um limite de escoamento de 413,7 MPa e 5% de alongamento.

Solução

Com base na Figura 8-6, necessitamos de pelo menos 35% de trabalho a frio para produzir um limite de resistência de 448,2 MPa e 40% de trabalho a frio para produzir um limite de escoamento de 413,7 MPa, mas precisamos de um valor inferior a 45% de trabalho a frio para atender o requisito de 5% de alongamento. Portanto, qualquer trabalho a frio entre 40% e 45% proporcionará as propriedades mecânicas requeridas.

Para produzir a placa, seria adequado o processo de laminação a frio. A espessura original da placa de cobre antes da laminação pode ser calculada por meio da Equação 8-5, supondo-se que a largura da placa não se altera. Em razão de haver uma faixa de trabalho a frio admissível, entre 40% e 45%, há uma faixa de espessuras iniciais da placa:

$$\% \text{ TF}_{\text{mín}} = 40 = \left[\frac{t_{\text{mín}} - 1 \text{ mm}}{t_{\text{mín}}}\right] \times 100, \quad \therefore t_{\text{mín}} = 1{,}67 \text{ mm}$$

$$\% \text{ TF}_{\text{máx}} = 45 = \left[\frac{t_{\text{máx}} - 1 \text{ mm}}{t_{\text{máx}}}\right] \times 100, \quad \therefore t_{\text{máx}} = 1{,}82 \text{ mm}$$

Para produzirmos a placa de cobre de 1 mm, começaremos com uma placa de cobre de 1,67 a 1,82 mm na condição mais macia possível. Em seguida, reduzimos a espessura de 40% a 45% para alcançarmos a espessura de 1 mm.

8-4 Microestrutura, textura e tensões residuais

Durante a deformação plástica a frio ou a quente, em geral é produzida uma microestrutura que consiste em grãos alongados em virtude das tensões mecânicas (Figura 8-8).

Comportamento anisotrópico Durante a deformação, os grãos giram e se alongam, levando certas direções e planos cristalográficos a se alinharem preferencialmente com a direção da deformação. Consequentemente, são desenvolvidas orientações preferenciais ou texturas que causam comportamento anisotrópico das propriedades físicas.

Em processos de conformação, como trefilação ou extrusão, é produzida uma **textura do tipo fibra**. O termo *fibra* refere-se aos grãos metálicos e inclusões que se alongam em direção paralela ao eixo do arame ou de um produto extrudado. Assim, em metais CCC, as direções <110> se alinham com o eixo do arame. Em metais CFC, as direções que se alinham são <111> ou <100>. Isso resulta na maior resistência na direção do eixo do arame ou do produto extrudado, tal como um tubo. Esse resultado é geralmente desejado nos componentes mecânicos.

Um efeito similar é observado em materiais termoplásticos quando são estirados para produzir fibras ou outras formas. A causa, como discutido anteriormente, é o alinhamento das cadeias de polímero na direção longitudinal. A resistência é maior ao longo do eixo da fibra do polímero. Esse tipo de endurecimento também é visto em garrafas plásticas de tereftalato de polietileno (PET) feitas utilizando-se o *processo de estiramento-sopro*, que causa o alinhamento de cadeias de polímeros ao longo do comprimento e da direção radial, levando ao aumento da resistência de garrafas PET nessas direções.

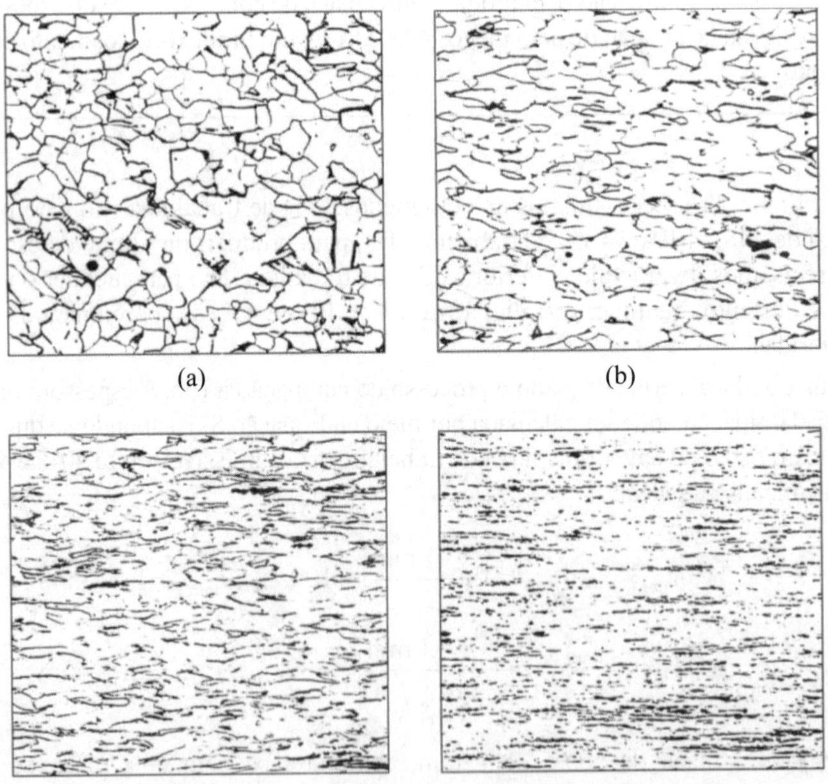

(a) (b) (c) (d)

Figura 8-8 Microestrutura alongada de um aço de baixo carbono produzida por diferentes quantidades de trabalho a frio: (a) 10%, (b) 30%, (c) 60% e (d) 90% (250x). [*Imagens extraídas de ASM Handbook, v. 9, Metallography and microstructure, 1985, ASM International, Materials Park, OH 44073-0002. Reproduzida com permissão da ASM International®. Todos os direitos reservados (wwwasminternational.gov.*]

Em processos de conformação, como a laminação, os grãos se orientam em direções cristalográficas preferenciais, resultando em **textura de chapa**. As propriedades de uma placa laminada dependem da direção na qual essa propriedade é medida. A Figura 8-9 mostra a dependência das propriedades de tração da liga alumínio-lítio trabalhada a frio com a orientação dos corpos de prova. Para essa liga, a resistência é maior na direção paralela a de laminação, enquanto a maior ductilidade está a 45° da direção de laminação. Dessa forma, a textura também contribui para o aumento da resistência mecânica de materiais cristalinos. O endurecimento que ocorre pelo desenvolvimento da anisotropia ou de uma textura é conhecido como **endurecimento por textura**. Como foi indicado no Capítulo 6, o módulo de Young dos materiais também depende das direções cristalográficas em monocristais. Por exemplo, o módulo de Young do ferro nas direções [111] e [100] é cerca de 260 GPa e 140 GPa, respectivamente. A dependência do limite de escoamento em relação à textura é ainda maior. O desenvolvimento da textura não somente tem efeito nas propriedades mecânicas, mas também nas magnéticas e em outras propriedades dos materiais. Por exemplo, os aços magnéticos de grãos orientados feitos de aproximadamente 97% de Fe e 3% de Si, e utilizados em núcleos de transformadores, são texturizados por meio de processamento termomecânico, de modo que suas propriedades elétricas e magnéticas sejam otimizadas. Algumas texturas comuns, como do tipo fibra (trefilação de arames) e do tipo chapa (laminação) com diferentes estruturas cristalinas são mostradas na Tabela 8-2.

Desenvolvimento de texturas em filmes finos A orientação ou o desenvolvimento de texturas cristalográficas também ocorre em filmes finos, nos quais, a textura em geral é um resultado dos mecanismos do processo de crescimento do filme, e não um resultado de tensões aplicadas externamente. Algumas vezes, tensões térmicas geradas internamente podem representar papel importante na determinação da textura cristalográfica de filmes finos. Filmes orientados podem oferecer melhores propriedades elétricas, ópticas ou magnéticas. Utiliza-se a **análise de figuras de polo**, técnica baseada na difração de raios X (DRX) (Capítulo 3), ou uma técnica especializada de microscopia eletrônica de varredura, conhecida como **microscopia de orientação**, para identificar texturas em diferentes materiais de engenharia (filmes, chapas, monocristais etc.).

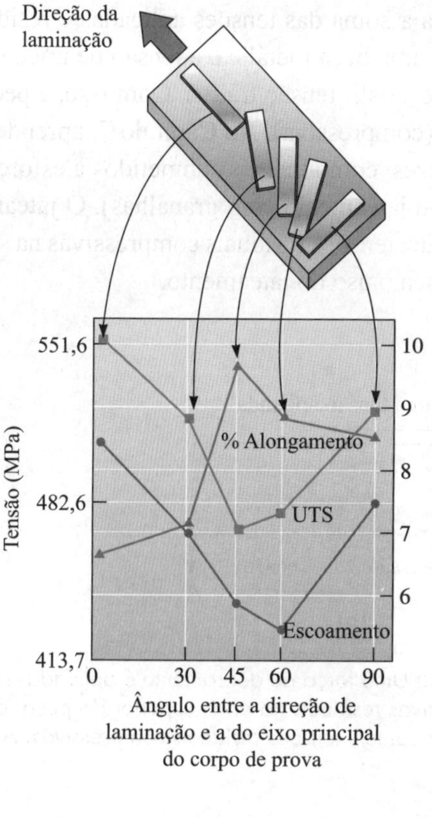

Figura 8-9 Comportamento anisotrópico de uma chapa laminada de alumínio-lítio usada em aplicações aeroespaciais. A figura correlaciona as propriedades com a orientação dos corpos de prova de tração.

Tabela 8-2 • Texturas comuns para trefilação e extrusão

Estrutura cristalina	Textura do tipo fibra para trefilação e extrusão (direção paralela ao eixo do arame)	Textura do tipo chapa ou de laminação
CFC	$\langle 111\rangle$ e $\langle 100\rangle$	$\{110\}$ planos paralelos ao plano de laminação $\langle 112\rangle$ direções paralelas à direção de laminação
CCC	$\langle 110\rangle$	$\{001\}$ planos paralelos ao plano de laminação $\langle 110\rangle$ direções paralelas à direção de laminação
HC	$\langle 10\bar{1}0\rangle$	$\{0001\}$ planos paralelos ao plano de laminação $\langle 11\bar{2}0\rangle$ direções paralelas à direção de laminação

Tensões residuais Parte da tensão aplicada é armazenada na forma de **tensões residuais** no interior da rede cristalina como emaranhados de discordâncias. A presença de discordâncias aumenta a energia total da estrutura cristalina. À medida que aumenta a extensão do trabalho a frio, também aumenta a energia interna total do material. As tensões residuais geradas pelo trabalho a frio são quase sempre indesejáveis e podem ser aliviadas por tratamento térmico conhecido como **recozimento de alívio de tensões** (Seção 8-6). Por outro lado, em algumas situações criam-se deliberadamente tensões residuais compressivas na superfície de materiais para melhorar suas propriedades mecânicas.

As tensões residuais não são uniformemente distribuídas no metal deformado. Por exemplo, tensões residuais compressivas podem estar presentes na superfície de uma placa laminada, e tensões residuais de tração podem existir no centro. No caso de operações de acabamento, como de usinagem do metal trabalhado a frio, haverá remoção apenas da região que contém tensões residuais compressivas. Para restaurar o equilíbrio de forças, a placa se distorce. De qualquer maneira, quando há uma tensão residual compressiva na superfície de um componente, isso poderá ser benéfico, uma vez que qualquer trinca presente na superfície terá seu crescimento inibido. Essas são as razões pelas quais qualquer tensão residual originária de trabalho a frio ou de qualquer outra fonte afeta a capacidade de uma peça suportar uma carga (Figura 8-10). Se for aplicada tensão de tração a um material que já contém tensões residuais trativas, a tensão total que atua sobre a peça será a soma das tensões aplicadas e residuais. Se, entretanto, houver tensões residuais compressivas na superfície de uma peça metálica, a tensão de tração aplicada deverá, primeiro, anular as tensões residuais compressivas antes de existir tensão trativa. Com isso, a peça resiste a uma carga maior que a suportada por peças sem tensão residual (compressiva). No Capítulo 7, aprendemos que a fadiga é um mecanismo comum de falha de componentes. Às vezes, componentes submetidos a esforços de fadiga podem ser endurecidos superficialmente por ***shot peening*** (ou jateamento com granalhas). O jateamento da superfície com granalha de aço, impelida a altas velocidades, introduz tensões residuais compressivas na superfície e aumenta a resistência à fadiga (Capítulo 7). O Exemplo 8-3 explica o uso do jateamento.

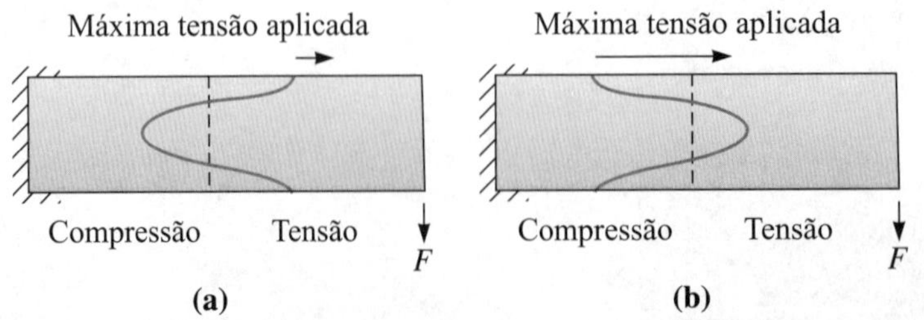

Figura 8-10 As tensões residuais podem ser prejudiciais ou benéficas. (a) Uma força de dobramento é aplicada à tensão trativa na superfície superior do feixe. Uma vez que já existem tensões trativas residuais na parte superior da peça, as características de transporte da carga são inadequadas. (b) A parte superior contém tensões residuais compressivas. Agora, as características de transporte da carga são muito boas.

Exemplo 8-3 *Projeto de um eixo resistente à fadiga*

Uma empresa produziu milhares de eixos que apresentam uma resistência à fadiga de 137,9 MPa. Os eixos foram submetidos ao ensaio de fadiga por flexão rotativa. Engenheiros de vendas reportaram que os primeiros eixos colocados em serviço falharam por fadiga após pouco tempo de uso. Proponha um processo pelo qual os eixos remanescentes possam ser melhorados em suas propriedades de fadiga.

Solução

Falhas por fadiga começam tipicamente na superfície de peças que se movimentam, assim, o aumento da resistência na superfície aumenta o tempo de vida em fadiga do eixo. Alguns procedimentos podem ser usados para atingir esse objetivo.

Caso o eixo seja feito de aço, poderemos cementar a superfície da peça (Capítulo 5). Na cementação, com um tratamento térmico adequado, o carbono difunde para a superfície do eixo, aumentando sua concentração. O teor de carbono mais alto aumenta a resistência mecânica da superfície e, ainda mais importante, introduz tensões residuais *compressivas* na superfície.

Outra possibilidade seria o trabalho a frio do eixo. O encruamento aumenta o limite de escoamento do metal e, se for realizado adequadamente, também introduz tensões residuais compressivas. Entretanto, o trabalho a frio, que é uma deformação plástica, também reduz o diâmetro do eixo e, em razão da alteração dimensional, o eixo poderá não mais ser capaz de desempenhar sua função.

Outra alternativa seria o *shot peening* do eixo. O jateamento introduz tensões residuais compressivas na superfície sem alterar as dimensões da peça. Esse processo é de baixo custo e pode ser suficiente para melhorar o desempenho à fadiga dos eixos remanescentes.

Têmpera e recozimento de vidros Tensões residuais que se originam durante o resfriamento de vidros despertam grande interesse. Podemos lidar com as tensões residuais em vidros de duas maneiras. A primeira consiste em reaquecer o vidro a uma temperatura elevada, conhecida como *ponto de recozimento* (em torno de 450 °C para vidros silicatos, com uma viscosidade de aproximadamente de 10^{12} Pa · s), e deixá-lo esfriar lentamente, de modo que a parte externa e a parte interna resfriem em torno da mesma taxa. O vidro resultante terá pouca ou nenhuma tensão residual. Esse processo é conhecido como **recozimento**, e o vidro resultante, que é quase livre de tensão, é conhecido como **vidro recozido**. O propósito do recozimento de vidros e do processo conhecido como recozimento para alívio de tensões em materiais metálicos é o mesmo (isto é, para remover ou diminuir significativamente a tensão residual). A origem da tensão residual, no entanto, é diferente para esses materiais. Outra opção que temos no processamento de vidros é realizar um tratamento térmico que leva a tensões compressivas na superfície de um vidro. Isso é conhecido como **têmpera**. O vidro resultante é chamado **vidro temperado**, que é obtido pelo aquecimento de um vidro a uma temperatura logo abaixo do ponto de recozimento, e então, deixando, deliberadamente, que a superfície resfrie mais rapidamente do que no centro. Isso leva a uma tensão compressiva uniforme na superfície do vidro. A região central permanece sob tensão de tração. Também é possível trocar íons na estrutura do vidro e introduzir uma tensão compressiva. Esse processo é chamado *têmpera química.*

No Capítulo 7, vimos que a resistência de vidros depende de falhas na superfície. Se houver uma tensão compressiva na superfície do vidro e uma tensão de tração no centro (de modo que haja uma tensão global igual a zero), a resistência do vidro melhora muito. Quaisquer microtrincas presentes não aumentarão prontamente, devido à presença de uma tensão compressiva resultante na superfície do vidro. Se, no entanto, criarmos um grande impacto, a trinca penetrará na região onde as tensões são compressivas, e o vidro se despedaçará.

O vidro temperado tem muitos usos. Por exemplo, os vidros laterais e os para-brisas traseiros de carros são feitos com vidro temperado. Aplicações como telas de lareiras, fornos, estantes, móveis e refrigeradores também empregam vidro temperado. No caso de para-brisas frontais de automóveis, são utilizados **vidros de segurança laminados**. O vidro de para-brisas frontais é feito de duas peças de vidros recozidos laminados unidas por uma ou mais camadas intermediárias de plástico conhecido como polivinil butiral (PVB). Se o vidro do para-brisa se quebra, as peças de vidro laminado permanecem juntas pela ação do plástico PVB. Isso ajuda a minimizar danos ao motorista e aos passageiros. Além disso, o uso de vidros de segurança laminados reduz as chances de pedaços de vidro cortarem os airbags, que provavelmente são acionados simultaneamente ao choque que quebra os vidros.

8-5 Características do trabalho a frio

Há vantagens e limitações no endurecimento de um metal por trabalho a frio ou encruamento.

- Podemos endurecer um metal e conformá-lo com a geometria desejada.
- É possível obter tolerâncias dimensionais excelentes e bom acabamento superficial com o processo de trabalho a frio.
- O processo de trabalho a frio é um método barato e, portanto, adequado para produzir grande número de peças pequenas.
- Alguns metais, como magnésio (HC), possuem um número limitado de sistemas de escorregamento e são frágeis à temperatura ambiente. Assim, apenas um pequeno encruamento pode ser obtido.
- Ductilidade, condutividade elétrica e resistência à corrosão são geralmente reduzidas com o trabalho a frio. Se a redução da condutividade elétrica por trabalho a frio for inferior àquela em razão de outros mecanismos de endurecimento, como a introdução de elementos de ligas, o trabalho a frio será uma forma satisfatória de endurecimento de fios de cobre usados para a transmissão de energia elétrica (Figura 8-11).
- Tensões residuais adequadas e comportamento anisotrópico podem ser benéficos. Entretanto, se as tensões residuais não forem bem controladas, as propriedades dos materiais podem piorar bastante.
- Como será visto na Seção 8-6, uma vez que o efeito do trabalho a frio é reduzido ou eliminado em altas temperaturas, não podemos usar o encruamento como mecanismo de endurecimento para componentes que serão submetidos a altas temperaturas durante o serviço.
- Algumas técnicas de processamento por deformação só podem ser realizadas se ocorrer trabalho a frio. Por exemplo, a trefilação requer que uma barra ou um arame seja tracionado através de uma matriz chamada fieira para reduzir a seção transversal (Figura 8-12). Para uma dada carga de tracionamento F_d, é produzida uma tensão final. A tensão de compressão no arame original deve exceder o limite de escoamento do metal de entrada para causar deformação plástica. No lado de saída, a tensão no arame deve ser menor do que o limite de escoamento do metal encruado. Isso somente é possível se o arame encruar com a deformação.

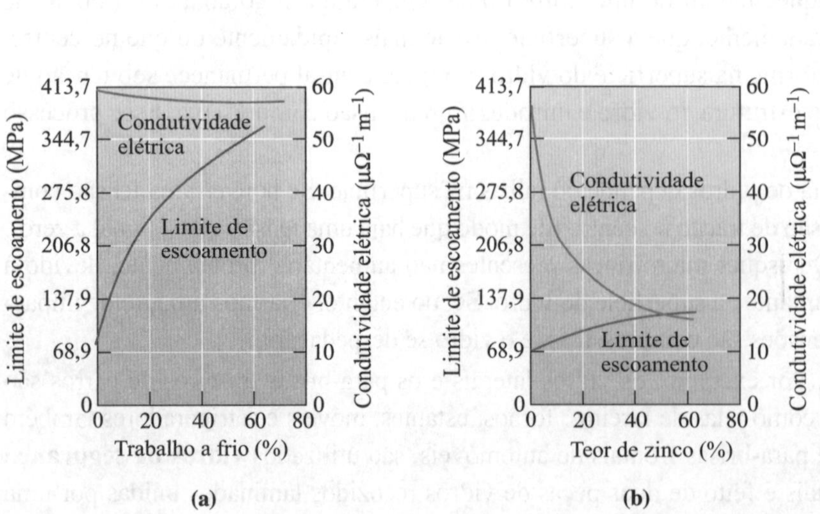

Figura 8-11 Endurecimento do cobre por (a) trabalho a frio e (b) com elementos de liga (zinco). Observe que, comparativamente, o trabalho a frio endurece mais e afeta pouco a condutividade elétrica.

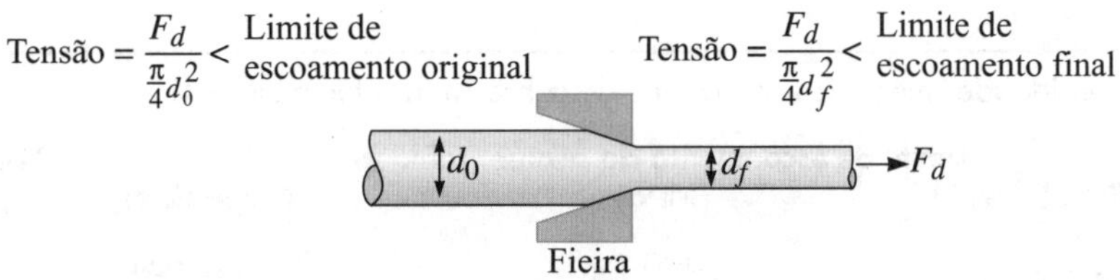

Figura 8-12 Trefilação. A carga F_d atua nos diâmetros inicial e final. Assim, a tensão produzida no arame final é maior que a do original. Se o fio não sofrer encruamento durante a trefilação, o arame final se romperá antes de o arame original ter sido extraído da fieira.

Exemplo 8-4 *Projeto de um processo de trefilação*

Determine um processo de conformação para produzir um arame de cobre de 5,08 mm de diâmetro. As propriedades mecânicas do cobre estão na Figura 8-6.

Solução

A trefilação é a técnica usual de fabricação de fios e arames. Para ser eficiente, busca-se a maior redução possível do diâmetro. O projeto deverá assegurar que o arame encrue o suficiente para evitar a deformação plástica e a fratura do material de saída.

Como exemplo de cálculo, vamos supor que o diâmetro inicial seja de 10,16 mm e que o arame esteja na condição mais macia possível, ou seja, recozido. O trabalho a frio será:

$$\%\ \text{TF} = \left[\frac{A_0 - A_f}{A_0}\right] \times 100 = \left[\frac{(\pi/4)d_0^2 - (\pi/4)d_f^2}{(\pi/4)d_0^2}\right] \times 100$$

$$= \frac{(10{,}16)^2 - (5{,}08)^2}{(10{,}16)^2} \times 100 = 75\%$$

Com base na Figura 8-6, o limite de escoamento inicial com 0% de trabalho a frio é 151,68 MPa. O limite de escoamento final com 75% de trabalho a frio é de aproximadamente 551,6 MPa. Nessa condição, a ductilidade é muito pequena. A carga mínima para deformar plasticamente o arame no estado recozido é:

$$F = S_y A_0 = (151{,}68 \times 10^6)(\pi/4)(0{,}01016)^2 = 12{,}3\ \text{kN}$$

A tensão que atua no arame após passar pela fieira é:

$$S = \frac{F_d}{A_f} = \frac{12{,}3 \times 10^3\ \text{N}}{(\pi/4)(0{,}00508\ \text{m})^2} = 606{,}7\ \text{MPa}$$

A tensão de 606,7 MPa aplicada é maior que o limite de escoamento do arame trefilado de 551,6 MPa. Portanto, o arame se quebra porque o percentual de alongamento é quase zero.

Podemos realizar cálculos semelhantes para outros diâmetros iniciais, com os resultados mostrados na Tabela 8-3 e Figura 8-13.

O gráfico mostra que a tensão de trefilação excede o limite de escoamento do arame trefilado quando o diâmetro original é superior a 9,4 mm. Portanto, para produzir com eficiência, o diâmetro do arame de entrada deve estar abaixo de 9,4 mm.

Tabela 8-3 • Propriedades mecânicas de arame de cobre (veja o Exemplo 8-4)

d_0 (mm)	TF (%)	Limite de escoamento do arame trefilado (MPa)	Carga (kN)	Tensão de trefilação (MPa)
6,35	36	400	4,804	237
7,62	56	482,6	6,92	341,3
8,89	67	510,2	9,42	464,6
10,16	75	551,6	12,3	607

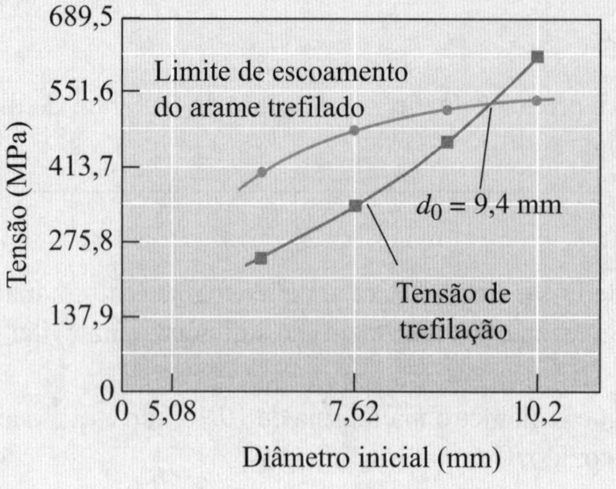

Figura 8-13 Limite de escoamento e tensão de trefilação (para o Exemplo 8-4).

8-6 Três estágios do recozimento

O trabalho a frio é um mecanismo importante de endurecimento e, também, uma ferramenta eficiente para a conformação de metais, através dos processos de trefilação, laminação, extrusão etc. Entretanto, o trabalho a frio pode produzir efeitos que são às vezes indesejáveis. A perda de ductilidade ou o surgimento de tensões residuais, por exemplo, podem ser inconvenientes. Uma vez que o trabalho a frio (ou o encruamento) resulta no aumento da densidade de discordâncias, podemos supor que qualquer tratamento que rearranje ou elimine discordâncias anule os efeitos do trabalho a frio.

Recozimento é um tratamento térmico usado para eliminar, parcial ou totalmente, os efeitos do trabalho a frio. O recozimento em baixas temperaturas pode ser empregado para eliminar as tensões residuais produzidas durante o trabalho a frio sem afetar as propriedades mecânicas da peça acabada. O recozimento também pode ser utilizado para eliminar completamente o encruamento obtido durante o trabalho a frio. Nesse caso, a peça final torna-se macia e dúctil, podendo ainda possuir bom acabamento superficial e boa precisão dimensional. Após o recozimento, mais trabalho a frio pode ser realizado em razão da deformação plástica, uma vez que a ductilidade está restaurada. Com a combinação de ciclos repetidos de trabalho a frio e recozimento, podem ser obtidas grandes deformações plásticas. Existem três estágios no processo de recozimento, e seus efeitos sobre as propriedades do latão estão na Figura 8-14.

Observe que o termo "recozimento" também é empregado para descrever outros tratamentos térmicos. Por exemplo, vidros podem ser recozidos para eliminar tensões residuais. Ferros fundidos e aços podem ser recozidos para permitir maior ductilidade, mesmo antes do trabalho a frio. O tratamento térmico de recozimento será discutido em capítulos posteriores.

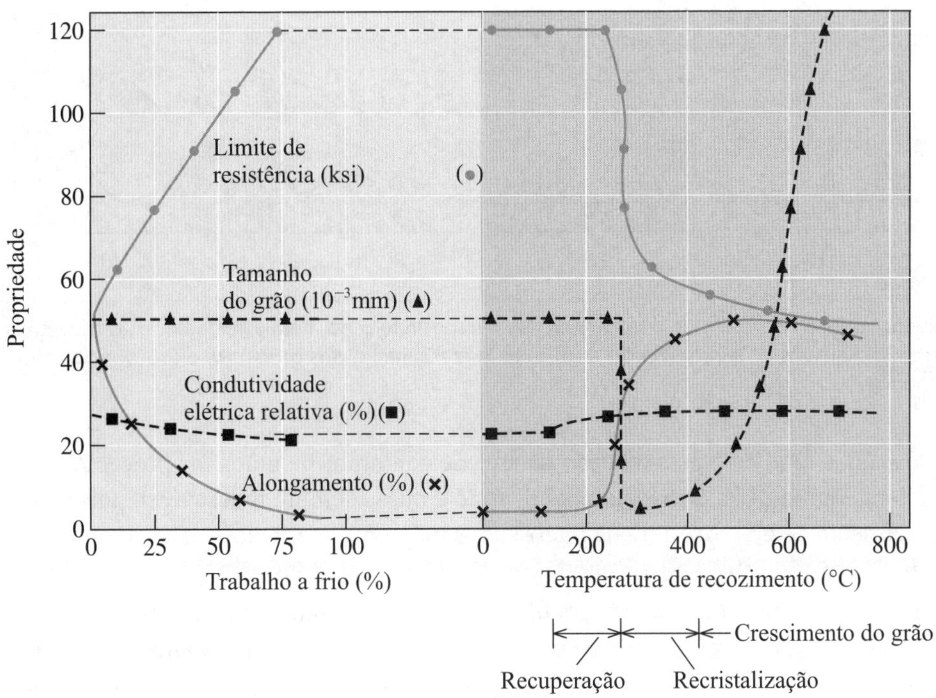

Figura 8-14 Efeito do trabalho a frio sobre as propriedades de uma liga Cu-35% Zn e a influência da temperatura de recozimento nas propriedades dessa liga após trabalho a frio de 75%. A condutividade elétrica é definida com base no padrão do International Annealed Copper Standard (IACS), segundo o qual um valor de 100% é igual a $5{,}80 \times 10^7$ siemens por metro ($5{,}80 \times 10^5$ $ohm^{-1} \cdot cm^{-1}$).

Recuperação A microestrutura original trabalhada a frio é composta por grãos deformados que contêm um grande número de discordâncias emaranhadas. Quando aquecemos um metal, a energia térmica permite que as discordâncias se movam e formem os contornos de uma **estrutura de subgrãos poligonizados** (Figura 8-15). A densidade de discordâncias, entretanto, permanece praticamente inalterada. Esse tratamento de baixa temperatura, que remove as tensões residuais causadas pelo tratamento a frio sem causar alteração na densidade de discordâncias, chama-se **recuperação**.

As propriedades mecânicas do metal permanecem praticamente inalteradas porque a quantidade total de discordâncias não é diminuída durante a recuperação. Uma vez que as tensões residuais se reduzem ou mesmo se eliminam quando as discordâncias são rearranjadas, a recuperação é frequentemente chamada de recozimento de alívio de tensões. Além disso, a recuperação restaura a condutividade elétrica do metal, permitindo que fabriquemos fios de cobre ou alumínio para a transmissão de energia elétrica que sejam resistentes e ainda assim tenham alta condutividade. Por fim, a recuperação melhora, com frequência, a resistência à corrosão do material.

Recristalização Quando um material trabalhado a frio é aquecido acima de certa temperatura, uma rápida recuperação elimina as tensões residuais e leva à formação de uma estrutura poligonizada de discordâncias. Em seguida, formam-se núcleos de pequenos novos grãos nos contornos das células da estrutura poligonizada, eliminando a maior parte das discordâncias (Figura 8-15c). Pelo fato de a quantidade de discordâncias ser muito diminuída, o metal recristalizado possui baixa resistência mecânica, porém alta ductilidade. A temperatura na qual surge uma microestrutura de grãos novos com baixa densidade de discordâncias é conhecida como **temperatura de recristalização**. O processo de formação de novos grãos pelo aquecimento de um material previamente deformado a frio é denominado **recristalização**. Como será visto na Seção 8-7, a temperatura de recristalização depende de algumas variáveis e não é fixa tal qual a temperatura de fusão de elementos puros ou de ligas.

Crescimento de grãos Em temperaturas ainda mais altas de recozimento, tanto a recuperação como a recristalização ocorrem rapidamente, produzindo estrutura fina de grãos recristalizados. Se a temperatura for suficientemente alta, os grãos começam a crescer, com os maiores consumindo os menores (Figura 8-16). Esse fenômeno, chamado

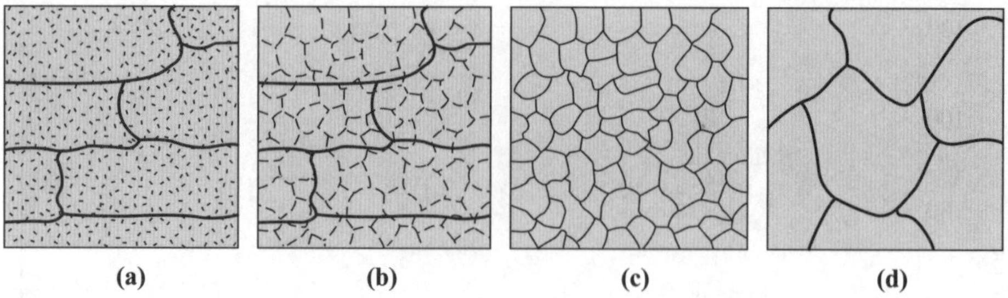

Figura 8-15 Influência da temperatura de recozimento na microestrutura de metais trabalhados a frio. (a) Trabalhado a frio, (b) após a recuperação, (c) após a recristalização e (d) após o crescimento dos grãos. As discordâncias são representadas pelas linhas pontilhadas.

de *crescimento de grão*, é motivado pela redução da área de contornos de grãos. Tal processo é mostrado para uma liga de cobre-zinco na Figura 8-16. O crescimento de grão é quase sempre indesejável, pois piora as propriedades mecânicas. O crescimento de grão ocorrerá na maioria dos materiais encruados caso sejam submetidos a temperatura elevada. Assim, a recristalização ou a recuperação não são necessárias para que o crescimento de grão ocorra.

Os bulbos de lâmpadas incandescentes contêm filamentos feitos de tungstênio. As altas temperaturas de trabalho desses componentes provocam o crescimento de grão, que é um dos fatores causadores das falhas de filamentos.

Os materiais cerâmicos, que normalmente não encruam, apresentam intenso crescimento de grão. Além disso, o crescimento anormal de grão pode ocorrer em alguns materiais como resultado da formação da fase líquida durante sua sinterização. Certas vezes, o crescimento do grão é desejável, como no caso da aplicação de cerâmicas de alumina para fabricar materiais ópticos usados em iluminação. Nessa aplicação, desejamos grãos muito grandes, uma vez que a difusão da luz através dos contornos de grão deve ser minimizada. Há métodos específicos que permitem o crescimento de monocristais de materiais cerâmicos.

8-7 Controle do recozimento

Em muitas aplicações de materiais metálicos precisamos de uma combinação de resistência e tenacidade. Para tanto projetamos processos de conformação mecânica com o emprego de trabalho a frio. Utilizamos, então, o recozimento para obter a ductilidade desejada. Para um tratamento térmico de recozimento apropriado, precisamos conhecer a temperatura de recristalização e o tamanho dos grãos após a recristalização.

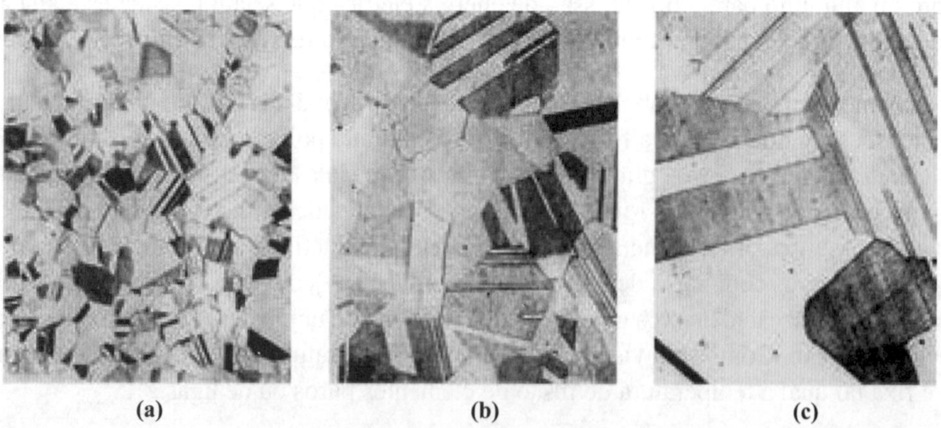

Figura 8-16 Influência da temperatura de recozimento sobre o tamanho do grão do latão. Também podem ser observadas maclas nas estruturas. (a) Recozido a 400 °C, (b) 650 °C e (c) 850 °C (aumento de 75×). (*Adaptado de R. BRICK; A. PHILLIPS A estrutura e propriedades de ligas, © 1949, The McGraw-Hill Companies, Inc.*)

Temperatura de recristalização Nesta temperatura os grãos da microestrutura trabalhada a frio começam a se transformar em novos grãos equiaxiais e com baixa densidade de discordâncias. A força motriz da recristalização é a variação de energia interna entre o material trabalhado a frio e o recristalizado. É importante enfatizar que a temperatura de recristalização *não* é fixa como a temperatura de fusão de um elemento puro, mas, influenciada pelas variáveis de processamento:

- A temperatura de recristalização diminui com o aumento do trabalho a frio. Grandes deformações a frio tornam o metal encruado muito instável, induzindo a nucleação de grãos recristalizados. Há uma quantidade mínima de trabalho a frio, aproximadamente 30% a 40%, abaixo do qual a recristalização não ocorre.
- Um tamanho de grão inicial pequeno reduz a temperatura de recristalização ao proporcionar mais locais – os contornos dos grãos originais – onde os novos grãos nucleiam.
- Os metais puros recristalizam em temperaturas mais baixas que suas ligas.
- Aumentar o tempo de recozimento diminui a temperatura de recristalização (Figura 8-17), uma vez que há mais tempo disponível para nucleação e crescimento dos novos grãos recristalizados.
- Ligas com ponto de fusão mais alto possuem uma temperatura de recristalização mais elevada. Uma vez que a recristalização é um processo controlado por difusão, a temperatura de recristalização é cerca de 0,4 $T_{fusão}$

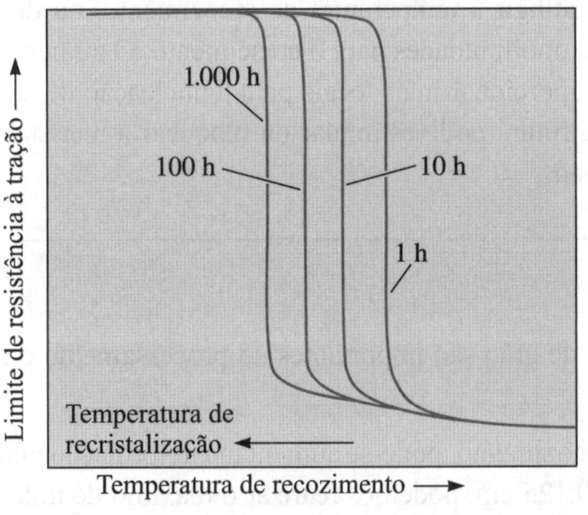

Figura 8-17 Tempos maiores de recozimento reduzem a temperatura de recristalização. Observe que a temperatura de recristalização não é fixa.

Tabela 8-4 • Temperaturas típicas de recristalização de metais selecionados

Metal	Temperatura de fusão (°C)	Temperatura de recristalização (°C)
Sn	232	–4
Pb	327	–4
Zn	420	10
Al	660	150
Mg	650	200
Ag	962	200
Cu	1.085	200
Fe	1.538	450
Ni	1.453	600
Mo	2.610	900
W	3.410	1.200

(*Com base em* Structure and properties of engineering materials, *de R. M. Brick et al., McGraw-Hill, 1977*)

(Kelvin). As temperaturas de recristalização aproximadas para alguns metais selecionados são apresentadas na Tabela 8-4.

O conceito de temperatura de recristalização é muito importante, uma vez que também define o limite entre o trabalho a frio e o trabalho a quente de um material metálico. Se realizarmos a deformação plástica (conformação mecânica) de um material acima da temperatura de recristalização, isso será referido como trabalho a quente. Se realizarmos a mesma deformação de um material abaixo da temperatura de recristalização, será classificado como trabalho a frio. Portanto, os termos trabalho a quente e a frio referem-se à realização da deformação a temperaturas acima ou abaixo da temperatura de recristalização, respectivamente. Como pode ser visto na Tabela 8-4, no caso de chumbo ou estanho deformados a 25 °C, estamos realizando um trabalho a quente! O ferro é trabalhado a frio à temperatura ambiente, porém o chumbo, não. No outro extremo dessa tabela, o tungstênio deformado a 1.000 °C sofre trabalho a frio! Os processos realizados acima de 0,6 vezes a temperatura absoluta de fusão ($T_{fusão}$) do metal (em K) são considerados trabalhos a quente. Processos realizados abaixo de 0,3 vezes a temperatura de fusão são considerados trabalhos a frio, e processos realizados entre 0,3 e 0,6 vezes $T_{fusão}$ são considerados **trabalhos a morno**. Essas descrições de faixas que definem trabalho a quente, a frio ou a morno, entretanto, são aproximadas e devem ser usadas com cautela.

Tamanho de grão recristalizado Alguns fatores influenciam o tamanho de grãos recristalizados. A redução da temperatura de recozimento, do tempo necessário para atingir a temperatura de recozimento, ou do tempo de recozimento reduz o tamanho dos grãos por minimizar as oportunidades para o crescimento. O aumento do trabalho a frio inicial também reduz o tamanho do grão ao proporcionar mais locais para a nucleação de novos grãos. Finalmente, a presença de uma segunda fase na microestrutura pode estimular ou bloquear a recristalização e o crescimento do grão, dependendo de seu arranjo e tamanho.

8-8 Recozimento e processamento de materiais

Os efeitos da recuperação, recristalização e crescimento de grão são importantes no processamento e uso de um metal ou liga.

Conformação mecânica Com o tratamento térmico de recozimento, pode-se aumentar a deformação plástica total. Na redução da espessura de uma placa de 12,5 cm para 0,125 cm, podemos realizar o máximo de trabalho a frio, empregando a sequência: deformação plástica, recozimento para restaurar a ductilidade e, em seguida, conformar a frio novamente. Podemos repetir os ciclos de trabalho a frio e recozimento até obter a espessura desejada. O passo final deve ser de trabalho a frio para produzir as dimensões finais e também ajustar as propriedades mecânicas requeridas, como no exemplo a seguir.

Exemplo 8-5 *Projeto de um processo para produzir uma tira de cobre*

Desejamos produzir uma tira de cobre com 1 mm de espessura e 60 mm de largura com um limite de escoamento de, no mínimo, 413,7 MPa e pelo menos 5% de alongamento. A tira inicial tem 60 mm de largura e 50 mm de espessura. Descreva um processo para produzir o produto de que necessitamos. Consulte a Figura 8-6, conforme necessário.

Solução

No Exemplo 8-2, descobrimos que as propriedades mecânicas requeridas podem ser obtidas com um trabalho a frio entre 40% e 45%. Portanto, a espessura inicial deve estar entre 1,67 e 1,82 mm. Além disso, o material inicial deve ser tão macio quanto possível, isto é, deve estar na condição recozida. Uma vez que partimos de 50 mm de espessura, devemos reduzi-la para que fique entre 1,67 e 1,82 mm; em seguida, recozê-la antes do trabalho a frio do último passe de laminação. Mas é possível realizar trabalho a frio com sucesso para reduzir a espessura de 50 mm para 1,82 mm num único passe?

$$\% \text{ TF} = \left[\frac{t_0 - t_f}{t_0}\right] \times 100 = \left[\frac{50 - 1{,}82}{50}\right] \times 100 = 96{,}4\%$$

Com base na Figura 8-6, o máximo possível de trabalho a frio é de 90%. Assim, devemos realizar ciclos de trabalhos a frio e recozimento até atingir as características geométricas e de resistência mecânica. Apesar de haver diversas combinações possíveis, uma delas é a seguinte:

1. Trabalho a frio com 80%. A tira passa de 50 mm para 10 mm de espessura:

$$80 = \left[\frac{t_0 - t_f}{t_0}\right] \times 100 = \left[\frac{50 - t_f}{50}\right] \times 100 \quad \text{ou} \quad t_f = 10 \text{ mm}$$

2. Recozimento da tira de 10 mm para restaurar a ductilidade. Caso não conheçamos a temperatura de recristalização, podemos usar 0,4 $T_{fusão}$ para obter uma estimativa da temperatura de recristalização. A temperatura de fusão do cobre é de 1.085 °C:

$$T_r \cong (0{,}4)\,(1.085 + 273) = 543 \text{ K} = 270\ °\text{C}$$

3. Trabalho a frio. A tira passa de 10 mm para 1,82 mm de espessura:

$$\% \text{ TF} = \left[\frac{10 - 1{,}82}{10}\right] \times 100 = 81{,}8\%$$

4. Recozer o cobre a 270 °C para restaurar a ductilidade.
5. Finalmente, trabalhar a frio 45% a partir de 1,82 mm até a dimensão final de 1 mm. Esse processo proporciona as dimensões e propriedades finais requeridas.

Exposição a altas temperaturas A resistência mecânica obtida por encruamento e por refino do tamanho de grão (equação de Hall-Petch, Capítulo 4) não se mantém quando a liga deve ser usada em altas temperaturas. Quando o metal trabalhado a frio é colocado em serviço em altas temperaturas, a recristalização causa intensa diminuição da resistência. Além disso, se a temperatura for alta o suficiente, a resistência continua a diminuir em razão do crescimento dos grãos recém-recristalizados.

Processos de soldagem Materiais metálicos podem ser unidos por meio de processos como soldagem ou brasagem. Quando unimos metais trabalhados a frio por soldagem, o metal adjacente à solda aquece acima das temperaturas de recristalização e de crescimento de grão e, em seguida, resfria lentamente. Essa região é chamada **zona termicamente afetada** (ZTA). A microestrutura e as propriedades na ZTA de uma solda estão na Figura 8-18. A resistência mecânica é bastante reduzida pelo calor envolvido no processo de soldagem.

Os processos de soldagem por feixe de elétrons e a laser proporcionam altos aportes de calor por tempos curtos em pontos localizados. Consequentemente, ocorre um resfriamento rápido que minimiza o tempo de exposição do metal a temperaturas acima da de recristalização. Com isso, a região com baixa resistência mecânica é bem menor. De modo análogo, a soldagem por atrito quase não cria ZTA e já é empregada comercialmente na soldagem de ligas de alumínio.

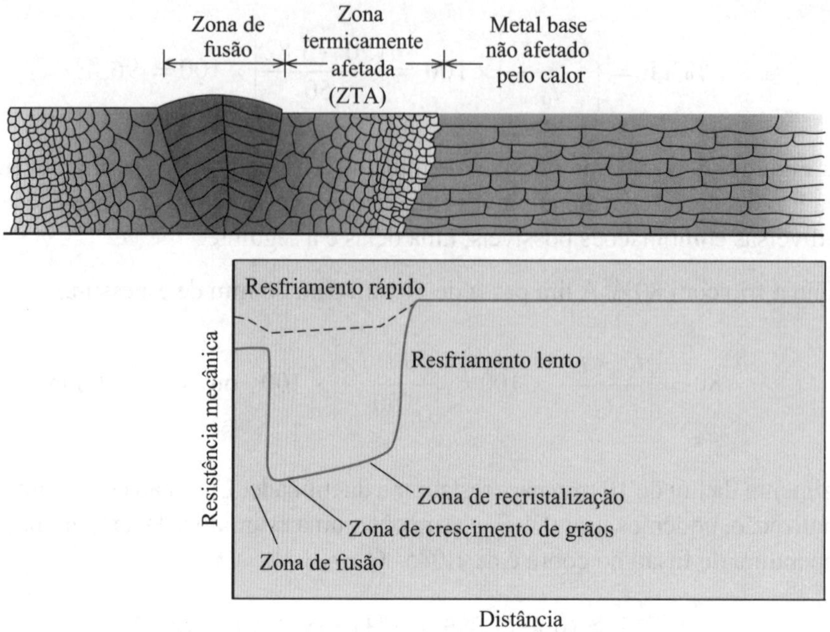

Figura 8-18 Microestrutura e resistência mecânica nas proximidades de uma solda por fusão em metais trabalhados a frio. O gráfico refere-se a apenas um lado da zona termicamente afetada. Observe a perda de resistência na ZTA causada pela recristalização e pelo crescimento de grãos.

8-9 Trabalho a quente

Podemos conformar um metal para adquirir uma forma útil por meio de trabalho a quente em vez de trabalho a frio. No trabalho a quente, a deformação plástica é realizada numa temperatura superior à de recristalização. Desse modo, o metal recristaliza continuamente (Figura 8-19). Conforme mencionamos anteriormente, à temperatura ambiente, o chumbo está acima de sua temperatura de recristalização, de –4 °C e, portanto, não endurece, permanecendo macio e dúctil à temperatura ambiente.

Ausência de encruamento A conformação plástica por trabalho a quente não promove o encruamento. Consequentemente, a quantidade de deformação plástica possível de ser realizada é praticamente ilimitada. Uma placa grossa pode ser afinada numa série contínua de passes. Os primeiros passes da redução são dados numa temperatura bem acima da de recristalização para tirar proveito da menor resistência mecânica do metal. O último passe é realizado na temperatura pouco acima da de recristalização e com alta deformação, para produzir um tamanho de grão o mais fino possível.

O trabalho a quente é bastante adequado para a conformação de peças grandes, uma vez que o metal tem baixo limite de escoamento e alta ductilidade em elevadas temperaturas. Além disso, os metais HC, como magnésio, apresentam mais sistemas de deslizamento ativos em altas temperaturas. E essa ductilidade mais alta permite deformações maiores do que seriam possíveis no trabalho a frio. O Exemplo 8-6 ilustra um processo de trabalho a quente.

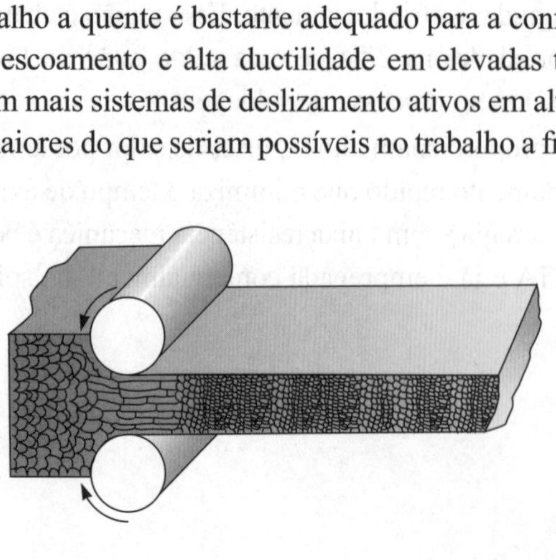

Figura 8-19 Recristalização de grãos alongados com a laminação a quente. Se a temperatura do trabalho a quente for controlada, o tamanho final do grão pode ser muito fino.

Exemplo 8-6 *Laminação a quente de uma tira de cobre*

Desejamos produzir uma tira de cobre com 1 mm de espessura e 60 mm de largura, com um limite de escoamento mínimo de 413,7 MPa e pelo menos 5% de alongamento. Podemos comprar a tira de 60 mm de largura somente em espessuras de 50 mm. Projete um processamento mecânico utilizando um menor número de passes que o do Exemplo 8-5.

Solução

No Exemplo 8-5, foram usados ciclos de trabalho a frio – recozimentos – para obter a espessura requerida. Poderíamos reduzir os passes pela laminação a quente até a espessura intermediária requerida:

$$\% \text{ TQ} = \left[\frac{t_0 - t_f}{t_0}\right] \times 100 = \left[\frac{50 - 1{,}82}{50}\right] \times 100 = 96{,}4\%$$

$$\% \text{ TQ} = \left[\frac{t_0 - t_f}{t_0}\right] \times 100 = \left[\frac{50 - 1{,}67}{50}\right] \times 100 = 96{,}7\%$$

Observe que as fórmulas de deformação para trabalho a quente e a frio são as mesmas.

Pelo fato de a recristalização ocorrer simultaneamente com o trabalho a quente, podem-se obter grandes reduções de espessura, sem necessidade do tratamento de recozimento posterior. Assim, o projeto seria:

1. Laminar a quente a tira de 50 mm com 96,4% de redução até a espessura intermediária de 1,82 mm.
2. Laminar a frio com 45% de redução, partindo de 1,82 mm até a dimensão final de 1 mm. Esse projeto proporciona as dimensões e propriedades corretas.

Eliminação de descontinuidades Algumas imperfeições no material metálico podem ser eliminadas ou seus efeitos, minimizados. Poros decorrentes do aprisionamento de gás e descontinuidades em soldas podem ser fechados durante o trabalho a quente. A interface formada quando o poro é fechado é eliminada por difusão durante o processo de conformação e resfriamento. Mais ainda, as diferenças de composição química no metal são minimizadas à medida que a laminação diminui a distância entre a superfície e o centro da placa, reduzindo, assim, as distâncias de difusão.

Comportamento anisotrópico As propriedades finais em peças trabalhadas a quente são *não* isotrópicas. Os cilindros de laminação, que normalmente estão a uma temperatura mais baixa do que a do metal, resfriam a superfície mais rapidamente do que o centro da peça. Então, a superfície apresenta um tamanho de grão mais fino do que o centro. Além disso, é produzida uma estrutura fibrosa, pois inclusões e partículas de segunda fase são alongadas na direção da deformação.

Acabamento superficial e precisão dimensional O acabamento superficial devido ao trabalho a quente é normalmente mais pobre do que aquele obtido pelo trabalho a frio. Frequentemente, o oxigênio reage com o metal na superfície e forma óxidos, que são forçados para o interior da superfície durante a conformação. Aços trabalhados a quente e outros metais são submetidos a um tratamento de decapagem, que consiste no uso de ácidos para dissolver as camadas de óxido. A conformação a quente de alguns metais, como tungstênio e berílio, é realizada sob atmosfera protetora para impedir a oxidação. Observe que os processos de conformação realizados nos materiais contendo Be exigem medidas de proteção, em virtude do perigo que representa a sua inalação.

A precisão dimensional de componentes conformados é mais difícil de obter com o trabalho a quente. Além disso, a deformação elástica é maior, uma vez que o módulo de elasticidade é menor em altas temperaturas. Outro fenômeno a considerar é a contração do metal à medida que resfria a partir da alta temperatura do trabalho a quente. A combinação de deformação elástica e contração térmica requer que a peça seja produzida com espessura adequada para usinagem posterior. Os dispositivos (matrizes) de conformação devem ser cuidadosamente projetados, e é necessário um controle preciso da temperatura para a obtenção de dimensões mais precisas.

A foto à esquerda mostra um processo de fundição conhecido como moldagem em areia verde (© *Peter Bowater/Alamy*). Coloca-se areia com argila em volta de um modelo em um molde com duas partes. O modelo é removido, deixando uma cavidade em que se despeja metal líquido. Os núcleos de areia podem produzir cavidades internas na fundição. Depois que o metal se solidifica, a peça é sacudida para retirar a areia. A foto à direita mostra um processo conhecido como fundição de precisão (© *Jim Powell/Alamy*). Na fundição de precisão, cria-se um modelo a partir de um material facilmente derretido, como a cera. Em seguida, o modelo é revestido com uma pasta e recebe uma estrutura construída em torno dele. O modelo é removido com o calor, e assim o metal líquido é despejado na forma de molde. Diferentemente da fundição em molde de areia, o modelo não é reutilizável na fundição de precisão. A fundição em molde de areia e a fundição de precisão são apenas dois exemplos de uma grande variedade de processos de fundição disponíveis.

capítulo 9

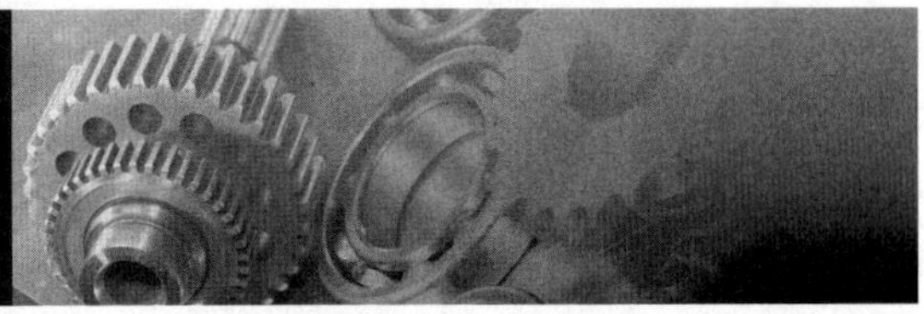

Princípios de solidificação

VOCÊ JÁ SE PERGUNTOU?

- Se a água realmente congela a 0 °C e ferve a 100 °C?
- Se existe uma temperatura de fusão específica para determinada liga ou para certo material termoplástico?
- Quais fatores determinam a resistência mecânica de um produto fundido?
- Por que a maioria dos vidros e das vitrocerâmicas é processada por fusão e fundição?

OBJETIVOS DE APRENDIZAGEM DO CAPÍTULO

Os principais objetivos deste capítulo são

- Desenvolver a expressão que descreve a mudança total de energia livre durante a solidificação e calcular o tamanho do raio crítico para a nucleação homogênea de um sólido a partir do líquido correspondente.
- Explicar por que os líquidos se solidificam na grande maioria das vezes através da nucleação heterogênea.
- Descrever os fatores que influenciam os modos planar e dendrítico do crescimento de um sólido a partir de um líquido.
- Calcular o tempo de solidificação para uma peça fundida de acordo com a Regra de Chvorinov.
- Desenhar curvas de resfriamento para metais puros que sejam ou não inoculados.
- Descrever a estrutura e os defeitos que ocorrem nas peças fundidas.
- Descrever os processos de fundição mais comumente utilizados.

De todas as técnicas de processamento usadas na fabricação de materiais, as baseadas na solidificação são provavelmente as mais importantes. Todos os materiais metálicos, assim como a maioria das cerâmicas, vidros inorgânicos e polímeros termoplásticos, foram líquidos ou fundidos em algum momento do seu histórico de processamento. Assim como a água congela em gelo, materiais fundidos se solidificam à medida que são resfriados abaixo de sua temperatura de solidificação. No Capítulo 3, aprendemos de que modo os materiais são classificados conforme sua ordenação atômica, iônica ou molecular. Durante a solidificação dos materiais que cristalizam, o arranjo atômico se altera de uma ordem de curto alcance para uma ordem de longo alcance. A solidificação de materiais cristalinos requer duas etapas: num primeiro momento, cristais ultrafinos, conhecidos como núcleos de uma fase sólida, são formados a partir do líquido. Durante a segunda etapa, que pode se sobrepor à primeira, os núcleos começam a crescer com a agregação de átomos do líquido, até que todo o líquido tenha sido consumido. Materiais como os vidros de silicato irão tornar-se sólidos sem desenvolver uma ordem de longo alcance (ou seja, permanecem amorfos). Muitos materiais poliméricos poderão desenvolver cristalinidade parcial durante a solidificação ou em processamentos posteriores.

A solidificação de materiais metálicos, poliméricos e cerâmicos é um processo importante em razão de seu efeito sobre as propriedades dos materiais. Neste capítulo, estudaremos os princípios da solidificação aplicados a metais puros. Discutiremos a solidificação de ligas e de materiais mais complexos em capítulos subsequentes. Em primeiro lugar, discutiremos a importância tecnológica da solidificação e, em seguida, examinaremos os mecanismos pelos quais a solidificação ocorre. Isso será acompanhado por um exame da microestrutura de materiais metálicos fundidos e de seus efeitos sobre as propriedades mecânicas desses materiais. Também examinaremos o papel da fundição como um processo de fabricação. Analisaremos de que maneira técnicas de união, como a soldagem, a brasagem e a solda branda, são usadas para unir metais.Também serão discutidas aplicações do processo de solidificação no crescimento de monocristais e a solidificação de vidros e polímeros.

9-1 Importância tecnológica

A capacidade de usar calor para produzir, fundir e vazar metais, como cobre, bronze e aço, é considerada importante etapa na evolução da humanidade. O uso do fogo para reduzir minérios de ocorrência natural a metais e ligas levou à produção de ferramentas úteis e de muitos outros produtos. Atualmente, milhares de anos depois, a **solidificação** ainda é considerada uma das mais importantes bases para os processos de fabricação. Milhões de toneladas de aço, ligas de alumínio, cobre e zinco são produzidos nos Estados Unidos, a cada mês, utilizando processos de fundição. Processos baseados em solidificação também são empregados na fabricação de componentes específicos (por exemplo, ligas de alumínio para rodas automotivas). A indústria também se baseia em processos de solidificação como **processamento primário** para produzir placas e lingotes metálicos. Os lingotes são produtos brutos, em geral de geometria simples e de grandes dimensões, que são posteriormente processados em diversas etapas até que sejam obtidas peças e componentes. Os lingotes ou placas são trabalhados a quente e a frio por meio de **processamento secundário** para a obtenção de formas mais úteis, como chapas, arames, barras, placas etc. A solidificação também está presente em processos para a união de materiais metálicos com o uso de técnicas como soldagem, brasagem e solda branda.[1]

Também empregamos a solidificação no processamento de vidros inorgânicos. Placas de vidros de silicato, por exemplo, são fabricadas pelo processo denominado *float glass*. Fibras ópticas de alta qualidade e outros materiais, como fibras de vidro, também são produzidos a partir da solidificação de vidros fundidos. Durante a solidificação de vidros inorgânicos, são produzidos materiais predominantemente amorfos, em vez de cristalinos. Na fabricação de componentes em vitrocerâmicas, primeiro conformamos os materiais pela fundição de vidros amorfos e, em seguida, as peças são cristalizadas por meio de um tratamento térmico que melhora as propriedades mecânicas. Muitos materiais termoplásticos, como polietileno, policloreto de vinila, polipropileno e similares, são conformados em formas já utilizáveis, como fibras, tubos, garrafas, brinquedos e utensílios, utilizando-se processos que envolvem fusão e solidificação. Portanto, a solidificação é a base de tecnologias extremamente importantes para fabricar muitos produtos processados no estado líquido, e é uma ferramenta para o desenvolvimento de novos materiais de engenharia. Nas seções a seguir, discutiremos os fenômenos de nucleação e crescimento.

[1] N.R.T.: Na brasagem, a temperatura de fusão do metal de adição situa-se entre 450 °C e a temperatura de fusão do metal de base. Na solda branda, a temperatura de fusão situa-se abaixo de 450 °C e da temperatura de fusão do metal de base.

9-2 Nucleação

No contexto da solidificação, o termo **nucleação** se refere à formação dos primeiros nanocristais a partir do material fundido. Por exemplo, à medida que a água começa a congelar, são formados inicialmente nanocristais de gelo, conhecidos como **núcleos**. Em sentido mais amplo, o termo nucleação refere-se ao estágio inicial da formação de uma nova fase a partir de uma outra. Quando um vapor condensa para formar líquido, as gotas que surgem em escala nanométrica são denominadas núcleos. Mais adiante, veremos também que existem sistemas nos quais os núcleos de um sólido (β) se formam a partir de outro material sólido (α), ou seja, ocorre uma transformação no estado sólido da fase α para β. O interessante sobre essas transformações é que ocorrem enquanto o material está no estado sólido e, portanto, sem fusão envolvida. Apesar de discutirmos essas transformações sob a perspectiva da solidificação, é importante observar que o fenômeno da nucleação é bastante amplo e está associado também às transformações de fases no estado sólido.

Nossa expectativa é de que um material solidifique quando o líquido esfria imediatamente abaixo da temperatura de solidificação (ou de fusão), pois, nesse caso, a energia associada com a estrutura cristalina do sólido é menor do que a energia da fase líquida. Essa diferença de energia entre o líquido e o sólido é a variação de energia livre por unidade de volume ΔG_v e constitui a força motriz para a solidificação.

Entretanto, com a formação do núcleo sólido, é criada uma interface sólido-líquido [Figura 9-1(a)]. Uma energia superficial σ_{sl} está associada com essa interface. Desse modo, a alteração total na energia, ΔG, mostrada na Figura 9-1(b), é

$$\Delta G = \frac{4}{3}\pi r^3 \Delta G_v + 4\pi r^2 \sigma_{sl} \tag{9-1}$$

em que $\frac{4}{3}\pi r^3$ é o volume de um núcleo esférico de raio r, $4\pi r^2$ é a superfície do núcleo, σ_{sl} é a energia superficial entre as fases sólido-líquido (neste caso) e ΔG_v é a variação da energia livre por unidade de volume. A variação de energia livre total ΔG_v possui um valor negativo quando a transformação de fase é termodinamicamente possível. Nessa formulação, a energia superficial σ_{sl} foi considerada independente de r e, mais ainda, constante. Ela tem unidades de energia por unidade de área. ΔG_v também não depende de r.

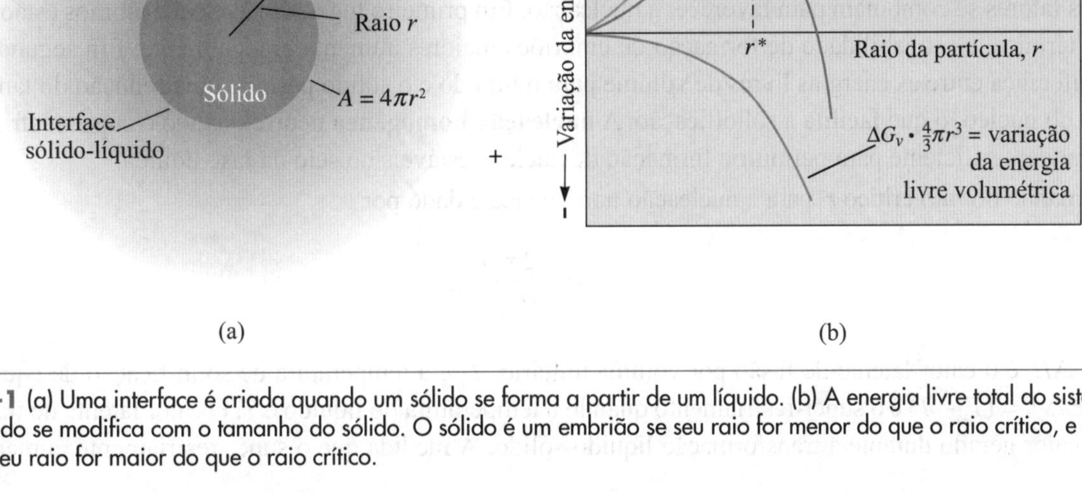

Figura 9-1 (a) Uma interface é criada quando um sólido se forma a partir de um líquido. (b) A energia livre total do sistema sólido-líquido se modifica com o tamanho do sólido. O sólido é um embrião se seu raio for menor do que o raio crítico, e é um núcleo se seu raio for maior do que o raio crítico.

O **embrião** é uma parte minúscula de sólido que é formada pelo agrupamento dos átomos vindos do líquido. Ele é instável e poderá crescer, originando um núcleo estável, ou então se redissolver no líquido.

Na Figura 9-1(b), a curva superior mostra a variação parabólica da energia superficial total ($4\ \pi r^2.\ \sigma_{sl}$). A curva na parte inferior representa a variação da energia livre volumétrica ($\frac{4}{3}\ \pi r^3.\Delta G_v$). Já a curva entre elas, que corresponde à soma das energias volumétrica e superficial, representa a variação total de energia livre ΔG. Ela representa a soma das outras duas curvas, de acordo com a Equação 9-1. Na temperatura em que as fases sólida e líquida estão em equilíbrio termodinâmico, ou seja, na temperatura de solidificação, a energia livre da fase sólida e a da fase líquida são iguais ($\Delta G_v = 0$), assim, a variação total da energia livre (ΔG) será positiva. Quando uma partícula sólida é muito pequena, com raio menor do que o **raio crítico** para a nucleação (r^*) [(Figura 9-1 (b)], um **crescimento** adicional resulta no aumento da energia livre total. Dessa forma, o raio crítico (r^*) corresponde ao tamanho mínimo de um cristal que precisa ser formado pelo agrupamento de átomos vindos do líquido, de modo que seja gerada uma partícula sólida estável e pronta para crescer. Esse raio crítico (r^*) ocorre no valor máximo da curva de ΔG porque, depois do r^*, o ΔG diminui à medida que o sólido continua a aumentar de tamanho, ou seja, o r^* é o raio crítico em que a solidificação se torna termodinamicamente favorável.

A formação de embriões é um processo estatístico. Muitos embriões formam-se e redissolvem-se. Se aleatoriamente um embrião se formar com um raio maior do que r^*, um crescimento adicional causará uma diminuição da energia livre total. Esse embrião sólido é, então, estável, uma vez que a nucleação efetivamente ocorreu. A partir daí, o crescimento da partícula sólida, que agora é chamada núcleo, tem início. Às temperaturas de fusão ou de solidificação termodinâmicas, a probabilidade de formação de núcleos estáveis é extremamente pequena. Portanto, a solidificação não começa na temperatura de solidificação termodinâmica. Caso a temperatura continue diminuindo, ou seja, abaixo da temperatura de solidificação no equilíbrio, a fase líquida torna-se cada vez mais instável. Pelo fato de o líquido estar abaixo da temperatura de solidificação de equilíbrio, ele é considerado super-resfriado. O **super-resfriamento** (ΔT) é a diferença entre a temperatura de solidificação de equilíbrio e a temperatura real do líquido. À medida que o super-resfriamento aumenta, a força motriz termodinâmica para a formação de uma fase sólida a partir da fase líquida também aumenta, superando a resistência para a criação de uma interface sólido-líquida.

Esse fenômeno pode ser observado em muitas outras transformações de fases. Quando uma fase sólida (α) se transforma em outra fase sólida (β), o sistema deve ser resfriado até uma temperatura que esteja abaixo da temperatura de transformação de fase termodinâmica. Nessa temperatura, as energias livres de α e β são iguais. Em outro exemplo de transformação, quando um líquido em ebulição se transforma em um vapor, cria-se uma bolha de vapor no líquido. Para que a transformação ocorra, precisamos **superaquecer** o líquido além de sua temperatura de ebulição! Portanto, podemos observar que líquidos não congelam realmente na temperatura de solidificação e não fervem realmente no ponto de ebulição! Precisamos super-resfriar o líquido para que ele se solidifique e superaquecê-lo para que ele ferva!

Nucleação homogênea À medida que líquidos se resfriam até temperaturas abaixo da temperatura de solidificação, dois fatores se combinam para favorecer a nucleação. Em primeiro lugar, uma vez que átomos estão perdendo energia térmica, a probabilidade de formação de embriões maiores aumenta gradualmente. Em segundo lugar, a maior diferença entre as energias livres de volume para o líquido e o sólido permite uma redução do tamanho crítico (r^*) do núcleo, o que facilita a solidificação. A **nucleação homogênea** ocorre quando o super-resfriamento se torna grande o suficiente para permitir a formação de núcleos estáveis no seio da fase líquida.

O tamanho do raio crítico r^* para a nucleação homogênea é dado por

$$r^* = \frac{2\sigma_{sl} T_m}{\Delta H_f\, \Delta T} \tag{9-2}$$

em que ΔH_f é o calor latente de fusão por volume unitário, T_m é a temperatura de solidificação de equilíbrio em Kelvin e $\Delta T = (T_m - T)$ é o super-resfriamento quando a temperatura do líquido é T. O calor latente de fusão representa o calor gerado durante a transformação líquido-sólido. À medida que o super-resfriamento aumenta, o raio

Tabela 9-1 • Valores de temperatura de solidificação, calor latente de fusão, energia superficial e super-resfriamento máximo de materiais selecionados

Materiais	Temperatura de solidificação (T_m) (°C)	Calor de fusão (ΔH_f) (MJ/m³)	Energia interfacial sólido-líquido (σ_{sl}) (J/m²)	Super-resfriamento para nucleação homogênea (ΔT) (°C)
Ga	30	488	56×10^{-3}	76
Bi	271	543	54×10^{-3}	90
Pb	327	237	33×10^{-3}	80
Ag	962	965	126×10^{-3}	250
Cu	1.085	1.628	177×10^{-3}	236
Ni	1.453	2.756	255×10^{-3}	480
Fe	1.538	1.737	204×10^{-3}	420
NaCl	801			169
CsCl	645			152
H_2O	0			40

crítico diminui. A Tabela 9-1 apresenta valores para σ_{sl}, ΔH_f e o super-resfriamento observado experimentalmente para nucleação homogênea.

O exemplo a seguir mostra como calcular o raio crítico do núcleo para a solidificação do cobre puro.

Exemplo 9-1 *Cálculo do raio crítico para a solidificação do cobre puro*

Calcule o raio crítico e a quantidade de átomos no núcleo crítico se o cobre se solidifica por nucleação homogênea. Comente o tamanho do núcleo e as premissas feitas durante o desenvolvimento da equação para o raio do núcleo.

Solução

Com base na Tabela 9-1 para o Cu:

$$\Delta T = 236\ °\text{C} \qquad T_m = 1.085 + 273 = 1.358\ \text{K}$$
$$\Delta H_f = 1.628\ \text{MJ/m}^3$$
$$\sigma_{sl} = 177 \times 10^{-3}\ \text{J/m}^2$$

Assim, r^* é dado por

$$r^* = \frac{2\sigma_{sl}T_m}{\Delta H_f\,\Delta T} = \frac{(2)(177 \times 10^{-3}\,\text{J/m}^2)(1.358\ \text{K})}{(1.628 \times 10^6\,\text{J/m}^3)(236\ \text{K})} = 1{,}2512 \times 10^{-9}\,\text{m} = 125\ \text{nm}$$

Observe que a diferença de temperatura de 1 °C é igual a uma mudança de temperatura de 1 K, ou $\Delta T =$ 236 °C = 236 K.

O parâmetro de rede para o cobre CFC é $a_0 = 0{,}3615$ nm $= 3{,}615 \times 10^{-10}$ m. Assim, o volume da célula unitária é dado por

$$V_{\text{célula unitária}} = (a_0)^3 = (3{,}615 \times 10^{-10}\ \text{m})^3 = 4{,}7242 \times 10^{-29}\ \text{m}^3$$

O volume de um núcleo com o raio crítico é dado por

$$V_{r^*} = \frac{4}{3}\pi(r^*)^3 = \left(\frac{4}{3}\pi\right)(1{,}2512 \times 10^{-9}\,\text{m})^3 = 8{,}2054 \times 10^{-27}\,\text{m}^3$$

O número de células unitárias no núcleo crítico é

$$\frac{V_{r^*}}{V_{\text{célula unitária}}} = \frac{8{,}2054 \times 10^{-27}\,\text{m}^3}{4{,}7242 \times 10^{-29}\,\text{m}^3} = 174 \text{ células unitárias}$$

Uma vez que existem quatro átomos em cada célula unitária CFC, o número de átomos no núcleo crítico deverá ser:

$$(4 \text{ átomos/célula})\ (174 \text{ células/núcleo}) = 696 \text{ átomos /núcleo}$$

Nesse tipo de cálculo, supomos que um núcleo seja constituído de somente poucas centenas de átomos e que já apresente características físicas similares às do volume do material (*bulk*). Essa premissa não é totalmente correta e, como tal, é considerada uma aproximação, usada na teoria clássica da nucleação.

Nucleação heterogênea Com base na Tabela 9-1, podemos observar que a água não se solidificará (formando gelo) via nucleação homogênea até atingirmos uma temperatura de –40 ºC (super-resfriamento de 40 ºC)! Exceto em experimentos laboratoriais controlados, a nucleação homogênea não ocorre em líquidos. Ao contrário, impurezas em suspensão no líquido, as próprias paredes do recipiente que contém o líquido e outras interfaces constituem a superfície sobre a qual o sólido se forma (Figura 9-2). Nessas condições, surge um raio de curvatura maior do que o raio crítico, e a superfície total entre o sólido e o líquido é muito pequena. É necessário que relativamente poucos átomos se agrupem para produzir uma partícula sólida que tenha o raio de curvatura requerido. Assim, um super-resfriamento muito menor é suficiente para obter o tamanho crítico, facilitando a nucleação. A nucleação sobre superfícies preexistentes é conhecida como **nucleação heterogênea**. Esse processo depende do ângulo de contato (θ) entre a fase a ser nucleada e a superfície sobre a qual ocorre a nucleação. Nas transformações de estado sólido, o fenômeno é semelhante.

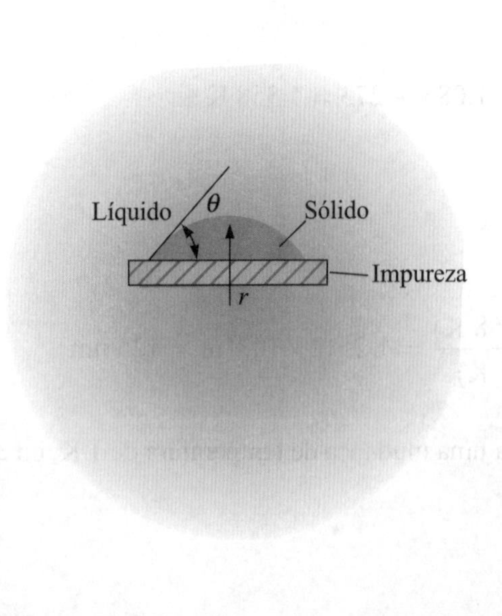

Figura 9-2 Sólido que se nucleia sobre uma impureza atinge o raio crítico e produz pequeno aumento da energia de superfície. A nucleação heterogênea ocorre com pequeno super-resfriamento.

Taxa de nucleação A *taxa de nucleação* é o número de núcleos formados por unidade de tempo e depende da temperatura. Naturalmente não há nucleação antes da solidificação e, dessa forma, em temperaturas acima do ponto de solidificação, a taxa de nucleação é zero. À medida que a temperatura diminui, a força motriz para a nucleação aumenta. Entretanto, com a redução da temperatura, a difusão atômica se torna mais lenta, dificultando o processo de nucleação. Como consequência, uma taxa típica de nucleação atinge seu máximo em alguma temperatura abaixo da temperatura de transformação em equilíbrio. Na nucleação heterogênea, a taxa de nucleação é ditada pela natureza e concentração dos agentes nucleantes introduzidos. Considerando-se as taxas de nucleação e crescimento, podemos predizer qual será a taxa geral de uma determinada transformação de fase.

9-3 Aplicações de nucleação controlada

Aumento da resistência pela diminuição do tamanho do grão Quando um metal líquido se solidifica, as impurezas contidas no material fundido e as paredes do molde que contém o líquido servem como locais para a nucleação heterogênea. Às vezes, partículas nucleantes são intencionalmente introduzidas no líquido. Tal procedimento é chamado de **refino de grão** ou **inoculação**. Os produtos químicos adicionados aos metais fundidos para aumentar o número de núcleos formados e, por conseguinte, reduzir o tamanho dos grãos, são conhecidos como refinadores de grãos ou **inoculantes**. Por exemplo, uma combinação de 0,03% de titânio (Ti) e 0,01% de boro (B) é adicionada a ligas de alumínio líquido. Partículas pequenas de um composto de alumínio e titânio (Al_3Ti) ou diboreto de titânio (TiB_2), adicionadas ao metal fundido, atuam como substratos para a nucleação heterogênea. O refino de grãos ou a inoculação produzem grande número de grãos, cada um começando a crescer a partir de um dos muitos núcleos iniciais. A maior área de contorno de grãos resulta no aumento da resistência mecânica. Isso foi discutido no Capítulo 4, usando-se a equação de Hall-Petch.

Endurecimento de segunda fase O endurecimento de materiais utilizando precipitados ultrafinos é conhecido como **endurecimento por dispersão** ou **endurecimento de segunda fase**. Ele é amplamente empregado no aprimoramento de propriedades mecânicas de muitas ligas. Esse processo envolve **transformações de fase no estado sólido** (ou seja, um sólido se transformando em outro). Os contornos de grãos, assim como os defeitos em nível atômico dentro dos grãos da fase inicial (α), frequentemente servem como pontos de nucleação para a nucleação heterogênea de uma nova fase (β). Esse fenômeno de nucleação representa um papel fundamental nos mecanismos de endurecimento. O assunto será discutido nos Capítulos 10 e 11.

Vidros Quando se trata de taxas de resfriamento rápidas e/ou fundidos de viscosidade elevada, talvez não haja tempo suficiente para os núcleos se formarem e crescerem. Ao acontecer isso, a estrutura líquida é congelada e um sólido amorfo – ou vítreo – se forma. A estrutura cristalina complexa de muitos materiais cerâmicos e poliméricos evita a nucleação de uma estrutura cristalina sólida, mesmo a taxas de resfriamento lentas. Algumas ligas com composições especiais têm estruturas cristalinas suficientemente complexas, de modo que podem formar materiais amorfos se forem resfriadas rapidamente depois da fusão. Esses materiais são conhecidos como vidros metálicos (Capítulo 6). Em geral, bons formadores de vidros metálicos são ligas compostas de diversos componentes, quase sempre, com grandes diferenças nos tamanhos atômicos dos seus constituintes elementares. Essa complexidade limita as solubilidades dos elementos nas fases cristalinas, exigindo grandes flutuações químicas para formar os núcleos cristalinos de tamanho crítico. Inicialmente, os vidros metálicos eram apenas produzidos através de **processamento por solidificação rápida**, em que taxas de resfriamento de 10^6 °C/s são obtidas na formação de finas fitas metálicas, com aproximadamente 38 μm de espessura. (É possível extrair rapidamente calor das fitas que apresentam elevada razão entre sua área superficial e seu volume.)

Atualmente, vidros metálicos de grandes volumes (BMGs, *bulk metallic glasses*), com diâmetros maiores do que 12,7 mm, são produzidos utilizando-se diversas técnicas de processamento para composições que exigem taxas de resfriamento da ordem de apenas algumas dezenas de graus por segundo. Muitas composições formadoras de BMGs têm sido descobertas, incluindo: $Pd_{40}Ni_{40}P_{20}$ e $Zr_{41,2}Ti_{13,8}Cu_{12,5}Ni_{10,0}Be_{22,5}$. Muitos vidros metálicos apresentam resistência muito elevada, de 1.724 MPa, ao mesmo tempo que mantêm tenacidade à fratura de mais de 11 MPa$\sqrt{m}$. Excelentes resistência à corrosão, propriedades magnéticas e outras propriedades físicas tornam esses materiais promissores para uma ampla variedade de aplicações.

Outros exemplos de materiais que utilizam nucleação controlada são vidros coloridos e **vidros fotocromáticos** (que mudam de cor ou de tom quando expostos à luz do sol). Por outro lado, nesses materiais amorfos, diferentes nanocristais são propositalmente nucleados. Os cristais são pequenos e, portanto, não deixam o vidro opaco. Eles têm propriedades ópticas especiais, que tornam o vidro brilhante e colorido ou fotocromático.

Muitos materiais formados a partir de uma fase vapor podem ser resfriados rapidamente, de modo que não se cristalizam e, portanto, são amorfos (como é o caso do silício amorfo), ilustrando que materiais amorfos ou não cristalinos *nem* sempre precisam ser formados a partir do estado fundido.

Vitrocerâmicas O termo **vitrocerâmica** se refere a materiais de engenharia que começam como vidros amorfos e terminam como cerâmicas cristalinas, com um tamanho de grão ultrafino. Esses materiais são, então, praticamente livres de porosidade, mecanicamente mais fortes e, em geral, muito mais resistentes a choques térmicos. A nucleação não ocorre facilmente em vidros de silicatos. Contudo, podemos ajudar nesse processo introduzindo agentes de nucleação, como titânia (TiO_2) e zircônia (ZrO_2). Vitrocerâmicas de engenharia tiram proveito da facilidade com que os vidros podem ser fundidos e conformados. Assim que um vidro é conformado, é possível aquecê-lo para, de maneira intencional, formar cristais ultrafinos, obtendo um material que tem considerável tenacidade e resistência ao choque térmico. A cristalização de vitrocerâmicas continua até que todo o material se cristalize (é possível obter até 99,9% de cristalinidade). Se o tamanho de grão se mantiver pequeno (entre 50 nm e 100 nm), em geral, as vitrocerâmicas podem se tornar transparentes. Eventualmente, todos os vidros podem se cristalizar como resultado da exposição a temperaturas elevadas por longos períodos. Entretanto, para produzir vitrocerâmicas, a cristalização deve ser cuidadosamente controlada.

9-4 Mecanismos de crescimento

Uma vez que os núcleos sólidos estejam estabilizados, seja na fase inicial líquida, seja na fase sólida, o crescimento dos núcleos começa à medida que mais átomos se agregam à fase formada. Nossa discussão será concentrada na nucleação e no crescimento de cristais a partir de uma fase líquida. O modo de crescimento dos núcleos sólidos depende de como o calor é removido do material que está se solidificando. Vamos considerar o vazamento de um metal fundido em um molde, por exemplo. Supomos que temos um metal puro, e não uma liga, pois a solidificação de ligas é diferente por ocorrer, na maioria dos casos, ao longo de uma faixa de temperaturas. Na solidificação, dois tipos de calor devem ser removidos: o calor específico do líquido e o calor latente de fusão. O **calor específico** é o calor necessário para alterar em um grau a temperatura de uma unidade de massa do material. Durante o resfriamento, o calor pode ser transferido por radiação para a atmosfera vizinha ou por condução para o material do molde, até que o líquido atinja sua temperatura de solidificação. Com isso, temos o resfriamento do líquido superaquecido até a temperatura na qual a nucleação se inicia.[2]

Sabemos que, para fundir um sólido, precisamos fornecer calor. Portanto, quando cristais sólidos são formados a partir de um líquido, libera-se calor. Esse tipo de calor é chamado **calor latente de fusão** (ΔH_f), que deve ser removido da interface sólido-líquido antes que a solidificação esteja concluída. A maneira pela qual ocorre a transferência do calor latente de fusão determina o mecanismo de crescimento do sólido e a microestrutura final de um metal fundido.

Crescimento planar Quando um líquido adequadamente inoculado, ou seja, que contém agentes nucleantes, é resfriado sob condições de equilíbrio, não há necessidade de super-resfriamento, uma vez que há condições para que ocorra nucleação heterogênea. Portanto, a temperatura do líquido junto à **frente de solidificação** (interface

[2] N.R.T.: Como visto anteriormente, o líquido precisará ser super-resfriado para que a nucleação tenha início.

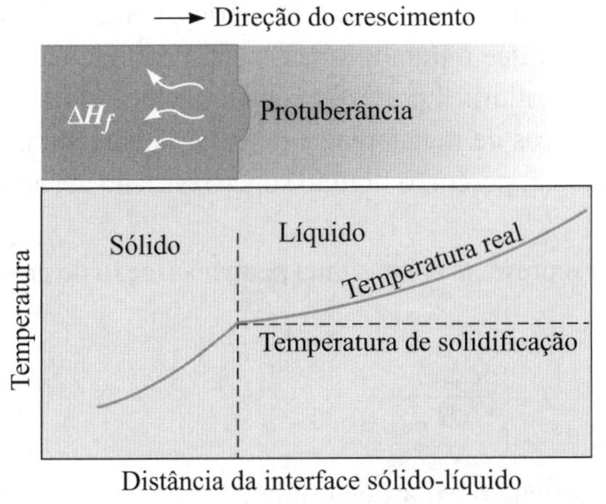

Figura 9-3 Quando o líquido está numa temperatura maior que a de solidificação, não haverá crescimento de protuberâncias na interface sólido-líquido. Assim, a interface sólido-líquido mantém-se plana. O calor latente é transferido por condução térmica da interface para o sólido.

sólido-líquido) é maior do que a temperatura de solidificação. Durante a solidificação, ocorre a transferência do calor latente de fusão por condução térmica a partir da interface sólido-líquido. Qualquer pequena protuberância que surja na interface sólido-líquido estará cercada por líquido à temperatura acima da temperatura de solidificação (Figura 9-3). O crescimento da protuberância então para até que o restante da interface avance. Esse mecanismo de crescimento, conhecido como **crescimento planar**, ocorre pelo movimento de toda a frente de solidificação em direção ao líquido.

Crescimento dendrítico Quando o líquido não foi inoculado e, portanto, sua taxa de nucleação é baixa, ele precisa ser super-resfriado antes da formação do sólido (Figura 9-4). Sob essas condições, uma pequena protuberância sólida chamada **dendrita** se forma na interface incentivada a crescer, uma vez que o líquido à frente está super-resfriado. A palavra dendrita provém da palavra grega *dendron*, que significa árvore. À medida que a dendrita sólida cresce, o calor latente da fusão é transferido para o líquido super-resfriado, aumentando sua temperatura.

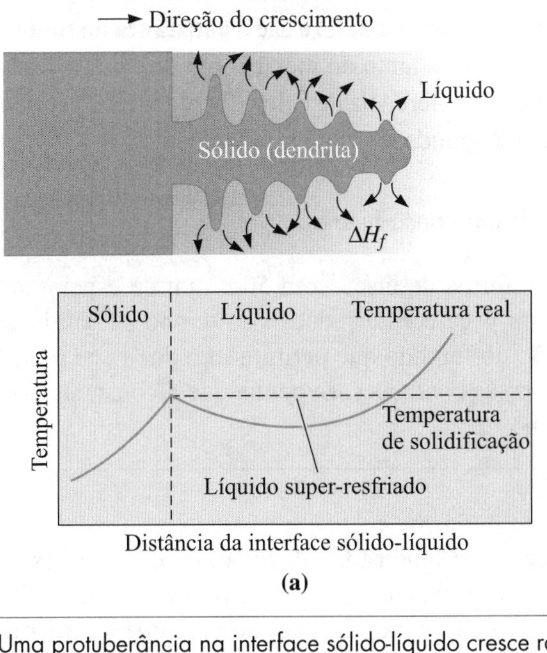

(a)

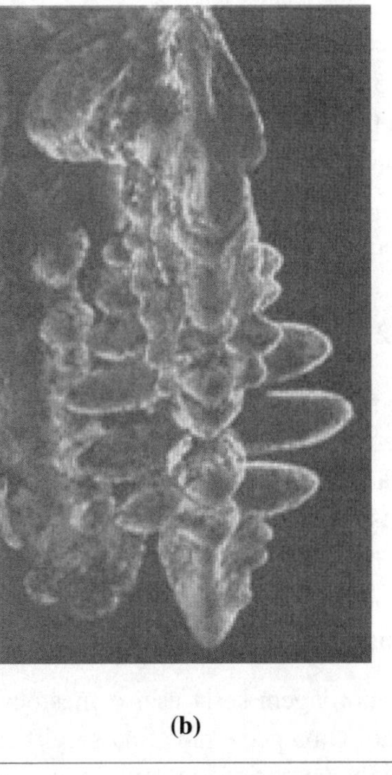

(b)

Figura 9-4 (a) Uma protuberância na interface sólido-líquido cresce rapidamente como uma dendrita, pois o líquido está super-resfriado. Nesse crescimento dendrítico, o calor latente de fusão eleva a temperatura do líquido circundante. (b) Micrografia eletrônica de varredura de dendritas em um aço (aumento de 15×). (*Reproduzido mediante cortesia de Don Askeland.*)

Também podem se formar braços dendríticos secundários e terciários nos troncos primários, o que acelera a transferência de calor latente. O crescimento dendrítico continua até que o líquido super-resfriado atinja a temperatura de solidificação. A partir daí, todo o líquido remanescente se solidifica por crescimento planar. A diferença entre crescimento planar e dendrítico ocorre em função das diferenças de transferência do calor latente durante a solidificação. O molde deve absorver o calor no crescimento planar, porém, o líquido super-resfriado absorve o calor no crescimento dendrítico.

Em metais puros, o crescimento dendrítico normalmente representa apenas uma pequena fração do crescimento total, e essa partição é dada por:

$$\text{Fração dendrítica} = f = \frac{c\Delta T}{\Delta H_f} \tag{9-3}$$

em que c é o calor específico do líquido. O numerador representa o calor que o líquido super-resfriado pode absorver, e o denominador é o calor latente que precisa ser dissipado durante a solidificação. À medida que o super-resfriamento ΔT aumenta, aumenta também a fração dendrítica. Se o líquido for adequadamente inoculado, o super-resfriamento será quase zero e a frente de solidificação será predominantemente planar.

9-5 Tempo de solidificação e tamanho da dendrita

A taxa de crescimento do sólido depende da taxa de resfriamento, ou seja, da taxa de extração de calor. Uma taxa maior de resfriamento produz solidificação rápida, isto é, com tempos curtos de solidificação. O tempo t_s necessário para que uma peça fundida simples se solidifique completamente pode ser calculado usando-se a ***regra de Chvorinov***:

$$t_s = B\left(\frac{V}{A}\right)^n \tag{9-4}$$

na qual V é o volume da peça fundida e indica a quantidade de calor que deve ser removida antes que ocorra a solidificação. A é a superfície do fundido em contato com o molde e representa a superfície a partir da qual o calor é transferido do fundido, n é uma constante (normalmente próxima de 2) e B é a **constante do molde**. A constante do molde depende das propriedades e das temperaturas iniciais tanto do metal como do molde. Essa regra considera basicamente a geometria do fundido e as condições de transferência de calor. Tal regra resulta que um fundido com um volume pequeno e área de superfície relativamente grande resfriará rapidamente.

Exemplo 9-2 *Melhoria da resistência mecânica de uma peça fundida*

Sua empresa produz fundidos de latão em forma de disco com 50,8 mm de espessura e 457 mm de diâmetro. Você acredita que solidificando a peça com a redução do tempo de solidificação em 25% haverá melhoria nas propriedades de tração do fundido que permitirão reduzir seu peso. Estabeleça as dimensões do componente para atender a essas condições. Suponha que a constante do molde seja de $2{,}046 \times 10^6$ s/m^2 para este processo e que $n = 2$.

Solução

Uma abordagem seria usar o mesmo processo de fundição, reduzindo, porém, a espessura do material fundido. Uma peça mais fina solidificaria mais rapidamente e, por causa da taxa do resfriamento maior, poderia ter propriedades mecânicas melhoradas. A regra de Chvorinov permite calcular a espessura necessária. Se d é o diâmetro, e x, a espessura da peça, então o volume, a área da superfície e o tempo de solidificação de peças fundidas de 50,8 mm de espessura são:

$$V = (\pi/4)d^2x = (\pi/4)(0{,}457\ \text{m})^2(0{,}0508\ \text{m}) = 8{,}34 \times 10^{-3}\text{m}^3$$

$$A = 2(\pi/4)d^2 + \pi dx = 2(\pi/4)(0{,}457\ \text{m})^2 + \pi(0{,}457\ \text{m})(0{,}0508\ \text{m}) = 0{,}4013\ \text{m}^2$$

$$t = \text{B}\left(\frac{V}{A}\right)^2 = (2{,}046 \times 10^6\text{s/m}^2)\left(\frac{8{,}34 \times 10^{-3}\text{m}^3}{0{,}4013\ \text{m}^2}\right)^2 = 884\ \text{s}$$

O tempo de solidificação da nova peça fundida deve ser 25% menor que o tempo calculado:

$$t_r = 0{,}75t = (0{,}75)\ (884\ \text{s}) = 663\ \text{s}$$

Uma vez que as condições de transferência de calor não mudaram, a constante do molde B permanece inalterada. A relação V/A da nova peça fundida é:

$$t_r = \text{B}\left(\frac{V_r}{A_r}\right)^2 = (2{,}046 \times 10^6\text{s/m}^2)\left(\frac{V_r}{A_r}\right)^2 = 663\ \text{s}$$

$$\left(\frac{V_r}{A_r}\right)^2 = 3{,}24 \times 10^{-4}\text{m}^2 \quad \text{ou} \quad \frac{V_r}{A_r} = 0{,}018\ \text{m}$$

Se x é a espessura necessária da peça fundida reprojetada, então:

$$\frac{V_r}{A_r} = \frac{(\pi/4)d^2x}{2(\pi/4)d^2 + \pi dx} = \frac{(\pi/4)(0{,}457\ \text{m})^2(x)}{2(\pi/4)(0{,}457\ \text{m})^2 + \pi(0{,}457\ \text{m})(x)} = 0{,}018\ \text{m}$$

Portanto, $x = 42{,}7$ mm.

Essa espessura proporciona o tempo de solidificação necessário, enquanto a massa da peça fundida será reduzida em aproximadamente 15%.

A solidificação tem início na superfície do molde, em que o calor é dissipado para o molde. A velocidade de solidificação pode ser descrita pela velocidade de crescimento da camada solidificada (que tem espessura d):

$$d = \text{k}_{\text{solidificação}}\sqrt{t} - \text{c}_1 \tag{9-5}$$

em que t é o tempo após o vazamento, $\text{k}_{\text{solidificação}}$, uma constante associada ao material fundido e ao molde e c_1, uma constante relacionada com a temperatura de vazamento.

Efeito sobre a microestrutura e as propriedades O tempo de solidificação afeta o tamanho das dendritas. Normalmente, o tamanho das dendritas é caracterizado pelo espaçamento entre os dendríticos secundários (Figura 9-5). O **espaçamento dendrítico secundário** (EDS) diminui quando a peça fundida solidifica mais rapidamente. A estrutura dendrítica mais fina e mais extensa conduz mais eficientemente o calor latente para o líquido super-resfriado. O EDS relaciona-se com o tempo de solidificação pela seguinte expressão

$$\text{EDS} = \text{k}t_s^{\text{m}} \tag{9-6}$$

em que m e k são constantes que dependem da composição do metal. Essa relação é apresentada na Figura 9-6 para diversas ligas. Menores espaçamentos dendríticos secundários elevam a resistência mecânica e aumentam a ductilidade das ligas fundidas (Figura 9-7).

O processamento por solidificação rápida é usado para produzir espaçamentos dendríticos secundários excepcionalmente finos. Por exemplo, o método conhecido como atomização produz gotas líquidas muito pequenas

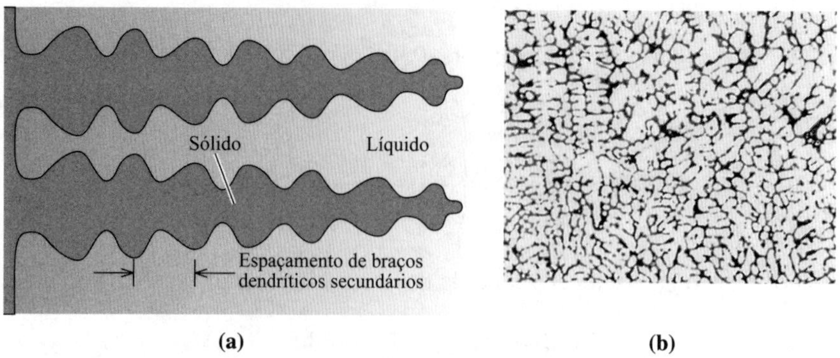

Figura 9-5 (a) Espaçamento dendrítico secundário (EDS). (b) Dendritas em ligas de alumínio (aumento de 50×). *(Imagem extraída de ASM Handbook, v. 9, Metallography and microstructure (1985), ASM International, Materials Park, OH 44073-0002. Reproduzida com permissão da ASM International®. Todos os direitos reservados, www.asminternational.org).*

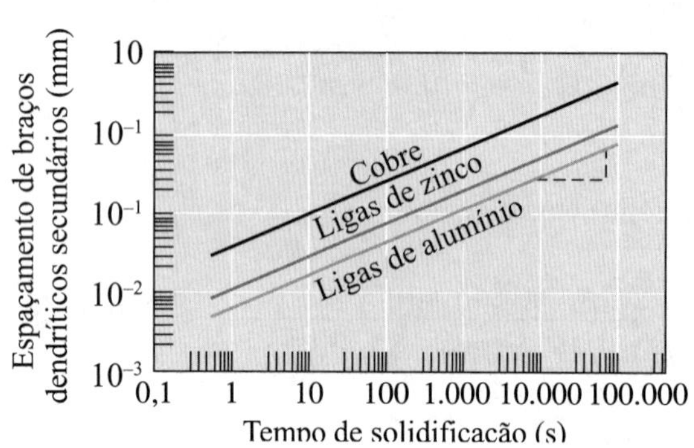

Figura 9-6 Efeito do tempo de solidificação sobre os espaçamentos dendríticos secundários do cobre, zinco e alumínio.

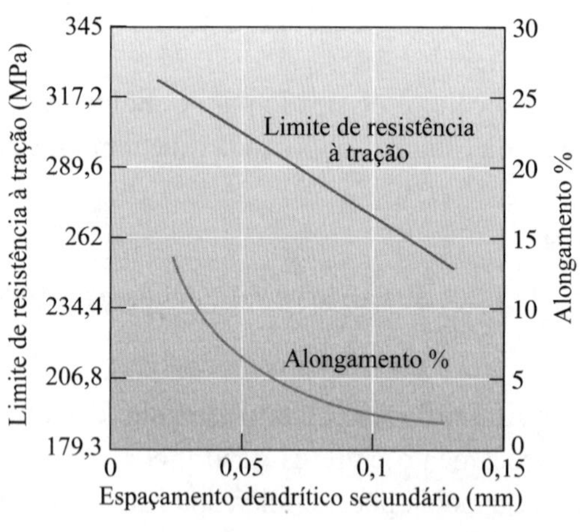

Figura 9-7 Efeito do espaçamento dendrítico secundário nas propriedades mecânicas de uma liga de alumínio fundida.

que se solidificam em partículas sólidas. As gotículas resfriam a uma taxa de aproximadamente 10^4 °C/*s*, gerando finas partículas de pó metálico de tamanho variado de cerca de 5 μm a 100 μm. Essa taxa de resfriamento não é suficientemente rápida para formar um vidro metálico, ou seja, com estrutura amorfa, porém produz estrutura dendrítica bem fina. Consolidando-se, cuidadosamente, o pó obtido por meio de processos de metalurgia do pó, é possível alcançar propriedades mecânicas melhoradas. Uma vez que as partículas são obtidas por fusão, podem ser produzidas ligas com composições complexas na forma de pós quimicamente homogêneos.

O exemplo a seguir mostra de que maneira a regra de Chvorinov, as correlações entre o EDS e o tempo da solidificação e entre o EDS e as propriedades mecânicas podem ser usadas para projetar processos de fundição.

Exemplo 9-3 *Espaçamento dendrítico secundário de ligas de alumínio*

Determine as constantes (m e k) da equação que descreve a relação entre espaçamento dendrítico secundário (EDS) e o tempo de solidificação de ligas de alumínio (Figura 9-6).

Solução

Poderíamos obter o valor do EDS em duas etapas a partir do gráfico e calcular k e m usando as equações. Entretanto, se as escalas na ordenada e na abscissa são iguais para potências de dez (como na Figura 9-6), podemos obter do gráfico o coeficiente m a partir da curva log-log. Na Figura 9-6, podemos marcar 5 unidades na escala vertical e 12 unidades na escala horizontal. O coeficiente vale:

$$m = \frac{5}{12} = 0,42$$

A constante k é o valor de EDS quando $t_s = 1$ s, assim:

$$\log \text{EDS} = \log k + m \log t_s$$

Se $t_s = 1$ s, $m \log t_s = 0$ e EDS = k, da Figura 9-6:

$$k = 7 \times 10^{-3} \frac{\text{mm}}{s}$$

Exemplo 9-4 *Tempo de solidificação*

Uma barra de alumínio de 101,6 mm de diâmetro se solidifica a uma profundidade de 12,7 mm abaixo da superfície em 300 s. Depois de 1.200 segundos, a barra se solidificou a uma profundidade de 38,1 mm. Quanto tempo é necessário para que a barra se solidifique completamente?

Solução

A partir de nossas medições, podemos determinar as constantes $k_{\text{solidificação}}$ e c_1 na Equação 9-5:

$$12,7 \text{ mm} = k_{\text{solidificação}}\sqrt{300 \text{ s}} - c_1 \quad \text{ou} \quad c_1 = k\sqrt{300} - 12,7$$

$$38,1 \text{ mm} = k_{\text{solidificação}}\sqrt{1.200} - c_1 = k\sqrt{1.200} - (k\sqrt{300} - 12,7)$$

$$38,1 = k_{\text{solidificação}}(\sqrt{1.200} - \sqrt{300}) + 12,7)$$

$$k_{\text{solidificação}} = \frac{38,1 - 12,7}{34,64 - 17,32} = 1,467\frac{\text{mm}}{\sqrt{s}}$$

$$c_1 = (1,467)\sqrt{300} - 12,7 = 12,7 \text{ mm}$$

A solidificação está completa quando $d = 50,8$ mm (metade do diâmetro, uma vez que esteja ocorrendo em todas as superfícies):

$$50,8 = 1,467\sqrt{t} - 12,7 \text{ mm}$$

$$\sqrt{t} = \frac{50,8 + 12,7}{1,467} = 43,28\ \sqrt{s}$$

$$t = 1.874 \text{ s}$$

Na prática atual, descobriríamos que o tempo de solidificação total é um pouco maior do que 1.874 segundos. À medida que a solidificação continua, o molde se torna mais quente e, portanto, é menos efetivo em remover o calor da peça.

Exemplo 9-5 *Projeto de uma peça fundida em liga de alumínio*

Projete a espessura de uma peça fundida de liga de alumínio com um comprimento de 304,8 mm, largura de 203,2 mm e uma resistência à tração de 290 MPa. A constante do molde, conforme a regra de Chvorinov, para a fundição de ligas de alumínio em um molde de areia é de $4,185 \times 10^6$ s/m^2. Suponha que os dados mostrados nas Figuras 9-6 e 9-7 possam ser utilizados.

Solução

A fim de obter uma resistência à tração de 290 MPa, é preciso um espaçamento dendrítico secundário de cerca de 0,07 mm (veja a Figura 9-7). Com base na Figura 9-6, podemos determinar que o tempo de solidificação exigido para obter esse espaçamento é de aproximadamente 300 s ou 5 minutos.

Com base na regra de Chvorinov

$$t_s = \mathrm{B}\left(\frac{V}{A}\right)^2$$

em que $\mathrm{B} = 4,185 \times 10^6$ s/m^2. Digamos que x seja a espessura do material fundido. Como o comprimento é de 304,8 mm e a largura é de 203,2 mm,

$$V = (0,2032 \text{ m})(0,3048 \text{ m})(x) = 0,06194x$$

$$A = (2)(0,2032 \text{ m})(0,3048 \text{ m}) + (2)(x)(0,2032 \text{ m}) + (2)(x)(0,3048 \text{ m}) = 1,016x + 0,1239$$

$$300 \text{ s} = (4,185 \times 10^6 \text{ s/m}^2)\left(\frac{0,06194x}{1,016x + 0,1239}\right)^2$$

$$\frac{0,06194x}{1,016x + 0,1239} = \sqrt{(300/4,185 \times 10^6)} = 0,00847$$

$$0,06194x = 0,008602x + 1,05 \times 10^{-3}$$

$$x = 0,0196 \text{ m}$$

9-6 Curvas de resfriamento

Neste ponto, podemos resumir nossa discussão examinando as curvas de resfriamento. Uma curva de resfriamento mostra de que maneira a temperatura de um metal puro diminui com o tempo [Figura 9-8 (a) e (b)]. O líquido é vazado em um molde à temperatura de vazamento (ponto *A*). A diferença entre a temperatura de vazamento e a temperatura de solidificação é o superaquecimento. O calor específico é extraído pelo molde até que o líquido

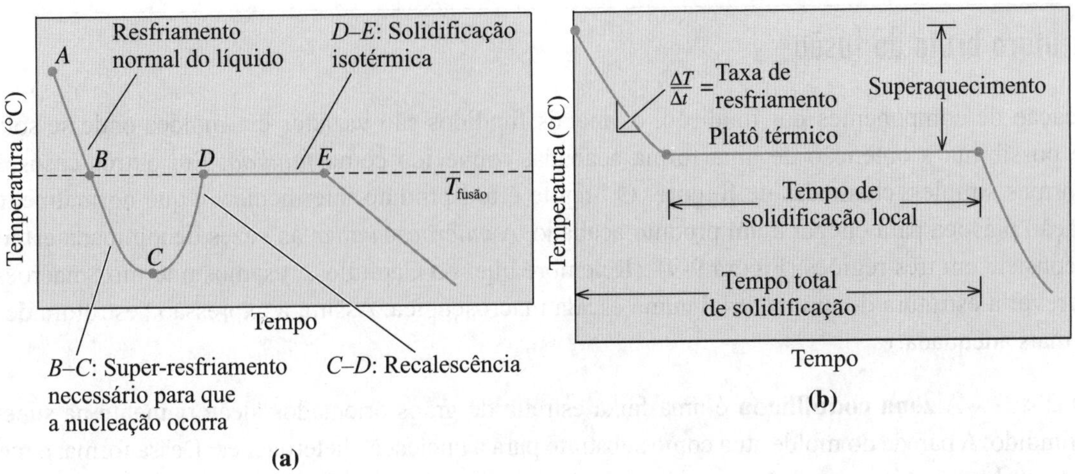

Figura 9-8 (a) Curva de resfriamento de um metal puro que não foi inoculado. O líquido resfria à medida que o calor específico é removido (entre os pontos *A* e *B*). A seguir, é necessária uma etapa de super-resfriamento (entre os pontos *B* e *C*). Com a nucleação, que tem início no ponto *C*, o calor latente da fusão é liberado, causando um aumento na temperatura do líquido. Esse processo é conhecido como recalescência (ponto *C* até ponto *D*). O metal continua a solidificar a uma temperatura constante ($T_{solidificação}$). No ponto *E*, a solidificação está concluída. O sólido fundido continua a resfriar a partir desse momento, e o resfriamento da peça fundida (agora já no estado sólido) continua. (b) Curva de resfriamento de um metal puro, em que houve adição de inoculante. Não há a necessidade de super-resfriamento e não é observado o fenômeno de recalescência. A solidificação tem início à temperatura de fusão.

atinja a temperatura de solidificação (ponto *B*). Se o líquido não tiver sido inoculado, precisará ser super-resfriado (ponto *B* até *C*). A inclinação da curva de resfriamento antes do início da solidificação é a taxa de resfriamento $\frac{\Delta T}{\Delta t}$. À medida que a nucleação tem início (ponto *C*), o calor latente de fusão é dissipado e a temperatura aumenta. Esse aumento da temperatura do líquido super-resfriado como resultado da nucleação da fase sólida é conhecido como **recalescência** (ponto *C* até *D*). A solidificação prossegue isotermicamente à temperatura de solidificação (ponto *D* até *E*), uma vez que o calor latente de fusão produzido pela solidificação é compensado pela dissipação de calor pelo resfriamento. Essa região entre os pontos *D* e *E*, onde a temperatura é constante, é conhecida como **platô térmico**. Esse platô é produzido porque a liberação do calor latente de fusão é contrabalanceada pelo calor que é dissipado durante o resfriamento. No ponto *E*, a solidificação está concluída e o material fundido sólido resfria a partir do ponto *E* até a temperatura ambiente.

Se houve o emprego de inoculantes, a extensão do super-resfriamento e da recalescência é, normalmente, muito pequena e pode ser observada nas curvas de resfriamento apenas por meio de medições muito cuidadosas. Caso estejam presentes núcleos heterogêneos no líquido, a solidificação tem início à temperatura de solidificação [Figura 9-8(b)]. O calor latente mantém o líquido remanescente à temperatura de solidificação até que todo o líquido esteja solidificado e todo o calor latente tenha sido dissipado. Sob essas condições, a frente de solidificação cresce com interface planar. O **tempo de solidificação total** do material fundido é o tempo necessário para remover tanto o calor específico do líquido quanto o calor latente de fusão. Esse tempo é medido desde o instante de vazamento até o momento em que a solidificação esteja concluída e pode ser estimado pela regra de Chvorinov. O **tempo de solidificação local** corresponde à etapa de solidificação propriamente dita, ou seja, o tempo necessário para remover somente o calor latente de fusão do material fundido. Esse tempo é medido a partir do início da solidificação até sua conclusão. Quando numa solidificação ocorre simultaneamente super-resfriamento e inoculação, os tempos de solidificação (local e total) serão ligeiramente diferentes.

Em geral, utilizamos os termos "temperatura de fusão" e "temperatura de solidificação" quando falamos sobre solidificação. Seria mais exato se utilizássemos "temperatura de fusão" para descrever quando o sólido se transforma completamente em um líquido. No caso dos metais e compostos puros, isso acontece a uma temperatura fixada (supondo uma pressão fixada) e sem superaquecimento. Os termos "temperatura de solidificação" ou "ponto de solidificação" podem ser definidos como a temperatura em que a solidificação de um material é concluída.

9-7 Estrutura bruta de fusão

Na fabricação de componentes por fundição, os metais fundidos são vazados em moldes onde se solidificam. O molde possibilita a obtenção de uma forma acabada, conhecida como *fundido*. Em outros casos, o molde produz formas simples, chamadas de **lingote**. O lingote é um produto intermediário, que normalmente requer conformação plástica para chegar a um produto acabado. A *macroestrutura*, às vezes denominada **estrutura do lingote**, consiste em três regiões (Figura 9-9). (Relembre que, no Capítulo 2, usamos o termo "macroestrutura" para descrever a estrutura de um material numa escala macroscópica. Assim, a expressão "estrutura de lingote" pode ser mais adequada.)

Zona coquilhada A **zona coquilhada** é uma faixa estreita de grãos orientados aleatoriamente na superfície do material fundido. A parede do molde atua como substrato para a nucleação heterogênea. Dessa forma, o metal junto à parede do molde é a primeira região a resfriar até a temperatura de solidificação.

Zona colunar A **zona colunar** contém grãos alongados orientados em dada direção cristalográfica. À medida que o calor é dissipado do material fundido para o molde, os grãos na zona coquilhada crescem na direção oposta à do fluxo de calor, ou seja, crescem das áreas mais frias para as mais quentes. Essa tendência normalmente significa que os grãos colunares crescem perpendicularmente à parede do molde.

Os grãos crescem com maior rapidez em determinadas direções cristalográficas. Em metais com uma estrutura cristalina cúbica, os grãos na zona coquilhada, que têm uma direção $\langle 100 \rangle$ perpendicular à parede do molde, crescem mais rapidamente do que outros cuja orientação é menos favorável (Figura 9-10). Eventualmente, os grãos na zona colunar têm direções $\langle 100 \rangle$, que são paralelas entre si, dando propriedades anisotrópicas à zona colunar. Essa formação da zona colunar é influenciada principalmente pelo fenômeno do crescimento – em vez de pela nucleação. Os grãos podem ser compostos de muitas dendritas se o líquido for originalmente super-resfriado. Caso não ocorra super-resfriamento, a solidificação pode prosseguir pelo crescimento planar dos grãos colunares.

Zona equiaxial Apesar de o sólido continuar a crescer de maneira colunar até que todo o líquido esteja solidificado, com frequência é formada uma região com grãos equiaxiais no centro do material fundido ou lingote. A **zona**

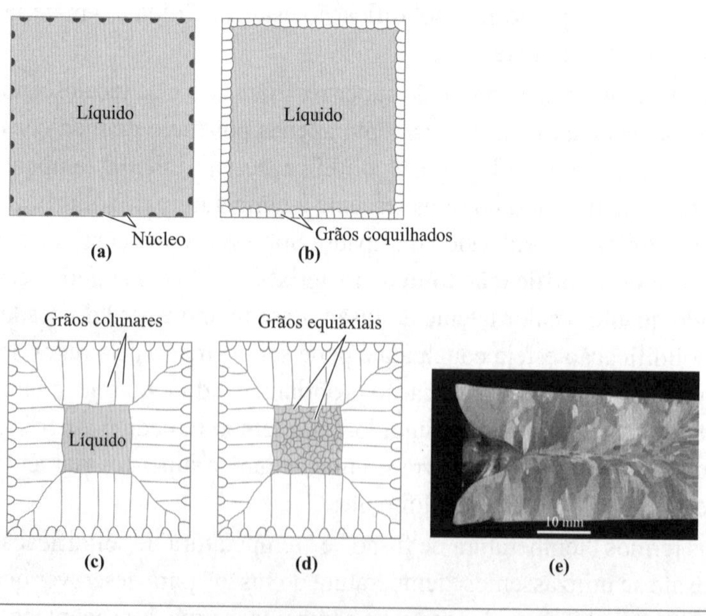

Figura 9-9 Desenvolvimento da macroestrutura de um lingote fundido durante a solidificação: (a) a nucleação tem início, (b) a zona coquilhada é formada, (c) crescimento em direções preferenciais produz a zona colunar, e (d) nucleação adicional cria a zona equiaxial, (e) a estrutura de lingote de uma fundição de alumínio comercialmente pura (*Cortesia de Bill Clyne*).

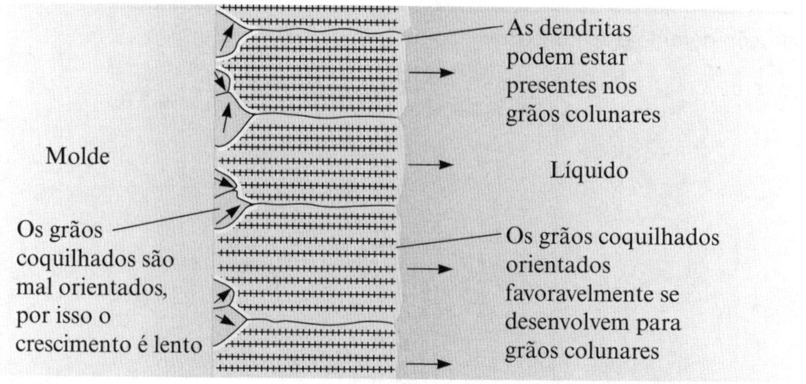

Figura 9-10 O crescimento competitivo dos grãos na zona coquilhada resulta em que somente os grãos com orientações favoráveis se desenvolvam em grãos colunares.

equiaxial contém grãos novos, orientados de maneira aleatória, quase sempre associados a uma temperatura de vazamento baixa, presença de elementos de liga ou agentes refinadores/inoculadores de grãos. Também é possível que grãos pequenos ou dendritas se soltem da região coquilhada em razão de fortes correntes de convecção, criadas quando o material fundido começa a resfriar. Esses fragmentos também atuam como locais para a nucleação heterogênea na região equiaxial. Os grãos crescem com forma aproximadamente esférica ou equiaxial, sem uma orientação espacial específica, e barram o crescimento dos grãos colunares. A formação da zona equiaxial é um processo controlado pela nucleação e resulta no comportamento mecânico isotrópico que essa região apresentará.

Compreendendo os fatores que influenciam a solidificação em diferentes regiões, é possível produzir peças fundidas que, primeiramente, formam uma camada inicial de zona coquilhada e, então, as dendritas. Também podemos controlar a solidificação, de modo que não sejam vistos nenhuma camada inicial nem o avanço de agrupamentos de grãos dendríticos. A mudança de colunar para equiaxial ocorre perto das paredes do molde. O resultado é um material fundido com uma macroestrutura que consiste predominantemente em grãos equiaxiais. Metais e ligas que se solidificam dessa maneira formam uma mistura **bifásica** (*mushy region*) (ou semissólida), uma vez que o material fundido é composto por grãos sólidos flutuando em um líquido fundido. Muitas ligas de alumínio e magnésio apresentam esse tipo de solidificação. Em geral, favorecemos a formação de uma estrutura totalmente equiaxial e, desse modo, criamos um material fundido com propriedades isotrópicas pelo refinamento ou inoculação efetiva dos grãos. Posteriormente, examinaremos um exemplo (aletas de turbinas) no qual controlamos a solidificação de grãos totalmente colunares, obtendo assim comportamento anisotrópico.

A estrutura e a microestrutura, devido ao processo de fundição, são particularmente importantes no caso de componentes fundidos diretamente para o seu formato final. No entanto, em muitas situações, conforme discutimos na Seção 9-1, metais e ligas são, primeiramente, fundidos em lingotes, que, em seguida, são sujeitos a processamento termomecânico (por exemplo, laminação, forjamento etc.). Durante essas etapas posteriores, a macroestrutura do material fundido é quebrada e surge nova microestrutura, dependendo do processo termomecânico utilizado (Capítulo 8).

9-8 Defeitos de solidificação

Apesar de existir uma gama de defeitos que pode ser potencialmente introduzida durante o processo de solidificação, a formação de rechupe e a porosidade merecem atenção especial. Se um material fundido contém poros (pequenos espaços vazios), esse componente pode falhar catastroficamente quando usado em aplicações estruturais, como, por exemplo, nas palhetas de turbinas de avião a jato.

Contração de solidificação Quase todos os materiais são mais densos no estado sólido do que no estado líquido. Durante a solidificação, o material contrai até 7% (Tabela 9-2).

Tabela 9-2 • Contração durante a solidificação

Material	Contração (%)
Al	7,0
Cu	5,1
Mg	4,0
Zn	3,7
Fe	3,4
Pb	2,7
Ga	+3,2 (expansão)
H_2O	+8,3 (expansão)
Aço baixo-carbono	2,5 - 3,0
Aço alto-carbono	4,0
Ferro fundido branco	4,0 - 5,5
Ferro fundido cinzento	+1,9 (expansão)

(Fonte: Baseado em parte em E. P. DeGarmo; J. T. Black; R. A. Koshe. Materials and processes in manufacturing. *Prentice Hall, 1997.)*

Frequentemente, a maior parte da **contração de solidificação** resulta em **cavidades** se a solidificação se inicia a partir de toda a superfície do molde, ou resulta em rechupe se uma superfície (normalmente a mais elevada) solidifica por último (Figura 9-11). A presença de rechupes pode causar problemas. Por exemplo, se durante a produção de lingotes de zinco forem formados rechupes, poderá haver a condensação de vapor de água em suas paredes. Essa água poderá causar uma explosão se o lingote for posteriormente refundido para uso em aplicações como na galvanização por imersão a quente.

Uma técnica comum para controlar **cavidades** e **rechupes** é a de colocar um **massalote**,[3] que funciona como uma reserva adicional de metal líquido, conectado ao material fundido. À medida que o material fundido começa a se contrair, o metal líquido contido no massalote vai fluindo em direção ao vazio de contração da peça que está se solidificando, impedindo que o vazio ocorra e, assim, elimina o defeito. É preciso assegurar que o metal contido no massalote se solidifique após o material fundido e que não haja obstrução da passagem do líquido do massalote para a última região da peça ainda não solidificada. A regra de Chvorinov pode ser usada no projeto do tamanho do massalote. O exemplo a seguir ilustra de que modo os massalotes podem ser projetados para compensar contrações de solidificação.

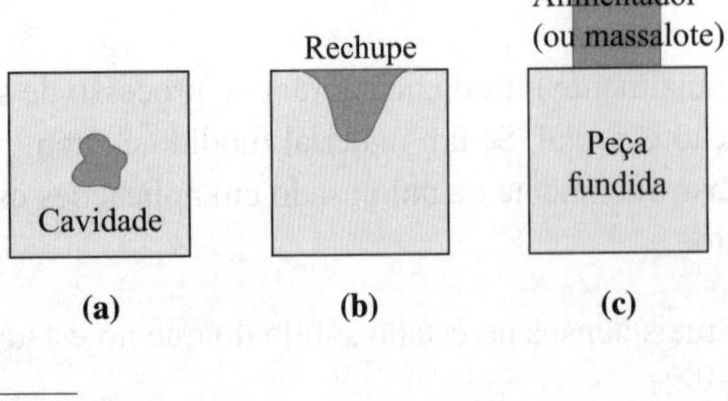

Figura 9-11 Podem ocorrer vários tipos de macrocontrações, incluindo: (a) cavidades e (b) rechupes. (c) Massalotes podem ser usados para auxiliar a compensar as contrações de solidificação.

[3] N.R.T.: Também denominado alimentador ou montante.

Exemplo 9-6 *Projeto de um massalote para um material fundido*

Projete um massalote cilíndrico com uma altura igual a duas vezes seu diâmetro, que compensará a contração de solidificação de um material fundido de 20 mm × 80 mm × 160 mm (Figura 9-12).

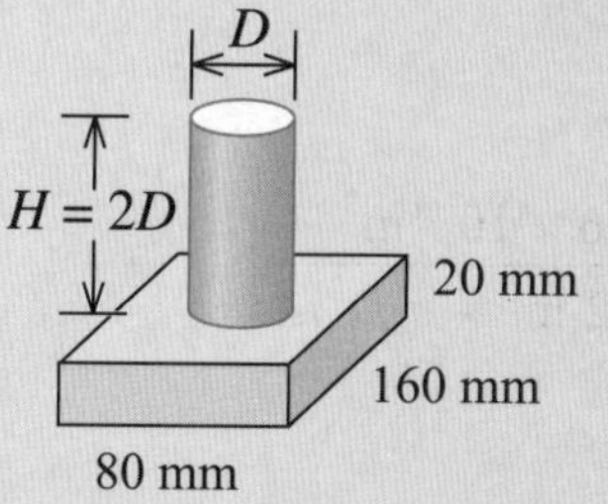

Figura 9-12 Geometria do material fundido e do massalote (para o Exemplo 9-6).

Solução

Sabemos que o massalote deve solidificar depois o material fundido. Entretanto, para sermos conservadores, é importante que o tempo de solidificação do massalote seja 25% maior que o tempo de solidificação da peça fundida. Portanto:

$$t_r - 1,25t_c \quad \text{ou} \quad B\left(\frac{V}{A}\right)_r^2 = 1,25\,B\left(\frac{V}{A}\right)_c^2$$

Os subscritos r e c se referem a massalote e fundido, respectivamente. A constante do molde B é a mesma tanto para o material fundido como para o massalote, assim:

$$\left(\frac{V}{A}\right)_r = \sqrt{1,25}\left(\frac{V}{A}\right)_c$$

O volume do material fundido é

$$V_c = (20\text{ mm})(80\text{ mm})(160\text{ mm}) = 2,56 \times 10^5\text{ mm}^3 = 2,56 \times 10^{-4}\text{ m}^3$$

A área do massalote adjacente à peça fundida deve ser subtraída da área de superfície total do material fundido, a fim de calcular a área de superfície do material fundido que está em contato com o molde:

$$A_c = (2)(0,02\text{ m})(0,08\text{ m}) + (2)(0,02\text{ m})(0,16\text{ m}) + (2)(0,08\text{ m})(0,16\text{ m}) - \frac{\pi D^2}{4}$$

$$= 0,0352\text{ m}^2 - \frac{\pi D^2}{4}$$

em que D é o diâmetro do massalote cilíndrico. Podemos escrever equações para o volume e a área do massalote cilíndrico, observando que a altura do cilindro $H = 2D$:

$$V_r = \frac{\pi D^2}{4}H = \frac{\pi D^2}{4}(2D) = \frac{\pi D^3}{2}$$

$$A_r = \frac{\pi D^2}{4} + \pi DH = \frac{\pi D^2}{4} + \pi D(2D) = \frac{9}{4}\pi D^2$$

mais uma vez, não incluímos a área do massalote adjacente ao material fundido no cálculo da área. O volume do raio da área do massalote é dado por

$$\left(\frac{V}{A}\right)_r = \frac{(\pi D^3/2)}{(9\pi D^2/4)} = \frac{2}{9}D$$

e deve ser maior do que a área do material fundido, de acordo com

$$\left(\frac{V}{A}\right)_r = \frac{2}{9}D > \sqrt{1,25}\left(\frac{V}{A}\right)_c$$

Substituindo,

$$\frac{2}{9}D > \sqrt{1,25}\left(\frac{2,56 \times 10^{-4}\,\text{m}^3}{0,0352\,\text{m}^2 - \pi D^2/4}\right)$$

Resolvendo para o menor diâmetro do massalote:

$$D = 0,0378 \text{ m ou } 37,8 \text{ mm}$$

Apesar de o volume do massalote ser menor do que o do material fundido, o massalote solidifica mais lentamente em razão de sua forma compacta.

Contração interdendrítica Consiste em pequenos poros de contração entre dendritas (Figura 9-13). Esse defeito, também chamado **microcontração** ou **porosidade de contração**, é difícil de evitar com o uso de massalotes. Taxas de resfriamento rápidas reduzem os problemas com **contrações interdendríticas**. As dendritas tendem a ser menores, possibilitando que o líquido flua das dendritas para a interface sólido-líquido. Além disso, os vazios de contração que ainda existirem tenderão a ser menores, mais finos e mais uniformemente distribuídos.

Porosidade devido a gases Muitos metais no estado líquido dissolvem grande quantidade de gás. O alumínio, por exemplo, dissolve o hidrogênio. Entretanto, quando o alumínio solidifica, o metal sólido retém em sua estrutura cristalina apenas uma pequena fração de hidrogênio, uma vez que a solubilidade é muito menor (Figura 9-14). O excesso de hidrogênio que não consegue ser incorporado à estrutura cristalina da liga forma bolhas de gás que poderão ser aprisionadas pelo metal sólido, produzindo **porosidade devido a gases**. O volume de gás que consegue ser dissolvido em um metal fundido é dado pela **lei de Sievert**:

$$\text{Percentual de gás} = K\sqrt{p_{\text{gás}}} \tag{9-7}$$

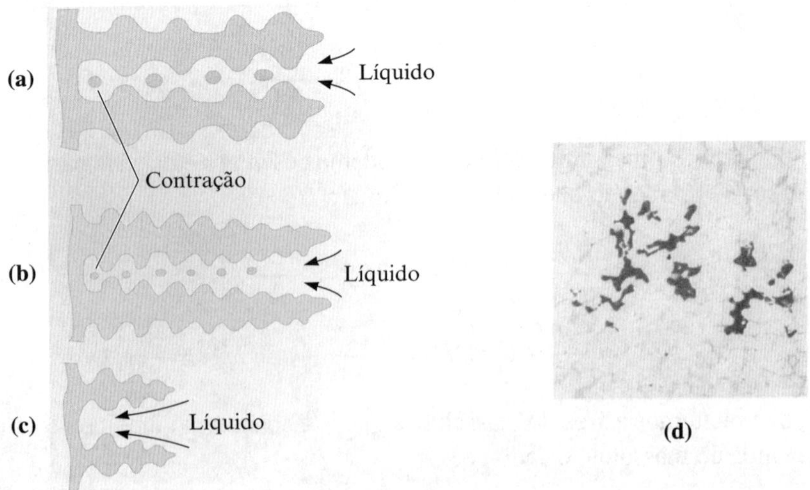

Figura 9-13 (a) A contração pode ocorrer entre os braços da dendrita. (b) Pequenos espaçamentos dendríticos secundários resultam em porosidade de contração menor e mais igualmente distribuída. (c) Braços primários curtos podem ajudar a evitar a contração. (d) Contração interdendrítica em uma liga de alumínio (80x). (*Reimpresso mediante cortesia de Don Askeland.*)

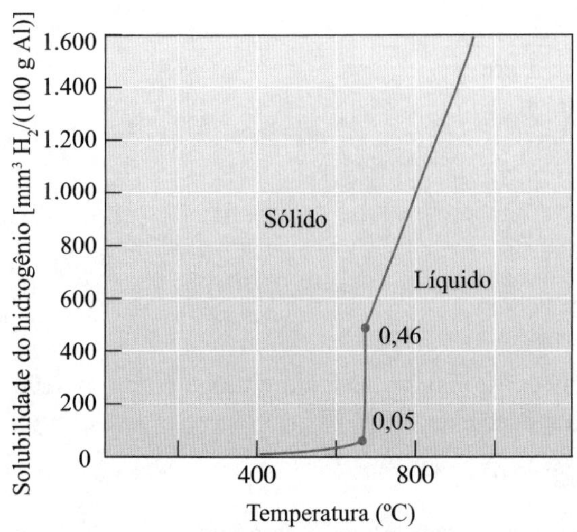

Figura 9-14 A solubilidade do gás hidrogênio no alumínio quando a pressão parcial do $H_2 = 1$ atm.

em que $p_{gás}$ é a pressão parcial do gás em contato com o metal e K é uma constante que, para um dado sistema metal-gás, aumenta com a elevação da temperatura. Podemos minimizar a porosidade em materiais fundidos mantendo a temperatura do líquido a menor possível, isto é, evitando grande superaquecimento, seja por meio da adição de substâncias ao líquido para combinar com o gás e formar uma escória, seja assegurando que a pressão parcial do gás permaneça baixa. Este último processo consiste em colocar o cadinho com metal fundido em uma câmara a vácuo. Uma vez que o termo $p_{gás}$ é baixo no vácuo, o gás contido na massa líquida é removido pela redução da pressão. A **desgaseificação** também pode ser feita borbulhando um outro gás, inerte ou reativo, no seio do metal líquido para remover elementos indesejáveis dos metais e ligas. Por exemplo, hidrogênio no alumínio fundido pode ser removido borbulhando os gases nitrogênio ou cloro. O exemplo a seguir ilustra como um processo de desgaseificação pode ser projetado.

Na fabricação do **aço inoxidável**, um processo conhecido como **descarburação a oxigênio** (Argon Oxygen Decarburization – AOD) é utilizado para reduzir o conteúdo de carbono da fusão sem oxidar o cromo ou o níquel. Nesse processo, uma mistura dos gases argônio (ou nitrogênio) e oxigênio é forçada no aço inoxidável fundido. O carbono dissolvido no aço fundido é oxidado pelo gás oxigênio pela formação do gás monóxido de carbono (CO), e o CO é levado pelas bolhas do gás argônio (ou nitrogênio) inerte. Esses processos precisam ser cuidadosamente controlados porque algumas reações (por exemplo, a oxidação do carbono para CO) são exotérmicas (geram calor).

Exemplo 9-7 *Projeto de um processo de desgaseificação do cobre*

Depois da fusão à pressão atmosférica, o cobre fundido contém 0,01% em peso de oxigênio. Para assegurar que seus materiais fundidos não estarão sujeitos à porosidade devido ao gás oxigênio, você deve reduzir o peso percentual a menos de 0,00001% antes do vazamento. Projete um processo de desgaseificação do cobre.

Solução

Podemos resolver este problema de várias maneiras. Em uma abordagem, o cobre líquido é colocado em uma câmara de vácuo. O oxigênio, então, é extraído do líquido e levado para o vácuo. O vácuo necessário pode ser estimado a partir da lei de Sievert.

$$\frac{\%O_{\text{inicial}}}{\%O_{\text{vácuo}}} = \frac{K\sqrt{p_{\text{inicial}}}}{K\sqrt{p_{\text{vácuo}}}} = \sqrt{\left(\frac{1\text{ atm}}{p_{\text{vácuo}}}\right)}$$

$$\frac{0{,}01\%}{0{,}00001\%} = \sqrt{\left(\frac{1\text{ atm}}{p_{\text{vácuo}}}\right)}$$

$$\frac{1\text{ atm}}{p_{\text{vácuo}}} = (1{,}000)^2 \text{ ou } p_{\text{vácuo}} = 10^{-6}\text{ atm, isto é, } 0{,}103\text{ Pa.}$$

Outra abordagem seria introduzir uma liga de cobre-15%-fósforo. O fósforo reage com o oxigênio para produzir P_2O_5, que flutua para fora do líquido, pela reação:

$$5O + 2P \rightarrow P_2O_5$$

Em geral, cerca de 0,01% a 0,02% P deve ser adicionado para remover o oxigênio.

9-9 Processos para a produção de componentes fundidos

A Figura 9-15 mostra quatro de uma dezena de processos de fundição empregados comercialmente. Em alguns, o mesmo molde pode ser usado diversas vezes. Em outros, o molde é colapsável. Processos de **fundição em molde de areia** incluem moldagem com areia verde, nos quais grãos de areia de sílica (SiO_2) unidos com argila úmida são compactados ao redor de um modelo removível. Processos de fundição de cerâmica usam pó cerâmico de grãos muito finos como molde. Uma pasta que contém o pó cerâmico poderá ser vazada ao redor de um modelo reutilizável, que é removido após o endurecimento da cerâmica. Na **fundição de precisão**,[4] uma pasta cerâmica, por exemplo, sílica coloidal (consistindo em nanopartículas de cerâmica), reveste um modelo de cera. O endurecimento da cerâmica ocorre quando a dispersão de sílica forma um gel. Após essa etapa, a cera é fundida e retirada do molde cerâmico, deixando uma cavidade que será preenchida com o metal fundido. Depois que o metal se solidifica, o molde é quebrado para possibilitar a remoção da peça. O processo de fundição de precisão, também conhecido como **processo de cera perdida**, é bastante adequado para fundir peças com formas complexas. Originalmente, o processo de fundição de precisão era usado somente por dentistas e joalheiros. Atualmente, é empregado para produzir componentes, como palhetas de turbinas, cabeças de tacos de golfe de titânio e componentes para próteses de joelhos e quadris. Em outro processo conhecido como **molde cheio**,[5] o poliestireno expandido, também usado na fabricação de copos de café descartáveis ou materiais de embalagem, é utilizado para produzir um modelo de espuma polimérica revestido por um material refratário e envolto por um meio denso, como areia grossa. Quando o metal fundido é vazado no molde, o modelo fabricado de espuma polimérica derrete e se decompõe, e o metal ocupa o lugar do modelo.

Nos processos de molde permanente e fundição sob pressão, o molde é metálico e fabricado por usinagem. Após a solidificação do líquido vazado na cavidade, o molde é aberto, a peça solidificada é removida e o molde, reutilizado. Os processos que usam moldes metálicos tendem a gerar materiais fundidos com maior resistência mecânica como consequência da solidificação mais rápida. Moldes de cerâmica, inclusive aqueles empregados na fundição de precisão, são bons isolantes térmicos e, com isso, os materiais fundidos são resfriados mais lentamente e a resistência mecânica tende a ser mais baixa. Milhões de pistões de motores de caminhões e automóveis são fabricados por fundição em moldes permanentes. As vantagens da técnica de **fundição por molde permanente** são bom acabamento superficial e boa precisão dimensional. As desvantagens são os altos custos dos moldes e a limitada complexidade geométrica das peças produzidas.

[4] N.R.T.: Algumas vezes, esse processo é denominado *fundição de investimento*, resultado de uma tradução errônea do termo *investment casting*.
[5] N.R.T.: A expressão *molde cheio* advém do fato de o modelo não ser removido do molde, sendo consumido pelo metal fundido durante o vazamento. Também denominado *espuma perdida*, por apresentar alguma similaridade com o processo de *cera perdida*.

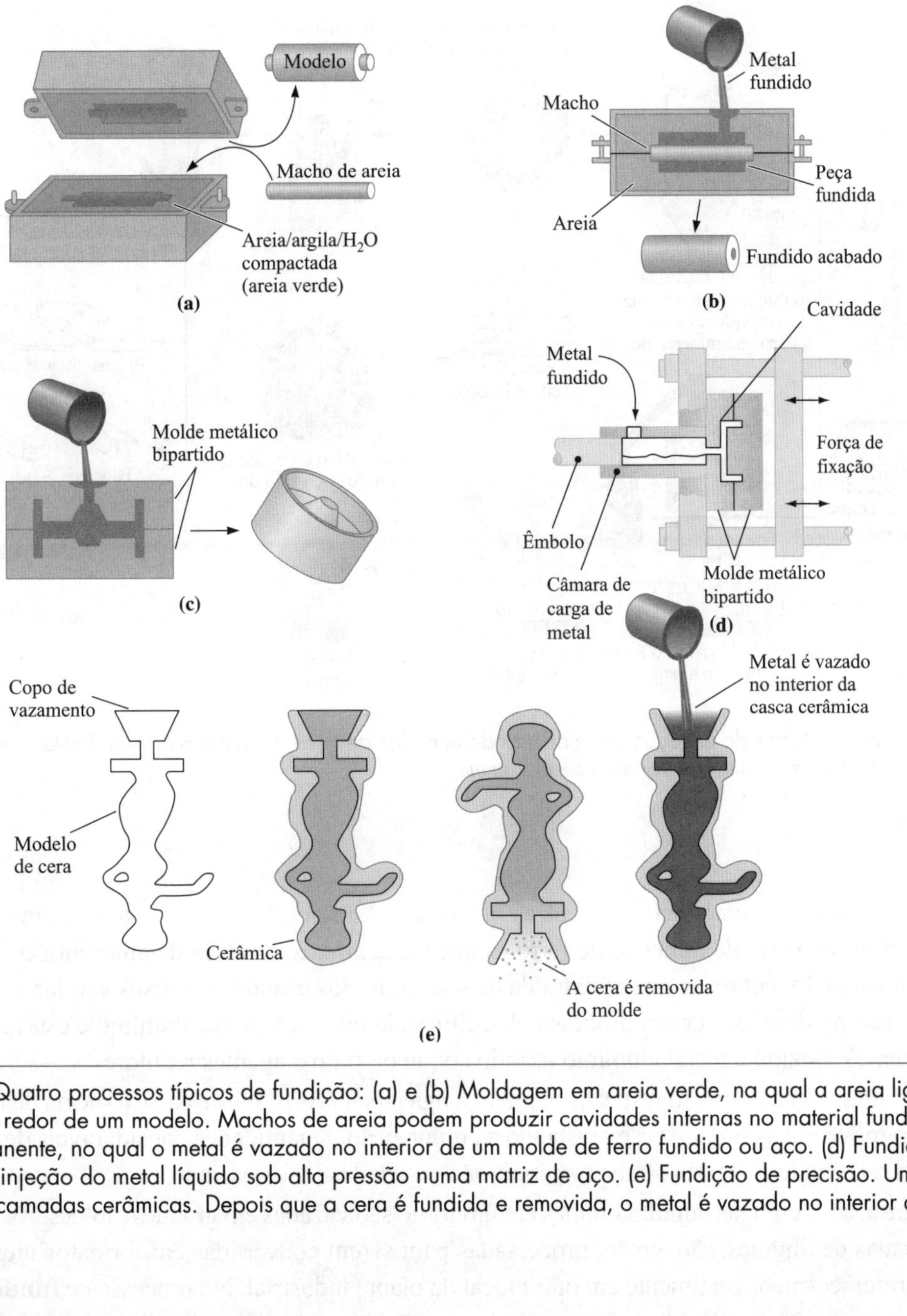

Figura 9-15 Quatro processos típicos de fundição: (a) e (b) Moldagem em areia verde, na qual a areia ligada com argila é compactada ao redor de um modelo. Machos de areia podem produzir cavidades internas no material fundido. (c) Processo de molde permanente, no qual o metal é vazado no interior de um molde de ferro fundido ou aço. (d) Fundição sob pressão, que consiste na injeção do metal líquido sob alta pressão numa matriz de aço. (e) Fundição de precisão. Um modelo de cera é revestido por camadas cerâmicas. Depois que a cera é fundida e removida, o metal é vazado no interior do molde.

Na **fundição sob pressão**, o metal líquido é introduzido no molde sob altas pressões e é mantido sob pressão durante a solidificação. Muitas ligas de zinco, alumínio e magnésio são processadas por fundição sob pressão. Acabamentos superficiais excelentes, muito boa precisão dimensional, capacidade de fundir formas intrincadas e elevada produtividade são as vantagens do processo de fundição sob pressão. Uma vez que o molde é metálico e precisa suportar altas pressões, as matrizes utilizadas são caras e a técnica é limitada a componentes de tamanho relativamente pequeno.

9-10 Fundição contínua e lingotamento

Conforme discutido na seção anterior, a fundição é uma ferramenta usada para a fabricação de componentes. Ela também é um processo para produzir lingotes ou placas que poderão ser processados posteriormente em diferentes formatos (como vergalhões, barras, fios etc.). Na indústria siderúrgica, milhões de quilos de aço são produzidos

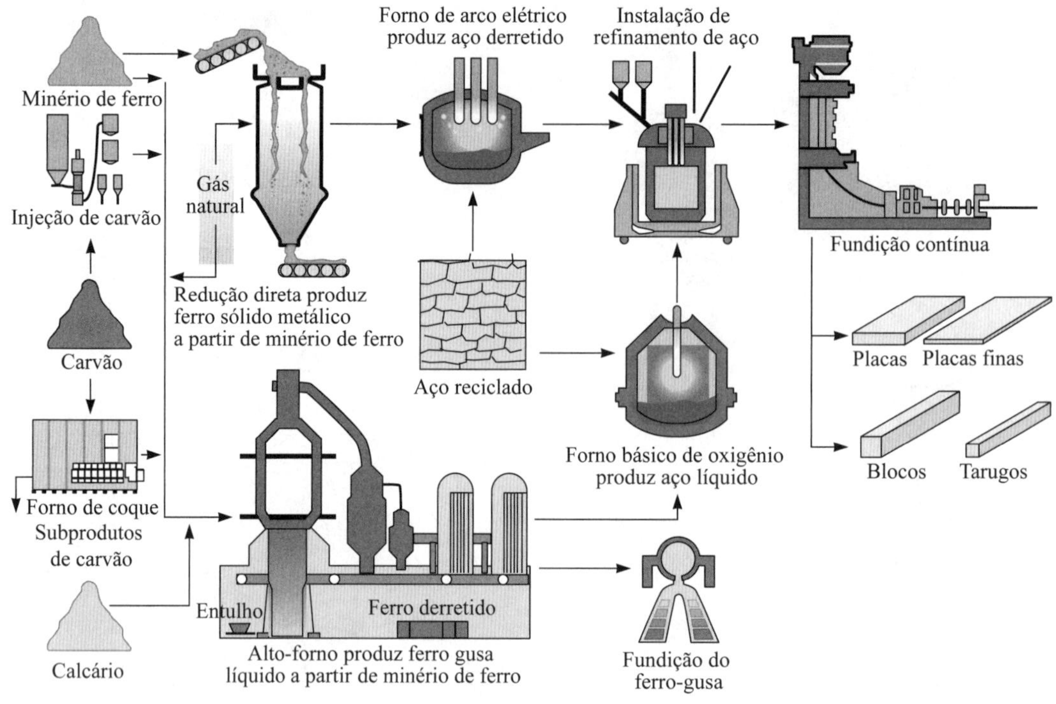

Figura 9-16 Resumo das etapas de extração de aços usando minérios de ferro, coque e calcário. (Fonte: *www.steel.org. Reproduzida com permissão do American Iron and Steel Institute.*)

usando altos-fornos, fornos de arco elétrico e outros processos. A Figura 9-16 mostra um resumo das etapas necessárias para produzir aço usando minérios de ferro, coque e calcário. Embora os detalhes mudem, a maioria dos metais e ligas (por exemplo, cobre e zinco) é extraída de seus minérios usando processos similares. Certos metais, como o alumínio, são produzidos por um processo eletrolítico, já que o óxido de alumínio é estável demais e não pode ser prontamente reduzido a metal alumínio usando coque ou outros agentes redutores.

Em muitas ocasiões, começamos com sucata de metal e ligas recicláveis. Neste caso, a sucata de metal é derretida e processada, removendo as impurezas e ajustando a composição. Quantidades consideráveis de aço, alumínio, zinco, aço inoxidável, titânio e muitos outros materiais são recicladas todos os anos.

No **lingotamento**, aços ou ligas líquidas obtidas em um forno são vazadas em grandes moldes. As peças fundidas resultantes, chamadas de lingotes, são, então, processadas para serem convertidas em formatos úteis por meio do processamento termomecânico, geralmente em outro local da planta industrial. No processo de **fundição contínua**, a ideia é partir de um material metálico líquido para um formato "semiacabado" mais útil, como uma placa ou chapa. A Figura 9-17 ilustra um método comum para a produção de placas e barras de aço. O metal líquido é abastecido por uma panela intermediária, que transfere a liga para um molde oscilante de cobre resfriado por água, o qual esfria rapidamente a superfície do aço. O aço parcialmente solidificado é retirado do molde na mesma velocidade com que o aço líquido é introduzido. O centro de aço finalmente se solidifica, bem depois de o lingote sair do molde. O material fundido continuamente é cortado nos tamanhos apropriados por máquinas de corte apropriadas.

A fundição contínua é um método de custo competitivo para processar muitos aços, incluindo aços inoxidáveis e ligas de alumínio. O lingotamento convencional também é um processo muito econômico e amplamente utilizado para muitos aços quando o processo de lingotamento contínuo não está disponível ou quando a capacidade de produção é limitada. Também é útil para ligas de metais não ferrosos (como zinco, cobre) com volumes relativamente pequenos, em que os gastos de capital necessários para uma fundição contínua não se justificariam. Além disso, nem todas as ligas podem ser fundidas com o processo de fundição contínua.

As etapas secundárias do processamento de aço e outras ligas são mostradas na Figura 9-18.

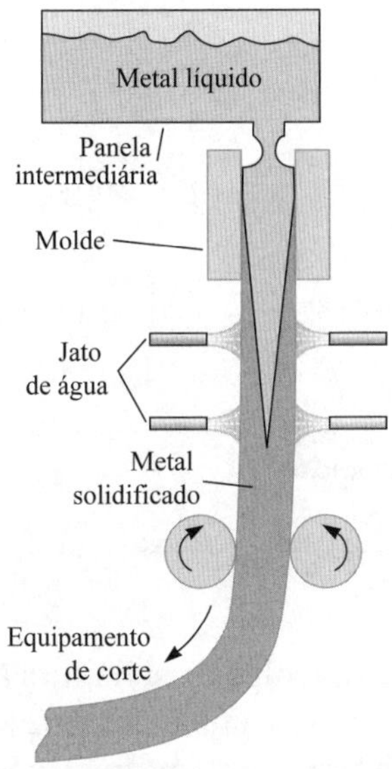

Figura 9-17 Fundição contínua vertical, usada para produzir vários produtos de aço. O metal líquido contido na panela intermediária se solidifica parcialmente em um molde.

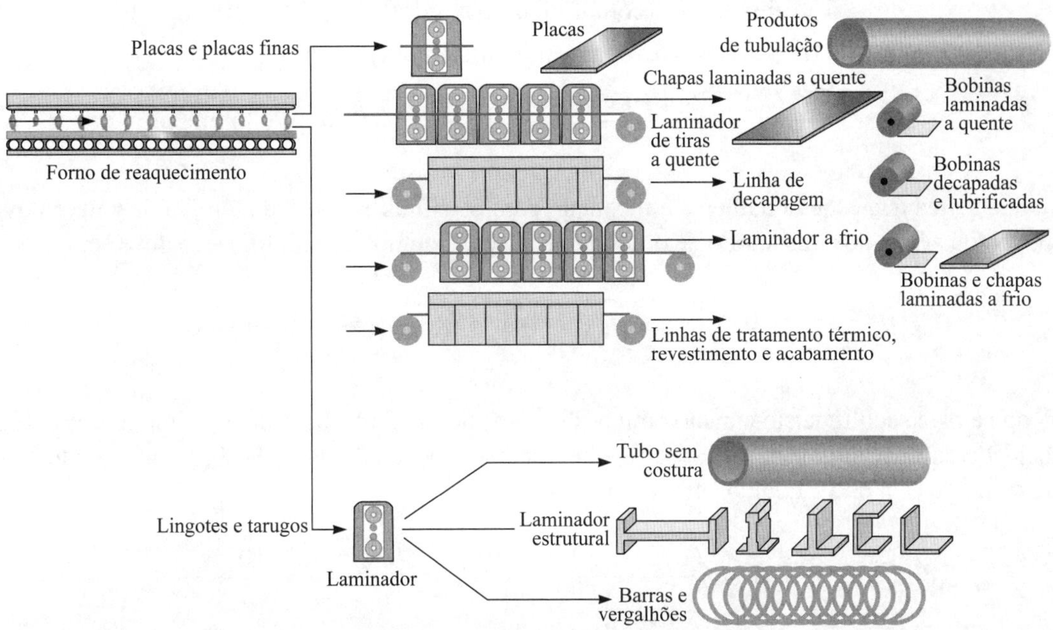

Figura 9-18 Etapas secundárias do processamento de aço e ligas. (*Fonte: www.steel.org. Reproduzida com permissão do American Iron and Steel Institute.*)

Exemplo 9-8 *Projeto de uma máquina de fundição contínua*

A Figura 9-19 mostra um método para fundição contínua de uma placa de alumínio com 6,35 mm de espessura e 1,22 m de comprimento que posteriormente foi laminada como folha de alumínio. O alumínio líquido é introduzido entre dois grandes cilindros de aço que giram lentamente. Queremos que o alumínio seja totalmente solidificado pelos cilindros à medida que a placa sai da máquina. Os cilindros agem como um molde permanente, com uma constante de molde B de aproximadamente $4{,}65 \times 10^5$ s/m^2 quando o alumínio é depositado com o superaquecimento adequado. Projete os cilindros necessários para este processo.

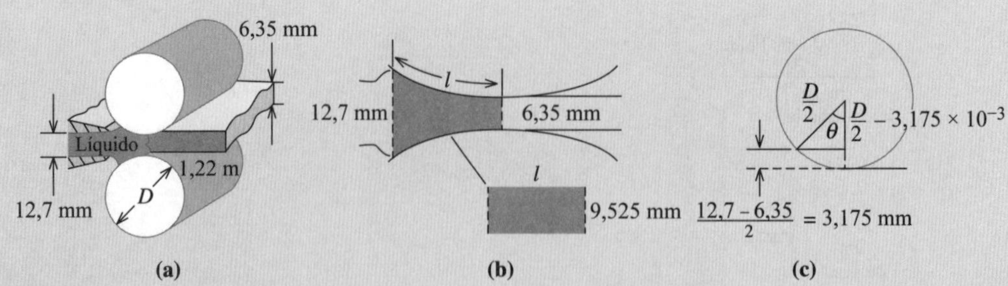

Figura 9-19 Fundição contínua horizontal do alumínio (para o Exemplo 9-8).

Solução

Seria útil simplificar a geometria, assim poderemos determinar o tempo de solidificação envolvido. Vamos supor que a área sombreada da Figura 9-19(b) represente o material fundido e que ela possa ser aproximada pela espessura média multiplicada pelo comprimento e largura. A espessura média é (12,7 mm + 6,35 mm)/2 = 9,525 mm. Então,

$$V = \text{(espessura)(comprimento)(largura)} = 9{,}525 \times 10^{-3} lw$$

$$A = 2\ \text{(comprimento)(largura)} = 2lw$$

$$\frac{V}{A} = \frac{9{,}525 \times 10^{-3} lw}{2lw} = 4{,}763 \times 10^{-3}\,\text{m ou } 4{,}763\ \text{mm}$$

Somente a área que está diretamente em contato com os cilindros é usada na regra de Chvorinov, já que há pouco ou zero calor transferido de outras superfícies. O tempo de solidificação deve ser

$$t_s = B\left(\frac{V}{A}\right)^2 = (4{,}65 \times 10^5)(4{,}763 \times 10^{-3})^2 = 10{,}55\ \text{s}$$

Para que a placa continue em contato com os cilindros durante esse período, o diâmetro dos cilindros e a velocidade da rotação devem ser especificados adequadamente. A Figura 9-19(c) mostra que o ângulo θ entre os pontos em que o líquido entra e sai dos cilindros é

$$\cos\theta = \frac{(D/2) - 3{,}175 \times 10^{-3}}{(D/2)} = \frac{D - 6{,}35 \times 10^{-3}}{D}$$

A velocidade de superfície dos cilindros é o produto da circunferência e da velocidade de rotação dos cilindros, $v = \pi DR$, em que R tem unidade de rotações/minuto. A velocidade v também é a velocidade com que podemos produzir a placa de alumínio. O tempo necessário para que os cilindros percorram a distância l deve ser igual ao tempo de solidificação necessário:

$$t = \frac{l}{v} = 10{,}55\ \text{s}$$

O comprimento l é a fração do diâmetro do cilindro que está em contato com o alumínio durante a solidificação e pode ser obtido por

$$l = \frac{\pi D\theta}{360}$$

Observe que θ tem unidade de graus. Em seguida, substituindo l e v na equação para o tempo:

$$t = \frac{l}{v} = \frac{\pi D\theta}{360\pi DR} = \frac{\theta}{360R} = 10{,}55 \text{ s}$$

$$R = \frac{\theta}{(360)(10{,}55)} = 2{,}633 \times 10^{-4}\theta \text{ rev/s}$$

Várias combinações de D e R proporcionam a taxa de solidificação necessária. Vamos calcular θ para vários diâmetros e descobrir o R necessário.

D (m)	θ **(°)**	***l*** **(mm)**	$R = 2{,}633 \times 10^{-4}\theta$ **(rot/s)**	$v = \pi DR$ **(mm/s)**
0,61	8,28	43,94	$3{,}45 \times 10^{-5}$	4,174
0,914	6,76	53,85	$2{,}82 \times 10^{-5}$	5,122
1,22	5,85	62,23	$2{,}42 \times 10^{-5}$	5,884
1,524	5,23	69,60	$2{,}19 \times 10^{-5}$	6,604

À medida que o diâmetro dos cilindros aumenta, a área de contato (l) entre os cilindros e o metal também aumenta. Isso, por sua vez, permite uma velocidade de superfície (v) mais alta e aumenta a velocidade de produção da placa. Observe que os cilindros com diâmetros maiores não precisam girar tão rápido para alcançar essas velocidades mais altas.

Ao selecionar nosso projeto final, preferimos usar o maior diâmetro prático do cilindro, para garantir altas taxas de produção. À medida que os cilindros ficam maiores, no entanto, eles e seu equipamento de suporte se tornam mais caros.

No funcionamento real de um equipamento para fundição contínua como esse, é possível usar velocidades maiores, já que a placa não precisa estar totalmente solidificada no momento em que sai dos cilindros.

9-11 Solidificação direcional (SD), crescimento de monocristais e crescimento epitaxial

Existem algumas aplicações para as quais uma microestrutura composta por grãos pequenos e equiaxiais não é desejada para a peça fundida. Materiais fundidos utilizados para lâminas e aletas em motores de turbinas são um exemplo disso (Figura 9-20). Essas peças em geral são feitas de superligas à base de titânio, cobalto ou níquel, utilizando fundição de precisão.

Quase sempre, em peças fundidas de forma convencional, são produzidas estruturas de grãos equiaxiais. Contudo, lâminas e aletas para turbinas e motores de jatos falham ao longo de contornos de grãos transversais. É possível obter melhor resistência à deformação e à fratura utilizando a técnica de crescimento por **solidificação direcional** (SD). No processo de SD, o molde é aquecido em uma extremidade e resfriado na outra, produzindo uma microestrutura colunar com todos os contornos de grãos ao longo da direção longitudinal da peça. Não há contornos de grãos presentes na direção transversal [Figura 9-20(b)].

Entretanto, propriedades ainda melhores podem ser verificadas empregando-se uma técnica de *solidificação de um monocristal*. Mais uma vez, a solidificação de grãos colunares inicia-se em uma superfície fria, no entanto, em virtude da cavidade helicoidal no molde entre o dissipador de calor e a cavidade principal do molde, apenas um grão colunar é capaz de crescer para o corpo principal do material difundido [Figura 9-20(c)]. A fundição de um monocristal não tem contornos de grãos, assim, seus planos e direções cristalográficos podem ser dirigidos na melhor orientação.

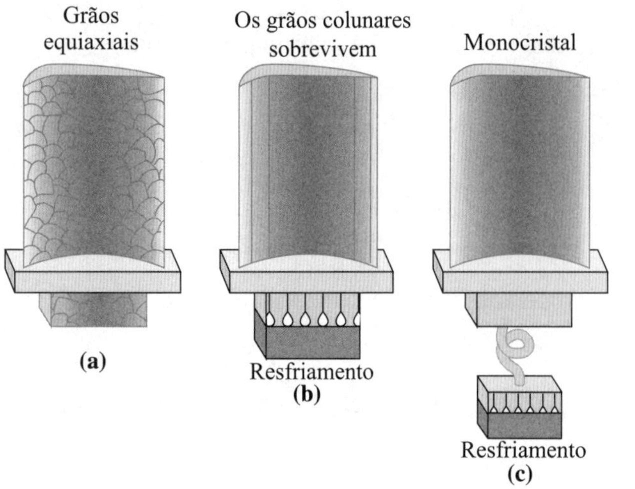

Figura 9-20 Controle da estrutura de grãos em aletas de turbina: (a) grãos equiaxiais convencionais, (b) grãos colunares direcionalmente solidificados e (c) um monocristal.

Crescimento de um monocristal Uma das aplicações mais importantes da solidificação é o crescimento de monocristais. Materiais policristalinos não podem ser utilizados efetivamente em muitas aplicações ópticas e eletrônicas. Contornos de grãos e outros defeitos interferem com os mecanismos que fornecem funções ópticas ou elétricas úteis. Por exemplo, a fim de utilizar o comportamento semicondutor do silício dopado, devem ser empregados monocristais de elevada pureza. A tecnologia atual para o silício usa grandes monocristais (com até 300 mm de diâmetro). Em geral, realiza-se o crescimento de um cristal de grandes dimensões [Figura 9-21(a)]. O grande cristal é, então, cortado em *wafers* de silício que têm apenas alguns milímetros de espessura [Figura 9-21(b)]. Os *processos de Bridgman* e *Czochralski* são alguns dos métodos populares para o crescimento de monocristais de silício, GaAs, niobato de lítio ($LiNbO_3$) e muitos outros materiais.

Fornos específicos para o crescimento de cristais, contendo materiais fundidos, devem ser mantidos a uma temperatura exata e estável. Geralmente, um pequeno cristal com orientação cristalográfica predeterminada é empregado como uma *semente*. A transferência de calor é controlada, de modo que todo o material fundido se cristaliza formando um monocristal. Monocristais apresentam propriedades consideravelmente melhores, mais previsíveis e mais fáceis de serem controladas, por um custo muito maior do que os materiais policristalinos. Porém com uma grande demanda, o custo dos monocristais pode não ser um fator significativo, em comparação com os demais custos de processamento envolvidos na produção de dispositivos novos e úteis.

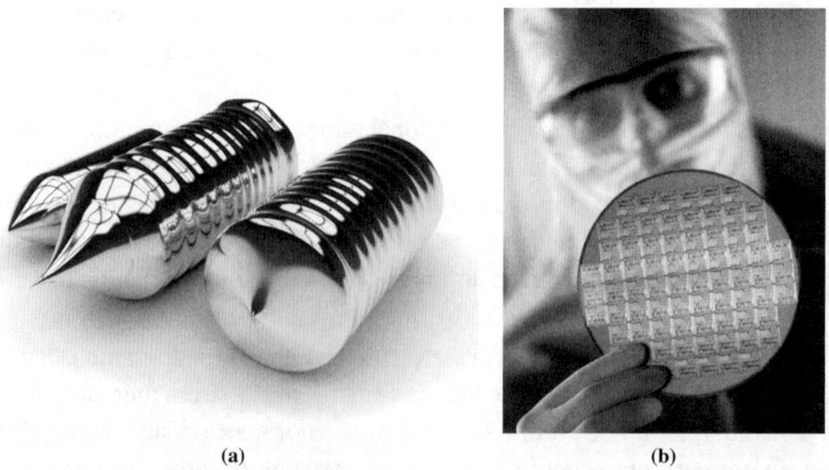

Figura 9-21 (a) Monocristais de silício. (*Peter Sobolev/Shutterstock.com.*) (b) *Wafer* de silício. (*Steve McAlister/Stockbyte/Getty Images.*)

Crescimento epitaxial Existem, provavelmente, mais de uma centena de processos destinados à deposição de materiais como filmes finos. Em alguns desses processos, é necessário controlar a textura ou orientação cristalográfica do material policristalino que está sendo depositado. Outros exigem um filme monocristalino orientado em determinada direção. Nesse caso, podemos utilizar um substrato com orientação conhecida. A epitaxia é o processo pelo qual um material é produzido através do crescimento orientado, utilizando um substrato que corresponde cristalograficamente ao material que deve crescer. Se o ajuste entre as redes do substrato e do filme for bom (no máximo alguns poucos pontos percentuais), é possível crescer um cristal altamente orientado ou filmes finos monocristalinos. Esse processo é conhecido como **crescimento epitaxial**.

9-12 Solidificação de polímeros e vidros inorgânicos

Muitos polímeros não cristalizam, porém se solidificam quando resfriados. Nesses materiais, pode existir uma força motriz para a cristalização, entretanto, a taxa de nucleação do sólido poderá ser muito pequena, ou a complexidade das cadeias de polímeros poderá ser tão grande que não resultará em um sólido cristalino. A cristalização de polímeros quase nunca é completa e difere bastante da que ocorre nos metais, uma vez que as longas cadeias poliméricas precisam se ordenar por distâncias relativamente grandes. Ao fazê-lo, o polímero cresce em forma de cristais lamelares (Figura 9-22). A região entre as lamelas contém cadeias não organizadas, isto é, amorfas. Existem nesse polímero regiões amorfas entre as lamelas individuais, feixes de lamelas e esferulitos individuais. Além disso, feixes de lamelas crescem a partir de um núcleo comum, porém a orientação cristalográfica de uma lamela dentro de qualquer feixe é diferente da orientação da lamela vizinha. À medida que os feixes crescem, podem produzir uma estrutura esférica chamada **esferulito**. O esferulito é composto por muitos feixes individuais de lamelas com orientações diferentes. Existem regiões amorfas entre as lamelas individuais, os feixes de lamelas e os esferulitos individuais.

Muitos polímeros de interesse comercial desenvolvem cristalinidade durante seu processamento. A cristalinidade pode se originar do resfriamento, como discutido anteriormente, ou a partir da aplicação de tensões mecânicas. Por exemplo, as garrafas plásticas PET[6] podem ser produzidas pelo processo extrusão-sopro (Capítulo 3) e desenvolvem cristalinidade considerável durante a fabricação. Essa cristalização é resultado da aplicação de tensões mecânicas, e, assim, é diferente daquela encontrada na solidificação de metais e ligas. Geralmente, alguns polímeros, como náilon e polietileno, cristalizam mais facilmente que outros termoplásticos.

Vidros inorgânicos, como os de sílica, não cristalizam com facilidade por razões cinéticas. Apesar de a força motriz termodinâmica ser similar à que ocorre na solidificação de metais e ligas, a elevada viscosidade e a baixa difusão das espécies químicas dificultam a cristalização. O processo *float-glass* é usado para produzir chapas grandes e planas de vidro. Nesse processo, o vidro fundido é vazado sobre um leito de estanho líquido, para garantir a planicidade e o paralelismo das faces. De acordo com o Capítulo 7, uma vez que a resistência de vidros inorgânicos é fortemente dependente de defeitos superficiais oriundos do processo de fabricação ou da reação com a umidade atmosférica, muitos vidros são reforçados mecanicamente por meio de têmpera. Esses vidros são chamados de

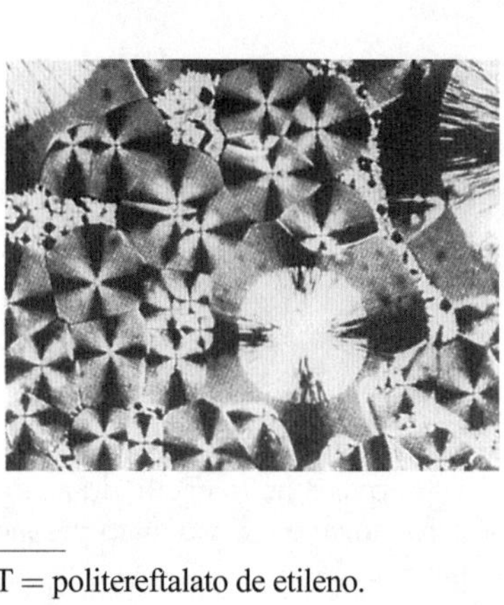

Figura 9-22 Esferulitos em uma matriz amorfa de náilon (200x). (BRICK, R. M. et al. *Structure and properties of engineering materials*. Copyright 1977. Reproduzido mediante permissão de McGraw-Hill Companies, Inc.)

[6] N.R.T.: PET = politereftalato de etileno.

vidros temperados. Quando a alta resistência mecânica não é a preocupação principal, o recozimento é usado para reduzir as tensões residuais. O controle da nucleação de cristais nos vidros pode produzir vitrocerâmicas, vidros coloridos e vidros fotocromáticos (vidros cuja cor ou matiz muda quando expostos à luz solar).

9-13 União de materiais metálicos

Na **brasagem**, uma liga, conhecida como metal de adição, é usada para unir um metal a si próprio ou a outro metal. O metal ou liga de adição usada na brasagem possui temperatura de fusão acima de aproximadamente 450 °C. A **solda branda** é um processo de brasagem no qual o metal de adição possui temperatura de fusão abaixo de 450 °C. As ligas de chumbo-estanho e antimônio-estanho são os materiais mais comumente empregados em soldagem branda. Atualmente, estão sendo desenvolvidos materiais de soldagem isentos de chumbo, em razão de sua toxicidade. As ligas em desenvolvimento incluem as do sistema Sn-Cu-Ag. Na brasagem e na soldagem branda, os materiais metálicos que estão sendo unidos não se fundem, somente o material de adição é que se funde. Em ambos os processos, a composição química do material de adição é diferente daquela do de base que está sendo unido. Utilizam-se diversos metais/ligas para brasagem, como alumínio-silício, cobre, magnésio e metais preciosos.

A solidificação também é importante na união de metais por meio da **soldagem por fusão** ou simplesmente **soldagem**. Nos processos de soldagem por fusão, pequena parte dos metais a serem unidos é fundida e, em muitos casos, também é fundido o metal de adição. A região com metal líquido é chamada de **zona de fusão** (Figuras 9-23 e 9-24). A solidificação da zona de fusão resulta na união das partes metálicas por solidificação. Portanto, a etapa de nucleação não é necessária, pois o sólido cresce a partir dos grãos existentes no metal de base, frequentemente, com morfologia colunar.

A estrutura e as propriedades da zona de fusão dependem de muitas variáveis análogas às da fundição de metais, como a adição de inoculantes à zona de fusão, que reduzem o tamanho do grão. Altas taxas de resfriamento, que correspondem a tempos curtos de solidificação, promovem uma microestrutura mais fina e melhores propriedades mecânicas. Os fatores que aumentam a taxa de resfriamento incluem grande espessura da junta, zona de fusão pequena, metais sem pré-aquecimento e também o próprio tipo de processo de soldagem. A soldagem oxiacetilênica, por exemplo, usa uma fonte de calor de baixa intensidade, consequentemente, os tempos de soldagem são longos e o metal sólido vizinho fica muito aquecido, reduzindo a extração de calor por condução. Já os processos de soldagem com arco utilizam fonte de calor mais intensa, reduzindo a zona afetada termicamente e proporcionando resfriamento mais rápido. Soldagem por *laser* e por feixe de elétrons empregam fontes de calor bastante intensas e

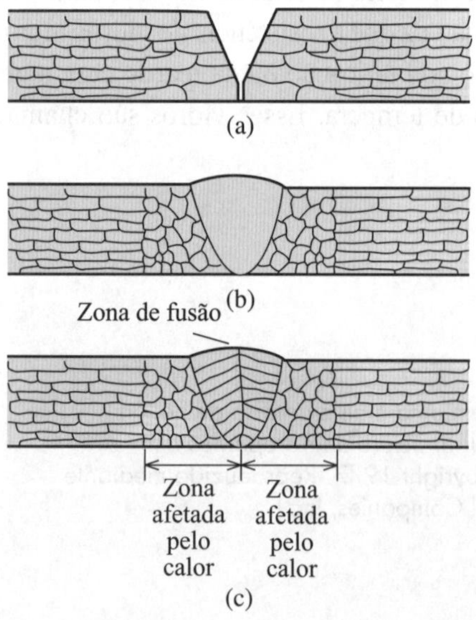

Figura 9-23 Diagrama da zona de fusão e solidificação da solda durante a soldagem por fusão: (a) preparação inicial da junta antes da solda, (b) solda à temperatura máxima, com a junta preenchida por metal e (c) solda após a solidificação.

produzem taxas de resfriamento muito rápidas e soldas bem resistentes. O processo de soldagem por atrito utiliza o calor devido ao atrito do movimento relativo de rotação entre as faces da junta para unir as partes. Algumas ligas de Al e Al-Li com aplicações aeroespaciais são soldadas com esse processo.

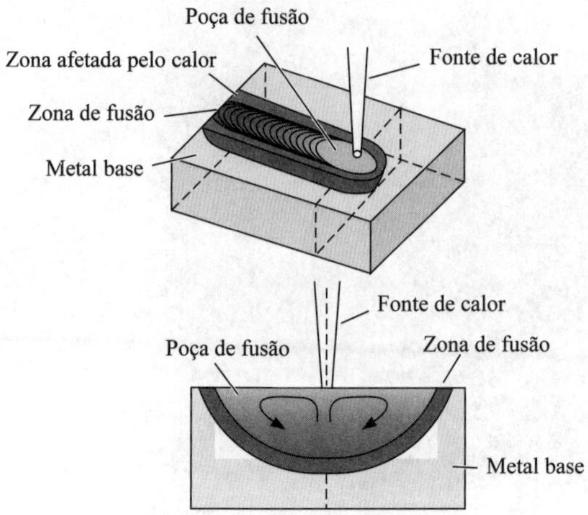

Figura 9-24 Diagrama esquemático da interação entre a fonte de calor e o metal base. Três regiões diferentes da solda são a zona de fusão, a zona afetada pelo calor e o metal de base. (Baseada em *"Current Issues and Problems in Welding Science"*, *S.A. David e T. DebRoy*, Science, *24 jul. 1992, v. 257, n. 5069, p. 497-502.*)

Josiah Willard Gibbs (1839-1903) foi um brilhante físico e matemático norte-americano que conduziu alguns dos trabalhos pioneiros mais importantes relativos ao equilíbrio termodinâmico. (*Imagem da capa de* The Scientific Papers, de J. Willard Gibbs, *dois volumes, ed. H. A. Bumstead e R. G. Van Name, Londres e Nova York: Longmans, Green, and Co., 1906.*)

capítulo 10

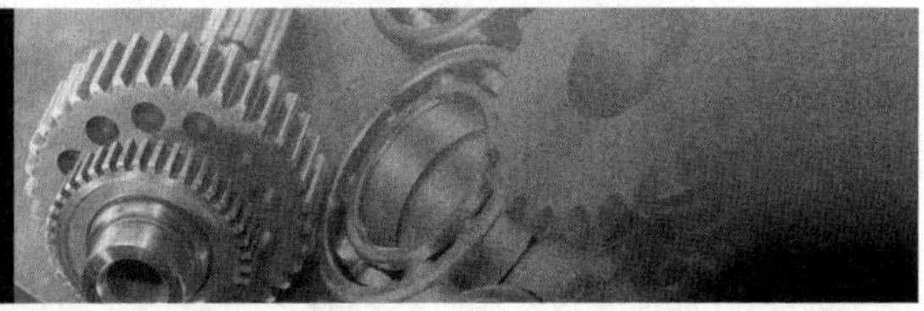

Soluções sólidas e equilíbrio de fases

VOCÊ JÁ SE PERGUNTOU?

- Se é possível a coexistência entre as formas sólida, líquida e gasosa de um mesmo material?
- Qual material é comumente utilizado para fabricar emissores de luz vermelha (LEDs)?
- Qual elemento se solidifica primeiro quando uma liga como o latão é resfriada a partir do líquido: o cobre ou o zinco?

OBJETIVOS DE APRENDIZAGEM DO CAPÍTULO

Os principais objetivos deste capítulo são

- Definir e aplicar a regra das fase de Gibbs.
- Estabelecer as condições nas quais é possível ocorrer a formação de soluções sólidas.
- Explicar os efeitos da formação de uma solução sólida nas propriedades mecânicas de materiais metálicos.
- Desenhar um diagrama de fases isomorfo indicando a temperatura de fusão de cada elemento puro e as fases presentes em cada região.
- Calcular as quantidades e a composição de cada fase presente para cada ponto em um diagrama de fases isomorfo.

Já vimos que a dureza de materiais metálicos pode ser aumentada utilizando os seguintes mecanismos:

a) endurecimento por tamanho de grão (conforme a equação de Hall-Petch);

b) trabalho a frio ou encruamento;

c) formação de pequenas partículas de segunda fase;

d) adições de pequenas quantidades de outros elementos (endurecimento por solução sólida).

Quando pequenas quantidades de um outro elemento são adicionadas, um material sólido conhecido como solução sólida pode se formar. Uma **solução sólida** contém dois ou mais tipos de átomos ou íons uniformemente dispersos pelo material. A impureza, ou os átomos do **soluto**, pode ocupar posições de rede regulares no cristal ou ainda posições intersticiais. Controlando a quantidade desses defeitos pontuais por meio da composição, as propriedades mecânicas, bem como outras propriedades das soluções sólidas, podem ser manipuladas. Por exemplo, nos materiais metálicos, os defeitos pontuais criados pelas impurezas ou pelos átomos de soluto perturbam o arranjo atômico no material cristalino e interferem no movimento das linhas de discordâncias. Assim, os defeitos pontuais fazem com que o material seja endurecido por solução sólida.

A introdução de elementos de liga ou impurezas durante o processamento altera a composição do material e influencia seu comportamento durante a solidificação. Neste capítulo, examinaremos esse efeito com o emprego do diagrama de fases em equilíbrio. Por enquanto, consideramos uma fase como a única forma de um material existir. Mais adiante, definiremos o termo fase de maneira mais precisa. Um diagrama de fases representa a estabilidade das diversas fases compostas por um conjunto de elementos (por exemplo, Al e Si). Com base no diagrama de fases, podemos predizer de que modo um material se solidificará sob condições de equilíbrio. Também podemos predizer quais serão as fases termodinamicamente estáveis e em que concentrações tais fases deverão estar presentes.

10-1 Fases e diagrama de fases

Elementos metálicos puros têm suas aplicações na engenharia. Por exemplo, o cobre ou alumínio de pureza ultraelevada são utilizados para fabricar circuitos eletrônicos. Contudo, na maioria das aplicações, usamos **ligas**. Definimos uma "liga" como um material que apresenta propriedades de um material metálico e que engloba vários elementos químicos. Um *aço-carbono* é uma liga de ferro e carbono. **Aços inoxidáveis** são ligas que resistem bem à corrosão e contêm usualmente ferro, carbono, cromo e níquel, entre outros elementos. Existem dois tipos de ligas: as **monofásicas** e as **polifásicas**. Neste capítulo, examinaremos o comportamento das ligas monofásicas. Como primeiro passo, vamos definir o conceito de "fase" e determinar de que forma a **regra das fases** nos auxilia a determinar o estado – sólido, líquido ou gasoso – no qual um material puro existe.

Fase pode ser definida como um sistema cujo volume é fisicamente homogêneo e que apresenta uma superfície que a separa de outras regiões do espaço. Por exemplo, a água pode ocorrer em três fases: água líquida, gelo sólido e vapor. Uma fase tem as seguintes características:

1. A mesma estrutura ou arranjo atômico.
2. Aproximadamente a mesma composição química e propriedades.
3. Uma interface entre a própria fase e as fases vizinhas ou regiões adjacentes.

Por exemplo, se colocarmos um bloco de gelo em uma câmara de vácuo [Figura 10-1(a)], o gelo começa a derreter e uma parte da água evapora. Nessas condições, temos a coexistência de três fases: H_2O sólida, H_2O líquida e H_2O gasosa. Cada uma dessas formas de água é uma fase distinta e tem configuração de átomos, de propriedades e de interface exclusivas para cada fase. Ainda assim, as fases apresentam composições químicas idênticas.

Regra das fases Josiah Willard Gibbs (1839-1903) foi um brilhante físico e matemático norte-americano que realizou alguns dos mais importantes trabalhos pioneiros relacionados ao equilíbrio termodinâmico.

Gibbs desenvolveu a **regra das fases** entre 1875-1876. Essa regra descreve a relação entre o número de componentes e de fases de um dado sistema e as condições que podem variar, como temperatura, pressão etc. A fórmula geral é:

$$2 + C = F + P \text{ (considerando que a temperatura e a pressão possam variar)} \qquad (10\text{-}1)$$

Nesse caso, um modo de memorizar a regra das fases de Gibbs é iniciar com o número 2 e prosseguir com os demais termos em ordem alfabética (ou seja, C, F e P), usando, para todos, sinais positivos. Na regra das fases, C é o número de componentes quimicamente independentes, em geral elementos ou compostos, no sistema. F é o número de graus de liberdade ou o número de variáveis externas (como temperatura, pressão ou composição) que podem mudar independentemente sem alterar o número de fases em equilíbrio. E P é o número de fases presentes. Não confundir P com pressão. A constante "2" na Equação 10-1 resulta do número das variáveis externas (temperatura e pressão), que pode variar. A expressão *quimicamente independente* refere-se ao número de elementos ou

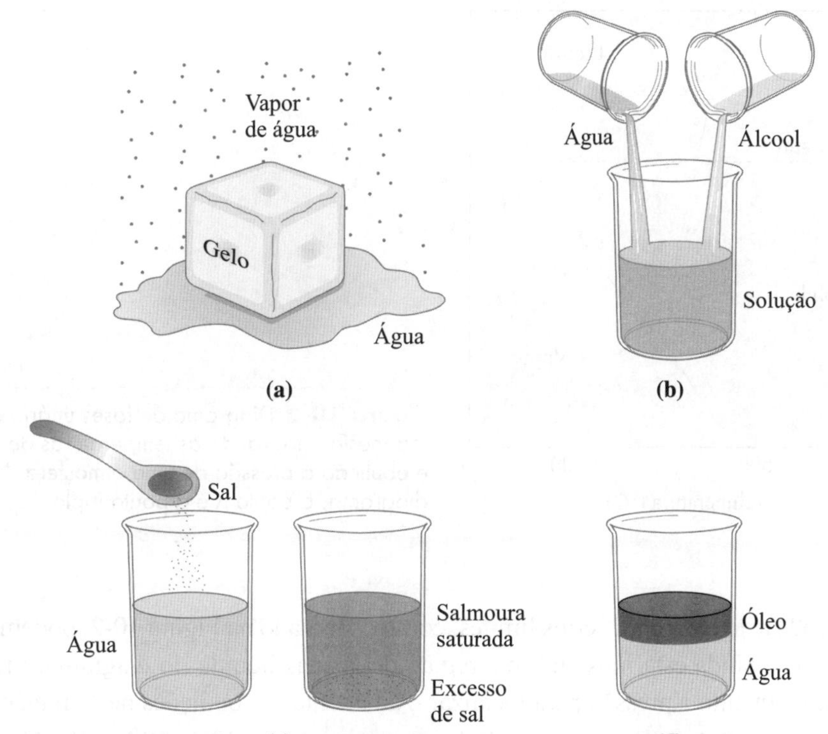

Figura 10-1 Fases e solubilidade: (a) As três fases da água – vapor, líquida e sólida. (b) Água e álcool possuem solubilidade ilimitada. (c) Sal e água possuem solubilidade limitada. (d) Óleo e água são insolúveis.

compostos distintos necessários para especificar um sistema. Por exemplo, água (H_2O) é considerada um sistema único, uma vez que as concentrações de H e O na H_2O não podem variar de modo independente.

É importante observar que a regra das fases de Gibbs supõe o equilíbrio termodinâmico e que, durante o processamento de materiais, frequentemente encontramos condições nas quais o equilíbrio *não* é mantido. Portanto, você não deve se surpreender ao observar que o número e a composição das fases observadas na prática podem ser bem diferentes daquelas previstas na regra das fases de Gibbs.

Outro ponto que precisa ser mencionado é que as fases no estado sólido podem se apresentar de diferentes formas. Por exemplo, um elemento como ferro pode existir em estruturas cristalinas CFC e CCC. Essas duas formas sólidas de ferro, duas fases distintas, são estáveis em condições diferentes de temperatura e pressão. De modo análogo, o gelo pode existir em diversas estruturas cristalinas, e o carbono tem as estruturas de grafite e diamante. Grafite e diamante são apenas duas das muitas fases possíveis do carbono, como foi visto no Capítulo 2.

Como exemplo do uso da regra das fases, vamos considerar o caso do magnésio puro. A Figura 10-2 mostra um **diagrama de fases unário** ($C = 1$) no qual as linhas dividem as fases líquida, sólida e vapor. Esse diagrama de fases unário também é chamado de diagrama de pressão-temperatura (**diagrama P-T**). No diagrama de fases unário há somente um componente, nesse caso, o magnésio. Dependendo da temperatura e da pressão, entretanto, poderá haver uma, duas ou até mesmo três *fases* presentes: magnésio sólido, magnésio líquido e vapor de magnésio. Observe que na pressão atmosférica (uma atmosfera, dada pela linha horizontal tracejada), a interseção com as linhas do diagrama de fases fornece as temperaturas usuais de fusão e ebulição do magnésio. Em pressões muito baixas, um sólido como o magnésio pode *sublimar*, ou seja, passar diretamente para a forma de vapor, isto é, sem a ocorrência de fase líquida.

Suponha a condição de pressão e temperatura presente no ponto A do diagrama de fases (Figura 10-2). Nesse ponto, o magnésio é completamente líquido e o número de fases é um (a fase líquida). A regra das fases informa que há dois graus de liberdade. Com base na Equação 10-1:

$$2 + C = F + P, \text{ portanto, } 2 + 1 = F + 1 \text{ (isto é, } F = 2)$$

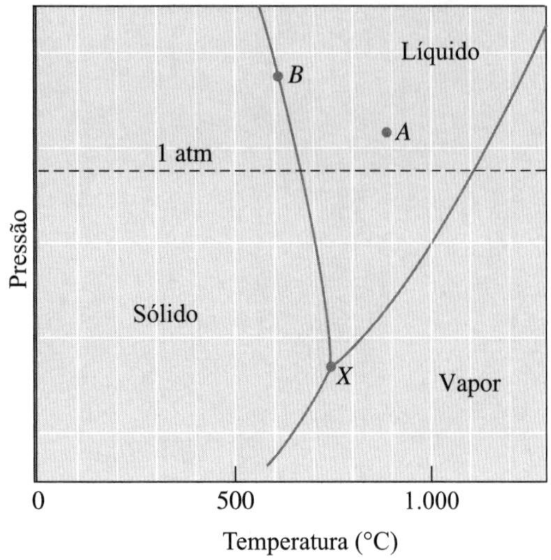

Figura 10-2 Diagrama de fases unário do magnésio, mostrando as temperaturas de fusão e ebulição à pressão de uma atmosfera. Neste diagrama, o ponto X é o ponto triplo.

O que isso significa? De acordo com certos limites, como observado na Figura 10-2, podemos alterar a pressão, a temperatura ou ambas e ainda estarmos em uma região de apenas líquido do diagrama. Em resumo, é preciso fixar tanto a temperatura quanto a pressão para localizar exatamente as condições nesta região do líquido.

Considere agora o ponto B, localizado sobre a linha que separa as regiões sólida e líquida do diagrama. O número de componentes, C, ainda é um, porém no ponto B, as fases sólida e líquida coexistem, ou seja, o número de fases P é dois. Com base na Equação 10-1 da regra das fases,

$$2 + C = F + P, \text{ portanto, } 2 + 1 = F + 2 \text{ (isto é, } F = 1)$$

ou seja, há somente um grau de liberdade. Por exemplo, se alterarmos a temperatura, a pressão também deverá ser ajustada para manter a situação da interface na qual líquido e sólido coexistem. Por outro lado, se fixarmos uma pressão sobre essa linha, o diagrama de fases indica a temperatura em que ainda coexistem as duas fases.

Por fim, no ponto X, coexistem o sólido, o líquido e o vapor. O número de componentes ainda é um e existem três fases. O número de graus de liberdade é zero:

$$2 + C = F + P, \text{ portanto, } 2 + 1 = F + 3 \text{ (isto é, } F = 0)$$

Nessa situação não temos nenhum grau de liberdade. As três fases coexistem somente para uma dada temperatura e pressão. O ponto no diagrama de fases no qual as fases sólida, líquida e gasosa coexistem sob condições de equilíbrio é o **ponto triplo** (Figura 10-2).

Exemplo 10-1 *Projeto de um componente aeroespacial*

Em razão de o magnésio ser um material de baixa massa específica ($\rho_{Mg} = 1{,}738$ g/cm^3), ele tem sido sugerido para uso em componentes de veículos aeroespaciais. Essa escolha é uma boa opção?

Solução

No espaço, a pressão é muito baixa. Mesmo em temperaturas relativamente baixas, o magnésio sólido pode começar a vaporizar, causando perda de metal e podendo danificar o veículo espacial. Além disso, a radiação solar pode causar o aquecimento do componente, aumentando a quantidade de magnésio perdido por vaporização.

Um material de baixa massa específica, ponto de ebulição mais alto e, portanto, menor pressão de vapor nas temperaturas de operação será uma opção melhor. Na pressão atmosférica, o alumínio vaporiza a 2.494 °C e o berílio a 2.770 °C, enquanto a temperatura de ebulição do magnésio é de 1.107 °C. Apesar de o alumínio e de o berílio serem um pouco mais densos do que o magnésio, qualquer um resultará numa escolha melhor. Entretanto, como o Be apresenta efeitos tóxicos quando na forma de pó, a melhor escolha passa a ser o alumínio.

Existem ainda outros fatores a serem considerados, como a solicitação mecânica do componente e, por isso, não devemos considerar somente a massa específica, mas também a resistência relativa. Portanto, a razão módulo de Young/massa específica ou a razão limite de escoamento/massa específica devem ser empregadas na seleção de materiais. Nessa comparação, devemos lembrar que o limite de escoamento é fortemente dependente da microestrutura e que a dureza do alumínio pode ser aprimorada utilizando-se ligas de alumínio, mantendo, entretanto, a massa específica quase inalterada. Outros fatores, como a oxidação durante a reentrada na atmosfera da Terra, podem ser importantes e também devem ser considerados.

10-2 Solubilidade e soluções sólidas

Com frequência, é importante conhecer quanto de cada material ou componente podemos combinar sem produzir uma fase adicional. Quando começamos a combinar componentes ou materiais diferentes, como adicionar elementos de ligas a um metal, sólido ou líquido, podem se formar soluções. Por exemplo, quando adicionamos açúcar à água, formamos uma solução de açúcar. Em outras palavras, estamos interessados na **solubilidade** de um material em outro (por exemplo, açúcar em água, cobre em níquel, fósforo em silício etc.).

Solubilidade ilimitada Suponha que comecemos com um copo com água e um com álcool. A água e o álcool são duas fases distintas. Se despejarmos a água no álcool e agitarmos, é produzida somente uma fase [Figura 10-1(b)]. O copo contém uma solução de água e álcool que possui propriedades e composição próprias. Água e álcool são solúveis um no outro. Além disso, apresentam **solubilidade ilimitada**. Independentemente da razão água/álcool, quando são misturados, esses líquidos produzem somente uma fase.

Da mesma maneira, se optarmos por misturar quaisquer quantidades de cobre líquido e níquel líquido, será produzida somente uma fase líquida. Essa liga líquida possui a mesma composição e propriedades em todos os pontos [Figura 10-3(a)], pois o cobre e o níquel possuem solubilidade ilimitada.

Se a liga líquida cobre-níquel solidificar e resfriar à temperatura ambiente, sob a condição de equilíbrio térmico, é produzida somente uma fase sólida. Após a solidificação, os átomos de cobre e níquel não se separam, ao contrário, estão aleatoriamente localizados na estrutura cristalina CFC. Dentro da fase sólida, a estrutura, as propriedades físicas e a composição são uniformes e não há interface entre os átomos de cobre e níquel. Portanto, o cobre e o níquel também possuem solubilidade ilimitada. A fase sólida é uma solução sólida de cobre e níquel [Figura 10-3(b)].

Uma solução sólida *não* é uma mistura. Uma mistura contém mais de um tipo de fase cujas características de cada uma são conservadas quando a mistura é formada. Ao contrário, os componentes de uma solução sólida se dissolvem completamente um no outro e não conservam suas características individuais.

Outro exemplo de um sistema que forma uma solução sólida é o do titanato de bário ($BaTiO_3$) e do titanato de estrôncio ($SrTiO_3$), que são compostos encontrados no sistema ternário BaO-TiO_2-SrO. Usamos soluções sólidas de $BaTiO_3$ com $SrTiO_3$ e outros óxidos para fabricar componentes eletrônicos como capacitores. Milhões de capacitores multicamadas são fabricados todos os anos usando esses materiais.

Muitos compostos semicondutores que partilham a mesma estrutura cristalina formam soluções sólidas totais. Por exemplo, podemos formar soluções sólidas de arsenieto de gálio (GaAs) e arsenieto de alumínio (AlAs). As telas de LED vermelho mais usadas são fabricadas com soluções sólidas com base no sistema GaAs-GaP. Podem ser formadas soluções sólidas usando mais de dois componentes ou elementos.

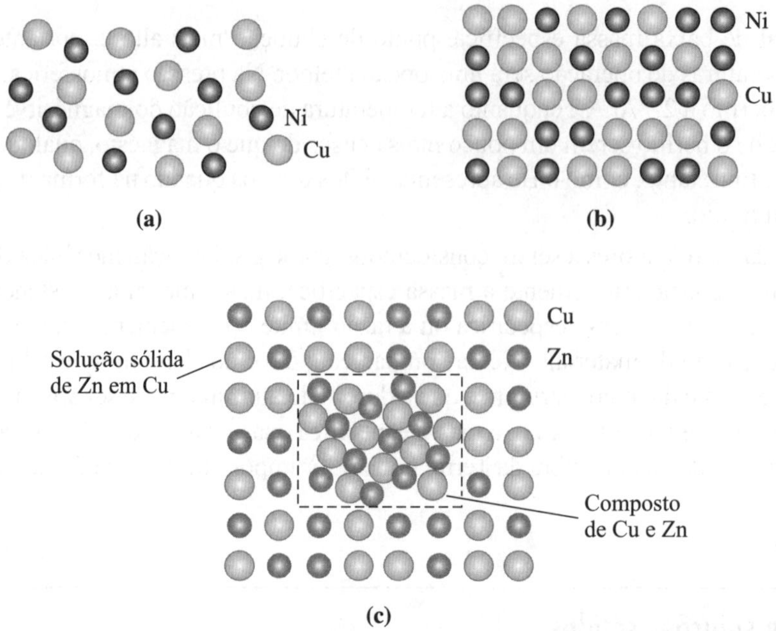

Figura 10-3 (a) Cobre líquido e níquel líquido são completamente solúveis um no outro. (b) Ligas sólidas de cobre-níquel apresentam solubilidade sólida total, com os átomos de cobre e níquel ocupando locais aleatórios da rede cristalina. (c) Ligas de cobre-zinco com mais de 30% de zinco formam uma segunda fase em razão da solubilidade limitada do zinco no cobre.

Solubilidade limitada Se adicionarmos uma pequena quantidade de sal (uma fase) a um copo com água (uma outra fase) e agitarmos, o sal dissolverá completamente na água, resultando numa única fase de água salgada (ou salmoura). Entretanto, se adicionarmos sal em demasia à água, o excesso de sal ficará no fundo do copo [Figura 10-1(c)]. Nesse caso, existem duas fases: água saturada com sal, mais o excesso de sal sólido, e concluímos que o sal possui uma **solubilidade limitada** na água.

A adição de uma pequena quantidade de zinco líquido ao cobre líquido produz uma solução líquida. Quando a solução cobre-zinco é resfriada e se solidifica, resulta numa solução sólida de estrutura CFC, com os átomos de cobre e zinco localizados nos pontos normais da rede. Se a solução líquida contiver mais do que aproximadamente 30% de Zn, alguns dos átomos de zinco em excesso se ligarão a alguns dos átomos de cobre para formar um composto CuZn [Figura 10-3(c)]. Agora coexistem duas fases sólidas: uma solução sólida de cobre saturado (com aproximadamente 30% de zinco) mais um composto CuZn. Esse fenômeno decorre da solubilidade limitada do zinco no cobre. A Figura 10-4 apresenta uma parte do diagrama de fases Cu-Zn que mostra a solubilidade do zinco no cobre a baixas temperaturas. A solubilidade aumenta com a elevação da temperatura. Isso é similar à maneira pela qual podemos dissolver mais açúcar ou sal na água elevando sua temperatura. Observe que as soluções sólidas são produzidas mesmo se houver solubilidade limitada. Não é preciso solubilidade de 100% do sólido para formar soluções sólidas. Essas soluções podem se formar por mecanismos substitucionais ou intersticiais. Os átomos ou íons solutos podem entrar na estrutura cristalina do solvente em posições cristalográficas regulares ou nos interstícios.

No Capítulo 5, estudamos como o silício pode ser dopado com fósforo, boro ou arsênico. Todos esses elementos dopantes exibem uma solubilidade limitada no Si (isto é, em pequenas concentrações, eles formam uma solução sólida com o Si). Na verdade, para que esses dopantes sejam eficazes para alterar a condutividade do Si, eles precisam formar soluções sólidas substitucionais com o Si.

Em casos extremos, um material poderá ser praticamente insolúvel no outro, como ocorre com óleo e água [Figura 10-1(d)] ou com ligas de cobre-chumbo (Cu-Pb). Observe que, mesmo materiais que não dissolvem um no outro podem ser dispersos um no outro. Por exemplo, fases de óleo e líquidos aquosos podem ser misturadas

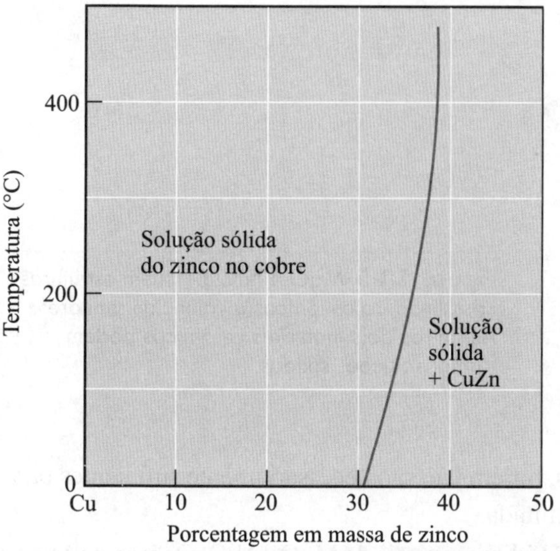

Figura 10-4 Solubilidade do zinco no cobre. A linha sólida representa o limite de solubilidade. Quando é adicionado excesso de zinco, o limite de solubilidade é excedido e surge outra fase.

frequentemente com o uso de surfactantes (moléculas saponáceas) para formar emulsões. A imiscibilidade, que é a ausência de solubilidade, é observada em muitos materiais metálicos e em cerâmicas (sólidas ou fundidas).

Sistemas poliméricos Podemos processar materiais poliméricos para melhorar sua utilidade empregando um conceito similar ao da formação de soluções sólidas em sistemas metálicos e cerâmicos. É possível fabricar materiais que são conhecidos como **copolímeros**, formados por diferentes monômeros. Por exemplo, os monômeros acrilonitrila (A), butadieno (B) e estireno (S) podem ser colocados para reagir e formar um copolímero conhecido como ABS. Esse copolímero é semelhante a uma solução sólida, pois apresenta as funcionalidades dos três monômeros dos quais é derivado, combinando suas propriedades. De forma similar às soluções sólidas de Cu-Ni ou $BaTiO_3$-$SrTiO_3$, não conseguimos separar a acrilonitrila, o butadieno ou o estireno de um plástico ABS. A moldagem por injeção é usada para converter o ABS em telefones, capacetes, volantes e pequenos estojos para eletrodomésticos. Dylark™ é outro exemplo de copolímero. Ele é formado por anidrido maleico e um monômero de estireno. O copolímero Dylark™ com negro de carbono para proteção UV, reforçado por fibra de vidro e endurecido com borracha tem sido usado para confeccionar painéis de automóveis (Capítulo 16).

10-3 Condições para a solubilidade sólida ilimitada

Para que um sistema como cobre-níquel tenha solubilidade sólida ilimitada, algumas condições devem ser atendidas. Essas condições, denominadas **regras de Hume-Rothery**, são as seguintes:

1. *Tamanho*: Os átomos ou íons devem ser de tamanho similar, com não mais do que 15% de diferença no raio atômico, para minimizar a deformação elástica da rede cristalina, ou seja, para minimizar na escala atômica os desvios causados nas distâncias interatômicas.
2. *Estrutura cristalina*: Os materiais devem ter a mesma estrutura cristalina, caso contrário, haverá um ponto em que a transição ocorre de uma fase para a outra com uma estrutura diferente.
3. *Valência*: Os íons devem ter a mesma valência, caso contrário, a diferença nos elétrons de valência incentiva a formação de compostos em vez de soluções.
4. *Eletronegatividade*: Os átomos devem ter aproximadamente a mesma eletronegatividade. A eletronegatividade descreve a tendência de o átomo ganhar um elétron (Capítulo 2). Caso as eletronegatividades sejam bem diferentes, formam-se compostos semelhantes aos sólidos iônicos como o cloreto de sódio.

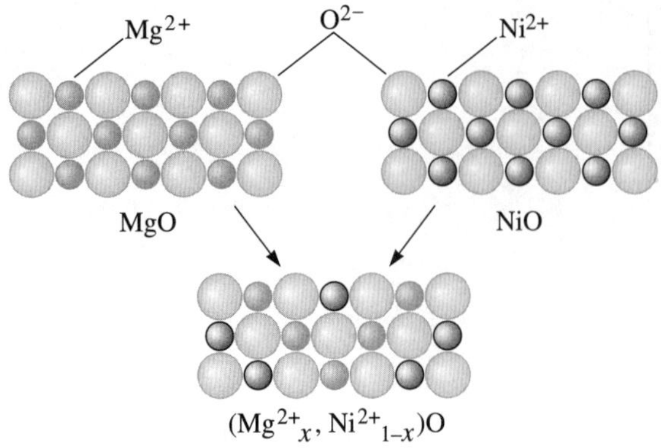

Figura 10-5 MgO e NiO possuem estruturas cristalinas, raios iônicos e valências similares. Assim, os dois materiais cerâmicos podem formar soluções sólidas.

As condições de Hume-Rothery devem ser atendidas, porém não são necessariamente suficientes para que dois metais ou compostos apresentem solubilidade sólida ilimitada.

A Figura 10-5 mostra esquematicamente as estruturas bidimensionais de MgO e NiO. Os íons de Mg^{2+} e Ni^{2+} são similares em tamanho e valência e, consequentemente, podem substituir um ao outro em uma estrutura cristalina do tipo cloreto de sódio (NaCl) (Capítulo 3), formando uma série de soluções sólidas com fórmula $(Mg_x^{2+}Ni_{1-x}^{2+})O$, em que x é a fração molar de Mg^{2+} ou MgO.

A solubilidade de átomos intersticiais sempre é limitada. Átomos intersticiais são menores do que átomos do elemento da matriz, violando, assim, a primeira condição de Hume-Rothery.

Exemplo 10-2 *Soluções sólidas cerâmicas de MgO*

A fase NiO pode ser adicionada ao MgO para produzir uma solução sólida. Que outros sistemas cerâmicos são prováveis de possuir 100% de solubilidade sólida com MgO?

Solução

Nesse caso, precisamos considerar adições de óxidos que possuam cátions metálicos com a mesma valência e raio iônico próximo ao do cátion de magnésio. A valência dos íons magnésio é +2 e o raio iônico é igual a 0,66 Å. Outras possibilidades de cátions com valência +2 estão listadas a seguir e também no Apêndice B:

	r(Å)	$\left[\frac{r_{ion} - r_{Mg^{2+}}}{r_{Mg^{2+}}}\right] \times 100\%$	Estrutura cristalina
Cd^{2+} em CdO	$r_{Cd^{2+}} = 0{,}97$	47	NaCl
Ca^{2+} em CaO	$r_{Ca^{2+}} = 0{,}99$	50	NaCl
Co^{2+} em CoO	$r_{Co^{2+}} = 0{,}72$	9	NaCl
Fe^{2+} em FeO	$r_{Fe^{2+}} = 0{,}74$	12	NaCl
Sr^{2+} em SrO	$r_{Sr^{2+}} = 1{,}12$	70	NaCl
Zn^{2+} em ZnO	$r_{Zn^{2+}} = 0{,}74$	12	NaCl

A diferença dos raios iônicos e das estruturas cristalinas é apresentada e sugere que o sistema FeO-MgO provavelmente apresentará solubilidade sólida ilimitada. Os óxidos de CoO e ZnO também possuem raios iônicos e estruturas cristalinas apropriados.

10-4 Endurecimento por solução sólida

Em materiais metálicos, um dos efeitos importantes das soluções sólidas é o **endurecimento por solução sólida** (Figura 10-6). Esse aumento de resistência mecânica é consequência do aumento da restrição à movimentação de discordâncias. Essa é uma das razões pelas quais o latão, liga Cu-Zn, é mais resistente do que o cobre puro. Em outro exemplo, joias poderiam ser fabricadas em ouro ou prata puros. Entretanto, o ouro e a prata puros são extremamente macios e deformáveis. Os joalheiros adicionam cobre ao ouro ou à prata, a fim de que as joias conservem suas formas originais.

No sistema metálico cobre-níquel são introduzidos intencionalmente átomos sólidos substitucionais de níquel na estrutura cristalina original do cobre. A liga cobre-níquel é mais resistente do que o cobre puro. De maneira similar, se forem adicionados menos que 30% de Zn ao cobre, o zinco se comporta como um átomo substitucional. A resistência mecânica da liga cobre-zinco é superior à do cobre puro.

Relembre do Capítulo 7 que a resistência mecânica das cerâmicas é determinada principalmente pela distribuição de defeitos, e não pela propagação e interação de linhas de discordâncias. Nesse caso, a formação de uma solução sólida não tem um efeito pronunciado sobre as propriedades mecânicas das cerâmicas. Da mesma forma, o encruamento não aumenta sua resistência mecânica (Capítulo 8). A discussão a seguir é relacionada a propriedades mecânicas, portanto se aplica principalmente a metais.

Efeito de endurecimento por solução sólida A intensidade do endurecimento em soluções sólidas depende de dois fatores. Primeiro, uma grande diferença entre o tamanho dos átomos do metal de base (solvente) e o do átomo adicionado (soluto) aumenta o efeito do endurecimento. Uma grande diferença de tamanho cria distorção elástica na estrutura cristalina e dificulta o deslizamento de discordâncias (Figura 10-6).

Segundo, quanto maior a quantidade de elementos de liga adicionados, maior será o efeito de endurecimento (Figura 10-6). Uma liga de Cu-20% Ni é mecanicamente mais resistente do que uma de Cu-10% Ni. Entretanto, se átomos de maior (ou menor) tamanho forem adicionados em excesso, o limite de solubilidade poderá ser ultrapassado e o endurecimento ocorrerá por outro mecanismo denominado **endurecimento por dispersão**. No endurecimento por dispersão, a interface entre a fase original e a fase que se precipita atua como uma barreira à movimentação de discordâncias e contribui para o endurecimento. Esse mecanismo será discutido no Capítulo 11.

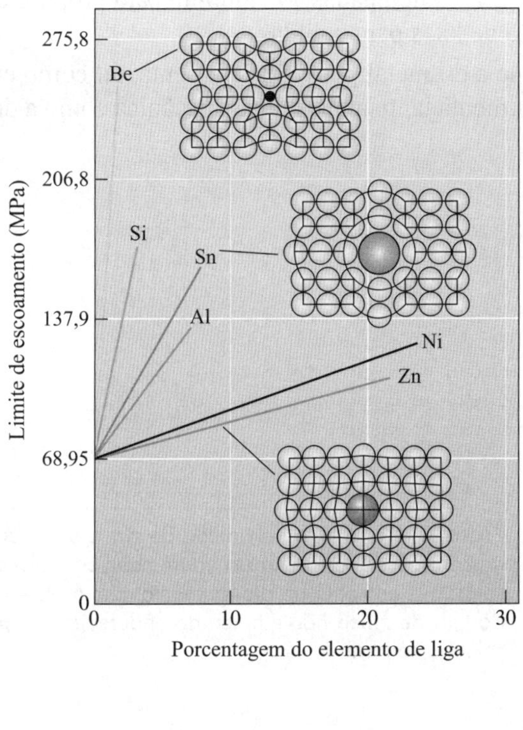

Figura 10-6 Os efeitos de diversos elementos de liga no limite de escoamento do cobre. Os átomos de níquel e zinco são do mesmo tamanho dos átomos de cobre, mas os átomos de berílio e estanho são muito diferentes dos de cobre. Aumentar a diferença de tamanho atômico e a quantidade do elemento de liga adicionado aumenta o endurecimento por solução sólida.

Exemplo 10-3 *Endurecimento por solução sólida*

Mostre se a diferença de tamanho entre os átomos de cobre e os do elemento de liga predizem com precisão o endurecimento mostrado na Figura 10-6.

Solução

Os raios atômicos e a diferença percentual de tamanho estão apresentados a seguir:

Metal	Raio atômico (Å)	$\left[\frac{r_{átomo} - r_{Cu}}{r_{Cu}}\right] \times 100\%$
Cu	1,278	0
Zn	1,332	+ 4,2
Sn	1,405	+ 9,9
Al	1,432	+ 12,1
Ni	1,243	−2,7
Si	1,176	−8,0
Be	1,143	−10,6

Para átomos maiores do que o cobre, especificamente zinco, alumínio e estanho, ao aumentar a diferença de tamanho, aumenta também o efeito de endurecimento. O mesmo ocorre para os átomos menores que o cobre, aumentando a diferença dos raios atômicos, aumenta o endurecimento.

Efeito do endurecimento por solução sólida sobre as propriedades dos materiais Os efeitos do endurecimento por solução sólida sobre as propriedades de um material metálico são resumidos a seguir (Figura 10-7):

1. O limite de escoamento, o limite de resistência à tração e a dureza das ligas são mais elevados que aqueles dos metais puros. Essa é uma das razões por que usamos mais frequentemente ligas em vez de metais puros. Por exemplo, pequenas concentrações de Mg são adicionadas ao alumínio para proporcionar maior resistência a ligas de alumínio usadas na fabricação de latas para bebidas.
2. Quase sempre, a ductilidade da liga é menor do que a do metal puro. Só raramente, tal como em ligas de cobre-zinco, o endurecimento por solução sólida aumenta tanto a resistência mecânica como a ductilidade.

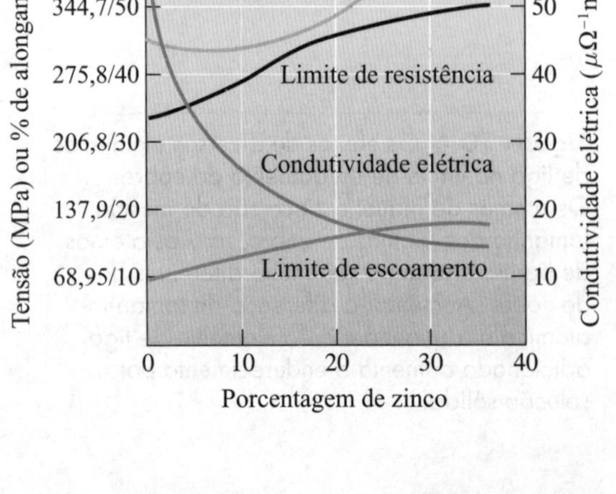

Figura 10-7 Efeito da adição de zinco ao cobre nas propriedades de ligas endurecidas por solução sólida. O aumento do alongamento com a elevação do teor de zinco *não* é típico do endurecimento por solução sólida.

3. A condutividade elétrica da liga é muito menor do que a do metal puro. Isso ocorre em razão de os elétrons serem mais espalhados dos átomos de elementos de liga do que pelos da matriz. O endurecimento por solução sólida de fios de cobre ou alumínio usados para transmissão de energia elétrica não é recomendado em razão desse efeito pronunciado.[1] Entretanto, a condutividade elétrica de muitas ligas, apesar de ser menor do que a de metais puros, frequentemente é menos dependente da temperatura.
4. A resistência à fluência, que é a perda de resistência em temperaturas elevadas, aumenta com o endurecimento por solução sólida. Muitas ligas usadas em altas temperaturas, como as empregadas em motores a jato, têm sua seleção baseada na possibilidade de endurecimento por solução sólida.

10-5 Diagramas de fases isomorfos

Um **diagrama de fases** mostra as fases e suas composições em qualquer combinação de temperatura e composição de liga dentro dos limites do diagrama. Quando somente dois elementos ou dois compostos estão presentes em um material, pode ser construído um **diagrama de fases binário**. **Diagramas de fases isomorfos** são encontrados em sistemas metálicos e cerâmicos. Nos sistemas isomorfos, que incluem os sistemas cobre-níquel e NiO-MgO [Figura 10-8 (a) e (b)], apenas é formada uma fase sólida, uma vez que os dois componentes apresentam solubilidade sólida total. Como mostrado no diagrama de fases dos sistemas CaO · SiO_2 · SrO e tálio-chumbo (Tl-Pb), é possível ocorrerem regiões de estabilidade com pontos de mínimos ou máximos em relação à temperatura [Figura 10-8(c) e (d)]. Observe que a escala horizontal pode representar tanto a fração em mols ou em massa de um dos componentes. Também podemos determinar a fração atômica ou a fração de mols de um dos componentes. O diagrama poderia ser apresentado como um *diagrama de fases ternário*, cujos componentes seriam CaO, SiO_2 e SrO. Um diagrama de fases ternário é um diagrama de fases de sistemas que consistem em três componentes. Frequentemente é representado como um *diagrama pseudobinário*, ou seja, supondo que este seja um diagrama que representa o equilíbrio de fases entre CaO · SiO_2 e SrO · SiO_2. Em um diagrama pseudobinário, representamos o equilíbrio entre três ou mais componentes, usando dois compostos. Diagramas de fase ternários são geralmente encontrados em sistemas cerâmicos e metálicos.

Recentemente, foram feitos progressos consideráveis nos diagramas de fases utilizando bancos de dados computacionais contendo propriedades termodinâmicas de diversos elementos e compostos. Existem muitas informações valiosas a serem obtidas a partir dos diagramas de fase, como é apresentado a seguir.

Temperaturas *liquidus* e *solidus* Definimos **temperatura *liquidus*** como a temperatura mínima acima da qual um material está totalmente líquido. A curva superior na Figura 10-8(a) representa a temperatura ***liquidus*** das ligas cobre-níquel de diferentes composições. Devemos aquecer uma liga cobre-níquel acima da temperatura *liquidus* para produzir uma liga totalmente líquida que possa, então, ser fundida e vazada. A liga líquida começa a solidificar quando a temperatura está abaixo da temperatura *liquidus*. Para a liga Cu-40% Ni na Figura 10-8(a), por exemplo, a temperatura *liquidus* é de 1.280 °C.

A **temperatura *solidus*** da liga cobre-níquel é a temperatura máxima abaixo da qual a liga está 100% sólida. A curva inferior na Figura 10-8(a) representa a temperatura ***solidus*** de ligas Cu-Ni com diversas composições. Uma liga cobre-níquel não está completamente sólida até que o material esfrie abaixo da temperatura *solidus*. Para qualquer liga, a temperatura de operação deve ser sempre inferior à temperatura *solidus*, de modo que não ocorra fusão. Para a liga Cu-40% Ni da Figura 10-8(a), a temperatura *solidus* é de 1.240 °C.

Ligas do sistema cobre-níquel fundem e se solidificam na faixa de temperaturas compreendida entre *liquidus* e *solidus*. A diferença de temperatura entre a *liquidus* e a *solidus* é o **intervalo de solidificação** da liga. Duas fases coexistem dentro do intervalo de solidificação: uma líquida e outra sólida. A fase sólida é uma solução de átomos de cobre e níquel e é designada como fase α. Para a liga Cu-40% Ni da Figura 10-8(a), o intervalo de solidificação

[1] N.R.T.: Outra opção para aumentar a resistência mecânica do cobre sem prejudicar significativamente a condutividade elétrica é adicionar, como elemento endurecedor, prata, telúrio ou bismuto em teores máximos entre 0,02 e 0,2%.

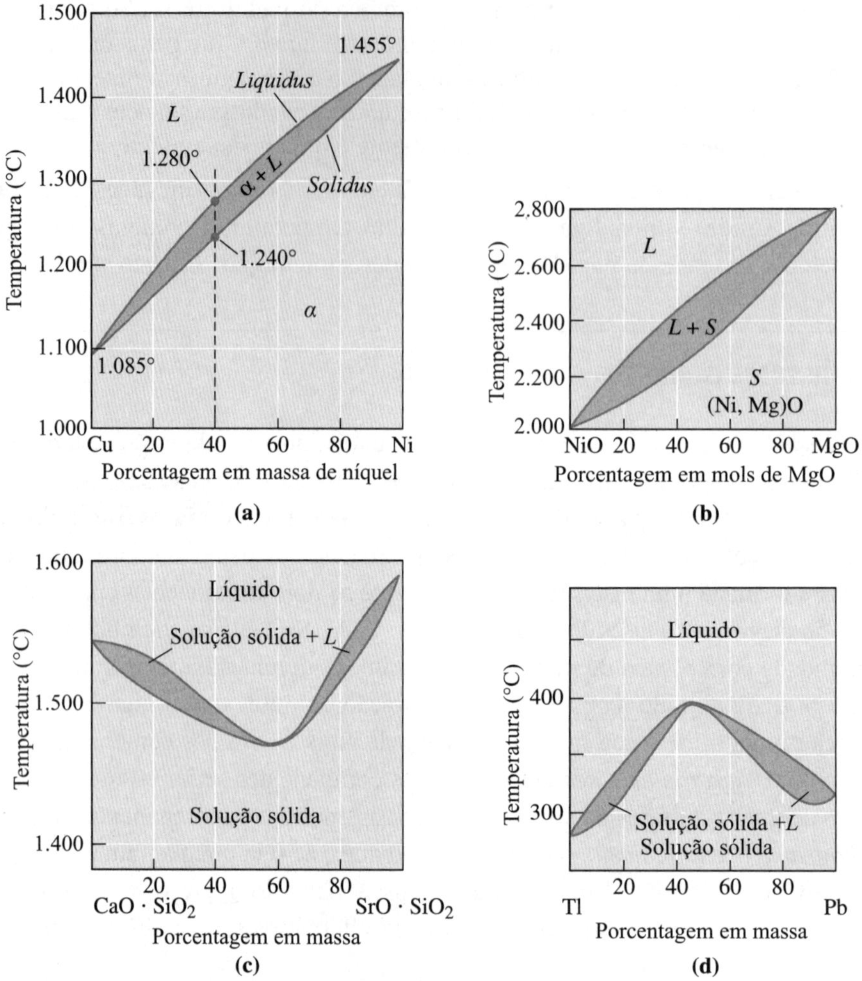

Figura 10-8 Diagramas de fases em equilíbrio dos sistemas. (a) Cu-Ni. As temperaturas *liquidus* e *solidus* são mostradas para uma liga Cu-40% Ni, (b) NiO-MgO. (c) e (d) Sistemas de soluções sólidas com temperaturas máxima e mínima. (*Adaptado de* Introduction to phase equilibria. BERGERON, C. G.; RISBUD, S. H. *American Ceramic Society, 1984.*)

é 1.280 – 1.240 = 40 °C. Observe que metais puros solidificam a uma temperatura fixa, ou seja, o intervalo de solidificação é zero.

Fases presentes De modo frequente, estamos interessados nas fases presentes numa liga a uma dada temperatura. Caso planejemos produzir uma peça fundida, devemos nos assegurar de que o metal esteja, no início, totalmente líquido. Para tratarmos termicamente um componente, ao contrário, devemos evitar que haja formação de líquido durante o processo. As fases sólidas diferentes possuem propriedades diversas. Por exemplo, o Fe CCC (indicado como fase α no diagrama de fases ferro-carbono) é magnético. Entretanto, o ferro CFC (indicado como fase γ no diagrama Fe-C) não é.

O diagrama de fases pode ser tratado como um mapa. Se conhecemos as coordenadas (temperatura e composição da liga), podemos determinar as fases presentes, supondo que estejam em equilíbrio termodinâmico. Entretanto, há muitas situações tecnologicamente importantes nas quais não desejamos a formação de fases de equilíbrio. Por exemplo, na formação de vidro de silicatos, queremos que se forme um vidro amorfo, e não alguma forma cristalina da sílica. Quando endurecemos aços resfriando-os rapidamente de uma temperatura elevada, o endurecimento ocorre por causa da formação de fases de não equilíbrio. Nesses casos, os diagramas de fases não fornecerão todas as informações de que precisamos, e então será necessário utilizar diagramas especiais que levem em conta o efeito do tempo (a cinética) nas transformações de fase. Examinaremos o uso desses diagramas em capítulos posteriores.

Os exemplos a seguir ilustram a aplicação desses conceitos.

Exemplo 10-4 *Sistema isomorfo NiO-MgO*

Com base no diagrama de fases do sistema binário NiO-MgO [Figura 10-8(b)], selecione uma composição que possa fundir a 2.600 °C, porém que não fundirá quando colocada em operação a 2.300 °C.

Solução

O material deverá ter uma temperatura *liquidus* abaixo de 2.600 °C, porém, uma temperatura *solidus* acima de 2.300 °C. O diagrama de fases NiO-MgO [Figura 10-8(b)] permite projetar uma composição adequada.

Numa composição com uma temperatura *liquidus* abaixo de 2.600 °C, a quantidade em mols de MgO deverá ser inferior a 60%. Já numa composição com uma temperatura *solidus* acima de 2.300 °C, a quantidade mínima em mols de MgO é de 50%. Consequentemente, podemos usar qualquer composição entre 50% e 60% em mol de MgO.

Exemplo 10-5 *Projeto de um material compósito*

Um método para melhorar a tenacidade à fratura de uma cerâmica (Capítulo 7) é adicionar fibras cerâmicas à matriz. Um projetista de materiais sugeriu que o Al_2O_3 poderia ser reforçado com 25% de fibras de Cr_2O_3. Com isso, se reduziria a taxa de propagação de trincas na alumina. Espera-se que o compósito resultante opere sob uma carga de 2.000 °C por diversos meses. Critique a adequação desse projeto com base na Figura 10-9.

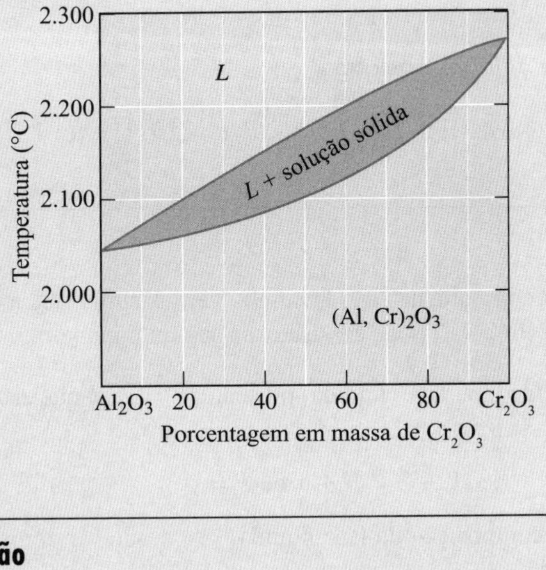

Figura 10-9 Diagrama de fases Al_2O_3–Cr_2O_3 (para o Exemplo10-5).

Solução

Uma vez que o compósito operará em altas temperaturas durante um longo tempo, as duas fases, fibras de Cr_2O_3 e matriz de Al_2O_3, não poderão reagir uma com a outra. Além disso, o compósito deverá permanecer sólido a temperaturas iguais ou superiores a 2.000 °C. O diagrama de fases da Figura 10-9 permite considerar esses aspectos.

As fases puras Cr_2O_3, Al_2O_3 e a solução sólida Al_2O_3-25% Cr_2O_3 apresentam temperaturas *solidus* acima de 2.000 °C. Consequentemente, não há risco de fusão de qualquer um dos constituintes. Entretanto, Cr_2O_3 e Al_2O_3 têm solubilidade sólida ilimitada. À alta temperatura de serviço, 2.000 °C, os íons Al^{3+} difundirão a partir da matriz para as fibras, substituindo os íons Cr^{3+} nas fibras. Simultaneamente, os íons Cr^{3+} substituirão os Al^{3+} da matriz. Em pouco tempo, o processo de difusão fará com que as fibras se dissolvam completamente na matriz. Sem a presença de fibras remanescentes, a tenacidade à fratura voltará aos baixos níveis iniciais.

Composição de cada fase Podemos determinar a composição percentual de cada elemento numa fase. Usualmente, a composição é expressa em porcentagem em massa. Quando somente uma fase está presente na liga ou numa solução sólida cerâmica, a composição da fase é igual à composição global do material. Assim, se a composição original de uma liga monofásica ou um material cerâmico muda, a composição da fase também deve mudar.

Entretanto, quando duas fases, como líquida e sólida, coexistem, suas composições diferem umas das outras e também da composição global original. Se a composição original mudar ligeiramente, mas se ainda permanecer dentro dessa mesma região, a composição das duas fases não será afetada, desde que a temperatura permaneça constante.

Essa diferença é explicada pela regra das fases de Gibbs. Nesse caso, ao contrário do exemplo do magnésio puro (Mg) descrito anteriormente, mantemos a pressão fixa em uma atmosfera, o que é normal para diagramas de fases binários. A regra das fases dada pela Equação 10-1 pode ser reescrita como:

$$1 + C = F + P \text{ (para pressão constante)} \tag{10-2}$$

em que, novamente, C é o número de componentes químicos independentes, P é o número de fases (*não se refere à pressão*) e F é o número de graus de liberdade. Usaremos agora o número 1 (no início da equação) em vez do número 2, pois a pressão é constante. Isso reduz o número de graus de liberdade F para 1. A pressão é em geral, embora não necessariamente de uma atmosfera. Em um sistema binário, o número de componentes C é dois. Os graus de liberdade que temos incluem as mudanças de temperatura e de composição das fases presentes. Podemos aplicar essa regra das fases ao sistema Cu-Ni, como mostra o Exemplo 10-6.

Exemplo 10-6 *Regra de Gibbs para o diagrama de fases isomorfo*

Determine os graus de liberdade da liga Cu-40% Ni a (a) 1.300 °C, (b) 1.250 °C e (c) 1.200 °C. Use a Figura 10-8(a).

Solução

Este é um sistema binário ($C = 2$). Os dois componentes são Cu e Ni. Vamos supor que a pressão seja constante. Portanto, a Equação 10-2 ($1 + C = F + P$) pode ser usada da seguinte maneira:

a) A 1.300 °C, $P = 1$, uma vez que há somente uma fase (líquida) presente; $C = 2$, já que estão presentes tanto átomos de cobre como de níquel. Assim:

$$1 + C = F + P \quad \therefore\ 1 + 2 = F + 1 \text{ ou } F = 2$$

Devemos fixar tanto a temperatura como a composição da fase líquida para descrever completamente o estado da liga cobre-níquel na região líquida.

b) A 1.250 °C, $P = 2$, uma vez que estão presentes tanto líquido quanto sólido; $C = 2$, já que estão presentes átomos de cobre e de níquel. Agora:

$$1 + C = F + P \quad \therefore\ 1 + 2 = F + 2 \text{ ou } F = 1$$

Se fixarmos a temperatura na região de duas fases, a composição das fases também estará fixada. Ou se a composição de uma fase for fixada, a temperatura e a composição da segunda fase estarão automaticamente fixadas.

c) A 1.200 °C, $P = 1$, uma vez que somente uma fase (sólida) está presente; $C = 2$, já que estão presentes os átomos de cobre e de níquel. Novamente:

$$1 + C = F + P \quad \therefore\ 1 + 2 = F + 1 \text{ ou } F = 2$$

Será preciso fixarmos tanto a temperatura como a composição para descrevermos completamente o estado sólido.

Pelo fato de haver somente um grau de liberdade numa região de duas fases de um diagrama de fases binário, as composições das duas fases são sempre fixas quando especificamos a temperatura. Isso é verdadeiro mesmo se a composição global da liga for modificada. Portanto, podemos usar uma linha de amarração para determinar a composição das duas fases. Uma **linha de amarração** é uma linha horizontal dentro de uma região bifásica, traçada na temperatura de interesse (veja a Figura 10-10). Em um sistema isomorfo, a linha de amarração liga os pontos *liquidus* e *solidus* na temperatura especificada. As extremidades da linha de amarração representam as composições das duas fases em equilíbrio. Linhas de amarração não são usadas em regiões monofásicas porque não temos duas fases para serem *unidas*.

Para qualquer liga com a composição global entre c_L e c_S, a composição do líquido é c_L e a composição do sólido α é c_S.

O exemplo a seguir ilustra de que maneira a linha de amarração é usada para determinar a composição de fases em equilíbrio.

Exemplo 10-7 *Composição das fases no diagrama Cu-Ni*

Determine a composição de cada fase da liga Cu-40% Ni a 1.300 °C, 1.270 °C , 1.250 °C e 1.200 °C (veja a Figura 10-11).

Solução

A linha vertical em 40% de Ni representa a composição global da liga.

- **1.300 °C**: Somente líquido está presente. O líquido deve conter 40% de Ni, ou seja, a composição global da liga.

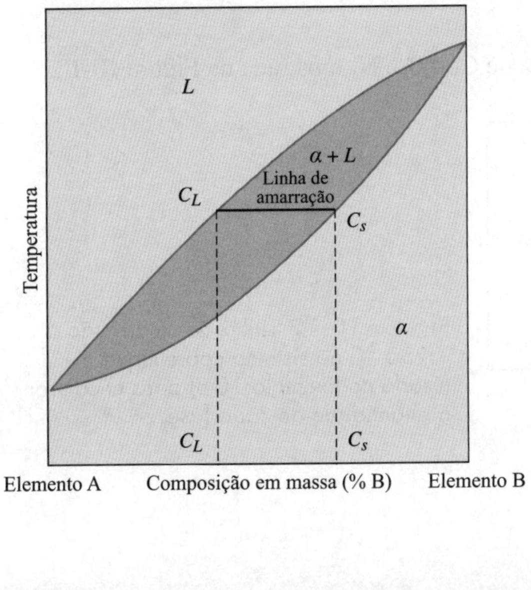

Figura 10-10 Diagrama de fases binário hipotético entre dois elementos A e B. Quando a composição da liga cai numa região de duas fases, uma linha de amarração na temperatura de interesse fixa a composição das duas fases. Isso é consequência da regra das fases de Gibbs, que proporciona apenas um grau de liberdade nas duas fases.

- **1.270 °C**: Duas fases estão presentes. É traçada uma linha de amarração, horizontal, dentro do campo $\alpha + L$. O ponto que cruza a linha *liquidus* e está em contato com a região líquida possui 37% de Ni. O ponto que cruza com a linha *solidus* e está em contato com a região α corresponde a 50% de Ni. Portanto, o líquido contém 37% de Ni e o sólido contém 50% de Ni.
- **1.250 °C**: Novamente há duas fases presentes. A linha de amarração traçada nesta temperatura mostra que o líquido contém 32% de Ni e o sólido contém 45% de Ni.
- **1.200 °C**: Somente o sólido α está presente, assim, a composição do sólido é igual a 40% de Ni.

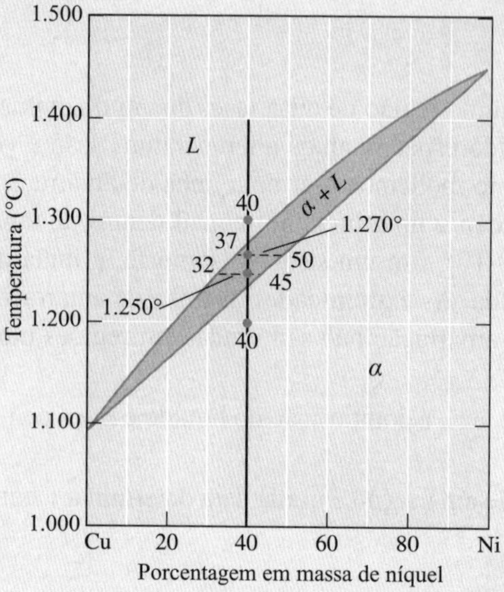

Figura 10-11 Linhas e composição das fases da liga Cu-40% Ni em diversas temperaturas (para o Exemplo 10-7).

No Exemplo 10-7, descobrimos que, na região de duas fases, o sólido α contém mais níquel do que a liga em geral, e que o líquido L contém mais cobre do que a composição da liga original. Em geral, o primeiro sólido a ser formado é enriquecido no elemento de ponto de fusão mais alto (neste caso, o níquel).

Quantidade de cada fase (regra da alavanca) Por último, estamos interessados nas quantidades relativas de cada fase presente na liga. Essas quantidades são normalmente expressas de forma relativa como percentual em massa (wt%), enquanto expressamos quantidades absolutas de fases diferentes em unidades de massa (gramas, quilogramas etc.). O exemplo a seguir ilustra a aplicação da **regra da alavanca**.

Exemplo 10-8 *Aplicação da regra da alavanca*

Calcule as quantidades de α e L a 1.250 °C na liga de Cu-40% Ni mostrada na Figura 10-12.

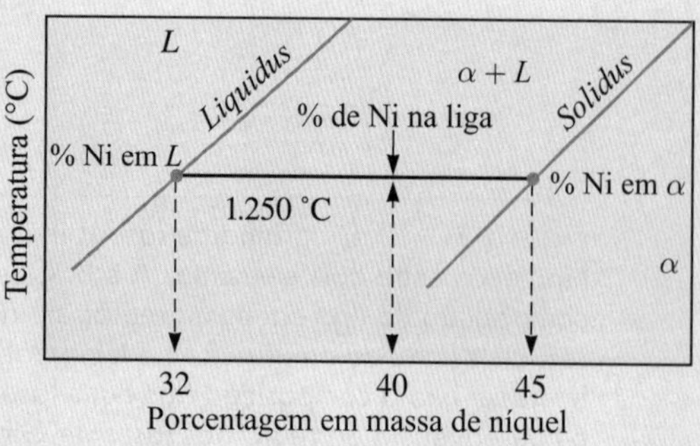

Figura 10-12 Linha de amarração a 1.250 °C no sistema cobre-níquel (usado no Exemplo 10-8) para encontrar a quantidade de cada fase.

Solução

Digamos que x = fração em massa do sólido α. Desde que tenhamos somente duas fases, o balanço da liga deve estar em estado líquido (L). Então a fração em massa será $1 - x$. Considere uma massa de 100 g da liga. Essa liga terá sempre 40 g de níquel em todas as temperaturas. A 1.250 °C, podemos escrever uma equação que irá representar o balanço de massa para o níquel. A 1.250 °C, ou seja, temos $100x$ gramas da fase α. Temos $100(1 - x)$ gramas de líquido.

A massa total do níquel em 100 gramas de liga = massa de níquel no líquido + massa de níquel em α.

$$\therefore\ (100)(\%\text{ de Ni na liga}) = [(100)\,(1-x)]\,(\%\text{ de Ni em } L) + (100)\,(x)\,(\%\text{ de Ni em } \alpha)$$

$$\therefore\ (\%\text{ de Ni na liga}) = (\%\text{ de Ni em } L)\,(1-x) + (\%\text{ de Ni em } \alpha)\,(x)$$

Ao multiplicarmos e rearranjarmos,

$$x = \frac{(\%\text{ Ni na liga}) - (\%\text{ Ni em } L)}{(\%\text{ Ni em } \alpha) - (\%\text{ Ni em } L)}$$

Com base no diagrama de fases a 1.250 °C:

$$x = \frac{40-32}{45-32} = \frac{8}{13} = 0{,}62$$

Se convertermos de fração de massa em percentual de massa, a liga a 1.250 °C contém 62% de α e 38% de L. Observe que o teor de Ni na fase α (a 1.250 °C) é de 45% e o teor de níquel na fase líquida (a 1.250 °C) é de 32%.

Para calcularmos as quantidades de líquido e sólido, construímos uma alavanca sobre a linha de amarração, sendo a composição original da liga o ponto de apoio da alavanca. O braço da alavanca *oposta* à composição da fase, cuja massa está sendo calculada, é dividido pelo comprimento total da alavanca para fornecer a quantidade daquela fase. No Exemplo 10-8, observe que o denominador representa o comprimento total da linha de amarração e o numerador é a porção da alavanca que está *oposta* à composição do sólido que estamos calculando.

A regra da alavanca pode ser escrita de forma geral como:

$$\text{Percentual da fase} = \frac{\text{Braço oposto da alavanca}}{\text{Comprimento total da linha de amarração}} \times 100 \qquad (10\text{-}3)$$

Podemos usar a regra da alavanca em qualquer região bifásica de diagramas de fases binários. O cálculo da regra da alavanca não é utilizado em regiões monofásicas pelo fato de a resposta ser trivial (há 100% daquela fase presente). A regra da alavanca é empregada para calcular a fração relativa ou porcentagem de uma fase em uma mistura de duas fases. Os pontos terminais da linha de amarração fornecem a composição química dos diversos componentes de cada fase.

O exemplo a seguir reforça a aplicação da regra da alavanca para calcular as quantidades das fases de uma liga em diversas temperaturas e permite acompanhar o comportamento da solidificação de ligas, algo que não vimos no Capítulo 9.

Exemplo 10-9 *Solidificação de uma liga Cu-40% Ni*

Determine a quantidade de cada fase da liga Cu-40% Ni mostrada na Figura 10-11 a 1.300 °C, 1.270 °C, 1.250 °C e 1.200 °C.

Solução

- **1.300 °C:** Há somente uma fase, assim, 100% L.

- **1.270 °C:** $\%L = \dfrac{50-40}{50-37} \times 100 = 77\%$

  $\%\alpha = \dfrac{40-37}{50-37} \times 100 = 23\%$

- **1.250 °C:** $\%L = \dfrac{45-40}{45-32} \times 100 = 38\%$

  $\%\alpha = \dfrac{40-32}{45-32} \times 100 = 62\%$

- **1.200 °C:** Há somente uma fase, assim, 100% α.

Observe que, a cada temperatura, podemos determinar a composição das fases em equilíbrio a partir das extremidades da linha de amarração traçada àquela temperatura.

Isso poderá parecer um pouco estranho no início. De que forma a fase α muda sua composição? A fase líquida também muda sua composição e as quantidades de cada fase mudam com a temperatura à medida que a liga resfria da temperatura *liquidus* para a *solidus*.

Às vezes, desejamos expressar composições como percentual do número total de átomos em vez de percentuais em massa (% massa ou % peso). Para uma liga Cu-Ni, em que M_{Cu} e M_{Ni} são as massas atômicas, a seguinte equação fornece exemplos para efetuar as conversões:

$$\text{at\% Ni} = \left(\frac{\dfrac{\text{wt\% Ni}}{M_{Ni}}}{\dfrac{\text{wt\% Ni}}{M_{Ni}} + \dfrac{\text{wt\% Cu}}{M_{Cu}}} \right) \times 100 \qquad (10\text{-}4)$$

$$\text{wt\% Ni} = \left(\frac{\text{at\% Ni} \times M_{Ni}}{\text{at\% Ni} \times M_{Ni} + \text{at\% Cu} \times M_{Cu}} \right) \times 100 \qquad (10\text{-}5)$$

10-6 Correlação entre propriedades mecânicas e o diagrama de fases

Mencionamos anteriormente que uma liga cobre-níquel será mais resistente mecanicamente do que o cobre ou o níquel puros em razão do endurecimento por solução sólida. As propriedades mecânicas de ligas cobre-níquel podem ser associadas ao diagrama de fases como apresentado na Figura 10-13.

A resistência mecânica do cobre aumenta devido ao endurecimento por solução sólida até que sejam adicionados aproximadamente 67% de Ni. Analogamente, o níquel puro é endurecido por solução sólida pela adição de até 33% de cobre. O endurecimento máximo é obtido com uma liga Cu-67% Ni, conhecida como *monel*. O máximo está mais próximo ao lado do níquel puro no diagrama de fases pelo fato de o níquel puro ser mais resistente do que o cobre puro.

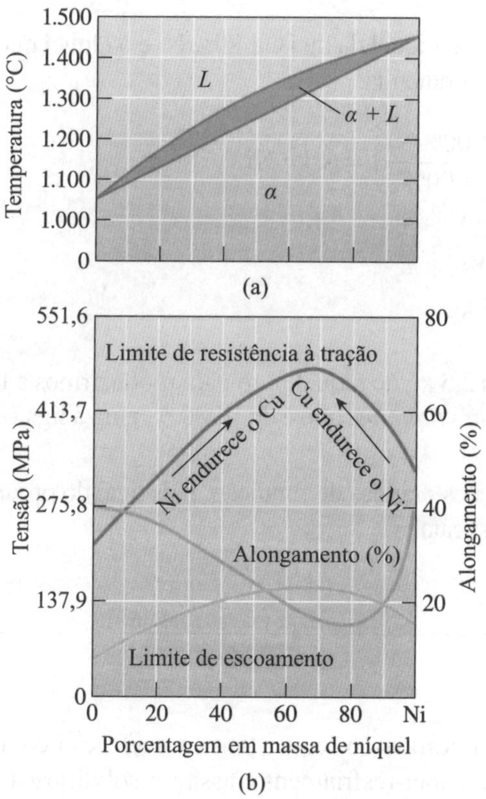

Figura 10-13 (a) O diagrama de fases em equilíbrio para o sistema Cu-Ni. A escala para o eixo horizontal é igual à de (b). (b) As propriedades mecânicas das ligas de cobre-níquel. O cobre é endurecido em até 67% do Ni, e o níquel é endurecido em até 33% do Cu.

Exemplo 10-10 *Projeto de uma rotina de fusão para um componente fundido*

Você deve produzir uma liga Cu-Ni que tenha limite de escoamento mínimo de 138 MPa, limite de resistência à tração mínima de 414 MPa e alongamento superior a 20%. Existem em estoque liga Cu-20% Ni e níquel puro. Projete um método para produzir componentes fundidos que tenham as propriedades requeridas.

Solução

Com base na Figura 10-13, determinamos a composição da liga. Para ter o limite de escoamento requerido, a liga deverá conter entre 40% e 90% de Ni; para o limite de resistência são necessários 40% a 88% de Ni. O alongamento requerido pode ser obtido por ligas com teor de Ni inferior a 60% ou superior a 90%. Para satisfazermos todas as condições, poderíamos usar 40% de Cu para 60% de Ni.

Preferimos selecionar um teor mais baixo de níquel, uma vez que ele é mais caro que o cobre. Além disso, ligas com teor de níquel mais baixo possuem temperaturas *liquidus* mais baixas, permitindo que os componentes fundidos sejam fabricados com um menor consumo de energia. Portanto, uma liga razoável poderia ser Cu-40% Ni.

Para produzirmos essa composição a partir do estoque disponível para fundição, devemos misturar um pouco do níquel puro com o lingote de Cu-20% Ni. Suponhamos que desejamos produzir 10 kg da liga. Se x é a massa da liga Cu-20%, a massa de Ni puro necessária será $10 - x$, uma vez que a composição da liga será de 40% de Ni, o total de níquel necessário será:

$$(10\ \text{kg})\left(\frac{40\%\ \text{Ni}}{100\%}\right) = 4\ \text{kg Ni}$$

Agora vamos escrever o balanço de níquel. A soma entre o níquel da liga Cu-20% Ni e o níquel puro deve ser igual ao níquel total na liga de Cu-40% Ni que será produzida.

$$(x)\left(\frac{20\%\,\text{Ni}}{100\%}\right) + (10 - x)\left(\frac{100\%\,\text{Ni}}{100\%}\right) = 4\ \text{kg Ni}$$

$$0{,}2x + 10 - x = 4$$

$$6 = 0{,}8x$$

$$x = 7{,}5\ \text{kg}$$

Portanto, precisamos fundir 7,5 kg de Cu-20% Ni com 2,5 kg de níquel puro para produzirmos a liga desejada. Aqueceríamos, então, a liga acima da temperatura *liquidus*, que é de 1.280 °C para a liga Cu-40% Ni, antes de vazar o metal líquido no molde.

Precisamos realizar esses cálculos em muitas situações práticas de fundição, pois quando produzimos peças fundidas, usamos materiais novos e reciclados (sucata).[2]

10-7 Solidificação de uma solução sólida

Quando uma liga como Cu-40% Ni é fundida e resfriada, a solidificação requer tanto a nucleação como o crescimento. A nucleação heterogênea permite pouco ou nenhum super-resfriamento, assim a solidificação começa quando o líquido atinge a temperatura *liquidus* (Capítulo 9). O diagrama de fases (Figura 10-14), com uma linha de amarração traçada na temperatura *liquidus*, indica que o *primeiro sólido a ser formado* tem uma composição de Cu-52% Ni.

Duas condições são necessárias para o crescimento do sólido α. Em primeiro lugar, o crescimento requer que o calor latente da fusão (ΔH_f), que é liberado à medida que o líquido se solidifica, seja removido da interface sólido-líquido. Em segundo lugar, ao contrário do caso de metais puros, a difusão deve ocorrer de forma que as composições das fases sólida e líquida sigam as curvas *solidus* e *liquidus* durante o resfriamento. O calor latente da fusão (ΔH_f) é removido numa faixa de temperaturas, de maneira que a curva de resfriamento mostre uma mudança de inclinação, em vez de um platô térmico (Figura 10-15). Como mencionado no Capítulo 9, a solidificação de ligas é diferente daquela de metais puros.

No início do resfriamento, o líquido contém Cu-40% Ni e o primeiro sólido contém Cu-52% Ni. Átomos de níquel devem se difundir e se concentrar no primeiro sólido a ser formado. Após o resfriamento a 1.250 °C, já existe uma região solidificada e o diagrama de fases mostra que agora todo o líquido restante possui 32% de Ni e todo o sólido deverá conter 45% de Ni. No resfriamento da temperatura *liquidus* até 1.250 °C, alguns átomos de níquel devem se difundir da região do primeiro sólido formado para o novo sólido, reduzindo o teor de níquel no primeiro sólido. Isso deve acontecer para que o equilíbrio previsto no diagrama de fases ocorra. Átomos adicionais de níquel se difundem a partir do líquido em solidificação para o novo sólido. Enquanto isso, átomos de cobre se concentraram, por difusão, no líquido remanescente. Esse processo deve prosseguir até alcançarmos a temperatura *solidus*, na qual o último líquido (que contém Cu-28% Ni) se solidifica e forma um sólido com Cu-40% Ni. Imediatamente abaixo da temperatura *solidus*, toda a fase sólida deverá conter uma concentração uniforme de 40% Ni.

Para obter essa microestrutura final de equilíbrio, a taxa de resfriamento deverá ser extremamente baixa. Além disso, deverá ser dado tempo suficiente para que os átomos de cobre e níquel se difundam e produzam as composições indicadas no diagrama de fases. Em muitas situações práticas de fundição, a taxa de resfriamento é muito rápida para permitir que o equilíbrio seja alcançado. Portanto, na maioria das ligas metálicas fundidas, esperamos que existam diferenças locais de composição, um fenômeno conhecido como **segregação**.

[2] N.R.T.: Na prática, o metal é vazado à temperatura de fusão mais um superaquecimento que vale entre 50° C e 100° C.

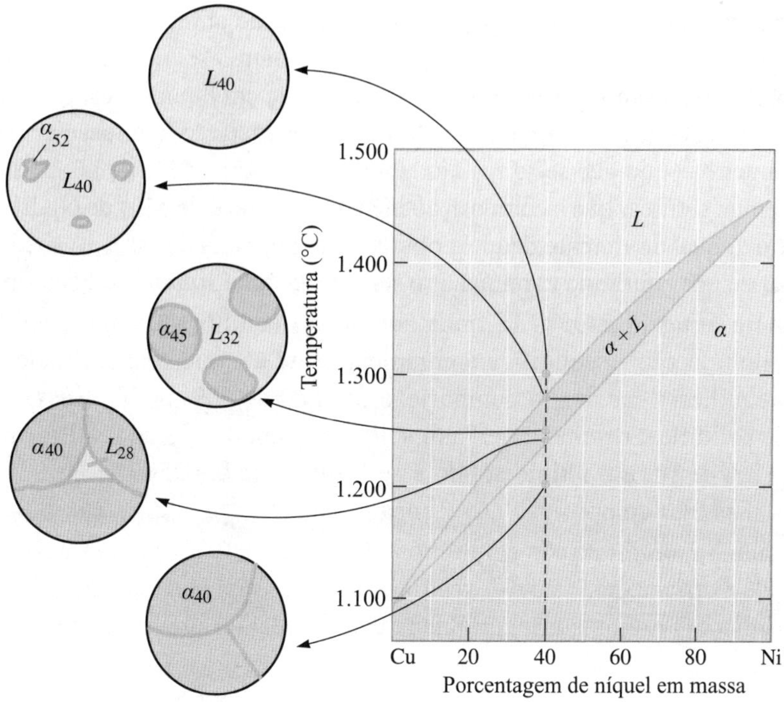

Figura 10-14 Microestrutura da liga Cu-40% Ni durante a solidificação em condição de equilíbrio. Os átomos de níquel e cobre devem se difundir durante o resfriamento para satisfazer às condições de equilíbrio do diagrama de fases e produzir microestruturas com composição homogênea.

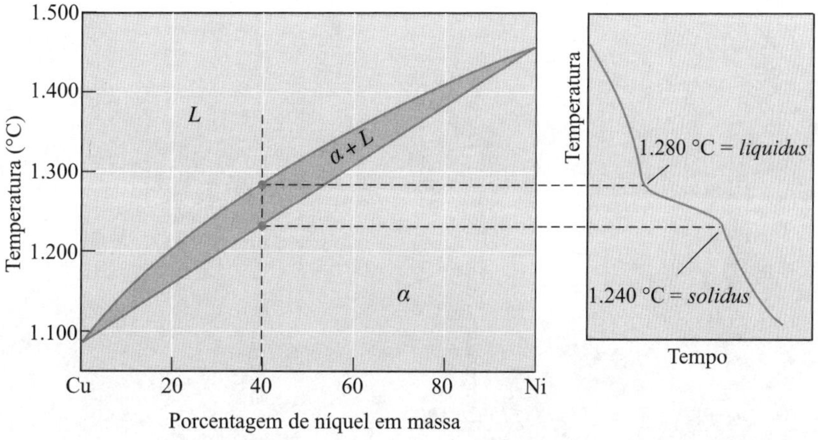

Figura 10-15 Curva de resfriamento de uma liga isomorfa durante a solidificação. Consideramos que as taxas de resfriamento são baixas para permitir que o equilíbrio térmico seja mantido a cada temperatura. As mudanças na inclinação da curva de resfriamento indicam as temperaturas *liquidus* e *solidus*, nesse caso, de uma liga Cu-40% Ni.

10-8 Solidificação e segregação em não equilíbrio

No Capítulo 5, examinamos as forças motrizes para a difusão. Sabemos que a difusão ocorre mais rapidamente em gases, depois nos líquidos e, então, nos sólidos. Também vimos que o aumento de temperatura eleva as taxas de difusão. Quando o resfriamento é muito rápido para que os átomos possam se difundir e produzir condições de equilíbrio, são produzidas estruturas de não equilíbrio durante a fundição. Vejamos o que acontece com a nossa liga de Cu-40% Ni durante o resfriamento rápido.

Mais uma vez, o primeiro sólido, contendo 52% de Ni, se forma ao atingir a temperatura *liquidus* (Figura 10-16). No resfriamento a 1.260 °C, a linha nos diz que o líquido contém 34% de Ni, e o sólido que se forma nessa temperatura contém 46% de Ni. Como a difusão ocorre rapidamente em líquidos, esperamos que a linha de amarração seja capaz de prever exatamente a composição do líquido. Entretanto, a difusão em sólidos é comparativamente mais lenta. O primeiro sólido que se forma ainda tem em torno de 52% de Ni, mas o novo sólido contém apenas 46% de Ni. Podemos verificar que a composição média do sólido é de 51% de Ni. Isso resulta em uma linha *solidus* de não equilíbrio, a qual é diferente daquela obtida pelo diagrama de fases. À medida que a solidificação continua, a linha *solidus* de não equilíbrio continua a se separar da linha *solidus* de equilíbrio.

Quando a temperatura atinge 1.240 °C (a linha *solidus* de equilíbrio), uma quantidade significativa de líquido permanece. O líquido não se solidificará completamente até que seja resfriado até 1.180 °C, quando a linha *solidus* de não equilíbrio encontre a composição original de 40% de Ni. Nessa temperatura, o líquido contendo 17% de Ni se solidifica, resultando em um sólido contendo 25% de Ni. Portanto, o último líquido a se solidificar contém 17% de Ni, e o último sólido a se formar contém 25% de Ni. A composição média do sólido é de 40% de Ni, mas essa composição não é uniforme.

A localização real da linha *solidus* de não equilíbrio, assim como a temperatura final do sólido em não equilíbrio dependem da taxa de resfriamento. Taxas de resfriamento mais rápidas causam maior afastamento do estado de equilíbrio termodinâmico. O exemplo a seguir ilustra como podemos prever as alterações na composição sob condições de não equilíbrio.

Exemplo 10-11 *Solidificação em não equilíbrio das ligas Cu-Ni*

Calcule a composição e a quantidade de cada fase em uma liga de Cu-40% Ni que está presente em condições de não equilíbrio, mostradas na Figura 10-16, a 1.300 °C, 1.280 °C, 1.260 °C, 1.240 °C, 1.200 °C e 1.150 °C. Compare com as composições em equilíbrio e as quantidades de cada fase.

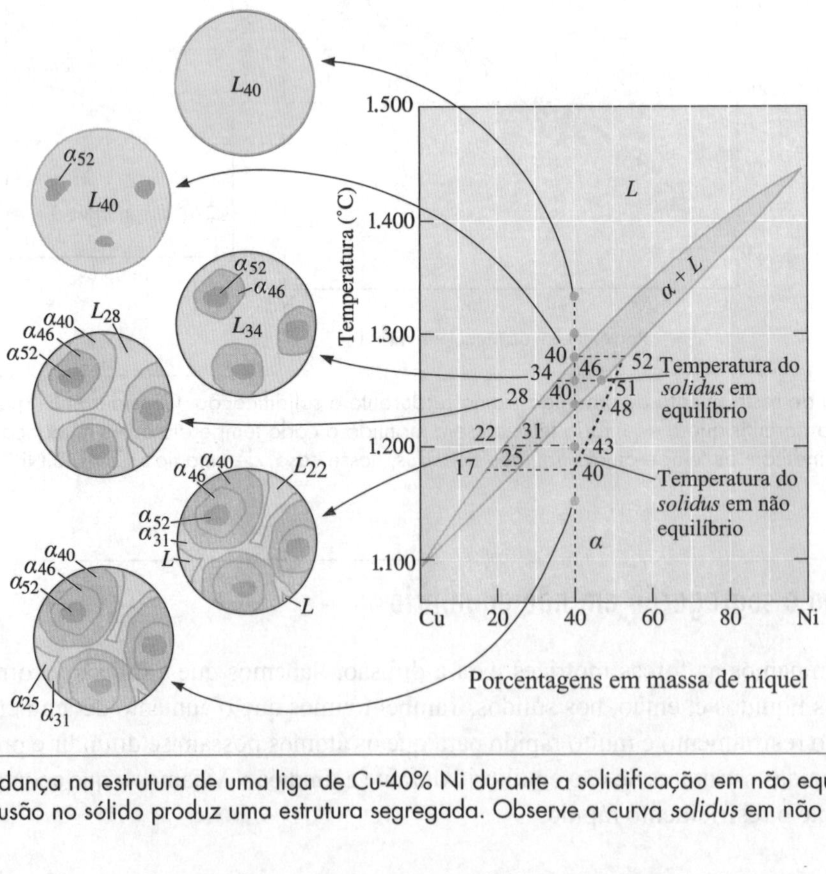

Figura 10-16 A mudança na estrutura de uma liga de Cu-40% Ni durante a solidificação em não equilíbrio. O tempo insuficiente para a difusão no sólido produz uma estrutura segregada. Observe a curva *solidus* em não equilíbrio.

Solução

Utilizamos a linha de conexão referente à curva de temperatura do *solidus* em equilíbrio para calcular as composições e porcentagens das fases conforme a regra da alavanca. De modo similar, a curva de temperatura do *solidus* em não equilíbrio é empregada para calcular porcentagens e concentrações das diferentes fases formadas sob condições de não equilíbrio.

Temperatura	Equilíbrio	Não equilíbrio
1300 °C	*L*: 40% Ni 100% *L*	*L*: 40% Ni 100% *L*
1280 °C	*L*: 40% Ni 100% *L*	*L*: 40% Ni 100% *L*
1.260 °C	L: 34% Ni $\frac{46-40}{46-34} = 50\%L$ α: 46% Ni $\frac{40-34}{46-34} = 50\%\alpha$	L: 34% Ni $\frac{51-40}{51-34} = 65\%L$ α: 51% Ni $\frac{40-34}{51-34} = 35\%\alpha$
1.240 °C	*L*: 28% Ni ~ 0% *L* α: 40% Ni 100% α	L: 28% Ni $\frac{48-40}{48-28} = 40\%L$ α: 48% Ni $\frac{40-28}{48-28} = 60\%\alpha$
1.200 °C	α: 40% Ni 100% α	L: 22% Ni $\frac{43-40}{43-22} = 14\%L$ α: 43% Ni $\frac{40-22}{43-22} = 86\%\alpha$
1.150 °C	α: 40% Ni 100% α	α: 40% Ni 100% α

Microssegregação A composição não uniforme produzida pela solidificação em não equilíbrio é conhecida como segregação. A **microssegregação**, também conhecida como **segregação interdendrítica** e **zoneamento**, ocorre em pequenas distâncias, em geral entre pequenos braços dendríticos. Os centros das dendritas, que representam o primeiro sólido a congelar, são ricos no elemento com maior ponto de fusão da liga. As regiões entre as dendritas são ricas no elemento com menor ponto de fusão, já que essas áreas representam o último líquido a congelar. A composição e as propriedades da fase α (no caso de ligas de Cu-Ni) diferem de uma região para a outra, e podemos esperar que a peça fundida tenha propriedades mecânicas mais pobres como resultado.

A microssegregação pode causar **trincas a quente** ou derretimento do material interdendrítico com menor ponto de fusão em temperaturas abaixo da linha *solidus* de equilíbrio. Quando aquecemos a liga de Cu-40% Ni a 1.225 °C, abaixo da linha *solidus* de equilíbrio mas acima da *solidus* de não equilíbrio, as regiões de níquel inferiores entre as dendritas fundem.

Homogeneização Podemos reduzir a segregação e os problemas interdendríticos com trincas a quente por meio de um **tratamento térmico de homogeneização**. Se aquecermos o material fundido a uma temperatura abaixo da linha *solidus* de não equilíbrio, os átomos de níquel dos centros das dendritas se difundirão para as regiões interdendríticas; os átomos de cobre se difundirão para a direção oposta [Figura 10-17(a)]. Como as distâncias de difusão são relativamente curtas, são necessárias apenas algumas horas para eliminar a maior parte das diferenças de composição. O tempo de homogeneização é relacionado como

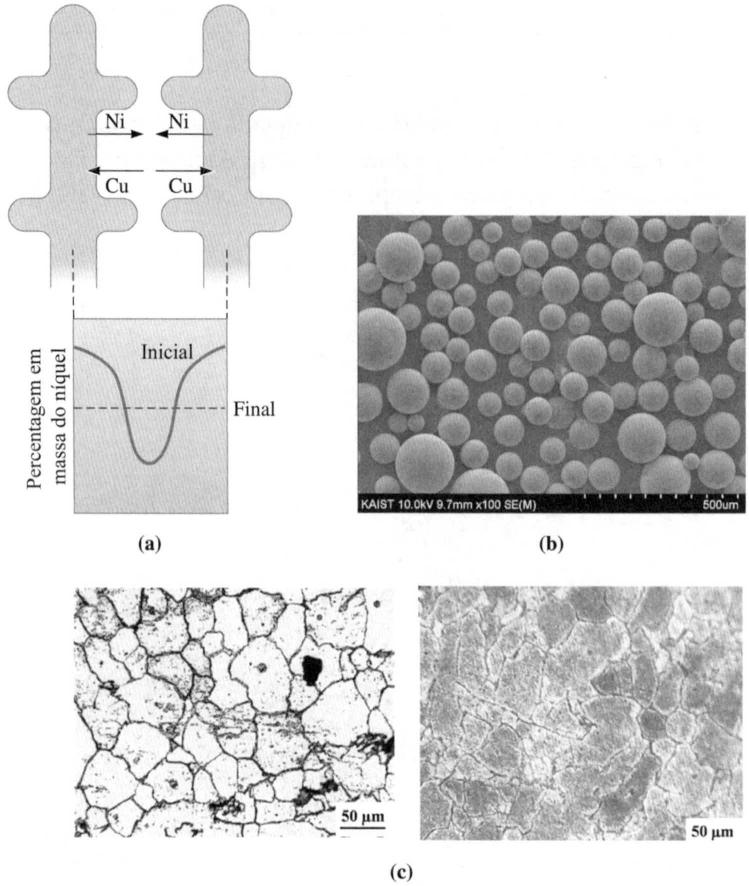

Figura 10-17 (a) Microssegregação entre dendritas que pode ser reduzida por um tratamento térmico de homogeneização. A contradifusão dos átomos de níquel e cobre pode, com o tempo, eliminar os gradientes de composição e produzir uma composição homogênea. (b) Pós de superligas atomizados (*Reproduzido do* Journal of Alloys and Compounds, *v. 603, Youngmoo Kim, Eun-Pyo Kim, Young-Beom Song, Sung Ho Lee, Young-Sam Kwon, "Microstructure and mechanical properties of hot isostatically pressed Ti–6Al–4V alloy", p. 207-212, Copyright 2014, com permissão da Elsevier.*) (c) Micrografias de Al-4,5% Cu antes e depois da HIP. Os poros são claramente visíveis antes da HIP. Antes do procedimento, a porosidade era de 8%, e depois da HIP, passou para menos de 1%. (*S. Devaraj, S. Sankaran, R. Kumar, G. Appa Rao, "Influence of Hot Isostatic Pressing on the Microstructure and Mechanical Properties",* Journal of Materials Engineering and Performance, *abr. 2014, v. 23, ed. 4, p. 1440-1450, © 2014, ASM International.*)

$$t = c\,\frac{(EDS)^2}{D_s} \qquad (10\text{-}6)$$

em que EDS é o espaçamento dendrítico secundário, D_s é a taxa de difusão do soluto na matriz e c é uma constante. Um EDS pequeno reduz a distância de difusão e permite tempos de homogeneização mais curtos.

Macrossegregação Existe outro tipo de segregação, conhecido como **macrossegregação**, que ocorre em uma distância grande entre a superfície e o centro do material fundido, com a superfície (que congela primeiro) contendo uma quantia levemente maior que a quantidade média do metal com ponto de fusão mais alto. Não é possível eliminar a macrossegregação com um tratamento de homogeneização porque as distâncias de difusão são muito grandes. A macrossegregação pode ser reduzida pelo trabalho a quente, que foi discutido no Capítulo 8. Isso é possível porque no trabalho a quente estamos basicamente decompondo a macroestrutura do material fundido.

Pós rapidamente solidificados Em aplicações em que a porosidade, a microssegregação e a macrossegregação devem ser minimizadas, pós de ligas complexas são preparados usando a **atomização** [Figura 10-17(b)]. Na atomização, misturas homogêneas de composições complexas são preparadas e pulverizadas através de um bocal de cerâmica. O metal líquido é transformado em spray formado por pequenas gotas através do uso de um fluxo dos gases argônio ou nitrogênio (atomização a gás) ou água (atomização por água). As gotas solidificam rapidamente, gerando partículas de pó que variam de aproximadamente 10 a 100 μm. Como a solidificação das gotículas ocorre muito rápido, há pouco tempo para difusão e, portanto, não há segregação química. Muitas superligas complexas à base de níquel ou cobalto, além de pós de aço inoxidável, são exemplos de materiais preparados com essa técnica. Os pós atomizados por pulverização são misturados e fabricados nos formatos desejados. As técnicas usadas no processamento desses pós incluem sinterização (Capítulo 5), **prensagem a quente** (HP, *hot pressing*) e **prensagem isostática a quente** (HIP, *hot isostatic pressing*). Na HIP, a sinterização é conduzida sob uma pressão isostática (aproximadamente 173 MPa), usando, por exemplo, gás argônio. Componentes muito grandes (de até 600 mm de diâmetro e vários metros de comprimento) e pequenos podem ser processados pela HIP. Componentes menores, como discos que seguram lâminas de turbinas, podem ser usinados por meio deles. O progresso do adensamento em uma amostra de Astroalloy de baixo carbono processada usando pós atomizados é exibido na Figura 10-17(c).

A prensagem a quente é uma sinterização sob uma pressão uniaxial e é usada na produção de componentes menores de materiais que são difíceis de sinterizar de outra forma (Capítulo 15). As técnicas de HIP e HP são usadas em materiais metálicos e cerâmicos em pó.

A soldagem branda desempenha um papel fundamental no processamento de placas de circuito impresso e outros dispositivos para microeletrônica. Esse processo normalmente usa ligas à base de chumbo e estanho. As composições específicas dessas ligas, conhecidas como composições eutéticas, fundem a uma temperatura constante (assim como os elementos puros). Essas composições apresentam elevada resistência mecânica, já que sua microestrutura inclui uma mistura íntima de duas fases distintas. A melhoria das propriedades mecânicas por meio da dispersão de uma fase em outra, através da formação de eutético, é o tema central deste capítulo (*Photolink/Photodisc Green/Getty Images*).

capítulo 11

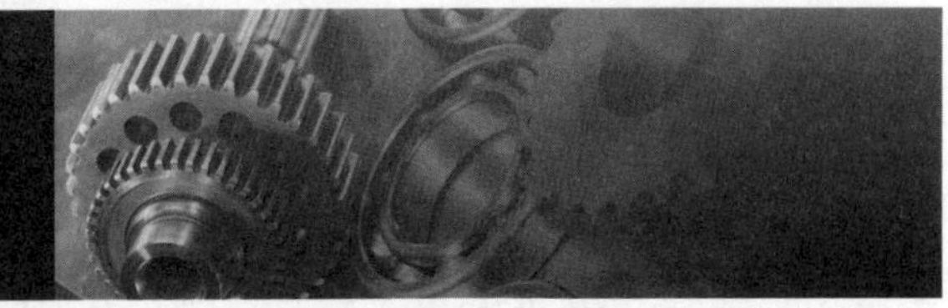

Endurecimento por dispersão de fases e diagramas de fases eutéticos

VOCÊ JÁ SE PERGUNTOU?

- Quais ligas são mais usadas em soldagem branda?
- O que é fibra de vidro?
- Se existe alguma liga que solidifique à temperatura constante?
- O que é o vidro Pyrex®?

OBJETIVOS DE APRENDIZAGEM DO CAPÍTULO

Os principais objetivos deste capítulo são

- Explicar os efeitos do endurecimento por dispersão nas propriedades mecânicas dos materiais metálicos.
- Desenhar um diagrama de fase eutético indicando a temperatura de fusão de cada elemento puro, a temperatura eutética e as fases presentes em cada região.
- Calcular as quantidades e a composição de cada fase presente para qualquer ponto em um diagrama de fase eutético.
- Fazer um esboço da microestrutura provável de um sistema eutético, considerando a composição e a velocidade do resfriamento.
- Determinar a composição de uma liga baseada em sua curva de resfriamento.
- Descrever o mecanismo de crescimento de nanofios pelo método vapor-líquido-sólido (VLS).

Quando a solubilidade de um material é ultrapassada pela adição progressiva de um elemento de liga ou composto, forma-se uma segunda fase e surge um material bifásico. O contorno entre as duas fases, conhecido como **interface**, é uma superfície na qual a organização atômica não é perfeita. Em materiais metálicos sólidos, essa região interfere no movimento de discordâncias, causando um aumento da resistência mecânica. O termo geral para esse endurecimento por introdução de uma segunda fase é conhecido como endurecimento por dispersão de segunda fase ou, simplesmente, endurecimento por dispersão. Neste capítulo, discutiremos inicialmente os conceitos fundamentais do endurecimento por dispersão para determinar a microestrutura mais indicada para uma dada aplicação. Em seguida, examinaremos as reações que produzem ligas polifásicas. Por fim, examinaremos alguns métodos para obter endurecimento por dispersão com o controle do processo de solidificação. Nesse contexto, examinaremos os diagramas de fases que envolvem a formação de múltiplas fases e nos concentraremos nos diagramas de fases eutéticos.

Concluiremos o capítulo examinando o método vapor-líquido-sólido do crescimento de nanofios, que pode ser compreendido considerando-se os diagramas de fase eutéticos.

11-1 Princípios e exemplos de endurecimento por dispersão

A maioria dos materiais é composta por mais de uma fase e em muitos deles objetiva-se atingir elevada resistência mecânica. Nas ligas **endurecidas por dispersão**, micropartículas em geral muito duras e resistentes mecanicamente são introduzidas em outra fase, menos resistente, porém mais dúctil. A fase macia, normalmente contínua e presente em maior quantidade, é chamada de **matriz**. A fase de reforço chama-se **fase dispersa**, **precipitada** ou **segunda fase**. Em determinadas situações, uma fase ou mistura de fases pode ter uma aparência muito característica; nesses casos, essa fase ou mistura de fases pode ser denominada **microconstituinte**. Para que o reforço por dispersão ocorra, a fase dispersa ou precipitada deve ser refinada o suficiente para proporcionar obstáculos efetivos à movimentação de discordâncias, compondo assim o mecanismo de endurecimento.

Na maioria das ligas, o endurecimento por dispersão é produzido por transformações de fases. Neste capítulo, vamos nos concentrar em uma transformação por solidificação na qual um líquido resfria até formar simultaneamente duas fases sólidas. Isso se chama **reação eutética**, a qual tem grande importância em ferros fundidos e em muitas ligas de alumínio. No próximo capítulo, discutiremos a **reação eutetoide**, pela qual uma fase sólida reage para formar duas outras fases sólidas. Essa reação possui importância-chave no controle das propriedades mecânicas de aços. No Capítulo 12, discutiremos também o **endurecimento por precipitação** (ou **envelhecimento**), que produz precipitados por meio de um tratamento térmico.

Quando os objetivos da incorporação de uma fase dispersa são aumentar a resistência e a dureza, é necessário seguir as diretrizes aqui apresentadas (Figura 11-1).

1. A matriz deve ser macia e dúctil, ao passo que a fase dispersa deve ser dura e resistente. As partículas da fase dispersa interferem no deslizamento das discordâncias, enquanto a matriz garante ductilidade à liga.

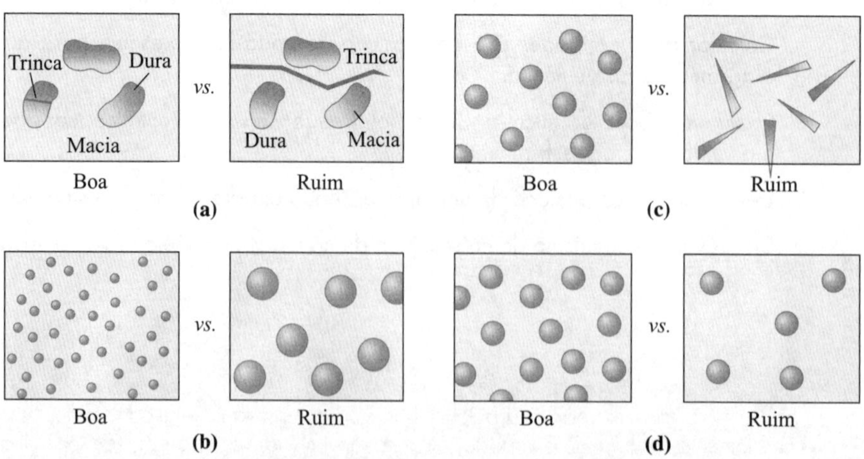

Figura 11-1 Características para obter maior endurecimento por dispersão: (a) fase precipitada dura e descontínua, ao passo que a matriz deve ser contínua e macia, (b) partículas pequenas e numerosas da fase dispersa, (c) partículas da fase dispersa com formato esférico e (d) grande quantidade da fase dispersa.

2. A fase dispersa dura deve ser descontínua, enquanto a matriz macia e dúctil deve ser contínua. Caso a fase dispersa dura e frágil fosse contínua, as trincas poderiam propagar-se com facilidade por toda a estrutura.
3. As partículas da fase dispersa devem ser pequenas e numerosas, ou seja, com grande área superficial, o que aumenta a probabilidade de interferência com os processos de deslizamento.
4. É preferível que as partículas da fase dispersa tenham formato esferoidal em vez do formato de agulhas ou de arestas pontiagudas, pois a interface de uma pequena esfera é menos suscetível à iniciação de trincas ou à concentração de tensão, em comparação com partículas pontiagudas.
5. Uma concentração elevada da fase dispersa aumenta a resistência mecânica da liga.

11-2 Compostos intermetálicos

Um **composto intermetálico** é formado por dois ou mais elementos metálicos que produzem uma fase com composição, estrutura cristalina e propriedades próprias. Os compostos intermetálicos são quase sempre muito duros e frágeis. Os intermetálicos ou compostos intermetálicos são similares a materiais cerâmicos quanto às propriedades mecânicas, entretanto, formam-se apenas por elementos químicos metálicos.

Temos dois motivos para estudá-los. Em primeiro lugar, as ligas endurecidas por dispersão com frequência contêm um composto intermetálico como a fase dispersa. Em segundo, muitos compostos intermetálicos são desenvolvidos para uso como materiais principais (e não como uma segunda fase) em aplicações em altas temperaturas. Nesta seção, discutiremos as propriedades de intermetálicos como materiais de engenharia. Nas seções subsequentes, discutiremos de que forma as fases intermetálicas endurecem os materiais metálicos. A Tabela 11-1 resume as propriedades de alguns compostos intermetálicos.

Os **compostos intermetálicos estequiométricos** possuem uma composição química fixa. Os aços são endurecidos por um importante composto estequiométrico denominado carboneto de ferro ou cementita (Fe_3C), que tem uma razão fixa de três átomos de ferro para um de carbono. Observe que o Fe_3C não segue a definição exata de um composto intermetálico, já que não contém dois ou mais elementos metálicos, mas normalmente é incluído nessa classe. Os compostos intermetálicos estequiométricos são representados no diagrama de fases por uma linha vertical [Figura 11-2(a)], pois a composição é fixa. Um exemplo de composto intermetálico interessante é o siliceto de molibdênio ($MoSi_2$). Esse material é usado para fabricar resistências de aquecimento para fornos. Sob altas temperaturas, entre 1.000 °C e 1.600 °C, o $MoSi_2$ apresenta excepcional resistência à oxidação. Por outro lado, sob baixas temperaturas (500 °C ou menos), o $MoSi_2$ é frágil e se oxida de forma catastrófica.

Os **compostos intermetálicos não estequiométricos** podem se formar numa faixa de composições químicas e são chamados, às vezes, de **soluções sólidas intermediárias**. No sistema molibdênio-ródio, por exemplo, a fase γ é um composto intermetálico não estequiométrico [Figura 11-2(b)]. Como a razão atômica molibdênio-ródio da

Tabela 11-1 • Propriedades de compostos intermetálicos

Composto intermetálico	Estrutura cristalina	Temperatura de fusão (°C)	Massa específica (kg/m³)	Módulo de Young (GPa)
FeAl	CCC ordenado	1.250-1.400	5.600	263
NiAl	CFC ordenado (*B2)	1.640	5.900	206
Ni_3Al	CFC ordenado (*$L1_2$)	1.390	7.500	337
TiAl	Tetragonal ordenado (*$L1_0$)	1.460	3.800	94
Ti_3Al	HC ordenado	1.600	4.200	210
$MoSi_2$	Tetragonal	2.020	6.310	430

*Também conhecido como.
Fonte: *Adaptado de Meyers, M. A.; Chawla, K. K.* Mechanical behavior of materials. *2. ed. Cambridge University Press, England, 2009.*

fase γ não é fixa, ela pode conter de 45% a 83% (em massa) de ródio a 1.600 °C. Em outro exemplo, a precipitação do intermetálico não estequiométrico alumineto de cobre ($CuAl_2$) aumenta a resistência mecânica de muitas ligas importantes de alumínio.

Propriedades e aplicações de intermetálicos Em temperaturas elevadas, os intermetálicos, como Ti_3Al e Ni_3Al, mantêm sua resistência mecânica e até possuem alguma ductilidade (Figura 11-3). A baixa ductilidade, porém, em geral associada aos intermetálicos, impede maior utilização desses materiais. Tem sido demonstrado que a adição de pequenos teores de boro (até 0,2%) pode aumentar a ductilidade do intermetálico policristalino Ni_3Al. A ductilidade maior poderia ampliar o uso de intermetálicos em aplicações estruturais a altas temperaturas. Os compostos ordenados de NiAl e Ni_3Al também são usados em componentes de aeronaves supersônicas, motores a jato e aeronaves comerciais de alta velocidade. Entretanto, nem todas as aplicações dos intermetálicos são estruturais. Por exemplo, os intermetálicos à base de silício (como siliceto de platina) desempenham papel importante em microeletrônicos e certos intermetálicos como o Nb_3Sn são úteis como supercondutores.

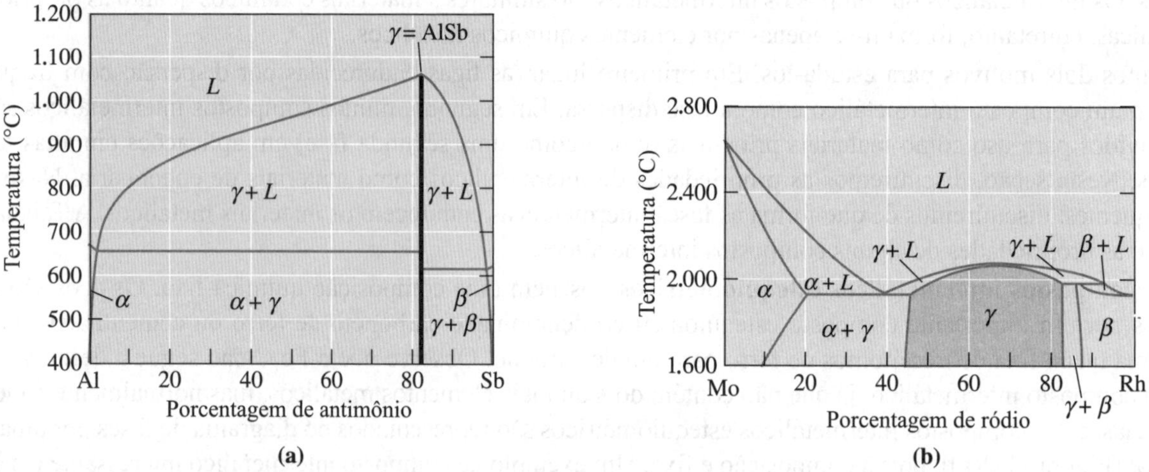

Figura 11-2 (a) Diagrama de fases alumínio-antimônio com o composto intermetálico estequiométrico γ. (b) Diagrama de fases molibdênio-ródio com composto intermetálico não estequiométrico γ.

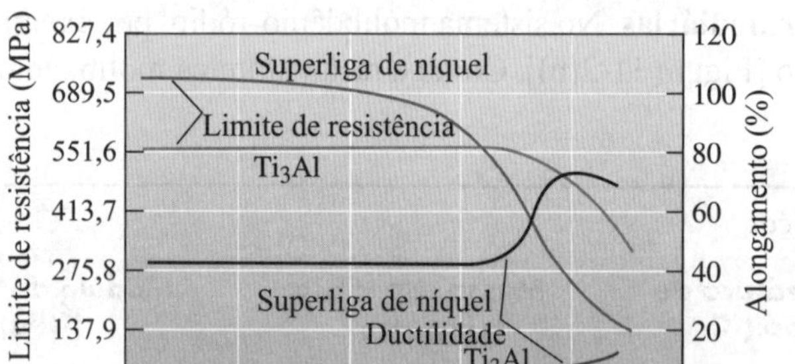

Figura 11-3 Resistência mecânica e ductilidade do composto intermetálico Ti_3Al e de uma superliga de níquel. O Ti_3Al mantém sua resistência a altas temperaturas, ao contrário da superliga de níquel.

11-3 Diagramas de fases com reações trifásicas

Muitos sistemas binários produzem diagramas de fases mais complexos do que os diagramas de fases isomorfos apresentados no Capítulo 10. Os sistemas que discutiremos aqui contêm reações que envolvem três diferentes fases. Cinco dessas reações estão esquematizadas na Figura 11-4. Cada uma dessas reações pode ser caracterizada no diagrama de fases pelos seguintes procedimentos:

Eutético	$L \rightarrow \alpha + \beta$	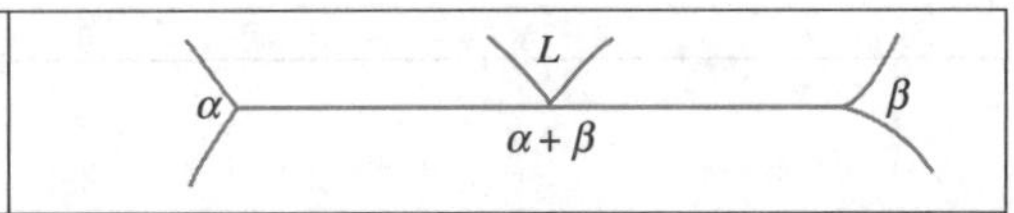
Peritético	$\alpha + L \rightarrow \beta$	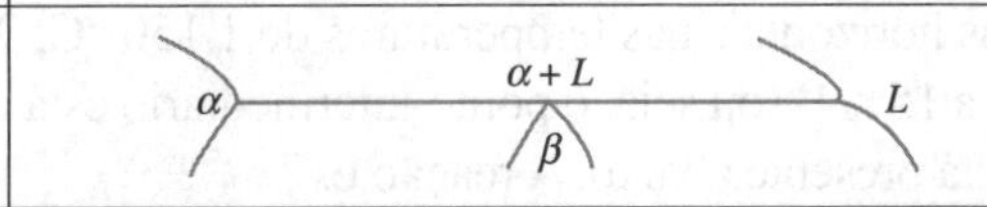
Monotético	$L_1 \rightarrow L_2 + \alpha$	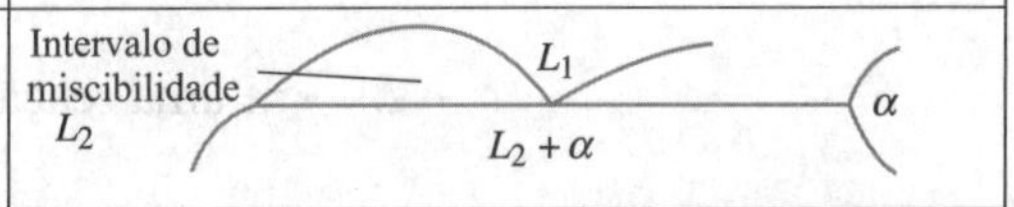
Eutetoide	$\gamma \rightarrow \alpha + \beta$	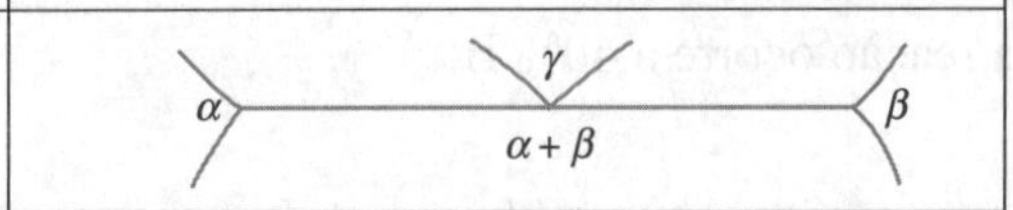
Peritetoide	$\alpha + \beta \rightarrow \gamma$	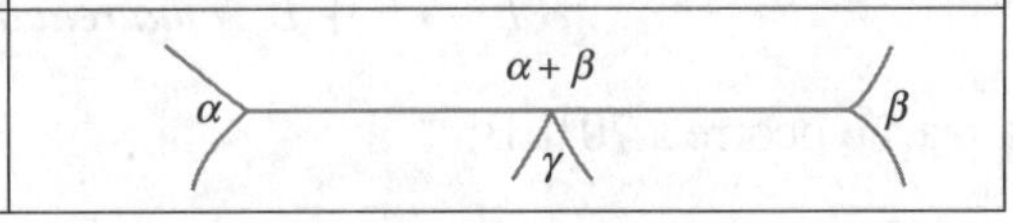

Figura 11-4 As cinco reações mais importantes em diagramas de fases binários.

1. Localize uma linha horizontal no diagrama de fases. A linha horizontal indica a temperatura na qual ocorre uma reação trifásica em condições de equilíbrio.
2. Localize três pontos invariantes na linha horizontal. São dois pontos extremos e um ponto intermediário entre os dois extremos. Esse ponto intermediário representa a composição na qual ocorre a reação trifásica. Na Figura 11-4, o ponto intermediário é mostrado no centro do diagrama esquemático, entretanto, em diagramas reais, esse ponto não se situa necessariamente no centro.
3. Identifique a fase ou as fases presentes em temperatura pouco acima daquela do ponto intermediário. Proceda de maneira idêntica para uma temperatura um pouco inferior à do ponto intermediário. Em seguida, identifique a reação que ocorre considerando um resfriamento na composição do ponto intermediário. Compare essa reação com as da Figura 11-4 para identificá-la.

Exemplo 11-1 *Identificação de reações trifásicas*

Considere o diagrama de fases binário hipotético apresentado na Figura 11-5. Identifique as reações trifásicas presentes.

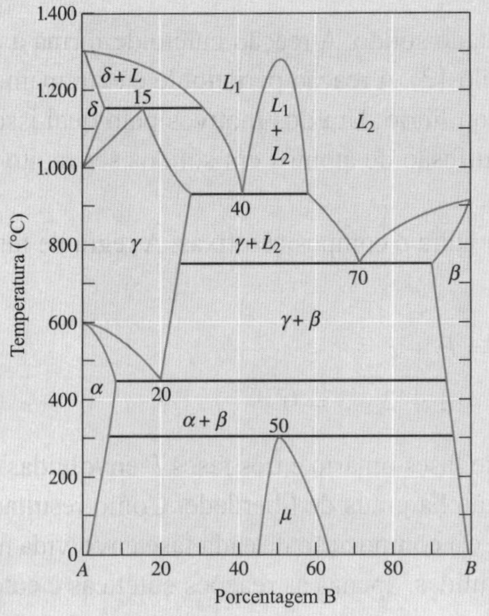

Figura 11-5 Diagrama de fases hipotético (para o Exemplo 11-1).

Solução

Existem linhas horizontais nas temperaturas de 1.150 °C, 920 °C, 750 °C, 450 °C e 300 °C. A 1.150 °, esta reação ocorre a 15% B (ou seja, o ponto intermediário está em 15% B). As fases $\delta + L$ estão presentes acima do ponto, γ está presente abaixo. A reação é:

$$\delta + L \rightarrow \gamma, \text{ uma reação } \textit{peritética}$$

920 °C: Esta reação ocorre a 40% B:

$$L_1 \rightarrow \gamma + L_2, \textit{ uma reação monotética}$$

750 °C: Esta reação ocorre a 70% B:

$$L \rightarrow \gamma + \beta, \text{ uma reação } \textit{eutética}$$

450 °C: Esta reação ocorre a 20% B:

$$\gamma \rightarrow \alpha + \beta, \text{ uma reação } \textit{eutetoide}$$

300 °C: Esta reação ocorre a 50% B:

$$\alpha + \beta \rightarrow \mu, \text{ uma reação } \textit{peritetoide}$$

As reações **eutéticas**, **peritéticas** e **monotéticas** fazem parte do processo de solidificação. As ligas usadas para fundição ou soldagem frequentemente têm composição próxima à eutética, pois possuem a vantagem de um baixo ponto de fusão. O diagrama de fases de ligas monotéticas contém uma abóbada ou um **intervalo de miscibilidade**, no qual coexistem duas fases líquidas. No sistema cobre-chumbo, a reação monotética produz dispersão de pequenos glóbulos de chumbo, que melhora a usinabilidade da liga de cobre. As reações peritéticas em geral se associam a condições de solidificação em não equilíbrio e isso gera segregação.

Em muitos sistemas existe um **intervalo de miscibilidade metaestável**. Nesse caso, a abóbada de imiscibilidade se prolonga até a região abaixo da temperatura *liquidus*. Em alguns casos, todo o intervalo de miscibilidade é metaestável, ou seja, a abóbada de imiscibilidade está toda abaixo da temperatura *liquidus*. Esses sistemas formam materiais tais como Vycor™ e vidros Pyrex®.

As reações **eutetoides** e **peritetoides** ocorrem no estado sólido. A reação eutetoide forma a base para o tratamento térmico de diversas ligas, inclusive o aço (Capítulo 12). A reação peritetoide é extremamente lenta, produzindo, com frequência, estruturas indesejáveis de não equilíbrio. Um dos motivos pelo qual isso acontece, como observado no Capítulo 5, decorre do fato de a taxa de difusão de átomos em sólidos ser muito menor que a dos líquidos.

Cada uma dessas reações trifásicas ocorre em temperatura e composição fixas. A regra de fases de Gibbs para uma reação trifásica é (à pressão constante)

$$1 + C = F + P$$

$$F = 1 + C - P = 1 + 2 - 3 = 0 \quad (11\text{-}1)$$

uma vez que há dois componentes C em um diagrama de fases binário e três fases P envolvidas na reação. Quando as três fases estão em equilíbrio durante a reação, não há graus de liberdade. Como resultado, essas reações são conhecidas como invariantes, ou seja, a temperatura e a composição de cada fase envolvida na reação trifásica são fixas. Ressalta-se ainda que, das cinco reações discutidas, apenas as reações eutéticas e eutetoides causam o endurecimento por dispersão.

11-4 Diagrama de fases eutético

O sistema chumbo-estanho contém apenas uma reação eutética (Figura 11-6). Esse sistema é a base das ligas mais usadas para soldagem branda. Conforme mencionado no Capítulo 9, em razão da toxicidade do Pb, um grande esforço tem sido feito para substituir o chumbo em soldas Pb-Sn. Entretanto, o sistema Pb-Sn é bastante conveniente para discutir o diagrama de fases eutético. Examinemos as quatro classes de ligas nesse sistema.

É fundamental destacar que os diagramas de fases binários geralmente não incorporam cores diferentes para indicar fases diferentes. Optamos por fazer isso, no entanto, no diagrama de fases Pb-Sn deste capítulo para ajudar a visualizar as várias microestruturas que se formam durante a solidificação. As regiões monofásicas dos diagramas chumbo-estanho estão em tons diferentes de cinza, enquanto as regiões bifásicas são brancas. Todos os outros diagramas de fases são apresentados em uma só cor, para que você também se familiarize com a apresentação mais convencional.

Ligas de solução sólida Ligas que contenham de 0% a 2% de Sn se comportam exatamente como ligas de cobre-níquel; uma solução sólida monofásica α forma-se durante a solidificação (Figura 11-7). Essas ligas têm a resistência mecânica aumentada pelo endurecimento por solução sólida, pelo encruamento e pelo controle do processo de solidificação de forma que refine o tamanho do grão.

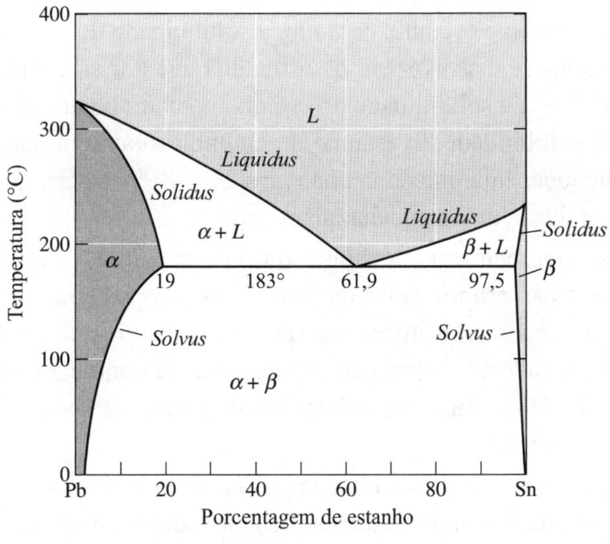

Figura 11-6 Diagrama de fases chumbo-estanho.

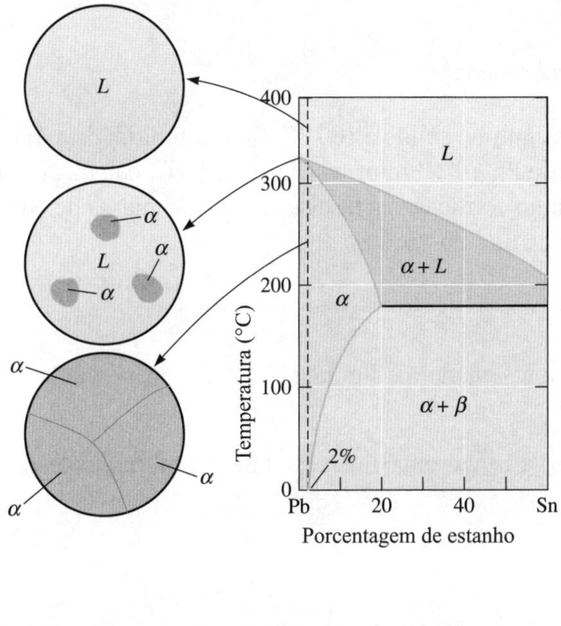

Figura 11-7 Solidificação e microestrutura de uma liga Pb-2% Sn. Essa liga é uma solução sólida monofásica.

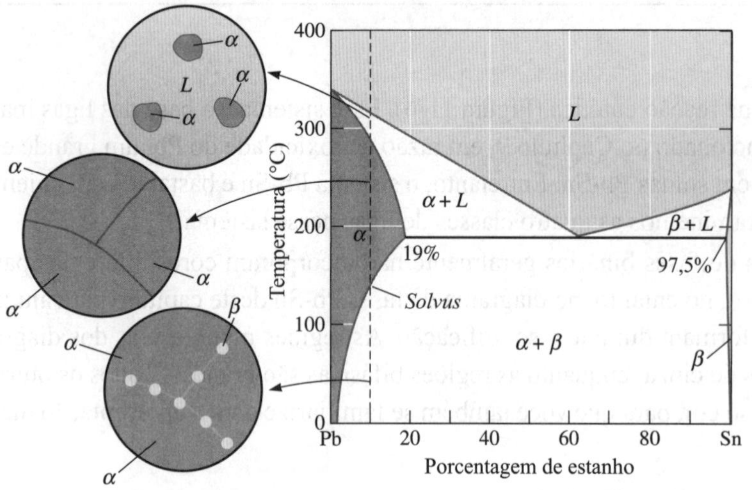

Figura 11-8 Solidificação, precipitação e microestrutura de uma liga de Pb-10% Sn. Ocorre algum endurecimento por dispersão à medida que o sólido β precipita.

Ligas que ultrapassam o limite de solubilidade Ligas que contenham entre 2% e 19% de Sn também solidificam para produzir uma solução sólida α. Entretanto, à medida que a liga continua a resfriar, ocorre uma reação de estado sólido, resultando na precipitação de uma segunda fase sólida (β) a partir da fase sólida α (Figura 11-8).

Nesse diagrama de fases, α é uma solução sólida de chumbo e estanho, contudo, a solubilidade do estanho na solução sólida α é limitada. A 0 °C, somente 2% de Sn pode se dissolver em α. À medida que a temperatura aumenta, mais estanho se dissolve no chumbo até que, a 183 °C , a solubilidade do estanho no chumbo atinge 19%. Essa é a solubilidade máxima do estanho no chumbo. A solubilidade do estanho no chumbo sólido em qualquer temperatura é dada pela **curva *solvus*** (Figura 11-6). Qualquer liga que contenha entre 2% e 19% de Sn, quando resfriada a uma temperatura que entre no campo bifásico, forma uma pequena quantidade de β.

As características desse tipo de liga são em função do endurecimento por solução sólida da fase α, da microestrutura produzida durante a solidificação, da quantidade e das propriedades da fase β. As composições de ligas sólidas, monofásicas em altas temperaturas e bifásicas em temperaturas inferiores, são adequadas ao endurecimento por precipitação ou envelhecimento. No Capítulo 12 aprenderemos por que são necessárias condições de não equilíbrio para produzir ligas endurecidas por precipitação. Uma linha vertical em um diagrama de fases (Figura 11-8) mostra uma composição específica, conhecida como **isopleta**.

A determinação das reações que ocorrem após o resfriamento de uma dada composição é conhecida como um **estudo isoplético**. O exemplo a seguir ilustra como são efetuados alguns cálculos relacionados à composição de fases e suas concentrações.

Exemplo 11-2 *Fases no diagrama de fases chumbo-estanho*

Determine: (a) a solubilidade do estanho no chumbo sólido a 100 °C, (b) a solubilidade máxima do chumbo no estanho sólido. Além disso, se a liga de Pb-10% Sn for resfriada até 0 °C, calcule: (c) a quantidade de β formada na liga, (d) as massas de estanho contidas nas fases α e β e (e) a massa de chumbo contida nas fases α e β. Suponha que a massa total da liga Pb-10% Sn seja de 100 g.

Solução

O diagrama de fases de que precisamos é apresentado na Figura 11-8. Todas as percentagens mostradas são relacionadas à massa total.

a) A temperatura de 100 °C intercepta a curva *solvus* em 6% Sn. Portanto, a solubilidade do estanho (Sn) no chumbo (Pb) a 100 °C é de 6%.

b) A solubilidade máxima do chumbo (Pb) no estanho (Sn), que é encontrada a partir do lado rico em estanho do diagrama de fases, ocorre na temperatura eutética de 183 °C e é de 97,5% de Sn ou 2,5% de Pb.

c) A 0 °C, a liga de 10% de Sn está em uma região $\alpha + \beta$ do diagrama de fases. Traçando uma linha de amarração em 0 °C e aplicando a regra da alavanca, encontramos:

$$\%\beta = \frac{10-2}{100-2} \times 100 = 8,2\%$$

Observe que a linha de amarração intercepta a curva *solvus* para a solubilidade do Pb no Sn em uma concentração próxima a 100% de Sn. Não podemos ler com precisão a partir do diagrama, assim, supomos que o ponto do lado direito da linha de amarração seja 100% Sn. O percentual de α seria (100 – % β) = 91,8%. Isso significa que, se tivéssemos 100 g da liga de 10% Sn, isso resultaria em 8,2 g da fase β e 91,8 g da fase α.

d) Observe que 100 g da liga consistem em 10 g de Sn e 90 g de Pb. O Pb e o Sn estão distribuídos nas duas fases, α e β. A massa de Sn presente na fase α = (2% de Sn)(91,8 g de fase α) = (0,02)(91,8 g) = 1,836 g. Uma vez que ambas as fases α e β estão presentes, a massa de Sn na fase β será = (10 – 1,836) g = 8,164 g. Observe que nesse caso a fase β é praticamente Sn puro.

e) Calculemos agora a massa de chumbo em cada uma das fases. A massa de Pb na fase α é igual à massa de α menos a massa de estanho na fase α = 91,8 g – 1,836 g = 89,964 g. Poderíamos também ter calculado da seguinte forma:

$$\text{Massa de Pb na fase } \alpha = (98\%\ \text{Pb})\ (91,8\ \text{g de fase } \alpha) = (0,98)\ (91,8\ \text{g}) = 89,964\ \text{g}$$

Conhecemos a massa total do chumbo (90 g) e também a de chumbo na fase α. Com isso, concluímos que a massa de Pb na fase β equivale a 90 – 89,964 = 0,036 g. Isso é consistente com o que afirmamos anteriormente sobre a fase β, para essa liga específica, ser estanho quase puro.

Ligas eutéticas A liga com 61,9% Sn tem composição eutética (Figura 11-9). A palavra eutética provém do grego *eutectos*, que significa de fusão fácil. De fato, para um sistema binário com reação eutética, a liga com composição eutética tem a menor temperatura de fusão. Essa composição não tem intervalo de solidificação e, assim, a solidificação ocorre em uma única temperatura, por exemplo, a 183 °C no sistema Pb-Sn. Acima de 183 °C, a liga é totalmente líquida e, portanto, deve conter 61,9% Sn. Após o líquido resfriar abaixo de 183 °C, tem início a reação eutética:

$$L_{61,9\%\ Sn} \rightarrow \alpha_{19\%\ Sn} + \beta_{97,5\%\ Sn} \tag{11-2}$$

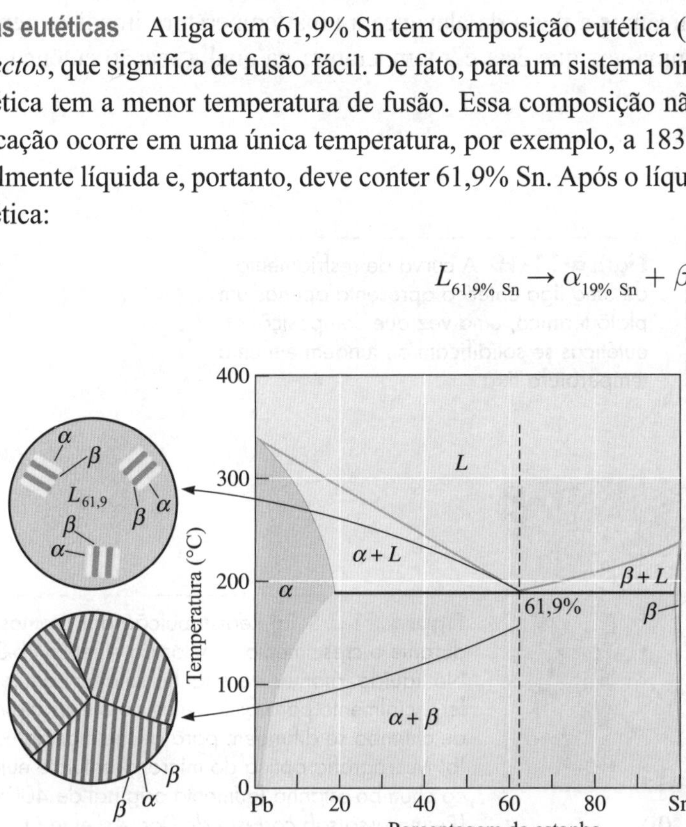

Figura 11-9 Solidificação e microestrutura da liga eutética Pb-61,9% Sn.

Duas soluções sólidas, α e β, são formadas durante a reação eutética, cujas composições são dadas pelos extremos da linha eutética.

Durante a solidificação, o crescimento do sólido eutético requer tanto a remoção do calor latente de fusão como a redistribuição das duas espécies de átomos por difusão. Uma vez que a solidificação ocorre completamente a 183 °C, a curva de resfriamento (Figura 11-10) é similar àquela de um metal puro, isto é, à temperatura eutética existe um platô térmico. No Capítulo 9, afirmamos que a liga solidifica numa faixa de temperaturas (entre a *liquidus* e a *solidus*) conhecida como intervalo de solidificação. Composições eutéticas são uma exceção a essa regra, pois a transformação do líquido em sólido ocorre a uma temperatura constante, que é a temperatura eutética.

Uma vez que os átomos são redistribuídos durante a solidificação eutética, desenvolve-se uma microestrutura característica. No sistema chumbo-estanho, as fases α e β sólidas crescem a partir do líquido em um arranjo **lamelar** ou em placas (Figura 11-11). A microestrutura lamelar permite que os átomos de chumbo e estanho movam-se dentro do líquido, no qual a difusão é rápida, sem terem de se deslocar por grandes distâncias. Essa microestrutura lamelar é característica de muitos sistemas eutéticos.

O produto da reação eutética possui um arranjo característico de duas fases sólidas chamado de **microconstituinte eutético**. Na liga Pb-61,9% Sn, é formado 100% do microconstituinte eutético, uma vez que todo o líquido passa pela reação. O exemplo a seguir mostra como calcular as quantidades e composições das fases presentes em uma liga eutética.

Exemplo 11-3 *Quantidade de fases de uma liga eutética*

(a) Determine a quantidade e composição de cada fase em 200 g de uma liga chumbo-estanho de composição eutética imediatamente após a reação eutética ter sido concluída. (b) Calcule a massa das fases presentes. (c) Calcule a quantidade de chumbo e estanho em cada fase.

Solução

(a) A liga eutética contém 61,9% Sn. Aplicamos a regra da alavanca a uma temperatura imediatamente abaixo da eutética, tal como 182 °C, uma vez que esta é a temperatura na qual a reação eutética se

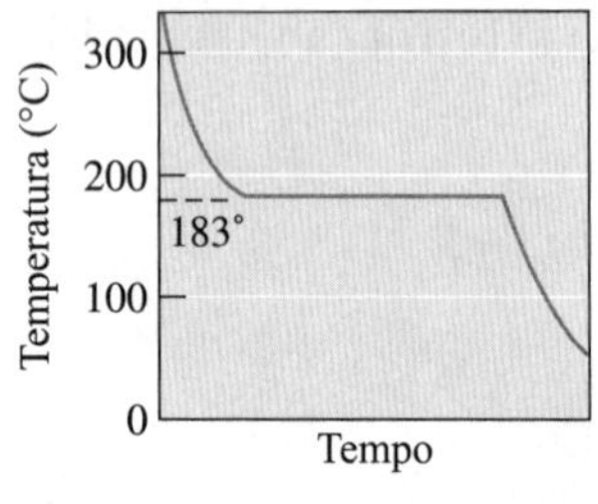

Figura 11-10 A curva de resfriamento de uma liga eutética apresenta apenas um platô térmico, uma vez que composições eutéticas se solidificam ou fundem em uma temperatura fixa.

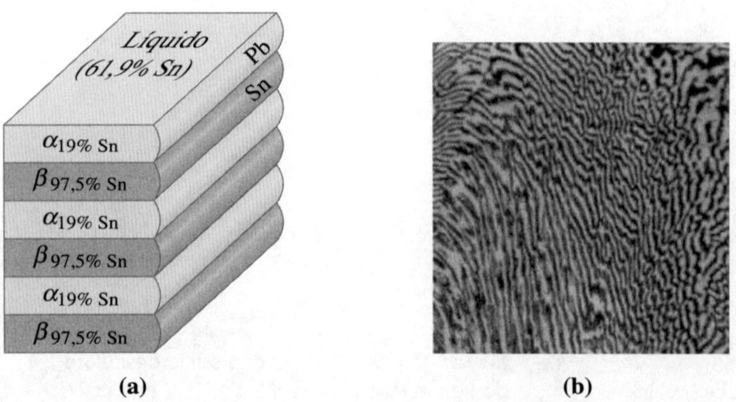

Figura 11-11 (a) Redistribuição dos átomos durante o crescimento lamelar do eutético Pb-Sn. No líquido, átomos de estanho se difundem preferencialmente para as lamelas de β e os átomos de chumbo se difundem para as lamelas de α. (b) Micrografia óptica do microconstituinte eutético chumbo-estanho (aumento original de 400×). (*Reimpresso sob cortesia de Don Askeland.*)

completa. O braço de nossa alavanca é de 61,9% Sn. A composição de α é Pb-19% Sn, e a composição de β é Pb-97,5% Sn. Os extremos da linha de amarração coincidem aproximadamente com os finais da linha eutética.

$$\alpha\text{: } (Pb - 19\%\ \text{Sn})\ \%\ \alpha = \frac{97{,}5 - 61{,}9}{97{,}5 - 19{,}0} \times 100 = 45{,}35\%$$

$$\beta\text{: } (Pb - 97{,}5\%\ \text{Sn})\ \%\ \beta = \frac{61{,}9 - 19{,}0}{97{,}5 - 19{,}0} \times 100 = 54{,}65\%$$

Como alternativa, podemos afirmar que a fração em massa da fase α vale 0,4535 e a da fase β é 0,5465.

Uma amostra de 200 g da liga conteria um total de 200 × 0,6190 = 123,8 g de Sn e 76,2 g de chumbo. A massa total de chumbo e estanho não pode mudar em consequência da conservação da massa. Entretanto, as massas de chumbo e de estanho nas diferentes fases podem variar bastante.

(b A uma temperatura imediatamente abaixo da eutética:

A massa da fase α em 200 g da liga
= massa da liga × fração da fase α
= 200 g × 0,4535 = 90,7 g

A massa da fase β em 200 g da liga
= (massa da liga – massa da fase α)
= 200 – 90,7 = 109,3 g

De modo equivalente, também poderíamos ter analisado assim:

A massa da fase β em 200 g da liga
= massa da liga × fração da fase β
= 200 g × 0,5465 = 109,3 g

Assim, a uma temperatura pouco abaixo da eutética (por exemplo, a 182 °C), a liga contém 109,3 g da fase β e 90,7 g da fase α.

(c) Calculemos agora as massas de chumbo e estanho nas fases α e β:

Massa de Pb na fase α = massa da fase α em 200 g × (fração em massa de Pb em α)
Massa de Pb na fase α = 90,7 g × (1 – 0,19) = 73,5 g
Massa de Sn na fase α = massa da fase α – massa de Pb na fase α
Massa de Sn na fase α = (90,7 – 73,5 g) = 17,2 g
Massa de Pb na fase β = massa da fase β em 200 g × (fração em massa de Pb em β)
Massa de Pb na fase β = (109,3 g) × (1 – 0,975) = 2,7 g
Massa de Sn na fase β = massa total de Sn – massa de Sn na fase α
Massa de Sn na fase β = 123,8 g – 17,2 g = 106,6 g

Observe que poderíamos ter obtido o mesmo resultado, levando em consideração o balanço de massa total de chumbo da seguinte forma:

Massa total de chumbo na liga = massa de chumbo na fase α
+ massa de chumbo na fase β
76,2 g = 73,5 g + massa de chumbo na fase β
Massa de chumbo na fase β = 76,2 – 73,5 g = 2,7 g

A Figura 11-12 mostra um resumo das diversas concentrações e massas. Essa análise confirma que a maior parte do chumbo na liga eutética se concentra na fase α, enquanto a maior parte do estanho se concentra na fase β.

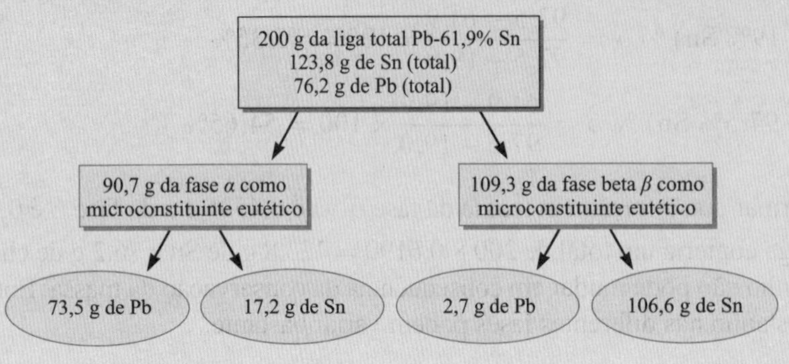

Figura 11-12 Resumo dos cálculos (para o Exemplo 11-3).

Ligas hipoeutéticas e hipereutéticas Uma **liga hipoeutética** é bifásica com uma composição menor do que a composição eutética. Para o sistema Pb-Sn, à medida que ligas hipoeutéticas contendo entre 19% e 61,9% de Sn são resfriadas, o líquido começa a solidificar à temperatura *liquidus*, produzindo α sólido, contudo, a solidificação é concluída na temperatura eutética (Figura 11-13).

Essa sequência de solidificação ocorre nas composições em que a linha vertical correspondente à composição original da liga cruza a temperatura *liquidus* e a temperatura eutética.

Ligas bifásicas com composição superior à da composição eutética são conhecidas como **ligas hipereutéticas**. No sistema Pb-Sn, qualquer composição entre 61,9% e 97,5% de Sn é hipereutética.

Vamos considerar uma liga hipoeutética com Pb-30% Sn e acompanhar as mudanças na estrutura durante a solidificação (Figura 11-13). Ao atingir a temperatura *liquidus* (260 °C), ocorre a nucleação de sólido α com cerca de 12% de Sn. A quantidade de sólido α aumenta com o resfriamento até a temperatura eutética. A 184 °C, traçamos uma linha de amarração e concluímos que o sólido α contém 19% de Sn e o líquido remanescente contém 61,9% de Sn.

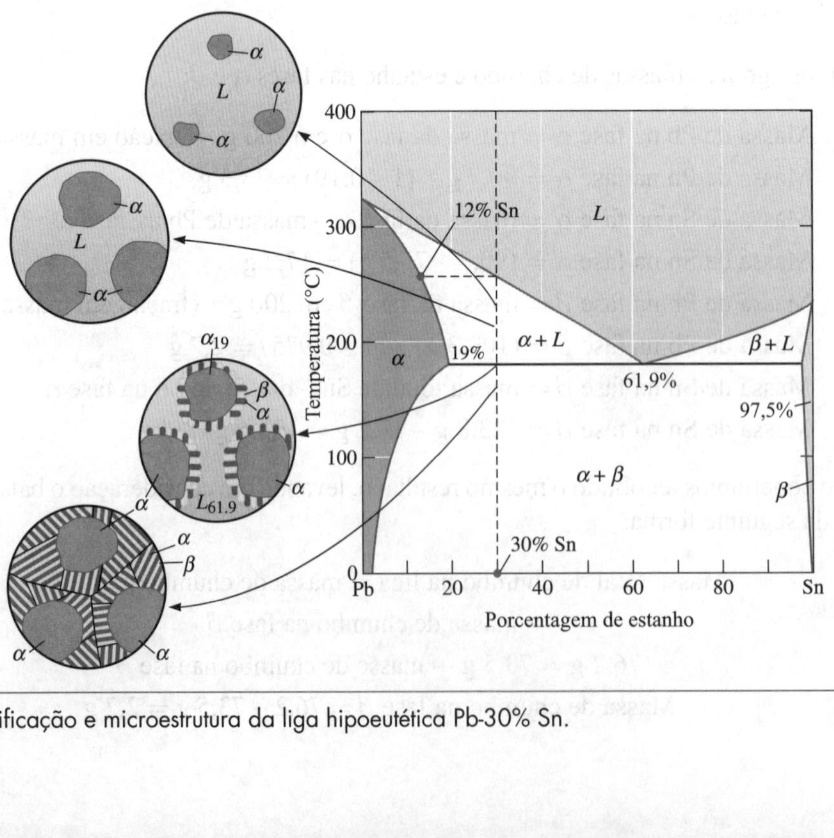

Figura 11-13 Solidificação e microestrutura da liga hipoeutética Pb-30% Sn.

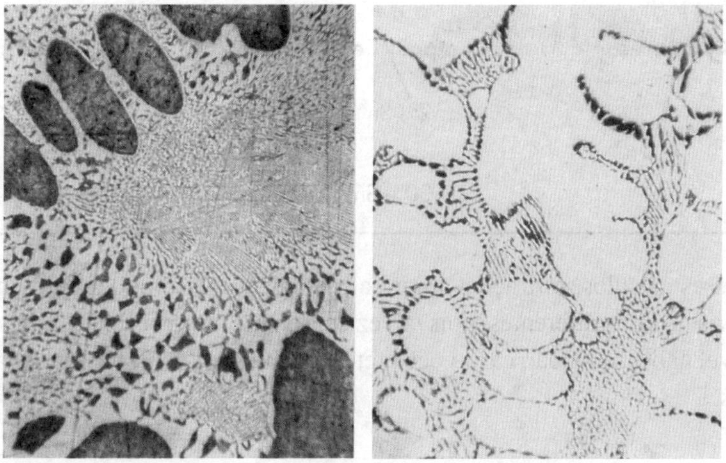

(a) (b)

Figura 11-14 (a) Liga hipoeutética de chumbo-estanho. (b) Liga hipereutética de chumbo-estanho. O microconstituinte escuro é o sólido α rico em chumbo, o microconstituinte claro é o sólido β rico em estanho. A microestrutura de lamelas finas é o microconstituinte eutético (aumento original de 400×). (*Reimpresso sob cortesia de Don Askeland*)

Observamos que, a 184 °C, o líquido restante contém a composição eutética. Quando a liga é resfriada abaixo de 183 °C, todo o líquido remanescente se solidifica segundo a reação eutética e se transforma em uma mistura lamelar de α e β. O resultado é a microestrutura mostrada na Figura 11-14(a). Observe que a microestrutura final contém o sólido α, que se formou entre as temperaturas *liquidus* e eutética, e o microconstituinte eutético. O microconstituinte eutético (lamelas alternadas de α e β) é contínuo e a fase primária (α) se encontra dispersa.

Exemplo 11-4 *Determinação de fases e quantidades em uma liga hipoeutética Pb-30% Sn*

Para a liga Pb-30% Sn, determine as fases presentes, a quantidade de cada fase e suas composições a 300 °C, 200 °C, 184 °C, 182 °C e 0 °C.

Solução

Temperatura (°C)	Fases	Composições	Quantidades
300	L	L: 30% Sn	$L = 100\%$
200	$\alpha + L$	L: 55% Sn	$L = \frac{30 - 18}{55 - 18} \times 100 = 32\%$
		α: 18% Sn	$\alpha = \frac{55 - 30}{55 - 18} \times 100 = 68\%$
184	$\alpha + L$	L: 61,9% Sn	$L = \frac{30 - 19}{61{,}9 - 19} \times 100 = 26\%$
		α: 19% Sn	$\alpha = \frac{61{,}9 - 30}{61{,}9 - 19} \times 100 = 74\%$
182	$\alpha + \beta$	α: 19% Sn	$\alpha = \frac{97{,}5 - 30}{97{,}5 - 19} \times 100 = 86\%$
		β: 97,5% Sn	$\beta = \frac{30 - 19}{97{,}5 - 19} \times 100 = 14\%$

(continua)

Temperatura (°C)	Fases	Composições	Quantidades
0	$\alpha+\beta$	α: 2% Sn	$\alpha = \frac{100-30}{100-2} \times 100 = 71\%$
		β: 100% Sn	$\beta = \frac{30-2}{100-2} \times 100 = 29\%$

Observe que, nesses cálculos, as frações foram arredondadas. Isso pode representar um problema, caso calculemos massas de fases diferentes, pois talvez cause uma imprecisão no balanço da massa. Dessa forma, é aconselhável não arredondar, caso você efetue cálculos referentes a quantidades de fases ou massas de fases distintas.

A fase sólida α, que se forma quando o líquido é resfriado a partir da temperatura *liquidus* até a eutética, denomina-se **microconstituinte primário** ou **proeutético**, uma vez que o sólido α não participa da reação eutética. Assim, a morfologia e a aparência da fase α são muito distintas daquelas da fase α que pertence ao microconstituinte eutético. Às vezes, consideramos a quantidade e a composição de microconstituintes eutéticos mais úteis que a quantidade e a composição das fases individuais.

Exemplo 11-5 *Quantidade e composição dos microconstituintes de uma liga hipoeutética*

Determine a quantidade e a composição de cada microconstituinte presente numa liga Pb-30% Sn logo após o término da reação eutética.

Solução

A liga tem composição hipoeutética. Portanto, os microconstituintes esperados são α primário e o eutético. Observe ainda que temos somente duas fases (α e β).

Podemos determinar a quantidade e a composição dos microconstituintes dependendo de como se formam. O microconstituinte *primário* α corresponde a todo α sólido que se forma antes que a liga atinja a temperatura eutética. O microconstituinte eutético é devido a todo o líquido remanescente que se solidifica segundo a reação eutética. A uma temperatura pouco superior à eutética, cerca de 184 °C, a quantidade e a composição das duas fases são:

$$\alpha\text{: 19\% Sn,} \quad \%\,\alpha = \frac{61{,}9-30}{61{,}9-19} \times 100 = 74\% = \%\text{ de } \alpha \text{ primário}$$

$$L\text{: 61,9\% Sn,} \quad \%L = \frac{30-19}{61{,}9-19} \times 100 = 26\% = \%\text{ do eutético a 182 °C}$$

Assim, o microconstituinte α primário é obtido pela determinação da quantidade de α presente à temperatura imediatamente acima da eutética. Por outro lado, todo microconstituinte eutético vem do último líquido existente. A quantidade do microconstituinte eutético, a uma temperatura logo *abaixo* da eutética, como 182 °C , é calculada da quantidade de líquido imediatamente *acima* da temperatura eutética (por exemplo, 184 °C). Ou seja, todo líquido com composição eutética transforma-se em microconstituinte eutético. Observe que, à temperatura eutética (183 °C), quando se dá a reação eutética, a formação do α proeutético já está concluída. Assim, a quantidade de microconstituinte eutético inicia a 183 °C e atinge 26% neste caso. É importante compreender bem esse exemplo, pois muitas transformações importantes ocorrem de maneira análoga.

Quando a liga é resfriada abaixo da temperatura eutética até 182 °C, todo o líquido que existia a 184 °C já se transformou em microconstituinte eutético. Desse modo, a composição do microconstituinte eutético é de 61,9% Sn e equivale à do último líquido. O α sólido presente a 184 °C permanece inalterado após o resfriamento a 182 °C, sendo denominado microconstituinte primário.

A curva de resfriamento de uma liga hipoeutética é um misto das curvas correspondentes às ligas monofásicas e às ligas de composição eutética (Figura 11-15). Com a formação de α primário que se inicia ao atingir a temperatura *liquidus*, ocorre uma mudança na inclinação da curva de resfriamento. A liberação do calor latente de fusão diminui a taxa de resfriamento à medida que o α sólido cresce. Quando a liga atinge a temperatura eutética, é produzido um platô térmico a 183 °C que permanece até que a reação eutética termine. A sequência de solidificação é similar em uma liga hipereutética, resultando na microestrutura mostrada na Figura 11-14(b).

11-5 Resistência mecânica de ligas eutéticas

Cada fase na liga eutética é, de certa maneira, endurecida por solução sólida. No sistema chumbo-estanho, a solução sólida de estanho no chumbo, α, é mais resistente mecanicamente que o chumbo puro (Capítulo 10). Algumas ligas eutéticas podem ser endurecidas por processamento mecânico a frio (trabalho a frio). Também controla-se o tamanho do grão pela adição de inoculantes ou refinadores de grão durante a solidificação. Por fim, é possível modificar as propriedades pelo controle da quantidade e da microestrutura do microconstituinte eutético.

Tamanho da colônia eutética Colônias eutéticas crescem de forma independente a partir dos núcleos formados. No interior de cada colônia, a orientação das lamelas no microconstituinte eutético é idêntica, mas ela muda ao cruzar o contorno de uma colônia [Figura 11-16(a)]. Podemos refinar as fases eutéticas por meio de inoculação e, com isso, melhorar a resistência mecânica da liga eutética (Capítulo 9).

Espaçamento interlamelar O **espaçamento interlamelar** de um eutético é a distância do centro de uma lamela α até o centro da lamela α seguinte [Figura 11-16(b)]. Um espaçamento interlamelar pequeno indica que a área de interface α-β é grande, o que aumenta a resistência mecânica da liga eutética.

O espaçamento interlamelar é função da velocidade de crescimento do eutético (ou velocidade de solidificação),

$$\lambda = cR^{-1/2} \tag{11-3}$$

em que R é a velocidade de crescimento (cm/s) e c é uma constante. O espaçamento interlamelar do eutético chumbo-estanho está representado na Figura 11-17. Podemos aumentar a velocidade de crescimento R e

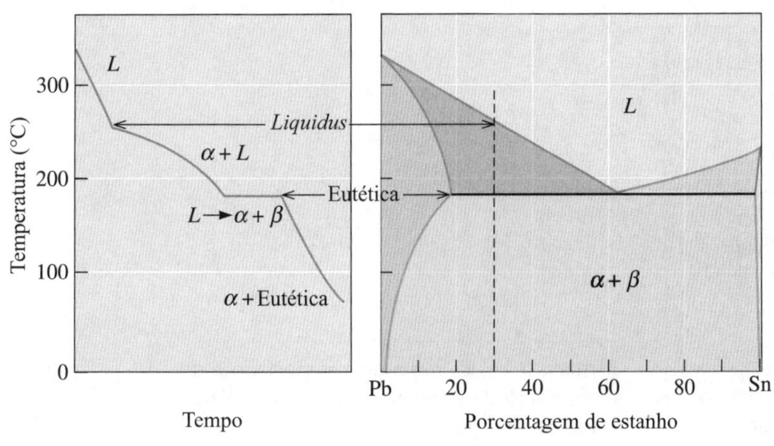

Figura 11-15 Curva de resfriamento de uma liga hipoeutética Pb-30% Sn.

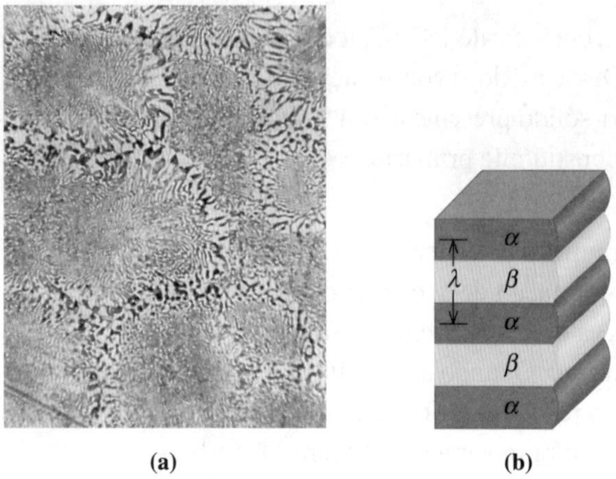

Figura 11-16 (a) Colônias no eutético chumbo--estanho (aumento original de 300×). (*Reimpresso por cortesia de Don Askeland.*) (b) Esquema mostrando espaçamento interlamelar da microestrutura eutética.

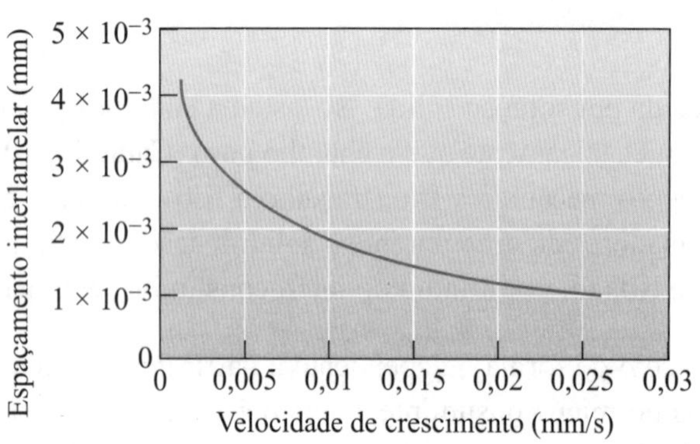

Figura 11-17 Efeito da velocidade de crescimento no espaçamento interlamelar do eutético Pb-Sn.

consequentemente reduzir o espaçamento interlamelar pela elevação da taxa de resfriamento ou pela redução do tempo de solidificação.

Quantidade do eutético As quantidades relativas do microconstituinte primário e do eutético também determinam as propriedades da liga eutética. No sistema chumbo-estanho, a quantidade do microconstituinte eutético muda de 0% para 100% quando o conteúdo de estanho aumenta de 19% para 61,9%. Com quantidades crescentes do microconstituinte eutético, a resistência mecânica da liga aumenta (Figura 11-18). De modo análogo, quando aumenta o teor de chumbo adicionado ao estanho de 2,5% para 38,1%, a quantidade de β primário na liga hipereutética diminui, a quantidade do eutético aumenta e a resistência mecânica também. Quando as fases individuais apresentam aproximadamente a mesma resistência mecânica, espera-se que a liga eutética apresente resistência mais elevada em razão do endurecimento por dispersão.

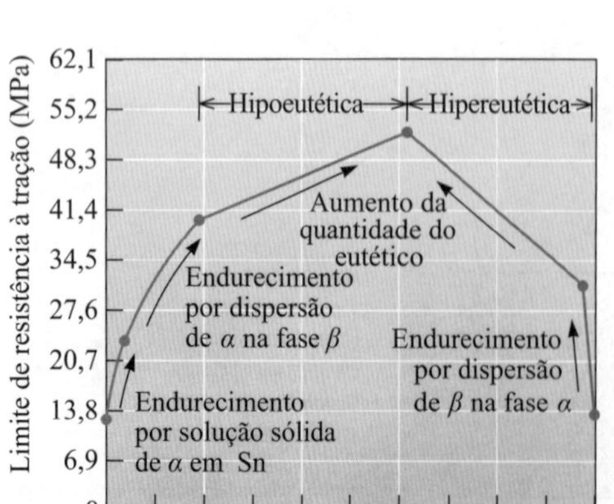

Figura 11-18 Efeito da composição e do mecanismo de endurecimento na resistência à tração de ligas chumbo-estanho.

Microestrutura do eutético Nem todas as ligas eutéticas resultam em uma estrutura lamelar. A morfologia das duas fases do microconstituinte é influenciada pela velocidade de resfriamento, a presença de elementos de impureza e a natureza da liga.

O diagrama de fases alumínio-silício (Figura 11-19) é a base para o entendimento da solidificação de importantes ligas comerciais de alumínio. Entretanto, o silício presente no eutético cresce como placas finas e planas que parecem agulhas em uma micrografia [Figura 11-20(a)]. As plaquetas frágeis de silício concentram tensões, reduzindo a ductilidade e a tenacidade da liga.

Contudo, a microestrutura eutética de ligas de alumínio-silício pode ser alterada pela adição de elementos de ligas, em um processo conhecido como modificação. A **modificação** da microestrutura resulta no crescimento da fase de silício como barras finas e interligadas entre as dendritas de alumínio [Figura 11-20(b)], aumentando tanto a resistência à tração como o alongamento. Numa observação em duas dimensões, o silício modificado parece ser composto por partículas arredondadas. As ligas resfriadas rapidamente, como as peças fundidas sob pressão, são naturalmente modificadas durante a solidificação. Entretanto, a baixas velocidades de solidificação é necessário adicionar 0,02% de Na ou 0,01% de Sr para causar modificação na morfologia do silício.

A morfologia da fase primária também é importante para as propriedades mecânicas. Em geral, a fase primária cresce de maneira dendrítica, e a diminuição do espaçamento dendrítico secundário (EDS) da fase primária melhora as propriedades da liga. Entretanto, em ligas hipereutéticas de alumínio-silício, a fase primária β é grosseira [Figura 11-21(a)]. Como a fase β é dura, as ligas hipereutéticas são resistentes ao desgaste e empregadas em peças de motores automotivos. A fase β é grosseira, porém, reduz a usinabilidade e há ainda segregação por gravidade. Nesse caso, a fase β primária se concentra na parte superior do fundido durante a solidificação. A adição de 0,05% de fósforo aumenta a nucleação do silício primário, refinando seu tamanho e, consequentemente,

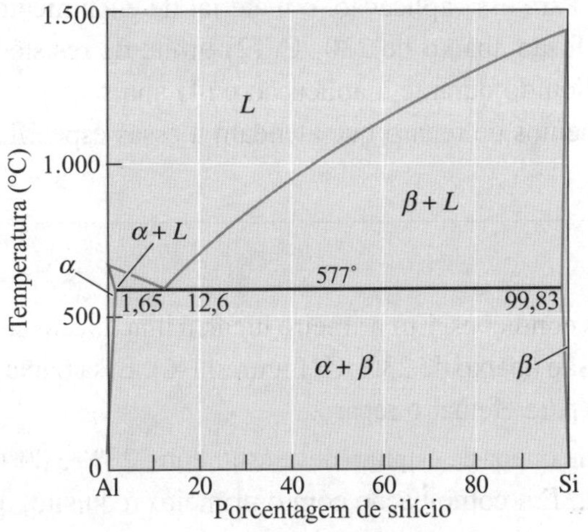

Figura 11-19 Diagrama de fases alumínio-silício.

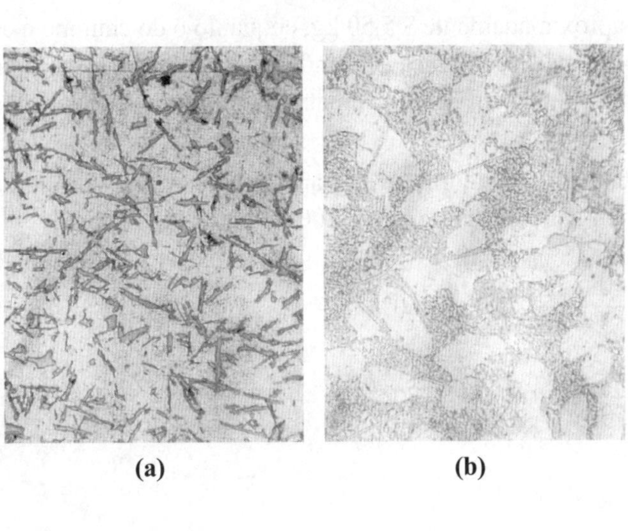

(a) (b)

Figura 11-20 Microestruturas eutéticas típicas: (a) placas de silício com aparência de agulhas na liga eutética alumínio-silício e (b) barras arredondadas de silício na liga eutética alumínio--silício modificada (aumento original de 100×). (*Reimpresso por cortesia de Don Askeland.*)

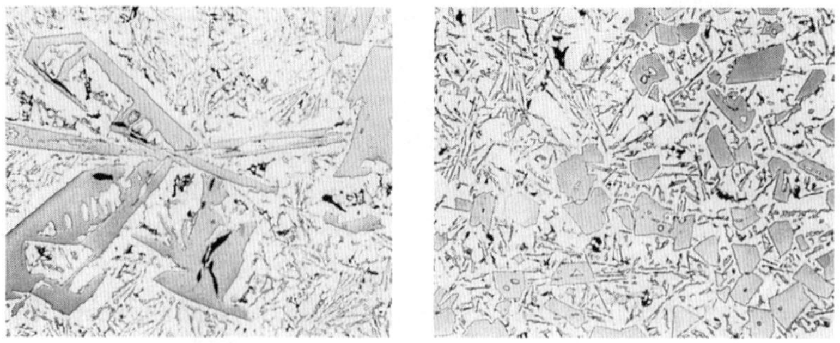

(a) (b)

Figura 11-21 Efeito do endurecimento com fósforo na microestrutura de ligas hipereutéticas de alumínio-silício: (a) silício primário grosseiro e (b) silício primário fino, refinado pela adição de fósforo (aumento original de 75×). *(Imagem extraída de ASM Handbook v. 7, 1972, ASM International, Materials Park, OH 44073. Reproduzida com permissão da ASM International. Todos os direitos reservados. www.asminternational.org.)*

minimizando seu efeito adverso [Figura 11-21(b)]. Os dois exemplos a seguir mostram de que modo as composições eutéticas podem ser usadas para alcançar boas propriedades mecânicas.

Exemplo 11-6 *Projeto de materiais para soldagem branda*

Uma forma para reparar cavidades de uma peça metálica é preencher com um material parcialmente líquido e, em seguida, deixá-lo se solidificar. Para essa aplicação, o material de enchimento deve ter as seguintes especificações: (1) temperatura de fusão abaixo de 230 °C, (2) limite de resistência à tração superior a 42 MPa, (3) estar de 60% a 70% líquido durante a aplicação e (4) apresentar o menor custo possível. Projete uma liga e elabore procedimentos de reparo que atendam a essas especificações. Você pode considerar uma liga de Pb-Sn.

Solução

Vejamos se uma das ligas Pb-Sn satisfará essas condições. Em primeiro lugar, a liga deverá conter mais do que 40% de Sn para ter uma temperatura de fusão abaixo de 230 °C (Figura 11-6). Essa baixa temperatura facilita a aplicação do material de enchimento para efetuar o reparo.

Em segundo lugar, a Figura 11-18 indica que o teor de estanho deve estar entre 23% e 80% para alcançar a resistência à tração requerida de 42 MPa. Em combinação com o primeiro requisito, qualquer liga que contenha entre 40% e 80% de Sn seria adequada.

Em terceiro lugar, o custo do estanho é de aproximadamente \$ 5,50/kg, enquanto o do chumbo é de \$ 0,55/kg. Assim, uma liga de Pb-40% Sn é a opção mais econômica. Há ainda outras considerações, como: qual é a geometria do defeito? A liga conseguirá fluir bem nessa geometria? Ou seja, a viscosidade do metal fundido permite preencher seções finas?

Por fim, o material de enchimento deve estar na temperatura correta para estar de 60% a 70% líquido. Conforme mostram os cálculos a seguir, a temperatura deve estar entre 200 °C e 210 °C:

$$\%L_{200} = \frac{40 - 18}{55 - 18} \times 100 = 60\%$$

$$\%L_{210} = \frac{40 - 17}{50 - 17} \times 100 = 70\%$$

Nossa recomendação é usar uma liga de Pb-40% Sn a 205 °C, já que nessa temperatura há 65% de líquido e 35% de α primário. Como mencionado, devemos também ter atenção com a toxicidade do chumbo e com quaisquer restrições legais que podem decorrer do uso desse tipo de material. Para contornar esse problema, foram desenvolvidos diversos materiais de enchimento isentos de chumbo.

Exemplo 11-7 *Projeto de um componente resistente ao desgaste*

Projete um componente cilíndrico, com pequena massa, com excelente resistência ao desgaste na parede interna, mantendo, ainda, razoável ductilidade e tenacidade. Esse produto será usado como uma camisa do cilindro em motores automotivos.

Solução

Muitas peças resistentes ao desgaste são fabricadas com aços que possuem massa específica relativamente alta, porém as ligas hipereutéticas Al-Si com β primário podem proporcionar a resistência ao desgaste desejada com um terço da massa do aço.

Uma vez que a peça a ser fabricada é de forma cilíndrica, a fundição centrífuga (Figura 11-22) pode ser um método adequado para fabricá-la. Na fundição centrífuga, um metal líquido é vazado em um molde giratório e a força centrífuga produz uma forma cilíndrica. Adicionalmente, material com alta massa específica segrega para a parede externa do fundido, enquanto material com densidade menor migra para a parede interna.

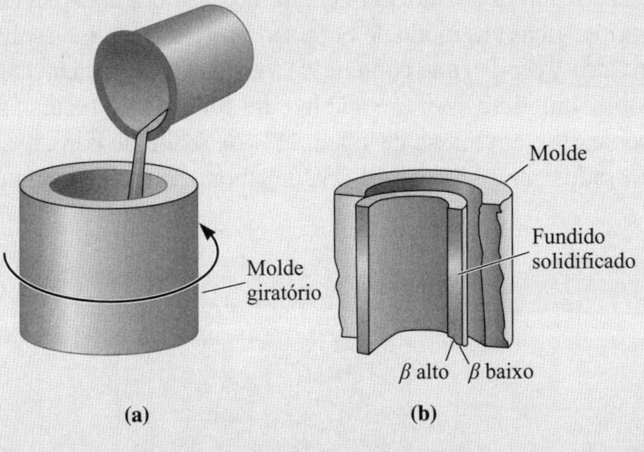

Figura 11-22 Fundição centrífuga de uma liga hipereutética Al-Si: (a) a liga líquida é vazada em um molde giratório e (b) a peça solidificada tem composição hipereutética no diâmetro interno e eutética no diâmetro externo (para o Exemplo 11-7).

Quando fundimos uma liga hipereutética Al-Si por centrifugação, ocorre a nucleação de β primário seguida do seu crescimento. A massa específica da fase β (assumindo-se que seja de Si puro) é de 2.330 kg/m^3, de acordo com o Apêndice A, e a do alumínio, de 2.700 kg/m^3. Como as partículas de β primário se precipitam a partir do líquido, elas tendem a se concentrar junto à superfície interna. O resultado é um material fundido cilíndrico composto por microconstituinte eutético (com ductilidade razoável) na parede externa e uma composição hipereutética com grandes quantidades de β primário na parede interna.

Uma liga típica usada para fabricar componentes de alumínio para motores é a Al-17% Si. Com base na Figura 11-19, a quantidade total de β primário que pode ser formada é calculada a 578 °C, pouco acima da temperatura eutética:

$$\%\beta \text{ primário} = \frac{17 - 12{,}6}{99{,}83 - 12{,}6} \times 100 = 5{,}0\%$$

Apesar de se esperar a formação de somente 5,0% de β primário em condição de equilíbrio, a ação da força centrífuga pode duplicar ou triplicar a quantidade de β na parede interna do material fundido.

11-6 Ligas eutéticas e processamento de materiais

Os processos de fabricação aproveitam a vantagem da baixa temperatura de fusão associada à reação eutética. Assim, as ligas de Pb-Sn são a base para uma série de ligas usadas como materiais de enchimento em processos de soldagem, exatamente por essas características. Por exemplo, tubos de cobre para transporte de água podem ser unidos pela adição de uma liga de Pb-Sn de baixo ponto de fusão na junção dos tubos [Figura 11-23(a)]. O cobre é aquecido até a temperatura eutética da liga de adição e com isso funde-se a liga Pb-Sn, que então preenche a fenda estreita por ação capilar. Quando a liga Pb-Sn resfria e se solidifica, o cobre está unido. Nesse projeto, também é preciso considerar as possibilidades de corrosão dos tubos e a contaminação da água por chumbo.

Muitas ligas fundidas também são baseadas em ligas eutéticas. O líquido é fundido e vazado em um molde a baixas temperaturas, diminuindo os custos de energia envolvidos na fundição, minimizando os defeitos de materiais fundidos, como porosidade devido a gases, e evitando reações do molde com metal líquido. Por isso, utilizam-se bastante o ferro fundido (Capítulo 13) e muitas ligas de alumínio (Capítulo 14) que são eutéticas ou cuja composição é próxima da eutética.

Apesar de a maior parte deste capítulo tratar de materiais metálicos, é importante ressaltar que os eutéticos são também muito importantes em diversos sistemas cerâmicos (Capítulo 15). A sílica e a alumina são os materiais cerâmicos mais amplamente usados. A Figura 11-23(b) mostra um diagrama de fases Al_2O_3-SiO_2. Observe o eutético à temperatura de 1.587 °C. As linhas tracejadas nesse diagrama mostram fases metaestáveis do *liquidus* e intervalos de miscibilidade metaestável. A existência desses intervalos possibilita a fabricação de produtos tecnologicamente úteis, como os vidros Vycor™ e Pyrex®. Um vidro Vycor™ é obtido fundindo-se primeiro sílica (63%), óxido de boro (27%), óxido de sódio (7%) e alumina (3%) a, aproximadamente, 1.500 °C. O vidro é então resfriado nas formas desejadas. Durante sua formação, as fases se separam devido ao intervalo de miscibilidade metaestável em regiões ricas em óxido de boro e em sílica. As regiões ricas em óxido de boro são posteriormente dissolvidas com ácido. A peça porosa é sinterizada para formar o vidro Vycor™, que contém 95% em massa de sílica, 4% de óxido de boro e 1% de óxido de sódio. É muito difícil obter um vidro com elevado teor de sílica sem o recurso da técnica descrita. Os vidros Pyrex® contêm aproximadamente 80% em massa de sílica, 13% de óxido de boro, 4% de óxido de sódio e 2% de alumina. Eles são amplamente usados para fabricar vidraria de laboratório, como béqueres, e recipientes de uso doméstico.

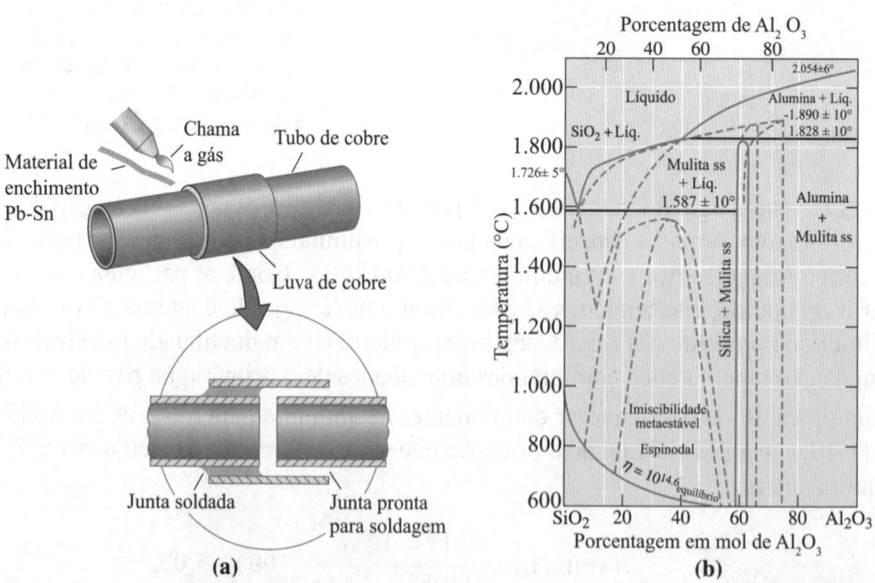

Figura 11-23 (a) Liga eutética Pb-Sn usada para a soldagem de tubos. Uma fonte de calor como uma chama a gás aquece as peças e o material de enchimento. O metal de enchimento escoa para a junta e se solidifica. (b) Diagrama de fases SiO_2-Al_2O_3. (*Adaptado de Bergeron, C. G.; RISBUD, S. H.* Introduction to phase equilibria. *p. 44-45, American Ceramic Society, 1984.*) Impresso mediante permissão.

11-7 Solidificação do sistema eutético em condição de não equilíbrio

O rápido resfriamento de ligas pode impedir que a solidificação ocorra em condições de equilíbrio. Considere, por exemplo, a liga Pb-15% Sn, que solidifica normalmente como uma liga de solução sólida. Em condições de equilíbrio, o último líquido se solidifica próximo a 230 °C, bem acima da temperatura eutética. Entretanto, se a liga for resfriada muito rapidamente, surge uma curva *solidus* de não equilíbrio (Figura 11-24). Desse modo, o sólido α primário continua a crescer até 183 °C, o líquido remanescente contém 61,9% de Sn. Esse líquido se transforma então no microconstituinte eutético circundando a fase α primária. Nas condições mostradas na Figura 11-24, a quantidade de eutético é

$$\% \text{ eutético} = \frac{15 - 10}{61{,}9 - 10} \times 100 = 9{,}6\%$$

A máxima temperatura de qualquer tratamento térmico de ligas, como a Pb-15% Sn, deve ser inferior à temperatura eutética de 183 °C. Isso evita a ocorrência de **trinca a quente** ou a fusão parcial do eutético. Esse cuidado é muito importante no endurecimento por precipitação ou envelhecimento de ligas metálicas, como as do sistema Al-Cu.

11-8 Nanofios e o diagrama de fases eutético

Nanofios são cilindros ou *fios* de material com diâmetros da ordem de 10 nm a 100 nm. Os nanofios têm gerado grande interesse tecnológico devido a suas propriedades elétricas, mecânicas, químicas e ópticas. Aplicações em potencial incluem sensores biológicos e químicos, condutores elétricos em dispositivos nanoeletrônicos e eletrodos em baterias. Um método comum de fabricação de materiais com nanofios é através da técnica conhecida como crescimento por vapor-líquido-sólido (VLS). O crescimento de nanofios de silício pode ser entendido considerando-se o diagrama de fase binário do ouro-silício, na Figura 11-25(a). Observe que não existe solubilidade mútua entre o ouro e o silício.

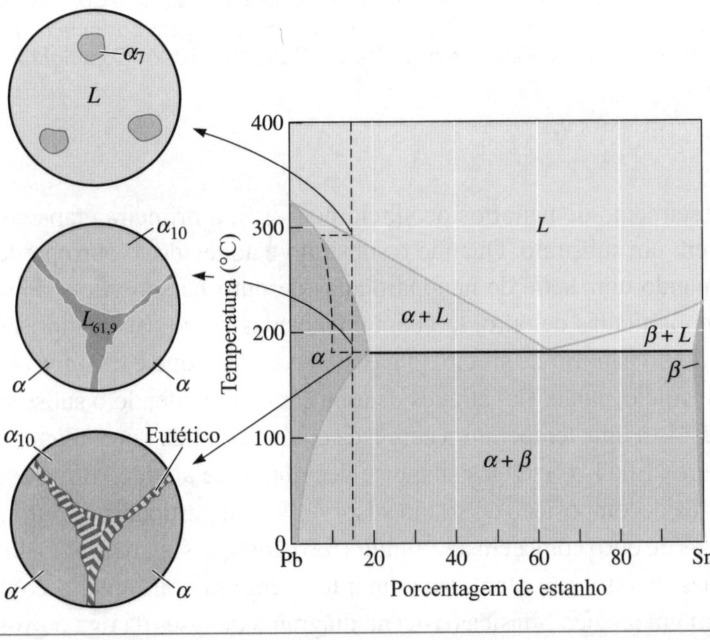

Figura 11-24 Solidificação de não equilíbrio e microestrutura da liga Pb-15% Sn. Um microconstituinte eutético de não equilíbrio pode ser formado, caso a solidificação seja muito rápida.

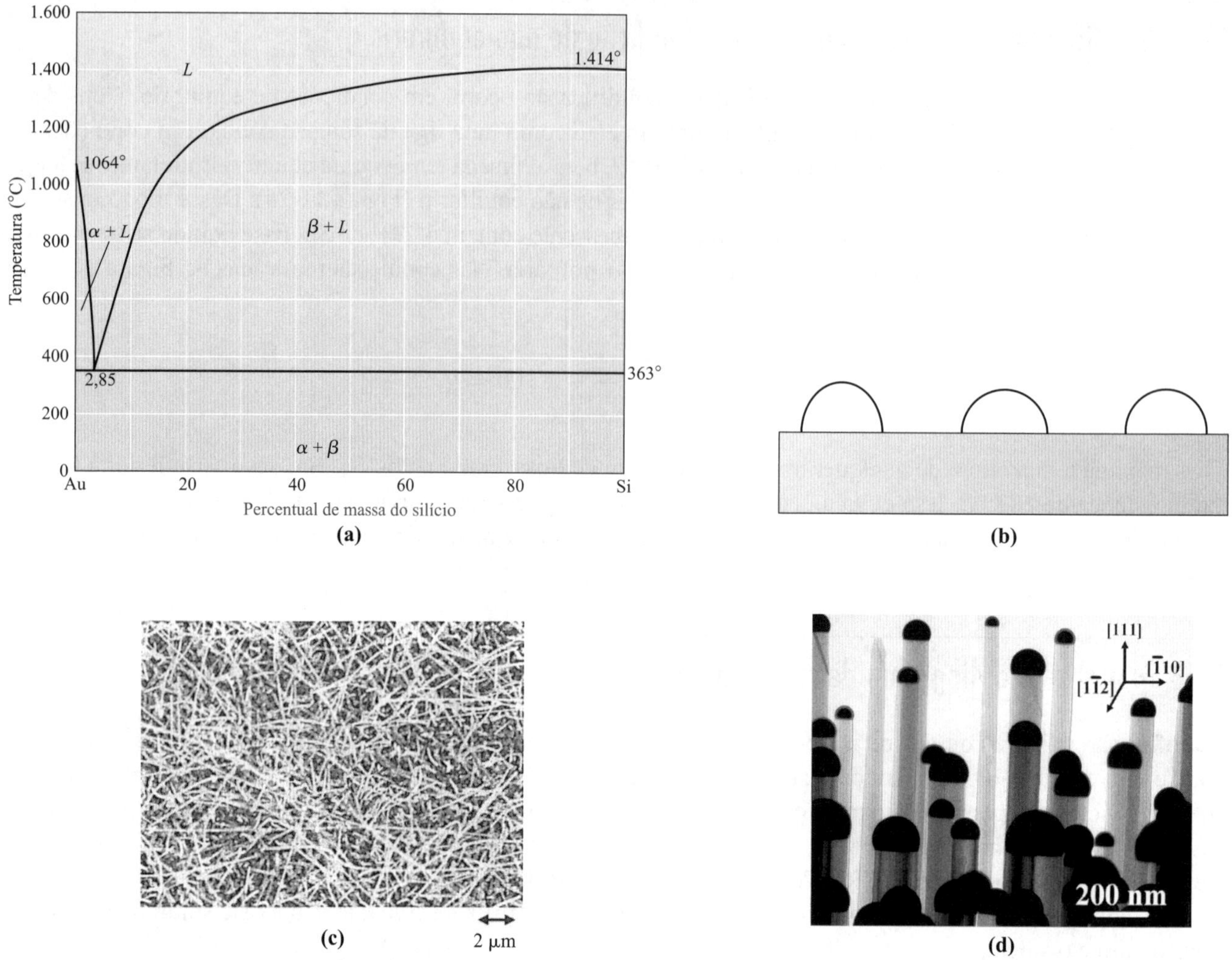

Figura 11-25 (a) O diagrama de fases da liga Au-Si. (*Adaptado de* ASM Metals Handbook. *v. 8, Metallography, Structures and Phase Diagrams, 1973. ASM International, Materials Park, OH 44073-0002.* (b) Diagrama esquemático de nanopartículas de ouro em um substrato. (c) Micrografia eletrônica de varredura de nanofios de silício. (*Cortesia de Wendelin Wright.*) (d) Catalisadores de ouro na parte superior de nanofios de silício são visíveis nesta imagem bastante ampliada. (*Reimpresso mediante permissão de Kodambaka, S. et al.* Physical Review Letters, v. 96, p. 096105-2, 2006. *Copyright 2006, pela American Physical Society.*)

Em um exemplo de crescimento de nanofios de silício por VLS, a primeira etapa consiste em depositar uma fina camada de ouro puro em um substrato. Quando o substrato é aquecido, o ouro perde molhabilidade ao substrato ou *se aglomera*, formando uma série de nanopartículas de ouro na superfície do substrato, como mostra a Figura 11-25(b). Essas nanopartículas de ouro, também conhecidas como catalisadores de nanofios, agem como o modelo para o crescimento do nanofio de silício. O gás silano (SiH_4), que é o *vapor* no processo de VLS para o crescimento de nanofios de silício, então, flui através de uma câmara mantendo o substrato com as nanopartículas de ouro. O substrato é aquecido a uma temperatura acima da eutética da liga ouro-silício, de 363 °C, mas abaixo da temperatura de fusão do ouro (1.064 °C). O gás silano se decompõe de acordo com a equação $SiH_4 \rightarrow Si + 2H_2$. O silício produzido a partir da decomposição do silano adsorve às nanopartículas de ouro e se difunde nelas, fazendo com que as nanopartículas de ouro comecem a se fundir (formando, assim, o *líquido* do processo de crescimento por VLS). As nanopartículas de ouro são mantidas a uma temperatura constante, o conteúdo de silício aumenta e a liga ouro-silício entra em uma região bifásica (α-L) no diagrama de fases da liga ouro-silício. O silício continua a se difundir nas nanopartículas de ouro até que elas estejam completamente fundidas. Essas nanopartículas mantêm seu formato de círculos aproximadamente hemisféricos, devido às características de energia superficial entre as nanopartículas e o substrato (pense em gotículas de óleo em uma panela de Teflon®). À medida que o conteúdo de silício aumenta em virtude da difusão de silício nas nanopartículas, uma fase sólida começa a se formar, ou seja, o nanofio de silício, que é silício puro. O nanofio tem o mesmo diâmetro que a nanopartícula de ouro. A fase líquida presente se dirige para cima no nanofio de silício à medida que ele cresce à frente no substrato. O nanofio continua a aumentar em comprimento enquanto o gás silano for fornecido para o substrato. Ao completar-se o crescimento do nanofio, a temperatura é reduzida e a fase líquida na parte superior do nanofio de silício se solidifica quando o resfriamento ultrapasssa a temperatura eutética. Nanofios de silício são mostrados na Figura 11-25(c), e catalisadores de ouro na superfície dos nanofios, na Figura 11-25(d).

Exemplo 11-8 *Crescimento de nanofios de silício*

Considere nanopartículas de ouro em um substrato de silício mantido a 600 °C, sobre o qual flui gás silano. (a) Quando uma nanopartícula consiste em 1% em massa de Si, descreva as fases que estão presentes na nanopartícula, a quantidade relativa de cada fase e a sua composição. Faça as aproximações necessárias da composição utilizando o diagrama de fases da Figura 11-25 (a). (b) A que porcentagem de silício a nanopartícula se tornará completamente fundida? (c) A que porcentagem de silício a nanopartícula fundida começará a se solidificar novamente? (d) Quais são as composições do nanofio e do catalisador antes de a temperatura ser reduzida?

Solução

(a) A nanopartícula consiste em uma fase sólida e em uma fase líquida, com 1% em massa de Si e a 600 °C. O sólido é composto por 100% de Au. De acordo com a Figura 11-25(a), o líquido contém aproximadamente 2,4% de Si e 97,6% de Au. (A porcentagem do silício deve ser menor do que 2,85% de acordo com o ponto eutético no diagrama de fases.) Utilizando a regra da alavanca para determinar as quantidades relativas de cada fase, tem-se:

$$\% \text{ de sólido} = \frac{2{,}4 - 1{,}0}{2{,}4 - 0} = 58\% \qquad \% \text{ de líquido} = \frac{1{,}0 - 0}{2{,}4 - 0} = 42\%$$

Desse modo, a nanopartícula consiste em 58% de sólido (100% de Au) e 42% em líquido (2,4% de Si e 97,6% de Au).

(b) A nanopartícula irá fundir-se completamente quando o conteúdo de silício atingir aproximadamente 2,4%.

(c) A nanopartícula fundida começará a se solidificar novamente quando o conteúdo de silício atingir aproximadamente 7%.

(d) A fase sólida é de 100% de Si. A fase líquida é de aproximadamente 7% de Si e 93% de Au.

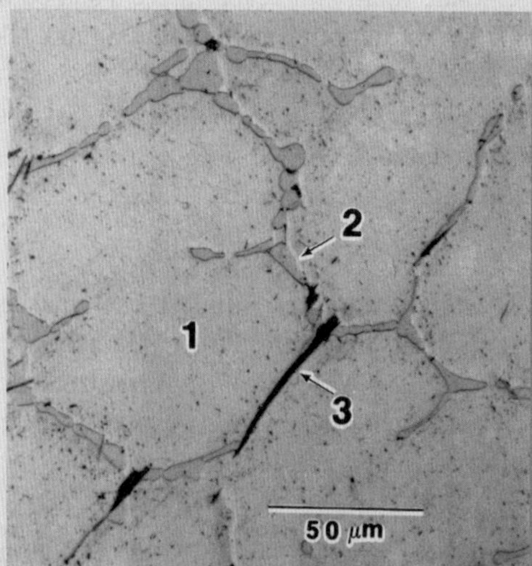

Em 17 de dezembro de 1903, os irmãos Wright voaram no primeiro avião controlável do mundo. O voo histórico durou apenas 12 segundos e percorreu 36,5 metros, mas mudou o mundo para sempre (*Topical Press Agency/Hulton Archive/Getty Images*). A micrografia da liga utilizada no avião dos irmãos Wright também é exibida (*cortesia do Dr. Frank Gayle, NIST*). O que não se sabia na época é que o motor de liga de alumínio usado por eles foi de maneira não intencional reforçado por endurecimento por precipitação!

capítulo 12

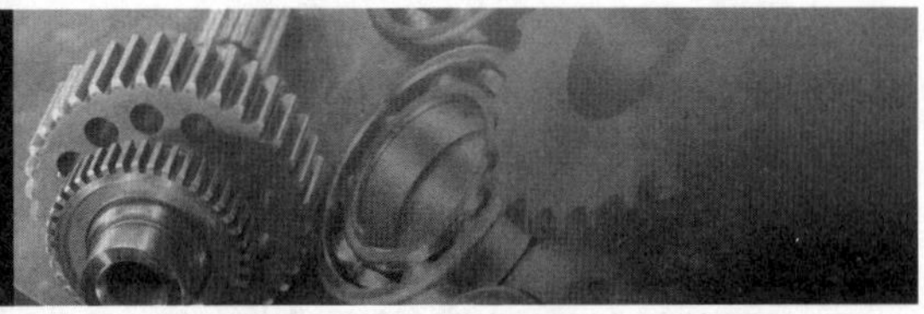

Endurecimento por dispersão, transformações de fase e tratamento térmico

VOCÊ JÁ SE PERGUNTOU?

- Quem inventou e voou no primeiro aeroplano controlável?[1]
- De que forma os engenheiros endurecem as ligas de alumínio usadas em aviões?
- As ligas podem "se lembrar" de sua forma?
- Por que alguns aços endurecem após a têmpera?
- Quais ligas são usadas para fabricar fios ortodônticos?
- É possível aumentar a resistência mecânica e a tenacidade do aço depois que o chassi do carro já está fabricado?
- O que são materiais inteligentes?

OBJETIVOS DE APRENDIZAGEM DO CAPÍTULO

Os principais objetivos deste capítulo são

- Desenvolver a expressão que descreve a variação total da energia livre durante uma transformação de fase em estado sólido e descrever a cinética da nucleação e do crescimento durante esse processo.
- Projetar um tratamento de endurecimento por envelhecimento para uma liga apropriada.
- Desenhar um diagrama de fases entre ferro puro e cementita (Fe_3C).
- Prever as propriedades mecânicas de aços hipoeutetoides, eutetoides e hipereutetoides.
- Explicar como a martensita é produzida e descrever sua estrutura e suas propriedades.
- Explicar as relações entre processamento, composição, condições de resfriamento e recozimento para controlar a microestrutura de um material.

[1] N.R.T.: A Federação Aeronáutica Internacional (FAI) homologou formalmente ao brasileiro Alberto Santos Dumont o pioneirismo no voo controlável e autoimpulsionado, em 12.11.1906. O Aeroclube da França também reconheceu esse pioneirismo.

No Capítulo 11, examinamos como as partículas de segunda fase aumentam a resistência mecânica dos metais. Também vimos como materiais endurecidos por dispersão são preparados e quais são os caminhos possíveis para a formação de segundas fases durante a solidificação de ligas, especialmente ligas eutéticas. Neste capítulo, continuaremos a estudar o endurecimento por dispersão dos processos de transformação no estado sólido, incluindo o envelhecimento e a reação eutetoide. Também será abordado o endurecimento pelo surgimento de fases de não equilíbrio, como a martensita.

É preciso aprofundar-se ainda nas características que conduzem às melhores propriedades de resistência mecânica, já vistas no Capítulo 11:

- A matriz deve ser macia e tenaz, e o precipitado, ou segunda fase, duro.
- O precipitado deve ter formas arredondadas e descontínuas.
- As partículas da segunda fase devem ser pequenas e numerosas.
- De forma geral, quanto maior a quantidade de partículas precipitadas, mais resistente será a liga.

De modo semelhante ao mostrado no Capítulo 11, aqui também nos interessa a correlação entre tratamento térmico e propriedades mecânicas. Os tratamentos térmicos empregam reações no estado sólido, e os fenômenos de nucleação e crescimento das partículas de segunda fase são fundamentais para seu entendimento.

12-1 Nucleação e crescimento nas reações no estado sólido

No Capítulo 9, tratamos da nucleação de um núcleo sólido durante a solidificação e discutimos os fenômenos de super-resfriamento, nucleação homogênea e heterogênea em transformações de líquido em sólido. Veremos agora transformações de sólido em sólido, ou seja, transformações no estado sólido, como a reação eutetoide. Para que um precipitado β seja formado a partir de uma matriz sólida α, também devem ocorrer a nucleação e o crescimento. A variação total da energia livre necessária para a nucleação de um precipitado sólido esférico de raio r a partir da matriz é dada por:

$$\Delta G = \tfrac{4}{3}\pi r^3 \Delta G_{v(\alpha \rightarrow \beta)} + 4\pi r^2 \sigma_{\alpha\beta} + \tfrac{4}{3}\pi r^3 \varepsilon \qquad (12\text{-}1)$$

Os primeiros dois termos incluem a variação de energia livre por unidade de volume (ΔG_v) e a variação de energia necessária para criar a interface $\alpha - \beta$ ($\sigma_{\alpha\beta}$), exatamente como na solidificação (Equação 9-1). Entretanto, o terceiro termo é a **energia de deformação** por unidade de volume (ε), que é a energia que decorre da formação do precipitado na matriz. Em geral, o precipitado que nucleou não ocupa o mesmo volume que a matriz preexistente naquele local. Assim, surgem deformações elásticas para acomodar o precipitado na matriz. Essa deformação tem uma energia associada.

Nucleação Tal como na solidificação, a nucleação ocorre mais facilmente nas interfaces já existentes na microestrutura, minimizando, assim, a energia superficial. Dessa maneira, a fase precipitada forma núcleos heterogêneos mais facilmente, nucleando-se nos contornos de grãos e em outros defeitos.

Crescimento O crescimento de precipitados ocorre normalmente por difusão e redistribuição de átomos solutos. Os átomos difundem de seus locais originais (que podem ser posições ocupadas na rede cristalina da matriz), movem-se pelo material e são incorporados à estrutura cristalina do precipitado. Em alguns casos, os átomos em difusão podem estar tão ligados dentro de uma fase existente que o processo de separação limita a taxa de crescimento. Em outros casos, a união dos átomos em difusão com o precipitado – talvez por causa da tensão de rede – limita o crescimento. Esse resultado às vezes leva à formação de precipitados que apresentam uma relação especial com a estrutura da matriz que minimiza a tensão. Na maioria dos casos, entretanto, a etapa controladora do crescimento é a difusão no estado sólido.

Cinética A cinética do processo de transformação depende tanto da nucleação como do crescimento. Se muitos núcleos estiverem presentes em uma dada temperatura, o crescimento se acelera, pois há muitos locais para a transformação de fase ocorrer e ela termina em menos tempo. Para uma mesma quantidade de núcleos, em temperaturas

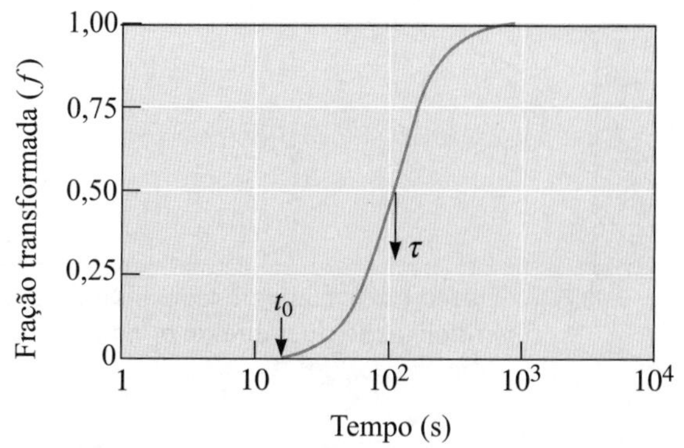

Figura 12-1 Curva sigmoide que mostra a transformação de ferro CFC a uma temperatura constante. Também são apresentados o tempo de incubação t_0 e o tempo τ para a transformação de 50%.

mais altas, o coeficiente de difusão é maior, consequentemente, as taxas de crescimento são mais intensas, e a nova fase se transforma rapidamente.

A fração transformada f é dada, em cada instante, pela equação de Avrami (Equação 12-2),

$$f = 1 - \exp(-ct^n) \tag{12-2}$$

na qual c e n são constantes dependentes da temperatura. A **equação de Avrami**, apresentada na Figura 12-1, gera uma curva sigmoide ou em forma de "S" e é capaz de descrever a maioria das transformações no estado sólido. O tempo de incubação, t_0, é o tempo requerido para iniciar a nucleação. Para tempos menores que t_0 não ocorrem transformações observáveis. Inicialmente, a transformação ocorre lentamente, pois ainda existem poucos núcleos formados.

Após o período de incubação, há um rápido crescimento à medida que os átomos se difundem para o precipitado em crescimento. Próximo ao fim da transformação, a taxa de transformação diminui, devido à pequena quantidade de átomos disponíveis para difusão. O parâmetro τ corresponde ao tempo no qual 50% da microestrutura está transformada na nova fase. A taxa característica da transformação é dada pelo recíproco de τ

$$\text{Taxa} = 1/\tau \tag{12-3}$$

Efeito da temperatura Em muitas transformações de fases, o material é super-resfriado abaixo da temperatura na qual a transformação de fase ocorreria sob condições de equilíbrio. A nucleação e o crescimento dependem da temperatura, e a taxa da transformação de fases depende do super-resfriamento (ΔT). A taxa de nucleação é baixa para um super-resfriamento pequeno, uma vez que a força motriz termodinâmica é pequena e aumenta com super--resfriamentos maiores, pois há uma variação da energia livre maior, mas até certo ponto, visto que a difusão se torna mais lenta em baixas temperaturas. Com a diminuição da temperatura, a taxa de crescimento da nova fase se reduz continuamente (em decorrência da limitação da difusão). A taxa de crescimento obedece à *equação de Arrhenius* (relembre a Equação 5-1):

$$\text{Taxa de crescimento} = A \exp\left(\frac{-Q}{RT}\right) \tag{12-4}$$

na qual Q é a energia de ativação, neste caso, para a transformação de fase, R é a constante universal dos gases, T é a temperatura absoluta e A, uma constante.

A Figura 12-2 mostra curvas sigmoides, em diferentes temperaturas, para a recristalização de cobre. À medida que a temperatura aumenta, a taxa de recristalização do cobre *aumenta.*

Em qualquer temperatura, a taxa global de transformação é o produto das taxas de nucleação e de crescimento. Na Figura 12-3(a) é apresentado o efeito combinado das taxas de nucleação e crescimento na taxa global. O tempo para início das transformações é relacionado inversamente à taxa de transformação. A Figura 12-3(b) apresenta o tempo necessário, em escala logarítmica, para o início da transformação. Essa curva em forma de C é comum para muitas transformações em metais, cerâmicas, vidros e polímeros. Observe que o tempo necessário na temperatura

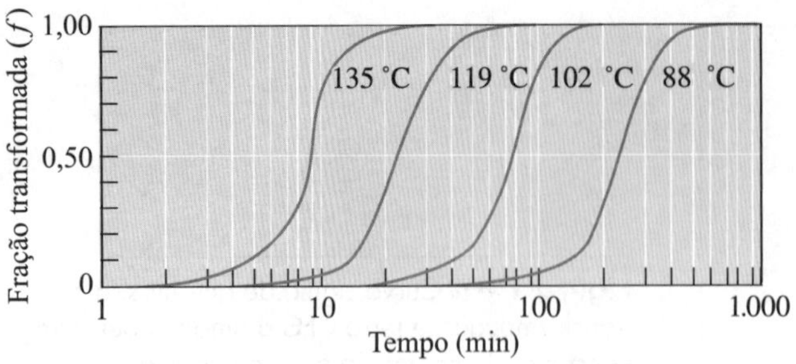

Figura 12-2 Efeito da temperatura na recristalização do cobre deformado a frio.

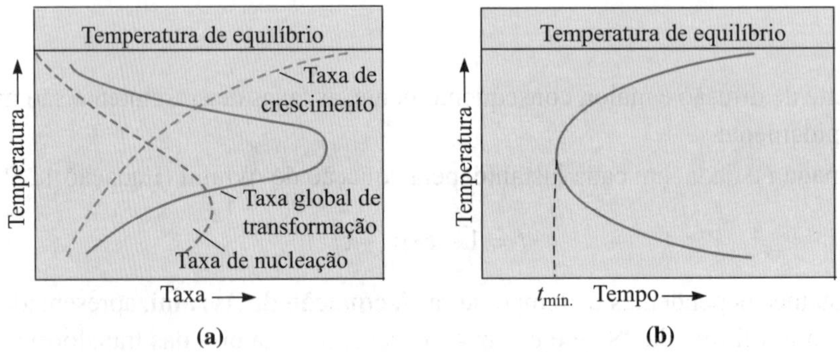

Figura 12-3 (a) O efeito da temperatura na taxa das transformações de fase é o produto das taxas de nucleação e de crescimento, gerando uma taxa de transformação máxima na temperatura crítica. (b) Consequentemente, a taxa global mínima ocorre num tempo de início de transformação mínimo ($t_{mín.}$). A taxa global tem aspecto de curva *C*.

de equilíbrio seria infinito, ou seja, a transformação de fase não ocorre. Isso se deve ao fato de não haver super--resfriamento e, assim, a taxa da nucleação é nula. A taxa de transformação máxima corresponde ao tempo de início mínimo.

Em alguns processos, como a recristalização de um metal trabalhado a frio, a taxa de transformação se reduz continuamente com a diminuição da temperatura. Nesse caso, a nucleação ocorre facilmente, mas os processos difusivos ou de crescimento predominam, ou seja, são as etapas limitantes do processo de transformação. Desse modo, a taxa global cai com a temperatura. O exemplo a seguir mostra como obter a energia de ativação da recristalização no estado sólido a partir de dados cinéticos.

Exemplo 12-1 *Energia de ativação para a recristalização do cobre*

Determine a energia de ativação para a recristalização do cobre a partir das curvas de transformação da Figura 12-2.

Solução

A taxa de transformação é a recíproca do tempo τ necessário para transformar metade da massa (ou do volume) da microestrutura. Da Figura 12-2 podem ser calculados esses tempos em diversas temperaturas.

T (°C)	*T* (K)	τ (s)	Taxa (s^{-1})
135	408	540	0,00185
119	392	1.320	0,00075
102	375	1.600	$2{,}083 \times 10^{-4}$
88	361	$1{,}5 \times 10^{4}$	$6{,}667 \times 10^{-4}$

A taxa de transformação obedece à equação de Arrhenius. Logo, a determinação de ln (taxa de crescimento) *versus* 1/*T* (Figura 12-4 e Equação 12-4) permite calcular as constantes da equação. Tomando-se o logaritmo natural de ambos os lados da Equação 12-4:

$$\ln\,(\text{taxa de crescimento}) = \ln \text{A} - \frac{Q}{RT}$$

Portanto, se determinamos ln (taxa de crescimento) como uma função de 1/*T*, esperamos uma linha reta com uma inclinação de $-Q/R$. Uma regressão linear referente aos dados é mostrada na Figura 12-4, que indica que a inclinação $-Q/R = -10{,}494$ K. Desse modo,

$$Q = (10{,}494 \text{ K})\,[8{,}3145 \text{ J/(mol} \cdot \text{K)}] = 87.252 \text{ J/mol}$$

e a constante A é calculada da seguinte maneira

$$\ln(\text{A}) = 19{,}497$$

$$\text{A} = \exp(19{,}497) = 2{,}93 \times 10^{8} \text{ s}^{-1}$$

Neste exemplo, a taxa da reação *aumenta* com a *elevação* da temperatura, indicando que a transformação deve ser dominada pela difusão.

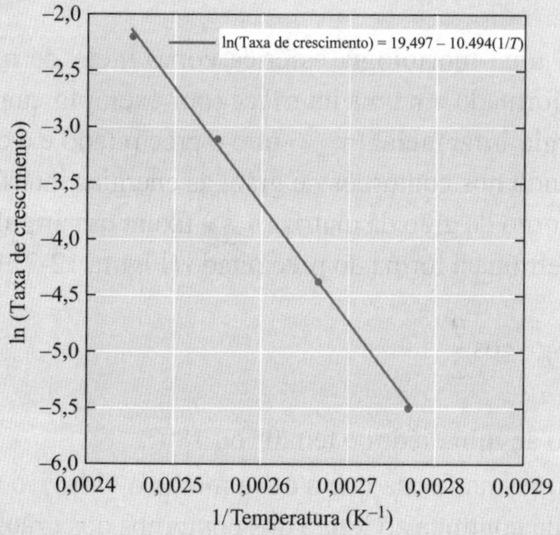

Figura 12-4 Gráfico de Arrhenius da taxa de transformação *versus* a temperatura recíproca para a recristalização de cobre (para o Exemplo 12-1).

12-2 Ligas endurecidas por supersaturação

No Capítulo 11, vimos que ligas de chumbo-estanho com 2% a 19% Sn podem ser endurecidas por dispersão, porque a solubilidade do estanho em chumbo foi ultrapassada.

Uma situação análoga ocorre nas ligas de alumínio-cobre. Por exemplo, acima de 500 °C, a liga Al-4% Cu (Figura 12-5) é 100% α. A fase α é uma solução sólida de cobre no alumínio com no máximo 5,65% de Cu. Ao resfriar o material lentamente abaixo da temperatura *solvus*, ocorre a precipitação de uma segunda fase, θ. A fase θ é o composto intermetálico $CuAl_2$ duro e frágil, e endurece por dispersão. Aplicando-se a regra da alavanca ao diagrama de fases da Figura 12-5, pode-se mostrar que a liga com 4% Cu abaixo de 200 °C tem somente 7,5% da fase θ. Para obter outras microestruturas de não equilíbrio, é preciso controlar a precipitação da segunda fase e, com isso, otimizar as propriedades mecânicas.

Microestrutura de Widmanstätten A segunda fase pode crescer de tal forma que alguns planos e direções do precipitado sejam paralelos a planos e direções preferenciais da matriz, criando uma microestrutura conhecida como

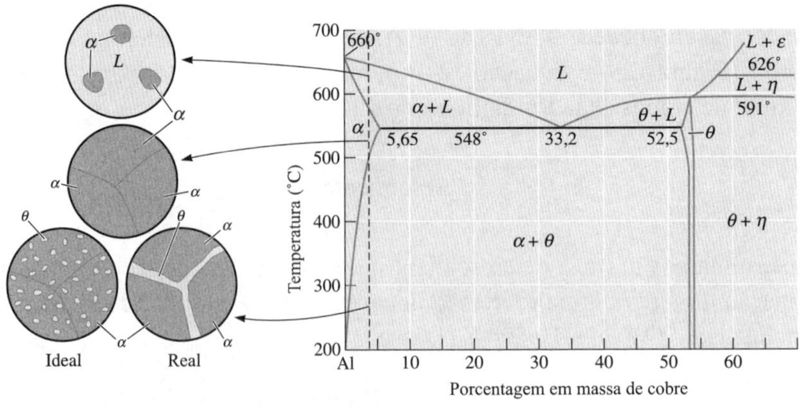

Figura 12-5 Diagrama de fases alumínio-cobre e as microestruturas após o resfriamento da liga Al-4% Cu.

microestrutura de Widmanstätten. Esse mecanismo de crescimento minimiza as energias de deformação e de superfície e permite altas taxas de crescimento. A microestrutura de Widmanstätten tem uma aparência característica semelhante a agulhas [Figura 12-6(a)] e, de maneira geral, esses precipitados favorecem a nucleação de trincas, diminuindo a tenacidade do material. Entretanto, em algumas ligas de titânio e cerâmicas, as microestruturas de Widmanstätten levam a um comportamento inverso, dificultando a propagação de trincas, elevando assim a tenacidade.

Energia interfacial Espera-se que o precipitado assuma uma morfologia esférica como meio de minimizar a energia da superfície. Entretanto, quando o precipitado é formado em uma interface (por exemplo, num contorno de grão), sua morfologia também é influenciada pela **energia interfacial** (γ_{pm}) entre o precipitado e o contorno de grão da matriz. Supondo que a segunda fase esteja nucleando nos contornos de grão, as energias interfaciais referentes ao contorno do precipitado da matriz (γ_{pm}) e ao contorno de grão da matriz ($\gamma_{m,cg}$) fixam um **ângulo diédrico** θ entre a interface matriz-precipitado que, por sua vez, determina a forma do precipitado (Figura 12-7). A relação é

$$\gamma_{m,cg} = 2\gamma_{m,p} \cos\frac{\theta}{2} \tag{12-5}$$

Observe que essa equação não pode ser utilizada quando o ângulo diédrico tem 0° ou 180°.

Caso o precipitado recubra o grão completamente (da mesma forma que a água molha o vidro), o ângulo diédrico será zero e a segunda fase crescerá como uma camada contínua ao longo dos contornos dos grãos da fase da

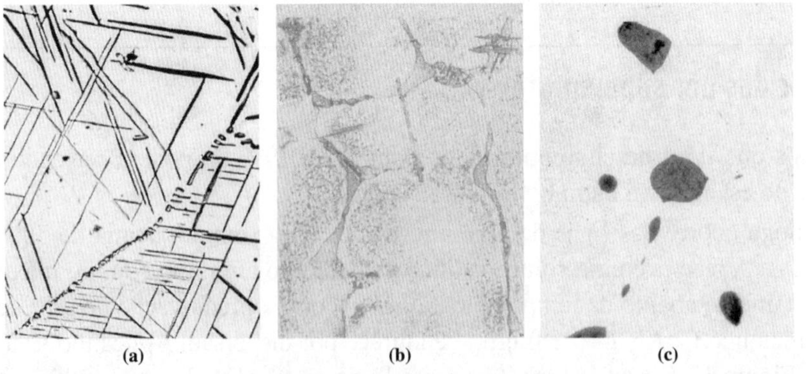

Figura 12-6 (a) Agulhas de Widmanstätten na liga Cu-Ti (aumento original de 420×). (*Imagem extraída de* ASM Handbook. *Metallography and microstructure. v. 9, 1985. ASM International, Materials Park, OH 44073-0002. Reproduzida com permissão da ASM International. Todos os direitos reservados, www.asminternational.org.*) (b) Precipitação da fase θ ao longo dos contornos de grão na liga Al-4% Cu, causada por resfriamento lento (aumento original de 500×). (c) Precipitados de chumbo em contornos de grãos do cobre (aumento original de 500×). (*As micrografias dos itens (b) e (c) são reproduzidas sob cortesia de Don Askeland.*)

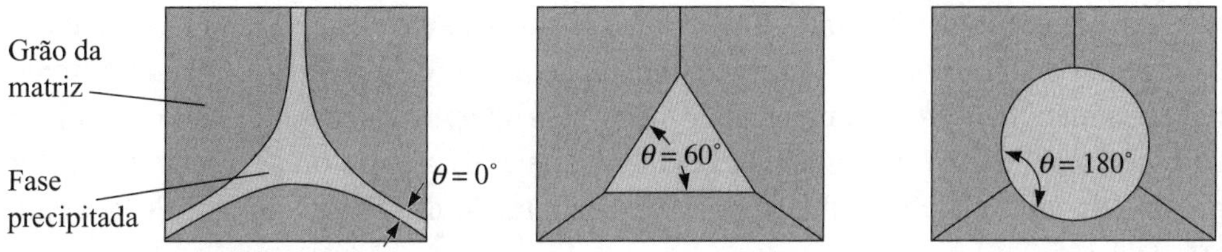

Figura 12-7 O efeito da energia de superfície e do ângulo diédrico na forma de um precipitado.

matriz. Caso o ângulo diédrico seja pequeno, o precipitado poderá ser contínuo. Caso o precipitado também seja duro e frágil, o filme fino que envolve os grãos da matriz fará com que a liga seja muito frágil [Figura 12-6(b)].

Por outro lado, precipitados descontínuos e mesmo esféricos são formados quando o ângulo diédrico é grande [Figura 12-6(c)]. Isso ocorre se a fase do precipitado não recobre a matriz.

Precipitados coerentes Mesmo uma distribuição uniforme de precipitados descontínuos pode não ser eficiente para dificultar a movimentação de discordâncias e promover, com isso, um grande aumento da resistência mecânica [Figura 12-8(a)]. Consequentemente, precipitados incoerentes com a matriz somente bloqueiam o deslizamento de discordâncias se estiverem no plano de deslizamento.

Quando se forma um **precipitado coerente**, há uma relação de orientação cristalina dos precipitados em relação à matriz. Isso resulta num campo de deformação na matriz [Figura 12-8(b)] que interfere no deslizamento das discordâncias, mesmo que a discordância esteja nas proximidades do precipitado. Como resultado, aumenta bastante a dureza da liga, pois a movimentação de discordância por todo o material é dificultada. Um tratamento térmico especial, como o endurecimento por envelhecimento, pode produzir precipitados coerentes.

12-3 Endurecimento por envelhecimento ou por precipitação e suas aplicações

O **endurecimento por envelhecimento** ou **por precipitação** é obtido por uma sequência de transformações de fases que resulta numa dispersão uniforme de precipitados coerentes em nanoescala em uma matriz macia e dúctil. A ocorrência inadvertida desse processo pode ter auxiliado os irmãos Wright a realizarem, em 17 de dezembro de 1903, o voo com um aeroplano controlado. O dr. Frank Gayle e colaboradores do National Institute of Standards and Technology (NIST) mostraram que a liga de alumínio usada pelos irmãos Wright para fabricar o motor do avião incorporou certa quantidade de cobre, o qual era usado no molde de fundição. Assim, a aplicação do endurecimento por envelhecimento iniciou com o voo histórico dos irmãos Wright e, ainda hoje, as ligas de alumínio empregadas em aeronaves são endurecidas utilizando-se essa técnica. O endurecimento por envelhecimento ou precipitação provavelmente é um dos primeiros exemplos de materiais nanoestruturados que têm encontrado aplicações abrangentes.

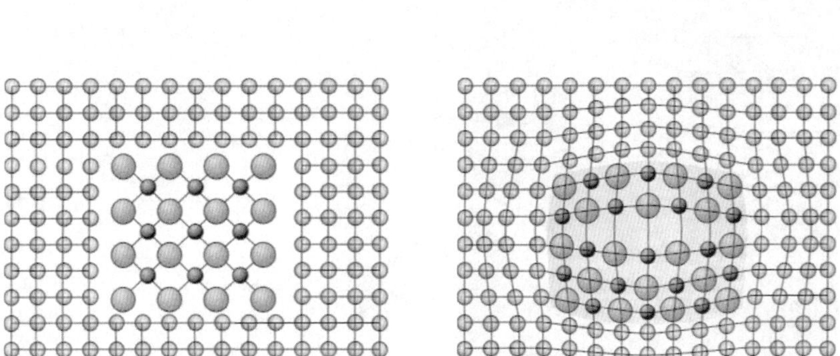

Figura 12-8 (a) Um precipitado não coerente não tem nenhuma relação com a estrutura cristalina da matriz circundante. (b) Um precipitado coerente se forma de modo que existe uma relação definida entre as estruturas cristalinas do precipitado e da matriz.

Antes de apresentar os mecanismos de transformações de fases necessárias ao envelhecimento, serão estudadas algumas ligas que endurecem por envelhecimento. A principal vantagem da precipitação é aumentar o limite de escoamento de muitos materiais metálicos por tratamentos térmicos, sem alterar sua massa específica. A razão limite de escoamento-massa específica de uma liga pode ser bem aumentada usando-se o envelhecimento. Por exemplo, o limite de escoamento de uma liga de alumínio pode ser aumentado de 140 MPa a 415 MPa como resultado desse tratamento.

Superligas de níquel, contendo os elementos de liga Ni, Cr, Al, Ti, Mo e C, são envelhecidas por precipitação da fase γ', que é rica em Al e Ti. Analogamente, ligas de Ti, como Ti – 6% Al – 4% V, ligas Be-Cu, aços inoxidáveis e vários outros aços endurecem por precipitação e têm diversos empregos em engenharia.

Foram projetados novos aços para chassi de automóveis, cuja precipitação e aumento de resistência mecânica ocorrem enquanto a tinta está sendo curada a aproximadamente 100 °C. Esses aços envelhecidos (**bake-hardening**) são exemplos de aços que ganham resistência mecânica devido ao envelhecimento.

Uma limitação das ligas envelhecidas é a faixa de temperaturas na qual podem operar. Em temperaturas mais altas, os precipitados podem crescer e até mesmo se solubilizar (Seção 12-7). Em aplicações a altas temperaturas, a dispersão com segundas fases insolúveis pode ser mais efetiva do que o uso de ligas passíveis de envelhecimento.

12-4 Evolução microestrutural no envelhecimento

As características de formação de precipitados, o crescimento das fases, o superenvelhecimento e a maneira com que essas características influenciam as propriedades mecânicas são questões relevantes dos tratamentos térmicos. As respostas a essas questões podem ser encontradas acompanhando-se a evolução microestrutural na sequência de transformações de fases.

O sistema Al-Cu serve como modelo para apresentar essa evolução microestrutural. Assim, a liga Al-4% Cu é um exemplo clássico de liga endurecida por envelhecimento. Existem três etapas principais no tratamento térmico de envelhecimento dessa liga (Figura 12-9).

Etapa 1: Tratamento de solubilização Nesta etapa preliminar, no **tratamento de solubilização** a liga é aquecida acima da temperatura *solvus* e aí mantida até produzir uma solução sólida homogênea α. Esta etapa dissolve os precipitados da fase θ e reduz a segregação química da liga original.

Um aquecimento da liga até próximo da temperatura *solidus* acelera a homogeneização. Entretanto, a eventual presença de um microconstituinte eutético de não equilíbrio pode provocar fusão localizada e, por isso, deve ser

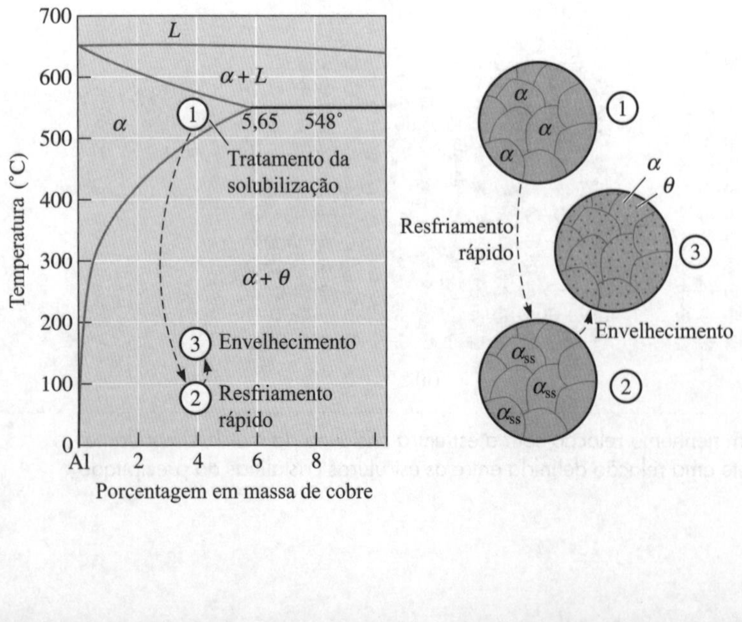

Figura 12-9 Parte rica em alumínio do diagrama Al-Cu, que mostra as três etapas no tratamento térmico de envelhecimento e as microestruturas produzidas.

evitado o emprego de altas temperaturas (trinca a quente, Capítulo 11). Assim, a liga Al-4% Cu é solubilizada entre 500 °C e 548 °C, isto é, entre as temperaturas *solvus* e eutética.

Etapa 2: Resfriamento rápido Após o tratamento de solubilização, a liga que contém apenas a fase α em sua microestrutura é resfriada rapidamente. Os átomos não têm tempo para se difundir para locais de nucleação e, por essa razão, a segunda fase de equilíbrio θ não é formada. Após o resfriamento, a microestrutura resultante é uma **solução sólida supersaturada** α_{ss} com excesso de cobre em relação ao máximo de solubilidade. Essa microestrutura é denominada metaestável, ou seja, pode ainda se transformar para atingir maior equilíbrio termodinâmico. Em termos de estabilidade de fases, essa situação assemelha-se à microestrutura obtida no super-resfriamento da água, de metais fundidos e de vidros de silicato (Capítulo 9). Uma diferença importante é que neste capítulo trata-se apenas das transformações no estado sólido.

Etapa 3: Envelhecimento Por fim, a fase α supersaturada é aquecida a uma temperatura abaixo da *solvus*. Nessa temperatura de *envelhecimento*, por não ser muito elevada, os átomos se difundem por distâncias muito curtas. Pelo fato de a fase α supersaturada ser metaestável, os átomos de cobre em excesso difundem para os locais de nucleação e os precipitados crescem.

Se a liga for mantida por um tempo suficiente na temperatura de envelhecimento, será produzida a microestrutura de equilíbrio $\alpha + \theta$. Observe que, apesar de a microestrutura formada ter as fases de equilíbrio ($\alpha + \theta$), a morfologia difere da microestrutura que seria obtida pelo resfriamento lento dessa mesma liga (Figura 12-5). Ao passar pelas três etapas descritas, produzem-se precipitados muito pequenos da fase θ uniformemente dispersos. Isso é suficiente para endurecer o material de modo bastante efetivo.

Os próximos exemplos ilustram o efeito do resfriamento na composição das fases e o projeto de um tratamento de envelhecimento.

Exemplo 12-2 *Composição de fases de ligas Al-4% Cu*

Compare a composição da solução sólida α na liga Al-4% Cu à temperatura ambiente, quando a mesma liga é resfriada rapidamente ou resfriada sob condições de equilíbrio a partir da temperatura de solubilização.

Solução

A partir da Figura 12-9, uma reta pode ser traçada à temperatura ambiente. A composição de α determinada por essa reta é de aproximadamente 0,02% de Cu, que corresponde à composição de equilíbrio. Entretanto, com o resfriamento rápido, a composição de α ainda é 4% de Cu. Como α tem um teor de cobre superior ao de equilíbrio, a fase α está supersaturada de cobre.

Exemplo 12-3 *Tratamento de envelhecimento*

O diagrama de fases da liga alumínio-magnésio é apresentado na Figura 12-10. Suponha que a liga Mg 8% Al possa ser tratada termicamente para ganhar resistência mecânica por envelhecimento. Indique as condições de tratamento térmico para essa liga.

Solução

Etapa 1: Solubilizar a uma temperatura entre a *solvus* e a eutética. Assim, aquecer entre 340 °C e 451 °C.

Etapa 2: Resfriar rapidamente para evitar a formação da fase β.

Etapa 3: Envelhecer a uma temperatura abaixo da *solvus*, isto é, abaixo de 340 °C, para formar uma precipitação finamente dispersa da fase β.

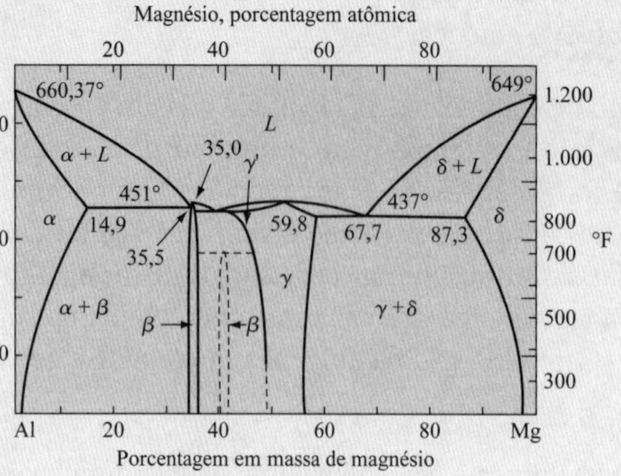

Figura 12-10 Parte do diagrama de fases alumínio-magnésio.

Precipitados de não equilíbrio durante o envelhecimento Durante o envelhecimento de ligas de alumínio-cobre, é formada uma série de outros precipitados precursores da fase θ de equilíbrio. Isso é bastante comum em ligas submetidas ao envelhecimento por precipitação. O diagrama de fases na Figura 12-9 não mostra as fases intermediárias. No início do envelhecimento, os átomos de cobre se concentram em planos $\{100\}$ na matriz α e produzem precipitados muito finos chamados **zonas de Guinier-Preston** (GP). À medida que o envelhecimento prossegue, mais átomos de cobre se difundem para os precipitados e as zonas iniciais GP-I se espessam formando discos finos ou regiões GP-II. Com a continuidade da difusão, os precipitados se desenvolvem em um grau maior de ordem e são chamados θ'. Por fim, é produzido o precipitado θ estável.

Os precipitados de não equilíbrio, GP-I, GP-II e θ', são precipitados coerentes. A resistência da liga aumenta com o tempo de envelhecimento à medida que as fases coerentes crescem em tamanho durante os estágios iniciais do tratamento térmico. Quando esses precipitados coerentes estão presentes, a liga já está na condição envelhecida. A Figura 12-11 mostra a estrutura de uma liga de Al-Ag envelhecida. Essa evolução da microestrutura de ligas endurecidas por precipitação torna o fator tempo muito importante para o tratamento térmico de envelhecimento.

Quando a fase θ não coerente se precipita, a resistência da liga diminui e diz-se que a liga está na condição superenvelhecida. A fase θ ainda endurece por dispersão, porém com o tempo ela aumenta de tamanho e o efeito de endurecimento por dispersão se reduz drasticamente.

12-5 Efeitos da temperatura e do tempo de envelhecimento

As propriedades mecânicas de uma liga endurecida por envelhecimento dependem da temperatura e do tempo de envelhecimento (Figura 12-12). A 260 °C, a difusão na liga Al-4% Cu é rápida e os precipitados são formados rapidamente. A resistência alcança seu máximo em menos de 0,1 h de exposição a essa temperatura. O superenvelhecimento ocorre caso a liga seja mantida além de 0,1 h (6 minutos) nessa temperatura.

Figura 12-11 Micrografia eletrônica da liga Al-15% Ag envelhecida mostrando placas de γ' coerentes e zonas GP arredondadas (aumento original de 40.000×). (*Imagem extraída de* ASM Handbook, *v. 8, 1973, ASM International, Materials Park, OH 44073-0002. Reproduzida com permissão da ASM International. Todos os direitos reservados, www.asminternational.org.*)

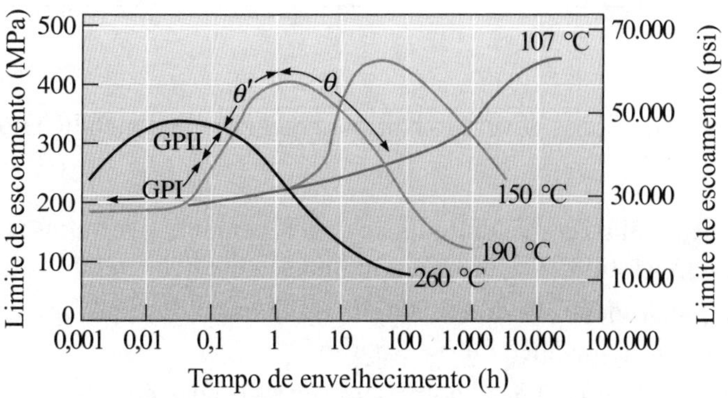

Figura 12-12 Efeito da temperatura e do tempo de envelhecimento no limite de escoamento da liga Al-4% Cu.

A 190 °C, temperatura típica de envelhecimento para muitas ligas de alumínio, é necessário um tempo maior para produzir a resistência máxima, entretanto, há vantagens em envelhecer a temperaturas mais baixas. Uma vantagem é que a resistência máxima aumenta à medida que a temperatura de envelhecimento diminui. Além disso, a liga mantém sua resistência máxima por um tempo maior e há maior homogeneidade da microestrutura. Assim, caso a liga seja envelhecida por 10 minutos a 260 °C, a superfície da peça alcança a temperatura para o rápido envelhecimento, porém o centro permanece pouco aquecido e a precipitação é reduzida. A seguir, discutiremos o efeito do tempo do tratamento térmico de precipitação na resistência mecânica de ligas de alumínio.

Exemplo 12-4 *Efeito do tempo de envelhecimento sobre o limite de escoamento de ligas de alumínio*

O operador de um forno de tratamento térmico manteve uma peça feita da liga Al-4% Cu no forno uma hora além do tempo de envelhecimento especificado. Compare o efeito dessa hora adicional no limite de escoamento do material tratado nas temperaturas de 190 °C e 260 °C.

Solução

A 190 °C, há um pico máximo do limite de escoamento de 400 MPa (60.000 psi) em 2 h (Figura 12-12). Adicionando 3 h ao tratamento térmico, a resistência é essencialmente a mesma.

A 260 °C, o pico do limite de escoamento de 340 MPa (50.000 psi) ocorre a 0,06 h, entretanto, após 1 h, a resistência diminuiu para 250 MPa (35.000 psi).

Assim, a temperatura de envelhecimento mais elevada gera um limite de escoamento menor e torna a resistência mecânica mais sensível ao tempo de envelhecimento.

O envelhecimento a 190 °C ou a 260 °C é chamado **envelhecimento artificial**, pois a liga é aquecida para produzir a precipitação. As ligas solubilizadas e resfriadas rapidamente e envelhecidas à temperatura ambiente recebem o tratamento térmico de **envelhecimento natural**. O envelhecimento natural requer tempos longos, sendo normal empregar tempos da ordem de dias para alcançar a resistência máxima. Contudo, o pico de resistência mecânica de ligas de alumínio é maior quando tratadas por envelhecimento natural e não ocorre superenvelhecimento.

Uma observação interessante feita pelo dr. Gayle e colaboradores do NIST é um exemplo notável da diferença entre o envelhecimento natural e o artificial. Eles analisaram a liga de alumínio do motor usado no aeroplano dos irmãos Wright. Um aspecto foi descobrir que a liga original sofreu envelhecimento artificial, pois foi mantida no molde de fundição aquecido durante condições de tempo e temperatura suficientes para ocasionar precipitação. Outro aspecto interessante é que a liga foi fundida em 1903, e, até cerca de 1993, quando a pesquisa foi feita, a liga envelheceu naturalmente durante quase noventa anos! Isso pôde ser constatado por microscopia eletrônica de transmissão dos precipitados com dois tamanhos distintos. Em algumas ligas de alumínio, designadas como T4, é necessário refrigerar a liga para evitar que o envelhecimento natural ocorra antes das etapas de montagem e acabamento dos componentes. Caso contrário, a liga envelheceria à temperatura ambiente e endureceria antes de os componentes serem usinados e montados, dificultando essas operações.

12-6 Requisitos para o envelhecimento

Nem todas as ligas podem ser envelhecidas. Quatro condições devem existir para que uma liga metálica possa ser endurecida por precipitação.

1. A liga deve ter solubilidade decrescente da fase sólida com a diminuição da temperatura. Em outras palavras, a liga deve possuir campo monofásico em temperatura elevada e campo bifásico em baixa temperatura.
2. A matriz deve ser macia e dúctil e o precipitado deve ser duro e frágil. Na maioria das ligas tratáveis por envelhecimento, o precipitado é um composto intermetálico duro e frágil.
3. A liga deve suportar um resfriamento rápido. Algumas ligas não podem ser resfriadas com taxa suficiente para suprimir a formação do precipitado de equilíbrio. Por outro lado, o resfriamento pode introduzir tensões residuais que causam a distorção da peça (Capítulo 8). Desse modo, para minimizar as tensões residuais, as ligas de alumínio são resfriadas em água aquecida a cerca de 80 °C.
4. Por fim, há necessidade de precipitar uma fase coerente.

Várias ligas, incluindo certos aços inoxidáveis e aquelas à base de alumínio, magnésio, titânio, níquel, cromo, ferro e cobre, preenchem esses requisitos e ganham resistência mecânica por envelhecimento, conforme visto na Seção 12-3.

12-7 Uso de ligas envelhecidas em altas temperaturas

Normalmente não selecionaríamos a liga de Al-4% Cu endurecida por envelhecimento para uso em altas temperaturas. Em temperaturas operacionais na faixa de 100 °C a 500 °C, a liga superenvelhece e perde a resistência mecânica. Acima de 500 °C, a segunda fase ressolubiliza na matriz e perde o endurecimento por dispersão. De maneira geral, as ligas de alumínio envelhecidas são mais adequadas para operar em temperatura próxima da ambiente. Entretanto, algumas ligas de magnésio podem manter a resistência até cerca de 250 °C e certas superligas de níquel resistem ao superenvelhecimento mesmo a 1.000 °C.

Problemas também surgem quando ligas envelhecidas são soldadas (Figura 12-13). Durante a soldagem, o metal adjacente à solda é aquecido. A *zona termicamente afetada* (ZTA) contém duas regiões principais. A região de temperatura mais baixa, próxima ao metal de base não afetado pelo calor, é exposta a temperaturas inferiores

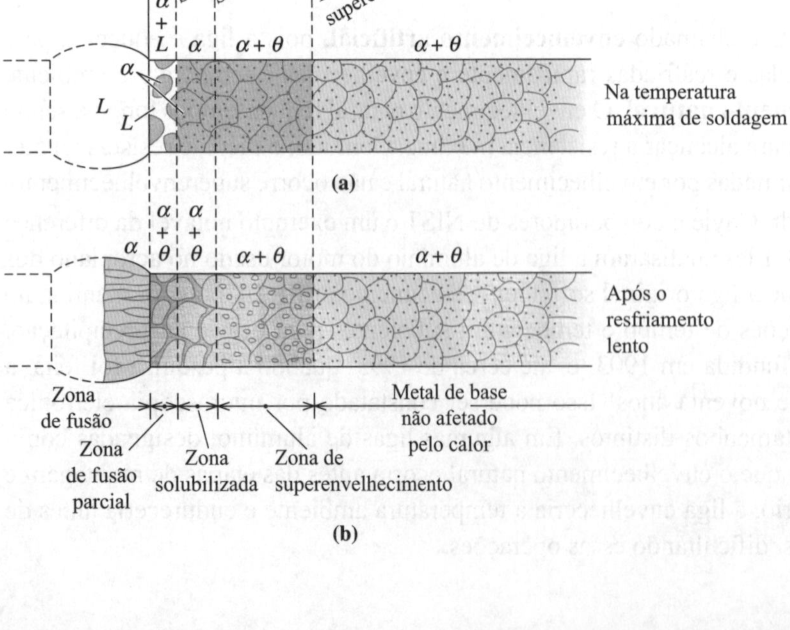

Figura 12-13 Alterações microestruturais que ocorrem em ligas endurecidas por envelhecimento durante a soldagem por fusão: (a) microestrutura da ZTA na temperatura máxima de soldagem e (b) microestrutura da ZTA à temperatura ambiente após o resfriamento lento.

à *solvus* e pode superenvelhecer. A zona de temperaturas mais altas sofre solubilização, eliminando, assim, os efeitos do envelhecimento. Se a região solubilizada resfriar lentamente, formar-se-á θ estável nos contornos dos grãos, fragilizando a junta soldada. Processos de soldagem que permitem rápida solidificação, como a soldagem por feixe de elétrons, reduzem muito o tamanho da ZTA. Soldar essas ligas na condição solubilizada ou empregar tratamentos térmicos pós-soldagem pode melhorar as características da solda (Capítulo 9). A soldagem de superligas de níquel endurecidas por precipitação não apresenta esses problemas, uma vez que a cinética de precipitação é lenta e o processo de soldagem atua simplesmente como um tratamento de solubilização e resfriamento rápido. Recentemente, o processo de soldagem por fricção também tem sido aplicado aos componentes de ligas de Al e Al-Li de uso em espaçonaves e aviões.

12-8 Reação eutetoide

No Capítulo 11, a reação eutetoide foi descrita como uma reação no estado sólido na qual uma fase sólida se transforma em duas outras, também sólidas:

$$S_1 \rightarrow S_2 + S_3 \tag{12-6}$$

Um exemplo de como a reação eutetoide é usada para ajustar a microestrutura, melhorando, com isso, as propriedades de uma liga, será examinado para a parte tecnologicamente importante do diagrama de fases do ferro-cementita (Fe-Fe_3C) (Figura 12-14), que compreende os aços e os ferros fundidos. A formação das fases sólidas (α e Fe_3C) permite um aumento da resistência mecânica por dispersão. O controle da ocorrência da reação eutetoide, ou seja, permitir que ela ocorra ou evitá-la completamente, é provavelmente a etapa mais importante do tratamento térmico dos aços. No diagrama Fe-Fe_3C, a temperatura eutetoide é conhecida como a temperatura A_1. A linha entre a austenita (γ) e o campo bifásico de ferrita (α) e austenita é conhecida como linha A_3. Já o contorno entre a austenita (γ) e o campo bifásico de cementita (Fe_3C) e austenita é denominado A_{cm}.

A região rica em carbono do diagrama Fe-C não tem interesse tecnológico em metalurgia e por isso não é apresentada no diagrama.

Soluções sólidas O elemento ferro passa por duas transformações alotrópicas (Capítulo 3) durante o aquecimento ou resfriamento. Após a solidificação, o ferro tem estrutura CCC com microestrutura chamada ferrita delta (δ).

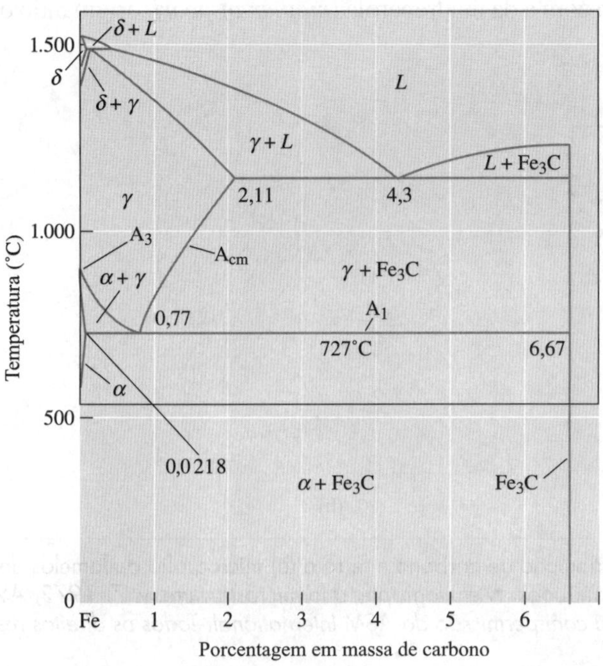

Figura 12-14 Diagrama de fases Fe-Fe_3C. A linha vertical em 6,67% C corresponde à composição do composto estequiométrico Fe_3C.

Com resfriamento posterior, a ferrita se transforma em uma estrutura CFC com microestrutura de ferro gama (γ) ou **austenita**. Por fim, o ferro retorna à estrutura CCC em temperaturas mais baixas. Essa microestrutura é denominada ferrita alfa (α) ou simplesmente **ferrita**. As ferritas (α e δ) e a austenita são soluções sólidas com átomos intersticiais de carbono na matriz de ferro. Em geral, quando não há referência específica, o termo ferrita refere-se à ferrita alfa, uma vez que essa fase é muito frequente nos aços. Certas cerâmicas, com propriedades magnéticas especiais, também são chamadas de ferritas, porém, apesar do mesmo nome, não há relação entre elas e a fase ferrita do sistema Fe-Fe_3C.

Em razão de os sítios intersticiais do centro do cristal CFC serem pouco maiores do que vazios existentes na estrutura cristalina CCC, uma quantidade maior de átomos de carbono pode ser acomodada no ferro CFC, embora o fator de empacotamento da estrutura CFC seja maior que o da CCC. Assim, a solubilidade máxima do carbono na austenita é de 2,11% C, enquanto a solubilidade máxima do carbono no ferro CCC é muito mais baixa, respectivamente, 0,0218% C em α e 0,09% em δ. Observe ainda que essas solubilidades máximas ocorrem em temperaturas diferentes. As soluções sólidas de carbono no ferro são relativamente macias e dúcteis, porém se mostram mais resistentes que o ferro puro, pois já há certo endurecimento por solução sólida.

Compostos O composto estequiométrico Fe_3C ou **cementita** forma-se quando a solubilidade do carbono no ferro sólido é ultrapassada. O Fe_3C tem 6,67% de C e é extremamente duro e frágil como uma cerâmica. Esse microconstituinte está presente em todos os aços comerciais. Os tratamentos térmicos permitem controlar a quantidade, o tamanho e a forma da cementita e, com isso, ajustar as diversas propriedades mecânicas do aço.

Reação eutetoide O aquecimento da liga de composição eutetoide de 0,77% de C acima de 727 °C produz uma microestrutura constituída somente de austenita. Quando essa austenita resfria a 727 °C, a reação eutetoide tem início:

$$\gamma\,(0{,}77\%\ \text{C}) \rightarrow \alpha\,(0{,}0218\%\ \text{C}) + Fe_3C(6{,}67\%\ \text{C}) \qquad (12\text{-}7)$$

Tal como na reação eutética, as duas novas fases possuem composições químicas diferentes, assim os átomos devem se difundir durante a reação eutetoide (Figura 12-15). A maior parte do carbono na austenita se difunde para formar Fe_3C e, de modo análogo, a maior parte dos átomos de ferro difunde para α. Essa redistribuição de átomos é facilitada se as distâncias de difusão forem curtas, como é o caso quando o ferro α e o Fe_3C crescem como lamelas finas.

Perlita A microestrutura lamelar de α e Fe_3C que se desenvolve no sistema ferro-carbono é chamada **perlita**, um importante microconstituinte dos aços. Essa denominação se deve ao fato de a perlita polida e preparada para observação metalográfica mostrar-se com coloração parecida com a da madrepérola (*mother-of-pearl*, originando o termo

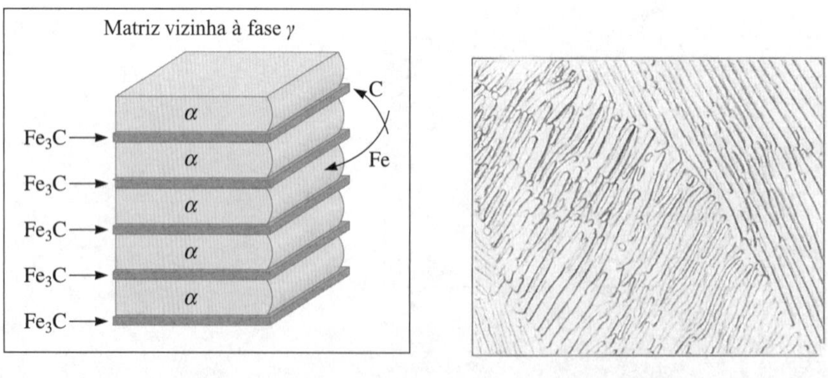

Figura 12-15 Crescimento e estrutura da perlita: (a) redistribuição de carbono e ferro e (b) micrografia de lamelas de perlita (aumento original de 2.000×). (*Imagem extraída de* ASM Handbook. *Metallography and microstructure. v. 7, 1972, ASM International, Materials Park, OH 44073-0002. Reproduzida com permissão da ASM International. Todos os direitos reservados, www.asminternational.org.*)

pearlite). As lamelas na perlita são muito mais finas do que as que surgem da reação eutética de chumbo-estanho, pois os átomos de ferro e carbono se difundem por pequenas distâncias na austenita sólida, ao contrário da difusão em fase líquida da reação eutética. Uma forma de imaginar a perlita é considerá-la como um nanocompósito metal-cerâmico. O exemplo a seguir mostra o cálculo das quantidades das fases presentes na perlita.

Exemplo 12-5 *Fases e composição da perlita*

Calcule a quantidade das fases ferrita e cementita presentes na perlita.

Solução

Uma vez que a perlita contém 0,77% de C em equilíbrio, usa-se a regra da alavanca:

$$\% \, \alpha = \left(\frac{6,67 - 0,77}{6,67 - 0,0218}\right) \times 100 = 88,7\%$$

$$\% \, Fe_3C = \left(\frac{0,77 - 0,0218}{6,67 - 0,0218}\right) \times 100 = 11,3\%$$

No Exemplo 12-5, vimos que a maior parte da perlita é composta de ferrita. De fato, na observação da perlita em um microscópio descobre-se que as lamelas de Fe_3C estão envolvidas por lamelas de α. Portanto, a microestrutura da perlita endurece o aço por dispersão, porque a fase contínua de ferrita é macia e dúctil, e a cementita dura e frágil está dispersa.

Microconstituintes primários Os aços-carbono são classificados em função do teor de carbono, nas categorias hipoeutetoide, eutetoide e hipereutetoide, se possuem, respectivamente, menos que 0,77% C, exatamente 0,77% C e mais que esse teor. O constituinte primário ou pró-eutetoide é aquela fase que se forma antes de a reação eutetoide iniciar. Assim, a ferrita é o constituinte primário do aço hipoeutetoide, e a cementita, dos aços hipereutetoides. O aquecimento do aço hipoeutetoide com 0,60% C a temperaturas acima de 750 °C produz uma microestrutura monofásica de austenita. A Figura 12-16 mostra a evolução microestrutural decorrente do resfriamento da austenita. Abaixo de 750 °C e com resfriamento contínuo, a ferrita nucleia e cresce nos contornos dos grãos da austenita. A quantidade de ferrita primária aumenta até a temperatura de 727 °C. Nessa temperatura, a austenita remanescente está envolta por ferrita e sua composição alterou de 0,60% para 0,77% C. Um resfriamento subsequente, abaixo

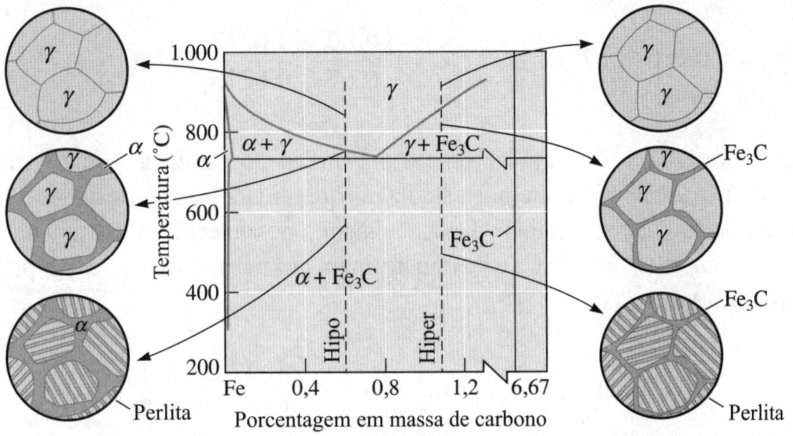

Figura 12-16 Evolução da microestrutura de aços hipoeutetoides e hipereutetoides durante o resfriamento, em condição de equilíbrio.

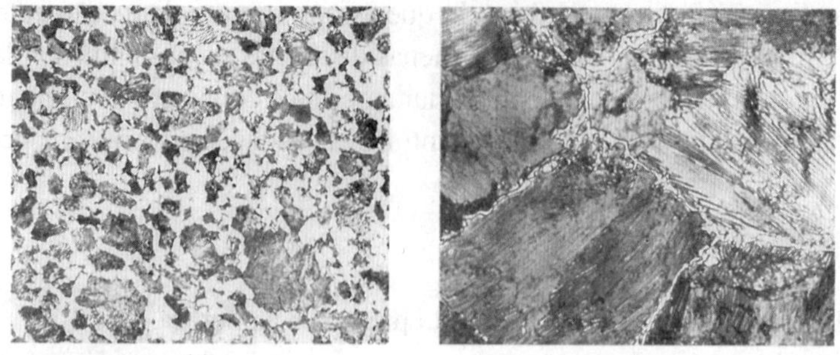

(a) (b)

Figura 12-17 (a) Aço hipoeutetoide com ferrita primária nos contornos (branca) e perlita (aumento original de 400×). (b) Aço hipereutetoide com cementita nos contornos e perlita (aumento original de 800×). (*Imagem extraída de* ASM Handbook. *v. 7, 1972, ASM International, Materials Park, OH 44073-0002. Reproduzida com permissão da ASM International. Todos os direitos reservados, www.asminternational.org.*)

de 727 °C, leva toda a austenita remanescente a se transformar em perlita pela reação eutetoide. A microestrutura resultante é ferrita primária e perlita [Figura 12-17(a)]. Essa microestrutura torna o aço resistente, pois a perlita endurece por dispersão, embora mantendo ainda ductilidade por causa da presença da ferrita primária.

Em aços hipereutetoides, a fase primária é a cementita que se forma nos contornos dos grãos austeníticos. Depois que a austenita é resfriada, a reação eutetoide produz perlita envolta de cementita dura e frágil nos contornos de grão [Figura 12-17(b)]. Agora, pelo fato de o microconstituinte duro e frágil ser contínuo, todo aço é frágil. Por outro lado, a microestrutura e as propriedades dos aços hipereutetoides podem ser melhoradas por meio de tratamento térmico. O Exemplo 12-6 mostra o cálculo da quantidade de fases e dos microconstituintes em um aço-carbono.

Exemplo 12-6 *Fases no aço-carbono hipoeutetoide*

Calcule as quantidades e composições das fases e dos microconstituintes em uma liga de Fe-0,60% C a 726 °C.

Solução

As fases são ferrita e cementita. Utilizando uma linha de amarração e empregando a regra da alavanca, a 726 °C, verificamos que

$$\alpha(0{,}0218\%\ \text{C})\ \%\ \alpha = \left(\frac{6{,}67 - 0{,}60}{6{,}67 - 0{,}0218}\right) \times 100 = 91{,}3\%$$

$$\text{Fe}_3\text{C}(6{,}67\%\ \text{C})\%\ \text{Fe}_3\text{C} = \left(\frac{0{,}60 - 0{,}0218}{6{,}67 - 0{,}0218}\right) \times 100 = 8{,}7\%$$

Os microconstituintes são a ferrita primária e a perlita. Se construirmos uma linha de amarração logo acima da temperatura de 727 °C, podemos calcular as quantidades e composições da ferrita e da austenita logo depois de a reação eutetoide iniciar. Toda a austenita nessa temperatura terá a composição eutetoide (por exemplo, ela conterá 0,77% de C) e se transformará em perlita; toda a ferrita pró-eutetoide permanecerá como ferrita primária.

$$\text{Primária}\ \alpha\ (0{,}0218\%\ \text{C})\ \%\ \text{Primária}\ \alpha = \left(\frac{0{,}77 - 0{,}60}{0{,}77 - 0{,}0218}\right) \times 100 = 22{,}7\%$$

$$\text{Austenita imediatamente acima de 727 °C} = \text{Perlita: } 0{,}77\%\ \text{C}$$

$$\% \text{ Perlita } = \left(\frac{0,60 - 0,0218}{0,77 - 0,0218}\right) \times 100 = 77,3\%$$

12-9 Controle da reação eutetoide

O endurecimento por dispersão de ligas eutetoides pode ser realizado de modo semelhante aos das ligas eutéticas (Capítulo 11).

Controle da quantidade de perlita Ao alterar a composição do aço, modifica-se a quantidade da segunda fase. À medida que o teor de carbono do aço aumenta em torno de composição eutetoide de 0,77%, a quantidade de Fe_3C e perlita também se eleva e, com isso, também a resistência mecânica. Entretanto, enquanto o endurecimento se estabiliza num dado patamar, o alongamento cai continuamente à proporção que existe mais carbono no aço (Tabela 12-1).

Controle do tamanho do grão da austenita A perlita cresce formando *colônias* formadas por lamelas de ferrita e cementita. Dentro de cada colônia, a orientação das lamelas é idêntica, e as colônias nucleiam mais facilmente nos contornos dos grãos da austenita inicial. A quantidade de colônias de perlita é maior se o tamanho de grão prévio da austenita for pequeno. Assim, o aquecimento para produzir austenita monofásica deve empregar as temperaturas mais baixas possíveis. Aumentar o número e diminuir o tamanho das colônias de perlita cria mais obstáculos ao movimento de discordância pela criação de mais contornos entre colônias, elevando, assim, a resistência da liga.

Controle da taxa de resfriamento O aumento da taxa de resfriamento durante a reação eutetoide restringe a difusão e, por conseguinte, a distância de difusão. Em consequência disso, as lamelas produzidas durante a reação são mais finas e menos espaçadas. Ao produzir perlita fina, eleva-se a resistência do aço (Tabela 12-1 e Figura 12-18).

Controle da temperatura de transformação A reação eutetoide é lenta e, dessa maneira, a temperatura pode cair abaixo da eutetoide mantendo por certo tempo a austenita sub-resfriada, isto é, instável. Temperaturas de transformação inferiores resultam em uma microestrutura mais fina e resistente (Figura 12-19). Entretanto, por serem instáveis, elas se transformarão com o passar do tempo. As curvas de **transformação, tempo** e **temperatura** (TTT) (Figura 12-20), também chamadas curvas de **transformação isotérmica** (TI) ou curvas em C, indicam as microestruturas geradas e, por consequência, as propriedades mecânicas. Por isso, são bastante úteis nos diversos tratamentos térmicos dos aços.

Tabela 12-1 • Efeito do carbono na resistência de aços

	Resfriamento lento (perlita grosseira)			Resfriamento rápido (perlita fina)		
Carbono em massa (%)	**Limite de escoamento (MPa)**	**Limite de resistência à tração (MPa)**	**Alongamento (%)**	**Limite de escoamento (MPa)**	**Limite de resistência à tração (MPa)**	**Alongamento (%)**
0,20	295	395	36,5	346	442	36,0
0,40	355	520	30,0	374	590	28,0
0,60	372	625	23,0	420	776	18,0
0,80	375	615	25,0	525	1.010	11,0
0,95	379	660	13,0	500	1.015	9,5

(*Adaptada de Metals Progress Materials e Processing Databook*, 1981).

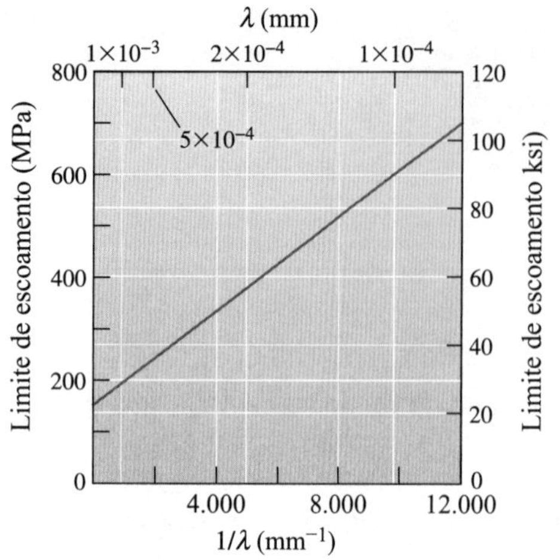

Figura 12-18 Efeito do espaçamento interlamelar (λ) na resistência ao escoamento da perlita.

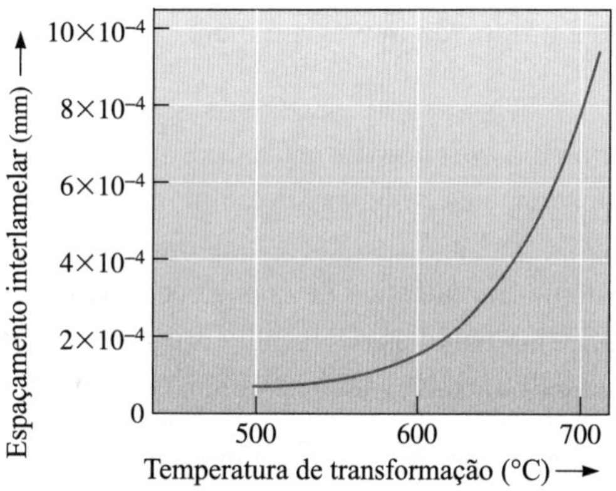

Figura 12-19 Efeito da temperatura de transformação da austenita no espaçamento interlamelar da perlita.

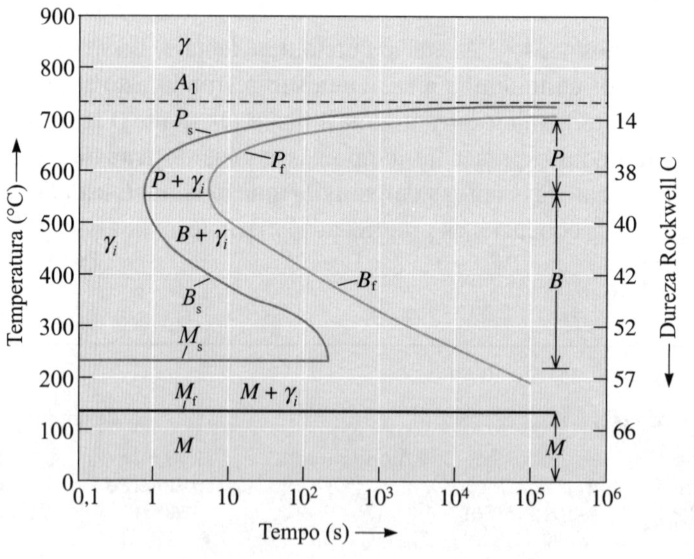

Figura 12-20 Curva TTT para o aço eutetoide, na qual P = perlita, B = bainita e M = martensita. Os subscritos "s" e "f" indicam o início e o fim de uma transformação. γ_i é a austenita instável.

A forma da curva TTT é consequência da cinética da reação eutetoide e obedece à equação de Avrami (Figura 12-3). Em determinada temperatura, uma curva sigmoide descreve a fração de austenita transformada em ferrita e cementita, ou seja, perlita (Figura 12-21). É necessário um tempo de incubação para a nucleação. A curva P_s de

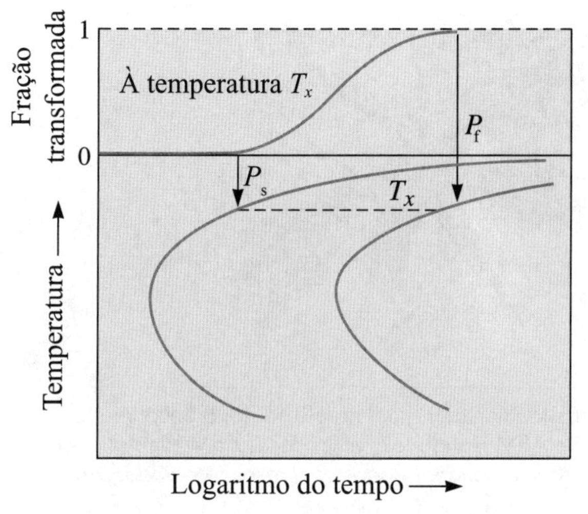

Figura 12-21 Curva sigmoide relacionada ao início e ao fim da curva TTT de aços. Nesse caso, a austenita transforma-se em perlita.

início da transformação perlítica representa o tempo em que a austenita se transforma em ferrita e cementita por reação eutetoide. A curva sigmoide associada a essa reação fornece o tempo de fim da transformação perlítica P_f. Quando há diminuição da temperatura abaixo de 727 °C, a taxa de nucleação aumenta, enquanto a taxa de crescimento da perlita se reduz. Como na Figura 12-3, a taxa máxima de transformação ocorre no tempo mínimo. Em um aço eutetoide, a temperatura correspondente à taxa máxima é de aproximadamente 550 °C (Figura 12-20).

Dois microconstituintes resultam da transformação eutetoide: perlita (*P*), que surge acima de 550 °C, e bainita (*B*), abaixo dessa temperatura.

Nucleação e crescimento da perlita: Com a manutenção da temperatura logo abaixo da temperatura eutetoide, a austenita está pouco super-resfriada, por isso, são necessários longos tempos para a nucleação estável da ferrita e da cementita. Depois que as fases que formam a perlita nucleiam, os átomos se difundem rapidamente e produzem perlita *grosseira*. Esse processo conclui-se no tempo de fim da transformação perlítica (P_f). A austenita resfriada a uma temperatura mais baixa é super-resfriada mais intensamente. Em consequência, a nucleação ocorre mais rapidamente e o P_s acontece em tempos mais curtos. Entretanto, a difusão também é mais lenta, assim, os átomos se difundem em distâncias curtas, e é produzida a perlita *fina*. Mesmo com taxa de crescimento menor, o tempo global para a transformação é reduzido em função do menor tempo de incubação. Perlita mais fina é formada em tempos menores à medida que reduz a temperatura de transformação isotérmica até aproximadamente 550 °C, que caracteriza o *joelho* da curva TTT (Figura 12-20).

Nucleação e crescimento da bainita: A temperaturas abaixo do joelho da curva do diagrama TTT, a difusão é muito lenta e o tempo global de transformação aumenta. Além disso, surge uma nova microestrutura! Em baixas temperaturas de transformação, as lamelas da perlita deveriam ser extremamente finas e, consequentemente, a área dos contornos entre a ferrita e as lamelas Fe_3C seria muito grande. Desse modo, a energia associada com a interface ferrita-cementita seria muito elevada. O aço reduz essa energia com a precipitação de cementita como partículas discretas e esféricas em uma matriz de ferrita. Esse novo arranjo de ferrita e cementita é chamado de **bainita**. A transformação começa no tempo de início da bainita (B_s) e termina no fim da transformação bainítica (B_f).

Os tempos de início e fim das transformações da austenita em bainita aumentam, e a bainita se torna mais fina conforme a temperatura da transformação abaixa. A bainita que se forma logo abaixo do joelho da curva é chamada de bainita superior. A que se forma em temperaturas mais baixas é chamada bainita inferior ou acicular. A Figura 12-22 mostra as microestruturas da bainita. Observe que sua morfologia depende do tratamento térmico empregado.

A Figura 12-23 mostra o efeito da temperatura de transformação nas propriedades de aço eutetoide (0,77% C). À medida que a temperatura diminui, há uma tendência geral para aumentar o limite de resistência e reduzir a ductilidade, uma vez que a microestrutura produzida é mais fina. Os exemplos a seguir ilustram como tratar termicamente aços para produzir microestruturas e propriedades desejadas.

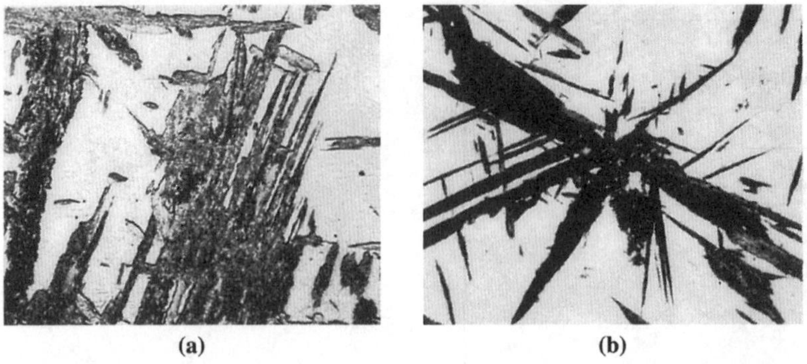

Figura 12-22 (a) Bainita superior com aspecto morfológico de penas (aumento original de 600×). (b) Bainita inferior em forma de agulhas (aumento original de 400×). (*Imagem extraída de* ASM Handbook. *v. 8, 1973. ASM International, Materials Park, OH 44073-0002. Reproduzida com permissão da ASM International. Todos os direitos reservados, www.asminternational.org.*)

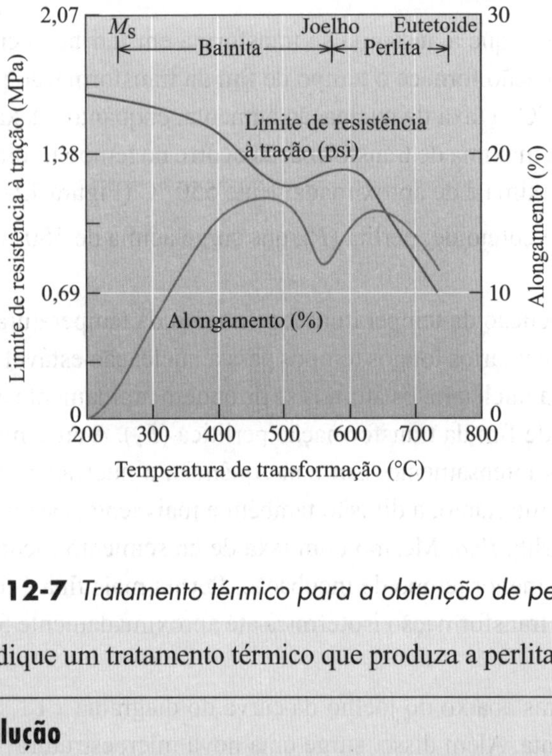

Figura 12-23 Efeito da temperatura de transformação nas propriedades de um aço eutetoide.

Exemplo 12-7 *Tratamento térmico para a obtenção de perlita*

Indique um tratamento térmico que produza a perlita mostrada na Figura 12-15(b).

Solução

É necessário determinar o espaçamento interlamelar da perlita. A quantidade de lamelas no lado direito superior da Figura 12-15(b) pode ser contada: sabendo que o espaçamento interlamelar é medido a partir de uma lamela α para a próxima lamela α, encontram-se 14 espaçamentos em uma distância de 20 mm. Em razão do aumento de 2000×, a distância de 20 mm na figura corresponde a 0,01 mm no aço. Assim:

$$\lambda = \frac{0{,}01 \text{ mm}}{14 \text{ espaços}} = 7{,}14 \times 10^{-4} \text{mm}$$

Supondo ainda que a perlita tenha sido formada por uma transformação isotérmica, descobre-se a partir da Figura 12-19 que a temperatura de transformação foi de aproximadamente 700 °C. A partir do diagrama TTT (Figura 12-20), o tratamento térmico deve ser:

1. Aquecer o aço até aproximadamente 750 °C e manter por 1 h para produzir austenita. Uma temperatura mais alta causaria crescimento excessivo dos grãos de austenita.

2. Resfriar até 700 °C e manter durante pelo menos 10^5 s, correspondente ao tempo P_f. Foi considerado que o aço resfria instantaneamente até 700 °C, porém isso não acontece na prática e, assim, a transformação não ocorre numa só temperatura. Pode ser necessário empregar curvas de resfriamento contínuo para obter maior precisão nessa estimativa (Capítulo 13).
3. Resfriar até a temperatura ambiente.

O aço deve ter uma dureza de HRC 14 (Figura 12-20) e um limite de escoamento de cerca de 200 MPa (30.000 psi), como apresentado na Figura 12-18.

Exemplo 12-8 *Tratamento térmico para a obtenção de bainita*

Ótimas combinações de propriedades de dureza, resistência e tenacidade são obtidas com a microestrutura da bainita. Considere um tratamento térmico de austenitização a 750 °C, resfriamento rápido até 250 °C por 900 s e, por fim, resfriamento até a temperatura ambiente. Quais são as características resultantes?

Solução

Na Figura 12-20, percebe-se que acima de 750 °C a microestrutura é 100% γ. À temperatura de 250 °C, a austenita instável (γ_i) se mantém por cerca de 100 s, quando a bainita fina começa a nuclear. Após 15 min, ou 900 s, aproximadamente 50% da austenita foi transformada em bainita fina e o restante permaneceu como austenita instável. Se o aço for mantido ao ar, o resfriamento natural pode transformar a austenita instável em martensita. A microestrutura final é uma mistura de bainita e martensita, dura e frágil. Essa microestrutura resultante não tem boas propriedades mecânicas. Assim, o tratamento térmico deveria ter objetivado manter o aço a 250 °C por pelo menos 10^4 s, ou aproximadamente 3 h, para completar a transformação bainítica de todo o aço.

12-10 Reação martensítica e revenimento

A **martensita** resulta de uma transformação no estado sólido na ausência de difusão. Como não há difusão, a cinética de transformação não obedece à equação de Avrami. A taxa de crescimento da **transformação martensítica**, também conhecida como **transformação atérmica**, é tão alta que a nucleação se torna a etapa controladora.

O cobalto, por exemplo, transforma-se de uma estrutura cristalina CFC para HC por uma ligeira alteração na localização de átomos que altera a sequência de empilhamento de planos compactos. Pelo fato de a reação não depender da difusão, a reação martensítica é uma transformação adifusional, isto é, a reação depende apenas da temperatura, e não do tempo. A frente da reação martensítica atinge velocidades próximas à velocidade do som no material.

Muitas outras ligas, como Cu-Zn-Al e Cu-Al-Ni e Ni-Ti, possuem transformações de fase martensítica. Essas transformações também podem ser induzidas pela aplicação de tensões mecânicas. Excetuando a martensita que ocorre em aços, o nitinol é o exemplo mais conhecido de ligas que usam as transformações de fase martensítica. A liga de Ni-Ti, conhecida como **nitinol**, talvez seja o exemplo mais conhecido de liga que pode ser usada nas transformações da fase martensítica. Esses materiais conseguem "lembrar" de suas formas geométricas e são conhecidos como ligas com memória de forma (LMF). (Veja a Seção 12-11.)

Martensita em aços Em aços com menos de 0,2% C, na têmpera, a austenita CFC pode se transformar em uma estrutura martensítica CCC supersaturada em não equilíbrio. Em aços com teores de carbono superiores, a reação martensítica ocorre à medida que a austenita CFC se transforma em martensita TCC (tetragonal de corpo centrado). A relação cristalográfica entre a austenita CFC e a martensita TCC [Figura 12-24(a)] mostra que átomos de carbono nos interstícios localizados em (1/2, 0, 0) da célula CFC dificultam a transformação para a estrutura CCC,

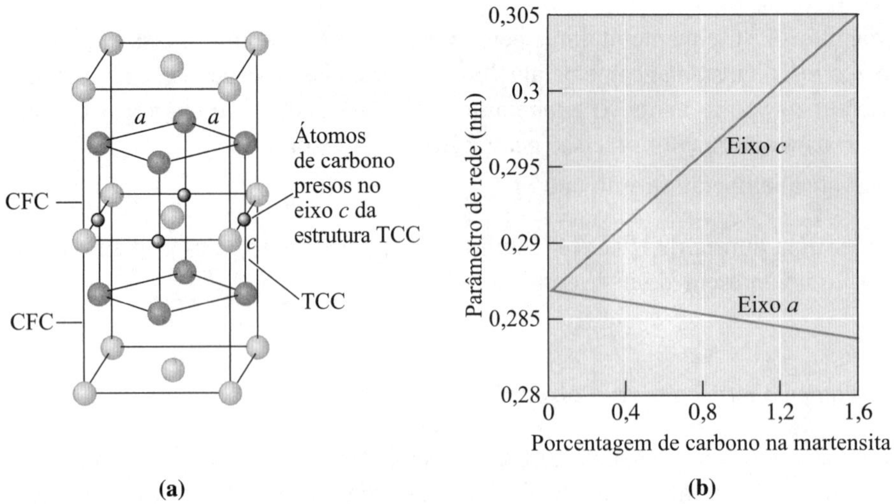

Figura 12-24 (a) A célula-unitária da martensita TCC está relacionada à célula-unitária da austenita CFC. (b) À medida que o percentual de carbono aumenta, mais interstícios são preenchidos por átomos de carbono e a estrutura tetragonal da martensita torna-se mais pronunciada.

levando, por cisalhamento da rede, à estrutura tetragonal. À medida que o teor de carbono do aço aumenta, mais átomos existem nesses locais da rede, aumentando, com isso, a diferença entre os eixos *a* e *c* da martensita [Figura 12-24(b)].

O aço deve ser resfriado rapidamente, isto é, temperado, para evitar a formação de perlita, bainita ou microconstituintes primários que ocorrem por difusão atômica. A reação martensítica começa em um aço eutetoide quando a austenita resfria abaixo de 220 °C, que é a temperatura de início (M_s) da martensita para o aço eutetoide (Figura 12-20). A quantidade de martensita aumenta conforme a temperatura diminui. Quando se atinge uma temperatura inferior à de fim da transformação martensítica (M_f), existe 100% de martensita. Em qualquer temperatura intermediária, a quantidade de martensita não se altera com o passar do tempo, mas somente se a temperatura abaixar ainda mais.

Por critério de conservação de massa, a composição química da martensita é a mesma da austenita original. Não há difusão de longo alcance durante essa transformação que possa mudar a composição. Assim, em aços-carbono, a composição inicial de austenita e a composição final de martensita é a mesma. O exemplo a seguir mostra como tratar termicamente para produzir um aço bifásico.

Exemplo 12-9 *Tratamento térmico de um aço bifásico*

Combinações não usuais de propriedades podem ser obtidas num aço cuja microestrutura contém 50% de ferrita e 50% de martensita. A martensita proporciona resistência mecânica e a ferrita assegura tenacidade. Determine as condições do tratamento térmico de um aço para produzir uma microestrutura bifásica de ferrita e martensita. Essa martensita deve ter 0,60% C.

Solução

Para obter uma mistura de ferrita e martensita, é preciso tratar termicamente um aço hipoeutetoide em uma região $\alpha + \gamma$ do diagrama de fases. O aço é então temperado para permitir que a fração de γ não transformada se transforme em martensita.

A temperatura do tratamento térmico é determinada para assegurar que a martensita tenha 0,60% C. A partir da linha de solubilidade na região $\alpha + \gamma$, verifica-se que 0,60% C da austenita ocorre à temperatura de 750 °C. Para produzirmos 50% de martensita, precisamos selecionar um aço que forneça 50% de austenita quando é mantido a 750 °C. Se o teor de carbono do aço é x, então:

$$\% \gamma = \left(\frac{x - 0,02}{0,60 - 0,02}\right) \times 100 = 50 \text{ ou } x = 0,31\% \text{ C}$$

Os critérios de escolha são:

1. Selecionar um aço hipoeutetoide com 0,31% C.
2. Aquecer o aço a 750 °C e manter essa temperatura por 1 h, dependendo da espessura da peça, para produzir uma microestrutura de equilíbrio com metade da massa sob a forma de ferrita e metade de austenita com 0,60% C.
3. Temperar o aço até a temperatura ambiente. Toda a austenita se transforma em martensita, também com 0,60% C.

Propriedades do aço martensítico A martensita em aços é muito dura e frágil, semelhante às cerâmicas. A estrutura cristalina TCC não possui planos compactos nos quais as discordâncias possam se mover com facilidade, e isso aumenta sua fragilidade. A martensita é supersaturada em carbono, uma vez que a ferrita normalmente contém menos que 0,0218% C à temperatura ambiente, e contém praticamente todo o carbono do aço. Ela possui ainda um tamanho de grão pequeno, e até mesmo uma fina subestrutura dentro dos grãos.

A estrutura cristalina e as propriedades da martensita dependem do teor de carbono da liga (Figura 12-25). Quando o teor de carbono é baixo, ela cresce na forma de ripas, como placas estreitas que crescem lado a lado [Figura 12-26(a)]. Essa martensita de baixo carbono não é muito dura. Com um teor mais alto de carbono, ela cresce na forma de placas planas e estreitas em vez de ripas [Figura 12-26(b)]. A dureza é muito maior na microestrutura em placas de martensita de alto carbono, pois há maior distorção da rede cristalina e elevada razão entre os parâmetros de rede c/a.

Revenimento da martensita A martensita não é uma fase de equilíbrio. Por isso, não aparece no diagrama de fases Fe-Fe_3C (Figura 12-14). Quando a martensita é aquecida abaixo da temperatura eutetoide, as fases termodinamicamente estáveis ferrita e cementita se precipitam. Esse processo é chamado de **revenimento**. A decomposição da martensita causa a diminuição da resistência mecânica e da dureza e aumento da tenacidade (Figura 12-27). Para o aço, o termo têmpera significa produzir martensita. Já para vidros, esse mesmo termo significa a produção de tensão residual compressiva na superfície. Entretanto, tanto no caso de têmpera de vidros como no de aços busca-se um aumento na resistência do material, embora por mecanismos bem diferentes.

Em baixas temperaturas de revenimento, a martensita forma duas fases de transição, uma de baixo carbono e um carbeto muito fino, mas ainda de não equilíbrio, com estequiometria $Fe_{2,4}C$, chamado de carboneto ε. Nessa

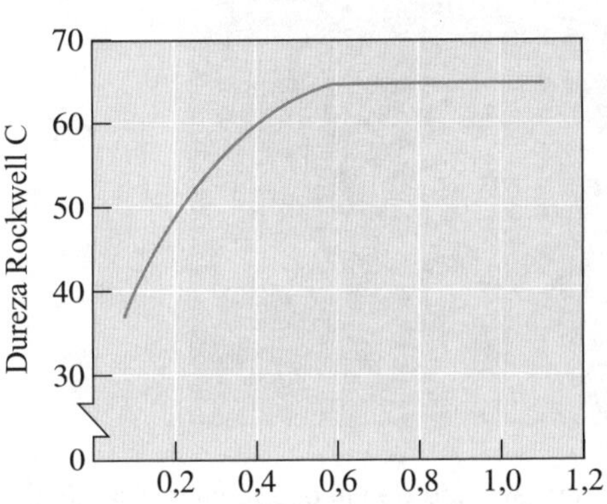

Figura 12-25 Efeito do teor de carbono na dureza da martensita de aços.

Figura 12-26 (a) Ripas de martensita em aço de baixo carbono (aumento original de 80×). (b) Placas de martensita em aço de alto carbono (aumento original de 400×). (*Imagem extraída de* ASM Handbook. *v. 8, 1973. ASM International, Materials Park, OH 44073-0002. Reproduzida com permissão da ASM International.® Todos os direitos reservados, www.asminternational.org.*)

condição, o aço ainda é bem resistente e frágil. Em temperaturas de revenimento mais altas formam-se ferrita estável e cementita Fe_3C. O aço torna-se macio e tenaz. Se ele sofrer revenimento em temperatura pouco inferior à eutetoide, a fase Fe_3C aumenta de tamanho e o efeito de endurecimento por dispersão é muito reduzido. Assim, cada temperatura de revenimento produz propriedades mecânicas específicas. A microestrutura final do revenimento chama-se martensita revenida (Figura 12-28) e está presente em diversos componentes mecânicos.

Martensita em outros sistemas metálicos As características da reação martensítica são diferentes em outros metais. A martensita pode se formar, por exemplo, em ligas à base de ferro que contenham pouco ou nenhum carbono por meio de uma transformação da estrutura cristalina CFC em uma estrutura cristalina CCC. Em determinados aços de alto teor de manganês e aços inoxidáveis austeníticos, a estrutura CFC original muda para hexagonal compacta por transformação martensítica. Certas cerâmicas, como a ZrO_2, e mesmo alguns polímeros cristalinos podem sofrer transformação martensítica. Desse modo, a reação martensítica e o termo martensita são genéricos, e não restritos a aços. No contexto de tratamentos térmicos de aço, porém, martensita refere-se à fase tetragonal de corpo centrado, dura e frágil, resultante da têmpera.

As propriedades da martensita em outras ligas metálicas também são diferentes daquelas do aço. Em ligas de titânio, o titânio CCC se transforma em uma microestrutura de martensita HC com a têmpera. Entretanto, a martensita de titânio é menos dura e resistente que a microestrutura original. Ainda assim, a martensita formada também pode sofrer revenimento. A martensita produzida em ligas de titânio pode ser reaquecida para permitir a precipitação de uma segunda fase. Ao contrário do que ocorre nos aços, o revenimento *aumenta* a resistência mecânica da liga de titânio em vez de diminuir.

12-11 Ligas com memória de forma (LMFs)

O **efeito de memória de forma** é uma propriedade, característica de algumas ligas que passam pela reação martensítica. Essas ligas podem ser processadas utilizando-se um sofisticado tratamento termomecânico para produzir uma estrutura martensítica. No final do processo de tratamento, o material é deformado para assumir um formato predeterminado. O metal, então, pode ser deformado em um segundo formato, mas quando a temperatura aumenta, o metal volta a sua forma original! Aparelhos ortodônticos, filtros de coágulos sanguíneos, motores, armações de óculos e atuadores para sistemas inteligentes vêm sendo desenvolvidos utilizando esses materiais. *Flaps* que

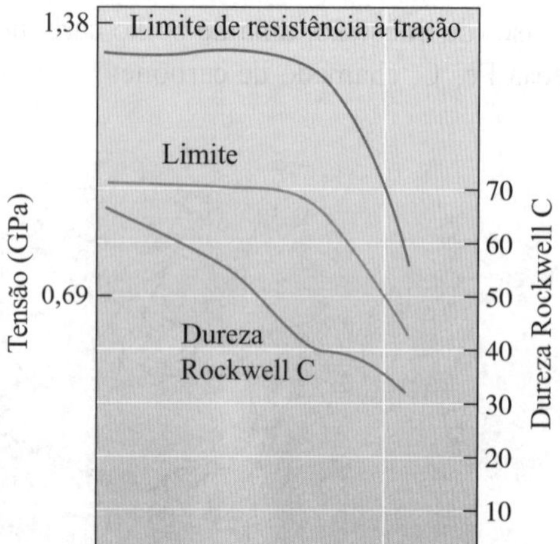

Figura 12-27 Efeito da temperatura de revenimento sobre as propriedades de um aço eutetoide.

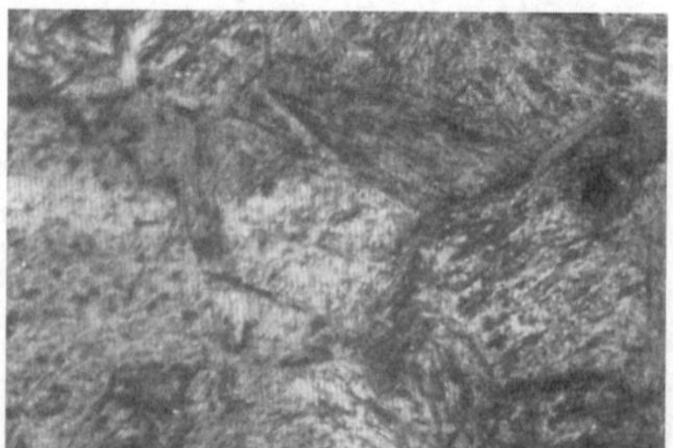

Figura 12-28 Martensita revenida de um aço (aumento original de 500×). (*Imagem extraída de ASM Handbook. Metallography and microstructure. v. 9, 1985. ASM International, Materials Park, OH 44073-0002. Reproduzida com permissão da ASM International.® Todos os direitos reservados, www.asminternational.org.*)

muwwdam a direção do fluxo de ar dependendo da temperatura têm sido desenvolvidos e utilizados em condicionadores de ar.

Mais recentemente, uma classe especial de materiais, conhecida como ligas ferromagnéticas com memória de forma, também foi desenvolvida. Exemplos dessas ligas incluem: Ni_2MnGa, Fe-Pd e Fe_3Pt. Diferentemente do Ni-Ti, esses materiais apresentam efeito de memória de forma em resposta a um campo magnético. A maioria das ligas comerciais com memória de forma, incluindo Ni-Ti, não é ferromagnética. Discutimos, no Capítulo 6, que muitos polímeros são viscoelásticos, e o componente viscoso é recuperado com o passar do tempo. Assim, muitos polímeros possuem também uma memória de forma! Recentemente, pesquisadores desenvolveram novos plásticos com memória de forma.

As ligas com memória de forma exibem uma memória que pode ser acionada por tensão ou mudança de temperatura. **Materiais inteligentes** são aqueles que podem sentir um estímulo externo (como tensão, mudança de temperatura, campo magnético etc.) e passam por algum tipo de transformação. Materiais ativamente inteligentes podem, até mesmo, iniciar uma resposta (ou seja, funcionam como um sensor e atuador). As ligas com memória de forma são uma família de materiais passivamente inteligentes, no sentido de que meramente sentem uma mudança em termos de tensão ou alteração de temperatura.

As ligas com memória de forma também apresentam **comportamento superelástico**. Deformações recuperáveis em até 10% são possíveis. Essa é a razão pela qual as ligas com memória de forma têm sido utilizadas com sucesso em aplicações como arames ortodônticos e armações de óculos. Nessas aplicações, utilizamos o efeito superelástico (e não a memória de forma).

Exemplo 12-10 *Projeto de acoplamento para tubos*

Crie um método para fazer a junção de tubos de titânio em campo rapidamente.

Solução

O titânio é bastante reativo e, a menos que sejam utilizados processos especiais de soldagem, ele pode ser contaminado. Em campo, normalmente não teremos acesso a esses processos. Portanto, queremos fazer a junta sem recorrer a processos que empreguem temperatura elevada. É possível aproveitar o efeito de memória de forma para esta aplicação (Figura 12-29). Podemos definir, previamente, um acoplamento de Ni-Ti em um pequeno diâmetro e, então, deformá-lo para um grande diâmetro no estado martensítico. No campo, o acoplamento, que está no estado martensítico, desliza pelo tubo e é aquecido (a uma temperatura suficientemente baixa, de modo que o tubo de titânio não seja contaminado). O acoplamento se contrai de volta para sua forma predeterminada, como resultado da memória de forma, produzindo forte ligação mecânica para unir os tubos.

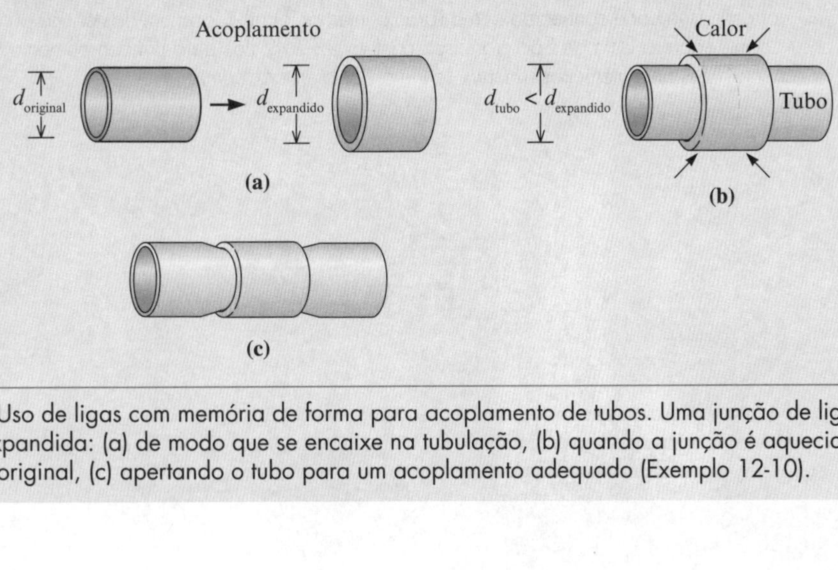

Figura 12-29 Uso de ligas com memória de forma para acoplamento de tubos. Uma junção de liga com memória de forma é expandida: (a) de modo que se encaixe na tubulação, (b) quando a junção é aquecida, ela retorna ao seu diâmetro original, (c) apertando o tubo para um acoplamento adequado (Exemplo 12-10).

Os aços compõem a família de materiais mais usada em aplicações estruturais e de carga. A maioria das construções, pontes, ferramentas, automóveis e inúmeras outras aplicações utiliza ligas ferrosas. Com uma variedade de tratamentos térmicos que proporcionam uma ampla gama de microestruturas e propriedades, os aços são provavelmente a família de materiais de engenharia mais versátil.

A ponte Golden Gate, na Califórnia, é feita de aço. O aço é pintado para aumentar sua resistência à corrosão (sua cor é conhecida como Laranja Internacional). Cada um dos cabos principais que suspende a ponte sobre a Baía de São Francisco contém 27.572 fios para um comprimento total de aproximadamente 129 mil quilômetros. (*Henrik Lehnerer/Shutterstock.com*)

capítulo 13

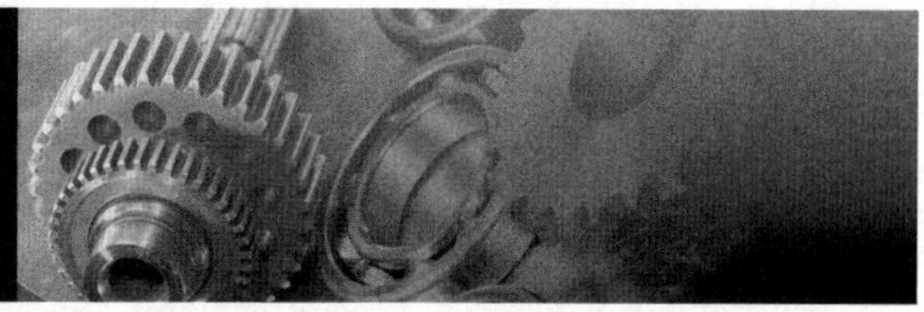

Tratamento térmico de aços e ferros fundidos

VOCÊ JÁ SE PERGUNTOU?

- Qual é o material de engenharia mais utilizado?
- O que torna "inoxidável" o aço inoxidável?
- Qual é a diferença entre aço e ferro fundido?
- Se os aços inoxidáveis são ferromagnéticos?

OBJETIVOS DE APRENDIZAGEM DO CAPÍTULO

Os principais objetivos deste capítulo são

- Reconhecer e explicar as diversas designações para diferentes classes de aços.
- Projetar vários tratamentos térmicos, a fim de produzir microestruturas e propriedades específicas para aços utilizando diagramas Tempo-Temperatura-Transformação (TTT) e diagramas de resfriamento contínuo, conforme necessário.
- Diferenciar entre as classes de aços: aços-carbono, aços-liga, aços inoxidáveis, aços-ferramenta, aços especiais, e também as subclasses de cada uma delas.
- Enumerar elementos de ligas comuns dos aços e suas finalidades.
- Explicar e reconhecer as várias designações para diferentes ferros fundidos.

As ligas ferrosas incluem os aços-carbono, aços-liga, aços-ferramenta, aços inoxidáveis e os ferros fundidos. Esses são os materiais mais utilizados no mundo, já há bastante tempo. A própria história do homem é marcada pela importância desses materiais, e, por isso, existe o período denominado *Idade do Ferro*. Os aços são produzidos basicamente de duas maneiras: pela redução do minério de ferro ou pela reciclagem de sucata de aço.

Na produção de aços por redução, primeiro o minério de ferro é concentrado para conter de 50% a 70% de óxido de ferro, Fe_2O_3 ou Fe_3O_4. Após essa etapa, o minério é aquecido em um alto-forno na presença de coque (que é essencialmente carbono) e oxigênio. O coque reduz o óxido de ferro a um ferro fundido intermediário conhecido como **gusa**, ou **ferro-gusa**. O gusa está líquido a aproximadamente 1.600 °C e contém cerca de 95% de ferro, 4% de carbono, 0,3% a 0,9% de silício, 0,5% de Mn e 0,025% a 0,05% de enxofre, além de fósforo e titânio. A escória é um produto que resulta do processo de redução no alto-forno e contém sílica, CaO e outras impurezas na forma de silicato fundido.

Pelo fato de o ferro-gusa conter grande quantidade de carbono, é injetado gás oxigênio no *conversor básico a oxigênio* (BOF, *basic oxygen furnace*) para eliminar o excesso de carbono e produzir aço líquido. Os aços têm um teor de carbono máximo de aproximadamente 21%.

No segundo método, a sucata de aço é fundida, em geral em **forno a arco elétrico**, e sua composição química é ajustada. Muitas ligas e aços especiais, como aços inoxidáveis, são produzidos em fornos elétricos. Aços líquidos (incluindo os inoxidáveis) passam com frequência por um refino adicional em panela. O objetivo, nesse caso, é reduzir os teores de impurezas, como fósforo, enxofre etc., e ajustar o teor de carbono na concentração desejada. O aço fundido (líquido) produzido por qualquer dos dois processos anteriores é despejado em moldes para produzir peças fundidas de aço ou produtos solidificados com formato simples, os lingotes, para posterior processamento por conformação mecânica, como trefilação, laminação ou forjamento.

Todos os mecanismos de endurecimento discutidos nos capítulos anteriores aplicam-se às ligas ferrosas. Além deles, discutiremos neste capítulo como a reação eutetoide pode ser empregada para controlar a microestrutura e as propriedades de aços por meio de tratamento térmico e por efeito da adição de elementos de liga. Duas classes especiais de ligas ferrosas, os aços inoxidáveis e os ferros fundidos, também serão estudadas neste capítulo.

13-1 Designação e classificação dos aços

Os aços têm menos de 2,11% C, e os ferros fundidos possuem mais que esse teor, normalmente com teores de carbono próximos da composição eutética. Para aços, a região da reação eutetoide do diagrama de equilíbrio (Figura 13-1) apresenta enorme importância. Dessa maneira, as linhas de solubilidade e a temperatura eutetoide estão identificadas de forma especial. A curva A_3 mostra a temperatura na qual a ferrita começa a se formar a partir do resfriamento da austenita; a curva A_{cm} mostra a temperatura na qual a cementita começa a se formar a partir do resfriamento da austenita; e a reta A_1 indica a temperatura eutetoide.

Quase todos os tratamentos térmicos de aços são realizados para produzir uma combinação de ferrita e cementita que proporcione propriedades interessantes. A Figura 13-2 mostra três combinações importantes dos microconstituintes ferrita e cementita. A perlita é constituída de uma mistura lamelar de ferrita e cementita. A bainita é obtida pela transformação da austenita com resfriamento controlado e contém cementita com morfologia globulizada, diferente da forma lamelar presente na perlita. A martensita que sofreu revenimento é uma mistura de cementita muito fina e quase esférica numa matriz de ferrita, que se desenvolve quando a martensita é reaquecida em um tratamento térmico posterior à sua formação.

Designação O Instituto Americano de Ferro e Aço (American Iron and Steel Institute – AISI) e a Sociedade de Engenheiros Automotivos (Society of Automotive Engineers – SAE) elaboraram sistemas de designação de aços (Tabela 13-1) que usam números de quatro ou cinco dígitos para identificar cada liga de aço. Os primeiros dois números se referem aos principais elementos de liga presentes, e os últimos dois ou três números referem-se ao percentual de carbono. Assim, o aço AISI 1040 é um aço-carbono com 0,40% C em massa, e o aço SAE 10120 é um aço-carbono com 1,20% C. Um aço AISI 4340 é um aço-liga que contém 0,40% C. Por outro lado, a Sociedade Americana de Ensaios e Materiais (American Society for Tests and Materials – ASTM) tem um modo diferente de classificar os aços e outras ligas. Emprega outra classificação de aços e considera também as especificações para as diversas aplicações.

Exemplo 13-1 *Projeto de um método para determinar o número AISI*

Uma ferramenta fabricada em aço não ligado utilizada na usinagem de rodas de alumínio de automóveis foi considerada adequada para esta operação, porém as especificações de compra extraviaram-se e por isso não é conhecida a composição do aço. Sabe-se que a microestrutura se constitui de martensita que sofreu revenimento. Suponha que você não consiga estimar a composição do aço a partir da análise dessa microestrutura. Proponha um tratamento que permita determinar o teor de carbono do aço.

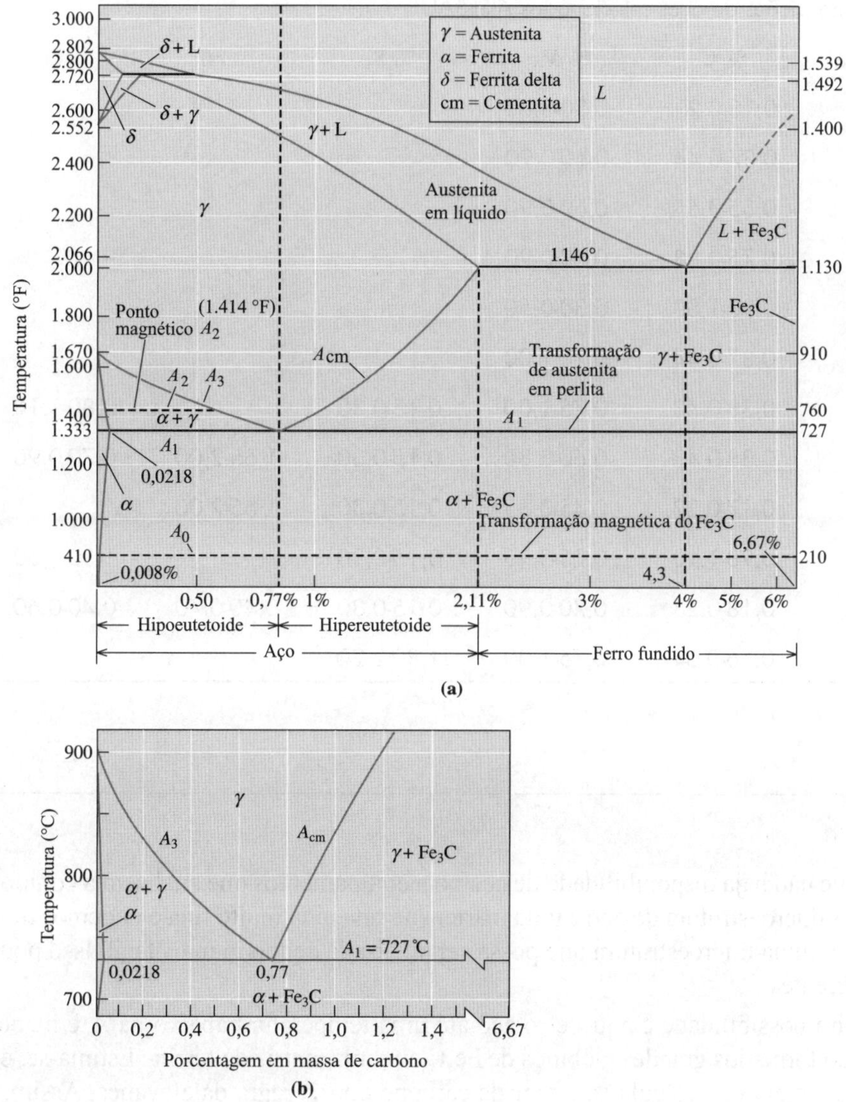

Figura 13-1 (a) Diagrama de fases Fe-Fe_3C. (b) Versão expandida da região contendo a transformação eutetoide do diagrama de fases Fe-Fe_3C, adaptado de diversas fontes.

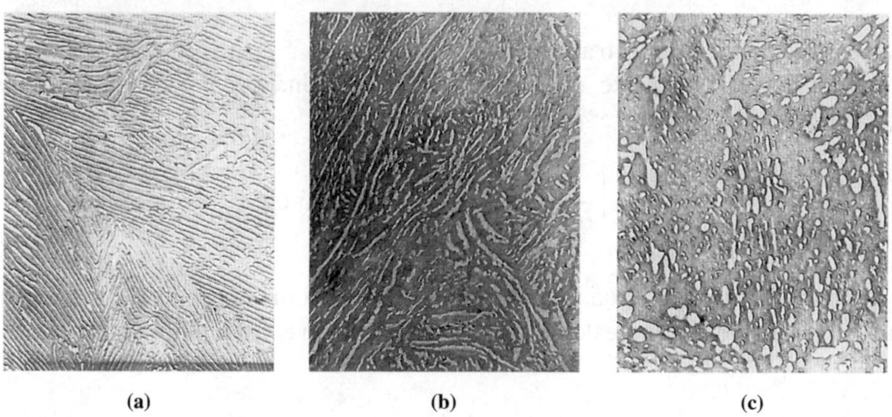

(a) (b) (c)

Figura 13-2 Micrografias eletrônicas de (a) perlita, (b) bainita e (c) martensita que sofreu revenimento, ilustrando as diferenças de tamanho e forma da cementita (aumento original de 7.500x). (*Imagem extraída de* The making, shaping, and treating of steel. *10. ed. Cortesia da Association for Iron Steel Technology.*)

Tabela 13-1 • Composições de aços selecionados AISI-SAE

Número AISI-SAE	% C	% Mn	% Si	% Ni	% Cr	Outros
1020	0,18-0,23	0,30-0,60				
1040	0,37-0,44	0,60-0,90				
1060	0,55-0,65	0,60-0,90				
1080	0,75-0,88	0,60-0,90				
1095	0,90-1,03	0,30-0,50				
1140	0,37-0,44	0,70-1,00				0,08-0,13% S
4140	0,38-0,43	0,75-1,00	0,15-0,30		0,80-1,10	0,15-0,25% Mo
4340	0,38-0,43	0,60-0,80	0,15-0,30	1,65-2,00	0,70-0,90	0,20-0,300% Mo
4620	0,17-0,22	0,45-0,65	0,15-0,30	1,65-2,00		0,20-0,30% Mo
52100	0,98-1,10	0,25-0,45	0,15-0,30		1,30-1,60	
8620	0,18-0,23	0,70-0,90	0,15-0,30	0,40-0,70	0,40-0,60	0,15-0,25% Y
9260	0,56-0,64	0,75-1,00	1,80-2,20			

Solução

Suponha que não haja disponibilidade de acesso a equipamentos que analisem a composição por métodos químicos. A microestrutura do aço é uma martensita revenida muito fina e podemos tratá-la termicamente para produzir uma microestrutura que possa ser analisada de modo mais fácil. Isso pode ser feito de duas formas diferentes.

A primeira possibilidade é aquecer o aço até uma temperatura abaixo da A_1 e mantê-la por um longo período. São formados grandes glóbulos de Fe_3C em uma matriz de ferrita. Estima-se, então, a quantidade de ferrita e cementita e calcula-se o teor de carbono com a regra da alavanca. Assim, se for encontrado 16% de Fe_3C com esse método, o teor de carbono é:

$$\% \, Fe_3C = \left(\frac{x - 0,0218}{6,67 - 0,0218}\right) \times 100 = 16 \text{ ou } x = 1,086\% \text{ C}$$

Uma outra possibilidade é aquecer o aço acima da temperatura A_{cm} para produzir austenita monofásica. Se o aço for então resfriado lentamente, ele se transforma em perlita e cementita. Com isso, estima-se que o mesmo aço tenha 95% de perlita e 5% de Fe_3C, então:

$$\% \text{ Perlita} = \left(\frac{6,67 - x}{6,67 - 0,77}\right) \times 100 = 95 \text{ ou } x = 1,065\% \text{ C}$$

O teor de carbono na ordem de 1,065 a 1,086% é consistente com um aço 10110. Nesse procedimento, os percentuais em massa e em volume dos microconstituintes são considerados equivalentes.

Classificação Aços podem ser classificados com base em suas composições químicas ou pela forma como foram produzidos. Como mencionado, os aços-carbono contêm até cerca de 2% de carbono. Esses aços também podem conter outros elementos químicos, como silício (máximo de 0,6%), cobre (até 0,6%) e manganês (até 1,65%).

Os aços podem ser descarbonetados e ficar com teor de carbono abaixo de 0,005% C. Aços-carbono com teor ultrabaixo contêm no máximo 0,03% de carbono. Eles também contêm níveis muito baixos de outros elementos, como Si e Mn. Aços de baixo carbono contêm de 0,04% a 0,15% de carbono e são utilizados para fabricar carrocerias de veículos e muitos outros componentes. Aços doces contêm de 0,15% até 0,3% de carbono e são empregados em estruturas de edifícios, pontes, tubulações etc. Aços de médio carbono contêm de 0,3 até 0,6% de carbono e são usados para fabricar máquinas, tratores e equipamentos para mineração, por exemplo. Aços de alto-carbono contêm acima de 0,6% de carbono e são usados na fabricação de molas, rodas de trem e similares. Os ferros fundidos são ligas Fe-C que contêm de 2% a 4% de carbono.

Aços-liga possuem teores importantes de elementos de liga além do carbono. Discutiremos o efeito dos elementos de liga mais adiante, ainda neste capítulo. Eles melhoram a temperabilidade e a tenacidade dos aços. Aços-liga são definidos pela AISI como aqueles que excedem um ou mais dos seguintes limites de composição: $\geq$1,65% Mn, 0,6% Si ou 0,6% Cu. O teor de carbono é inferior a 1%, e a soma do teor total dos demais elementos de liga é menor que 5%. Um aço também é classificado como aço-liga se a concentração dos elementos de liga Ni, Cr, Mo e Ti estiver especificada de modo bastante rigoroso. Esses aços também são usados para a fabricação de ferramentas, como martelos e machados, e de componentes, como eixos e engrenagens.

Alguns aços especiais podem ter teores mais elevados de enxofre (>0,1%) ou chumbo (0,15% a 0,35%) para melhorar a usinabilidade. Entretanto, esses aços não podem ser soldados com facilidade. Recentemente, pesquisadores desenvolveram um *aço verde* no qual o chumbo, que é tóxico, foi substituído por estanho e/ou antimônio. Os aços também podem ser classificados com base em seu processamento. Por exemplo, a expressão *lingotamento contínuo* refere-se ao processo de solidificação de aços de modo contínuo, produzindo formas intermediárias, como lingotes ou placas. Os aços galvanizados possuem cobertura de zinco para aumentar a resistência à corrosão (Capítulo 18). Da mesma maneira, aços revestidos com estanho, também chamados de folha de flandres, são usados para fabricar latas de conserva resistentes à corrosão pelos alimentos. O estanho é depositado continuamente por eletrodeposição. Os aços produzidos em forno elétrico podem receber a denominação "E", de *elétrico* (forno), enquanto os aços que têm uma pequena quantidade de boro, de 0,0005% a 0,0030%, são denominados "B", de boro. Além disso, desenvolveu-se recentemente um aço inoxidável com um revestimento especial que o torna resistente à proliferação de germes.

13-2 Tratamentos térmicos

Quatro tratamentos térmicos usuais empregados nos aços incluem alívio de tensões, recozimento pleno, normalização e esferoidização (Figura 13-3). Esses tratamentos térmicos são usados para as seguintes finalidades: (1) eliminar os efeitos do trabalho a frio, (2) controlar o endurecimento por dispersão ou ainda (3) melhorar a usinabilidade.

Tratamento para alívio de tensões O tratamento térmico para eliminar o encruamento em aços com menos de aproximadamente 0,25% C é chamado de **tratamento para alívio de tensões**. Ele é realizado entre

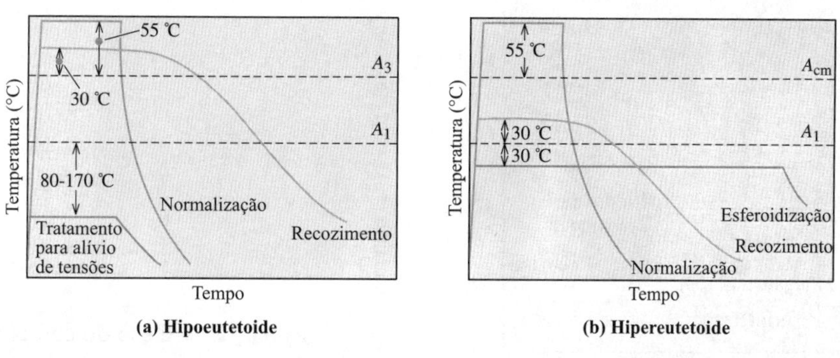

Figura 13-3 Tratamentos térmicos de aços (a) hipoeutetoides e (b) hipereutetoides.

80 °C e 170 °C abaixo da temperatura A_1. Sua finalidade assemelha-se ao recozimento de vidros inorgânicos, visando reduzir ou eliminar as tensões residuais.

Recozimento e normalização – endurecimento por dispersão Os aços podem ser endurecidos por dispersão pelo controle do tamanho e da morfologia da perlita. O aço é aquecido inicialmente para produzir uma austenita homogênea e monofásica (fase γ, CFC), num processo chamado **austenitização**. No **recozimento** ou recozimento pleno, o aço resfria lentamente ainda dentro do forno, produzindo perlita grosseira. Na **normalização** o aço resfria mais rapidamente, pois é exposto ao ar, produzindo perlita fina. A Figura 13-4 mostra as propriedades típicas obtidas pelo recozimento e normalização de aços-carbono.

No tratamento térmico de recozimento, a austenitização de aços hipoeutetoides é realizada a aproximadamente 30 °C acima de A_3 e, inicialmente, produz apenas austenita (100% γ). Entretanto, a austenitização do aço hipereutetoide, também feita a aproximadamente 30 °C acima de A_1, produz austenita e Fe_3C. Esse procedimento impede a formação de uma película frágil e contínua de Fe_3C nos contornos dos grãos, que ocorreria caso o aço fosse resfriado lentamente a partir da região de austenita monofásica (100% γ). Em ambos os casos, com o resfriamento lento em forno, forma-se perlita grosseira, que proporciona uma resistência mecânica relativamente baixa e boa ductilidade.

Para a normalização, a austenitização é feita a aproximadamente 55 °C acima de A_3 ou A_{cm}. O aço é então removido do forno e resfriado ao ar. Esse resfriamento mais rápido resulta em perlita fina e proporciona resistência mecânica mais alta.

Esferoidização – melhoria da usinabilidade Aços que contêm uma grande quantidade de cementita (Fe_3C) possuem baixas características de usinabilidade. Entretanto, é possível modificar a morfologia do Fe_3C pelo tratamento de *esferoidização*. Durante a esferoidização, que requer diversas horas a aproximadamente 30 °C abaixo de A_1, a morfologia da fase Fe_3C muda de lamelas para glóbulos. Com isso, a área de contorno e a correspondente energia superficial diminuem. A microestrutura, conhecida como **esferoidita**, tem uma matriz contínua de ferrita macia e com boa usinabilidade (Figura 13-5). Após a usinagem, o aço recebe tratamento térmico adicional para produzir as propriedades requeridas. Uma microestrutura semelhante forma-se quando a martensita sofre revenimento à temperatura inferior a A_1 durante longo tempo. Além disso, os elementos de liga Pb e S também são adicionados para melhorar a usinabilidade de aços. Como mencionado, recentemente foram desenvolvidos *aços verdes*, isentos de chumbo, que apresentam, ainda, uma usinabilidade muito boa.

O exemplo a seguir mostra como diferentes condições de tratamento térmico podem ser desenvolvidas para uma determinada composição de aço.

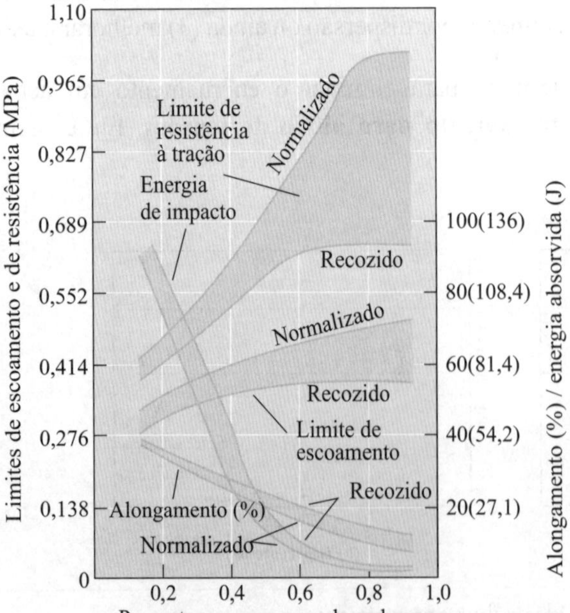

Figura 13-4 Efeito do carbono e do tratamento térmico nas propriedades do aço-carbono.

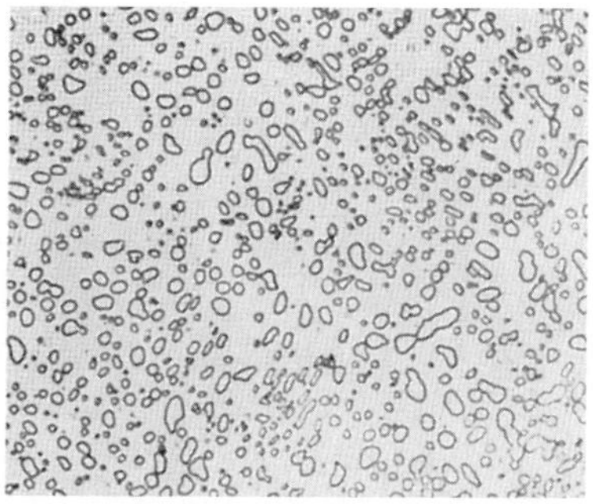

Figura 13-5 Microestrutura da esferoidita com partículas de Fe_3C dispersas na matriz de ferrita (aumento original de 850×). (*Imagem extraída de ASM Handbook, v. 7, 1972. ASM International, Materials Park, OH 44073-0002. Reproduzida com permissão da ASM International®. Todos os direitos reservados, www.asminternational.org.*)

Exemplo 13-2 *Determinação de temperaturas de tratamentos térmicos*

Indique as temperaturas recomendadas para o tratamento de alívio de tensões, recozimento pleno, normalização e esferoidização de aços 1020, 1077 e 10120.

Solução

Na Figura 13-1 encontram-se as temperaturas críticas A_1, A_3 e A_{cm} de cada aço. Podemos, então, especificar o tratamento térmico com base nessas temperaturas.

Tipo de aço	1020	1077	10120
Temperaturas críticas	A_1 = 727 °C A_3 = 830 °C	A_1 = 727 °C	A_1 = 727 °C A_{cm} = 895 °C
Tratamento para alívio de tensões	727 − (80 a 170) = 557 °C a 647 °C	—	—
Recozimento	830 + 30 = 860 °C	727 + 30 = 757 °C	727 + 30 = 757 °C
Normalização	830 + 55 = 885 °C	727 + 55 = 782 °C	895 + 55 = 950 °C
Esferoidização	—	727 − 30 = 697 °C	727 − 30 = 697 °C

13-3 Tratamentos isotérmicos

O efeito da temperatura durante a transformação nas propriedades do aço eutetoide 1080 foi discutido no Capítulo 12. À medida que a temperatura de transformação diminui, a perlita se torna progressivamente mais fina antes que comece a formação da bainita. A martensita é obtida em temperaturas mais baixas.

Austêmpera e recozimento isotérmico O tratamento térmico com transformação isotérmica usado para produzir bainita chama-se **austêmpera** e envolve a austenitização do aço, resfriamento rápido até temperaturas abaixo do joelho da curva TTT, mas acima da temperatura de transformação martensítica, e a manutenção dessa temperatura até que toda a austenita se transforme em bainita (Figura 13-6).

O recozimento e a normalização em geral são usados para controlar o tamanho da fase perlítica. Entretanto, a perlita formada por **recozimento isotérmico** (Figura 13-6) pode resultar em propriedades mais uniformes, pois a taxa de resfriamento em cada seção, assim como a microestrutura obtida durante o resfriamento, é mais homogênea. *Observe que as curvas TTT somente descrevem tratamentos térmicos sob condições isotérmicas. As curvas TTT indicam as transformações dependentes do tempo e da temperatura, porém obtidas experimentalmente à*

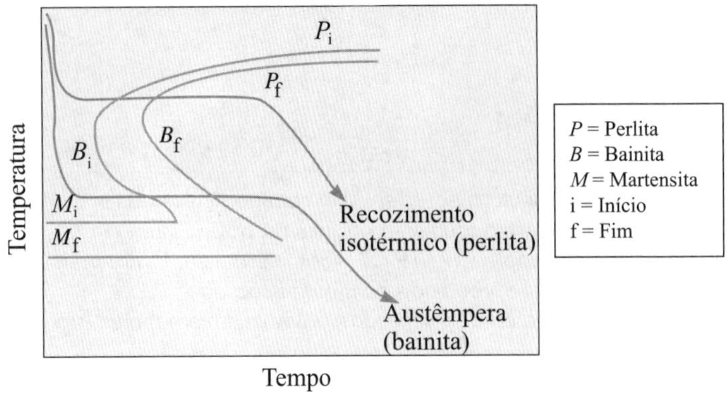

Figura 13-6 Austêmpera e recozimento isotérmico do aço 1080.

temperatura fixa. Assim, não descrevem rigorosamente os tratamentos térmicos realizados com resfriamento contínuo, isto é, nos quais a temperatura varia continuamente, como aquelas apresentadas na Figura 13-6.

Efeito da concentração de carbono na curva TTT Em qualquer aço hipoeutetoide ou hipereutetoide, a curva TTT deve refletir a possível formação de uma fase estável. Os diagramas de transformações isotérmicas para os aços 1050 e 10110 são apresentados na Figura 13-7. A mudança mais marcante é a presença de uma curva de transformação que começa no joelho da curva e se torna assintótica à temperatura A_3 ou A_{cm}. Essa curva representa o instante de início da transformação da austenita em ferrita (F_i) em aços hipoeutetoides ou o momento de início da cementita (C_i) em aços hipereutetoides.

Quando um aço 1050 é austenitizado e posteriormente resfriado à temperatura entre A_3 e A_1, a ferrita nucleia e cresce até atingir o equilíbrio de ferrita e austenita. Similarmente, em um aço 10110, a cementita primária nucleia e cresce até ter a quantidade de fases em equilíbrio quando a temperatura é mantida entre A_1 e A_{cm}.

Se um aço 1050 austenitizado for resfriado e então mantido entre as temperaturas A_1 e a do joelho, a ferrita primária, novamente, nucleia e cresce. O restante da austenita transforma-se então em perlita até atingir o equilíbrio de fases. Uma situação similar ocorre no aço hipereutetoide, em que surgem cementita e perlita.

Se resfriarmos rapidamente o aço abaixo do joelho da curva, será formada somente bainita. Se os aços forem resfriados bruscamente a temperaturas inferiores a M_i, num processo chamado de têmpera, surge uma nova fase

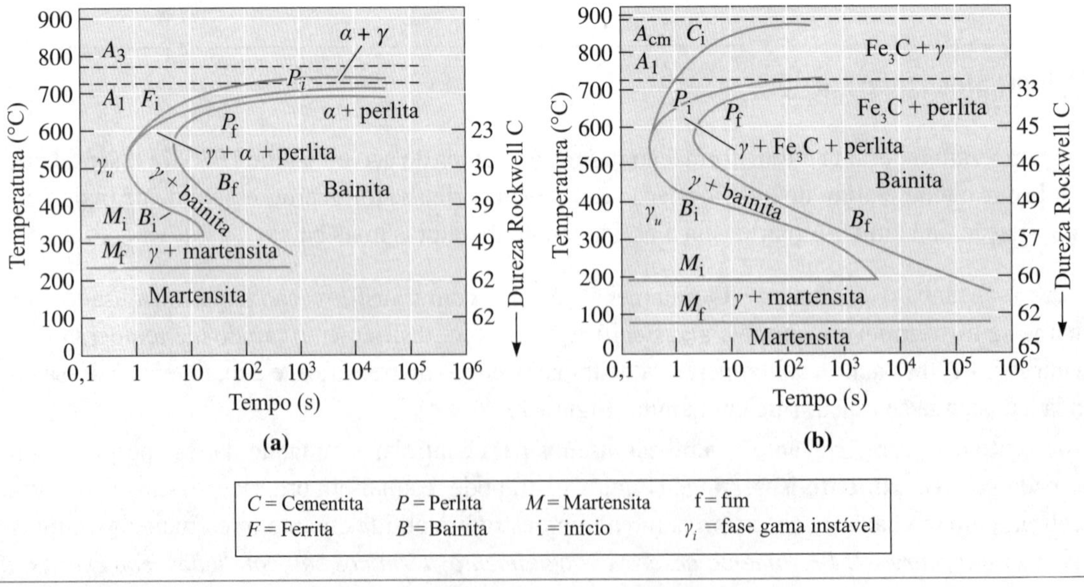

Figura 13-7 Curvas TTT para os aços (a) 1050 e (b) 10110.

denominada martensita. O exemplo a seguir mostra de que maneira o diagrama de fases e a curva TTT podem orientar no desenvolvimento de tratamentos térmicos de aços.

Exemplo 13-3 *Tratamento térmico para um eixo*

Escolha um tratamento térmico que produza uma microestrutura uniforme e com dureza de 23 HRC em um eixo feito de aço 1050.

Solução

Pode-se tentar solucionar este problema de diversas formas. Poderíamos austenitizar o aço, em seguida resfriá-lo a uma taxa que resulte em recozimento ou normalização para obter a dureza correta. Ao fazê-lo, entretanto, descobrimos que neste caso a microestrutura e a dureza variam da superfície até o centro do eixo.

Uma abordagem melhor seria usar um tratamento térmico isotérmico. Com base na Figura 13-7, descobrimos que uma dureza de 23 HRC é obtida pela transformação de austenita em uma mistura de ferrita e perlita a 600 °C. Pela Figura 13-1, notamos que a temperatura A_3 é de 770 °C. Portanto, o tratamento térmico escolhido é:

1. Austenitizar o aço a 770 + (30 a 55) = 800 °C a 825 °C, mantendo por 1 hora para obter 100% de austenita.
2. Resfriar rapidamente o aço até 600 °C e manter nessa temperatura por um mínimo de 10 s. A ferrita primária começa a precipitar a partir da austenita instável após aproximadamente 1 s. Após 1,5 s, a perlita nucleia e cresce, e a austenita estará completamente transformada em ferrita e perlita após aproximadamente 10 s. Depois desse tratamento, os microconstituintes presentes são:

$$\text{Primária } \alpha = \left(\frac{0,77 - 0,50}{0,77 - 0,0218}\right) \times 100 = 36\%$$

$$\text{Perlita} = \left(\frac{0,50 - 0,0218}{0,77 - 0,0218}\right) \times 100 = 64\%$$

3. Resfriar até a temperatura ambiente de modo que preserve a quantidade das fases de ferrita primária e da perlita. A ferrita ou cementita primária correspondem àquela que se forma acima da temperatura eutetoide e, portanto, não participam da reação eutetoide. A microestrutura e a dureza tendem a ser uniformes em razão do recozimento isotérmico.

Interrompendo a transformação isotérmica Outras microestruturas mais complexas são produzidas pela interrupção do tratamento térmico isotérmico. Por exemplo, a austenitização do aço 1050 (Figura 13-8) a 800 °C, seguida do resfriamento rápido até 650 °C e da manutenção por 10 s, permite a formação parcial de ferrita e perlita. Se em seguida o material resfriar rapidamente até 350 °C e se mantiver nessa temperatura durante 1 h, a fração de austenita ainda não transformada sofrerá a modificação típica dessa nova temperatura. Assim, qualquer quantidade de austenita instável que restar antes do resfriamento rápido a 350 °C se transforma em bainita. A estrutura final contém ferrita, perlita e bainita. Poderíamos complicar o tratamento do aço ainda mais pela sua interrupção a 350 °C após 1 min (60 s) e então temperá-lo. Qualquer austenita remanescente após 1 min a 350 °C formará martensita. A microestrutura final agora contém ferrita, perlita, bainita e martensita. Observe que cada vez que alteramos a temperatura recomeçamos do tempo zero! Na prática, as temperaturas não podem ser alteradas instantaneamente, ou seja, não se passa de 800 °C para 650 °C ou de 650 °C para 350 °C sem que isso leve algum tempo. Por essa razão, na prática é melhor usar as curvas de transformação com resfriamento contínuo (CCT, *continuous cooling transformation*) como referências para a realização de tratamentos térmicos.

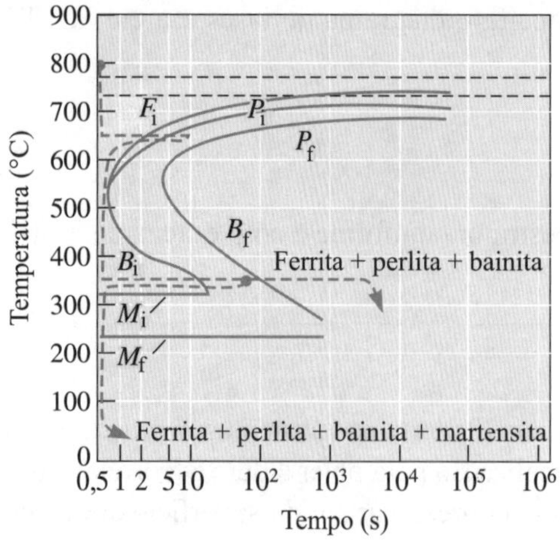

Figura 13-8 Microestruturas complexas obtidas pela interrupção do tratamento isotérmico do aço 1050.

13-4 Têmpera e revenimento

A têmpera endurece a maioria dos aços, e o revenimento aumenta sua tenacidade. Esse procedimento já é empregado nas ligas ferrosas há milhares de anos. Por exemplo, vários desses tratamentos térmicos foram usados para produzir o famoso aço de Damasco e as espadas dos samurais japoneses. Pode-se obter uma distribuição bastante fina de Fe_3C e ferrita, conhecida como martensita revenida, com o tratamento térmico de revenimento da martensita. O tratamento de revenimento determina as propriedades finais do aço temperado (Figura 13-9). Observe que esse tratamento térmico difere do de esferoidização (Figura 13-5). O exemplo a seguir mostra de que maneira a combinação de tratamentos térmicos é usada para obter aços com as propriedades de interesse em engenharia.

Exemplo 13-4 *Tratamentos de têmpera e revenimento*

Um eixo fabricado em aço 1050 é acionado por um motor elétrico e ao girar fornece potência mecânica. O limite de escoamento do aço deve ser no mínimo 1.000 MPa e ter ainda um alongamento mínimo de 15% para ser tenaz. Determine um tratamento térmico para produzir o eixo com essas especificações.

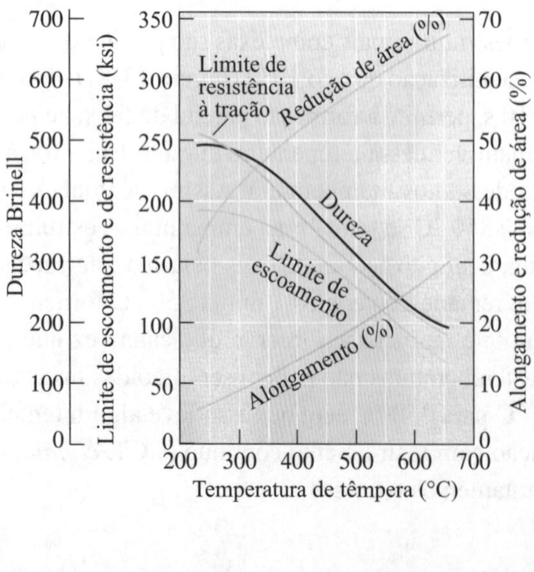

Figura 13-9 Efeito da temperatura de revenimento nas propriedades do aço 1050.

Solução

Não é possível obter essa combinação de propriedades com recozimento ou normalização (Figura 13-4). Entretanto, com têmpera e revenimento produz-se uma microestrutura que pode proporcionar tanto a resistência mecânica como a tenacidade especificadas. A Figura 13-9 mostra que o limite de escoamento ultrapassa 1.000 MPa se o aço for revenido abaixo de 460 °C, e o alongamento excede 15% se um tratamento de revenimento for realizado acima de 425 °C. Assim, esses são os limites de temperatura para o revenimento. A temperatura A_3 do aço é de 770 °C. Um tratamento térmico possível é:

1. Austenitizar acima da temperatura A_3 de 770 °C durante 1 h. A temperatura aproximada pode ser $770 + 55 = 825$ °C.
2. Temperar até a temperatura ambiente, uma vez que a temperatura do fim da transformação martensítica, M_f, é de aproximadamente 250 °C.
3. Revenir o aço a 440 °C. Normalmente, 1 h será suficiente se o componente não for muito espesso.
4. Resfriar até a temperatura ambiente.

Austenita retida Há uma expansão volumétrica quando a martensita se forma a partir da austenita. À medida que as placas ou agulhas de martensita se formam durante o resfriamento, elas circundam e isolam pequenas áreas de austenita (Figura 13-10). Assim, a austenita restante se deforma para acomodar a martensita que tem menor massa específica. Entretanto, à medida que a transformação avança, para que as demais áreas com austenita se transformem, a martensita circundante deverá deformar-se, porém, ela é mecanicamente resistente à deformação. Existem duas possibilidades: ou a martensita já existente trinca ou a austenita permanece presa na microestrutura como **austenita retida**, podendo causar sérios problemas. Durante o resfriamento que se segue ao revenimento, a austenita retida, ao passar pelas temperaturas M_i e M_f, pode se transformar em martensita. Essa *nova* martensita é circundada pela **martensita revenida**, que se deforma (durante o revenimento, a martensita se torna mais dúctil), com isso, porém, a microestrutura terá regiões com martensita dura e frágil. Um segundo revenimento pode ser necessário para revenir a *nova* martensita. Esse problema ocorre com mais frequência em aços com alto teor de carbono. As temperaturas de início (M_i) e fim (M_f) da transformação martensítica são reduzidas quando o teor de carbono aumenta (Figura 13-11). Desse modo, aços alto-carbono podem ter a temperatura de fim da transformação martensítica abaixo da ambiente e devem ser refrigerados para produzir uma microestrutura composta apenas por martensita.

Tensões residuais e trincas Tensões residuais são produzidas pelo trabalho a frio. Um tratamento para alívio de tensões pode ser usado para remover ou minimizar essas tensões. Nos aços, vários mecanismos provocam tensões. Quando os aços são temperados, sua superfície se resfria rapidamente e se transforma em martensita. Quando a austenita no centro se transforma posteriormente, a superfície externa constituída de martensita dura e frágil é submetida à tração enquanto o centro da peça está sob compressão. Caso as tensões trativas excedam o limite de

Figura 13-10 Austenita retida (branca) entre agulhas de martensita (preta) (aumento original de 1.000x). (*Imagem extraída de ASM Handbook, v. 8, 1973. ASM International, Materials Park, OH 44073-0002. Reproduzida com permissão da ASM International®. Todos os direitos reservados, www.asminternational.org.*)

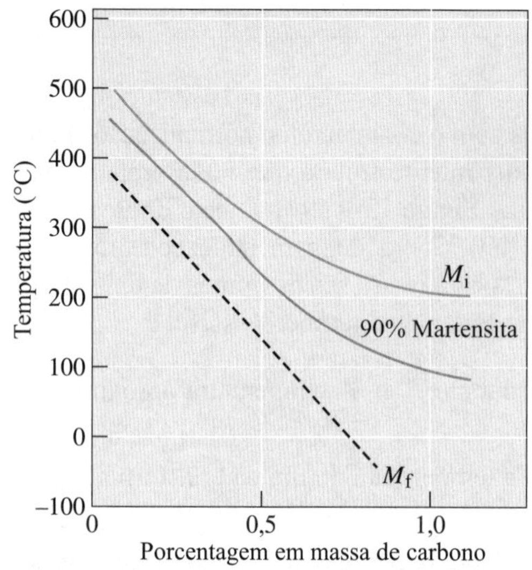

Figura 13-11 Efeito do teor de carbono nas temperaturas M_i e M_f em aços-carbono não ligados.

resistência, **trincas de têmpera** são formadas na superfície (Figura 13-12). Para evitar isso, podemos primeiro resfriar um pouco acima de M_i e manter até que a temperatura se homogeneize no aço; uma têmpera subsequente permitirá que todo o aço se transforme em martensita aproximadamente no mesmo tempo. Esse tratamento térmico é chamado **martêmpera** (Figura 13-13). Observe que, conforme estamos discutindo, de modo rigoroso, as curvas de resfriamento contínuo (CCT) deveriam ser usadas apenas para examinar tratamentos não isotérmicos.

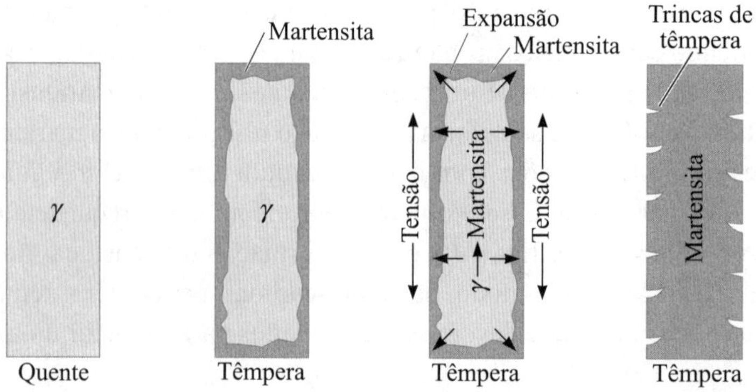

Figura 13-12 Formação de trincas causadas por tensões térmicas e residuais durante a têmpera. O desenvolvimento de tensões residuais ocorre à medida que a austenita se transforma em martensita durante o resfriamento.

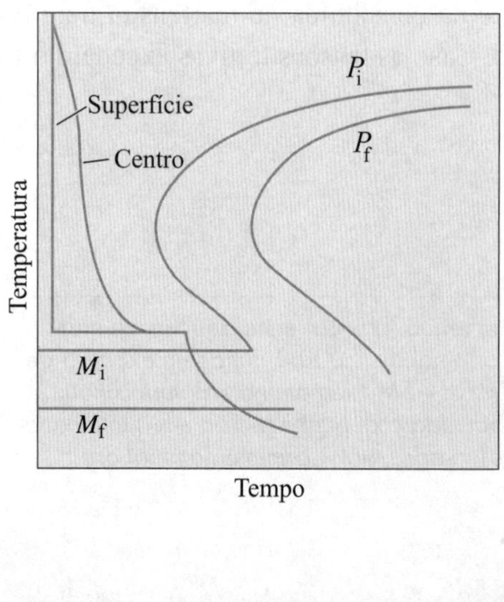

Figura 13-13 Tratamento térmico de martêmpera usado para reduzir tensões residuais e trincas de têmpera.

Severidade de têmpera Ao usar as curvas TTT, considera-se possível resfriar instantaneamente a temperatura de austenitização até a temperatura de transformação. Como isso não acontece na prática, pode ocorrer a formação de microconstituintes indesejados durante o processo de têmpera. Por exemplo, a perlita pode se formar à medida que a curva de resfriamento do aço intercepta o joelho da curva TTT. De fato, em aços de baixo carbono o tempo correspondente ao joelho é menor que um segundo.

A taxa de resfriamento durante a têmpera depende de diversos fatores. Em primeiro lugar, a superfície sempre resfria mais rapidamente do que o centro da peça. Além disso, à medida que o tamanho do componente aumenta, a taxa de resfriamento é mais lenta. Por fim, a taxa de resfriamento depende da temperatura e das características de transferência de calor do meio de têmpera (Tabela 13-2). A têmpera em óleo, por exemplo, produz um coeficiente H menor que o obtido no resfriamento em água ou salmoura. O coeficiente H equivale ao coeficiente de transferência de calor. A agitação do meio refrigerante rompe a cobertura de vapor que se forma na interface metal-líquido refrigerante. Com o uso da água como meio de têmpera, a agitação melhora a transferência de calor ao provocar o contato de líquido mais frio com as superfícies que estão sendo temperadas.

Curvas de resfriamento contínuo Podem ser elaboradas *curvas de transformação sob resfriamento contínuo* (CCT, *continuous cooling transformation*) pela determinação das microestruturas produzidas no aço a diversas taxas de resfriamento. Assim, a curva CCT de um aço 1080 está representada na Figura 13-14.

Se o aço 1080 for resfriado a 5 °C/s, as curvas CCT mostram que a microestrutura consistirá em perlita grosseira, ou seja, o aço foi recozido. O resfriamento a 35 °C/s proporciona perlita fina e é um tratamento térmico de

Tabela 13-2 • Coeficiente H ou severidade de têmpera para diversos meios de resfriamento

Meio	Coeficiente H	Taxa de resfriamento no centro da barra de 2,5 cm (°C/s)
Óleo (sem agitação)	0,25	18
Óleo (com agitação)	1,0	45
H_2O (sem agitação)	1,0	45
H_2O (com agitação)	4,0	190
Salmoura (sem agitação)	2,0	90
Salmoura (com agitação)	5,0	230

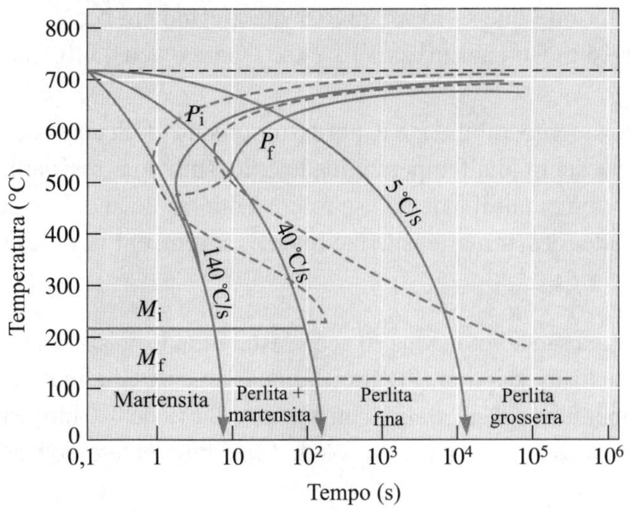

Figura 13-14 Curvas CCT (linhas cheias) e TTT (linhas tracejadas) para um aço 1080.

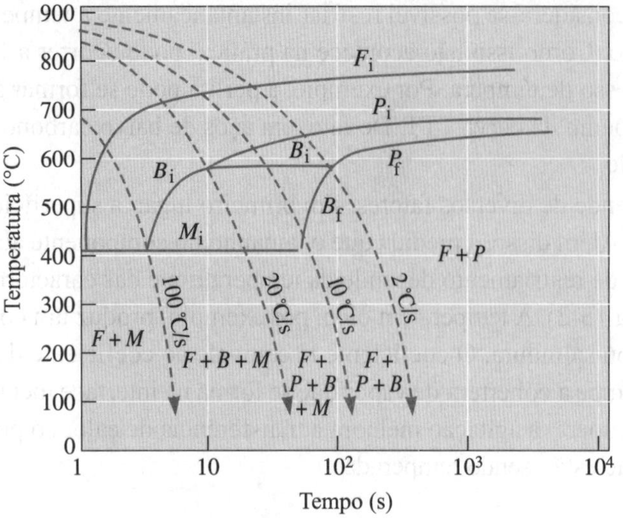

Figura 13-15 Curvas CCT para o aço baixa liga, com 0,2% C.

normalização. O resfriamento a 100 °C/s permite o início da formação de perlita, porém a reação é incompleta e a austenita remanescente se transforma em martensita. Com a taxa de resfriamento superior a 140 °C/s, obtém-se 100% de martensita para esse aço. Outros aços, como o aço baixo carbono na Figura 13-15, apresentam diagramas CCT diferentes. Existem referências confiáveis nas quais as curvas TTT e CCT estão compiladas para diversos aços.

13-5 Efeito de elementos de liga

Os elementos de liga são adicionados aos aços para (a) proporcionar endurecimento por solução sólida da ferrita, (b) provocar a precipitação de carbonetos de outros elementos, em vez de Fe_3C, (c) melhorar a resistência à corrosão e conferir outras características especiais ao aço e (d) melhorar a **temperabilidade**. O termo temperabilidade descreve a facilidade com a qual os aços podem formar martensita. Isso se refere à facilidade de formação de martensita em uma seção espessa de aço temperado. Com um aço mais temperável, pode-se usar uma taxa de resfriamento mais baixa e ainda assim formar martensita. Uma maior temperabilidade é muito importante em aços-liga e aços-ferramenta.

Sobre a temperabilidade O joelho das curvas TTT e CCT de aços-carbono não ligados corresponde a tempos muito curtos. Assim, são necessárias taxas de resfriamento muito elevadas para produzir apenas martensita. Em seções finas de aço, a têmpera pode produzir distorções e trincas. Em componentes espessos de aços pode ser impossível produzir apenas martensita. A maioria dos elementos de liga em aços desloca as curvas TTT e CCT para a direita, ou seja, para tempos de transformação maiores, permitindo que se forme martensita mesmo em seções grossas e com taxas de resfriamento mais baixas. A Figura 13-16 mostra as curvas TTT e CCT para o aço 4340, que possui elementos de liga para aumentar a temperabilidade.

Aços-carbono sem elementos de liga possuem baixa temperabilidade e, por isso, somente com taxas de resfriamento muito altas produzem martensita. Aços-liga possuem alta temperabilidade e, mesmo com resfriamento ao ar, pode ser formada a microestrutura martensítica. A temperabilidade não se refere à dureza do aço. Um aço com baixo teor de carbono, mas com elementos de liga, pode formar martensita facilmente, porém, em virtude do baixo teor de carbono, a martensita não será muito dura.

Sobre a estabilidade de fases Quando elementos de liga são adicionados ao aço, a estabilidade do sistema Fe-Fe_3C é afetada e, consequentemente, o próprio diagrama de fases se altera (Figura 13-17). Elementos de liga reduzem o teor de carbono da reação eutetoide e alteram as temperaturas A_1, A_3 e A_{cm}. Um aço com 0,6% de C é hipoeutetoide e poderia operar a 700 °C sem formar austenita. Por outro lado, o aço com 6% de Mn é hipereutetoide e a 700 °C já existiria austenita.

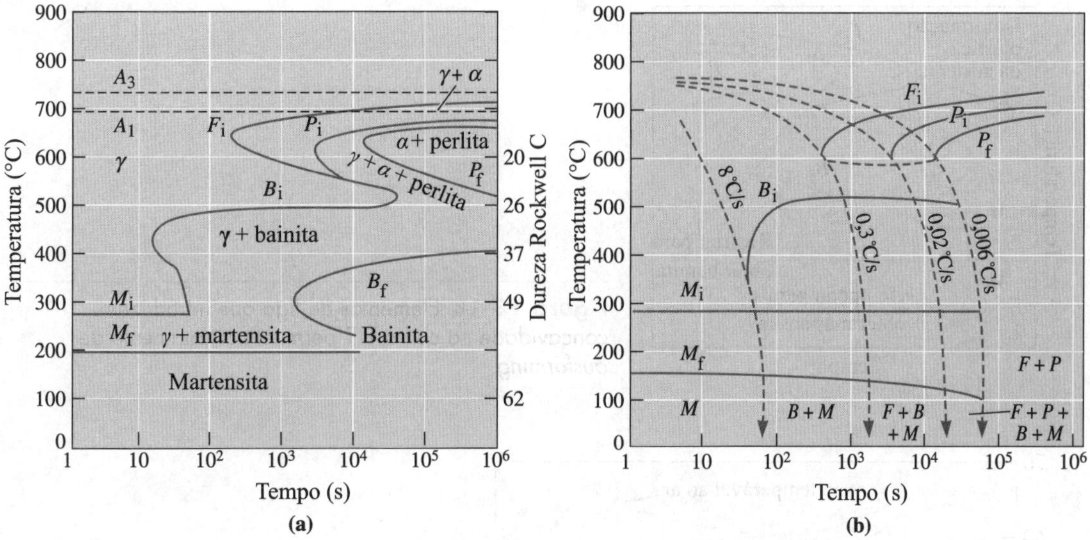

Figura 13-16 Curvas (a) TTT e (b) CCT do aço 4340.

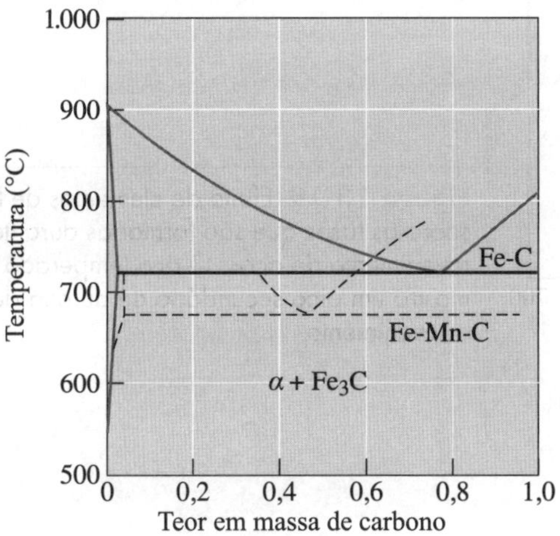

Figura 13-17 Efeito de 6% de manganês na estabilidade de fases na região eutetoide do diagrama de fases Fe-Fe_3C.

Sobre a forma do diagrama TTT Elementos de liga podem introduzir uma concavidade na curva TTT, como no caso do aço 4340 (Figura 13-16). Essa concavidade é usada como base para um tratamento termomecânico conhecido como ***ausforming***. Um aço pode ser austenitizado, resfriado até a temperatura dessa concavidade, deformado plasticamente e, por fim, resfriado para produzir martensita ou bainita (Figura 13-18). Aços sujeitos a esse tratamento são chamados de *ausformed*.

Sobre o revenimento Elementos de liga reduzem a perda de dureza durante o revenimento em comparação com os aços-carbono não ligados (Figura 13-19). Esse efeito permite que aços-liga operem com mais segurança em temperaturas mais altas do que aços-carbono não ligados, uma vez que superenvelhecimento não vai ocorrer em serviço.

13-6 Aplicação da temperabilidade

O **Ensaio Jominy** (Figura 13-20) é utilizado para comparar a temperabilidade de aços. Uma barra de aço de 4 pol. de comprimento e 1 pol. de diâmetro é austenitizada, colocada em um dispositivo e exposta a um jato de água. Esse procedimento produz diversas taxas de resfriamento, muito intensas na extremidade que recebe o jato e com resfriamento quase que apenas devido ao ar na extremidade oposta ao jato. Após o procedimento, é medida a dureza

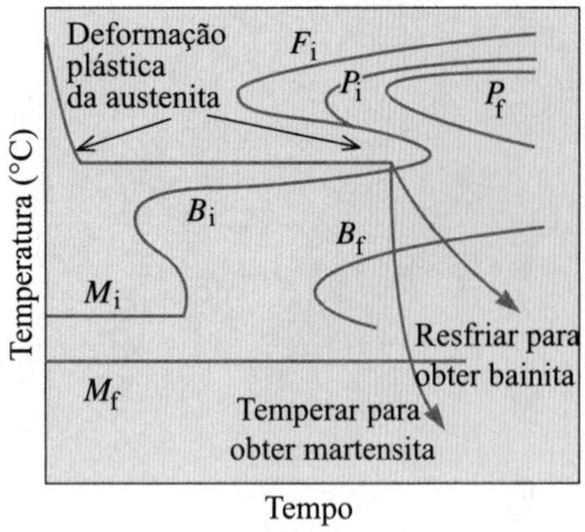

Figura 13-18 Elementos de liga que introduzem concavidade na curva TTT permitem o tratamento de *ausforming*.

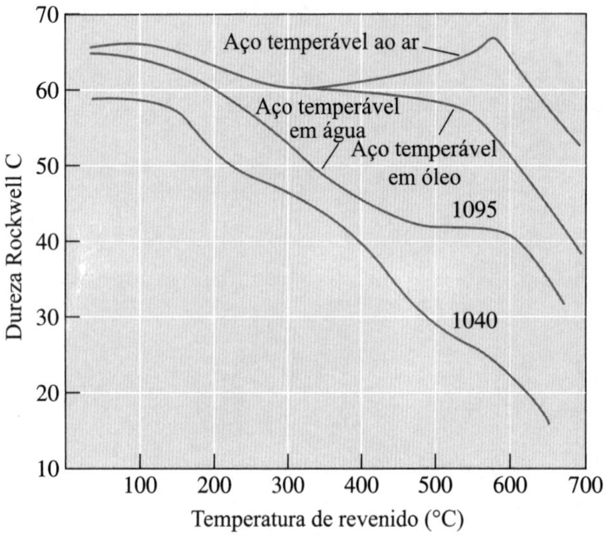

Figura 13-19 Efeito de elementos de liga sobre as fases que são formadas durante o revenimento de aços. O aço temperado ao ar mostra um pico secundário de dureza durante o revenimento.

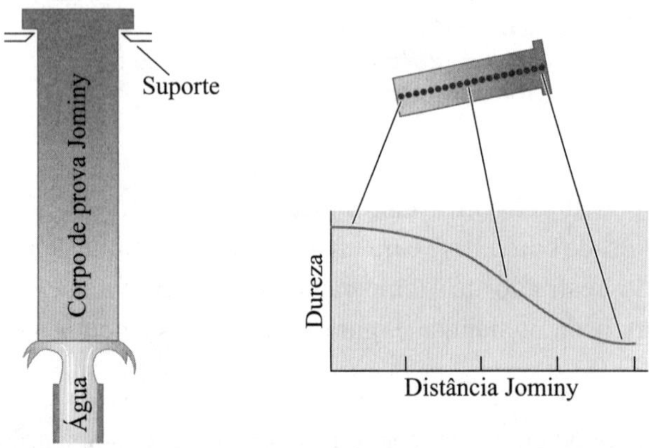

Figura 13-20 Ensaio Jominy usado para determinar a temperabilidade de aços.

ao longo do corpo de prova e traçada a **curva de temperabilidade** (Figura 13-21). A distância desde a extremidade temperada é chamada **distância Jominy** e está relacionada com a taxa de resfriamento (Tabela 13-3).

Praticamente, todos os aços se transformam em martensita na extremidade temperada. Assim, a dureza na distância Jominy igual a zero é determinada principalmente pelo teor de carbono do aço. Em distâncias Jominy maiores, há possibilidade de formar bainita ou perlita em vez de martensita. Um aço-liga com alta temperabilidade, como o 4340, mantém uma curva de temperabilidade mais horizontal. Um aço-carbono não ligado, como o 1050, apresenta uma curva que cai intensamente com a distância. Com isso, é possível concluir que a temperabilidade é determinada principalmente pelo teor de elementos de liga no aço.

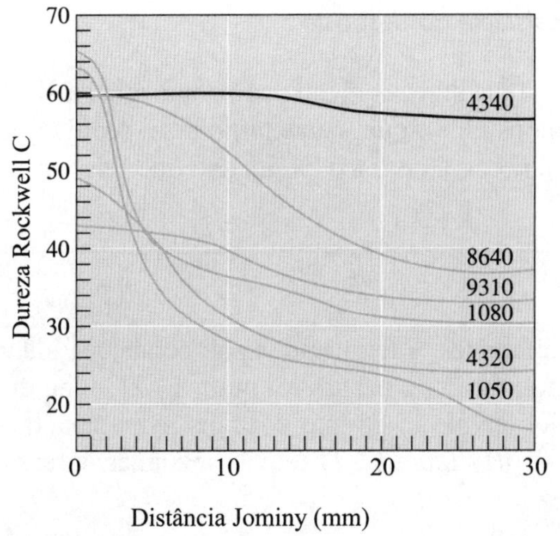

Figura 13-21 Curvas de temperabilidade de diversos aços.

Tabela 13-3 • Correlação entre a taxa de resfriamento e a distância Jominy

Distância Jominy		Taxa de resfriamento (°C/s)
mm	**pol**	
1,59	$\frac{1}{16}$	315
3,18	$\frac{2}{16}$	110
4,76	$\frac{3}{16}$	50
6,35	$\frac{4}{16}$	36
7,938	$\frac{5}{16}$	28
9,525	$\frac{6}{16}$	22
11,113	$\frac{7}{16}$	17
12,7	$\frac{8}{16}$	15
15,88	$\frac{10}{16}$	10
19,05	$\frac{12}{16}$	8
25,4	$\frac{16}{16}$	5
31,75	$\frac{20}{16}$	3
38,1	$\frac{24}{16}$	2,8
44,45	$\frac{28}{16}$	2,5
57,15	$\frac{36}{16}$	2,2

As curvas de temperabilidade são usadas na seleção ou substituição de aços em aplicações práticas. O fato de dois aços diferentes resfriarem à mesma taxa quando temperados sob condições idênticas e terem durezas diversas influi na seleção do material, conforme mostra o exemplo a seguir.

Exemplo 13-5 *Escolha do aço de uma engrenagem resistente ao desgaste*

Uma engrenagem feita de aço 9310 temperado tem uma dureza em um dado ponto igual a 40 HRC e sofre um desgaste excessivo em operação. Testes demonstraram que, naquele ponto específico, uma dureza na condição temperada de pelo menos 50 HRC é necessária. Escolha um aço que seja adequado a essa aplicação.

Solução

Sabe-se que componentes iguais, mas de aços diferentes, e temperados sob condições idênticas, terão taxas de resfriamento ou distâncias Jominy iguais. Assim, a partir da Figura 13-21, uma dureza de 40 HRC em um aço 9310 corresponde à distância Jominy de 15,88 mm e resulta numa taxa de 10° C/s. À mesma distância Jominy, os outros aços mostrados na Figura 13-21 têm as seguintes durezas nos locais especificados:

1050	HRC 28
4320	HRC 31
1080	HRC 36
8640	HRC 52
4340	HRC 60

Desse modo, tanto o aço 8640 como o 4340 são adequados. O aço 4320 tem um teor de carbono muito baixo e só atinge 50 HRC numa espessura pequena. Os aços 1050 e 1080 têm carbono suficiente, porém sua temperabilidade é muito baixa. Na Tabela 13-1, descobrimos que aços 86xx contêm quantidades menores de elementos de liga do que aços 43xx. Assim, o aço 8640 é provavelmente de menor custo que o aço 4340 e pode ser a melhor opção.

Uma outra técnica utiliza a severidade de têmpera e o gráfico de Grossman (Figura 13-22) para determinar a dureza no *centro* de uma barra redonda. O diâmetro da barra e o coeficiente H, ou a severidade de têmpera na Tabela 13-2, fornecem a distância Jominy no centro da barra. Pode-se, então, determinar a dureza a partir da curva da temperabilidade do aço. (Veja o Exemplo 13-6.)

Exemplo 13-6 *Processo de têmpera*

Determine um processo de têmpera que produza uma dureza mínima de 40 HRC no centro de uma barra de aço 4320 com 38,1 mm de diâmetro.

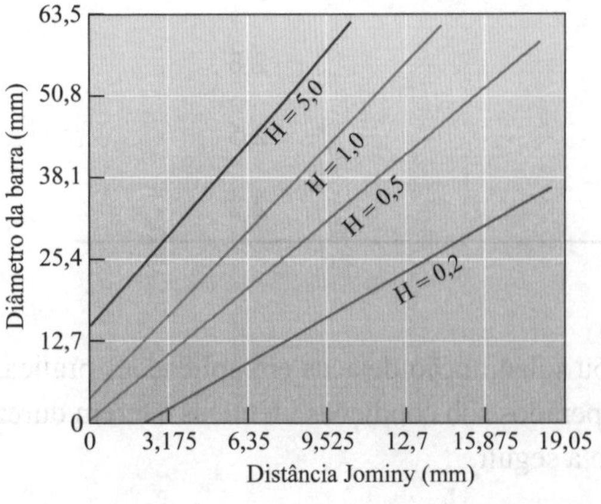

Figura 13-22 Gráfico de Grossman usado para determinar a temperabilidade no centro de uma barra de aço com diferentes meios de têmpera.

Solução

Na Tabela 13-2 estão listados diversos meios de resfriamento e os coeficientes H respectivos. Use a Figura 13-22 para estimar a distância Jominy em uma barra de 38,1 mm de diâmetro para cada meio. Por fim, com o uso da curva de temperabilidade (Figura 13-21), encontre a dureza do aço 4320. Os resultados estão relacionados a seguir.

	Coeficiente H	Distância Jominy (mm)	HRC
Óleo (sem agitação)	0,25	12/16	28
Óleo (com agitação)	1,0	6/16	39
H_2O (sem agitação)	1,0	6/16	39
H_2O (com agitação)	4,0	4/16	44
Salmoura (sem agitação)	2,0	5/16	42
Salmoura (com agitação)	5,0	3/16	46

Os métodos baseados no uso de salmoura e água agitada são satisfatórios. O uso de um meio de resfriamento de salmoura não agitada pode ser menos dispendioso, uma vez que não são necessários equipamentos adicionais para agitar o banho. Entretanto, a água é menos corrosiva do que a salmoura.

13-7 Aços especiais

Existem muitas categorias de aços especiais, inclusive aços-ferramenta, aços livres de intersticiais (ou aços IF, de *interstitial-free steels*), de alta resistência e baixa-liga (ARBL), bifásicos, aço inoxidável dúplex e *maraging,* cuja martensita é endurecida por precipitação.

Aços-ferramenta são normalmente aços de alto teor de carbono que obtêm alta dureza por têmpera e revenimento. As aplicações incluem ferramentas de corte para operações de usinagem, matrizes para fundição sob pressão, matrizes para conformação mecânica, dentre outros usos nos quais seja necessária uma combinação de alta resistência, dureza, tenacidade e resistência mecânica em temperaturas elevadas.

Os elementos de liga dos aços-ferramenta melhoram sua temperabilidade e estabilidade microestrutural em altas temperaturas. Os aços temperáveis em água, como o 1095, devem ser temperados para produzir martensita, mas também perdem dureza rapidamente, mesmo em temperaturas relativamente baixas. Aços temperáveis em óleo formam martensita mais facilmente e têm uma cinética de revenimento mais lenta, porém ainda perdem dureza em altas temperaturas. Os aços temperáveis ao ar e aços-ferramenta especiais temperam quando resfriam ao ar. Além disso, esses aços podem apresentar um **endurecimento secundário** próximo a 500 °C à medida que a cementita se dissolve e ocorre a precipitação de outros carbonetos duros de elementos de liga (Figura 13-19). Os carbonetos de elementos de ligas são muito estáveis, resistem ao crescimento e à esferoidização e são importantes no estabelecimento da resistência à alta temperatura desses aços.

Aços de alta resistência e baixa-liga têm baixo teor de carbono e pequena quantidade de elementos de liga. Os aços ARBL são especificados com base no limite de escoamento, que atinge até 552 MPa. Esses aços contêm o menor teor de elementos de liga que ainda proporcionam limites de escoamento adequados sem tratamento térmico adicional. Neles, um tratamento adequado permite a precipitação de carbonetos e nitretos de Nb, V, Ti ou Zr. Com isso, obtém-se um efetivo endurecimento por dispersão e um tamanho de grão pequeno.

Os **aços bifásicos** contêm distribuição uniforme de ferrita e martensita, com a martensita dispersa proporcionando limite de escoamento de 415 MPa a 1.000 MPa. Esses aços possuem baixo teor de carbono e não contêm elementos de liga em quantidades suficientes para obter uma boa temperabilidade com os processos normais de têmpera. Entretanto, quando o aço é aquecido na região bifásica de ferrita e austenita do diagrama de fases, a austenita enriquece em carbono e isso permite boa temperabilidade apenas desta fase. Durante a têmpera, somente a região de austenita se transforma em martensita, resultando numa microestrutura bifásica [(Figura 13-23(a)].

Na categoria de aços conhecida como aços com plasticidade induzida por transformação, ou **aços TRIP**, a deformação faz com que a austenita metaestável retida se transforme em martensita ou bainita (isto é, a transformação de fase é induzida por plasticidade). A microestrutura resultante é efetivamente um compósito de fases múltiplas: martensita, bainita e qualquer austenita retida restante em uma matriz contínua de ferrita macia. Os aços TRIP são diferenciados por sua combinação de alta resistência (à tração e ao escoamento) e alta ductilidade, devido a uma alta taxa de endurecimento por trabalho. Geralmente são utilizados em aplicações automotivas. A microestrutura de um aço TRIP é mostrada na Figura 13-23(b).

Os **aços *maraging*** têm baixo carbono e alta liga. Os aços são austenitizados e temperados para produzir uma martensita macia, pois contém menos de 0,3% de C. Quando essa martensita é envelhecida a aproximadamente 500 °C, precipitam-se diversos compostos intermetálicos, como Ni_3Ti, Fe_2Mo e Ni_3Mo, que fornecem dureza muito elevada ao material.

Os **aços livres de intersticiais (aços IF)** contêm Nb e Ti. Eles reagem com C e S para formar precipitados de carbonetos e sulfetos. Praticamente não resta carbono em solução sólida intersticial na ferrita. Esses aços são altamente conformáveis e de grande interesse para a indústria automobilística.

Os aços com grãos orientados e contendo silício são usados como materiais magnéticos macios empregados em núcleos de transformadores. O pó de ferro quase puro, conhecido como ferro carbonila, obtido da decomposição de ferro pentacarbonila [$Fe(CO)_5$] ou por um tratamento térmico de redução, é usado para fabricar materiais magnéticos. Esse pó de ferro puro também é utilizado como um aditivo para suplementos alimentares em cereais matinais e outros produtos alimentares enriquecidos com ferro.

Alguns aços são revestidos para proporcionar boa proteção anticorrosiva. Assim, o aço galvanizado é revestido por uma fina camada de zinco (Capítulo 18), porém os aços podem ainda ser revestidos com chumbo, alumínio ou estanho.

13-8 Tratamentos superficiais

Por meio de tratamentos térmicos adequados, podemos produzir uma estrutura que seja dura na superfície, de forma que são obtidas excelentes resistências ao desgaste e à fadiga, porém ao mesmo tempo preserva-se um núcleo dúctil

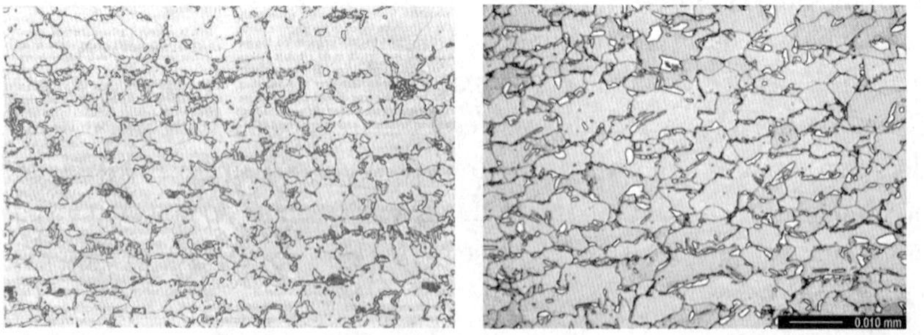

(a) (b)

Figura 13-23 (a) Microestrutura de um aço bifásico com ilhas de martensita branca em uma matriz de ferrita de cor cinza-claro. (b) Microestrutura de um aço TRIP, mostrando ferrita (cinza-claro) + bainita (preta na extensão dos contornos de grãos) + austenita retida (branca). (*Cortesia de Hoydick, D. P.; Haezebrouck, D. M.; Silva, E. A. United States Steel Corporation Research and Technology Center, 2005. (Imagem extraída de Metals Handbook. Desk Edition, 1998. ASM International, Materials Park, OH 44073-0002. Reproduzida mediante permissão da ASM International. Todos os direitos reservados, www.asminternational.org.*)

e tenaz, que proporciona boa resistência à ocorrência de falha por impacto. Vimos os princípios da cementação no Capítulo 5, quando discutimos a difusão. Nesta seção, veremos esse e outros processos com objetivos similares.

Aquecimento localizado da superfície Faz-se o aquecimento rápido da superfície de um aço com médio teor de carbono acima da temperatura A_3, e o centro permanece abaixo de A_1. Após o aço ser temperado, o centro se mantém como uma mistura de baixa dureza de ferrita e perlita, enquanto a superfície é constituída de martensita (Figura 13-24). A espessura da camada de martensita define a **profundidade de têmpera**. O revenimento ajusta a dureza necessária na superfície. O aquecimento localizado da superfície pode ser realizado com o uso de uma chama a gás, uma bobina de indução, um laser ou um feixe de elétrons. Se for de interesse, é possível endurecer somente áreas selecionadas da superfície que estão mais sujeitas a trincas por fadiga ou desgaste.

Cementação e nitretação Essas técnicas envolvem a difusão controlada de carbono e nitrogênio, respectivamente, na superfície do aço (Capítulo 5). Para uma boa tenacidade, utiliza-se aço com baixo teor de carbono. Na **cementação**, o carbono é difundido na superfície do aço a uma temperatura acima de A_3 (Figura 13-25). Um teor elevado de carbono é produzido na região próxima da superfície devido à rápida difusão e à alta solubilidade do carbono na austenita. Quando o aço é temperado e revenido, a superfície torna-se uma martensita revenida de alto teor de carbono, enquanto o centro de ferrita permanece macio e dúctil. A espessura da superfície endurecida é menor nos aços cementados que em aços temperados por chama ou por indução.

O nitrogênio proporciona um endurecimento semelhante àquele do carbono. Na **cianetação**, o aço é imerso em um banho líquido de cianeto que permite que tanto o carbono como o nitrogênio se difundam no aço. Na **carbonitretação**, é gerado um gás que contém monóxido de carbono e amônia e tanto o carbono como o nitrogênio se difundem no aço. No tratamento de **nitretação** apenas o nitrogênio se difunde na superfície a partir de um gás. A nitretação é realizada abaixo da temperatura A_1.

Em cada um desses processos são introduzidas tensões residuais compressivas na superfície, proporcionando excelente resistência à fadiga (Capítulo 7), além da boa combinação de dureza, resistência e tenacidade. O exemplo a seguir apresenta as considerações importantes dos tratamentos térmicos, como têmpera e revenimento superficial.

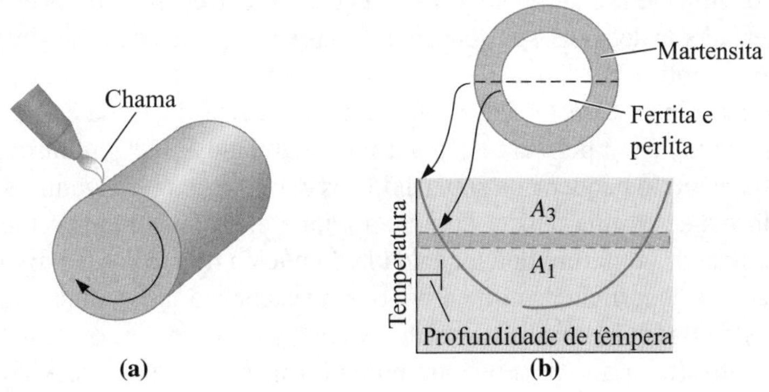

Figura 13-24 (a) Têmpera superficial por aquecimento localizado. (b) Somente a superfície é aquecida acima da temperatura A_1 e é temperada para obter martensita.

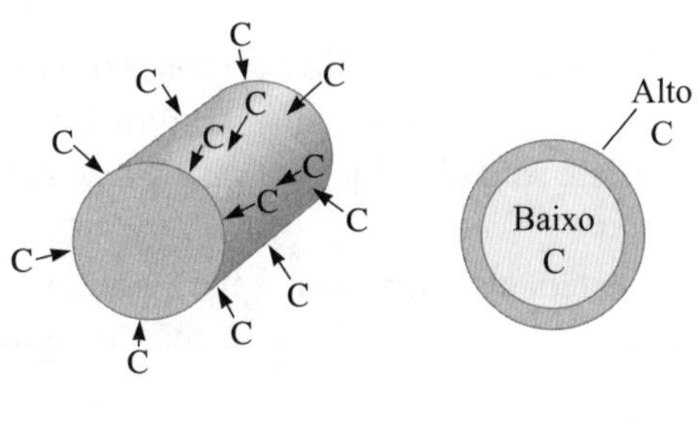

Figura 13-25 Cementação de um aço de baixo carbono para produzir uma superfície rica em carbono e resistente ao desgaste.

Exemplo 13-7 *Tratamentos de têmpera superficial de um componente mecânico*

Determine os materiais e os tratamentos térmicos para um conjunto de eixo e engrenagem utilizado em um automóvel (Figura 13-26).

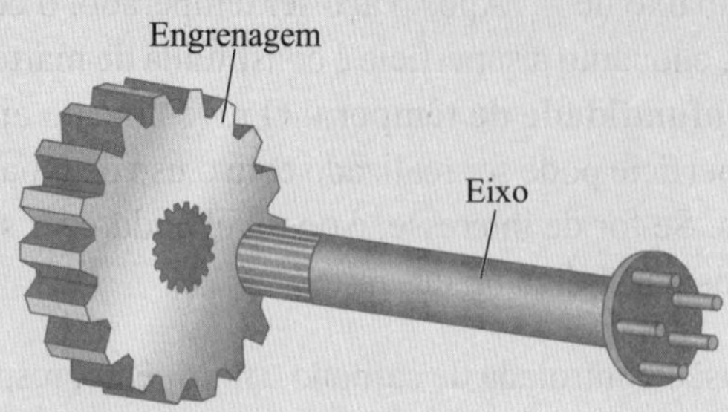

Figura 13-26 Conjunto de eixo e engrenagem (para o Exemplo 13-7).

Solução

Ambas as peças requerem boa resistência à fadiga. A engrenagem também deve ter boa dureza para evitar o desgaste, e o eixo deve possuir boa rigidez para resistir às cargas de torção. Além disso, ambas as peças devem apresentar boa tenacidade. Por fim, uma vez que é prevista a fabricação de milhões de peças, elas devem ter baixo custo.

Os aços-liga temperados e revenidos proporcionam a combinação requerida de resistência mecânica e tenacidade. Entretanto, os aços-liga são relativamente caros. Uma solução alternativa é descrita a seguir.

O eixo pode ser feito de um aço forjado 1050 com uma matriz de ferrita e perlita. O eixo pode ter a superfície temperada por indução, com o prévio aquecimento seletivo acima da temperatura A_3 (de aproximadamente 770 °C). Depois que a bobina passa por um ponto particular do eixo, o próprio interior frio tempera a superfície. O revenimento reduz a fragilidade da martensita ao melhorar a ductilidade. Essa combinação de aço-carbono sem elementos de liga e tratamento térmico atende aos requisitos. O aço-carbono tem baixo custo; o núcleo de ferrita e perlita produz boa tenacidade e resistência mecânica. A superfície apresenta boa resistência à fadiga e ao desgaste.

Entretanto, a engrenagem é submetida a condições de carregamento severo, razão pela qual o aço 1050 pode não ser adequado, pois sua tenacidade, dureza e resistência ao desgaste podem ainda não ser suficientes para a aplicação. Uma opção seria cementar o aço 1010 para a engrenagem. Esse aço, no início, contém principalmente ferrita, o que resulta em boa ductilidade e tenacidade. Ao realizar a cementação a gás acima da temperatura A_3, a aproximadamente 860 °C, é introduzido cerca de 1% de C em uma profundidade muito pequena da superfície dos dentes da engrenagem. Essa camada com alto teor de carbono transforma-se em martensita durante a têmpera, que é então revenida para ajustar a dureza. Os tratamentos realizados conferem boa tenacidade do núcleo de ferrita de baixo carbono, resistência ao desgaste, em virtude da superfície de alto carbono, e resistência à fadiga, por causa das tensões residuais compressivas introduzidas durante a cementação. Além disso, o aço-carbono 1010 é um material relativamente barato e facilmente forjado para resultar numa forma próxima à necessária.

13-9 Soldabilidade do aço

No Capítulo 9, discutimos a soldagem e outros processos de união metálica. Na utilização dos aços como materiais estruturais em pontes e demais estruturas, os aços devem ser soldados. A integridade estrutural de estruturas depende da resistência do aço de base e também da resistência da junta soldada. Por essa razão, a soldabilidade dos aços é uma consideração sempre importante.

Muitos aços-carbono podem ser soldados com facilidade se o teor de carbono é baixo, porém a dificuldade aumenta na soldagem de aços de médio e alto carbono. Isso se deve à possibilidade de formação de martensita na zona termicamente afetada (ZTA), causando, assim, uma solda com pouca tenacidade. Muitas técnicas, como o preaquecimento do metal ou os cuidados para evitar a introdução de hidrogênio, têm sido desenvolvidas para reduzir esses problemas, pois a difusão do hidrogênio fragiliza o aço. Por outro lado, em aços com baixo carbono, a resistência mecânica das regiões soldadas nesses materiais é maior do que a do metal de base. Isso ocorre em razão da microestrutura mais fina de perlita que se forma durante o resfriamento da ZTA. A austenita retida nos contornos de grãos da ferrita também limita a recristalização e favorece a ocorrência de um tamanho de grão pequeno. Esse efeito contribui para aumentar a resistência da região soldada. Durante a soldagem, o metal de base mais próximo da solda aquece acima da temperatura A_1 e forma austenita (Figura 13-27). Durante o resfriamento, a austenita da zona termicamente afetada se transforma em nova microestrutura, dependendo da taxa de resfriamento e das curvas CCT do aço. Aços de baixo carbono e não ligados têm uma temperabilidade tão baixa que taxas usuais de resfriamento raramente produzem martensita. Para os aços-liga pode ser necessário preaquecer para diminuir a taxa de resfriamento ou pós-aquecer para revenir a martensita que venha a se formar.

Um aço que se encontra originalmente na condição temperada e revenida apresenta dois problemas durante a soldagem. Num deles, a região da zona termicamente afetada que é aquecida acima de A_1 pode formar martensita após o resfriamento. Outro problema é que parte da ZTA aquecida a uma temperatura abaixo de A_1 pode revenir ainda mais e perder muita resistência mecânica. Por isso, normalmente não é indicado soldar um aço na condição temperada e revenida. O exemplo a seguir mostra de que maneira as curvas CCT são úteis no estudo da microestrutura da zona afetada pelo calor.

Exemplo 13-8 *Microestruturas de zonas afetadas pelo calor*

Compare as estruturas nas zonas termicamente afetadas (ZTA) em aços 1080 e 4340 se a taxa de resfriamento na zona afetada pelo calor é de 5 °C/s.

Solução

Com base nas curvas CCT e nas Figuras 13-14 e 13-16, a taxa de resfriamento na solda produz as seguintes microestruturas:

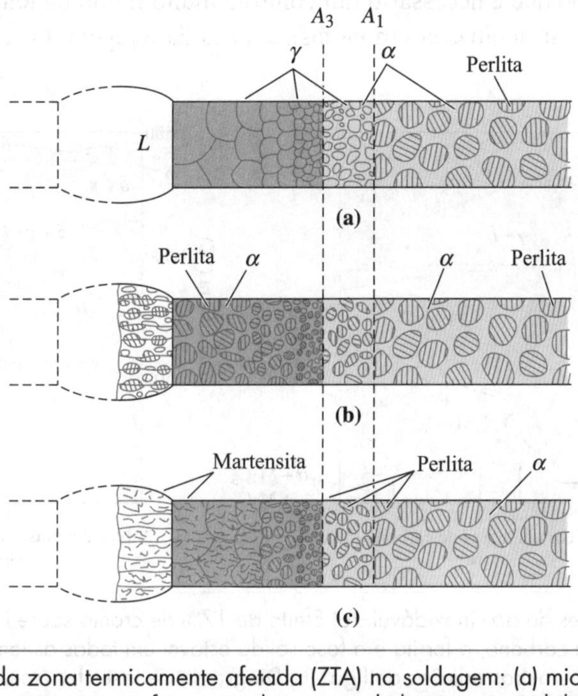

Figura 13-27 Desenvolvimento da zona termicamente afetada (ZTA) na soldagem: (a) microestrutura em altas temperaturas durante a soldagem, (b) microestrutura após o resfriamento de um aço de baixa temperabilidade e (c) microestrutura após o resfriamento de um aço de alta temperabilidade.

1080: 100% perlita

4340: Bainita e martensita

A alta temperabilidade do aço-liga 4340 reduz a soldabilidade, permitindo a formação de martensita e fragilizando a região da solda.

13-10 Aços inoxidáveis

Os **aços inoxidáveis** são selecionados em função de sua excelente resistência à corrosão. Todos os aços inoxidáveis contêm um mínimo de 11% de Cr, que permite a formação de uma camada superficial uniforme e protetora de óxido de cromo quando o aço é exposto em atmosfera contendo oxigênio. O cromo é o elemento de liga que torna o aço inoxidável. O cromo também é um *elemento estabilizador de ferrita*, chamado, por essa razão, de alfagênico. A Figura 13-28(a) mostra o efeito do cromo no diagrama de fase ferro-carbono. O cromo provoca o encolhimento da região de austenita e aumenta a região da ferrita. No caso de composições com alto teor de cromo e muito baixo carbono, a ferrita está presente como uma fase única até a temperatura *solidus*.

Existem diversos tipos de aços inoxidáveis, de acordo com sua estrutura cristalina e mecanismo de endurecimento. As propriedades típicas são apresentadas na Tabela 13-4.

Aços inoxidáveis ferríticos Os aços inoxidáveis ferríticos contêm até 30% de Cr e menos de 0,12% de C. Eles têm estrutura CCC e possuem boa resistência mecânica devido ao endurecimento por deformação. Aços inoxidáveis ferríticos são magnéticos e não podem ser tratados termicamente. Apresentam ainda excelente resistência à corrosão, têm conformabilidade moderada e são de baixo custo relativo.

Aços inoxidáveis martensíticos Com base na Figura 13-28(a), notamos que a liga com 17% Cr-0,5% C aquecida a 1.200 °C forma apenas austenita monofásica e pode se transformar em martensita com a têmpera em óleo. A martensita é então revenida para melhorar a tenacidade, mas ainda manter altas a resistência e a dureza [Figura 13-29(a)]. Nessa classe de aços inoxidáveis, o teor de cromo normalmente é menor do que 17% Cr. Caso contrário, o campo de austenita se torna tão pequeno que é necessário um controle muito rígido da temperatura de austenitização e do teor de carbono para produzir a austenitização monofásica antes da têmpera. Os baixos teores de cromo também

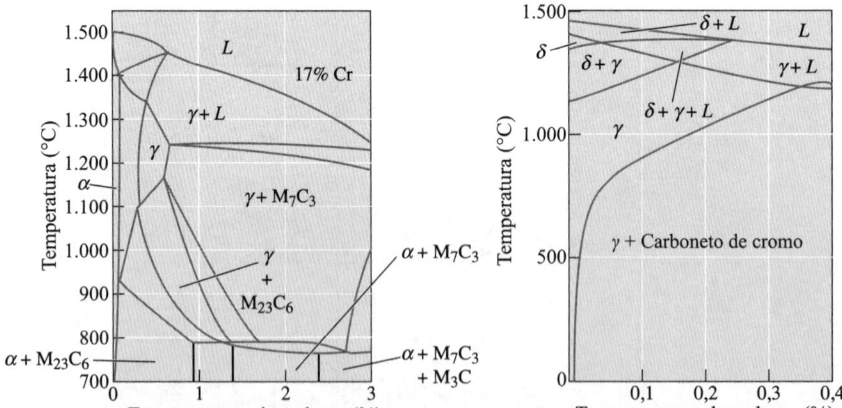

Figura 13-28 Diagramas de fases do aço inoxidável. (a) Efeito de 17% de cromo sobre o diagrama de fases ferro-carbono. No caso de teores muito baixos de carbono, a ferrita é a fase sólida estável em todas as temperaturas. Observe que "M" representa "metal", como Cr e Fe ou outras adições de liga. (b) Diagrama de fases ferro-cromo-níquel-carbono com os teores de cromo e níquel constantes (18% Cr-18% Ni). No caso de baixos teores de carbono, a austenita é estável mesmo à temperatura ambiente.

Tabela 13-4 • Composição típica e propriedades de aços inoxidáveis

Aço	% C	% Cr	% Ni	Outros	Limite de resistência (MPa)	Limite de escoamento (MPa)	Alongamento (%)	Condição
Austenítico								
201	0,15	17	5	6,5% Mn	655	310	40	Recozido
304	0,08	19	10		517 1.275	207 965	30 9	Recozido Encruado
304L	0,03	19	10		517	207	30	Recozido
316	0,08	17	12	2,5% Mo	517	207	30	Recozido
321	0,08	18	10	0,4% Ti	586	241	55	Recozido
347	0,08	18	11	0,8% Nb	620	241	50	Recozido
Ferrítico								
430	0,12	17			448	207	22	Recozido
442	0,12	20			517	275	20	Recozido
Martensítico								
416	0,15	13		0,6% Mo	1.240	965	18	Temperado e revenido
431	0,20	16	2		1.380	1.035	16	Temperado e revenido
440C	1,10	17		0,7% Mo	1.965	1.895	2	Temperado e revenido
Endurecido por precipitação								
17-4	0,07	17	4	0,4% Nb	1.310	1.170	10	Endurecido por precipitação
17-7	0,09	17	7	1,0% Al	1.655	1.585	6	Endurecido por precipitação

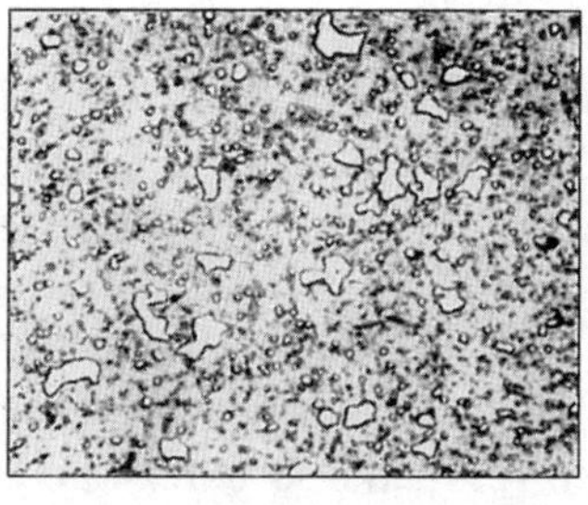

(a)

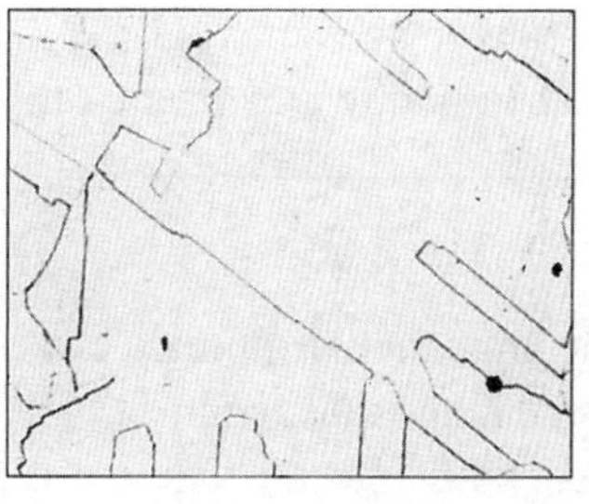

(b)

Figura 13-29 (a) Aço inoxidável martensítico com carbonetos primários grandes e carbonetos pequenos formados durante o revenimento (aumento original de 350×). (b) Aço inoxidável austenítico (aumento original de 500×). (*Imagens extraídas de ASM Handbook, v. 7-8, 1972 e 1973. ASM International, Materials Park, OH 44073-0002. Reproduzidas com permissão da ASM International®. Todos os direitos reservados, www.asminternational.org.*)

permitem que o carbono varie de 0,1% a 1,0%, e com essa composição obtém-se martensita com durezas variáveis. A combinação de dureza, resistência mecânica e resistência à corrosão torna essas ligas atraentes para a fabricação de facas de alta qualidade, rolamentos de esferas e válvulas.

Aços inoxidáveis austeníticos O níquel é um elemento estabilizador de austenita, denominado gamagênico, pois aumenta o campo de austenita e, assim, praticamente elimina a ferrita de ligas ferro-cromo-carbono [Figura

13-28(b)]. Se o teor de carbono estiver abaixo de 0,03%, os carbonetos não se formam e o aço é constituído de austenita à temperatura ambiente [Figura 13-29(b)].

Os aços inoxidáveis austeníticos possuem excelente ductilidade, conformabilidade e resistência à corrosão. A resistência é obtida pelo endurecimento por solução sólida e podem ainda ser trabalhados a frio para aumentar a resistência mecânica. O efeito do encruamento é mais intenso nos aços inoxidáveis austeníticos que nos ferríticos. Os aços austeníticos não são ferromagnéticos, o que é uma vantagem para muitas aplicações. Por exemplo, próteses endovasculares (*stents*) são frequentemente feitas de aços inoxidáveis do tipo 316. Esses aços possuem excelente tenacidade em baixas temperaturas, uma vez que não possuem temperatura de transição frágil-dúctil. Entretanto, os altos teores de níquel e cromo elevam o custo desses aços. A liga 304, que contém 18% Cr e 8% de níquel, é conhecida como aço inoxidável 18-8 e é a mais empregada em uso geral. Apesar de inoxidável, essa liga pode sofrer **sensitização** quando aquecida a uma temperatura entre 480 °C e 860 °C. Os carbonetos de cromo se precipitam nos contornos de grão em vez de se precipitarem no interior dos grãos. Isso causa o empobrecimento de cromo na vizinhança dos contornos de grão e, por essa razão, essas regiões podem ser corroídas com grande intensidade.

Aços inoxidáveis endurecidos por precipitação (PH, *precipitation-hardening*) Esses aços contêm Al, Nb ou Ta como elementos de liga e endurecem por solução sólida, por encruamento, por envelhecimento e por transformação martensítica. O aço é inicialmente aquecido e temperado para permitir que a austenita se transforme em martensita. O reaquecimento permite a formação de precipitados, como Ni_3Al na martensita. Assim, mesmo com baixo teor de carbono podem ser obtidas elevadas resistências.

Aços inoxidáveis dúplex Em alguns casos, misturas de fases são introduzidas propositalmente na microestrutura do aço inoxidável. Com um controle adequado da composição e do tratamento térmico, pode ser produzido um **aço inoxidável dúplex** com aproximadamente 50% de ferrita e 50% de austenita. Essa combinação proporciona um conjunto de boas propriedades mecânicas, resistência à corrosão, conformabilidade e soldabilidade não alcançado em nenhum dos aços inoxidáveis mais comuns.

A maioria dos aços inoxidáveis é reciclável, e o exemplo a seguir mostra de que maneira as diferenças nas propriedades físicas são usadas para separar diferentes tipos de aços inoxidáveis.

Exemplo 13-9 *Procedimento para separar aços inoxidáveis*

Para reciclar sucata de aços inoxidáveis de forma eficiente é preciso separar o aço inoxidável de alto teor de níquel do de baixo teor. Determine um método para fazê-lo.

Solução

A realização de uma análise química em cada peça de sucata é dispendiosa e demorada. A separação baseada na dureza é menos dispendiosa, porém, em razão dos diferentes tipos de tratamento térmico, como recozimento, encruamento ou têmpera e revenimento, o resultado de dureza pode não corresponder à composição do aço.

Os aços inoxidáveis de alto teor de níquel normalmente são austeníticos, e os de baixo níquel são ferríticos ou martensíticos. Dessa forma, um eletroímã atrai os aços ferríticos e martensíticos de baixo níquel, porém não atrai o aço austenítico de alto teor de níquel. Esse ensaio magnético simples e de baixo custo é um processo adequado para a separação industrial de sucata de aço inoxidável.

13-11 Ferros fundidos

Ferros fundidos são ligas de ferro-carbono-silício que contêm basicamente de 2% a 4% C e de 0,5% a 3% Si, que passam pela reação eutética durante a solidificação. As microestruturas dos cinco tipos importantes de ferros fundidos são mostradas esquematicamente na Figura 13-30.

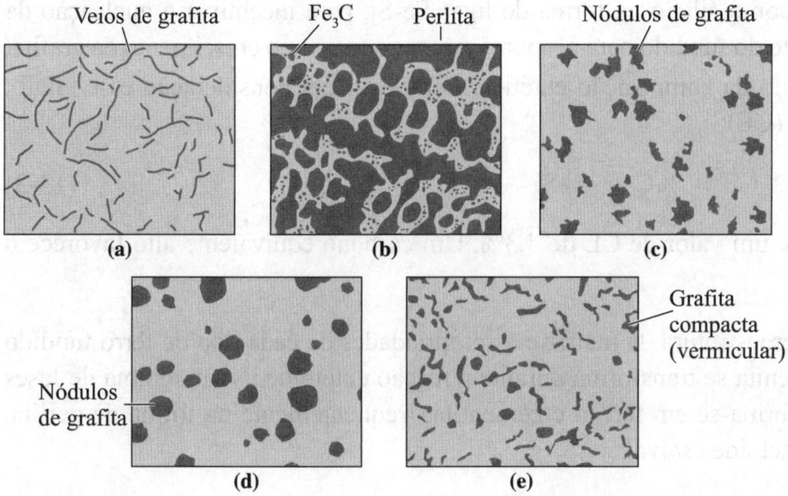

Figura 13-30 Desenhos esquemáticos dos cinco tipos de ferro fundido: (a) cinzento, (b) branco, (c) maleável, (d) nodular e (e) com grafita compacta.

Reação eutética em ferros fundidos Com base no diagrama de fases Fe-Fe_3C, a reação eutética que ocorre em ligas Fe-C a 1.140 °C é representada pelas linhas tracejadas na Figura 13-31:

$$L \rightarrow \gamma + Fe_3C \tag{13-1}$$

Essa reação produz **ferro fundido branco**, que possui microestrutura composta de Fe_3C e perlita. O sistema Fe--Fe_3C compõe um diagrama de fase metaestável, e o sistema Fe-C é o diagrama em equilíbrio. Assim, sob condições reais de equilíbrio, a reação eutética é:

$$L \rightarrow \gamma + \text{grafita} \tag{13-2}$$

O diagrama de fases Fe-C é mostrado como linhas contínuas na Figura 13-31. Quando a reação eutética estável $L \rightarrow \gamma +$ grafita ocorre a 1.146 °C, forma-se ferro fundido cinzento, nodular ou de grafita compacta.

Em ligas Fe-C, o líquido rapidamente super-resfria 6 °C, que é a diferença entre as temperaturas eutética estável e metaestável e, consequentemente, forma ferro fundido branco. Adicionar aproximadamente 2% de silício ao ferro fundido aumenta a diferença entre as temperaturas eutéticas, permitindo sub-resfriamentos maiores antes de atingir o eutético Fe-Fe_3C. Entre as temperaturas eutéticas há a nucleação e o crescimento da grafita e, portanto, o silício é conhecido como um elemento *estabilizador de grafita*. Outros elementos, como o cromo e o bismuto, possuem efeito contrário e favorecem a formação de ferro fundido branco, que contém o carbono na forma de carboneto.

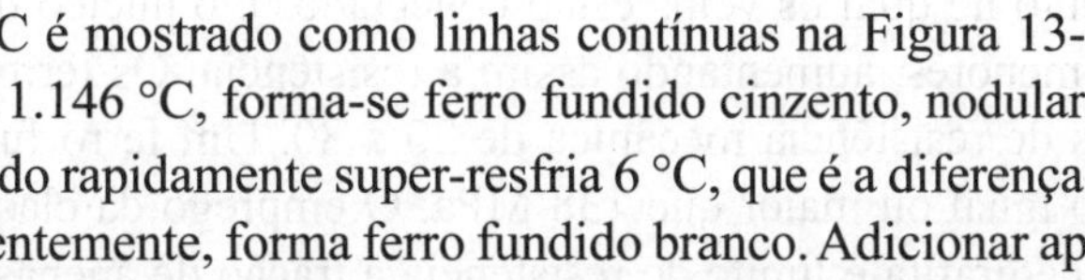

Figura 13-31 Diagrama de fases ferro-carbono mostrando o sistema ferro-grafita estável (linhas contínuas) e o ferro-cementita metaestável (linhas tracejadas).

Também é possível introduzir inoculantes, como silício na forma de ligas Fe-Si, para incentivar a nucleação da grafita, ou ainda reduzir a taxa de resfriamento do fundido para proporcionar mais tempo ao crescimento da grafita.

O silício também reduz o teor de carbono da composição eutética. Para levar em consideração esse efeito, define-se o parâmetro **carbono equivalente** (CE):

$$CE = \%C + \tfrac{1}{3}\%Si \qquad (13\text{-}3)$$

A composição eutética é sempre próxima de um valor de CE de 4,3%. Um carbono equivalente alto favorece o crescimento da grafita.

Reação eutetoide em ferros fundidos A microestrutura da matriz e as propriedades de cada tipo de ferro fundido são determinadas pela maneira como a austenita se transforma durante a reação eutetoide. No diagrama de fases $Fe\text{-}Fe_3C$ usado para aços, a austenita transforma-se em ferrita e cementita, frequentemente na forma de perlita, contudo, o silício também induz a reação eutetoide *estável*:

$$\gamma \rightarrow \alpha + \text{grafita} \qquad (13\text{-}4)$$

Em condições de equilíbrio, os átomos de carbono difundem-se a partir da austenita para as partículas de grafita, restando ferrita com baixo teor de carbono. As curvas de transformação (Figura 13-32) descrevem como a austenita pode se transformar durante o tratamento térmico. O **recozimento** com o resfriamento do ferro fundido ainda no interior do forno resulta em uma matriz ferrítica macia. Essa microestrutura é diferente da perlita grosseira que surge nos aços com o mesmo tratamento térmico. A normalização ou o resfriamento ao ar resulta em uma matriz perlítica. Os ferros fundidos podem também ser austemperados para produzir bainita, ou podem ser temperados e revenidos. O ferro fundido nodular austemperado com resistência mecânica de até 1.380 MPa é usado em engrenagens de alto desempenho.

O **ferro fundido cinzento** é o tipo mais empregado e é assim denominado pela cor cinzenta opaca da superfície fraturada. O ferro fundido cinzento contém muitos agrupamentos, ou **células eutéticas** de lâminas de grafita interconectadas (Figura 13-33). O ponto no qual os veios estão conectados é o núcleo de crescimento da grafita. A inoculação ajuda a produzir veios menores, aumentando assim a resistência. Os ferros fundidos cinzentos são especificados pela ASTM em classes de resistência mecânica de 20 a 80. Um ferro fundido cinzento de classe 20 apresenta uma resistência à tração igual ou maior que 138 MPa. O emprego da classe 20 em peças fundidas espessas resulta em veios grosseiros de grafita e limite de resistência à tração de apenas 83 MPa (Figura 13-34), enquanto em componente com espessura menor formam-se veios de grafita mais finos e perlita, que resultam em limite de resistência à tração próximo de 275 MPa. Resistências mais elevadas são obtidas pela redução do carbono equivalente, com uso de elementos de ligas ou por tratamento térmico. Embora os veios de grafita concentrem tensão e causem baixa resistência e ductilidade, o ferro fundido cinzento possui propriedades interessantes, incluindo

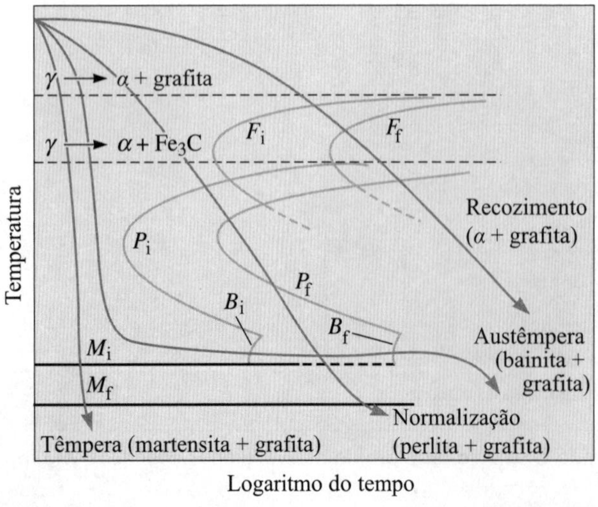

Figura 13-32 Curvas de transformação da austenita em um ferro fundido.

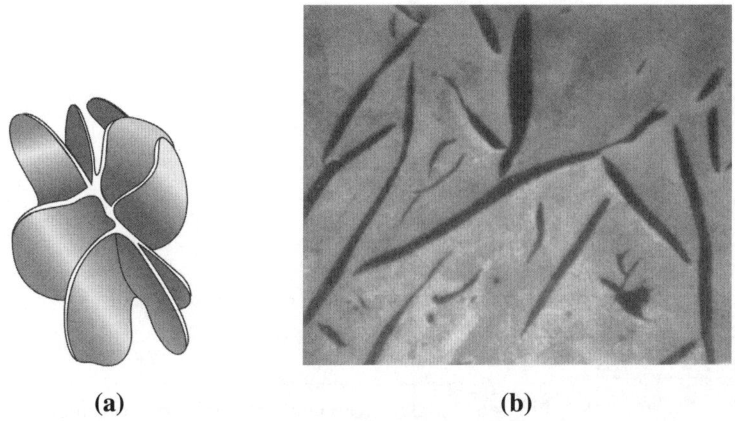

Figura 13-33 (a) Esquema tridimensional da grafita e (b) grafita em veios no ferro fundido cinzento (aumento original de 100x). (Reimpresso por cortesia de Don Askeland.)

alta resistência à compressão, boa usinabilidade, boa resistência ao desgaste, boa resistência à fadiga térmica, boa condutividade térmica e boa capacidade de amortecimento de vibrações.

O **ferro fundido branco** é uma liga dura e frágil com bastante cementita. A superfície de fratura desse material tem coloração branca, daí o seu nome. Ferros fundidos brancos de alta liga são usados em razão de sua dureza e resistência ao desgaste abrasivo. Elementos de liga, como cromo, níquel e molibdênio, são adicionados de maneira que, além dos carbonetos de liga formados durante a solidificação, também possa se formar martensita durante o tratamento térmico subsequente.

O **ferro fundido maleável** é obtido por tratamento térmico do ferro fundido branco, produzindo grafita com formato arredondado. Ele apresenta maior ductilidade e usinabilidade que os ferros fundidos cinzentos ou brancos. O ferro fundido maleável é produzido pelo tratamento térmico do ferro branco não ligado com carbono equivalente de 3% (2,5% C; 1,5% Si). Durante o tratamento térmico de maleabilização, a cementita formada durante a solidificação é decomposta e são produzidos nódulos de grafita. Os nódulos frequentemente se parecem com pipocas. O formato arredondado da grafita permite boa combinação de resistência e ductilidade. A produção de ferro maleável requer diversas etapas (Figura 13-35). Nódulos de grafita nucleiam por um processo chamado grafitização à medida que o ferro branco é aquecido lentamente. Durante a **grafitização de primeiro estágio** (FSG – *first stage graphitization*), a cementita decompõe-se em fases estáveis de austenita e grafita à medida que o carbono do Fe_3C difunde-se em direção aos núcleos da grafita. A Figura 13-36 mostra as microestruturas do ferro branco original (a) e os dois tipos de ferro fundido maleável que podem ser produzidos (b e c). Para fabricar o *ferro fundido maleável ferrítico*, o material fundido é resfriado lentamente na faixa de temperatura eutetoide para provocar a **grafitização de segundo estágio** (SSG – *second stage graphitization*). O ferro fundido maleável ferrítico possui boa tenacidade quando comparado com os demais pelo fato de seu baixo carbono equivalente reduzir a temperatura de transição frágil-dúctil para uma temperatura inferior à ambiente. O *ferro fundido maleável perlítico* é obtido quando a austenita é resfriada ao ar ou em óleo para formar perlita ou martensita. Em qualquer dos casos, a matriz é dura e frágil.

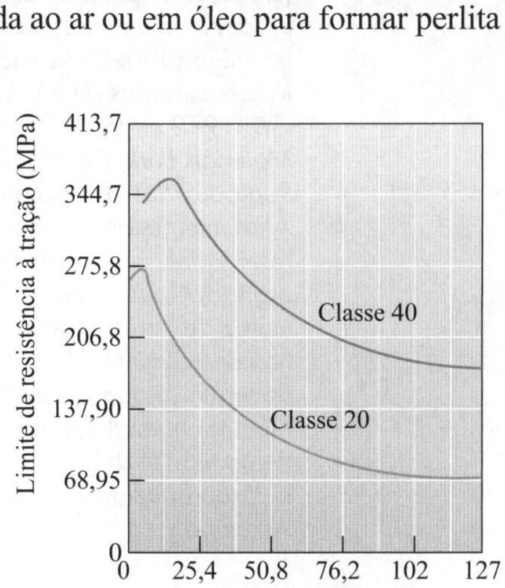

Figura 13-34 Efeito da taxa de resfriamento ou tamanho da peça fundida sobre as propriedades de tração de dois ferros fundidos cinzentos.

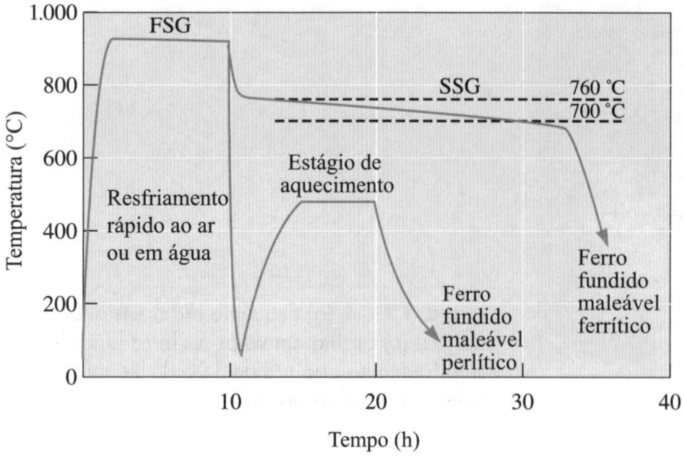

Figura 13-35 Tratamento térmico para produzir ferros fundidos maleáveis ferríticos e perlíticos.

O ferro é então aquecido a uma temperatura abaixo da eutetoide. Este é o tratamento térmico que causa o revenimento da martensita ou a esferoidização da perlita. Uma temperatura mais alta desse tratamento diminui a resistência e aumenta a ductilidade e a tenacidade.

O **ferro fundido nodular** (ou **dúctil**) [Figura 13-36(d), (e) e (f)] contém partículas esféricas de grafita. O ferro fundido nodular é produzido pelo processamento do metal líquido com um carbono equivalente de 4,3% e com adição de magnésio. O Mg provoca o crescimento da grafita esferoidal (chamada nódulos) durante a solidificação, sem recorrer a um tratamento térmico no estado sólido por um período prolongado, conforme visto anteriormente. São necessários diversos estágios para produzir esse ferro. Isso inclui a dessulfuração, a **nodulização** e a inoculação. Na dessulfuração, o enxofre e oxigênio contidos no metal líquido são removidos pela adição de agentes dessulfurantes como óxido de cálcio (CaO). Na nodulização, o magnésio é adicionado, normalmente na forma de ligas metálicas do tipo MgFeSi. Caso o Mg fosse adicionado puro, a reação seria muito violenta, uma vez que o ponto de ebulição do Mg é muito mais baixo do que a temperatura do ferro líquido e, assim, a maior parte do Mg seria perdida.[1] Para que os nódulos da grafita cresçam, é necessária a presença de um teor residual de Mg de 0,03%

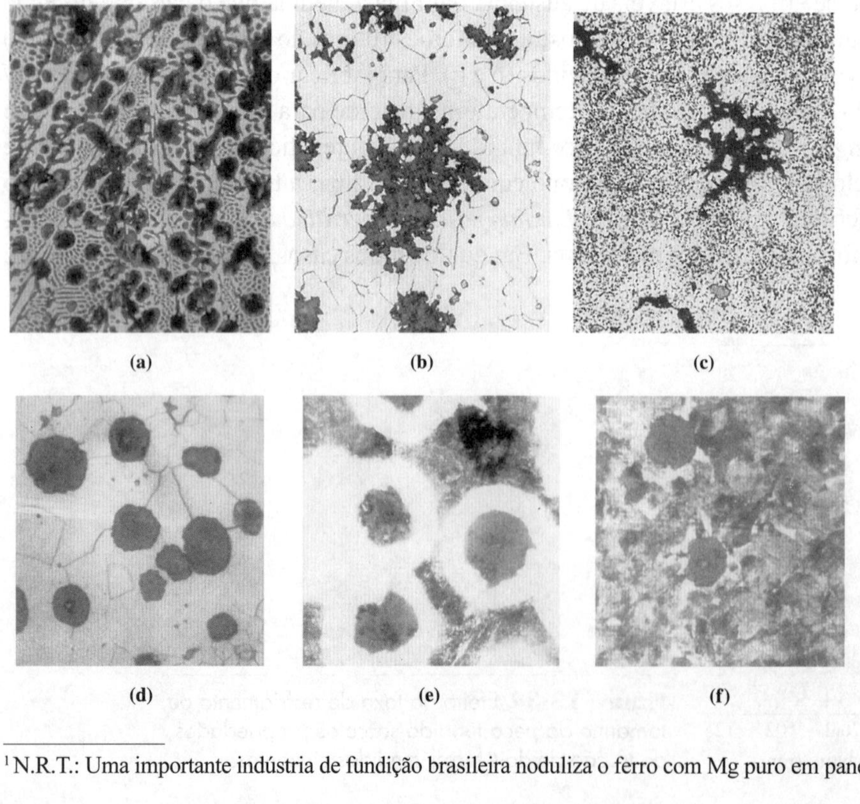

Figura 13-36 Diferentes microestruturas de ferros fundidos: (a) Branco antes do tratamento térmico (100×). (b) Maleável ferrítico com nódulos de grafita e pequenas inclusões de MnS em uma matriz de ferrita (200×). (c) Maleável perlítico tratado para produzir uma matriz de martensita revenida (500×). *(As imagens (b) e (c) foram extraídas de* ASM Handbook, *v. 7-8, 1972 e 1973. ASM International, Materials Park, OH 44073-0002. Reproduzidas com permissão da ASM International®. Todos os direitos reservados, www.asminternational.org.)* (d) Nodular recozido com uma matriz de ferrita (250×). (e) Nodular na condição fundida, com uma matriz de ferrita (branca) e perlita (250×). (f) Nodular normalizado, com uma matriz de perlita (250×). [*Imagens (a), (d), (e) e (f) reproduzidas sob cortesia de Don Askeland.*]

[1] N.R.T.: Uma importante indústria de fundição brasileira noduliza o ferro com Mg puro em panelas especiais.

no ferro líquido após o tratamento. Por fim, é essencial a **inoculação** com ligas FeSi para promover a nucleação heterogênea da grafita. Caso a inoculação não seja eficiente, irá formar-se ferro fundido branco em vez de ferro nodular. O ferro nodulizado e inoculado deve então ser vazado nos moldes em poucos minutos para evitar a perda do poder de reação do magnésio. O ***fading*** ocorre pela gradual evaporação do Mg ou pela reação com oxigênio, resultando em grafita em veios ou compacta e não nodular. Além disso, a perda do efeito inoculante pode resultar em ferro fundido branco.

O ferro fundido nodular possui excelente resistência e ductilidade quando comparado com o cinzento. Em razão do maior teor de silício, em torno de 2,4% Si do nodular em relação ao 1,5% Si do maleável, os ferros dúcteis são mais resistentes, porém não tão tenazes quanto os fundidos maleáveis.

O **ferro fundido com grafita compacta** contém grafita arredondada e também interconectada, produzida durante a solidificação. A forma da grafita no ferro fundido com grafita compacta é intermediária entre veios e nódulos, pois os nódulos arredondados de grafita estão interconectados com os veios. Essa grafita compacta às vezes é chamada de **grafita vermicular**, pois tem a forma de vermes em observação metalográfica. A grafita compacta proporciona resistência e ductilidade superiores àquelas do ferro fundido cinzento, porém mantendo boa condutividade térmica e capacidade de amortecimento de vibrações. O processo de produção da grafita compacta é similar ao do ferro nodular, entretanto, somente cerca de 0,015% de Mg é adicionado durante a nodulização. Uma pequena quantidade de titânio (Ti) é adicionada para assegurar a formação de grafita compacta.

As propriedades dos ferros fundidos estão indicadas na Tabela 13-5.

Tabela 13-5 • Propriedades dos ferros fundidos

	Limite de resistência à tração (MPa)	Limite de escoamento (MPa)	Alongamento (%)	Observações
Ferro fundido cinzento				
Classe 20	83-276	—	—	
Classe 40	190-370	—	—	
Classe 60	305-455	—	—	
Ferro fundido maleável				
32510	345	225	10	Ferrítico
35018	365	242	18	Ferrítico
50005	483	345	5	Perlítico
70003	585	485	3	Perlítico
90001	725	620	1	Perlítico
Ferro fundido nodular				
60-40-18	415	276	18	Recozido
65-45-12	450	310	12	Ferrítico (bruto de fusão)
80-55-06	552	380	6	Perlítico (bruto de fusão)
100-70-03	690	483	3	Normalizado
120-90-02	830	620	2	Temperado e revenido
Ferro fundido vermicular				
Baixa resistência	276	193	5	90% ferrítico
Alta resistência	448	379	1	80% perlítico

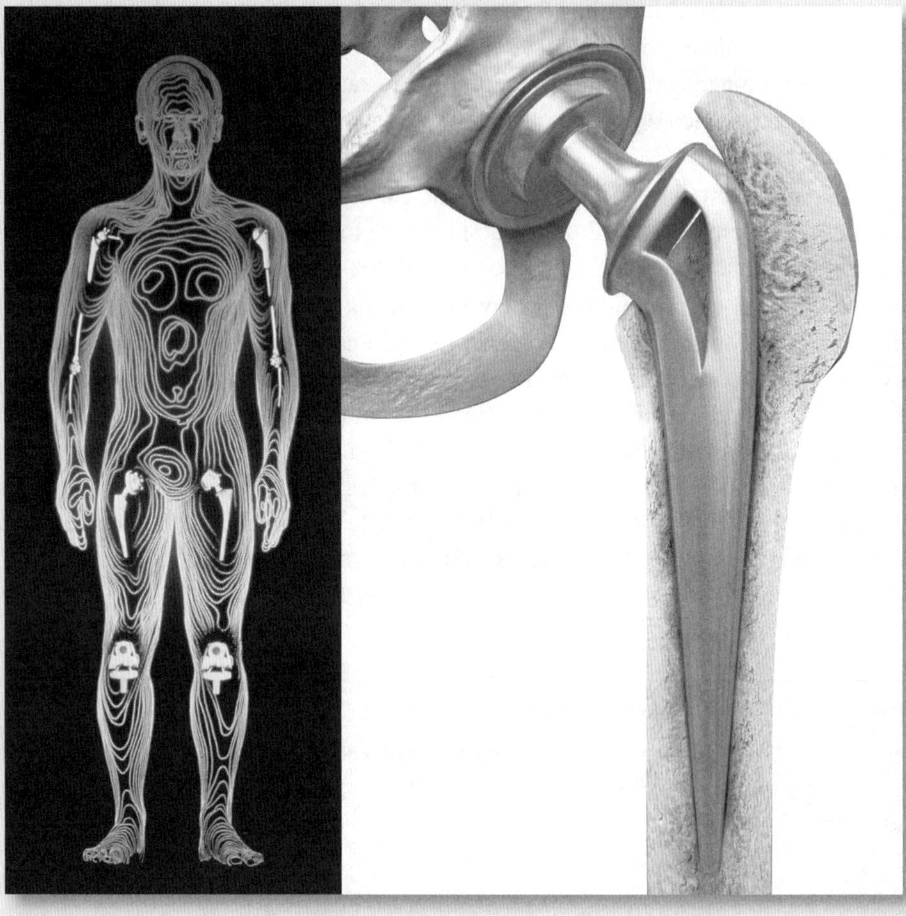

Cada vez mais implantes artificiais estão sendo incorporados ao corpo humano. Alguns exemplos de juntas normalmente substituídas são mostrados no diagrama à esquerda (*PhotoLink/Photodisc Green/Getty Images*). Todos os anos, aproximadamente 500 mil pessoas recebem implantes de quadris como o que é exibido na foto à direita (*MedicalRF.com/Alamy Stock Photo*). O implante deve ser feito de um material biocompatível com uma forte tenacidade à fratura e uma excelente vida em fadiga, além de ser resistente à corrosão e ter módulo de Young semelhande ao do osso. Ligas não ferrosas à base de titânio normalmente são usadas para essa aplicação, assim como ligas de cobalto-cromo.

capítulo 14

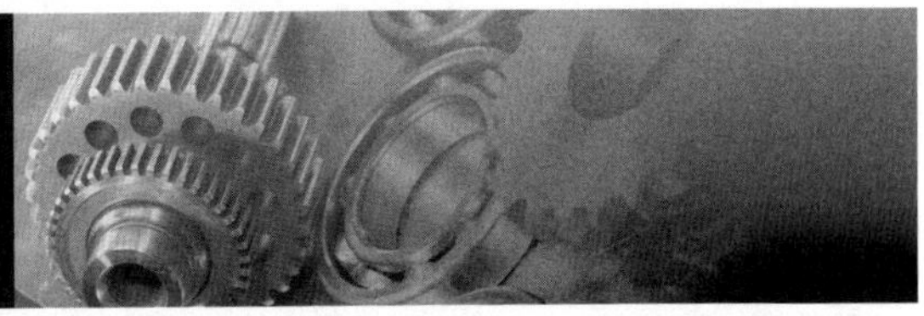

Ligas não ferrosas

VOCÊ JÁ SE PERGUNTOU?

- Na história da humanidade, o que surgiu primeiro, o cobre ou o aço?
- Por que a Estátua da Liberdade tem uma pátina verde?
- Que materiais são utilizados na fabricação de implantes biomédicos para próteses de quadril?
- Se alguns metais são tóxicos?
- Que materiais são utilizados como catalisadores em um conversor catalítico de automóvel? Como esses dispositivos funcionam?

OBJETIVOS DE APRENDIZAGEM DO CAPÍTULO

Os principais objetivos deste capítulo são

- Reconhecer e explicar as diversas designações para diferentes ligas de metais não ferrosos.
- Identificar os usos para metais e ligas não ferrosos comuns.
- Identificar as propriedades de metais e ligas não ferrosos comuns.

As ligas não ferrosas são ligas metálicas de elementos cuja matriz não é o ferro. Elas incluem ligas à base de alumínio, cobre, titânio, níquel, cobalto, zinco, metais preciosos (como Pt, Au, Ag e Pd) e outros metais (Nb, Ta e W, por exemplo). Neste capítulo, estudaremos, de forma breve, as propriedades e a utilização das ligas de Al, Cu e Ti, em aplicações de engenharia. As aplicações eletrônicas e magnéticas das ligas não ferrosas não serão discutidas.

Em muitas aplicações, a massa é um fator essencial. Assim, para relacionar a resistência de um componente a sua massa define-se uma **resistência específica** dada pela razão resistência mecânica-massa específica:

$$\text{Resistência específica} = \frac{\text{resistência}}{\text{massa específica}} \qquad (14\text{-}1)$$

A Tabela 14-1 apresenta resistências específicas do aço, de algumas ligas não ferrosas de alta resistência e de compósitos de matriz polimérica. Outro fator a ser considerado em projetos que envolvem metais não ferrosos é o custo, que também varia de modo significativo. A mesma tabela indica o preço aproximado de um quilograma de vários materiais. Entretanto, deve-se observar que o preço dos materiais flutua de acordo com as tendências econômicas e que é apenas parte do custo de uma peça. A fabricação e o acabamento, além do marketing e da distribuição, em diversos casos, contribuem muito para o custo final de um componente. Compósitos com fibras, como as de carbono e outras fibras, oferecem ainda vantagens quando a resistência específica é um fator primordial. Porém, suas propriedades geralmente são anisotrópicas, e a temperatura máxima de exposição é limitada. Na prática, a maior parte dos compósitos é produzida em camadas e com a orientação das fibras alterada para minimizar a anisotropia das propriedades. Os compósitos serão analisados no Capítulo 17.

14-1 Ligas de alumínio

O alumínio é o terceiro elemento mais abundante na Terra, depois do oxigênio e do silício. Entretanto, até o fim do século XIX, sua produção era difícil e cara. Em 1884, o revestimento do topo do Monumento a Washington, com cerca de 2,7 quilogramas, era uma das maiores peças de alumínio feitas até então.

Propriedades e aplicações gerais do alumínio O alumínio tem uma massa específica de 2.700 kg/m^3, ou um terço da do aço, e um módulo de elasticidade de 10×10^6 psi ou 70 GPa. Embora as ligas de alumínio tenham proprie-

Tabela 14-1 • Resistência específica e custo de ligas não ferrosas, aços e compósitos poliméricos

Material	Massa específica (kg/m^3)	(lb/pol^3)	Limite de resistência à tração (MPa)	Resistência específica (m)	Custo por quilograma (US$)[b]
Alumínio	2.700	(0,098)	573	$2,2 \times 10^4$	1,76
Berílio	1.850	(0,067)	379	$2,08 \times 10^4$	937
Cobre	8.930	(0,322)	1.030	$1,2 \times 10^4$	7,05
Chumbo	11.360	(0,410)	69	508	2,20
Magnésio	1.740	(0,063)	379	$2,2 \times 10^4$	6,06
Níquel	8.900	(0,321)	1.241	$1,4 \times 10^4$	17,65
Titânio	4.510	(0,163)	1.103	$2,5 \times 10^4$	17,65
Tungstênio	19.250	(0,695)	1.030	$5,6 \times 10^3$	52,90
Zinco	7130	(0,257)	517	$7,4 \times 10^3$	2,10
Aços	~7.870	(0,284)	1.380	$1,8 \times 10^4$	0,65
Aramida/epóxi (Kevlar, fração vol. de fibras de 0,6; tração na direção longitudinal das fibras)	1.400	(0,05)	1.380	$1,02 \times 10^4$	–
Aramida/epóxi (Kevlar, fração vol. de fibras de 0,6; tração na direção perpendicular das fibras)[a]	1.400	(0,05)	30	220	–
Vidro/epóxi (Fração vol. de fibras de E-glass 0,6; tração na direção longitudinal das fibras)	2.100	(0,075)	1.030	$5,1 \times 10^4$	–
Vidro/epóxi (Fração vol. de fibras de E-glass 0,6; tração na direção perpendicular às fibras)	2.100	(0,075)	48	2.360	–

[a] Fonte: Dados para compósitos com base em Harper, C. A. *Handbook of materials product design*. 3. ed. McGraw-Hill, 2001. Compósitos de *commodities* são relativamente baratos, componentes de desempenho são caros.

[b] Os custos foram compilados em 2014.

dades de tração inferiores às do aço, as resistências específicas delas (ou razão resistência mecânica-massa específica) são excelentes. Os irmãos Wright utilizaram uma liga de Al-Cu em seu motor exatamente por essa razão (Capítulo 12). O alumínio pode ser processado mecanicamente com facilidade, tem alta condutividade térmica e elétrica e não apresenta transição frágil-dúctil em baixas temperaturas. O material não é tóxico[1] e pode ser reciclado, gastando neste caso apenas cerca de 5% da energia necessária para produzi-lo a partir da alumina. Por isso, a reciclagem do alumínio é um processo tão bem-sucedido. Suas propriedades físicas interessantes incluem comportamento não ferromagnético e boa resistência à oxidação e corrosão. Entretanto, o alumínio não tem um limite de resistência à fadiga, de modo que trincas por fadiga podem ocorrer depois de algum tempo, mesmo sob condições de baixa tensão. Também não apresenta um bom desempenho em temperaturas elevadas, pois a temperatura de fusão é baixa. Por fim, as ligas de Al têm baixa dureza, o que resulta em baixa resistência ao desgaste. A resposta do alumínio a mecanismos de endurecimento é significativa. A Tabela 14-2 mostra as propriedades mecânicas do alumínio puro recozido e das ligas endurecidas por vários mecanismos. Observa-se que as ligas podem ser 30 vezes mais resistentes que o alumínio puro.

Atualmente, cerca de 25% do alumínio produzido é utilizado no setor de transportes, outros 25% são empregados na fabricação de latas de bebida e embalagens. Cerca de 15% são utilizados no setor de construção, 15%, em aplicações elétricas e 20%, em outras aplicações. A demanda crescente por eficiência de combustível está levando ao uso de mais alumínio em automóveis. Por exemplo, o modelo de 2015 (e os modelos posteriores) da caminhonete picape F-150 da Ford® tem o corpo todo de alumínio. O alumínio reage com o oxigênio, mesmo à temperatura ambiente, produzindo uma camada extremamente fina de óxido de alumínio, que protege o restante do metal de ambientes corrosivos (Capítulo 18). Isso contraria a crença comum de que o alumínio não "enferruja". Ele enferruja, mas a ferrugem produzida é altamente aderente e também sela a superfície contra a corrosão posterior. Devemos ser cautelosos para não generalizar tal comportamento. Por exemplo, o pó fino de alumínio, que tem uma grande área de superfície quando na presença de um oxidante e um catalisador, pode atuar como combustível para foguetes auxiliares a propelente sólido. Esses foguetes auxiliares utilizam cerca de 90 toneladas de pó de alumínio atomizado em cada decolagem do ônibus espacial, e nessa reação é gerada energia suficiente para impulsionar a nave à velocidade de aproximadamente 4.800 km/h. Em outras aplicações, o desenvolvimento de ligas de alumínio com concentrações de Mg mais altas permite sua utilização na fabricação de componentes de automóveis.

Tabela 14-2 • Efeito dos mecanismos de endurecimento no alumínio e suas ligas

Material	Limite de resistência à tração (MPa)	Limite de escoamento (MPa)	Alongamento (%)	Razão entre o limite de escoamento da liga e do Al puro
Al puro	44,8	17,3	60	1
Al comercialmente puro (pureza mínima de 99%)	89,6	34,5	45	2,0
Liga de Al endurecida por solução sólida	110	41,4	35	2,4
Al trabalhado a frio	165	152	15	8,8
Liga de Al endurecida por dispersão	290	152	35	8,8
Liga de Al endurecida por envelhecimento	573	503	11	29,2

[1] N.R.T.: O Comitê Internacional de Avaliação de Riscos de Contaminação em Alimentos, órgão da Organização Mundial da Saúde, concluiu, em 2007, que os compostos de alumínio têm um potencial efeito nos sistemas reprodutivo e nervoso. Assim, estabeleceu uma ingestão diária máxima aceitável de 1 mg/kg de massa corpórea. (Informação divulgada pela Agência Nacional de Vigilância Sanitária – Anvisa.)

Classificação As ligas de alumínio podem ser classificadas em dois grupos principais: ligas trabalhadas e ligas para fundição, dependendo do método de fabricação. As **ligas trabalhadas**, deformadas plasticamente por meio de conformação mecânica, têm composição e microestrutura muito diferentes das ligas para fundição, refletindo as diferentes características exigidas pelo processo de fabricação. Cada grupo pode ser separado em dois subgrupos: as ligas tratáveis termicamente e as não tratáveis termicamente.

As ligas de alumínio são designadas pelo sistema de numeração indicado na Tabela 14-3. O primeiro número especifica os principais elementos de liga, e os números restantes são relativos à sua composição específica.

O grau de endurecimento é indicado pela **designação de temperatura** T ou H para a liga tratada termicamente ou encruada, respectivamente (Tabela 14-4). As outras designações indicam se a liga foi recozida (O), solubilizada (W) ou utilizada na condição como fabricada (F). Os números após as letras T ou H especificam ainda a quantidade de encruamento, o tipo de tratamento térmico ou outros aspectos específicos do processamento da liga. A Tabela 14-5 relaciona algumas ligas típicas e suas respectivas propriedades.

Ligas trabalhadas As ligas trabalhadas 1xxx, 3xxx e 5xxx e a maioria das 4xxx não são endurecíveis por envelhecimento. As ligas 1xxx e 3xxx são monofásicas, cuja única diferença é a presença de pequenas quantidades de inclusões ou compostos intermetálicos (Figura 14-1a). As propriedades dessas ligas dependem do encruamento, do endurecimento por solução sólida e do tamanho do grão. Como à temperatura ambiente a solubilidade dos elementos de liga no alumínio é baixa, o endurecimento por solução sólida é limitado. As ligas 5xxx têm duas fases à temperatura ambiente: a fase α, que é uma solução sólida de magnésio em alumínio, e o composto intermetálico

Tabela 14-3 • Sistema de classificação das ligas de alumínio

Ligas trabalhadas		
1xxx[a]	Al comercialmente puro (> 99% Al)	Não endurecível por envelhecimento
2xxx	Al-Cu e Al-Cu-Li	Endurecível por envelhecimento
3xxx	Al-Mn	Não endurecível por envelhecimento
4xxx	Al-Si e Al-Mg-Si	Endurecível por envelhecimento nas ligas que contêm magnésio
5xxx	Al-Mg	Não endurecível por envelhecimento
6xxx	Al-Mg-Si	Endurecível por envelhecimento
7xxx	Al-Mg-Zn	Endurecível por envelhecimento
8xxx	Al-Li, Sn, Zr ou B	Endurecível por envelhecimento
9xxx	Não utilizadas atualmente	
Ligas para fundição		
1xx.x.[b]	Al comercialmente puro	Não endurecível por envelhecimento
2xx.x.	Al-Cu	Endurecível por envelhecimento
3xx.x.	Al-Si-Cu ou Al-Mg-Si	Algumas são endurecíveis por envelhecimento
4xx.x.	Al-Si	Não endurecível por envelhecimento
5xx.x.	Al-Mg	Não endurecível por envelhecimento
7xx.x.	Al-Mg-Zn	Endurecível por envelhecimento
8xx.x.	Al-Sn	Endurecível por envelhecimento
9xx.x.	Não utilizadas atualmente	

[a] O primeiro dígito indica o elemento de liga principal, o segundo, a modificação, e os dois últimos, o decimal da concentração percentual de Al. Exemplo: 1060 indica uma liga com 99,6% de Al.

[b] O último dígito indica a forma do produto solidificado. Os dígitos 1 e 2 indicam um lingote (dependendo do grau de pureza) e 0, uma peça fundida.

Tabela 14-4 • Designações das ligas de alumínio

F	Como fabricada (trabalhada a quente, forjada, fundida etc.)
O	Recozida (condição de menor dureza)
H	Trabalhada a frio
	H1x – apenas trabalhada a frio (x quantifica a intensidade do trabalho a frio e o endurecimento)
	H12 – trabalho a frio que produz limite de resistência à tração entre as condições O e H14
	H14 – trabalho a frio que produz limite de resistência à tração entre as condições O e H18
	H16 – trabalho a frio que produz limite de resistência à tração entre as condições H14 e H18
	H18 – trabalho a frio que produz uma redução em área de cerca de 75%
	H19 – trabalho a frio que produz um limite de resistência à tração superior a 2.000 psi em relação ao obtido pela condição H18
	H2x – trabalhada a frio e parcialmente recozida
	H3x – trabalhada a frio e estabilizada à baixa temperatura para evitar o endurecimento por envelhecimento durante a utilização normal do componente
W	Solubilizada (elementos de liga em solução sólida)
T	Endurecida por tratamento térmico de envelhecimento
	T1 – resfriada a partir da temperatura de fabricação e envelhecida naturalmente
	T2 – resfriada a partir da temperatura de fabricação, trabalhada a frio e envelhecida naturalmente
	T3 – solubilizada, trabalhada a frio e envelhecida naturalmente
	T4 – solubilizada e envelhecida naturalmente
	T5 – resfriada a partir da temperatura de fabricação e envelhecida artificialmente
	T6 – solubilizada e envelhecida artificialmente
	T7 – solubilizada e estabilizada por superenvelhecimento
	T8 – solubilizada, trabalhada a frio e envelhecida artificialmente
	T9 – solubilizada, envelhecida artificialmente e trabalhada a frio
	T10 – resfriada a partir da temperatura de fabricação, trabalhada a frio e envelhecida artificialmente

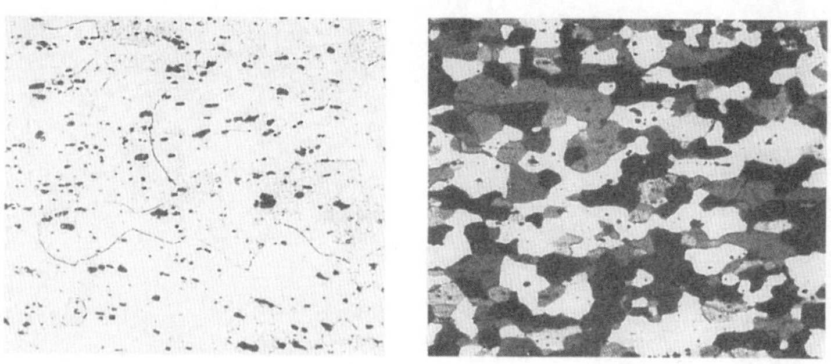

(a) (b)

Figura 14-1 (a) Inclusões de $FeAl_3$ em alumínio 1100 recozido (aumento original de 350×). (b) Precipitados de Mg_2Si em liga de alumínio 5457 recozida (aumento original de 75×). (*Imagem extraída de* ASM Handbook, *v. 7, 1972, ASM International, Materials Park, OH 44073-0002. Reproduzida com permissão da ASM International®. Todos os direitos reservados, www.asminternational.org.*)

Tabela 14-5 • Propriedades de ligas de alumínio

Liga		Limite de resistência à tração (MPa)	Limite de escoamento (MPa)	Alongamento (%)	Aplicações
Ligas trabalhadas não tratáveis termicamente					
1100-O	>99% Al	89,6	34,5	40	Componentes elétricos, folhas finas, processamento de alimentos, corpo de latas de bebida, aplicações em arquitetura, metal de adição para soldagem, tampa de latas de bebida e componentes de equipamentos navais.
1100-H18		165,5	152	10	
3004-O	1,2% Mn-1,0% Mg	179,3	69	25	
3004-H18		283	248	9	
4043-O	5,2% Si	145	69	22	
4043-H18		283	269	1	
5182-O	4,5% Mg	290	131	25	
5182-H19		420	393	4	
Ligas trabalhadas tratáveis termicamente					
2024-T4	4,4% Cu	469	324	20	Rodas de caminhão, fuselagem de aeronaves, pistões, casco de embarcações, vagões.
2090-T6	2,4% Li-2,7% Cu	552	517	6	
4032-T6	12% Si-1% Mg	379	317	9	
6061-T6	1% Mg-0,6% Si	310	276	15	
7075-T6	5,6% Zn-2,5% Mg	572	503	11	
Ligas de fundição					
201-T6	4,5% Cu	483	434	7	Caixas de transmissão, peças fundidas de utilização geral, peças de aeronave, blocos de motor, motores automotivos, equipamentos de manipulação de alimentos e equipamentos navais.
319-F	6% Si-3,5% Cu	186	124	2	
356-T6	7% Si-0,3% Mg	228	165	3	
380-F	8,5% Si-3,5% Cu	317	159	3	
390-F	17% Si-4,5% Cu	283	241	1	
443-F	5,2% Si (fundida em molde de areia)	131	55	8	
	(molde permanente)	159	62	10	
	(fundida em matriz)	228	110	9	

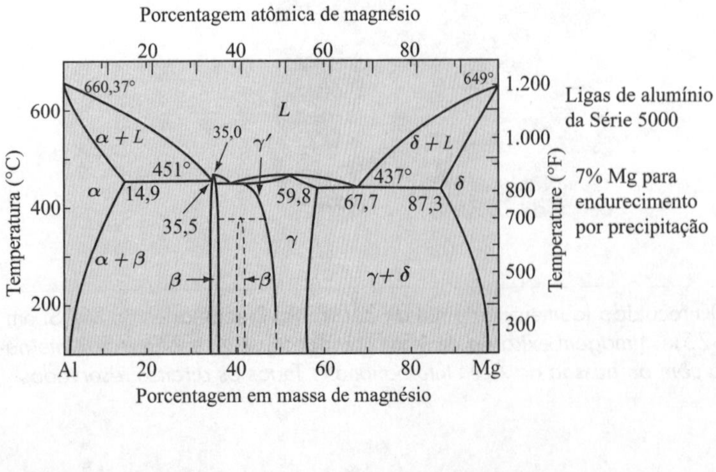

Figura 14-2 Diagrama de fases da liga alumínio-magnésio. As linhas pontilhadas indicam limites de solubilidade incertos. (*Com base em* American Society for Metals Handbook, *8. ed. v. 8, Metallography, structures and phase diagrams, 1973.*)

Mg_2Al_3, que é duro e frágil (Figura 14-2). As ligas de alumínio e magnésio são endurecidas por uma fina dispersão de Mg_2Al_3, bem como por encruamento, endurecimento por solução sólida e controle do tamanho do grão. Entretanto, a fase Mg_2Al_3 não é coerente, isto é, não mantém a mesma orientação cristalina da matriz, e, portanto, os tratamentos térmicos de endurecimento por envelhecimento não são possíveis. As ligas da série 4xxx também têm duas fases, α e β. A fase β é praticamente silício puro (Capítulo 11). As ligas que contêm silício e magnésio podem ser endurecidas por envelhecimento por meio da precipitação da fase Mg_2Si [Figura 14-1(b)]. As ligas 2xxx, 6xxx e 7xxx são endurecíveis por envelhecimento. Não obstante as excelentes resistências específicas dessas ligas, a quantidade de precipitado que pode ser formada é limitada. Além disso, esses materiais não podem ser utilizados em temperaturas superiores a 175 °C na condição envelhecida. A liga 2024 é a de utilização mais difundida para a fabricação de componentes de aeronaves. Existe também interesse no desenvolvimento de ligas Al-Li endurecidas por precipitação em decorrência do seu alto módulo de Young e sua baixa massa específica. Contudo, os altos custos de processamento, as propriedades anisotrópicas e a baixa tenacidade à fratura têm limitado sua utilização. As ligas Al-Li (2195) foram utilizadas para fabricar a segunda geração de tanques de combustível dos ônibus espaciais e foram usadas no Orion, veículo tripulado multiuso planejado pela Nasa para missões até a Lua e Marte. Ligas Al-Sc e Al-Ti também são interessantes em aplicações de alta resistência.

Ligas de fundição Muitas das ligas fundidas de alumínio relacionadas na Tabela 14-5 contêm silício suficiente para causar a reação eutética, o que resulta em baixo ponto de fusão, boa fluidez e boa fundibilidade. A **fluidez** é a capacidade do metal líquido de escoar através de um molde sem se solidificar de maneira prematura, e a **fundibilidade** é a facilidade com a qual uma peça fundida pode ser produzida a partir da liga.

As propriedades das ligas de alumínio-silício são controladas pelo endurecimento por solução sólida da matriz de alumínio α, endurecimento por dispersão da fase β e as condições de solidificação, que definem o tamanho e o contorno do grão primário, bem como a natureza do microconstituinte eutético. O resfriamento rápido que ocorre na fundição sob pressão ou em molde permanente (Capítulo 9) aumenta a resistência por meio do refino do tamanho do grão e do microconstituinte eutético (Figura 14-3). O refino de grão utilizando adições de boro e titânio, a modificação utilizando sódio ou estrôncio para alterar a estrutura eutética e a adição de fósforo para refinar o silício primário (Capítulo 9) são métodos aplicados em determinadas ligas para modificar a microestrutura e, dessa forma, aumentar o efeito do endurecimento por dispersão. Muitas ligas também contêm cobre, magnésio ou zinco, tornando possível o endurecimento por envelhecimento. O exemplo a seguir ilustra alguns exemplos de aplicação das ligas de alumínio.

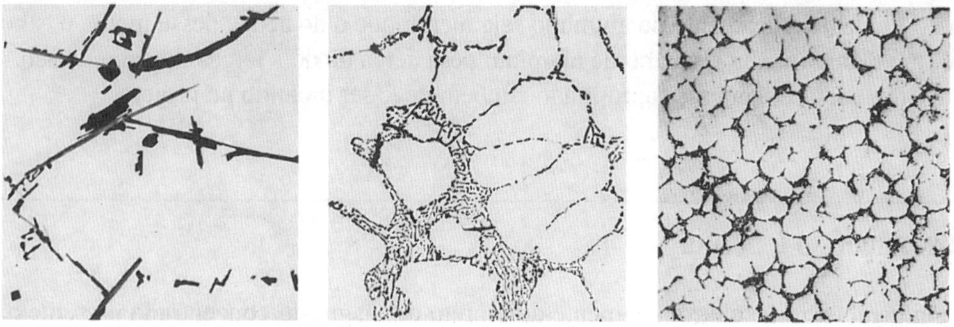

(a) (b) (c)

Figura 14-3 (a) Liga de alumínio 443 fundida em molde de areia contendo silício grosseiro e inclusões (350x). (b) Liga 443 em molde permanente contendo dendritas finas e silício fino, devido ao resfriamento mais rápido (aumento de 350x). (c) Liga 443 fundida em matriz (sob pressão) com microestrutura mais fina (aumento original de 350×). (*Imagem extraída de ASM Handbook, v. 7, 1972. ASM International, Materials Park, OH 44073-0002. Reproduzida com permissão da ASM International®. Todos os direitos reservados, www.asminternational.org.*)

Exemplo 14-1 *Relação resistência–massa em projetos*

Um cabo de aço de 12,7 mm de diâmetro tem um limite de escoamento de 482,6 MPa. A massa específica do aço é de 7.870 kg/m³. Com base nos dados relacionados na Tabela 14-5, determine (a) a carga máxima suportada pelo cabo de aço sem escoar, (b) o diâmetro de um cabo feito da liga alumínio-manganês trabalhada a frio (3004-H18) que suporte carga igual à do cabo de aço e (c) o peso por metro do cabo de aço e de alumínio.

Solução

a. A carga máxima F que o cabo de aço pode suportar sem escoar é dada por

$$F_{\text{aço}} = (S_y^{\text{aço}} A_0^{\text{aço}}) = 482{,}6 \times 10^6 \left[\frac{\pi}{4}(12{,}7 \times 10^{-3}\,\text{m})^2\right] = 61{,}13\ \text{kN}$$

em que S_y é o limite de escoamento e A_0, a seção transversal inicial.

b. O limite de escoamento da liga de alumínio é 248,2 MPa. Assim, o diâmetro do cabo de alumínio d_{Al} é:

$$\frac{\pi}{4}d_{Al}^2 = \frac{F_{Al}}{S_y^{Al}} = \frac{61{,}13 \times 10^3}{248{,}2 \times 10^6} = 2{,}463 \times 10^{-4}\,\text{m}^2$$

$$d_{Al} = 17{,}71\ \text{mm}$$

c. As massas específicas do aço e do alumínio são

$$\rho_{aço} = 7.870\ \text{kg/m}^3$$

$$\rho_{Al} = 2.700\ \text{kg/m}^3$$

Portanto, a massa do cabo de aço por metro $W_{aço}$ é

$$W_{\text{aço}} = A_0^{\text{aço}}(1\ \text{m})\rho_{\text{aço}} = \frac{\pi}{4}(0{,}0127)^2(1)(7.870) = 1\ \text{kg}$$

e a massa do cabo de alumínio por comprimento é

$$W_{Al} = A_0^{Al}(1)\rho_{Al} = \frac{\pi}{4}(0{,}01771\ \text{m})^2(1\ \text{m})(2.700\ \text{kg/m}^3) = 0{,}665\ \text{kg}$$

Embora o limite de escoamento do alumínio seja menor que o do aço e, desse modo, o cabo de alumínio deva ter um diâmetro maior, o cabo de alumínio pesa cerca de dois terços do cabo de aço. Ao comparar materiais, um fator de segurança apropriado também deve ser incluído no projeto.

14-2 Ligas de magnésio e berílio

O magnésio é em geral extraído eletroliticamente do cloreto de magnésio concentrado presente na água do mar. Esse metal é mais leve que o alumínio, com uma massa específica de 1.740 kg/m³ e funde a uma temperatura pouco abaixo que a do Al. A resistência à corrosão do magnésio se aproxima à do alumínio em vários ambientes, no entanto, a exposição a sais, como os ambientes próximos ao mar, causa uma deterioração rápida. Embora as ligas de magnésio não sejam tão resistentes mecanicamente quanto às de alumínio, suas resistências específicas são comparáveis. Consequentemente, as ligas de Mg são utilizadas em aplicações aeroespaciais, máquinas de alta velocidade e equipamentos de transporte. O magnésio, porém, tem um módulo de elasticidade baixo ($6{,}5 \times 10^6$ psi ou 45 GPa), baixa resistência à fadiga, à fluência e ao desgaste. O Mg também oferece certo risco durante a fundição e a usinagem, pois se combina facilmente com o oxigênio e queima. Tiras de magnésio podem ser facilmente incendiadas no laboratório, e o pó de magnésio é extremamente perigoso. Além disso, a resposta do magnésio aos mecanismos de endurecimento é relativamente baixa.

Estrutura e propriedades O magnésio tem estrutura HC e é menos dúctil que o alumínio, mas as ligas podem ter alguma ductilidade porque a adição de elementos de liga pode aumentar o número de sistemas de deslizamentos ativos. Esse metal pode sofrer pequena deformação e encruamento à temperatura ambiente, e as ligas podem ser rapidamente deformadas em temperaturas elevadas. O endurecimento por deformação é relativamente pequeno no magnésio puro por causa do baixo coeficiente de encruamento (Capítulo 8).

Como nas ligas de alumínio, a solubilidade de elementos de liga no Mg à temperatura ambiente é limitada, resultando num pequeno endurecimento por solução sólida. Porém, a solubilidade de vários elementos de liga aumenta com a temperatura, como mostra o diagrama de fases Mg-Al (Figura 14-4). Portanto, as ligas podem ser endurecidas tanto pelo endurecimento por dispersão como por envelhecimento, que é um caso particular do endurecimento por dispersão. Algumas ligas de magnésio endurecidas por envelhecimento, como aquelas que contêm Zr, Th, Ag ou Ce, têm boa resistência ao superenvelhecimento em temperaturas de até 300 ºC. Ligas que contêm até 9% de Li têm massa específica muito baixa. As propriedades típicas de ligas de magnésio estão listadas na Tabela 14-6.

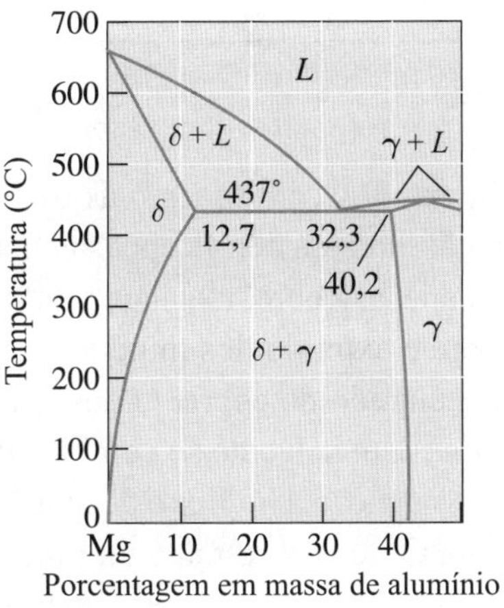

Figura 14-4 Diagrama de fases magnésio-alumínio. (*Baseado em* American Society for Metals Handbook, *8. ed., v. 8, Metallography, structures and phase diagrams, ASM International, 1973.*)

Tabela 14-6 • Propriedades de ligas de magnésio típicas

Liga	Composição	Limite de resistência à tração (MPa)	Limite de escoamento (psi)	Alongamento (%)
Mg puro				
Recozido		159	90	3-15
Trabalhado a frio		179	117,2	2-10
Ligas de fundição				
AM 100-T6	10% Al-0,1% Mn	276	152	1
AZ81A-T4	7,6% Al-0,7% Zn	276	83	15
ZK61A-T6	6% Zn-0,7% Zr	310	193	10
Ligas trabalhadas				
AZ80A-T5	8,5% Al-0,5% Zn	379	276	7
ZK40A-T5	4% Zn-0,45% Zr	276	255	4
HK31A-H24	3% Th-0,6% Zr	262	207	8

Ligas de magnésio avançadas incluem aquelas com baixos níveis de impurezas e as com grandes quantidades (>5%) de cério e outros elementos de terras raras. Essas ligas formam um filme de proteção de MgO que melhora a resistência à corrosão. A solidificação rápida permite que grandes quantidades de elementos de liga sejam dissolvidas no magnésio, melhorando ainda mais a resistência à corrosão. O aumento da resistência mecânica, principalmente em altas temperaturas, pode ser obtido introduzindo-se partículas de cerâmica ou fibras, como o carbeto de silício, no metal.

O berílio tem massa específica de 1.848 kg/m^3, que é menor que a do alumínio. Além disso, o módulo de elasticidade de 42×10^6 psi ou 290 GPa é superior ao do aço. As ligas de berílio com limite de escoamento de 30.000 a 50.000 psi (200 MPa a 350 MPa) têm resistências específicas altas e mantêm a resistência mecânica e o módulo de elasticidade em altas temperaturas. O berílio de grau instrumental é utilizado em sistemas inerciais de navegação, nos quais a deformação elástica deve ser mínima. O berílio de grau estrutural é empregado em aplicações aeroespaciais; outras aplicações tiram proveito da transparência do berílio em relação à radiação eletromagnética. Aparelhos de raio X, que devem ser selados para a atmosfera, geralmente incluem uma janela de Be por meio da qual os raios X são facilmente transmitidos. Entretanto, pelo fato de ser caro (Tabela 14-1), frágil, reativo e tóxico, o uso do berílio *em forma de pó* é limitado. Ademais, o processo de produção é complexo e, consequentemente, as aplicações práticas das ligas de Be são muito limitadas. O óxido de berílio (BeO), que também é tóxico na forma de pó, é utilizado para produzir cerâmicas de alta condutividade térmica.

14-3 Ligas de cobre

Na natureza, o cobre pode existir como cobre metálico e, por isso, foi extraído com sucesso de rochas muito antes do ferro, visto que as baixas temperaturas requeridas para sua extração podiam ser alcançadas mais facilmente. Os minérios de cobre, como são encontrados nas minas, não contêm apenas cobre, mas também outros minerais e elementos. Uma adição particularmente comum é o enxofre. O cobre é extraído dos minérios por um processo de compressão e separação no composto que é conhecido como concentrado de cobre. O concentrado de cobre é, então, convertido em líquido em um forno denominado *flash smelter*. Um solvente se combina com o ferro na fusão, criando, assim, uma escuma que surge no topo do recipiente de contenção. Um fluxo de oxigênio transforma o enxofre em gás de dióxido de enxofre, que é sugado posteriormente. O líquido restante no fundo do recipiente de contenção depois do *flash smelting* é conhecido como mate de cobre. O mate de cobre ainda contém sulfeto de cobre e sulfeto de ferro. Em um reator separado, conhecido como conversor de cobre, o oxigênio introduzido no mate converte mais enxofre em gás de dióxido de enxofre e o sulfeto de cobre em um cobre impuro chamado de **cobre blister**, que é, depois, purificado eletroliticamente. Outros métodos para a extração do cobre incluem a lixiviação desse metal a partir de minérios de baixo teor de enxofre com um ácido, seguida da extração eletrolítica do cobre a partir da solução.

Ligas à base de cobre têm massas específicas maiores que as do aço. Embora o limite de escoamento de algumas ligas seja alto, a resistência específica é normalmente menor que as de alumínio e magnésio. As ligas de cobre têm melhor resistência à fadiga, fluência e desgaste do que as ligas leves de alumínio e magnésio. Várias dessas ligas têm excelente ductilidade, resistência à corrosão, condutividade elétrica e térmica, e a maioria pode facilmente ser soldada ou fabricada em formas úteis. As aplicações para ligas à base de cobre abrangem componentes elétricos, como fios, e ainda bombas, válvulas e tubos, quando suas propriedades são utilizadas favoravelmente.

A reação do cobre com a atmosfera permite a formação de camadas, chamadas de pátinas, com cores diversas e, assim, as ligas são selecionadas também com finalidades decorativas. Dessa maneira, o cobre puro é vermelho. Com adições de zinco, produz-se uma cor amarela e com níquel o resultado é uma cor prateada. O cobre pode ser facilmente corroído, formando um sulfato de cobre básico [$CuSO_4 . 3Cu(OH)_2$]. Esse é um composto verde, insolúvel em água, mas solúvel em ácidos. A pátina verde oferece um acabamento atraente para várias aplicações. A Estátua da Liberdade é verde por causa da pátina do cobre oxidado que reveste a estrutura de aço.

Tabela 14-7 • Propriedades de ligas de cobre obtidas por diferentes mecanismos de endurecimento

Material	Limite de resistência à tração (MPa)	Limite de escoamento (MPa)	Alongamento (%)	Mecanismos de endurecimento principais
Cu puro, recozido	209	33	60	Nenhum
Cu comercialmente puro, recozido e com tamanho de grão grande	220	70	55	Solução sólida
Cu comercialmente puro, recozido e com tamanho de grão fino	234	76	55	Tamanho de grão
Cu comercialmente puro, trabalhado a frio 70%	393	365	4	Encruamento
Cu-35% Zn, recozido	324	103	62	Solução sólida
Cu-10% Sn, recozido	455	193	68	Solução sólida
Cu-35% Zn trabalhado a frio	676	434	3	Solução sólida + encruamento
Cu-2% Be envelhecido	1.310	1.210	4	Envelhecimento
Cu-Al temperado e revenido	760	414	5	Reação martensítica
Bronze manganês fundido	490	193	30	Reação eutetoide

A ampla variedade de ligas à base de cobre utiliza os mecanismos de endurecimento discutidos anteriormente. Os efeitos desses mecanismos de endurecimento nas propriedades mecânicas estão resumidos na Tabela 14-7.

O cobre, que contém menos de 0,1% de impureza, é utilizado para aplicações elétricas e microeletrônicas. Pequenas quantidades de cádmio, prata e Al_2O_3 aumentam sua dureza sem prejudicar a condutividade de modo acentuado. As ligas de cobre monofásicas são endurecidas por trabalho a frio. Exemplos desse efeito são apresentados na Tabela 14-7. O cobre tem estrutura CFC, excelente ductilidade e alto coeficiente de encruamento.

Ligas endurecidas por solução sólida Muitas ligas monofásicas à base de cobre contêm grandes quantidades de elementos de liga. Quatro diagramas de fases importantes são apresentados na Figura 14-5. As ligas de cobre-zinco, ou **latão**, com menos de 40% de Zn, formam soluções sólidas de zinco em cobre, com estrutura monofásica. As propriedades mecânicas, incluindo até mesmo o alongamento, aumentam com a elevação do teor de zinco na liga. Essas ligas podem ser processadas a frio para produzir componentes com geometria complexa e resistentes à corrosão. **Bronzes** são geralmente considerados ligas de cobre que contêm estanho e podem conter outros elementos. O bronze de manganês é uma liga de alta resistência mecânica que contém manganês, assim como zinco, para endurecimento por solução sólida.

Bronzes de estanho, em geral, são chamados de bronzes fosforosos, podem conter até 10% de Sn e permanecer monofásicos. O diagrama de fases prevê a formação do composto Cu_3Sn (ε), mas a cinética da reação é tão lenta que o precipitado pode não se formar.

Ligas de cobre com menos de aproximadamente 9% de Al ou menos de 3% de Si também são monofásicas. Esses bronzes de alumínio e bronzes de silício têm boas características de conformabilidade e são quase sempre selecionados por sua boa resistência mecânica e excelente tenacidade.

Ligas endurecidas por envelhecimento (ou ligas envelhecidas) Muitas ligas à base de cobre podem ser endurecidas por envelhecimento, incluindo cobre-zircônio, cobre-cromo e cobre-berílio. As ligas de cobre-berílio são utilizadas em razão de sua alta resistência e alto módulo de elasticidade, tornando-as adequadas à fabricação de molas e arames finos. Além disso, as propriedades antifaíscas as tornam úteis para produção de ferramentas empregadas em ambientes com gases e líquidos inflamáveis.

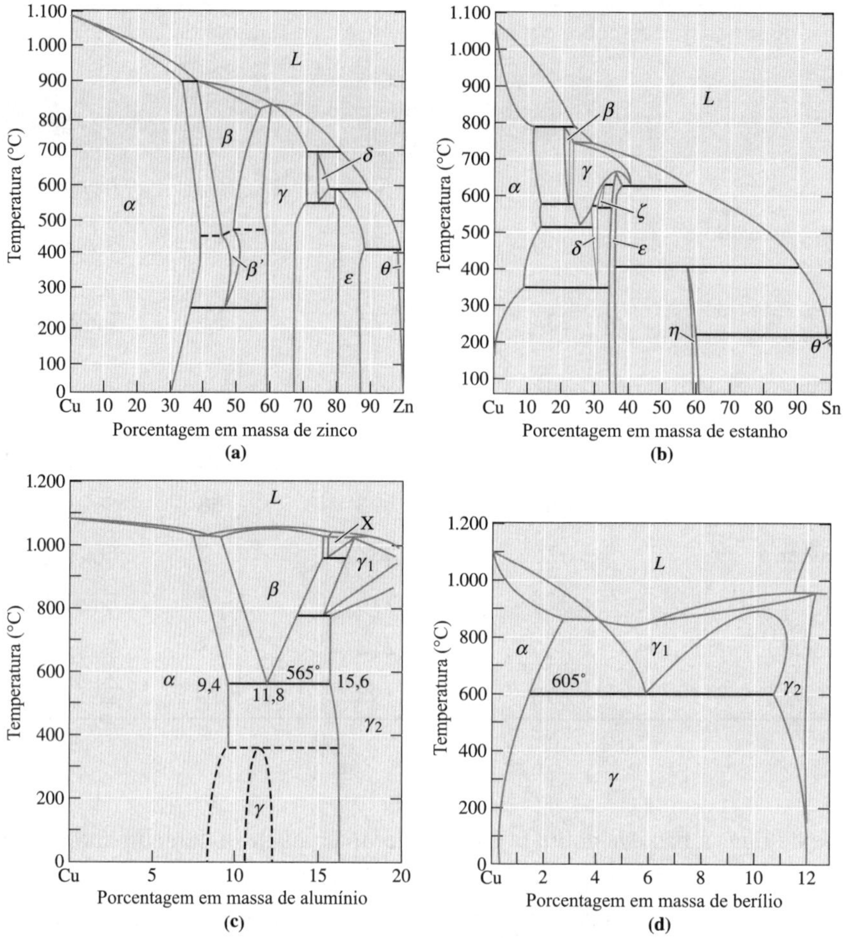

Figura 14-5 Diagramas de fases binários para os sistemas (a) cobre-zinco, (b) cobre-estanho, (c) cobre-alumínio e (d) cobre-berílio.

Exemplo 14-2 *Projeto/seleção de materiais para um disjuntor elétrico*

Projete os contatos para um disjuntor ou relé que abra e feche um circuito elétrico de alta corrente.

Solução

Quando o relé abre e fecha, o contato entre as superfícies condutivas pode causar desgaste e resultar em aumento da resistência de contato e formação de arco. Uma alta dureza minimizaria o desgaste, mas os materiais de contato devem permitir que a alta corrente passe através da conexão sem superaquecer ou formar arco.

Como consequência, o projeto deve resultar em bom nível de condutividade elétrica e resistência ao desgaste. Uma liga de cobre relativamente pura, endurecida por dispersão, com uma fase dura, que não cause distorção na rede cristalina do cobre, seria adequada. Em uma liga de Cu-Al_2O_3, as duras partículas de óxido de alumina oferecem resistência ao desgaste e não interferem na condutividade elétrica da matriz de cobre.

Transformações de fase Bronzes de alumínio com mais de 9% de Al podem formar fase β durante aquecimento acima da temperatura eutetoide (565 °C) [Figura 14-5(c)]. No resfriamento subsequente, a reação eutetoide produz estrutura lamelar (como a perlita) que contém um composto γ_2 frágil. A reação peritetoide de baixa temperatura,

$\alpha + \gamma_2 \rightarrow \gamma$, normalmente não ocorre. O produto eutetoide é relativamente pouco resistente e frágil, mas é possível temperar β rapidamente para produzir martensita, ou β', que tem alta resistência e baixa ductilidade. Quando β' é subsequentemente revenido, a combinação de alta resistência, boa ductilidade e a excelente tenacidade é obtida com a formação de plaquetas finas de precipitados da fase α a partir de β'.

Ligas de cobre-chumbo Praticamente quaisquer ligas trabalhadas podem conter até 4,5% de Pb. O chumbo forma uma reação monotética com o cobre e produz pequenas esferas de chumbo no último líquido que se solidifica. O Pb melhora as características de usinagem. A utilização de ligas de cobre com chumbo, no entanto, tem um impacto ambiental importante e, consequentemente, novas ligas isentas de chumbo têm sido desenvolvidas.

14-4 Ligas de níquel e de cobalto

Ligas de níquel e de cobalto são empregadas para a proteção contra a corrosão e para a resistência a altas temperaturas, aproveitando-se de seus altos pontos de fusão e elevadas resistências mecânicas. O níquel tem estrutura CFC e boa conformabilidade. O cobalto é um metal alotrópico, com estrutura CFC acima de 417 °C e HC em temperaturas inferiores. Ligas especiais de cobalto são utilizadas em virtude da excepcional resistência ao desgaste, e, em razão da resistência aos fluidos do corpo humano, para próteses. Ligas típicas e suas aplicações estão listadas na Tabela 14-8.

Pós de superligas de níquel e de cobalto solidificados rapidamente são utilizados para fazer anéis que retêm as palhetas da turbina e as próprias palhetas de turbina para motores de aeronaves. No Capítulo 12, abordamos as aplicações das ligas com memória de forma, à base de Ni-Ti. O ferro, o níquel e o cobalto são ferromagnéticos.

Tabela 14-8 • Composições, propriedades e aplicações de ligas de níquel e de cobalto

Material	Limite de resistência à tração (MPa)	Limite de escoamento (MPa)	Alongamento (%)	Mecanismos de endurecimento	Aplicações
Ni puro (99,9% Ni)	345	110	45	Recozido	Resistência à corrosão
	655	620	4	Trabalhado a frio	Resistência à corrosão
Ligas Ni-Cu					
Monel 400 (Ni-31,5% Cu)	538	270	37	Recozido	Válvulas, bombas, trocadores de calor
Monel K-500 (Ni-29,5% Cu-2,7% Al-0,6% Ti)	1.035	760	30	Envelhecido	Eixos, molas, propulsores
Superligas de Ni					
Inconel 600 (Ni-15,5% Cr-8% Fe)	620	200	49	Carbonetos	Equipamento de tratamento térmico
Hastelloy B-2 (Ni-28% Mo)	896	415	61	Carbonetos	Resistência à corrosão
DS-Ni (Ni-2% ThO_2)	490	330	14	Dispersão	Turbinas a gás
Superligas de Fe-Ni					
Incoloy 800 (Ni-46% Fe-21% Cr)	615	283	37	Carbonetos	Trocadores de calor
Superligas de Co					
Stellite 6B (60% Co-30% Cr-4,5% W)	1.220	710	4	Carbonetos	Resistência ao desgaste abrasivo

Certas ligas à base de Fe-Ni e Fe-Co formam bons materiais magnéticos. Uma liga de Ni-36% Fe, chamada Invar, tem um coeficiente de dilatação praticamente nulo durante o aquecimento. Esse efeito é explorado na produção de materiais compósitos bimetálicos. O cobalto também é utilizado em compósitos de carboneto de tungstênio com cobalto (WC-Co) para a fabricação de ferramentas de corte.

Níquel e monel O níquel e suas ligas possuem excelente resistência à corrosão e ótima conformabilidade. Quando o cobre é adicionado ao níquel, a resistência máxima é obtida com cerca de 60% de Ni. Essa liga, chamada **monel**, tem aproximadamente essa composição e é utilizada por sua durabilidade e resistência à corrosão em água salgada e em elevadas temperaturas. Alguns monéis contêm pequenas quantidades de alumínio e titânio. Essas ligas endurecem por envelhecimento com a precipitação de γ', um precipitado coerente de Ni_3Al ou Ni_3Ti que quase dobra a resistência à tração. Os precipitados resistem ao superenvelhecimento em temperaturas de até 425 °C (Figura 14-6).

Superligas As **superligas** são ligas de níquel, ferro-níquel e de cobalto que contêm grandes quantidades de elementos de liga com a finalidade de produzir uma combinação de alta resistência mecânica a elevadas temperaturas, resistência à fluência em temperaturas de até 1.000 °C e resistência à corrosão. Essas excelentes propriedades em altas temperaturas são obtidas ainda que as temperaturas de fusão das ligas sejam aproximadamente as mesmas das do aço. Aplicações típicas incluem palhetas para turbinas e motores a jato, trocadores de calor, componentes e reatores para processos químicos e equipamentos para tratamento térmico.

Para obter alta resistência mecânica e resistência à fluência, os elementos de liga devem produzir uma microestrutura estável e resistente a altas temperaturas. Em geral são empregados os endurecimentos por solução sólida, por dispersão e por precipitação, conforme discutiremos adiante. O Inconel™ 713C, por exemplo, é uma superliga típica usada em turbocompressores e inclui Ni, Nb, Cr, Mo, Ti, Al e traços de C, B e Zr.

Grandes adições de cromo, molibdênio e tungstênio e pequenas adições de tântalo, zircônio, nióbio e boro endurecem bastante uma superliga por solução sólida. Os efeitos desse endurecimento são estáveis e, por consequência, tornam a liga resistente à fluência, principalmente quando átomos grandes, como o molibdênio e o tungstênio, que se difundem lentamente, são utilizados.

Via de regra, as superligas contêm pequenos teores de carbono que, ao combinarem com outros elementos de liga, produzem partículas de carboneto estáveis e finas. Forma-se então uma rede de carbonetos que interfere no movimento de discordâncias e evita o deslizamento dos contornos entre grãos. Os principais carbonetos incluem TiC, BC, ZrC, TaC, Cr_7C_3, $Cr_{23}C_6$, Mo_6C e W_6C, embora eles sejam geralmente mais complexos e possuam vários elementos de liga. A superliga à base de cobalto Stellite 6B tem resistência incomum ao desgaste a elevadas temperaturas em virtude desses carbonetos.

Muitas das superligas de níquel e níquel-ferro que contêm alumínio e titânio formam um precipitado coerente γ' (Ni_3Al ou Ni_3Ti) durante o envelhecimento. As partículas de γ' (Figura 14-7) têm uma estrutura cristalina e um

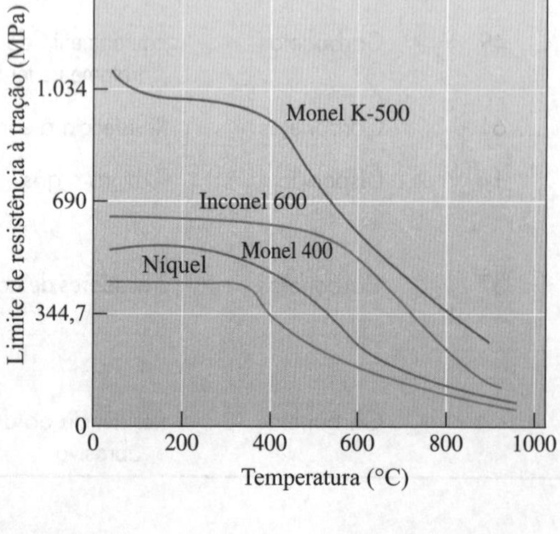

Figura 14-6 Efeito da temperatura na resistência à tração de ligas de níquel.

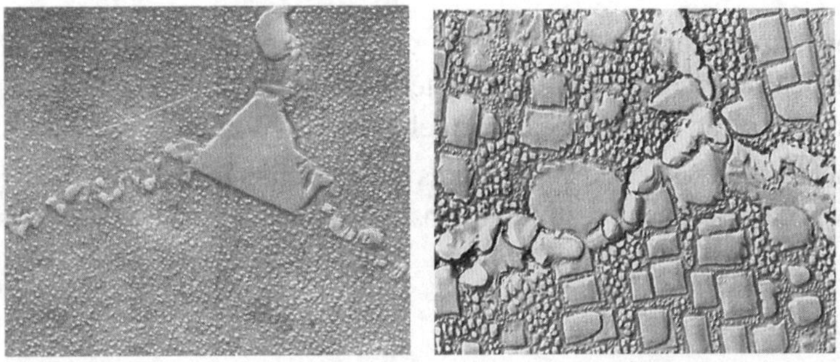

(a) (b)

Figura 14-7 (a) Microestrutura de uma superliga com carbonetos nos contornos dos grãos e precipitados γ' na matriz (aumento original de 15.000×). (b) Microestrutura de uma superliga envelhecida em duas temperaturas, produzindo grandes precipitados e cubos pequenos de γ' (aumento original de 10.000×). *(Imagem extraída de* ASM Handbook. *Metallography and microstructure, v. 9, 1985.* ASM *International, Materials Park, OH 44073-0002. Reproduzida com permissão da* ASM *International. Todos os direitos reservados, www.asminternational.org.)*

parâmetro de rede similar ao da matriz de níquel. Essa semelhança resulta em baixa energia superficial que minimiza o superenvelhecimento das ligas, fornecendo boas resistência mecânica e à fluência, mesmo em altas temperaturas.

Variando-se a temperatura de envelhecimento, precipitados de vários tamanhos podem ser produzidos. Pequenos precipitados, formados em temperaturas baixas de envelhecimento, podem crescer entre os grandes precipitados formados em temperaturas mais altas, aumentando, portanto, a fração volumétrica de γ' e aumentando mais ainda a resistência da liga [Figura 14-7(b)].

As superligas podem ser empregadas em temperaturas ainda mais elevadas, quando cobertas por um revestimento cerâmico. Um método empregado com essa finalidade consiste em, primeiro, revestir a superliga com uma complexa liga de NiCoCrAlY e, então, aplicar revestimento que funcione como barreira térmica externa, composto de cerâmica de ZrO_2 estabilizada (Capítulo 5). O revestimento ajuda a reduzir a oxidação da superliga e permite que motores a jato operem a temperaturas mais elevadas e com maior eficiência.

Exemplo 14-3 *Seleção de materiais para uma palheta de turbina de um motor a jato de alto desempenho*

Selecione uma superliga à base de níquel para a produção de palhetas de turbina para um motor de aeronave com turbina a gás que deverá resistir por um longo tempo ao dano por fluência a temperaturas próximas de 1.100 °C.

Solução

Primeiro, é preciso que a liga tenha uma microestrutura estável em altas temperaturas. Com a adição de alumínio ou titânio, há a precipitação de até 60% em volume da fase γ' durante o tratamento térmico. Isso permite que a liga suporte em serviço temperaturas próximas a 0,85 vez a temperatura absoluta de fusão. A adição de carbono e de elementos de liga como tântalo e háfnio gera a precipitação de carbonetos de liga que evitam o deslizamento do contorno de grão em altas temperaturas. Outros elementos de liga, incluindo o molibdênio e o tungstênio, endurecem a liga por solução sólida.

Segundo, é preciso produzir uma palheta de turbina solidificada de forma direcional ou mesmo como monocristal (Capítulo 9). Na solidificação direcional, formam-se apenas grãos colunares, eliminando, dessa maneira, os contornos de grãos transversais que podem nuclear as trincas. Em um monocristal, a única interface existente é a do próprio sólido. A liga pode ser produzida por fundição de precisão, com a filtragem do metal líquido para reter as pequenas inclusões antes do vazamento do metal no molde cerâmico.

É preciso tratar termicamente o fundido para garantir que os carbonetos e a fase γ' precipitem com tamanho e distribuição corretos. Mais de uma temperatura de envelhecimento pode ser utilizada para assegurar que a maior fração volumétrica possível de γ' seja obtida.

Por fim, a palheta pode conter pequenos canais de resfriamento longitudinais. O ar para combustão no motor passa através desses canais, resfriando a palheta antes de reagir com o combustível na câmara de combustão.

14-5 Ligas de titânio

O titânio é produzido a partir de TiO_2 pelo processo Kroll. O TiO_2 é convertido em tetracloreto de titânio ($TiCl_4$) e em seguida reduzido a titânio metálico pelo sódio ou magnésio. O titânio produzido tem aparência porosa e é então consolidado. São introduzidos elementos de liga, se necessário, e o material é fundido por fusão a arco sob vácuo. O Ti fornece excelente resistência à corrosão, alta resistência mecânica e boas propriedades em altas temperaturas. Limites de resistência de até 200.000 psi (1.400 MPa) e massa específica de 4.505 kg/m^3 fornecem excelentes características do ponto de vista mecânico. Um filme aderente e protetor de TiO_2 é responsável pelas excelentes resistências à corrosão em temperaturas inferiores a 535 °C. Acima de 535 °C, o filme de óxido fratura e pequenos átomos intersticiais, como carbono, oxigênio, nitrogênio e hidrogênio, se difundem pela estrutura cristalina, fragilizando o titânio.

A excelente resistência à corrosão do titânio possibilita aplicações em equipamentos de processamento químico, componentes marítimos e implantes biomédicos, como próteses de quadril. O titânio é um importante material aeroespacial, com aplicações em componentes estruturais e em motores a jato. Além dessas características, existem outras. Ao ser combinado com o nióbio, um composto intermetálico supercondutor é formado. Quando combinado com o níquel, a liga resultante apresenta efeito de memória de forma. Com a adição de alumínio, nova classe de ligas intermetálicas é produzida. As ligas de titânio são também empregadas em equipamentos esportivos, como as cabeças dos tacos de golfe, e em armações de óculos.

O titânio é um metal alotrópico, com a estrutura cristalina HC (α) em baixas temperaturas e uma estrutura CCC (β) acima de 882 °C. Os elementos de liga, que podem ser divididos em quatro grupos (Figura 14-8), endurecem o Ti por solução sólida e alteram sua temperatura de transformação alotrópica. Adições de estanho e zircônio endurecem por solução sólida sem afetar a temperatura de transformação. Alumínio, oxigênio, hidrogênio e outros elementos estabilizadores da fase alfa aumentam a temperatura na qual α se transforma em β, ou seja, expandem o campo da fase α. Elementos de liga chamados estabilizadores da fase beta, como vanádio, tântalo, molibdênio e nióbio, diminuem a temperatura de transformação, fazendo com que seja possível a presença da fase β à temperatura ambiente. Por fim, manganês, cromo e ferro produzem reação eutetoide, reduzem a temperatura de transformação α-β e produzem microestrutura bifásica à temperatura ambiente. Vários tipos de titânio e suas ligas estão listados na Tabela 14-9.

Titânio comercialmente puro O titânio não ligado é utilizado devido à sua elevada resistência à corrosão. Impurezas, como o oxigênio, aumentam a resistência mecânica do titânio (Figura 14-9), mas reduzem a resistência à corrosão. As aplicações abrangem trocadores de calor, tubulações, reatores, bombas e válvulas para as indústrias química e petroquímica.

Ligas de titânio alfa A mais comum de todas as ligas alfa contém 5% de Al e 2,5% de Sn, que endurecem a fase α por solução sólida. As ligas α são recozidas em altas temperaturas na região β. O resfriamento rápido resulta em grãos com estrutura alfa acicular ou de Widmanstätten (Figura 14-10), que apresenta boa resistência à fadiga. O resfriamento no interior do forno resulta em uma microestrutura α, em forma de placas, que melhora a resistência à fluência.

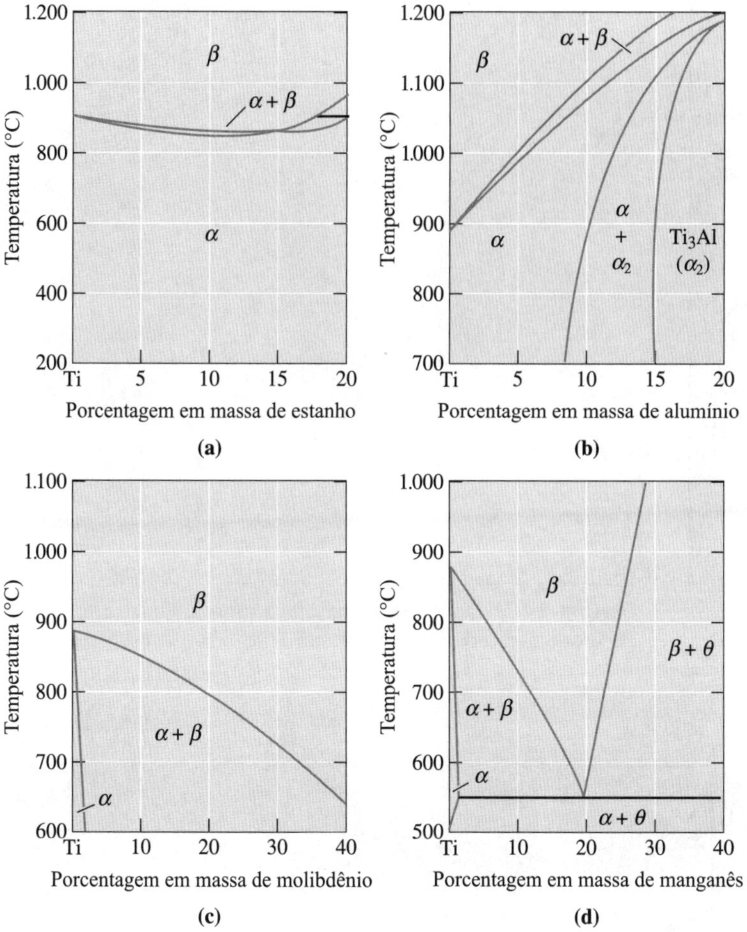

Figura 14-8 Partes dos diagramas de fases (a) titânio-estanho, (b) titânio-alumínio, (c) titânio-molibdênio e (d) titânio-manganês.

Tabela 14-9 • Propriedades de ligas de titânio

Material	Limite de resistência à tração (MPa)	Limite de escoamento (MPa)	Alongamento (%)
Ti comercialmente puro			
99,5% Ti	241	172	24
99,0% Ti	552	483	15
Ligas de Ti alfa			
5% Al-2,5% Sn	862	780	15
Ligas de Ti beta			
13% V-11% Cr-3% Al	1.290	1.215	5
Ligas Ti alfa-beta			
6% Al-4% V	1.035	965	8

Ligas de titânio beta Embora elevados teores de vanádio ou molibdênio produzam microestrutura inteiramente β à temperatura ambiente, nenhuma das ligas beta usuais contém uma concentração de elementos de liga suficiente para garantir a estabilidade dessa microestrutura. Em vez disso, os teores de elementos estabilizadores de fase β fazem que o resfriamento rápido produza microestrutura β metaestável. O endurecimento final é obtido tanto por meio da grande quantidade de elementos de liga em solução sólida, como pelo envelhecimento da microestrutura

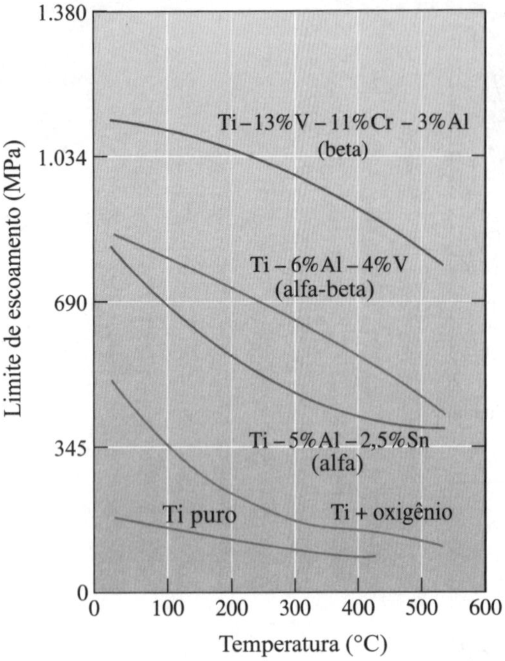

Figura 14-9 Efeito da temperatura sobre o limite de escoamento de ligas de titânio.

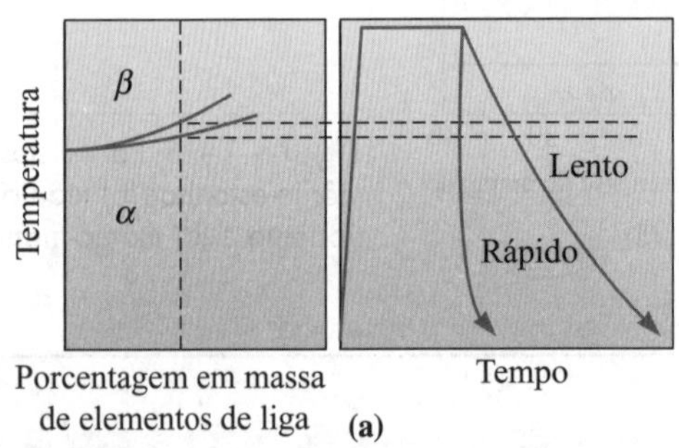

(b)

Figura 14-10 (a) Recozimento e (b) microestrutura do titânio alfa resfriado rapidamente (aumento original de 100 ×). Os precipitados nos contornos do grão e as placas de Widmanstätten são fases alfa. (*Imagem extraída de* ASM Handbook, *v. 7, 1972. ASM International, Materials Park, OH 44073-0002. Reproduzida com permissão da ASM International®. Todos os direitos reservados, www.asminternational.org.)*

metaestável β pela precipitação de α. As aplicações abrangem componentes submetidos à alta tensão mecânica, eixos, barras e acoplamentos para aplicações aeroespaciais.

Ligas de titânio alfa-beta Com o ajuste correto dos elementos estabilizadores de α e β, uma mistura de α e β é produzida à temperatura ambiente. A liga Ti-6% Al-4% V é um exemplo típico dessa classe e é a composição mais comum das ligas de titânio. Em razão de as ligas terem duas fases, tratamentos térmicos podem ser utilizados para controlar a microestrutura e as propriedades.

O recozimento de ligas de titânio α-β fornece uma combinação de alta ductilidade, propriedades uniformes e boa resistência mecânica. A liga é aquecida logo abaixo da temperatura de transformação β (β *transus*), permitindo que pequena quantidade de α permaneça e evite o crescimento dos grãos [Figura 14-11(a)]. O resfriamento lento forma grãos α equiaxiais que fornecem boa ductilidade e conformabilidade [Figura 14-11(b)], ao mesmo tempo que dificulta a nucleação das trincas de fadiga. O resfriamento mais rápido, particularmente acima da temperatura de transformação $\alpha-\beta$, produz uma fase alfa acicular [Figura 14-11(c)]. Embora as trincas de fadiga possam nuclear mais facilmente nessa microestrutura, as trincas devem seguir um caminho tortuoso ao longo dos contornos

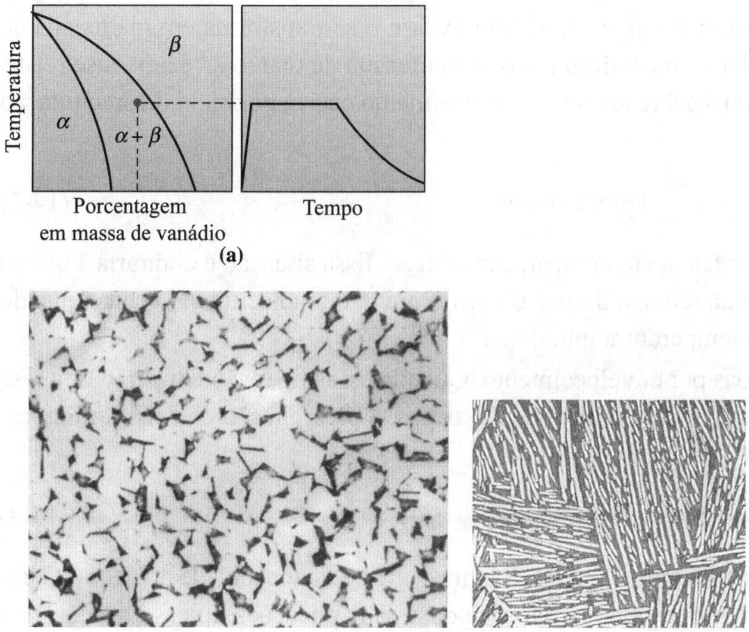

Figura 14-11 Recozimento de uma liga de titânio α-β. (a) Recozimento feito abaixo da temperatura de transformação α-β, (b) resfriamento lento resulta em grãos α equiaxiais (aumento original de 250 ×) e (c) resfriamento rápido produz grãos α aciculares (aumento original de 2.500 ×). (*Imagem extraída de* ASM Handbook, *v. 7, 1972. ASM International, Materials Park, OH 44073-0002. Reproduzida com permissão da ASM International®. Todos os direitos reservados, www.asminternational.org.*)

entre α e β. Essa condição resulta em baixa taxa de crescimento das trincas de fadiga, boa tenacidade à fratura e boa resistência à fluência.

Duas possíveis microestruturas podem ainda ser produzidas quando a fase β é temperada a partir de altas temperaturas. O diagrama de fases na Figura 14-12 inclui linha tracejada para o início da transformação martensítica

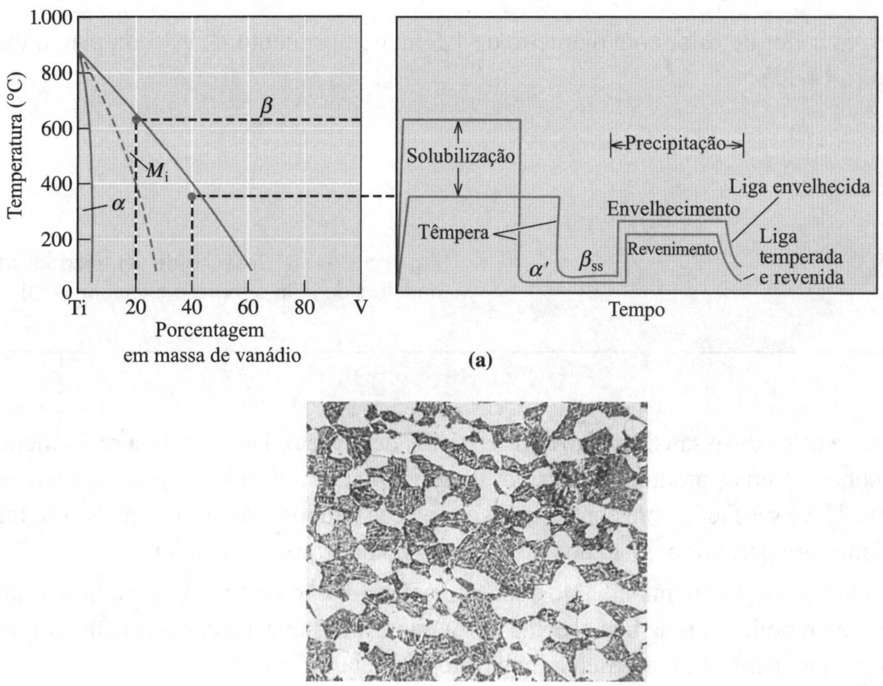

Figura 14-12 (a) Tratamento térmico e (b) microestrutura das ligas de titânio α-β. A microestrutura contém fase α (grandes grãos brancos) e uma matriz β escura com agulhas de α formadas durante o envelhecimento (aumento original de 250 ×). (*Imagem extraída de* ASM Handbook, *v. 7, 1972. ASM International, Materials Park, OH 44073-0002. Reproduzida com permissão da ASM International®. Todos os direitos reservados, www.asminternational.org.*)

que fornece a base para a têmpera e o revenimento das ligas de titânio. A fase β se transforma em martensita de titânio (α') se a composição da liga cruzar a linha M_i no resfriamento. A martensita de titânio α' é uma fase relativamente macia e supersaturada. Quando a martensita é reaquecida, o revenimento ocorre por meio da precipitação de β a partir da martensita supersaturada:

$$\alpha' \rightarrow \alpha + \beta \text{ precipitados} \tag{14-2}$$

Precipitados finos da fase β aumentam a resistência em comparação com α'. Essa situação é contrária à que se encontra nos aços, cujo revenimento da martensita reduz a dureza do aço. Porém, o amolecimento ocorre quando o revenimento da liga de titânio é feito em uma temperatura muito alta.

As ligas α-β altamente ligadas são endurecidas por envelhecimento. Quando essas ligas são temperadas, a fase β supersaturada (β_{ss}) mantém-se inalterada. Durante o envelhecimento, ocorre a precipitação de α com microestrutura Widmanstätten a partir de β_{ss} (Figura 14-12):

$$\beta_{ss} \rightarrow \beta + \alpha \text{ precipitados} \tag{14-3}$$

A formação dessa microestrutura resulta em aumento da resistência mecânica e da tenacidade à fratura. Componentes para estruturas mecânicas, foguetes, motores a jato e trens de pouso são aplicações típicas das ligas α-β tratadas termicamente. Algumas ligas, incluindo a Ti-6% Al-4% V, são superplásticas e podem ser deformadas em aproximadamente 1.000%. Essa liga é também utilizada para produzir implantes para o corpo humano. As ligas de titânio são consideradas **biocompatíveis**, isto é, não são rejeitadas pelo corpo. É possível também fabricar implantes de titânio **bioativos**, ou seja, que permitam o crescimento do osso natural a partir da camada de hidroxiapatita, que são recobrimentos de cerâmica porosa e com composição similar à do osso, utilizados para revestir implantes metálicos. Os três exemplos a seguir ilustram aplicações das ligas de titânio.

Exemplo 14-4 *Projeto de um trocador de calor*

Projete um trocador de calor com diâmetro de 1,5 m, comprimento de 9,15 m, para a indústria petroquímica (Figura 14-13).

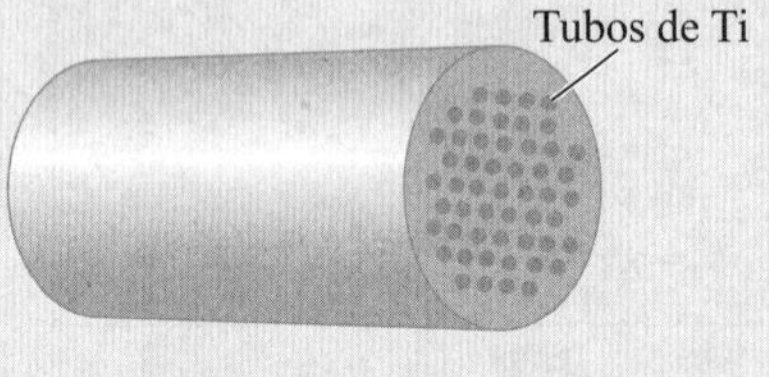

Figura 14-13 Desenho de um trocador de calor de tubos de titânio (para o Exemplo 14-4).

Solução

O trocador de calor deve satisfazer a vários critérios de projeto. Deve ter boa resistência à corrosão, pois entra em contato com os produtos agressivos da refinaria química. Deve operar em temperaturas relativamente altas. Deve ser facilmente conformado em placas e tubos a partir dos quais será fabricado e ter boa soldabilidade para permitir a união dos tubos ao corpo do trocador de calor.

Desde que a temperatura máxima de operação esteja abaixo de 535 °C, para que o filme de óxido seja estável, o titânio pode ser uma boa escolha por garantir resistência à corrosão em temperaturas elevadas. Titânio comercialmente puro apresenta melhor resistência à corrosão.

O titânio puro também tem ótimas características de conformação plástica e soldagem e, portanto, pode ser a melhor escolha. Se o titânio puro não possui resistência mecânica suficiente, a alternativa é uma liga de titânio alfa, que ainda apresenta boa resistência à corrosão, boas características de conformabilidade e soldabilidade e maior resistência mecânica.

Exemplo 14-5 *Projeto de uma biela*

Projete uma biela de alto desempenho para o motor de um automóvel de corrida (Figura 14-14).

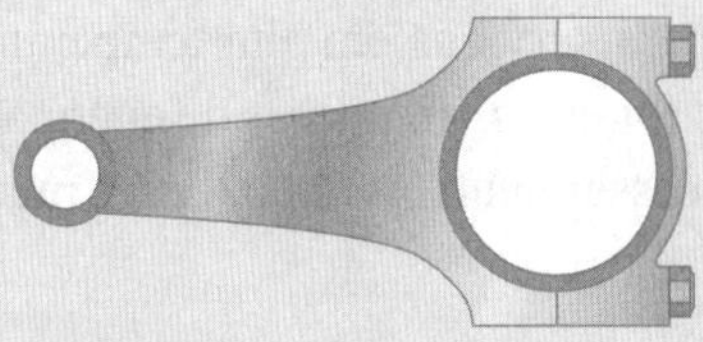

Figura 14-14 Desenho de uma biela (para o Exemplo 14-5).

Solução

Um motor para carro de corrida de alto desempenho requer materiais que também possam operar em altas temperaturas e tensões, enquanto minimizam o peso do motor. Em automóveis comuns, as bielas são geralmente fabricadas de aço forjado ou de ferro fundido maleável. Pode-se reduzir bastante o peso, produzindo esses componentes em titânio.

Para obter altas resistências, podemos considerar uma liga de titânio α-β. Em razão de sua disponibilidade, a liga Ti-6% Al-4% V é uma boa escolha. Ela é aquecida a aproximadamente 1.065 °C, que corresponde à região monofásica β do diagrama de fases. Na têmpera, forma-se uma martensita de titânio e o revenimento subsequente produz microestrutura de matriz α com precipitados β.

Quando o tratamento térmico é realizado numa região monofásica β, a martensita revenida apresenta estrutura acicular, o que reduz a taxa de crescimento de trincas de fadiga.

Exemplo 14-6 *Materiais para prótese de quadril*

Que tipo de material pode ser escolhido para a produção de um implante total de quadril?

Solução

Uma prótese de quadril tem a finalidade de substituir parte do osso do fêmur danificada ou desgastada. O implante tem uma cabeça de metal e se encaixa na cavidade do fêmur. É preciso considerar os seguintes fatores: biocompatibilidade, resistência à corrosão, alta tenacidade à fratura, excelente tempo de vida em fadiga e boa resistência ao desgaste, pois o implante deve durar por vários anos, uma vez que é difícil repetir a cirurgia em pacientes idosos. Também é preciso considerar a rigidez do implante. Se a liga escolhida tiver módulo de elasticidade muito alto, comparado ao osso, a maior parte da tensão recairá sobre o implante. Isso leva à perda de resistência do osso remanescente, o que, por sua vez, pode soltar o implante. Assim, é preciso um material que tenha altas resistências à tração e à corrosão, biocompatibilidade e tenacidade à fratura. Esses requisitos indicam como candidatos o aço inoxidável 316 e a liga Ti-6% Al-4% V. Nenhum desses materiais é ferromagnético e ambos são opacos aos raios X. Isso é necessário para exames de ressonância magnética e de raios X. As ligas de titânio não são muito duras e podem se desgastar. Os aços inoxidáveis são mais resistentes, e os implantes são muito mais rígidos, já que possuem elevado módulo de elasticidade. O titânio, que também é biocompatível, pode ser a melhor escolha. Um conjunto no qual a haste é feita da liga Ti-6% Al-4%V e a cabeça fabricada de cerâmica resistente ao desgaste, à corrosão e com tenacidade à fratura, como a alumina, talvez possa ser a melhor opção. O interior do soquete (chamado de acetábulo) pode ser feito com um polietileno de ultra-alto peso molecular que tem um coeficiente de atrito muito baixo. A superfície do implante deve ser porosa para promover o crescimento do osso. Outra opção é recobrir o implante com um material como hidroxiapatita porosa para acelerar o crescimento do tecido ósseo.

14-6 Metais refratários e preciosos

Os **metais refratários**, que incluem tungstênio, molibdênio, tântalo e nióbio, têm temperaturas de fusão muito acima de 1.925 °C e, consequentemente, apresentam potencial para serviços em alta temperatura. As aplicações abrangem filamentos para lâmpadas, bocal de saída dos gases dos foguetes, geradores de energia nuclear, capacitores eletrônicos à base de tântalo e nióbio e equipamentos para processamento químico. Esses metais têm alta massa específica e resistências mecânicas não muito elevadas (Tabela 14-10).

Oxidação Os metais refratários começam a se oxidar entre 200 °C e 425 °C e fragilizam rapidamente. Consequentemente, precauções especiais são requeridas durante a fundição, o trabalho a quente, a soldagem ou na metalurgia do pó. Os metais também devem ser protegidos durante o serviço em elevadas temperaturas. Por exemplo, o filamento de tungstênio é protegido pelo vácuo do interior da lâmpada.

Para algumas aplicações, os metais podem ser protegidos com recobrimentos à base de compostos de silício e alumínio. O recobrimento deve (a) ter alta temperatura de fusão, (b) ser compatível com o metal refratário, (c) fornecer barreira à difusão para evitar que as espécies químicas agressivas alcancem o metal de base e (d) ter um coeficiente de dilatação térmica similar ao do metal refratário. Os recobrimentos estão disponíveis para proteger o metal até aproximadamente 1.650 °C. Em algumas aplicações, como capacitores para telefones celulares, a formação de óxidos é útil, visto que o objetivo é utilizar o óxido como um material dielétrico.

Características de conformação mecânica Os metais refratários, que têm uma estrutura cristalina CCC, apresentam temperatura de transição dúctil-frágil. Em razão de as temperaturas de transição do nióbio e do tântalo estarem abaixo da temperatura ambiente, esses dois metais podem prontamente ser conformados mecanicamente. Porém, molibdênio e tungstênio recozidos normalmente têm uma temperatura de transição frágil-dúctil acima da ambiente, o que os torna frágeis. Entretanto, se esses metais forem trabalhados a quente para produzir microestrutura mais tenaz, a temperatura de transição dúctil-frágil é diminuída e a conformabilidade, melhorada.

Ligas Grandes melhorias das propriedades mecânicas à temperatura ambiente e a temperaturas elevadas são obtidas com a formação de ligas. Ligas de tungstênio com háfnio, rênio e carbono podem operar até 2.100 °C. Essas ligas são normalmente endurecidas por solução sólida. O tungstênio e o molibdênio formam soluções sólidas totais, assim como observado para o sistema Cu-Ni. Algumas ligas, como W-2% ThO_2, são endurecidas por dispersão por partículas de óxido durante sua fabricação por processos da metalurgia do pó. Pontas de solda geralmente são feitas de W-2% ThO_2. Materiais compósitos, como o nióbio reforçado com fibras de tungstênio, também podem apresentar melhoria nas propriedades em altas temperaturas.

Metais preciosos Esse grupo inclui o ouro, a prata, o paládio, a platina e o ródio. Como o nome sugere, eles são preciosos e caros; todos são usados em joias. Do ponto de vista da engenharia, esses materiais resistem à corrosão

Tabela 14-10 • Propriedades de alguns metais refratários

Metal	Temperatura de fusão (°C)	Massa específica (kg/m³)	T = 1.000 °C: Limite de resistência à tração (MPa)	T = 1.000 °C: Limite de escoamento (MPa)	Temperatura de transição frágil-dúctil (°C)
Nb	2.468	8.570	117	55	–140
Mo	2.610	10.220	345	207	30
Ta	2.996	16.600	186	165	–270
W	3.410	19.250	455	103	300

e são bons condutores de eletricidade. Como resultado, ligas desses materiais são com frequência usadas como eletrodos em diversos dispositivos. Os eletrodos são formados por deposição de um filme fino (por exemplo, por aspersão térmica ou eletroliticamente) ou recobertos com dispersão ou pastas contendo o pó de metal. Partículas de tamanho nanométrico de Pt/Rh/Pd em um suporte cerâmico são utilizadas como catalisadores em automóveis. Esses metais facilitam a oxidação do CO para CO_2 e NO_x para N_2 e O_2 e também são empregados como catalisadores em refinarias de petróleo.

As cerâmicas constituem uma classe grande e diversa de materiais. Suas aplicações são inúmeras, variando de obras de arte, como peças de vidro colorido com formas intricadas, até os ladrilhos cerâmicos de última geração usados em ônibus espaciais. As cerâmicas desempenham um papel crucial em uma série de tecnologias eletrônicas, magnéticas, ópticas e relacionadas com energia, incluindo, por exemplo, capacitores, componentes de dispositivos de memória, lentes telescópicas e suportes de catalisadores. As cerâmicas tradicionais atuam como refratários (materiais resistentes ao calor) no processamento de metais e também têm aplicações tradicionais como banheiras, pias e louças. (*Imagem cortesia da Nasa/kaca kaca/Shutterstock.com.*)

capítulo 15

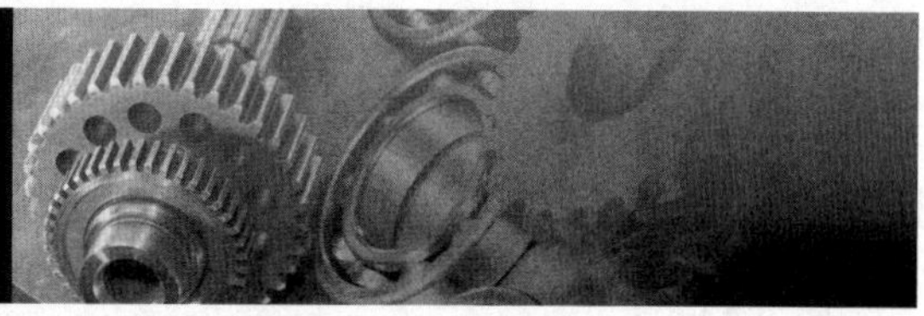

Materiais cerâmicos

VOCÊ JÁ SE PERGUNTOU?

- Que cerâmica é encontrada nos ossos e dentes?
- O que torna alguns diamantes amarelos?
- Que material era utilizado para proteger os ônibus espaciais das altas temperaturas durante a reentrada na atmosfera terrestre?
- De que é feita a tarja magnética do cartão de crédito?

OBJETIVOS DE APRENDIZAGEM DO CAPÍTULO

Os principais objetivos deste capítulo são

- Definir uma cerâmica e reconhecer que essa classe de materiais abrange sólidos inorgânicos não metálicos, tanto cristalinos quanto amorfos.
- Identificar as aplicações de vários materiais cerâmicos.
- Identificar algumas das estruturas cristalinas mais comuns de cerâmicas cristalinas.
- Identificar alguns defeitos mais comuns de cerâmicas cristalinas.
- Escolher o processo e os parâmetros de processamento apropriados para a produção de componentes cerâmicos.
- Entender a estrutura da sílica e dos compostos de silicato.
- Entender como as propriedades da sílica e dos silicatos são alteradas pela incorporação de outros óxidos.

Cerâmicas, metais e polímeros constituem as classes principais de materiais discutidas no Capítulo 1. Os metais podem ser definidos por sua estrutura eletrônica. Eles geralmente têm um ou dois elétrons de valência; essa estrutura eletrônica origina suas propriedades únicas, inclusive alta resistência e ductilidade, além de alta condutividade elétrica e térmica. Os polímeros são formados a partir de longas cadeias de moléculas orgânicas, como veremos no Capítulo 16. Os semicondutores, como os metais, têm uma estrutura eletrônica exclusiva que permite que sua condutividade elétrica seja controlada com precisão, tornando-os, assim, úteis em aplicações eletrônicas como transistores (interruptores elétricos). Mas o que é uma cerâmica? Normalmente conseguimos identificar uma cerâmica quando vemos uma, e com certeza estamos familiarizados com as cerâmicas no nosso dia a dia. Os exemplos de aplicações cerâmicas incluem vasos sanitários, pias, pratos, janelas, materiais isolantes nas velas de ignição, além de componentes avançados de engenharia na microeletrônica e optoeletrônica. Por outro lado, o corpo humano tem a capacidade surpreendente de fabricar hidroxiapatita, uma cerâmica encontrada nos ossos e nos dentes. Outras cerâmicas que ocorrem naturalmente são diamantes e pedras preciosas, como safiras e esmeraldas. As cerâmicas geralmente são frágeis, más condutoras elétricas, boas isolantes térmicas e podem ser transparentes. Elas sempre são inorgânicas, mas podem ser cristalinas, parcialmente cristalinas ou amorfas. Podem ser uma combinação de um metal e um não metal (por exemplo, óxidos, carbetos, nitretos, sulfetos, fluoretos etc.) e variam significativamente em relação às suas propriedades eletrônicas. As cerâmicas podem se formar como monocristais, filmes finos (como nitreto de gálio em lasers) ou nanotubos (como carbono ou nitreto de boro). É possível fabricar peças a partir da sinterização de pós, como nas ferramentas de corte de carbeto de tungstênio. Os vidros podem ser soprados em formas complexas usando calor e ferramentas de modelagem. Existe uma única definição que englobe todas essas características das cerâmicas sem excluir materiais que geralmente consideramos cerâmicas? W. D. Kingery, que escreveu um texto importante da área e é considerado o "pai das cerâmicas modernas", talvez tenha definido melhor as cerâmicas quando disse que uma cerâmica é "um sólido inorgânico não metálico". Essa é uma definição ampla, mas totalmente inclusiva, pois também envolve diamante e grafita, já que consideramos os alótropos do carbono como inorgânicos. Reconhecemos que podem existir diferenças drásticas dentro desse espectro e também que as cerâmicas podem ser usadas para diferentes propósitos. As cerâmicas incluem cristais, vidros e vitrocerâmicas. Discutiremos cada uma dessas três categorias neste capítulo. A Tabela 15-1 apresenta uma lista parcial de funções e aplicações de alguns exemplos de materiais cerâmicos.

Ao estudar cerâmicas, recorreremos ao conhecimento básico obtido nos capítulos anteriores, incluindo ligações (Capítulo 2), estruturas cristalinas (Capítulo 3), defeitos (Capítulo 4), difusão (Capítulo 5), propriedades mecânicas (Capítulo 6) e fraturas (Capítulo 7). Também examinaremos a síntese, o processamento e as aplicações de materiais cerâmicos.

15-1 Ligações em cerâmicas

As cerâmicas são mantidas unidas por ligações primárias fortes. Essas ligações são predominantemente iônicas ou covalentes, com algumas ligações mistas incluindo caráter parcial de ligações metálicas. Conforme aprendemos no Capítulo 2, um grande poço de potencial também dá origem a altas temperaturas de fusão (Veja a Figura 2-20). Uma grande quantidade de energia térmica deve ser fornecida para fazer com que os átomos ou íons se separem em distâncias interatômicas ou interiônicas maiores, levando, assim, à fusão. Materiais com pontos de fusão elevados também tendem a ter um módulo de elasticidade alto (Tabelas 15-2 e 15-3), o que significa que as ligações são rígidas. Os materiais que apresentam ligações predominantemente iônicas ou covalentes não têm elétrons livres para conduzir eletricidade porque há uma transferência ou um compartilhamento de elétrons para obter configurações eletrônicas s^2p^6 completas. Devido à falta de elétrons livres, as cerâmicas também tendem a ser bons isolantes térmicos, embora haja algumas exceções. Uma delas é o diamante, já que ele tem ligações extraordinariamente firmes que transportam calor de forma eficiente (Seção 2-7). Veremos na Seção 15-3 que essas ligações geralmente levam a uma maior resistência e dureza, além de fragilidade em materiais cerâmicos.

Exemplo 15-1 *Rigidez das ligações e módulo de elasticidade*

Considere uma carga uniaxial aplicada a uma célula unitária cúbica simples e demonstre que o módulo elástico E de um material é diretamente proporcional à rigidez das ligações.

Solução

Suponha que a distância de equilíbrio entre os átomos é o parâmetro de rede a. A tensão de engenharia S que se desenvolve quando uma carga P é aplicada em uma região transversal a^2 é

Tabela 15-1 • Funções e aplicações de alguns exemplos de cerâmicas*

Propriedades de interesse	Aplicação	Exemplos
Elétricas	Dielétricos de capacitores	$BaTiO_3$, $SrTiO_3$, Ta_2O_5
	Dielétricos para micro-ondas	$Ba(Mg_{1/3}Ta_{2/3})O_3$, $Ba(Zn_{1/3}Ta_{2/3})O_3$
		$BaTi_4O_9$, $Ba_2Ti_9O_{20}$, $Zr_xSn_{1-x}TiO_4$, Al_2O_3
	Óxidos condutores	SnO_2 dopado (ITO)
	Supercondutores	$YBa_2Cu_3O_{7-x}$(YBCO)
	Encapsulamento elétrico	Al_2O_3
	Isolantes	Porcelana
	Células a combustível de óxido sólido	ZrO_2, $LaCrO_3$
	Cerâmica piezoelétrica	$Pb(Zr_xTi_{1-x})O_3$(PZT), $Pb(Mg_{1/3}Nb_{2/3})O_3$
	Eletro-ópticos	La dopado PZT (PLZT), $LiNbO_3$
Magnéticas	Meios de gravação	γ-Fe_2O_3
	Ferrofluidos, tarja de cartão de crédito	Fe_3O_4
	Isolantes, circuladores,	Ferrita de zinco e níquel
	Indutores, ímãs	Ferrita de zinco e manganês
Ópticas	Fibras ópticas	SiO_2 dopado
	Vidros	Vidros à base de SiO_2
	Gerador de lasers	Al_2O_3, granadas de ítrio-alumínio (YAG)
	Lâmpada de iluminação	Al_2O_3, vidros
Automotivas	Sensores de oxigênio, células a combustível	ZrO_2
	Suporte de catalisadores	Cordierita
	Velas de ignição	Al_2O_3
	Pneus	SiO_2
	Pára-brisas/janelas	Vidros à base de SiO_2
Mecânicas/Estruturais	Ferramentas de corte	*Cermets* WC-Co
		Nitreto de alumínio e silício (Sialon)
		Al_2O_3
	Compósitos	SiC, Al_2O_3, fibras de vidro
	Abrasivos	SiC, Al_2O_3, diamante, BN, $ZrSiO_4$
Biomédicas	Implantes	Hidroxiapatita
	Restaurações odontológicas	Porcelana, Al_2O_3
	Cabeçotes para ensaio de ultrassom	PZT
Habitacionais	Prédios	Concreto
		Vidro
		Louças sanitárias
Outras	Componentes militares e blindagem	PZT, B_4C
	Sensores	SnO_2
	Equipamentos nucleares	UO_2
		Vidros para descarte de resíduos
	Processamento de metais	Alumina e refratários à base de sílica, sensores de oxigênio, moldes para fundição etc.
Químicas	Catalisador	Vários óxidos (Al_2O_3, ZrO_2, ZnO, TiO_2)
	Filtros de ar, líquido e gás	
	Sensores	
	Pigmentos de tintas, carga de borracha	
Domésticas	Azulejos, peças sanitárias, peças brancas, utensílios de cozinha, cerâmica, objetos de decoração e joias	Argila, alumina e cerâmicas à base de sílica, vitrocerâmicas, diamante, rubi, zircônia cúbica e outros cristais.

* As siglas utilizadas para designar materiais cerâmicos são indicadas em itálico.

Tabela 15-2 • Propriedades de cerâmicas policristalinas

Material	Temperatura de fusão (°C)	Coeficiente de dilatação térmica ($\times 10^{-6}$ cm/cm)/°C	Dureza Knoop (HK) (100 g)
Al_2O_3	2.000	cerca de 6,8	2.100
BN	2.732	0,57[a], −0,46[b]	5.000
SiC	2.700	cerca de 3,7	2.500
Diamante	3.550	1,02	7.000
Mulita	1.810	4,5	—
TiO_2	1.840	8,8	—
ZrO_2 cúbico	2.700	10,5	—

[a] Na direção perpendicular à de prensagem. [b] Na direção paralela à de prensagem.

Tabela 15-3 • Propriedades mecânicas de cerâmicas avançadas

Material	Massa específica (g/cm³)	Resistência à tração (MPa)	Resistência à flexão (MPa)	Resistência à compressão (MPa)	Módulo de Young (MPa)	Tenacidade à fratura (MPa $\sqrt{m}$)
Al_2O_3	3,98	207	552	3.025	386×10^3	5,5
SiC (sinterizado)	3,1	172	552	3.860	414×10^3	4,4
Si_3N_4 (reação química)	2,5	138	241	1.030	207×10^3	3,3
Si_3N_4(prensado a quente)	3,2	552	896	3.450	310×10^3	5,5
Sialon	3,24	414	965	3.450	310×10^3	9,9
ZrO_2(parcialmente estabilizada)	5,8	448	690	1.860	207×10^3	11,0
ZrO_2 (tenacificada)	5,8	345	793	1.725	200×10^3	12,1

$$S = \frac{P}{a^2}$$

Para a carga elástica, a lei de Hooke se aplica, de modo que

$$S = \frac{P}{a^2} = Ee$$

em que e é a deformação de engenharia. A deformação de engenharia também pode ser expressa como

$$e = \frac{\Delta a}{a}$$

em que Δa é a extensão e a carga P pode ser escrita como

$$P = k\Delta a$$

Nesta equação, em que k é a rigidez das ligações, que são consideradas como molas lineares (veja a Figura 15-1). Calculando E,

$$E = \frac{P}{a^2 e} = \frac{k\Delta a}{a^2}\frac{a}{\Delta a} = \frac{k}{a}$$

Essa equação é uma aproximação e não deve ser considerada como estritamente correta, mas ela mostra que o módulo de elasticidade é proporcional à rigidez entre os átomos ou íons em um sólido. À medida que a rigidez aumenta, o módulo de elasticidade também aumenta.

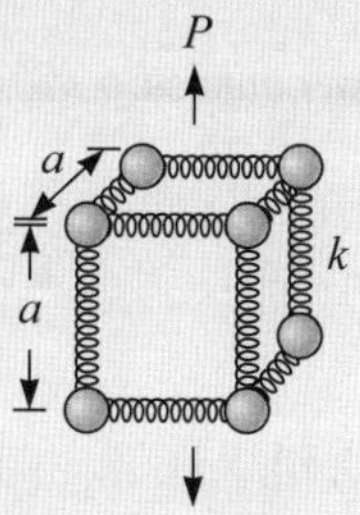

Figura 15-1 As ligações entre os átomos podem ser consideradas como molas com uma rigidez *k* nessa aproximação simples. O parâmetro de rede da célula unitária cúbica simples é *a*.

15-2 Estruturas de cerâmicas cristalinas

As cerâmicas podem ser cristalinas, parcialmente cristalinas ou amorfas. Discutiremos os vidros inorgânicos na Seção 15-7 e as cerâmicas parcialmente cristalinas na Seção 15-8. As cerâmicas cristalinas exibem centenas de estruturas cristalinas diferentes. Muitas dessas estruturas cristalinas foram explicadas nas Seções 3-7 e 3-8, inclusive estruturas de cloreto de sódio, blenda de zinco, fluoreto, coríndon, perovskita e do diamante. Consulte a Tabela 15-4 para conhecer algumas estruturas cristalinas comuns encontradas em cerâmicas, suas descrições de rede e base e exemplos de materiais cerâmicos que adotam essas estruturas cristalinas.

Conforme discutido na Seção 3-7, muitas estruturas cerâmicas iônicas podem ser vistas como um agrupamento de ânions com cátions menores em seus interstícios. Por exemplo, a estrutura do cloreto de sódio é uma estrutura cúbica de face centrada de ânions de Cl com todos os espaços octaédricos ocupados por cátions de Na. Para relembrar, as estruturas que são adotadas por compostos cerâmicos são uma forte função entre os raios relativos dos raios dos átomos ou íons no composto e a necessidade de manter a neutralidade elétrica (Seção 3-7). Em alguns casos, a forma mais simples ou correta de descrever uma estrutura cristalina cerâmica não é necessariamente um agrupamento compacto de ânions e cátions nos interstícios. Também é importante notar que, mesmo que os cátions ocupem interstícios, isso não necessariamente levará a um fator de empacotamento atômico maior do que o de metais compactos.

Alumina Uma das cerâmicas cristalinas mais utilizadas é o óxido de alumínio ou alumina. Ela existe na forma de vários polimorfos cristalinos (Seção 3-4), alguns com estruturas cristalinas muito complicadas. Isso se assemelha à situação que veremos mais adiante neste capítulo em relação à sílica (dióxido de silício). A estrutura cristalina conhecida como α-Al_2O_3, que representa a estrutura do coríndon (Seção 3-7), mineral comumente encontrado, o qual exibe muitas das características típicas das cerâmicas. Por exemplo, por serem tão duros, os pós de coríndon normalmente são usados como compostos de polimento. As variantes da alumina também são a base de muitas pedras preciosas, incluindo rubis e safiras. Elementos como titânio, ferro, cromo e cobre produzem pedras preciosas à base de alumina com cores específicas. A alumina é usada em vários dispositivos eletrônicos e em revestimentos transparentes resistentes a riscos em relógios e certos instrumentos científicos. Ela também é usada como

Tabela 15-4 • Tabela de algumas estruturas cerâmicas cristalinas, descrições de rede e base e exemplos de cerâmicas que adotam essas formas. Esta lista não está, de forma alguma, completa

	Estrutura	Nome/Rede e base	Alguns exemplos
1	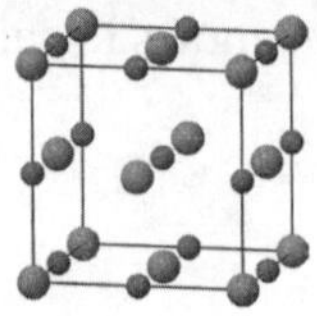	*Cloreto de sódio (NaCl)* Rede CFC com uma base de Cl (0, 0, 0) e Na (1/2, 0, 0)	BaO, CaO, MgO, SrO, TiC, TiO
2	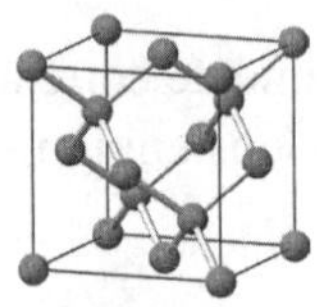	*Cúbica em forma de diamante* Rede CFC com uma base de C (0, 0, 0) e C (1/4, 1/4, 1/4)	Diamante
3	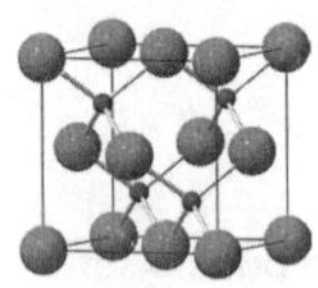	*Blenda de zinco cúbica (ZnS), também conhecida como esfalerita* Rede CFC com uma base de S (0, 0, 0) e Zn (1/4, 1/4, 1/4)	β-SiC
4	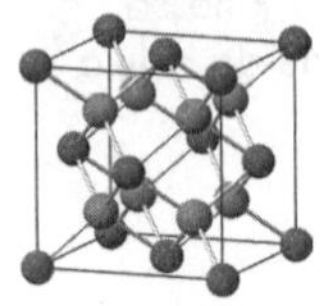	*Fluorita (CaF_2)* Rede CFC com uma base de Ca (0, 0, 0), F (1/4, 1/4, 1/4) e F (1/4, 1/4, 3/4)	BaF_2, CaF_2, CeO_2, ThO_2, UO_2, ZrO_2
5	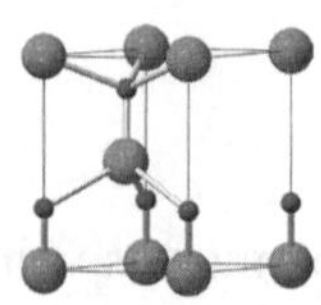	*Blenda de zinco hexagonal (ZnS), também conhecida como wurtzita* Rede hexagonal com uma base de S (0, 0, 0), S (2/3, 1/3, 1/2), Zn (0, 0, 3/8), Zn (2/3, 1/3, 7/8)	α-SiC, BeO, ZnO
6	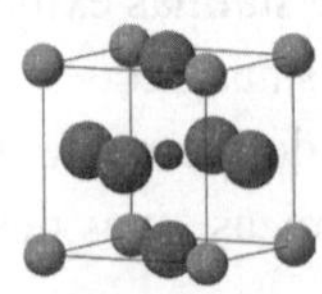	*Perovskita ($CaTiO_3$)* Rede cúbica simples com uma base de Ca (0, 0, 0), Ti (1/2, 1/2, 1/2) e O (0, 1/2, 1/2), O (1/2, 0, 1/2) e O (1/2, 1/2, 0)	$BaTiO_3$, $CaTiO_3$, $PbZrO_3$, $SrTiO_3$
7	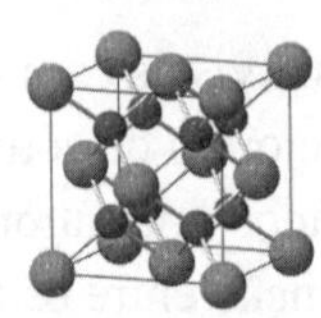	*Antifluorita (Na_2O)* Rede CFC com uma base de O (0, 0, 0), Na (1/4, 1/4, 1/4) e Na (1/4, 1/4, 3/4)	K_2O, Li_2O, Na_2O

refratário (isto é, um material que mantém sua resistência sob altas temperaturas) para conter metais derretidos ou em aplicações em que um material precisa operar em altas temperaturas com grande resistência. Uma aplicação clássica da alumina é como um isolante em velas de ignição.

Na Seção 3-6, descrevemos interstícios tetraédricos e octaédricos em três estruturas cúbicas básicas. Espaços semelhantes também são facilmente identificáveis em cristais hexagonais. A alumina cristalina pode ser considerada uma estrutura hexagonal compacta (HC) de íons de oxigênio, com o alumínio ocupando dois terços dos espaços octaédricos em um padrão específico e ordenado. Já que existem números iguais de posições de rede e espaços octaédricos na estrutura HC (vimos que isso também se aplica à estrutura CFC), a estequiometria da alumina exige que um terço das posições octaédricas esteja vazio, enquanto dois terços estejam ocupados pelo alumínio. A célula unitária convencional da alumina contém 30 átomos, ou seis unidades da fórmula Al_2O_3.

Exemplo 15-2 *Carbeto de silício*

O carbeto de silício (SiC) apresenta uma incrível resistência à oxidação mesmo em temperaturas acima do ponto de fusão do aço. O SiC geralmente é usado como revestimento de metais, compósitos de carbono-carbono e outras cerâmicas para oferecer proteção em temperaturas extremas. O SiC é usado como abrasivo em rebolos e como reforço, na forma de partículas ou fibras, em compósitos de matriz metálica e cerâmica. Também é usado para fabricar elementos de aquecimento de fornos. O carbeto de silício (SiC) se apresenta como dois polimorfos: α-SiC, que tem a estrutura cristalina de blenda de zinco hexagonal (wurtzita), e β-SiC, que tem a estrutura de blenda de zinco cúbica (esfalerita).

Quantos átomos de cada tipo são encontrados por célula unitária no α-SiC? Que tipo de ligação você espera que domine o comportamento apresentado e por quê?

Solução

A estrutura cristalina do α-SiC pode ser descrita como uma rede hexagonal com uma base de Si (0, 0, 0), Si (2/3, 1/3, 1/2), C (0, 0, 3/8) e C (2/3, 1/3, 7/8). Há apenas um ponto de rede por célula unitária da rede hexagonal e dois átomos de Si na base, assim, existem dois átomos de Si por célula unitária.

Existe um ponto de rede por célula unitária da rede hexagonal e dois átomos de C na base, assim, são dois átomos de C por célula unitária. A célula unitária do SiC é exibida na Figura 15-2.

Si e C são elementos do Grupo IV. A estrutura eletrônica do Si é [Ne] $3s^2 3p^2$ e a estrutura eletrônica do C é [He] $2s^2 2p^2$. Na verdade, na forma sólida, cada átomo de Si e C forma quatro orbitais híbridos sp^3 que contêm um elétron cada; esses elétrons que ocupam os orbitais sp^3 são compartilhados de forma covalente entre os átomos de Si e C, de modo que cada átomo tenha quatro orbitais completos. Podemos calcular a fração de ligações covalentes de acordo com a Equação 2-1 na Seção 2-6, que inclui um termo para a diferença entre as eletronegatividades dos dois elementos. A eletronegatividade do Si é 1,8 e a do C é 2,5.

$$\text{Fração de ligação covalente} = \exp(-0{,}25\Delta E^2)$$

$$\text{Fração de ligação covalente} = \exp[-0{,}25(2{,}5 - 1{,}8)^2] = 0{,}88$$

Assim, a maioria das ligações é covalente.

Novamente, não levamos em conta as posições intersticiais das estruturas hexagonais, mas a estrutura de wurtzita pode ser prevista como uma estrutura hexagonal compacta de átomos de Si com metade das posições tetraédricas ocupadas por átomos de C. As posições tetraédricas são formadas, por exemplo, por três átomos adjacentes na camada A da estrutura HC e um quarto átomo na camada B. Portanto, cada átomo de carbono é rodeado por e ligado a quatro átomos de silício, e cada átomo de silício é rodeado por e ligado a quatro átomos de carbono, conforme mostra a Figura 15-2.

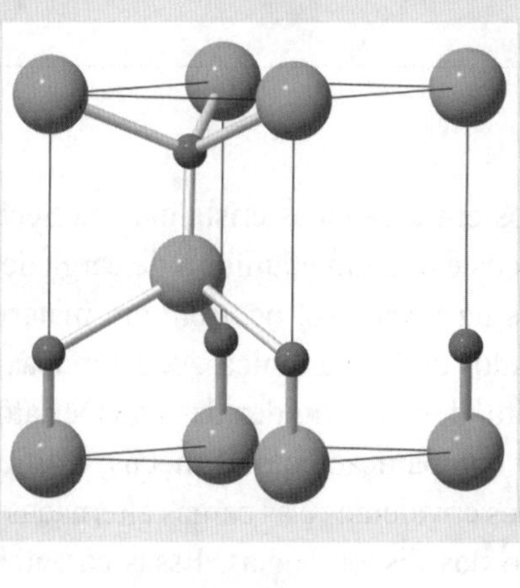

Figura 15-2 A célula unitária do SiC. Os átomos de Si são mostrados em cinza-claro e os átomos de C são retratados em cinza-escuro.

Exemplo 15-3 *Zircônia cúbica*

A zircônia cúbica (ZrO_2) é uma alternativa mais barata ao diamante na área de joalheria. Ela também é usada para produzir sensores de gás oxigênio usados, por exemplo, em motores automotivos e para medir o oxigênio dissolvido em aços fundidos, devido a sua alta condutividade iônica. A zircônia é um aditivo em cerâmicas eletrônicas e é um material refratário. Ela é encontrada como diferentes polimorfos, dependendo da temperatura e da pressão. A zircônia cubica é instável em temperatura ambiente, a não ser que tenha sido dopada com uma adição como Y_2O_3, conhecida como ítria (observe que as letras *ia* no fim dos termos "ítria" e "zircônia" significam "contendo oxigênio", isto é, "ítrio contendo oxigênio" e "zircônio contendo oxigênio"). A célula unitária da zircônia cúbica pode ser descrita como uma rede cúbica de face centrada de zircônio com todas as posições tetraédricas ocupadas por oxigênio.

Qual é a estrutura cristalina da zircônia cúbica? Explique como a estequiometria da ZrO_2 é coerente com essa estrutura cristalina.

Solução

Essa é a estrutura cristalina da fluorita (Veja a Tabela 15-4). Em uma única célula unitária de zircônia cúbica existem quatro íons de Zr e oito íons de O. A proporção de íons de Zr^{4+} para íons O^{2-} é 4:8 ou 1:2, que é a mesma da estequiometria da ZrO_2. Observe que essa é uma estrutura cristalina em que não podemos pensar que os ânions estão organizados de forma compacta. Na verdade, os ânions são os íons maiores, mas na descrição da estrutura eles ocupam as posições tetraédricas menores. A estrutura de antifluorita (Na_2O) (veja a Tabela 15-4) pode ser prevista como um empacotamento de ânions em uma forma CFC com os cátions ocupando todas as posições tetraédricas.

Exemplo 15-4 *Óxido de estrôncio*

O óxido de estrôncio (SrO), também conhecido como estronciana, tem a estrutura cristalina do NaCl. Escreva a descrição de rede e base do óxido de estrôncio.

Solução

O SrO tem uma rede CFC com uma base de O^{2-} (0, 0, 0) e Sr^{2+} (1/2, 0, 0).

Observe que o SrO tem uma razão de raio para os íons de 1,12 Å/(1,32 Å) = 0,85. Essa razão de raio indica que o SrO deve ter a estrutura cristalina do CsCl. Este exemplo ilustra que, embora a razão de raio forneça uma diretriz geral para indicar a estrutura provável de um material, essa diretriz não é estritamente seguida em todo cristal na natureza.

15-3 Defeitos em cerâmicas cristalinas

Discutimos a nomenclatura usada para descrever defeitos em cerâmicas cristalinas na Seção 4-2, com ênfase em defeitos pontuais de vários tipos. Um dos princípios básicos é que um equilíbrio de carga deve ser mantido quando existir um defeito. Todos os defeitos pontuais discutidos na Seção 4-2 ocorrem em materiais cerâmicos, com os defeitos de Schottky sendo exclusivos para materiais ligados de forma iônica. As cerâmicas cristalinas contêm discordâncias, conforme mostrado na Figura 15-3. No entanto, devido à rigidez das ligações atômicas e nos vetores de Burgers tipicamente grandes dos materiais cerâmicos em comparação com os metais, é difícil que as discordâncias se propaguem. A natureza altamente direcional das ligações covalentes e as cargas alternadas presentes em materiais ligados de forma iônica também impedem a propagação das discordâncias. Essas características ocasionam alto

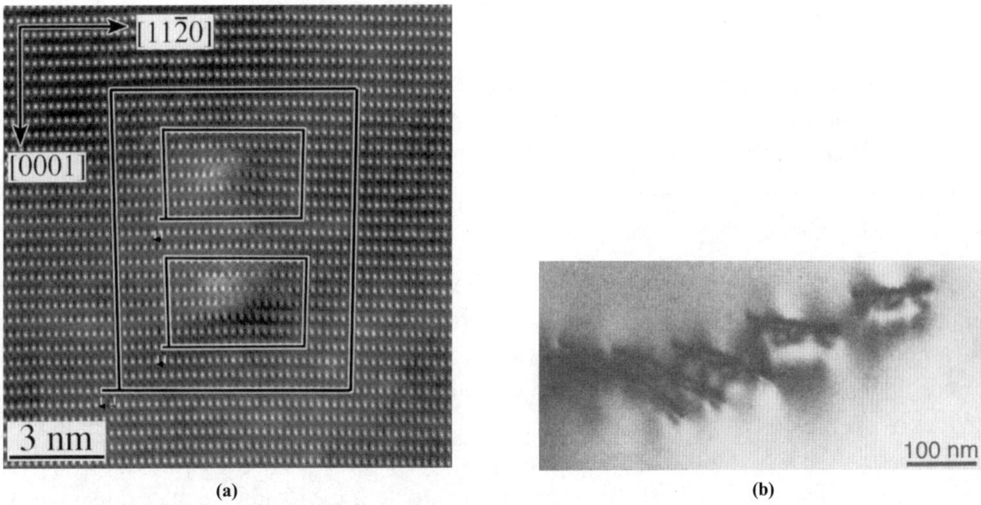

Figura 15-3 (a) Uma micrografia eletrônica de transmissão de alta resolução das discordâncias em cunhas do Al_2O_3. (*Y. Ikuhara*); (b) Contraste de difração das discordâncias do Al_2O_3. (Ceramic materials: science and engineering, *de Norton, M. G.; Carter, C. Barry. Reproduzido com permissão da Springer no formato de livro por meio do Copyright Clearance Center.*)

nível de propriedade de dureza, resistência à compressão e módulo elástico mais elevado, conforme mostram as Tabelas 15-2 e 15-3. Discutiremos falhas como rachaduras, poros e vazios em materiais cerâmicos na próxima seção.

Exemplo 15-5 *Impurezas no diamante*

Os diamantes amarelos, chamados de diamantes Tipo Ia, contêm impurezas substitucionais de nitrogênio em uma concentração menor que 100 ppm. A presença de nitrogênio cria níveis de absorção na estrutura de banda do diamante, o que possibilita que os elétrons absorvam luz, de modo que o diamante não seja mais incolor. Quando o nitrogênio está presente, mas em níveis menores que 100 partes por milhão (ppm), o diamante fica amarelo. Se a concentração de nitrogênio no diamante for 100 ppm, qual será a concentração de átomos de nitrogênio por célula unitária e por cm^3? O parâmetro de rede do diamante é $3{,}5668 \times 10^{-8}$ cm.

Solução

A estrutura cristalina cúbica do diamante contém oito átomos por célula unitária. Se houver 100 átomos de nitrogênio por 10^6 átomos de carbono, ou seja, 100 ppm, então

$$\left(\frac{100 \text{ átomos de N}}{10^6 \text{átomos de C}}\right)\left(\frac{8 \text{ átomos de C}}{\text{célula unitária}}\right) = 8 \times 10^{-4} \text{átomos de N/(célula unitária)}$$

ou 1.250 células unitárias/(átomos de N)

Supondo que a presença de nitrogênio não altere o parâmetro de rede do diamante,

$$\left(\frac{8 \times 10^{-4} \text{átomos de N}}{\text{célula unitária}}\right)\left[\frac{\text{célula unitária}}{(3{,}5668 \times 10^{-8}\text{cm})^3}\right] = 1{,}76 \times 10^{19} \text{átomos de N/cm}^3$$

O diamante também tem aplicações industriais. É o material mais duro que ocorre naturalmente. Os diamantes industriais são usados como abrasivos para moagem e polimento, além de coberturas resistentes à abrasão em muitas aplicações diferentes (por exemplo, ferramentas de corte). Diamante sintético e revestimentos semelhantes ao diamante são preparados usando processos químicos de deposição de vapor, além do processamento utilizando altas temperatura e pressão.

Exemplo 15-6 *Discordâncias no MgO*

Um esboço de uma discordância no óxido de magnésio (MgO), que tem a estrutura cristalina do cloreto de sódio e um parâmetro de rede de 0,396 nm, é exibido na Figura 15-4. Observe que o sistema de escorregamento do MgO é $\{\bar{1}10\}<110>$. Determine o comprimento do vetor de Burgers.

Solução

Na Figura 15-4, começamos um ciclo em sentido horário em torno da discordância no ponto x e, então, movemos posições atômicas iguais nas duas direções horizontais e posições atômicas iguais nas duas direções verticais até o final no ponto y. Observe que é necessário que os comprimentos dos dois segmentos horizontais do ciclo sejam iguais, assim como os comprimentos dos dois segmentos verticais, mas não é preciso que os segmentos horizontais e verticais tenham o mesmo comprimento. O ciclo escolhido deve se fechar em um cristal perfeito. O vetor **b** é o vetor de Burgers. Como **b** é paralelo à direção [110], ele deve ser perpendicular aos planos (110). O comprimento de **b** é a distância entre dois planos (110) adjacentes. Da Equação 3-7,

$$d_{110} = \frac{a_0}{\sqrt{h^2 + k^2 + l^2}} = \frac{0{,}396 \text{ nm}}{\sqrt{1^2 + 1^2 + 0^2}} = 0{,}280 \text{ nm}$$

O vetor de Burgers que está na direção (110) tem 0,280 nm de comprimento. Note, no entanto, que outros dois meios-planos de átomos formam a discordância – um composto de íons de magnésio e um de íons de oxigênio (Figura 15-4). Essa fórmula para calcular a magnitude do vetor de Burgers fica mais complicada em sistemas não cúbicos. É melhor considerar a magnitude do vetor de Burgers como sendo igual à distância de repetição na direção do escorregamento.

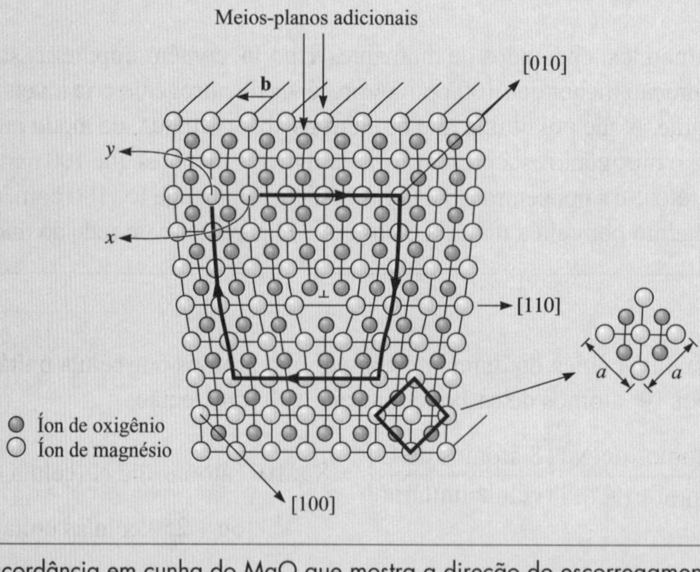

Figura 15-4 Uma discordância em cunha do MgO que mostra a direção do escorregamento e o vetor de Burgers (para o Exemplo 15-6). Essa ilustração mostra o arranjo de íons no plano (001) e, portanto, a direção [001] é perpendicular ao plano da página. A inserção mostra o contorno de uma célula unitária convencional do MgO. (*Baseado em W. D. Kingery, H. K. Bowen, D. R. Uhlmann,* Introduction to Ceramics, *John Wiley, 1976.*)

Exemplo 15-7 *Escorregamento no MgO e Mg*

Com base nos princípios da ligação do MgO e Mg e na tensão de Peierls-Nabarro, explique por que o escorregamento no MgO é muito mais difícil do que no Mg. Para essa discussão, considere o sistema de escorregamento $\{0001\}<100>$ no Mg.

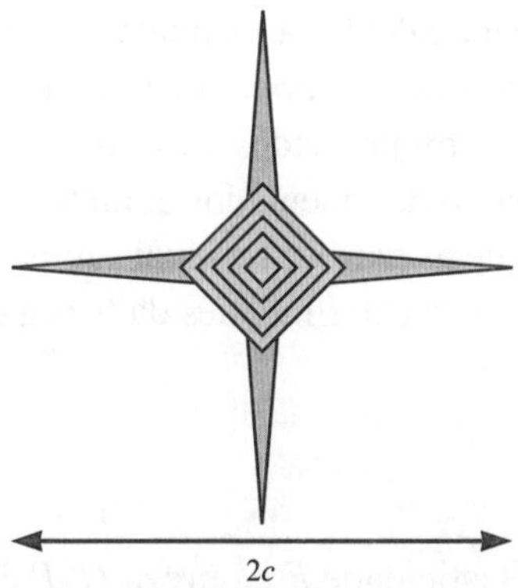

Figura 15-5 Representação esquemática de indentação do tipo Vickers em um material frágil que mostra a formação de trincas radiais com a definição do comprimento 2*c* da trinca.

Solução

Conforme determinado no Exemplo 15-6, o espaçamento entre os planos de escorregamento e **b** é 0,280 nm para o MgO. Para o sistema de escorregamento {0001}<100> no Mg, o espaçamento interplanar tem a metade da altura da célula unitária HC, ou 0,5209 nm/2 = 0,260 nm, e o vetor de Burgers é a distância entre os átomos na direção compacta ou $a/2$ = 0,32087 nm/2 = 0,160 nm. A tensão de Peierls--Nabarro é dada pela Equação 4-2,

$$\tau = c \exp\left(-\frac{kd}{b}\right)$$

em que τ é a tensão de cisalhamento necessária para mover uma discordância, d é o espaçamento interplanar entre os planos de escorregamento, b é a magnitude dos vetores de Burgers e c e k são constantes específicas do material. Ignorando as diferenças em c e k, vemos que a tensão necessária para propagar uma discordância aumenta à medida que a relação entre d/b diminui. Assim, podemos esperar de forma lógica que o MgO com uma razão d/b de 1,0 vai precisar de uma tensão maior que a do Mg (com uma razão d/b de 1,62) para que as discordâncias se propaguem, tornando, assim, o escorregamento mais difícil. Além disso, conforme discutido na Seção 4-3, a propagação das discordâncias em materiais com ligações iônicas requer que os cátions se movam sobre outros cátions e que os ânions se movam sobre outros ânions, criando uma repulsão eletrônica que resiste ao movimento das discordâncias.

15-4 Defeitos em cerâmicas

Já que a tensão de cisalhamento crítica resolvida necessária para propagar discordâncias em cerâmicas é alta, as cerâmicas são suscetíveis a defeitos, como entalhes, trincas e poros. Assim, as cerâmicas tendem a ser resistentes no regime de compressão para o qual a propagação de trincas é suprimida, e pouco resistentes na tração, regime em que a propagação de trincas é exacerbada. A tenacidade à fratura é a capacidade de um material que contém imperfeições resistir a uma carga aplicada. Quando o fator de intensidade de tensão supera a tenacidade à fratura de um material, a trinca se propaga de forma instável (Seção 7-1). Os materiais que são sensíveis a falhar dessa maneira mostram uma distribuição de forças que segue as estatísticas de Weibull (Seção 7-5). No caso de materiais frágeis, só conseguimos prever a probabilidade de defeito em uma determinada tensão, e não a tensão real em que o defeito ocorre. Assim, os controles de processamento e qualidade são fundamentais para estreitar a distribuição de defeitos e obter confiabilidade mecânica.

Conduzir testes de tração em materiais frágeis normalmente é um grande desafio devido à dificuldade de segurar o material sem causar fraturas imediatas. Ensaios de flexão a três ou quatro pontos são uma alternativa comum para determinar propriedades mecânicas. Um método bem difundido para calcular a tenacidade à fratura de cerâmicas frágeis é o teste de indentação. Os testes de indentação permitem que vários cortes sejam realizados rapidamente e em um grande número, coletando, assim, resultados das variações de propriedades e estrutura ao longo da espécie. A indentação gera a formação de trincas radiais sob a superfície abaixo do indentador durante a aplicação da carga; essas trincas se propagam até a superfície da indentação à medida que as tensões residuais aumentam quando o material é descarregado. O fator de intensidade da tensão K_R que existe nas extremidades da trinca é dado por

$$K_R = \beta_r \frac{P}{c^{3/2}} \tag{15-1}$$

em que β_r é uma constante igual a $0{,}016\left(\frac{E}{H}\right)^{1/2}$ com módulo de elasticidade E e dureza H. P é a carga aplicada e $2c$ é o comprimento da trinca radial (veja a Figura 15-5). A trinca para quando K_R diminui até a tenacidade à fratura K_{IC} do material. Consulte a Tabela 15-3 para a tenacidade à fratura de algumas cerâmicas avançadas.

Porosidade Os poros representam o defeito mais importante das cerâmicas policristalinas. A presença de poros geralmente é prejudicial para as propriedades mecânicas de corpos cerâmicos, já que os poros são locais potenciais para a iniciação de trincas. O módulo de elasticidade e a resistência diminuem à medida que a porosidade aumenta. A Figura 15-6 mostra como a resistência do cimento diminui à medida que a porosidade aumenta (o cimento é a cerâmica usada para unir o concreto e será discutido na Seção 15-11). A presença de poros é um dos motivos para as cerâmicas exibirem um comportamento frágil sob cargas de tração. Como há uma distribuição do tamanho de poros e o grau de porosidade muda, as propriedades mecânicas das cerâmicas variam. A variabilidade é medida por meio da estatística de Weibull (Capítulo 7). Por outro lado, a presença de poros pode ser útil para aumentar a resistência a choques térmicos. Em certas aplicações, como filtros para metais fundidos ou para líquidos e gases, a presença de poros interconectados é desejável.

Se um material não tem poros, sua massa específica é conhecida como a massa específica verdadeira ρ. Um material com poros tem uma massa específica menor que sua massa específica verdadeira. Os poros em uma cerâmica podem ser interconectados ou fechados. A **porosidade aparente** é a porcentagem do volume total da cerâmica que é ocupada por poros interconectados. Os poros interconectados são aqueles que fornecem canais por meio dos quais os fluidos podem passar. Ela é uma medida da permeabilidade, ou facilidade com que os fluidos penetram no componente cerâmico. É uma característica importante de uma cerâmica porosa. A porosidade

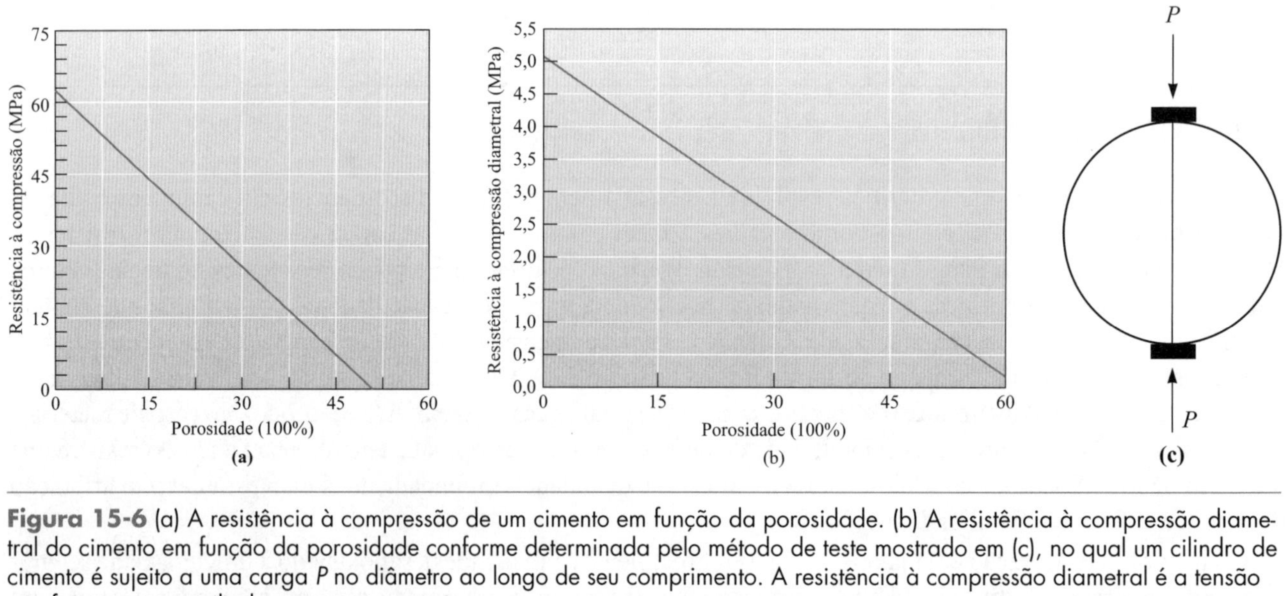

Figura 15-6 (a) A resistência à compressão de um cimento em função da porosidade. (b) A resistência à compressão diametral do cimento em função da porosidade conforme determinada pelo método de teste mostrado em (c), no qual um cilindro de cimento é sujeito a uma carga P no diâmetro ao longo de seu comprimento. A resistência à compressão diametral é a tensão que faz com que o cilindro se rompa ao meio.

aparente é determinada pesando a cerâmica seca (W_d), pesando-a novamente quando ela está suspensa na água (W_s) (a cerâmica é pendurada em uma balança e imersa em um contêiner com água – o peso do cabo de suspensão é insignificante) e depois que ela for removida da água (W_w). Usando unidades de gramas:

$$\text{Porosidade aparente} = \frac{W_w - W_d}{W_w - W_s} \times 100 \tag{15-2}$$

Note que o numerador é numericamente igual ao volume de poros interconectados e o denominador é numericamente igual ao volume exterior da cerâmica, incluindo os poros. Essa equivalência numérica surge porque a massa específica da água é 1 g/cm^3.

Outra medida da porosidade é conhecida como **porosidade verdadeira**. Esse valor inclui o volume dos poros interconectados e dos fechados (isto é, Porosidade verdadeira = Porosidade aparente + Porosidade de poros fechados). Os poros fechados não podem ser preenchidos por água. A porosidade verdadeira, que se correlaciona melhor com as propriedades da cerâmica do que a porosidade aparente, é

$$\text{Porosidade verdadeira} = \frac{\rho - B}{\rho} \times 100 \tag{15-3}$$

em que

$$B = \frac{W_d}{W_w - W_s} \tag{15-4}$$

A **massa específica aparente** B é a razão entre o peso da cerâmica seca e o volume exterior da cerâmica, incluindo os poros. Novamente, ρ é a massa específica verdadeira da cerâmica (sem poros). O exemplo a seguir ilustra como os níveis de porosidade de uma cerâmica são determinados.

Exemplo 15-8 *Cerâmicas de carbeto de silício*

Partículas de carbeto de silício são compactadas e sinterizadas em alta temperatura para produzir uma peça cerâmica mecanicamente resistente. A massa específica verdadeira do SiC é de 3,2 g/cm^3. Posteriormente, a massa da peça cerâmica é determinada quando seca (360 g), após estar saturada de água (385 g) e quando suspensa em água (224 g). Calcule as porosidades aparente e verdadeira e ainda a fração volumétrica de poros fechados.

Solução

$$\text{Porosidade aparente} = \frac{W_w - W_d}{W_w - W_s} \times 100 = \frac{385 - 360}{385 - 224} \times 100 = 15{,}5\%$$

$$\text{Massa específica aparente} = B = \frac{W_d}{W_w - W_s} = \frac{360}{385 - 224} = 2{,}24 \text{ g/cm}^3$$

$$\text{Porosidade verdadeira} = \frac{\rho - B}{\rho} \times 100 = \frac{3{,}2 - 2{,}24}{3{,}2} \times 100 = 30\%$$

A porosidade em virtude dos poros fechados é a porosidade verdadeira menos a aparente, ou 30 – 15,5 = 14,5%. Assim,

$$\text{Fração de poros fechados em relação ao total de poros} = \frac{14{,}5}{30} = 0{,}48$$

15-5 Síntese e processamento de cerâmicas cristalinas

A síntese e o processamento de cerâmicas cristalinas segue, em geral, o fluxo de processos mostrado na Figura 15-7. Em linhas gerais, as etapas envolvem: 1) *formação* de um pó cerâmico; 2) *modelagem* da cerâmica através da **compressão** ou outros métodos; e 3) *consolidação* da cerâmica por meio da **sinterização** ou **queima**. Discutiremos cada etapa mais profundamente.

Conforme notado anteriormente no capítulo, as cerâmicas cristalinas se fundem em altas temperaturas e exibem um comportamento frágil sob tração. Como resultado, a fundição e o processamento termomecânico usado em metais, ligas e termoplásticos não podem ser aplicados no processamento de cerâmicas, e as peças feitas desse material normalmente são formadas a partir de pós cerâmicos. Um **pó** é uma coleção de partículas finas. Os pós cerâmicos são sintetizados por trituração e moagem de constituintes cerâmicos. As impurezas são separadas e vários pós são misturados para produzir a composição desejada. Uma **pasta** de pó (uma suspensão de pó em um líquido) é pulverizada por meio de um bocal em uma câmara na presença de ar quente para formar aglomerados macios em um processo conhecido como secagem por nebulização. Os aglomerados são modelados por meio de uma variedade de processos para formar uma **cerâmica verde**. A cerâmica verde tem o formato adequado, mas precisa ser densificada usando um tratamento térmico de alta temperatura conhecido como sinterização ou queima. [Essa é a etapa usada para transformar argila (uma cerâmica discutida na Seção 15-9) em formas de cerâmica como vasos e tigelas.] A cerâmica pode ser sujeita a operações adicionais posteriores, como lixamento, polimento ou usinagem, caso necessário para a aplicação final.

Existe uma variedade de processos usados para modelar pós cerâmicos na forma de objetos úteis. Discutiremos alguns deles aqui.

Compressão A compressão é o processo por meio do qual a porosidade entre os aglomerados é eliminada com a aplicação de uma carga. As diferentes etapas de compressão uniaxial, na qual a força de compressão é aplicada em

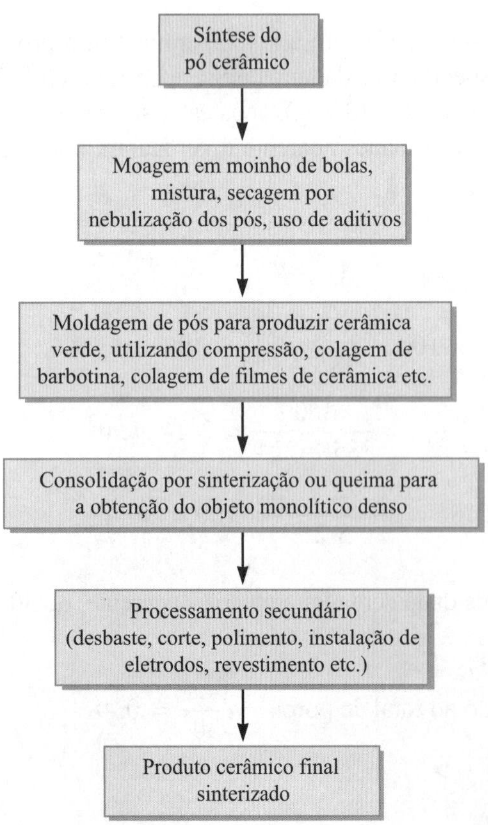

Figura 15-7 Etapas típicas do processamento de cerâmicas.

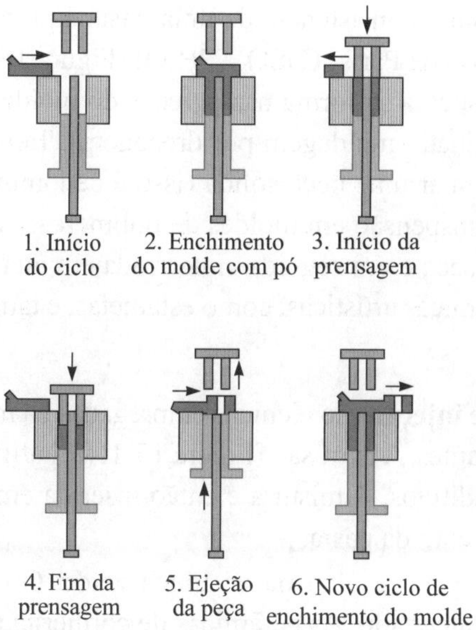

Figura 15-8 Compressão uniaxial de pós que mostra a unidade punção-matriz durante diferentes estágios. Em geral, para peças pequenas, esses estágios são concluídos em menos de um minuto. (*Baseado em* Materials and Processes in Manufacturing, *8. ed., E. P. DeGarmo, J. T. Black, R. A. Koshe, John Wiley & Sons, Inc., 1997.*)

uma direção, são mostradas na Figura 15-8. O processo de compressão pode ser concluído em um minuto no caso de peças menores; assim, a compressão uniaxial é adequada para fabricar um grande número de formatos pequenos e simples (< 15 centímetros). Muitas cerâmicas para fins eletrônicos e magnéticos, assim como pontas de ferramentas de corte WC-Co (**cermets**), são fabricadas por essa técnica. Peças complexas ou grandes (em torno de 1 m de diâmetro e de aproximadamente 1,8 a 2,4 m de comprimento) podem ser produzidas quando a compressão é realizada com uma pressão aplicada usando óleo, em um processo conhecido como **prensagem isostática a frio** (CIP – *cold isostatic pressing*).

Colagem de fita Uma técnica conhecida como **colagem de fita** (ou *tape casting*) (Figura 15-9) é empregada na produção de filmes finos de cerâmica (de 3 μm a 100 μm). Nesse processo uma pasta é moldada com o auxílio de uma lâmina em um substrato plástico. Em seguida, a fita verde é submetida à sinterização. Muitos circuitos microeletrônicos utilizam substratos de alumina produzidos por essa técnica. Os capacitores de titanato de bário também são feitos por colagem de fitas.

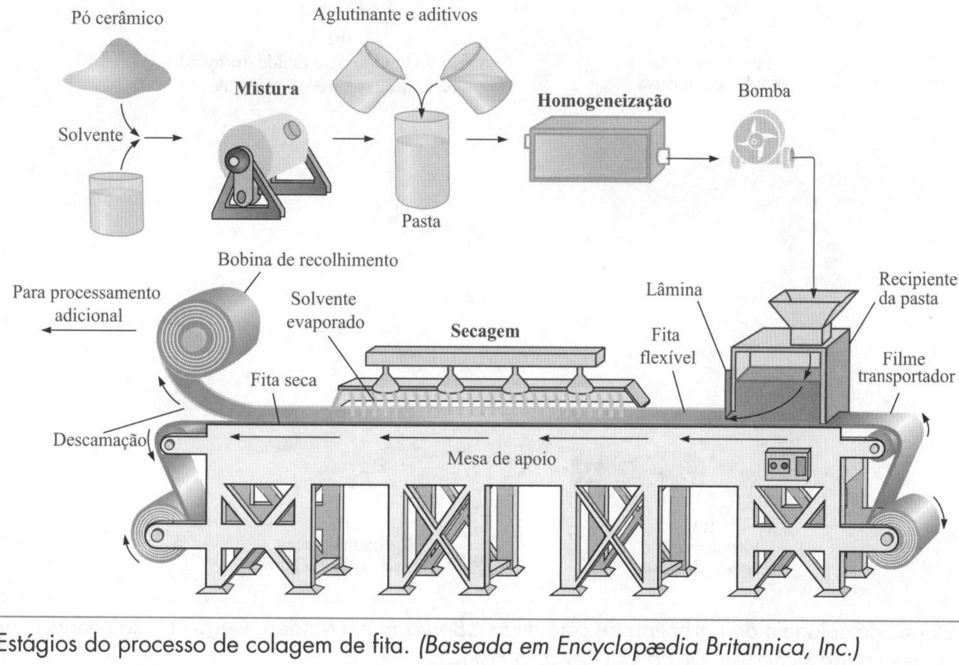

Figura 15-9 Estágios do processo de colagem de fita. *(Baseada em Encyclopædia Britannica, Inc.)*

Colagem de barbotina Essa técnica utiliza pó cerâmico com a consistência de uma pasta aquosa. A suspensão, conhecida como **barbotina**, é colocada em um molde de gesso de Paris ($CaSO_4 : 2H_2O$) (Figura 15-10). À medida que a água da suspensão sai por capilaridade, uma massa espessa se forma nas paredes do molde. Quando surge uma espessura uniforme, o resto da pasta é vazado (denominado moldagem por drenagem). Também é possível continuar a vazar mais barbotina para o molde, a fim de formar uma peça sólida (isso é denominado moldagem sólida). A pressão também pode ser utilizada para injetar a suspensão em moldes de polímeros, visando diminuir a quantidade de bolhas e vazios. A cerâmica verde é então seca e em seguida sinterizada em alta temperatura. A colagem de barbotina é muito utilizada na confecção de cerâmicas artísticas, como estatuetas, e também em louças sanitárias, como pias.

Moldagem por extrusão e injeção Moldagem por **extrusão** e **injeção** são técnicas empregadas na moldagem de tubos para resistência elétrica de fornos, tijolos, azulejos e isolantes. A extrusão [Figura 15-11(a)] utiliza uma mistura pastosa de partículas cerâmicas contendo ligante e outros aditivos. A mistura é então inserida em uma extrusora que realiza a homogeneização, o cisalhamento e o desaeramento da pasta.

Essa massa é injetada de forma contínua em um molde para resultar na cerâmica verde. O material é então cortado em comprimentos apropriados, seco e finalmente sinterizado. As cerâmicas de cordierita (compostos que contêm Mg, Fe, Al, Si e O), utilizadas na confecção de estruturas tipo colmeia para catalisadores, também são feitas por essa técnica.

A moldagem por injeção de cerâmicas [Figura 15-11(b)] é semelhante à moldagem por injeção de polímeros (Capítulo 16). A extrusão é usada em formatos relativamente simples com transversais constantes, enquanto a moldagem por injeção de cerâmicas é melhor para formatos complexos. No processo de moldagem por injeção, o pó cerâmico é misturado com um plastificante termoplástico e outros aditivos. A mistura é então extrudada e injetada

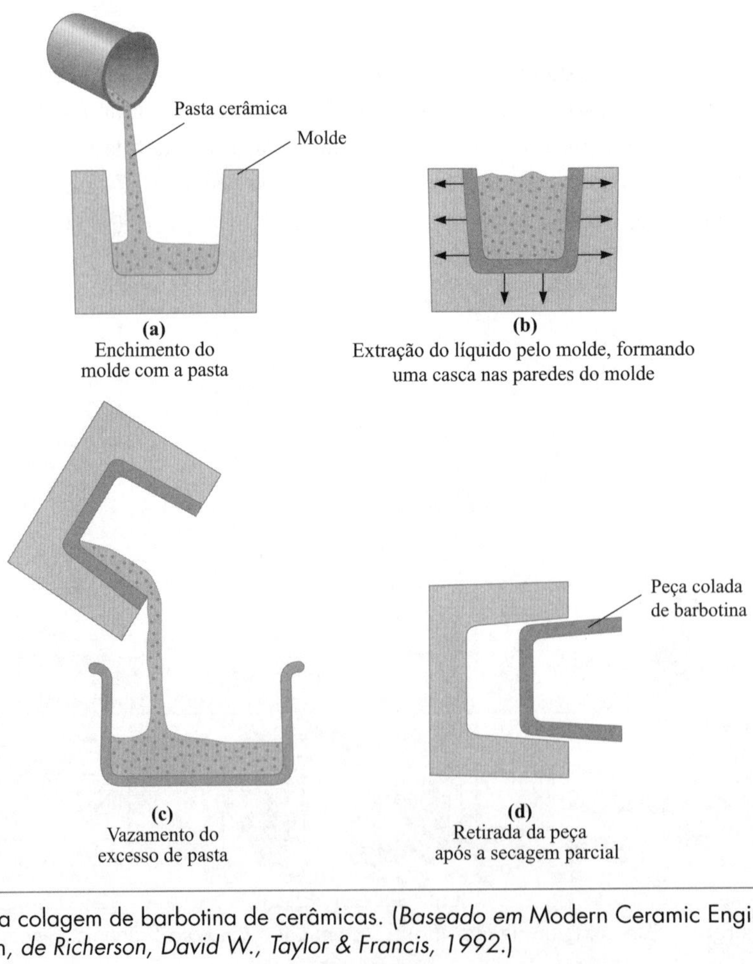

Figura 15-10 Etapas da colagem de barbotina de cerâmicas. (*Baseado em* Modern Ceramic Engineering: properties, processing, and use in design, *de Richerson, David W., Taylor & Francis, 1992.*)

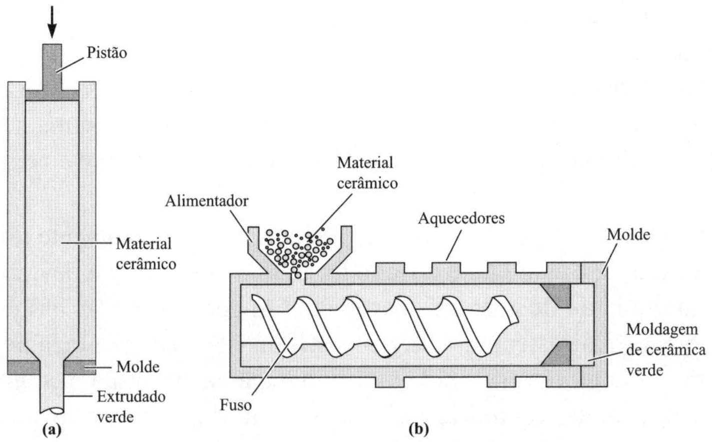

Figura 15-11 Moldagem por (a) extrusão e (b) injeção.

em um molde para formar cerâmica verde. O polímero contido na cerâmica é eliminado pelo calor quando o corpo cerâmico é sinterizado em alta temperatura.

Sinterização Depois da formação de uma cerâmica verde, as partículas do pó cerâmico ficam em contato direto umas com as outras, mas elas não estão ligadas. As partículas se unem umas às outras nos pontos de contato entre elas durante o tratamento térmico de alta temperatura conhecido como sinterização. A força motriz desse processo é a redução da área de superfície do pó, já que as superfícies, com ligações não satisfeitas, são regiões do material com alta energia. Os átomos ou íons se difundem pelos contornos de grão e a partir do volume interno (difusão de volume) até as regiões de contato (conhecidas como pescoços) entre as partículas. Isso faz com que o tamanho dos poros entre as partículas de pó diminua, levando, assim, à densificação do material. Os átomos ou íons também podem evaporar da superfície do poro e se condensar na mesma superfície, além de se difundir pelas superfícies dos poros. Entretanto, esses dois últimos mecanismos não contribuem para o encolhimento dos poros e densificação do material [Figura 15-12(a)]. A sinterização também foi discutida na Seção 5-9.

A sinterização pode ser realizada sem a aplicação de pressão, mas normalmente as cerâmicas também são sinterizadas com uma pressão aplicada. Essa técnica, conhecida como **prensagem a quente**, é usada em cerâmicas refratárias e ligadas de modo covalente, que não exibem um bom comportamento de sinterização sem pressão. Da mesma forma, grandes peças de metais ou ligas compactadas usando a CIP podem ser sinterizadas sob pressão

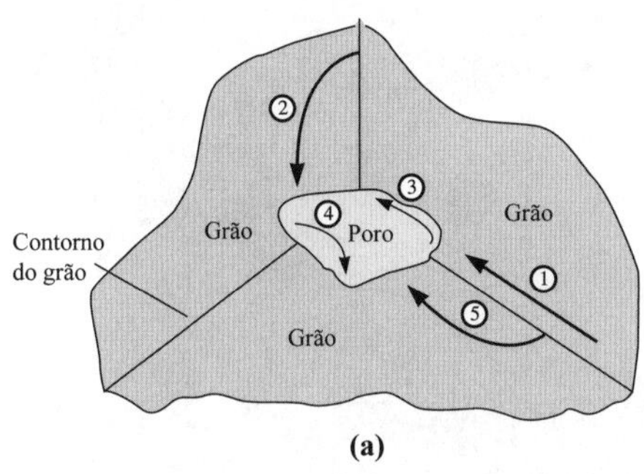

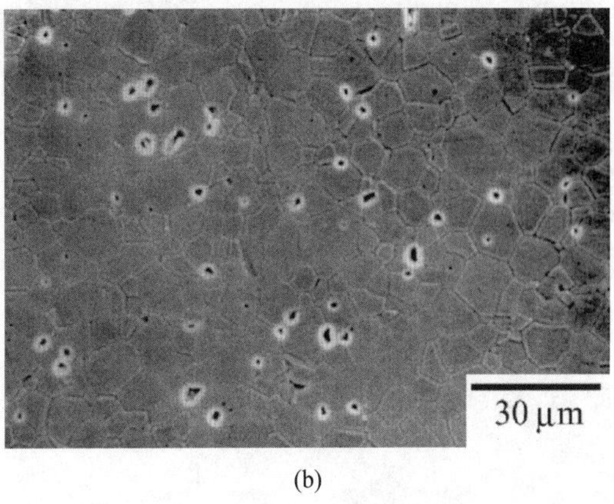

Figura 15-12 (a) Diferentes mecanismos de difusão envolvidos na sinterização. O contorno de grão e a difusão da massa (1, 2 e 5) até o pescoço contribuem para a densificação. A condensação por evaporação (4) e a difusão superficial (3) não contribuem para a densificação. (*Baseado em* Physical Ceramics: Principles for Ceramic Science and Engineering, *Y. M. Chiang, D. Birnie, W. D. Kingery, John Wiley & Sons, Inc., 1997.*) (b) Um pó compacto de Al_2O_3 parcialmente sinterizado. Os poros isolados estão visíveis. (*Reproduzido de* Sintering: Densification, Grain Growth, and Microstructure, *Suk-Joong L. Kang, Chapter 1: Sintering Processes, p. 3-8, Copyright (2005), com permissão da Elsevier.*)

hidrostática em um processo conhecido como **prensagem isostática a quente** (HIP). Na prensagem a quente ou na HIP, a pressão aplicada atua contra a pressão interna do poro e melhora a densificação sem causar crescimento do grão. A prensagem a quente e a prensagem isostática a quente também são usadas para fabricar cerâmicas e peças metálicas quase sem porosidade. Alguns processos inovadores que utilizam micro-ondas (de forma semelhante ao aquecimento de alimentos em fornos de micro-ondas) foram desenvolvidos para a secagem e sinterização de materiais cerâmicos.

O tamanho médio do grão obtido a partir da sinterização de partículas cerâmicas está intimamente relacionado com o tamanho da partícula primária. Uma exceção a esse fato é quando há crescimento de grão devido a longos períodos de sinterização ou um **crescimento anormal de grão** ou exagerado. Em geral, as cerâmicas com tamanhos de grão pequenos são mais fortes do que cerâmicas com grãos grossos. Tamanhos de grão menores ajudam a minimizar as tensões que se desenvolvem nos contornos de grão em decorrência da expansão e contração anisotrópica. Normalmente, começar com matérias-primas cerâmicas mais finas produz um menor tamanho de grão. As propriedades magnéticas, dielétricas e ópticas dos materiais cerâmicos dependem do tamanho médio do grão e, nessas aplicações, o tamanho do grão deve ser controlado adequadamente. Embora não entremos nessa discussão em detalhes, em certas aplicações é importante usar monocristais de materiais cerâmicos para evitar os contornos de grão prejudiciais que estão presentes em cerâmicas policristalinas.

15-6 Sílica e compostos de silicato

O dióxido de silício, ou sílica, é mais conhecido por muitos na forma de quartzo. Esse mineral cristalino é abundante na natureza, constitui uma grande parte da crosta terrestre e normalmente é o material predominante na areia. A sílica também existe como um material amorfo e, como tal, é o principal componente do vidro arquitetônico. Porém, apesar dessas familiaridades e da fórmula molecular simples do dióxido de silício (SiO_2), a sílica e os compostos com base em sílica, ou "silicatos", existem em uma variedade de formas que podem exibir complexidades estruturais ou comportamentais extraordinárias. Alguns membros dessa grande família de materiais apresentam aplicações comerciais de grande escala, enquanto outros são a base para uma série de pedras semipreciosas. Outros ainda são muito raros e só podem ser criados sob condições extremas de pressão, temperatura ou ambas.

A sílica e os compostos de silicato existem em diversas formas estruturais, conhecidas como polimorfos (Seção 3-4). Com algumas raras exceções, a constituição básica mais comum desses materiais é uma unidade molecular de SiO_4 com o átomo de silício localizado no centro de um tetraedro de átomos de oxigênio, conforme mostra a Figura 15-13(a). Uma única unidade seria um ânion com carga –4, mas os materiais reais de sílica e silicato, cristalinos e amorfos, incluem uma ampla rede dessas unidades tetraédricas com carga neutra, quer elas contenham cátions ou não.

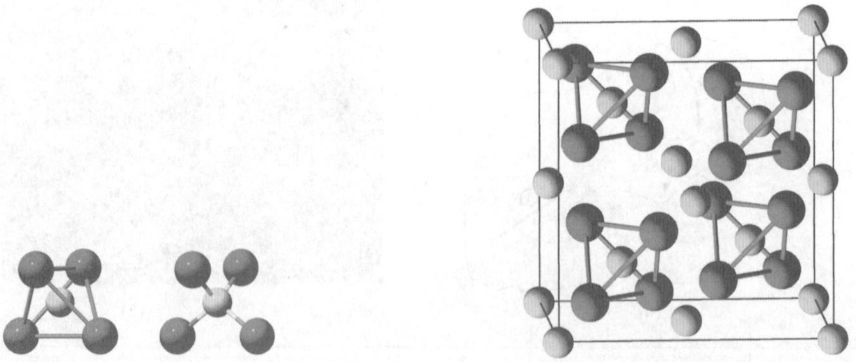

(a) (b)

Figura 15-13 (a) Duas representações da unidade tetraédrica do SiO_4^{4-}; o tetraedro de átomos de oxigênio (cinza-escuro) envolvendo o átomo de silício (cinza-claro) está à esquerda, enquanto as verdadeiras ligações Si-O são ilustradas à direita. (b) Uma célula unitária de β-cristobalita com quatro unidades tetraédricas de SiO_4 exibidas dentro dela.

A sílica pura em suas formas mais simples tem os átomos de oxigênio em todos os vértices de todas as unidades tetraédricas compartilhadas por dois tetraedros adjacentes, gerando os requisitos para a estequiometria do SiO_2. Mesmo com esse arranjo de compartilhamento de vértices, com todo oxigênio "conectando" dois tetraedros, inúmeros polimorfos estruturalmente distintos são encontrados, inclusive os minerais cristalinos tridmita, cristobalita e quartzo, cada um deles sendo estável em faixas variadas de temperatura. Esses minerais podem, por sua vez, exibir uma variedade de estruturas cristalinas; a tridmita, por exemplo, foi encontrada em pelo menos sete variantes diferentes.

Dada a estabilidade da unidade tetraédrica do $(SiO_4)^{4-}$, algumas vezes é útil pensar nessa unidade molecular da mesma forma que pensamos nos átomos individuais ao analisar as estruturas cristalinas complexas que os silicatos normalmente exibem. Pensamos, então, nesses tetraedros, em vez de átomos únicos, como se estivessem empilhados ou arranjados de alguma forma repetitiva formando, portanto, um cristal. Uma forma de cristobalita, por exemplo, conhecida como β-cristobalita, pode ser entendida como um tetraedro de $(SiO_4)^{4-}$ ocupando as mesmas posições que átomos de carbono individuais na estrutura cúbica do diamante. Por isso, a β-cristobalita também pode ser pensada como átomos de silício ocupando suas posições "normais" no silício cristalino, que exibe a estrutura cúbica em forma de diamante, com um único átomo de oxigênio localizado entre cada par de átomos de silício. Relembrando que existem, por exemplo, átomos de silício nas posições de base (0, 0, 0) e (1/4, 1/4, 1/4) em uma rede CFC, encontramos átomos de oxigênio nas posições (1/8, 1/8, 1/8) e equivalentes. Essa estrutura é ilustrada na Figura 15-13(b).

Além de partilhar vértices, os tetraedros de SiO_4 podem compartilhar arestas ou superfícies, criando novas constituições que, por sua vez, também são ordenadas repetidamente. Dois tetraedros que dividem a mesma aresta, por exemplo, formam uma unidade com estequiometria de SiO_3, que pode existir em várias configurações à medida que os dois tetraedros giram em torno de seu vértice comum. Além disso, essas composições básicas podem formar longas cadeias, anéis e camadas que, quando combinadas com elementos adicionais, constituem um dos milhares de materiais silicatos. A pedra preciosa conhecida como granada, por exemplo, que normalmente é confundida como sendo um único tipo de material, é uma classe de silicatos com a unidade de fórmula geral $A_3B_2(SiO_4)_3$, em que a espécie A em geral é formada por cátions de cálcio, magnésio, ferro ou manganês bivalentes (+2) e a espécie B é composta por cátions de alumínio, ferro ou cromo trivalentes (+3).

Um exemplo de muitas estruturas em camada é outro silicato comum, a mica, que demonstra muito bem um dos princípios fundamentais da ciência de materiais, o de que a estrutura e as propriedades são intimamente relacionadas. As micas, ou silicatos micáceos, exibem uma estrutura em que a ligação de vários constituintes dentro de cada camada é mais forte em comparação com a ligação entre as diferentes camadas. Como resultado, muitos silicatos micáceos exibem uma fratura altamente preferencial ao longo de um plano específico. Isso se assemelha à fratura fácil observada para o carbono grafite, apesar da estrutura muito mais complexa das micas. Em uma família, as micas têm a unidade de fórmula geral de $A_3B_4C_8O_{20}(OH, F)_4$, em que as espécies A geralmente são potássio, sódio ou cálcio, as espécies B podem ser alumínio, magnésio ou ferro e as espécies C são silício ou alumínio. Com todas as possibilidades químicas e de configuração, fica fácil entender por que a família dos silicatos é tão ampla.

Conforme mencionamos anteriormente, os materiais à base de sílica existem nas formas cristalina e amorfa. O uso do termo "vidro" ou "vítreo" para indicar qualquer material amorfo deriva do fato de que vidros convencionais, como janelas ou garrafas, são todos amorfos. É claro que foi a transparência dos vidros silicatos que, há milênios, deu origem a suas utilizações arquitetônicas e artísticas. Vidros de "soda-cal" são a forma mais comum de vidros estruturais. O termo "soda" refere-se a um dos materiais de partida – carbonato de sódio – usados para fabricar o vidro, que incorpora quantidades variadas de silício, oxigênio, sódio, cálcio, alumínio e outros elementos em quantidades muito pequenas.

Ao variar sua composição e processamento, conseguem-se obter vidros com diferentes conjuntos de propriedades ópticas e mecânicas. O vidro verde de garrafas inclui, por exemplo, óxidos de ferro. Os **vidros temperados** são tratados térmica ou quimicamente para aumentar a tenacidade de vidros convencionais usados em janelas e garrafas. Pyrex® é uma marca registrada de vidros que contêm boro, usado em utensílios para cozinha que, devido aos baixos coeficientes de expansão térmica, também é utilizado para fabricar lentes telescópicas. Os materiais à base de sílica são usados como isolantes térmicos, refratários, abrasivos, fibras em materiais compósitos e artigos para laboratório. Um ônibus espacial utilizou aproximadamente 25.000 ladrilhos cerâmicos reutilizáveis, leves e altamente porosos que protegeram a estrutura de alumínio do calor gerado durante a reentrada na atmosfera terrestre. Esses ladrilhos foram fabricados com fibras de sílica com alta pureza e sílica coloidal revestida com vidro borossilicato. Os pós fabricados com partículas finas são usados em pneus, tintas e muitas outras aplicações.

A sílica em muitas formas também está no centro de várias classes de produtos de alta tecnologia. Sistemas de comunicação ópticos são baseados em fibras finas de vidro de sílica e oferecem taxas de transmissão de dados praticamente ilimitadas quando comparadas com cabos convencionais de fios de cobre. A superfície de muitos dispositivos com "tela sensível ao toque", como *smartphones*, usam vidros especialmente endurecidos, altamente resistentes a fraturas. E toda a microeletrônica à base de silício (circuitos integrados ou *chips*) é devida, em parte, às propriedades elétricas altamente específicas das camadas ultrafinas de dióxido de silício amorfo, algumas das quais têm apenas algumas camadas atômicas de espessura.

15-7 Vidros inorgânicos

Nesta seção, focaremos de forma mais geral em vidros inorgânicos. Embora existam muitos vidros à base de sulfetos, fluoretos ou ainda misturas dessas substâncias, aqueles à base de sílica, como descrito há pouco, são os mais utilizados. Um **vidro** é um material metaestável que foi super-resfriado e se solidificou sem cristalizar. Existem muitos fatores que permitem que a cristalização seja evitada pelos vidros, mas a combinação de uma difusão limitada de átomos ou íons aliada a uma taxa de resfriamento suficientemente rápida é a mais decisiva. As altas viscosidades observadas refletem a cinética lenta dos líquidos formadores de vidros.

A Figura 15-14 mostra um diagrama esquemático da massa específica de um material que tem formas cristalinas e amorfas em função da temperatura. Na temperatura de fusão, uma fase cristalina é formada a partir do líquido (da forma descrita no Capítulo 9) e há uma alteração abrupta na massa específica. Um vidro que se forma a partir do mesmo líquido, no entanto, não apresenta uma mudança na inclinação da curva de massa específica na temperatura de fusão. Uma temperatura fundamental na formação de vidros é conhecida como **temperatura de transição vítrea** T_g. Até que a temperatura de transição vítrea seja alcançada no resfriamento, podemos pensar no material como um líquido super-resfriado. Depois de alcançar a temperatura de transição vítrea, o material é considerado um vidro, e não mais um líquido super-resfriado. Uma mudança na inclinação no gráfico de massa específica *versus* temperatura é observada, mas não ocorre uma descontinuidade como observada para o material cristalino. Observe que a temperatura de transição vítrea não é uma temperatura fixa. Ela depende, por exemplo, da composição e da taxa de resfriamento.

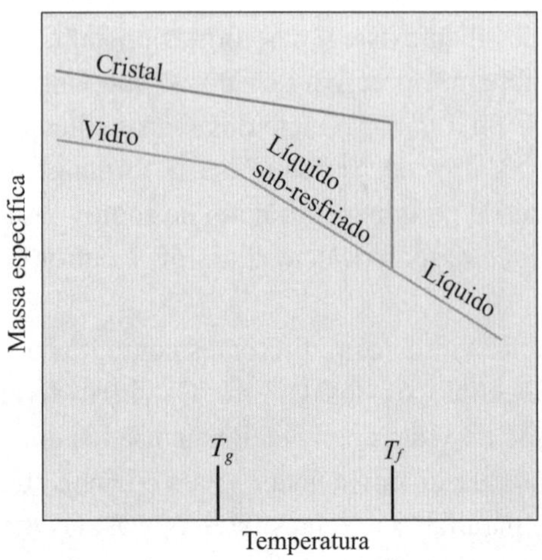

Figura 15-14 A cristalização da sílica, ao resfriar, provoca um aumento abrupto da massa específica. Para a sílica vítrea há uma mudança suave na inclinação da curva de massa específica *versus* temperatura. Essa mudança ocorre na temperatura de transição vítrea. Vidros não têm temperaturas de fusão (T_f) ou de transição vítrea (T_g) fixas. Os materiais cristalinos possuem temperatura de fusão, mas não existe a temperatura de transição vítrea.

A Figura 15-15 é um gráfico do coeficiente de expansão térmica linear de três polimorfos da sílica pura em função da temperatura. Duas formas cristalinas do quartzo são apresentadas, identificadas como alfa e beta, além de uma forma vítrea conhecida como sílica fundida ou vítrea. No resfriamento de altas temperaturas sob taxas lentas de resfriamento, o líquido fundido cristaliza-se primeiro como fase beta. Na temperatura de 573 °C, ocorre a transformação de beta em alfa. A descontinuidade no valor do coeficiente de expansão térmica reflete as diferentes estruturas cristalinas dos quartzos α e β. Em contrapartida, quando o fundido é resfriado a uma taxa maior que a taxa de resfriamento crítica, um sólido vítreo é formado. Não há transição abrupta no gráfico do coeficiente de expansão térmica porque não há mudança abrupta na estrutura. O coeficiente de expansão térmica da sílica vítrea é mais baixo que os da fase beta e alfa porque sua estrutura relativamente aberta permite que ela acomode a energia térmica por rotação das unidades tetraédricas em vez de haver um aumento no comprimento da ligação.

A sílica é conhecida como um **formador de vidro**, o que significa que ela produz com facilidade uma fase (ou fases) amorfa(s) durante o processamento. Outros formadores de vidro incluem o B_2O_3, GeO_2 e P_2O_5. Em geral, os vidros silicatos contêm óxidos adicionais (Tabela 15-5). Os óxidos que são adicionados podem ser classificados como **intermediários** ou **modificadores**. Óxidos intermediários (como o óxido de alumínio) não formam vidros por si só, mas são incorporados na estrutura dos formadores de vidro; assim, o material ainda é amorfo no resfriamento, apesar da adição dos intermediários. Os intermediários tendem a aumentar a resistência ao choque térmico dos vidros ao aumentar a quantidade de volume livre entre os átomos (ou os espaços vazios na estrutura de rede), tornando as ligações mais capazes de acomodar mudanças dimensionais rápidas. À medida que o grupo de óxidos conhecidos como modificadores é adicionado, eles rompem a estrutura de sílica dos formadores de vidro e, com o tempo, fazem com que o vidro se **devitrifique** (cristalize). Com isso, os modificadores reduzem o ponto de fusão e a viscosidade de um vidro para facilitar o processamento. A modificação pode ser compreendida ao analisar a proporção O:Si. Para a sílica pura, essa relação é 2:1. Quando se adiciona Na_2O na sílica, como, por exemplo, um modificador, os íons de sódio entram nos vazios da rede em vez de se tornarem parte dela; contudo, o íon de oxigênio que entra com o Na_2O se torna parte da rede (Figura 15-16). Quando isso acontece, não há íons de silício suficientes para combinar com os íons adicionais de oxigênio e manter a rede intacta. Por fim, uma alta razão O:Si induz os tetraedros de sílica remanescentes a formar cadeias, anéis ou compostos, e a sílica não se transforma mais

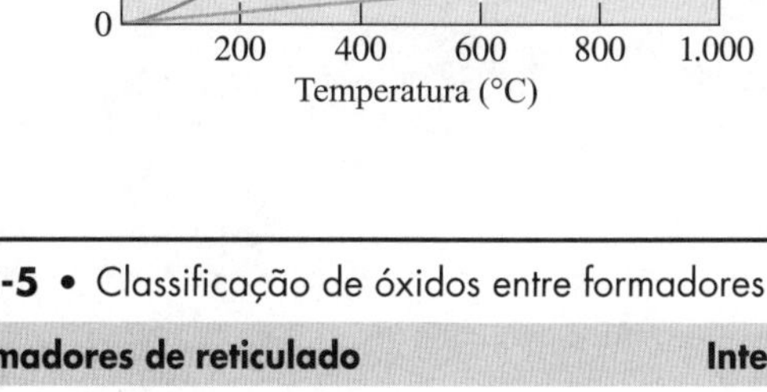

Figura 15-15 O coeficiente de expansão térmica da sílica fundida (sílica amorfa) é menor que o do quartzo cristalizado. A descontinuidade na curva para o quartzo cristalino ocorre devido à transição de fase de α para β. Observe que a solidificação do líquido no quartzo beta e nos polimorfos vítreos não é mostrada nessa figura.

Tabela 15-5 • Classificação de óxidos entre formadores de vidro, intermediários e modificadores

Formadores de reticulado	Intermediários	Modificadores
B_2O_3	TiO_2	Y_2O_3
SiO_2	ZnO	MgO
GeO_2	PbO_2	CaO
P_2O_5	Al_2O_3	PbO
V_2O_3	BeO	Na_2O

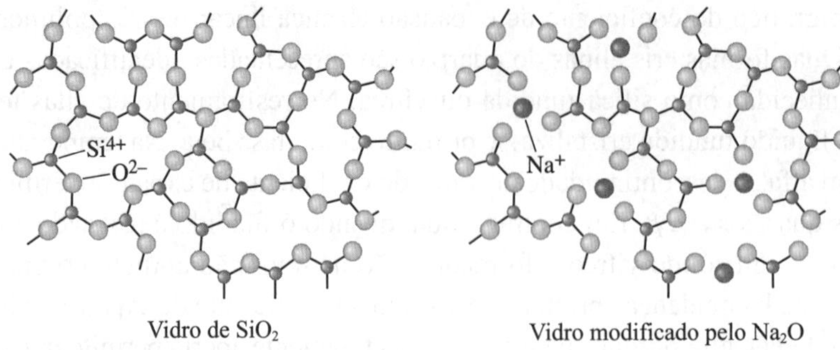

Figura 15-16 Efeito do Na_2O na rede do vidro de sílica. O óxido de sódio é um modificador, que rompe a rede vítrea e reduz a capacidade de formar um vidro.

em vidro. Quando a razão O:Si supera 2,5, a formação de vidros de sílica torna-se difícil, e acima de 3,0, o vidro só é formado se forem tomadas precauções especiais, como a utilização de taxas de resfriamento elevadas. Como é possível verificar na Figura 15-17, a adição de Na_2O produz eutéticos com temperaturas de fusão muito baixas. A adição de CaO, que reduz a solubilidade do vidro na água, aumentando, assim, sua estabilidade química, modifica ainda mais esses vidros. O exemplo a seguir mostra como projetar um vidro.

Exemplo 15-9 *Composição de um vidro*

A introdução de B_2O_3 na sílica resulta em boa estabilidade química do vidro. Para garantir a existência da fase vítrea, a razão O:Si deve estar abaixo de 2,5. Porém, deseja-se que o material vítreo tenha uma temperatura de fusão baixa para tornar o processamento fácil e econômico. Determine a composição desse vidro.

Solução

Como o B_2O_3 reduz a temperatura de fusão da sílica, é interessante adicioná-lo tanto quanto possível. Entretanto, para garantir que a razão O:Si não ultrapasse 2,5, a quantidade de B_2O_3 é limitada. Determine a quantidade de B_2O_3 a ser acrescentada para obter uma razão de O:Si igual a 2,5. Seja f_B a fração de moles de B_2O_3 acrescentada ao vidro, e $(1 - f_B)$ seja a fração molar de SiO_2:

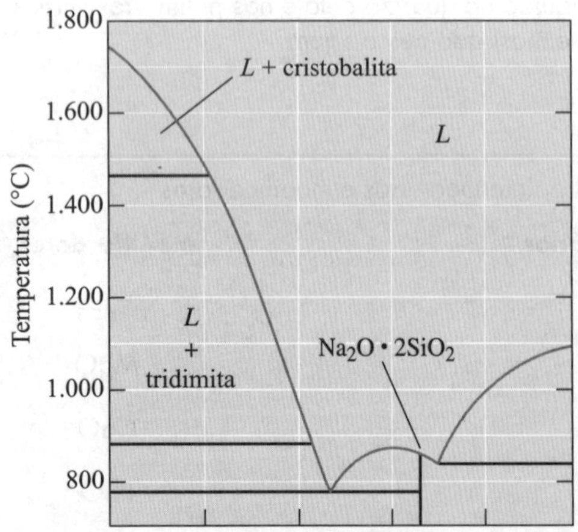

Figura 15-17 Diagrama de fases do SiO_2-Na_2O. A adição de soda (Na_2O) à sílica reduz drasticamente a temperatura de fusão da sílica por meio da formação de eutéticos.

$$\frac{O}{Si} = \frac{\left(3\frac{\text{íons O}}{B_2O_3}\right)(f_B) + \left(2\frac{\text{íons de O}}{SiO_2}\right)(1 - f_B)}{\left(1\frac{\text{íon de Si}}{SiO_2}\right)(1 - f_B)} = 2{,}5$$

$$3f_B + 2 - 2f_B = 2{,}5 - 2{,}5f_B \text{ ou } f_B = 0{,}143$$

Assim, o vidro não deve conter mais de 14,3% mol de B_2O_3. Em percentual de massa:

$$\text{wt}\%B_2O_3 = \frac{(f_B)(69{,}62 \text{ g/mol})}{(f_B)(69{,}62 \text{ g/mol}) + (1 - f_B)(60{,}08 \text{ g/mol})} \times 100$$

$$\text{wt}\%B_2O_3 = \frac{(0{,}143)(69{,}62 \text{ g/mol})}{(0{,}143)(69{,}62 \text{ g/mol}) + (0{,}857)(60{,}08 \text{ g/mol})} \times 100 = 16{,}2$$

Os vidros são processados em altas temperaturas e com a viscosidade controlada, de modo que objetos possam ser fabricados sem fraturar. A Figura 15-18 mostra a dependência da viscosidade de diversas cerâmicas em relação à temperatura.

1. *Faixa líquida*. Vidros planos são produzidos com o vidro ainda no estado fundido. As técnicas incluem a conformação do vidro líquido por rolos resfriados à água ou o escoamento do vidro fundido num recipiente com estanho líquido (Figura 15-19). O vidro flutuará sobre o banho de estanho líquido, garantindo excelente acabamento à superfície do vidro. O desenvolvimento do uso de estanho para a produção de vidros planos foi um importante avanço no processamento dos vidros. A composição básica desse vidro tem permanecido praticamente inalterada por muitos anos (Tabela 15-6).

   Grandes espelhos ópticos são fabricados vazando o vidro fundido em molde e em seguida resfriando-o tão lentamente quanto possível para minimizar tensões residuais e evitar o surgimento de trincas. Fibras de

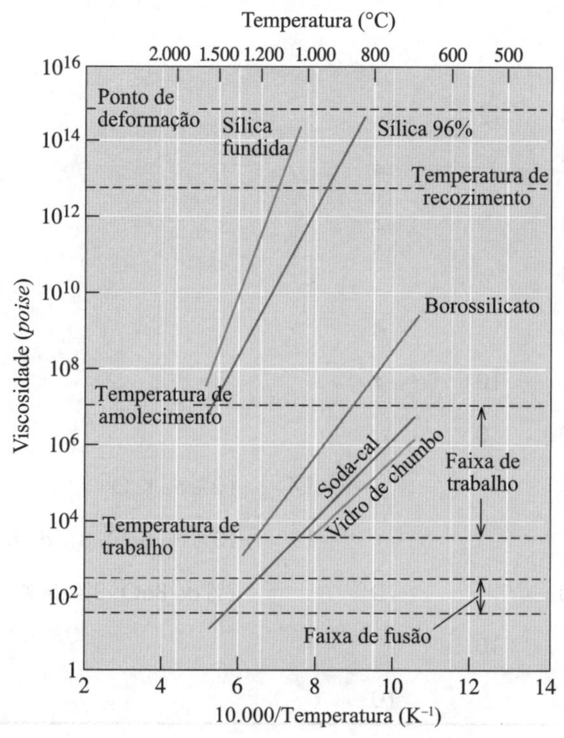

Figura 15-18 Efeito da temperatura e da composição sobre a viscosidade do vidro.

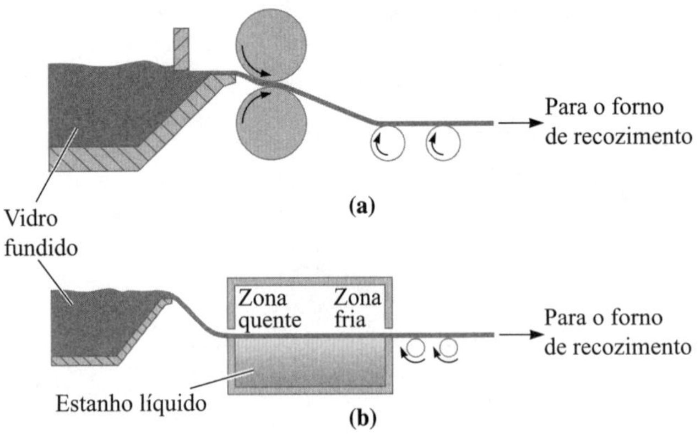

Figura 15-19 Técnicas de fabricação de vidros planos: (a) laminação e (b) escoamento sobre estanho fundido

vidro podem ser produzidas comprimindo o vidro líquido através de pequenas aberturas em um molde de platina (Figura 15-20). Muitas fibras são produzidas, simultaneamente, utilizando-se um único molde.

2. *Faixa de trabalho.* Formatos como garrafas e lâmpadas podem ser conseguidos por compressão, trefilação ou sopro do vidro em moldes (Figura 15-20). Uma *gota* de vidro líquido pode ser pré-formada para assumir uma pré-forma inicial (*parison*) e então prensada ou soprada para o interior de um molde aquecido para produzir a forma final. O vidro é aquecido até a faixa de trabalho de modo que possa ser conformado, mas não a ponto de *escorrer* em virtude da eventual baixa viscosidade.
3. *Faixa de recozimento.* Algumas peças de cerâmica devem ser recozidas para reduzir as tensões originadas durante a fabricação. Assim, grandes peças de vidro são recozidas e lentamente resfriadas para evitar a ocorrência de trincas. Alguns vidros podem ser tratados termicamente para causar a devitrificação, que é a precipitação de fase cristalina a partir do vidro.

Tabela 15-6 • Composições de vidros típicos (em percentual de massa)

Tipo de vidro	SiO_2	Al_2O_3	CaO	Na_2O	B_2O_3	MgO	PbO	Outros
Sílica fundida	99							
Vycor™	96				4			
Pyrex™	81	2		4	12			
Vasos de vidro	74	1	5	15		4		
Vidro para janelas	72	1	10	14		2		
Vidro plano	73	1	13	13				
Lâmpadas	74	1	5	16		4		
Fibras	54	14	16		10	4		
Termômetro	73	6		10	10			
Vidro de chumbo	67			6			17	10% de K_2O
Vidro óptico de quartzo	50			1			19	13% de BaO, 8% de K_2O, ZnO
Vidro óptico *crown*	70			8		10		2% de BaO, 8% de K_2O
Fibras de vidro-E	55	15	20		10			
Fibras de vidro-S	65	25				10		

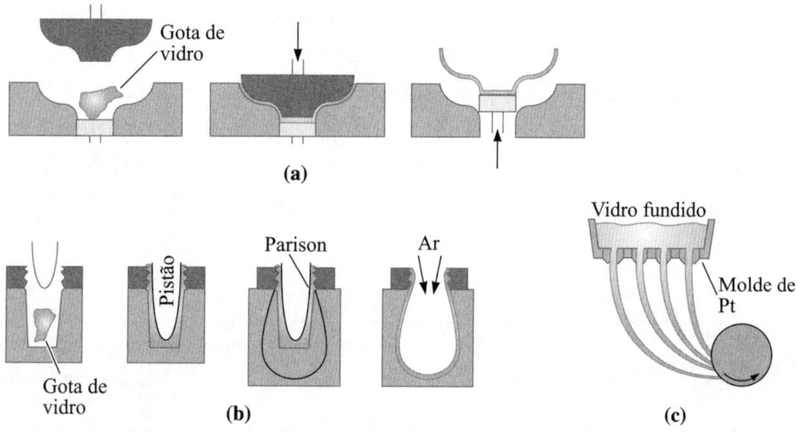

Figura 15-20 Processos de fabricação de produtos de vidro: (a) prensagem, (b) prensagem e sopro e (c) trefilação.

O vidro temperado é produzido por meio do resfriamento da superfície do vidro plano com sopro de ar, abaixando, assim, a temperatura das camadas superficiais que se contraem. Quando a região central da placa resfria, sua contração é restringida pela superfície solidificada, na qual surge uma tensão residual de compressão (Figura 15-21). O vidro temperado é capaz de suportar tensões de tração aplicadas e impactos mais intensos que os não temperados, pois a superfície apenas entra em estado de tensão de tração após superar a tensão residual compressiva. Além disso, quando o vidro temperado falha, ele se quebra em pequenos pedaços redondos, e não nos cacos pontudos que se formam quando o vidro não temperado se quebra. Consequentemente, o vidro temperado é utilizado em para-brisa e janelas de casas, prateleiras de refrigeradores, fornos, mobiliários e muitas outras aplicações em que a segurança é importante. O vidro laminado, utilizado nos para-brisas de automóveis, consiste em duas peças de vidro recozido com um polímero como o polivinil butiral, PVB, no meio.

Composições de vidro É preciso aquecer a SiO_2 pura em temperaturas muito altas para resultar em viscosidades que permitam uma fabricação economicamente viável. Para contornar esse problema, a maioria dos vidros comerciais é à base de sílica, mas com modificadores como a soda (Na_2O), que são adicionados para quebrar a estrutura do reticulado e formar eutéticos com baixas temperaturas de fusão. A cal (CaO) é misturada para reduzir a solubilidade do vidro na água. O vidro comercial comum contém aproximadamente 75% de SiO_2, 15% de Na_2O e 10% de CaO e é conhecido como vidro de soda-cal.

Os vidros de borossilicato contêm cerca de 15% de B_2O_3 e têm excelente estabilidade dimensional e química. Seus usos incluem materiais de vidro para laboratórios (Pyrex™) e recipientes para descarte de resíduos nucleares muito radioativos. O vidro de alumino-borossilicato de cálcio, vidro-E, é empregado na forma de fibras para reforço de materiais compósitos. O vidro de aluminossilicato, com 20% de Al_2O_3 e 12% de MgO, e os vidros de sílica de alta qualidade, com 3% de B_2O_3, possuem elevada resistência em altas temperaturas e por isso são usados em proteção contra calor ou choque térmico. O vidro-S é um aluminossilicato de magnésio utilizado na produção de fibras de elevada resistência para uso em compósitos. A sílica pura, SiO_2, apresenta, dentre os vidros, a melhor resistência à alta temperatura, ao choque térmico e ao ataque químico, embora seja cara.

Propriedades ópticas especiais podem ser obtidas, incluindo a mudança do comportamento óptico, pois os vidros podem ser sensíveis a comprimentos de onda específicos da luz. O vidro fotocromático escurece pela luz solar

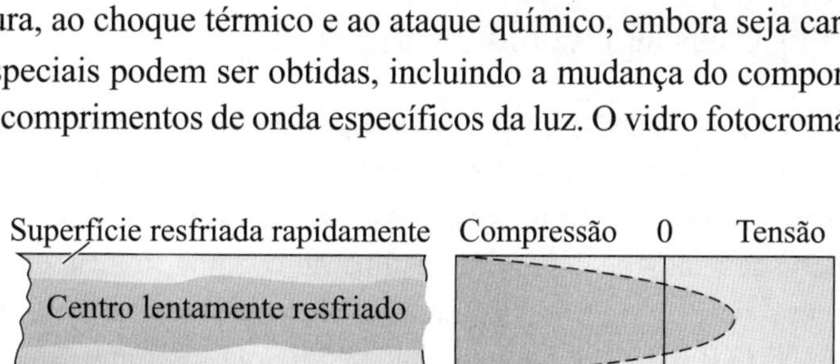

Figura 15-21 O vidro temperado é resfriado rapidamente para produzir tensões residuais compressivas na superfície.

ultravioleta e, assim, é usado em óculos de sol, enquanto o vidro fotossensível escurece permanentemente quando exposto à luz ultravioleta (UV). Numa aplicação artística, regiões selecionadas do vidro fotossensível escurecido pela luz UV não serão posteriormente atacadas por ácido fluorídrico, possibilitando a formação de desenhos ou de marcações em vidros. Os vidros policromáticos são sensíveis aos vários comprimentos de onda de luz, e não apenas à radiação ultravioleta. De forma análoga, nanocristais semicondutores de sulfeto de cádmio (CdS) são nucleados em vidros de silicatos em um processo conhecido como *striking*. Esses vidros têm cores vivas e propriedades ópticas interessantes.

15-8 Vitrocerâmicas

As **vitrocerâmicas** são materiais cristalinos derivados de vidros amorfos. Em geral, elas têm uma fração volumétrica cristalina da ordem de cerca de 70% a 99%. As vitrocerâmicas podem ser conformadas quando ainda estão no estado vítreo, obtendo-se uma porosidade muito baixa com as técnicas de conformação de vidro convencionais, como prensagem e sopro.

A primeira etapa na produção de uma vitrocerâmica é evitar que a cristalização ocorra durante o resfriamento a partir da temperatura de processamento. Diagramas de transformação de resfriamento e resfriamento isotérmico semelhantes às CCT e TTT dos aços existem para os vidros silicatos [Veja a Figura 15-22(a)]. Se o vidro resfriar muito lentamente, uma curva de transformação é cruzada, ocorrendo a nucleação e o crescimento de cristais, porém, de modo desordenado. A adição de óxidos modificadores ao vidro, muito semelhante à adição de elementos de liga ao aço, desloca a curva de transformação para tempos mais longos e impede a devitrificação mesmo com baixas taxas de resfriamento. Conforme observado em capítulos anteriores sobre tratamento térmico de aços, também deveríamos utilizar o diagrama CCT (e não TTT) nesta abordagem das vitrocerâmicas.

A nucleação da fase cristalina é realizada de duas maneiras. Primeiro, o vidro contém agentes, como o TiO_2, que reagem com outros óxidos e formam fases que são os sítios de nucleação. Segundo, um tratamento térmico controla a quantidade de núcleos adequados. Essa temperatura deve ser baixa para maximizar a taxa de nucleação [Figura 15-22(b)]. Contudo, a taxa de cristalização depende da taxa de crescimento dos cristais posteriormente à nucleação. Temperaturas mais elevadas são necessárias para maximizar a taxa de crescimento. Um tratamento térmico típico é mostrado na Figura 15-22(c) para a vitrocerâmica Li_2O-Al_2O_3-SiO_2 (Pyroceram™). O estágio em baixa temperatura possibilita nucleação de cristais, e o estágio em alta temperatura acelera a taxa de crescimento dos cristais, obtendo-se até 99% do volume da peça como fase cristalina.

A microestrutura especial das vitrocerâmicas fornece boa resistência mecânica e tenacidade, frequentemente com um baixo coeficiente de dilatação térmica e boa resistência à oxidação em altas temperaturas. Uma das mais importantes vitrocerâmicas pertence ao sistema citado anteriormente, Li_2O-Al_2O_3-SiO_2. Esses materiais são utilizados em utensílios de cozinha (Corning Ware™) e revestimentos cerâmicos de fogões. Outras vitrocerâmicas são utilizadas em sistemas eletrônicos de comunicação, computadores e dispositivos ópticos.

15-9 Processamento e aplicações de produtos de argila

Produtos de argila são aqueles que usam argila e água como ligante das partículas cerâmicas (geralmente as partículas são sílica). Os produtos de argila são usados desde a antiguidade para produzir recipientes e tijolos. Por esse motivo, os produtos de argila de hoje são analisados na classe das "cerâmicas tradicionais". Eles ainda são usados para recipientes e tijolos, além de canos de esgoto, utensílios de cozinha, louças e outros produtos comuns. As argilas são materiais cristalinos à base de silicatos de alumínio hidratados, numa estrutura em camadas; a caulinita, um mineral com a fórmula $Al_2Si_2O_5(OH)_4$, é provavelmente a argila mais comum. Outros materiais, como o feldspato $[(K, Na)_2O \cdot Al_2O_3 \cdot 6SiO_2]$, são incorporados como **fundentes** (formadores de vidro) durante o tratamento térmico posterior.

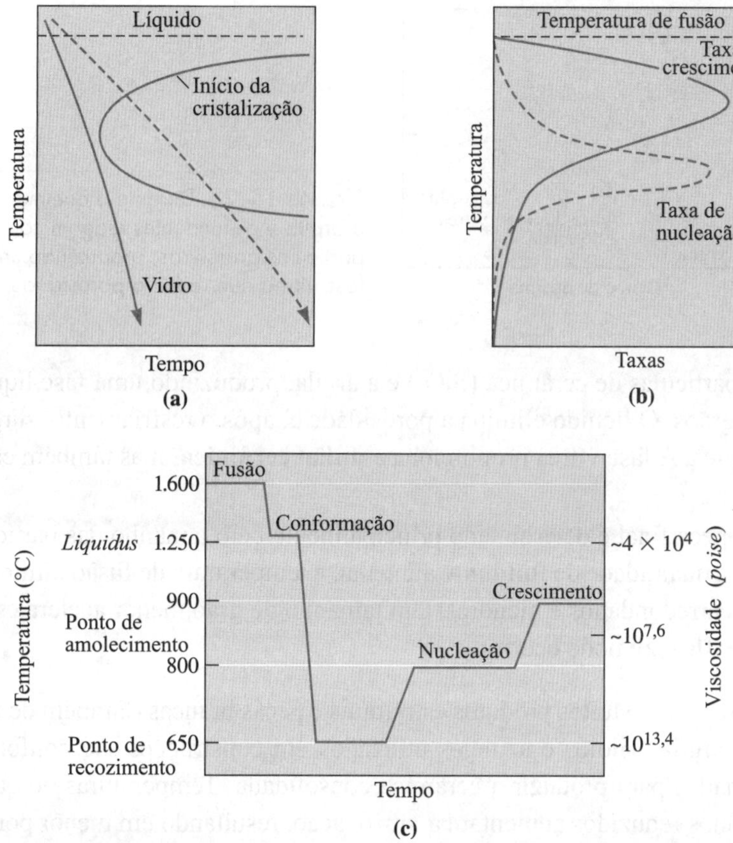

Figura 15-22 Produção de vitrocerâmica: (a) resfriamento rápido para evitar a cristalização; (b) a taxa máxima de nucleação de cristais ocorre em baixas temperaturas e a taxa de crescimento dos precipitados é maior em altas temperaturas; (c) um perfil de tratamento térmico típico da fabricação de vitrocerâmicas, ilustrado aqui pelos vidros de de Li_2O-Al_2O_3-SiO_2.

Técnicas de conformação para produtos de argila Os pós, a argila, o fundente e a água são misturados e moldados para dar forma à cerâmica. Misturas secas ou semissecas são mecanicamente prensadas obtendo-se corpos cerâmicos verdes, isto é, não queimados, com resistência suficiente apenas para serem manuseados. Para uma prensagem mais uniforme de objetos com formatos complexos, a prensagem isostática deve ser empregada. Os pós são colocados em um recipiente de borracha e imersos em meios gasosos ou líquidos, sob pressão. A massa cerâmica com alta umidade permite que os pós tenham plasticidade suficiente para serem conformados. Processos de **conformação hidroplástica**, incluindo extrusão, bateia e trabalho manual, podem ser aplicados a essas misturas plásticas. Pastas de cerâmica contendo grandes quantidades de plastificantes que não a água podem ser injetadas em moldes.

Uma massa cerâmica que contém muita água forma a barbotina, que é uma suspensão contendo pó cerâmico fino. Essa barbotina é vazada em um molde poroso (Figura 15-10). A colagem de barbotina é utilizada na fabricação de pias e outros produtos comerciais. Depois da conformação, os corpos cerâmicos verdes, ou seja, cerâmicas que ainda não foram ao forno, têm baixa resistência mecânica, contêm água ou outros aditivos, são porosos e, portanto, ainda requerem as etapas de secagem e queima.

Secagem e queima de produtos de argila Durante a secagem, o excesso de umidade é removido e ocorrem grandes mudanças dimensionais. Inicialmente, a água entre as partículas de argila evapora e causa a maior parte da retração volumétrica. Em seguida, uma pequena mudança dimensional ocorre quando a água existente dentro dos poros evapora. A temperatura e a umidade são cuidadosamente controladas para proporcionar uma secagem uniforme de toda a peça, minimizando, dessa maneira, tensões, distorção e trincas.

A rigidez e a resistência mecânica da peça cerâmica são obtidas durante a etapa de **queima**. Nessa fase há eliminação da água de hidratação da caulinita e a vitrificação começa (Figura 15-23). As impurezas e o agente

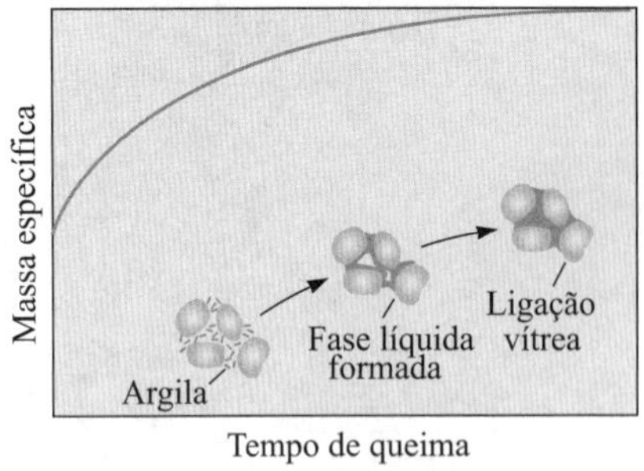

Figura 15-23 Durante a queima, a argila e os fundentes reagem com partículas grosseiras, produzindo uma fase vítrea que reduz a porosidade.

fundente reagem com as partículas de cerâmica (SiO_2) e a argila, produzindo uma fase líquida de baixo ponto de fusão nas superfícies dos grãos. O líquido elimina a porosidade e, após o resfriamento, surge um vidro rígido que liga as partículas de cerâmica. A fase vítrea proporciona a **união cerâmica**, mas também causa retração adicional do corpo cerâmico.

O tamanho de grão da peça final é determinado principalmente pelo tamanho das partículas dos pós originais. Além disso, à medida que a quantidade de **fundente** aumenta, a temperatura de fusão diminui, mais vidro se forma e os poros tornam-se mais arredondados e menores. Um tamanho de grão menor acelera esse processo, pois existem mais sítios onde a **vitrificação** pode ocorrer.

Aplicações de produtos de argila Muitos produtos estruturais e peças brancas (também denominadas louças brancas) são produzidos com argila. Tijolos e azulejos utilizados em construções são conformados por prensagem e extrusão, secos e queimados para produzir a cerâmica consolidada. Temperaturas de queima mais elevada ou partículas e pó com tamanhos reduzidos aumentam a vitrificação, resultando em menor porosidade e maior massa específica. Quanto maior a massa específica, melhores serão as propriedades mecânicas, mas haverá redução das propriedades de isolamento térmico de peças como tijolos e azulejos.

As louças de barro são corpos porosos de argila queimados a temperaturas baixas, também chamadas de terracota. A vitrificação é limitada, a porosidade é elevada e interconectada e as cerâmicas podem ser permeáveis a líquidos. Consequentemente, esses produtos devem ser revestidos com um vidrado impermeável.

Temperaturas de queima mais altas promovem vitrificação mais intensa e menos poros, resultando na *stoneware*. Esse material é utilizado para manilhas de esgoto e drenagem e contém cerca de 2% a 4% de poros. As cerâmicas conhecidas como porcelana ou porcelana chinesa requerem temperaturas de queima ainda mais altas para que ocorra uma vitrificação completa e praticamente elimine a porosidade.

15-10 Refratários

Materiais refratários são componentes importantes de equipamentos utilizados na produção e refino do aço, manuseio de metais e vidros, em fornos de tratamento térmico e equipamentos que operem em altas temperaturas. Os **refratários** devem resistir a altas temperaturas sem serem corroídos ou reagirem com o ambiente onde operam. Os refratários comuns são compostos de partículas grosseiras de óxido ligadas por um material refratário mais fino. O material refratário mais fino funde durante a queima e causa a união do material. Em alguns casos, tijolos refratários contêm de 20% a 25% de poros aparentes para ser um bom isolante térmico.

Os refratários são frequentemente divididos em três grupos: ácidos, básicos e neutros, de acordo com seu comportamento químico (Tabela 15-7). Os refratários ácidos são ácidos por natureza (isto é, eles formam íons de hidrogênio em ambientes aquosos). Refratários ácidos são usados em ambientes ácidos. Eles não podem ser utilizados em ambientes básicos, pois vão corroer e degradar. Da mesma forma, refratários básicos são usados em ambientes básicos. Refratários neutros são usados em aplicações em que o refratário é sujeito a ambientes ácidos e básicos. Discutiremos os materiais e aplicações de cada um desses grupos.

Tabela 15-7 • Composições de refratários (frações em massa)

Refratário	SiO_2	Al_2O_3	MgO	Fe_2O_3	Cr_2O_3
Ácido					
Sílica	95-97				
Tijolo refratário para temperatura elevada	51-53	43-44			
Tijolo de alta alumina	10-45	50-80			
Básico					
Magnesita			83-93	2-7	
Olivina	43		57		
Neutro					
Cromita	3-13	12-30	10-20	12-25	30-50
Cromita-magnesita	2-8	20-24	30-39	9-12	30-50

Adaptado de *Ceramic data book*, Cahners Publishing Co., 1982.

Refratários ácidos Os refratários ácidos são feitos de sílica, alumina e *fireclay* (uma caulinita com algumas impurezas). A sílica pura às vezes é utilizada na fabricação de cadinhos para fusão de metais. Em algumas aplicações, a sílica pode estar ligada com pequenas quantidades de óxido de boro, que se funde e une as fases. Quando uma pequena quantidade de alumina é adicionada à sílica, o refratário contém um microconstituinte eutético de ponto de fusão muito baixo (Figura 15-24) e, portanto, não é adequado às aplicações refratárias em temperaturas acima de 1.600 °C. Temperaturas dessa magnitude são necessárias em metalurgia para produzir aço. Contudo, quando quantidades maiores de alumina são adicionadas, a microestrutura fica com quantidades crescentes de mulita, $3Al_2O_3 \cdot 2SiO_2$, que tem alta temperatura de fusão. Esses tijolos refratários, em geral, são pouco resistentes, porém baratos. Os refratários com concentrações de alumina acima de 50% são denominados refratários de alta alumina.

Refratários básicos Refratários básicos possuem MgO (magnesita ou periclase) na sua composição. O MgO puro apresenta alto ponto de fusão, boa refratariedade e boa resistência a ataques químicos de substâncias básicas existentes em siderurgia. A olivina é um mineral que ocorre como uma solução sólida de Mg_2SiO_4 e Fe_2SiO_4. O Mg_2SiO_4 é conhecido como forsterita e tem uma temperatura de fusão extremamente alta, de aproximadamente 1.900 °C. A olivina às vezes é adicionada a fornos para formar escuma, o subproduto do refino de minérios metálicos. A areia de olivina é usada para conter metais derretidos na fundição de areia. Outros refratários de magnesita incluem CaO ou carbono. Normalmente, os refratários básicos são mais caros que os ácidos.

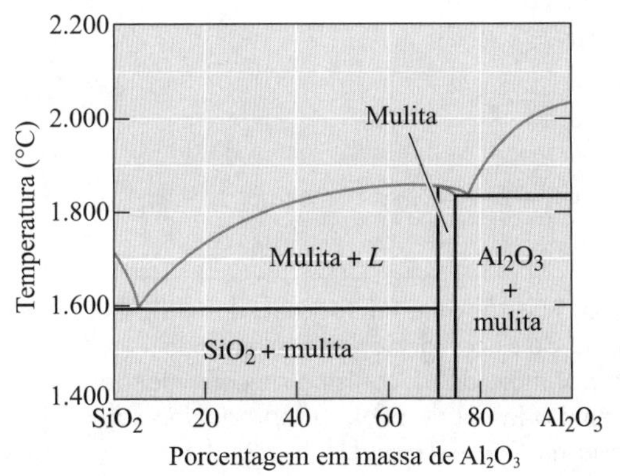

Figura 15-24 Diagrama de fases simplificado para o sistema SiO_2-Al_2O_3, que é a base para os refratários sílico-aluminosos.

Refratários neutros Estes refratários, que incluem a cromita e a cromita-magnesita, podem ser utilizados para isolar refratários ácidos e básicos, impedindo-os de se atacarem quimicamente.

Refratários especiais O carbono ou a grafita são utilizados em refratários, principalmente quando o oxigênio está ausente. Outros materiais refratários incluem zircônia (ZrO_2), zircão ($ZrO_2 \cdot SiO_2$) e uma variedade de nitretos, carbetos e boretos. A maioria dos carbetos, como o TiC e o ZrC, não resiste bem à oxidação e é mais indicada para ambientes redutores (não oxidantes). Entretanto, o carbeto de silício é uma exceção, pois quando se oxida em temperaturas altas, uma fina camada de SiO_2 é formada na superfície, protegendo o SiC de posterior oxidação até cerca de 1.500 °C. Os nitretos e os boretos também apresentam altas temperaturas de fusão e são menos suscetíveis à oxidação. Alguns óxidos e nitretos são possíveis candidatos a materiais para novos motores a jato.

15-11 Outros materiais cerâmicos

Além de seu uso na produção de materiais para construção, dispositivos domésticos, materiais estruturais e refratários, as cerâmicas também têm outras aplicações.

Cimentos Materiais cerâmicos podem ser consolidados por um ligante sem necessidade de queima ou sinterização. Esse processo a frio chama-se **cementação**. Uma reação química converte a resina líquida em um sólido que une as partículas, conferindo rigidez ao conjunto. No caso do uso do silicato de sódio como aglomerante de areias, a injeção do gás CO_2 favorece a desidratação do silicato, formando um material vítreo:

$$x\text{Na}_2\text{O} \cdot y\text{SiO}_2 \cdot \text{H}_2\text{O} + \text{CO}_2 \rightarrow \text{vidro (reação não balanceada)}$$

A Figura 15-25 mostra grãos de areia de sílica usados na produção de moldes para a fundição de metais. O silicato de sódio líquido reveste os grãos de areia e proporciona forte ligação entre eles, quando na presença do gás CO_2.

Outro exemplo de consolidação de material cerâmico sem necessidade de expô-lo a elevadas temperaturas é o pó de alumina e o ácido fosfórico, que, quando misturados, produzem o cimento de fosfato de alumínio:

$$\text{Al}_2\text{O}_3 + 2\text{H}_3\text{PO}_4 \rightarrow 2\text{AlPO}_4 + 3\text{H}_2\text{O}$$

Refratários de alumina contendo cimento de fosfato de alumínio mantêm bom desempenho em temperaturas de até 1.650 °C.

O gesso de Paris, ou gesso, é outro material endurecido por uma reação de hidratação:

$$\text{CaSO}_4 \cdot \tfrac{1}{2}\text{H}_2\text{O} + \tfrac{3}{2}\text{H}_2\text{O} \rightarrow \text{CaSO}_4 \cdot 2\text{H}_2\text{O}$$

Quando a suspensão líquida reage, cristais sólidos de gesso ($CaSO_4 \cdot 2\,H_2O$) crescem, e restam poucos poros entre os cristais. Quantidades maiores de água na suspensão original causam mais porosidade e reduzem a resistência final do gesso. Um uso importante desse material é na construção de paredes e para rebaixamento de tetos em prédios.

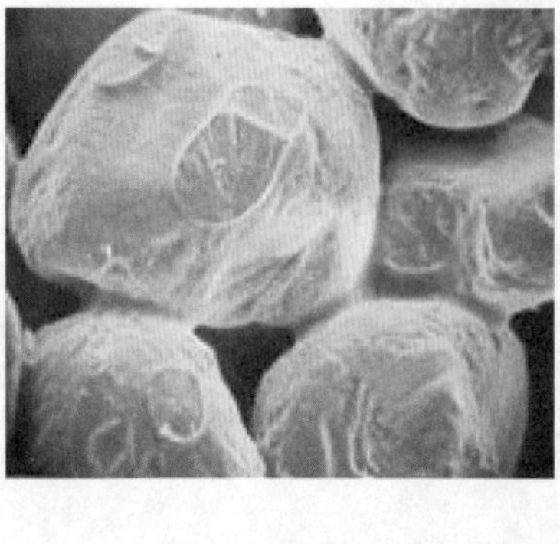

Figura 15-25 Uma micrografia dos grãos de areia de sílica ligados com silicato de sódio por meio do mecanismo de cementação (aumento original de 60 ×). (*Reproduzido sob cortesia de Don Askeland.*)

Revestimentos As cerâmicas muitas vezes são usadas como revestimentos protetores de outros materiais. Os revestimentos comerciais incluem os **vidrados** e **esmaltes cerâmicos**. Os vidrados são aplicados na superfície de corpos cerâmicos para torná-los impermeáveis, para isolar o ambiente, para decorar etc. Os esmaltes cerâmicos são normalmente usados em superfícies metálicas. Os esmaltes cerâmicos e os vidrados derivam da argila e vitrificam facilmente durante a queima. Uma composição comum é $CaO \cdot Al_2O_3 \cdot 2SiO_2$.

É possível ainda ter cores distintas em esmaltes cerâmicos e vidrados com a adição de outros minerais. Assim, por exemplo, o silicato de zircônio produz um vidrado de cor branca, o óxido de cobalto, azul, o óxido de cromo, verde, o óxido de chumbo, amarelo, e um vidrado vermelho é obtido com adição de sulfetos de selênio e cádmio.

Um dos problemas encontrados com os vidrados e esmaltes cerâmicos é o trincamento superficial, que ocorre quando o vidrado tem coeficiente de dilatação térmica diferente da do substrato. Com frequência, esse é o ponto determinante da escolha da composição do revestimento.

Revestimentos especiais são utilizados para cerâmicas avançadas e metais para alta temperatura de serviço. Recobrimentos de SiC são aplicados em materiais compósitos carbono-carbono para melhorar a resistência à oxidação. Revestimentos de zircônia são aplicados nas superligas de níquel para atuarem como barreiras térmicas, a fim de protegerem o metal de fundir ou sofrer reações adversas.

Filmes finos e monocristais Filmes finos de cerâmicas complexas e de múltiplos componentes são produzidos com a utilização de diferentes técnicas, como aspersão, sol-gel e deposição por vapor químico (CVD – *chemical-vapor deposition*). Em geral, a espessura de tais filmes varia entre 0,05 μm a 10 μm, e é comum ser maior que 2 μm. Muitos filmes finos de cerâmica eletrônica são preparados e integrados a camadas de silício, vidros e outros substratos. Por exemplo, as tarjas magnéticas dos cartões de crédito utilizam filmes finos de óxido de ferro (γ-Fe_2O_3 ou Fe_3O_4) para armazenar dados. O óxido de estanho e índio (ITO – *indium tin oxide*) é um material eletricamente condutor e transparente à luz e reveste vidros de telas sensíveis ao toque (Tabela 15-1), podendo também funcionar como antiembaçador nos vidros de carros. Outros revestimentos aumentam a eficiência da interação da luz solar com o vidro. Recentemente desenvolveu-se um vidro autolimpante que utiliza um revestimento de TiO_2. Filmes finos de cerâmica, como PZT (titanato zirconato de chumbo), PLZT (titanato zirconato de chumbo modificado com lantânio) e soluções sólidas de $BaTiO_3$-$SrTiO_3$ podem ser preparados com técnicas similares. Com frequência, os filmes desenvolvem uma orientação, ou textura, que pode ser vantajosa para determinada aplicação. Monocristais de cerâmica de SiO_2 ou quartzo, niobato de lítio ($LiNbO_3$), safira ou granadas de ítrio-alumínio são empregados em dispositivos elétricos e eletro-ópticos. Esses cristais crescem a partir do líquido com técnicas semelhantes às descritas no Capítulo 9.

Fibras Fibras cerâmicas são produzidas para vários usos como reforço em compósitos e em fibras ópticas. Fibras de vidro borossilicato são as que têm maior produção e fornecem resistência e rigidez ao compósito com fibras de vidro. As fibras podem ser produzidas a partir de diversas cerâmicas, incluindo a alumina, carbetos de silício e boro. O processo sol-gel também é adequado para a produção de fibras comerciais. Um tipo especial de material fibroso são as placas de sílica do sistema de proteção térmica do ônibus espacial da Nasa. As fibras de sílica são ligadas à sílica coloidal para produzir placas excepcionalmente leves com massa específica inferior a 0,144 g/cm^3. As placas são ainda revestidas por vidrados especiais de alta emissividade para suportar temperaturas de até 1.300 °C.

União e montagem de componentes cerâmicos Em geral, as cerâmicas são feitas como componentes monolíticos em vez de serem montadas com muitos componentes. Quando duas peças de cerâmica são colocadas em contato por ação de uma carga mecânica, surge uma concentração de tensão na superfície frágil que aumenta a probabilidade de fratura. Além disso, os métodos de união de peças de cerâmica são limitados. Cerâmicas frágeis não podem ser unidas por processos de fusão, soldagem por fusão ou por deformação plástica. Em baixas temperaturas, adesivos poliméricos podem ser usados e cimentos cerâmicos são indicados para temperaturas mais altas. A **soldagem por difusão** e a brasagem podem ser utilizadas na união de cerâmicas e na de cerâmicas com metais. A soldagem por difusão é uma técnica de soldagem na qual duas superfícies são pressionadas uma contra a outra a elevadas pressões e temperaturas. A difusão de átomos para a interface preenche os vazios e produz forte ligação entre as superfícies.

Os polímeros podem ser processados em uma variedade de formatos por meio de inúmeras técnicas de manufatura. Essa foto mostra a extrusão de um tubo termoplástico fundido. Antes que o polímero se solidifique totalmente, o tubo recebe um sopro de ar quente à medida que se move para cima, fazendo com que seu diâmetro se expanda várias vezes. O tubo achatado é, então, selado com calor em um lado e cortado no outro para formar bolsas plásticas, ou simplesmente cortado na direção do comprimento para formar um filme plástico. (© *Bob Masini/Phototake*.)

capítulo 16

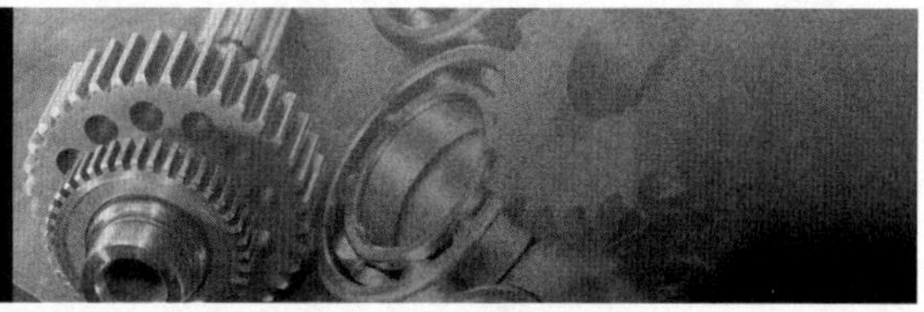

Polímeros

VOCÊ JÁ SE PERGUNTOU?

- De que material são feitos os DVDs?
- De que é feito o brinquedo Silly Putty®?[1]
- Qual polímero é utilizado na goma de mascar?
- Qual foi a primeira fibra sintética produzida?
- Por que alguns produtos feitos de polímeros podem ser lavados em máquinas lava-louças e outros não?
- De que são feitos os coletes à prova de balas?
- Qual polímero é utilizado nas panelas antiaderentes?

OBJETIVOS DE APRENDIZAGEM DO CAPÍTULO

Os principais objetivos deste capítulo são

- Descrever a estrutura, as propriedades e o processamento das três classes de polímeros: termoplásticos, termofixos e elastômeros.
- Descrever os processos de polimerização por condensação e polimerização por adição.
- Explicar o processo de reticulação e como influencia as propriedades dos termofixos.
- Definir a temperatura de transição vítrea.
- Calcular o grau de polimerização e o peso molecular e explicar sua relevância quanto ao comportamento mecânico dos polímeros.
- Comparar e contrastar as propriedades físicas e mecânicas dos polímeros com as dos metais.

---

[1] N.R.T.: Também chamado de *gel bobo, geleca.*

Neste capítulo, examinaremos a estrutura, as propriedades e o processamento de polímeros. O sufixo *mero* significa unidade. Desse modo, o termo polímero quer dizer muitas unidades e, nesse contexto, o termo mero se refere a um grupo unitário de átomos ou moléculas, que define um arranjo unitário característico de um polímero. Os **polímeros** consistem em cadeias de moléculas, e essas cadeias têm em média massas moleculares que variam de 10 mil a mais de 1 milhão de g/mol, sendo produzidas pela união de muitos meros por meio de ligação química para formar moléculas gigantes, as quais são conhecidas como macromoléculas. A massa molecular é definida como a soma de massas atômicas em cada molécula. A *polimerização*, ou síntese de polímeros, é o conjunto de reações químicas que provoca a união de pequenas moléculas unitárias (conhecidas como **monômeros**) ou com poucas unidades (denominadas **oligômeros**) para criar as macromoléculas. A polimerização normalmente se inicia com a produção de grandes cadeias nas quais os átomos estão fortemente unidos por ligações covalentes. A maioria dos polímeros, sólidos ou líquidos, é à base de carbono; contudo, também podem ser inorgânicos, como os silicones baseados na estrutura de Si-O.

Os **polímeros**, em geral, contêm aditivos, como fibras, cargas, pigmentos, entre outros, que podem melhorar ainda mais suas propriedades. Os polímeros incluem os termoplásticos, termofixos e elastômeros (naturais ou sintéticos).

Os polímeros têm uma quantidade surpreendente de aplicações, entre elas: roupas, brinquedos, utilidades domésticas, componentes estruturais e decorativos, revestimentos, tintas, adesivos, pneus de automóveis, materiais biomédicos, para-choques e partes dos interiores de carros, espumas e materiais para embalagem. São frequentemente utilizados para constituir compósitos, tanto na forma de reforço quanto como na de matriz. Telas de cristal líquido (LCDs) e lentes fotocromáticas baseiam-se em materiais poliméricos. Os polímeros, frequentemente empregados na produção de componentes eletrônicos, são isolantes e apresentam baixa constante dielétrica. Mais recentemente, houve desenvolvimentos significativos de dispositivos eletrônicos flexíveis em decorrência das propriedades piezoelétricas, semicondutoras, ópticas e eletro-ópticas de alguns polímeros. Polímeros como o poliacetato de vinila (PVA) são solúveis em água. Muitos desses polímeros se dissolvem em água ou em solventes orgânicos e podem ser usados como aglomerantes, surfactantes, ou plastificantes no processamento de cerâmicas e semicondutores, e ainda como componentes de muitos bens de consumo. A título de exemplo, o polímero polivinil butiral (PVB) é empregado em vidros laminados de para-brisas de automóveis (Capítulo 15). Os polímeros são, provavelmente, a classe de materiais mais utilizada nas tecnologias modernas.

Os polímeros convencionais ou do tipo *commodity* têm amplo uso comercial, pois são materiais resistentes à corrosão e permitem produzir componentes leves e de pequena rigidez, entretanto, não são adequados para uso em altas temperaturas e possuem baixa resistência mecânica. Além disso, são relativamente baratos e facilmente conformados em uma grande variedade de formas, como sacos plásticos, engrenagens mecânicas e até mesmo banheiras. Os polímeros de engenharia são projetados para alcançar alta resistência mecânica e melhor desempenho em temperaturas mais elevadas. Esses materiais são produzidos em pequenas quantidades e, na maioria das vezes, são caros. Alguns polímeros de engenharia podem ser utilizados em temperaturas de até 350 °C, outros, geralmente sob a forma de fibras, podem ter propriedades mecânicas superiores às do aço.

Os polímeros também possuem muitas propriedades físicas interessantes. Alguns, como os acrílicos Plexiglas® e Lucite®, são transparentes à luz e podem substituir os vidros. Embora a maioria dos polímeros seja isolante elétrico, polímeros especiais (como os poliacetais) e compósitos poliméricos possuem certa condutividade elétrica. O Teflon tem coeficiente de atrito baixo e é utilizado como revestimento de panelas antiaderentes. Os polímeros também são, de forma geral, resistentes à corrosão e a ataques químicos.

16-1 Classificação dos polímeros

Os polímeros podem ser classificados de diversas maneiras: pelo processo como as moléculas são sintetizadas, por sua estrutura molecular ou por sua família química. Desse modo, uma possibilidade de classificação é estabelecer se é um **polímero linear** ou **polímero ramificado** (Figura 16-1). Um polímero linear apresenta as cadeias poliméricas dispostas aleatoriamente como se fossem espaguetes. Em polímeros ramificados há cadeias poliméricas principais e ramificações secundárias na forma de cadeias menores que se originam a partir das cadeias principais. Observe que o termo *linear* não significa cadeias em linhas retas. A melhor maneira para descrever os polímeros é quanto ao seu comportamento mecânico e térmico. A Tabela 16-1 apresenta as três principais categorias de polímeros.

Os **termoplásticos** são compostos de cadeias longas produzidas pela união dos monômeros. Eles têm comportamento mecânico plástico e dúctil. As cadeias podem ou não ter ramificações e cadeias individuais estão

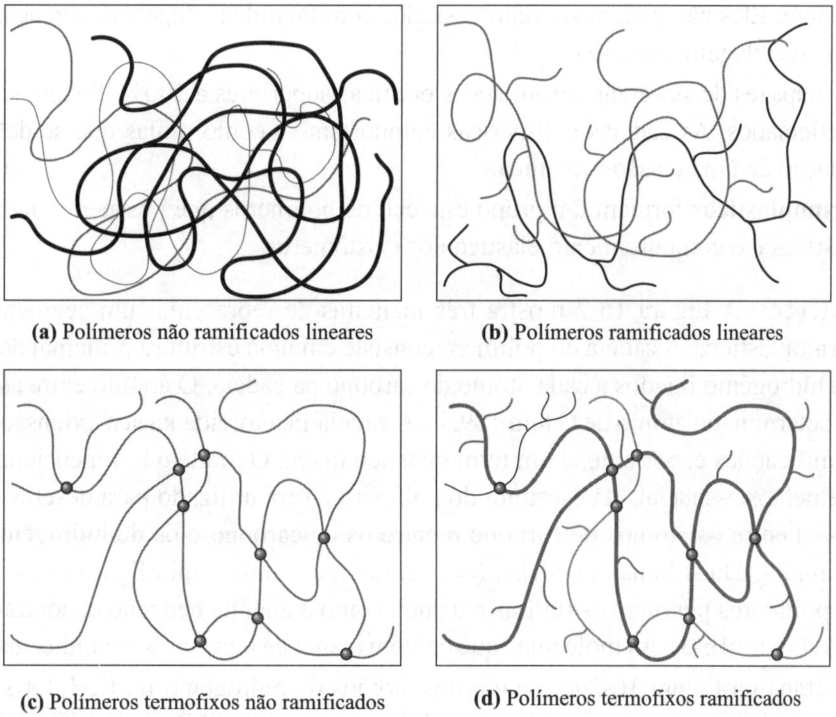

Figura 16-1 Esquema de polímeros lineares e ramificados. Observe que a ramificação pode ocorrer em qualquer tipo de polímero (por exemplo, termoplásticos, termofixos e elastômeros). (a) Polímero não ramificado linear: as cadeias não são retas nem conectadas. As moléculas diferentes estão desenhadas em tons diferentes para destacar que não estão conectadas. (b) Polímero linear ramificado: as cadeias não estão conectadas, contudo, têm ramificações. (c) Polímero termofixo sem ramificações: as cadeias são conectadas por ligações covalentes, mas sem ramificações. Pontos de ligação destacados por círculos. (d) Polímero termofixo ramificado e com cadeias conectadas por ligações covalentes: cadeias e ramificações distintas são mostradas em diferentes tonalidades para melhor destaque. Os locais onde as cadeias estão quimicamente ligadas são representados por círculos.

Tabela 16-1 • Comportamento e estruturas de polímeros

Comportamento	Estrutura geral	Exemplo
Termoplástico	Cadeias lineares flexíveis (ramificadas ou não)	Polietileno
Termofixo	Rede tridimensional rígida (as cadeias podem ser lineares ou ramificadas)	Poliuretano
Elastômeros	Termoplásticos ou termofixos ligeiramente reticulados, consistem em moléculas com efeito mola importante	Borracha natural

entrelaçadas (nós físicos). Há ligações relativamente fracas do tipo van der Waals entre átomos de diferentes cadeias. A estrutura assemelha-se a árvores que crescem emaranhadas. Ainda empregando essa analogia, as árvores podem ter ou não ramos, e, apesar de emaranhadas, nenhuma árvore está presa à outra. Consequentemente, nos termoplásticos, as cadeias podem ser destrançadas pela aplicação de uma tensão trativa. Os termoplásticos podem ser amorfos ou parcialmente cristalinos. Quando aquecidos, amolecem e fundem-se e, assim, adquirem formas de diversos objetos. Os termoplásticos são reciclados com facilidade.

Os **polímeros termofixos** são compostos por longas cadeias (lineares ou ramificadas) de moléculas muito ligadas umas às outras (reticulação) para formar estruturas de rede tridimensional. Polímeros termofixos (termorrígidos ou em rede) são como diversos barbantes amarrados uns aos outros em vários pontos, e não apenas entrelaçados. Cada barbante pode ter outros barbantes laterais amarrados a ele. Os termofixos são, em geral, mais resistentes, porém mais frágeis que os termoplásticos. Os termofixos não se fundem quando aquecidos, mas começam a se decompor. Eles não podem ser reprocessados com facilidade depois de a reação de reticulação[2] ter ocorrido e, assim, sua reciclagem torna-se difícil.

Elastômeros são capazes de sustentar deformações elásticas superiores a 200%. Podem ser termoplásticos ou termofixos pouco reticulados. As cadeias poliméricas comportam-se como molas que se deformam de maneira reversível com aplicação de uma tensão mecânica.

Elastômeros termoplásticos formam um grupo especial de polímeros que possuem a facilidade de processamento dos termoplásticos e o comportamento elástico dos elastômeros.

Formas de representação A Figura 16-2 mostra três maneiras de representar um segmento de polietileno, o mais simples dos termoplásticos. A cadeia do polímero consiste em uma estrutura principal de átomos de carbono com dois átomos de hidrogênio ligados a cada átomo de carbono na cadeia. O ângulo entre as duas ligações de H associadas com um determinado átomo de C tem 109,5°. A cadeia fica torcida na sua extensão. Na figura, o polietileno não possui ramificações e, portanto, é um termoplástico linear. O modelo bidimensional simples da Figura 16-2(c) inclui os elementos essenciais da estrutura do polímero e será utilizado para descrever vários polímeros. As linhas simples (—) entre os átomos de carbono e entre os de carbono e os de hidrogênio representam uma ligação covalente simples. Duas linhas paralelas (═) representam uma dupla ligação covalente entre átomos. Além disso, muitos polímeros possuem estruturas em anel, como o anel de benzeno encontrado no poliestireno e em outros polímeros (Figura 16-3). As moléculas que contêm o anel de benzeno são conhecidas como aromáticas.

Na estrutura mostrada na Figura 16-2(c), se um dos átomos de hidrogênio no C_2H_4 for substituído por CH_3, um anel de benzeno, ou cloro, a estrutura resultante será do polipropileno (PP), poliestireno (PS) e policloreto de vinila (PVC), respectivamente. Se todos os átomos de H dos grupos C_2H_4 forem substituídos pelo átomo de flúor, surge o politetrafluoroetileno (PTFE) ou Teflon. Muitos polímeros derivam da estrutura do polietileno. O exemplo seguinte mostra como diferentes tipos de polímeros são usados.

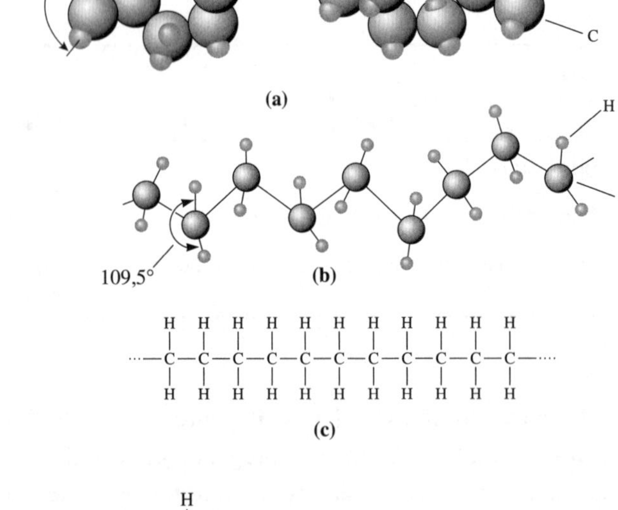

Figura 16-2 Três representações da estrutura do polietileno: (a) modelo sólido tridimensional, (b) modelo esquemático tridimensional e (c) modelo simples bidimensional.

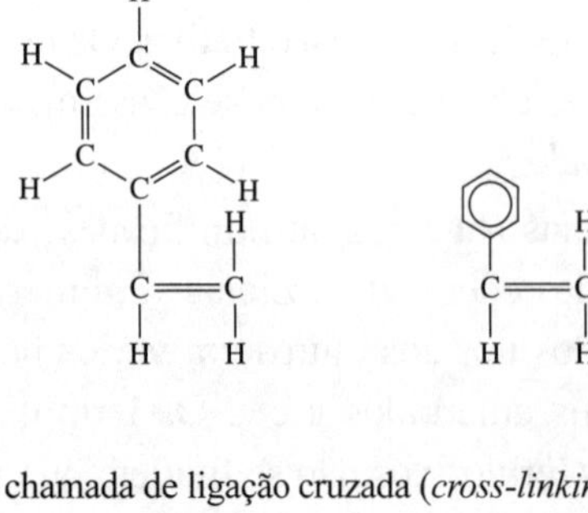

Figura 16-3 Duas representações do anel de benzeno. Neste caso, o anel é apresentado ligado a um par de átomos de carbono, produzindo o estireno.

[2] Reticulação também é chamada de ligação cruzada (*cross-linking*).

Exemplo 16-1 *Seleção de materiais para componentes poliméricos*

Determine qual o tipo de polímero poderia ser selecionado para as seguintes aplicações: uma luva cirúrgica, uma garrafa de bebidas e uma polia.

Solução

A luva deve ser capaz de esticar bastante a fim de deslizar na mão do cirurgião, mas ainda assim deve ajustar-se firmemente para permitir a máxima sensação de toque durante a cirurgia. Um material que permita grande deformação elástica, mesmo com uma tensão aplicada pequena, deve ser o indicado. Esse requisito pode ser atendido por um elastômero.

Uma garrafa de bebidas deve ser produzida de modo fácil e econômico. Deve ter alguma ductilidade e tenacidade de modo que não estilhace e vaze o conteúdo, caso sofra queda acidental. Se a bebida for carbonatada, a difusão de CO_2 é a principal preocupação (Capítulo 5). Um termoplástico, como o politereftalato de etileno (PET), tem a necessária conformabilidade, ductilidade e impermeabilidade para essa aplicação. Ele também é facilmente reciclável.

A polia deve resistir à tensão mecânica e ao desgaste da correia que desliza por ela. Ela deve ser rígida e um material resistente e duro é requerido para prevenir o desgaste e, assim, um polímero termofixo deve ser o mais apropriado.

16-2 Polimerização por adição e condensação

Polimerização por adição e **por condensação** são as duas principais maneiras de sintetizar um polímero. Os polímeros derivados desses processos são conhecidos como polímeros de adição e de condensação, respectivamente. A formação do polímero mais comum, o polietileno (PE), a partir de moléculas de etileno, é um exemplo de polimerização por adição ou por crescimento de cadeia. O gás etileno é o monômero (unidade simples) cuja fórmula química é C_2H_4, na qual os dois átomos de carbono são unidos por uma dupla ligação covalente. Cada átomo de carbono compartilha dois de seus elétrons com o segundo átomo de carbono, e dois átomos de hidrogênio são ligados a cada átomo de carbono (Figura 16-4).

Em condições apropriadas de calor, pressão e na presença de um catalisador, a dupla ligação entre os átomos de carbono é quebrada e substituída por uma ligação covalente simples. Agora, as extremidades do monômero são *radicais livres*. Cada átomo de carbono tem um elétron desemparelhado que pode ser compartilhado com outros radicais livres. A polimerização por adição ocorre porque o monômero original contém ligação covalente dupla entre os átomos de carbono. A dupla ligação é uma **ligação insaturada**. Após a mudança, os átomos de carbono ainda continuam ligados, mas tornam-se ativos. Outras **unidades repetitivas**, ou **meros**, podem ser adicionadas para produzir a cadeia do polímero.

Terminação da polimerização por adição Precisamos de polímeros que tenham a massa molecular média e a distribuição de massa molecular controlada. Há necessidade de interromper a reação de polimerização. As cadeias podem ser terminadas por dois mecanismos (Figura 16-5). Em um deles, as extremidades de duas cadeias em cres-

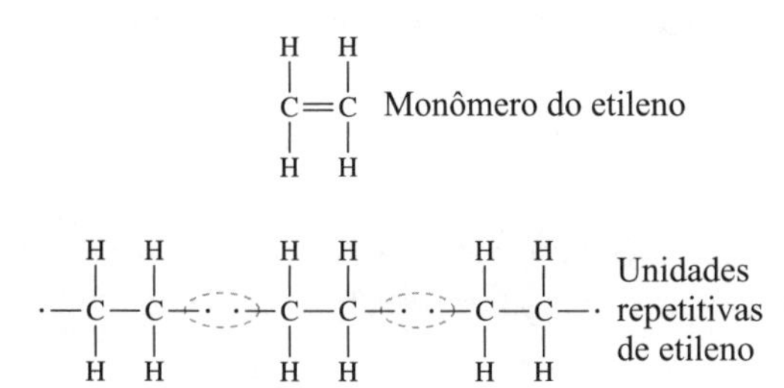

Figura 16-4 Reação de adição para produzir polietileno a partir de moléculas de etileno. A dupla ligação insaturada no monômero é quebrada para produzir sítios ativos, que então atraem outras moléculas de monômeros para produzir o crescimento da cadeia ou para encerrar a polimerização.

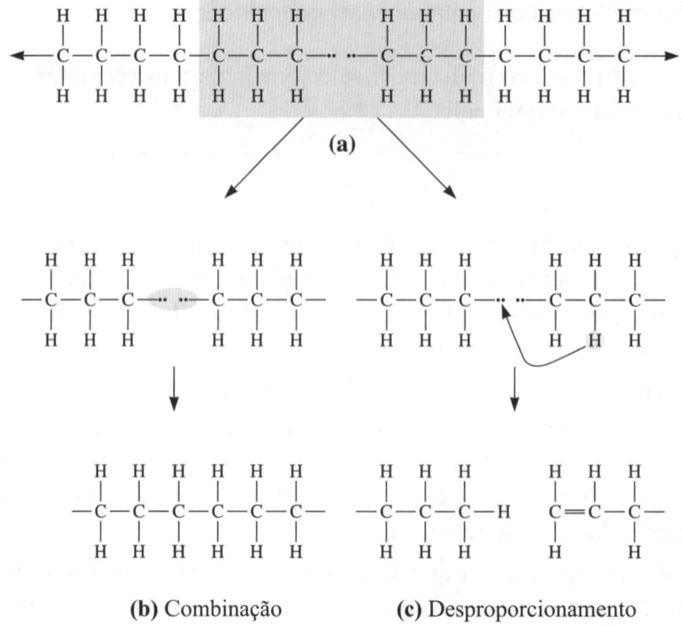

Figura 16-5 Terminação do crescimento da cadeia de polietileno: (a) as extremidades ativas das duas cadeias se tornam muito próximas; (b) as duas cadeias passam por uma combinação e se transformam em uma cadeia grande; e (c) rearranjo de um átomo de hidrogênio e a criação de uma ligação covalente dupla pelo desproporcionamento causa a terminação das duas cadeias.

cimento podem ser unidas. Esse processo, chamado *combinação*, cria uma grande cadeia simples a partir de duas cadeias menores. No outro processo, a extremidade ativa de uma cadeia remove um átomo de hidrogênio de uma segunda cadeia por um processo conhecido como *desproporcionamento*. Por esse processo, as duas cadeias são encerradas em vez de serem combinadas em uma maior. Às vezes, compostos químicos conhecidos como terminadores são acrescentados para terminar as reações de polimerização. Em geral, para termoplásticos, quanto maior a massa molecular média, mais alta será a temperatura de fusão e maior será o módulo de elasticidade do polímero. O Exemplo 16-2 aborda uma reação de polimerização por adição.

Exemplo 16-2 *Cálculo da quantidade de iniciador requerida*

Calcule a quantidade do iniciador peróxido de benzoíla $[(C_6H_5CO)_2O_2]$ necessária para produzir 1 kg de polietileno com massa molecular média de 200.000 g/mol. Cada molécula de peróxido de benzoíla produz dois radicais livres capazes de iniciar uma cadeia de polietileno. Suponha que 20% do iniciador seja efetivo e que toda a terminação ocorra pelo mecanismo de combinação.

Solução

Uma molécula de peróxido de benzoíla produz dois radicais livres que iniciam duas cadeias que, então, se combinam para formar uma cadeia de polietileno. Assim, existe uma proporção de 1:1 entre as moléculas de peróxido de benzoíla e as cadeias de polietileno. Se o iniciador for 100% efetivo, será requerida uma molécula de peróxido de benzoíla por cadeia de polietileno.

Para determinar a quantidade de peróxido de benzoíla necessária, é preciso calcular o número de cadeias com uma massa molecular média de 200.000 g/mol em 1 kg de polietileno.

A massa molecular do etileno = (2 átomos de C)(12 g/mol) + (4 átomos de H)(1 g/mol) = 28 g/mol. O número de moléculas por cadeia (também conhecido como grau de polimerização) é dado por

$$\frac{200.000 \text{ g/mol}}{28 \text{ g/mol}} = 7.143 \text{ moléculas de etileno/cadeia}$$

O número total de monômeros necessários para formar 1 kg de polietileno é

$$\frac{(1.000 \text{ g})(6,022 \times 10^{23} \text{ monômeros/mol})}{28 \text{ g/mol}} = 2,15 \times 10^{25} \text{ monômeros}$$

Portanto, o número de cadeias de polietileno em 1 kg é

$$\frac{2,15 \times 10^{25} \text{ moléculas de etileno}}{7.143 \text{ moléculas de etileno/cadeia}} = 3,0 \times 10^{21} \text{ cadeias}$$

Como o iniciador peróxido de benzoíla é apenas 20% efetivo, $5(3,0 \times 10^{21}) = 1,5 \times 10^{22}$ moléculas de peróxido de benzoíla são necessárias para iniciar $3,0 \times 10^{21}$ cadeias. A massa molecular do peróxido de benzoíla é (14 átomos de C)(12 g/mol) + (10 átomos de H)(1 g/mol) + (4 átomos de O)(16 g/mol) = 242 g/mol. Portanto, a quantidade de iniciador requerida é

$$\frac{1,5 \times 10^{22} \text{ moléculas } (242 \text{ g/mol})}{6,022 \times 10^{23} \text{ moléculas/mol}} = 6,0 \text{ g}$$

Polimerização por condensação Cadeias de polímeros também podem se formar por reações de condensação ou polimerização *por etapas*, produzindo estruturas com propriedades similares às dos polímeros de adição. Na polimerização por condensação, uma molécula relativamente pequena como a água, o etanol ou o metanol resulta da reação de polimerização. Muitas vezes, esse mecanismo envolve diferentes monômeros como moléculas iniciadoras ou precursoras. Como exemplo, um *poliéster* é produzido por polimerização do tereftalato de dimetila e do etilenoglicol, conforme mostrado na Figura 16-6. Durante a polimerização, um átomo de hidrogênio da extremidade do monômero etilenoglicol combina-se com um grupo OCH_3 (metoxi) do tereftalato de dimetila. Um subproduto, o álcool metílico (CH_3OH), resulta da reação de condensação e os dois monômeros se combinam para produzir uma molécula maior. Nesse exemplo, cada um dos monômeros é bifuncional e a reação de polimerização de condensação pode continuar. No fim, uma longa cadeia do polímero de poliéster é produzida. O comprimento

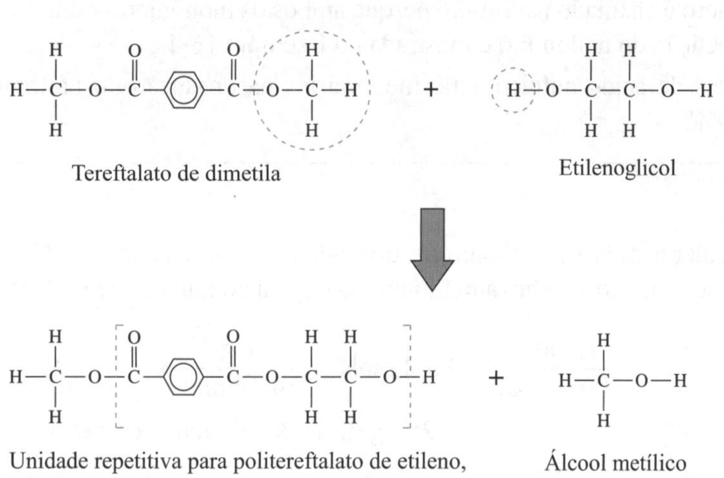

Figura 16-6 Reação de condensação do politereftalato de etileno (PET), um poliéster comum. O grupo OCH_3 e um átomo de hidrogênio são removidos dos monômeros, permitindo que os dois monômeros se liguem e produzam álcool metílico como subproduto.

da cadeia do polímero depende da facilidade com que os monômeros podem se difundir para as extremidades, permitindo assim que a reação de condensação ocorra. O crescimento da cadeia cessa quando nenhum monômero consegue alcançar a extremidade da cadeia para continuar a reação. As reações de polimerização por condensação também ocorrem no processamento sol-gel das cerâmicas.

O exemplo seguinte descreve a descoberta do náilon e os cálculos relativos à polimerização por condensação.

Exemplo 16-3 *Polimerização por condensação do náilon-6,6*

O Dr. Wallace Hume Carothers, da Empresa DuPont®, foi o primeiro pesquisador a sintetizar o náilon por volta de 1934. Em 1939, Charles Stine, também da DuPont®, relatou a descoberta da primeira fibra têxtil sintética a um grupo de 3 mil mulheres reunidas na Feira Mundial de Nova York. Essas fibras foram aplicadas primeiro na confecção de meias femininas, que se tornaram populares devido à sua resistência. Hoje o náilon é usado em centenas de aplicações. Antes do náilon, Carothers havia descoberto o neopreno, que é um elastômero.

O polímero linear náilon-6,6 deve ser produzido pela combinação de 1.000 g de hexametildiamina com o ácido adípico. Uma reação de condensação produz o polímero. As estruturas moleculares dos monômeros são mostradas a seguir. A cadeia linear do náilon é produzida quando um átomo de hidrogênio da hexametildiamina se combine com um grupo OH do ácido adípico para formar uma molécula de água.

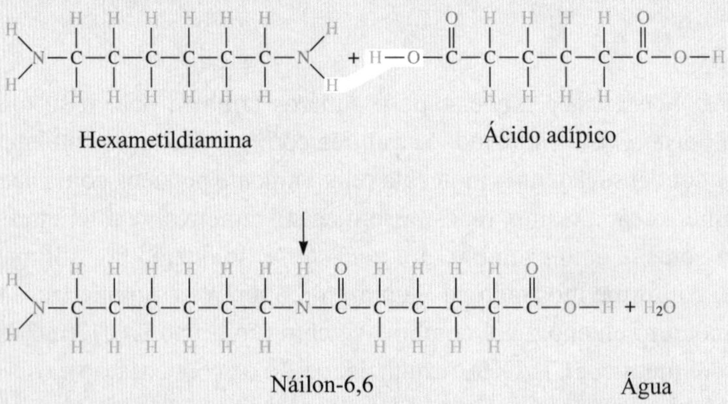

Observe que a reação pode continuar em ambas as extremidades da nova molécula. Consequentemente, é possível que longas cadeias se formem. Uma molécula de água se perde com a adição de cada monômero. Este polímero é chamado náilon-6,6 porque ambos os monômeros contêm seis átomos de carbono. A unidade de repetição do náilon-6,6 é mostrada no Exemplo 16-4.

Quantos gramas de ácido adípico serão necessários na produção do náilon-6,6, considerando uma eficiência de 100%?

Solução

As massas moleculares da hexametildiamina, do ácido adípico e da água são 116, 146 e 18 g/mol, respectivamente. O número de mols da hexametildiamina é igual ao número de mols do ácido adípico:

$$\frac{1.000 \text{ g}}{116 \text{ g/mol}} = 8{,}62 \text{ mols} = \frac{x \text{ g}}{146 \text{ g/mol}}$$

$$x = 1.259 \text{ g de ácido adípico necessários}$$

Uma molécula de água é perdida quando a hexametildiamina reage com o ácido adípico. Cada vez que um monômero é adicionado à cadeia, uma molécula de água é perdida. Assim, quando uma longa cadeia se forma, há (em média) duas moléculas de água liberadas para cada unidade da cadeia (sendo cada unidade formada a partir de dois monômeros). Desse modo, o número de mols de água perdidos é 2 (8,62 mols) = 17,24 mols ou

$$17{,}24 \text{ mols de } H_2O \text{ (18 g/mol)} = 310 \text{ g de } H_2O$$

A quantidade total de náilon produzida é

$$1.000 \text{ g} + 1.259 \text{ g} - 310 \text{ g} = 1.949 \text{ g} = 1{,}95 \text{ kg}$$

16-3 Grau de polimerização

Os polímeros, diferentemente de outros compostos orgânicos ou inorgânicos, não têm uma massa molecular fixa. Por exemplo, o polietileno pode ter uma massa molecular em torno de 25 mil a 6 milhões de g/mol. O comprimento médio de um polímero linear é representado pelo **grau de polimerização**, ou a quantidade de unidades repetitivas na cadeia. O grau de polimerização também pode ser definido como:

$$\text{Grau de polimerização} = \frac{\text{massa molecular média do polímero}}{\text{massa de unidade repetitiva}} \tag{16-1}$$

Se o polímero tiver apenas um tipo de monômero, a massa molecular da unidade repetitiva é a massa do monômero. Se o polímero possuir mais de um tipo de monômero, a massa molecular da unidade repetitiva é a soma das massas moleculares dos monômeros, menos a massa molecular do subproduto.

Os comprimentos das cadeias de um polímero linear variam consideravelmente. Algumas cadeias podem ser bastante curtas por causa de terminação precoce, outras podem ser excepcionalmente longas. Pode-se definir a massa molecular média de duas maneiras.

A *massa molecular ponderal média* é obtida dividindo-se as cadeias em faixas de tamanhos e determinando-se a fração de cadeias que tenham massas moleculares dentro daquela faixa. A massa molecular ponderal média $\overline{M}_w$ é

$$\overline{M}_w = \Sigma f_i M_i \tag{16-2}$$

em que M_i é a massa molecular de cada faixa e f_i é a fração em massa das moléculas de uma determinada massa molecular.

A *massa molecular numérica média* $\overline{M}_n$ baseia-se no número total de moléculas dentro de cada faixa de tamanho e é sempre menor que a massa molecular ponderal média. Esse parâmetro pode ser calculado como

$$\overline{M}_n = \Sigma x_i M_i \tag{16-3}$$

em que M_i é novamente a massa molecular média de cada faixa de tamanho, mas x_i é a fração da quantidade total de cadeias dentro de cada faixa. $\overline{M}_w$ ou $\overline{M}_n$ podem ser usados para calcular o grau de polimerização.

Os exemplos a seguir ilustram esses conceitos.

Exemplo 16-4 *Grau de polimerização do náilon-6,6*

Calcule o grau de polimerização do náilon-6,6 de massa molecular 120.000 g/mol.

Solução

A reação pela qual o náilon-6,6 é produzido foi descrita no Exemplo 16-3. A hexametildiamina e o ácido adípico se combinam e liberam uma molécula de água. Quando uma longa cadeia se forma, há, em média, uma molécula de água liberada para cada molécula do reagente. As massas moleculares são 116 g/mol para a hexametildiamina, 146 g/mol para o ácido adípico e 18 g/mol para a água. A unidade repetitiva para o náilon-6,6 é:

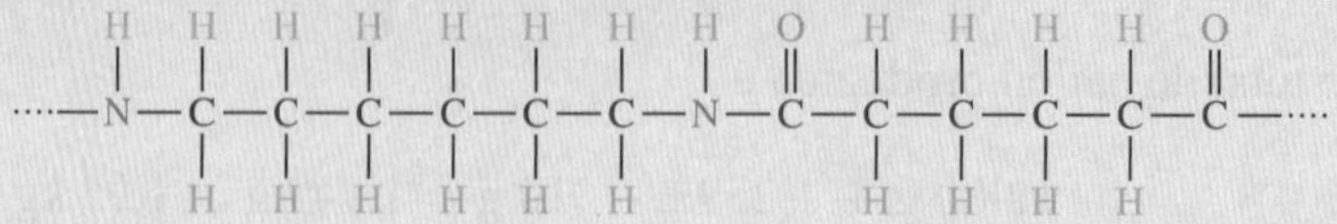

A massa molecular da unidade repetitiva é a soma das massas moleculares dos dois monômeros, menos o das moléculas de água envolvidas:

$$M_{\text{unidade repetitiva}} = 116 + 146 - 2(18) = 226 \text{ g/mol}$$

$$\text{Grau de polimerização} = \frac{120.000 \text{ g/mol}}{226 \text{ g/mol}} = 531$$

O grau de polimerização refere-se à quantidade total de unidades repetitivas na cadeia.

Exemplo 16-5 *Massas moleculares médias: ponderal e numérica*

Uma amostra de polietileno possui 4.000 cadeias com massas moleculares entre 0 e 5.000 g/mol, 8.000 cadeias com massas moleculares entre 5.000 e 10.000 g/mol, 7.000 cadeias com massas moleculares entre 10.000 e 15.000 g/mol e 2.000 cadeias com massas moleculares entre 15.000 e 20.000 g/mol. Determine as massas moleculares médias ponderal e numérica.

Solução

Primeiro precisamos determinar a fração x_i da quantidade e a fração f_i da massa para cada uma das quatro faixas. Para x_i, simplesmente dividimos a quantidade de cada faixa por 21.000, que é a quantidade total de cadeias. Para achar f_i, primeiro multiplicamos a quantidade de cadeias pela massa molecular média das cadeias em cada faixa, dando a massa de cada grupo, e então encontramos f_i pela divisão da massa total de $1{,}925 \times 10^8$ g/mol. Podemos então usar as Equações 16-2 e 16-3 para encontrar as massas moleculares.

Número de cadeias	*M* médio por cadeia (g/mol)	x_i	x_iM_i (g/mol)	Massa	f_i	f_iM_i (g/mol)
4.000	2.500	0,191	477,5	$1{,}0 \times 10^7$	0,0519	129,75
8.000	7.500	0,381	2.857,5	$6{,}0 \times 10^7$	0,3118	2.338,50
7.000	12.500	0,333	4.162,5	$8{,}75 \times 10^7$	0,4545	5.681,25
2.000	17.500	0,095	1.662,5	$3{,}5 \times 10^7$	0,1818	3.181,50
$\Sigma = 21.000$		$\Sigma = 1$	$\Sigma = 9.160$	$\Sigma = 1{,}925 \times 10^8$	$\Sigma = 1$	$\Sigma = 11.331$

$$\overline{M}_n = \Sigma x_i M_i = 9.160 \text{ g/mol}$$

$$\overline{M}_w = \Sigma f_i M_i = 11.331 \text{ g/mol}$$

Como ressaltado, a massa molecular ponderal média é maior que a massa molecular numérica média.

16-4 Termoplásticos típicos

Algumas propriedades mecânicas de termoplásticos são apresentadas na Tabela 16-2. A Tabela 16-3 mostra as unidades de repetição e as aplicações para diversos termoplásticos formados por polimerização por adição.

Tabela 16-2 • Propriedades de termoplásticos selecionados

	Resistência à tração na ruptura (MPa)	(%) Alongamento	Módulo elástico (MPa)	Massa específica (g/cm^3)	Resistência ao impacto Izod (J/cm)
Polietileno (PE):					
Baixa densidade	21	800	276	0,92	4,9
Alta densidade	38	130	1.241	0,96	2,2
Ultra-alta massa molecular	48	350	690	0,934	16,2
Policloreto de vinila (PVC)	62	100	4.140	1,40	
Polipropileno (PP)	41	700	1.517	0,90	0,5
Poliestireno (PS)	55	60	3.103	1,06	0,2
Poliacrilonitrila (PAN)	62	4	4.000	1,15	2,6
Polimetacrilato de metila (PMMA), (acrílico, Plexiglas)	83	5	3.100	1,22	0,3
Policlorotrifluoretileno	41	250	2.070	2,15	1,4
Politetrafluoretileno, (PTFE, Teflon)	48	400	550	2,17	1,6
Polióxido de metileno (POM) ou poliacetal	83	75	3.590	1,42	1,2
Poliamida (PA, náilon)	83	300	3.450	1,14	1,1
Poliéster (PET)	72	300	4.140	1,36	0,3
Policarbonato (PC)	76	130	2.760	1,20	8,6
Poli-imida (PI)	117	10	2.070	1,39	0,8
Poliéter-éter-cetona (PEEK)	70	150	3.790	1,31	0,9
Polissulfeto de fenileno (PPS)	66	2	3.310	1,30	0,3
Poliéter-sulfona (PES)	84	80	2.410	1,37	0,9
Poliamida-imida (PAI)	186	15	5.030	1,39	2,2

Tabela 16-3 • Unidades de repetição e aplicações para alguns termoplásticos obtidos por adição

Polímero	Unidade de repetição	Aplicação	Polímero	Unidade de repetição	Aplicação
Polietileno (PE)	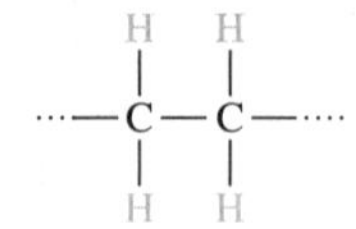	Filmes para embalagens, isolamento de fios, garrafas, tubos, objetos domésticos	Poliacrilonitrila (PAN)	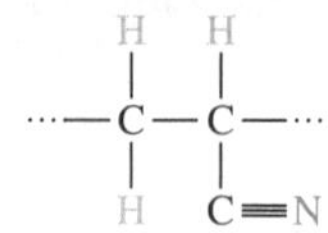	Fibras têxteis, precursor para fibras de carbono, recipientes para alimentos
Policloreto de vinila (PVC)	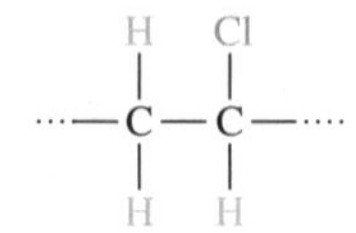	Tubos, válvulas, acessórios, pisos, isolamento de fios, coberturas de vinil para carros	Polimetacrilato de metila (PMMA) (acrílico, Plexiglas)	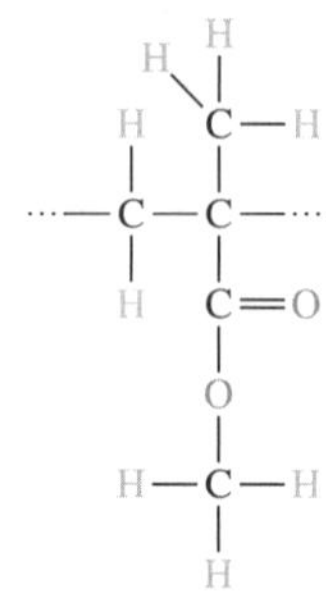	Janelas, para-brisas, revestimentos, lentes de contato duras, painéis luminosos
Polipropileno (PP)	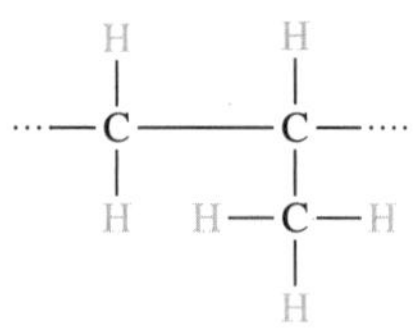	Tanques, fibras de tapetes, cordas, embalagens	Policlorotrifluoretileno		
Poliestireno (PS)	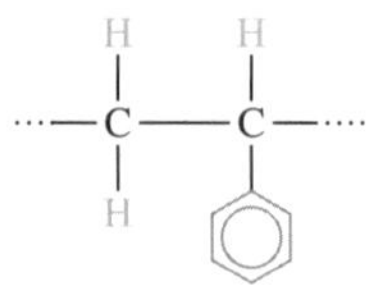	Espumas para embalagem e isolamento, painéis luminosos, componentes de utensílios, caixas de ovos	Politetrafluoretileno (PTFE, Teflon)	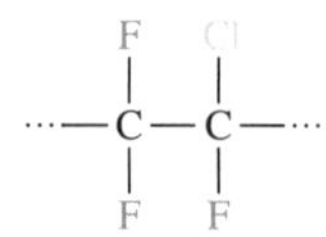	Componentes de válvulas, tubos, isolantes elétricos
				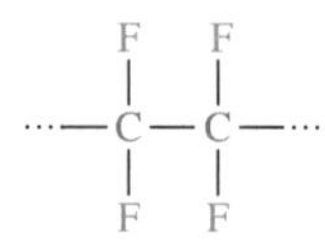	Vedações, válvulas, revestimentos antiaderentes

Termoplásticos com estruturas complexas Existem muitos polímeros formados a partir de monômeros complexos, em geral pelo mecanismo de condensação. Oxigênio, nitrogênio, enxofre e anéis de benzeno (ou grupos aromáticos) podem ser incorporados às cadeias. Quase sempre, esses polímeros são empregados em aplicações especiais e em quantidades relativamente pequenas. A Tabela 16-4 mostra as unidades repetitivas e algumas aplicações desses polímeros com estruturas complexas. O polióxido de metileno, ou poliacetal, é um exemplo cuja estrutura principal da cadeia contém átomos de oxigênio e de carbono alternados. Certos polímeros, como as poli-imidas e o poliéter-éter-cetona (PEEK), são importantes materiais de uso aeroespacial. Como a ligação entre as cadeias é mais forte do que normalmente obtida por meio da adição de polímeros, a rotação e o deslizamento das cadeias é mais difícil, levando a resistências maiores, durezas maiores e pontos de fusão mais elevados. Em alguns casos, boas propriedades de impacto são obtidas a partir dessas cadeias complexas – os policarbonatos são um exemplo marcante. Os policarbonatos (Lexan®, Merlon® e Sparlux®) são empregados para fabricar janelas à prova de bala, discos compactos (CDs) para armazenamento de dados e muitos outros produtos.

Tabela 16-4 • Unidades de repetição e aplicações de termoplásticos complexos

Polímero	Unidade de repetição	Aplicações
Polióxido de metileno (POM), poliacetal	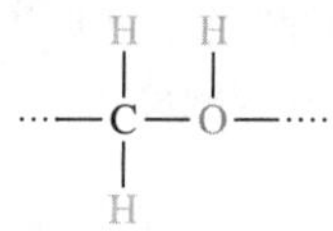	Juntas de tubulação, canetas, mancais, engrenagens, pás de ventiladores
Poliamida, PA ou náilon	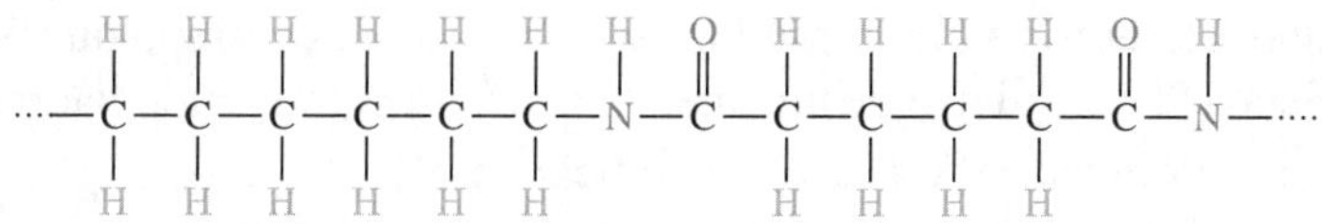	Mancais, engrenagens, fibras, cordas, componentes automotivos, componentes elétricos
Poliéster (PET)	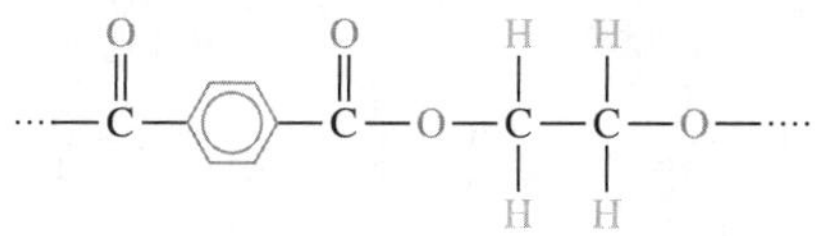	Fibras, filme fotográfico, fitas de gravação, embalagens e recipientes que podem ser aquecidos, embalagens para bebidas
Policarbonato (PC)	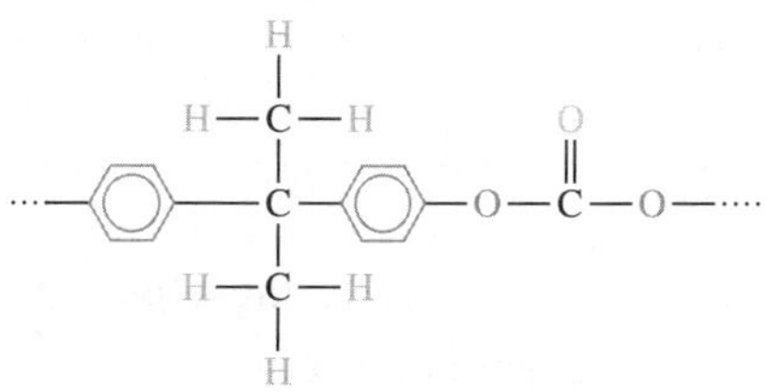	Caixas elétricas e de utensílios, componentes automotivos, capacetes, embalagens de bebidas retornáveis, CDs e DVDs
Poli-imida (PI)	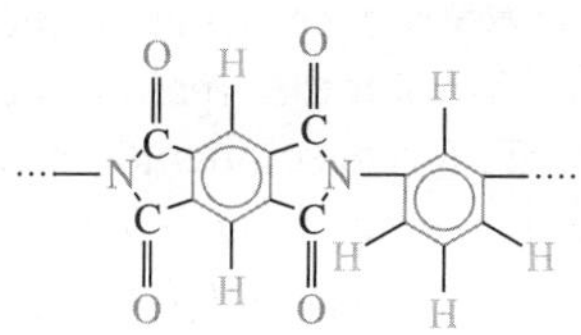	Adesivos, placas de circuitos, cabos flexíveis
Poliéter-éter-cetona (PEEK)	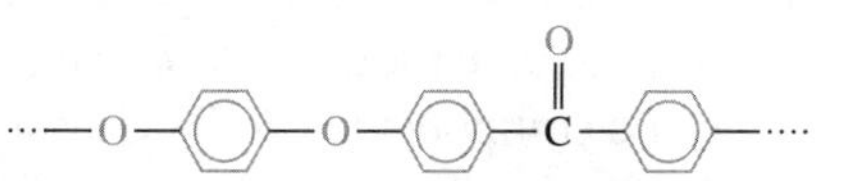	Revestimentos e isolamentos elétricos para uso em altas temperaturas
Sulfeto de polifenileno (PPS)	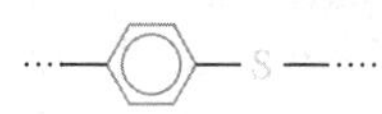	Revestimentos, sistemas hidráulicos, componentes eletrônicos e para secadores de cabelos
Poliéter-sulfona (PES)	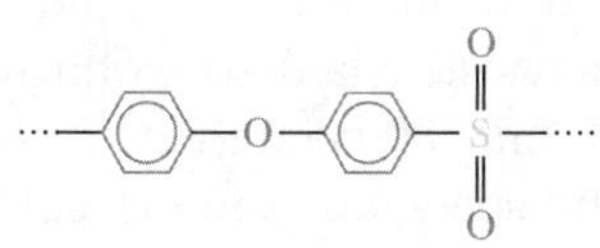	Componentes elétricos, cafeteiras, secadores de cabelos e componentes de fornos micro--ondas
Poliamida-imida (PAI)	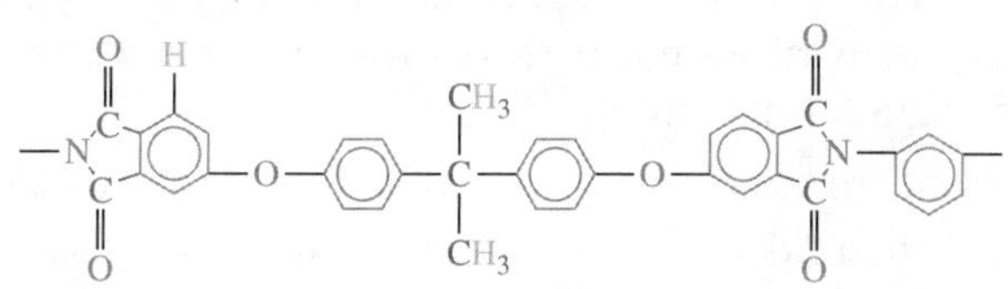	Componentes eletrônicos, peças automotivas e aeroespaciais

16-5 Relações entre estrutura e propriedades dos termoplásticos

Grau de polimerização Em geral, para um dado tipo de termoplástico, como o polietileno, as propriedades mecânicas de tração, fluência, tenacidade e desgaste, e ainda a temperatura de fusão, aumentam com a elevação da massa molecular média ou do grau de polimerização. No entanto, o aumento dessas propriedades não é linear. À medida que a massa molecular média aumenta, a temperatura de fusão aumenta e o processamento torna-se mais difícil. De fato, pode-se usar uma distribuição bimodal da massa molecular no processamento do polímero, em que a fração com mais baixa massa molecular funde-se primeiro, permitindo que o processamento seja mais fácil.

Efeito de grupos laterais No polietileno, as cadeias lineares giram facilmente e deslizam umas sobre as outras quando uma tensão mecânica é aplicada. Não existem ligações polares fortes entre as cadeias, o que explica a baixa resistência mecânica do polietileno.

Os *compostos vinílicos* têm um dos átomos de hidrogênio substituído por um átomo ou grupo de átomos diferentes. Quando o radical R do grupo lateral for o cloro, produz-se o policloreto de vinila ou PVC; quando o grupo lateral for CH_3, temos o polipropileno (PP). A adição de um anel de benzeno como grupo lateral gera o poliestireno (PS); e um grupo CN produz a poliacrilonitrila (PAN). (Veja a Tabela 16-3.)

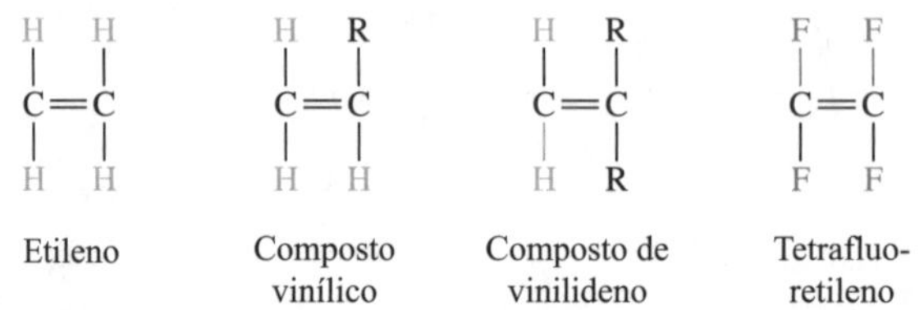

Quando dois dos átomos de hidrogênio são substituídos, o monômero é conhecido como um *composto de vinilideno*, como o policloreto de vinilideno, PVDC, base dos produtos comerciais Saran Wrap, e o polimetacrilato de metila, acrílicos como Lucite e Plexiglas. Geralmente, é obtido um arranjo do tipo cabeça-cauda das unidades repetitivas nos polímeros (Figura 16-7), sendo este o arranjo mais típico.

Os efeitos da adição de outros átomos ou grupos de átomos à estrutura principal em substituição aos átomos de hidrogênio nas propriedades são apresentados na Tabela 16-2. Átomos maiores como o cloro ou grupos de átomos como o metil (CH_3) e o benzeno dificultam a rotação, a torção e o desembaraço das cadeias, que se deformam por escoamento viscoso quando uma tensão é aplicada ou quando a temperatura é aumentada. Essa condição leva a uma maior resistência, dureza e temperatura de fusão do que as observadas para o polietileno. O átomo de cloro no PVC e o grupo carbono-nitrogênio no PAN são fortemente ligados pelos átomos de hidrogênio das cadeias adjacentes por ligações intermoleculares do tipo ponte de hidrogênio. De fato, por esse motivo, componentes feitos de PVC são mais rígidos do que os de outros polímeros. Para reduzir a rigidez de componentes de PVC basta acrescentar compostos de baixa massa molecular como ésteres ftalatos, conhecidos como plastificantes. Quando o PVC contém essas substâncias, sua temperatura de transição vítrea se reduz. Isso torna o PVC mais dúctil e mais facilmente processado, sendo conhecido como vinil. Ressaltamos que não se deve confundir esse vinil com o grupo vinílico mencionado anteriormente. O PVC é utilizado em adesivos, tubos e até mesmo telhas.

No politetrafluoretileno (PTFE ou Teflon) todos os quatro átomos de hidrogênio da estrutura do polietileno são substituídos por flúor. O monômero é simétrico e a resistência desse polímero não é muito maior que a do polietileno, contudo, a ligação C-F permite ao PTFE ter uma temperatura de fusão mais alta e ainda com baixo atrito. Essa característica de não aderência torna o polímero adequado para mancais e utensílios de cozinha. O Teflon foi inventado por acaso por Roy Plunkett quando trabalhava com o gás tetrafluoretileno. Ele encontrou um cilindro de gás de tetrafluoretileno sem pressão, ou pelo menos que parecia vazio, porém mais pesado que o normal. O gás dentro do cilindro havia se polimerizado para formar Teflon sólido!

A *ramificação* restringe o empacotamento mais denso das cadeias, reduzindo a densidade, a dureza e a resistência mecânica do polímero. O polietileno de baixa densidade (PEBD ou LDPE, em inglês) tem muitas ramificações e é menos resistente que o polietileno de alta densidade (PEAD ou HDPE, em inglês), que praticamente não possui ramificações (Tabela 16-2).

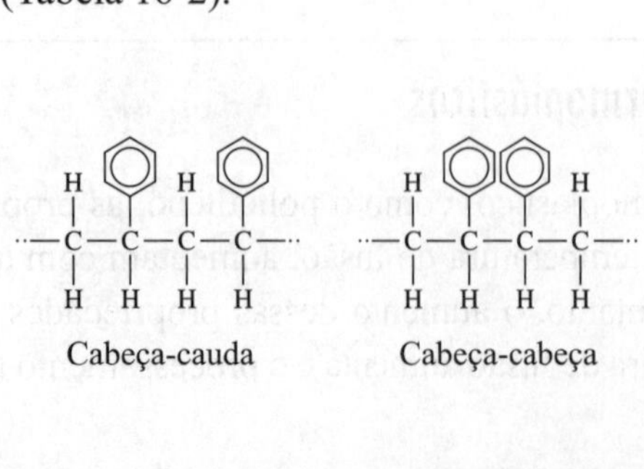

Figura 16-7 Arranjo de unidades repetitivas do tipo cabeça-cauda e cabeça-cabeça. O arranjo cabeça-cauda é mais comum.

Cristalinidade e deformação A *cristalinidade* é importante em polímeros, já que afeta as propriedades mecânicas e ópticas. A cristalinidade evolui no processamento de polímeros como resultado de mudanças de temperatura e da tensão aplicada – um bom exemplo é o da fabricação de garrafas PET, como visto em capítulos anteriores. Se as regiões cristalinas tornarem-se muito extensas, elas dispersam a luz e o polímero torna-se translúcido. Por outro lado, em polímeros especiais, regiões localizadas cristalizam-se em resposta ao campo elétrico aplicado. Esse é o princípio de funcionamento das telas de cristal líquido (LCDs). Isso será abordado na seção seguinte. O aumento da cristalinidade do polímero aumenta a densidade, a resistência a ataques químicos e as propriedades mecânicas em geral, mesmo quando exposto a temperaturas elevadas, em virtude da ligação mais forte entre as cadeias. Além disso, a deformação ocasiona o alongamento e alinhamento das cadeias, levando à cristalização, e também produz uma orientação preferencial. A deformação de um polímero é frequentemente utilizada na produção de fibras cujas propriedades mecânicas na direção da fibra superam a de muitos metais e cerâmicas. Essa orientação das cadeias poliméricas, de fato, representou um papel-chave na descoberta das fibras de náilon. Em capítulos anteriores, vimos como as garrafas PET desenvolvem orientação biaxial que resulta em maior resistência mecânica nas direções radial e longitudinal.

Taticidade Quando um polímero é formado por unidades repetitivas não simétricas, a estrutura e as propriedades são determinadas pela localização de átomos ou grupos de átomos não simétricos. Essa condição é denominada **taticidade**, ou estereoisomeria. No arranjo sindiotático, os átomos ou grupos de átomos ocupam alternadamente posições em lados opostos da cadeia linear. Os átomos ficam todos do mesmo lado da cadeia nos polímeros *isotáticos*, ao passo que o arranjo dos átomos aleatório ocorre nos polímeros *atáticos* (Figura 16-8).

A estrutura atática é a menos regular e tende a fornecer baixa compactação das cadeias poliméricas, além de baixa densidade, resistência mecânica e resistência ao calor e a ataques químicos. Os polímeros atáticos têm mais probabilidade de ter uma estrutura amorfa com uma elevada temperatura de transição vítrea. Um exemplo relevante do efeito da taticidade ocorre no polipropileno. O polipropileno atático é um polímero amorfo do tipo cera com baixas propriedades mecânicas, ao passo que o polipropileno isotático pode cristalizar e é um dos polímeros comerciais mais utilizados.

Copolímeros De forma similar ao conceito de soluções sólidas ou à ideia de compósitos, as cadeias de adição lineares compostas de dois ou mais tipos de moléculas podem ser combinadas para formar os **copolímeros**. Esse é um modo muito eficaz de combinar as propriedades de diferentes polímeros. O arranjo dos monômeros em um copolímero pode apresentar várias formas (Figura 16-9), inclui copolímeros alternados, aleatórios, em bloco e enxertados ou grafitizados. O ABS, composto de acrilonitrila, butadieno (um elastômero sintético) e estireno, é um dos materiais poliméricos mais comuns (Figura 16-10). O estireno e a acrilonitrila formam um copolímero linear

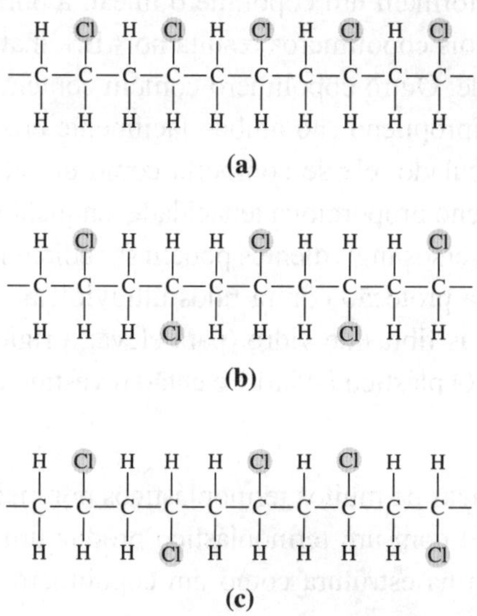

Figura 16-8 Três possíveis arranjos de monômeros não simétricos: (a) isotático, (b) sindiotático e (c) atático.

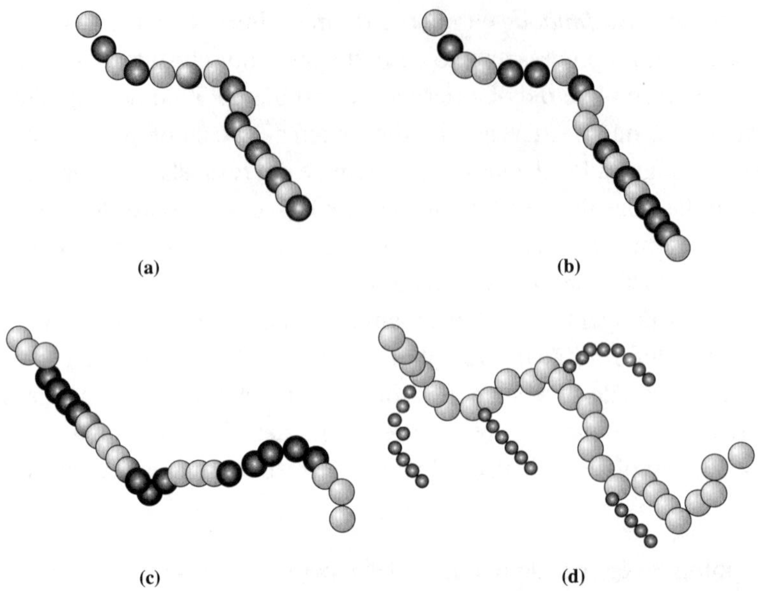

Figura 16-9 Quatro tipos de copolímeros: (a) monômeros alternados, (b) monômeros aleatórios, (c) copolímeros em bloco e (d) copolímeros enxertados. Círculos de tonalidades ou tamanhos diferentes representam os diversos monômeros.

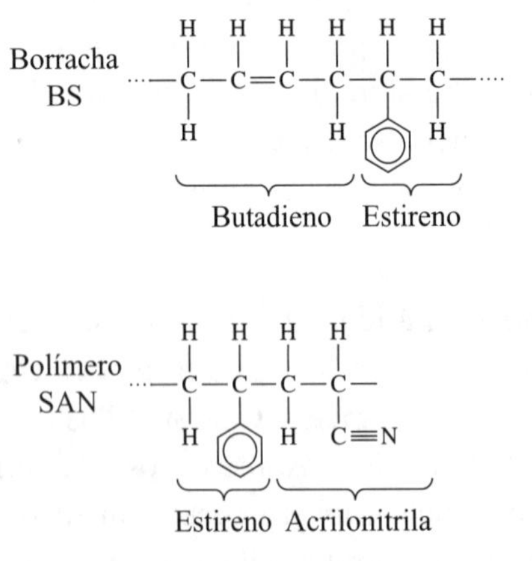

Figura 16-10 Copolimerização do polímero ABS, composto de dois copolímeros, SAN e BS, enxertados juntos.

(SAN) que serve como matriz. O estireno e o butadieno também formam um copolímero linear, a borracha BS, empregada como material de preenchimento. A combinação dos dois copolímeros resulta no ABS, material com excelente combinação de resistência mecânica, rigidez e tenacidade. Outro copolímero comum contém unidades repetitivas de etileno e propileno. Enquanto o polietileno e o polipropileno são ambos facilmente cristalizados, o copolímero permanece amorfo. Quando esse copolímero é reticulado, ele se comporta como um elastômero. O Dylark® é um copolímero de anidrido maleico e estireno. O estireno proporciona tenacidade, enquanto o anidrido maleico melhora as propriedades em temperaturas elevadas. Diversos ingredientes podem ser adicionados para alterar as características do Dylark®: o negro de fumo (usado para proteção contra raios ultravioleta e aumento da dureza), a borracha (empregada para aumentar a tenacidade) e as fibras de vidro (para elevar a rigidez). Esse produto comercial é empregado na fabricação de painéis de carros. O plástico Dylark® é então revestido com vinil, para obter uma superfície lisa e macia.

Misturas de polímeros Podemos melhorar as propriedades mecânicas de muitos termoplásticos por meio de mistura com outros polímeros. A mistura de um elastômero imiscível com um termoplástico produz um polímero de duas fases, como encontrado no ABS. O elastômero não entra na estrutura como um copolímero, mas atua absorvendo energia e melhorando, assim, a tenacidade. Os policarbonatos usados para produzir a cobertura transparente de aviões de caça também são tenacificados por elastômeros, de modo análogo.

Polímeros de cristal líquido Algumas cadeias complexas de termoplásticos tornam-se tão rígidas que agem como blocos rígidos mesmo quando aquecidas a temperaturas elevadas. Esses materiais são **polímeros de cristal líquido** (LCP – *liquid-crystalline-polymers*). Alguns poliésteres aromáticos e poliamidas aromáticas (ou **aramidas**) são exemplos de polímeros de cristal líquido e usados como fibras de alta resistência (como será discutido no Capítulo 17). O Kevlar®, uma poliamida aromática, é o mais conhecido dos LCP e é utilizado como fibra de reforço para aplicações aeroespaciais e para coletes à prova de balas. Os polímeros de cristal líquido são também empregados na fabricação de *displays* eletrônicos.

16-6 Efeito da temperatura em termoplásticos

As propriedades dos termoplásticos variam de acordo com a temperatura. É necessário saber como essas mudanças ocorrem, porque influenciam no projeto de componentes e na escolha das técnicas de processamento a serem utilizadas. Várias temperaturas críticas e estruturas podem ser observadas nas Figuras 16-11 e 16-12.

Os termoplásticos podem ser amorfos ou cristalinos, uma vez resfriados abaixo da temperatura de fusão (Figura 16-11). Normalmente, os termoplásticos de engenharia possuem regiões amorfas e cristalinas. A cristalização dos termoplásticos pode ser introduzida por temperatura (com resfriamento lento) ou pela aplicação de tensão, que desentrelaça as cadeias e as orienta (**cristalização induzida por tensão**). A formação de regiões cristalinas em uma matriz amorfa aumenta a resistência dos termoplásticos, de modo similar ao endurecimento das ligas metálicas. Os termoplásticos típicos possuem a ligação covalente dentro das cadeias, mas as longas cadeias espiraladas são atraídas por ligações fracas de van der Waals e por efeito do entrelaçamento (nós físicos). Quando uma tensão trativa é aplicada ao termoplástico, a fraca ligação entre as cadeias pode ser rompida e elas podem girar e deslizar umas sobre as outras. A facilidade com que as cadeias deslizam depende tanto da temperatura quanto da estrutura do polímero.

Temperatura de degradação Em temperaturas muito elevadas, as ligações covalentes entre os átomos na cadeia polimérica podem ser rompidas e o polímero pode se queimar ou carbonizar. Nos termoplásticos, a decomposição

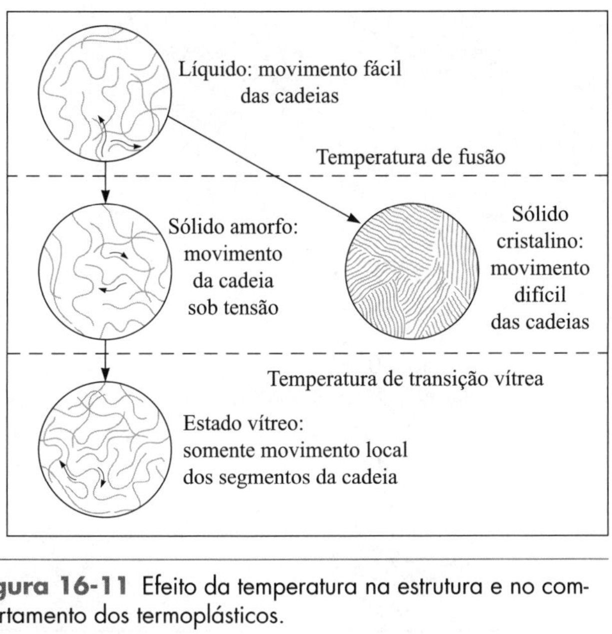

Figura 16-11 Efeito da temperatura na estrutura e no comportamento dos termoplásticos.

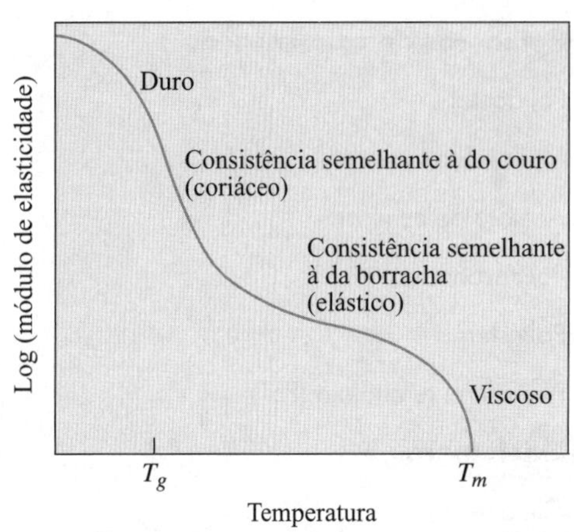

Figura 16-12 Efeito da temperatura no módulo de elasticidade para um termoplástico amorfo. Observe que a T_g e a T_m não ocorrem em temperaturas fixas.

ocorre no estado líquido, enquanto nos termofixos a decomposição se dá no estado sólido. O parâmetro T_d, não mostrado na Figura 16-12, é a **temperatura de degradação** (ou de decomposição). Quando os polímeros queimam, geram fumaças tóxicas. Alguns materiais, como calcário, talco e alumina, acrescentados aos termoplásticos, são estabilizadores térmicos. A função deles é absorver o calor e assim proteger a matriz polimérica. Os aditivos que retardam o fogo incluem alumina hidratada, compostos de antimônio, ou compostos de halogênios (como MgBr e PCl_5). Alguns aditivos inibem a queima por reduzirem o oxigênio disponível, mas geram gases perigosos e não são apropriados para muitas aplicações.

A exposição a produtos químicos, gás oxigênio, microrganismos ou a fontes de energia, como radiação ultravioleta, degradam ou **envelhecem** os polímeros lentamente, mesmo em baixas temperaturas. O negro de fumo – por exemplo, em até 3% – é um dos aditivos mais comumente utilizados para aumentar a resistência de polímeros à degradação por radiação ultravioleta.

Polímeros líquidos Os termoplásticos normalmente não se fundem em uma temperatura definida. Em vez disso, a fusão ocorre numa faixa de temperatura como apresentado na Tabela 16-5. A partir da temperatura de fusão T_m,

Tabela 16-5 • Faixas de temperatura (°C) de fusão, de transição vítrea e de processamento de termoplásticos e elastômeros

Polímero	Faixa de temperatura de fusão	Faixa de temperatura de transição vítrea (T_g)	Faixa de temperatura de processamento
Polímeros de adição			
Polietileno de baixa densidade (PEBD)	98–115	–90 a –25	149–232
Polietileno de alta densidade (PEAD)	130–137	–110	177–260
Policloreto de vinila	175–212	87	
Polipropileno	160–180	–25 a –20	190–288
Poliestireno	240	85–125	
Poliacrilonitrila	320	107	
Politetrafluoretileno (Teflon)	327		
Policlorotrifluoretileno	220		
Polimetacrilato de metila (acrílico)		90–105	
Acrilonitrila butadieno estireno (ABS)	110–125	100	177–260
Polímeros de condensação			
Poliacetal	181	–85	
Náilon-6,6	243–260	49	260–327
Acetato de celulose	230		
Policarbonato	230	149	271–300
Poliéster	255	75	
Polietileno tereftalato (PET)	212–265	66–80	227–349
Elastômeros			
Silicone		–123	
Polibutadieno	120	–90	
Policloropreno	80	–50	
Poli-isopreno	30	–73	

a ligação entre as cadeias retorcidas e entrelaçadas fica fraca. Se uma força é aplicada, as cadeias deslizam umas sobre as outras e o polímero escoa sem praticamente nenhuma deformação elástica. A resistência mecânica e o módulo de elasticidade são quase nulos e o polímero está numa condição adequada para ser fundido e sofrer conformação. Na maioria dos termoplásticos fundidos, a viscosidade aparente diminui com o aumento da taxa de cisalhamento no estado estacionário, fenômeno conhecido como *shear thinning*.

Estado borrachoso e coriáceo Pouco abaixo da temperatura de fusão, as cadeias do polímero ainda estão retorcidas e entrelaçadas e possuem estrutura amorfa. Logo abaixo da temperatura de fusão, o polímero comporta-se de maneira *borrachosa*. Quando uma tensão é aplicada, ocorre tanto a deformação elástica quanto a deformação plástica no material. Quando a tensão é removida, a deformação elástica é rapidamente recuperada, mas o polímero fica permanentemente deformado em razão do movimento das cadeias. Desse modo, alongamentos grandes e permanentes são obtidos, permitindo que o polímero seja conformado por moldagem e extrusão.

Em temperaturas mais baixas, a ligação entre as cadeias é mais intensa, e o polímero torna-se mais duro, tendo consistência semelhante à do couro, sendo denominado *coriáceo*. Muitos polímeros comerciais, incluindo o polietileno, já apresentam uma resistência adequada para uso nessa condição.

Estado vítreo Abaixo da **temperatura de transição vítrea** T_g (*glass temperature*), o polímero amorfo linear torna-se duro, frágil e parecido com o vidro inorgânico. Novamente, esta não é uma temperatura fixa, e sim definida em uma faixa de temperaturas. Quando um polímero se resfria abaixo da temperatura de transição vítrea, algumas propriedades, como a densidade ou o módulo de elasticidade, variam de maneira diferente dependendo da estrutura do material (Figura 16-13). Uma mudança na inclinação no gráfico de massa específica em função da temperatura ocorre na temperatura de transição vítrea. Também observa-se uma mudança de inclinação em um polímero semicristalino à medida que a porção amorfa se transforma em um líquido ou vice-versa.

Embora os polímeros vítreos tenham ductilidade e conformabilidade baixas, apresentam boa resistência mecânica, rigidez e resistência à fluência. Diversos polímeros importantes, incluindo o poliestireno e o policloreto de vinila, têm temperaturas de transição vítrea acima da ambiente (Tabela 16-5).

A temperatura de transição vítrea é aproximadamente 0,5 a 0,75 vez a temperatura média de fusão T_m (*melting temperature*). Polímeros como o polietileno, o qual não tem grupos laterais complexos ligados à cadeia básica de carbono, apresentam temperaturas de transição vítrea bem mais baixas (abaixo até mesmo da temperatura ambiente) do que polímeros com grupos laterais mais complexos, como o poliestireno.

Conforme mostrado no Capítulo 6, muitos termoplásticos tornam-se frágeis em temperaturas baixas. A fragilidade de polímeros usados para vedação é apontada como causa do desastre com o ônibus espacial norte-americano *Challenger*, em 1986. As temperaturas mais baixas durante o momento do lançamento causaram a fragilidade dos anéis de vedação de borracha utilizados nos foguetes propulsores.

Cristalinidade em polímeros Muitos termoplásticos cristalizam-se parcialmente quando resfriados abaixo da temperatura de fusão, com as cadeias se organizando por longas distâncias. A densidade aumenta de forma abrupta à

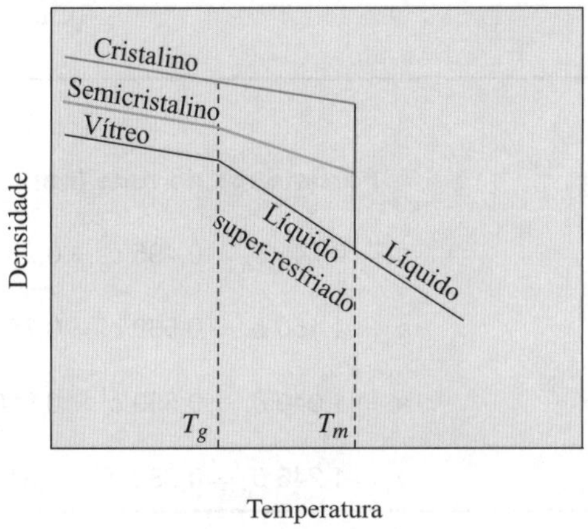

Figura 16-13 Correlação entre a densidade e a temperatura de um polímero. As temperaturas de fusão e de transição vítrea são mostradas. Observe que a T_g e a T_m não são temperaturas fixas, mas faixas de temperaturas.

medida que as cadeias espiraladas e entrelaçadas no líquido são rearranjadas de modo ordenado em uma estrutura compacta (Figura 16-13).

Um modelo que descreve o arranjo das cadeias em um polímero cristalino é apresentado na Figura 16-14. Nesse modelo de *cadeia dobrada*, as cadeias se entrelaçam sobre elas mesmas e cada enlace tem comprimento de aproximadamente 100 átomos de carbono. A cadeia dobrada se estende em três dimensões, produzindo placas finas ou lamelas. Os cristais podem assumir várias formas, e a forma esferulítica (conhecida como **esferulito**) mostrada na Figura 16-15(a) é bastante comum. Os cristais têm uma célula unitária que permite o empacotamento regular das cadeias. A célula unitária da estrutura cristalina do polietileno é mostrada na Figura 16-15(b). Estruturas cristalinas de vários polímeros são apresentadas na Tabela 16-6. Alguns polímeros são polimórficos, ou seja, têm mais de uma estrutura cristalina.

Mesmo em polímeros cristalinos, há sempre pequenas regiões entre as lamelas, assim como entre os esferulitos, que são zonas de transição amorfas. A fração mássica da estrutura que é cristalina pode ser calculada a partir da densidade do polímero:

$$\% \text{ Cristalinidade} = \frac{\rho_c(\rho - \rho_a)}{\rho(\rho_c - \rho_a)} \times 100 \qquad (16\text{-}4)$$

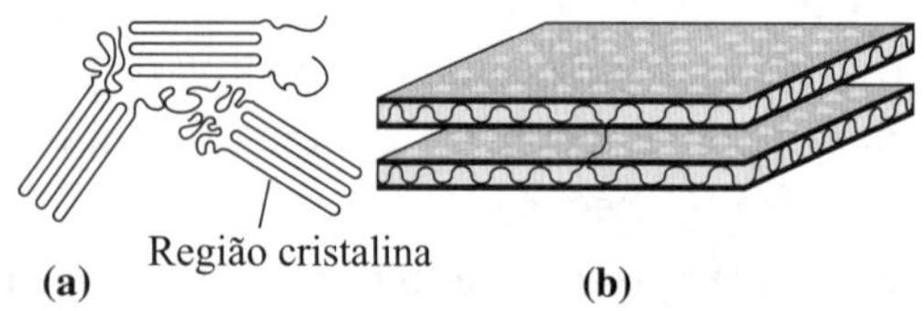

Figura 16-14 Modelo de cadeia dobrada (*folded chain*) para as regiões cristalinas em polímeros, mostrado em (a) duas dimensões e (b) três dimensões.

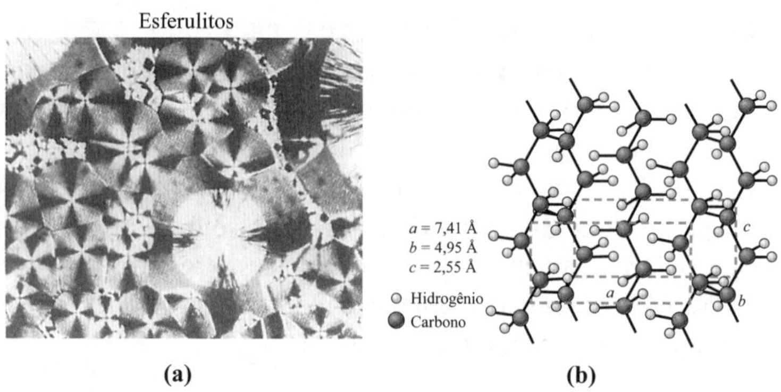

Figura 16-15 (a) Fotografia de cristais esferulíticos em uma matriz amorfa de náilon (aumento original de 200 ×). (*Fonte: Brick, R. M. et al.* Structure and properties of engineering materials. *Copyright 1977.*) (b) Célula unitária do polietileno cristalino.

Tabela 16-6 • Estruturas cristalinas de vários polímeros

Polímero	Estrutura cristalina	Parâmetros de rede (nm)
Polietileno	Ortorrômbica	$a_0 = 0{,}741$ $b_0 = 0{,}495$ $c_0 = 0{,}255$
Polipropileno	Ortorrômbica	$a_0 = 1{,}450$ $b_0 = 0{,}569$ $c_0 = 0{,}740$
Policloreto de vinila	Ortorrômbica	$a_0 = 1{,}040$ $b_0 = 0{,}530$ $c_0 = 0{,}510$
Poli-isopreno (cis)	Ortorrômbica	$a_0 = 1{,}246$ $b_0 = 0{,}886$ $c_0 = 0{,}810$

em que as densidades de cada fase são: ρ do polímero, ρ_a do polímero amorfo e ρ_c do polímero completamente cristalino. Análises de difração de raios X (DRX) podem ser utilizadas para a determinação da cristalinidade e dos parâmetros da célula unitária de polímeros cristalinos.

À medida que os grupos laterais se tornam mais complexos, torna-se mais difícil cristalizar os termoplásticos. Por exemplo, o polietileno, que tem o hidrogênio como grupo lateral, pode ser cristalizado mais facilmente que o poliestireno, que possui o benzeno como grupo lateral. O polietileno de alta densidade (PEAD) tem uma elevada cristalinidade e, assim, maior densidade (0,97 g/cm^3) que o polietileno de baixa densidade (PEBD), cuja densidade é de 0,92 g/cm^3, como consequência de sua menor cristalinidade. A cristalinidade e, consequentemente, a densidade no PEBD são menores em função das ramificações do polímero. Polímeros ramificados tendem a ser menos cristalinos. Um polímero totalmente cristalino não apresentaria uma temperatura de transição vítrea. Entretanto, as regiões amorfas dos polímeros semicristalinos podem se transformar em material vítreo abaixo da temperatura de transição vítrea (Figura 16-13). Alguns polímeros, como poliacetal, náilon, PEAD e polipropileno, são citados como cristalinos embora o nível de cristalinidade seja moderado. Os exemplos a seguir mostram como as propriedades dos polímeros podem determinar suas diferentes aplicações.

Exemplo 16-6 *Escolha de um polímero para isolamento térmico*

Um tanque de armazenagem para hidrogênio líquido será feito de metal, e o metal será revestido por um polímero de 3 mm de espessura como uma camada intermediária entre o metal e as camadas de isolamento térmico. A temperatura na camada intermediária pode atingir –80 °C. Escolha um material para essa camada.

Solução

O material deve ter uma ductilidade razoável. Além disso, à medida que a temperatura do tanque muda, tensões mecânicas surgem no revestimento por expansão térmica diferenciada entre os componentes feitos de materiais diversos. Mesmo nessas condições, o polímero deve resistir e não fraturar. Consequentemente, o material deve apresentar boa ductilidade e/ou ser capaz de sofrer grandes deformações elásticas. Assim, a escolha pode recair em um termoplástico que tenha temperatura de transição vítrea abaixo de –80 °C ou um elastômero, cuja temperatura de transição vítrea também deva ser inferior a –80 °C. Dos polímeros relacionados na Tabela 16-5, os termoplásticos, como o polietileno e o poliacetal, são satisfatórios. Os possíveis elastômeros incluem o silicone e o polibutadieno.

A melhor escolha será um dos elastômeros, pois podem acomodar a tensão mecânica de natureza térmica ao se deformarem elasticamente.

Exemplo 16-7 *Polietileno resistente a impacto*

Um novo tipo de polietileno flexível resistente a impacto, para uso como um filme, requer uma massa específica de 0,88 g/cm^3 a 0,915 g/cm^3. Indique um polietileno que apresente essas propriedades. A densidade do polietileno amorfo é de aproximadamente 0,87 g/cm^3.

Solução

Para atingir as propriedades requeridas deve-se controlar a fração cristalina do polietileno. Pode-se usar a Equação 16-4 para determinar a cristalinidade que corresponde à faixa de densidade requerida. Para tanto, devemos conhecer a densidade de um polietileno completamente cristalino. Os dados da Figura 16-15 e da Tabela 16-6 são suficientes para calcular a densidade se for considerado que há duas unidades repetitivas de polietileno em cada célula unitária:

$$\rho_c = \frac{(4 \text{ átomos de C})(12 \text{ g/mol}) + (8 \text{ átomos de H})(1 \text{ g/mol})}{(7{,}41 \times 10^{-8}\text{cm})(4{,}95 \times 10^{-8}\text{cm})(2{,}55 \times 10^{-8}\text{cm})(6{,}022 \times 10^{23}\text{átomos/mol})}$$

$$= 0{,}9942 \text{ g/cm}^3$$

Sabe-se que $\rho_a = 0{,}87$ g/cm³ e que ρ varia de 0,88 a 0,915 g/cm³. A cristalinidade requerida, então, varia de

$$\% \text{ cristalinidade} = \frac{(0{,}9942)(0{,}88 - 0{,}87)}{(0{,}88)(0{,}9942 - 0{,}87)} \times 100 = 9{,}1$$

$$\% \text{ cristalinidade} = \frac{(0{,}9942)(0{,}915 - 0{,}87)}{(0{,}915)(0{,}9942 - 0{,}87)} \times 100 = 39{,}4$$

Assim, devemos ser capazes de processar o polietileno para produzir uma faixa de cristalinidade entre 9,1% e 39,4%.

16-7 Propriedades mecânicas dos termoplásticos

A maioria dos termoplásticos, seja no estado líquido ou sólido, apresenta comportamento não newtoniano e viscoelástico. O comportamento é não newtoniano quando a relação entre a tensão cisalhante e a taxa de deformação cisalhante não é linear. O **comportamento viscoelástico**, por sua vez, significa que, quando uma tensão externa é aplicada ao polímero termoplástico, ocorre deformação elástica e plástica (viscosa) ao mesmo tempo. Esse comportamento mecânico está associado à maneira pela qual as cadeias de polímeros se movem umas em relação às outras, sob carregamento mecânico. A análise da deformação é mais complexa em termoplásticos, uma vez que o processo de deformação depende tanto do tempo quanto da velocidade com a qual a carga é aplicada ao polímero. A Figura 16-16 mostra a curva tensão-deformação do náilon-6,6.

Comportamento elástico A deformação elástica nos termoplásticos é resultado de dois mecanismos. Uma tensão aplicada causa um estiramento e distorção das ligações covalentes dentro da cadeia, permitindo às cadeias se alongarem elasticamente. Quando a tensão é retirada, a recuperação dessa distorção é quase instantânea. A resposta é semelhante à dos metais e das cerâmicas, que também se deformam elasticamente na presença de ligações metálicas, iônicas ou covalentes. Além disso, como a tensão pode ter provocado a distorção de segmentos inteiros das cadeias poliméricas, mesmo com a retirada da tensão, o retorno dos segmentos às suas posições originais ocorrerá somente após um período de tempo – geralmente, horas ou mesmo meses. Esse comportamento dependente do tempo, ou viscoelástico, contribui para o comportamento elástico não linear exibido na curva tensão-deformação.

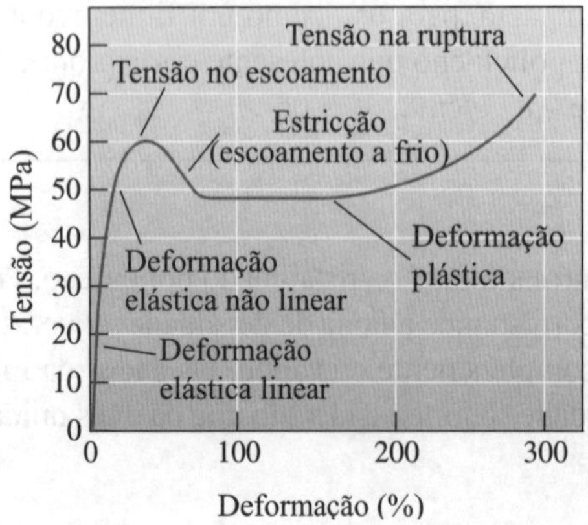

Figura 16-16 Curva tensão-deformação de engenharia do náilon-6,6, que é um polímero termoplástico típico.

Comportamento plástico de termoplásticos amorfos Esses polímeros se deformam plasticamente quando a tensão ultrapassa o limite de escoamento. Diferentemente da deformação no caso dos metais, a deformação plástica não é uma consequência do movimento de discordâncias. Em vez disso, as cadeias esticam, giram, deslizam e se desembaraçam sob tensão e provocam a deformação permanente. A diminuição da tensão após o limite de escoamento pode ser explicada por este fenômeno. Inicialmente as cadeias estão extremamente entrelaçadas e torcidas. Quando a tensão é suficientemente alta, as cadeias começam a se desembaraçar e se alinham. A formação de um pescoço nos corpos de prova (escoamento a frio) também ocorre, permitindo um deslizamento contínuo das cadeias sob uma tensão menor. Entretanto, no fim, as cadeias tornam-se quase paralelas e próximas. As ligações do tipo van der Waals tornam-se mais intensas entre as cadeias alinhadas e isso requer tensões mais altas para continuar o processo de deformação que levará à fratura (Figura 16-17).

Exemplo 16-8 *Propriedades mecânicas dos termoplásticos*

Compare as propriedades mecânicas do polietileno de baixa densidade, polietileno de alta densidade, policloreto de vinila, polipropileno e poliestireno e explique as diferenças em função das estruturas de cada polímero.

Solução

Observemos a tensão na ruptura e o módulo de elasticidade de cada polímero.

Polímero	Tensão na ruptura (MPa)	Módulo de elasticidade (MPa)	Estrutura
Polietileno de baixa densidade	21	276	Estrutura amorfa, altamente ramificada com monômeros simétricos
Polietileno de alta densidade	38	1.241	Estrutura amorfa, com monômeros simétricos, mas pouca ramificação
Polipropileno	41	1.517	Estrutura amorfa com pequenos grupos laterais de metila
Poliestireno	55	3.103	Estrutura amorfa com grupos laterais de benzeno
Policloreto de vinila	62	4.137	Estrutura amorfa com grandes átomos de cloro como grupos laterais

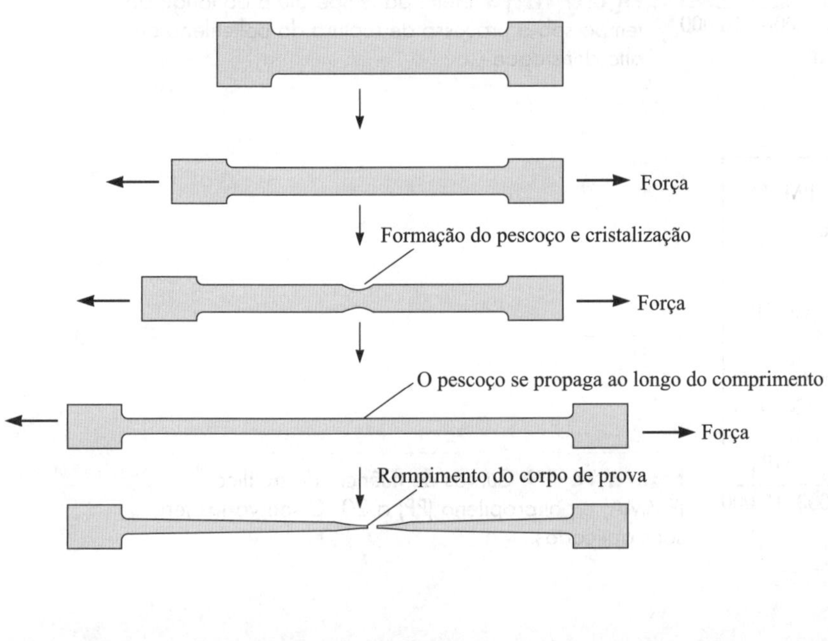

Figura 16-17 A formação do pescoço pode ser estável, uma vez que o alinhamento das cadeias poliméricas no local aumenta a resistência dessa região e reduz a taxa de deformação.

Pode-se concluir que:

1. A ramificação, que reduz a densidade e a compactação das cadeias, diminui a resistência mecânica do polietileno.
2. Acrescentar à cadeia átomos ou grupos de átomos que não sejam o hidrogênio aumenta a resistência e a dureza. O grupo metila no polipropileno promove alguma melhoria. O anel de benzeno do estireno proporciona maior resistência e dureza. O átomo de cloro no policloreto de vinila (conhecido como PVC) aumenta muito essas propriedades.

Fluência e relaxação de tensão Os termoplásticos também apresentam fluência, que é uma deformação permanente dependente do tempo, com tensão constante (Figuras 16-18 e 16-19).

Também apresentam **relaxação de tensão**. Na relaxação de tensão há uma redução da tensão quando o polímero está submetido a uma deformação constante por um longo tempo (Capítulo 6). A relaxação de tensão e a fluência são consequências do comportamento viscoelástico do polímero. Um exemplo corriqueiro desse comportamento é um elastômero na forma de tira elástica mantendo unidos alguns livros. Inicialmente, a tensão na tira de borracha é alta, quando ela está esticada. Após algumas semanas, a deformação na tira permanece inalterada, pois ela ainda envolve os mesmos livros, mas a tensão diminui, isto é, a tira não está mais tão tensionada quanto inicialmente. Pelo mesmo fenômeno, as linhas de náilon nas raquetes de tênis estão muito tensionadas, mas à medida que o tempo passa a tensão diminui.

Em um modelo simples, a taxa com que a relaxação de tensão ocorre está relacionada ao **tempo de relaxação** λ, considerado uma propriedade do polímero. Os modelos mais complexos consideram uma distribuição de tempos de relaxação. A tensão após o tempo t é dada por:

$$\sigma = \sigma_0 \exp(-t/\lambda) \tag{16-5}$$

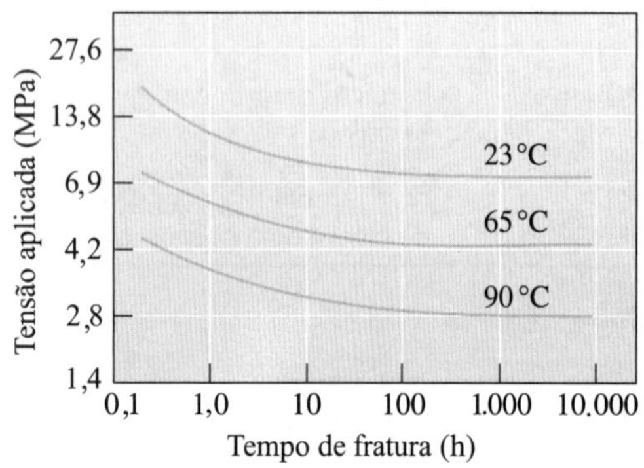

Figura 16-18 Efeito da temperatura ao longo do tempo sob o processo de ruptura do polietileno de alta densidade.

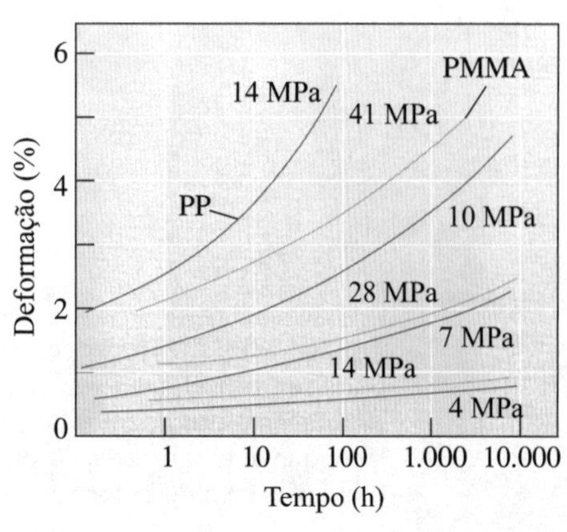

Figura 16-19 Curvas de fluência do acrílico (PMMA) e polipropileno (PP) a 20 °C sob várias tensões aplicadas.

em que σ_0 é a tensão inicial. O *tempo de relaxação*, por sua vez, depende da viscosidade e, assim, também da temperatura:

$$\lambda = \lambda_0 \exp\left(\frac{Q}{RT}\right) \tag{16-6}$$

em que λ_0 é uma constante e Q é a energia de ativação relacionada com a facilidade com que as cadeias do polímero deslizam umas sobre as outras. A relaxação da tensão ocorre mais *rapidamente* em *temperaturas mais elevadas* e para polímeros com baixa viscosidade.

O exemplo seguinte mostra como a relaxação da tensão pode ser considerada nos projetos que usam materiais poliméricos.

Exemplo 16-9 *Cálculo da tensão inicial em um polímero*

Uma fita de poli-isopreno deve manter unido um conjunto de barras de aço por um ano. Se a tensão na fita for inferior a 10 MPa, ela não manterá as barras firmes. Determine a tensão inicial que deve ser aplicada à fita de poli-isopreno para envolver as barras de aço. Testes mostraram que uma tensão inicial de 7 MPa cai para 6,8 MPa após seis semanas.

Solução

Embora a tensão mínima necessária para manter as barras unidas seja constante, a tensão diminuirá na fita do elastômero com o passar do tempo devido à relaxação da tensão. Podemos usar a Equação 16-5 e os resultados do teste para determinar a constante de relaxação do polímero:

$$\sigma = \sigma_0 \exp\left(-\frac{t}{\lambda}\right)$$

$$6{,}8 \text{ MPa} = 7 \text{ MPa} \exp\left(-\frac{6 \text{ semanas}}{\lambda}\right)$$

$$-\frac{6}{\lambda} = \ln\left(\frac{6{,}8}{7}\right) = \ln(0{,}98) = -0{,}0202$$

$$\lambda = \frac{6}{0{,}0202} = 297 \text{ semanas}$$

Conhecendo a constante de relaxação, pode-se determinar a tensão que deve ser inicialmente aplicada à fita para que ela ainda esteja tensionada a 10 MPa após 1 ano (52 semanas).

$$10 = \sigma_0 \exp(-52/297) = \sigma_0 \exp(-0{,}1751) = 0{,}8394\sigma_0$$

$$\sigma_0 = \frac{10}{0{,}8394} = 11{,}91 \text{ MPa}$$

Para obter essa tensão inicial, uma possibilidade é a redução da seção da fita, a fim de atingir a tensão inicial de 11,91 MPa. Após um ano, mesmo com a relaxação da tensão, a tensão ainda será de 10 MPa.

Uma medida mais prática das propriedades a altas temperaturas e da fluência de um polímero é a **temperatura de deflexão** ou **temperatura de distorção** sob carregamento. Esse parâmetro fornece a temperatura na qual uma barra especificada, submetida a uma carga padrão, sofre certa deflexão. Uma alta temperatura de deflexão indica boa resistência à deformação e isso permite discriminar os vários polímeros. As temperaturas de deflexão de vários

Tabela 16-7 • Temperaturas de deflexão de polímeros para uma carga de 1,8 MPa

Polímero	Temperatura de deflexão (°C)
Poliéster	40
Polietileno (ultra-alta densidade)	40
Polipropileno	60
Fenólicos	80
Poliamida (náilon-6,6)	90
Poliestireno	100
Polioximetileno (poliacetal)	130
Poliamida-imida	280
Epóxi	290

polímeros são indicadas na Tabela 16-7, que mostra a temperatura requerida para causar uma deflexão de 0,025 cm para uma carga de 1,8 MPa no meio de uma barra, repousando sobre apoios separados por 10 cm. Um critério de utilidade prática para classificar polímeros *resistentes* à máquina de lava-louças determina que a temperatura de deflexão deve ser maior que 50 °C.

Comportamento sob impacto O comportamento viscoelástico também ajuda a entender as propriedades de resistência ao impacto dos polímeros. Em elevadas taxas de deformação, como em um teste de impacto, não há tempo suficiente para as cadeias deslizarem e se deformarem plasticamente. Nessas condições, os polímeros termoplásticos comportam-se de modo frágil e apresentam baixos valores de energia absorvida durante o impacto. Como decorrência, os polímeros podem ter temperatura de transição frágil-dúctil. Sob baixas temperaturas, predomina o comportamento frágil em um teste de impacto, e em temperaturas altas observa-se um comportamento mais tenaz, pois as cadeias se movimentam mais facilmente. Esses efeitos da temperatura e deformação são semelhantes aos existentes nos metais, que exibem uma temperatura de transição frágil-dúctil, contudo, os mecanismos envolvidos são bem diferentes.

Deformação de polímeros cristalinos Usam-se diversos polímeros no estado cristalino, porém, nunca são completamente cristalinos. Ao contrário, pequenas regiões amorfas existem entre as lamelas e os esferulitos cristalinos. As cadeias de polímeros cristalinos se estendem para essas regiões amorfas atuando como cadeias de amarração. Quando uma tensão de tração é aplicada ao polímero, as lamelas cristalinas dentro dos esferulitos deslizam umas sobre as outras e começam a se separar à medida que as cadeias de amarração são esticadas. As dobras nas lamelas inclinam-se e se alinham na direção da tensão trativa. As lamelas cristalinas fraturam em unidades menores e deslizam umas sobre as outras, até que, no final, o polímero fica composto de pequenos cristais alinhados, unidos pelas cadeias de amarração, e orientados paralelamente à tensão de tração. Os esferulitos também mudam de forma e se alongam na direção da tensão aplicada. Com o aumento da tensão, as cadeias de amarração se desembaraçam ou fraturam, causando a falha do polímero.

Microfissuramento Nos termoplásticos o **microfissuramento** ocorre quando a região deformada plasticamente se localiza perpendicularmente à direção da tensão aplicada. Em termoplásticos transparentes, como alguns polímeros vítreos, o microfissuramento produz uma região translúcida ou opaca que se assemelha a uma trinca. A microfissura pode crescer até que se estenda por toda a seção transversal do componente polimérico. Contudo, a microfissura não é uma trinca e, de fato, ainda pode resistir a uma tensão aplicada. O mecanismo de formação da microfissura é similar ao da deformação plástica do polímero, mas o processo pode continuar mesmo sob baixa tensão por um longo tempo. As microfissuras podem levar à fratura frágil do polímero e, frequentemente, estão associadas à presença de um solvente, por isso, esse fenômeno é conhecido como microfissuramento por solvente.

Branqueamento O **branqueamento** refere-se à falha de um plástico em decorrência de uma cristalização localizada, a qual conduz à formação de vazios.

16-8 Elastômeros (borrachas)

Muitos polímeros naturais e sintéticos, denominados elastômeros, apresentam grande deformação elástica, podendo superar 200% quando uma tensão é aplicada. Tiras de borracha, pneus de automóveis, anéis de vedação, mangueiras e isolamento para fios elétricos são normalmente feitos desses polímeros. Seu nome usual decorre do fato de a borracha natural crua poder apagar marcas de lápis, daí, os elastômeros serem conhecidos popularmente como borrachas.

Isômeros geométricos Alguns monômeros com diferentes estruturas, mesmo tendo a mesma composição, são denominados **isômeros geométricos**. O isopreno, ou borracha natural, é um exemplo importante (Figura 16-20). O monômero, chamado **dieno**, inclui duas ligações duplas entre átomos de carbono. A polimerização ocorre pela quebra das duas duplas ligações, criando-se uma dupla ligação no centro da molécula e sítios ativos nas extremidades.

Na forma *trans* do isopreno, o átomo de hidrogênio e o grupo metila no centro da unidade repetitiva estão localizados em lados opostos da ligação dupla recém-formada. Esse arranjo leva à formação de cadeias relativamente retas e o polímero cristaliza, formando um polímero duro e rígido chamado *gutta percha*. Ele é usado, por exemplo, para fazer bolas de golfe e solas de calçados.

Na forma *cis*, porém, o átomo de hidrogênio e o grupo metila estão localizados no mesmo lado da ligação dupla. Essa geometria diferente faz com que as cadeias do polímero desenvolvam estrutura altamente espiralada, impedindo sua compactação e resultando num polímero amorfo, borrachoso. Se uma tensão é aplicada ao cis-isopreno, o polímero se comporta de maneira viscoelástica. As cadeias se desenrolam e as ligações se esticam, produzindo deformação elástica. Entretanto, as cadeias também deslizam umas sobre as outras e por isso ainda há deformação plástica, que não se recupera. O polímero se comporta mais como um termoplástico do que como um elastômero.

Reticulação É possível reduzir o componente viscoso da deformação plástica, mas ainda mantendo a grande deformação elástica, por meio da **reticulação** das cadeias (Figura 16-21). A **vulcanização**, a qual utiliza enxofre, é o método comum para a reticulação ou a formação de ligações cruzadas em elastômeros. Filamentos de átomos de enxofre unem as cadeias do polímero à medida que este é processado e conformado em temperaturas na faixa de 120 °C a 180 °C (Figura 16-22). As etapas da reticulação podem incluir o rearranjo de um átomo de hidrogênio e a substituição de uma ou mais das duplas ligações por ligações simples. O processo de reticulação é irreversível, consequentemente, o elastômero não pode ser facilmente reciclado.

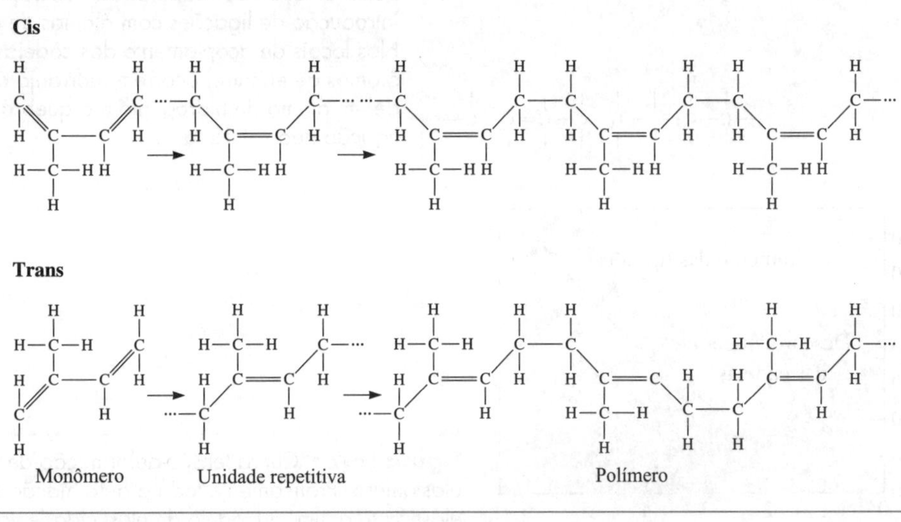

Figura 16-20 Estruturas cis e trans do isopreno. A forma cis é útil na produção do elastômero de isopreno.

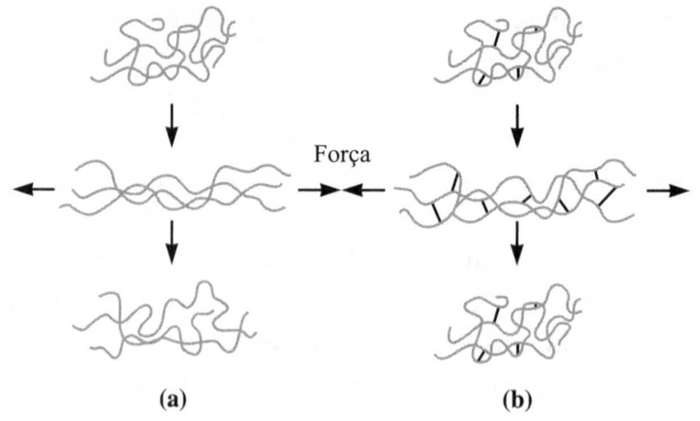

Figura 16-21 (a) Quando o elastômero não contém reticulações (ligações cruzadas), a aplicação de uma tensão causa deformação tanto elástica quanto plástica. Após a remoção da tensão, o elastômero torna-se permanentemente deformado. (b) Quando há reticulação, o elastômero pode sofrer grande deformação elástica, contudo, ao ser removida a tensão, o elastômero retorna à sua forma original.

A curva tensão-deformação para um elastômero é apresentada na Figura 16-23. A curva é dominada pela deformação elástica não linear em praticamente toda a extensão, e isso é uma característica dos elastômeros. Inicialmente, o módulo de elasticidade diminui por causa do desenrolamento das cadeias, porém, após as cadeias terem sido estendidas, uma deformação elástica adicional ocorre pelo estiramento das ligações, levando a um módulo de elasticidade mais elevado.

A quantidade de ligações cruzadas promovida pelo enxofre determina o comportamento elástico da borracha. Pequenas adições de enxofre deixam a borracha macia e flexível, como em tiras elásticas ou luvas de borracha.

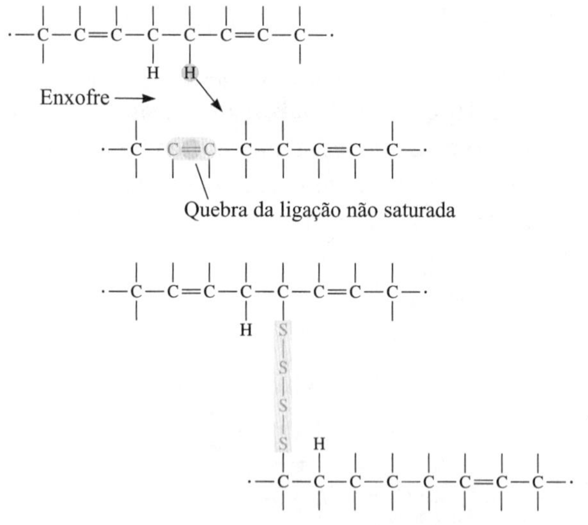

Figura 16-22 Formação das ligações cruzadas ou reticulação das cadeias de poli-isopreno por introdução de ligações com átomos de enxofre. Nos locais de acoplamento das cadeias de átomos de enxofre, ocorrem rearranjo ou perda de um átomo de hidrogênio e a quebra de uma ligação não saturada.

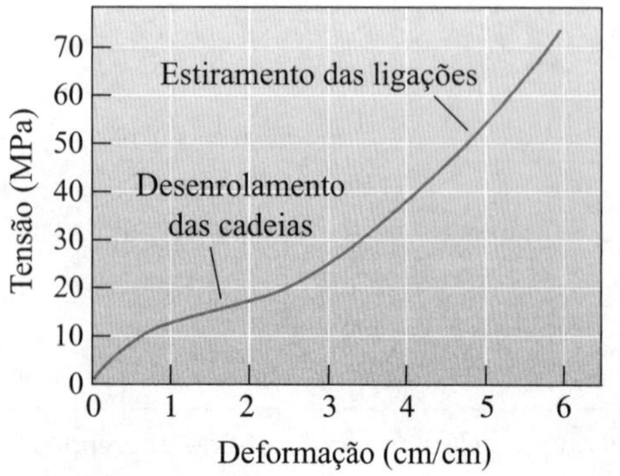

Figura 16-23 Curva tensão-deformação de um elastômero. Praticamente toda a deformação é elástica e, assim, o módulo de elasticidade varia à medida que a deformação progride.

O aumento do teor de enxofre restringe o desenrolamento das cadeias e a borracha torna-se mais dura e frágil. A borracha usada em montagens de motores tem essas características. Os teores médios de enxofre são da ordem de 0,5% a 5%, o que é suficiente para criar a reticulação nos elastômeros. Existem sistemas de *vulcanização mais eficientes,* isentos de enxofre, desenvolvidos nos últimos anos.

Elastômeros Os elastômeros são polímeros amorfos que não se cristalizam facilmente durante o processamento. Os elastômeros típicos têm uma baixa temperatura de transição vítrea, e as cadeias podem ser deformadas elasticamente com facilidade quando uma tensão é aplicada. Nas Tabelas 16-8 e 16-9 estão alguns exemplos de elastômeros, como o poli-isopreno (borracha natural). O policloropreno, ou Neopreno, é um material de uso comum em mangueiras e isolantes elétricos. Muitos dos elastômeros sintéticos importantes são copolímeros. O polibutadieno

Tabela 16-8 • Unidades repetitivas e aplicações de elastômeros

Polímero	Unidade de repetição	Aplicações
Poli-isopreno	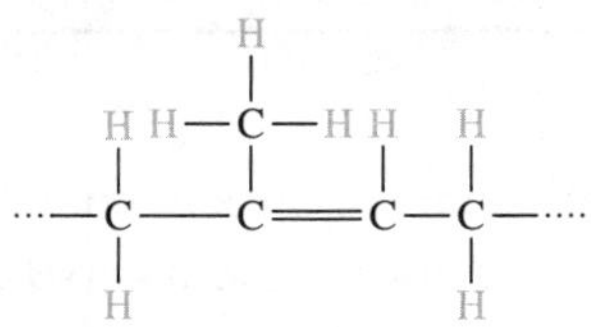	Pneus, bolas de golfe, solas de calçados
Polibutadieno (ou borracha de butadieno ou Buna-S)	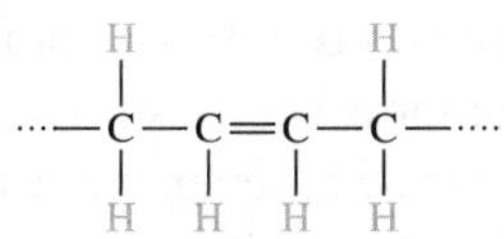	Pneus industriais, mistura para aumento da tenacidade de outros elastômeros, câmaras de ar, vedações de janelas, mangueiras de vapor
Poli-isobutileno (ou borracha butílica)	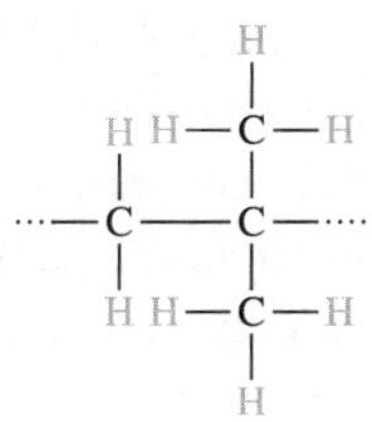	
Policloropreno (Neopreno)	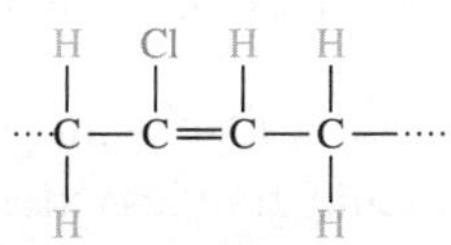	Mangueiras, isolamento de cabos
Copolímero de butadieno-estireno (borracha de SBR ou BS)	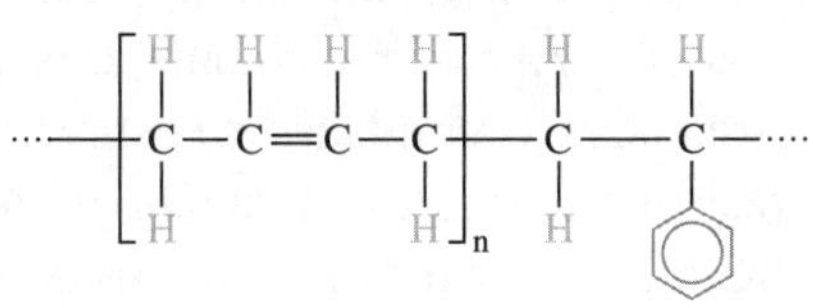	Pneus
Copolímero de butadienoacrilonitrila (Buna–N)	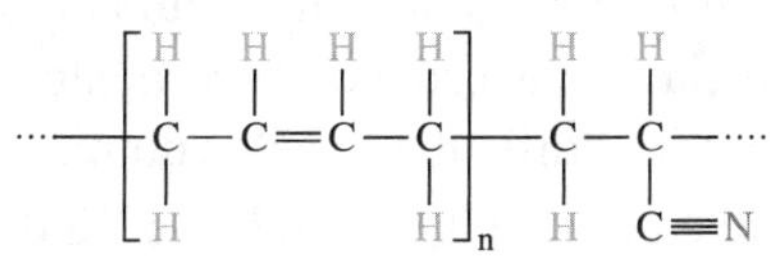	Juntas, mangueiras para combustíveis
Silicones	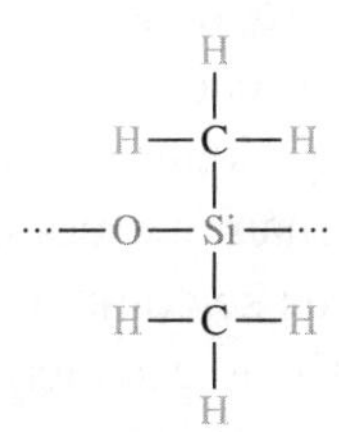	Juntas, vedações

Tabela 16-9 • Propriedades de elastômeros

	Resistência à tração (MPa)	Alongamento (%)	Massa específica (g/cm³)
Poli-isopreno	21	800	0,93
Polibutadieno	24		0,94
Poli-isobutieno	28	350	0,92
Policloropreno	24	800	1,24
Butadieno-estireno	21	2.000	1,0
Butadieno-acrilonitrila	5	400	1,0
Silicones	7	700	1,5
Elastômeros termoplásticos	35	1.300	1,06

(borracha de butadieno ou Buna-S) é similar ao poli-isopreno, mas a unidade repetitiva apresenta quatro átomos de carbono com dupla ligação (veja a Tabela 16-8). Essa borracha tem baixo custo, mas sua resistência a solventes é pequena. A borracha de butadieno-estireno (BSR, de *butadiene-styrene rubber*, ou BS, de *butadiene-styrene*), usada em pneus de automóveis, é um dos componentes do ABS (Figura 16-10). A borracha butílica, ou poli-isobutadieno, é usada para fabricar câmaras de ar, amortecedores de vibração e como material de vedação. Os silicones são outra importante classe de elastômeros que se baseiam em cadeias compostas de átomos de silício e oxigênio. O brinquedo *geleca* (Silly Putty®), constituído de cadeias de polidimetil siloxano terminadas em hidroxila, óxido bórico e alguns outros aditivos, foi inventado por James Wright, da General Electric. Sob baixas taxas de deformação, é possível esticá-lo a uma grande extensão, ao passo que, se for puxado rapidamente, ele quebra. As borrachas de silicone, também conhecidas como polissiloxanos, proporcionam resistência às altas temperaturas, sendo usadas a temperaturas de até 315 °C. Silicones com baixa massa molecular são líquidos e conhecidos como óleos de silicone. Os silicones também estão disponíveis comercialmente como um sistema de duas partes que podem ser moldadas e curadas para unir peças. A goma de mascar contém uma base que pode ser feita a partir de borracha natural, copolímero butadieno e estireno ou acetato de polivinila (PVA).

Elastômeros termoplásticos (TPE – *thermoplastic elastomer*) Este é um grupo especial de polímeros que não contam com a reticulação para poderem deformar elasticamente grandes extensões. A Figura 16-24 mostra a estrutura de um copolímero em bloco de estireno-butadieno projetado de tal forma que as unidades repetitivas do estireno estão localizadas apenas nas extremidades das cadeias. Aproximadamente 25% da cadeia é composta de estireno, que possui alta temperatura de transição vítrea. As extremidades de estireno apresentam várias cadeias que formam domínios esféricos. Essas regiões são resistentes, rígidas e mantêm as cadeias unidas firmemente. Áreas macias contendo unidades de repetição de butadieno estão localizadas entre os domínios do estireno. Essas regiões do polímero têm uma temperatura de transição vítrea abaixo da temperatura ambiente e assim apresentam grande elasticidade, como nas borrachas. A deformação elástica ocorre por movimento reversível das cadeias, entretanto, o deslizamento das cadeias em temperaturas normais é dificultado pelos domínios de estireno.

Os copolímeros em bloco de estireno-butadieno diferem da borracha de BS discutida há pouco, pois a reticulação dos monômeros de butadieno não é necessária e, de fato, é indesejável. Quando o elastômero termoplástico é aquecido, e o estireno aquece acima da temperatura de transição vítrea, os domínios são destruídos e o polímero se deforma de modo viscoso, isto é, ele se comporta como qualquer outro termoplástico, tornando o processamento mais fácil. Quando o polímero resfria, os domínios retornam e o polímero volta às suas características de elastômero. Consequentemente, os elastômeros termoplásticos se comportam como termoplásticos em temperaturas elevadas e como elastômeros em baixas temperaturas. Essas características também permitem aos elastômeros termoplásticos serem reciclados com mais facilidade que os elastômeros convencionais.

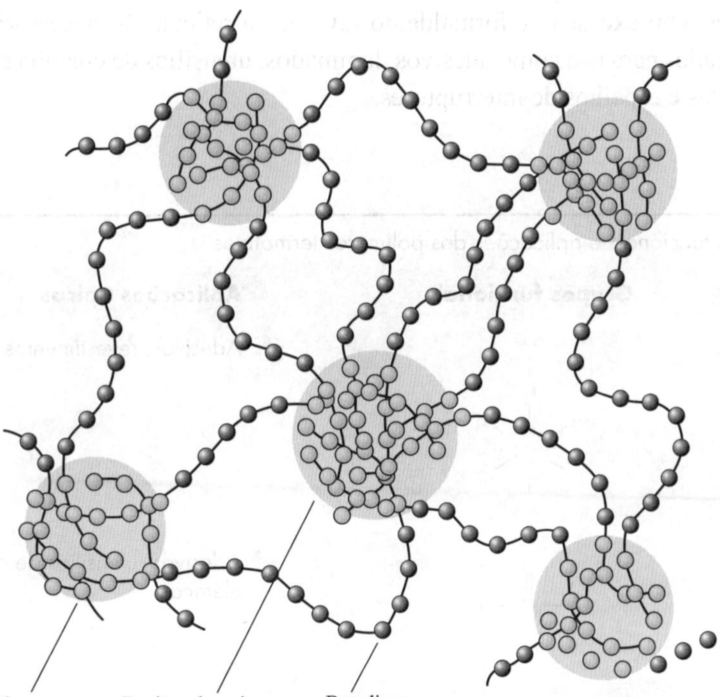

Figura 16-24 Estrutura do copolímero estireno-butadieno, em um elastômero termoplástico. A natureza vítrea dos domínios do estireno proporciona comportamento elástico sem reticulação do butadieno.

16-9 Polímeros termofixos

Os polímeros termofixos apresentam cadeias altamente reticuladas que formam uma estrutura de rede tridimensional. Como as cadeias não podem girar ou deslizar, esses polímeros possuem boa resistência mecânica, rigidez e dureza. Contudo, os termofixos também têm baixa ductilidade e resistência ao impacto, além de alta temperatura de transição vítrea. Em um ensaio de tração, os polímeros termofixos apresentam comportamento semelhante ao das cerâmicas ou dos metais frágeis.

Normalmente, a produção dos polímeros termofixos se inicia com cadeias lineares. Dependendo do tipo de unidades repetitivas e do grau de polimerização, o polímero inicial pode ser uma resina líquida ou um sólido. Em alguns casos duas ou três partes de resina líquida são necessárias para a obtenção de um termofixo, como ocorre, por exemplo, nos adesivos epóxi empregados rotineiramente em sistemas de distribuição de água. Calor, pressão, mistura das várias resinas, entre outros métodos, iniciam o processo de reticulação. A reticulação é irreversível. Uma vez formados, os termofixos não podem ser reciclados.

Os grupos funcionais dos polímeros termofixos mais comuns estão na Tabela 16-10, e suas propriedades, na Tabela 16-11. Um grupo funcional é um arranjo definido de átomos com determinado conjunto de propriedades.

Fenólicos Os fenólicos, um dos termofixos mais utilizados, são empregados como adesivos, revestimentos, produtos laminados, componentes de motores e em aplicações elétricas.

A baquelite é um dos termofixos fenólicos mais comuns. Uma reação de condensação entre moléculas de fenol e de formaldeído produz a resina fenólica inicial. Esse processo continua até que uma cadeia de fenol-formaldeído linear seja formada. Entretanto, o fenol é trifuncional. Depois que essa cadeia está formada, surge um terceiro sítio, em que cada anel de fenol permite a reticulação com cadeias adjacentes.

Aminas As resinas de amina, produzidas pela combinação de monômeros de ureia ou melamina com formaldeído, são polímeros semelhantes aos fenólicos. Os monômeros são unidos por uma ligação com o formaldeído para produzir cadeias lineares. Um excesso de formaldeído favorece a reticulação necessária para originar polímeros resistentes, duros, adequados para uso como adesivos, laminados, utensílios de cozinha e componentes eletrônicos, como disjuntores, tomadas e espelhos de interruptores.

Tabela 16-10 • Grupos funcionais e aplicações dos polímeros termofixos

Polímero	Grupos funcionais	Aplicações típicas
Fenólicos	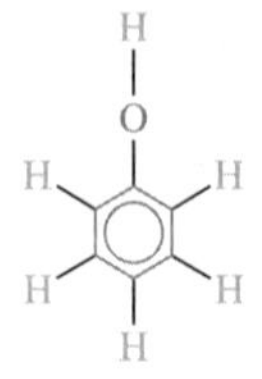	Adesivos, revestimentos, produtos laminados
Aminas	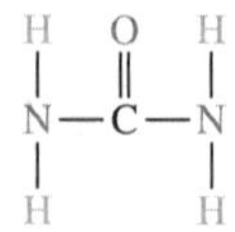	Adesivos, utensílios de cozinha, componentes elétricos
Poliésteres	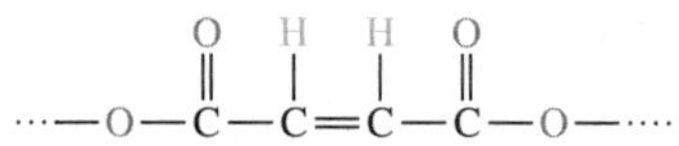	Componentes elétricos, laminados decorativos, matriz de compósitos com fibra de vidro
Epóxis	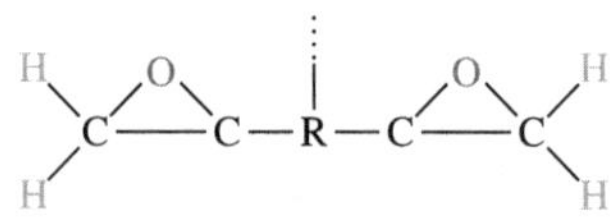	Adesivos, componentes elétricos, matriz para compósitos
Uretanos	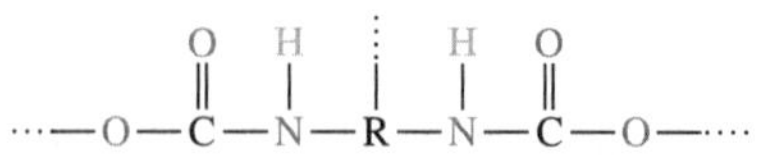	Fibras, revestimentos, espumas, isolantes
Silicone	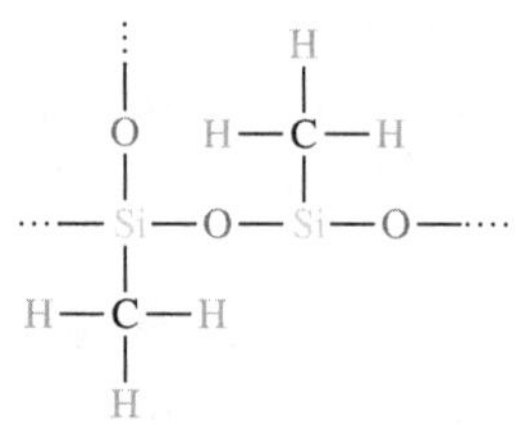	Adesivos, juntas, vedações

Tabela 16-11 • Propriedades dos polímeros termofixos

	Resistência à tração na ruptura (MPa)	Alongamento (%)	Módulo de elasticidade (MPa)	Massa específica (g/cm³)
Fenólicos	62	2	9	1,27
Aminas	69	1	11	1,50
Poliésteres	90	3	5	1,28
Epóxis	103	6	4	1,25
Uretanos	69	6		1,30
Silicone	28	0	8	1,55

Uretanos Esses polímeros são encontrados em aplicações como fibras, revestimentos, espumas para mobiliário, colchões e isolantes. Dependendo do grau de reticulação, os uretanos se comportam como polímeros termofixos, termoplásticos ou elastômeros.

Poliésteres Os poliésteres formam cadeias a partir de moléculas de ácido e álcool por uma reação de condensação, originando água como subproduto. Quando essas cadeias contêm ligações insaturadas, uma molécula de estireno pode dar origem à reticulação. Os poliésteres são usados em diversas aplicações elétricas, laminados decorativos, barcos e outros equipamentos marítimos, e ainda como matriz para compósitos reforçados por fibra de vidro.

Epóxis Os epóxis são polímeros termofixos formados de moléculas com anel C-O-C rígido. Durante a polimerização, os anéis C-O-C são abertos e as ligações, rearranjadas para unir as moléculas. O mais comum dos epóxis comerciais baseia-se no bisfenol A, no qual duas unidades de resina de epóxi foram acrescentadas. Essas moléculas são polimerizadas para produzir cadeias e, então, reagem com agentes de cura para possibilitar a reticulação. Os epóxis são empregados em adesivos, partes rígidas de aplicações elétricas, componentes automotivos, placas de circuitos, artigos esportivos e matrizes para materiais compósitos com reforço de fibras para o setor aeroespacial.

Poli-imidas As poli-imidas possuem estrutura em anéis com um átomo de nitrogênio. A indústria aeronáutica e aeroespacial utiliza um grupo especial desses polímeros, chamado bismaleimida (BMI). Elas operam em ambientes com temperaturas de até 175 °C e não se decompõem abaixo de 460 °C.

Redes poliméricas interpenetrantes Alguns materiais poliméricos especiais podem ser produzidos quando cadeias termoplásticas lineares são associadas a uma estrutura termofixa formando **redes poliméricas interpenetrantes**. Por exemplo, as cadeias de polipropileno, náilon, poliacetal podem ser introduzidas num termofixo de silicone reticulado. Em sistemas mais avançados, duas estruturas termofixas interpenetrantes podem ser produzidas.

16-10 Adesivos

Os adesivos são polímeros usados para unir outros polímeros, metais, cerâmicas, compósitos ou combinações desses materiais. Os adesivos possuem várias aplicações, sendo as mais importantes adesivos estruturais, como aqueles utilizados nas áreas automotiva, aeroespacial, de eletrodomésticos, eletrônica e de equipamentos esportivos.

Adesivos quimicamente reativos Esses adesivos incluem poliuretano, epóxi, silicone, fenólicos, poli-imidas e adesivos anaeróbicos. Os sistemas de um componente consistem em uma resina polimérica curada por exposição à umidade, calor, ou no caso de anaeróbicos, na ausência de oxigênio. Os sistemas de dois componentes, como os epóxis, curam quando duas resinas são misturadas.

Adesivos de evaporação ou difusão O adesivo é dissolvido em um solvente orgânico ou em água e aplicado nas superfícies a serem unidas. Quando o solvente evapora, o polímero faz a ligação. Os adesivos à base de água são preferíveis devido a questões ambientais e de segurança. Os polímeros podem ser completamente dissolvidos em água, podem ser formados de látex ou, ainda, de uma dispersão estável. Grande quantidade de elastômeros, vinis e acrílicos com essas características é utilizada.

Adesivos a quente Esses termoplásticos e elastômeros termoplásticos se fundem quando aquecidos e durante a solidificação unem os materiais. As temperaturas de fusão típicas desses adesivos (*hot-melts*) comerciais variam de 80 °C a 110 °C, o que limita o seu uso em temperaturas elevadas. Entretanto, alguns deles que possuem ótimo desempenho, como poliamidas e poliésteres, podem ser utilizados em temperaturas de até 200 °C.

Adesivos sensíveis à pressão Esses adesivos são principalmente elastômeros ou copolímeros de elastômeros produzidos como filmes ou revestimentos. A pressão mecânica é necessária para fazer o polímero aderir ao substrato. São usados para produzir fitas para embalagens e isolantes, rótulos, pisos, revestimentos de paredes e filmes texturizados com aspecto de fibras de madeira. Adesivos removíveis sensíveis à pressão são utilizados para aplicações médicas, como bandagens e a aplicação de medicamentos transdérmicos.

Adesivos condutores Um adesivo de polímero pode conter uma carga (material particulado ou fibroso) como partículas de prata, cobre ou alumínio para aumentar a condutividade elétrica e térmica. Em alguns casos, apenas a condutividade térmica é desejada, e não a elétrica. A alumina, o nitreto de boro e a sílica podem ser adicionados como carga para atender a essa combinação de propriedades.

16-11 Processamento de polímeros e reciclagem

Existem diversos métodos para produzir peças ou componentes poliméricos, incluindo-se a moldagem, a extrusão e a calandragem de filmes e de fibras. As técnicas utilizadas para conformar os polímeros dependem em grande parte da natureza do polímero, em especial, se ele é termoplástico ou termofixo. Os termoplásticos são conformados a partir de uma grande variedade de técnicas. O polímero é aquecido próximo ou acima da temperatura de fusão de modo que se comporte como borracha ou líquido. Ele é então introduzido em um molde ou em uma matriz para produzir a forma desejada. Elastômeros termoplásticos podem ser conformados do mesmo modo. Nesses processos, as rebarbas e sobras podem ser facilmente recicladas e o desperdício é minimizado. Um menor número de técnicas de moldagem é utilizado para os polímeros termofixos, pois, uma vez que a reticulação tenha ocorrido, os polímeros termofixos não podem mais ser moldados.

A seguir são descritas algumas das técnicas principais usadas no processamento de polímeros. A maioria delas se aplica apenas aos termoplásticos (Figura 16-25).

Extrusão Esta é a técnica mais utilizada no processamento de termoplásticos. A extrusão tem dois propósitos. Primeiro, produzir continuamente polímeros sob formas simples e regulares [(Figuras 16-25(a) e 16-26]. Segundo,

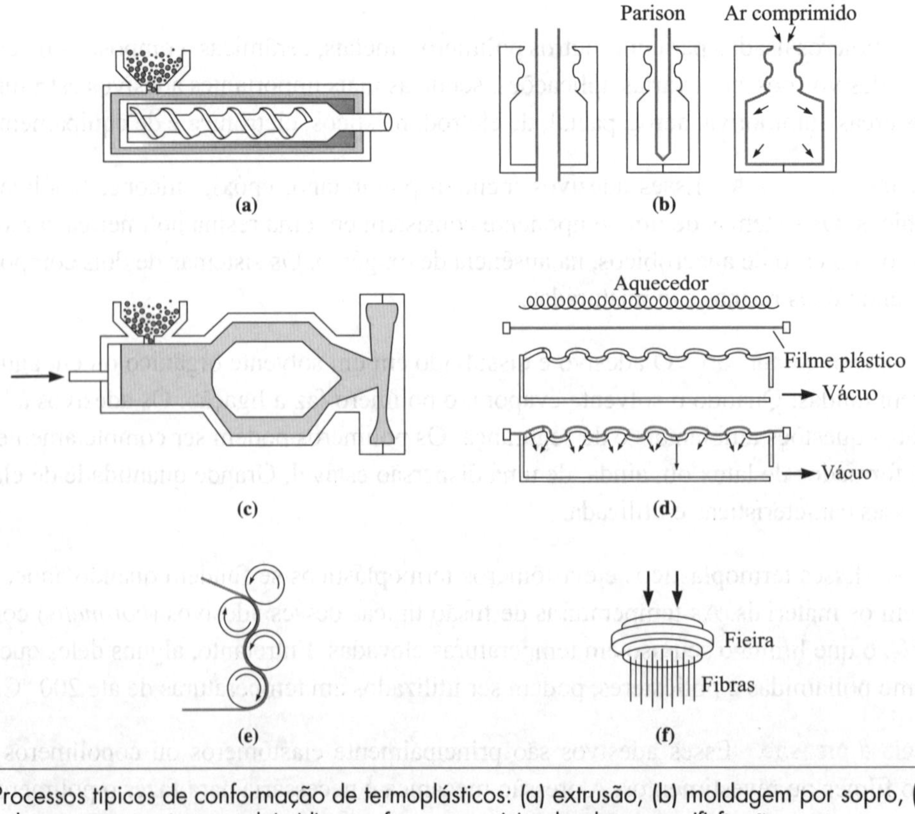

Figura 16-25 Processos típicos de conformação de termoplásticos: (a) extrusão, (b) moldagem por sopro, (c) moldagem por injeção (o tambor de injeção não é mostrado), (d) termoformagem, (e) calandragem e (f) fiação.

funcionar como um misturador eficiente entre os aditivos como negro de fumo, cargas etc. e os polímeros. Um mecanismo na forma de rosca única ou dupla empurra o termoplástico aquecido, seja sólido ou líquido, e aditivos através de uma abertura da matriz para produzir formas sólidas, filmes, chapas, tubos e canos (Figura 16-26). Uma extrusora industrial pode ter de 18 a 21 m de comprimento, 60 cm de diâmetro e ser composta por diferentes zonas de aquecimento ou de resfriamento. Já que os termoplásticos apresentam o fenômeno de *shear thinning* e são viscoelásticos, o controle da temperatura e da viscosidade é um fator crítico na extrusão de polímeros. Um processo de extrusão especial para a produção de filmes é ilustrado na Figura 16-27. A extrusão também pode ser usada para revestir fios e cabos, com termoplásticos ou com elastômeros.

Moldagem por sopro Uma **Parison** oca de um termoplástico é introduzida em uma matriz e por pressão do ar é expandida contra as paredes do molde [(Figura 16-25(b)]. Esse processo é usado na produção de garrafas plásticas, recipientes, tanques de combustível de automóveis e outras formas ocas.

Moldagem por injeção Termoplásticos aquecidos acima da temperatura de fusão são injetados sob pressão em uma matriz para produzir uma peça moldada [Figura 16-25(c)]. Esse processo é similar ao de fundição sob pressão empregado para produzir peças metálicas. Um pistão de ar ou um mecanismo de rosca pressiona o polímero quente

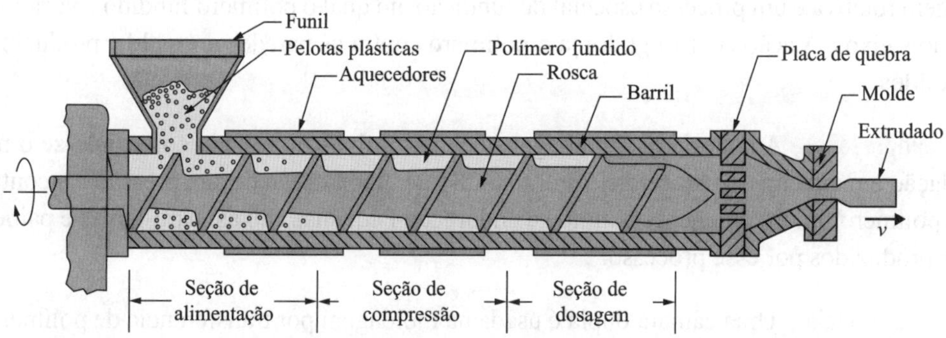

Figura 16-26 Esquema de uma extrusora para processamento de polímeros. (*Baseada em* Fundamentals of Modern Manufacturing: Materials, Processes, and Systems, *3. ed., Mikell P. Groover, John Wiley & Sons, Inc., 2007.*)

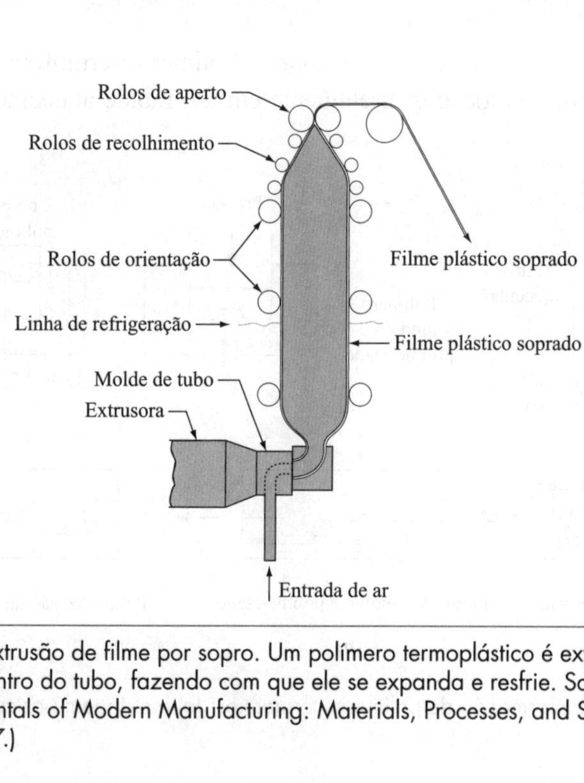

Figura 16-27 Processo de extrusão de filme por sopro. Um polímero termoplástico é extrudado para cima na forma de um tubo. O ar é soprado para dentro do tubo, fazendo com que ele se expanda e resfrie. Sacolas plásticas são produzidas dessa forma. (*Baseada em* Fundamentals of Modern Manufacturing: Materials, Processes, and Systems, *3. ed., Mikell P. Groover, John Wiley & Sons, Inc., 2007.*)

para dentro da matriz. Grande variedade de produtos, como copos, pentes, engrenagens e até cestos de lixo, pode ser produzida dessa maneira.

Termoformagem Chapas de polímero termoplástico aquecidas até a região plástica podem ser conformadas em uma matriz para produzir vários produtos, como caixas de ovos e painéis decorativos. A moldagem pode ser feita utilizando moldes duplos, a vácuo [Figura 16-25(d)] ou sob pressão de ar.

Calandragem Em uma calandra, plástico fundido é vazado em um conjunto de rolos com uma pequena abertura [Figura 16-25(e)]. Uma fina camada de polímero, geralmente policloreto de vinila, passa pelos rolos, que podem ter um padrão em alto-relevo. Dentre os produtos típicos, estão incluídos pisos de vinil e cortinas de boxes.

Fiação (*spinning*) Filamentos, fibras e fios de tecido são produzidos por fiação. O polímero termoplástico fundido é pressionado por um molde contendo pequenos furos. O molde, denominado **fieira**, pode girar e produzir fios trançados de tecido. Para alguns materiais como o náilon, a fibra pode posteriormente ser tracionada para alinhar as cadeias paralelas com o eixo da fibra. Esse processo aumenta a resistência das fibras.

Fundição Muitos polímeros podem ser vazados em moldes e solidificados neles. Os moldes podem ser de vidro para produzir grossas chapas ou de correias móveis de aço inoxidável para o vazamento contínuo de chapas mais finas. A moldagem rotativa é um processo especial de fundição, no qual o polímero fundido é vazado em um molde rotativo sobre dois eixos. A ação centrífuga força o polímero contra as paredes do molde, produzindo uma forma fina, tal como toldos.

Moldagem por compressão A maioria das moldagens dos termofixos é formada colocando-se o material sólido antes da reticulação em uma matriz aquecida [Figura 16-28 (a)]. A aplicação de alta pressão e o controle da temperatura fazem o polímero fundir, preencher o molde e endurecer. Pequenas caixas, para-lamas e painéis de automóveis podem ser produzidos por esse processo.

Moldagem por transferência Uma câmara dupla é usada na moldagem por transferência de polímeros termofixos. O polímero é aquecido sob pressão em uma câmara. Após fundido, é injetado na cavidade da matriz. Esse processo permite que algumas configurações da moldagem por injeção possam ser usadas para polímeros termofixos [Figura 16-28 (b)].

Moldagem por injeção reativa (RIM – *reaction injection molding*) Polímeros termofixos na forma de resinas líquidas são injetados em um misturador e colocados diretamente em um molde aquecido para serem conformados.

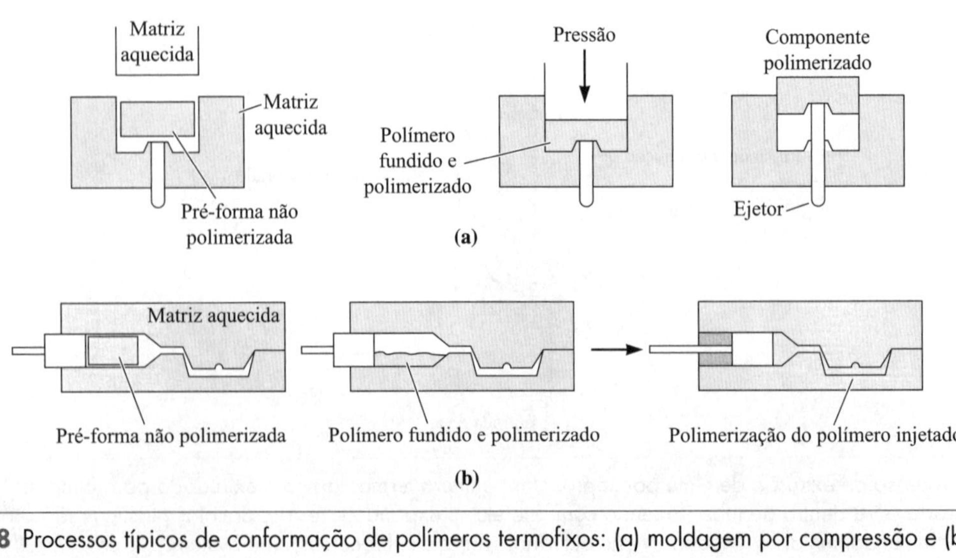

Figura 16-28 Processos típicos de conformação de polímeros termofixos: (a) moldagem por compressão e (b) moldagem por transferência.

A moldagem e a cura ocorrem simultaneamente no molde. Na moldagem por injeção reativa reforçada, um material de reforço consistindo em partículas ou fibras curtas é introduzido no molde e impregnado pelas resinas líquidas para produzir o compósito. Amortecedores de automóveis, para-lamas e móveis são feitos utilizando-se este processo.

Espumas Produtos de espuma podem ser produzidos em poliestireno, uretanos, polimetacrilato de metila, dentre outros polímeros. O polímero é produzido na forma de grânulos, frequentemente contendo um agente de expansão, como o pentano. Durante o processo de pré-expansão, os grânulos aumentam seu diâmetro em até 50 vezes. São então injetados em uma matriz, com os grânulos individuais fundindo-se uns aos outros, sob vapor, para formar produtos extremamente leves com densidade de apenas 0,02 g/cm^3. Copos de poliestireno expandido (EPS – *expandable polyestirene*), material para embalagens e isolamento são algumas das aplicações para espumas. Blocos de motores para automóveis são por vezes fabricados a partir de modelo feito com poliestireno expandido, pelo processo denominado molde cheio.

Exemplo 16-10 *Painéis isolantes para residências*

Determine um material para fabricar painéis isolantes de tamanho aproximado de 120 cm de largura por 240 cm de altura. O material deve ser bom isolante térmico. Que material você escolheria?

Solução

Os vidros tendem a ser bons isolantes de calor, entretanto, as placas de vidro são pesadas, caras e frágeis. Os componentes de polímeros são muito leves, podem ser produzidos de modo barato e ser bons isolantes térmicos. Dessa forma, pode-se usar espuma de poliestireno e o ar contido nos vazios é bastante eficiente para isolar termicamente. Para melhorar as propriedades mecânicas da espuma, a densidade deve ser elevada. Por fim, por questões de segurança, a espuma deve conter retardadores de fogo. Assim, os painéis podem ser feitos de grânulos de poliestireno expandido contendo pentano. Após serem fabricados por um processo de conformação, os painéis podem ser cortados nos tamanhos requeridos utilizando-se um fio metálico aquecido.

Reciclagem de polímeros A reciclagem de polímeros é uma questão muito importante e sua discussão aprofundada ultrapassa os objetivos deste livro. Contudo, é fundamental lembrar que a reciclagem desempenha papel crucial no dia a dia em nossas vidas. Como a composição dos polímeros é bastante diversa, há necessidade de identificar os produtos para permitir a reciclagem. A reciclagem de termoplásticos é relativamente fácil e muito praticada. Muitos produtos poliméricos do dia a dia, como sacos, garrafas de refrigerantes, recipientes para iogurtes etc., têm números estampados para a identificação. Para produtos PET, o número atribuído é 1 e usa-se a sigla PETE para evitar o emprego da marca registrada PET. Para os polímeros PEAD, vinil PEAD (símbolo de reciclagem V), PEBD, PP e PS os números são 2, 3, 4, 5 e 6, respectivamente. Outros plásticos são marcados com o número 7.

Os termofixos e elastômeros são mais difíceis de reciclar, embora ainda possam ser reutilizados. Por exemplo, os pneus podem ser retalhados e usados para fazer pisos ou leito de estradas.

Apesar do enorme esforço para aumentar a reciclagem, grande parte dos materiais encontrados nos aterros sanitários hoje em dia é feita de plásticos (a maior parte é formada por papéis). Dada a limitada reserva de petróleo, a ameaça de aquecimento global e a necessidade de um ambiente mais limpo e seguro, o uso criterioso e a reciclagem de todos os materiais deve ser um objetivo a ser perseguido.

Em um esforço para aumentar a eficiência e, consequentemente, diminuir os custos com combustível, as companhias aéreas tentam incorporar materiais mais leves e mais resistentes nos aviões. Uma das principais inovações do Boeing 787 é o uso extensivo de materiais compósitos; os compósitos são formados através da incorporação de diferentes componentes em um mesmo material, de modo que as propriedades resultantes sejam únicas e não possam ser obtidas de outra forma. Os materiais compósitos correspondem à metade do peso total do Dreamliner. A fuselagem do Boeing 787, por exemplo, é feita de polímero reforçado com fibra de carbono. As fibras de carbono transmitem resistência e rigidez ao material, enquanto a matriz epóxi conecta as fibras. (*AFP/Getty Images*)

capítulo 17

Compósitos: cooperação e sinergia em materiais

VOCÊ JÁ SE PERGUNTOU?

- Quais são alguns dos compósitos naturais existentes?
- Por que a concha de abalone,[1] feita predominantemente de carbonato de cálcio, é muito mais forte que o giz, também feito da mesma substância?
- Quais equipamentos esportivos utilizam compósitos?
- Por que o uso de compósitos vem crescendo em aeronaves e automóveis?

OBJETIVOS DE APRENDIZAGEM DO CAPÍTULO

Os principais objetivos deste capítulo são

- Explicar como os compósitos obtêm maiores rigidez, resistência à fadiga, propriedades elásticas e razão resistência-massa, em comparação com seus materiais constituintes isoladamente.
- Descrever a morfologia de compósitos particulados, reforçados com fibras e laminares.
- Utilizar a regra das misturas para calcular diversas propriedades para materiais compósitos.
- Calcular os valores do módulo elástico para compósitos reforçados por fibras para as direções paralela e perpendicular à direção das fibras.
- Descrever os processos para a fabricação de fibras e compósitos reforçados por fibras.
- Descrever os processos para a fabricação de compósitos laminares.
- Identificar as aplicações para vários tipos de compósitos.

Os compósitos são produzidos quando dois ou mais materiais (ou fases) são utilizados em conjunto para resultar em uma combinação de propriedades que não pode ser obtida de outra maneira. Materiais compósitos podem ser selecionados para resultar em combinações incomuns de rigidez, resistência mecânica, densidade, desempenho em altas temperaturas, resistência à corrosão, dureza ou condutividade. Conchas, madeira, ossos e dentes são exemplos de

[1] N.R.T.: Os abalones são moluscos da família *Haliotidae*, cuja concha é parecida com a madrepérola.

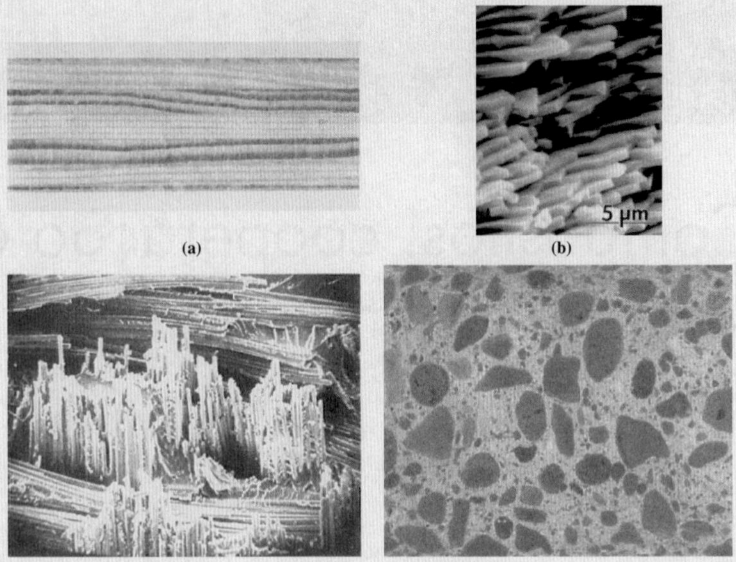

(a) (b) (c) (d)

Figura 17-1 Alguns exemplos de materiais compósitos: (a) compensado é um compósito laminar de camadas finas de madeira e adesivo; (b) concha de abalone é um compósito de plaquetas aragoníticas ($CaCO_3$-ortorrômbico) cercadas por camadas com cerca de 10 nm de espessura de uma matriz orgânica proteica (*Cortesia do professor Mehmet Sarikaya, University of Washington, Seattle.*); (c) fibra de vidro é o nome popular para um compósito formado por uma matriz polimérica macia reforçada com fibras de vidro rígidas e resistentes (aumento original de 175 ×); e (d) concreto é um compósito particulado que contém areia grossa ou brita em uma matriz de cimento (reduzido em 50%). (*Imagens (a), (c) e (d) reproduzidas por cortesia de Don Askeland.*)

compósitos que existem na natureza. As microestruturas de compósitos selecionados são apresentadas na Figura 17-1. Já o concreto reforçado com aço é um exemplo de um compósito em escala macroscópica (ou macroescala). Compósitos em microescala incluem materiais como polímeros reforçados com fibras de vidro (PRFV) ou com fibras de carbono (PRFC). Esses compósitos oferecem ganhos significativos nos valores de resistência específica, e seu emprego em aeronaves, componentes eletrônicos, equipamentos automotivos e esportivos tem aumentado bastante nas últimas décadas.

Como mencionado nos Capítulos 12 e 13, ligas endurecidas por dispersão (como os aços) ou ligas endurecidas por precipitação são exemplos de materiais tradicionais que podem ser considerados compósitos em nanoescala. Em um **nanocompósito**, a **fase dispersa** consiste em partículas em nanoescala distribuídas em uma **fase matriz**. Diversas vitrocerâmicas são compósitos em nanoescala, de diferentes fases cerâmicas. Além disso, vários materiais poliméricos também podem ser considerados compósitos. Por exemplo, o Dylark® é um compósito de copolímero estireno-anidrido maleico. Ele contém negro de fumo para aumentar a rigidez e promover proteção contra raios ultravioleta. Contém também fibras de vidro para aumentar o módulo de Young e borracha para melhorar a tenacidade. O epóxi pode ser preenchido com prata para aumentar a condutividade térmica. Alguns materiais dielétricos são feitos utilizando-se múltiplas fases de tal forma que, globalmente, as propriedades dielétricas de interesse (por exemplo, a constante dielétrica) não sejam modificadas consideravelmente com a temperatura, dentro de uma certa faixa. De modo similar, vários compósitos são preparados utilizando-se materiais magnéticos e ópticos. Alguns compósitos são formados por diferentes materiais dispostos em camadas. Isso leva ao que conhecemos como materiais ou estruturas com gradiente de funcionalidade. Por exemplo, o revestimento de uma palheta de turbina com zircônia estabilizada com ítria (YSZ – *yttria stabilized zirconia*) tem camadas intermediárias que estabelecem a união com o material da palheta de turbina. A camada de revestimento com YSZ é feita, por exemplo, pelo processo de aspersão a plasma e contém níveis controlados de porosidade que são essenciais para ampliar a resistência a altas temperaturas (Capítulo 5). Da mesma maneira, diversos tipos de revestimentos aplicados sobre vidros são exemplos de compósitos em camadas. Assim, o *conceito* empregado na definição de compósitos é bastante abrangente e pode ser aplicado em escalas macro, micro ou nanométricas.

Em compósitos, as propriedades e a fração volumétrica de cada fase são importantes. A extensão da conectividade entre fases também deve ser conhecida. Normalmente, a matriz é a fase contínua e a outra é chamada de fase dispersa. Termos como *matriz metálica* indicam um material metálico que está sendo utilizado para formar a fase contínua.

A conectividade descreve como duas ou mais fases são unidas nos compósitos, os quais são frequentemente classificados com base na forma ou natureza da fase dispersa (por exemplo, compósitos reforçados por partículas, por *whiskers*[2] ou fibras). Os ***whiskers*** são como as fibras, mas seu comprimento é muito menor. A união entre as partículas, filamentos ou fibras e a matriz é muito importante na definição das propriedades. Em compósitos estruturais, utilizam-se moléculas poliméricas como *agentes de união*. Essas moléculas formam ligações químicas com a fase dispersa, integrando-se à fase matriz (contínua).

Neste capítulo, enfocaremos, primeiro, os compósitos utilizados em aplicações estruturais ou mecânicas. Os compósitos podem ser classificados em três categorias – particulados, com fibras e laminares (Figura 17-1). Por exemplo, o concreto, uma mistura de cimento e brita, é um compósito particulado; fibra de vidro, que contém fibras de vidro numa matriz polimérica, é um compósito reforçado com fibras; e madeira compensada, com camadas alternadas de folhas de madeira, é um compósito laminar. Se as partículas de reforço estiverem homogeneamente distribuídas, os compósitos particulados terão propriedades isotrópicas; compósitos de fibras podem ser tanto isotrópicos como anisotrópicos, enquanto compósitos laminares apresentarão *sempre* comportamento anisotrópico.

17-1 Compósitos endurecidos por dispersão

Um grupo especial de nanocompósitos endurecidos por dispersão, que contêm partículas de 10 a 250 nm de diâmetro, é classificado como compósitos particulados. Esses **dispersoides**, normalmente um óxido metálico, são inseridos na matriz por outras formas que não as transformações de fase tradicionais estudadas nos Capítulos 12 e 13. Mesmo que as pequenas partículas não sejam cristalograficamente coerentes com a matriz, elas bloqueiam o movimento das discordâncias, resultando num efetivo endurecimento do material.

À temperatura ambiente, os compósitos reforçados por dispersão podem ser menos resistentes que as ligas tradicionais passíveis de envelhecimento, endurecidas por precipitados coerentes. Porém, a resistência mecânica do compósito não decai pronunciadamente com o aumento da temperatura, porque os compósitos não exibem superenvelhecimento, super-revenimento, crescimento de grão ou coalescência da fase dispersa (Figura 17-2). Além disso, sua resistência à fluência é maior que a de metais e ligas convencionais.

Para ter efeito endurecedor, o dispersoide não deve ser solúvel na matriz e não deve reagir quimicamente com ela, mas uma pequena solubilidade pode ajudar a melhorar a ligação química entre o dispersante e a matriz. O óxido de cobre (Cu_2O) se dissolve no cobre a altas temperaturas; assim, o sistema Cu_2O-Cu não seria eficaz. Por outro lado, o Al_2O_3 não é solúvel no alumínio, logo o sistema Al_2O_3-Al possibilita a formação de um material endurecido por dispersão de forma eficaz.

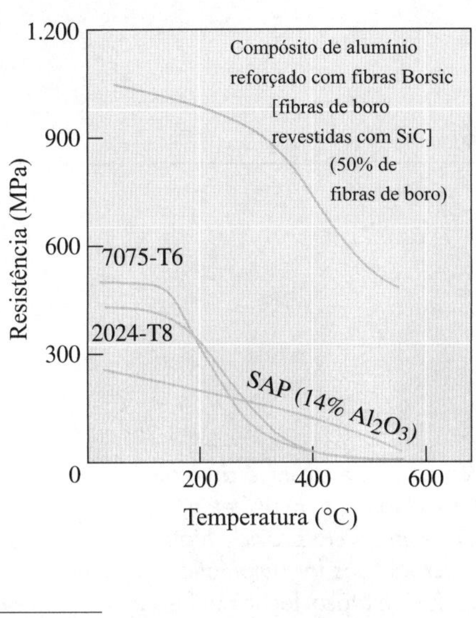

Figura 17-2 Comparação do limite de escoamento do compósito de pó de alumínio sinterizado (SAP – *sintered aluminum powder*) endurecido por dispersão com duas ligas de alumínio de alta resistência e estrutura bifásica. O compósito apresenta melhor comportamento que as ligas acima de aproximadamente 300 °C. Um compósito de alumínio reforçado com fibras é mostrado para comparação.

[2] N.R.T.: Muitos termos, como *whiskers*, são empregados comumente em inglês.

Ilustrações de compósitos endurecidos por dispersão A Tabela 17-1 lista alguns materiais de interesse. Talvez o exemplo clássico seja o compósito de pó de alumínio sinterizado (SAP – *sintered aluminum powder*). O SAP tem uma matriz de alumínio endurecida por até 14% de Al_2O_3, e o compósito é processado por metalurgia do pó. Em um dos métodos, pós de alumínio e de alumina são misturados, compactados sob altas pressões e sinterizados. Em uma segunda técnica, o pó de alumínio é tratado, para que cada partícula de pó seja revestida por um filme de óxido contínuo. Quando o pó é compactado, o filme de óxido se quebra em pequenos flocos que são envoltos pelo metal alumínio durante a sinterização.

Outro grupo importante de compósitos endurecidos por dispersão inclui metais dispersos como óxido de tório, como o chamado níquel TD (*Thoria dispersed*) (Figura 17-3). O níquel TD pode ser produzido por oxidação interna de uma liga de níquel-tório. Depois que o pó é compactado, o oxigênio se difunde na liga para reagir com o tório e produzir óxido de tório (ThO_2). O exemplo 17-1 ilustra cálculos relacionados a esse compósito.

Exemplo 17-1 *Compósito de níquel TD*

Seja 2% (fração em massa) de ThO_2 adicionado ao níquel. A densidade do ThO_2 é de 9,69 g/cm^3. Cada partícula tem um diâmetro de 1.000 Å. Quantas partículas estão presentes em cada centímetro cúbico do material?

Solução

Suponha que tenhamos 100 g do material, de modo que 2 g sejam de ThO_2 e 98 g sejam de Ni. A densidade do níquel é de 8,90 g/cm^3. A fração volumétrica do ThO_2 é:

Tabela 17-1 • Aplicações de alguns compósitos endurecidos por dispersão

Sistema	Aplicações
Ag-CdO	Materiais para contato elétrico
Al-Al_2O_3	Possível uso em reatores nucleares
Be-BeO	Aeroespacial e reatores nucleares
Co-ThO_2, Y_2O_3	Possíveis materiais magnéticos resistentes à fluência
Ni-20% Cr-ThO_2	Componentes de motores de turbina
Pb-PbO	Grades de bateria
Pt-ThO_2	Filamentos, componentes elétricos
W-ThO_2, ZrO_2	Filamentos, elementos de aquecimento

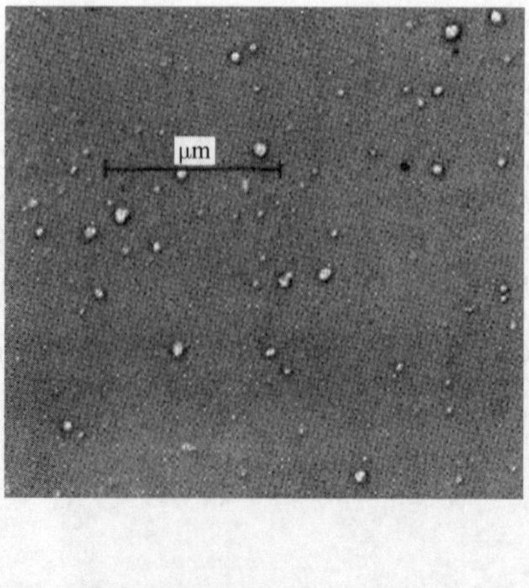

Figura 17-3 Micrografia eletrônica do níquel TD. (*Cremens, W. S.; Norris, L. F.; Weeton, J. W. "Overlay copy technique to provide high-contrast electron micrographs for automatic metallographic analysis"*. Nasa Technical Report, *Glenn Research Center, 1966.*)

$$f_{ThO_2} = \frac{\dfrac{2\ g}{9,69\ g/cm^3}}{\dfrac{2\ g}{9,69\ g/cm^3} + \dfrac{98\ g}{8,90\ g/cm^3}} = 0,0184$$

Portanto, há 0,0184 cm^3 de ThO_2 por cm^3 de compósito. O volume de cada esfera de ThO_2 é:

$$V_{ThO_2} = \tfrac{4}{3}\pi r^3 = \tfrac{4}{3}\pi(5 \times 10^{-6} cm)^3 = 5,24 \times 10^{-16} cm^3$$

$$\text{Concentração de partículas de } ThO_2 = \frac{0,0184}{5,24 \times 10^{-16}} = 3,51 \times 10^{13} \text{ partículas por } cm^3$$

17-2 Compósitos particulados

Os compósitos particulados são projetados para produzir combinações incomuns de propriedades, em vez de apenas aumentar a resistência. Em geral, contêm grandes quantidades de partículas grossas que não impedem o deslizamento de discordâncias de modo eficaz.

Regra das misturas Certas propriedades de um compósito particulado dependem apenas das quantidades relativas e das propriedades dos constituintes individuais. A **regra das misturas** pode predizer precisamente essas propriedades. Por exemplo, a massa específica de um compósito particulado é

$$\rho_c = \Sigma(f_i\rho_i) = f_1\rho_1 + f_2\rho_2 + \ldots + f_n\rho_n \tag{17-1}$$

em que ρ_c é a massa específica do compósito, $\rho_1, \rho_2, \ldots, \rho_n$ são as massas específicas de cada constituinte no compósito e $f_1, f_2, \ldots, f_n$ são as frações volumétricas de cada constituinte. Observe que a conectividade das diferentes fases (isto é, como a fase dispersa está organizada em relação à fase contínua) é muito importante para várias propriedades.

Carbetos cimentados **Carbetos cimentados** ou **cermetos** (*cerâmica + metal*) contêm partículas duras de cerâmica dispersas em uma matriz metálica. Insertos de carbeto de tungstênio para ferramentas de corte em operações de usinagem são típicos desse grupo. O carbeto de tungstênio (WC) é uma cerâmica dura, rígida e com alta temperatura de fusão. Para melhorar a tenacidade, as partículas de carbeto de tungstênio são combinadas com pó de cobalto e prensadas. Os compactados são aquecidos acima da temperatura de fusão do cobalto. O cobalto líquido envolve cada uma das partículas do carbeto de tungstênio sólido (Figura 17-4). Após a solidificação, o cobalto serve como agente aglutinante para o carbeto de tungstênio e responde por uma boa resistência ao impacto. Outros carbetos, como o TaC e o TiC, também podem ser incluídos no cermeto. O exemplo a seguir ilustra o cálculo da massa específica do carbeto cimentado.

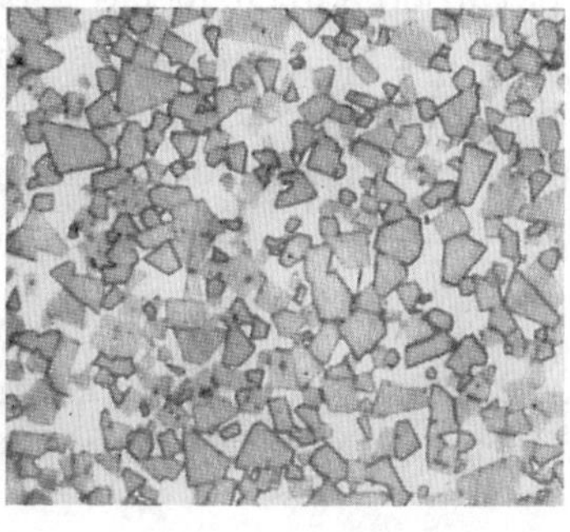

Figura 17-4 Microestrutura do cermeto carbeto de tungstênio com 20% de cobalto (aumento original de 1.300 ×). (*Imagem extraída de* ASM Handbook, *v. 7, 1972,* ASM International, Materials Park, OH 44073-0002. *Reproduzida com permissão da* ASM International.® *Todos os direitos reservados, www.asminternational.org).*

Exemplo 17-2 *Carbetos cimentados*

Uma ferramenta de corte de carbeto cimentado utilizada para usinagem contém 75% de WC, 15% de TiC, 5% de TaC e 5% de Co (fração em massa). Calcule a massa específica do compósito.

Solução

Primeiro, devemos converter as porcentagens de massa em frações volumétricas. As massas específicas dos componentes do compósito são:

$$\rho_{WC} = 15{,}77 \text{ g/cm}^3 \qquad \rho_{TiC} = 4{,}94 \text{ g/cm}^3$$
$$\rho_{TaC} = 14{,}5 \text{ g/cm}^3 \qquad \rho_{Co} = 8{,}83 \text{ g/cm}^3$$

$$f_{WC} = \frac{75/15{,}77}{75/15{,}77 + 15/4{,}94 + 5/14{,}5 + 5/8{,}83} = \frac{4{,}76}{8{,}70} = 0{,}546$$

$$f_{TiC} = \frac{15/4{,}94}{8{,}70} = 0{,}349$$

$$f_{TaC} = \frac{5/14{,}5}{8{,}70} = 0{,}040$$

$$f_{Co} = \frac{5/8{,}83}{8{,}70} = 0{,}065$$

Com base na regra das misturas, a massa específica do compósito é

$$\rho_c = \Sigma(f_i\rho_i) = (0{,}546)(15{,}77) + (0{,}349)(4{,}94) + (0{,}040)(14{,}5) + (0{,}065)(8{,}83)$$
$$= 11{,}5 \text{ g/cm}^3$$

Abrasivos Rebolos de esmeril e de corte são formados por alumina (Al_2O_3), carbeto de silício (SiC) e nitreto de boro cúbico. Para garantir tenacidade, as partículas abrasivas são unidas por uma matriz de vidro ou de polímero. Abrasivos de diamante são normalmente introduzidos numa matriz metálica. Conforme as partículas duras se desgastam, elas se rompem ou são extraídas da matriz, expondo novas superfícies de corte.

Contatos elétricos Materiais utilizados para contatos elétricos em comutadores e relés devem ter uma boa combinação de resistência ao desgaste e condutividade elétrica. Caso contrário, o contato se desgasta, causando mau contato e faíscas. A prata reforçada com tungstênio fornece essa combinação de características. Um compactado de pó de tungstênio com elevada porosidade interconectada é produzido utilizando-se processos convencionais da metalurgia do pó (Figura 17-5). A prata líquida é então infiltrada a vácuo para preencher os espaços vazios interconectados. Tanto a prata como o tungstênio são contínuos no material. Assim, a prata conduz de forma eficaz a corrente elétrica enquanto o tungstênio duro responde pela resistência contra o desgaste.

Exemplo 17-3 *Compósito de prata-tungstênio*

Um compósito de prata-tungstênio para um contato elétrico é produzido primeiramente fazendo-se um compactado poroso de pó de tungstênio por metalurgia do pó e, em seguida, prata pura é infiltrada nos poros. A massa específica do compactado de tungstênio antes da infiltração é de 14,5 g/cm³. Calcule a fração volumétrica da porosidade e a fração em massa final de prata no compactado após a infiltração.

Solução

As massas específicas do tungstênio puro f_w e da prata pura f_{Ag} são de 19,25 g/cm³ e 10,49 g/cm³, respectivamente. Podemos assumir que a massa específica de um poro é zero, então, com base na regra das misturas:

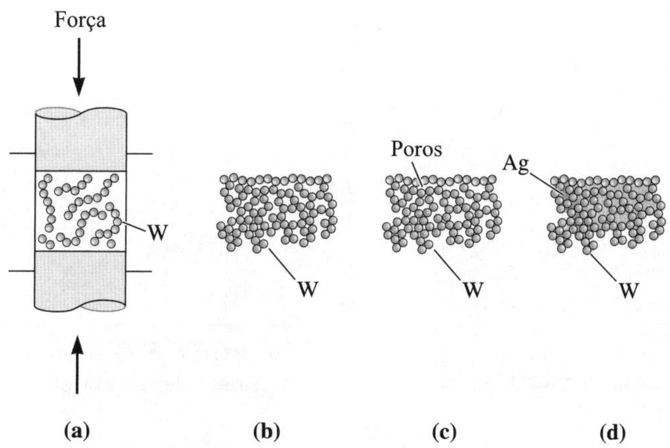

Figura 17-5 As etapas na produção de um compósito de prata-tungstênio para aplicações elétricas: (a) o pó de tungstênio é prensado, (b) um compactado de baixa massa específica é produzido, (c) a sinterização une as partículas de pó e diminui a porosidade e (d) a prata líquida é infiltrada nos poros existentes entre as partículas.

$$\rho_c = f_W \rho_W + f_{poro} \rho_{poro}$$
$$14{,}5 \text{ g/cm}^3 = f_W(19{,}25 \text{ g/cm}^3) + f_{poro}(0)$$
$$f_W = 0{,}75$$
$$f_{poro} = 1 - 0{,}75 = 0{,}25$$

Após a infiltração, a fração de volume da prata se iguala à fração de volume dos poros:

$$f_{Ag} = f_{poro} = 0{,}25$$

Assumindo um volume de 1 cm^3 do material

$$\text{wt\% Ag} = \frac{(0{,}25 \text{ cm}^3)(10{,}49 \text{ g/cm}^3)}{(0{,}25 \text{ cm}^3)(10{,}49 \text{ g/cm}^3) + (0{,}75 \text{ cm}^3)(19{,}25 \text{ g/cm}^3)} \times 100 = 15\%$$

Esta solução admite que todos os poros estão abertos ou interconectados.

Polímeros Vários polímeros de engenharia que contêm aditivos e extensores são compósitos particulados. Um exemplo clássico é o negro de fumo na borracha vulcanizada. O negro de fumo consiste em pequenos esferoides de carbono com somente de 5 a 500 nm de diâmetro. O negro de fumo melhora as seguintes propriedades da borracha: resistência mecânica, rigidez, dureza e resistências ao desgaste, à degradação causada por raios ultravioleta e ao calor. Nanopartículas de sílica são adicionadas também aos pneus de borracha para aumentar sua rigidez.

Extensores como carbonato de cálcio ($CaCO_3$), esferas de vidro sólidas e várias argilas são adicionados com o intuito de reduzir a quantidade do polímero (mais caro) requerida. Os extensores podem tornar o polímero mais rígido, aumentar sua dureza e a resistência contra o desgaste, aumentar a condutividade térmica ou melhorar a resistência à fluência. Porém, o limite de resistência e a ductilidade normalmente diminuem (Figura 17-6). Introduzindo-se esferas ocas de vidro, pode-se obter as mesmas alterações de propriedades enquanto a massa do compósito diminui significativamente. Outras propriedades especiais podem ser obtidas: partículas de elastômero são introduzidas nos polímeros para melhorar a tenacidade; ao polietileno podem ser adicionados pós metálicos, como o chumbo, para aumentar a absorção dos produtos de fissão em aplicações nucleares. O projeto de um compósito polimérico é ilustrado no exemplo a seguir.

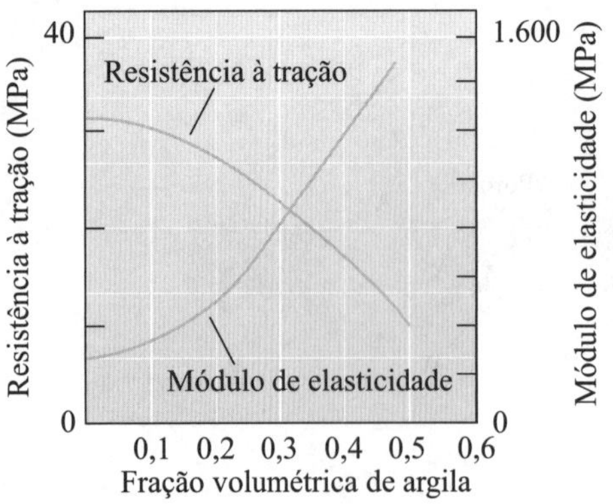

Figura 17-6 O efeito da argila nas propriedades do polietileno.

Exemplo 17-4 *Projeto de um compósito particulado*

Elabore um compósito de polietileno-argila adequado para moldagem por injeção de componentes de baixo custo. A peça final deve ter uma resistência à tração de pelo menos 21 MPa e um módulo de elasticidade de pelo menos 552 MPa. O polietileno custa, aproximadamente, US$ 1,10/kg, e a argila custa, aproximadamente, US$ 0,1/kg. A massa específica do polietileno é de 0,95 g/cm³ e a da argila é de 2,4 g/cm³.

Solução

Com base na Figura 17-6, uma fração volumétrica de argila abaixo de 0,35 é requerida para manter uma resistência à tração maior que 21 MPa, enquanto uma fração volumétrica igual ou maior que 0,2 é necessária para atender ao requisito do módulo de elasticidade. Para minimizar o custo, utilizaremos o máximo admissível de argila, ou seja, uma fração volumétrica de 0,35.

Em 1.000 cm³ das partes do compósito, há 350 cm³ de argila e 650 cm³ de polietileno no compósito ou:

$$(350 \text{ cm}^3)(2{,}4 \text{ g/cm}^3) = 840 \text{ g de argila}$$
$$(650 \text{ cm}^3)(0{,}95 \text{ g/cm}^3) = 617{,}50 \text{ g de polietileno}$$

O custo dos materiais é:

$$(840 \text{ g de argila})(\text{US\$ } 0{,}1/\text{kg}) = \text{US\$ } 0{,}084$$
$$(617{,}50 \text{ g de polietileno})(\text{US\$ } 1{,}1/\text{kg}) = \text{US\$ } 0{,}68$$
$$\text{Total} = \text{US\$ } 0{,}764 \text{ por } 1.000 \text{ cm}^3$$

Suponha que o peso seja crítico. A massa específica do compósito é:

$$\rho_c = (0{,}35)(2{,}4 \text{ g/cm}^3) + (0{,}65)(0{,}95 \text{ g/cm}^3) = 1{,}46 \text{ g/cm}^3$$

Talvez seja preferível minimizar a massa do compósito, em vez de minimizar o custo. Se utilizarmos somente 0,2 da fração do volume de argila, então (utilizando o mesmo método acima) descobriremos que será necessário 480 g de argila e 760 g de polietileno. O custo dos materiais agora é:

$$(480 \text{ g de argila})(\text{US\$ } 0{,}1/\text{kg}) = \text{US\$ } 0{,}048$$
$$(760 \text{ g de PE})(\text{US\$ } 1{,}1/\text{kg}) = \text{US\$ } 0{,}836$$
$$\text{Total} = \text{US\$ } 0{,}88 \text{ por } 1.000 \text{ cm}^3$$

A massa específica do compósito é:

$$\rho_c = (0{,}2)\,(2{,}4 \text{ g/cm}^3) + (0{,}8)\,(0{,}95 \text{ g/cm}^3) = 1{,}24 \text{ g/cm}^3$$

O material custa aproximadamente 15% a mais, mas a economia na massa é superior a 15%.

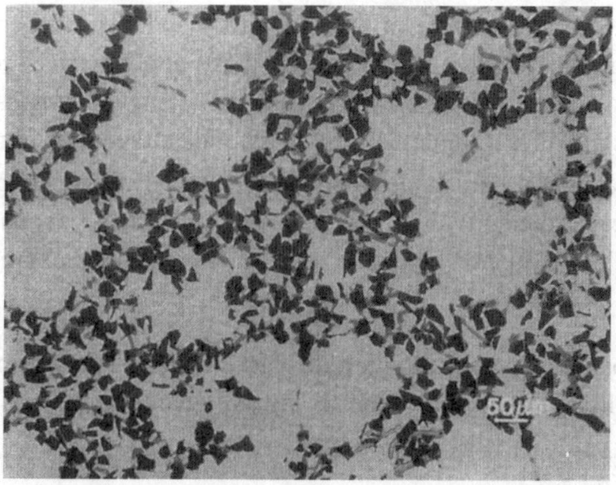

Figura 17-7 Microestrutura de liga de alumínio fundida reforçada com partículas de carbeto de silício com volume de 20%. (*Extraído de DAS, S. K. et al.* High performance composites for the 1990's. *In: TMS Northeast Regional Symposium. Promovido por TMS-New Jersey Chapter. Morristown, New Jersey, 6-8 June, 1990. Copyright © 1991de The Minerals, Metals & Materials Society. Reimpresso com permissão.*)

Compósitos particulados de ligas fundidas Componentes de alumínio que contêm partículas de SiC dispersas para aplicações automotivas, incluindo pistões e bielas, representam importante aplicação comercial para os compósitos particulados (Figura 17-7). Com processamento especial, as partículas de SiC podem ser molhadas pelo líquido, evitando a segregação da fase cerâmica por diferença de massa específica (as partículas cerâmicas tenderiam a se concentrar na parte inferior da peça).

17-3 Compósitos reforçados com fibras

A maioria dos compósitos reforçados com fibras apresenta maiores limites de resistência; resistência à fadiga, módulo de Young e resistência específica ao incorporar fibras mecanicamente resistentes, mas frágeis, em uma matriz com menor massa específica e mais dúctil. O material da matriz transmite as tensões às fibras, que resistem à força aplicada. A matriz também protege as fibras, minimizando a difusão de espécies, como oxigênio ou umidade, que podem degradar as propriedades mecânicas delas. Com isso, a resistência do compósito pode ser elevada tanto em temperatura ambiente como em altas temperaturas (Figura 17-2).

Vários tipos de materiais de reforço são empregados. A palha (ou fibras vegetais como o bambu) tem sido utilizada para reforçar tijolos de barro por séculos. Barras de reforço de aço são introduzidas em estruturas de concreto. Fibras de vidro em uma matriz polimérica produzem um compósito popularmente conhecido como *fibra de vidro* e largamente empregado em automóveis e aeronaves. As fibras feitas de boro, carbono, polímeros (por exemplo, aramidas, Capítulo 16) e cerâmicas oferecem reforços excepcionais em compósitos avançados, que têm como base matrizes poliméricas, metálicas, cerâmicas e até mesmo feitas de compostos intermetálicos.

Regra das misturas em compósitos reforçados com fibras Assim como para os compósitos particulados, a regra das misturas sempre prediz a massa específica dos compósitos reforçados com fibras.

$$\rho_c = f_m \rho_m + f_f \rho_f \tag{17-2}$$

em que os subscritos *m* e *f* referem-se à matriz e à fibra, respectivamente. Observe que $f_m = 1 - f_f$.

Além disso, a regra das misturas prediz precisamente a condutividade elétrica e térmica dos compósitos reforçados com fibras ao longo da direção da fibra se as fibras são *contínuas* e *unidirecionais*:

$$k_c = f_m k_m + f_f k_f \tag{17-3}$$

$$\sigma_c = f_m \sigma_m + f_f \sigma_f \tag{17-4}$$

em que k é a condutividade térmica e σ é a condutividade elétrica. A energia térmica ou elétrica pode ser transferida através do compósito a uma taxa proporcional à fração volumétrica do material condutor. Em um compósito com uma matriz metálica e fibras cerâmicas, o volume de energia seria transferido através da matriz; em um compósito que consiste em uma matriz polimérica que contém fibras metálicas, a energia seria transferida através das fibras.

Quando as fibras não são contínuas ou unidirecionais, a regra das misturas não pode ser aplicada. Por exemplo, em um compósito de matriz polimérica com fibras metálicas, a condutividade elétrica poderia ser baixa e dependeria do comprimento das fibras, da fração de volume das fibras e do grau de contato entre as fibras. Isso é expresso utilizando-se o conceito de conectividade das fases.

Módulo de elasticidade A regra das misturas é utilizada para predizer os módulos de elasticidade quando as fibras são contínuas e unidirecionais. Paralelo às fibras, o módulo de elasticidade pode ser tão alto quanto:

$$E_{c,\parallel} = f_m E_m + f_f E_f \tag{17-5}$$

Quando a tensão aplicada é muito elevada, a matriz começa a se deformar, e a curva tensão-deformação deixa de ser linear (Figura 17-8). Uma vez que a matriz agora contribui pouco para a rigidez do compósito, os módulos podem ser aproximados por:

$$E_{c,\parallel} = f_f E_f \tag{17-6}$$

Quando a carga é aplicada de forma perpendicular às fibras, cada componente do compósito age independentemente do outro. O módulo do compósito será:

$$\frac{1}{E_{c,\perp}} = \frac{f_m}{E_m} + \frac{f_f}{E_f} \tag{17-7}$$

Os exemplos a seguir ilustram bem esses conceitos.

Exemplo 17-5 *Regra das misturas para compósitos: tensão paralela às fibras*

Deduza a regra das misturas (Equação 17-5) para o módulo de elasticidade de um compósito reforçado com fibras, quando uma tensão (σ) é aplicada ao longo do eixo das fibras.

Solução

A carga total atuando no compósito é a soma das cargas sustentadas por cada constituinte:

$$F_c = F_m + F_f$$

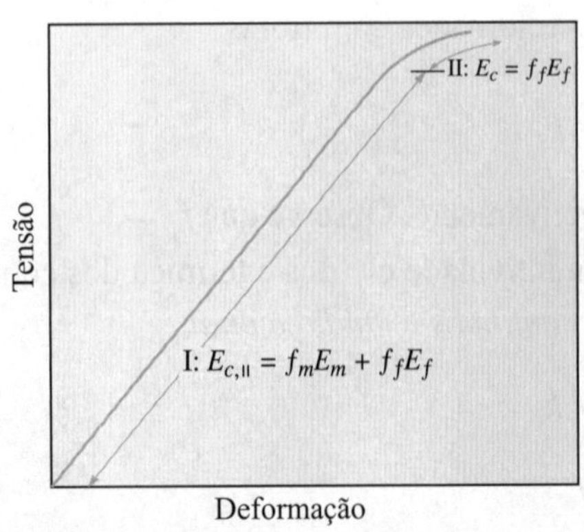

Figura 17-8 Curva tensão-deformação para um compósito reforçado com fibras. Sob baixas tensões (região I), o módulo de elasticidade segue a regra das misturas. Com tensões mais altas (região II), a matriz se deforma e a regra das misturas não é mais obedecida.

Visto que $F = \sigma A$, em que A é a área transversal:

$$\sigma_c A_c = \sigma_m A_m + \sigma_f A_f$$

$$\sigma_c = \sigma_m \left(\frac{A_m}{A_c}\right) + \sigma_f \left(\frac{A_f}{A_c}\right)$$

Se as fibras tiverem uma seção transversal uniforme, a fração da área se igualará à fração volumétrica f:

$$\sigma_c = \sigma_m f_m + \sigma_f f_f$$

Da lei de Hooke, $\sigma = \varepsilon E$. Consequentemente:

$$E_{c,\|}\varepsilon_c = E_m \varepsilon_m f_m + E_f \varepsilon_f f_f$$

Se as fibras estiverem rigidamente unidas à matriz, tanto as fibras como a matriz deverão alongar-se em porções iguais (condições de isodeformação):

$$\varepsilon_c = \varepsilon_m = \varepsilon_f$$

$$E_{c,\|} = f_m E_m + f_f E_f$$

Exemplo 17-6 *Módulo de elasticidade para compósitos: tensão perpendicular às fibras*

Deduza a equação para o módulo de elasticidade de um compósito reforçado com fibras, quando uma tensão é aplicada perpendicularmente ao eixo da fibra (Equação 17-7).

Solução

Neste exemplo, as deformações não são mais iguais: ao contrário, a soma ponderada das deformações em cada componente iguala a deformação total no compósito, ao passo que as tensões em cada componente são iguais (condições de isotensão):

$$\varepsilon_c = f_m \varepsilon_m + f_f \varepsilon_f$$

$$\frac{\sigma_c}{E_{c,\perp}} = f_m \left(\frac{\sigma_m}{E_m}\right) + f_f \left(\frac{\sigma_f}{E_f}\right)$$

Visto que $\sigma_c = \sigma_m = \sigma_f$:

$$\frac{1}{E_{c,\perp}} = \frac{f_m}{E_m} + \frac{f_f}{E_f}$$

Exemplo 17-7 *Compósitos de boro-alumínio*

Alumínio reforçado com 40% (fração volumétrica) de fibras de boro revestidas com SiC (também denominadas Borsic) é um material compósito importante de baixo peso para aplicações em altas temperaturas. Calcule a massa específica, o módulo de elasticidade e a resistência à tração paralela ao eixo da fibra. Determine também o módulo de elasticidade perpendicular às fibras.

Solução

As propriedades dos componentes individuais são apresentadas abaixo.

Material	Massa específica ρ (g/cm³)	Módulo de elasticidade *E* (MPa)	Resistência à tração *RT* (MPa)
Fibras	2,36	379 x 10³	2.760
Alumínio	2,70	69 x 10³	35

Com base na regra das misturas:

$$\rho_c = (0{,}6)(2{,}70 \text{ g/cm}^3) + (0{,}4)(2{,}36 \text{ g/cm}^3) = 2{,}56 \text{ g/cm}^3$$

$$E_{c,\|} = (0{,}6)(69 \times 10^3) + (0{,}4)(379 \times 10^3) = 193 \times 10^3 \text{ MPa}$$

$$RT_c = (0{,}6)(35 \text{ MPa}) + (0{,}4)(2.760 \text{ MPa}) = 1.125 \text{ MPa}$$

Note que o cálculo de tensão de escoamento é somente uma aproximação.

Perpendicular às fibras:

$$\frac{1}{E_{c,\perp}} = \frac{0{,}6}{69 \times 10^3} + \frac{0{,}4}{379 \times 10^3} = 0{,}00976 \times 10^{-3}$$

$$E_{c,\perp} = 102{,}5 \times 10^3 \text{MPa}$$

O módulo e a resistência reais paralelos às fibras são mostrados na Figura 17-9. O módulo de elasticidade calculado (193 $\times$ 10³ MPa) é exatamente o mesmo que o módulo medido. Porém, a resistência estimada (1.125 MPa) é substancialmente maior que a resistência real (aproximadamente 896 MPa). Também observamos que o módulo de elasticidade é muito anisotrópico, sendo o módulo perpendicular às fibras somente metade do módulo paralelo às fibras.

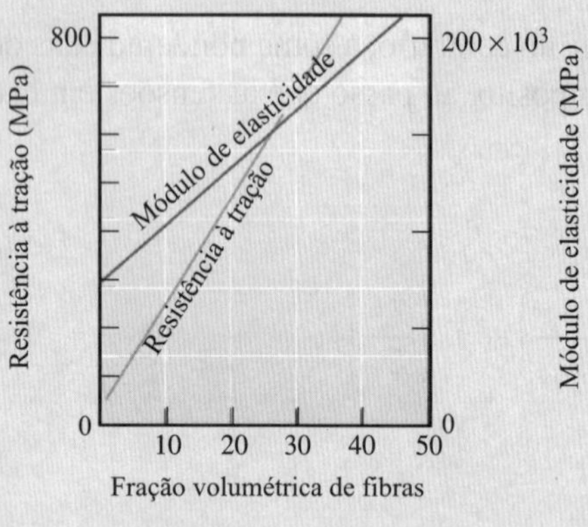

Figura 17-9 Propriedades mecânicas (paralelas ao eixo das fibras) de um compósito de alumínio reforçado com fibras de boro revestidas com SiC (Borsic) em função da fração volumétrica das fibras (para o Exemplo 17-7).

Exemplo 17-8 *Compósitos de fibras de vidro e náilon*

Fibras de vidro reforçam o náilon. Se o náilon contém 30% (fração volumétrica) do vidro-E (*E-glass*), qual é a fração da carga aplicada sustentada pelas fibras de vidro?

Solução

O módulo de elasticidade para cada componente do compósito é:

$$E_{\text{vidro}} = 72{,}4 \times 10^3 \text{ MPa} \qquad E_{\text{náilon}} = 2{,}8 \times 10^3 \text{ MPa}$$

Se a união matriz-fibras for adequada, tanto o náilon como as fibras de vidro terão deformação igual, então:

$$\varepsilon_c = \varepsilon_m = \varepsilon_f$$

$$\varepsilon_m = \frac{\sigma_m}{E_m} = \varepsilon_f = \frac{\sigma_f}{E_f}$$

$$\frac{\sigma_f}{\sigma_m} = \frac{E_f}{E_m} = \frac{72,4 \times 10^3 \text{MPa}}{2,8 \times 10^3} = 25,86$$

Assim, a fração de força suportada pelas fibras é

$$\text{Fração} = \frac{F_f}{F_f + F_m} = \frac{\sigma_f A_f}{\sigma_f A_f + \sigma_m A_m} = \frac{\sigma_f(0,3)}{\sigma_f(0,3) + \sigma_m(0,7)}$$

$$= \frac{0,3}{0,3 + 0,7(\sigma_m/\sigma_f)} = \frac{0,3}{0,3 + 0,7(1/25,86)} = 0,92$$

em que F_f é a força aplicada pelas fibras e F_m é a força aplicada pela matriz.

Praticamente toda a carga é sustentada pelas fibras de vidro.

17-4 Características dos compósitos reforçados com fibras

Vários fatores devem ser considerados ao projetar um compósito reforçado com fibras, incluindo: comprimento, diâmetro, orientação, quantidade e propriedades das fibras; as propriedades da matriz; e a união entre as fibras e a matriz.

Comprimento e diâmetro da fibra As fibras podem ser curtas, longas ou mesmo contínuas. Suas dimensões são frequentemente caracterizadas pela **razão de aspecto** l/d, em que l é o comprimento da fibra e d, o diâmetro. Normalmente as fibras têm diâmetros que variam de 10 μm (10×10^{-4} cm) a 150 μm (150×10^{-4} cm).

A resistência mecânica de um compósito aumenta quando a razão de aspecto é elevada. As fibras em geral trincam por causa de imperfeições na superfície. Sendo o diâmetro o menor possível, menor área de superfície terá cada fibra e, consequentemente, haverá menos falhas que poderão propagar-se durante o processamento ou quando estiverem sob carga. Fibras longas também são preferíveis. As extremidades de uma fibra sustentam menos carga que o restante dela, por conseguinte, quanto maior o comprimento, maior a capacidade de sustentação de carga das fibras (Figura 17-10).

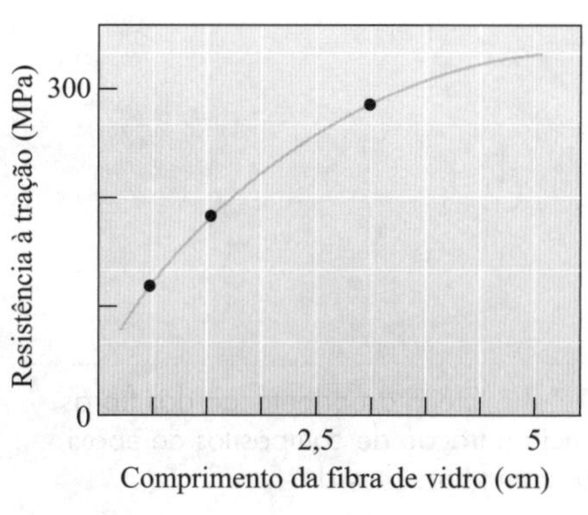

Figura 17-10 Aumentando o comprimento de fibras curtas de vidro-E em uma matriz de epóxi, aumenta-se a resistência do compósito. Nesse exemplo, a fração volumétrica das fibras de vidro é de aproximadamente 0,5.

Em vários sistemas reforçados com fibras, fibras descontínuas com uma razão de aspecto maior que um dado valor crítico são utilizadas para obter um compromisso aceitável entre a facilidade do processamento e as propriedades requeridas. Um comprimento de fibras crítico l_c, para um dado diâmetro de fibras d, pode ser determinado:

$$l_c = \frac{LR_f d}{2\tau_i} \tag{17-8}$$

em que LR_f é a resistência da fibra e τ_i está relacionada à resistência da união entre as fibras e a matriz ou à tensão na qual a matriz começa a se deformar. Se o comprimento da fibra l é menor que l_c, pode-se observar um pequeno efeito de reforço. Se l é maior que aproximadamente $15l_c$, a fibra se comporta praticamente como se fosse contínua. A resistência do compósito pode ser estimada a partir de

$$\sigma_c = f_f LR_f \left(1 - \frac{l_c}{2l}\right) + f_m \sigma_m \tag{17-9}$$

em que σ_m é a tensão na matriz quando as fibras se quebram.

Quantidade de fibras Uma grande fração volumétrica de fibras aumenta a resistência e a rigidez do compósito, como é de esperar da regra das misturas. A fração volumétrica máxima é de aproximadamente 80%; além dessa quantidade, as fibras não podem mais ser completamente envoltas pela matriz.

Orientação das fibras As fibras de reforço podem ser introduzidas na matriz com diversas orientações. Fibras curtas orientadas aleatoriamente e com razão de aspecto pequeno – típica de *fibras de vidro* – são facilmente introduzidas na matriz e resultam em comportamento relativamente isotrópico no compósito.

Disposições de fibras unidirecionais, longas ou mesmo contínuas produzem propriedades anisotrópicas, particularmente com boa resistência mecânica e rigidez paralelas às fibras. Essas fibras são frequentemente designadas como "0°", indicando que todas as fibras estão alinhadas com a direção da tensão aplicada. No entanto, orientações unidirecionais resultam em baixas propriedades se a carga for perpendicular às fibras (Figura 17-11).

Uma das características exclusivas de compósitos reforçados com fibras é a de que suas propriedades podem ser adaptadas para satisfazer diferentes tipos de carregamentos. Fibras longas e contínuas podem ser dispostas em várias

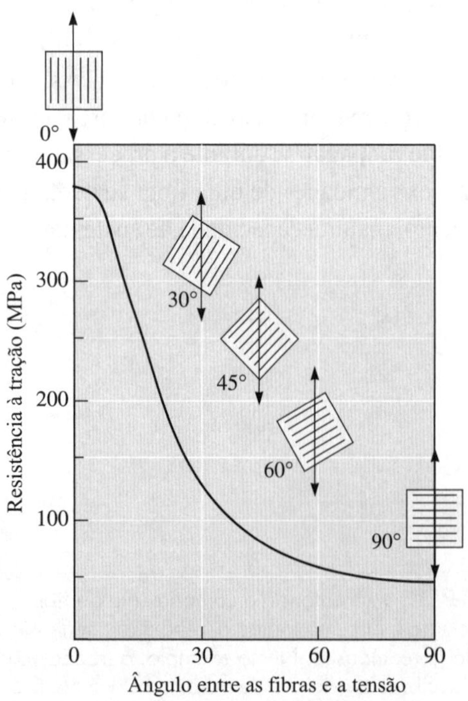

Figura 17-11 Efeito da orientação das fibras na resistência à tração de compósitos de epóxi reforçados com fibras de vidro-E.

direções dentro da matriz (Figura 17-12). Em arranjos ortogonais (0°/90°), a resistência mecânica elevada é obtida em duas direções perpendiculares. Arranjos mais complexos (0°/±45°/90°) fornecem reforço em múltiplas direções.

As fibras também podem ser dispostas em arranjos tridimensionais. Mesmo na trama de têxteis mais simples, as fibras em cada camada individual têm um pequeno grau de orientação em uma terceira direção (a espessura da trama). O melhor reforço tridimensional ocorre quando as camadas dos têxteis são entrelaçadas ou unidas. Tramas tridimensionais mais complexas (Figura 17-13) também podem ser utilizadas.

Propriedades das fibras Na maioria dos compósitos reforçados com fibras, estas são resistentes, rígidas e leves. Se o compósito for utilizado em temperaturas elevadas, a fibra também deverá ter temperatura de fusão elevada. Assim, a **resistência específica** e o **módulo específico** das fibras são características importantes:

$$\text{Resistência específica} = \frac{LR}{\rho} \qquad (17\text{-}10)$$

$$\text{Módulo específico} = \frac{E}{\rho} \qquad (17\text{-}11)$$

em que LR é o limite de resistência à tração, ρ é a massa específica e E é o módulo de elasticidade. Se o compósito tiver de ser utilizado a temperaturas elevadas, a fibra também deverá ter alta temperatura de fusão.

As propriedades de fibras típicas usadas em compósitos são exibidas na Tabela 17-2 e na Figura 17-14. Note que, na Tabela 17-2, a unidade da massa específica é g/cm³. Além disso, note que $1\,\frac{g}{cm^3} = 0{,}0361\frac{lb}{pol^3}$. O módulo

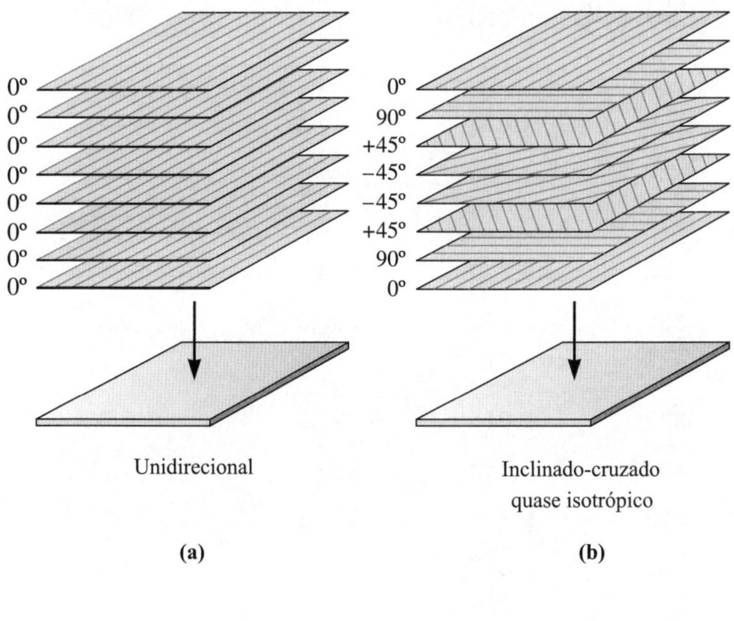

Figura 17-12 (a) Fitas que contêm fibras alinhadas podem ser unidas para produzir uma estrutura de compósito unidirecional com várias camadas. (b) Fitas que contêm fibras alinhadas podem ser unidas com orientações diferentes para produzir um compósito quase isotrópico. Nesse caso, um compósito 0°/±45°/90° é formado.

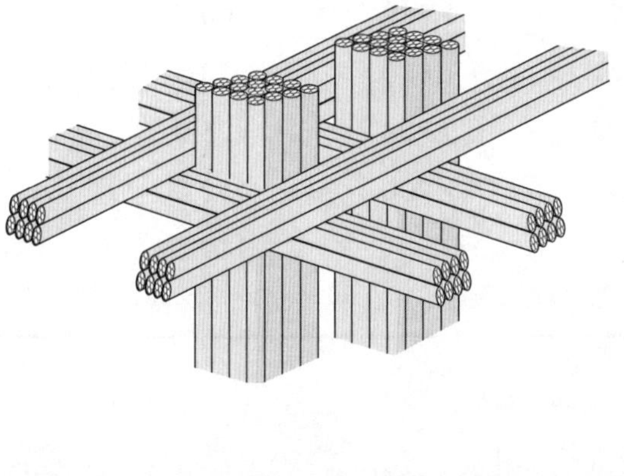

Figura 17-13 Trama tridimensional para compósitos reforçados com fibras.

específico mais alto é normalmente encontrado em materiais com número atômico baixo e ligação covalente, como o carbono e o boro. Esses dois elementos também têm resistência e temperatura de fusão altas.

Fibras de aramida, das quais as fibras Kevlar® são o melhor exemplo conhecido, são polímeros de poliamida aromáticos reforçados por uma espinha dorsal (*backbone*) contendo anéis benzênicos (Figura 17-15). São exemplos de polímeros de cristal líquido em que as cadeias de polímeros são muito rígidas. Fibras de polietileno especialmente preparadas também estão disponíveis. Tanto as fibras de aramida como as de polietileno têm resistência

Tabela 17-2 • Propriedades de materiais de reforço

Material	Massa específica P (g/cm³)	Limite de resistência à tração LR (MPa)	Módulo de elasticidade *E* (x 10³ MPa)	Temperatura de fusão (°C)	Módulo específico (x 10⁷ cm)	Resistência específica (x 10⁶ cm)
Polímeros						
Kevlar®	1,44	4.480	124	500	86,8	31,3
Náilon	1,14	83	3,5	249	2,5	7,3
Polietileno	0,97	3.310	172	147	17,8	34,3
Metais						
Be	1,85	1.280	287	1.290	165	7,0
B	2,36	3.450	379	2.076	161,8	11,8
W	19,25	4.000	407	3.410	21,3	2,0
Vidros						
Vidro-E	2,55	3.450	72,4	<1.725	28,5	14,0
Vidro-S	2,50	4.480	86,9	<1.725	35,0	18,0
Carbono						
Alta resistência	1,75	5.650	276	3.700	158,8	32,5
Alto módulo	1,90	1.860	531	3.700	280,0	9,8
Cerâmicas						
Al_2O_3	3,95	2.070	379	2.015	97,0	5,3
B_4C	2,36	2.280	483	2.450	206,0	9,8
SiC	3.00	3.930	483	2.700	118,3	13,3
ZrO_2	4.84	2.070	345	2.677	71,5	4,3
Whiskers						
Al_2O_3	3,96	20.700	428	1.982	108,5	52,5
Cr	7,20	8.900	241	1.890	33,5	12,3
Grafita	1,66	20.700	703	3.700	425,0	125,5
SiC	3,18	20.700	483	2.700	152,0	65,5
Si_3N_4	3,18	13.800	379		119,5	43,8

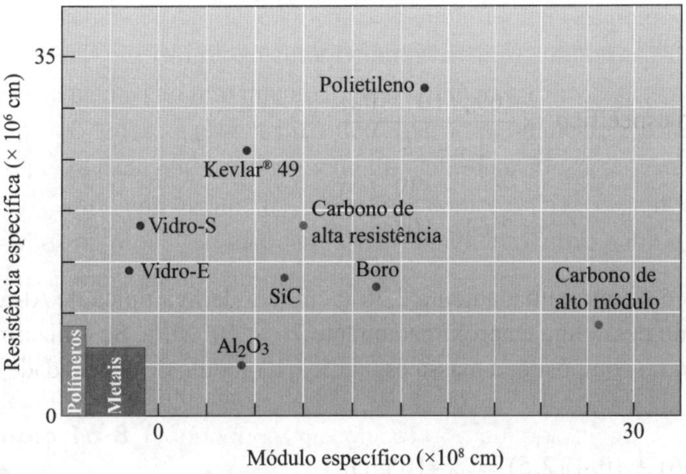

Figura 17-14 Comparação da resistência específica e do módulo específico de algumas fibras usadas em compósitos com metais e polímeros.

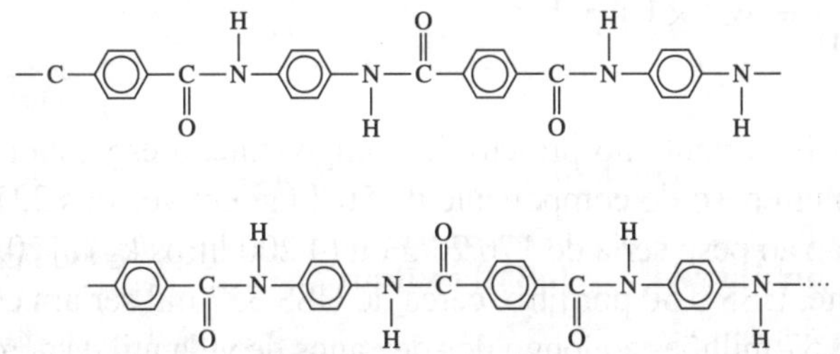

Figura 17-15 A estrutura do Kevlar®. As fibras são unidas por ligações secundárias entre átomos de oxigênio e hidrogênio de cadeias adjacentes.

e rigidez excelentes, mas estão limitadas à utilização em baixas temperaturas. Por causa de sua baixa massa específica, as fibras de polietileno têm resistência e módulo específicos superiores.

Fibras de cerâmica e *whiskers*, incluindo alumina, vidro e carbeto de silício, são mecanicamente resistentes e rígidas. Fibras de vidro, normalmente as mais utilizadas, incluem sílica pura, vidro-S (*S-glass*: 25% Al_2O_3, 10% e o MgO restante SiO_2) e vidro-E (*E-glass*: 18% CaO, 15% de Al_2O_3 restante SiO_2). Embora as fibras cerâmicas sejam consideravelmente mais densas que as poliméricas, elas podem ser utilizadas em temperaturas muito mais altas. Berílio e tungstênio, embora apresentem ligação do tipo metálica, têm um alto módulo de elasticidade que os torna materiais atrativos para uso como fibras em certas aplicações. O exemplo a seguir discute questões relativas ao projeto dos compósitos.

Exemplo 17-9 *Projeto de um compósito aeroespacial*

Utilizaremos agora uma liga de alumínio 7075-T6 (módulo de elasticidade de 69 × 10^3 MPa) para fabricar um painel de 227 kg para uma aeronave comercial. A experiência tem mostrado que cada redução de quilograma no peso na aeronave reduz o consumo de combustível em 4.200 litros por ano. Elabore um material para o painel que reduza o peso, mas que mantenha um módulo específico comparável ou superior e que resulte em economia ao longo dos dez anos de vida útil da aeronave.

Solução

Há muitos materiais possíveis que podem ser utilizados para oferecer economia no peso. Como um exemplo, vamos considerar a utilização de uma liga de Al-Li reforçada com fibras de boro na condição T6. A adição de fibras de boro e do lítio como elemento de liga aumenta o módulo de elasticidade, tendo a liga de Al-Li e o boro também massas específicas menores que as de outras ligas de alumínio.

O módulo específico da liga 7075-T6 atual é:

$$\text{Módulo específico} = \frac{(69 \times 10^3 \text{MPa})}{\left(2,7 \frac{\text{g}}{\text{cm}^3}\right)}$$
$$= 2,61 \times 10^8 \text{cm}$$

A massa específica das fibras de boro é de aproximadamente 2,36 g/cm³ e a da liga típica de Al-Li é de aproximadamente 2,5 g/cm³. O módulo dessa liga é aproximadamente 76 × 10³ MPa. Se utilizarmos 0,6 (fração volumétrica) de fibras de boro no compósito, a massa específica, o módulo de elasticidade e o módulo específico do compósito serão:

$$\rho_c = (0,6)(2,36) + (0,4)(2,5) = 2,416 \text{ g/cm}^3$$
$$E_{c,\|} = (0,6)(379 \times 10^3 \text{MPa}) + (0,4)(76 \times 10^3 \text{MPa}) = 258 \times 10^3 \text{MPa}$$
$$\text{Módulo específico} = \frac{37 \times 10^6 \text{psi}}{0,087 \text{ lb/pol}^3} = 4,3 \times 10^8 \text{pol.}$$

Se o módulo específico for o único fator importante no projeto do componente, a espessura da peça deverá ser reduzida em 75%, resultando em um peso do componente de 56,8 kg, em vez dos 227 kg originalmente cogitados. A economia em relação ao peso seria de 170,2 kg ou (4.200 litros/kg) (170,2 kg) = 714.840 litros por ano. Por, aproximadamente, US$ 0,50 por litro, cerca de US$ 357 mil seriam economizados anualmente em combustível ou US$ 3,57 milhões ao longo dos dez anos de vida útil da aeronave.

Isso é certamente uma comparação otimista, visto que outros fatores como resistência mecânica ou processos de fabricação podem não permitir que a peça seja produzida tão fina como sugerido. Além disso, o alto custo das fibras de boro (mais de US$ 660/kg) e o alto custo da fabricação do compósito em comparação à liga de alumínio 7075 reduziriam a economia de custos.

Propriedades da matriz A matriz une as fibras e as mantém na posição adequada. Transfere a carga às fibras, protegendo-as de danos durante a fabricação e utilização dos compósitos e prevenindo que trincas nas fibras se propaguem pelo compósito. A matriz normalmente controla as propriedades elétricas, o comportamento químico e a restrição ao uso do compósito em temperaturas elevadas.

Matrizes poliméricas são particularmente comuns. A maioria dos materiais poliméricos – tanto termoplásticos como termofixos – está disponível com diferentes graus de reforço, usando fibras de vidro curtas. Esses compósitos são moldados em formas apropriadas pelos processos descritos no Capítulo 16, sendo normalmente comercializados como chapas ou blocos. Termofixos como poli-imidas aromáticas são utilizados para certas aplicações em temperaturas mais elevadas.

Compósitos de matriz metálica (CMM) incluem alumínio, magnésio, cobre, níquel e compostos intermetálicos, tendo como material de reforço fibras cerâmicas ou metálicas. Uma variedade de aplicações aeroespaciais e automotivas é satisfeita pelos CMM. A matriz metálica permite que o compósito opere em altas temperaturas, mas o processo de produção é mais difícil e caro do que a fabricação de compósitos de matriz polimérica.

Os compósitos de matriz cerâmica (CMC) têm boas propriedades em temperaturas elevadas e são mais leves do que os compósitos de matriz metálica para uso em altas temperaturas. Em uma seção posterior, discutiremos como desenvolver a tenacidade nos CMC.

União e falha Particularmente em compósitos de matriz metálica e polimérica, uma boa união deve ser obtida entre os vários constituintes. As fibras devem estar firmemente unidas ao material da matriz, para que a carga seja adequadamente transmitida da matriz para as fibras. Caso a união seja fraca, as fibras podem ser descoladas da matriz, reduzindo a resistência mecânica e a tenacidade do compósito. A Figura 17-16 mostra a superfície de fra-

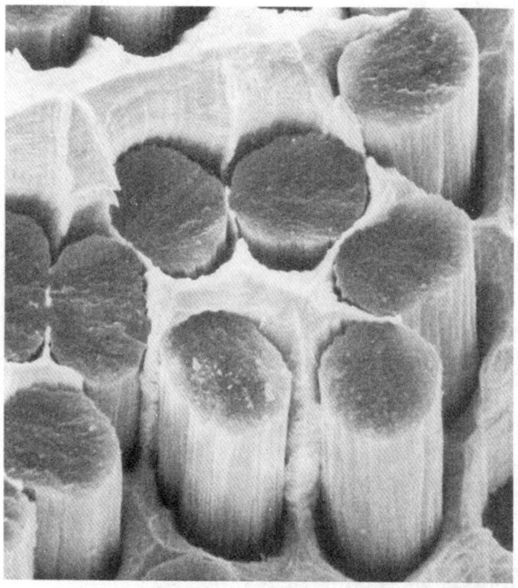

Figura 17-16 Micrografia eletrônica de varredura da superfície fraturada de uma liga Ag-Cu reforçada com fibras de carbono. Uma união insatisfatória entre fibras e matriz faz com que a fratura ocorra entre a matriz metálica e as fibras de carbono (aumento original de 3.000 ×). *(Imagem extraída de ASM Handbook. Metallography and microstructure, v. 9, 1985. ASM International, Materials Park, OH 44073-0002. Reproduzida com permissão da ASM International.® Todos os direitos reservados, www.asminternational.org).*

tura decorrente da união fraca entre fibras de carbono e a matriz de liga de prata. Em alguns casos, recobrimentos especiais podem ser utilizados para melhorar a união. Por exemplo, fibras de vidro são revestidas com silano como agente de acoplamento (também chamado de acabamento superficial ou ***sizing***) para melhorar a união e a resistência à umidade desse compósito. Fibras de carbono são revestidas com um material orgânico para melhorar a união, enquanto fibras de boro têm sido revestidas com carbeto de silício ou nitreto de boro para melhorar a adesão à matriz de alumínio. Quando revestidas com carbeto de silício, recebem o nome de Borsic, fazendo menção aos dois materiais que as compõem.

Outra propriedade que deve ser considerada ao adicionarem-se fibras em uma matriz é a similaridade entre os coeficientes da expansão térmica dos dois materiais. Se a fibra expandir e contrair a uma taxa muito diferente daquela da matriz, as fibras podem quebrar ou a união pode ser rompida, resultando em falhas prematuras.

Em vários compósitos, camadas individuais são unidas e a adesão entre essas camadas também precisa ser adequada, ou outro problema – **delaminação** – pode ocorrer. A delaminação (separação de camadas) é um dos possíveis fatores responsáveis por alguns acidentes envolvendo aeronaves que utilizam estruturas feitas em compósitos. As camadas podem se separar sob carga e causar falhas. A utilização de compósitos com tramas tridimensionais pode auxiliar na prevenção da delaminação.

17-5 Fabricação de fibras e compósitos

A fabricação de um compósito reforçado com fibras envolve várias etapas, incluindo a fabricação das fibras, sua disposição em feixes ou têxteis e a introdução das fibras na matriz.

Fabricação das fibras Fibras metálicas, fibras de vidro e várias fibras poliméricas (incluindo náilon, aramida e poliacrilonitrila) podem ser obtidas por trefilação, como descrito no Capítulo 8 (trefilação de arames e fios metálicos) e no Capítulo 16 (utilizando a fiação para produzir filamentos, fios e fibras poliméricas).

Boro, carbono e cerâmicas são muito frágeis e reativos para serem trabalhados por processos de trefilação convencional. As fibras de boro são produzidas pela **deposição química de vapor** (de CVD – *chemical vapor deposition*) [Figura 17-17(a)] utilizando um filamento muito fino de tungstênio como substrato. O filamento atravessa uma câmara aquecida, onde compostos de boro na fase vapor como BCl_3 são decompostos, permitindo que o boro precipite na superfície do fio de tungstênio [Figura 17-18(a)]. As fibras de carbeto de silício (SiC) são feitas de forma semelhante, com fibras de carbono como substrato para a deposição por CVD do carbeto de silício [Figura 17-18(b)].

Fibras de carbono são produzidas por **carbonização**, ou pirólise, de um filamento orgânico, facilmente trefilado ou fiado em fios finos e contínuos [Figura 17-17(b)]. O filamento orgânico, conhecido como **precursor**,

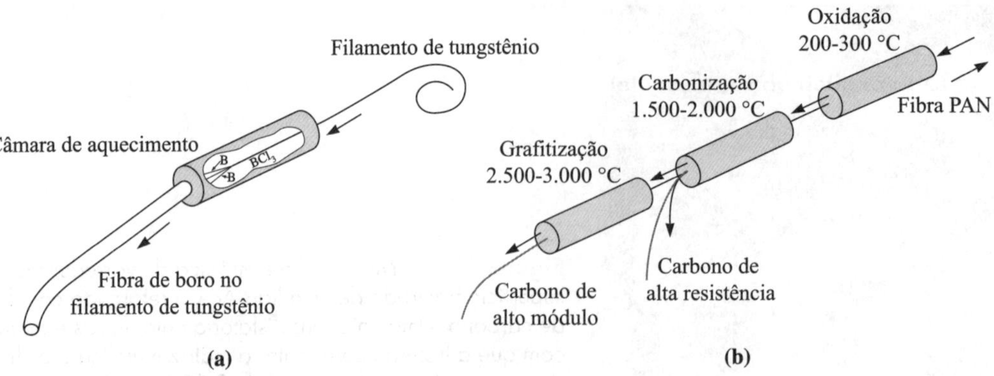

Figura 17-17 Métodos para a produção de (a) fibras de boro e (b) fibras de carbono.

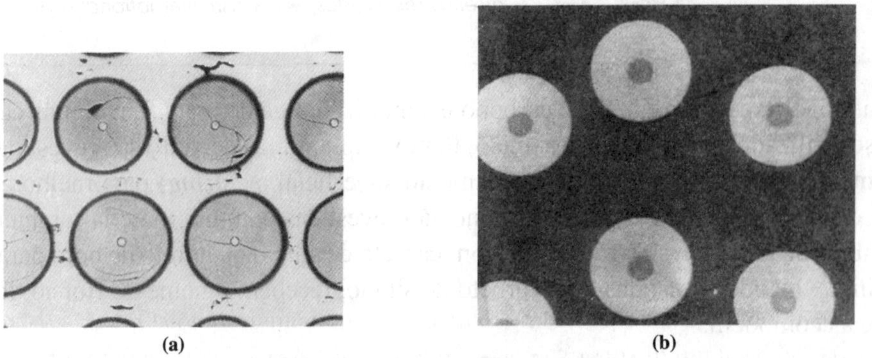

Figura 17-18 Micrografias de dois compósitos reforçados com fibras: (a) No alumínio reforçado com fibra de boro revestida com SiC, as fibras são compostas por uma camada espessa de depósito de boro sobre um filamento de tungstênio de pequeno diâmetro (aumento original de 1.000 ×). (*Imagem extraída de* ASM Handbook. *Metallography and microstructure. v. 9, 1985. ASM International, Materials Park, OH 44073-0002. Reproduzida com permissão da ASM International.® Todos os direitos reservados, www.asminternational.org.*) (b) Nesta microestrutura de um compósito de fibras cerâmicas em matriz cerâmica, fibras de carbeto de silício são utilizadas para reforçar uma matriz de nitreto de silício. A fibra de SiC é formada por CVD num filamento de carbono que atua como precursor (aumento original de 125 ×). (*Cortesia de Dr. R. T. Bhatt, Nasa Lewis Research Center.*)

é geralmente um raiom (um polímero celulósico), poliacrilonitrila (PAN) ou *pitch* (mistura de vários compostos orgânicos aromáticos). Temperaturas altas decompõem o polímero orgânico, vaporizando todos os elementos, com exceção do carbono. Conforme a temperatura de carbonização aumenta de 1.000 °C para 3.000 °C, a resistência à tração diminui, enquanto o módulo de elasticidade aumenta (Figura 17-19). A trefilação do filamento de carbono em determinadas etapas durante a carbonização pode produzir no filamento de carbono certas orientações preferenciais.

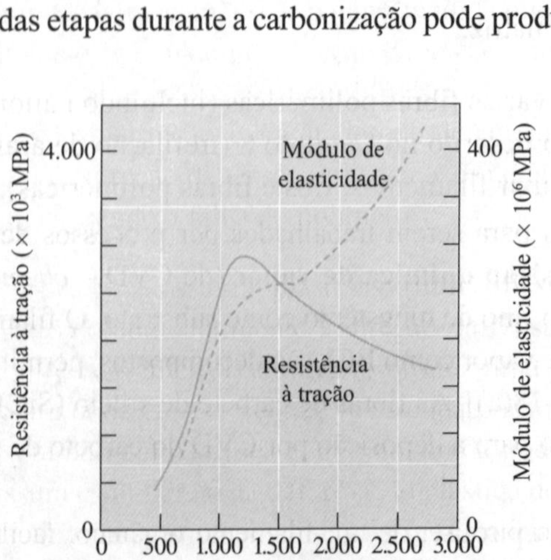

Figura 17-19 Efeito da temperatura de tratamento térmico na resistência e no módulo de elasticidade de fibras de carbono.

Whiskers são monocristais com razão de aspecto de 20 a 1.000. Como não contêm discordâncias móveis, não ocorre deslizamento, o que confere aos *whiskers* resistência mecânica excepcionalmente alta. Por causa do complexo processo requerido para produzi-los, seu custo tende a ser elevado.

Disposição das fibras Filamentos excepcionalmente finos são enfeixados juntos formando fios, feixes (*tows*) ou rolos (*rovings*). Nos **fios** (*yarns*), 10 mil filamentos são trançados juntos para produzir a fibra. Um ***tow*** contém de poucas centenas a mais de 100 mil filamentos não trançados (Figura 17-20). ***Rovings*** são rolos ou carretéis, não trançados, de filamentos, fios ou feixes.

As fibras são frequentemente cortadas em pequenos comprimentos de 1 cm ou menos. Essas fibras, também chamadas de **fibras curtas** (*staples*), são facilmente incorporadas na matriz e típicas de compósitos para moldagem de chapas e de massas para compósitos de matriz polimérica. As fibras com frequência estão presentes no compósito em uma orientação aleatória.

Fibras longas ou contínuas para compósitos de matriz polimérica podem ser processadas em mantas ou têxteis. As *mantas* contêm fibras orientadas aleatoriamente, não tecidas, aderidas por uma resina polimérica. As fibras também podem ser tecidas, entrelaçadas ou unidas em têxteis bi ou tridimensionais. Os têxteis são, então, impregnados com uma resina polimérica. Nesse ponto do processo, as resinas ainda não foram completamente polimerizadas, sendo essas mantas ou têxteis chamados de **pré-impregnados** (*prepregs*).

Quando fibras alinhadas unidirecionalmente precisam ser inseridas em uma matriz polimérica, **fitas** devem ser produzidas. Fibras individuais podem ser desenroladas a partir de uma bobina ou mandril, que determina os espaços das fibras individuais e são pré-impregnadas com resina polimérica. Essas fitas, com somente uma camada de fibras, podem ter até 120 cm de largura. A Figura 17-21 mostra que também podem ser produzidas cobrindo-se as fibras com folhas metálicas, e as fibras, unidas por difusão.

Produção do compósito Uma variedade de métodos para a produção de partes de compósitos é utilizada, dependendo da aplicação e dos materiais. Compósitos reforçados com fibras curtas são normalmente formados misturando-se as fibras com uma matriz líquida ou plástica e, em seguida, utilizando-se técnicas relativamente convencionais, como moldagem por injeção para compósitos de base polimérica ou fundição de compósitos com matriz metálica. Compósitos com matriz polimérica também podem ser produzidos por um método de *spray*, no qual fibras curtas misturadas com resina são pulverizadas em um molde e, então, curadas.

Técnicas especiais, porém, têm sido projetadas para a produção de compósitos que utilizam fibras contínuas, tanto na manta alinhada unidirecionalmente como na forma de têxteis (Figura 17-22). Em técnicas manuais (*hand*

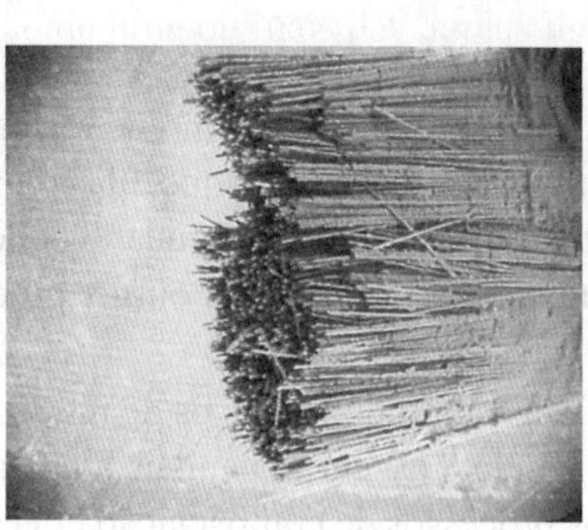

Figura 17-20 Micrografia eletrônica de varredura de um feixe de carbono que contém vários filamentos individuais de carbono (aumento original de 200 ×). (*Reproduzida por cortesia de Don Askeland.*)

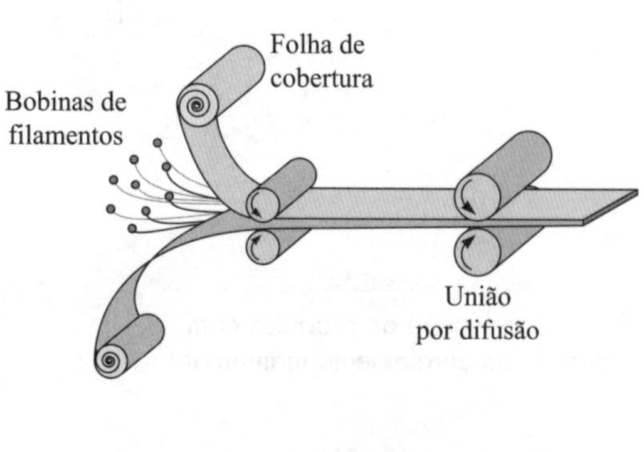

Figura 17-21 Produção de fitas de fibras encaixando-se as fibras entre lâminas metálicas de proteção através da união por difusão.

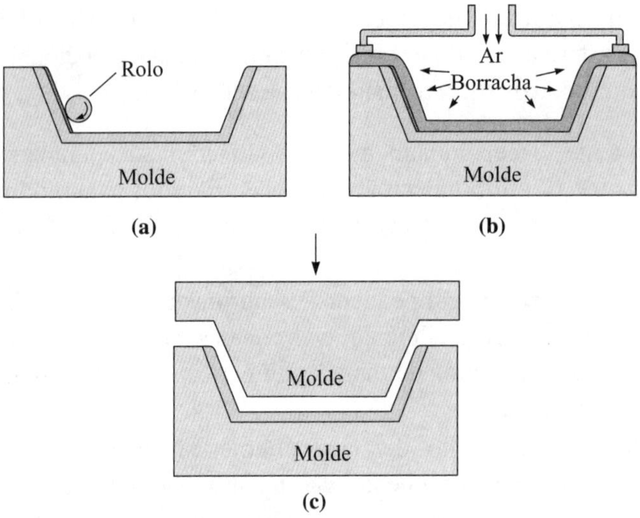

Figura 17-22 Fabricação de produtos utilizando compósitos por moldagem (a) manual, (b) por pressão com contramolde flexível e (c) por compressão.

lay-up), as fitas, mantas ou os têxteis são colocados num molde, saturados com resina polimérica, laminados para garantir um bom contato e isenção de porosidade e, por fim, curados. Carrocerias de automóveis e de caminhões podem ser fabricadas com compósitos de fibras de vidro, manualmente, o que é em geral um processo lento e intensivamente trabalhoso.

Fitas e têxteis também podem ser colocados em um molde e conformados por um contramolde flexível. Gases sob alta pressão ou atmosfera de vácuo são introduzidos para conformar a peça e, durante a cura, uma boa união é alcançada. Grandes componentes com matriz polimérica para revestimentos de aeronaves militares têm sido produzidos por essas técnicas. Na moldagem por compressão, as fibras curtas ou mantas são colocadas em um molde de duas partes. Quando o molde é fechado, obtém-se o formato do compósito.

O **enrolamento filamentar** é utilizado para fabricar produtos como tanques de pressão e peças de motor de foguete (Figura 17-23). As fibras são enroladas ao redor de uma forma ou mandril para desenvolver uma forma oca que pode ter até mesmo várias dezenas de centímetros de espessura. Os filamentos podem ser imersos na resina de matriz polimérica antes do enrolamento ou a resina pode ser impregnada ao redor das fibras durante ou após o enrolamento. A cura completa a produção da peça de compósito.

A **pultrusão** é utilizada para obter formas predefinidas, com seção transversal constante, como barras, placas e tubos (Figura 17-24). As fibras ou mantas são puxadas das bobinas, passam por um banho de resina polimérica para impregnação e são reunidas para produzir uma dada forma particular, que é então aquecida e curada. A cura da resina é quase imediata, de modo que um produto contínuo é produzido. O material pultrudado pode ser empregado para fabricação de plataformas, escadas etc., ou subsequentemente conformado em outros produtos, como varas de pescar, hastes de tacos de golfe e bastões de esqui.

Compósitos de matriz metálica com fibras contínuas são mais difíceis de produzir que os de matriz polimérica. Processos de fundição que forçam o líquido ao redor das fibras utilizando a ascensão capilar, fundição sob pressão, infiltração a vácuo ou fundição contínua são empregados. Vários processos de compactação em estado sólido também podem ser usados.

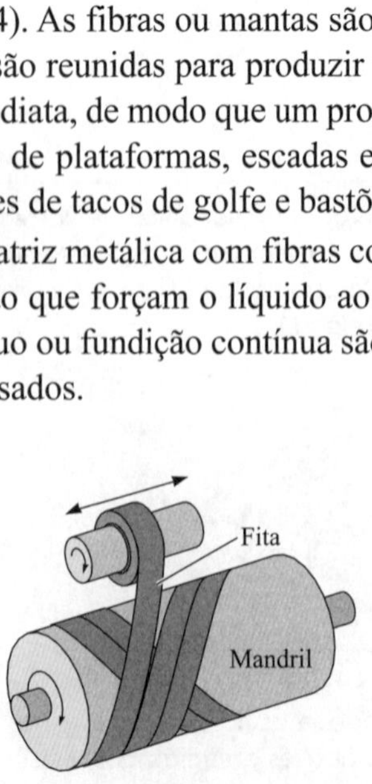

Figura 17-23 Fabricação de produtos com compósitos através de enrolamento filamentar.

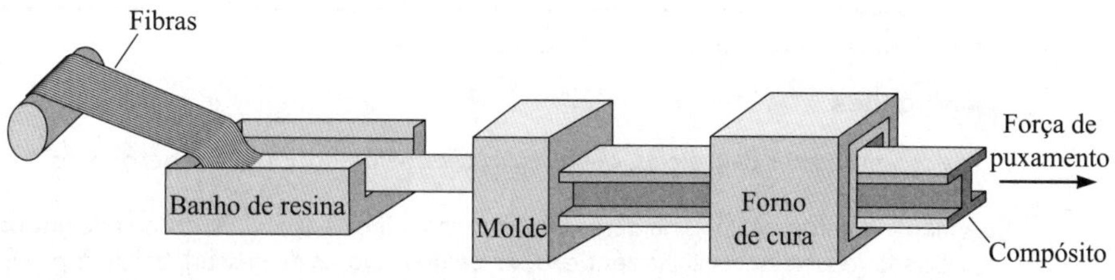

Figura 17-24 Fabricação de produtos em compósitos através de pultrusão.

17-6 Sistemas reforçados com fibras e aplicações

Antes de concluirmos nossa discussão sobre compósitos reforçados com fibras, vamos observar os comportamentos e as aplicações mais comuns de alguns desses materiais. A Figura 17-25 compara o módulo específico e a resistência específica de vários compósitos com os valores para metais e polímeros. Observe que os valores nessa figura são inferiores aos da Figura 17-14, visto que, aqui, estão sendo mostradas as propriedades do compósito, não só da fibra.

Compósitos avançados A expressão *compósitos avançados* é frequentemente utilizada quando o compósito é empregado em aplicações muito críticas, como na indústria aeroespacial[3] (Tabela 17-3). Os compósitos avançados normalmente são compósitos de matriz polimérica reforçados com fibras cerâmicas, metálicas ou poliméricas de alta resistência. Fibras de carbono são utilizadas extensivamente nas aplicações em que particularmente uma boa rigidez é requerida. Fibras de aramida – e, de forma geral, fibras de polietileno – são mais convenientes para aplicações nas quais a tenacidade e a resistência a danos são relevantes. Infelizmente, as fibras poliméricas perdem sua resistência em temperaturas relativamente baixas, como acontece com todas as matrizes poliméricas (Figura 17-26).

Os compósitos avançados também são frequentemente utilizados em artigos esportivos. Raquetes de tênis, tacos de golfe, esquis, bastões de esqui e varas de pescar em geral contêm fibras de carbono ou aramida, pois a rigidez mais alta oferece melhor desempenho. No caso de tacos de golfe, as fibras de carbono resultam em hastes mais leves. Têxteis reforçados com fibras de polietileno são utilizados na fabricação de velas de barcos de competição.

Uma aplicação exclusiva para o compósito com fibras de aramida é a blindagem. Compósitos Kevlar® tenazes oferecem maior proteção balística do que outros materiais, tornando-os apropriados para trajes leves e flexíveis à prova de bala.

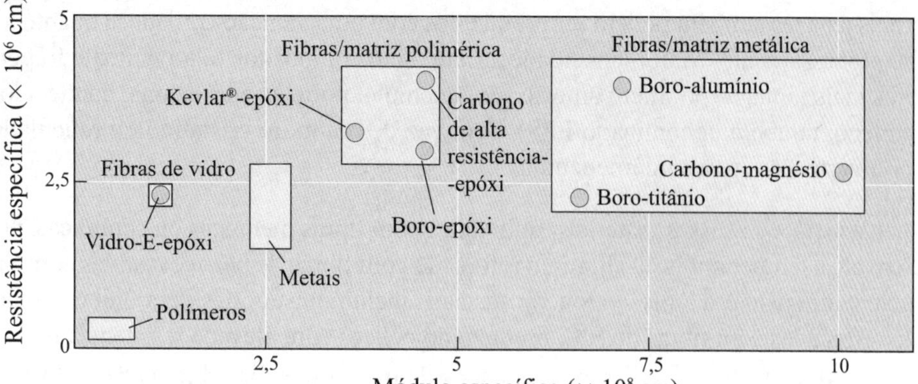

Figura 17-25 Comparação do módulo específico e da resistência específica de vários materiais compósitos com aqueles de metais e polímeros.

[3] N.R.T.: Praticamente todos os materiais são desenvolvidos e aplicados, primeiro, na indústria aeroespacial. Com o tempo, os custos dos insumos e de processamento caem, ampliando o espectro de aplicações.

Tabela 17-3 • Exemplos de materiais reforçados com fibras e aplicações

Material	Aplicações
Borsic-alumínio	Pás de ventiladores de motores, outras aplicações aeroespaciais e em aeronaves.
Kevlar®-epóxi e Kevlar®-poliéster	A indústria aeroespacial e de aeronaves (incluindo ônibus espacial), cascos de navios, artigos esportivos (incluindo raquete de tênis, hastes de tacos de golfe, varas de pescar), colete à prova de balas.
Grafite-polímero	Indústria aeroespacial e automotiva, artigos esportivos.
Vidro-polímero	Componentes automotivos leves, aplicações marítimas e na indústria naval, artigos esportivos, componentes aeroespaciais e para aeronaves.

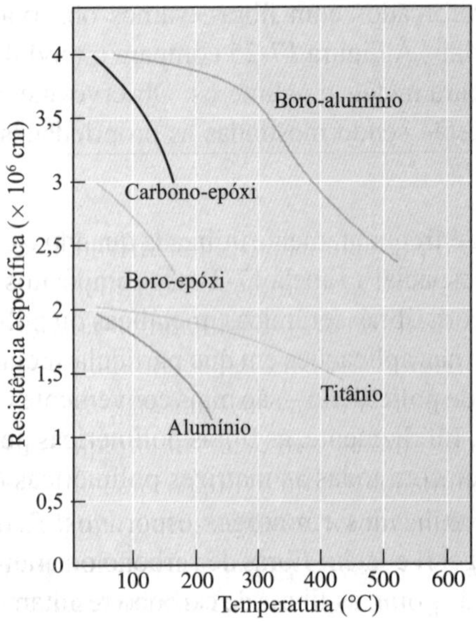

Figura 17-26 Resistência específica *versus* temperatura para vários compósitos e metais.

Compósitos híbridos contêm dois ou mais tipos de fibras. Por exemplo, fibras de Kevlar® podem ser misturadas com fibras de carbono para melhorar a tenacidade de um compósito rígido, ou o Kevlar® pode ser misturado com fibras de vidro para melhorar a rigidez. Particularmente, a adequação do compósito para satisfazer aplicações específicas pode ser obtida controlando-se as quantidades e as orientações de cada tipo de fibra.

Compósitos mais tenazes também podem ser produzidos com uma atenção cuidadosa quanto à escolha de materiais e técnicas de processamento. Maior tenacidade à fratura em compósitos relativamente frágeis pode ser obtida utilizando-se fibras mais longas – polímero amorfo (por exemplo, poliéter-éter-cetona, conhecido como PEEK, ou sulfeto de polifenileno, também denominado PPS) – em vez de polímero cristalino ou reticulado, termoplástico-elastômero ou polímeros com redes interpenetrantes.

Compósitos de matriz metálica Esses materiais, reforçados com fibras metálicas ou cerâmicas, possuem boa resistência mecânica em altas temperaturas. O alumínio reforçado com fibras de boro revestidas com SiC (fibras Borsic) tem sido amplamente utilizado em aplicações aeroespaciais, incluindo suportes para ônibus espacial. Ligas à base de cobre têm sido reforçadas com fibras de SiC, produzindo hélices com elevada resistência mecânica para navios.

O alumínio é normalmente empregado em compósitos de matriz metálica. Fibras de Al_2O_3 reforçam os pistões para alguns motores a diesel; fibras de SiC e *whiskers* são utilizadas em aplicações aeroespaciais; e fibras de carbono reforçam o alumínio usado no mastro da antena do telescópio Hubble. Em razão de sua baixa temperatura de fusão ou degradação, as fibras poliméricas não são normalmente utilizadas em uma matriz metálica. *Polymets* (materiais híbridos compósitos de metais e polímeros), no entanto, são produzidos por extrusão a quente do pó de alumínio e polímeros de cristal líquido com alta temperatura de fusão. Uma redução de 1.000 para 1 durante o processo de extrusão alonga o polímero em filamentos alinhados e une as partículas do pó de alumínio em uma matriz sólida.

Compósitos com matriz metálica podem encontrar aplicações importantes em componentes para motores de foguetes e aeronaves. Superligas reforçadas com fibras metálicas (como o tungstênio) ou fibras cerâmicas (como o SiC ou B_4N) mantêm sua resistência em altas temperaturas, permitindo que motores de aviões a jato operem com mais eficiência. De forma semelhante, o titânio e os aluminetos de titânio reforçados com fibras de SiC são considerados para uso em palhetas e discos de turbinas.

Compósitos de matriz cerâmica Compósitos que contêm fibras cerâmicas em uma matriz cerâmica também têm tido aplicação crescente. Duas utilizações importantes serão discutidas para ilustrar as propriedades exclusivas que podem ser obtidas com esses materiais.

Compósitos carbono-carbono (C-C) são utilizados em aplicações aeroespaciais em virtude da extraordinária resistência do compósito a altas temperaturas. Compósitos carbono-carbono podem operar em temperaturas de até 3.000 ºC e, de fato, são mais resistentes em altas do que em baixas temperaturas (Figura 17-27). Compósitos carbono-carbono são produzidos com a colocação de fibras de poliacrilonitrila ou mantas de fibras de carbono em um molde que, em sequência, é impregnado com uma resina orgânica, como a fenólica. O componente é pirolizado para converter a resina fenólica em carbono. O compósito, ainda macio e poroso, é impregnado e pirolisado diversas vezes, aumentando continuamente a massa específica, a resistência e a rigidez. Por fim, o componente é revestido com carbeto de silício para proteger o compósito carbono-carbono da oxidação. Resistências de 2.070 MPa e módulo de elasticidade de 345×10^3 MPa podem ser obtidos. Compósitos carbono-carbono têm sido usados como ogivas e bordas de entrada de veículos aeroespaciais de alto desempenho, como o ônibus espacial e os discos de freios em carros de corrida e aeronaves comerciais a jato.

Compósitos de fibras cerâmicas em matriz cerâmica possuem maiores resistência mecânica e tenacidade à fratura do que cerâmicas convencionais (Tabela 17-4). Reforços com fibras melhoram a tenacidade da matriz cerâmica de várias formas. Primeiro, uma trinca que se move pela matriz encontra uma fibra. Se a união entre a matriz e a fibra é fraca, a trinca se propagará na interface fibra-matriz para continuar o processo de fratura. Além disso, a união fraca permite que a fibra comece a sair da matriz [Figura 17-28(a)]. Ambos os processos consomem energia e, com isso, aumentam a tenacidade à fratura. Por fim, se uma trinca se forma na matriz, fibras não quebradas podem fechar a trinca, por criarem uma tensão de compressão que ajuda a evitar a propagação da trinca [Figura 17-28(b)].

Diferentemente dos compósitos de matriz polimérica e metálica, a união fraca – mais do que a boa união – é requerida! Consequentemente, o controle da estrutura da interface é crucial. Em uma vitrocerâmica (à base de $Al_2O_3 \cdot SiO_2 \cdot Li_2O$) reforçada com fibras de SiC e com Nb_2O_5 como aditivo, a interface entre fibra e matriz contribui para a soltura das fibras. No entanto, se o compósito é aquecido a altas temperaturas, a interface fibra-matriz é oxidada. Com a expansão da camada oxidada, há retenção das fibras e, por conseguinte, a tenacidade à fratura é reduzida. O exemplo a seguir ilustra algumas das questões de custo e propriedades que aparecem durante o trabalho com os compósitos.

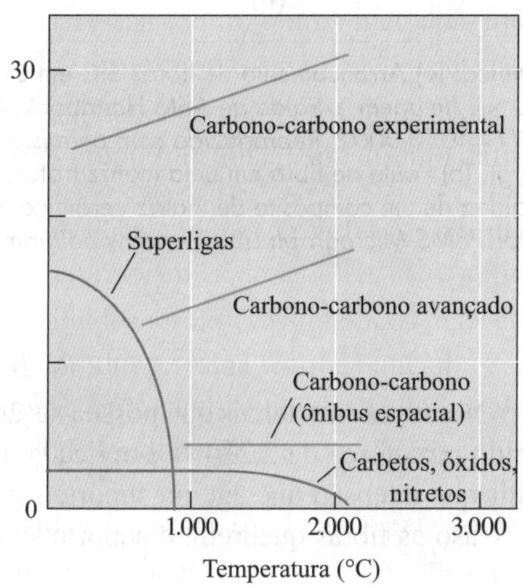

Figura 17-27 Uma comparação das resistências específicas de diversos compósitos carbono-carbono com as de outros materiais em temperatura elevada.

Tabela 17-4 • Efeito do reforço com fibras de SiC nas propriedades de algumas cerâmicas

Material	Resistência à flexão (MPa)	Tenacidade à fratura (MPa $\sqrt{m}$)
Al_2O_3	550	5,5
Al_2O_3/SiC	790	8,8
SiC	500	4,4
SiC/SiC	760	25,3
ZrO_2	210	5,5
ZrO_2/SiC	450	22,2
Si_3N_4	470	4,4
Si_3N_4/SiC	790	56,0
Vidro	60	1,1
Vidro/SiC	830	18,7
Vitrocerâmica	210	2,2
Vitrocerâmica/SiC	830	17,6

(a)

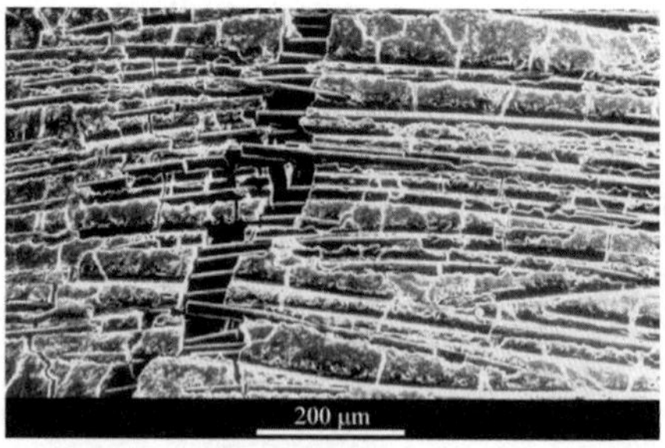

(b)

Figura 17-28 Dois modos de falha em compósitos cerâmica-cerâmica: (a) Arrancamento de fibras SiC em uma matriz de vidro fornece boa tenacidade do compósito (aumento original de 20 ×). (*Imagem extraída de* ASM Handbook. *Metallography and microstructure v. 9, 1985. ASM International, Materials Park, OH 44073-0002. Reproduzida com permissão da ASM International. Todos os direitos reservados, www.asminternational.org*). (b) Ponte de fibra em uma matriz fraturada em uma cerâmica de aluminossilicato de magnésio reforçada com fibras. A rigidez de um compósito de matriz cerâmica melhora quando a ponte de fibras é fraturada. (*Cortesia de dr. Kevin M. Knowles/DoITPoMS Micrograph Library, www.doitpoms.ac.uk.*)

Exemplo 17-10 *Projeto de um suporte em compósito*

Projete um suporte com matriz de epóxi reforçado com fibras unidirecionais que possua seção transversal circular. O suporte tem 3 m de comprimento e, quando uma força de 2.224 N é aplicada, ele não deve se alongar mais que 0,25 cm. Gostaríamos de garantir que a tensão que age no suporte seja menor que o limite de escoamento da matriz de epóxi, 83 MPa. Caso as fibras quebrem, o suporte se alongará um pouco mais, mas não irá fraturar de forma catastrófica. O epóxi custa aproximadamente US$ 1,8/kg e tem módulo de elasticidade de 3.450 MPa e massa específica de 1,25 kg/cm³.

Solução

Suponha que o suporte tenha sido fabricado inteiramente de epóxi (ou seja, sem fibras):

$$\begin{aligned} \varepsilon_{\text{máx}} &= \frac{0,25 \text{ cm}}{300 \text{ cm}} = 0,00083 \text{ cm/cm} \\ \sigma_{\text{máx}} &= E\varepsilon_{\text{máx}} = (3.450)(0,00083) = 2,9 \text{ MPa} \\ A_{\text{suporte}} &= \frac{F}{\sigma_{\text{máx}}} = \frac{2.224 \text{ N}}{2,9 \text{ MPa}} = 7,67 \text{ cm}^2 \text{ ou } d = 3,12 \text{ cm} \\ \text{Peso}_{\text{suporte}} &= (1,25)(\pi)(3,12/2)^2(300) = 2,87 \text{ kg} \\ \text{Custo}_{\text{suporte}} &= (2,87 \text{ kg})(\text{US\$ } 1,8/\text{kg}) = \text{US\$ } 5,17 \end{aligned}$$

Sem reforço, o suporte é grande e pesado. O custo do produto é alto em razão da grande quantidade de epóxi requerida.

Em um compósito, a deformação máxima ainda é de 0,00083 cm/cm. Se fizermos o suporte o menor possível – ou seja, operá-lo a 83 MPa –, o mínimo módulo de elasticidade E_c do compósito será:

$$E_c > \frac{\sigma_{\text{máx}}}{\varepsilon_{\text{máx}}} = \frac{83}{0,00083} = 100 \times 10^3 \text{MPa}$$

Vejamos vários sistemas de compósitos possíveis. O módulo de elasticidade de fibras de vidro é menor que 100×10^3 MPa; consequentemente, o reforço de vidro não é uma escolha possível.

Para fibras de carbono de alto módulo, $E = 531 \times 10^3$ MPa, a massa específica é de 1,9 g/cm³, e o custo é de aproximadamente US$ 66/kg. A fração volumétrica mínima de fibras de carbono necessárias para resultar num módulo do compósito igual a 100×10^3 MPa é:

$$\begin{aligned} &E_c = f_c(531 \times 10^3) + (1 - f_c)(3,45 \times 10^3) > 100 \times 10^3 \\ &f_c = 0,183 \end{aligned}$$

A fração volumétrica do epóxi restante é de 0,817. Uma área de 0,817 vez a área da seção transversal do suporte deve suportar uma carga de 2.224 N com não mais que 83 MPa se todas as fibras falharem:

$$\begin{aligned} A_{\text{epóxi}} &= 0,817\ A_{\text{total}} = \frac{F}{\sigma_{\text{máx}}} = \frac{2.224 \text{ N}}{83 \text{ MPa}} = 0,268 \text{ cm}^2 \\ A_{\text{total}} &= \frac{0,268}{0,817} = 0,328 \text{ cm}^2 \text{ ou } d = 0,646 \text{ cm} \\ \text{Volume}_{\text{suporte}} &= (0,328 \text{ cm}^2)(300 \text{ cm}) = 98,4 \text{ cm}^3 \\ \text{Peso}_{\text{suporte}} &= \rho \text{Volume}_{\text{suporte}} = [(1,9)(0,183) + (1,25)(0,817)] \\ &= 0,135 \text{ kg} \end{aligned}$$

Para calcular a fração de peso do carbono, considere 1 cm³ do compósito. Então, a fração do peso do carbono é dada por

$$\begin{aligned} \text{Fração do peso}_{\text{carbono}} &= \frac{(0,183)(1,9)}{(0,183)(1,9) + (0,817)(1,25)} \\ &= 0,254 \end{aligned}$$

e o peso total do carbono no compósito é

$$\text{Peso}_{\text{carbono}} = (0{,}254)(0{,}135\ \text{kg}) = 0{,}034\ \text{kg}$$

De modo similar, a fração do peso do epóxi é calculado como

$$\text{Fração do peso}_{\text{epóxi}} = \frac{(0{,}817)(1{,}25)}{(0{,}183)(1{,}9) + (0{,}817)(1{,}25)} = 1 - 0{,}254 = 0{,}746$$

e o peso total de epóxi no compósito é

$$\text{Peso}_{\text{epóxi}} = (0{,}746)(0{,}135\ \text{kg}) = 0{,}101\ \text{kg}$$

Portanto,

$$\text{Custo}_{\text{suporte}} = (0{,}034\ \text{kg})(\text{US\$ } 66/\text{kg}) + (0{,}101\ \text{kg})(\text{US\$ } 1{,}80/\text{kg}) = \text{US\$ } 2{,}42$$

O suporte reforçado com fibra de carbono tem diâmetro inferior a 1/4 do diâmetro de uma estrutura de somente epóxi, com apenas 5% do peso e metade do custo.

Podemos também repetir esses cálculos utilizando as fibras de Kevlar® com um módulo de 124×10^3 MPa, uma massa específica de 1,44 g/cm³ e um custo de aproximadamente US$ 44/kg. Assim, veremos que uma fração de volume de 0,8 das fibras é requerida (observe que uma fração de volume de 0,8 é o máximo do volume da fibra que pode ser incorporado em uma matriz). Realizando-se as operações, o diâmetro requerido do suporte é de 1,288 cm, o suporte pesa 0,573 kg e custa US$ 20,94. Como conclusão, podemos afirmar que o módulo de elasticidade do Kevlar® não é alto o bastante para compensar seu elevado custo.

Embora as fibras de carbono sejam as mais caras, elas permitem reduzir o peso e o custo do material necessário para a produção do suporte. Esse cálculo, porém, não leva em consideração os custos da fabricação do suporte. A intenção do nosso projeto, portanto, é utilizar um suporte de 0,646 cm de diâmetro que contém um volume de fração de 0,183 da fibra de carbono de alto módulo.

17-7 Materiais compósitos laminares

Compósitos laminares abrangem recobrimentos muito finos, revestimentos protetores mais espessos, blindagens, bimetálicos, laminados e inúmeras outras aplicações. Além disso, os compósitos reforçados com fibras, produzidos de fitas ou têxteis, podem ser considerados, em parte, laminares. Vários compósitos laminares são projetados para melhorar a resistência contra a corrosão enquanto preservam baixo custo, alta resistência mecânica ou peso leve. Outras características importantes podem englobar resistência ao desgaste e à abrasão, acabamento superficial e características de expansão térmica específicas.

Regra das misturas Algumas propriedades dos materiais de compósito laminar, paralelo às lamelas, são estimadas a partir da regra das misturas. A massa específica, a condutividade elétrica e térmica e o módulo de elasticidade paralelo às lamelas podem ser calculados com o menor erro utilizando-se as seguintes fórmulas:

$$\text{Massa específica} = \rho_{c,\parallel} = \Sigma(f_i\rho_i) \tag{17-12}$$

$$\text{Condutividade elétrica} = \sigma_{c,\parallel} = \Sigma(f_i\sigma_i)$$

$$\text{Condutividade térmica} = k_{c,\parallel} = \Sigma(f_i k_i) \tag{17-13}$$

$$\text{Módulo de elasticidade} = E_{c,\parallel} = \Sigma(f_i E_i)$$

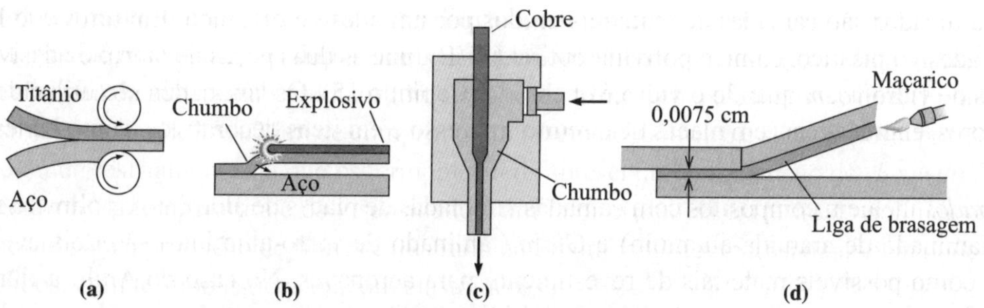

Figura 17-29 Técnicas para a produção de compósitos laminares: (a) união por laminação, (b) soldagem por explosão, (c) coextrusão e (d) brasagem.

Os compósitos laminares são muito anisotrópicos. As propriedades perpendiculares às lamelas são:

$$\begin{aligned}\text{Condutividade elétrica} &= \frac{1}{\sigma_{c,\perp}} = \sum\left(\frac{f_i}{\sigma_i}\right)\\ \text{Condutividade térmica} &= \frac{1}{k_{c,\perp}} = \sum\left(\frac{f_i}{k_i}\right)\\ \text{Módulo de elasticidade} &= \frac{1}{E_{c,\perp}} = \sum\left(\frac{f_i}{E_i}\right)\end{aligned} \tag{17-14}$$

Porém, várias das propriedades realmente importantes, como a resistência ao desgaste e à corrosão, dependem, geralmente, de apenas um dos componentes do compósito. Dessa forma, a regra das misturas não é aplicável.

Produção de compósitos laminares Vários métodos são utilizados para produzir compósitos laminares, incluindo uma variedade de técnicas de deformação e união utilizadas originalmente em metais (Figura 17-29).

Placas individuais são frequentemente ligadas por *união adesiva*, como é o caso da produção de madeira compensada. Compósitos de matriz polimérica formados por várias camadas de pré-impregnados de têxteis ou fita também são ligados por união adesiva. Um filme de material não polimerizado é colocado entre cada camada de pré-impregnado. Quando as camadas são pressionadas a uma temperatura elevada, a polimerização é concluída e as fibras pré-impregnadas são unidas para produzir compósitos que podem ter sua espessura em função do número de camadas empregadas.

A maioria dos compósitos laminares metálicos, como as blindagens e os bimetálicos, é produzida pela *união por deformação*, como a união decorrente da laminação a frio ou a quente. A pressão exercida pelos cilindros de laminação quebra o filme de óxido na superfície, coloca a superfície em contato átomo a átomo, resultando na união das duas superfícies. A soldagem por explosão também pode ser utilizada. Uma carga explosiva fornece a pressão requerida para unir os metais. Esse processo é particularmente adequado para unir placas muito grandes que não caibam no laminador. Compósitos laminares muito simples, como o cabo coaxial, são produzidos por coextrusão de dois materiais através de uma matriz com o material mais macio envolvendo o material mais duro. Dessa maneira, o fio condutor metálico pode ser revestido com um polímero termoplástico para isolamento.

A **brasagem** pode unir placas de compósitos (Capítulo 9). As lâminas metálicas são separadas por uma folga muito pequena – de preferência, aproximadamente 0,0075 cm – e aquecidas acima da temperatura de fusão da liga de brasagem. A liga de brasagem fundida preenche a região a ser unida pela ação capilar.

17-8 Exemplos e aplicações de compósitos laminares

Os tipos de compósitos laminares são tão variados e suas aplicações e finalidades tão numerosas que não podemos generalizar seu comportamento. Assim, examinaremos as características de alguns exemplos comumente utilizados.

Laminados Laminados são camadas de materiais unidos por um adesivo orgânico. Em um vidro laminado com segurança, um adesivo plástico, como o polivinil butiral (PVB), une as duas peças de vidro; o adesivo não permite que fragmentos de vidro *voem* quando o vidro é quebrado (Capítulo 15). Os laminados são utilizados como isolamento em motores, engrenagens, em placas de circuito impresso e em itens decorativos, como bancadas e mobília Formica®.

Microlaminados incluem compósitos com camadas alternadas de placas de alumínio e polímero reforçado com fibras. *Arall* (laminado de aramida-alumínio) e *Glare* (laminado de vidro-alumínio) são dois exemplos. Foram desenvolvidos como possíveis materiais de revestimento para aeronaves. No caso do Arall, a fibra de aramida, como o Kevlar®, é preparada como um têxtil ou fita unidirecional, impregnada com um adesivo e laminada entre camadas de liga de alumínio (Figura 17-30). O compósito laminado tem uma combinação incomum de resistência, rigidez, resistência à corrosão e peso leve. A resistência à fadiga é melhorada, visto que a interface entre as camadas pode bloquear a propagação de trincas. O Glare tem propriedades similares e é usado na fuselagem do Airbus 380. Comparados aos compósitos de matriz polimérica, os microlaminados têm boa resistência a danos por queda de raios (o que é importante em aplicações aeroespaciais), são conformáveis, usináveis e facilmente reparados.

Metais de revestimento Metais de revestimento são compósitos metal-metal, também chamados *clad metals*. Um exemplo comum de **revestimento** é o das moedas cor de prata dos Estados Unidos. Uma liga de Ni com 80% de Cu é unida em ambos os lados a uma liga de Ni com 20% de Cu. A proporção de espessura é de aproximadamente 1/6:2/3:1/6. A liga com alto teor de níquel é de cor prata, enquanto o núcleo com predominância de cobre responde pelo baixo custo.[4]

Materiais de revestimento oferecem uma combinação de boa resistência à corrosão com alta durabilidade. *Alclad* é um revestimento no qual o alumínio comercialmente puro é unido a ligas de alumínio de alta resistência. O alumínio puro protege a liga de mais alta resistência contra a corrosão. A espessura da camada de alumínio puro é de aproximadamente 1% a 15% da espessura total. O Alclad é utilizado em construções de aeronaves, trocadores de calor, construções de edifícios e tanques de armazenamento, nos quais as combinações da resistência à corrosão, durabilidade e peso leve sejam desejáveis.

Bimetálicos Indicadores e controladores de temperatura tiram vantagem dos diferentes coeficientes da expansão térmica dos dois metais de um compósito laminar. Se duas peças de metal estão aquecidas, o metal com o coeficiente mais alto de expansão térmica torna-se mais longo. Se as duas peças de metal estiverem rigidamente unidas, a diferença em seus coeficientes provoca flexão, curvando a superfície da tira. A quantidade de movimentos depende da temperatura. Medindo-se a curvatura ou deflexão da tira, é possível determinar a temperatura. Da mesma forma, se a extremidade livre da tira ativar um relé, o bimetálico poderá ligar ou desligar um forno ou ar-condicionado para regular a temperatura. Metais selecionados para **bimetálicos** devem ter (a) coeficientes muito diferentes de expansão térmica, (b) características de expansão que sejam reversíveis e reprodutíveis e (c) um alto módulo de elasticidade de forma que o dispositivo bimetálico possa funcionar por tempo longo. Em geral, a tira de baixa expansão é feita de Invar, uma liga de ferro-níquel, e a tira de alta expansão pode ser latão, Monel ou níquel puro.

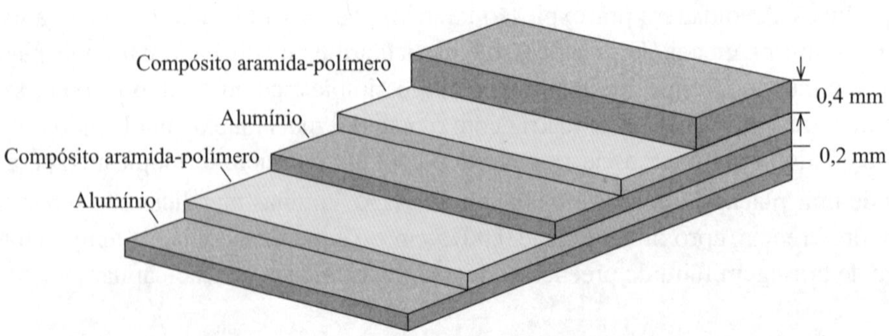

Figura 17-30 Diagrama esquemático de um laminado de polímero reforçado com aramida-alumínio, Arall.

[4] N.R.T.: No Brasil, a moeda de R$ 1,00 também é bimetálica, com o núcleo de aço inoxidável e o anel externo de aço carbono revestido com bronze.

Os bimetálicos podem atuar como disjuntores, assim como termostatos. Se uma corrente que passa pela tira torna-se muito alta, o aquecimento provoca uma deflexão no bimetálico que interrompe o circuito.

17-9 Estruturas sanduíche

Estruturas **sanduíche** têm camadas finas de um material para as faces externas, unido com um enchimento de peso leve, como espuma polimérica. Nem o material de enchimento nem o de forro é resistente ou rígido, mas o compósito possui ambas as propriedades. Um exemplo familiar é o papelão corrugado. Um núcleo corrugado de papel é unido em ambos os lados com papel grosso e liso. O núcleo corrugado e o papel de forro não são rígidos, mas a combinação, sim.

Outro exemplo importante é a estrutura similar a um favo de mel (colmeia ou *honeycombe*), utilizada em aplicações para aeronaves. Uma estrutura tipo **colmeia** é produzida colando-se tiras finas de alumínio em locais selecionados. O material da colmeia é então sobreposto a outras tiras para produzir um painel celular de massa específica muito baixa que, sozinho, é instável (Figura 17-31). Quando, porém, um forro de alumínio é unido por um adesivo às faces da estrutura colmeia, um sanduíche muito rígido, tenaz, forte e com peso excepcionalmente leve, com uma massa específica de 0,04 g/cm^3, é obtido.

As células da colmeia também podem ter uma variedade de formas, sejam elas hexagonais, quadradas, retangulares, e podem ser feitas de alumínio, fibras de vidro, papel, polímeros aramida, entre outros materiais. As células da colmeia podem ser preenchidas com espuma ou fibra de vidro, para fornecer excelente absorção de som e vibração. A Figura 17-32 descreve um método pelo qual a colmeia pode ser fabricada.

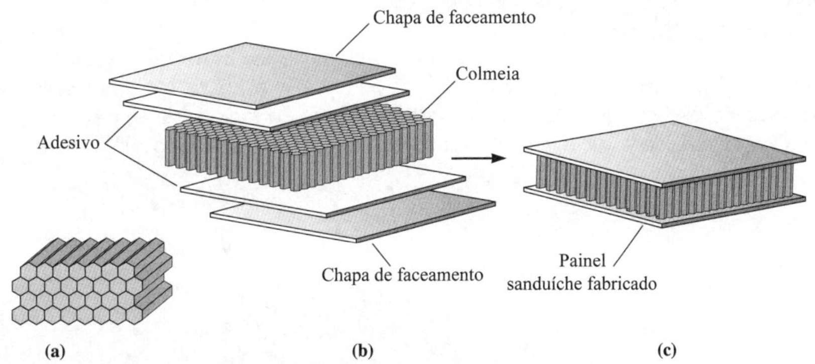

Figura 17-31 (a) Um núcleo tipo colmeia com células hexagonais, (b) pode ser unido a duas chapas metálicas por meio de filmes adesivos, (c) produzindo uma estrutura sanduíche tipo colmeia excepcionalmente leve, contudo, tenaz e resistente.

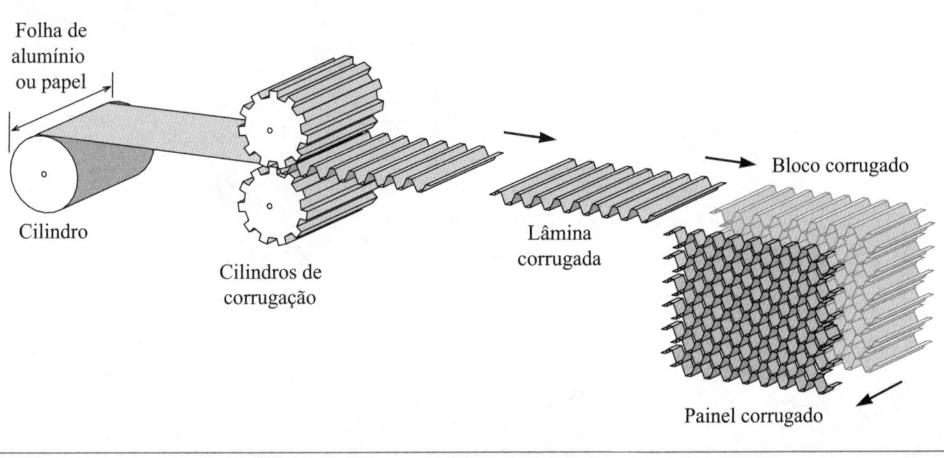

Figura 17-32 No método de corrugação para a produção do núcleo tipo colmeia, o material (como o alumínio) é corrugado entre dois cilindros. As lâminas corrugadas são unidas com adesivo e, então, cortadas na espessura desejada.

O processo de corrosão afeta muitas áreas importantes da tecnologia, inclusive a construção e a manufatura de pontes, aeronaves, navios e artigos microeletrônicos; o setor alimentício; a exploração espacial; as redes de fibra ótica; e as instalações de energia nuclear e outros tipos de energia, só para citar algumas. A corrosão pode ser evitada ou contida pelo uso de diferentes técnicas que incluem a utilização de revestimentos e uma proteção anódica ou catódica. Como o aço é o material estrutural mais importante e pode ser altamente suscetível à corrosão dependendo de sua composição, a corrosão do aço é um problema significativo de engenharia. A foto acima mostra a ferrugem formada em barras de aço usadas para reforçar o concreto (conhecidas como "barra de reforço"), quando expostas ao ambiente. A ferrugem observada normalmente no aço é o óxido de ferro, que se forma como resultado de uma reação eletroquímica conhecida como corrosão galvânica. Nesse processo, o aço é consumido para formar o óxido frágil, que pode sair com o tempo, degradando, assim, a barra. (*Glenn Volkmann/ Alamy Stock Photo*)

capítulo 18

Corrosão e desgaste

VOCÊ JÁ SE PERGUNTOU?

- Por que o ferro enferruja?
- Qual procedimento utiliza a erosão mecânica e a corrosão química no processamento de chips semicondutores?
- Se metais como o alumínio e o titânio sofrem corrosão?
- Se o processo de corrosão pode ser útil?
- Por que os tanques domésticos de aquecimento de água contêm hastes de Mg?
- O que significa a sigla WD-40®?
- De que forma o desgaste afeta a vida útil de diferentes componentes, como virabrequim?

OBJETIVOS DE APRENDIZAGEM DO CAPÍTULO

Os principais objetivos deste capítulo são

- Apresentar os mecanismos e fatores que contribuem para a corrosão eletroquímica em materiais.
- Considerando um par de metais em contato elétrico dentro de um meio aquoso, prever qual metal irá agir como o ânodo, qual irá atuar como o cátodo e calcular a diferença de potencial entre eles.
- Calcular a taxa de corrosão de um ânodo utilizando a equação de Faraday.
- Calcular o potencial de eletrodo de uma meia célula em uma solução utilizando a equação de Nernst.
- Identificar as características microestruturais de um metal que promovem a corrosão eletroquímica.
- Explicar o funcionamento de uma bateria e o processo de galvanização.
- Escolher técnicas de processamento e incorporar características de projeto que minimizem a corrosão e o desgaste para aplicações de engenharia mecânica.
- Explicar como os polímeros são suscetíveis à degradação devido a micróbios e ao meio ambiente.
- Prever a morfologia de um filme de óxido de metal.
- Explicar os mecanismos físicos para os processos de desgaste e erosão.

A composição e a integridade física de um material sólido são alteradas em um ambiente corrosivo. Na corrosão química, um líquido corrosivo dissolve o material. Metais e algumas cerâmicas reagem com um ambiente gasoso, geralmente em temperaturas elevadas, e o material pode ser destruído pela formação de óxidos ou outros compostos. Os polímeros se degradam quando expostos ao oxigênio em elevadas temperaturas. Os materiais podem ser alterados quando expostos à radiação ou até mesmo a bactérias. Além disso, uma série de mecanismos de desgaste e corrosão por desgaste altera a forma dos materiais.

Ferrugem é uma palavra comumente associada à corrosão. Quando se pensa em corrosão, pode vir à mente a imagem de um carro enferrujado que foi abandonado. Neste capítulo, aprenderemos que a ferrugem que se forma, por exemplo, em um painel de aço de um automóvel, é composta por óxidos e hidróxidos de ferro. Esse processo específico de enferrujamento ou corrosão ocorre porque os átomos do metal são removidos do material sólido como resultado de um circuito elétrico que é produzido. A perda de átomos degrada o metal e, em alguns casos, como na ferrugem do aço, um subproduto sólido é formado. Se o mesmo carro tivesse permanecido em uma garagem limpa e seca, seria muito menos provável que a corrosão ocorresse. Desse modo, podemos intuir que a corrosão também está relacionada ao ambiente e, de fato, a **corrosão eletroquímica**, do modo como descrevemos aqui, em geral ocorre em um meio aquoso, como a água, o solo ou o ar úmido. A corrosão ocorre durante um período de tempo, em temperaturas altas ou baixas.

A corrosão, em suas várias formas, é um fenômeno dispendioso. Prova disso é que ela custa aos Estados Unidos aproximadamente 3% de seu produto interno bruto, ou seja, centenas de bilhões de dólares a cada ano. A corrosão afeta os sistemas de transporte (pontes, aquedutos, carros, aeronaves, trens e navios), serviços públicos (energia elétrica, água, telecomunicações e usinas nucleares), produção e fabricação (indústrias alimentícias, produtos microeletrônicos e refinarias de petróleo) e sistemas de armazenamento de materiais, apenas para mencionar algumas possibilidades. Os engenheiros precisam incorporar mais características específicas de projeto ou escolher materiais mais caros, a fim de evitar a corrosão. Quando a corrosão ocorre, é preciso fazer reparos e substituir peças. E ao ocorrerem falhas em virtude da corrosão, em geral, estas ocasionam muitos prejuízos e, em alguns casos, podem ser fatais.

Embora geralmente pensemos em corrosão como algo prejudicial, ela pode ser usada para depositar revestimentos metálicos em produtos por meio de um processo conhecido como **galvanização**. A corrosão é o princípio básico da tecnologia das baterias. Os processos de corrosão química e erosão são usados para fabricar superfícies ultralisas de *wafers* de silício para o processamento microeletrônico. A degradação ou dissolução de certos biopolímeros é útil em algumas aplicações médicas, como suturas solúveis.

O objetivo deste capítulo é apresentar os princípios e mecanismos por meio dos quais a corrosão e o desgaste ocorrem sob diferentes condições. Isso inclui a corrosão eletroquímica, a oxidação de metais, a corrosão de cerâmicas e a degradação dos polímeros. Veremos como diferentes fatores afetam a taxa de corrosão. Iremos prever se a corrosão ocorrerá em um sistema de materiais específico recorrendo ao uso de uma **série galvânica**, que consiste na tabulação das tendências de corrosão de diversos metais em determinado ambiente. Analisaremos de que modo a microestrutura dos materiais influencia a corrosão e verificaremos estratégias para evitá-la.

18-1 Corrosão química

Na **corrosão química**, ou dissolução direta, um material se dissolve em um meio líquido corrosivo. O material continua a ser dissolvido até que seja consumido ou que o líquido esteja saturado. Um exemplo disso é o desenvolvimento de uma pátina verde na superfície de ligas com base de cobre. Isso se deve à formação de carbonato de cobre e hidróxidos de cobre, e é por essa razão, por exemplo, que a Estátua da Liberdade é esverdeada. A corrosão química do cobre, tântalo, silício, dióxido de silício e outros materiais pode ser realizada sob condições extremamente bem controladas. No processamento de *wafers* de silício, por exemplo, um processo conhecido como polimento químico-mecânico utiliza uma mistura corrosiva com base de sílica para gerar erosão mecânica. Esse processo cria superfícies extremamente lisas, adequadas para o processamento de *wafers* de silício. A corrosão química também ocorre na natureza. Por exemplo, a corrosão química de rochas por ácido carbônico (H_2CO_3) e a erosão mecânica do vento e da água desempenham um papel importante na formação de cânions e cavernas.

Ataque de metal líquido O metal líquido ataca um sólido primeiro em locais de alta energia, como contornos de grão. Se essas regiões continuarem sendo atacadas preferencialmente, surgirão trincas (Figura 18-1). Em geral, essa forma de corrosão é complicada pela presença de fluxos que aceleram o ataque ou pela corrosão eletroquímica. Metais agressivos, como lítio líquido, também podem atacar cerâmicas.

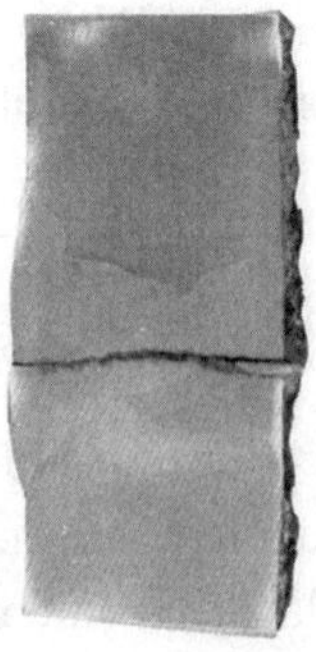

Figura 18-1 O chumbo fundido é mantido em panelas grossas de aço durante o refinamento. Nesse caso, o chumbo derretido atacou uma solda em uma placa de aço e houve o desenvolvimento de trincas. Com o tempo, as trincas se propagam pelo aço e o chumbo derretido vaza da panela. (*Cortesia de Don Askeland.*)

Lixiviação seletiva Um determinado elemento de uma liga pode ser dissolvido, ou lixiviado, seletivamente do sólido. A **dezincificação** ocorre em ligas de latão que contêm mais de 15% de Zn. O cobre e o zinco são dissolvidos por soluções aquosas em temperaturas elevadas; os íons de zinco permanecem na solução, enquanto os íons de cobre são depositados novamente no latão (Figura 18-2). Com o tempo, o latão se torna poroso e fraco.

A **corrosão grafítica** do ferro fundido cinzento ocorre quando o ferro é dissolvido de forma seletiva em água (na água ou no solo), deixando para trás flocos de grafita interconectados e um produto de corrosão. A corrosão grafítica localizada normalmente causa vazamento ou falha de gasodutos de ferro cinzento enterrados, algumas vezes levando a explosões.

Dissolução e oxidação de cerâmicas Refratários cerâmicos usados para conter metais derretidos durante a fusão ou refinamento podem ser dissolvidos pelos resíduos produzidos na superfície do metal. Por exemplo, um refratário ácido (alta concentração de SiO_2) é atacado rapidamente por um resíduo básico (alta concentração de CaO ou MgO). Um vidro produzido com SiO_2 e Na_2O é rapidamente atacado por água; deve-se adicionar CaO ao vidro para minimizar esse ataque. O ácido nítrico pode lixiviar seletivamente o ferro ou a sílica de algumas cerâmicas, reduzindo sua resistência e massa específica. A resistência dos vidros silicatos depende de defeitos que normalmente são criados por interações corrosivas com água.

Ataque químico em polímeros Comparados aos metais e às cerâmicas, os polímeros são considerados resistentes à corrosão. Teflon® e Viton® são alguns dos materiais mais resistentes à corrosão e são utilizados em muitas aplicações, inclusive na indústria de processamento químico. Esses e outros materiais poliméricos conseguem resistir à presença de muitos líquidos ácidos, básicos e orgânicos. No entanto, solventes agressivos geralmente se difundem em polímeros termoplásticos de baixo peso molecular. À medida que o solvente é incorporado ao polímero, as moléculas menores de solvente separam as cadeias, causando inchaço. A força das ligações entre as cadeias diminui. Isso leva a polímeros mais macios e fracos, com baixas temperaturas de transição vítrea. Em casos extremos, o inchaço ocasiona trincamento devido à tensão.

Os termoplásticos também podem ser dissolvidos em um solvente. A exposição prolongada gera uma perda de material e um enfraquecimento da peça polimérica. Esse processo ocorre com mais facilidade quando a temperatura é elevada e o polímero tem um baixo peso molecular, é altamente ramificado, amorfo e não é interconectado. A estrutura do monômero também é importante; os grupos CH_3 da cadeia polimérica do polipropileno são removidos

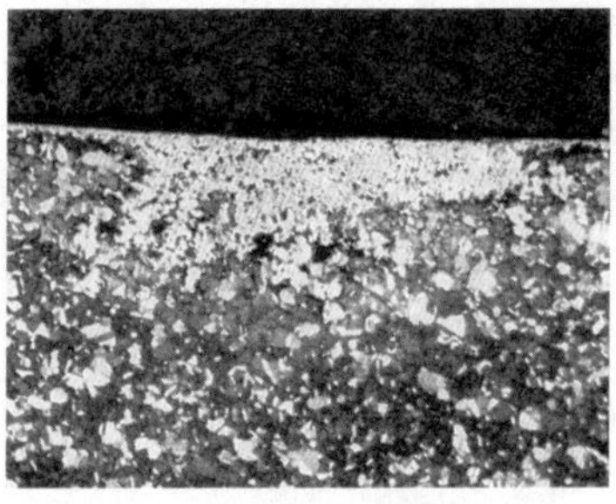

Figura 18-2 Micrografia de um depósito de cobre no latão, mostrando o efeito da dezincificação (aumento original de 50×). (*Cortesia de Don Askeland.*)

mais facilmente da cadeia do que os íons de cloreto ou fluoreto no cloreto de polivinil (PVC) ou politetrafluoretileno (Teflon®). O Teflon tem uma resistência excepcional ao ataque químico de quase todos os solventes.

18-2 Corrosão eletroquímica

A corrosão eletroquímica, a forma mais comum de ataque químico a metais, ocorre quando os átomos do metal perdem elétrons e se transformam em íons. À medida que o metal é gradualmente consumido por esse processo, em geral, acontece a formação de um subproduto do processo de corrosão. Mais frequentemente, a corrosão eletroquímica ocorre em um meio aquoso, no qual os íons estão presentes na água, no solo ou no ar úmido. Nesse processo, cria-se um circuito elétrico, e o sistema é denominado **célula eletroquímica**. A corrosão de um tubo de aço ou a da lataria de aço de um automóvel, criando orifícios no aço e ferrugem como subproduto, são exemplos dessa reação.

Embora responsáveis pela corrosão, as células eletroquímicas também podem ser úteis. Ao criarmos propositalmente um circuito elétrico, podemos *depositar* revestimentos protetivos e decorativos em materiais. Em alguns casos, a corrosão eletroquímica é, até mesmo, desejada. Por exemplo, ao fazermos um ataque químico em uma superfície metálica polida, utilizando um ácido apropriado, diversas características na microestrutura são reveladas permitindo a análise do material por técnicas de microscopia. Na verdade, a maioria das fotografias de microestruturas de metais e ligas, neste livro, foi obtida dessa maneira, possibilitando, por exemplo, a observação da perlita em um aço ou contornos de grão no cobre.

Componentes de uma célula eletroquímica Existem quatro componentes básicos de uma célula eletroquímica (Figura 18-3):

1. O **ânodo** libera elétrons para o circuito e sofre corrosão.
2. O **cátodo** recebe elétrons do circuito através de uma reação química, ou catódica. Os íons que se combinam com os elétrons produzem um subproduto no cátodo.
3. O ânodo e o cátodo devem estar eletricamente conectados, a fim de permitir aos elétrons fluírem do ânodo para o cátodo, para continuar a reação.
4. Um **eletrólito** líquido precisa estar em contato com o ânodo e com o cátodo. Esse eletrólito é condutor, completando, desse modo, o circuito. Ele proporciona o meio pelo qual íons metálicos deixam a superfície do ânodo e se movem para o cátodo, para receber os elétrons.

Essa descrição de uma célula eletroquímica define a corrosão eletroquímica. Se íons metálicos são depositados no cátodo, ocorre a *eletrodeposição*.

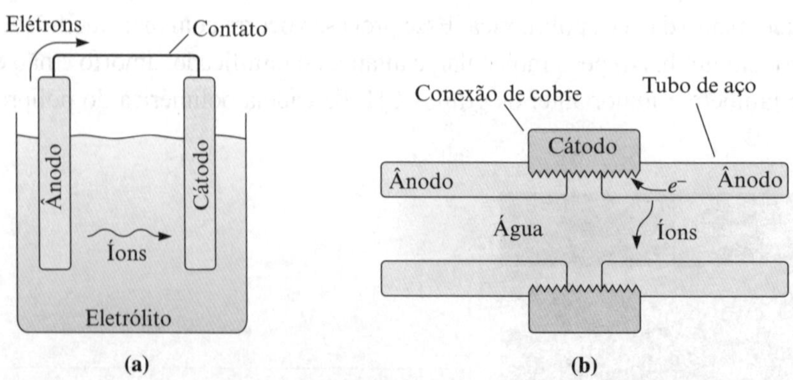

Figura 18-3 Os componentes em uma célula eletroquímica: (a) uma célula eletroquímica simples e (b) uma célula de corrosão entre uma tubulação de água feita de aço e uma conexão de cobre.

Reação anódica O ânodo, que é um metal, passa por uma **reação de oxidação** pela qual átomos metálicos são ionizados. Os íons metálicos entram na solução eletrolítica, enquanto os elétrons deixam o ânodo por meio da conexão elétrica:

$$M \rightarrow M^{n+} + ne^- \qquad (18\text{-}1)$$

Aqui, M representa o átomo de metal, ou íon, n é a carga do íon do metal e e^- representa elétrons. Como os íons do metal deixam o ânodo, este corrói ou oxida.

Reação catódica na eletrodeposição Uma **reação catódica de redução**, que é o reverso da reação anódica, ocorre no cátodo:

$$M^{n+} + ne^- \rightarrow M \qquad (18\text{-}2)$$

Os íons do metal, sejam intencionalmente acrescentados ao eletrólito ou formados pela reação anódica, combinam com elétrons no cátodo. O metal, então, forma um revestimento e cobre a superfície do cátodo. No entanto, observe que a eletrodeposição é um caso especial, que não ocorre sempre.

Reação catódica na corrosão Exceto em condições particulares, o revestimento de um metal não ocorre durante a corrosão eletroquímica. Em vez disso, a reação de redução forma um subproduto gasoso, sólido ou líquido no cátodo (Figura 18-4). A reação que ocorre no cátodo depende do ambiente catódico. Três reações comuns serão discutidas aqui.

1. *O eletrodo de hidrogênio*: nos líquidos sem oxigênio, como o ácido clorídrico (HCl) ou em águas estagnadas, o gás hidrogênio pode ser liberado no cátodo:

$$2H^+ + 2e^- \rightarrow H_2 \uparrow \text{ (gás)} \qquad (18\text{-}3)$$

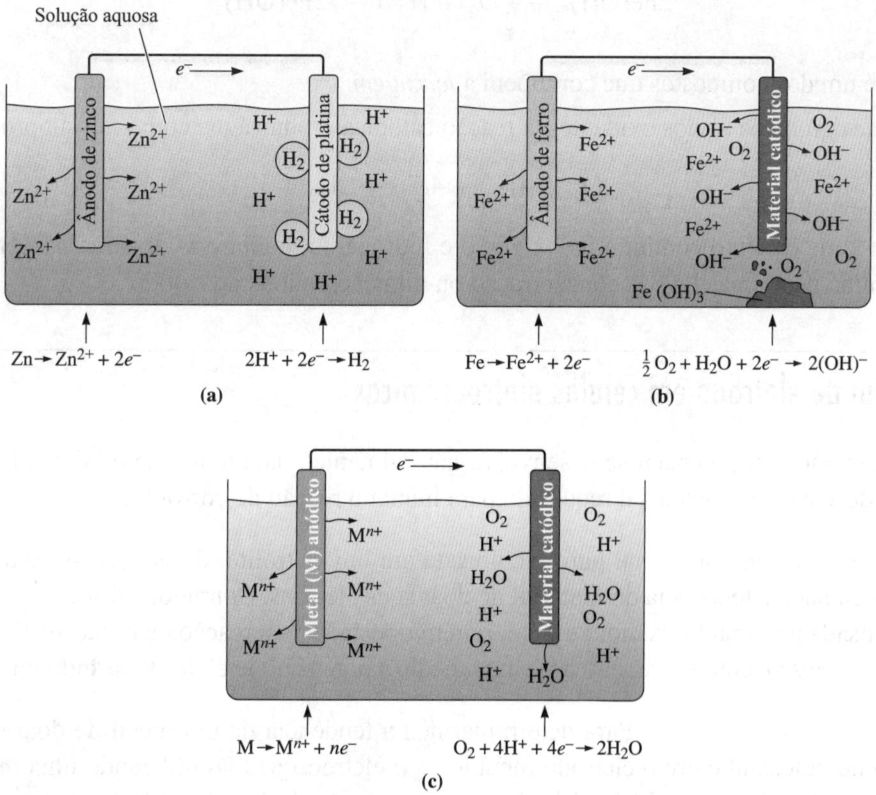

Figura 18-4 As reações anódicas e catódicas em células típicas de corrosão eletroquímica: (a) o eletrodo de hidrogênio, (b) o eletrodo de oxigênio e (c) o eletrodo de água.

Se o zinco fosse colocado em um ambiente como esse, veríamos que a reação geral é

$$\begin{aligned} &Zn \rightarrow Zn^{2+} + 2e^- \text{ (reação do ânodo)} \\ &2H^+ + 2e^- \rightarrow H_2 \uparrow \text{ (reação do cátodo)} \\ &Zn + 2H^+ \rightarrow Zn^{2+} + H_2 \uparrow \text{ (reação geral)} \end{aligned} \qquad (18\text{-}4)$$

O ânodo de zinco dissolve gradualmente, e bolhas de hidrogênio continuam a se formar no cátodo.

2. *O eletrodo de oxigênio*: em águas gaseificadas, o oxigênio está disponível no cátodo, e os íons hidroxila, ou $(OH)^-$, se formam:

$$\frac{1}{2}O_2 + H_2O + 2e^- \rightarrow 2(OH)^- \qquad (18\text{-}5)$$

O eletrodo enriquece o eletrólito nos íons $(OH)^-$. Esses íons reagem com íons metálicos positivamente carregados e produzem um produto sólido. No caso da ferrugem do ferro:

$$\begin{aligned} &Fe \rightarrow Fe^{2+} + 2e^- \text{ (reação do ânodo)} \\ &\left.\begin{aligned} &\frac{1}{2}O_2 + H_2O + 2e^- \rightarrow 2(OH)^- \\ &Fe^{2+} + 2(OH)^- \rightarrow Fe(OH)_2 \end{aligned}\right\} \text{ (reação do cátodo)} \\ &Fe + \frac{1}{2}O_2 + H_2O \rightarrow Fe(OH)_2 \text{ (reação geral)} \end{aligned} \qquad (18\text{-}6)$$

A reação continua à medida que o $Fe(OH)_2$ reage com mais oxigênio e água:

$$2Fe(OH)_2 + \frac{1}{2}O_2 + H_2O \rightarrow 2Fe(OH)_3 \qquad (18\text{-}7)$$

O $Fe(OH)_3$ é um dos compostos que compõem a *ferrugem.*

3. *O eletrodo de água*: nos ácidos oxidantes, a reação catódica produz água como um subproduto:

$$O_2 + 4H^+ + 4e^- \rightarrow 2H_2O \qquad (18\text{-}8)$$

Se houver o fornecimento contínuo de oxigênio e hidrogênio, o eletrodo de água não produz acúmulo de ferrugem sólida nem uma elevada concentração ou diluição de íons no cátodo.

18-3 O potencial de eletrodo em células eletroquímicas

No processo de corrosão, um potencial se desenvolve naturalmente quando um material é colocado em solução. Vejamos como se desenvolve o potencial requerido para iniciar a reação de corrosão.

Potencial de eletrodo Quando um metal puro é colocado em um eletrólito, desenvolve-se um **potencial de eletrodo** que está relacionado à tendência do material de doar seus elétrons. Contudo, a força motriz para a reação de oxidação é compensada por uma força motriz igual, porém oposta, para a reação de redução. Não ocorre nenhuma corrosão resultante. Consequentemente, não podemos medir o potencial de eletrodo usando um único eletrodo.

Série de valores de força eletromotriz Para determinarmos a tendência de um metal de doar seus elétrons, medimos a diferença de potencial entre o eletrodo metálico e o eletrodo padrão utilizando uma meia célula (Figura 18-5). O eletrodo metálico a ser testado é colocado em uma solução de 1 molar (M) de seus íons. Um eletrodo de referência também é colocado em uma solução de 1 M de íons. O eletrodo de referência em geral é um metal inerte, como a platina, que conduz elétrons, mas não reage com o eletrólito. É comum o uso de uma solução de 1 M

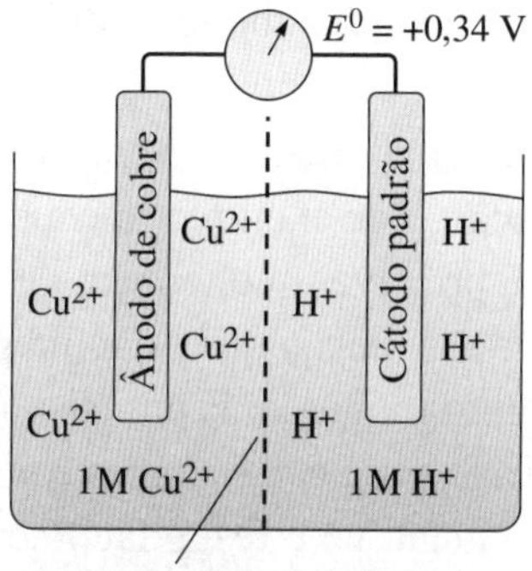

Figura 18-5 A meia célula utilizada para medir o potencial de eletrodo do cobre em condições padrão. O potencial de eletrodo do cobre é a diferença de potencial entre ele e o eletrodo padrão do hidrogênio em um circuito aberto. Uma vez que E^0 é maior do que zero, o cobre é catódico em comparação ao eletrodo de hidrogênio.

de íons de hidrogênio (H^+) com o eletrodo referência. A reação que ocorre nesse eletrodo de hidrogênio é $2H^+ + 2e^- \rightarrow H_2 \uparrow$. O H_2 gasoso é fornecido ao eletrodo de hidrogênio. Uma célula eletroquímica como esta é conhecida como célula padrão quando as medidas são efetuadas a 25 ºC e à pressão atmosférica com concentrações de 1 M de eletrólitos. Os dois eletrólitos estão em contato elétrico, mas não podem misturar-se entre si. Cada eletrodo estabelece seu próprio potencial. Ao medirmos a voltagem entre os dois eletrodos quando o circuito é aberto, obtemos a diferença de potencial. O potencial do eletrodo de hidrogênio é arbitrariamente definido como igual a zero volt. Se o metal tiver maior tendência de doar elétrons do que o eletrodo de hidrogênio, então o potencial do metal será negativo – o metal será anódico com relação ao eletrodo de hidrogênio. Se o potencial do metal for positivo, o metal será catódico em relação ao elétrodo de hidrogênio.

A **série de valores de força eletromotriz (FEM)**, mostrada na Tabela 18-1, compara o potencial padrão do eletrodo E^0 para cada metal com o do eletrodo de hidrogênio a 25 ºC e utilizando uma solução de 1 M de íons no

Tabela 18-1 • Os potenciais de redução padrão para elementos e reações selecionados

	Metal	Potencial do eletrodo E^0 (Volts)
Anódico ↑	$Li^+ + e^- \rightarrow Li$	−3,05
	$Mg^{2+} + 2e^- \rightarrow Mg$	−2,37
	$Al^{3+} + 3e^- \rightarrow Al$	−1,66
	$Ti^{2+} + 2e^- \rightarrow Ti$	−1,63
	$Mn^{2+} + 2e^- \rightarrow Mn$	−1,63
	$Zn^{2+} + 2e^- \rightarrow Zn$	−0,76
	$Cr^{3+} + 3e^- \rightarrow Cr$	−0,74
	$Fe^{2+} + 2e^- \rightarrow Fe$	−0,44
	$Ni^{2+} + 2e^- \rightarrow Ni$	−0,25
	$Sn^{2+} + 2e^- \rightarrow Sn$	−0,14
	$Pb^{2+} + 2e^- \rightarrow Pb$	−0,13
	$2H^+ + 2e^- \rightarrow H_2$	0,00 — (definido)
	$Cu^{2+} + 2e^- \rightarrow Cu$	+0,34
	$O_2 + 2H_2O + 4e^- \rightarrow 4OH^-$	+0,40
	$Ag^+ + e^- \rightarrow Ag$	+0,80
	$Pt^{4+} + 4e^- \rightarrow Pt$	+1,20
	$O_2 + 4H^+ + 4e^- \rightarrow 2H_2O$	+1,23
Catódico ↓	$Au^{3+} + 3e^- \rightarrow Au$	+1,50

eletrólito. Note que a medição do potencial é feita quando o circuito elétrico está aberto. A diferença de voltagem começa a se modificar assim que o circuito é fechado.

Quanto mais negativo é o valor do potencial para a oxidação de um metal, mais eletropositivo é o metal. Isso significa que ele terá maior tendência de sofrer uma reação de oxidação. Por exemplo, metais alcalinos e alcalinoterrosos (por exemplo, Li, K, Ba, Sr e Mg) são tão reativos que é provável que tenham de ser mantidos em condições que evitem qualquer contato com o oxigênio. Por outro lado, os metais que estão na parte de baixo do gráfico (como Ag, Au e Pt) não apresentarão a tendência de reagir com o oxigênio. É por isso que os chamamos "metais nobres". Metais como Fe, Cu e Ni têm reatividades intermediárias. Essa não é a única consideração a fazer. O alumínio, por exemplo, tem um potencial de eletrodo padrão muito negativo e reage facilmente com o oxigênio para formar óxido de alumínio. Ele também reage facilmente com o flúor para formar fluoreto de alumínio. Os dois compostos formam uma camada resistente e impenetrável que ajuda a interromper a corrosão. O titânio também reage prontamente com o oxigênio. O óxido de titânio, formado rapidamente, cria uma barreira que evita maior difusão de espécies e, desse modo, evita que a oxidação continue. É por isso que o alumínio e o titânio são altamente reativos, mas podem resistir excepcionalmente bem à corrosão. Observe que a série FEM nos informa sobre a viabilidade termodinâmica e a força motriz, mas *não* nos informa quanto à cinética da reação.

Efeito da concentração no potencial de eletrodo O potencial de eletrodo depende da concentração do eletrólito. A 25 °C, a **equação de Nernst** fornece o potencial de eletrodo em soluções não padrão:

$$E = E^0 + \frac{0,0592}{n} \log (C_{\text{ion}}) \tag{18-9}$$

em que E é o potencial de eletrodo em solução contendo uma concentração C_{ion} do metal em unidades molares, n é a carga no íon metálico e E^0 é o potencial de eletrodo padrão em uma solução de 1 M. Observe que quando C_{ion} = 1M, $E = E^0$. O exemplo a seguir ilustra o cálculo do potencial de eletrodo.

Exemplo 18-1 *Potencial de meia célula do cobre*

Suponha que 1 g de cobre, na forma de Cu^{2+}, seja dissolvido em 1.000 g de água para produzir um eletrólito. Calcule o potencial de eletrodo da meia célula de cobre nesse eletrólito. Considere que $T = 25$ °C.

Solução

Sabemos que a solução padrão de 1 M de Cu^{2+} é obtida quando adicionamos 1 mol de Cu^{2+} (quantidade igual à massa atômica do cobre) a 1 L (ou 1.000 g) de água. A massa atômica do cobre é de 63,55 g/mol. A concentração da solução quando somente 1 g de cobre é adicionado deve ser a seguinte

$$C_{\text{ion}} = \frac{1}{63,55} = 0,0157 \text{ M}$$

Com base na equação de Nernst, com $n = 2$ e $E^0 = +\,0,34$ V,

$$E = E^0 + \frac{0,0592}{n} \log (C_{\text{ion}}) = 0,34 + \frac{0,0592}{2} \log (0,0157)$$
$$= 0,34 + (0,0296)(-1,80) = 0,29 \text{ V}$$

Taxa de corrosão ou de recobrimento A quantidade de metal revestido no cátodo, no processo de eletrodeposição, ou removido do ânodo pela corrosão, pode ser determinada por meio da **equação de Faraday**,

$$w = \frac{ItM}{n\text{F}} \tag{18-10}$$

em que w é a massa revestida ou corroída (g), I é a corrente (A), M é a massa atômica do metal (g/mol), n é a carga do íon do metal, t é o tempo (s) e F é a constante de Faraday (96.500 C/mol). O produto It (com unidades de C) é a carga total que é removida do ânodo (e transferida para o cátodo). A quantidade de nF/M é a carga por grama do material sob consideração. Assim, a razão entre esses termos é a massa de material depositado (ou corroído). Em outras palavras, essa lei define que um equivalente-grama de um metal será depositado por 96.500 C de carga. Geralmente, a corrente é expressa em termos da densidade de corrente, $i = I/A$, desse modo, a Equação 18-10 se torna

$$w = \frac{iAtM}{n\text{F}} \tag{18-11}$$

em que A é a área de superfície do ânodo ou cátodo.

Os exemplos a seguir ilustram o uso da equação de Faraday para calcular a densidade de corrente.

Exemplo 18-2 *Projeto de um processo de recobrimento de cobre*

Projete um processo para galvanizar uma camada de cobre de 0,1 cm de espessura em uma superfície catódica de 1 cm × 1 cm.

Solução

A fim de produzirmos uma camada de 0,1 cm de espessura em uma área de 1 cm^2, a massa de cobre deve ser

$$\rho_{\text{Cu}} = 8{,}93 \text{ g/cm}^3 \qquad A = 1 \text{ cm}^2$$

$$\text{Volume de cobre} = (1 \text{ cm}^2)(0{,}1 \text{ cm}) = 0{,}1 \text{ cm}^3$$

$$\text{Massa de cobre} = (8{,}93 \text{ g/cm}^3)(0{,}1 \text{ cm}^3) = 0{,}893 \text{ g}$$

Com base na equação de Faraday, na qual $M_{\text{Cu}} = 63{,}55$ g/mol e $n = 2$:

$$It = \frac{wn\text{F}}{M} = \frac{(0{,}893 \text{ g})(2)(96.500 \text{ C/mol})}{(63{,}55 \text{ g/mol})} = 2.712 \text{ A} \cdot \text{s}$$

Portanto, podemos utilizar várias diferentes combinações de corrente e tempo para produzir o revestimento:

Corrente	Tempo
0,1 A	27.120 s = 7,5 h
1,0 A	2.712 s = 45 min
10,0 A	271,2 s = 4,5 min
100,0 A	27,12 s = 0,45 min

Nossa escolha da combinação exata de corrente e tempo pode ser feita com base na taxa de produção e qualidade do revestimento. Baixas correntes requerem longos períodos de aplicação, o que, talvez, torne o processo economicamente inviável. Entretanto, altas correntes podem reduzir a eficiência do revestimento, que pode depender da composição do eletrólito que contém os íons de cobre, assim como de quaisquer impurezas ou aditivos que estejam presentes. Correntes de 10 A ou 100 A são muito elevadas – podem iniciar outras reações colaterais não desejadas. O depósito também pode não ser uniforme e liso. Podem ser necessários maior conhecimento e experiência a fim de definir o processo de revestimento mais econômico e eficiente. Uma corrente de aproximadamente 1 A e um tempo de cerca de 45 minutos não são incomuns em operações de eletrodeposição.

Exemplo 18-3 *Corrosão do ferro*

Um recipiente de ferro de 10 cm × 10 cm em sua base é preenchido a uma altura de 20 cm com um líquido corrosivo. Uma corrente é produzida, como resultado de uma célula eletrolítica, e depois de quatro semanas o recipiente teve sua massa diminuída em 70 g. Calcule (a) a corrente e (b) a densidade de corrente envolvida na corrosão do ferro.

Solução

(a) O tempo total de exposição é

$$t = (4 \text{ semanas})(7 \text{ dias/semana})(24 \text{ horas/dia})(3.600 \text{ segundos/hora}) = 2{,}42 \times 10^6 \text{ s}$$

Com base na equação de Faraday, utilizando $n = 2$ e $M = 55{,}847$ g/mol,

$$I = \frac{wnF}{tM} = \frac{(70 \text{ g})(2)(96.500 \text{ C/mol})}{(2{,}42 \times 10^6 \text{ s})(55{,}847 \text{ g/mol})}$$
$$= 0{,}1 \text{ A}$$

(b) A área superficial total do ferro em contato com o líquido corrosivo e a densidade de corrente são

$$A = (4 \text{ lados})(10 \text{ cm} \times 20 \text{ cm}) + (1 \text{ parte inferior})(10 \text{ cm} \times 10 \text{ cm}) = 900 \text{ cm}^2$$
$$i = \frac{I}{A} = \frac{0{,}1 \text{ A}}{900 \text{ cm}^2} = 1{,}11 \times 10^{-4} \text{ A/cm}^2$$

Exemplo 18-4 *Célula de corrosão de cobre-zinco*

Suponha que em uma célula de corrosão composta de cobre e zinco, a densidade de corrente no cátodo de cobre seja de 0,05 A/cm². A área dos eletrodos de cobre e de zinco é de 100 cm². Calcule (a) a corrente de corrosão, (b) a densidade de corrente no ânodo de zinco e (c) o zinco perdido no ânodo em uma hora.

Solução

(a) A corrente de corrosão é

$$I = i_{Cu}A_{Cu} = (0{,}05 \text{ A/cm}^2)(100 \text{ cm}^2) = 5 \text{ A}$$

(b) A corrente na célula é a mesma em todos os pontos. Assim,

$$i_{Zn} = \frac{I}{A_{Zn}} = \frac{5 \text{ A}}{100 \text{ cm}^2} = 0{,}05 \text{ A/cm}^2$$

(c) A massa atômica do zinco é de 65,38 g/mol. Existem 3.600 s em uma hora. Com base na equação de Faraday:

$$w_{Zn} = \frac{ItM}{nF} = \frac{(5 \text{ A})(3.600 \text{ s})(65{,}38 \text{ g/mol})}{(2)(96.500 \text{ C/mol})} = 6{,}1 \text{ g}$$

18-4 A corrente de corrosão e a polarização

Para proteger os metais da corrosão, a corrente deve ser a menor possível. Infelizmente, é muito difícil medir, controlar ou prever a corrente de corrosão. Parte dessa dificuldade pode ser atribuída a diversas modificações que ocorrem durante a operação da célula de corrosão. Uma mudança no potencial de um ânodo ou cátodo, que, por sua vez, afeta a corrente na célula, é chamada **polarização**. Existem três importantes tipos de polarização: (1) por ativação, (2) por concentração e (3) por resistência.

Polarização por ativação Esse tipo está relacionado à energia necessária para fazer com que ocorram reações anódicas ou catódicas. Se pudermos aumentar o grau de polarização, essas reações ocorrerão com maior dificuldade e a taxa de corrosão será reduzida. Pequenas diferenças na composição e na estrutura em materiais anódicos e catódicos alteram drasticamente a polarização por ativação. Os efeitos da segregação nos eletrodos fazem com que a polarização por ativação varie de um local para outro. Tais fatores dificultam a previsão da corrente de corrosão.

Polarização por concentração Depois que a corrosão tem início, a concentração de íons na superfície do ânodo ou cátodo pode se modificar. Por exemplo, uma maior concentração de íons de metal pode existir no ânodo se os íons não puderem se difundir rapidamente no eletrólito. Os íons de hidrogênio podem desaparecer no cátodo em um eletrodo de hidrogênio, ou uma elevada concentração de $(OH)^-$ pode se desenvolver no cátodo em um eletrodo de oxigênio. Quando essa situação ocorre, a reação anódica ou a catódica é interrompida porque menos elétrons são doados no ânodo ou recebidos no cátodo. Em qualquer um desses exemplos, a densidade de corrente e, desse modo, a taxa de corrosão, diminui por causa da polarização por concentração. Normalmente, a polarização é menos pronunciada quando o eletrólito é altamente concentrado, a temperatura é aumentada ou o eletrólito é intensamente agitado. Cada um desses fatores aumenta a densidade de corrente e incentiva a corrosão eletroquímica.

Polarização por resistência Este tipo de polarização é provocado pela resistividade elétrica do eletrólito. Se houver maior resistência ao fluxo da corrente, a taxa de corrosão será reduzida. Mais uma vez, o grau de polarização por resistência pode mudar à medida que a composição do eletrólito se modifica durante o processo de corrosão.

18-5 Tipos de corrosão eletroquímica

Nesta seção, analisaremos algumas das formas mais comuns de corrosão eletroquímica. Primeiro, vamos falar da *corrosão uniforme.* Quando um metal é colocado em um eletrólito, algumas regiões são anódicas em relação a outras. Contudo, a localização dessas regiões se move e, até mesmo, se reverte, vez ou outra. Uma vez que as regiões anódicas e catódicas se modificam continuamente, o metal é corroído uniformemente.

A *corrosão galvânica* ocorre quando determinadas áreas sempre agem como ânodos, ao passo que outras áreas sempre atuam como cátodos. Essas células eletroquímicas são chamadas galvânicas e podem ser divididas em três tipos: **células de composição**, **células de tensão** e **células de concentração**.

Células de composição As células de composição, ou *corrosão metálica dissimilar*, desenvolvem-se quando dois metais ou ligas, por exemplo, cobre e ferro, formam uma célula eletroquímica. Em virtude do efeito dos elementos de liga e das concentrações de eletrólitos na polarização, a série FEM pode não informar quais regiões são corroídas e quais são protegidas. Em vez disso, utilizamos uma série galvânica, na qual as diferentes ligas são classificadas de acordo com suas tendências anódicas ou catódicas em determinado ambiente (Tabela 18-2). Podemos encontrar uma série galvânica para a água do mar, água doce e atmosferas industriais.

Tabela 18-2 • A série galvânica na água do mar

Extremidade anódica, ativa	Magnésio e ligas de Mg
	Zinco
	Aço galvanizado
	Alumínio 5052
	Alumínio 3003
	Alumínio 1100
	Alclad
	Cádmio
	Alumínio 2024
	Aço com baixo carbono
	Ferro fundido
	Solda de 50% Pb-50% Sn
	Aço inoxidável 316 (ativo)
	Chumbo
	Estanho
	Latão de Cu-40% Zn
	Ligas de níquel (ativas)
	Cobre
	Liga Cu-30% Ni
	Ligas de níquel (passivas)
	Aços inoxidáveis (passivos)
	Prata
	Titânio
	Grafite
	Ouro
	Platina
Extremidade catódica, nobre	

(*Baseada em* ASM Metals Handbook, *v. 10, 8. ed. ASM International, 1975.*)

Exemplo 18-5 *Corrosão de uma conexão de latão soldada*

Uma conexão de latão utilizada em uma aplicação naval é unida por soldagem branda com chumbo-estanho. O latão ou a solda sofrerão corrosão?

Solução

Com base nas séries galvânicas, verificamos que todas as ligas de cobre são mais catódicas do que uma solda de 50% Pb-50% Sn. Assim, a solda é o ânodo e corrói, e a corrosão da solda pode contaminar a água em sistemas de encanamento de água doce feitos com chumbo.

As células de composição também se desenvolvem em ligas bifásicas, e uma fase é mais anódica do que a outra. Como a ferrita é anódica para a cementita no aço, pequenas microcélulas fazem com que o aço corroa galvanicamente (Figura 18-6). Quase sempre, uma liga bifásica tem menos resistência à corrosão do que uma liga monofásica de composição similar.

A **corrosão intergranular** ocorre quando a precipitação de uma segunda fase ou segregação nos contornos de grão produz uma célula galvânica. Em ligas de zinco, por exemplo, impurezas como cádmio, estanho e chumbo segregam nos contornos de grão durante a solidificação. Os contornos de grão são anódicos em comparação ao restante dos grãos e, então, ocorre a corrosão do contorno de grão no metal (Figura 18-7). Em aços inoxidáveis austeníticos, carbonetos de cromo podem se precipitar nos contornos de grão [Figura 18-6(b)]. A formação dos carbonetos remove o cromo da austenita adjacente aos contornos. A austenita de baixo cromo (<12% de Cr) nos contornos de grão é anódica para o restante do grão e a corrosão ocorre nos contornos de grão. Em determinadas ligas de alumínio trabalhadas a frio, os contornos de grão corroem rapidamente em virtude da presença de precipitados prejudiciais. Isso faz com que os grãos de alumínio se descamem; esse processo é conhecido como esfoliação.

Células de tensão Estas células se desenvolvem quando um metal contém regiões com diferentes tensões locais. As regiões com maior tensão, ou maior energia, agem como ânodos para as áreas catódicas com menos tensão (Figura 18-8). Regiões com um tamanho de grão mais fino, ou com maior densidade de contornos de grão, são anódicas para as regiões com grãos maiores do mesmo material. Áreas altamente trabalhadas a frio são anódicas em relação às áreas menos trabalhadas a frio.

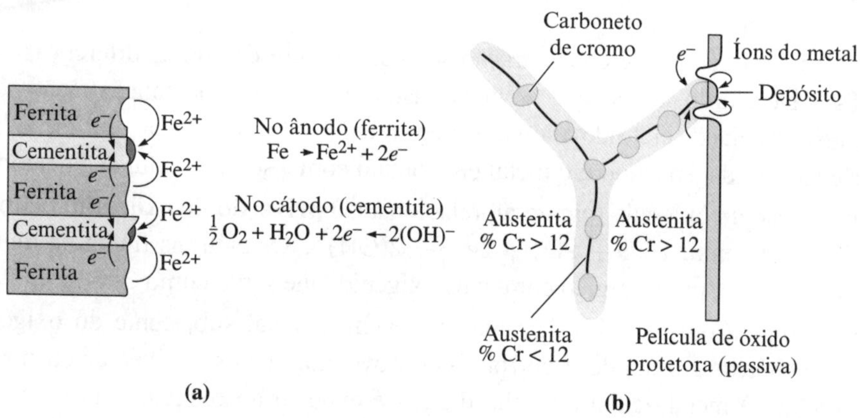

Figura 18-6 Exemplo de células microgalvânicas em ligas bifásicas: (a) em aço, a ferrita é anódica para a cementita. (b) No aço inoxidável austenítico, a precipitação de carbeto de cromo torna anódica a austenita com baixo Cr nos contornos de grão.

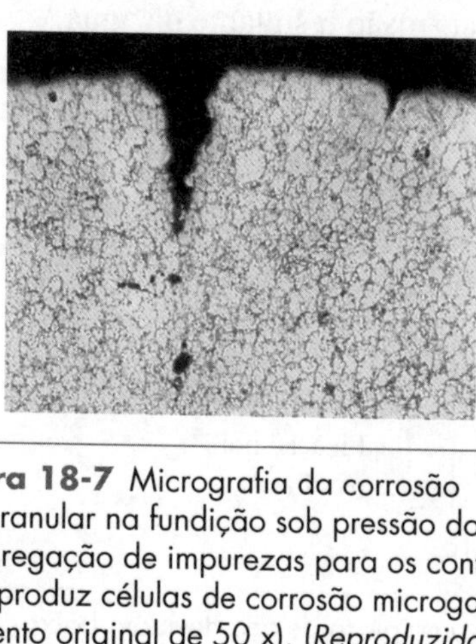

Figura 18-7 Micrografia da corrosão intergranular na fundição sob pressão do zinco. A segregação de impurezas para os contornos de grão produz células de corrosão microgalvânicas (aumento original de 50 x). (*Reproduzida com a cortesia de Don Askeland.*)

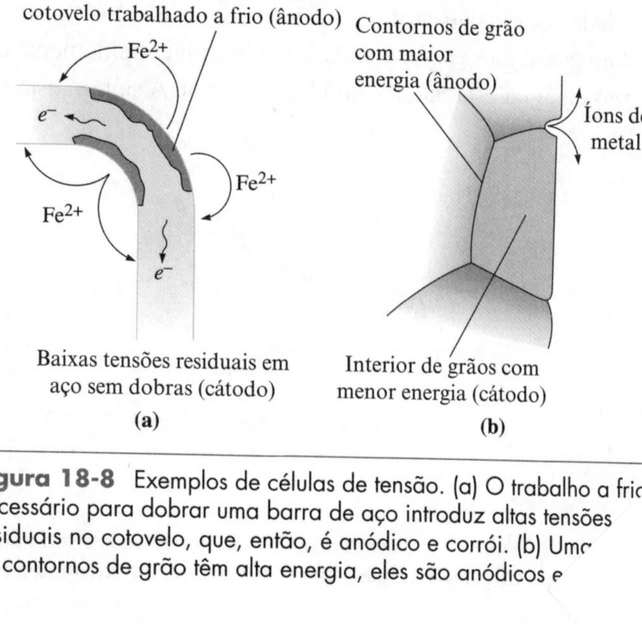

Figura 18-8 Exemplos de células de tensão. (a) O trabalho a fric necessário para dobrar uma barra de aço introduz altas tensões residuais no cotovelo, que, então, é anódico e corrói. (b) Umc os contornos de grão têm alta energia, eles são anódicos e

A **corrosão sob tensão** ocorre por ação galvânica, mas também pode se dar por outros mecanismos, como a adsorção de impurezas na ponta de uma trinca existente. A falha acontece como resultado da corrosão e da tensão aplicada. A aplicação de tensões maiores reduz o tempo necessário para a falha.

As falhas por fadiga também são iniciadas ou aceleradas quando ocorre a corrosão. A *corrosão sob fadiga* pode reduzir as propriedades por fadiga iniciando trincas (talvez, produzindo cavidades ou fendas) e aumentando a taxa à qual as trincas se propagam.

Exemplo 18-6 *Corrosão de aço trefilado a frio*

Um fio de aço trefilado a frio assume a forma de um prego por meio de deformação, produzindo a ponta em uma extremidade e a cabeça, na outra. Onde ocorrerá a corrosão mais severa do prego?

Solução

Como a cabeça e a ponta do prego sofreram um maior trabalho a frio do que a haste, elas servem como ânodos e corroem mais rapidamente.

Células de concentração As células de concentração se desenvolvem devido às diferenças na concentração do eletrólito (Figura 18-9). De acordo com a equação de Nernst, uma diferença na concentração do íon do metal provoca uma diferença no potencial de eletrodo. Para uma peça metálica de composição uniforme, o metal em contato com a solução mais concentrada é o cátodo; o metal em contato com a solução diluída é o ânodo.

A célula de concentração do oxigênio (em geral, relacionada à **privação de oxigênio**) ocorre quando a reação catódica é o elétrodo de oxigênio, $H_2O + \frac{1}{2}O_2 + 2e^- \rightarrow 2(OH)^-$. Os elétrons fluem da região onde há pouco oxigênio, que atua como ânodo, para a região com mais oxigênio, que serve como cátodo.

Depósitos, como ferrugem ou gotículas de água, protegem o metal subjacente do oxigênio. Consequentemente, o metal sob o depósito é o ânodo e corrói. Isso provoca a corrosão alveolar ou por pites. A corrosão na linha d'água é similar. O metal acima da linha d'água é exposto ao oxigênio, ao passo que o metal abaixo da linha d'água é privado do oxigênio. Assim, o metal abaixo da água corrói. Normalmente, o metal muito abaixo da superfície corrói mais lentamente do que o metal que está logo abaixo da linha d'água em virtude das diferenças na distância que os elétrons precisam percorrer. Como as trincas e fendas têm menor concentração de oxigênio do que o metal básico ao redor, a ponta da trinca ou fenda é o ânodo, que provoca a **corrosão em fresta**.

Tubulações subterrâneas podem corroer em virtude das diferenças na composição do solo. As diferenças de velocidade podem causar diferenças na concentração. Águas estagnadas apresentam baixas concentrações de oxigênio, ao passo que a água aerada e que se move rapidamente contém elevadas concentrações de oxigênio. O metal próximo da água estagnada é anódico e corrói. A seguir, está um exemplo de corrosão resultante da água.

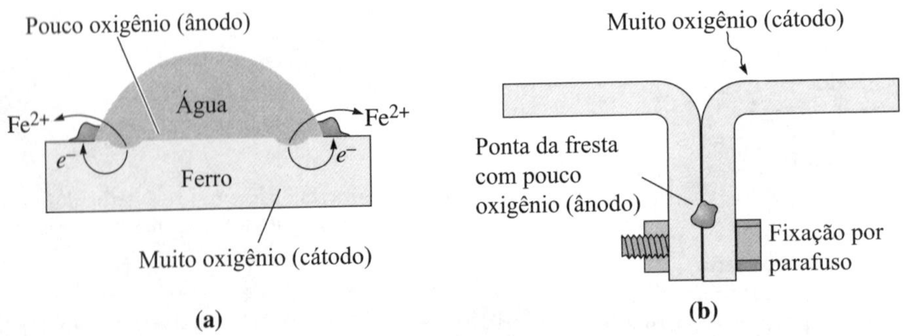

Figura 18-9 Células de concentração: (a) a corrosão ocorre sob gotículas de água em uma placa de aço devido à baixa concentração de oxigênio na água. (b) A corrosão ocorre na ponta da fresta em virtude do acesso limitado ao oxigênio.

Exemplo 18-7 *Corrosão de chapas de aço dobradas*

Duas peças de aço são conectadas mecanicamente dobrando-se suas bordas. Por que essa pode ser uma má ideia se o aço for exposto à água? Se a água contiver sal, a corrosão será afetada?

Solução

Dobrando as bordas do aço, uma fresta é produzida. A região na fresta é exposta a menos ar e umidade, por isso se comporta como o ânodo em uma célula de concentração. O aço na fresta sofre corrosão. O sal na água aumenta a condutividade da água, permitindo que a carga elétrica seja transferida com maior rapidez. Isso causa maior densidade de corrente e, desse modo, uma corrosão mais rápida decorrente de menor polarização por resistência.

Corrosão microbiana Diversos micróbios, como fungos e bactérias, criam condições que encorajam a corrosão eletroquímica. Particularmente em ambientes aquosos, esses organismos crescem em superfícies metálicas. Em geral, os organismos formam colônias não contínuas. A presença das colônias e dos subprodutos do crescimento dos organismos produz mudanças no ambiente e, desse modo, altera a taxa à qual a corrosão ocorre.

Algumas bactérias reduzem os sulfatos no ambiente, produzindo ácido sulfúrico, que, por sua vez, ataca o metal. As bactérias podem ser aeróbicas (proliferam na presença de oxigênio) ou anaeróbicas (não precisam de oxigênio para crescer). Essas bactérias causam ataques em uma variedade de metais, incluindo aços, aços inoxidáveis, alumínio e cobre, assim como em algumas cerâmicas e concreto. Um exemplo comum ocorre em tanques de combustível de aeronaves feitos de alumínio. Quando o combustível, normalmente, o querosene, é contaminado com umidade, as bactérias crescem e excretam ácidos. Os ácidos atacam o alumínio, podendo provocar vazamentos no tanque de combustível.

O crescimento de colônias de organismos em uma superfície metálica leva ao desenvolvimento de células de concentração de oxigênio (Figura 18-10). Áreas abaixo das colônias são anódicas, ao passo que áreas não afetadas são catódicas. Além disso, as colônias de organismos diminuem a taxa de difusão do oxigênio para o metal – mesmo se o oxigênio se difundir na colônia –, e os organismos tendem a consumir o oxigênio. A célula de concentração produz alvéolos ou pites abaixo das regiões cobertas pelos organismos. O crescimento dos organismos, que pode incluir produtos da corrosão do metal, produz acúmulos ou depósitos (denominados **tubérculos**) que podem entupir tubulações ou sistemas de resfriamento de água em reatores nucleares, submarinos ou reatores químicos.

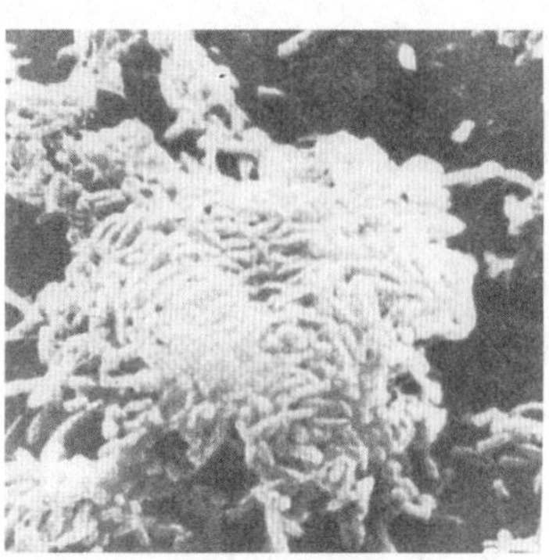

(a)

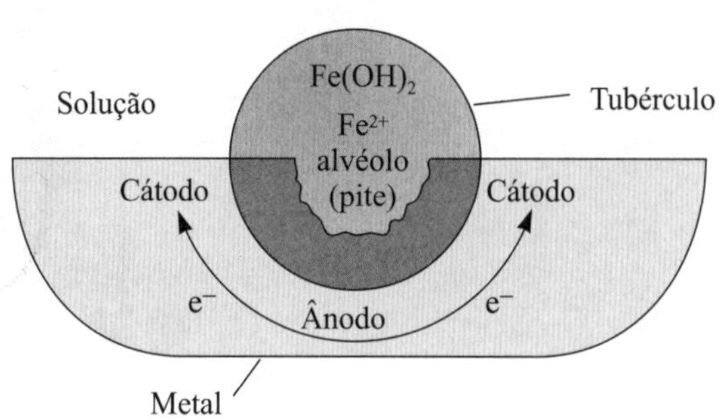

(b)

Figura 18-10 (a) Células bacterianas crescendo em uma colônia (aumento original de 2.700 ×). (b) Formação de um tubérculo e de um alvéolo sob uma colônia biológica. (*Reproduzida sob cortesia de Don Askeland.*)

18-6 Proteção contra a corrosão eletroquímica

Diversas técnicas são utilizadas para combater a corrosão, incluindo melhorias do projeto e seleção criteriosa dos materiais mais apropriados, bem como o uso de revestimentos, inibidores, proteção catódica e passivação.

Projeto O projeto apropriado de estruturas metálicas pode retardar ou, até mesmo, evitar a corrosão. Veja a seguir algumas das etapas para combater a corrosão:

1. Prevenir a formação de células galvânicas. Isto pode ser realizado utilizando-se metais ou ligas similares. Por exemplo, geralmente, um tubo de aço é conectado a pontos fixos em tubulações de latão, produzindo uma célula galvânica que causa a corrosão do aço. Utilizando peças plásticas intermediárias para isolar eletricamente o aço e o latão, esse problema pode ser minimizado.
2. Tornar a área do ânodo muito maior que a área do cátodo. Por exemplo, rebites de cobre podem ser utilizados para fixar chapas de aço. Por causa da pequena área dos rebites de cobre, ocorre uma reação catódica limitada. O cobre aceita poucos elétrons, e a reação anódica do aço prossegue lentamente. Se, por outro lado, rebites de aço forem utilizados para unir uma folha de cobre, a pequena área anódica do aço doa muitos elétrons, que são aceitos pela grande área catódica do cobre, e a corrosão dos rebites de aço é muito rápida. Isso é ilustrado no exemplo a seguir.
3. Projetar componentes de modo que sistemas fluidos sejam fechados, e não abertos, e que poças de líquido estagnadas não sejam coletadas. Tanques preenchidos parcialmente passam por corrosão na linha d'água. Sistemas abertos dissolvem gás continuamente, fornecendo íons que participam na reação catódica e incentivam a formação de células de concentração.
4. Evitar frestas entre materiais montados ou soldados (Figura 18-11). A soldagem pode ser uma técnica mais adequada do que a brasagem ou a fixação mecânica. As células galvânicas se desenvolvem nos processos de brasagem ou soldagem branda, uma vez que o metal de preenchimento tem uma composição diferente daquela do que está sendo unido. Os fixadores mecânicos produzem frestas que levam às células de concentração. Se o metal de preenchimento estiver estreitamente associado ao metal de base, a soldagem pode evitar o desenvolvimento dessas células.
5. Em alguns casos, a taxa de corrosão não pode ser reduzida a um nível que não interfira com o tempo de vida útil esperado para o componente. Nesses casos, a montagem deverá ser projetada de maneira que a peça corroída possa ser substituída com facilidade e economia.

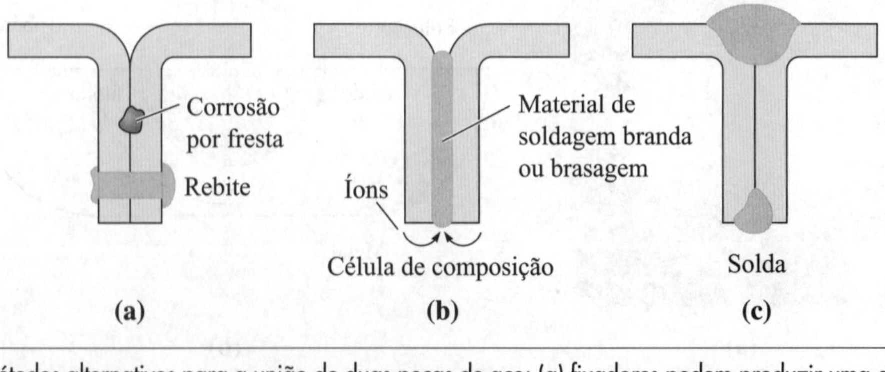

Figura 18-11 Métodos alternativos para a união de duas peças de aço: (a) fixadores podem produzir uma célula de concentração, (b) a brasagem ou soldagem branda podem produzir uma célula de composição e (c) soldagem com um material de preenchimento que corresponde ao metal de base pode evitar a formação de células galvânicas.

Exemplo 18-8 *Efeito de áreas na taxa de corrosão para um par formado por cobre e zinco*

Considere um par de corrosão de cobre-zinco. Se a densidade de corrente no cátodo de cobre for de 0,05 A/cm², calcule a perda de massa do zinco por hora se (1) a área do cátodo de cobre for de 100 cm² e a área do ânodo de zinco for de 1 cm² e (2) a área do cátodo de cobre for de 1 cm² e a área do ânodo de zinco for de 100 cm².

Solução

Com base no Exemplo 18-4 para a pequena área do ânodo de zinco, a quantidade de zinco perdido no ânodo em uma hora é

$$w_{Zn} = 6{,}1 \text{ g}$$

Para a grande área do ânodo de zinco,

$$I = i_{Cu}A_{Cu} = (0{,}05 \text{ A/cm}^2)(1 \text{ cm}^2) = 0{,}05 \text{ A}$$

$$w_{Zn} = \frac{ItM}{nF} = \frac{(0{,}05 \text{ A})(3.600 \text{ s})(65{,}38 \text{ g/mol})}{(2)(96.500 \text{ C/mol})} = 0{,}061 \text{ g}$$

A taxa de corrosão do zinco é reduzida significativamente quando o ânodo de zinco é muito maior do que o cátodo.

Recobrimentos Recobrimentos são utilizados para isolar as regiões anódicas e catódicas e também evitam a difusão do oxigênio ou vapor de água que inicia a corrosão ou oxidação. Recobrimentos temporários, como graxa ou óleo, proporcionam alguma proteção, mas são facilmente retirados. Recobrimentos orgânicos, como pinturas ou recobrimentos cerâmicos, como esmalte ou vidro, oferecem melhor proteção. Contudo, se o recobrimento for rompido, uma pequena região anódica é exposta e passa por uma corrosão rápida e localizada.

Recobrimentos metálicos incluem o aço revestido com estanho e galvanizado por imersão a quente (revestido de zinco) (Figura 18-12). Um recobrimento contínuo de qualquer um desses metais isola o aço do eletrólito, entretanto, quando é raspado, expondo o aço subjacente, o zinco continua efetivo, por ser anódico para o aço. Uma vez que a área exposta do cátodo de aço é pequena, o recobrimento de zinco corrói muito lentamente e o aço permanece protegido. Por outro lado, o aço é anódico para o estanho, de modo que um pequeno ânodo de aço é criado quando o estanho é raspado, e então ocorre a rápida corrosão do aço.

Camadas de óxido estáveis, aderentes, não porosas e não condutoras se formam na superfície do alumínio, do cromo e do aço inoxidável. Esses óxidos criam uma barreira para o eletrólito e evitam a formação de células galvânicas. Componentes como vasos para reações químicas também podem ser recobertos com o Teflon® resistente à corrosão ou outros plásticos.

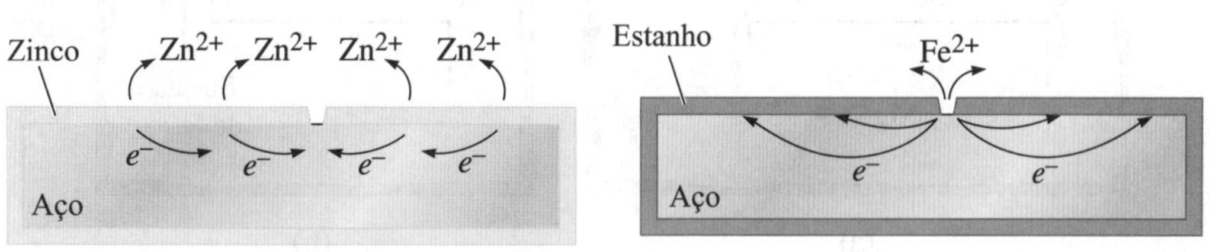

Figura 18-12 O aço recoberto com zinco e o aço revestido com estanho são protegidos de modo diferente. O zinco protege o aço mesmo quando o recobrimento é raspado, uma vez que o zinco é anódico para o aço. O estanho não protege o aço quando o recobrimento é rompido, uma vez que o aço é anódico para o estanho.

Inibidores Quando adicionados ao eletrólito, alguns produtos químicos migram preferencialmente para a superfície anódica ou catódica e produzem polarização por concentração ou por resistência – isto é, são **inibidores**. Os sais de cromato realizam essa função em radiadores de automóveis. Diversos cromatos, fosfatos, molibdatos e nitritos produzem películas protetivas em ânodos ou cátodos em usinas de energia e trocadores de calor, reprimindo, assim, a célula eletroquímica. Embora o conteúdo e o mecanismo exatos pelos quais ele funciona não sejam claros, o popular lubrificante WD-40® funciona por meio da ação dos inibidores. O WD-40® foi assim nomeado como referência a *water displacement* (WD), que significa deslocamento de água que funcionou na quadragésima tentativa experimental!

Proteção catódica Podemos proteger contra a corrosão fornecendo elétrons ao metal e forçando que ele seja o cátodo (Figura 18-13). A proteção catódica pode utilizar um ânodo de sacrifício ou uma corrente impressa.

Um **ânodo de sacrifício** é conectado ao material que deve ser protegido, formando um circuito eletroquímico. Esse ânodo corrói, doa elétrons ao metal e, desse modo, evita uma reação anódica no metal. O ânodo de sacrifício, em geral, zinco ou magnésio, é consumido e, eventualmente, deverá ser substituído. Aplicações incluem a prevenção da corrosão de dutos subterrâneos, navios, plataformas de perfuração em alto-mar e aquecedores de água. Uma haste de magnésio é utilizada em muitos aquecedores de água. O Mg serve como um ânodo e passa por dissolução, protegendo, desse modo, o aço contra a corrosão.

Uma **corrente impressa** é obtida por meio de uma fonte de corrente direta conectada entre um ânodo auxiliar e o metal a ser protegido. Essencialmente, conectamos uma bateria para que os elétrons fluem para o metal, fazendo com que o metal seja o cátodo. O ânodo auxiliar, como sucata de ferro, corrói.

Passivação ou proteção anódica Metais próximos da extremidade anódica da série galvânica são ativos e atuam como ânodos na maioria das células eletrolíticas. Contudo, se esses metais se tornarem passivos ou mais catódicos, irão corroer mais lentamente do que o normal. Uma **passivação** é realizada pela produção de forte polarização anódica, evitando a reação anódica normal. Por isso, o termo proteção anódica.

Causamos a passivação pela exposição do metal a soluções oxidantes altamente concentradas. Se o ferro for mergulhado em ácido nítrico muito concentrado, ele irá corroer rápida e uniformemente para formar um fino e protetivo revestimento de hidróxido de ferro, que protege o ferro da corrosão subsequente no ácido nítrico.

Também causamos a passivação aumentando o potencial no ânodo acima do nível crítico. Uma película passiva se forma na superfície do metal, causando forte polarização anódica, e a corrente diminui para um nível muito baixo. A passivação do alumínio é chamada **anodização**, e um espesso recobrimento de óxido é produzido. Essa camada de óxido pode ser pintada, a fim de produzir cores atrativas. A camada de óxido de Ta_2O_5, formada em fios de tântalo, é utilizada para produzir capacitores.

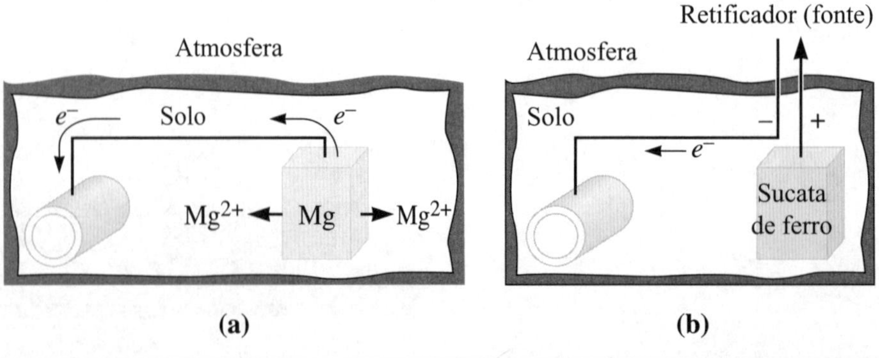

Figura 18-13 A proteção catódica de um duto de aço subterrâneo: (a) um ânodo de sacrifício de magnésio assegura que a célula galvânica transforme o duto no cátodo. (b) Uma corrente aplicada entre um ânodo auxiliar de sucata de ferro e o duto garante que este seja o cátodo.

Seleção de materiais e tratamentos térmicos A corrosão pode ser evitada ou minimizada selecionando-se materiais e tratamentos térmicos apropriados. Em fundições, por exemplo, a segregação faz com que pequenas células galvânicas localizadas acelerem a corrosão. Podemos aumentar a resistência à corrosão com um tratamento térmico por homogeneização. Quando metais são produzidos em formatos acabados por dobramento, diferenças na quantidade de trabalho a frio e tensões residuais produzem células de tensão locais. Essas tensões podem ser minimizadas por um recozimento para alívio de tensão ou para recristalização.

O tratamento térmico é particularmente importante em aços inoxidáveis austeníticos (Figura 18-14). Quando o aço resfria lentamente de 870 ºC para 425 ºC, os carbonetos de cromo se precipitam nos contornos de grão. Consequentemente, a austenita nos contornos de grão pode conter menos de 12% de cromo, que é o mínimo necessário para produzir uma camada passiva de óxido. O aço é **sensitizado**. Como as regiões de contornos de grão são pequenas e altamente anódicas, ocorre a corrosão rápida da austenita nos contornos de grão. Podemos minimizar o problema utilizando diversas técnicas.

1. Se o aço contiver menos de 0,03% de C, não ocorre a formação de carbonetos de cromo.
2. Se o percentual de cromo for muito elevado, pode ser que a concentração de cromo na austenita não diminua para menos de 12%, mesmo que ocorra a formação de carbonetos de cromo.
3. A adição de titânio ou nióbio liga o carbono na forma de TiC ou NbC, evitando a formação de carbeto de cromo. Assim, diz-se que o aço está **estabilizado**.
4. O intervalo da temperatura de sensitização – de 425 ºC até 870 ºC – deve ser evitado durante a fabricação e o funcionamento.
5. Em um tratamento térmico de **solubilização**, o aço inoxidável é aquecido acima de 870 ºC, fazendo com que os carbonetos de cromo dissolvam. A estrutura, que agora contém 100% de austenita, é rapidamente temperada, a fim de evitar a formação de carbetos.

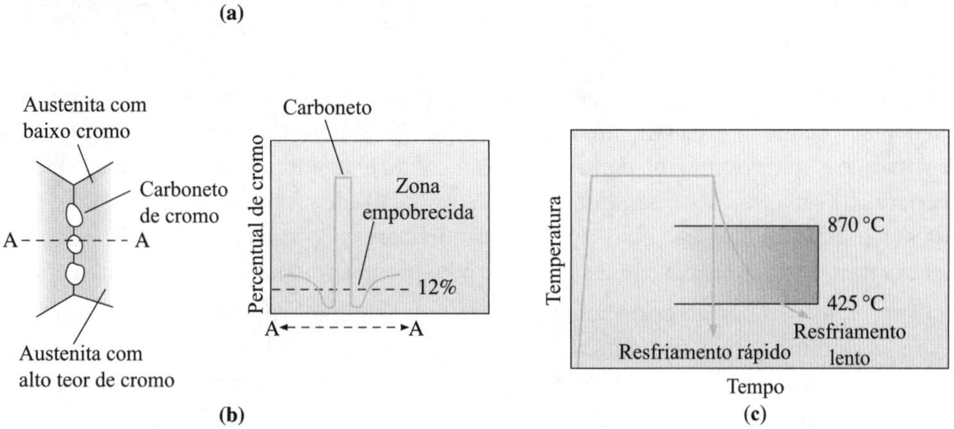

Figura 18-14 (a) Aços inoxidáveis austeníticos tornam-se sensitizados quando resfriados lentamente no intervalo de temperatura entre 870 ºC e 425 ºC. (b) O resfriamento lento permite que os carbonetos de cromo precipitem nos contornos de grão. O conteúdo de cromo no local é eliminado. (c) Um tratamento de solubilização seguido de resfriamento rápido para dissolver os carbonetos pode evitar a corrosão intergranular.

Exemplo 18-9 *Projeto de um sistema de proteção contra a corrosão*

Bebedouros de aço são instalados no campo, a fim de oferecer água potável para o gado. Frequentemente, os bebedouros enferrujam e precisam ser substituídos. Projete um sistema para evitar ou retardar esse problema.

Solução

Provavelmente, os bebedouros são de baixo carbono, aço contendo ferrita e cementita, produzindo uma célula de composição. A linha d'água no bebedouro, parcialmente preenchida com água, fornece uma célula de concentração. O bebedouro também é exposto ao ambiente, e a água é contaminada com impurezas.

Consequentemente, deve-se esperar a corrosão do tanque de aço, que se encontra desprotegido. Diversas abordagens podem ser utilizadas para evitar ou retardar a corrosão. Por exemplo, podemos fabricar o bebedouro utilizando aço inoxidável ou alumínio. Ambos proporcionam melhor resistência à corrosão do que o aço-carbono comum, mas são muito mais caros do que o material comumente utilizado.

Podemos sugerir o uso de proteção catódica. Um pequeno ânodo de magnésio pode ser conectado à parte interna do bebedouro. O ânodo de sacrifício corrói e evita a corrosão do aço. Isso exigirá que o fazendeiro verifique regularmente o tanque para se certificar de que o ânodo não esteja completamente consumido. Também queremos garantir que os íons de magnésio introduzidos na água não sejam perigosos para a saúde dos animais.

Outra abordagem seria proteger o bebedouro de aço utilizando um recobrimento adequado. Pintar o aço (ou seja, aplicar um recobrimento de polímero como proteção) ou utilizar um aço recoberto com estanho proporciona proteção, desde que o recobrimento não seja danificado.

A abordagem mais provável seria utilizar um aço galvanizado, aproveitando o recobrimento protetor e o comportamento de sacrifício do zinco. A corrosão é muito lenta devido à grande área do ânodo, mesmo se o recobrimento for danificado. Além disso, o aço galvanizado é relativamente barato, prontamente disponível e não exige inspeção frequente.

Exemplo 18-10 *Projeto de uma solda de aço inoxidável*

Um sistema de tubulações utilizado para transportar um líquido corrosivo é fabricado usando o aço inoxidável 304. A soldagem dos tubos é necessária para montar o sistema. Infelizmente, ocorre corrosão, e o líquido corrosivo vaza em regiões próximas à solda. Identifique o problema e projete um sistema para evitar a corrosão posterior.

Solução

A Tabela 13-4 mostra que o aço inoxidável 304 contém 0,08% de C, fazendo com que seja sensitizado caso seja inadequadamente aquecido durante a soldagem. A Figura 18-15 mostra as temperaturas máximas atingidas durante a soldagem. Uma parte do tubo na zona afetada termicamente aquece até atingir o limite da temperatura de sensitização, permitindo que os carbonetos de cromo se precipitem. Se a taxa de resfriamento da solda for muito lenta, a zona de fusão e outras áreas da zona afetada pelo calor também podem ser atingidas. Portanto, a sensitização da área de solda, provavelmente, é a razão para a corrosão do tubo.

Podem ser consideradas diversas soluções para o problema. É possível utilizar um processo de soldagem que proporcione taxas de entrada de calor muito rápidas, fazendo com que a soldagem aqueça e resfrie muito rapidamente. Se o aço for exposto, apenas por um breve período, ao intervalo da temperatura de sensitização, é possível que os carbonetos de cromo não se precipitem. Processos como soldagem a laser ou soldagem por feixe de elétrons apresentam elevada taxa de transferência de calor, mas caros. Além disso, a soldagem por feixe de elétrons requer o uso de vácuo, e pode não ser viável montar o sistema de tubulações em uma câmara de vácuo.

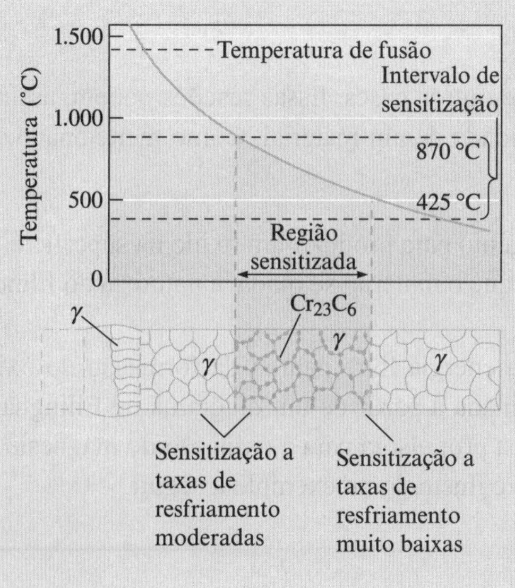

Figura 18-15 A temperatura de pico em torno de um aço inoxidável soldado e a estrutura sensitizada produzida quando a solda resfria lentamente (para o Exemplo 18-10).

Podemos fazer o tratamento térmico da montagem depois que a soldagem for realizada. Ao efetuar uma solubilização seguida de resfriamento rápido, quaisquer carbonetos precipitados são dissolvidos durante o aquecimento e não são formados novamente durante a têmpera. Contudo, pode ser impossível efetuar esse tratamento em uma montagem de tamanho grande.

Podemos verificar o procedimento de soldagem original para determinar se o tubo foi preaquecido antes de fazer a junção, a fim de minimizar o desenvolvimento de tensões devido ao processo de soldagem. Se o tubo tiver sido preaquecido, é mais provável que ocorra a sensitização. Recomendamos que qualquer procedimento de preaquecimento seja suspenso.

Talvez, nosso melhor projeto seja utilizar um aço inoxidável que não esteja sujeito à sensitização. Por exemplo, carbonetos não se precipitam em aço inoxidável 304L, que contém menos de 0,03% C. Os aços inoxidáveis de baixo carbono são mais caros do que o aço normal 304, contudo, o custo extra evita a corrosão e, também, permite utilizar técnicas de união convencionais.

18-7 Degradação microbiana e polímeros biodegradáveis

O ataque por uma variedade de insetos e micróbios é uma forma de "corrosão" de polímeros. Polímeros parcialmente simples (como polietileno, polipropileno e poliestireno), polímeros com alta massa molecular, polímeros cristalinos e termofixos são relativamente imunes ao ataque.

Alguns polímeros – incluindo poliésteres, poliuretanos, celulósicos e cloreto de polivinila plastificado (que contêm aditivos que reduzem o grau de polimerização) – são particularmente vulneráveis à degradação microbiana. Esses polímeros podem ser quebrados em moléculas com baixa massa molecular por meio de radiação ou ataques químicos até se tornarem pequenos o bastante para serem ingeridos pelos micróbios.

Tiramos proveito do ataque microbiano ao produzir polímeros *biodegradáveis*, ajudando, assim, a remover o material do fluxo de resíduos. A biodegradação exige a conversão total do polímero em dióxido de carbono, água, sais inorgânicos e outros subprodutos pequenos gerados pela ingestão do material pelas bactérias. Os polímeros como os celulósicos podem ser facilmente quebrados em moléculas com baixas massas moleculares e são, portanto, biodegradáveis. Além disso, polímeros especiais são produzidos para se degradarem rapidamente; um copolímero de polietileno e amido é um exemplo. As bactérias atacam a porção de amido do polímero e reduzem a massa molecular do polietileno restante. Outros polímeros, como a policaprolactona (PCL), o ácido polilático (PLA) e o ácido polilático-co-glicólico (PLGA), são úteis em inúmeras aplicações biomédicas, como suturas e estruturas como *scaffolds*.

18-8 Oxidação e outras reações gasosas

Materiais de todos os tipos podem reagir com oxigênio e outros gases. Essas reações podem, assim como a corrosão, alterar a composição, as propriedades ou a integridade de um material. Como mencionado anteriormente, metais como Al e Ti reagem com o oxigênio facilmente.

Oxidação de metais Os metais podem reagir com o oxigênio para produzir um óxido na superfície. Estamos interessados em três aspectos dessa reação: a facilidade com que o material se oxida, a natureza do filme de óxido que se forma e a velocidade em que a **oxidação** ocorre.

A facilidade com que a oxidação ocorre é dada pela energia livre padrão da formação do óxido. A energia livre padrão da formação de um óxido pode ser determinada a partir de um diagrama de Ellingham, como o da Figura 18-16. Essa figura mostra que há uma grande força propulsora para a oxidação do magnésio e do alumínio em comparação com a oxidação do níquel ou cobre. Isso é ilustrado no exemplo a seguir.

Exemplo 18-11 *Aços-liga contendo cromo*

Explique por que não devemos adicionar elementos de liga, como o cromo, ao ferro-gusa antes de ele ser convertido em aço em um forno a oxigênio básico a 1.700 °C.

Solução

Em um forno básico a oxigênio, diminuímos o conteúdo de carbono do metal de cerca de 4% para menos de 1% soprando oxigênio puro através do metal derretido. Se o cromo já estiver presente antes do início da fabricação do aço, ele se oxidará antes do carbono (Figura 18-16), já que o óxido de cromo tem uma energia livre de formação mais baixa (ou é mais estável) que o dióxido de carbono (CO_2). Assim, todo cromo caro adicionado será perdido antes de o carbono ser removido do ferro-gusa.

O tipo de filme de óxido influencia a velocidade em que a oxidação ocorre (Figura 18-17). Para a **reação de oxidação**

$$nM + mO_2 \rightarrow M_nO_{2m} \tag{18-12}$$

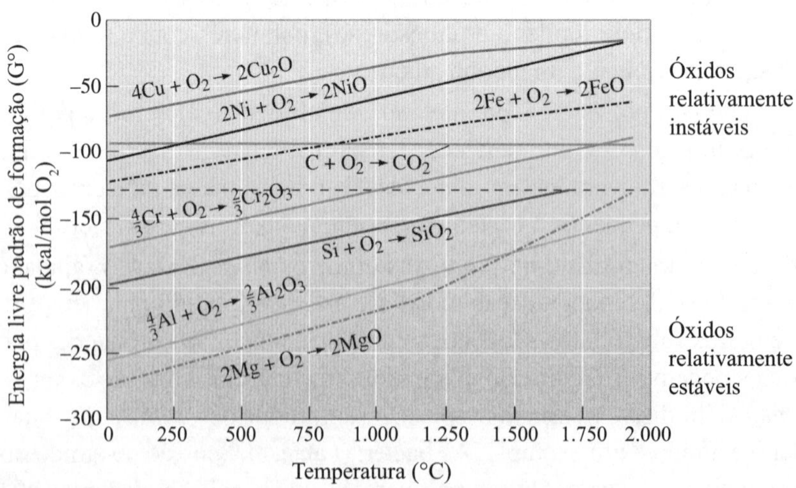

Figura 18-16 A energia livre padrão da formação de óxidos selecionados em função da temperatura. Uma grande energia livre negativa indica um óxido mais estável.

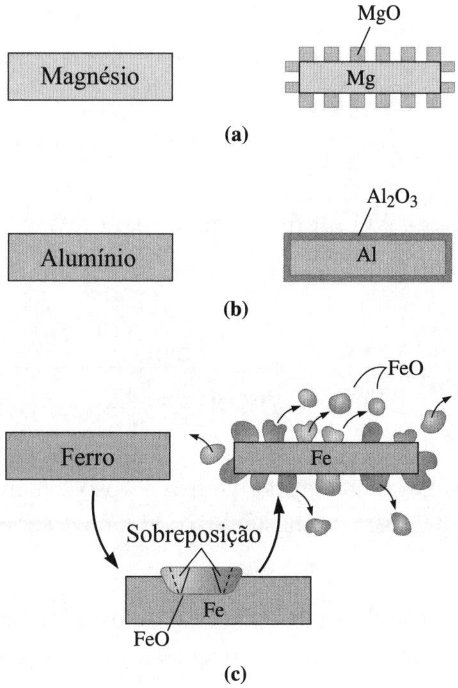

Figura 18-17 Três tipos de óxidos podem se formar, dependendo da razão de volume entre metal e óxido: (a) o magnésio produz um filme de óxido poroso; (b) o alumínio forma um filme de óxido protetor, aderente e não poroso; e (c) o ferro forma um filme de óxido que se destaca da superfície e fornece pouca proteção.

a **razão de Pilling-Bedworth** (P-B) é

$$\text{Razão P-B} = \frac{\text{volume de óxido por átomo de metal}}{\text{volume de metal por átomo de metal}} = \frac{(M_{\text{óxido}})(\rho_{\text{metal}})}{n(M_{\text{metal}})(\rho_{\text{óxido}})} \quad (18\text{-}13)$$

em que M é a massa atômica ou molecular, ρ é a massa específica e n é o número de átomos de metal no óxido, conforme definido pela Equação 18-12.

Se a razão de Pilling-Bedworth for menor que 1, o óxido ocupará um volume menor que o metal a partir do qual ele é formado; o revestimento é, portanto, poroso e a oxidação continua rapidamente – típico de metais como o magnésio. Se a razão for 1 ou 2, os volumes de óxido e metal serão similares e um filme protetor aderente e não poroso é formado – típico de alumínio e titânio. Se a razão for maior que 2, o óxido ocupará um grande volume e pode descamar a superfície, expondo o metal fresco que continua a se oxidar – típico do ferro. Embora a equação de Pilling-Bedworth tenha sido usada historicamente para caracterizar o comportamento dos óxidos, muitas exceções a esse comportamento podem ser observadas. A utilização da equação da razão de P-B é ilustrada no exemplo a seguir.

Exemplo 18-12 *Razão de Pilling-Bedworth*

A massa específica do alumínio é 2,7 g/cm³ e a do Al_2O_3 é cerca de 4 g/cm³. Descreva as características do filme de óxido de alumínio. Compare esses valores com o filme de óxido que se forma no tungstênio. A massa específica do tungstênio é 19,254 g/cm³ e a do WO_3 é 7,3 g/cm³.

Solução

Para $2Al + 3/2O_2 \rightarrow Al_2O_3$, a massa molecular do Al_2O_3 é 101,96 g/mol e a do alumínio é 26,981 g/mol.

$$\text{P-B} = \frac{M_{Al_2O_3}\rho_{Al}}{nM_{Al}\rho_{Al_2O_3}} = \frac{\left(101{,}96\frac{g}{mol}\right)(2{,}7\ g/cm^3)}{(2)\left(26{,}981\frac{g}{mol}\right)(4\ g/cm^3)} = 1{,}28$$

Para o tungstênio, $W + 3/2O_2 \rightarrow WO_3$. A massa molecular do WO_3 é 181,85 g/mol e a do tungstênio é 183,85 g/mol.

$$\text{P-B} = \frac{M_{WO_3}\rho_{W}}{nM_{W}\rho_{WO_3}} = \frac{\left(181{,}85\frac{g}{mol}\right)(19{,}254\ g/cm^3)}{(1)\left(183{,}85\frac{g}{mol}\right)(7{,}3\ g/cm^3)} = 3{,}33$$

Como P-B $\simeq$ 1 para o alumínio, o filme de Al_2O_3 é não poroso e aderente, gerando uma proteção ao alumínio subjacente. Já que P-B > 2 para o tungstênio, o WO_3 deve ser antiaderente e não protetivo.

A velocidade em que ocorre a oxidação depende do acesso do oxigênio aos átomos de metal. Uma taxa linear de oxidação ocorre quando o óxido é poroso (como no magnésio) e o oxigênio tem acesso contínuo à superfície de metal:

$$y = kt \tag{18-14}$$

em que y é a espessura do óxido, t é o tempo e k é uma constante que depende do metal e da temperatura.

Uma relação parabólica é observada quando a difusão de íons ou elétrons através de uma camada de óxido não poroso é o fator de controle. Essa relação é observada no ferro, cobre e níquel:

$$y = \sqrt{kt} \tag{18-15}$$

Por fim, uma relação logarítmica é observada no crescimento de filmes de óxido finos particularmente protetores, como os de alumínio e, possivelmente, cromo:

$$y = k\ln(ct + 1) \tag{18-16}$$

em que k e c são constantes para uma determinada temperatura, ambiente e composição. O exemplo a seguir mostra o cálculo do tempo necessário para uma placa de níquel oxidar completamente.

Exemplo 18-13 *Curva de oxidação parabólica para o níquel*

A 1.000 °C, o níquel puro segue uma curva de oxidação parabólica dada pela constante $k = 3{,}9 \times 10^{-12}$ cm²/s em uma atmosfera de oxigênio. Se essa relação não for afetada pela espessura do filme de óxido, calcule o tempo necessário para que uma placa de níquel de 0,1 cm oxide completamente.

Solução

Supondo que a placa oxide nos dois lados:

$$y = \sqrt{kt} = \sqrt{\left(3{,}9\times10^{-12}\frac{cm^2}{s}\right)(t)} = \frac{0{,}1\ cm}{2\ \text{lados}} = 0{,}05\ cm$$

$$t = \frac{(0{,}05\ cm)^2}{3{,}9\times10^{-12}\,cm^2/s} = 6{,}4\times10^8\,s = 20{,}3\ \text{anos}$$

A temperatura também afeta a taxa de oxidação porque ela afeta a taxa de difusão. Em muitos metais, a taxa de oxidação é controlada pela taxa de difusão do oxigênio ou íons do metal através do óxido. Se a difusão do oxigênio for mais rápida, a oxidação ocorrerá entre o óxido e o metal; se a difusão de íons de metal for mais rápida, a oxidação ocorrerá na interface óxido-atmosfera. Consequentemente, esperamos que as taxas de oxidação sigam uma relação de Arrhenius, aumentando exponencialmente à medida que a temperatura aumenta.

Oxidação e degradação térmica de polímeros Os polímeros se degradam quando aquecidos e/ou expostos ao oxigênio. Uma cadeia de polímeros pode ser rompida, produzindo dois macrorradicais. Em termofixos rígidos, os macrorradicais podem se recombinar instantaneamente (um processo chamado de efeito *gaiola*), resultando em nenhuma mudança líquida no polímero. Nos termoplásticos mais flexíveis – especialmente nos polímeros amorfos, e não nos cristalinos –, a recombinação não ocorre, e o resultado é uma queda na massa molecular, na viscosidade e nas propriedades mecânicas do polímero. A despolimerização continua à medida que o polímero é exposto a altas temperaturas. As cadeias poliméricas também podem se *abrir*. Nesse caso, monômeros individuais são removidos um após o outro das extremidades da cadeia, reduzindo gradualmente a massa molecular das cadeias restantes. À medida que o grau de polimerização diminui, as cadeias restantes se tornam mais ramificadas ou a ciclização pode ocorrer. Na *ciclização*, as duas extremidades da mesma cadeia podem ser ligadas para formar um anel.

Os polímeros também se degradam pela perda de grupos laterais na cadeia. Os íons de cloreto [no policloreto de vinila (PVC)] e os anéis de benzeno (no poliestireno) são perdidos na cadeia, formando subprodutos. Por exemplo, quando o policloreto de vinila é degradado, ácido hidroclorídrico (HCl) se forma. Os átomos de hidrogênio são ligados mais fortemente às cadeias. Assim, o polietileno não se degrada com tanta facilidade quanto o PVC ou o poliestireno. Os íons de fluoreto (no Teflon®) são mais difíceis de remover do que os átomos de hidrogênio, dando ao Teflon® sua resistência a altas temperaturas. Conforme mencionado anteriormente, a degradação de polímeros como PCL, PLGA e PLA pode ser útil para determinadas aplicações biomédicas (por exemplo, suturas que se dissolvem) e também no desenvolvimento de produtos ecológicos.

18-9 Desgaste e erosão

Desgaste e erosão removem material de um componente por meio de um ataque mecânico de sólidos ou líquidos. A corrosão e a falha mecânica também contribuem para esse tipo de ataque.

Desgaste adesivo O **desgaste adesivo** ocorre quando duas superfícies sólidas deslizam umas sobre as outras sob pressão. As projeções da superfície, ou asperezas, são deformadas plasticamente e unidas por altas pressões locais (Figura 18-18). À medida que o deslizamento continua, essas ligações são rompidas, produzindo cavidades em uma superfície, projeções na segunda superfície e, frequentemente, partículas pequenas e abrasivas – que contribuem para maior desgaste das superfícies.

Muitos fatores podem ser levados em conta ao tentar melhorar a resistência dos materiais ao desgaste. Projetar componentes que tenham cargas pequenas, superfícies lisas e lubrificação contínua ajuda a evitar adesões que causam a perda de materiais.

As propriedades e a microestrutura do material também são importantes. Em geral, se ambas as superfícies tiverem alta dureza, a taxa de desgaste será baixa. Alta resistência, para ajudar a resistir às cargas aplicadas, e boa tenacidade e ductilidade, que evitam a ruptura de material na superfície, podem ser benéficas. Espera-se que materiais cerâmicos, com sua dureza excepcional, apresentem uma boa resistência ao desgaste adesivo.

A resistência ao desgaste de polímeros pode ser melhorada se o coeficiente de fricção for reduzido pela adição de politetrafluoretileno (Teflon®) ou se o polímero for reforçado pela introdução de fibras reforçadoras, como fibras de vidro, carbono ou aramida.

Desgaste abrasivo Quando um material é removido de uma superfície pelo contato com partículas duras, há **desgaste abrasivo**. As partículas podem estar presentes na superfície de um segundo material ou soltas entre duas su-

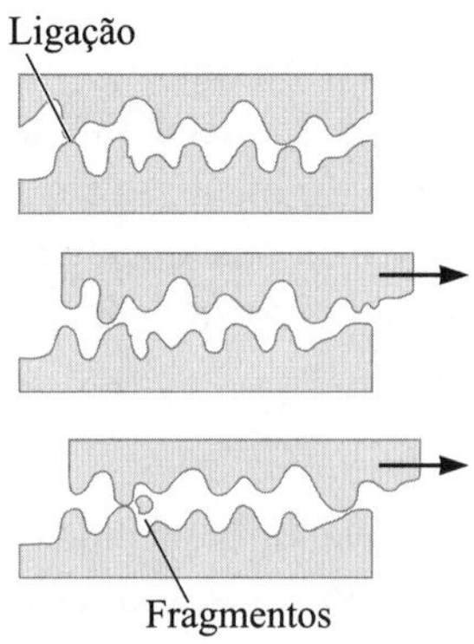

Figura 18-18 As asperezas de duas superfícies brutas podem ser ligadas inicialmente. Uma força suficiente quebra as ligações e a superfície desliza. À medida que deslizam, as asperezas podem ser quebradas, desgastando as superfícies e produzindo fragmentos.

perfícies (Figura 18-19). Esse tipo de desgaste é comum em máquinas como arados, lâminas de raspar, trituradores e moedores usados para manusear materiais abrasivos. Também pode ocorrer quando partículas duras são introduzidas de forma não intencional nas partes móveis da máquina. O desgaste abrasivo também é usado em operações de moagem para remover materiais intencionalmente. Em muitas aplicações automotivas (por exemplo, amortecedores, engrenagens, pistões e cilindros), o comportamento do desgaste abrasivo é uma grande preocupação.

Materiais com alta dureza, boa tenacidade e alta resistência ao calor são mais resistentes ao desgaste abrasivo. Os materiais típicos usados para aplicações de desgaste abrasivo incluem aços temperados e revenidos; aços cementados ou com a superfície endurecida; ligas de cobalto, como a estelita; materiais compósitos, incluindo *cermets* de carbeto de tungstênio; ferros fundidos brancos e superfícies rígidas produzidas por soldagem. A maior parte dos materiais cerâmicos também resiste bem ao desgaste devido à sua alta dureza; no entanto, a fragilidade desses materiais pode limitar sua utilidade em condições de desgaste abrasivo.

Erosão líquida A integridade de um material pode ser destruída por uma erosão causada por altas pressões associadas com um líquido em movimento. O líquido causa o encruamento da superfície do metal, ocasionando deformação localizada, trincas e perda do material. Dois tipos de erosão líquida merecem ser citados.

A **cavitação** ocorre quando um líquido que contém um gás dissolvido entra em uma região de baixa pressão. Bolhas de gás, que se precipitam e crescem no líquido no ambiente de baixa pressão, estouram quando a pressão aumenta posteriormente. A onda de alta pressão e choque local produzida pelo colapso pode exercer uma pressão de milhares de atmosferas contra o material circundante. A cavitação é encontrada com frequência em propulsores, barragens e vertedouros, além de bombas hidráulicas.

O **choque líquido** ocorre quando gotículas de um líquido transportadas em um gás com movimento rápido atingem a superfície de um metal. Altas pressões localizadas se desenvolvem graças ao impacto inicial e ao rápido movimento lateral das gotículas do ponto de impacto ao longo da superfície do metal. Gotículas de água transportadas pelo vapor podem desgastar lâminas de turbinas em geradores de vapor e usinas de energia nuclear.

A erosão líquida pode ser minimizada pela seleção e projeto de materiais adequados. Atitudes como minimizar a velocidade do líquido, garantir que ele não contenha ar, selecionar materiais duros e resistentes para absorver o impacto das gotículas e revesti-los com um elastômero que absorva energia podem ajudar a minimizar a erosão.

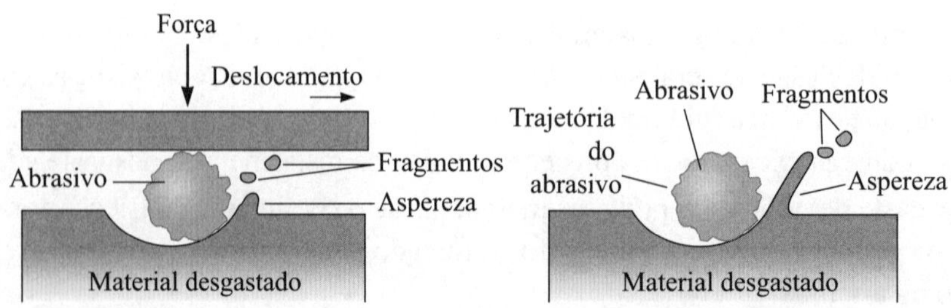

Figura 18-19 O desgaste abrasivo, causado por abrasivos presos ou livres, produz pequenas cavidades no material, empilhando asperezas que podem se quebrar em fragmentos.

apêndice **A**

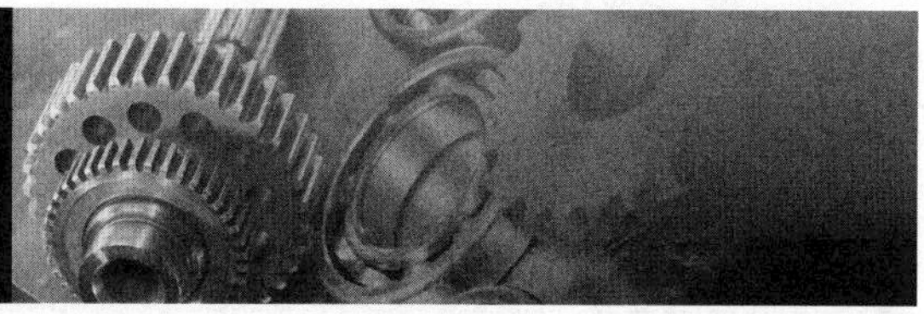

Propriedades físicas selecionadas dos metais

Metal	Número atômico		Estrutura cristalina	Parâmetros de rede (Å)	Massa atômica (g/mol)	Massa específica (g/cm^3)	Temperatura de fusão (°C)
Alumínio	Al	13	CFC	4,04958	26,981	2,699	660,4
Antimônio	Sb	51	hexagonal	*a* = 4,307 *c* = 11,273	121,75	6,697	630,7
Arsênio	As	33	hexagonal	*a* = 3,760 *c* = 10,548	74,9216	5,778	816
Bário	Ba	56	CCC	5,025	137,3	3,5	729
Berílio	Be	4	HC	*a* = 2,2858 *c* = 3,5842	9,01	1,848	1.290
Bismuto	Bi	83	monoclínica	*a* = 6,674 *b* = 6,117 *c* = 3,304 β =110,3°	208,98	9,808	271,4
Boro	B	5	romboédrico	*a* = 10,12 α = 65,5°	10,81	2,36	2.076
Cádmio	Cd	48	HC	*a* = 2,9793 *c* = 5,6181	112,4	8,642	321,1
Cálcio	Ca	20	CFC	5,588	40,08	1,55	839
Cério	Ce	58	HC	*a* = 3,681 *c* = 5,99	140,12	6,6893	798
Césio	Cs	55	CCC	6,13	132,91	1,892	28,6
Chumbo	Pb	82	CFC	4,9489	207,19	11,36	327,4
Cobalto	Co	27	HC	*a* = 2,5071 *c* = 4,0686	58,93	8,832	1.495
Cobre	Cu	29	CFC	3,6151	63,55	8,93	1.084,9
Cromo	Cr	24	CCC	2,8844	51,996	7,19	1.907
Estanho	Sn	50	tetragonal CFC	*a* = 5,832 *c* = 3,182 6,4912	118,69	5,765	231,9
Estrôncio	Sr	38	CFC CCC	6,0849 4,84	87,62	2,6	777 (>557 °C)
Ferro	Fe	26	CCC CFC CCC	2,866 3,589	55,847 (>912 °C) (>1.394 °C)	7,87	1.538
Gadolínio	Gd	64	HC	*a* = 3,6336 *c* = 5,7810	157,25	7,901	1.313
Gálio	Ga	31	ortorrômbica	*a* = 4,5258 *b* = 4,5186 *c* = 7,6570	69,72	5,904	29,8
Germânio	Ge	32	DC	5,6575	72,59	5,324	937,4
Háfnio	Hf	72	HC	*a* = 3,1883 *c* = 5,0422	178,49	13,31	2.227

(Continua)

Metal	Número atômico		Estrutura cristalina	Parâmetros de rede (Å)	Massa atômica (g/mol)	Massa específica (g/cm³)	Temperatura de fusão (°C)
Índio	In	49	tetragonal	*a* = 3,2517 *c* = 4,9459	114,82	7,286	156,6
Irídio	Ir	77	CFC	3,84	192,9	22,65	2.447
Ítrio	Y	39	HC	*a* = 3,648 *c* = 5,732	88,91	4,469	1.522
Lantânio	La	57	HC	*a* = 3,774 *c* = 12,17	138,91	6,146	918
Lítio	Li	3	CCC	3,5089	6,94	0,534	180,7
Magnésio	Mg	12	HC	*a* = 3,2087 *c* = 5,209	24,312	1,738	650
Manganês	Mn	25	cúbica	8,931	54,938	7,47	1.244
Mercúrio	Hg	80	romboédrica		200,59	13,546	–38,9
Molibdênio	Mo	42	CCC	3,1468	95,94	10,22	2.623
Nióbio	Nb	41	CCC	3,294	92,91	8,57	2.468
Níquel	Ni	28	CFC	3,5167	58,71	8,902	1.453
Ósmio	Os	76	HC	*a* = 2,7341 *c* = 4,3197	190,2	22,57	3033
Ouro	Au	79	CFC	4,0786	196,97	19,302	1.064,4
Paládio	Pd	46	CFC	3,8902	106,4	12,02	1.552
Platina	Pt	78	CFC	3,9231	195,09	21,45	1.769
Potássio	K	19	CCC	5,344	39,09	0,855	63,2
Prata	Ag	47	CFC	4,0862	107,868	10,49	961,9
Rênio	Re	75	HC	*a* = 2,760 *c* = 4,458	186,21	21,04	3.186
Ródio	Rh	45	CFC	3,796	102,99	12,41	1.963
Rubídio	Rb	37	CCC	5,7	85,467	1,532	38,9
Rutênio	Ru	44	HC	*a* = 2,6987 *c* = 4,2728	101,07	12,37	2.334
Selênio	Se	34	monoclínica	*a* = 9,054 *b* = 9,083 *c* = 11,60 β = 90,8°	78,96	4.809	217
Silício	Si	14	DC	5,4307	28,08	2,33	1.410
Sódio	Na	11	CCC	4,2906	22,99	0,967	97,8
Tântalo	Ta	73	CCC	3,3026	180,95	16,6	2.996
Tecnécio	Tc	43	HC	*a* = 2,735 *c* = 4,388	98,9062	11,5	2.157
Telúrio	Te	52	hexagonal	*a* = 4,4565 *c* = 5,9268	127,6	6,24	449,5
Titânio	Ti	22	HC CCC	*a* = 2,9503 *c* = 4,6831 3,32	47,9	4,507	1.668 (>882 °C)
Tório	Th	90	CFC	5,086	232	11,72	1.775
Tungstênio	W	74	CCC	3,1652	183,85	19,254	3.422
Urânio	U	92	ortorrômbica	*a* = 2,854 *b* = 5,869 *c* = 4,955	238,03	19,05	1.133
Vanádio	V	23	CCC	3,0278	50,941	6,1	1.910
Zinco	Zn	30	HC	*a* = 2,6648 *c* = 4,9470	65,38	7,133	420
Zircônio	Zr	40	HC CCC	*a* = 3,2312 *c* = 5,1477 3,6090	91,22	6,505	1.852 (>862 °C)

apêndice B

Raios atômicos e iônicos de elementos selecionados

Elemento	Raio atômico (Å)	Valência	Raio iônico (Å)
Alumínio	1,432	+3	0,51
Antimônio	1,45	+5	0,62
Arsênico	1,15	+5	2,22
Bário	2,176	+2	1,34
Berílio	1,143	+2	0,35
Bismuto	1,60	+5	0,74
Boro	0,46	+3	0,23
Bromo	1,19	–1	1,96
Cádmio	1,49	+2	0,97
Cálcio	1,976	+2	0,99
Carbono	0,77	+4	0,16
Cério	1,84	+3	1,034
Césio	2,65	+1	1,67
Chumbo	1,75	+4	0,84
Cloro	0,905	–1	1,81
Cobalto	1,253	+2	0,72
Cobre	1,278	+1	0,96
Cromo	1,249	+3	0,63
Enxofre	1,06	–2	1,84
Estanho	1,405	+4	0,71
Estrôncio	2,151	+2	1,12
Ferro	1,241 (CCC)	+2	0,74
	1,269 (CFC)	+3	0,64
Flúor	0,6	–1	1,33
Fósforo	1,10	+5	0,35
Gálio	1,218	+3	0,62
Germânio	1,225	+4	0,53
Háfnio	1,55	+4	0,78
Hidrogênio	0,46	+1	1,54
Índio	1,570	+3	0,81

(Continua)

Elemento	Raio atômico (Å)	Valência	Raio iônico (Å)
Iodo	1,35	–1	2,20
Ítrio	1,824	+3	0,89
Lantânio	1,887	+3	1,15
Lítio	1,519	+1	0,68
Magnésio	1,604	+2	0,66
Manganês	1,12	+2	0,80
		+3	0,66
Mercúrio	1,55	+2	1,10
Molibdênio	1,363	+4	0,70
Nióbio	1,426	+4	0,74
Níquel	1,243	+2	0,69
Nitrogênio	0,71	+5	0,15
Ouro	1,442	+1	1,37
Oxigênio	0,60	–2	1,32
Paládio	1,375	+4	0,65
Platina	1,387	+2	0,80
Potássio	2,314	+1	1,33
Prata	1,445	+1	1,26
Rubídio	2,468	+1	1,48
Selênio	1,15	–2	1,91
Silício	1,176	+4	0,42
Sódio	1,858	+1	0,97
Tântalo	1,43	+5	0,68
Telúrio	1,40	–2	2,11
Titânio	1,475	+4	0,68
Tório	1,798	+4	1,02
Tungstênio	1,371	+4	0,70
Urânio	1,38	+4	0,97
Vanádio	1,311	+3	0,74
Zinco	1,332	+2	0,74
Zircônio	1,616	+4	0,79

Note que 1 Å = 10^{-8} cm = 0,1 nanômetro (nm).

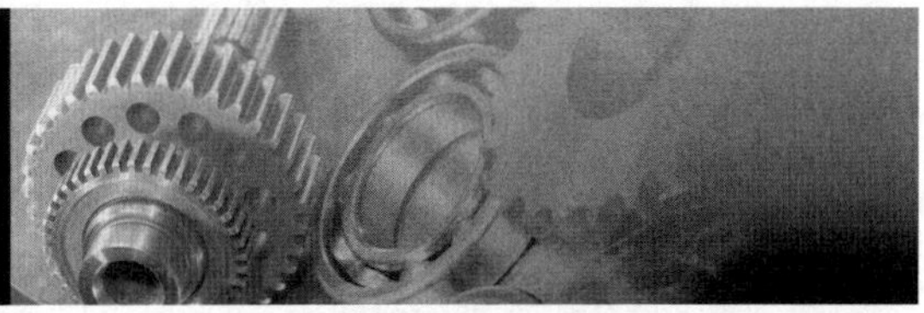

Índice remissivo

A

Acabamento superficial e precisão dimensional, 227
Abrasivos, 468
Aço galvanizado, 356
Aços, 331-332
Aços bifásicos, 355-356
Aços envelhecidos por *bake-hardening*, 318
Aços especiais, 355-356
  Aço galvanizado, 356
  Aço-ferramenta, 355
  Aços bifásicos, 355
  Aços livres de intersticiais, 356
  Aços maraging, 356
  Aços TRIP, 356
  Pico de endurecimento secundário, 355
Aços ferramenta, 355
Aços inoxidáveis, 249, 262, 360-362
  Aços inoxidáveis austeníticos, 361-362
  Aços inoxidáveis dúplex, 362
  Aços inoxidáveis endurecidos por precipitação, 362
  Aços inoxidáveis ferríticos, 360
  Aços inoxidáveis martensíticos, 360-361
Aços inoxidáveis austeníticos, 361-362
Aços inoxidáveis dúplex, 362
Aços inoxidáveis envelhecidos por precipitação, 362
Aços inoxidáveis ferríticos, 360
Aços inoxidáveis martensíticos, 360-361
Aços-liga contendo cromo, 516
Aços livres de interstícios, 358
Aços maraging, 356
Aços TRIP, 356
Adesivos, 457-458
  Adesivos a quente, 457
  Adesivos condutores, 458
  Adesivos de evaporação ou difusão, 457
  Adesivos quimicamente reativos, 457
  Adesivos sensíveis à pressão, 457-458
Adesivos condutores, 458
Adesivos de evaporação ou difusão, 457
Adesivos quimicamente reativos, 500
Adesivos sensíveis à pressão, 457-458
Alongamento percentual, 152
Alótropos, 18, 35
Alumina, 397-398
Aminas, 455-456
Amorfos, 18
Amplitude do módulo elástico para diferentes materiais, 151
Análise da falha de uma corrente de içamento, 183-184
Análise de figuras de poli, 215
Ânion, 29
Ângulo diédrico, 316
Ânodo, 498
Ânodo de sacrifício, 512
Aplicação do ensaio de fadiga, 195-198
  Efeitos da temperatura, 198
  Projeto de uma chapa resistente à fadiga, 197-198
  Taxa de propagação de trincas, 196-198
Aplicações aeroespaciais, 10
Aplicações biomédicas, 10
Aplicações de materiais eletrônicos, 10
Aplicações de materiais fotônicos ou ópticos, 11-12
Aplicações de materiais inteligentes, 12
Aplicações de materiais magnéticos, 11
Aplicações de nucleação controlada, 235-236
Aplicações de tecnologia energética e ambiental, 10-11
Aquecimento seletivo da superfície, 357
Aramidas, 441
Arranjos atômicos de curto alcance, 18
Arranjos atômicos de longo alcance, 18
Arranjos atômicos e iônicos, 40-79
Arranjos iônicos. *Ver* Arranjos atômicos e iônicos
Ataque de metal líquido, 496
Atomização, 284
Ausência de deformação, 226
Ausforming, 351
Austêmpera, 343
Austenita retida, 347
Austenita, 324
Austenitização, 342
Autodifusão, 114
Autointersticial, 87
Avaliação de comportamento de fluência, 200-202
Avaliação de falha por fadiga de um vibrabrequim192

B

Bainita, 329
Base (unidade de repetição), 44
Bimetálicos, 492-493
Bioativo, 388
Biocompatível, 388
Branqueamento, 451
Brasagem, 258, 491

C

Calandragem, 460
Cálculo da densidade teórica, 70
Cálculo da tensão de cisalhamento efetiva, 97
Cálculo do iniciador necessário, 430-431
Cálculo do número de átomos, 21
Cálculo do número de tamanho de grão ASTM, 103
Cálculo do raio crítico de solidificação do cobre, 233-234
Cálculo do vetor de Burgers, 93-94
Cálculo dos planos de escorregamento preferíveis, 94
Calor específico, 236
Calor latente de fusão, 236
Camada quântica, 22
Campo elétrico, 516
Características da conformação mecânica, 390
Características do trabalho a frio, 218-220
  Endurecimento do cobre, 218
  Projeto de um processo de trefilação, 219-220
  Propriedades mecânicas de um arame de cobre, 220
Carbeto de silício, 395
Carbonitretação, 357
Carbonização, 481-482
Carga, 144
Carregamento por impacto, 142
Cátion, 29
Cátodo, 498
Cavidades, 183, 246
Cavitação, 520
Célula de corrosão do cobre-zinco, 504
Célula eletroquímica, 498
Célula unitária, 45-46
Células de composição, 505-506
Células de concentração, 508
Células de tensão, 507-508
Células eutéticas, 364
Cementação para endurecimento superficial de aços, 110
Cementação, 357
Cementação, 422
Cementita, 324
Cerâmica verde, 406
Cerâmicas, 8-9, 392-423
Cerâmicas condutoras, 111
Cerâmicas de carbeto de silício, 405
Cermet, 407
Choque líquido, 520
Cianetização, 357
Cimentos, 422
Cinética, 312-313
Cisalhamento espesso, 172
Cisalhamento fino, 172
Classificação de materiais, 7-10
Classificação de materiais com base na estrutura, 12-13
Classificação de polímeros, 426-429
Classificação funcional dos materiais, 10-12
Cobre blister, 378
Coeficiente de encruamento (n), 207-208, 209
Coeficiente de expansão térmica, 34
Coeficiente de Poisson, 150-151
Coeficientes, 125
Coeficientes de íons em diferentes óxidos, 123-125
Colagem de barbotina, 408
Colagem de fita, 407
Colmeia, 493
Comparação entre ensaios de dureza, 160
Comportamento anisotrópico, 214-215, 227
Comportamento de tensão-deformação compressivo, vários materiais, 167-168
Comportamento isotrópico e anisotrópico, 65
Comportamento mecânico em pequenas escalas de comprimento, 168-171
  Diagrama esquemático de um filme fino em um substrato, 170
  Discordâncias estatisticamente armazenadas, 171
  Discordâncias geometricamente necessárias, 171
Comportamento plástico de termoplásticos amorfos, 447
Comportamento sob impacto, 450
Comportamento superelástico, 335
Comportamento tixotrópico, 173
Comportamento viscoelástico, 446
Composição, 4-6
Composição de cada fase, 274-276
Composição de um vidro, 414-415
Composições vítreas, 417-418
Compósito de níquel TD, 466
Compósito de prata e tungstênio, 468-469
Compósitos, 432-493
Compósitos avançados, 485-486
Compósitos de boro-alumínio, 473-474

Compósitos de fibra de vidro e náilon, 474-475
Compósitos de matriz cerâmica, 487
Compósitos de matriz metálica, 486-487
Compósitos endurecidos por dispersão, 465-467
  Aplicações, 466
  Compósito de níquel TD, 466
  Ilustrações, 466
Compostos intermetálicos estequiométricos, 289
Compostos intermetálicos não estequiométricos, 289
Compósitos laminares, exemplos e aplicações, 491-493
  Bimetálicos, 492-493
  Laminados, 492
  Metais de revestimento, 492
Compósitos particulados, 467-471
Compósitos particulados de ligas fundidas, 471
Compósitos reforçados por fibras, 471-475
  Compósitos de boro-alumínio, 473-474
  Compósitos de fibras de vidro e náilon, 474-475
  Módulo de elasticidade, 472-473
  Regra das misturas, 471-472
Compósitos reforçados por fibras, características, 475-481
Compostos, 324
Compostos de sílica e silicato, 410-412
  Vidros temperados, 411
Compostos intermetálicos, 289-290
  Compostos intermetálicos estequiométricos, 289
  Compostos intermetálicos não estequiométricos, 289
  Propriedades e aplicações, 290
  Soluções sólidas intermediárias, 289
Compostos iônicos, 122
Compressão, 406-407
Concentração de carbono, efeitos de alterações sobre o diagrama TTT, 344
Concentração de lacunas, efeitos da temperatura, 83-84
Concentração de lacunas, ferro, 84
Condições de solubilidade sólida ilimitada, 267-268
  Regras de Hume-Rothery, 267
  Soluções sólidas de cerâmica de MgO, 268
Conexão entre poliedros formados por ânions, 68
Conformação hidroplástica, 419
Conformação mecânica, 141, 206, 224
Constante do molde, 238
Construção de planos e direções, 61-62
Contatos elétricos, 468
Contorno de domínio, 105
Contornos de grão, 43, 100
Contornos de grão de baixo ângulo, 103
Contornos de inclinação, 105
Contornos de torção, 103
Contração interdendrítica, 248
Contração, 245-248
Controle de recozimento, 222-224
  Tamanho de grão recristalizado, 224
  Temperatura de recristalização, 223-224
  Trabalho a morno, 224
Coordenadas de pontos, 56
Copolímeros, 267 439-440
Corrente de corrosão e polarização, 505
Corrente impressa, 512
Corrosão, 13
Corrosão de aço trefilado a frio, 508
Corrosão de chapas de aço dobradas, 509
Corrosão de uma conexão de latão soldada, 506
Corrosão do ferro, 504
Corrosão e desgaste, 494-520
Corrosão eletroquímica, 496, 498-500
Corrosão grafítica, 497
Corrosão intergranular, 507
Corrosão microbiana, 509
Corrosão ou recobrimento, 502-503
Corrosão por tensão, 508
Corrosão química, 496-498
Crescimento, 312
Crescimento de grão anormal, 137
Crescimento de grão normal, 137
Crescimento de grão, 136-137, 221-222
Crescimento de nanofios de silício, 309
Crescimento de um monocristal, 256
Crescimento dendrítico, 237-238
Crescimento epitaxial, 257
Crescimento, nucleação, 232
Crescimento planar, 236-237
Crescimento planar, 236-237
Criação de garrafas plásticas para bebidas, 111
Cristais líquidos, 43
Cristais metálicos individuais HC e materiais policristalinos, ductilidade, 99
Cristal de esferulito, 257
Cristal de quartzo, 40
Cristal de rubi, 81
Cristalinidade em polímeros, observação e medição, 443-445
Cristalino, 18
Cristalização e deformação, 439
Cristalização induzida por tensão, 44, 441
Cristalografia, 44
Curva de oxidação parabólica do níquel, 518-519
Curva de temperabilidade, 351-353
Curva de tempo, temperatura e transformação (TTT), 327
Curva de tensão-deformação, relação com o ensaio de impacto, 166
Curva de tensão-tempo de ruptura, 202
Curva de transformação isotérmica, 327
Curva solvus, 294
Curvas de resfriamento, 242-243
Curvas de transformação sob resfriamento contínuo, 349-350

D

Dados de difusão, materiais selecionados, 117
Defeito de Frenkel, 87
Defeito de Schottky, 87
Defeitos, 81-82
Defeitos de solidificação, 245-250
Defeitos em cerâmicas cristalinas, 400-403
  Discordâncias do MgO, 402
  Escorregamento do MgO e Mg, 402-403
  Impurezas em diamantes, 401
Defeitos estendidos, 82
Defeitos, importância, 105-107
Defeitos intersticiais, 85
Defeitos pontuais, 82-87

Defeitos superficiais, 100-105
Contornos de torção, 103
Limite de escoamento, 101
Definição, ciência e engenharia de materiais, 4-6
Deformação, 141
Deformação de polímeros cristalinos, 450
Deformação elástica, 95, 142
Deformação plástica, 95, 142
Degradação microbiana e polímeros biodegradáveis, 515
Delaminação, 186
Dendrita, 237
Densidade da discordância, 95
Densidade, 14, 53-54
Dependência da concentração de espécies difusoras e da composição da matriz, 127
Dependência da ligação e da estrutura cristalina, 127
Deposição química de vapor, 481
Descarburação a oxigênio, 249
Desenvolvimento de textura em filmes finos, 215
Desgaseificação, 249
Desgaste abrasivo, 519-520
Desgaste adesivo, 519
Desgaste e erosão, 519-520
Desvios das estruturas eletrônicas esperadas, 22-23
Determinação da temperatura de um tratamento térmico, 343
Determinação da tensão inicial, 449
Determinação do número AISI, 338-340
Determinação do número do ponto de rede, 49-50
Devitrificação, 413
Dezincificação, 497
Diagrama de fases do Cu-Ni, composições do, 275-276
Diagrama de fases binário, 271
Diagrama de fases do Au-Si, 308
Diagrama de fase do chumbo-estanho, 294-295
Diagrama de fases eutético, 293-301
Diagramas de fases contendo reações trifásicas, 290-292
  Intervalo de miscibilidade metaestável, 292
  Intervalo de miscibilidade, 292
  Reações peritéticas, 292
Diagramas de fases isomorfos, 271-278
Diagrama de fases unário, 263
Diagrama de fusão de componente fundido, 279-280
Diagrama de um filme fino em um substrato, 170
Diagrama esquemático da formação de banda de cisalhamento, 169
Diagrama P-T, 263
Diamante versus grafite, 16
Dieno, 451
Difração de elétron, 45
Difração de raios X, 43
Difusão, 109, 110
Difusão, aplicações, 110-112
Difusão de Ar/He e Cu, 112
Difusão do contorno de grão, 125
Difusão dopante para dispositivos semicondutores, 110-111
Difusão em volume, 125
Difusão e processamento de materiais, 134-137
Difusão, fatores que afetam, 121-127
Difusão intersticial, 115
Difusão, mecanismos para, 114-115
Difusão por lacunas, 114-115
Difusão superficial, 125
Difusividade, 118
Direção do escorregamento, 91, 93
Direções compactas, 51
Direções cristalográficas, significância, 58
Direções na célula unitária, 56-57
Discordância em hélice, 89
Discordâncias, 89-95
Discordâncias do MgO, 402
Discordâncias em aresta, 89-90
Discordâncias estatisticamente armazenadas, 171
Discordâncias geometricamente necessárias, 171
Discordâncias mistas, 90
Dissolução e oxidação cerâmica, 497
Distância de repetição, densidade linear e fração de empacotamento, 58-59, 61
Distância interplanar, 65
Distância Jominy, 351-352
Distâncias de difusão, 125
Distribuição de Weibull para análise de resistência à fratura, 186-191
Dopantes, 82
Ductilidade, 152-153
Dureza dos materiais, 159-160

E

Efeito Bauschinger, 210
Efeito da temperatura, 138, 153-154, 198, 201, 382, 386
Efeitos ambientais e outros, 13
  Corrosão, 13
  Fadiga, 13
  Taxa de deformação, 13
  Temperatura, 13
Efeitos da taxa de deformação e comportamento sob impacto, 164-165
Tenacidade ao impacto, 164
Efeitos da temperatura e do tempo sobre o envelhecimento, 320-321
  Envelhecimento artificial, 321
  Envelhecimento natural, 321
  Resistência de ligas de alumínio, 321
Efeitos do trabalho a frio sobre as propriedades mecânicas do cobre, 212
Elastômeros (borrachas), 142, 428, 451-455
Elastômeros termoplásticos, 428, 454
Elastômeros típicos, 453-454
Elementos de liga, efeitos, 350-351
Elementos de transição, 26
Eletrólito, 498
Eletropositivo, 24
Eliminação de imperfeições, 227
Embrião, 232
Encruamento e recozimento, 204-227
Endurecimento de segunda fase, 106, 235
Endurecimento por deformação, 105-106, 206
Endurecimento por dispersão, 235, 269
Endurecimento por dispersão de fases e diagramas de fases eutéticos, 286-309
Endurecimento por dispersão por transformações de fases e tratamento térmico, 310-335
  Endurecimento por envelhecimento ou precipitação e aplicações, 317-318
Endurecimento por envelhecimento, 288
Endurecimento por envelhecimento ou precipitação e aplicações, 317-318
  Aços envelhecidos por *bake-hardening*, 318

Endurecimento por precipitação, 106, 288. *Ver também* Endurecimento por envelhecimento ou precipitação e aplicações; Endurecimento por envelhecimento ou precipitação, evolução microestrutural
Endurecimento por textura, 215
Endurecimento por refino de grão, 106, 235
Endurecimento por solução sólida, 106, 169-271
  Efeito, 270-271
  Endurecimento por dispersão, 269
  Grau, 269
Energia da fratura, 152
Energia de ativação, 112-114
Energia de ativação, autodifusão, 126
Energia de ativação para difusão, 116
  Dados de difusão de materiais selecionados, 117
  Par de difusão, 116
Energia de deformação, 312
Energia de ligação e distância interatômica, 33-35
  Coeficiente de expansão térmica, 34
  Limites de escoamento, 34
  Módulo de elasticidade, 34
Energia do impacto, 164
Enrolamento filamentar, 484
Ensaio de dureza Brinell, 159
Ensaio de dureza Rockwell, 159
Ensaio de dureza, 159
Ensaio de fadiga por flexão rotativa, 192
Ensaio de fadiga, 193
Ensaio de flexão para materiais frágeis, 156-159
  Módulo de flexão, 157
  Módulo de ruptura, 157
  Resistência à flexão, 157, 158-159
Ensaio de impacto, 164
Ensaio de impacto, propriedades obtidas em um, 165-167
Ensaio de microdureza, 160
Ensaio de tração, propriedades obtidas em um, 147-154
Ensaio de tração: uso da curva de tensão-deformação, 143-147
Ensaio Jominy, 351
Envelhecimento, 319
Envelhecimento artificial, 321
Envelhecimento natural, 321
Envelhecimento, termoplásticos, 442
Epóxis, 457
Equação de Avrami, 313
Equação de Faraday, 502
Equação de Hall-Petch, 101
Equação de Nernst, 502
Equilíbrio de fase. *Ver* Soluções sólidas e equilíbrio de fases
Equilíbrio do ponto triplo, 264
Erosão líquida, 520
Escala de tamanho, 18
Escalagem de discordâncias, 200
Escorregamento cruzado, 99
Esmaltes cerâmicos, 423
Escorregamento, 91-95
Escorregamento do MgO e do Mg, 402-403
Escorregamento em estruturas metálicas, fatores que afetam, 98
Esferoidização, 342
Esferulito, 257
Espaçamento dendrítico secundário, 239-240
Espaçamento interlamelar, 301-302
Espumas, 461
Estabilidade atômica e eletronegatividade, 24
Estabilidade, átomos e íons, 112-114
  Energia de ativação, 113-114
  Gráfico de Arrhenius, 113
Estabilidade de fases, 350
Estabilização, 513
Estado borrachoso e coriáceo, 443
Estado vítreo, 443
Estágios de recozimento, 220-222
Estrias, 191
Estricção, 149
Estrutura, 4, 17
Estrutura atômica, 16-39
Estrutura *buckyball*, 38
Estrutura compacta, 53
Estrutura cristalina, 44
Estrutura cristalina de materiais iônicos, 67-73
Estrutura cristalina, influência da, 98-99
Escorregamento cruzado, 99
Escorregamento em estruturas metálicas, fatores que afetam, 98
Metal HCP de cristal único e materiais policristalinos, ductilidade, 99
Sistemas de escorregamento, número, 99
Tensão de cisalhamento efetiva crítica, 98
Estrutura da blenda de zinco, 69-70
Estrutura da fluorita, 70
Estrutura da perovskita, 71-73
Estrutura do átomo, 21-24
Estrutura do carbono grafite, 37
Estrutura do cloreto de césio, 50-51
Estrutura do cloreto de sódio, 69
Estrutura do coríndon, 71
Estrutura do diamante, 36
Estrutura do lingote, 244
Estrutura eletrônica do átomo, 21-24
Estrutura estável, projeto/seleção de materiais, 106-107
Estrutura fundida, 244-245
Estrutura hexagonal compacta, 54
Estruturas cerâmicas cristalinas, 397-400
Estruturas complexas, polímeros, 436
Estruturas covalentes, 73-75
  Estrutura cúbica do tipo diamante, 73-74
  Fator de empacotamento, 73-74
  Polímeros cristalinos, 75
  Sílica cristalina, 75
Estruturas de zonas termicamente afetadas, 359-360
Estruturas sanduíche, 493
  Colmeia, 493
  Materiais sanduíche, 493
Estudo isoplético, 294
Etapas de processamento secundário, aço e ligas, 23
Eutética e processamento de materiais, 306
Evolução microestrutural no endurecimento por envelhecimento ou precipitação, 318-320
Exemplos representativos, aplicações, propriedades, 7
Extensômetro, 144
Extrusão, 206, 408-409, 458-459

F

Fabricação de dispositivos de silício, 132-133
Fabricação de fibras e compósitos, 481-485
Fadiga, 13, 191-195
Fading, 367
Falhas de empilhamento, 103
Fase da matriz, 464
Fase dispersa, 288, 464
Fases de uma liga Al-4% Cu, composição, 319
Fases do aço-carbono hipoeutetoide, 326-327
Fases e diagrama de fases, 262-265
Fases presentes, 272-273
Fator de empacotamento, 52-52
Fenólicos, 455
Fenômeno do limite de escoamento descontínuo, 148
Ferrita, 324
Ferroelétricos, 105
Ferro fundido branco, 363, 365
Ferro fundido cinzento, 364
Ferro fundido com grafita compacta, 367
Ferro fundido dúctil, 366
Ferro fundido maleável, 365
Ferro fundido nodular, 366-367
Ferro-gusa, 337
Ferros fundidos, 362-367
Fiação, 460
Fibras, 423
Fibras curtas, 483
Fibras de aramida, 478
Fibras óticas e componentes microeletrônicos, 111
Filmes finos em monocristais, 423
Fios, 483
Fluência e relaxação de tensão, 448-450
Fluência, ruptura por tensão e corrosão por tensão, 198-200
Fluidez, 375
Fonte de Frank-Read, 210-211
Força motriz do crescimento de grão, 137
Força unidirecional, 144
Forças de London, 30
Forjamento, 206
Forma da curva TTT, 351
Formação de sílica, 29
Formador de vidro, 413
Formas de representação, 428
Formas do carbono, relações entre arranjos e propriedades, 35-39
Forno a arco elétrico, 338
Fratura conchoidal, 185
Fratura de materiais metálicos, características microestruturais, 182-85
Fratura dúctil, 182-183
Fratura frágil, 179, 184
Fratura intergranular, 184
Fratura transgranular, 182
Fraturas de cerâmicas, vidros e compósitos, características microestruturais, 185-186
  Delaminação, 186
  Fratura conchoidal, 185
Frente de solidificação, 236
Fundente, 116, 420
Fundibilidade, 375
Fundição, 460
Fundição contínua e lingotamento, 251-255
Fundição contínua vertical, 253
Fundição de precisão, 250
Fundição em molde de areia, 250
Fundição por molde permanente, 250
Fundição sob pressão, 251
Fusão e fundição, 134

G

Galvanização, 496
Gradiente de concentração, 118
Gráfico de Arrhenius, 113
Gráfico de Grossman, 354
Grafita vermicular, 367
Grafitização de primeiro estágio, 365
Grafitização de segundo estágio, 365
Grãos, 43, 100
Grau de polimerização, 433-434, 437-438
  Massa molecular média numérica e ponderal, 433
  Nailon 6,6, 433-434
Grupos laterais, efeitos, 438

H

Homogeneização, 283-284

I

Imperfeições, arranjo atômico e iônico, 80-107
Importância tecnológica, 140-141
Impurezas, 82
Impurezas do diamante, 401-402
Índices de Miller para células unitárias hexagonais, 62-63
Índices de Miller, 56, 59-60
Índices de Miller-Bravais, 62-63
Inibidores, 512
Inoculação, 235, 367
Inoculantes, 235
Interação de Debye, 30
Interações de Keesom, 30
Interdifusão, 114
Interface, 231
Interface, 288
Intermediários, 413
Interrupção da transformação isotérmica, 345
Interstício cúbico, 65
Interstícios, 65-67
Interstícios octaédricos, 66
Interstícios para carbono no ferro, 85-86
Interstícios tetraédricos, 65
Intervalo de miscibilidade, 292
Intervalo de miscibilidade metaestável, 292
Intervalo de solidificação, 271
Introdução, ciência e engenharia de materiais, 2-15
Isômeros geométricos, 451
Isopleta, 294

L

Lacunas, 82-83
Lamelar, 296
Laminação a frio, 206
Laminados, 492
Lei de Hooke, 150
Lei de Shmid, 96-98
Lei de Sievert, 248
Ligação covalente, 28-29
Ligação de van der Waals, 30-31

Ligação insaturada, 429
Ligação iônica, 29
Ligação metálica, 27-28
Ligação mista, 31-32
Ligações atômicas, 27-33
Ligações em cerâmicas, 394-397
    Propriedades de cerâmicas policristalinas, 396
    Propriedades mecânicas de cerâmicas avançadas, 396
    Rigidez da ligação e módulo de elasticidade, 394-397
Ligações secundárias, 31
Liga Cu-40% Ni, 277-278
Ligas, 262, 390
Ligas com memória de forma, 334-335
Ligas de alumínio, 370-376
Ligas de cobre e chumbo, 381
Ligas de fundição, 375-376
Ligas de magnésio e berílio, 376-378
Ligas de níquel e cobalto, 381-384
    Monel, 382
    Projeto/seleção de materiais para uma palheta de turbina de um motor a jato, 383-384
    Superligas, 382-383
    Temperatura, efeitos da, 382
Ligas de solução sólida, 293
Ligas de titânio, 384-389
Ligas de titânio alfa, 384
Ligas de titânio alfa-beta, 386
Ligas de titânio beta, 385-386
Ligas endurecidas por dispersão, 288
Ligas endurecidas por envelhecimento, 379-380
Ligas endurecidas por solução sólida, 379
Ligas endurecidas por supersaturação, 315-317
Ligas eutéticas, 295-298
Ligas hipoeutéticas e hipereutéticas, 298-301
Ligas monofásicas, 262
Ligas não ferrosas, 368-391
Ligas polifásicas, 262
Ligas que formam camada inicial, 245
Ligas que formam misturas bifásicas, 245
Ligas que ultrapassam o limite de solubilidade, 294
Ligas trabalhadas, 372-375
Limitações da solução da função erro, 133
Limite convencional de escoamento, 148
Limite de escoamento de ligas de alumínio, 321
Limite de proporcionalidade, 148
Limite de resistência à fadiga, 193
Limite elástico, 148
Limites de escoamento, 34, 101, 147-148, 149, 172
Lingotamento. *Ver* Fundição contínua e lingotamento
Lingote, 244
Linha de amarração, 275
Liquidus, 271
Lixiviação seletiva, 497

M

Maclas, 104-105
Macrodureza, 159
Macroestrutura, 18, 496-497
Macrossegregação, 284
Martensita revenida, 347
Massa atômica, 54
Massa específica aparente, 405
Massalote, 246
Massas moleculares médias: ponderal e numérica, 434
Materiais amorfos, 43-44
Materiais compósitos laminares, 490-491
Materiais cristalinos, 43
Materiais estruturais, 12
Materiais inteligentes, 335
Materiais não newtonianos, 171
Materiais policristalinos, 43
Materiais reopéticos, 173
Materiais sensíveis ao entalhe, 194
Material anelástico, 142
Material newtoniano, 171, 172
Material viscoelástico, 142
Material viscoso, 142
Matriz, 288
Mecânica das fraturas, 176-182
Mecanismos de crescimento, solidificação, 236-238
Mecanismos de endurecimento, 210-211
    Fonte de Frank-Read, 211
    Termoplásticos, 211
Medida da tenacidade, 164-165
Melhoria da resistência mecânica de uma peça fundida, 238-239
Membrana de ferro, projeto de uma, 123-124
Metais de revestimento, 492
Metais e ligas, 8
Metais preciosos, 390-391
Metais refratários e preciosos, 390-391
Metalografia, 102
Metalurgia do pó, 134-135
Microconstituinte eutético, 296
Microconstituinte primário, 300, 325-326
Microconstituinte proeutético, 300
Microcontração, 248
Microestrutura, 4, 5, 6, 18
Microestrutura da bainita, tratamento térmico para gerar, 331
Microestrutura da perlita, projeto de um tratamento térmico para gerar, 330-331
Microestrutura de Widmanstätten, 315-316
Microestruturas, endurecimento da textura e tensões residuais, 214-218
Microfissuramento, 450
Microscopia de orientação, 215
Microssegregação, 284
Microvazios, 182
Mistura de polímeros, 440
Modificadores, 413
Módulo de cisalhamento, 142
Módulo de elasticidade, 34, 142, 472
Módulo de flexão, 157
Módulo de resiliência, 151
Módulo de ruptura, 157
Módulo de Young de uma liga de alumínio, 152
Módulo de Young, 142
Moldagem por compressão, 460
Moldagem por injeção, 408-409, 459-460
Moldagem por injeção reativa, 460-461
Moldagem por sopro, 44, 459
Moldagem por transferência, 460
Monel, 382
Monômero, 426
Movimento da discordância, 90-91
Movimento de átomos e íons em materiais, 108-137

N

Náilon 6,6, 433-434
Nanociência, 18
Nanocompósitos, 464
Nanoestrutura, 18
Nanofios, diagrama de fases eutético, 307-309
    Crescimento de nanofios de silício, 309
    Diagrama de fases da liga Au-Si, 308
Nanoindentação, 160-164
Nanotecnologia, 18
Nanotubos, 38-39
Neutralidade elétrica, 68
Níquel na difusão do óxido de magnésio, 120-121
Nitinol, 331
Nitretação, 357
Níveis de arranjos atômicos, 19-20
Normalização, 342
Notação de Kröger-Vink, 88
Nucleação, 231-235, 312
Nucleação e crescimento em reações de estado sólido, 312-315
Nucleação heterogênea, 234
Nucleação homogênea, 232-233
Núcleons, 21
Núcleos, 231
Número atômico, 21
Número de átomos por célula unitária, 48
Número de ciclos de tensão até a fratura, 193
Número de coordenação e razão entre raios, 67
Número de coordenação, 52
Número de tamanho de grão ASTM, 102
Número quântico azimutal, 22
Número quântico spin, 22
Números quânticos, 21-22

O

Oligômeros, 426
Ordem de curto alcance versus ordem de longo alcance, 42-43
Ordem de longo alcance, 43
Outros defeitos pontuais, 87-89
Oxidação, 390
Oxidação do alumínio, 111
Oxidação do metal, 516
Oxidação e outras reações gasosas, 516-519
Óxido de estrôncio, 400

P

Padrão em V, 184
Painéis isolantes para residências, 461
Par de difusão, 116, 120
Par de difusão tório-tungstênio, 126-127
Parâmetro de Larson-Miller, 202
Parâmetros de rede e ângulos interaxiais, 47-48
Parison, 459
Passivação ou proteção anódica, 512
Pasta, 406
Perfil de composição, 128-133
Perlita, 324-325
Pico de endurecimento secundário, 355
Pites, 94
Plano de escorregamento, 90, 93
Planos basais, 64
Planos e direções supercompactas, 64-65
Planos na célula unitária, 59
Plásticos, 426
Plásticos de Bingham, 172
Platô térmico, 243
Pó, 406
Polarização de ativação, 505
Polarização de concentração, 505
Polarização por resistência, 505
Poliésteres, 457
Polietileno resistente ao impacto, 445-446
Poli-imidas, 457
Polimerização, 9
Polimerização por adição e condensação, 429-433
Polimerização por condensação, 431-432
Polímero linear, 426
Polímero ramificado, 426
Polímeros, 9, 424-461, 469-471
Polímeros, ataques químicos, 497-498
Polímeros cristalinos líquidos, 441
Polímeros líquidos, 442-443
Polímeros, oxidação e degradação térmica, 519
Polímeros, permeabilidade, 127-128
Polímeros termofixos, 427-428, 455-457
Ponte de hidrogênio, 30
Pontos de rede, 44
Pontos, direções e planos na célula unitária, 56-65
Porosidade, 404-405
Porosidade aparente, 404
Porosidade da contração, 248
Porosidade devido a gases, 248-250
Porosidade verdadeira, 405
Pós com solidificação rápida, 284-285
Potencial de meia célula do cobre, 502
Potencial do eletrodo, efeito da concentração sobre o, 500
Potencial do eletrodo em células eletroquímicas, 500-504
Precipitado, 288
Precipitado coerente, 317
Precipitados em não equilíbrio durante o envelhecimento, 319
Precursor, 481
Pré-impregnados, 483
Prensagem isostática a frio, 407
Prensagem isostática a quente, 136, 258
Primeira lei de Fick, 116
Princípio de Aufbau, 22
Princípio de exclusão de Pauli, 22
Princípios de solidificação, 228-259
Privação de oxigênio, 508
Processamento e aplicações de produtos de argila, 418-420
Processamento e reciclagem de polímeros, 458-461
Processamento por solidificação rápida, 235
Processamento primário, 230
Processo com cera perdida, 250
Processo de fundição para fabricação de componentes, 250-251
Processo de molde cheio, 250
Processo em alta temperatura, 225
Processos de união, 255

Produção de compósitos, 483-485
Projeto, 346, 510
Projeto de elos para uma corrente, 202-203
Projeto de fundição de um monocristal, 97-98
Projeto de material polimérico para isolamento, 445
Projeto de tratamento térmico de um aço bifásico, 332-333
Projeto de um aço, 101-102
Projeto de um acoplamento para tubos, 335
Projeto de um componente, 179
Projeto de um componente aeroespacial, 264-265, 479-480
Projeto de um componente resistente ao desgaste, 305
Projeto de um compósito particulado, 470
Projeto de um eixo resistente à fadiga, 217
Projeto de um eixo rotativo, 194-195
Projeto de um ensaio não destrutivo, 179
Projeto de um massalote para material fundido, 247-248
Projeto de um material compósito, 10
Projeto de um material para soldagem branda, 304-305
Projeto de um método de fabricação ou teste, 179
Projeto de um processo de desgaseificação do cobre, 249-250
Projeto de um processo de recobrimento do cobre, 503
Projeto de um processo de têmpera, 354-355
Projeto de um processo de trabalho a frio, 213
Projeto de um processo de trefilação, 219-220
Projeto de um sistema de proteção contra corrosão, 514
Projeto de um suporte em compósito, 488-490
Projeto de um tratamento de cementação, 130-131
Projeto de um tratamento de têmpera superficial de um componente mecânico, 358
Projeto de um trocador de calor, 388
Projeto de uma barra de suspensão, 147
Projeto de uma biela, 389
Projeto de uma chapa resistente à fadiga, 197-198
Projeto de uma engrenagem resistente ao desgaste, 354
Projeto de uma máquina de fundição contínua, 253-255
Projeto de uma marreta, 166-167
Projeto de uma peça fundida em liga de alumínio, 242
Projeto de uma placa cerâmica, 181-182
Projeto de uma solda de aço inoxidável, 514-515
Projeto de uma tira de cobre, 224-225, 227
Projeto e seleção de materiais, 14-15
  Densidade, 14
  Propriedades físicas, 14
  Propriedades mecânicas, 14
Projeto/seleção de materiais para um disjuntor elétrico, 380
Projeto/seleção de materiais para uma paleta de turbina de um motor a jato, 383-384
Propriedades de cerâmicas policristalinas, 396
Propriedades de cerâmicas SiAlON, 180-181
Propriedades do ensaio Charpy com entalhe em V, 165
Propriedades do impacto, uso das, 166
Propriedades elásticas, 150-151
Propriedades elétricas, ópticas e magnéticas, efeitos dos defeitos, 107
Propriedades físicas, 14
Propriedades mecânicas, 14, 138-173, 174-203
Propriedades mecânicas de cerâmicas avançadas, 396
Propriedades mecânicas de um fio de cobre, 220
Propriedades mecânicas por meio do controle do processo de escorregamento, 105
Propriedades versus trabalho a frio, 212-213
  Efeitos do trabalho a frio sobre as propriedades mecânicas do cobre, 212
  Projeto de um processo de trabalho a frio, 213
Proteção catódica, 512
Proteção contra corrosão eletroquímica, 510-515
Prótese de quadril, 389
Pultrusão, 484-485

Q

Quantidade de cada fase, 276-278
Queima, 406
Queima, processamento de produtos de argila, 419-420
Quociente de difusão, 118

R

Raio atômico versus parâmetro de rede, 51
Raios iônicos, 67-68
Razão de fadiga, 194
Razão de Pilling-Bedworth (PB), 517
Razão de raio, 68
Raio atômico, 51
Raio crítico, 232
Reação anódica, 499
Reação catódica na eletrodeposição, 499
Reação de oxidação, 499, 516
Reação de redução, 499
Reação eutética, 288
Reação eutetoide, 323-327
Reação eutetoide em ferros fundidos, 364-367
Reação eutetoide, controle, 327-331
Reação martensítica e revenimento, 331-334
Reações catódicas na corrosão, 499-500
Reações eutéticas em ferros fundidos, 363-364
Reações monotéticas, 292
Reações peritéticas, 292
Reações químicas de defeitos, 88
Recalescência, 243
Rechupe, 246
Reciclagem de plásticos, 461
Recozimento, 106, 350, 387. *Ver também* Endurecimento e recozimento
Recozimento de alívio de tensões, 216
Recozimento e processamento de materiais, 224-226
  Conformação mecânica, 224
  Exposição a altas temperaturas, 225
  Projeto para produzir uma tira de cobre, 224-225
  Soldagem, 225
  Zona termicamente afetada, 225
Recozimento isotérmico, 343
Recristalização da energia de ativação do cobre, 314-315
Recristalização, 221
Recuperação elástica, 209-210
Recuperação, 221
Rede e célula unitária hexagonal, 52
Redes, bases, células unitárias e estruturas cristalinas, 44-54
Redes bravais, 45
Redes poliméricas interpenetrantes, 457
Refino de grão, 235
Refratário, 397-398
Refratários, 420-422
Refratários ácidos, 421
Refratários básicos, 421
Refratários especiais, 422
Refratários neutros, 422
Regra da alavanca, 276-278
Regra das fases, 262
Regra de Chvorinov, 238
Regra de Gibbs, diagrama de fases isomorfo, 274-275
Regras de Hume-Rothery, 267
Relação entre raio atômico e parâmetros de rede, 51
Relação entre trabalho a frio e curva tensão-deformação, 206-210
Relação entre propriedades e diagrama de fases, 278-280
  Diagrama de fusão de um componente fundido, 279
Relação resistência-massa em projetos, 376
Relações de energia interfacial, 316-317
Relações direcionais, 28
Relaxamento de tensão, 142
Relevância tecnológica, estrutura atômica, 18-20
  Níveis da estrutura, 19-20
  Sistemas microeletromecânicos (MEMS), 18
Reologia dos líquidos, 171-173
Requisitos para endurecimento por envelhecimento, 322
Resfriamento rápido, 319
Resistência à fadiga, 194
Resistência à flexão, 157, 158-159
Resistência de uma liga eutética, 301-305
Resistência específica, 369-370
Resistências representativas, 8
Resultados do ensaio de fadiga, 193-195
Reticulação, 451-453
Revenimento, 217, 333-334, 351
Revenimento e têmpera, 346-350
Revestimento de barreira térmica para palhetas de turbinas, 111
Revestimentos, 423, 511
Rigidez das ligações e módulo de elasticidade, 394-397
Rigidez, 150
Rovings, 483

S

Secagem e queima de produtos de argila, 419-420
Segregação, 280
Segregação interdendrítica, 283
Segunda lei de Fick, 128-130
Seleção de materiais, 179, 513
Seleção de materiais, componentes de polímeros, 429
Sem ordem, 42
Semicondutores III-V, 26
Semicondutores II-VI, 26
Sensibilidade à taxa de deformação, 209
Sensibilidade ao entalhe, 165-166
Sensitização, 513
Sequência de empilhamento, 64
Série de valores de força eletromotriz, 501
Série galvânica, 496
Severidade da têmpera, 349
Shot preening, 194, 216
Sinterização, 134-136, 406, 409-410
Sinterização com fase líquida, 135
Síntese e processamento, 4, 5, 6
Síntese e processamento de cerâmicas cristalinas, 406-410
Sistema de escorregamento, 91
Sistemas e aplicações reforçados por fibras, 485-490
  Compósitos avançados, 485-486
  Compósitos de matriz cerâmica, 487
  Compósitos de matriz metálica, 486-487
  Projeto de um suporte em compósito, 488-490
Sistema isomorfo do NiO-Mg-O, 273
Sistemas de escorregamento, número, 99
Sistemas microeletromecânicos, 18
Sistemas poliméricos, 267
Solda branda, 158
Soldabilidade do aço, 358-360
  Microestruturas de zonas termicamente afetadas, 359-360
Soldagem por difusão, 137, 398
Soldagem por fusão, 258
Solidificação, 230
Solidificação de ligas por solução sólida, 280-281
Solidificação de polímeros e vidros inorgânicos, 257-258
  Cristais de esferulito, 257
  Esferulito, 257
Solidificação de uma liga Cu-Ni fora do equilíbrio, 282-283
Solidificação direcional, 255
Solidificação do sistema eutético em condição de não equilíbrio, 307
Solidificação, efeito sobre estrutura e propriedades, 239-242
Solidificação e segregação em não equilíbrio, 281-285
Solidificação rápida, 44
Solidus, 271
Solubilidade e soluções sólidas, 265-267
Solubilidade ilimitada, 266-267
Solubilidade limitada, 266-267
Solubilização, 513
Solução sólida, 260, 323-324
Soluções cerâmicas sólidas de MgO, 268
Soluções sólidas e equilíbrio das fases, 260-285
Soluções sólidas intermediárias, 289
Soluto, 261-262
Superaquecimento, 232
Superfície de fratura por fadiga, 192
Superfície do material, 100
Superligas, 382-384
Super-resfriamento, 232

T

Tabela periódica, 24-27
Tamanho de grão da austenita, 327
Tamanho do grão, efeito sobre o limite de escoamento, 101
Tamanho do grão recristalizado, 224
Tantalato de bário e magnésio sinterizado, 108
Taticidade, 439
Taxa de corrosão do cobre-zinco, efeitos de áreas na, 511
Taxa de deformação por cisalhamento, 171
Taxa de deformação, 13, 142

Taxa de difusão, 116-121
Taxa de nucleação, 235
Taxa de propagação de trincas, 196-198
Técnicas de conformação, processamento de produtos de argila, 419-420
Técnicas de difração para análise da estrutura cristalina, 76-79
  Análise dos dados da difração de raios x, 78
  Difração de elétrons e microscopia, 79
  Difração de raios x, 76-77
  Lei de Bragg, 76
  Microscópio de transmissão de elétrons, 79
Têmpera, 373
Têmpera e recozimento de vidros, 217-218
Temperabilidade, 350
Temperabilidade, aplicação da, 351-355
  Curva de temperabilidade, 351-352, 353
  Distância Jominy, 352
  Ensaio Jominy, 352
  Gráfico de Grossman, 354
  Projeto de um processo de têmpera, 354-355
  Projeto de uma engrenagem resistente ao desgaste, 354
Temperatura, 13
Temperatura de deflexão, 449-450
Temperatura de degradação, 441-442
Temperatura de distorção, 449
Temperatura de recristalização, 221
Temperatura de transformação, 327-331
Temperatura de transição frágil-dúctil, 165
Temperatura de transição vítrea, 144, 412, 443
Temperatura e coeficiente de difusão, 121-122
Temperaturas liquidus e solidus, 271
Tempo até a fratura, 201
Tempo de relaxação, 448
Tempo de solidificação local, 243
Tempo e difusão, 125-126
Tenacidade, 152, 165, 166
Tenacidade à fratura, 165, 176
Tenacidade à fratura no estado plano, materiais selecionados, 177
Tenacidade à fratura versus resistência de diferentes materiais de engenharia, 178
Tendências nas propriedades, 26-27
Tensão de cisalhamento efetiva crítica, 98
Tensão de cisalhamento efetiva, 96-97
Tensão de Peierls-Nabarro, 92
Tensão e deformação de engenharia, 145
Tensão e deformação verdadeiras, 154-156
Tensões residuais e trincas, 347-348
Tensões residuais, 216
Tensões, 90
Terminação da polimerização por adição, 429-430
Terminologia das propriedades mecânicas, 141-142
Termoformagem, 460
Termoplásticos, 211, 426-427
Termoplásticos, efeito da temperatura em, 441-446
Termoplásticos, propriedades mecânicas, 446-451
Termoplásticos, relação estrutura-propriedade em, 437-441
Termoplásticos típicos, 435-437
  Estruturas complexas, 436
  Propriedades, 435
  Unidades de repetição, 436-437
Tetraedro, plásticos reforçados por fibras de carbono, 5
Tetraedro, polímeros semicondutores para microeletrônica, 6
Textura de chapa, 215
Textura de fibra, 214
Textura para trefilação e extrusão, 216
Titânio comercialmente puro, 384
Trabalho a frio, 206
Trabalho a morno, 224
Trabalho a quente, 206, 226-227
Transformações alotrópicas e polimórficas, 55-56
Transformações atérmicas, 331
Transformações de fases, 380-381
Transformações de fases em estado sólido, 235
Transformações deslocadoras, 331
Transformações martensíticas, 331
Tratamento de endurecimento por envelhecimento, projeto de um, 319-320
Tratamento de solubilização, 318-319
Tratamento para alívio de tensões, 341-342
Tratamento térmico, aços e ferros fundidos, 336-367
Aços especiais, 355-356
Aços inoxidáveis, 360-362
Soldabilidade do aço, 358-360
Têmpera e revenimento, 346-350
Temperabilidade, aplicações, 351-355
Tratamentos superficiais, 356-358
Tratamentos térmicos isotérmicos, 343-346
Tratamentos térmicos simples, 341-343
Tratamento térmico para um eixo, 345
Tratamento térmico, projeto econômico, 131-132
Tratamentos térmicos isotérmicos, 343-346
  Austêmpera, 343
  Concentração de carbono, efeito das alterações na curva TTT, 344-345
  Interrupção da transformação isotérmica, 345-346
  Projeto de tratamento térmico de um eixo, 345
  Recozimento isotérmico, 343
Tratamentos térmicos simples, 341-343
  Austenitização, 342
  Determinação da temperatura do tratamento térmico, 343
  Esferoidização, 342
  Normalização, 342
  Recozimento, 342
  Tratamento para alívio de tensões, 341-342
Trefilação, 206, 366
Trinca de Griffith, 179
Tubérculos, 509

U

Último limite de resistência, 149
União de materiais metálicos, 258-259
União e montagem de componentes cerâmicos, 423
Unidade de massa atômica, 21
Unidades, 145
Unidades de repetição, 429, 437
Uretanos, 457
Uso de dados de fluência, 202
  Curvas de tensão-tempo de ruptura, 202
  Parâmetro de Larson-Miller, 202
  Projeto de um elo de corrente, 202-203
Uso de ligas envelhecidas em altas temperaturas, 322-323

V

Valência, 23-24
Vetor de Burgers, 89, 92, 93
Vida em fadiga, 194
Vidrados, 423
Vidro de segurança laminado, 217
Vidro fotocromático, 236
Vidro recozido, 217
Vidro temperado, 217, 411
Vidros, 43, 235-236, 412
Vidros e vitrocerâmicas, 9
Vidros metálicos, 44
Vidros metálicos de grande volume e comportamento mecânico, 167-168
  Comportamento de tensão-deformação compressora, 168
  Diagrama esquemático da formação de banda de cisalhamento, 169
Viscosidade, 171
Viscosidade aparente, 172
Viscosidade cinemática, 171
Vitrificação, 420
Vitrocerâmicas, 236, 418
Vulcanização, 451

W

Whiskers, 465, 483

Z

Zircônia cúbica, 400
Zircônia estabilizada, defeitos pontuais para eletrólitos sólidos, 88-89
Zona colunar, 244
Zona coquilhada, 244
Zona de fusão, 258
Zona equiaxial, 244-245
Zona termicamente afetada, 225
Zonas de Guinier-Preston (GP), 320
Zoneamento, 283

Tabela Periódica dos Elementos

	1A (1)	2A (2)	3B (3)	4B (4)	5B (5)	6B (6)	7B (7)	8B (8)	8B (9)	8B (10)	1B (11)	2B (12)	3A (13)	4A (14)	5A (15)	6A (16)	7A (17)	8A (18)
1	Hidrogênio 1 H 1,0079																	Hélio 2 He 4,0026
2	Lítio 3 Li 6,941	Berílio 4 Be 9,0122											Boro 5 B 10,811	Carbono 6 C 12,011	Nitrogênio 7 N 14,0067	Oxigênio 8 O 15,9994	Flúor 9 F 18,9984	Neônio 10 Ne 20,1797
3	Sódio 11 Na 22,9898	Magnésio 12 Mg 24,3050											Alumínio 13 Al 26,9815	Silício 14 Si 28,0855	Fósforo 15 P 30,9738	Enxofre 16 S 32,066	Cloro 17 Cl 35,4527	Argônio 18 Ar 39,948
4	Potássio 19 K 39,0983	Cálcio 20 Ca 40,078	Escândio 21 Sc 44,9559	Titânio 22 Ti 47,867	Vanádio 23 V 50,9415	Cromo 24 Cr 51,9961	Manganês 25 Mn 54,9380	Ferro 26 Fe 55,845	Cobalto 27 Co 58,9332	Níquel 28 Ni 58,6934	Cobre 29 Cu 63,546	Zinco 30 Zn 65,38	Gálio 31 Ga 69,723	Germânio 32 Ge 72,63	Arsênico 33 As 74,9216	Selênio 34 Se 78,96	Bromo 35 Br 79,904	Criptônio 36 Kr 83,798
5	Rubídio 37 Rb 85,4678	Estrôncio 38 Sr 87,62	Ítrio 39 Y 88,9059	Zircônio 40 Zr 91,224	Nióbio 41 Nb 92,9064	Molibdênio 42 Mo 95,96	Tecnécio 43 Tc (97,907)	Rutênio 44 Ru 101,07	Ródio 45 Rh 102,9055	Paládio 46 Pd 106,42	Prata 47 Ag 107,8682	Cádmio 48 Cd 112,411	Índio 49 In 114,818	Estanho 50 Sn 118,710	Antimônio 51 Sb 121,760	Telúrio 52 Te 127,60	Iodo 53 I 126,9045	Xenônio 54 Xe 131,293
6	Césio 55 Cs 132,9055	Bário 56 Ba 137,327	Lantânio 57 La 138,9055	Háfnio 72 Hf 178,49	Tântalo 73 Ta 180,9479	Tungstênio 74 W 183,84	Rênio 75 Re 186,207	Ósmio 76 Os 190,23	Irídio 77 Ir 192,22	Platina 78 Pt 195,084	Ouro 79 Au 196,9666	Mercúrio 80 Hg 200,59	Tálio 81 Tl 204,3833	Chumbo 82 Pb 207,2	Bismuto 83 Bi 208,9804	Polônio 84 Po (208,98)	Astatínio 85 At (209,99)	Radônio 86 Rn (222,02)
7	Frâncio 87 Fr (223,02)	Rádi o 88 Ra (226,0254)	Actínio 89 Ac (227,0278)	Rutherfórdio 104 Rf (265)	Dúbnio 105 Db (268)	Seabórgio 106 Sg (271)	Bóhrio 107 Bh (270)	Hássio 108 Hs (277)	Meitnério 109 Mt (276)	Darmstádio 110 Ds (281)	Roentgênio 111 Rg (280)	Copernício 112 Cn (285)	Ununtrium 113 Uut Descoberto em 2004	Fleróvio 114 Fl (289)	Unumpentium 115 Uup Descoberto em 2004	Livermorium 116 Lv (292)	Ununseption 117 Uus Descoberto em 2010	Unonoctium 118 Uuo Descoberto em 2002

Lantanídeos	Cério 58 Ce 140,116	Praseodímio 59 Pr 140,9076	Neodímio 60 Nd 144,242	Promécio 61 Pm (144,91)	Samário 62 Sm 150,36	Európio 63 Eu 151,964	Gadolínio 64 Gd 157,25	Térbio 65 Tb 158,9254	Disprísio 66 Dy 162,50	Hólmio 67 Ho 164,9303	Érbio 68 Er 167,26	Túlio 69 Tm 168,9342	Itérbio 70 Yb 173,054	Lutécio 71 Lu 174,9668
Actinídeos	Tório 90 Th 232,0381	Protactíneo 91 Pa 231,0359	Urânio 92 U 238,0289	Netúnio 93 Np (237,0482)	Plutônio 94 Pu (244,664)	Amerício 95 Am (243,061)	Cúrio 96 Cm (247,07)	Berquélio 97 Bk (247,07)	Califórnio 98 Cf (251,08)	Einstênio 99 Es (252,08)	Férmio 100 Fm (257,10)	Mendelévio 101 Md (258,10)	Nobélio 102 No (259,10)	Laurêncio 103 Lr (262,11)

- METAIS DO GRUPO PRINCIPAL
- METAIS DE TRANSIÇÃO
- METALOIDES
- NÃO METAIS

Urânio
92 — Número atômico
U — Símbolo
238,0289 — Massa atômica

Cores padrão para átomos em modelos moleculares

- átomos de carbono
- átomos de hidrogênio
- átomos de oxigênio
- átomos de nitrogênio
- átomos de cloro

Nota: As massas atômicas correspondem aos valores de 2009 da IUPAC (até quatro casas decimais). Os números entre parênteses representam as massas atômicas ou os números de massa do isótopo mais estável de um elemento.

Unidades e fatores de conversão

1 libra (lb) = 4,448 Newton (N)

1 psi = libra por polegada ao quadrado

1 MPa = megapascal = meganewtons por metro quadrado (MN/m^2)

1 GPa = 1.000 MPa = gigapascal

1 ksi = 1.000 psi = 6,895 Mpa

1 psi = 0,006895 Mpa

1 Mpa = 0,145 ksi = 145 psi

Algumas relações, constantes e unidades úteis

Elétron-volt = 1 eV = $1{,}6 \times 10^{-19}$ Joule = $1{,}6 \times 10^{-12}$ erg

1 amp = 1 Coulomb/segundo

k_BT em temperatura ambiente (300 K) = 0,0259 eV

c = velocidade da luz $2{,}998 \times 10^8$ m/s

ε_o = permissividade do espaço livre = $8{,}85 \times 10^{-12}$ F/m

q = carga de um elétron = $1{,}6 \times 10^{-19}$ C

Constante de Avogadro $N_A = 6{,}022 \times 10^{23}$

k_B = Constante de Boltzmann = $8{,}63 \times 10^{-5}$ eV/K = $1{,}38 \times 10^{-23}$ J/K

h = Constante de Planck $6{,}63 \times 10^{-34}$ J-s = $4{,}14 \times 10^{-15}$ eV-s